Werner Hartkopf

Die Akademie der Wissenschaften der DDR

Ein Beitrag zu ihrer Geschichte

-Biographischer Index-

Werner Hartkopf

Die Akademie der Wissenschaften der DDR

Ein Beitrag zu ihrer Geschichte

-Biographischer Index-

AKADEMIE-VERLAG · BERLIN
1983

Erschienen im Akademie-Verlag, DDR-1086 Berlin, Leipziger Str. 3-4

Lizenznummer: 202 · 100/252/83
Einband: Annemarie Wagner
Satz: Zentralstelle für Lehr- und Organisationsmittel, 9541 Zwickau
Druck: VEB Kongreß- und Werbedruck, 9273 Oberlungwitz
Buchbinderische Weiterverarbeitung: VEB Druckhaus „Maxim Gorki", 7400 Altenburg
Bestellnummer: 754 043 4 (6668) LSV 0217
Printed in GDR
DDR 70,- M

Zum Geleit

Die Akademie der Wissenschaften der DDR, 1700 als Brandenburgische Sozietät der Wissenschaften gegründet, gehört zu den ältesten und bedeutendsten wissenschaftlichen Akademien Europas. Ihr Beitrag zum Fortschritt der Wissenschaft ist bemerkenswert. Leistungen ihrer Mitglieder sind untrennbarer Bestandteil der Geschichte der Wissenschaften.

Die Akademie der Wissenschaften der DDR von heute vereint in sich Gelehrtengesellschaft und Forschungsinstitution. Im Sinne des Begründers der Akademie, Gottfried Wilhelm Leibniz, verbindet sie mit ihrer Forschung Theorie und Praxis und richtet ihr Werk auf das Wohl des Volkes der sozialistischen Deutschen Demokratischen Republik. Die Akademie ist sich dessen bewußt, daß sich die Gesetzmäßigkeiten der gesellschaftlichen Entwicklung im schöpferischen Handeln der Menschen umsetzen, daß dieses Handeln historisch bedingt ist.

Die Kenntnis, kritische Sichtung, Bewertung und Bewahrung ihrer eigenen Geschichte und der ihrer Mitglieder sind somit nicht nur Aufgabe und ehrenvolle Pflicht der Akademie, sondern zugleich wesentliche Voraussetzung, das Progressive ihrer Geschichte im Interesse des weiteren gesellschaftlichen Fortschritts und der Erhaltung des Friedens zu nutzen. Jenen Aufgaben zu dienen, ist das Ziel und das besondere Verdienst dieser vorliegenden Arbeit. Dem Verfasser, Dr. Werner Hartkopf, sei an dieser Stelle für seinen opferreichen Fleiß, seine Sorgfalt und das Gelingen seiner verantwortungsvollen Bemühungen gedankt.

WERNER SCHELER
Präsident

Inhaltsverzeichnis

Vorwort

Zum 275jährigen Akademiejubiläum im Jahre 1975 legte der Verfasser die Arbeit „Die Akademie der Wissenschaften der DDR – ein Beitrag zu ihrer Geschichte" vor. Im Vorwort jener Arbeit wurde darauf hingewiesen, daß in der Akademie bzw. von Akademiemitgliedern im Laufe der Geschichte zahlreiche Leistungen vollbracht worden sind, die zu Bestandteilen der Weltwissenschaft und Weltkultur geworden sind und zu Recht zu den besten Traditionen der Geschichte der Akademie und zu jenem wissenschaftlichen und kulturellen Erbe gehören, das in der Deutschen Demokratischen Republik in Ehren gehalten und behütet wird.

In Fortsetzung jenes Bandes erscheint diese Arbeit mit dem Verzeichnis ihrer Mitglieder seit der Gründung der Akademie im Jahre 1700. Sie belegt jene Aussage: Die Akademie der Wissenschaften der DDR verkörpert in der Tat in ihrer Geschichte und Gegenwart in Gestalt und Leistung der überwiegenden Mehrzahl ihrer Mitglieder ein gewaltiges Stück europäischer Wissenschafts- und Geistesgeschichte. Der Verfasser hofft deshalb, mit dieser Arbeit nicht nur eine Basis geschaffen zu haben, die als Nachschlagewerk nützlich ist. Sie soll auch die großen Traditionen der Akademie kenntlich machen, Anregungen für weitergehende und vertiefende Studien vermitteln und als ein weiterer Beitrag zur Geschichte der Akademie verstanden werden.

Im Laufe der Geschichte der Akademie sind einige Mitgliederverzeichnisse gedruckt erschienen, so 1707, 1711 und 1744. Handschriftliche Verzeichnisse existieren u. a. von 1729 und 1810/1811. Diese enthalten außer den Namen in der Regel keine weiteren Angaben und sind – bereits zu dieser Zeit – nicht mehr vollständig. A. v. Harnack, der Verfasser der vierbändigen „Geschichte der Preußischen Akademie der Wissenschaften", die anläßlich des 200jährigen Akademie-Jubiläums 1900 erschien, wies in ihr darauf hin, daß in der Akademie zu verschiedenen Zeiten Personal- und Wahlunterlagen der Mitglieder sorglos geführt und vielfach verloren gegangen sind. Er selbst hat nicht zuletzt aus diesen Gründen lediglich einen Teil der von 1700 bis Ende des 19. Jahrhunderts aufgenommenen Mitglieder namentlich nennen können, die Mehrzahl summarisch abgehandelt und nur einen kleinen Teil der namentlich Genannten ausführlicher charakterisiert.

Die vorliegende Arbeit ist das Ergebnis einer nahezu sechsjährigen intensiven, wenn auch nebenberuflichen, Tätigkeit. Der Verfasser hat alle wesentlichen Protokolle der Akademie seit ihrer Gründung, 1700, bis zur Gegenwart durchgearbeitet und zahlreiche vergleichende Untersuchungen vorgenommen. Material hierzu boten u. a. auch das 1960 erschienene Mitgliederverzeichnis von Biermann/Duncken und die 1950 erschienene Arbeit von E. Amburger „Die Mitglieder der Deutschen Akademie der Wissenschaften zu Berlin". Letztere war der erste größere und sehr verdienstvolle Versuch, ein Mitgliederverzeichnis von 1700 bis 1949 vorzulegen. Zum Teil bedingt durch die Quellenlage nach dem zweiten Weltkrieg, zum Teil aus anderen Gründen ist dieses Verzeichnis jedoch nicht vollständig, enthält fehlerhafte Aussagen im Text und in Erläuterungen, eine Anzahl von Mängeln in bezug auf Daten und beschränkt sich auf die Angabe der beruflichen Stellung der Mitglieder zum Zeitpunkt der Aufnahme.

Die Erfassung des gesamten Mitgliederbestandes, insbesondere desjenigen des 18. Jahrhunderts und zu Beginn des 19. Jahrhunderts, erwies sich zum Teil als außerordentlich schwierig. Nicht in jedem Falle konnte zudem belegt werden, ob Mitglieder ihre Diplome erhalten haben. Aus Akademie-Protokollen konnte der Verfasser z. B. entnehmen, daß mehrere nicht abgesandte Mitgliederdiplome im Nachlaß des Präsidenten Gundling gefunden worden waren. In Einzelfällen gab überhaupt erst die Sterbeurkunde des Kirchenamtes endgültig Auskunft über eine Mitgliedschaft in der Akademie. Ähnliche Schwierigkeiten zeigten sich in einer Reihe von Fällen zum Datum der Mitgliedschaft. Hier boten vereinzelt Kupferstiche von Mitglieder-Porträts, auf denen solche Daten vermerkt waren, Anhaltspunkt. Auch für das erste Drittel des 19. Jahrhunderts zeigten sich ähnliche Schwierigkeiten. Vereinzelt fehlen Protokolle von Gesamtsitzungen der Akademie, des öfteren von Klassensitzungen. 1822 wurde z. B. bei einer Kontrolle festgestellt, daß solche fehlenden Protokolle entweder „bei dem Sekretar Schleiermacher liegen, oder verlorengegangen" seien. Die Protokolle der Gesamtsitzungen der Akademie des Jahres 1890 befinden sich ebenfalls nicht im Zentralen Akademie-Archiv.

Dennoch konnte die Arbeit erfolgreich abgeschlossen werden. Zahlreiche Lebensdaten wurden zudem auf der Grundlage der im Zentralen Akademie-Archiv vorhandenen und von Akademiemitgliedern selbst ausgefüllten Personalbogen sowie anderer authentischer Quellen korrigiert.

Der Verfasser dankt dem Präsidenten der Akademie der Wissenschaften der DDR, Akademiemitglied Werner Scheler, und seinem Amtsvorgänger, Akademiemitglied Hermann Klare, für die stets gewährte Unterstützung. Er dankt den Akademiemitgliedern Hans-Jürgen Treder, Günther Rienäcker, Robert Rompe und Günter Kröber für viele Ratschläge, Hinweise, Diskussionen und für die Durchsicht des Entwurfes dieser Arbeit. Ein Dank richtet sich auch an die Direktorin des Zentralen Akademiearchivs, Frau Dr. Christa Kirsten, und an die Mitarbeiter für die Bereitstellung archivalischer Quellen, sowie an den Direktor des Akademieverlages, Prof. Dr. Lothar Berthold, und die Mitarbeiter des Akademieverlages, die eine zügige Drucklegung ermöglichten. Und schließlich möchte ich meiner Tochter Karin danken. Sie war mir in all den Jahren ein unersetzbarer Helfer, schrieb das Manuskript, besorgte die Literatur und half beim Korrekturlesen. Ohne ihre Hilfe wäre diese Arbeit nicht zustande gekommen.

Berlin, im April 1981

Werner Hartkopf

Historische Verdienste
werden nicht danach beurteilt,
was historische Persönlichkeiten
gemessen an den heutigen Erfordernissen,
nicht geleistet haben, sondern danach,
was sie im Vergleich zu ihren Vorgängern
Neues geleistet haben.

W. I. Lenin

Einführung

HISTORISCH-ANALYTISCHE ANMERKUNGEN

Die heutige Akademie der Wissenschaften der DDR hat seit ihrer Gründung als Brandenburgische Sozietät der Wissenschaften im Jahre 1700 bis zur Gegenwart annähernd 2900 Persönlichkeiten als Mitglieder aufgenommen. Auf den Zeitabschnitt von 1700 bis 1743 entfallen 353 Mitglieder. Von diesen waren 88 anwesende und 265 abwesende Mitglieder. Unter den Letzteren befanden sich 52 Ausländer. Auf die ersten 43 Jahre der Akademie entfallen damit ca. 12 % des gesamten Mitgliederbestandes.

In den folgenden 42 Jahren, von 1744 bis August 1786, dem Ende der Regierungszeit Friedrichs II., wurden 250 Mitglieder aufgenommen. Von ihnen hatten 44 den Status eines Ordentlichen Mitgliedes, 206 den Status eines Ehren-, Auswärtigen - oder Korrespondierenden Mitgliedes. Auf die Periode, in der die Akademie selbst Wahlen vornahm, d. h. von 1744 bis 1763, entfallen insgesamt 198 Mitglieder, davon 24 Ordentliche Mitglieder. Von 1764, seit Friedrich II. selbst das Amt des Präsidenten der Akademie ausübte und die Mitglieder ohne Befragung der Akademie ernannte, bis zu seinem Tode wurden nur noch 52 Mitglieder aufgenommen, davon 20 als Ordentliche Mitglieder.

Der Anteil der Mitglieder in der Herrschaftsperiode Friedrichs II. (1740 – 1786) am Gesamtmitgliederbestand beträgt ca. 8 %. Der jährliche Durchschnitt der Aufnahmen betrug ca. 5, davon zwischen 1744 und 1763 mehr als 10, von 1764 bis 1786 jedoch nur noch wenig mehr als 2 Mitglieder.

Die Akademie wählte unmittelbar nach dem Tode dieses Königs noch im Jahre 1786 insgesamt 29 Mitglieder, darunter 15 Ordentliche Mitglieder.

In den folgenden 158 Jahren, von 1787 bis 1945, wurden ca. 1700 Persönlichkeiten als Mitglieder aufgenommen; das entsprach einem jährlichen Durchschnitt von mehr als 10 Mitgliedern.

Der Anteil der seit der Wiedereröffnung der Akademie im Jahre 1946 aufgenommenen Mitglieder beträgt ca. 550. Das entspricht einem jährlichen Durchschnitt von mehr als 16 Mitgliedern. Gemessen

an der Gesamtzahl der Mitglieder beträgt dieser Anteil mehr als 18 % des Gesamtmitgliederbestandes der Akademie in den 280 Jahren ihres Bestehens.
Gegenwärtig gehören der Akademie 149 Ordentliche, 74 Korrespondierende und 128 Auswärtige Mitglieder an. Die Auswärtigen Mitglieder verteilen sich auf 24 Länder.
Eine Aufschlüsselung der Mitgliedschaften von 1700 bis 1980 auf die wichtigsten wissenschaftlichen Disziplinen zeigt folgende Übersicht:

Physik	210 Mitglieder, davon 66 anwM bzw. OM
Mathematik	230 Mitglieder, davon 67 anwM bzw. OM
Astronomie (einschließlich Astrophysik und angrenzende Gebiete)	129 Mitglieder, davon 26 anwM bzw. OM
Chemie	190 Mitglieder, davon 60 anwM bzw. OM
Technik	70 Mitglieder, davon 38 anwM bzw. OM
Medizin (einschließlich Anthropologie und Veterinärmedizin)	316 Mitglieder, davon 83 anwM bzw. OM
Biowissenschaften (einschließlich Biochemie, Botanik und Zoologie und angrenzende Gebiete)	204 Mitglieder, davon 61 anwM bzw. OM
Philologie (Germanistik, Ägyptologie, Amerikanistik, Arabistik, Gräzistik, Indologie, keltische Philologie, Orientalistik, Romanistik, Slawistik u. a.)	444 Mitglieder, davon 116 anwM bzw. OM
Geschichte	237 Mitglieder, davon 67 anwM bzw. OM
Archäologie	87 Mitglieder, davon 11 anwM bzw. OM
Philosophie	88 Mitglieder, davon 57 anwM bzw. OM
Theologie, Religionswissenschaft, Kirchengeschichte	131 Mitglieder, davon 35 anwM bzw. OM
Rechtswissenschaft, Rechtsgeschichte	77 Mitglieder, davon 28 anwM bzw. OM

Auf diese Wissenschaftsgebiete entfallen somit insgesamt 2413 Mitglieder. Von diesen hatten 715 den Status anwesendes bzw. Ordentliches Mitglied. Auf die vorstehend genannten Bereiche der Naturwissenschaften entfallen 1349 Mitglieder, darunter 401 anwesende bzw. Ordentliche Mitglieder, auf die der Geistes- bzw. Gesellschaftswissenschaften entfallen 1064 Mitglieder, darunter 314 anwesende bzw. Ordentliche Mitglieder. Hinzu kommt eine zahlenmäßig große Gruppe von Staatsbeamten, die besonders im 18. Jahrhundert – und hier wiederum in der Herrschaftsperiode Friedrichs II. – vertreten war. Die Gruppe betrug mindestens 69 Mitglieder, unter denen sich 18 anwesende bzw. Ordentliche Mitglieder befanden.
Die restlichen ca. 400 Mitglieder des Gesamtmitgliederbestandes verteilen sich auf zahlreiche Spezialgebiete der Wissenschaften.
Die folgende statistische Übersicht zum überwiegenden Teil des Mitgliederbestandes wurde nach Zeitabschnitten gegliedert, die zum Teil zugleich wesentliche Entwicklungsperioden der Akademie umfassen. Das betrifft besonders die Perioden 1700 – 1743, von der Gründung der Akademie bis zur Vorbereitung ihrer Vereinigung mit der „Nouvelle Société

Litteraire", 1744 – 1786 vom Erlaß des Statuts von 1744 bis zum Ende der Regierungszeit Friedrichs II., von 1946 – 1980, von der Wiedereröffnung der Akademie bis zur Gegenwart.
Berücksichtigt wurden die großen Wissenschaftsgebiete. Es wird darauf hingewiesen, daß die Angaben zum Wissenschaftsgebiet „Archäologie" nur solche Mitglieder erfassen, die vorrangig als Archäologen in die Akademie aufgenommen worden sind. Mitglieder, die die alte Geschichte und Archäologie vertreten, sind in der Gruppe „Geschichte" erfaßt worden.
Neben den großen Wissenschaftsgebieten ist die zahlenmäßig starke Gruppe der Staatsbeamten, die besonders im 18. Jahrhundert zu den Mitgliedern zählten, besonders ausgewiesen worden (siehe Tabelle).

Physik (einschl. Grenzgebiete)

	1700–1743	1744–1786	1787–1860	1861–1900	1901–1932	1933–1945	1946–1980
anwM bzw. OM	1	2	7	7	9	7	33
abwM bzw. KM, EM,AM	7	11	30	19	26	4	47

Mathematik (einschl. Ballistik, Statistik, Geodäsie)

	1700–1743	1744–1786	1787–1860	1861–1900	1901–1932	1933–1945	1946–1980
anwM bzw. OM	4	13	27	4	4	3	12
abwM bzw. KM, EM, AM	31	26	32	26	15	3	30

Astronomie (einschl. Astrophysik, Metereologie, Ozeanographie)

	1700–1743	1744–1786	1787–1860	1861–1900	1901–1932	1933–1945	1946–1980
anwM bzw. OM	5	3	2	3	8	2	3
abwM bzw. KM, EM, AM	8	23	28	18	16	4	6

Chemie

	1700–1743	1744–1786	1787–1860	1861–1900	1901–1932	1933–1945	1946–1980
anwM bzw. OM	3	1	5	4	8	5	34
abwM bzw. KM, EM, AM	0	3	32	20	19	6	50

Technik (einschl. Metallurgie und Werkstoffwissenschaften)

	1700–1743	1744–1786	1787–1860	1861–1900	1901–1932	1933–1945	1946–1980
anwM bzw. OM	1	1	2	3	2	3	26
abwM bzw. KM, EM, AM	2	1	3	1	4	4	18

Medizin (einschl. Anatomie, Anthropologie, Chirurgie, Histologie, Pathologie, Pharmazie, Physiologie, Veterinärmedizin, Zahnheilkunde)

	1700–1743	1744–1786	1787–1860	1861–1900	1901–1932	1933–1945	1946–1980
anwM bzw. OM	11	8	7	5	4	4	44
abwM bzw. KM, EM, AM	65	28	50	25	23	2	40

Biowissenschaften (einschl. Biochemie, Biologie, Botanik, Genetik, Paläontologie, Ornithologie, Zoologie)

	1700–1743	1744–1786	1787–1860	1861–1900	1901–1932	1933–1945	1946–1980
anwM bzw. OM	0	1	11	6	10	4	29
abwM bzw. KM, EM, AM	2	4	54	33	21	9	20

Philologie

	1700–1743	1744–1786	1787–1860	1861–1900	1901–1932	1933–1945	1946–1980
anwM bzw. OM	4	4	26	18	19	15	30
abwM bzw. KM, EM, AM	13	9	94	83	52	35	42

Geschichte

	1700–1743	1744–1786	1787–1860	1861–1900	1901–1932	1933–1945	1946–1980
anwM bzw. OM	3	4	11	14	10	8	17
abwM bzw. KM, EM, AM	20	6	56	25	25	8	30

Archäologie

	1700–1743	1744–1786	1787–1860	1861–1900	1901–1932	1933–1945	1946–1980
anwM bzw. OM	0	0	5	2	3	1	0
abwM bzw. KM, EM, AM	1	4	36	13	11	7	4

Philosophie

	1700–1743	1744–1786	1787–1860	1861–1900	1901–1932	1933–1945	1946–1980
anwM bzw. OM	3	8	4	3	4	2	7
abwM bzw. KM, EM, AM	9	16	9	5	7	5	6

Theologie (einschl. Religionswissenschaft, Kirchengeschichte)

	1700–1743	1744–1786	1787–1860	1861–1900	1901–1932	1933–1945	1946–1980
anwM bzw. OM	13	12	3	2	3	2	1
abwM bzw. KM, EM, AM	60	15	5	5	8	3	0

Rechtswissenschaft (einschl. Rechtsgeschichte)

	1700–1743	1744–1786	1787–1860	1861–1900	1901–1932	1933–1945	1946–1980
anwM bzw. OM	3	1	7	3	3	4	7
abwM bzw. KM, EM, AM	14	6	7	10	6	2	4

Staatsbeamte (einschl. der Mitglieder, die Friedrich II. aus seinem Freundeskreis zu Mitgliedern ernannte)

	1700–1743	1744–1786	1787–1860	1861–1900	1901–1932	1933–1945	1946–1980
anwM bzw. OM	5	8	4	1	0	0	0
abwM bzw. KM, EM, AM	4	31	5	6	4	1	0

Zur Ergänzung und Erläuterung dieser Statistik muß gesagt werden, daß besonders im 18. Jahrhundert bei zahlreichen Mitgliedern die wissenschaftlich-fachliche Begründung nicht immer eindeutig nachzuweisen ist und vielfach die wissenschaftlichen Interessen und Leistungen nicht ausschließlich einer Wissenschaftsdisziplin zuzuordnen sind. So wurden manche Theologen Akademiemitglieder, weil sie Botaniker, Sammler, Statistiker oder Numismatiker waren. Einzelne Ärzte wurden nicht als Forscher auf dem Gebiet der Medizin, sondern wegen astronomischer, naturkundlicher oder geisteswissenschaftlicher Arbeiten in die Akademie aufgenommen. Verschiedene Staatsbeamte waren Techniker, Kartographen oder Sprachforscher. Zudem gibt es in der Geschichte der Akademie kuriose Fälle von Mitgliedschaften. Sie findet man auch in anderen Akademien, und sie liegen in der Geschichte ihrer Zeit begründet. Es gibt Mitgliedschaften, die auf die persönliche Einflußnahme preußischer Herrscher zurückzuführen sind. Bisweilen nutzten einflußreiche Mitglieder mit großer wissenschaftlicher Autorität ihre Stellung in der Akademie nicht immer objektiv, traten als „Päpste der Wissenschaft" auf und gebrauchten ihre Macht und ihren Einfluß, um ihnen genehme Personen für die Akademie zu gewinnen. Andererseits gibt es Beispiele, wo „kompetente" Fachleute, bedeutende Wissenschaftler eines bestimmten Fachgebietes, sich hinsichtlich der Zuwahl von Fachgenossen irrten und diese nur durch entschiedenes Auftreten weitsichtigerer Akademiemitglieder anderer Fachgebiete vorgeschlagen bzw. gewählt werden konnten. Hierzu seien als Beispiel die Umstände, die zur Wahl des Chemikers M. H. Klaproth führten, angeführt.

Das berühmte Mitglied F. K. Achard schlug 1788 S. F. Hermbstaedt, einen damals jungen und am Beginn seiner Laufbahn stehenden Chemiker, als Mitglied vor und nutzte seine Beziehungen zum Herrscherhaus, um diese Wahl durchzusetzen. Nahezu alle Chemiker der Klasse schlossen sich, obwohl einige nach eigener Aussage die Leistungen Hermbstaedt's nicht beurteilen konnten, kritiklos diesem Vorschlag an. Nur ein Mitglied, ein Mineraloge, wagte es, einen Widerspruch zu äußern: „Wenn die Zahl der Mitglieder der phys. Claße einer Vermehrung bedarf, wie ich wohl glaube, so würde ich eine Ungerechtigkeit gegen Zwey ältere und berühmtere Chemisten, in den Königl. Landen, begehen, wenn ich dahin stimmen könnte, daß Hermbstaedt ihnen vorgezogen werden sollte, der einen großen Teil seiner Kenntnisse denselben zu verdanken hat. Nach dem einstimmigen Urteil der vorzüglichsten Gelehrten in diesem Fache, haben der Hr. Hofapotequer Meyer in Stettin und Hr. Assessor Klaproth in Berlin entschieden und weit größere Verdienste um die Chemie als sey in neuen Entdeckungen oder in Berichtigung vormaliger Grundsätze des H. Hermbstaedt sich zuschreiben kann. Es würde also der physikalischen Claße weit vorteilhafter und der Würde der Kön. Akademie weit angemessener seyn, sich diese beiden längst berühmten Chemisten zu associieren, als wenn man diese Ehre einem angehenden Scheidekünstler vorzugsweise ertheilen wollte."

Achard bestand jedoch trotz dieses Einwandes auf seinem Vorschlag, wozu offensichtlich seine schon weit gediehenen „Sondierungen" beim Hofe beitrugen. In einer erneuten Eingabe rechtfertigte er seinen Vorschlag, versuchte die Argumente des Mineralogen herunterzuspielen und Hermbstaedt über Klaproth zu stellen. Das Lob für Hermbstaedt verband er mit der Feststellung, „Klaproth ist ein geschulter und genauer Arbeiter aber kein genie".

Aus den Akten der Akademie sind die weiteren Details nicht ausreichend ersichtlich. Offensichtlich aber hat die Klasse ihr erstes Urteil korrigiert. 1788 wurden

„1. der berühmte große Chymikus, Assessor Klaproth, und

2. der Doktor Hermbstaedt, der sich durch merkwürdige Erfindungen in der Chemie und gute Schriften bekannt gemacht hat"

zur Wahl zu Ordentlichen Mitgliedern vorgeschlagen. Diese qualitativ unterschiedliche Bewertung durch die Klasse führte dazu, daß 1788 nur Klaproth gewählt und anschließend vom König bestätigt wurde. Hermbstaedt dagegen wurde erst 1794 Ordentliches Mitglied. Die Geschichte dieser und anderer Zuwahlen lehrt, daß das Grundprinzip, Forscher von Rang zu wählen, die als Mitglied der Akademie der Wissenschaften Beiträge zum Fortschritt der Wissenschaft leisten sollten, sich vielfach nur in Form von Zufälligkeiten durchsetzte.

Hier bleibt anzumerken, daß z. B. zwei bedeutende Persönlichkeiten des 18. Jahrhunderts zwar als Mitglieder gewählt, von Friedrich II. jedoch nicht bestätigt wurden.

Am 2. 4. 1761 wählte die Akademie den Dichter Ch. F. Gellert, seit 1751 Professor für Philosophie an der Universität in Leipzig, zum KM und am 7. 2. 1771 den philosophischen Schriftsteller M. Mendelssohn, der 1763 als Gewinner einer Preisaufgabe der Akademie ausgezeichnet worden war, zum OM. Beide Wahlen wurden nicht bestätigt.

1786 lehnte A. F. Büsching seinerseits eine Mitgliedschaft mit der Begründung ab, daß für ihn, der im 63. Lebensjahr stand, „so etwas nicht sehr erschütternd" sei, und „eine bloße Ehrensache ... schlechterdings nicht für mich ... ist." Büsching war 1748 Erzieher bei dem Grafen Biron in Petersburg gewesen, ging 1754 als Professor für Philosophie nach Göttingen, wurde 1761 Prediger der luther. Gemeinde in Petersburg und 1766 Oberkonsistorialrat und Direktor des Gymnasiums zum Grauen Kloster in Berlin. Er ist vor allem als Geograph hervorgetreten und wandte als erster die politisch-statistische Methode der Geographie an.

Im 19. Jahrhundert finden sich mehrere Fälle, wo Wahlverfahren nicht zuende geführt wurden oder Kandidaten nicht die erforderliche Stimmenzahl erhielten. Über die Beratungen um die Zuwahl des Philosophen Fichte und über die Gründe der Ablehnung einer Wahl des Philosophen Hegel hat der Verfasser in seiner genannten Arbeit von 1975 geschrieben, auf die hier verwiesen wird. Differenzen der beiden Klassen führten am 21. 7. 1859 auch zur Ablehnung der Wahl des Mathematikers und seiner Zeit bedeutenden Mathematikhistorikers F. Woepcke.

1899 schlug A. v. Harnack, der in der Akademie eine starke Stellung innehatte und am Hofe Wilhelms II. ständiger Gast war, die Wahl einer Anzahl von Ehrenmitgliedern anläßlich des 200jährigen Jubiläums der Akademie vor, wünschte aber nicht, bei allen Vorschlägen als Antragsteller zu gelten. Unter seinen Vorschlägen befand sich der Prinz Heinrich von Preußen mit der Feststellung, dieser sei „aktiver Sammler" und sein „Chinesisches Kommando genügt" als Begründung. Als „Patron griechischer Studien" schlug er den Erbprinzen von Sachsen-Meiningen vor, und er stellte die Frage, „ob man nicht den Minister Miquel erwählen soll? Schließlich hat er uns doch immer Geld gegeben." Diese und andere Vorschläge wurden von der Akademie nicht akzeptiert.

In den Jahren der faschistischen Diktatur in Deutschland wurden eine Anzahl von Wahlen nicht bestätigt. Zu den hiervon betroffenen ausländischen Wissenschaftlern gehörten P. v. d. Mühll, Professor für klassische Philologie an der Universität in Basel, der am 28. 6. 1936 zum KM gewählt wurde, P. E. Eskola, Professor für Mineralogie und Geologie an der Universität in Helsinki, der am 16. 7. 1942 zum KM gewählt wurde, und G. Macovei, Professor für Geologie an der Universität in Bukarest. Seine Wahl zum KM erfolgt am 6. 7. 1944, kurz vor dem Sturz der militärfaschistischen Diktatur in Rumänien, der den Grund der Ablehnung einer Bestätigung der vollzogenen Wahl bildete.

Nach der Wiedereröffnung der Akademie

wählte diese am 13. 1. 1955 den Historiker H. Heimpel, zu jener Zeit Professor für Geschichte an der Universität in Göttingen, zum KM. Dessen gegen die DDR gerichtetes Auftreten veranlaßte die Akademie, von einem Antrag auf Bestätigung dieser Wahl abzusehen. Am 4. 9. 1969 wurde O. Klein, Professor für theoretische Physik an der Universität in Stockholm, zum AM gewählt. Das Diplom der Mitgliedschaft wurde nicht übersandt, da O. Klein seine Wahl zwar als ehrenvoll betrachtete, aber zugleich mitteilte, daß er die Annahme solcher Ehrungen ausschließlich auf die skandinavischen Länder beschränkt habe.
Abschließend sei gesagt, daß die Mitgliedschaft in der Akademie weder ausschließlich noch vorrangig eine Auszeichnung oder Ehrung von Persönlichkeiten darstellt. Gerade hieraus erklärt sich, daß manche berühmten Wissenschaftler ihrer Zeit, von denen eine Mitwirkung an den Arbeiten der Akademie nicht zu erwarten war, nicht zu den Mitgliedern der Akademie zählen. Statt dessen setzte sich, wenn auch nicht immer gradlinig, das bereits von Leibniz in den Grundzügen gedachte und in der Folge zunehmend praktizierte Prinzip durch, die Aufnahme eines Wissenschaftlers in die Akademie nicht nur von der wissenschaftlichen Qualifikation und dem Fachgebiet eines Gelehrten abhängig zu machen, sondern seine Gesamtpersönlichkeit und den voraussichtlichen Gewinn für das akademische Leben insgesamt abzuwägen. Gerade ein solches Prinzip verhinderte die Aufsplitterung des akademischen Gremiums in die Summe einzelner Spezialisten verschiedenster Fachrichtungen und ein Absinken und im weiteren eine Verflachung der Akademie selbst. Es bildete vielmehr eine der Grundlagen für das große internationale Ansehen und die bedeutenden wissenschaftlichen Leistungen der Akademie in Berlin.

Die Studien, vor allem die der Sitzungsprotokolle der Akademie von 1700 bis 1980, sowie die vergleichenden Untersuchungen, die dieser Arbeit zugrunde liegen, geben Veranlassung, Anregungen für weiterführende Arbeiten zu geben. Dabei soll hier auf einige Aspekte der Geschichte der Akademie und der Rolle einzelner Mitglieder hingewiesen werden, die gegenüber älteren Arbeiten zur Geschichte der Akademie einer vertieften Erforschung, zum Teil aber auch einer qualifizierteren Bewertung oder einer Neubewertung bedürfen.
Für den Zeitraum von der Gründung der Sozietät, 1700, bis zum Regierungsantritt Friedrichs II., 1740, betrifft das vor allem Darlegungen und Einschätzungen der Leistungsfähigkeit der Akademie, speziell der nach 1710 beginnenden Arbeit der Klassen sowie der Tätigkeit einzelner Akademiemitglieder. Das Studium der Quellen läßt erkennen, daß trotz größter materieller Schwierigkeiten und zum Teil unerträglicher Belastungen, die die Akademie besonders unter der Herrschaft Friedrich Wilhelms I. trafen, wissenschaftliche Aufgaben in Angriff genommen wurden, die durchaus akademiewürdig waren. In diesem Zusammenhang müssen auch Leistung, Rolle und Verdienste von J. P. Gundling, von 1718 bis 1731 Präsident der Akademie, eingeschätzt werden. Seine bisher einseitige und im wesentlichen negative Bewertung entspricht nicht der historischen Wahrheit. Seine wissenschaftlichen Leistungen sind unbestritten. Seine Versuche, unerträgliche staatliche Eingriffe in die Akademie abzuwehren oder zu mildern, sein Bemühen um das wissenschaftliche Leben des akademischen Gremiums bedürfen einer exakten Bewertung und einer kritischen Würdigung.
Für den Zeitraum von 1740 bis 1786, der Herrschaft Friedrichs II., soll auf zwei Probleme hingewiesen werden — auf die tatsächliche Bedeutung der Vereinigung der Brandenburgischen Sozietät mit der „Nouvelle Société Litteraire" im Jahre 1744 und auf die Rolle D'Alembert's in der vereinigten Akademie.
Über die Zusammenlegung der beiden genannten Institutionen zur „Académie

Royale des Sciences et Belles Lettres", 1744, entsteht aus älteren Darstellungen der Eindruck, daß diese Vereinigung, veranlaßt durch Friedrich II., eine Grundvoraussetzung zur „Erneuerung" der Akademie gewesen sei und die Literarische Gesellschaft der „alten" Akademie neues Leben „eingehaucht" habe. Eine solche Deutung trifft keinesfalls zu. Von 86 auswärtigen Mitgliedern der „Nouvelle Société Litteraire" waren 82 bereits vorher auch Mitglieder der Brandenburgischen Sozietät gewesen. Lediglich 4 wurden 1744 als neue Akademiemitglieder übernommen. Dagegen wurden von 16 Ehrenmitgliedern 15 und 4 Anwärter auf die Ehrenmitgliedschaft der „Nouvelle Société Litteraire" auch Ehrenmitglieder der vereinigten Akademie. Sie aber waren durchweg Minister, hohe Offiziere oder persönliche Freunde Friedrichs II.. Sie haben die Macht Friedrichs II. in der Akademie verkörpert und gesichert, nicht aber — von einigen Ausnahmen abgesehen — das wissenschaftliche Leben der vereinigten Akademie befruchtet.

Anzumerken ist, daß der Feldmarschall Graf von Schmettau, Ehrenmitglied und leitende Persönlichkeit der „Nouvelle Société Litteraire" nicht Mitglied der vereinigten Akademie, sondern einer ihrer Kuratoren wurde.
Zur Rolle des bedeutenden französischen Mathematikers und Philosophen der Aufklärung D'Alembert behauptet A. v. Harnack in seiner „Geschichte der preußischen Akademie der Wissenschaften", dieser sei nach dem Tode des Präsidenten Moreau de Maupertuis der „heimliche" Präsident der Akademie in Berlin gewesen, und Friedrich II. habe sich in allen Fragen der Akademie des Urteils D'Alembert's versichert. Das Studium der Protokolle der Gesamtsitzung und der Klassensitzungen der Akademie in den Jahren 1740 bis 1786 und eines größeren Teiles des persönlichen Briefwechsels zwischen Friedrich II. und D'Alembert läßt für eine derartige Behauptung keinen Raum. D'Alembert hat Friedrich II. des öfteren in Fragen der Akademie beraten, speziell bei der Stellung von Preisaufgaben. Es gibt auch das schriftliche Angebot des Königs von 1763, als D'Alembert nach einem kurzen Besuch Friedrichs II. nach Frankreich zurückkehrte, die Stelle des Akademiepräsidenten für den französischen Gelehrten freizuhalten. Tatsächlich wußte Friedrich II. sehr bald, daß sein Wunsch Illusion bleiben mußte. Er gab sich nicht nur damit zufrieden, sondern übte das Präsidentenamt bis zu seinem Tode rigoros selbst aus — ohne je selbst an Sitzungen der Akademie teilgenommen zu haben.

Einige Bemerkungen zur Vertretung der Medizin in der Akademie des 18. Jahrhunderts:
In älteren Darstellungen zur Geschichte der Akademie ist verschiedentlich festgestellt, daß die Medizin in der Akademie des 18. Jahrhunderts kaum vertreten gewesen sei. Als Hauptgrund hierfür wird eine angebliche Abneigung, ja Feindschaft von Leibniz gegenüber der Medizin ins Feld geführt, eine Feindschaft, die auch noch nach seinem Tode in der Akademie nachgewirkt habe.
G. W. Leibniz hatte in der Tat gegenüber Ärzten Mißtrauen, und er hat sich bei Krankheiten verschiedentlich selbst behandelt. Ähnliches trifft man auch bei anderen berühmten Männern der Wissenschaft jener Zeit an, so bei Newton. Das ist nicht verwunderlich, wenn man bedenkt, daß gegen Ende des 17. und zu Beginn des 18. Jahrhunderts von der Medizin als einer Wissenschaft nicht gesprochen werden konnte und zugleich Teufelsaustreibung und schwarze Magie an der Tagesordnung waren, was den Fortschritt der medizinischen Wissenschaften stark behindert hat. Noch zu Hufelands Zeiten, um die Wende vom 18. zum 19. Jahrhundert, mußte ein erheblicher Kampf gegen Aberglauben, wie er in Preußen z. B. durch Mesmer und seine Anhänger genährt wurde, geführt werden. Andererseits waren zu jener Zeit auch die Krankenhäuser, selbst die der preußischen

Hauptstadt, als „Mördergruben" verschrien und gefürchtet.

G. W. Leibniz aber war vor allem Wissenschaftler, seine Konzeptionen und Pläne über die Akademie und seine Handlungen zu deren Realisierung belegen, daß nicht kleinliche Beweggründe, sondern tiefe Einsicht in die wissenschaftlichen Notwendigkeiten sein Handeln bestimmten.

An dieser Stelle seien zunächst einige kurze Bemerkungen zum Medizinalwesen jener Zeit gestattet.

1685 wurde im Kurfürstentum Brandenburg das Collegium medicum als medizinische Landesbehörde für das Heilwesen, 1719 als weitere Landesbehörde das Collegium sanitatis zur Überwachung der epidemischen Verhältnisse begründet. Die Gesamtleitung beider Collegien erfolgte ab 1725 durch die Bildung eines Obercollegium medicum bzw. eines Obercollegium sanitatis. In den Kreisstädten war es Aufgabe der Physici – der Amtsärzte –, die Ärzte, Chirurgen, Apotheker, Bader und Hebammen zu überwachen. Einer so scheinbar geordneten Organisation stand die rauhe Wirklichkeit gegenüber: Vor allem eine klägliche Besoldung der Amtsärzte zwang diese, sich durch zusätzliche Tätigkeiten Nebenverdienste zu verschaffen, was sich auf die Erfüllung ihrer eigentlichen Aufgaben verheerend auswirkte und den Scharlatanen und Betrügern ihre Tätigkeit erleichterte. Angemerkt sei, daß 1799, nahezu 100 Jahre nach der Gründung der Akademie, eine Vereinigung der beiden Obercollegien bzw. der Provinzalcollegien im Obercollegium medicum et sanitatis erfolgte. An der Spitze stand der bekannte Mediziner Chr. G. Selle und nach dessen Tod Chr. W. Hufeland.

In bezug auf die Bildung und Ausbildung der Mediziner ergab sich das folgende Bild: 1713 gründete M. Spener in Berlin das Theatrum Anatomicum. Aus ihm ging 1724 das Collegium medico chirurgicum hervor. Dieses war die Bildungsstätte für Medico-Chirurgen, d. h. für Militärärzte und für Ärzte für das flache Land. Angemerkt sei hier, daß diese Institution 1810 im Zusammenhang mit der Gründung der Berliner Universität zunächst aufgelöst, 1811 jedoch als Medicinisch-chirurgische Academie wieder hergestellt wurde.

Die Universitäten des Kurfürstentums Brandenburg – später Preußens – lagen im 18. Jahrhundert alle außerhalb Berlins – in Halle, Frankfurt a. O., Duisburg und Königsberg. An ihnen wirkten Vertreter der Medizin. In der Hauptstadt, Berlin, wo die Akademie ihren Sitz hatte, gab es einige mehr oder weniger namhafte Mediziner lediglich unter den Leib- und Hofärzten und in den obengenannten Institutionen.

Das waren wichtige – wenn auch nicht alle – Bedingungen zum Zeitpunkt der Gründung der Akademie im Jahre 1700. Sie lassen aber erkennen, daß die Akademie keine großen Möglichkeiten der Auswahl solcher Mediziner hatte, die die Medizin als Wissenschaft in der Akademie hätten vertreten können.

Dennoch schrieb Leibniz bereits in einem Brief am 26. 3. 1700, der Fragen der Leitung der Akademie zum Inhalt hatte: „Zum Secretario möchte ich wünschen einen jungen Medicum, der dabey in Mathesi, Mechanica und Chymia Kundschaft habe".

Zur Rolle, die er der Medizin in der Akademie zugedacht hatte, sei vor allem auf seine 1701 geschriebene Arbeit verwiesen „Sumarische Punctation, die medicinalische Observationes betreffend, so durchgehends anzustellen und beständig fortzusetzen sein möchten".

In dieser Ausarbeitung nennt er Aufgaben der medizinischen Forschung, die noch heute Achtung, ja Bewunderung abnötigen, so die Erforschung der Ursachen verschiedener Epidemien, des Rheumatismus und anderer Krankheiten, die Beobachtung des Wetters und dessen Einfluß auf Krankheiten grippalen Charakters, die Entwicklung von Methoden zur statistischen Erfassung und analytischen Auswertung verschiedenster Krankheiten in einzelnen Bevölkerungsgruppen u. a. m.. Aufgaben stellt er auch in bezug auf die Tierhaltung und -pflege, auf die Untersuchung und Kontrolle von Gewässern und die mögliche Übertragung von Krankheitserregern. Leibniz nennt auch bedeutende Mediziner, die die Akademie zur Mitarbeit heranziehen sollte.

Unter seinen Vorschlägen zur Aufnahme der ersten Mitglieder der Akademie findet man die Namen M. Spener, den späteren Gründer und Eigentümer des Theatrum anatomicum, und B. Albinus, Professor der Medizin an der Universität in Frankfurt a. O. und später zeitweilig Leibarzt der Brandenburgischen Kurfürsten Friedrich Wilhelm und Friedrich I.. Diese beiden Mediziner wurden bereits 1701 in einer der ersten Sitzungen der Akademie nach ihrer Gründung als Mitglieder aufgenommen. Albinus ging jedoch bereits 1702 als Professor der Medizin an die Universität Leyden. 1701 wurde auch F. Hofmann, der an der Universität in Halle wirkte, abwesendes Mitglied der Akademie. Hofmann war später von 1709 – 1712 königlicher Leibarzt in Berlin, ging dann jedoch nach Halle zurück. Dagegen gelang es nicht, den kurfürstlichen, später königlichen Leibarzt von Gundelsheim als Akademiemitglied zu gewinnen. Dieser, ein mit allen Wassern gewaschener einflußreicher Mediziner, war an einer Mitgliedschaft gar nicht interessiert. Er nutzte vielmehr seine Stellung bei Hofe zur Ausdehnung seines eigenen Einflusses und zu Lasten und auf Kosten der Akademie.

Auch in den folgenden Jahren wurden weitere Mediziner als Mitglieder aufgenommen, so K. B. Behrens, Leibarzt in Braunschweig und Arzt in Hildesheim, der 1708 Mitglied wurde, mehrere Universitätsprofessoren aus Halle, Königsberg, Frankfurt a. O. und Wittenberg und einige Kreis- und Stadtphysici, ja, selbst ein Landarzt, H. Anhalt, der zugleich auch Bürgermeister in Neuruppin war. Dieser wurde 1714 Mitglied.

Mit dem Regierungsantritt Friedrich Wilhelms I. geriet die Akademie zusehends in Verfall. Über die geschichtlichen Hintergründe hierfür und über den zunehmend schwindenden Einfluß der Akademie in dieser Periode verweist der Verfasser auf seine 1975 erschienene Arbeit „Die Akademie der Wissenschaften der DDR – ein Beitrag zu ihrer Geschichte". Hier soll nur erwähnt werden, daß die Akademie auf Befehl dieses preußischen Königs gezwungen wurde, aus ihrem kläglichen Fonds, der im wesentlichen aus den Einnahmen des Kalendermonopols bestand, nicht nur die königlichen Hofnarren zu bezahlen, sondern auch die Löhne von Hebammen, Pedellen, ja selbst für den Laternenanzünder des Theatrum Anatomicum übernehmen mußte. Vor allem aber hatte sie die Gehälter für Ausbilder am Collegium medico chirurgicum zu tragen. Die Akademie versuchte verschiedentlich, von dieser Belastung loszukommen. Wie Friedrich Wilhelm I. darauf reagierte, soll zur Illustration an einem Beispiel sichtbar gemacht werden. Im Protokoll einer Akademiesitzung vom 2. Oktober 1737 ist unter anderem vermerkt:

> „Secretarius
> Gedenket zu förderst, daß, nachdem die aller unterthenigste Vorstellung wegen des Gehalts der Hrn. Del. Sprögel und Schaarschmidt mit Erlaubnis ihrer Exellenz des Hrn. Protectoris abgegangen, und S. Königl. Majestet in einem höchsteigenhändigen Marginal darauf verordnet: Societet soll mit dazuzahlen."

„Die Akademie soll zuzahlen" aber war seit Jahrzehnten die monotone Weisung dieses Königs und sie blieb es bis zu seinem Tode. Bereits 1718, wenige Jahre nach seinem Regierungsantritt, wurde in einer Akademiesitzung bei der Verhandlung finanzieller Forderungen des Hofes festgestellt, „solange ein Vorraht in der Casse sein wird, wird man nicht aufhören darnach zu grasen."

Mit der Übernahme der Gehälter dieser Ausbilder am Collegium medico chirurgicum wurden diese Vertreter der Medizin zugleich als Mitglieder der Akademie in den Mitgliederlisten geführt. Hier konnte die Akademie nicht wählen. Sie hatte Befehle durchzuführen und führte sie durch.

Aber die Akademie nahm bis zum Tode dieses preußischen Herrschers auch von sich aus weitere Mediziner als Mitglieder auf. Aus einer Vielzahl von Namen seien genannt der Vizedekan am Obercollegium medicum, P. Carita, der 1722 Mitglied wurde, M. A. Alberti, Professor der Medizin und Naturphilosophie in Halle, der 1726 aufgenommen wurde, der Anatom A. Vater aus Wittenberg, Mitglied seit 1728, der Arzt Selschop aus Halle, dessen Mitgliedschaft seit 1723 datiert, der königliche Leibarzt und Generalchirurg der preußischen Armee E. K. Holtzendorff, der 1724 Akademiemitglied wurde, der Leibarzt O. Barfeknecht, Mitglied seit 1737, der Professor für Medizin an der Universität Duisburg, J. A. Timmermann, Mitglied seit 1736, der Anatom J. F. Cassebohm in Berlin, der 1741 als Mitglied aufgenommen wurde und der bedeutende Arzt J. N. Lieberkühn, dessen Name in medizinischen Lehrbüchern noch in unserem Jahrhundert verzeichnet wurde. Dieser wurde 1734 Mitglied der Akademie.

Diese namentliche Auswahl zeigt, daß die Medizin in der Akademie der ersten Hälfte des 18. Jahrhunderts verhältnismäßig zahlreich vertreten war. Zahlenmäßig wird das noch deutlicher: Von den zwischen 1700 und 1743 in die Akademie aufgenommenen 153 Mitgliedern, die naturwissenschaftliche Fächer vertraten, gehörten 76 Mitglieder zur Medizin.

Ein erheblicher Rückgang an diesen Mitgliedern setzte jedoch mit dem Regierungsantritt Friedrichs II. ein und fand seinen Höhepunkt, seit dieser preußische König die Mitglieder der Akademie selbst ernannte, d. h. seit 1764.

Von den zwischen 1740 und 1786 in die Akademie aufgenommenen Vertretern der Medizin seien genannt: Chr. N. Cothenius, der 1750 Leibarzt Friedrichs II. und im gleichen Jahre auch Ordentliches Mitglied der Akademie wurde, der Anatom J. F. Meckel, der 1749 zum Ordentlichen Mitglied gewählt worden war, und der Mediziner Chr. Roloff, der 1755 Auswärtiges Mitglied, 1760 Ordentliches Mitglied der Akademie wurde. Friedrich II. berief seinerseits 1773 den Anatom und Professor am Collegium medico chirurgicum J. G. Walter zum Ordentlichen Mitglied.

Daß die Akademie in der 46jährigen Herrschaftsperiode Friedrichs II. nur wenig Mediziner als Mitglieder aufgenommen hat, resultiert nicht zuletzt aus der Haltung Friedrichs II. gegenüber den Vertretern der Medizin. Seine oft geäußerte Meinung „alle Doktors seint Idjoters" war keine belustigende Floskel des Königs. Sie kennzeichnet vielmehr die Grundhaltung dieses Herrschers. Friedrich II. schrieb am Anfang seiner Regierungszeit: „Unsere Akademie muß nicht zur Parade, sondern zur Instruction sein." Am Ende seiner Regierungszeit hatte die Akademie nur noch 18 Ordentliche Mitglieder. Unter ihnen befanden sich 2 Vertreter der Medizin, der 1750 von der Akademie gewählte, nunmehr 78jährige Leibarzt Cothenius und der 1773 von Friedrich II. aufgenommene Anatom Walter. So ist es auch nicht verwunderlich, daß der langjährige Leibarzt Chr. Selle nicht in die Akademie berufen wurde. 3 Wochen nach dieses Königs Tode holte eine dank dessen verknöcherter Politik zu diesem Zeitpunkt bereits verkümmerte Akademie das nach – am 7. September 1786 wurde Chr. Selle zum Ordentlichen Mitglied gewählt. Soweit zur Vertretung der Medizin in der Akademie des 18. Jahrhunderts und zur Klarstellung historischer Fehldeutungen.

ZUM STATUS DER MITGLIEDSCHAFT UND ZU EINIGEN FRAGEN DER LEITUNG DER AKADEMIE

Die Akademie hatte seit ihrer Gründung im Jahre 1700 zahlreiche Kategorien von Mitgliedern. Der Status der Mitgliedschaft wurde in der Regel bei der Aufnahme bzw. Wahl des betreffenden Mitgliedes festgelegt. Zwischen 1700 und 1980 gab es den Status eines Mitgliedes, eines anwesenden und eines abwesenden Mitgliedes, eines Ordentlichen und eines außerordentlichen Mitgliedes, eines Korrespondierenden und eines auswärtigen Korrespondierenden Mitgliedes, eines Auswärtigen Mitgliedes und eines Ehrenmitgliedes. Nach dem Statut vom 20. Mai 1969 gehören zur Akademie drei Kategorien

- Ordentliche Mitglieder
- Korrespondierende Mitglieder und
- Auswärtige Mitglieder.

Der Status der Mitgliedschaft kennzeichnet die Stellung und die mit ihr verbundenen Rechte und Pflichten in der Akademie. Nicht alle genannten Bezeichnungen zum Status der Mitgliedschaft galten zur gleichen Zeit. Sie und der Inhalt dieser Bezeichnungen veränderten sich in der Geschichte der Akademie mehrfach; einige wurden nur kurzzeitig verwendet.

Grundsätzlich sei hier gesagt, daß mit dem jeweiligen Status einer Mitgliedschaft keine wissenschaftliche Wertung des jeweiligen Mitgliedes verbunden ist. Der Status der Mitgliedschaft war und ist keine Rangstufe.

Die Generalinstruktion zur Gründung der Akademie vom 11. Juli 1700 kennt lediglich den Status „Mitglied" der Sozietät. Eine zahlenmäßige Begrenzung für die Aufnahme von Akademiemitgliedern erfolgte nicht. Erst im Laufe des ersten Jahrzehntes nach der Gründung der Akademie, nachdem eine größere Anzahl von Persönlichkeiten als Mitglieder aufgenommen worden waren, wurde in den Sitzungen des Conciliums der Akademie zur besseren Unterscheidung derjenigen Mitglieder, die in Berlin wohnten und wirkten, von denjenigen, die außerhalb Berlins bzw. im Ausland tätig waren, die Bezeichnung „anwesendes Mitglied" bzw. „abwesendes Mitglied" verwendet. Diese Unterscheidung war lediglich für den innerakademischen Gebrauch bestimmt.

Aus dem Bestand der „anwesenden Mitglieder" wurden auch die leitenden Mitglieder, die gemäß der Generalinstruktion dem Concilium angehören sollten, berufen.

Angemerkt sei hier, daß später in wesentlichen Arbeiten zur Geschichte der Akademie, besonders in der vierbändigen „Geschichte der Preußischen Akademie der Wissenschaften" von A. v. Harnack sowie in älteren Mitgliederlisten und in Mitgliederverzeichnissen diese innerakademische Regelung zur Bezeichnung des Status der Mitgliedschaft zwischen 1700 und 1743 – von subjektiv bedingten Abweichungen abgesehen – angewendet wurde.

In dieser Arbeit wurden die Bezeichnungen „anwesendes Mitglied" (anwM) bzw. „abwesendes Mitglied" (abwM) generell für die Mitgliedschaften zwischen 1700 und 1743 verwendet. Lediglich bei G. W. Leibniz, dem Begründer und ersten Präsidenten der Akademie, glaubte der Verfasser eine Ausnahme machen zu dürfen. Für ihn wurde der Status „OM" benutzt.

Das Statut vom 3. Juni 1710 enthält zum Status der Mitgliedschaft keine besonderen Bestimmungen. Grundlage hierfür blieb weiterhin die Generalinstruktion vom 11. Juli 1700. Einige Konkretisierungen und Erweiterungen ergaben sich jedoch im Hinblick auf die Leitung der Akademie. Sie betrafen

- die Einsetzung eines Präses honorarius, verkörpert durch ein Mitglied des Geheimen Rates Friedrichs I.. Dem Präsidenten Leibniz wurde der Wirkl. Geh. Etatsrat M. L. von Printzen als Präses honorarius an die Seite gesetzt mit der Maßgabe, nach dem Tode von Leibniz alleiniger Präsident zu sein und
- die Bildung von vier Klassen der Aka-

demie, die ihrerseits im Dezember 1710 die Wahl je eines Direktors der Klasse aus dem Kreise der „anwesenden Mitglieder" vornahmen.
Die vier Direktoren lösten sich – bis 1743 – jährlich im Amt des Vizepräsidenten ab. Dieser Wechsel geschah formlos und ohne Wahl. Der sein Amt abgebende oder der dieses Amt übernehmende Direktor nutzte vielfach die Möglichkeit des Übergabeaktes, um auf die katastrophale Lage der Akademie – besonders in der Zeit der Herrschaft Friedrich Wilhelms I. – hinzuweisen, vereinzelt sogar mit der Feststellung, daß man des Königs weder zu gedenken noch ihm zu danken brauche.
Erwähnt sei hier, daß Friedrich Wilhelm I. 1718 den Oberzeremonienmeister am Hofe J. P. Freiherr von Gundling zum Präsidenten ernannte. 1731 folgte diesem in der Funktion der Königl. Spaßmacher D. Fassmann, der aber noch im selben Jahre Berlin heimlich verließ. 1732 wurde der Königl. Spaßmacher Graben zum Stein – vom preußischen König offiziell mit einem Narrenpatent versehen – Vizepräsident. 1733 wurde D. E. Jablonski, neben G. W. Leibniz einer der tätigsten Männer bei der Gründung der Akademie, inzwischen 73jährig, Präsident.
In älteren Geschichtsdarstellungen und Mitgliederverzeichnissen sind einige dieser Genannten nur in ihrer Funktion, nicht jedoch als Mitglied der Akademie aufgeführt. Diese willkürliche Auslegung widerspricht der in der Akademie gehandhabten und staatlich verordneten Praxis sowie vorhandenen Quellen. In der vorliegenden Arbeit wurde dieser Mangel korrigiert.

Das Statut vom 24. Januar 1744 und diesem zugrundeliegende Entscheidungen gingen zunächst davon aus, daß die aus der Vereinigung der bisherigen Akademie und der Nouvelle Société Litteraire hervorgegangene „Königliche Akademie der Wissenschaften" den Mitgliederbestand beider bisheriger Institutionen – mit wenigen Ausnahmen – in sich vereinigt.
Der Status der Mitgliedschaft sah seit dieser Zeit den eines Ordentlichen Mitgliedes (OM) und eines Ehrenmitgliedes (EM) vor. OM waren von jetzt ab jene, die in Berlin wohnhaft waren, EM jene, die außerhalb Berlins wirkten. Indirekt wurde auch zusätzlich die Bezeichnung Auswärtiges Mitglied (AM) verwendet, jedoch als Anhängsel der Ehrenmitgliedschaft: „In die Ehrenmitglieder sind die Auswärtigen Mitglieder inbegriffen". Eine nähere Charakterisierung des Status dieser Mitgliedschaften erfolgte nicht. Eine zahlenmäßige Begrenzung war weiterhin nicht vorgesehen.
Im Hinblick auf die Leitung der Akademie enthielt dieses Statut weitere Präzisierungen bzw. Veränderungen. Sie betrafen vor allem
- die Bildung eines Direktoriums der Akademie, bestehend aus vier Kuratoren unter den Ehrenmitgliedern und den vier Direktoren der Klassen;
- die Wahl der Direktoren der Klassen, die von nun an aus dem Kreise der Ordentlichen Mitglieder auf Lebenszeit gewählt werden sollten;
- die Einsetzung eines beständigen Sekretars der Akademie und eines zusätzlichen Sekretars der Akademie aus dem Kreise der Ordentlichen Mitglieder sowie
- die Schaffung der Stelle eines „Tresoriers", der ebenfalls den Status eines Ordentlichen Mitgliedes haben sollte und der für den Geschenkfundus der Akademie verantwortlich war.
(Der erste „Tresorier" war der Professor der Mathematik J. F. Faber aus Berlin, der als „geeignetes Subjekt" auch die Zustimmung Friedrichs II. fand und am 14. 2. 1744 sein Amt antrat. Faber enttäuschte König und Akademie schon nach kurzer Zeit: Er hatte den Bestand des Tresors, den aus silbernen Tabaksdosen und aus Medaillen bestehenden Geschenkfundus der Akademie, einem Straßenhändler verkauft und den Erlös in die eigene

Tasche gesteckt. Einem Sturm der Entrüstung folgten lange Beratungen zur Ingangsetzung eines Ausschlußverfahrens. Ihm entging Faber durch seinen Tod im Oktober 1745.)

Für den Zeitraum ab 1744 wird in dieser Arbeit der Status der Mitgliedschaft entsprechend den Festlegungen des Statuts von 1744 verwendet. In älteren Arbeiten zur Geschichte der Akademie sowie in Mitgliederverzeichnissen vorhandene Abweichungen, zum Teil auch hinsichtlich der Dauer der Mitgliedschaft haben ihre Ursachen offenbar in fehlerhaften bzw. unvollkommenen Unterlagen jener Zeit. Daraus entstandene nicht zutreffende Angaben wurden korrigiert.

Das Statut vom 10. Mai 1746 sah den Status Ordentliches Mitglied (OM), Ehrenmitglied (EM) und Auswärtiges Mitglied (AM) vor. Die inhaltlichen Bestimmungen hierzu wurden nicht eindeutig gefaßt. OM waren wie bisher Mitglieder mit Berliner Wohnsitz, die ihren Pflichten in der Akademie nachkamen. EM waren jene, die ebenfalls in Berlin wohnhaft waren, jedoch keine Verpflichtungen zur Mitarbeit übernahmen. Der Status des AM kennzeichnete jene Mitglieder, die außerhalb Berlins bzw. im Ausland lebten. Auch in diesem Reglement von 1746 – in französischer Sprache erlassen – war keine zahlenmäßige Begrenzung der Mitglieder vorgesehen.

Eine Kabinettsorder Friedrich Wilhelms III. vom 9. April 1798 setzte die Zahl der OM auf insgesamt 28 fest – für jede der vier Klassen je einen Direktor und sechs Ordentliche Mitglieder. Als Bezeichnung der Mitglieder wurde OM und EM vorgesehen. Infolge dieser zahlenmäßigen Begrenzung wurden zwischen 1799 und 1811 einige Mitglieder als „außerordentliche Mitglieder" aufgenommen, die in die Stellen für die ordentliche Mitgliedschaft aufrückten, nachdem diese durch den Tod solcher Mitglieder frei geworden waren. Angemerkt sei hier, daß auf Grund dieser Kabinettsorder Mitglieder zunächst vom preußischen König ernannt wurden. Eine Wahl durch die Akademie erfolgte erst später. Da diese Regelung nur wenige Jahre Gültigkeit hatte und um die Ausführungen zum Status der Mitgliedschaft übersichtlich zu halten, ist in dieser Arbeit die Bezeichnung zum Status der Mitgliedschaft EM und AM wie sie bis 1798 vorgenommen worden war, beibehalten worden.

Bedeutende Veränderungen brachte das Statut vom 24. Januar 1812. Nunmehr gab es den Status

Ordentliches Mitglied (OM),
Auswärtiges Mitglied (AM),
Ehrenmitglied (EM) und
Korrespondierendes Mitglied (KM).

Für die ordentliche Mitgliedschaft galt wie bisher die Bindung an Berlin bzw. an solche Entfernung von der Hauptstadt, die die Erfüllung der akademischen Pflichten ermöglichte. Neben sie traten die „auswärtigen Mitglieder" (AM), die, sobald sie sich in Berlin niederließen und ihren Pflichten in der Akademie nachkamen, den Status OM erhielten. Dagegen erhielten jene Auswärtigen Mitglieder, die sich in Berlin niederließen, ohne die mit einer ordentlichen Mitgliedschaft verbundenen Pflichten zu übernehmen, den Status EM. Eine zahlenmäßige Begrenzung auf 24 erfolgte nur für den Status „Auswärtiges Mitglied". Bei allen übrigen Kategorien ist vermerkt, daß die Zahl von den „Bedürfnissen der Wissenschaften und von äußeren Umständen" abhänge. Die bisherigen auswärtigen bzw. ausländischen Ehrenmitglieder behielten diesen Status.

Mit dem Statut der Akademie von 1812 erhielten die Mitglieder, die den Status eines OM hatten, automatisch das Vorlesungsrecht an der Universität zu Berlin. Darüber hinaus wurde die bereits seit 1788 bestehende (zwischenzeitlich jedoch verschiedentlich eingeschränkte) Zensurfreiheit für Ordentliche Mitglieder unter der Voraussetzung bestätigt, daß sich der Autor auf dem Titel nennt und bei der Zensurbehörde bestätigt. Mit dem Statut vom 24. Januar 1812 wurden die Funktion des „Direktors" der Klas-

sen sowie die des „beständigen Sekretars" beendet. Bereits 1810 traten an ihre Stelle die Sekretare der Klassen. Dieser Titel blieb bis 1968 für die Leiter der Klassen der Akademie bestehen.
Die Sichtung und Erfassung des bisherigen Mitgliederbestandes im Zusammenhang mit den Reformen Anfang des 19. Jahrhunderts und der Vorbereitung des Statuts der Akademie von 1812 erwies sich als besonders schwierig. Die in der Akademie erarbeiteten Namenslisten der Mitglieder aus jener Zeit, die zur Überprüfung des Bestandes der Mitgliedschaft angefertigt worden waren, weisen zahlreiche Mängel auf und sind nicht vollständig. Das läßt den Schluß zu, daß die Akademie zu einem größeren Teil ihrer auswärtigen bzw. ausländischen Mitglieder keine Verbindung mehr hatte und verschiedentlich auch davon ausging, daß Mitglieder bereits verstorben seien. Gründe hierfür liegen im allgemeinen Zustand der Akademie jener Zeit, einem Zustand, der einherging mit dem Zusammenbruch des preußischen Staates. Aus diesen unvollkommenen Listen wurde in den bereits genannten nach 1945 erschiedenen Mitgliederverzeichnissen der nicht zutreffende Schluß abgeleitet, daß solche in den Listen der Jahre 1810 – 1812 nicht enthaltenen Namen in der offiziellen Mitgliederliste von 1812 bewußt „ausgelassen" worden seien und ihre Mitgliedschaft zu diesem Zeitpunkt endete. (Einen solchen nicht zutreffenden Hinweis findet man z. B. bei Angaben zum Auswärtigen Mitglied Chr. M. Wieland, der 1813 in Weimar verstarb.) Die Praxis und die Quellen der Akademie nach 1812 widerlegen solche nicht zutreffenden Deutungen. Mitglieder, die vor 1812 aufgenommen worden waren und deren Namen in den Mitgliederlisten von 1812 nicht enthalten waren, erhielten auf ihre Nachfrage oder Beschwerde die Mitteilung, daß sie „versehentlich ausgelassen" worden waren. Da es sich in solchen Fällen ausschließlich um Mängel in der Führung der Mitgliederunterlagen in der Akademie gehandelt hat, sind in dieser Arbeit die genauen Angaben der Mitgliedschaft vermerkt.
Weitere Veränderungen zum Status der Mitgliedschaft erfolgten im Statut der Akademie vom 31. März 1838.
Neben der Festlegung der Kategorien der Mitgliedschaften (OM, AM, EM und KM) erhielt das Statut Definitionen zum Inhalt sowie Festlegungen zur zahlenmäßigen Begrenzung der jeweiligen Mitgliedschaften.
Während die Bestimmungen für die ordentliche und für die auswärtige Mitgliedschaft nicht wesentlich verändert wurden, wurde für den Status des Ehrenmitgliedes festgelegt, daß als solche „anwesende oder auswärtige Personen . . . " gewählt werden können, „welche bei einer ausgezeichneten Teilnahme an den Angelegenheiten der Wissenschaft, durch ihr Ansehen und ihren Einfluß den Bestrebungen der Akademie förderlich sein können, oder welche bei anerkannten wissenschaftlichen Verdiensten deswegen nicht füglich zu ordentlichen Mitgliedern gewählt werden können, weil ihre Verhältnisse nicht die Erwartung erlauben, daß sie die Pflichten eines ordentlichen Mitgliedes werden erfüllen können." Der Status eines Korrespondierenden Mitgliedes war für außerhalb Berlins wohnende Gelehrte vorgesehen, „mit denen die Akademie in nähere wissenschaftliche Verbindung und Mitteilung zu stehen wünscht."
Für Ordentliche Mitglieder wurde das Vorlesungsrecht auf alle preußischen Universitäten erweitert.
Eine Höchstzahl für die einzelnen Kategorien sah vor: für OM 50, für AM 32, für KM 200 Stellen. Zugleich damit erfolgte eine Aufteilung der einzelnen Planstellen auf die speziellen Wissenschaftsgebiete. Die Zahl der EM wurde nicht begrenzt.
Erstmals in der Geschichte der Akademie wurden statuarisch besondere Gehälter für Ordentliche Mitglieder festgelegt. Jedes OM erhielt ein jährliches akademisches Gehalt von 200 Rthlrn. Darüber hinaus wurde die Möglichkeit einge-

räumt, für 3 OM in der physikalisch-mathematischen Klasse und für 2 OM in der philosophisch-historischen Klasse höhere Gehälter zu zahlen. Diese waren für je 1 Vertreter der Botanik, der Chemie, der Astronomie sowie der Philosophie oder der Geschichte bestimmt.

In bezug auf die Leitung der Akademie hatten sich bereits zwischen 1828 und 1830 einige — staatlich genehmigte — Veränderungen vollzogen. Anstatt der bisherigen vier Klassen der Akademie wurden zwei Klassen eingerichtet, jedoch blieb die Zahl von vier Sekretaren — zwei je Klasse — bestehen. Diese Sekretare wurden auf Lebenszeit gewählt. Sie wechselten sich im viermonatigen Turnus in der Leitung der Geschäfte ab. Der jeweils leitende Sekretar erhielt für die Dauer dieser Funktion die Bezeichnung „Vorsitzender Sekretar". Jeder der vier Sekretare führte ein Amtssiegel, der Vorsitzende Sekretar zusätzlich das große Siegel der Akademie. Wie bisher wurden auch fernerhin die Sekretare aus dem Kreis der OM gewählt.

Das Statut vom 28. März 1881 enthielt hinsichtlich des Status der Mitgliedschaft keine wesentlichen Veränderungen. Die Zahl der OM wurde auf 54 erhöht, die Zahl der AM auf 20 gesenkt. Die Zahl der EM wurde nicht begrenzt. Bei den KM blieb es bei 200. Bei den letzteren wurde jedoch festgelegt, daß Mitglieder dieses Status auch bei der Übersiedlung nach Berlin Korrespondierende Mitglieder blieben.

Das jährliche akademische Gehalt für Ordentliche Mitglieder wurde auf 900 RM festgesetzt. Anstelle der bisherigen drei besonderen Gehälter für Naturwissenschaftler, die OM waren, wurden zwei festgesetzt. Für den geisteswissenschaftlichen Bereich blieb es bei den bereits 1838 festgelegten zwei Stellen. Außerdem erhielt die Akademie das Recht, ein weiteres besonderes persönliches Gehalt zu gewähren.

In der Folgezeit wurden in Reglements und Geschäftsordnungen die Planstellen für die einzelnen Mitgliederkategorien mehrfach verändert. Die Zahl der OM veränderte sich von 1838 bis 1945 wie folgt:

1838:	50
1881:	54
1900:	60
1906:	64
1911:	67
1913:	70
1935:	76

Eindeutige Bestimmungen sicherten eine gleichmäßige Aufteilung dieser Stellen auf die beiden Klassen der Akademie. Anzumerken ist hier, daß nach der Erhöhung der Planstellen im Jahre 1935 in den folgenden Jahren der faschistischen Diktatur die Einrichtung der Planstellen mit besonderen akademischen Gehältern abgeschafft wurde. Weitere Darlegungen hierzu sowie zu der Aufteilung der Stellen auf die einzelnen Wissenschaftsgebiete sind in der Arbeit des Verfassers „Die Akademie der Wissenschaften der DDR — ein Beitrag zu ihrer Geschichte", 1975, enthalten.

Nach der Wiedereröffnung der Akademie, 1946, wurde in der Satzung der Akademie vom 31. Oktober 1946 der Status Ordentliches Mitglied (OM), Korrespondierendes Mitglied (KM) und Ehrenmitglied (EM) verankert. Der in der Vergangenheit zeitweilig und für eine begrenzte Zahl von Mitgliedern bestehende Status eines außerordentlichen Mitgliedes (aoM) wurde beseitigt. Eine zahlenmäßige Begrenzung erfolgte lediglich für die Ehrenmitgliedschaft. Für sie waren 10 freie Stellen vorgesehen. Die Rechte und Pflichten der Mitglieder der verschiedenen Kategorien entsprachen im wesentlichen der bisherigen Regelung.

Im Statut vom 17. Juni 1954 blieb es bei diesen 3 Kategorien der Mitgliedschaft, jedoch erfolgte eine zahlenmäßige Erhöhung der Stellen für die Ordentlichen Mitglieder auf 120. Diese Zahl wurde nach der Gründung der Akademie der Landwirtschaftswissenschaften, der heutigen AdL der DDR, auf 90 reduziert, da dieser Akademie 30 Planstel-

len für landwirtschaftswissenschaftliche Fächer übertragen wurden.
Das Statut vom 2. Mai 1963 sah nicht von vornherein den Status Ordentliches Mitglied (OM) vor, der bereits mit einer Wahl verbunden war. Von diesem Zeitpunkt bis zum Jahre 1968 gab es für Persönlichkeiten der DDR den Status „Akademiemitglied" und für ausländische Persönlichkeiten den Status „auswärtiges Korrespondierendes Mitglied". Außerdem gab es den Status „Ehrenmitglied". Die Entscheidung der zum „Akademiemitglied" gewählten Persönlichkeiten aus der DDR über den Status ihrer Mitgliedschaft blieb diesen selbst vorbehalten. Sie hatten das Recht, persönlich zu entscheiden, ob sie den Status eines OM mit den damit verbundenen Rechten und Pflichten oder den Status eines KM annehmen wollten.
In dieser Arbeit ist der Status der Mitgliedschaft entsprechend der jeweils getroffenen Entscheidung verzeichnet.
Anzumerken ist hier, daß in den Jahren 1964 bis 1965 auf Empfehlung der Klassen und durch Beschlüsse des Plenums der Status der bisherigen Korrespondierenden Mitglieder in der DDR – von wenigen Ausnahmen abgesehen – in den einer Ordentlichen Mitgliedschaft und der Status ausländischer Mitglieder mit einem Lebensalter unter 65 Jahren in den eines ausländischen Korrespondierenden Mitgliedes umgewandelt wurde.
Anzumerken ist weiter, daß das Statut vom 2. Mai 1963 den Klassen das Recht einräumte, „insbesondere jüngere geeignete Persönlichkeiten für die Dauer eines Jahres jeweils vom Leibniz-Tage ab gerechnet als Gäste (Hospitanten) zu berufen." Hospitanten nahmen an den wissenschaftlichen Sitzungen der Klasse teil, in die sie befristet berufen worden waren. Diese Regelung diente dem Ziel, solche wissenschaftlich ausgewiesenen Persönlichkeiten näher kennenzulernen. Ein Teil von ihnen wurde in der Folgezeit zu Akademiemitgliedern gewählt.
Das Statut vom 20. Mai 1969 sieht den Status Ordentliches Mitglied (OM) und Korrespondierendes Mitglied (KM) für Staatsbürger der DDR vor. Für ausländische Persönlichkeiten, die als Mitglieder der Akademie gewählt werden, besteht der Status Auswärtiges Mitglied (AM).
Die Höchstzahl der Ordentlichen Mitglieder beträgt wie bisher 90, jedoch sind in dieser Zahl nicht jene OM einbegriffen, die auf Grund der Erreichung der Altersgrenze oder vorzeitiger Invalidität von den Pflichten der Mitwirkung an den Arbeiten der Akademie entbunden sind.
Seit dem Statut vom 17. Juni 1954 erhalten die Ordentlichen Mitglieder zusammen mit dem Diplom der Mitgliedschaft die goldene Ehrennadel der Akademie. Diese Regelung wurde mit dem Statut vom 2. Mai 1963 auf alle Kategorien ausgedehnt. Auch im Statut vom 20. Mai 1969 ist diese Regelung beibehalten worden.
Ordentliche Mitglieder der Akademie erhalten seit 1949 eine monatliche Dotation.
Seit der Wiedereröffnung der Akademie, 1946, erfolgten einige prinzipielle Veränderungen im Hinblick auf Struktur und Organisation der Leitung der Akademie.
Die Satzung der Akademie vom 31. Oktober 1946 enthielt die Bestimmung, daß die Leitung der Akademie durch ein Präsidium erfolgt, dem der Präsident, ein (ständiger) Vizepräsident und die Sekretare der Klassen angehören. Der Präsident und der Vizepräsident wurden für die Dauer von vier Jahren, die Sekretare der Klassen für die Dauer von fünf Jahren gewählt. Damit wurde die bis 1938 bestehende lebenslange Wahlperiode der Sekretare der Klassen beendet.
Das Statut vom 2. Mai 1963 sah folgende zentrale Leitungsfunktionen vor:
Den Präsidenten der Akademie, einen Vizepräsidenten für den naturwissenschaftlichen und technischen Bereich der Akademie, einen Vizepräsidenten für den gesellschaftswissenschaftlichen Bereich der Akademie, einen Vizepräsidenten als Vorsitzenden der Forschungsgemein-

schaft der naturwissenschaftlichen,technischen und medizinischen Institute der Akademie, einen Vizepräsidenten als Vorsitzenden der Arbeitsgemeinschaft gesellschaftswissenschaftlicher Institute und Einrichtungen der Akademie, einen Vizepräsidenten als ausscheidenden Präsidenten, den Generalsekretär der Akademie und die Sekretare der Klassen.

Die Wahl derjenigen Vizepräsidenten, die zugleich die Forschungsgemeinschaft bzw. Arbeitsgemeinschaft der Institute der Akademie leiteten, erfolgte im Erweiterten Präsidium, die Wahl aller übrigen Funktionsträger im Plenum der Ordentlichen Mitglieder. Die Wahlperiode betrug einheitlich vier Jahre.

Das Statut vom 20. Mai 1969 beschränkte die Zahl der Vizepräsidenten auf zwei. Im Januar 1971 wurde jedoch die Stelle eines weiteren Vizepräsidenten geschaffen. Sie ist dem jeweiligen Präsidenten der Sächsischen Akademie der Wissenschaften zu Leipzig vorbehalten. 1972 folgte die Einrichtung einer weiteren Vizepräsidentenstelle für Gesellschaftswissenschaften. 1979 wurde der zu diesem Zeitpunkt ausscheidende Präsident als Vizepräsident – ohne Geschäftsbereich – gewählt. Für die Leiter der Klassen der Akademie wurde der bisherige Titel „Sekretar" eleminiert und durch den Titel „Vorsitzender" ersetzt.

Mit dem Statut vom 20. Mai 1969 wurde eine vierjährige Berufungsperiode festgelegt. Das Plenum der Ordentlichen Mitglieder kann für die Funktionen des Präsidenten, der Vizepräsidenten und des Generalsekretärs aus dem Kreise der ordentlichen Mitglieder jeweils bis zu drei Persönlichkeiten wählen. Die aus diesen Wahlen hervorgegangenen Vorschläge werden dem Vorsitzenden des Ministerrates der DDR unterbreitet. Er nimmt die Berufungen vor.

Anzumerken ist, daß am 21. Juni 1945, in der Periode, die der Wiedereröffnung der Akademie vorausging, von den in Berlin anwesenden Ordentlichen Mitgliedern J. Stroux zum Präsidenten gewählt worden war. Er bekleidete diese Funktion auch während der ersten Amtsperiode nach der Wiedereröffnung, 1946 bis 1951. J. Stroux war damit der erste gewählte Präsident in der Geschichte der Akademie überhaupt.

Ebenfalls am 21. Juni 1945 wurde L. Diels mit der Wahrnehmung der Geschäfte des Sekretars der Mathematisch-naturwissenschaftlichen Klasse und F. Hartung mit der Wahrnehmung der Geschäfte des Sekretars der Philosophisch-historischen Klasse beauftragt. L. Diels bekleidete diese Funktion bis zu seinem Tode am 30. November 1945. Danach erfolgte bis zur Wiedereröffnung der Akademie, 1946, keine Neubesetzung. F. Hartung blieb bis Dezember 1949 Sekretar der Klasse.

Im Statut vom 17. Juni 1954 wurde die bereits seit 1951, dem Ablauf der ersten Wahlperiode, praktizierte Lösung, daß der ausscheidende Präsident für eine weitere Wahlperiode als Viezpräsident gewählt werden konnte, verankert. Zusätzlich wurden die Stellen für zwei weitere Vizepräsidenten, je eine für den naturwissenschaftlichen bzw. für den gesellschaftswissenschaftlichen Bereich, geschaffen. Die Wahlperiode für diese Funktionsträger blieb bestehen, diejenige der Sekretare auf drei Jahre verkürzt.

Im Zusammenhang mit der Bildung der Forschungsgemeinschaft der naturwissenschaftlichen, technischen und medizinischen Institute wurde durch Beschluß des Plenums der Akademie vom 4. April 1957 in Abänderung des § 37 Absatz 2 des Statuts vom 17. Juni 1954 die Stelle eines weiteren Vizepräsidenten geschaffen, die für den technischen Bereich der Akademie vorgesehen war.

ZUM VERFAHREN DER AUFNAHME VON MITGLIEDERN IN DIE AKADEMIE

In bezug auf die Aufnahme von Mitgliedern trifft man verschiedentlich auf Auffassungen, daß nicht nur die Akademie in Berlin, sondern Akademien generell in der Vergangenheit als „Gelehrten-Republiken" nicht nur die „Freiheit der Wissenschaft" verkörperten, sondern auch die „Freiheit der Wahl" besessen haben. So wenig, wie solche absoluten Auffassungen auf andere gleichartige Institutionen zutreffen, so wenig treffen sie auf die Akademie in Berlin zu.

Zur sogenannten Wahlfreiheit, genauer zum Modus der Aufnahme von Mitgliedern in die Akademie, seien nachfolgend die diesbezüglichen Festlegungen in den Statuten der Akademie, illustriert durch einige Beispiele, dargelegt.

Die Generalinstruktion vom 11. Juli 1700, die der Errichtung der Akademie zugrunde lag, besagt, daß der „Stamm der Mitgliedschaft" vorerst durch diejenigen gebildet wird, „die mit der Fundation der Akademie bemüht" gewesen sind. Dieser namentlich feststehende Personenkreis wurde damit zu Mitgliedern bestimmt. Zum Verfahren der Aufnahme künftiger Mitglieder heißt es, daß das „Consilio" der Akademie – d. h. ein begrenzter Teil der in Berlin lebenden Akademiemitglieder – „Vorschläge" für neue Mitglieder zu machen habe. In der Praxis der ersten Jahrzehnte des Bestehens der Akademie wurde diese Festlegung derart gehandhabt, daß das Konzilium in seinen Sitzungen zum Tagesordnungspunkt „Receptiones" ohne jede Wahlhandlung neue Mitglieder aufnahm. Die Namen der vorgeschlagenen Persönlichkeiten wurden von Teilnehmern dieses Gremiums benannt und der Vorschlag bestenfalls kurz mündlich erläutert.

Im Statut der Akademie vom 3. Juni 1710 sind hinsichtlich des Aufnahmeverfahrens für neue Mitglieder keine abweichenden Änderungen verzeichnet. Seit dieser Zeit fanden in größeren Zeitabständen Sitzungen der Gesamtakademie und relativ regelmäßig Sitzungen der einzelnen Klassen statt. In den Klassen wurden von nun an vielfach, jedoch nicht grundsätzlich, Vorschläge zur Aufnahme neuer Mitglieder unterbreitet. Eine Aufnahme erfolgte jedoch weiterhin durch Entscheidung des Konziliums. Die „Rezeption" durch das Konzilium blieb der Modus der Aufnahme von Mitgliedern bis zum Jahre 1743.

Hingewiesen werden muß hier darauf, daß es im 18. Jahrhundert durchaus üblich war, daß Wissenschaftler und hochgestellte Persönlichkeiten der Gesellschaft – auch des Auslandes – von sich aus die Forderung nach einer Mitgliedschaft erhoben, verschiedentlich bei gleichzeitiger Einsendung einer Arbeit, mit der sie sich als „gebildete Persönlichkeiten" bzw. als Wissenschaftler ausweisen wollten. Es gibt in der Berliner Akademie nur wenige Fälle einer Ablehnung solcher Forderungen.

Es ist erklärlich, daß sowohl durch diese Art der eigenen Bewerbung bzw. Forderung als auch durch die einfache Benennung von Vorschlägen im zahlenmäßig kleinen Kreise des Konziliums nicht immer die angesehensten Wissenschaftler aufgenommen wurden. Hinzu kommen die Eingriffe der preußischen Herrscher, die vielfach von sich aus verfügten, wen die Akademie aufzunehmen hatte. Hierzu wird auf den Abschnitt dieser Einführung „Einige Bemerkungen zur Vertretung der Medizin in der Akademie des 18. Jahrhunderts" verwiesen.

Zur Illustration des Aufnahmeverfahrens in den ersten Jahrzehnten des Bestehens der Akademie seien einige Auszüge aus Protokollen des Konziliums angeführt:

Am 2. 9. 1723 ist vermerkt: Der Vorsitzende

> „Erinnert wegen des ansuchens des H. Fäsch zu Dresden, in die Societaet aufgenommen zu werden: im gleichen habe auch der H. v. Gundling auf Königlichen Befehl dergleichen vor den H. Winslowium Prof. Medicinae zu Paris verlanget, deßen Schreiben vorgeleget worden.
>
> Concl.
>
> Sollen beide aufgenommen werden."

Am 12. 9. 1725 heißt es:

> „H. Jablonski trägt vor, wie der Frau

Marggräfin von Schwert Hoheit durch den H. Lindemann des Prinzen Heinrichs Unterhofmeister bei Ihm den H. Lupichium, der Erbprinzeßin zu Stutgard Hofprediger zum Mitglied der Societaet recommendiren laßen. Es sei derselbe wo nicht von den Gelehrten der ersten Ordnung, doch in den heiligen sprachen wol erfahren, so daß die Societaet von Ihm Ehre und Zier zu gewarten habe. Als hierüber die Umfrage geschehen, wurde einhellig

Concl.

Ihm die Aufnehmung widerfahren zu laßen."

Nicht in jedem Falle folgte das Konzilium den Anträgen, wie das Protokoll vom 24. 2. 1724 belegt:

„H. Vicepraeses

Praeconisirt den H. Prof. Grillo von Frankfurt der auch bei seiner neulichen anwesenheit in Classe Orientali beliebet worden.

Concl.

Wird mit allem willen einstimmig aufgenommen.

Secretarius

Praeconisirt im nahmen des H. Marpergers zu Dresden, und aus deßelben Schreiben, den H. Dinglinger, Königl. Pol. Hof Jubilier etc.

Concl.

Weil seine profession mit dem Objecto Societatis nichts gemeines hat, wäre die aufnehmung bedenklich, und möchte mit guter manier abgelehnet werden.

Idem

Auf des H. Buddei ersuchen praeconisirt H. M. Grischou zu Jena, als einen Vortrefflichen Mathematicum.

Concl.

Obzwar das Mathematische Departement einer Verstärkung sehr nötig habe, sintemal aber von auswärtigen ihm schlechte Hülfe zukommen kan, zu dem der H. Grischau nach dem Reglement sich noch nicht legitimirt, so möchte er bis zu anderer Zeit ausgesezet werden.

Idem

berichtet, daß der H. Lenfant, bei Gelegenheit einer Zuschrift von auswärtigen orten, da ihm der titel eines Mitglieds der Societaet beigeleget worden, zu verstehen gegeben, daß es ihm lieb sein werde, wenn er es in der taht werden könnte;

Concl.

daß ihm als einem in Historia Ecclesiastica und Philologia Orientali wolerfahrnen Mann hierunter gerne zu willfahren."

Daß unter den Bedingungen dieses Aufnahmemodus auch Betrüger Mitglieder der Akademie werden konnten, soll am Beispiel des Protokollauszuges der Sitzung des Konziliums vom 3. 7. 1720 gezeigt werden:

„H. Jagwiz

Zeiget an, waß für unangenehme Nachrichten von dem D. Rezel, der als ein Mitglied aufgenommen worden, und mit einigen Arcanis und Specificis, sonderlich mit einem Rezoardico solari sich sehr breit gemacht, nunmehr einlaufen, wie nemlich er ein ungelehrter, und anfänglich ein Zolleinnehmer gewesen, durch Zufall aber hinder einige Chymische operationes gekommen, und ein MS. so ihm in die Hände gefallen, unter seinem namen herausgegeben, auch einige Medicamenta von seiner arbeit ausgeteilet, damit glücklich gewesen, und ihm einen nahmen erworben, nun aber alle obige Dinge an den tag kommen, und ihm in öffentlichen Schriften vorgeworfen werden, davon die Societaet wenig ehre habe, Er wünsche daß man künftig mit aufnehmung unbekannter leute behutsamer gehen möge."

In diese Zeit, in der die Lebensfähigkeit der Akademie durch die Wissenschaftsfeindlichkeit Friedrich Wilhelms I. immer mehr eingeengt wurde, fällt auch die Aufnahme des seinerzeit bedeutenden französischen Gelehrten und königlichen Geographen in Paris, de l'Isle.

Darüber vermerkt das Protokoll vom 3. 11. 1723: Der Vorsitzende

> „Zeigt an, wie der berühmte Geographus zu Paris M. de l'Isle, in einem Schreiben an H. Kirchen bezeuget ein Verlangen zu haben, in die Societaet aufgenommen zu werden.
>
> Concl.
>
> Weil es der Societaet wenigstens auswärtig zum ruhm gereichet, daß dergleichen Leute zu derselben treten wollen, so wird Ihm solches mit allem Willen zugestanden."

Nach dem Regierungsantritt Friedrichs II. wurde 1743 die bisherige Societaet in Berlin mit der „Nouvelle Société Litteraire" zur „Académie Royal des Sciences et Belles Lettres" vereinigt. Der Mitgliederbestand der beiden bisher getrennten Einrichtungen bildete nunmehr denjenigen der Akademie (der Mitgliederbestand der bisherigen „Nouvelle Société Litteraire", bisher in keiner biographischen Arbeit zur Geschichte der Akademie genannt, ist in dieser Arbeit nach einer Mitgliederliste des Jahres 1743 angeführt worden).

Das Statut vom 24. Januar 1744 legte als Verfahren zur Aufnahme neuer Mitglieder die „Ballotierung" in der Gesamtsitzung der Akademie fest. Jedes in einer Wahlsitzung anwesende Ordentliche Mitglied erhielt je eine weiße und eine schwarze Kugel und warf je nach seiner Entscheidung die Zustimmung bedeutende weiße oder die Ablehnung bedeutende schwarze Kugel in ein Behältnis. Dieses Verfahren ermöglichte eine geheime Wahl neuer Mitglieder.

Die Ballotierung, auch „Kugelung" genannt, hielt sich – mit größeren Unterbrechungen – bis in die dreißiger Jahre des 20. Jahrhunderts. Angemerkt sei, daß die Unterbreitung der Wahlvorschläge wie bisher erfolgte. Eine ausführliche Begründung, eine schriftliche Laudatio, wurde nicht gegeben.

Bereits am 10. Mai 1746 folgte ein neues Statut. Es war auf den von Friedrich II. zum Präsidenten bestallten P.L. de Maupertuis zugeschnitten. Ergänzt durch eine zusätzliche Order Friedrichs II. an Maupertuis hatte dieser umfassende Vollmachten, seine eigenen – und Friedrichs II. – Vorstellungen für neue Akademiemitglieder durchzusetzen. Die Ballotierung wurde bereits in den folgenden Jahren zunehmend zu einer Formsache. Am 6. Januar 1764 übernahm Friedrich II. alle Rechte, die vordem Maupertuis innehatte. Damit wurde jedwede, selbst eine formale Wahl von Mitgliedern beendet. Von diesem Zeitpunkt an untersagte der König der Akademie offiziell die Aufnahme von Mitgliedern und bestimmt bis zu seinem Tode neue Akademiemitglieder durch Befehl. In den Sitzungen der Akademie erfolgte anstelle der Wahl die Bekanntgabe dieser Befehle. Verschiedentlich wurde auch das unterlassen, da die Akademie von manchen Befehlen keine Nachricht erhielt.

Anläßlich des Todes Friedrichs II., in dessen letzten Lebensjahrzehnten die Akademie mehr und mehr verkümmerte, hielt die Akademie ihrem Protektor und Präsidenten keine Totenrede. Zu groß war die Erbitterung und Verbitterung der Akademie über seine Politik ihr gegenüber, eine Politik, die die Akademie wie schon einmal zu Zeiten Friedrich Wilhelms I., an den Rand des Untergangs gebracht hatte.

Die Akademie nutzte die nur kurze Zeit bestehenden und weitgehend durch den Machtwechsel bedingten Möglichkeiten zur Zuwahl einiger Mitglieder und führte diese auf der Grundlage des Wahlmodus durch, den das Statut von 1744 vorgesehen hatte. Unmittelbar nach dem Tod Friedrichs II., der am 17. 8. 1786 verstarb, wählte die Akademie deutsche Natur- und Geisteswissenschaftler von Weltbedeutung. Sie hat mit diesen Wahlen ein Ruhmesblatt der Geschichte der Akademie geschrieben. Am 17. 9. 1786 wählte sie den langjährigen Leibarzt Friedrichs II., Chr. G. Selle, neben wenigen anderen ein berühmter Mediziner seiner Zeit, zum Ordentlichen Mitglied. Wenig später erfolgte die Wahl des Astronomen J. E. Bode zum Ordentlichen Mitglied, über dessen astronomische Beobachtungen und deren Veröffentlichungen in dem von ihm selbst herausgegebenen „Astronomischen Jahrbuch" man im Ausland schrieb, „seitdem müssen die Gelehrten deutsch lernen, denn diese Sammlung ist unentbehrlich." Zu Auswärtigen Mitgliedern wurden in dieser Zeit gewählt der in Königsberg wirkende I. Kant, einer der größten deutschen Philosophen und Naturwissenschaftler, dessen Werke wie die anderer bedeutender Akademiemitglieder auf dem Index der katholischen Kirche standen, und der in Weimar lebende große deutsche Dichter und Schriftsteller Chr. M. Wieland. 1787 wurde auch J. G. Herder, einer der großen deutschen Aufklärer, wie Wieland in Weimar lebend, Auswärtiges Mitglied. Auch in den folgenden Jahren wurden einige berühmte Wissenschaftler gewählt, unter ihnen der bereits an anderer Stelle genannte Chemiker Klaproth.

Die Akademie wählte 1786 auch einige Ausländer zu Auswärtigen Mitgliedern, unter ihnen den in Portugal geborenen und in England lebenden seinerzeit bekannten Chemiker und Mineralogen J. de Magalhães, ein Nachfahre des berühmten Weltumseglers.

Unter dem Nachfolger Friedrichs II., Friedrich Wilhelm II., der bis 1797 regierte, wurden sehr bald die Möglichkeiten der Zuwahl von Akademiemitgliedern überhaupt eingeschränkt. Das der Akademie verordnete Reglement vom 12. Januar 1795 stellte zwar die Bestimmung des Statuts von 1746 wieder her, untersagte der Akademie aber zugleich für die kommenden 5 Jahre jegliche Zuwahlen. Dagegen behielt sich dieser König das Recht der Ernennung vor. Der ihm auf den Thron folgende Friedrich Wilhelm III., der bis 1840 regierte, setzte sich schon sehr bald über die der Akademie gewährten Rechte vollends hinweg. Das wohl berühmteste Beispiel der Aufnahme eines Mitgliedes in die Akademie, ohne diese zu fragen, ist die des bedeutenden Mediziners Chr. W. Hufeland. Die vom preußischen König am 24. 12. 1800 unterzeichnete Bestallungsurkunde beginnt mit den Worten: „Wir Friedrich Wilhelm von Gottes Gnaden König von Preußen, Thun kund und fügen hiermit zu wissen, daß wir, die von dem verstorbenen Geheimen Rath Selle bekleideten Stellen dem bisherigen Herzoglich Sachsen-Weymar- und Eisenach'schen Hofrat und Leibarzt Professor Hufeland zu Jena verliehen, und ihn zugleich zu Unserem Geheimen Rath allerуntänigst ernannt und angenommen haben." In den Mitgliederlisten der Akademie wird Chr. W. Hufeland seit dem 24. 12. 1800 als Ordentliches Mitglied geführt. Die Akademie wurde nicht gefragt und konnte nicht wählen. Diese Stelle einer ordentlichen Mitgliedschaft wurde vom König „verliehen". Es war die Stelle, in die 1786 der Leibarzt Chr. Selle gewählt worden war.

Im Gefolge der mit dem Namen W. von Humboldt und anderer bedeutender Männer jener Zeit verbundenen Reform des Bildungswesens wurden 1812 eine große Anzahl in- und ausländischer Wissenschaftler als Mitglieder der Akademie aufgenommen.

Das Statut vom 24. Januar 1812 enthielt zum Modus der Aufnahme von Mitgliedern keine speziellen Festlegungen. Die Akten der Akademie belegen, daß diese Aufnahmen ohne Wahl, auf der Grundlage von Listen mit den Namen der vorgesehenen Mitglieder en bloc und gleichzeitig mit der Verkündung des Statuts am 24. 1. vorgenommen worden sind.

Eine Qualifizierung des Aufnahmeverfahrens erfolgte durch die Statutenbestimmungen vom 31. März 1838, die vorsahen, den Wahlen künftig „Laudationes" zugrunde zu legen. Damit wurden die Antragsteller verpflichtet, schriftlich und wohlbegründet die wissenschaftliche Leistung und den Beitrag der zur Wahl vorgeschlagenen Persönlichkeiten zur Wissenschaft seines Fachgebietes darzulegen. Diese Regelung ist bis heute beibehalten. Die Wahlen selbst erfolgten weiterhin durch die „Kugelung".

Es muß hier angemerkt werden, daß die Akademie zu verschiedenen Zeiten in internen Regelungen, in Geschäftsordnungen und selbst durch sich widersprechende eigene Beschlüsse Detailfestlegungen zu Wahlen getroffen hat, die zum Teil von den Statuten abwichen. Ebenso ist anzumerken, daß der preußische Staat von Zeit zu Zeit in das Wahlrecht der Akademie einschneidend eingriff. Gerade in den ersten Jahrzehnten des 19. Jahrhunderts kam es deshalb verschiedentlich zu Protesten zahlreicher Akademiemitglieder, hervorgerufen durch Handlungen, unter Umgehung der Statuten, ohne jede Befragung bzw. Beratung akademischer Gremien neue Mitglieder im Umlaufverfahren aufzunehmen.

Das Statut vom 28. März 1881, das mit kleineren Abänderungen bis 1939 gültig war, änderte am Aufnahmeverfahren nichts.

Zum Verfahren dieser Aufnahme in den Jahren der faschistischen Diktatur, insbesondere seit dem Erlaß über die Satzung der Akademie von 1939, verweist der Verfasser auf seine Arbeit „Die Akademie der Wissenschaften der DDR, ein Beitrag zu ihrer Geschichte", 1975. Hier sei gesagt, daß mit jener Satzung die Möglichkeit geschaffen worden war, mit 15 % der stimmberechtigten Mitglieder der Akademie neue Mitglieder aufzunehmen. Wenn sich das mehrfach geforderte „Führerprinzip" und die durchweg „offene Abstimmung" nach faschistischem Muster nicht durchsetzen konnten, so sind Teilerfolge der faschistischen Diktatur dennoch unverkennbar.

Nach der bedingungslosen Kapitulation Hitlerdeutschlands, in der Periode, die der Wiedereröffnung der Akademie vorausging, trennte sich die Akademie von einer Anzahl Ordentlicher Mitglieder, die wesentlich zum Mißbrauch der Wissenschaften durch den Faschismus beigetragen hatten. In älteren Mitgliederverzeichnissen finden sich unterschiedliche Daten der Beendigung dieser Mitgliedschaften. Im vorliegenden Index ist für diesen Kreis ehemaliger Mitglieder der 8. Mai 1945 als Datum des Endes der Mitgliedschaft gesetzt worden. Das entspricht dem Potsdamer Abkommen und anderen völkerrechtlichen Festlegungen über das faschistische Deutschland.

In dem Zeitraum, der der Wiedereröffnung der Akademie vorausging, erfolgten auch einige Neuaufnahmen. Da gültige statuarische Grundlagen nicht vorhanden waren und Bestätigungen für solche Aufnahmen nicht eingeholt wurden, waren diese nicht rechtskräftig. Sie wurden als „interner Notbehelf" bzw. als „vorläufige Wahlen" oder als „Vorwahlen" gekennzeichnet. Soweit im Zusammenhang mit der Eröffnung der Akademie am 1. Juli 1946 eine Bestätigung dieser Aufnahmen erfolgt ist, sind die Daten dieser Mitgliedschaften in diesem Verzeichnis, entsprechend korrigiert, aufgenommen worden.

In der Folge erfolgten die Wahlen neuer Mitglieder auf der Grundlage der Satzung vom 31. Oktober 1946 bzw. des Statuts vom 17. Juni 1954, des Statuts vom 2. Mai 1963 und, seit 1969 auf der Grundlage des Statuts vom 20. Mai 1969. Das Wahlverfahren, der Modus der Aufnahme neuer Mitglieder, sieht geheime Wahlen mit Stimmzetteln vor. Eine in den Wahlsitzungen vom Plenum der Ordentlichen Mitglieder bestätigte Wahlkommission überwacht die Wahlhandlung, zählt die Stimmen aus und führt das Protokoll. Nur in seltenen Ausnahmefällen erfolgt bei Zustimmung des Plenums eine offene Abstimmung. In gleicher Weise werden auch die Träger der wissenschaftlichen Auszeichnungen der Akademie gewählt.

Abschließend wird an dieser Stelle darauf hingewiesen, daß die heutige Akademie der Wissenschaften der DDR es nach ihrer Wiedereröffnung im Jahre 1946 als Ehrenpflicht ansah, die aufgrund der faschistischen Rassengesetze erzwungenen „Austritte" und die vorgenommenen Ausschlüsse bzw. Streichungen von Mitgliedern jüdischer Herkunft als unwirksam zu betrachten und diese Mitglieder wieder in der Mitgliederliste zu nennen. Alle diese vom Unrecht der faschistischen Gewaltherrschaft betroffenen Mitglieder werden in diesem Index mit den vollständigen Daten der Mitgliedschaft geführt. Es ist bei den entsprechenden Angaben lediglich ein Hinweis erfolgt. Damit werden zugleich fehlerhafte Angaben in früheren Mitgliederverzeichnissen korrigiert.

ZUM MITGLIEDERDIPLOM

Abschließend seien hierzu einige Bemerkungen zum Diplom der Mitgliedschaft gemacht. G. W. Leibniz hatte auch dieser Frage große Beachtung beigemessen und zur inhaltlichen Gestaltung der Mitgliederdiplome wesentlich beigetragen. Es sei hervorgehoben, daß er sich ausdrücklich für Diplome in deutscher Sprache einsetzte.

J. T. Jablonski, der — in ständigem Briefwechsel mit Leibniz stehend — in Berlin den Hauptteil der Arbeiten zur Gründung der Akademie leistete, hatte auch den ersten Entwurf eines solchen Mitgliederdiploms G. W. Leibniz zur Stellungnahme übersandt. Dieser Entwurf lautete:

„Wir Praeses und Concilium der Königl. Preussischen und Churfürstl. Brandenburgischenn Societät der Wissenschaften thun kund hiermit, dass in Krafft der Uns allergnädigst verliehenen Vollmacht und Instruction Wir N. N. um seiner Uns gerühmten (und durch öffentliche Proben vorhin kundbaren) (Anm.: Diese Klausel könte eingerückt werden bey denen, so durch Schrifften sich bekannt gemacht) vortrefflichen Gaben, Verstandes, Gelehrsamkeit, vornehmlich aber um der besondern in denen mathematischen

(also auch medicinischen, chymischen und der

Natur verborgener Eigenschafften,

item zu gründlicher Erkentniss und Verbesserung der teutschen Geschichte und Sprache gehörigen)

Wissenschafften erlangten ungemeinen Erfahrung willen und bezeugter Begierde, dieselben zu mehrerer Vollkommenheit zu bringen, darinnen Er hoffentlich beständig weiter fortzufahren nicht ermangeln wird, zum Mitglied hochbesagter Societät erwehlet und aufgenommen; thun auch solches hiermit dergestalt, dass Er als ein Glied derselben derer Ihm dissfals obliegenden Functionen sowohl, als zustehenden Ehren, Würden und Vorrechte von nun an fähig und teilhafftig seyn solle und möge; allermassen Er derselben Krafft dieses fähig und teilhafftig gemacht wird, wie solches in Unser Versammlung am ..... beschlossen und den Actis Concilii einverleibt worden.

Urkundlich unter dem verordneten gewöhnlichen

Societäts-Insiegel

gegeben zu Berlin in Unser ordentlichen Versammlung d. ....

(L. S.) Subscr. Secretarii"

G. W. Leibniz übermittelte Jablonski eine geänderte Fassung und bemerkte zum Entwurf Jablonskis:

„Ich habe die Freyheit genommen, einige Kleinigkeiten ohnmasgeblich zu ändern, so dem hochlöbl. Concilio submittire. Habe anstatt hochbesagter Societat besser gehalten schlecht zu setzen Unser Societät. Damit sonderlich Auswärtige sich nicht etwa formalisiren, als wenn man ihnen Lectiones gebe, beständig zu continuiren und einige Onera oder Functiones aufbürden wolle, habe ich die Exhortationem zur Beständigkeit lieber indirecte insinuiren, als deutlich vorbringen, auch bey den Functionen und Rechten fähig und theilhafft zugleich setzen wollen, um dem Verstande eine gewisse Latitudinem zu lassen."

Der Leibniz'sche Text des Diploms hatte folgende Fassung:

„Wir Praeses und Concilium der Königl. Preußischen und Churf. Brandenb. Societät der Wissenschafften urkunden hiermit, daß in Krafft der Uns allergnädigst verliehenen Vollmacht und Instruction Wir N. N. wegen seiner Uns angerühmten ohngemeinen Gaben, Verstandes und (durch öffentliche Proben vorhin kundbaren) Gelehrsamkeit, vornehmlich aber sonderbarer Erkänntniß der Mathematik und Kunstwercke (Mutatis mutandis et salva amplificatione), der Eigenschafften und Geheimnisse der Natur, der Historie und zur Zierde gereichenden Studien, und darunter sonderlich der teutschen Geschichte und Sprachverfassung, auch wegen bezeigter verhoffentlich beständigen Begierde, dieselben zu mehrer Vollkommenheit zu bringen, zum Mitglied Unser Societät erwehlet und aufgenommen. Thun auch solches hiermit dergestalt, daß er als Glied derselbigen der dießfals zukommenden Functionen sowohl, als Ehren, Würden und Vorrechte von nun an fähig und theilhaftig seyn solle und möge, wie solches in Unser Versammlung beschlossen und den Actis Concilii einverleibt worden. Urkundlich unter dem gewöhnlichen Societäts-Insiegel gegeben zu Berlin.

(L.S.) Subscr. Secretarii."

Der in den ersten Jahrzehnten des 18. Jahrhunderts benutzte Text schließt sich eng an den Entwurf G. W. Leibniz an. Er ist aus dem Diplom für Ch. Ancillon vom 11. 7. 1701 ersichtlich, das im Zentralen Akademiearchiv vorhanden ist. Dieses Diplom lautete:

„Wir Praeses und Concilium der von S. K. M. in Preußen, Unserm Allergnädigten Herrn gestifffteten Brandenburgischen Societät der Wißenschafften, uhrkunden hiermit, daß in Krafft der Uns Allergnädigst verliehenen Macht und Instruction Wir den Wohledlen Vesten und Rechtswohlgelahrten, Herrn Charles Ancillon, S. K. M. in Preußen Legations Rath und Richter des Ober Gerichts der Frantzösischen Nation, wegen seiner sonderbahren Gaben, Verstandes, und fürnehmlich in der Historie, Antiquität und mehr andern berühmten Wißenschaften, auch bezeigter verhoffentlich beständigen Begierde dieselben zu mehrer Vollkommenheit zu bringen zum Mitglied unser Societät erwehlet und aufgenommen; thun auch solches hiermit dergestalt, daß er als ein Glied derselbigen der disfalls Ihm zukommenden Fuctiones so wohl als Ehren, Würden und Vorrechte von nun an fähig und theilhafftig seyn solle und möge; Wie solches in Unser Versammlung beschloßen und den Actis Concilii einverleibet worden. Uhrkundlich unter dem gewöhnlichen der Societät Insiegel, gegeben zu Berlin den 11. Julii 1701."

Je nach Zweckmäßigkeit wurden in die Diplome auch aufgenommen:

„N. N. wegen seiner uns angerühmten ohngemeinen Gaben, Verstandes und durch öffentliche Proben vorhin kundbahren Gelahrsamkeit, vornehmlich aber sonderbahrer Erkäntniß der Mathematick und Kunst-Werke, (der Eigenschaften und Geheimniße der Natur, der Histori und zur Zierde gereichenden Studien und darunter sonderlich der teutschen Geschichte und Sprach Verfassung."

Am 19. 6. 1726 faßte das Konzilium der Akademie unter der Leitung des Präsidenten Gundling folgenden Beschluß:

„Wenn auch nach der ersten weise die Diplomata Receptionis bisher in Teutscher sprache ausgefertigt worden, einer Gelehrten Gesellschaft aber anständiger zu sein scheint, daß dieselben in Lateinischer als der Gelehrten sprache gestellet werden, so ist

Concl.

daß hinfort alle Diplomata in Latein ausgefertiget werden sollen."

Zu einer Zeit, da die lateinische Sprache internationale Gelehrtensprache war und die überwiegende Mehrheit der Bevölkerung weder lesen noch schreiben konnte, ist dieser Beschluß verständlich. Das um so mehr, da zu jener Zeit eine Grammatik der deutschen Sprache noch nicht existierte, die zu schaffen G. W. Leibniz als eine Aufgabe der Akademie betrachtete.

Mit dem Regierungsantritt Friedrichs II., insbesondere seit seiner Selbsternennung zum de facto-Präsidenten der Akademie, bis zu seinem Tode wurden die Mitgliederdiplome in französischer Sprache abgefaßt. Der Text entsprach dem autoritären Stil Friedrichs II. gegenüber „seiner" Akademie und lautete (übersetzt):

„In Kenntnis Ihrer Fähigkeiten und Ihrer Stärke in der Philosophie, habe ICH Ihnen mit Vergnügen einen Platz in der Klasse Meiner Akademie zugedacht, die sich besonders mit den dazu gehörenden Wissenschaften beschäftigt, und ICH habe dementsprechend Meine Befehle gegeben.
Doch ICH gebe mich auch der Hoffnung hin, daß Sie nicht aufhören werden, alle Anstrengungen zu machen, um dieser Auszeichnung Meines Königlichen Wohlwollens gebührend zu entsprechen durch Produktionen, die eines Akademiemitgliedes würdig sind, welchen ICH mit meiner Approbation ehre, und in diesem Sinne bitte ich Gott, ER möge Sie in SEINEM heiligen Schutz behalten.
F r i e d r i c h."

Bemerkenswert ist, daß in den Diplomen jener Zeit ein Status der Mitgliedschaft nicht vermerkt wurde. Das war, bei gleichzeitiger Kürzung des Textes, erst später der Fall. Der Leibniz'sche Wunsch, die Diplome in deutscher Sprache abzufassen, fiel jedoch der Vergessenheit anheim.
Die heutige Fassung des in lateinischer Sprache gedruckten Diploms lautet in deutscher Übersetzung:
Akademie der Wissenschaften
der Deutschen Demokratischen Republik
wählt
die berühmte Frau (bzw. den berühmten Herrn)
(Vor- und Zuname)
aus (Geburtsort)
zum Ordentlichen Mitglied (bzw. Korrespondierenden Mitglied, bzw. Auswärtigen Mitglied)
und zeichnet sie (bzw, ihn) ordnungsgemäß aus mit der Würde, den Privilegien und den Ansprüchen, welche dem Stand der Akademiemitglieder zustehen.
Berlin, den (Datum der Wahl im Plenum)
Akademie der Wissenschaften der Deutschen Demokratischen Republik
Präsident

Abschließend sei erwähnt, daß die neuaufgenommenen Mitglieder bis 1855 lediglich durch die formlose Übersendung des Diploms von der Mitgliedschaft Kenntnis erhielten. Erst in der Gesamtsitzung der Akademie am 25. 10. 1855 wurde festgelegt, künftig den Diplomen ein kurz erläuterndes Schreiben beizufügen.

HINWEISE ZUR BENUTZUNG

1. Im Abschnitt 4 dieser Arbeit sind alle Persönlichkeiten aufgeführt, die seit 1700 als Akademiemitglieder aufgenommen und bestätigt worden sind, unabhängig davon, ob sie ein Diplom erhalten haben oder nicht. Unberücksichtigt blieben die von den jeweils zuständigen staatlichen Instanzen nicht bestätigten Wahlen sowie solche, für die von der Akademie keine Bestätigung beantragt worden ist. Soweit es sich bei letzteren um historisch besonders bedeutsame Persönlichkeiten handelt, sind sie in der Einführung genannt.

Die bestätigten Mitglieder sind — nach dem Familiennamen alphabetisch geordnet — aufgeführt. Mitglieder gleichen Namens sind nach ihrem Rufnamen und soweit dieser nicht zu ermitteln war, nach ihrem ersten Vornamen eingeordnet. Dagegen sind die Angaben über akademische Leitungsfunktionen sowie die Namen der Träger der akademischen Auszeichnungen in der Reihenfolge der Ausübung der Leitungsfunktionen bzw. des Datums der Verleihung der Auszeichnungen genannt. Deshalb wird die Benutzung des Registers empfohlen. In ihm sind bei Doppelnamen auch Verweise enthalten.

2. Die Artikel zum Mitgliederbestand im Abschnitt 4 enthalten:
Name(n), Vorname(n), ggf. Adelsprädikat und Jahr der Verleihung.
Geburtsdatum und -ort, Sterbedatum und -ort, sowie in Einzelfällen die Todesursache und – soweit erfaßbar – Hinweise über gegenseitige Verwandtschaftsverhältnisse zwischen Mitgliedern der Akademie. Es folgen die Angaben über das wissenschaftliche Wirken. Diese enthalten jeweils das Jahr des Beginns einer hauptamtlichen Tätigkeit, bei einer Universitätstätigkeit mit der Dozentur beginnend. Auf die Unterteilung der Professuren (ao Professor, Honorarprofessor etc.) wurde im allgemeinen verzichtet, da Akademiemitglieder, die aus Bereichen der Universitäten zugewählt worden sind, in der Regel ordentliche Professuren innehatten. In gleicher Weise wurde auf die Bezeichnung der Professur – z. B. „Professor der Rechte" – verzichtet und die spezielle Tätigkeit angeführt – z. B. „Professor für römische Rechtsgeschichte". Angaben über bedeutende Funktionen in der Wissenschaft außer denjenigen der hauptamtlichen Stellung beziehen sich in der Regel auf Rektorate sowie vor allem auf Leitungsfunktionen in der Akademie selbst. Nur in begründeten Ausnahmefällen erfolgten Erweiterungen.
Von den bedeutenden wissenschaftlichen Auszeichnungen sind der Nobelpreis, der Nationalpreis der DDR und – als wissenschaftliche Auszeichnungen der Akademie – die Helmholtz-Medaille, der Friedrich-Engels-Preis und die Leibniz-Medaille vermerkt.
Die Angaben von Titeln beschränkt sich auf den „Geh. Rat" und seine verschiedenen Arten. Letztere Angaben beleuchten den zum Teil großen Einfluß von Akademiemitgliedern im staatlichen und gesellschaftlichen Leben ihrer Zeit.
Zu bedeutenden Mitgliedern des 18. Jahrhunderts und des ersten Drittels des 19. Jahrhunderts sowie zu einigen besonders kuriosen Fällen finden sich (in Klammern angeführt) kurze spezielle Hinweise z. B. über wissenschaftliche Leistungen und über das gesellschaftliche Wirken. Der Verfasser glaubte, solche aus Akademieakten des 18. Jahrhunderts oder aus anderen seltenen Quellen entnommene Angaben anführen zu können.
Verzichtet wurde im allgemeinen auf die Angabe von Mitgliedschaften in anderen Akademien. Ausnahmen betreffen Mitglieder, die in diesen Akademien hauptamtlich tätig waren bzw. sind.
Den Abschluß des jeweiligen Artikels bilden die Angaben zur Mitgliedschaft: Das Datum der Aufnahme sowie – bis 1945 – das Datum der Bestätigung der Wahl; der Status der Mitgliedschaft und das spezielle Wissenschaftsgebiet des betreffenden Mitgliedes. Auf die Angabe des Datums der Bestätigung der Wahl wurde seit der Wiedereröffnung der Akademie, 1946, vom Verfasser verzichtet, da die Bestätigung juristisch eine Bestätigung erfolgter Wahlen darstellt.
Ausschlüsse, Austritte und Streichungen wurden unter Angabe des Datums vermerkt.
3. Der Abschnitt 8 – Auszeichnungen der Akademie – wurde in bezug auf die Träger der Leibniz-Medaille seit 1953 um die Angabe des Grundes der Verleihung ergänzt. Bei den Angaben zu den Trägern der silbernen Leibniz-Medaille von 1907 bis 1944 wurde ein Hinweis auf jenes nebenamtliche Wirken vermerkt, das zur Verleihung dieser Auszeichnung führte.
4. Die Daten im Kopf der jeweiligen Artikel sowie zu den übrigen Angaben, insbesondere zur Mitgliedschaft, lauten nicht selten anders als in anderen größeren Nachschlagewerken und in älteren Geschichtswerken bzw. Mitgliederverzeichnissen über die Akademie. Wo sie abweichen, ist dies auf Nachprüfungen bzw. auf vertiefte Forschungen und vergleichende Untersuchungen des Verfassers zurückzuführen. Die wesentlichen hierfür benutzten Quellen sind im Quellenverzeichnis aufgeführt. Wo eine Überprüfung nicht möglich war, wurden Daten verwendet, die am gesichertsten erschienen. Zudem wird auf das Vorwort und auf die Einführung verwiesen.

ERLÄUTERUNGEN DER ABKÜRZUNGEN

AM	Auswärtiges Mitglied
abwM	abwesendes Mitglied
anwM	anwesendes Mitglied
aoM	außerordentliches Mitglied
ausw OM	auswärtiges Ordentliches Mitglied
ausw KM	auswärtiges Korrespondierendes Mitglied
EM	Ehrenmitglied
KM	Korrespondierendes Mitglied
OM	Ordentliches Mitglied
gt.	getauft, wenn der Tauftag, nicht jedoch der Geburtstag bekannt ist
begr.	begraben, wenn der Tag der Beisetzung, nicht jedoch der Todestag bekannt ist
(1810)	eine eingeklammerte Jahreszahl hinter dem Namen des Mitgliedes bezieht sich auf die Verleihung des jeweiligen Adelsprädikates
(Rostock)	die nach den Lebens- bzw. Sterbedaten in Klammern genannten Orte sind die Geburts- bzw. Sterbeorte. Letztere sind nicht in jedem Falle die Orte der Beisetzung.
	Ortsnamen, die sich in der historischen Entwicklung verändert haben, werden nach ihrer Benennung zum Zeitpunkt der Geburt bzw. des Todes des jeweiligen Mitgliedes angeführt.

Die Mitglieder der Akademie

ABBE, Ernst Karl, * 23. 1. 1840 (Eisenach) † 14. 1. 1905 (Jena)
1889 einziger Geschäftsführer, 1896 Geschäftsführer der Firma „Carl Zeiss" in Jena. Gründer der „Carl-Zeiss-Stiftung" zugunsten wissenschaftlicher und sozialer Zwecke. 1878 Professor für Astronomie an der Universität Jena und Direktor der Sternwarte sowie der Meteorologischen Anstalt in Jena.
KM 29. 10. 1896
Physik, Mikroskopie, Photographie

ABDERHALDEN, Emil, * 9. 3. 1877 (Oberuzwyl/St. Gallen) † 5. 8. 1950 (Zürich)
1904 Privatdozent, 1908 Professor an der Tierärztlichen Hochschule in Berlin und Direktor des Physiologischen Instituts. 1911 Professor für Physiologie und physikalische Chemie an der Universität in Halle. 1931 – 1945 Präsident der Deutschen Akademie der Naturforscher „Leopoldina". 1945 Professor für physikalische Chemie an der Universität in Zürich. Geh. Medizinalrat. (A. wurde 1945 von den US-Besatzungsbehörden gezwungen, seine wissenschaftliche Tätigkeit in Halle aufzugeben.)
KM 29. 6. 1950
Physiologische Chemie

ABERT, Hermann, * 25. 3. 1871 (Stuttgart) † 13. 8. 1927 (Stuttgart)
1910 Professor, 1918 Professor für Musikgeschichte an der Universität in Halle. 1920 Professor für Musikwissenschaft an der Universität in Leipzig. 1923 Professor für Musikwissenschaft an der Universität in Berlin. Kurator der Kommission zur Herausgabe von Denkmälern der Tonkunst.
OM 18. 12. 1924 (Bestät. 16. 1. 1925)
Musikwissenschaft

ABICH, Otto Wilhelm Hermann, * 11. 12. 1806 (Berlin) † 1. 7. 1886 (Wien)
1842 Professor für Mineralogie in Dorpat. 1853 Ordentlicher Akademiker für Mineralogie an der Akademie der Wissenschaften in Petersburg.
KM 14. 10. 1858
Geologie

ABICHT, Johann Georg, * 21. 3. 1672 (Königsee/Thür.) † 5. 6. 1740 (Wittenberg)
1697 Magister, danach Assessor an der Universität in Leipzig. Zeitweilig Hofmeister. 1702 Professor für hebräische Sprache der Universität in Leipzig. 1717 Rektor des Gymnasiums in Danzig, zugleich Pastor an der Dreifaltigkeitskirche. 1729 Generalsuperintendent und Konsistorialassessor in Wittenberg; 1730 auch Professor für Theologie an der Universität in Wittenberg, zugleich Pastor an der Stiftkirche in Wittenberg.
abwM 2. 1. 1715
Orientalistik, hebräische Altertumskunde

ACCUM, Friedrich Christian, * 29. 3. 1769 (Bückeburg) † 28. 6. 1838 (Berlin)
1793 Professor für Chemie und Minera-

logie am Surrey-Institut und Bibliothekar an der Royal Institution in London. 1822 Professor für technische Chemie und Mineralogie am Gewerbeinstitut und Professor für Physik, Chemie und Mineralogie an der Bauakademie in Berlin.
KM 21. 12. 1815
Pharmazie, chemische Technologie

ACHARD, Antoine, * 21. 12. 1696 (Genf) † 2. 5. 1772 (Berlin), (Bruder von ACHARD, François)
Geh. Rat des Französ. Oberdirektoriums in Berlin. Hofprediger und Oberkonsistorialrat.
OM 23. 1. 1744
Theologie

ACHARD, François, * 23. 7. 1699 (Genf) † 28. 4. 1782 (Berlin), Vater von ACHARD, F. Ch. (Franz Karl), Bruder von ACHARD, Antoine)
Oberjustizrat in Berlin.
OM 23. 1. 1744
Rechtswissenschaft

ACHARD, François Charles (Franz Karl), * 28. 4. 1753 (Berlin) † 20. 4. 1821 (Kunern/Schles.), (Sohn von ACHARD, François)
1776 Gehilfe von A. S. MARGGRAF. Ab 1780 Durchführung von Arbeiten zur Verbesserung der inländischen Bodenkultur. 1801 Errichtung der ersten deutschen Zuckerfabrik auf dem Gut Kunern (1807 durch Brand zerstört). Nach Wiederaufbau Umwandlung der Fabrik in eine Lehranstalt. 1782 bis 1810 Direktor der Physikalischen Klasse der Akademie. A. gilt als Begründer der fabrikmäßigen Gewinnung von Zucker aus Runkelrüben. Er baute 1784 erstmals auf seinem Gut Kaulsdorf bei Berlin zuckerhaltige Pflanzen, vor allem Runkelrüben an, in denen 1747 A. S. MARGGRAF den Zuckergehalt entdeckt hatte. A. erhielt wegen seiner Erfolge auf Befehl FRIEDRICHs II. eine lebenslängliche Pension von 500 Thl. A. erhielt mehrere, auch ausländische Angebote, seine Entdekkung nicht bekanntzugeben bzw. nicht auszunutzen. Er lehnte diese Angebote ab. A. beschäftigte sich auch mit Fragen der Elektrizität, der Meteorologie, den Eigenschaften von Legierungen u. a.. Er ist Verfasser eines Lexikons in deutscher und französischer Sprache und Konstrukteur eines optischen Telegrafen.)
OM 20. 6. 1776; EM 5. 3. 1812
Chemie

ACHENBACH, Karl Konrad, * 26. 8. 1656 (Kreuznach) † 21. 3. 1720 (Berlin)
1679 Prediger bei der verw. Pfalzgräfin von Simmern. 1864 2. Hofprediger des Kurfürsten von der Pfalz. 1686 zugleich Prediger an verschiedenen Kirchen in Heidelberg. 1693 kurpfälzischer Kirchenrat. 1700 Hof- und Domprediger in Halle; Konsistorialrat. 1702 Hof- und Domprediger in Berlin.
anwM 27. 10. 1710
Theologie

ACKERMANN, Jakob Fidelis, * 23. 4. 1765 (Rüdesheim) † 28. 10. 1815 (bei Rüdesheim)
1792 Professor für Botanik, 1796 Professor für Anatomie an der Universität in Mainz. 1798 Präsident der medizinischen Spezialschule in Mainz. 1804 Professor für Anatomie an der Universität in Jena. 1805 Professor für Anatomie und Physiologie an der Universität in Heidelberg.
KM 25. 6. 1812
Anatomie, Physiologie

ACOLUTH(US), Andreas, * 16. (6.) 3. 1654 (Bernstadt/Schles.) † 4. 11. 1704 (Breslau)
Um 1675 Magister in Leipzig. Ab 1683 Kirchendienst in Breslau. 1689 Professor für hebräische Sprache am Elisabeth-

Gymnasium, ab 1690 zugleich Superintendent und Prediger an der Bernhardinekirche in Breslau. (A., der elf orientalische Sprachen beherrschte, gab u. a. 1680 den ersten in Deutschland erschienenen Druck, Teil einer armenischen Bibel, heraus. Später erschienen Teile des Korans in lateinischer Übersetzung. A. war auch Kirchenliederdichter.)
abwM 7. 11. 1701
Orientalistik

ADELBURNER, Michael, * 3. 2. 1702 (Nürnberg) † 21. (19.) 7. 1779 (Altdorf)
1743 Professor für Mathematik und Physik, 1766 auch Professor für Logik an der Universität in Altdorf. Hier zweimal Rektor und zweimal Dekan der Philosophischen Fakultät.
abwM 15. 9. 1735; AM 23. 1. 1744
Mathematik, Physik

ADELUNG, Johann Christoph, * 8. 8. 1732 (Spantekow/Pomm.) † 10. 9. 1806 (Dresden)
1759 Professor am evang. Gymnasium in Erfurt. Seit 1763 ohne amtliche Tätigkeit in Leipzig. 1787 Oberbibliothekar in Dresden. Hofrat. (A. gilt in zeitgeschichtlichen Urteilen als „Berühmter Sprachforscher".)
AM 27. 9. 1787
Lexikographie, Grammatik

AEBISCHER, Paul, * 8. 12. 1897 (Hauterive) † 9. 3. 1977 (Florenz)
1924 Privatdozent an der Universität in Fribourg. 1929 Professor, 1945 Professor für romanische Philologie an der Universität in Lausanne.
KM 13. 1. 1955; AM 20. 5. 1969
Romanische Philologie

AEPINUS, Franz Ulrich Theodosis, * 13.12.1724 (Rostock) † 10./22.8.1802 (Dorpat)
Doktor med.; Privatdozent an der Universität Rostock. 1755 Astronom der Akademie und Professor für Astronomie in Berlin. 1756 Professor für Physik und Ordentlicher Akademiker der Akademie der Wissenschaften in Petersburg. Später auch Direktor des Kadettenkorps, Oberaufseher der russischen Normalschulen in Petersburg und wissenschaftlicher Ausbilder des russischen Thronfolgers.
OM 17. 4. 1755; AM 25. 3. 1757 (letzte Teilnahme als OM in Berlin in der Sitzung am 24. 3. 1757.)
Physik, Astronomie

AGASSITZ, Alexander, * 17.12.1835 (Neuchâtel) † 22. 3. 1910 (Cambridge/ Mass.)
1874 Direktor des Museums für vergleichende Zoologie in Cambridge/Mass.
KM 18. 7. 1895
Zoologie, Paläontologie

AGASSITZ, Johann Ludwig Rudolf, * 28. 5. 1807 (Motier/Kanton Freiburg) † 14. 12. 1873 (Cambridge/Mass.)
1832 Professor für Naturgeschichte am Collège in Neuchâtel. 1846 Übersiedlung nach Nordamerika. 1852 Professor für Zoologie und Geologie zu Charlestown. 1853 Professor für Zoologie und Geologie sowie Direktor des Museums für vergleichende Zoologie in Cambridge/ Mass.
KM 24. 3. 1836
Geologie, Paläontologie, Naturgeschichte

AHLMANN, Hans Jakob Konrad, * 14. 11. 1889 (Karlsborg) † 20. 3. 1774 (Stockholm)
Professor für physikalische Geographie an der Universität in Stockholm.
KM 23. 6. 1938; AM 20. 5. 1969
Geographie, Geophysik

AHLWARDT, Wilhelm Theodor, * 4. 7. 1828 (Greifswald) † 2. 11. 1909 (Greifswald)

Ursprünglich Bibliothekar, 1961 auch Professor für semitische Sprachen an der Universität in Greifswald. Geh. Regierungsrat.
KM 2. 2. 1888
Arabistik

AINE, Marius-Jean-Baptiste-Nicolas d', * um 1730 (Paris) † 25. 9. 1804 (Paris)
siehe: DAINE (D'AINE), Marius-Jean-Baptiste-Nicolas

AIRY, Sir (1872) George Biddell, * 27. 7. 1801 (Alnwick/Northumberland) † 4. 1. 1892 (London)
1828 Professor für Astronomie und Physik an der Universität in Cambridge. 1836 – 1881 Direktor des Observatoriums in Greenwich.
KM 5. 6. 1834; AM 16. 1. 1879 (Bestät. 8. 2. 1879)
Astronomie

ALBERS, Johann Abraham, * 20.3.1772 (Bremen) † 24. 3. 1821 (Bremen)
1795 Dr. med. in Jena. 1798 prak. Arzt in Bremen. (A. betätigte sich als Forscher auf dem Gebiet der vergleichenden Anatomie und trieb Beobachtungen auf dem Gebiet der Zoologie und Pathologie. Er übersetzte fortgeschrittene Methoden englischer und nordamerikanischer Ärzte.)
KM 25. 6. 1812
Medizin

ALBERTI, Michael, * 13. 11. 1682 (Nürnberg) † 17. 5. 1757 (Halle/Saale)
Ursprünglich Ausbildung zum Geistlichen. Dann Mitglied des Kollegiums Medicorum in Nürnberg. 1704 Privatdozent für Philosophie und Medizin an der Universität in Jena. 1710 Professor, 1716 Professor für Medizin und Physik an der Universität in Halle.
abwM 19. 6. 1726; AM 24. 1. 1744
Medizin

ALBERT, Honoré Theodoric Paul Joseph d', * 15. 12. 1802 (Paris) † 14. 12. 1867 (Rom)
siehe: LUYNES, Honoré Theodoric Paul Joseph d' ALBERT Herzog von

ALBINUS, Bernhard (eigentlich WEISS), * 7. 1. 1653 (Dessau) † 7. 9. 1721 (Leyden)
1681 Professor für Medizin an der Universität in Frankfurt/O.. Kurzzeitig zugleich Leibarzt der Kurfürsten FRIEDRICH WILHELM und FRIEDRICH III. 1702 Professor für Medizin an der Universität in Leyden. (A. wurde in der Sitzung am 11. 3. 1701 als Mitglied aufgenommen, hat offenbar aber kein Diplom erhalten.)
abwM 11. 3. 1701
Medizin

ALBRECHT, Günter, * 14. 2. 1930 (Greußen/Kr. Sondershausen)
1968 Dozent, 1969 Professor für Experimentalphysik an der Universität in Jena. 1979 Leiter des Forschungsbereiches Physik, Kern- und Werkstoffwissenschaften der Akademie. 1974 Nationalpreis.
KM 8. 6. 1978
Experimentalphysik

ALBRECHT, Rosemarie, * 19.3.1915 (Cobe/Japan)
1951 Chefärztin der Hals-Nasen-und Ohren-Klinik des Städtischen Krankenhauses in Erfurt. 1954 Professor für Medizin an der Hals-Nasen-und Ohren-Klinik der Medizinischen Akademie in Erfurt. 1957 Professor für Medizin an der Universität in Jena und Direktor der Hals-Nasen-und Ohren-Klinik. 1972 Nationalpreis.
OM 8. 6. 1967
Medizin, Oto-Rhino-Laryngologie

ALBRING, Werner, * 26. 9. 1914 (Schwelm/Hessen)

1941 stellvertr. Leiter des Instituts für Flugtechnik der Technischen Hochschule in Hannover. 1946 Abteilungsleiter der Zentralwerke Bleicheroda. 1947 – 1952 wissenschaftliche Tätigkeit in der UdSSR. 1952 Professor für Strömungslehre an der Technischen Hochschule (jetzt Technische Universität) in Dresden. 1972 Nationalpreis
KM 23. 4. 1959; OM 15. 6. 1961
Physik; Strömungsmechanik/Turbulenz

ALEMBERT, Jean LE ROND D',
* 16. 11. 1717 (Paris) † 29. 10. 1783 (Paris)
Französischer Mathematiker, Philosoph und Aufklärungsschriftsteller; Mitglied und Sekretär der Académie française. (A. war Mitbegründer der „Enzyklopädie der Wissenschaften, Künste und Gewerbe" und bis 1758/59 ihr Mitherausgeber. A. war seit 1754 zugleich Pensionär FRIEDRICH's II. und erhielt eine jährliche Rente von 300 Thaler. Dessen Angebote einer Übersiedlung nach Preußen lehnte er ab, beriet FRIEDRICH II. jedoch verschiedentlich bei Fragen der Berliner Akademie.)
AM 2. 6. 1746
Mathematik, Philosophie

ALEXANDER, Karl Friedrich,
* 1. 5. 1925 (Berlin)
1961 Honorarprofessor für Physik an der Universität in Leipzig, zugleich Bereichsleiter am Zentralinstitut für Kernforschung der Akademie in Rossendorf. 1969 stellv. Direktor, 1970 Direktor des Zentralinstitutes für Elektronenphysik der Akademie in Berlin.
KM 11. 6. 1970; OM 14. 6. 1973
Physik, Irreversible Thermodynamik, Kernphysik

ALEXANDROW, Anatolii Petrowitsch,
* 13. 2. 1903 (Taratschi/Gebiet Kiew)
1943 Korrespondierendes Mitglied der Akademie der Wissenschaften der UdSSR. 1946 Direktor des Instituts für Physik der Akademie. 1953 Ordentlicher Akademiker der Akademie der Wissenschaften der UdSSR. 1955 zugleich wissenschaftlicher Direktor des Kurtschatow-Instituts für Atomenergie. 1976 Präsident der Akademie der Wissenschaften der UdSSR.
AM 10. 6. 1976
Kernphysik, Kerntechnik

ALEXANDROW, Pawel Sergejewitsch,
* 7. 5. 1896 (Moskau)
1929 Professor für Mathematik an der Universität in Moskau. 1929 Korrespondierendes Mitglied, 1953 Ordentlicher Akademiker der Akademie der Wissenschaften der UdSSR.
KM 29. 6. 1950; AM 20. 5. 1969
Mathematik

ALGAROTTI, Francesco Graf von,
* 11. 12. 1712 (Venedig) † 3. 5. 1764 (Pisa)
Italienischer Schriftsteller und Naturwissenschaftler. 1740 Kammerherr FRIEDRICH's II.; Erhebung in den Grafenstand. 1753 Rückkehr nach Italien. (A., 1739 von FRIEDRICH II. nach Preußen berufen, gehörte zu dessen Freundeskreis am Rheinsburger Hof. A. fuhr 1753 in Urlaub nach Italien und kehrte nicht mehr zurück. FRIEDRICH II. sperrte ihm 1754 das Gehalt, blieb aber mit A. brieflich verbunden. A. vermittelte von Italien Künstler an den Hof FRIEDRICH's II. und besorgte Sendungen von Delikatessen für dessen Küche. FRIEDRICH II. ließ A. 1764 in Pisa ein Denkmal setzen.)
AM 4. 5. 1747 (Bestät. 30. 5. 1747)

ALT, Robert, * 4. 9. 1905 (Breslau) † 13. 12. 1978 (Berlin)
1946 Professor für Pädagogik an der Pädagogischen Hochschule in Potsdam. 1949

Professor für Pädagogik an der Universität in Berlin und Direktor des Instituts für systematische Pädagogik und Geschichte der Pädagogik. 1948 – 1963 Dekan. 1963 Leiter der Arbeitsstelle für die Erziehung und Schulgeschichte der Akademie. 1950 Nationalpreis.
OM 15. 6. 1961
Pädagogik; Geschichte der Erziehung

ALTENSTEIN, Karl Siegmund Franz, Freiherr vom Stein zum Altenstein, * 1. 10. 1770 (Schalkhausen b. Ansbach) † 14. 5. 1840 (Berlin)
1793 Referendar bei der Kriegs- und Domänenkammer in Ansbach. 1803 Geh. Oberfinanzrat und Mitglied des Generaldirektoriums in Berlin. 1808 Finanzminister, 1813 Zivilgouverneur von Schlesien. 1817 Minister für geistl., Unterrichts- und Medizinalangelegenheiten in Berlin.
EM 28. 3. 1822

ALTHOFF, Friedrich Theodor, * 19. 2. 1839 (Dinslaken/Rh.) † 20. 10. 1908 (Steglitz bei Berlin)
Zunächst Gerichtsassesor, später Advokat in Köln. 1871 Mitarbeiter des kaiserl. Kommissars von Roggenbach bei der Gründung der deutschen Universität in Straßburg; 1872 dort a. o. Professor, 1880 o. Professor. (A. war ständig im Staatsdienst.) 1882 Geh. Regierungsrat und Vortr. Rat im preußischen Kultusministerium und Universitäts-Referent. Chef der Hochschulverwaltung. 1897 Ministerialdirektor der I. Unterrichtsabteilung im Ministerium für Kultus, Unterricht und Medizinalwesen, zugleich Leiter der Abteilung für die höheren Schulen. (Die Wahl zum Mitglied erfolgte anläßl. des 200jährigen Jubiläums der Akademie.)
EM 21. 12. 1899 (Bestät. 5. 3. 1900)

ALTMANN, Johann Georg, * 21. 4. 1695 (Zofingen) † 18. 3. 1758 (Ins bei Bern)
Ab 1724 Kirchendienst. Zunächst Pfarrer zu Wahleren. 1724 Professor der Moral und der griechischen Sprache in Bern. 1757 Pfarrer in Ins.
AM 4. 11. 1751
Theologie, Philosophie

AMBARZUMJAN, Viktor Amasaspowitsch, * 18. 9. 1908 (Tbilissi)
1947 Professor für Astrophysik an der Universität in Jerewan. 1947 Präsident der Armenischen Akademie der Wissenschaften; zugleich Direktor des Astrophysikalischen Observatoriums in Byurakan. 1939 Korrespondierendes Mitglied, 1953 Ordentlicher Akademiker der Akademie der Wissenschaften der UdSSR. 1971 Helmholtz-Medaille der Akademie.
KM 24. 10. 1957; AM 20. 5. 1969
Physik, Astrophysik

AMBROSIUS, Herwarth, * 11. 10. 1925 (Leipzig)
1964 Professor für Tierphysiologie und Immunbiologie an der Universität in Leipzig.
KM 12. 6. 1980
Immunologie, Immunchemie

AMICI, Giovanni Battista, * 25. 3. 1786 (Modena) † 10. 4. 1864 (Florenz)
Zunächst Professor für Mathematik an der Universität in Modena. In der Folge Astronom des Großherzogs von Toscana und Professor für Astronomie an der Universität in Florenz.
KM 1. 12. 1836 Astronomie

AMIRA, Karl Konrad Ferdinand Maria von, * 8. 3. 1848 (Aschaffenburg) † 22. 6. 1930 (München)
1875 Professor für Rechtsgeschichte an der Universität in Freiburg/Br.. 1892 Professor für Rechtsgeschichte an der Universität in München.
KM 18. 1. 1900; AM 5. 12. 1925
Rechtsgeschichte, Rechtsarchäologie

AMPERE, André-Marie, * 20. 1. 1775 (Lyon) † 10. 6. 1836 (Marseille)
Zunächst Privatlehrer für Mathematik in Lyon. Professor für Physik in Bourg. Professor für Mathematik an der École polytechnique und am Collège de France in Paris. (Nach AMPÈRE ist die Einheit der Stromstärke benannt.)
KM 13. 12. 1827
Mathematik, Physik

ANCILLON, Johann Peter Friedrich (Jean Pierre Frédéric), * 30. 4. 1767 (Berlin) † 19. 4. 1837 (Berlin)
1790 Prediger der französ. Gemeinde in Berlin. 1792 zugleich Professor für Geschichte an der Militärakademie in Berlin. 1808 Erzieher, 1810 Lehrer des preuss. Kronprinzen (später FRIEDRICH WILHELM IV.). 1814 Geh. Legationsrat. 1817 Staatsrat. 1818 Direktor der pol. Sektion im Ministerium des Auswärtigen. 1832 Minister für Auswärtige Angelegenheiten; daneben Referent des preuss. Königs über politische Literatur u. Tageszeitungen. 1810 – 1814 Sekretar der Philosphischen Klasse der Akademie. (A. hatte als Minister starke Gegner. GNEISENAU charakterisierte ihn während der Napoleonischen Herrschaft als „Hofpfaffen". HEGEL, A. v. HUMBOLDT und SCHLEIERMACHER traten gegen ihn auf, die beiden letzteren besonders auch in der Akademie. Die 1805 erfolgte Änderung des Status der Mitgliedschaft von ANCILLON erfolgte im Zusammenhang mit der Zuerkennung des akademischen Gehaltes auf Geheiß des preuss. Königs. Es erfolgte keine Wahl.)
aoM 28. 7. 1803 (Bestät. 2. 8. 1803);
OM 14. 2. 1805

ANCILLON, Karl (Charles), * 29.7.1659 (Metz) † 5. 7. 1715 (Berlin)
1679 Advokat in Metz. 1687 Oberinspektor über die „Académie des nobles" und Gesandtschaftsrat des Kurfürsten FRIEDRICH III.. 1699 Inspektor der Gerichtshöfe der Hugenotten in Preußen. 1699 auch Historiograph von Brandenburg. (A. hat offenbar kein Diplom der Mitgliedschaft erhalten. Es befindet sich im Akademiearchiv.)
anwM 9. 5. 1707
Geschichte

ANCILLON, Louis Friedrich (Frédéric), * 21. 5. 1740 (Berlin) † 13. 6. 1814 (Berlin)
1761 ministre catéchiste. 1765 Prediger an der Französischen Klosterkirche in Berlin. 1796 Rat und Assessor des Französischen Oberkonsistoriums und Rat des Französischen Oberdirektoriums in Berlin.
(A. galt als berühmter Kanzelredner. Er hielt u. a. die Trauerrede über FRIEDRICH II.)
OM 2. 11. 1786 (Bestät. 9. 11. 1786)
Theologie, Philosophie

ANCORA, Gaetano d', * 8. 10. 1757 (Neapel) † 4. 3. 1816 (Neapel)
Professor für griechische Sprache an der Universität in Neapel. Zuletzt Sekretär der Kommission des öffentlichen Unterrichts.
AM 12. 1. 1794 (Bestät. 16. 1. 1794);
EM 24. 1. 1812
Klassische Philologie

ANDERSON, Walter, * 10. 10. 1885 (Minsk) † 23. 8. 1962 (Kiel)
1912 Privatdozent an der Universität in Kasan. 1918 Professor, 1920 Professor für estnische und vergleichende Volkskunde an der Universität in Dorpat. 1940 Professor für vergleichende Volkskunde an der Universität in Königsberg. 1945 Professor für vergleichende Volkskunde an der Universität in Kiel.
KM 10. 12. 1936
Vergleichende Volkskunde

ANDREAE, Johann Ernst, * 1. 11. 1671 (Herborn) † 29. 7. 1731 (Berlin)
Zunächst Hofprediger in Herborn. Später Hof- und Domprediger in Berlin.
anwM 7. 2. 1714
Theologie

ANDREAS, Willy, * 30. 10. 1884 (Karlsruhe i. B.) † 10. 7. 1967 (Litzelstetten b. Konstanz)
1912 Privatdozent an der Universität in Marburg. 1914 Professor für Geschichte an der Technischen Hochschule in Karlsruhe. 1916 Professor, 1919 Professor für neuere Geschichte an der Universität in Rostock. 1922 Professor für neuere Geschichte an der Universität in Berlin. 1923 Professor für neuere Geschichte an der Universität in Heidelberg. 1932 Rektor.
KM 25. 6. 1942 (Bestät. 22. 7. 1942)
Geschichte

ANGICOURT, Pierre d', * 1665 (Rouen) † 5. 5. 1727 (Berlin)
siehe: DANGICOURT (D'ANGICOURT), Pierre

ÅNGSTRÖM, Anders Jonas, * 14.8.1814 (Lögdö bruk/Medelpad) † 21. 6. 1874 (Uppsala)
1858 Professor für Physik an der Universität in Uppsala und Observator der Sternwarte. (Nach Å. ist die Einheit der Wellenlänge benannt.)
KM 16. 12. 1867
Physik

ANHALT, Friedrich Graf von, * 21. 5. 1732 (Kleckewitz/Anhalt) † 22. 5./2. 6. 1794 (Petersburg)
Generalleutnant und Generaladjutant in russischen Diensten. Hauptdirektor des I. Kadettenkorps. Präsident der Freien Ökonomischen Gesellschaft. (V. A. wurde auf Grund einer Order des preuss. Königs vom 24. 9. 1792 Mitglied der Akademie. Die offizielle Mitteilung erfolgte in der Sitzung der Akademie am 25. 10. 1792.)
AM 25. 10. 1792

ANHALT, Heinrich, * 1663 (Perleberg) † 13. 3. 1737 (Neuruppin)
Gutsbesitzer von Wulkow. Dr. med.. 1692 Landarzt in Neuruppin. 1710 Bürgermeister in Neuruppin. Hofrat.
abwM 1714
Medizin

ANIERES, Jean Fréderic Benjamin LORIOL d', * 9. 12. 1736 (Berlin) † 6. 4. 1803 (Berlin)
Geheimer Rat und Generalfiskal in Berlin; als solcher von 1763 bis 1798 Justitiar der Akademie.
OM 27. 2. 1783 (Befehl des Königs)

ANITSCHKOW, Nikolaj Nikolajewitsch, * 22. 10./ 3. 11. 1885 (Petersburg) † 7. 12. 1964 (Leningrad)
1920 Professor für pathologische Anatomie, 1939 Professor für pathologische Physiologie und Anatomie an der miltärärztlichen Akademie in Leningrad. 1939 Ordentlicher Akademiker der Akademie der Wissenschaften der UdSSR und Ordentlicher Akademiker der Akademie der medizinischen Wissenschaften der UdSSR. 1946 bis 1953 Präsident der Akademie der medizinischen Wissenschaften der UdSSR.
KM 22. 11. 1962
Pathologie, Physiologie

ANS, Jean d', * 16. 8. 1881 (Fiume)
1909 Privatdozent für Chemie an der Technischen Hochschule in Darmstadt. 1916 Chemiker in den Feldmühle Papier- und Zellstoffwerken in Cosel/Oderhafen. 1919 Leiter der wissenschaftlichen Laboratorien, 1923 Mitglied des Vorstandes der Auer-Gesellschaft in Berlin. 1931 Chemiker, 1937 Geschäftsführer der

Kali-Forschungsanstalt des Deutschen Kalisyndikats. 1945 Professor für anorganische Chemie, 1951 Professor für allgemeine und technische Chemie an der Technischen Universität in Westberlin. (d'A. legte auf Druck vorgesetzter Stellen seine Mitgliedschaft nieder.)
OM 24. 2. 1949 – 15. 12. 1949
Technische Chemie

ANTIPA, Grigori, * 10. 12. 1867 (Botosani) † 9. 3. 1944 (Bukarest)
Gründer des nach ihm benannten Naturhistorischen Nationalmuseums in Bukarest. (In älteren Mitgliederverzeichnissen ist vermerkt, A. sei nach seinem Tode Mitglied der Akademie geworden. Dies trifft nicht zu. Am 16. 11. 1944 wurde in der Gesamtsitzung der Akademie mitgeteilt, daß A. noch vor seinem Tode von seiner Wahl Nachricht erhalten habe.)
KM 2. 12. 1943 (Bestät. 18. 4. 1944)
Zoologie

APPLETON, Sir (1941) Edward Victor, * 6. 9. 1892 (Breadfort/Yorkshire) † 21. 4. 1965 (Edinburgh)
1924 Wheatstone-Professor am Kings College der Universität in London. 1936 Professor für Theorie der Naturwissenschaften an der Universität in Cambridge. 1940 Professor für Physik am Britischen Departement of Scientific and Industrial Research in London und Geschäftsführender Sekretär des Instituts. 1939 bis 1949 zugleich Rektor und Vizekanzler der Universität in Edinburgh.
1947 Nobelpreis für Physik.
KM 13. 12. 1934
Physik

ARAGO, Dominique-François-Jean, * 26. 2. 1786 (Estagel bei Perpignan) † 2. 10. 1853 (Paris)
Astronom des Längenbüros auf der Pariser Sternwarte. Professor für Analyse, Geodäsie und soziale Arithmetik an der École polytechnique. 1805 Sekretär des Längenbüros. Später zugleich Direktor der Sternwarte in Paris. 1831 Kammermitglied, 1848 Mitglied der provisorischen Regierung in Paris. (A. setzte mit BIOT die französische Gradmessung von Barcelona bis Formentera fort.)
AM 13. 12. 1827 (Bestät. 4. 1. 1828)
Astronomie, Physik

ARGELANDER, Friedrich Wilhelm August, * 22. 3. 1799 (Memel) † 17. 2. 1875 (Bonn)
1820 Gehilfe an der Sternwarte in Königsberg. 1823 Observator und Direktor der Sternwarte Abo, 1828 zugleich Professor für Astronomie an der Universität in Helsingfors. 1837 Professor für Astronomie an der Universität in Bonn, 1845 zugleich Direktor der Sternwarte in Bonn. Zweimal Rektor.
KM 24. 3. 1836; AM 24. 2. 1870 (Bestät. 19. 3. 1870)
Astronomie

ARGENS, Jean-Bapiste de BOYER Marquis d', * 24. 6. 1704 (Aix/Provence) † 11. 1. 1771 (Toulon)
Französischer Schriftsteller. 1740 Kammerherr am Hofe FRIEDRICH's II.. 1744 bis 1750 zugleich gemeinsam mit J. ELSNER, danach bis 1771 allein Direktor der Philologischen Klasse der Akademie. Kurze Zeit auch Direktor der Schauspielschule. (A. gehörte zu den Parteigängern der Aufklärung und war ein Freund VOLTAIRES. A. war ursprünglich im Militärdienst in Frankreich. Danach zeitweilig Mitglied der französischen Gesandtschaft in Konstantinopel. Später gehörte er zum Freundeskreis FRIEDRICH's II. in Rheinsberg).
OM 23. 1. 1744

ARGENSON, Marc-Antoine-René de VOYER, Marquis de PAULMY d', * 22. 11. 1722 (Valenciennes) † 13. 8.

1787 (Paris)
Französischer Kriegsminister. Zeitweilig Diplomat. (A. war auch literarisch tätig. Er legte den Grundstein für die Pariser „Bibliotheque de l'Arsenal".)
AM 2. 2. 1747

ARNAUD, François-Thomas-Marie de BACULARD d', * 15. 9. 1718 (Paris) † 8. 11. 1805 (Paris)
Französ. Schriftsteller in Paris. 1750 – 1751 Aufenthalt am Hofe FRIEDRICH's II. 1751 Legationsrat in Dresden. (A., von VOLTAIRE bespöttelt, wurde auf dessen Betreiben von FRIEDRICH II. entlassen. Er verließ Berlin 1751, hielt sich vorübergehend in Dresden auf und ging von dort nach Paris zurück.)
OM 11. 6. 1750; AM 1751
Literatur

ARNETH, Joseph Calasanza Ritter von, * 12. 8. 1791 (Leopoldschlag/Oberösterr.) † 21. 10. 1863 (Karlsbad)
1813 Kustos des Münz- und Antikenkabinetts in Wien. 1824 bis 1828 zugleich Professor für Welt- und österreichische Geschichte an der Universität in Wien. Zeitweilig Erzieher im Hause des Fürsten DIETRICHSTEIN. 1840 Direktor des Münz- und Antikenkabinetts in Wien. (A. war an der Errichtung der Akademie der Wissenschaften zu Wien beteiligt und deren Mitglied seit Gründung der Akademie.)
KM 16. 6. 1853
Archäologie, Numismatik

ARNIM, Georg Dietloff von, * 8. 9. 1679 (Boitzenburg) † 20. 10. 1753 (Berlin)
1703 Kammerjunker. 1706 Landvogt der Uckermark und Oberheroldsrat. 1712 Geh. Justizrat. 1738 Präsident des Tribunals und des Appellationsgerichtes in Berlin, Lehnsdirektor, Wirkl. Geh. Rat und Staats- und Kriegsminister. 1743 Justizminister in Schlesien. 1749 Direktor der Kurmark, dirig. Minister und Vizepräsident des Generaldirektoriums, Generalpostmeister, Oberkurator bei den Realschulen in Berlin. 1745 – 1753 Kurator der Akademie.
EM 16. 2. 1744

ARNOLD, Walter, * 27. 6. 1909 (Reistenhausen a. M.) † 11. 1. 1971 (Eichwalde)
Dipl.-Ing.. Tagebautechniker. 1942 Leiter des Aufschlusses des Tagebaus Profen. 1945 Kombinatsdirektor des VEB Braunkohlenwerk Profen. 1953 Abteilungsleiter, 1956 Technischer Leiter des VEB Wärmeanlagenbau in Berlin.
OM 3. 6. 1965
Tagebautechnik

AROUET, François-Marie de, * 21. 11. 1694 (Paris) † 30. 5. 1778 (Paris)
siehe: VOLTAIRE, François-Marie AROUET de

ARZAC, Guillaume-Henry-Charles Vicomte d', * um 1740 (Mézin/Guyenne) † nach 1804
siehe: GOYON D'ARZAC, Guillaume-Henri-Charles Vicomte de

ARZIMOWITSCH, Lew Andrejewitsch, * 12./25. 2. 1909 (Moskau) † 1. 3. 1973 (Moskau)
1946 Korrespondierendes Mitglied, 1953 Ordentlicher Akademiker der Akademie der Wissenschaften der UdSSR. 1959 Sekretär der Abteilung für Physikal.-Mathemat. Wissenschaften der Akademie.
AM 4. 9. 1969
Theoretische Physik, Kernphysik

ASCHHEIM, Selmar, * 4. 10. 1878 (Berlin) † 15. 2. 1965 (Paris)
Zunächst bis 1933 Vorstand des Laboratoriums der Frauenklinik der Charité in

Berlin. Später Professor für biologisch-gynäkologische Forschung und Direkteur de Recherches Honoraire am Centre National de la Recherche Scientifique in Paris. (A. emigrierte 1933 aus rassischen Gründen nach Frankreich.)
KM 10. 2. 1955
Medizin, Gynäkologie

ASCOLI, Graziado Isaia, * 16. 7. 1829 (Görz) † 21. 1. 1907 (Mailand)
1860 Professor für Sprachwissenschaft an der Accademia scientifico-letteraria in Mailand. 1888 Senator.
KM 10. 3. 1887
Philologie

ASINGER, Friedrich, * 26. 6. 1907 (Freiland/Nieder-Österr.)
1935 Chemiker in Wien (Industriepraxis). 1937 Chemiker, 1942 Leiter des Versuchslabors der Chemischen Werke in Leuna. 1944 zugleich Dozent an der Universität in Halle. 1946 – 1954 wissenschaftliche Tätigkeit in der UdSSR. 1954 Professor mit LA für technische Chemie an der Universität in Halle; zugleich Wissenschaftl. Mitarbeiter in der Produktionsleitung der VEB Leuna-Werke. 1958 Professor für organische Chemie an der Technischen Hochschule in Dresden und Direktor des Instituts für organische Chemie. 1959 Professor für technische Chemie und Petrolchemie an der Technischen Hochschule in Aachen und Direktor des Instituts für chemische Technologie.
KM 23. 4. 1959; AM 20. 5. 1969
Technische Chemie, Petrolchemie

ASSER, Günter Friedrich, Emil, * 26. 2. 1926 (Berlin)
1960 Professor, 1969 Professor für theoretische Mathematik an der Universität in Greifswald.
KM 9. 6. 1977
Mathematik, mathematische Logik, Grundlagen der Mathematik

AUBENTON, Louis-Jean-Marie d', * 29. 5. 1716 † 1. 1. 1800 (Paris)
siehe: DAUBENTON, Louis-Jean-Marie

AUBIN, Hermann, * 23. 12. 1885 (Reichenberg/Böhmen) † 11. 3. 1969 (Freiburg i. Br.)
1916 Privatdozent, 1921 Professor für Geschichte an der Universität in Bonn. 1925 Professor für Geschichte an der Universität in Gießen. 1929 Professor für Geschichte an der Universität in Breslau. 1930 bis 1933 Gastprofessor an der Universität in Kairo. 1945 Professor für Geschichte an der Universität in Göttingen. 1946 Professor für Geschichte an der Universität in Hamburg. 1955 Honorarprofessor an der Universität in Freiburg i. Br.
KM 25. 6. 1942 (Bestät. 22. 7. 1942)
Geschichte

AUER von WELSBACH, Karl Freiherr, * 1. 9. 1858 (Wien) † 4. 8. 1929 (Schloß Welsbach b. Meidering)
Dr. Dr. Ing.. Industrieller und Großgrundbesitzer; Hauptgesellschafter und Präsident des Verwaltungsrates der Treibacher chemischen Werke. (A. v. W. betätigte sich als Chemiker und Erfinder. 1885 gelang ihm die Spaltung des Didyms in zwei Elemente und er erfand das Glasglühlicht „Auerstrumpf". 1897 entwickelte er die erste Metallfadenlampe für elektr. Licht; ebenso erfand er das „Auermetall" oder „Cereisen".)
KM 22. 5. 1913
Chemie

AUFRECHT, Theodor, * 7. 1. 1822 (Leschnitz/Oberschles.) † 3. 4. 1907 (Bonn)
1852 wissenschaftlicher Gehilfe des Orientalisten M. Müller in Oxford. 1862 bis 1875 Professor für Sanskrit und vergl. Sprachwissenschaft in Edinburg. 1875 Professor für Indologie und vergl. Sprachwissenschaft an der Universität in Bonn.

(A. begründete 1952 zusammen mit A. Kuhn die „Zeitschrift für vergleichende Sprachforschung." In Oxford katalogisierte er die Sanskrit-Handschriften.)
KM 11. 2. 1864
Orientalistik, Indologie

AUTENRIETH, Johann Hermann Ferdinand von (1818), * 20. 10. 1772 (Stuttgart) † 3. 5. 1835 (Tübingen)
1792 Dr. med.. 1794 prakt. Arzt in Stuttgart. 1795 – 1796 Reisen nach Italien und Nordamerika. 1796 Hofarzt in Tübingen und Aufseher der zoolog. Sammlungen. 1797 Professor für Anatomie, Physiologie, Chirurgie und Geburtshilfe an der Universität in Tübingen. 1805 Begründung der ersten stationären Klinik der Universität. 1819 Kanzler der Universität Tübingen. Leibarzt des württ. Königs.
KM 25. 6. 1812
Anatomie

AUTH, Joachim, * 22. 5. 1930 (Berlin)
1960 Entwicklungsleiter im VEB Werk für Fernsehelektronik Berlin. 1964 wissenschaftlicher Direktor des VEB Halbleiterwerk in Frankfurt/Oder. 1967 Professor für Physik an der Universität in Berlin. 1974 Nationalpreis.
OM 29. 5. 1969
Physik, Halbleiterphysik

AUWERS, Julius Georg Friedrich Arthur von (1912), * 12. 9. 1838 (Göttingen) † 24. 1. 1915 (Groß-Lichterfelde b. Berlin)
1859 Assistent an der Sternwarte in Königsberg, 1862 an der Sternwarte in Gotha. 1866 Astronom der Akademie in Berlin und Professor für Astronomie an der Universität. 1876 Vorsitzender der Direktion des Astrophysikalischen Observatoriums in Potsdam. 1865 bis 1874 Schriftführer, 1881 bis 1889 Vorsitzender der Astronomischen Gesellschaft. 1878 – 1912 Sekretar der Physikalisch-mathem. Klasse der Akademie. Wirkl. Geh. Oberregierungsrat. (A. war Vorsitzender der Kommission der Akademie „Geschichte des Fixstern-Himmels".)
OM 19. 7. 1866 (Bestät. 18. 8. 1866)
Astronomie

AVELLINO, Francesco Maria, * 14. 8. 1788 (Neapel) † 10. 1. 1850 (Neapel)
Zunächst Professor für griechische Literatur an der Universität in Neapel. 1809 bis 1815 zugleich Erzieher der Kinder MURATs. 1816 zugleich Advokat in Neapel. 1820 Professor für politische Ökonomie, später für Rechtswissenschaften an der Universität in Neapel. 1820 zugleich Leiter der Münzsammlung des Museo Borbonico.
KM 25. 6. 1812
Numismatik

BACULARD, François-Thomas-Marie de, * 15. 9. 1718 (Paris) † 8. 11. 1805 (Paris)
siehe: ARNAUD, François-Thomas-Marie de BACULARD d'

BAER, Karl Ernst von, * 17./28. 2. 1792 (Piep/Estland) † 16./28. 11. 1876 (Dorpat)
Dr. med.. 1817 Prosektor, 1819 Professor, 1821 Professor für Zoologie, 1826 auch Professor für Anatomie an der Universität in Königsberg und Direktor der zoologischen und anatomischen Anstalt. 1828 und 1834 – 1862 Professor für Zoologie, seit 1841 auch Professor für Anatomie und Physiologie an der Universität in Petersburg. 1869 Präsident der Naturforscher-Gesellschaft zu Dorpat. (B. unternahm zwischen 1837 und 1860 mehrere große Forschungsreisen. u. a.

nach Nowaja Semlja, zum Kaspischen Meer und zum Asowschen Meer. 1866 siedelte er nach Dorpat über.
KM 13. 2. 1834; AM 31. 1. 1861
Zoologie

BAETHGEN, Friedrich, * 30. 7. 1890 (Greifswald) † 18. 6. 1972 (Pullach)
1920 Privatdozent, 1924 Professor für mittlere Geschichte an der Universität in Heidelberg und 2. Sekretär am Preuß. Historischen Institut in Rom. 1927 Professor für mittlere Geschichte an der Universität in Berlin. 1929 Professor für mittlere Geschichte an der Universität in Königsberg. 1939 Professor für mittlere Geschichte an der Universität in Berlin. 1948 Honorarprofessor an der Universität in München. 1948 bis 1959 Präsident der Monumenta Germaniae Historica.
OM 30. 11. 1944 (Bestät. 27. 12. 1944); AM 20. 5. 1969
Geschichte; politische, Kirchen- und Kulturgeschichte des Mittelalters

BAEUMKER, Clemens, * 16. 9. 1853 (Paderborn) † 7. 10. 1924 (München)
1883 Professor für Philosophie an der Universität in Breslau. 1900 Professor für Philosophie an der Universität in Bonn. 1903 Professor für Philosophie an der Universität in Straßburg. 1912 Professor für Philosophie an der Universität in München. 1918 Rektor. Geh. Hofrat.
KM 8. 7. 1915
Philosophie

BAEYER, Johann Friedrich Wilhelm Adolf Ritter von (1885), * 31. 10. 1835 (Berlin) † 20. 8. 1917 (Starnberg) (Sohn von BAEYER, Johann Jakob)
1866 Professor an der Universität in Berlin, daneben Lehrer und Professor für Chemie an der Gewerbeakademie. 1872 Professor für Chemie an der Universität in Straßburg. 1875 Professor für Chemie an der Universität in München. 1905 Nobelpreis für Chemie.
KM 17. 1. 1884; AM 20. 7. 1905 (Bestät. 12. 8. 1905)
org. Chemie

BAEYER, Johann Jakob v., * 5. 11. 1794 (Müggelheim bei Berlin) † 11. 9. 1885 (Berlin)
1821 Mitarbeiter in der Trigonometrischen Abteilung des Preuß. Generalstabes. 1831 bis 1838 Teilnahme an der ostpreuss. Gradmessung. 1858 Generalleutnant. 1864 Präsident des Zentralbüros der Europäischen Gradmessung. 1870 Präsident des Geodätischen Instituts in Berlin.
EM 4. 5. 1865 (Bestät. 27. 5. 1865)
Geodäsie

BAHNER, Werner, * 18. 6. 1927 (Neuwiese/Erzgeb.)
1952 Dozent, 1960 Professor für romanische Philologie an der Universität in Leipzig und Direktor des Romanischen Instituts. 1961 zugleich Abteilungsleiter im Institut für romanische Sprachen und Kultur der Akademie in Berlin. 1969 Stellvertr. Direktor, 1977 Direktor des Zentralinstituts für Literaturgeschichte der Akademie in Berlin. 1980 Präsident der Sächsischen Akademie der Wissenschaften zu Leipzig. 1980 zugleich Vizepräsident der Akademie in Berlin. 1975 Friedrich-Engels-Preis der Akademie.
OM 9. 6. 1966
Sprach- und Literaturwissenschaft, Romanistik

BAIARDI (BAIARDO), Octavio Antonio, * um 1690 (Parma) † um 1765
Zunächst Sekretär in Parma. 1747 Archäologe in Neapel. Später Prälat in Rom.
AM 5. 4. 1759
Archäologie

BAILY, Francis, * 28. 4. 1774 (Newbury/Berkshire) † 30. 8. 1844 (London)
Ursprünglich Kaufmann. Später Astronom und Präsident der Royal Astronomical Society.
KM 3. 2. 1842
Astronomie

BAJEW, Alexander Alexandrowitsch, * 28. 12. 1903/10. 1. 1904 (Chita)
1935 bis 1959 wissenschaftlicher Mitarbeiter am Insitut für Biochemie der Akademie der Wissenschaften der UdSSR in Moskau. Professor. 1959 wissenschaftlicher Mitarbeiter, später Leiter des Laboratoriums für funktionelle Enzymologie am Institut für Molekularbiologie der Akademie der Wissenschaften der UdSSR. 1968 Korrespondierendes Mitglied, 1970 Ordentlicher Akademiker der Akademie der Wissenschaften der UdSSR. Leiter der Abteilung für Biochemie, Biophysik und Chemie physiologisch aktiver Verbindungen der Akademie der Wissenschaften der UdSSR in Moskau.
AM 21. 2. 1974
Biologie, Biochemie

BALBIS, Giovanni Battista,
* 17. 11. 1765 (Moretta/Piemont)
† 13. 2. 1831 (Lyon)
Zunächst Professor für Botanik an der Universität in Turin, danach Professor für Botanik an der Universität in Lyon.
KM 25. 6. 1812
Botanik

BALEWSKI, Angel Toncev, * 15.4.1910 (Trojan)
Direktor des Instituts für Metallkunde und Technologie der Bulgarischen Akademie der Wissenschaften in Sofia. Präsident der Bulgarischen Akademie der Wissenschaften.
AM 21. 2. 1974
Werkstoffwissenschaften

BAMBERGER, Karl Friedrich,
* 28. 12. 1793 (Reichmannsdorf bei Bamberg) † 17. 3. 1870 (Berlin)
siehe: NEUMANN, Karl Friedrich

BANCROFT, George, * 3. 10. 1800 (Worcester/Mass.) † 17. 1. 1891 (Washington)
Historiker, 1870 Gesandter der USA in Berlin.
KM 27. 2. 1845
Geschichte

BANG KAUP, Wilhelm Max Julius,
* 9. 8. 1869 (Wesel) † 8. 10. 1934 (Darmstadt)
1895 – 1914 Professor für Anglistik an der Universität in Löwen. 1917 Professor für türkische Sprachwissenschaft an der Universität in Frankfurt a. M.. 1918 Professor für türkische Philologie an der Universität in Berlin.
KM 13. 2. 1919 (Bestät. 27. 2. 1919)
Orientalistik, Anglistik

BANKS, Sir Joseph, * 13. 2. 1743 (Revesby-Abbey/London) † 19. 6. 1820 (Spring Grove)
Reicher Privatmann. B. begleitete 1766 Leutnant PHIPPS (später Lord MULGRAVE) nach Neufundland und nahm 1768 bis 1771 als Naturforscher an der Weltreise des Kapitäns COOK teil. 1788 erhielt er die Leitung der neugegründ. „African Association", welche 1830 in die Londoner Geographische Gesellschaft überging. 1778 Präsident der Royal Society in London. (Nach B. sind Inseln, Berge Vorgebirge und zahlreiche Pflanzenarten benannt.)
AM 31. 7. 1806 (Bestät. 5. 8. 1806); EM 24. 1. 1812
Naturwissenschaften

BARATIER, Johann Philipp,
* 19. 1. 1721 (Schwabach) † 5. 10. 1740 (Halle/Saale)

Mathematiker. 1735 Magister an der Universität in Halle. (B., der als 14jähriger in die Akademie aufgenommen wurde, galt als „Wunderkind". Er soll bereits als Achtjähriger sechs Sprachen beherrscht haben. Neben der Mathematik hat er Arbeiten zur Kirchengeschichte und zur Geschichte verfaßt. In Berlin trug er FRIEDRICH WILHELM I. Beispiele seines Könnens vor, und in einer Sitzung der Akademie, an der er teilgenommen hatte, wurde er nach einer Prüfung seiner Kenntnisse als Mitglied aufgenommen. B. ist das jüngste Mitglied, das je in die Akademie aufgenommen wurde.)
abwM 31. 3. 1735
Mathematik, Geschichte

BARATIER de SAINT-AUBAN, Antoine, * 4. 7. 1713 (Viviers/Vivarais)
† 5. 9. 1783 (Paris)
Generalleutnant der französischen Armee.
AM 22. 6. 1780

BARBEYRAC, Johann, * 15. 3. 1674 (Béziers) † 3. 3. 1744 (Groningen)
1697 Lehrer für Gottesgelahrtheit, später der Rechte am Französischen Gymnasium in Berlin. 1710 Professor für Rechtswissenschaft und Geschichte, 1714 Rektor der Akademie in Lausanne. 1717 Professor für Rechtswissenschaft an der Universität in Groningen. (B. verließ nach dem Widerruf des Ediks von Nantes Frankreich, ging zunächst nach Lausanne, später nach Genf, Berlin und Frankfurt a. O.)
abwM 7. 6. 1713; AM 24. 1. 1744
Rechtswissenschaft

BARBIÉ DU BOCAGE, Jean-Denis, * 28. 4. 1760 (Paris) † 28. 12. 1825 (Paris)
1780 Geograph beim französischen Außenministerium. 1785 Aufseher im Münzkabinett und 1792 Aufseher bei der Kartensammlung der Bibliothek in Paris. 1809 Professor am Collège de France.
KM 25. 6. 1812
Geographie und Archäologie

BARDIN, Iwan Pawlowitsch,
* 13. 11. 1883 (bei Saratow) † 7. 1. 1960 (Moskau)
Zunächst Hauptingenieur sowjetischer Hüttenwerke, u. a. in Dneprodsershinsk. 1929 Leitung des Aufbaus des Hüttenwerkes in Kusnezk. 1938 Vorsitzender des Technischen Rates des Volkskommissariates für Schwerindustrie. 1939 Stellvertr. Volkskommissar für die Eisenindustrie der UdSSR. 1932 Ordentlicher Akademiker der Akademie der Wissenschaften der UdSSR. 1942 Vizepräsident, zugleich ständiger Direktor des Instituts für Metallurgie „A. A. Baikow" der Akademie.
KM 13. 1. 1955
Metallurgie

BARFEKNECHT, Otto Kasimir, * 1697 (Köslin) † 1739 (Berlin)
Professor für Chirurgie am Collegium medico-chirurgicum, 1734 zugleich Hofarzt in Berlin.
anwM 22. 8. 1737
Medizin

BARKHAUSEN, Georg Heinrich,
* 2. 12. 1881 (Bremen) † 20. 2. 1956 (Dresden)
1907 wissenschaftlicher Beirat bei SIEMENS & HALSKE in Berlin. 1910 Privatdozent an der Technischen Hochschule in Berlin. 1911 bis 1953 Professor für Elektrotechnik an der Technischen Hochschule in Dresden. 1949 Nationalpreis.
OM 24. 2. 1949
Elektrotechnik, Schwachstromtechnik

BARROS E VASCONCELLOS, José Joaquim Soares de, * 19. 3. 1721 (Setu-

bal/Portugal) † 2. 11. 1793 (Lissabon)
Portug. Astronom und Schriftsteller.
AM 15. 1. 1755
Astronomie

BARTEL, Horst, * 16. 1. 1928 (Cottbus)
1960 stellv. Direktor des Instituts für Geschichte der Akademie in Berlin. 1966 Professor der Akademie. 1970 Direktor des Zentralinstituts für Geschichte der Akademie in Berlin. 1966 Nationalpreis.
KM 4. 9. 1969; OM 15. 6. 1972
Geschichte (Geschichte des deutschen Volkes und der deutschen Arbeiterbewegung im 19. und 20 Jh.)

BARTELS, August Julius, * 17. 8. 1899 (Magdeburg) † 6. 3. 1964 (Göttingen)
1927 Privatdozent an der Universität in Berlin. 1928 Professor, 1934 Professor für Geophysik an der Forstwirtschaftlichen Hochschule in Eberswalde. 1936 Professor für Geophysik an der Universität in Berlin und Direktor des Geophysikalischen Instituts in Potsdam. 1945 Professor für Geophysik an der Universität in Göttingen und Direktor des Instituts für Geophysik der Universität.
OM 2. 3. 1939 (Bestät. 29. 4. 1939)
Geophysik

BARTH, Johann Heinrich, * 16. 2. 1821 (Hamburg) † 25. 11. 1865 (Berlin)
1848 Privatdozent, 1863 Professor für Geographie an der Universität in Berlin. (B., Afrikaforscher, unternahm zwischen 1850 und 1863 Forschungsreisen nach Zentralafrika und Kleinasien.)
KM 9. 8. 1855
Geographie, Ethnographie

BARTHEZ, Paul-Joseph, * 11. 12. 1734 (Montpellier) † 15. 10. 1806 (Paris)
1756 Feldarzt. 1759 Professor für Medizin an der Universität in Montpellier. 1781 mitberatender Leibarzt LUDWIGs XVI. und 1. Leibarzt des Herzogs von Orléans in Paris. 1785 Kanzler der Universität in Montpellier.
AM 22. 6. 1780
Medizin

BARTHOLMESS, Christian, * 26. 2. 1815 (Geiselbronn/Elsaß) † 31. 8. 1856 (Nürnberg)
1838 Erzieher im Hause des Marquis de JANCOURT in Paris. 1853 Professor für Philosophie am Protestantischen Seminar in Straßburg.
KM 10. 6. 1847
Philosophie, Geschichte

BARTON, Benjamin Smith, * 10. 2. 1766 (Lancaster/Pennsylvania) † 19. 12. 1815 (Philadelphia)
Professor für Naturgeschichte und Botanik an der Universität in Philadelphia.
KM 25. 6. 1812
Medizin, Botanik

BARY, Heinrich Anton de, * 26. 1. 1831 (Frankfurt a. Main) † 19. 1. 1888 (Straßburg)
1853 prakt. Arzt in Frankfurt a. Main. Im gleichen Jahre Privatdozent für Botanik an der Universität in Tübingen. 1855 Professor, 1859 Professor für Botanik an der Universität in Freiburg. 1867 Professor für Botanik an der Universität in Halle. 1872 Professor für Botanik an der Universität in Straßburg.
KM 12. 12. 1878
Botanik

BASHUYSEN, Heinrich Jakob van, * 26. 10. 1679 (Hanau) † 31. 12. 1758 (Zerbst)
Ursprünglich Lehrer am Gymnasium in Hanau und Schlüchtern. 1701 Professor für morgenländische Sprachen und Kirchengeschichte, 1703 Professor für Theologie am Gymnasium in Hanau. 1716 Rektor des Gymnasiums in Zerbst, zu-

gleich Pastor in Zerbst.
abwM 9. 3. 1712
Theologie, Kirchengeschichte

BASNAGE, Jacques, * 8. 8. 1653 (Rouen) † 22. 12. 1723 (den Haag)
1676 Prediger in Rouen. 1685 Prediger in Rotterdam. 1691 Prediger der wallonischen Kirche im Haag. Historiograph der General-Staaten im Haag. (B. ist Verfasser der „Histoire de l'Eglise dapuis Jésus-Christ jucoqua présent", 1699.)
abwM 8. 1. 1711
Theologie

BASNAGE DE BEAUVAL, Henri, * 7. 8. 1656 (Rouen) † 29. 3. 1710 (den Haag)
1676 Advokat am Parlament in Rouen. 1687 Doktor der Rechte in den Haag. (B. ging 1687 nach dem Widerruf des Ediktes von Nantes nach Holland.)
abwM 4. 5. 1707
Rechtswissenschaften

BASOW, Nikolai Gennadijewitsch, * 14. 12. 1922 (Usman)
1958 Abteilungsdirektor, jetzt Direktor des Lebedew-Instituts für Physik der Akademie der Wissenschaften der UdSSR in Moskau. 1962 Korrespondierendes Mitglied, 1966 Ordentlicher Akademiker der Akademie der Wissenschaften der UdSSR. 1964 Nobelpreis für Physik.
KM 12. 10. 1967; AM 20. 5. 1969
Theoretische Physik, Laserphysik

BASTIDE, Jean Baptiste, * 29. 5. 1745 (Berlin) † 1. 4. 1810 (Paris)
Sprachforscher in Berlin.
OM 13. 12. 1792
Sprachwissenschaft

BATTIER, Reinhard, * 7. 3. 1724 (Basel) † 22. 11. 1779 (Neusalz/Oder)
Dr. med. Zunächst bis 1748 Physiker und Mathematiker in Berlin. 1748 – 1749 Erzieher des Erbprinzen von Sachsen, Coburg, Gotha in Paris. (B. erhält 1749 wegen einer Krankheit auf eigenen Wunsch seine Entlassung und geht zur Brüdergemeinde nach Barby.)
OM 4. 7. 1748 – 23. 4. 1750
Physik, Mathematik

BAUDI di VESME, Carlo Comte, * 23. 7. 1890 (Cuneo) † 4. 3. 1877 (Turin)
Paläograph und Philologe in Turin.
KM 12. 11. 1874
Philologie

BAUMANN, Rudolf, * 19. 8. 1911 (Düsseldorf)
1945 Chefarzt des Städt. Ost-Krankenhauses in Berlin. 1948 Zweiter Ärztl. Direktor, 1951 Ärztl. Direktor des Städt. Hufeland-Krankenhauses in Berlin-Buch. Seit 1948 zugleich Chefarzt der I. Inneren Klinik, 1951 der I. Medizin. Klinik. 1957 Professor. 1958 Direktor des Instituts für kortiko-vizerale Pathologie und Therapie (jetzt Zentralinstitut für Herz- und Kreislauf-Regulationsforschung) der Akademie. 1975 zugleich Vorsitzender der Klasse „Medizin" der Akademie. 1965 Nationalpreis.
OM 9. 6. 1966
Medizin, Zerebro-viszerale Regulationsforschung

BAUMGARTEN, Arthur Edwin Paul, * 31. 3. 1884 (Königsberg i. Pr.) † 27. 11. 1966 (Berlin)
1909 Professor für deutsches Strafrecht, später für Rechtsphilosophie an der Universität in Genf. 1920 Professor für deutsches Strafrecht an der Universität in Köln. 1923 Professor für deutsches Strafrecht an der Universität in Basel. 1930 Professor für deutsches Strafrecht an der Universität in Frankfurt a. M.. 1934 bis 1945 Professor für Rechtsphilosophie

und allgemeine Rechtslehre an der Universität in Basel. 1946 Gastprofessor an der Universität in Leipzig. 1947 Professor für Rechtsphilosophie und Völkerrecht an der Universität in Berlin; zugleich Professor an der Landeshochschule für Pädagogik in Potsdam. 1949 Rektor der Landeshochschule. Präsident der Deutschen Akademie für Staats- und Rechtswissenschaften in Forst Zinna. 1953 – 1954 Sekretar der Klasse für Gesellschaftswissenschaften. 1951 Nationalpreis.
OM 24. 2. 1949
Rechtsphilosophie, Strafrecht

BAUMGARTEN, Siegmund Jakob, * 14. 3. 1706 (Wolmirstedt) † 4. 7. 1757 (Halle/Saale)
1730 Adjunkt, 1743 Professor für luther. Theologie an der Universität in Halle.
AM 4. 7. 1748
Theologie

BAUSCHINGER, Julius, * 28. 1. 1860 (Fürth) † 21. 1. 1934 (Leipzig)
1883 Assistent, 1886 Observator an der Sternwarte in München. 1888 Privatdozent an der Universität in München. 1896 Professor für Astronomie an der Universität in Berlin und Direktor des Astronomischen Rechenzentrums in Potsdam/Babelsberg. 1909 Professor für Astronomie an der Universität in Straßburg und Direktor der Sternwarte.
KM 15. 12. 1927
Astronomie

BAYER, Gottlieb Siegfried, * 5. 1. 1694 (Königsberg i. Pr.) † 10./21. 2. 1738 (Petersburg)
1717 Magister in Leipzig. 1718 Lehrer für griech. Klassik an der Domschule in Königsberg. 1725 Professor für griechische und römische Altertumskunde an der Akademie der Wissenschaften in Petersburg.
abwM 1. 2. 1730
Orientalistik

BEAUMONT, Jean-Baptiste-Armand-Louis-Léonce de, * 25. 9. 1798 (Canon/Calvados) † 12. 9. 1874 (Canon/Calvados)
siehe: ÉLIE de BEAUMONT, Jean-Baptiste-Armand-Louis-Léonce

BEAUSOBRE, Charles Louis de, * 24. 3. 1690 (Dessau) † 10. 3. 1753 (Berlin) (Vater von BEAUSOBRE, Louis Isaac de)
1718 Prediger der Französischen Gemeinde der Dorotheenstadt. Geh. Rat.
OM 14. 10. 1751
Theologie, Kirchengeschichte

BEAUSOBRE, Louis Isaac de, * 19. 8. 1730 (Berlin † 3. 12. 1783 (Berlin)
Zunächst Revisionsrat, später Mitglied des Oberkonsistoriums und Geh. Rat. (B. genoß die besondere Gunst des preuss. Kronprinzen und späteren Königs FRIEDRICH II., für dessen Bildung er sorgte. Die wissenschaftlichen Arbeiten von B. betrafen philosophische Fragen, Politik, Finanzen u. a.. Sie werden als mittelmäßig charakterisiert.)
OM 27. 2. 1755
Philosophie, Geschichte

BEAUX
1701 wurde der Franzose BEAUX „beim Grafen v. Schwerin" als Mitglied aufgenommen. Nähere Angaben sind nicht bekannt. B. hat offenbar kein Diplom erhalten.
abwM 1. 4. 1701

BECHSTEIN, Johannes Matthäus, * 11. 7. 1757 (Waltershausen) † 23. 2. 1822 (Dreißigacker)
1884 Lehrer für naturgeschichtlichen Unterricht an der Erziehungsanstalt in

Schnepfenthal. 1794 Gründung der Forstschule in Waltershausen. (Später verlegt nach Dreißigacker). 1801 Direktor der – neugegründeten – Forstakademie. (B. gilt als „Vater der Vogelkunde in Deutschland".)
KM 25. 6. 1812
Forstwissenschaft, Ornithologie

BECKE, Friedrich Johann Karl,
* 31. 12. 1855 (Prag) † 19. 6. 1931 (Wien)
1882 Professor für Mineralogie in Czernowitz. 1890 Professor für Mineralogie an der Universität in Prag. 1898 Professor für Mineralogie an der Universität in Wien. 1911 auch Generalsekretär der Akademie der Wissenschaften zu Wien.
KM 9. 12. 1920
Mineralogie

BECKER, Heinz Georg Otmar,
* 4. 3. 1922 (Dittersdorf/Sa.)
1962 Professor für organische Chemie an der Technischen Hochschule für Chemie in Leuna-Merseburg.
KM 13. 6. 1974; OM 9. 6. 1977
Chemie; organische Chemie/Fotochemie

BECKER, Karl, * 14. 12. 1879 (Speyer) † 8. 4. 1940 (Berlin)
1906 Besuch der Militärtechnischen Akademie in Berlin. 1912 – 1918 Mitglied der Artillerieprüfungskommission. 1914 – 1916 als Hauptmann für den Einsatz einer 42-cm-Batterie verantwortlich. Nach dem 1. imperial. Weltkrieg Studium der Chemie und Promotion zum Dr.-Ing. an der Technischen Hochschule in Berlin. Danach Mitglied der Inspektion für Waffen und Geräte des Reichswehrministeriums. 1932 Honorarprofessor, 1933 o. Professor an der Technischen Hochschule in Berlin und „lebenslänglicher" Dekan der wehrwissenschaftlichen Fakultät der TH Charlottenburg. 1936 Sekretär der Kaiser-Wilhelm-Gesellschaft zur Förderung der Wissenschaften. 1937 Präsident des Reichsforschungsrates. 1938 im Range eines Generals der Artillerie auch Chef des Heereswaffenamtes. (B. beging am 8. 4. 1940 in seinem Hause bei Anwesenheit der Gestapo Selbstmord).
OM 24. 10. 1935 (Bestät. 26. 11. 1935)
Ballistik, Photogrammetrie

BECKER, Richard, * 3. 12. 1887 (Hamburg) † 16. 3. 1955 (Bad Schwalbach)
1926 Professor für Physik an der Technischen Hochschule in Berlin. 1936 Professor für theoretische Physik an der Universität in Göttingen.
KM 10. 2. 1955
Theoretische Physik

BECKMANN, Ernst Otto, * 4. 7. 1853 (Solingen) † 12. 7. 1923 (Berlin)
1891 Professor für physikalische Chemie an der Universität in Gießen. 1892 Professor für Chemie an der Universität in Erlangen, zugleich Direktor der staatl. Untersuchungsanstalt für Nahrungs- und Genußmittel. 1912 Professor für Chemie an der Universität in Berlin und Direktor des Instituts für Chemie der Kaiser-Wilhelm-Gesellschaft zur Förderung der Wissenschaften in Berlin-Dahlem. (1897 wurde B. in Leipzig ein Laboratorium für angewandte Chemie errichtet.)
OM 7. 11. 1912 (Bestät. 11. 12. 1912)
Chemie

BECKMANN, Bernhard Ludwig Caspar
* 18. 1. 1694 (Pötnitz bei Dessau)
† 3. 12. 1760 (Berlin)
Zunächst Subkonrektor, 1753 Konrektor und Professor am Joachimthalschen Gymnasium in Berlin. (B. gab die „Historische Beschreibung der Kurmark Brandenburg" seines Vaters mit Ergänzungen heraus.)
OM 4. 7. 1748
Geschichte

BEC(K)MANN, Johann Christoph
* 2. 9. 1641 (Zerbst)
† 6. 3. 1717 (Frankfurt/Oder)
1667 Professor der griechischen Sprache, 1678 Professor für Geschichte, 1787 Professor für Geschichte und Politik und 1690 Professor für Geschichte, Politik und Theologie an der Universität in Frankfurt/Oder. Achtmal Rektor der Universität. (B. trat als Theologe unter dem Namen Hubertus Mosanus auf. Als Historiker Beschäftigung mit allgemeiner Fürsten- und Völkerkunde. Er schrieb eine Geschichte des Fürstentums Anhalt.)
abwM 11. 3. 1701
Geschichte, Theologie

BECQUEREL, Antoine-César,
* 8. 3. 1788 (Châtillon-s.-Loing/Gâtinois) † 18. 1. 1878 (Paris)
1808 Ingenieur-Offizier bei Marschall Suchet. 1837 Professor für Physik am Naturhistorischen Museum in Paris.
KM 19. 2. 1835
Physik

BECQUEREL, Antoine-Henri,
* 15. 12. 1852 (Paris) † 25. 8. 1908 (Le Croisie/Bretagne)
1874 Professor an der École polytechnique. 1875 Ingenieur d. Ponts u. Chausseen. 1892 Professor am Historischen Museum in Paris. 1894 Ingenieur en chef des Ponts u. Chausseen. 1895 Professor für Physik an der École polytechnique. Beständiger Sekretär der Akademie der Wissenschaften in Paris. 1903 Nobelpreis für Physik. 1906 Helmholtz-Medaille der Akademie.
KM 18. 2. 1904
Physik

BEER, (BEHR), Johann Heinrich,
gt. 31. 5. 1648 (Schleiz)
† 7. 12. 1717 (Berlin)
1680 Kriegsdienst in Brandenburg. 1785 Lehrer für Mathematik am Kadettenkorps in Berlin. Baumeister. (B., der auch ein bedeutender Geograph war, wirkte 1691 an der Planung des Baues der Friedrichstadt mit und erhielt die Oberbauleitung. Unter seiner Leitung entstanden u. a. die Friedrichstraße, die Französische Straße, die Leipziger Straße und die nach ihm benannte Behrenstraße in Berlin. B. schrieb auch ein Werk über die Kriegsbaukunst.)
anwM 12. 10. 1701
Bauwesen

BEGER, Lorenz, * 19. 4. 1653 (Heidelberg) † 20. 2. 1705 (Berlin)
1672 Bibliothekar und Leiter des Münzkabinetts des Kurfürsten KARL LUDWIG v. d. Pfalz. Später Rat und Bibliothekar und seit 1693 Leiter der Kunst- und Raritätenkammer in Berlin.
anwM 11. 3. 1701
Numismatik

BEGUELIN, Nicolas de, * 25. 6. 1714 (Courtlari bei Biel/Schweiz) † 3. 2. 1789 (Berlin)
Preußischer Legationsrat in Dresden. 1746 Hofmeister des späteren Königs FRIEDRICH WILHELM II. Mitdirektor des französischen Gymnasiums und des französischen theologischen Seminars in Berlin. 1786 – 1789 Direktor der Philosophischen Klasse der Akademie.
OM 2. 11. 1747

BEHRENS, Friedrich, * 20. 9. 1909 (Rostock) † 15. 7. 1980 (Zeuthen b. Berlin)
1935 Wissenschaftl. Hilfsarbeiter im Statistischen Reichsamt in Berlin. 1939 Statistiker für Preis- und Vertragsprüfung. 1941 Referent im Statistischen Zentralamt. 1945 Stadtrat in Zwickau. 1946 Professor, 1947 Professor für Ökonomie an der Universität in Leipzig. 1954 bis 1955 und ab 1957 Abteilungsleiter im Institut für Wirtschaftswissenschaften

der Akademie in Berlin. 1955 Stellv. Vorsitzender der Zentralverwaltung für Statistik in Berlin. 1954 Nationalpreis.
OM 13. 12. 1956
Politische Ökonomie; Arbeitsproduktivität

BEHRENS, Konrad Barthold,
* 26. 8. 1660 (Hildesheim) † 4. 10. 1736 (Braunschweig)
Zunächst Arzt in Hildesheim und Militärarzt in Braunschweig. 1712 Leibarzt des Herzogs von Braunschweig. (B. ist Verfasser einer Geschichte des Braunschweigischen Fürstenhauses. An medizinischen Arbeiten erschien u. a. „Gutachten, wie ein Soldat im Felde vor Krankheiten sich hüten könne". Hildesheim 1789)
abwM 12. 6. 1708
Medizin

BEIGEL, Georg Wilhelm Sigismund,
* 25. 9. 1753 (Ippesheim/Fr.)
† 25. 1. 1837 (Dresden)
1786 Legationssekretär in kursächsischen Diensten in München. 1802 Legationsrat in Dresden. 1804 Geh. Kabinettssekretär. 1813 Oberbibliothekar in Dresden. (B. betätigte sich auf dem Gebiet der orientalischen Sprachen sowie als Mathematiker und Astronom. Er war in seinen letzten Lebensjahren geistesgestört.)
KM 25. 6. 1812

BEILSTEIN, Friedrich Konrad,
* 5./17. 2. 1838 (Petersburg)
† 5./18. 10. 1906 Petersburg)
1860 Privatdozent, 1865 Professor für Chemie an der Universität in Göttingen. 1866 Professor für Chemie am Technologischen Institut, 1867 zugleich Lehrer für Chemie an der Ingenieurakademie und Chemiker des Handelsgewerberates im Finanzministerium in Petersburg. 1883 Korrespondierendes Mitglied, 1886 Ordentlicher Akademiker für Technologie und Chemie an der Akademie der Wissenschaften zu Petersburg. (B. ist der Begründer des Handbuches der Chemie.)
KM 6. 12. 1888
Chemie

BEKKER, August Emanuel (Immanuel),
* 21. 5. 1785 (Berlin) † 7. 6. 1871 (Berlin) (Vater von BEKKER, E. I.)
1810 Professor für klassische Philologie an der Universität in Berlin. (B. leitete die 1817 von der Akademie beschlossene „Aristoteles-Ausgabe".)
OM 23. 3. 1815 (Bestät. 3. 5. 1815)
Klassische Philologie

BEKKER, Ernst Immanuel,
* 16. 8. 1827 (Berlin) † 29. 6. 1916 (Heidelberg) (Sohn von BEKKER, A. E.)
Nach dem Studium 1848 – 1851 Offizier. 1855 Professor für römisches Recht an der Universität in Greifswald. 1874 Professor für römisches Recht an der Universität in Heidelberg. Großherzogl. Bad. Geheimrat.
KM 29. 7. 1897
Römisches Recht, Rechtsgeschichte

BÉLIDOR, Bernard FORREST De,
* um 1693 (Katalonien) † 8. 9. 1761 (Paris)
Professor für Mathematik an der Artillerie-Schule zu La Fére. Inspektor des Arsenals und des Mineurkorps in Paris.
abwM 17. 7. 1726; AM 24. 1. 1744
Mathematik

BELOW, Georg Anton Hugo von,
* 19. 1. 1858 (Königsberg i. Pr.)
† 20. 10. 1927 (Badenweiler)
1889 Professor für Geschichte an der Universität in Königsberg. 1891 Professor für Geschichte an der Universität in Münster. 1897 Professor für Geschichte an der Universität in Marburg. 1901 Pro-

fessor für Geschichte an der Universität in Tübingen. 1905 Professor für mittlere und neuere Geschichte an der Universität in Freiburg i. Br..
KM 22. 6. 1922
Geschichte, Verfassungs- und Wirtschaftsgeschichte

BELTRAMI, Eugenio, * 16. 11. 1835 (Cremona) † 18. 2. 1900 (Bonn)
1862 Professor für algebr. Analysis an der Universität in Bologna. 1863 Professor für Geodäsie an der Universität in Pisa. 1866 Professor für Mechanik an der Universität in Bologna und 1873 an der Universität in Rom. 1876 Professor für mathematische Physik an der Universität in Pavia. Präsident der Accademia dei Lincei.
KM 6. 1. 1881
Mathematik, Physik

BELY (BEL), Matthias, * 24. 3. 1684 (Otsova/Ungarn) † 29. 8. 1749 (Preßburg)
Zunächst Informator im Waisenhaus in Halle. 1703 Konrektor an der evang. Schule in Neuschl, zugleich Prediger. 1714 Rektor in Preßburg. 1719 Prediger, 1744 Pastor. Zugleich kaiserl. Geschichtsschreiber.
abwM 5. 11. 1722; AM 24. 1. 1744
Theologie, Geschichte

BENECKE, Ernst Wilhelm; * 16. 3. 1838 (Berlin) † 7. 3. 1917 (Straßburg)
1866 Professor in Heidelberg. 1872 Professor für Geologie und Paläontologie an der Universität in Straßburg. Direktor der geologischen Landesuntersuchung von Elsaß-Lothringen.
KM 8. 2. 1900
Mineralogie und Geologie

BENECKENDORFF, Karl Friedrich von, * (Blumenfelde) † 1788 (Blumenfelde)
1742 bis 1751 zweiter Präsident der Regierung in Breslau und Oberkonsistorialpräsident. (Urteile über B. besagen, er neige zur Projektemacherei, sei aber ein kenntnisreicher nationalökonomischer Schriftsteller. B. betätigte sich als Schriftsteller auf dem Gebiet der Nationalökonomie. B. erhielt später wegen Unterschlagung 10 Jahre Festung. BENECKENDORFF = altmärkischer Adel. Seit 1789 Namenswappenvereinigung mit der ausgestorbenen Familie von HINDENBURG, die sich seitdem von BENECKENDORFF u. HINDENBURG nannte, wie z. B. Paul von BENECKENDORFF u. HINDENBURG.)
AM 7. 2. 1788
Ökonomie

BENEDEN, Eduard-Joseph-Louis-Marie van, * 5. 3. 1846 (Löwen) † 28. 4. 1910 (Lüttich) (Sohn von BENEDEN, Pierre Joseph van)
Zunächst Professor an der Universität in Leiden, später Professor für Biologie an der Universität in Lüttich.
KM 3. 11. 1887
Embryologie

BENEDEN, Pierre Joseph van, * 19. 12. 1809 (Mecheln) † 8. 1. 1894 (Löwen)
1831 Konservator am Naturwissenschaftlichen Museum in Löwen.
1835 Professor für Zoologie an der Universität in Gent. 1836 Professor für Zoologie an der kathol. Universität in Löwen. 1881 Präsident der Belgischen Akademie der Wissenschaften in Brüssel.
KM 26. 7. 1855
Zoologie

BENESCHEWITSCH, Wladimir Nikolajewitsch, * 9./21. 8. 1874 (Gouv. Witebsk) † 19. 12. 1943
Professor für kanonisches Recht an der Universität und an der Akademie zur Erforschung der Geschichte der materiellen

Kultur in Leningrad. 1924 Korrespondierendes Mitglied der Akademie der Wissenschaften der UdSSR.
KM 30. 5. 1929
Kirchengeschichte

BENFEY, Theodor, * 28. 1. 1809 (Nörten/Hann.) † 26. 6. 1881 (Göttingen)
1834 Privatdozent an der Universität in Heidelberg. 1848 Professor für orientalische Sprachen in Göttingen.
KM 26. 4. 1860
Klassische Philologie, Orientalistik

BENNDORF, Friedrich August Otto, *13. 9. 1838 (Greiz) † 2. 1. 1893 (Wien)
1869 Professor für Archäologie an der Universität in Zürich. 1872 Professor für Archäologie an der Universität Prag. 1877 Professor für Archäologie an der Universität in Wien. 1888 Direktor des Österr. Archäologischen Instituts. Hofrat.
KM 30. 11. 1893
Archäologie

BENTHAM, George, * 22. 9. 1800 (Slote/Devon) † 10. 9. 1884 (London)
1830 Sekretär der Gartenbaugesellschaft in London. Später Präsident der Linnean Society in London.
KM 26. 7. 1855
Botanik

BENTLEY, Richard, * 27. 1. 1662 (Oulton/Yorkshire) † 14. 7. 1742 (Cambridge)
Dr. theol.. Direktor des Trinity-College in Cambridge.
abwM 29. 3. 1713
Klassische Philologie

BERG, Wolfgang Friedrich, * 30.3.1908 (Göttingen)
1936 Physiker im Forschungslaboratorium der Kodak Ltd. in Harrow. 1961 Vorsteher des Photographischen Instituts der Technischen Hochschule in Zürich und Professor an der Technischen Hochschule in Zürich.
AM 9. 6. 1977
Fotophysik

BERGEAT, Alfred Edmund, * 17.7.1866 (Passau) † 30. 7. 1924 (Kiel)
1892 Assistent an der Bergakademie in Freiberg. 1896 Dozent für Mineralogie und Geologie an der Universität in München. 1899 Professor für Lagerstättenkunde in Clausthal. 1909 Professor für Mineralogie an der Universität in Königsberg. 1921 Professor für Mineralogie und Petrographie an der Universität zu Kiel.
KM 9. 12. 1920
Mineralogie, Petrographie

BERGK, Wilhelm Theodor, * 22.5.1812 (Leipzig) † 20. 7. 1881 (Ragaz)
1838 Inspektionslehrer am Waisenhaus in Halle. 1838 Professor am Joachimsthalschen Gymnasium in Berlin. 1840 Professor für klassische Philologie in Kassel. 1842 Professor für klassische Philologie an der Universität in Marburg. 1852 Professor für klassische Philologie an der Universität in Freiburg. 1854 Professor für klassische Philologie an der Universität in Halle.
KM 27. 2. 1845
Klassische Philologie

BERGMANN, Gustav von, * 24.12.1878 (Würzburg) † 17. 5. 1955 (München)
1908 Privatdozent, 1910 Titul. Professor an der Universität in Berlin. 1916 Professor für innere Medizin an der Universität in Marburg. 1920 Professor für innere Medizin an der Universität in Frankfurt a. M. 1927 Professor für innere Medizin an der Universität in Berlin und Direktor der II. Medizinischen Klinik und Poliklinik der Charité. 1946 Professor für innere Medizin an der Universität in München.
KM 10. 12. 1953 Innere Medizin

BERKOW, Pawel Naumowitsch,
* 2./14. 12. 1896 (Akkermann)
† 9. 8. 1969 (Leningrad)
Professor für russische Literatur an der Universität in Leningrad und Leiter der Arbeitsgruppe „Russische Literatur des 18. Jahrhunderts" im Institut für russische Literatur der Akademie der Wissenschaften der UdSSR. 1960 Korrespondierendes Mitglied der Akademie der Wissenschaften der UdSSR.
KM 12. 10. 1967; AM 20. 5. 1969
Literaturwissenschaft

BERNAL, Johan Desmond, * 10. 5. 1901 (Nenagh/Irland) † 1. 10. 1971 (London)
1927 Dozent, 1934 stellvertr. Direktor des Forschungsinstituts für Kristallographie in Cambridge. 1938 Professor für Physik an der Universität in London. 1945 stellvertr. Vorsitzender der Weltförderation der Wissenschaftler. 1950 Vizepräsident, 1959 bis 1965 Präsident des Weltfriedensrates.
KM 1. 3. 1962; AM 20. 5. 1969
Physik, Kristallographie, Wissenschaftsgeschichte

BERNARD, Claude, * 12. 7. 1813 (Saint-Julien/Rhône) † 10. 2. 1878 (Paris)
Ursprünglich Professor am Collège de France. 1854 Professor für Physiologie an der Sorbonne und zugleich – ab 1855 – Professor für allgemeine Physiologie am Museum du Jardin d. Plantes. (B. gilt als Mitbegründer der physikalisch-chemischen Physiologie.)
KM 29. 3. 1860
Physiologie

BERNAYS, Jakob, * 11. 9. 1824 (Hamburg) † 26. 5. 1881 (Bonn)
1853 Professor für Altertumskunde und Leiter des Jüdisch-theologischen Seminars in Breslau. 1866 Professor für klassiche Philologie an der Universität in Bonn und Direktor der Universitätsbibliothek.
KM 12. 1. 1865
Klassische Philologie, Geschichte der antiken Philosophie

BERNHARDY, Gottfried, * 20. 3. 1800 (Landsberg/Warthe) † 14. 5. 1875 (Halle/Saale)
1820 Lehrer an Berliner Gymnasien, 1823 Professor an der Universität in Berlin. 1825 zugleich auch Lehrer in der Cauerschen Erziehungsanstalt in Charlottenburg. 1829 Professor für klassische Philologie an der Universität in Halle, 1844 auch Oberbibliothekar der Universität in Halle. Geh. Regierungsrat.
KM 19. 3. 1846
Klassische Philologie

BERNOULLI, Daniel (I.), * 29. 1. 1700 (Groningen) † 17. 3. 1782 (Basel), (Sohn von BERNOULLI, Johann (I.))
Doktor med. Zunächst längerer Aufenthalt in Italien. 1725 Ordentlicher Akademiker der Akademie der Wissenschaften in Petersburg. (Dort 1725 Professor für Physiologie und 1727 Professor für Mathematik.) 1733 Professor für Anatomie und Botanik an der Universität in Basel. 1750 Professor für Physik und der spekulativen Philosophie an der Universität in Basel. Canonicus zu St. Peter in Basel.
AM 30. 6. 1746
Medizin, Mathematik, Physik

BERNOULLI, Jakob (I.),
* 27. 12. 1654 (Basel) † 16. 8. 1705 (Basel), (Bruder von BERNOULLI, Johann (I.))
Nach erfolgtem Studium der Theologie 1687 Professor für Mathematik an der Universität in Basel.
abwM 19. 1. 1702
Mathematik

BERNOULLI, Johann (I.), * 27. 1. 1667 (Basel) † 1. 1. 1748 (Basel) (Bruder von BERNOULLI, Jakob (I.))
Doktor med. 1685 Magister, 1695 Pro-

fessor für Mathematik an der Universität in Groningen. 1705 Professor für Mathematik an der Universität in Basel.
abwm 11. 3. 1701; AM 23. 1. 1744
Mathematik

BERNOULLI, Johann (II.),
* 18. 5. 1710 (Basel) † 17. 7. 1790 (Basel), (Jüngster Sohn von BERNOULLI, Johann (I.))
1743 Professor der Beredsamkeit, 1748 Professor für Mathematik an der Universität in Basel.
AM 30. 6. 1746
Mathematik

BERNOULLI, Johann (III.),
* 4. 11. 1744 (Basel) † 13. 7. 1807 (Köpenick bei Berlin), Sohn von BERNOULLI, Johann (II.))
1758 Magister. 1767 Astronom und Leiter der Sternwarte der Akademie in Berlin. 1791 – 1807 Direktor der Mathematischen Klasse der Berliner Akademie.
OM 5. 1. 1764
Mathematik, Astronomie

BERNOULLI, Nikolaus (I.),
* 10. 10. 1687 (Basel) † 29. 11. 1759 (Basel)
1716 – 1719 Professor für Mathematik an der Universität in Padua. 1731 Professor für Logik und für Lehnsrecht an der Universität in Basel.
abwM 7. 6. 1713
Mathematik

BERNSTEIN, Georg Heinrich,
* 12.1.1787 (Kospeda/Thür.) † 5.4.1860 (Lauban)
1811 Privatdozent an der Universität in Jena. 1812 Professor für morgenländische Literatur an der Universität in Berlin. 1821 Professor für morgenländische Literatur an der Universität in Breslau.
KM 30. 6. 1859
Orientalistik

BERSU, Gerhard, * 26. 9. 1889 (Jauer/Schles.) † 19. 11. 1964 (Magdeburg)
1952 Professor für Vor- und Frühgeschichte an der Universität in Frankfurt a. M. und 1. Direktor der Römisch-Germanischen Kommission des Deutschen Archäologischen Instituts.
KM 13. 1. 1955
Ur- und Frühgeschichte, Archäologie

BERTHELOT, Pierre Eugène Marcellin,
* 15. 10. 1827 (Paris) † 18. 3. 1907 (Paris)
1860 Professor für Chemie an der École de pharmacie in Paris. 1865 Professor für Chemie am Collège de France. 1876 Generalinspekteur für das höhere Unterrichtswesen in Frankreich. 1881 lebenslanges Mitglied des Senats. 1886 – 1887 Unterrichtsminister, 1895 – 1896 Minister des Auswärtigen.
AM 21. 12. 1899 (Bestät. 5. 3. 1900)
Chemie

BERTHIER, Pierre, * 3. 7. 1782 (Nemours) † 24. 8. 1861 (Nemours)
Generalinspektor am Corps des Mines in Paris.
KM 10. 12. 1829
Mineralogie

BERTHOLET, Alfred Robert Felix,
* 9. 11. 1868 (Basel) † 24. 8. 1951 (Münsterlingen)
Zunächst Geistlicher in Livorno. 1899 Professor für Kirchengeschichte an der Universität in Basel. 1913 Professor für Kirchengeschichte an der Universität in Tübingen. 1914 Professor für Kirchengeschichte an der Universität in Göttingen. 1928 Professor für Kirchengeschichte an der Universität in Berlin. 1948 Gastdozent an der Universität in Basel.
OM 9. 12. 1937 (Bestät. 10. 1. 1938)
Theologie, Religionsgeschichte

BERTHOLLET, Claude-Louis Comte,
* 9. 11. 1748 (Toallires/Savoyen)

† 6. 11. 1822 (Arcueil/Seine)
1794 Professor an der École normale und an der École polytechnique. (B. war Mitglied des Erhaltungssenats, Graf und Großoffizier der Ehrenlegion und unter LUDWIG XVIII. Mitglied der Pairs-Kammer.)
AM 25. 6. 1812 (Bestät. 16. 7. 1812)
Chemie

BERTRAND, Jean-Elie, gt. 17. 5. 1713 (Orbe/Waadt) † begr. 23. 8. 1797 (Yverdun)
1739 Dorfprediger. 1744 Prediger in Bern und Sekretär der Ökonomischen Gesellschaft. 1765 Geh. Hofrat (in Polen).
AM 29. 6. 1752
Theologie

BERTRAND, Louis, * 3. 10. 1731 (Genf) † 15. 5. 1812 (Genf)
Professor für Mathematik an der Akademie in Genf. (B. verkehrte mit L. EULER und lebte einige Zeit in Berlin.)
AM 18. 9. 1754.
Mathematik

BERTSCH, Heinrich,
* 11. 1. 1897 (Rosenfeld) † 19. 3. 1981 (Berlin)
1922 Chemiker in der Deutschen DEGRAS AG, Dresden. 1923 Chemiker, später Vorstand bei der Böhme Fettchemie GmbH., Chemnitz. 1940 Vorstand bei Henkel & Cie in Düsseldorf. 1946 Leiter der Volkseigenen Industrie „Chemie" Land Sachsen. 1948 Leiter der Hauptverwaltung Chemie im Staatssekretariat für Chemie, Steine und Erden in Berlin. 1950 zugleich Professor für chemische Technologie an der Universität in Berlin. 1953 wissenschaftlicher Berater des Ministers für Schwerindustrie der DDR für den Fachbereich Chemie. 1954 zugleich Direktor am Institut für organische Chemie der Akademie in Berlin. 1958 Direktor des Instituts für Fettchemie der Akademie und des Instituts für Dokumentation in Berlin. 1957 bis 1963 Sekretar der Klasse für Chemie, Geologie und Biologie der Akademie. 1953 Nationalpreis.
OM 19. 2. 1953
Organische und technische Chemie

BERZELIUS, Johann Jakob, Freiherr (1835), * 29. 8. 1779 (Västerlösa bei Linköping) † 7. 8. 1848 (Stockholm)
Dr. med. Adjunkt der Medizin in Stockholm, daneben praktizierender Arzt. 1806 Lehrer für Chemie an der Militärakademie zu Carlsberg. 1807 Professor für Medizin und Pharmazie am Medizinisch-Chirurgischen Institut in Stockholm. 1818 Beständiger Sekretär der Akademie der Wissenschaften in Stockholm.
KM 25. 6. 1812; AM 16. 6. 1825 (Bestät. 28. 6. 1825)
Chemie

BERZEVICZY von BERZEVICZE, Albert, * 7. 6. 1853 (Berzevicze)
† 22. 3. 1936 (Budapest)
1876 Obernotar und Professor an der Rechtsakademie in Eperjes. 1903 ungar. Kultus- und Unterrichtsminister. 1888 bis 1894 Vizepräsident, 1910 Präsident des Abgeordnetenhauses. 1913 Präsident der Ungarischen Akademie der Wissenschaften.
KM 15. 12. 1927
Geschichte

BESSEL, Franz Friedrich Wilhelm,
* 22. 7. 1784 (Minden/Westf.)
† 17. 3. 1846 (Königsberg i. Pr.)
1806 Inspektor am Observatorium in Lilienthal bei Bremen. 1810 Professor für Astronomie an der Universität in Königsberg und Direktor der Sternwarte. (B., bedeutender Astronom des 19. Jahrhunderts, lernte von 1799 bis 1806 in Bre-

men Kaufmann. Er wandte sich, besonders von OLBERS beeinflußt, der Astronomie zu. B. führte gemeinsam mit J. J. BAEYER 1831 bis 1838 die Gradmessung in Ostpreußen durch. B. ist Initiator der Sternkarten, des ersten naturwissenschaftlichen Unternehmens der Akademie.)
AM 25. 6. 1812 (Bestät. 16. 7. 1812)
Astronomie

BESSER, Johann von, * 8. 5. 1654 (Frauenberg) † 11. 2. 1729 (Dresden)
Zunächst Magister in Königsberg i. Pr.. 1676 Hofmeister in Leipzig. 1680 Legationsrat, 1700 zugleich Zeremonienmeister und Hofrat in Berlin. 1717 Geh. Kriegsrat und Zeremonienmeister in Dresden. (B. wurde 1701 als Mitglied aufgenommen, hat jedoch offenbar kein Diplom erhalten. Am preuß. Hof erhielt er ein hohes Gehalt. Seine Manuskripte über die „Zeremonienwissenschaft" verkaufte er später an den Kurfürsten von Sachsen.)
M 11. 3. 1701

BETHGE, Heinz, * 15. 11. 1919 (Magdeburg)
1959 Dozent, 1961 Professor für Experimentalphysik, 1969 Honorarprofessor an der Universität in Halle. 1960 zugleich Leiter der Arbeitsstelle für Elektronenmikroskopie der Akademie in Halle. 1969 Direktor des Instituts für Festkörperphysik und Elektronenmikroskopie der Akademie in Halle. 1974 Präsident der Deutschen Akademie der Naturforscher „LEOPOLDINA". 1967 Nationalpreis.
KM 29. 5. 1969; OM 15. 6. 1972
Physik, Festkörperphysik, Elektronenmikroskopie

BETHMANN, Ludwig Konrad, * 23.6.1812 (Helmstedt) † 5. 12. 1867 (Wolfenbüttel)
1834 Lehrer. 1835 Mitarbeiter der Monumenta Germaniae Historica. 1854 Bibliothekar des Herzogs von Braunschweig, Direktor der Bibliothek in Wolfenbüttel. (B. hielt zeitweilig Vorlesungen über Baukunst.)
KM 17. 6. 1852
Geschichte

BETHMANN–HOLLWEG, Moritz August von (1840) * 8. 4. 1795 (Frankfurt a. Main) † 14. 7. 1877 (Schloß Reineck bei Andernach)
Rittergutsbesitzer in Sachsen. 1823 Professor für Rechtswissenschaften an der Universität in Berlin. 1829 Professor für Rechtswissenschaften an der Universität in Bonn, 1842 – 1848 auch Kurator der Universität. 1845 Mitglied des Staatsrates, 1849 bis 1855 Mitglied der ersten und zweiten preußischen Kammer. 1858 Minister für geist., Unterrichts- und Medizinalangelegenheiten. (B. ist Mitbegründer des „Vereins für König und Vaterland", und Begründer und Präsident des ev. Kirchentages 1848 – 1872. Seit 1862 Privatgelehrter auf seinem Gut Rheineck.)
EM 26. 6. 1862 (Bestät. 21. 7. 1862)
Rechtswissenschaft

BETTI, Enrico, * 21. 10. 1823 (bei Pistoja) † 11. 8. 1892 (Soiana/Prov. Pisa)
1859 Professor für Analysis und höhere Geometrie, 1863 auch Professor für mathematische Physik und 1870 Professor für Astronomie am Lyzeum in Florenz. 1884 Senator. Präsident der Academia dei Lincei.
KM 6. 1. 1881
Mathematik, Astronomie

BEVIS, John, * 31. 10. 1695 (Old Sarum/Wiltshire) † 6. 11. 1771 (London)
Prakt. Arzt in London. (B. war ein bekannter Astronom seiner Zeit und wurde als solcher auch Mitglied der Royal So-

ciety.)
AM 11. 6. 1750
Astronomie

BEYER, Hans Hermann Marx,
* 6. 10. 1905 (Berlin) † 1. 2. 1971 (Greifswald)
1939 Dozent, 1946 Lehrbeauftragter an der Universität in Berlin. 1947 Professor für organische Chemie an der Universität in Greifswald. 1950 Rektor.
OM 11. 6. 1964
Organische Chemie

BEYER, Friedrich August Kurt,
* 27. 12. 1881 (Dresden) † 9. 5. 1952 (Dresden)
1908 Sekt.-Ing. beim Bau von Eisenbahnen und Brücken in Siam. 1911 bis 1914 technischer Berater des Siamesischen Ministers des Innern. 1919 Professor für technische Mechanik, Festigkeitslehre, Statik der Baukonstruktion, Stahlbrükken- und Stahlhochbau an der Technischen Hochschule in Dresden. 1945 bis 1950 zugleich Leiter der Hauptabteilung Bauwesen in der Landesregierung Sachsen.
OM 14. 7. 1949
Technik; Statik der Baukonstruktionen

BEYER, Wilhelm Raimund, * 2. 5. 1902 (Nürnberg)
Professor. Rechtsphilosoph.
AM 17. 4. 1975 – 16. 5. 1981
Philosophie, Rechtswissenschaft

BEYERLE, Konrad, * 14.9.1872 (Waldshut) † 26. 4. 1933 (München)
1899 Privatdozent, 1900 Professor für Rechtsgeschichte an der Universität in Freiburg i. Br.. 1902 Professor für Rechtsgeschichte an der Universität in Breslau. 1906 Professor für Rechtsgeschichte an der Univesität in Breslau. 1906 Professor für Rechtsgeschichte an der Universität in Göttingen. 1917 Professor für Rechtsgeschichte an der Universität in Bonn. 1918 Professor für Rechtsgeschichte an der Universität in München. Geh. Hofrat. (B. war im 1. Weltkrieg Mitglied der Politischen Verwaltung beim Generalgouvernement in Belgien und Referent bei dem Chef der Verwaltung Flandern. 1919 Mitglied der Nationalversammlung. 1920 Mitglied des Staatsgerichtshofes. 1920 bis 1924 Mitglied des Reichstages. Mitautor der „Weimarer Verfassung" – Abschnitt Grundrechte –.)
KM 10. 7. 1930
Rechtsgeschichte

BEYRICH, Heinrich Ernst, * 31. 8. 1815 (Berlin) † 9. 7. 1896 (Berlin)
1841 Privatdozent an der Universität in Berlin. 1855 Kustos der Mineraliensammlung der Ministerialabteilung für Berg-, Hütten- und Salinenwesen. 1857 Professor für Geologie und Paläontologie an der Bergakademie in Berlin. 1865 Professor für Paläontologie an der Universität in Berlin. 1873 Direktor der vereinigten Museen für Naturkunde. Preußischer Landesgeologe und Direktor der Geol. Landesanstalt. Geh. Bergrat.
OM 30. 6. 1853 (Bestät. 15. 8. 1853)
Geologie, Paläontologie

BEZOLD, Friedrich Gustav Johannes von,
* 26. 12. 1848 (München) † 3. 5. 1928 (Bonn)
1875 Mitarbeiter der Historischen Kommission in München. 1884 Professor für Geschichte an der Universität in Erlangen. 1896 bis 1921 Professor für mittl. und neuere Geschichte an der Universität in Bonn.
KM 14. 2. 1907
Geschichte

BEZOLD, Johann Friedrich Wilhelm von, * 21. 6. 1837 (München)
† 17. 2. 1907 (Berlin)
1863 Professor am Polytechnikum in

München. 1866 Professor für Physik an der Universität in München, 1878 zugleich auch Direktor der meteorologischen Zentralstation in München. 1885 Professor für Meteorologie an der Universität in Berlin und Direktor des Preußischen meteorologischen Instituts in Berlin. Geh. Oberregierungsrat.
OM 18. 3. 1886 (Bestät. 5. 4. 1886)
Meteorologie

BIANCHI, Giovanni, * 3. 1. 1693 (Rimini) † 3. 12. 1775 (Rimini)
1715 Sekretär einer gelehrten Gesellschaft in Rimini. 1719 Dr. der Medizin, 1721 Professor für Medizin, später auch für Philosophie und für griechische Sprache in Bologna. 1741 Professor für Anatomie an der Universität in Siena. 1744 Professor für Medizin in Rimini.
AM 7. 9. 1758
Medizin

BIANCHI–BANDINELLI, Ranuccio, * 19. 2. 1900 (Siena) † 17. 1. 1975 (Rom)
Professor für klassische Archäologie an der Universität in Rom. Zeitweilig zugleich Professor bzw. Gastprofessor an den Universitäten in Cagliari, Pisa, Groningen/Niederlande und Florenz. 1945 – 1947 zugleich Generaldirektor der Altertümer und Schönen Künste.
KM 22. 11. 1962; AM 20. 5. 1969
Klassische Archäologie, antike Kunstgeschichte

BIANCONI, Giovanni Luigi, * 30.9.1717 (Bologna) † 1. 1. 1781 (Perugia)
Professor für Medizin an der Universität in Bologna. 1744 Fürstbischöflicher Leibarzt in Augsburg. 1750 Leibarzt des Kurfürsten AUGUST III. in Dresden. 1764 kursächsischer residierender Minister in Rom. Erhebung in den Grafenstand. (B. betätigte sich schriftstellerisch auf Gebieten der Medizin, Physik, Politik, Kunstgeschichte und Poesie.)
AM 4. 9. 1749

BIDEZ, Joseph Marie Auguste, * 9. 4. 1867 (Frameries/Hainaut) † 20. 9. 1945 (Oostakker bei Gent)
1902 Professor für klassische Philologie an der Universität in Gent.
KM 9. 7. 1914
Klassische Philologie

BIEBERBACH, Ludwig, * 4. 12. 1886 (Goddelau/Hessen)
1910 Privatdozent an der Universität in Königsberg. 1913 Professor für Mathematik an der Universität in Basel. 1915 Professor für Mathematik an der Universität in Frankfurt a. M.. 1921 bis 1945 Professor für Mathematik an der Universität in Berlin. 1939 bis 1945 zugleich Sekretar der Mathematisch-naturwissenschaftlichen Klasse der Akademie. (BIEBERBACH wurde auf Vorschlag der Akademie vor deren Wiedereröffnung 1946 aus der Mitgliederliste gestrichen. Seine Mitgliedschaft endete damit am 8. 5. 1945.)
OM 21. 2. 1924 bis 8. 5. 1945
(Bestät. 11. 4. 1924)
Mathematik

BIELFELD, Jakob Friedrich Freiherr von, * 31. 3. 1717 (Hamburg) † 5. 4. 1770 (Altenburg/Thür.)
1740 Preuß. Legationssekretär in Hannover und London. 1741 Legationsrat in Berlin. 1745 Gouverneur des Prinzen AUGUST FERDINAND. 1747 Kurator der preußischen Universitäten und Direktor des Hospitals in Berlin. 1748 Freiherr und Geh. Rat.
(B. verließ 1755 Preußen und lebte zunächst auf seinen Gütern in Altenburg, von 1757 – 1763 in Hamburg. Er betätigte sich als politischer und belletristischer Schriftsteller.)
EM 23. 1. 1744

BIELFELDT, Hans Holm, * 6. 3. 1907 (Lübeck)
1931 wissenschaftlicher Mitarbeiter der Akademie in Berlin. 1942 Dozent an der Universität in Berlin. 1948 Professor für Slawistik an der Brandenburgischen Landeshochschule in Potsdam. 1950 Professor für slawische Philologie an der Universität in Berlin und Direktor des Slawistischen Instituts. 1951 zugleich Direktor des Instituts für Slawistik der Akademie in Berlin. 1961 Nationalpreis.
OM 19. 2. 1953
Sprachwissenschaft, Slawistik

BIELKA, Heinz, * 19. 3. 1929 (Gersdorf b. Görlitz)
1948 Lehrer in Ottendorf. 1962 Stellvertr. Direktor des Instituts für Experimentelle Krebsforschung der Akademie. 1965 Direktor des Instituts für Zellphysiologie der Akademie. 1968 Professor. 1972 Leiter der Abteilung Zellphysiologie im Zentralinstitut für Molekularbiologie der Akademie. 1979 Nationalpreis.
KM 10. 6. 1976; OM 8. 6. 1978
Molekularbiologie, Zellbiologie

BIESTER, Johann Erich, * 17.11.1749 (Lübeck) † 20. 2. 1816 (Berlin)
1773 Lehrer für Geschichte, schöne Wissenschaften und Sprachen in Bützow. 1775 Privatlehrer bei dem Landmarschall von LÜTZOW in Eikhof. 1777 Privatsekretär des Staatsministers, Justizministers und Chefs des geistl. Departements Freiherr von ZEDLITZ. 1784 Bibliothekar der Königl. Bibliothek in Berlin. (B. wurde von FRIEDRICH WILHELM III. zum Ordentlichen Mitglied ernannt. Eine Wahl erfolgt nicht.)
OM 19. 4. 1798
Geschichte

BIEZENO, Cornelis Benjamin, * 2. 3. 1888 (Delft) † 5. 9. 1975 (Wageningen)
Professor für angewandte Mechanik an der Technischen Hochschule in Delft.
KM 22. 6. 1939 (Bestät. 2. 10. 1939)
AM 20. 5. 1969
Technische Mechanik

BILFFINGER, Georg Bernhard, * 23. 1. 1693 (Kannstatt) † 18. 2. 1750 (Stuttgart)
Ursprünglich Schloßprediger in Tübingen. 1721 Professor für Philosophie, 1724 Professor für Moral und Mathematik an Universität in Tübingen. 1725 Professor für Logik und Metaphysik, 1726 Professor für Experimentalphysik und theoretische Physik, sowie Ordentlicher Akademiker der Akademie der Wissenschaften in Petersburg. 1731 Professor für Theologie an der Universität in Tübingen. Zeitweilig Kurator der Universität und Staatsminister. Würtemb. Geh. Rat.
AM 4. 9. 1749
Philosophie

BILKENROTH, Georg, * 24. 2. 1898 (Osendorg bei Halle/Sa.)
1923 Bergingenieur in Halle. 1924 Stellvertr. Werkleiter, 1935 Werkdirektor der Niederlausitzer Kohlenwerke, Kraftwerk II. in Deutzen. 1940 Technischer Oberleiter der Braunkohlenwerke Salzdetfurt AG in Berlin. 1947 Wissenschaftlicher Mitarbeiter der Deutschen Wirtschaftskommission, Hauptverwaltung Kohle, in Berlin. 1949 Wissenschaftlicher Mitarbeiter, 1958 Technischer Direktor des VEB Projektierungs- und Konstruktionsbüro Kohle in Berlin. 1956 Professor. 1958 Vorsitzender des Internationalen Büros für Gebirgsmechanik bei der Akademie. 1951 Nationalpreis.
OM 24. 2. 1955
Kohlegewinnung und Verarbeitung, Kohlechemie, Gebirgsmechanik

BILTZ, Wilhelm Eugen, * 8. 3. 1877 (Berlin) † 13. 11. 1943 (Heidelberg)

1905 Professor für Chemie an der Bergakademie in Clausthal und Direktor des Chem. Laboratoriums. 1921 Professor für anorganische Chemie an der Technischen Hochschule in Hannover.
KM 18. 2. 1937
Chemie

BINDER, Ludwig, * 25. 5. 1881 (Ingolstadt) † 12. 9. 1958 (Dresden)
Zunächst Professor für Elektrotechnik an der Technischen Hochschule in Darmstadt. 1919 Professor für Elektrotechnik an der Technischen Hochschule in Dresden und Direktor des Instituts für Starkstrom- und Hochspannungstechnik; zugleich Direktor des Elektrotechnischen Prüfamtes. 1948 Vizepräsident der Sächsischen Akademie der Wissenschaften zu Leipzig. 1951 – 1954 Sekretar der Klasse für technische Wissenschaften der Akademie. 1951 Nationalpreis.
OM 24. 2. 1949
Elektrotechnik

BIOT, Jean Baptiste, * 21. 4. 1774 (Paris) † 3. 2. 1862 (Paris)
Zunächst im Artilleriedienst tätig. 1797 Professor für Mathematik an der Zentralschule des Depart. L'Oise. 1800 Professor für Physik am Collège de France. 1809 Professor für Astronomie, 1816 Professor für Akustik, Magnetismus und Optik an der Fakultät der Wissenschaften in Paris. Seit 1806 Mitglied des Längenbüros.
KM 1. 6. 1820; Am 7. 2. 1850
Physik

BIRCH, Samuel, * 3. 11. 1813 (London) † 27. 11. 1885 (London)
1836 Assistent, später Unterdirektor, 1861 Direktor der orientalischen, mittelalterlichen und britischen Antiquitäten und der ethnographischen Sammlungen des Britischen Museums in London.
KM 10. 4. 1851
Archäologie

BIRKENSTOCK, Johann Melchior Edler von, * 11. 5. 1738 (Heiligenstadt im Eichsfeld) † 30. 10. 1809 (Wien)
1771 – 1772 Mitglied der Studien- und Zensurhofkommission in Wien. 1792 Referent des Zentralreferates der Vereinigten Hofkanzlei in Wien. 1795 Referent der Studien-Revisionshofkommission, zugleich Zensor für außenpolitische Schriften. (B. bereiste im Auftrage von MARIA THERESIA die deutschen Universitäten und erstattete Berichte, die einer Hochschulreform in Österreich dienen sollten. Eine Wahl zum Akademiemitglied erfolgt nicht. Am 25. 9. 1792 wurde die Entscheidung des Königs über die Mitgliedschaft in der Akademie bekanntgegeben.)
AM 25. 9. 1792

BISCHOFF, Theodor Ludwig Wilhelm von (1870), * 28. 10. 1807 (Hannover) † 5. 12. 1882 (München)
1835 Dozent für vergleichende und pathologische Anatomie sowie für Tierseuchenkunde an der Universität in Heidelberg. 1843 Professor für Physiologie an der Universität in Gießen, 1844 zugleich auch Professor für deskriptive und vergleichende Anatomie. 1854 Professor für Anatomie und Physiologie und Konservator der Anatomischen Anstalt in München.
KM 27. 4. 1854
Anatomie, Physiologie

BITAUBÉ, Paul Jerémie,
* 24. 11. 1732 (Königsberg i. Pr.) † 22. 11. 1808 (Paris)
Übersetzer. (B. wurde auf Befehl FRIEDRICH's II. Mitglied der Akademie. B., der sich ständig in Paris aufhielt, wurde 1792 aus der Akademie ausgeschlossen, durch Order FRIEDRICH WILHELM's II. vom 4. 6. 1795 aber wieder als Mitglied geführt.)
OM 29. 5. 1766 – 1792 und ab 4. 6. 1795

BJERKNES, Vilhelm Friman Koren, * 14. 3. 1862 (Christiania) † 9. 4. 1951 (Oslo)
1891 Assistent am Phys. Institut in Christiania. 1893 Lehrer, 1895 Professor für Mechanik und mathematische Physik, 1906 Professor für Experimentalphysik an der Universität in Stockholm. 1907 Professor für Mechanik und mathematische Physik an der Universität in Oslo. 1913 Professor für Geophysik an der Universität in Leipzig und Direktor des Geophysikalischen Instituts. 1917 Professor für Physik an der Universität in Bergen/Norw. 1926 Professor für Mechanik und mahtematische Physik an der Universität in Oslo.
KM 10. 5. 1928
Physik, Mechanik, Meteorologie

BLACKETT, Patrick Maynard Stuart, * 18. 11. 1897 (London) † 13. 7. 1974 (London)
1933 Professor für Physik am Birkbeck-College in London. 1937 Professor für Physik an der Universität in Manchester. Während des zweiten Weltkrieges zugleich Wissenschaftlicher Berater des britischen Marschalls JOUBERT im Küstenkommando und Leiter einer Forschungsgruppe. 1953 Professor für Physik an der Universität in London. 1965 Präsident der Royal Society. 1948 Nobelpreis für Physik.
KM 29. 6. 1950; AM 20. 5. 1969
Physik, Kernphysik

BLÄSING, David, * 29. 12. 1660 (Königsberg i. Pr.) † 9. 10. 1719 (Königsberg i. Pr.)
Professor für Mathematik an der Univertät in Königsberg. (B. hatte 1693 vom Kurfürsten von Brandenburg das Privileg der Kalenderherstellung erhalten. Er protestierte gegen das Kalendermonopol der Akademie, beantragte in einer Eingabe, ihn als Mitglied in die Akademie aufzunehmen und ihm zugleich die Kalenderherstellung zu überlassen, um sein geringes Einkommen aufzubessern.)
abw M 11. 3. 1701
Mathematik

BLARAMBERG, Johann von, * 1772 † 31. 12. 1831/12. 1. 1832 (Odessa)
Staatsrat in Odessa. Chef des Zollbezirks Odessa.
KM 18. 3. 1830
Archäologie

BLASCHKE, Wilhelm, * 13. 9. 1885 (Graz) † 17. 3. 1962 (Hamburg)
1910 Privatdozent an der Universität in Bonn. 1911 Privatdozent an der Universität in Greifswald. 1913 Professor für Mathematik an der Technischen Hochschule in Prag. 1915 Professor für Mathematik an der Universität in Leipzig. 1917 Professor für Mathematik an der Universität in Königsberg. 1919 Professor für Mathematik an der Universität in Tübingen. Seit 1919 Professor für Mathematik an der Universität in Hamburg. 1954 Nationalpreis.
EM 4. 4. 1957
Mathematik

BLASS, Friedrich Wilhelm, * 22. 1. 1843 (Osnabrück) † 5. 3. 1907 (Halle/Saale)
Zunächst Lehrer an Gymnasien in Bielefeldt, Naumburg, Magdeburg und Stettin. 1876 Professor für klassische Philologie an der Universität in Kiel. 1892 Professor für Altertumswissenschaft an der Universität in Halle.
KM 18. 1. 1900
Klassische Philologie

BLOCH, Ernst, * 8. 7. 1885 (Ludwigshafen) † 4. 8. 1977 (Tübingen)
1948 Professor für Philosophie an der Universität in Leipzig und Direktor des Instituts für Philosophie. 1961 Professor

für Philosophie an der Universität in Tübingen. (B. wurde vom Plenum der Ordentlichen Mitglieder am 26. 10. 1961 als Mitglied ausgeschlossen.)
OM 24. 2. 1955 – 26. 10. 1961
Philosophie

BLOCHIN, Nikolai Nikolaiiwitsch, * 4. 5. 1912 (Nishni Nowgorod)
1947 Professor. 1948 Ordentlicher Akademiker der Akademie der Medizinischen Wissenschaften der UdSSR. 1952 Direktor des Instituts für Experimentelle und klinische Onkologie der Akademie. 1960 Präsident der Akademie der Medizinischen Wissenschaften der UdSSR.
KM 7. 12. 1967; AM 20. 5. 1969
Medizin, Onkologie

BLOHM, Georg Friedrich, * 25.10.1896 (Thürkow/Meckl.)
1926 Dozent an der Universität in Halle. 1930 Leiter der Betriebswirtschaftlichen Abteilung der Landeswirtschaftskammer für die Provinz Pommern in Stettin. 1931 Prokurist, 1931 Geschäftsführer der Landberatung Pommern G.m.b.H. 1934 Dozent an der Landwirtschaftlichen Hochschule in Berlin. 1936 Professor für landwirtschaftliche Betriebslehre und Agrarpolitik an der Technischen Hochschule in Danzig. 1941 Professor für landwirtschaftliche Betriebs- und Arbeitslehre an der Universität in Greifswald. 1949 Professor für Betriebs- und Arbeitslehre an der Universität in Halle und Direktor des Institituts für landwirtschaftliche Betriebs- und Arbeitslehre. 1952 Professor für Betriebs- und Arbeitslehre an der Universität in Kiel.
OM 28. 7. 1949; KM 11. 5. 1967; AM 20. 5. 1969
Landwirtschaftliche Betriebslehre

BLÜMEL, Carl, * 13. 4. 1893 (Berlin) † 10. 11. 1976 (Berlin/West)
1927 Kustos und Professor in der Antiken Abteilung der Staatlichen Museen in Berlin, 1946 Direktor der Abteilung.
OM 24. 2. 1955; AM 20. 5. 1969
Klassische Philologie, Archäologie

BLUMENAUER, Horst, * 7. 2. 1935 (Kreisfeld)
1968 Professor für Metallkunde und Metallprüfung an der Technischen Hochschule in Magdeburg.
KM 10. 6. 1976
Werkstoffwissenschaft, Werkstoffprüfung, Bruchmechanik

BLUMENBACH, Johann Friedrich, * 11. 5. 1752 (Gotha) † 22. 1. 1840 (Göttingen)
1776 Professor für Medizin an der Universität in Göttingen und Inspektor der Naturaliensammlung. (B. wurde von der Physikalischen Klasse als EM geführt.)
AM 25. 6. 1812 (Bestät. 16. 7. 1812)
Vergl. Anatomie und Physiologie

BOAS, Franz, * 9. 7. 1858 (Minden/Westf.) † 21. 12. 1942 (New York)
1886 Privatdozent an der Universität in Berlin. 1887 bis 1889 Mitherausgeber von „Science". 1889 Dozent für Anthropologie an der Universität in Worcester/USA. 1892 bis 1894 1. Assistent der Anthropologischen Abteilung der Weltausstellung in Chicago. 1896 Unterkurator, 1900 Kurator der anthropologischen Abteilung des Museums für Naturgeschichte in New York. Zugleich 1896 Lektor, 1899 Professor für Anthropologie an der Universität in New York. 1910 Direktor des Escuela Intern. de Arqueol. y Etnol. Amer. Mexiko. 1901 – 1919 zugleich Hon. Phildogiet Bureau of Amer. Ethnol.
KM 15. 7. 1920
Anthropologie

BOATON, Pierre François de, * 12. 9. 1734 (Aubonne/Waadt)

† 3. 6. 1794 (Berlin)
Schriftsteller.
OM 15. 3. 1792

BOBETH, Wolfgang, * 15. 2. 1918 (Löbau/Sa.)
1950 Wissenschaftl. Mitarbeiter, später Abteilungsleiter im Institut für Technologie der Fasern in Dresden. 1957 Professor, 1960 Professor für Textilchemie an der Technischen Hochschule in Dresden. Seit 1957 zugleich Direktor des Instituts für Textilchemie. 1959 zugleich auch Direktor des Instituts für Technologie der Fasern der Akademie in Dresden. 1971 Honorarprofessor an der Technischen Hochschule in Dresden. 1964 Nationalpreis.
OM 8. 6. 1967
Textil- und Faserstoff-Technologie

BOCK, Johann Georg, * 12. 5. 1698 (Königsberg i. Pr.) † 7. 7. 1762 (Königsberg i. Pr.)
Professor für Beredsamkeit und Poesie an der Universität in Königsberg.
abwM 1732; AM 24. 1. 1744
Philologie

BOCRIS(IUS), Johann Heinrich, * 19. 11. 1687 (Eberbach/Fr.) † 18. 10. 1716 (Schweinfurt)
1709 Konrektor. 1715 Professor für Philosophie am Gymnasium in Schweinfurt.
abwM 11. 7. 1714
Philosophie, französ. Literatur

BODE, Johann Elert, *19. 1. 1747 (Hamburg) † 23. 11. 1826 (Berlin)
1772 aus Hamburg nach Berlin als Astronom berufen. 1773 Mitbegründer der Gesellschaft naturforschender Freunde. 1774 Begründer des „Berliner astronomischen Jahrbuches". 1787 Direktor der Sternwarte der Akademie in Berlin.
OM 2. 11. 1786 (Bestät. 9. 11. 1786)
Astronomie

BODE, Wilhelm von, * 10. 12. 1845 (Calvörde/Braunschweig) † 1. 3. 1929 (Berlin)
1883 Direktor der Gemäldegalerie in Berlin. 1889 Geh. Regierungsrat. 1905 – 1920 Generaldirektor der Berliner Museen. 1905 Wirkl. Geh. Oberregierungsrat. 1909 Wirkl. Geh. Rat. (B. ist der Begründer des 1904 eröffneten Kaiser-Friedrich-Museums in Berlin, das heute den Namen seines Begründers trägt.)
EM 3. 12. 1925 (Bestät. 9. 12. 1925)
Kunstgeschichte

BODENSTEIN, Ernst August Max, * 15. 7. 1871 (Magdeburg) † 3. 9. 1942 (Berlin)
1899 Privatdozent an der Universität in Heidelberg. 1900 Privatdozent und Assistent am physikalisch-chemischen Institut der Universität in Leipzig. 1906 Professor für physikalische Chemie an der Universität in Berlin und Abteilungsleiter im Institut für physikalische Chemie. 1908 Professor für Chemie an der Technischen Hochschule in Hannover. 1923 Professor für physikalische Chemie an der Universität in Berlin.
OM 4. 12. 1924 (Bestät. 21. 1. 1925)
Physikalische Chemie

BODT, Jean de, * 1670 (Paris) † 3.1.1745 (Dresden)
1698 Hofbaumeister in Berlin. 1699 Kammerjunker, Chef einer Kompanie der Garde und Inspektor der königl. Schlösser und der Militärgebäude. 1706 Chef der Artillerie und Kommandant der Zitadelle von Wesel. 1715 Generalmajor. 1719 Kommandant von Wesel. 1728 Generalleutnant und Chef des Ingenieurkorps sowie Intendant der Zivil- und Militärgebäude in Dresden. 1734 Kommandant der Neustadt. (B. war vor seiner Tätigkeit in Berlin Angehöriger des Kadettenkorps in Holland, später dort Capitän der Artillerie und des

Ingenieurkorps. Als solcher begleitete er den Prinzen von Oranien nach England und wurde Engineer of the Tower. Als Hofbaumeister vollendete er den Bau des Zeughauses in Berlin und den Schloßbau in Potsdam. In Dresden schuf er u. a. die Balustraden der Elbbrücken und das Portal des Japanischen Palastes. B. wurde 1701 Mitglied der Akademie, hat jedoch kein Diplom erhalten.)
M. 1. 3. 1701

BÖCKH, Philipp August, * 24. 11. 1785 (Karlsruhe i. B.) † 3. 8. 1867 (Berlin)
1807 Professor, 1809 Professor für alte Literatur und Beredsamkeit an der Universität in Heidelberg. 1810 Professor der Beredsamkeit und klassischen Literatur an der Universität in Berlin. 1819 zugleich Leiter des Seminars für gelehrte Schulen. 1825 – 1826, 1830 – 1831, 1837 – 1838, 1846 – 1847 und 1859 – 1860 Rektor der Universität in Berlin. 1834 – 1861 Sekretar der Philosophisch-historischen Klasse der Akademie. (B. leitete in der Akademie die Unternehmen „Griechische Inschriften" und „Werke Friedrichs des Großen".)
OM 24. 3. 1814 (Bestät. 14. 5. 1814)
Klassische Philologie

BÖCKING, Eduard, * 21. 5. 1802 (Trarbach/Mosel) † 3. 5. 1870 (Bonn)
1826 Privatdozent, 1829 Professor an der Universität in Berlin. 1829 Professor an der Universität in Bonn. 1835 Professor für römisches Recht an der Universität in Bonn.
KM 30. 6. 1859
Rechtswissenschaft, Rechtsgeschichte

BÖHM, Jaroslav, * 8. 3. 1901 (Holešově) † 6. 12. 1962 (Prag)
Professor für alte Geschichte und Archäologie an der Universität in Prag und Direktor des Staatl. Archäologischen Instituts in Prag. Später Direktor des Archäologischen Instituts der Tschechoslowakischen Akademie der Wissenschaften in Prag.
KM 13. 1. 1955
Archäologie

BÖHME, Helmut, * 7. 6. 1929 (Halle/Sa.)
1967 Professor der Akademie. Zugleich Professor für Genetik an der Universität in Halle-Wittenberg. 1969 Direktor des Instituts (jetzt Zentralinstitut) für Genetik und Kulturpflanzenforschung der Akademie in Gatersleben. 1969 bis 1971 Leiter des Forschungsbereiches Biowissenschaften der Akademie. 1971 Leiter der Klasse Biologische Prozeßsteuerung (jetzt Biowissenschaften) der Akademie. 1973 Nationalpreis.
OM 29. 5. 1969
Genetik, Bakteriengenetik

BÖHME, Artur Wolfgang, * 11. 3. 1926 (Dresden)
1957 Hauptreferent, 1962 Leiter der Fachabteilung Forschung, 1964 stellvertr. Direktor, 1967 Direktor des Meteorologischen Dienstes der DDR. 1971 zugleich Honorarprofessor an der Universität in Berlin. 1981 Vorsitzender der Klasse „Geo- und Kosmoswissenschaften" der Akademie.
KM 9. 6. 1977; OM 12. 6. 1980
Theoretische Meteorologie, allgemeine Zirkulation der Erdatmosphäre.

BÖHMER, Johann, Friedrich, * 22. 4. 1795 (Frankfurt a. Main) † 22. 10. 1863 (Frankfurt a. Main)
1822 Mitarbeiter in Frankfurter Bibliotheken und Mitadministrator des städtischen Kunstinstituts. 1830 erster Bibliothekar der Stadtbibliothek und Archivar. 1823 Mitglied, 1824 ständiger Sekretär der Gesellschaft für ältere deutsche Ge-

schichtskunde und Mitglied der Zentraldirektion der Monumenta Germaniae Historica.
KM 27. 2. 1845; AM 10. 4. 1862 (Bestät. 21. 5. 1862)
Geschichte

BÖHMER, Philipp Adolph, * 25.8.1717 (Halle/Saale) † 1. 11. 1789 (Halle/Saale)
1738 Dr. der Arzneigelehrsamkeit, 1739 Stadtarzt in Eisleben und Sachsen-Weimarischer Leibarzt. 1741 Professor für Anatomie an der Universität in Halle. 1787 Leibarzt des Königs von Preußen.
AM 19. 10. 1752
Medizin

BOEHTLINGK, Otto Nikolaus von, * 30. 5./11. 6. 1815 (Petersburg) † 1. 4. 1904 (Leipzig)
1845 Korresp. Mitglied, 1855 Ordentlicher Akademiker für Sanskrit der Akademie der Wissenschaften in Petersburg. (1868 Verlegung des Wohnsitzes nach Jena, 1885 nach Leipzig.)
KM 10. 5. 1855; AM 18. 6. 1865
Indologie

BOEKE, Jan, * 23. 10. 1874 (Hengelo/Niederlande) † 12.9.1956 (Brandung/Indonesien)
1906 Professor für gerichtliche Medizin und Histologie an der Universität in Leyden. 1909 Professor für Embryologie und Histologie an der Universität in Utrecht.
KM 29. 6. 1950
Medizin, Histologie

BÖTTIGER, Karl August, * 8. 6. 1760 (Reichenbach/Vogtl.) † 17. 11. 1835 (Dresden)
1784 Rektor des Lyzeums in Guben. 1790 Gymnasialdirektor in Bautzen. 1791 Direktor des Gymnasiums in Weimar und Oberkonsistorialrat für Schulangelegenheiten. 1804 Studiendirektor der Pagerie, 1814 Oberinspektor des Antiken-Museums in Dresden, zugleich Studiendirektor der Ritterakademie in Dresden.
KM 25. 6. 1812
Altertumskunde

BOGDANOW, Alexej Alexejewitsch, * 25. 2. 1907 (Suchumi) † 18. 9. 1971 (Moskau)
Professor für Geologie an der Universität in Moskau.
KM 22. 11. 1962; AM 20. 5. 1969
Geologie

BOGOLJUBOW, Nikolai Nikolajewitsch, * 21. 8. 1909 (Nishni Nowgorod)
1936 Professor für Mathematik an der Universität in Moskau. 1949 Direktor der Abteilung für Theoretische Physik des Mathematischen Instituts der Akademie, 1946 Korrespondierendes Mitglied, 1953 Ordentlicher Akademiker der Akademie der Wissenschaften der UdSSR. 1965 Direktor des Vereinigten Instituts für Kernforschung in Dubna. 1969 Helmholtzmedaille der Akademie.
KM 17. 11. 1966; AM 20. 5. 1969
Theoretische Physik, Mathematik

BOHNENBERGER, Johann Gottlieb Friedrich von, * 5. 6. 1765 (Simmozheim/Schwarzwald) † 19. 4. 1831 (Tübingen)
1789 Vikar in Altburg. 1786 Adjunkt an der Sternwarte in Tübingen. 1789 Professor für Mathematik und Astronomie an der Universität in Tübingen.
KM 22. 6. 1826
Mathematik, Astronomie

BOHR, Niels, * 7. 10. 1885 (Kopenhagen) † 18. 11. 1962 (Kopenhagen)
1913 Dozent an der Universität in Kopenhagen. 1914 Dozent an der Universität in Manchester. 1916 Professor für theoretische Physik an der Universität in

Kopenhagen. 1922 Nobelpreis für Physik. 1961 Helmholtz-Medaille der Akademie.
KM 1. 6. 1922
Theoretische Physik

BOISSIER, François de, * 12. 5. 1706 (Alais/Languedoc) † 19. 2. 1767 (Montpellier)
siehe: SAUVAGES de La CROIX, François BOISSIER de

BOIE, Werner, * 26. 9. 1901 (Dresden) † 6. 10. 1978 (Dresden)
1926 Versuchsing. im Braunkohlen- und Großkraftwerk Böhlen. 1929 Techniker in der AG Sächsische Werke Dresden. 1935 Dr.-Ing. an der Technischen Hochschule in Dresden. 1939 Bauleiter, Obering. und stellvertr. Betriebsdirektor des Kraftwerkes Espenhain. 1945 Techniker, 1947 Technischer Direktor, 1949 Hauptdirektor des Großkraftwerkes in Böhlen. 1950 Professor für Wärmetechnik und Kraftwerksbau an der Technischen Hochschule in Dresden und Direktor des Instituts für Wärmetechnik und Wärmewirtschaft.
KM 17. 5. 1956; OM 9. 4. 1959
Technik; Kraftwerkstechnik, Verbrennungstechnik

BOLTE, Johannes, * 11. 2. 1858 (Berlin) † 25. 7. 1937 (Berlin)
1892 bis 1923 Geh. Studienrat und Professor in Berlin. 1918 bis 1930 Leiter des Vereins für deutsche Volkskunde.
OM 9. 3. 1922 (Bestät. 23. 10. 1922)
Germanistik, Volkskunde

BOLTZMANN, Ludwig, * 20. 2. 1844 (Wien) † 5. 9. 1906 (Duino bei Triest) (Freitod)
1869 Professor für Physik an der Universität in Graz. 1873 Professor für Mathematik an der Universität in Wien. 1876 Professor für Experimentalphysik an der Universität in Graz und Direktor des Physikalischen Instituts. 1889 Professor für theoretische Physik an der Universität in München. 1894 Professor für theoretische Physik an der Universität in München. 1894 Professor für theoretische Physik an der Universität in Wien. 1900 Professor für theoretische Physik und Naturphilosophie an der Universität in Leipzig. 1902 Professor für theoretische Physik an der Universität in Wien. Hofrat.
(BOLTZMANN wurde am 26. 4. 1888 zum OM der Akademie mit einem außerordentlichen Gehalt gewählt. Da er seine Tätigkeit nicht in der festgesetzten Frist nach Berlin verlegte, wurde der Status der Mitgliedschaft in den eines EM geändert.)
OM 26. 4. 1888; EM 29. 6. 1888
Physik

BONAPARTE, Charles-Lucien Jules Laurent, * 24. 5. 1803 (Paris) † 29. 7. 1857 (Paris), (Neffe von NAPOLEON I.)
Zoologe. 1840 Fürst von CANINO und MUSSIGNANO. 1848 Vizepräsident der Nationalversammlung in Rom. (B. ging 1822 nach Nordamerika und trieb naturwissenschaftliche Studien. Nach Italien zurückgekehrt, stand er im politischen Leben an der Spitze der Radikalen. Nach dem Einmarsch französischer Truppen floh er nach Paris und setzte hier seine naturwissenschaftlichen Arbeiten fort.)
EM 16. 2. 1843 (Bestät. 27. 3. 1843)
Zoologie, Ornithologie

BONCOMPAGNI LUDOVISI, Baldassarre Principe, * 10. 5. 1821 (Rom) † 13. 4. 1894 (Rom)
Fürst in Rom. (BONCOMPAGNI LUDOVISI beschäftigte sich als Privatmann mit Mathematikgeschichte.)
EM 19. 6. 1862 (Bestät. 21. 7. 1862)
Mathematikgeschichte

BONHOEFFER, Karl Friedrich, * 13. 1. 1899 (Breslau) † 18. 5. 1957 (Göttingen)
1930 Professor für physikalische Chemie an der Universität in Frankfurt a. M.. 1934 Professor für physikalische Chemie an der Universität in Leipzig. 1947 Professor für physikalische Chemie an der Universität in Berlin. 1948 zugleich Direktor des Instituts für Physikalische Chemie und Elektrochemie der ehemaligen Kaiser-Wilhelm-Gesellschaft zur Förderung der Wissenschaften in Berlin-Dahlem. 1949 Direktor des Instituts für Physikalische Chemie der Max-Planck-Gesellschaft in Göttingen. 1947 – 1949 Sekretar der Mathematisch-naturwissenschaftlichen Klasse der Akademie.
OM 20. 3. 1947
Physikalische Chemie

BONITZ, Hermann, * 29. 7. 1814 (Langensalza) † 25. 7. 1888 (Berlin)
1836 Lehrer am Gymnasium in Dresden. 1838 Lehrer am Gymnasium in Berlin. 1842 Lehrer am Gymnasium in Stettin. 1849 Professor an der Universität in Wien. 1867 Direktor des Gymnasiums zum Grauen Kloster in Berlin, seit 1875 zugleich Vortrag. Rat für das höhere Schulwesen. Geh. Oberregierungsrat.
OM 5. 12. 1867 (Bestät. 27. 12. 1867)

BONNET, Charles, * 13. 3. 1720 (Genf) † 20. 5. 1793 (Genthod bei Genf)
Reicher Privatmann. Advokat und Mitglied des Großen Rates in Genf. (B. betätigte sich als Naturforscher und Philosoph.)
AM 7. 12. 1786
Physik, Philosophie

BONNET de SAINT-GERMAIN, Ludwig Friedrich, * 12. 12. 1670 (Genf) † 7. 4. 1761 (Genf)
1685 Dr. der Medizin in Leiden. 1696 Rat und Korrespondent, 1716 Geheimer Rat und Korrespondent, 1716 Geheimer Rat und Außerordentlicher Gesandter Preußens in London.
(B. war in London vorrangig auf kirchenpolitischen Gebieten tätig. Er kehrte 1721 nach Genf zurück und war dort Doktor der Medizin und Doktor der Rechte.)
abwM 15. 11. 1713

BONNOT, Etienne de, * 30. 9. 1714 (Grenoble) † 3. 8. 1780 (Flux bei Beaugency)
siehe: CONDILLAC, Etienne BONNOT de

BOOR, Hanns Otto de, * 9. 9. 1886 (Schleswig) † 10. 2. 1956 (Göttingen)
1916 Privatdozent an der Universität in Greifswald. 1917 Privatdozent an der Universität in Göttingen. 1921 Professor für Rechtswissenschaften an der Universität in Frankfurt a. M.. 1934 Professor für Rechtswissenschaften an der Universität in Marburg. 1935 Professor für Rechtswissenschaften an der Universität in Leipzig.
OM 24. 2. 1949
Bürgerl. Recht, vergl. Recht

BOPP, Franz, * 14. 9. 1791 (Mainz) † 23. 10. 1867 (Berlin)
1821 Professor für orientalische Literatur und allgem. Sprachwissenschaft an der Universität in Berlin.
OM 21. 3. 1822 (Bestät. 18. 4. 1822)
Sprachwissenschaft, Orientalistik

BORCHARDT, Karl Wilhelm * 22. 2. 1817 (Berlin) † 27. 6. 1880 (Rüdersdorf b. Berlin)
1848 Privatdozent, 1851 Professor für Mathematik an der Universität in Berlin. (B. gab 1861 die Lehrtätigkeit aus Krankheitsgründen auf.)
OM 15. 11. 1855 (Bestät. 10. 12. 1855)
Mathematik

BORCHLING, Conrad, * 20. 3. 1872 (Hitzacker/Elbe) † 1. 11. 1946 (Hamburg)
1903 Privatdozent an der Universität in Göttingen. 1906 Professor für germanistische Sprachwissenschaft in Posen. 1910 Dozent, 1919 Professor für germanische Sprachwissenschaften an der Universität in Hamburg.
KM 7. 5. 1942 (Bestät. 11. 6. 1942)
Deutsche Philologie

BORCKE, Adrian Heinrich Graf von, * 4. 4. 1715 (Stettin) † 17. 4. 1788 (Stargard/Pomm.)
Oberhofmeister FRIEDRICH WILHELMs II. (B. wurde 1756 Gouverneur des Prinzen HEINRICH. 1759 Oberst, 1761 Generalmajor. 1764 als Gouverneur unter Beibehaltung seiner Besoldung von 3.000 Thl. entlassen. 1786 wurde er mit einem um mehr als 11 Jahre vordatierten Patent zum Generalleutnant, 1787 zum General der Kavallerie ernannt.)
EM 8. 6. 1752

BORCKE, Friedrich Ludwig Felix von, * 14. 1. 1702 (in Pommern)
† 19. 5. 1751 (Freienwalde/Oder)
Generalmajor und Generaladjutant FRIEDRICHs II. (B. wurde dem preuß. Kronprinzen und späteren König FRIEDRICH II. als Aufpasser beigegeben und wurde später dessen Vertrauter. B. wurde 1747 geisteskrank.)
EM 23. 1. 1744

BORCKE, Friedrich Wilhelm von, * 20. 1. 1692 (in Pommern) † 26.9.1769 (Schloß Hueth/Hzm. Kleve)
Zunächst Kriegsrat im Kriegskommissariat des Hrzt. Magdeburg, danach Präsident der Kriegs- und Domänenkammer in Minden und Kleve. 1731 Geh. Etatsminister, 1739 entlassen. Danach Geh. Rat in Hessen-Kassel. 1753 nach Preußen zurückgerufen, Minister im Generaldirektorium. 1754 Chef des Feldkriegsdirektoriums in Sachsen. 1759 – 1764 Leiter des Militärdepartements im Generaldirektorium in Berlin. (B. erwarb während seines Dienstes in Preußen das Schloß Hueth. Wegen Amtsmißbrauchs schwer belastet wurde er 1739 als „meineidiger Präsident Borcke" entlassen. Auch während seiner Tätigkeit in Sachsen hat er sich außerordentlich bereichert.)
EM 6. 12. 1754

BORESKOW, Georgii Konstantinowitsch * 7./20. 4. 1907
1958 Korrespondierendes Mitglied, 1966 Ordentlicher Akademiker für physikalische Chemie der Akademie der Wissenschaften der UdSSR. Direktor des Instituts für Katalyse der Akademie und Professor für Chemie an der Universität in Nowosibirsk.
AM 9. 6. 1977
Physikalische Chemie

BORETIUS, Matthias Ernst,
* 18. 5. 1694 (Lötzen/Ostpr.)
† 4. 10. 1738 (Königsberg i. Pr.)
Professor für Medizin an der Universität in Königsberg. Zugleich Leibarzt und Stadtarzt in Königsberg.
abw M 9. 6. 1723
Medizin

BORGHESI, Bartholomeo Comte,
* 11. 7. 1781 (Savignano bei Rimini)
† 16. 4. 1860 (San Marino)
Numismatiker und Epigraphiker in San Marino.
KM 23. 6. 1836
Archäologie, röm. Inschriften und Münzkunde

BORGSTEDE, Albrecht August Heinrich von, * 12. 12. 1757 (Hoya/Hann.)
† 7. 7. 1824 (Stargard/Pomm.)
Geh. Finanz-, Kriegs- und Domänenrat

in Berlin. 1823 Mitglied des Staatsrates. 1798 – 1812 Direktor der Akademie.
OM 19. 4. 1798; EM 12. 3. 1812

BORKOWSKIJ, Viktor Iwanowitsch, * 19. 1. 1900 (Minsk)
Professor für russische Philologie. 1954 Direktor des Instituts für Linguistik der Akademie der Wissenschaften der UdSSR in Moskau. 1958 Korrespondierendes Mitglied, 1972 Ordentlicher Akademiker der Akademie der Wissenschaften der UdSSR.
KM 12. 10. 1967; AM 20. 5. 1969
Sprachwissenschaft

BORMANN, Eugen, * 6. 10. 1842 (Hilchenbach/Westf.) † 4. 3. 1917 (Klosterneuburg)
1871 Lehrer für klassische Sprachen am Gymnasium zum Grauen Kloster in Berlin. 1881 Professor für alte Geschichte an der Universität in Marburg. 1885 Professor für alte Geschichte an der Universität in Wien.
KM 24. 7. 1902
Epigraphik und alte Geschichte

BORN, Ignaz Edler von (Johannes Physiophilus), * 26. 12. 1742 (Karlsburg/-Siebenbürgen) † 24. 7. 1791 (Wien)
Zunächst Angehöriger eines Jesuitenordens bis 1760, danach Studium der Rechtswissenschaften, Naturgeschichte und Bergwerkskunde. 1779 Wirkl. Hofrat bei der Hofkammer im Münz- und Bergwesen in Wien.
(B. hat für Verbesserungen im Bergbau gewirkt und gilt als bedeutender Paläontologe. Er ist gesellschaftlich im Zeichen der Aufklärung hervorgetreten und gilt als Satiriker. B. ist der „Sarastro" in der Oper von WOLFGANG AMADEUS MOZART „Die Zauberflöte".)
AM 16. 11. 1786 (Bestät. 21. 11. 1786)
Mineralogie

BORN, Max, * 11. 12. 1882 (Breslau) † 5. 1. 1970 (Göttingen)
1915 Professor für theoretische Physik an der Universität in Berlin. 1919 Professor für theoretische Physik an der Universität in Frankfurt a. M.. 1921 Professor für theoretische Physik an der Universität in Göttingen und Direktor des Instituts für theoretische Physik. 1933 Stockes Lecturer of appl. Math. in Cambridge. 1936 – 1952 Tait Professor of natural Philosophy an der Universität in Edinburgh. 1954 Nobelpreis für Physik. (B. wurde auf Grund der faschistischen Rassegesetze am 19. 11. 1942 aus der Mitgliederliste gestrichen. Die Mitgliedschaft wurde mit der Wiedereröffnung der Akademie im Jahre 1946 fortgeführt.)
KM 31. 10. 1929; AM 20. 5. 1969
Theoretische Physik

BORRELLY, Jean-Alexis, * 1738 (Salernes/Provence) † um 1810 (Berlin?)
Philosophischer Schriftsteller in Berlin. (B. wurde 1792 als „Jakobiner" ausgewiesen und als Mitglied gestrichen. Er soll um 1810 in Berlin verstorben sein.)
OM 15. 10. 1772 – 1792
Philosophie

BOSCH, Carl, * 27. 8. 1874 † 26. 4. 1940 (Heidelberg)
1899 Chemiker, 1919 Vorsitzender des Vorstandes der Badischen Anilin- und Sodafabrik in Ludwigshafen a. Rh. Zugleich Professor für physikalische Chemie an der Universität in Heidelberg. 1925 Vorsitzender des Vorstandes, 1935 Vorsitzender des Aufsichts- und Verwaltungsrates der IG Farbenindustrie AG. 1937 Präsident der Kaiser-Wilhelm-Gesellschaft zur Förderung der Wissenschaften. 1931 Nobelpreis für Chemie. Geh. Kommerzienrat.
EM 14. 5. 1936 (Bestät. 20. 6. 1936)
Chemie

BOSS, Lewis, * 26. 10. 1846 (Providence/Rhode Island) † 5. 10. 1912 (Albany)
1872 Chief civilian Astronomer bei der U.S. Northern Boundary Comm. 1886 Direktor des Dudley Observatoriums und Professor für Astronomie am Unioncollege in Albany.
KM 27. 10. 1910
Astronomie

BOSSE
(Nähere Angaben nicht zu ermitteln. Im Protokoll der Sitzung des Konziliums vom 11. 3. 1701 ist die Aufnahme von „H. Bosse" verzeichnet, der an der Sitzung teilgenommen hat. In späteren Protokollen bzw. in Mitgliederverzeichnissen findet sich der Name nicht mehr. B. hat offenbar kein Mitgliederdiplom erhalten.)
M 11. 3. 1701

BOTHE, Walther Wilhelm Georg,
* 8. 1. 1891 (Oranienburg/Mark)
† 8. 2. 1957 (Heidelberg)
1930 Professor für Physik an der Universität in Gießen. 1932 Professor für Physik, 1934 Honorarprofessor an der Universität in Heidelberg. Zugleich 1934 Leiter des Instituts für Physik am Institut für Medizinische Forschung der Kaiser-Wilhelm-Gesellschaft zur Förderung der Wissenschaften (jetzt Max-Planck-Institut für med. Forschung) in Heidelberg. 1946 zugleich Professor für Physik an der Universität in Heidelberg. 1954 Nobelpreis für Physik.
KM 29. 6. 1939 (Bestät. 28. 7. 1939)
Physik

BOUF(F)LERS, Stanislas Marquis de,
* 31.5.1738 (bei Nancy) † 18.1.1815 (Paris)
Schriftsteller und Dichter in Paris. (B. ist Verfasser von Erzählungen, Gesellschaftsliedern und Gedichten. Er hielt sich Ende des 18. Jh. in Berlin auf und wurde aufgrund einer Order des preuß. Königs vom 5. 2. 1795 OM. Die Bekanntgabe erfolgte in der Sitzung der Akademie am 26. 2. 1795. (B. ging 1800 nach Frankreich zurück.)
OM 26. 2. 1795; AM 1800;
EM 24. 1. 1812

BOURDELIN, Louis-Claude,
* 18. 10. 1696 (Paris) † 13. 9. 1777 (Paris)
Arzt in Paris und Professor für Chemie am Jardin du Roi.
AM 30. 6. 1746
Anatomie

BOUREAU-DESLANDES, André-François, * 1690 (Pondichery/Indien)
† 11. 4. 1757 (Paris)
Generalkommissar der Marine in Paris. (B.-D. wurde wegen seiner Arbeiten auf dem Gebiet der Mechanik als Mitglied in die Akademie aufgenommen. Er wird auch als erster Historiker der Philosophie in Frankreich bezeichnet.)
AM 5. 10. 1752
Mechanik, Geschichte der Philosophie

BOURGELAT, Claude, * 27. 3. 1712 (Lyon) † 3. 1. 1799 (Lyon)
Tierarzt in Lyon. (B. gilt als Begründer und Leiter der ersten tierärztlichen Schulen in Frankreich)
AM 28. 6. 1764
Veterinärmedizin

BOURGUET, Louis, * 23. 4. 1678 (Nimes) † 31. 12. 1742 (Neuchâtel)
Ursprünglich Kaufmann in Zürich. Später Professor für Philosophie und Mathematik in Neuchâtel. (B. wurde zweimal als Mitglied in die Akademie aufgenommen. Die erste Aufnahme erfolgte am 28. 4. 1710, jedoch wurde offenbar kein Mitgliederdiplom ausgefertigt.)
M 28. 4. 1710; abwM 13. 6. 1731
Philosophie, Mathematik

BOUSSINGAULT, Jean-Baptiste-Joseph-Dieudonné, * 2. 2. 1802 (Paris)
† 11. 5. 1887 (Paris)
Zunächst Professor für Chemie an der Universität in Lyon. 1839 Professor für Chemie an der Universität und am Konservatorium der Künste und Gewerbe in Paris. (B. war vor seiner Tätigkeit in Lyon im Auftrage einer engl. Bergbaugesellschaft in Südamerika. Während des südamerikan. Befreiungskrieges begleitete er als Oberst General BOLIVAR. B. bereiste Venezuela, Ecuador und Peru.)
KM 24. 4. 1856
Chemie, Agrikulturchemie

BOUTERWEK, Friedrich Ludewig, * 15. 4. 1766 (Oker a. Harz)
† 9. 8. 1828 (Göttingen)
1789 Privatdozent für allgemeine Geschichte an der Universität in Göttingen. 1796 Professor der Beredsamkeit an der Universität in Göttingen.
KM 25. 6. 1812
Philosophie, Ästethik

BOUTROUX, Etienne-Emile-Marie, * 28. 7. 1845 (Montrouge/Seine)
† 22. 11. 1921 (Paris)
1871 Professor für Philosophie am Lyzeum in Caën. 1875 Professor in Montpellier. 1876 Professor für Philosophie an der Normalschule in Nancy. 1886 Professor für Philosophie an der Sorbonne und an der Fac. des lettres in Paris. 1812 Direktor der Fondation Thiers in Paris. (B. erklärte zusammen mit anderen Mitgliedern der Acàdemie française 1916 seinen Austritt und legte die Mitgliedschaft nieder.)
KM 27. 2. 1908 – 26. 5. 1916
Philosophie

BOWDITSCH, Nathaniel, * 26. 3. 1773 (Salem/Mass.) † 16. 3. 1838 (Boston)
1795 – 1803 Seefahrer und Kapitän; danach Präsident der Feuer- und Seeversicherungsgesellschaft in Salem. 1823 Beamter der Lebensversicherungsgesellschaft in Boston. Später auch Kurator des Athenäums in Boston und Präsident der Boston-Mechanic-Institution sowie Präsident der American Academy of Science.
KM 24. 3. 1836

BOWER, Sir Frederick Orpen, * 4. 11. 1855 (Ripon/Yorkshire)
† 11. 4. 1948 (Ripon/Yorkshire)
1885 Professor für Botanik an der Universität in Glasgow. 1919 Präsident der Royal Society in Edinburgh.
KM 21. 11. 1935 Botanik

BOZE, Claude GROS de, * 28. 1. 1680 (Lyon) † 10. 9. 1753 (Paris)
1705 Mitglied der Acàdemie française. 1719 Inspektor des Medaillen-Kabinetts in Paris. 1745 Inspektor des Buchhandels in Paris.
AM 14. 1. 1751
Archäologie

BRACKMANN, Albert, * 24. 6. 1871 (Hannover) † 17. 3. 1952 (Berlin)
1902 Oberlehrer in Hannover. 1905 Professor für Geschichte an der Universität in Marburg. 1913 Professor für Geschichte an der Universität in Königsberg. 1920 Professor für Geschichte an der Universität in Marburg. 1922 Professor für Geschichte an der Universität in Berlin. 1929 Generaldirektor der preuß. Staatsarchive, 1935 auch kommissarischer Leiter des Reichsarchivs. (B. war seit 1898 Mitarbeiter der Monumenta Germaniae Historica und seit 1936 dort, sowie in der Histor. Reichskommission, der Histor. Kommission bei der Bayerischen Akademie der Wissenschaften und der Zentralstelle für Nachkriegsgeschichte an leitender Stelle tätig.)
OM 18. 6. 1925 (Bestät. 3. 7. 1925)
Geschichte

BRADLEY, James, * 1692 (Sherbourn/Gloucestershire) † 13. 7. 1762 (Chalford)
Ursprünglich Pfarrer. 1721 Professor für Astronomie an der Universität in Oxford. 1742 Königl. Astronom an der Sternwarte in Greenwich.
AM 30. 6. 1746
Astronomie

BRAGG, Sir William Henry,
* 2. 7. 1862 (Wigton/Cumberland)
† 12. 3. 1942 (London) (Vater von BRAGG, Sir W. L.)
1886 Professor für Physik an der Universität in Adelaide. 1909 Professor für Physik an der Universität in Leeds. 1915 Professor für Physik an der Universität in London und Direktor des DAVY-FARADAY-Forschungslaboratoriums in London. 1915 Nobelpreis für Physik (Gemeinsam mit seinem Sohn W. L. BRAGG)
KM 31. 10. 1929
Physik

BRAGG, Sir William Lawrence,
* 31. 3. 1890 (Adelaide)
† 1. 7. 1971 (London), Sohn von BRAGG, W. H.)
1914 Dozent an der Universität in Cambridge. 1919 Professor für Experimentalphysik an der Universität in Manchester. Später Professor für Physik an der Universität in London. 1915 Nobelpreis für Physik (gemeinsam mit seinem Vater W. H. BRAGG).
KM 29. 6. 1950; AM 20. 5. 1969
Physik

BRANCA, Wilhelm Karl Franz von (bis 1907 BRANCO), * 9.9.1844 (Potsdam) † 12. 3. 1928 (München), (Schwiegersohn von KIRCHHOFF, Gustav)
1877 Assistent am Mineralogischen Institut-der Universität in Heidelberg. 1881 zunächst Dozent an der Universität in Berlin, dann Dozent für Geologie an der Technischen Hochschule in Aachen. 1882 Landesgeologe der Preuß. Geologischen Landesanstalt in Berlin. 1887 Professor für Geologie und Paläontologie an der Universität in Königsberg. 1890 Professor für Geologie und Paläontologie an der Universität in Tübingen. 1895 Professor für Geologie und Paläontologie an der Landwirtschaftlichen Akademie in Hohenheim. 1899 Professor für Geologie und Paläontologie an der Universität in Berlin. 1899 Geh. Bergrat. (B. veranlaßte die größte durchgeführte Expedition zur Ausgrabung fossiler Wirbeltiere, die „Tendagura-Expedition" 1909 bis 1912 im Süden der ehemaligen deutschen Kolonie „Deutschostafrika". B., seit 1917 emeritiert, lebte seit 1918 in München.)
OM 23. 11. 1899 (Bestät. 18. 12. 1899); EM 6. 5. 1918; AM 26. 11. 1925
Geologie, Paläontologie

BRANDENBURG, Erich, * 31. 7. 1868 (Stralsund) † 22. 1. 1946 (Leipzig)
1893 Privatdozent, 1899 Professor, 1904 Professor für mittlere und neuere Geschichte an der Universität in Leipzig. Geh. Hofrat.
KM 18. 6. 1925
Geschichte

BRANDES, Karl Philipp, * 1720, gt. 12. 11. (Berlin) † 19. 5. 1776 (Berlin)
1754 Professor für Chemie am Collegium medico chirurgicum in Berlin. Zugleich praktischer Arzt in Berlin,
AM 23. 10. 1755; OM 30. 10. 1760
Medizin, Chemie

BRANDI, Karl Maria Prosper Laurenz,
* 20. 5. 1868 (Meppen) † 9. 3. 1946 (Göttingen)
Ursprünglich Mitarbeiter der Bad. Historischen Kommission, seit 1891 Mitarbeiter der Historischen Kommission in München. 1897 Professor an der Universität

in Marburg. 1902 – 1936 Professor für mittl. und neuere Geschichte an der Universität in Göttingen. (B. war seit 1919 politisch aktiv in der Deutschen Volkspartei und im Provinziallandtag tätig.)
KM 11. 6. 1936 Geschichte

BRANDIS, Christian August,
* 13. 2. 1790 (Hildesheim) † 24. 7. 1867 (Bonn)
1816 Gesandtschaftssekretär in Rom. 1822 Professor für Philosophie an der Universität in Bonn. (B. wurden in Rom die Vorarbeiten der Aristoteles-Ausgabe der Akademie übertragen. 1837 begleitete er als Kabinettsrat König OTTO nach Griechenland.)
KM 12. 4. 1832; AM 10. 4. 1862 (Bestät. 21. 5. 1862)
Philosophie

BRANDL, Alois, * 21. 6. 1855 (Innsbruck) † 5. 2. 1940 (Berlin)
1888 Professor für englische Philologie an der Universität in Göttingen, danach an der Universität in Straßburg. 1895 Professor für englische Philologie an der Universität in Berlin. Geh. Rat.
OM 4. 2. 1904 (Bestät. 3. 4. 1904)
Anglistik

BRANDT, Johann Friedrich,
* 25. 5. 1802 (Jüterbog) † 3./15.7.1879 (Merreküll/Estland)
1826 Assistenzarzt in Berlin. 1827 Gehilfe am Anatomischen Institut der Universität in Berlin. 1828 Privatdozent an der Universität in Berlin. 1830 Adjunkt für Zoologie, 1832 außerordentliches Mitglied, 1833 Ordentlicher Akademiker der Akademie der Wissenschaften in Petersburg; zugleich Professor am Pädagogischen Hauptinstitut und Professor für Zoologie in der militär-medizinischen Akademie in Petersburg.
KM 19. 12. 1839 Zoologie

BRANDWEINER, Heinrich,
* 20. 3. 1910 (Wien)
1946 Staatsanwalt in Graz. 1948 Dozent, 1949 Professor für Völkerrecht und Kirchenrecht an der Universität in Graz. 1950 Gastprofessor für Völkerrecht an den Universitäten in Berlin und Leipzig sowie an der Akademie für Staats- und Rechtswissenschaften in Potsdam-Babelsberg. 1959 bis 1961 zugleich Leiter der Arbeitsstelle für Völkerrecht der Akademie. 1960 Vorstand des Instituts für Völkerrecht und des Instituts für Kirchenrecht an der Universität in Graz.
KM 10. 2. 1955; AM 20. 5. 1969.
Völkerrecht, Kirchenrecht

BRAUER, August, * 3. 4. 1863 (Oldenburg i. O.) † 10. 9. 1917 (Berlin)
1894 Privatdozent an der Universität in Marburg. 1900 Titul.-Professor. 1905 Professor für Zoologie an der Universität in Berlin und Direktor des Zoologischen Museums.
OM 3. 12. 1914 (Bestät. 31. 12. 1914)
Zoologie

BRAUN, Alexander Heinrich,
* 10. 5. 1805 (Regensburg) † 29.3.1877 (Berlin)
1832 Privatdozent, danach Professor für Pflanzen- und Tierkunde am Polytechnikum in Karlsruhe. 1837 zugleich Direktor des Naturalienkabinetts. 1838 zugleich Bibliothekar an der Hofbibliothek. 1846 Professor für Botanik und Naturphilosophie an der Universität in Freiburg i. Br. 1850 Professor für Botanik an der Universität in Gießen. 1851 Professor für Botanik an der Universität in Berlin; zugleich Direktor des Botanischen Gartens. 1865 – 1866 Rektor der Universität.
OM 19. 6. 1851 (Bestät. 16. 7. 1851)
Botanik

BRAUN, August Emil, * 19. 4. 1809 (Gotha) † 11. 9. 1856 (Rom)
1833 Amanuensis am Museum in Berlin. 1834 Unterarchivar und Bibliothekar, 1835 ständ. Sekretär am Archäologischen Institut in Rom. 1840 Leitung des Instituts.
KM 3. 8. 1843
Archäologie

BRAUN, Karl Ferdinand, * 6. 6. 1850 (Fulda) † 20. 4. 1918 (New York), (als Kriegsinternierter)
1874 Lehrer für Mathematik am Thomas-Gymnasium in Leipzig. 1877 Professor für mathematische Physik an der Universität in Marburg. 1880 Professor für mathematische Physik an der Universität in Straßburg. 1883 Professor für Mathematik am Polytechnikum in Karlsruhe. 1885 Professor für Mathematik an der Universität in Tübingen. 1895 Professor für Physik an der Universität in Straßburg. 1909 Nobelpreis für Physik.
KM 19. 11. 1914
Physik

BRAUNE, Theodor Wilhelm,
* 20. 2. 1850 (Großthiemig)
† 10. 11. 1926 (Heidelberg)
1877 Professor für german. Philologie an der Universität in Leipzig. 1880 Professor für deutsche Philologie an der Universität in Gießen. 1888 Professor für german. Philologie an der Universität in Heidelberg.
KM 11. 5. 1922
Deutsche Philologie

BRAUNREUTHER, Kurt, * 28.7.1913 Leipzig) † 19. 7. 1975 (Berlin)
1960 Professor mit Lehrauftrag, 1971 Honorarprofessor für Soziologie an der Universität in Berlin. 1961 stellv. Direktor des Instituts für politische Ökonomie der Universität in Berlin. 1963 Leiter der Arbeitsgruppe Soziologie am Institut für Wirtschaftswissenschaften der Akademie.
OM 11. 6. 1964
Soziologie; Geschichte der Soziologie

BRAUNSCHWEIG, Wilhelm Adolf Herzog zu, * 18. 5. 1745 (Wolfenbüttel)
† 24. 8. 1770 (in der Moldau)
Preuß. Generalmajor. Zeitweilig Volontär bei der russ. Armee.
EM 13. 12. 1764 (Bestät. 20. 12. 1764)

BRAUNSCHWEIG-OELS, Friedrich August Herzog von,
* 29. 10. 1740 (Wolfenbüttel)
† 8. 10. 1805 (Eisenach)
Preuß. General der Infanterie.
EM 13. 12. 1764 (Bestät. 20. 12. 1764)

BREASTED, James Henry, * 27.8.1865 (Rockford/Illinois) † 2. 12. 1935 (Chicago)
1903 Professor für Ägyptologie und Geschichte des Orients an der Universität in Chicago und Direktor des Orient. Haskell-Museums.
KM 13. 6. 1907
Orientalistik

BREDOW, Asmus Ehrenreich von,
* 29. 4. 1693 (Senzke/Westhavelland)
† 15. 2. 1756 (Halberstadt)
1740 Oberst der Garde. Erbherr der Worin'schen Güter in Ostpreußen. Inhaber von zwei Amtshauptmannschaften. Gouverneur von Kolberg. Domherr. Zuletzt Generalleutnant.
EM 30. 11. 1752

BREDT, Heinrich, * 29. 1. 1906 (Oberneudorf/Rumänien)
1942 Professor, 1948 Professor für allgemeine Pathologie und pathologische Anatomie an der Universität in Leipzig und Direktor des Pathologischen Instituts. 1959 Professor für allgemeine Pa-

thologie und pathologische Anatomie in Mainz. 1954 Nationalpreis.
OM 24. 2. 1955; KM 17. 11. 1966; AM 20. 5. 1969
Medizin

BREFELD, Oskar, * 19. 8. 1839 (Telgte/Westf.) † 7. 1. 1925 (Berlin)
Zunächst Apotheker. 1874 Dozent an der Forstakademie in Eberswalde. Danach Professor für Botanik an der Universität in Münster. 1898 Professor für Botanik an der Universität in Breslau. Geh. Regierungsrat.
KM 19. 1. 1899
Botanik

BRENTANO, Franz Clemens Honotatus Hermann Josef von, * 16. 1. 1838 (Marienberg bei Boppard) † 17. 3. 1917 (Zürich)
1872 Professor für Philosophie an der Universität in Würzburg. 1874 mit Unterbrechung bis 1895 Professor für Philosophie an der Universität in Wien. 1895 Aufenthalt in Florenz, 1915 in Zürich. (B. brach 1873 mit der Katholischen Kirche, was ihn zur Niederlegung der Professur in Würzburg zwang.)
KM 19. 2. 1914
Philosophie, Aristoteles-Forschung

BRERA, Valeriano Luigi,
* 15. 9. 1772 (Pavia) † 4. 10. 1840 (Venedig)
Professor für Medizin in Pavia.
KM 25. 6. 1812
Anatomie

BRESSLAU, Harry, * 22. 3. 1848 (Dannenberg/Hann.) † 27. 10. 1926 (Heidelberg)
1870 bis 1877 im Schuldienst vorwiegend in Berlin tätig. 1877 Professor für Geschichte an der Universität in Berlin. 1890 Professor für mittlere und neuere Geschichte an der Universität in Straßburg. Seit 1888 Mitglied der Zentraldirektion der Monumenta Germaniae Historica.
KM 9. 5. 1912
Mittlere und neuere Geschichte

BREWSTER, Sir David, * 11. 12. 1781 (Jedburgh/Schottland) † 10. 2. 1868 (Allerly bei Melrose)
Ursprünglich Dr. jur., Pharmazeut, später Advokat. 1828 Professor für Physik an der Universität in St. Adrews und an der Universität in Edinburgh. 1838 Vorsteher des Vereinigten Collegs von S. Salvador und S. Leonard's an der Universität in St. Andrews. Sekretär der Edinburgher Royal Society.
KM 13. 12. 1827; AM 12. 2. 1846 (Bestät. 11. 3. 1846)
Physik

BRIOSCHI, Francesco, * 22. 12. 1824 (Mailand) † 13. 12. 1897 (Mailand)
Professor für Hydraulik und Analysis am Technischen Institut in Mailand. Senator, Präsident der Accademia dei Lincei.
KM 6. 1. 1881
Technik

BROCH, Olaf, * 4. 8. 1867 (Horten) † 28. 1. 1961 (Oslo)
1896 Dozent, 1900 Professor für slawische Philologie an der Universität in Oslo. 1923 Generalsekretär der Norwegischen Akademie der Wissenschaften.
KM 5. 12. 1935
Slawistik

BROCH, Ole Jacob, * 14. 1. 1818 (Frederikstad) † 5. 2. 1889 (Christiania)
1843 – 1852 Lehrer für Mathematik an der Kriegsschule zu Christiania, daneben bis 1847 Vorsteher einer Latein- und Realschule. 1848 Lektor, 1852 Professor für reine Mathematik an der Universität in Christiania; zugleich seit

1852 Lehrer für höhere Mathematik und Mechanik an der Militärischen Hochschule. Seit 1852 Mitdirektor der Hypothekenbank. 1855 erster Norwegischer Eisenbahndirektor. 1862 Kammermitglied. 1872 Marineminister. Nach 1872 erneut Professor für reine Mathematik an der Universität in Christiania.
KM 3. 2. 1876 Mathematik

BROCKELMANN, Carl, * 17. 9. 1868 (Rostock) † 6. 5. 1956 (Halle/Saale)
1893 Privatdozent, 1900 Professor für arabische Sprache an der Universität in Breslau. 1903 Professor für Ägyptologie an der Universität in Königsberg. 1910 Professor für Ägyptologie an der Universität in Halle. 1922 Professor für Ägyptologie an der Universität in Berlin. 1923 Professor für Ägyptologie an der Universität in Breslau. 1951 Nationalpreis.
KM 2. 3. 1939 (Bestät. 4. 5. 1939
Ägyptologie, semitische Philologie

BROCKHAUS, Hermann, * 28. 1. 1806 (Amsterdam) † 5. 1. 1877 (Leipzig) (Sohn des Leipziger Verlegers BROCKHAUS, Friedrich Arnold)
1835 Privatgelehrter in Dresden. 1839 Professor für orientalische Sprachen an der Universität in Jena. 1841 Professor für altindische Sprache und Literatur an der Universität in Leipzig.
KM 16. 1. 1868
Indologie

BRÖGGER, Waldemar Christofer,
* 10. 11. 1851 (Christiania) † 17. 2. 1940 (Oslo)
1878 Professor für Mineralogie an der Universität in Christiania. 1882 Professor für Mineralogie an der Universität in Stockholm. 1892 Professor für Mineralogie an der Universität in Christiania.
KM 17. 1. 1924
Mineralogie, Geologie

BRÖNDSTED, Peter Oluf (Ole),
* 17. 11. 1780 (Fruering/Jütland)
† 26. 6. 1842 (Kopenhagen)
1813 Professor für griechische Philologie an der Universität in Kopenhagen. 1818 dänischer Hofagent in Rom. 1832 Direktor des Antikenkabinetts und Professor für klassische Archäologie an der Universität in Kopenhagen.
KM 22. 6. 1815
Klassische Philologie, Archäologie

BRONGNIART, Adolphe-Théodore,
* 14. 1. 1801 (Paris) † 18. 2. 1876 (Paris), (Sohn von BRONGNIART, Alexandre.)
1833 Professor für Botanik am Jardin des plantes in Paris. 1852 Generalinspekteur der Universität in Paris. 1866 Mitglied des Rates für den öffentlichen Unterricht.
KM 7. 5. 1835
Botanik

BRONGNIART, Alexandre, * 5. 2. 1770 (Paris) † 7. 10. 1847 (Paris)
1799 Professor für Naturgeschichte an der Zentralschule in Paris. 1810 Ingenieur-en-chef des mines. Direktor der Porzellanfabrik zu Sèvres. 1822 Professor für Mineralogie am Museum für Naturgeschichte in Paris.
KM 13. 12. 1827
Chemie, Mineralogie

BRONN, Heinrich Georg, * 3. 3. 1800 (Ziegelhausen b. Heidelberg) † 5. 7. 1862 (Heidelberg)
1821 Privatdozent an der Universität in Heidelberg. 1833 Professor für Natur- und Gewerbswissenschaft an der Universität in Heidelberg, zugleich Direktor der zoologischen Sammlung. Hofrat. (Nach B. ist neben anderen fossilen Arten Posidonia Bronni benannt.)
KM 6. 2. 1851
Paläontologie

BROSSET, Marie-Félicité, * 4. 2. 1798 (Paris) † 3. 9. 1880 (Châtellerault/Vienne)
1836 Adjunkt, 1838 Ausserordentliches Mitglied, 1847 Ordentlicher Akademiker (für georgische und armenische Literatur) der Akademie der Wissenschaften in Petersburg.
KM 15. 2. 1866
Literaturwissenschaft

BROUWER, Luitzen Egbertus Jan, * 27. 2. 1881 (Overschie bei Rotterdam) † 2. 12. 1966 (Amsterdam)
1909 Dozent, 1912 Professor, 1913 Professor für Mathematik an der Universität in Amsterdam.
KM 31. 10. 1929
Mathematik, Topologie

BROWN, Robert, * 21. 12. 1773 (Montrose) † 10. 6. 1858 (London)
1793 – 1800 Chirurg in der schottischen Armee. Anschließend bis 1805 Teilnehmer der Expedition des Kapitäns FLINDER nach Australien. 1808 Bibliothekar, 1847 – 1849 Präsident der Linnean-Societät. Seit 1810 Aufseher der Banks'schen Sammlungen und nach Vereinigung dieser Sammlungen mit dem britischen Museum Kustos des Museums.
KM 25. 6. 1812; AM 13. 2. 1834 (Bestät. 20. 3. 1834)
Botanik

BRUCKER, Johann Jakob, * 22. 1. 1696 (Augsburg) † 26. 11. 1770 (Augsburg)
Studium in Jena. Danach Pfarrer in Kaufbeuren und in Augsburg.
abwM 5. 9. 1731
Theologie, Geschichte der Philosophie

BRUCKMANN (BRÜCKMANN), Franz Ernst, * 27. 9. 1697 (Marienthal bei Helmstedt) † 21. 3. 1753 (Wolfenbüttel)
Dr. med.. Praktischer Arzt zunächst in Helmstedt, später in Braunschweig und in Wolfenbüttel.
abwM 7. 5. 1727
Medizin

BRÜCKE, Ernst Wilhelm Ritter von, * 6. 6. 1819 (Berlin) † 7. 1. 1892 (Wien)
1844 Privatdozent an der Universität in Berlin, 1846 auch Lehrer für Anatomie an der Akademie der bildenden Künste in Berlin. 1848 Professor für Physiologie an der Universität in Wien. 1882 zugleich Vizepräsident der Akademie der Wissenschaften in Wien. 1879 lebenslanges Mitglied des Österreichischen Herrenhauses im Reichsrat. Hofrat.
KM 27. 4. 1854
Physiologie

BRÜNING, Eberhard Otto, * 4. 6. 1925 (Chemnitz)
1963 Professor für Amerikanistik an der Universität in Leipzig. 1967 bis 1969 zugleich Direktor des Instituts für Anglistik und Amerikanistik der Universität in Leipzig.
KM 14. 6. 1979
Literaturwissenschaft, Amerikanistik

BRUGMANS, Sebaldus Justinus, * 24. 3. 1763 (Franeker) † 22. 7. 1819 (Leiden)
Ursprünglich Arzt. Später Professor für Philosophie und Physik an der Universität in Franeker. 1795 Professor für Medizin und Chemie an der Universität in Leiden. Generalinspekteur der Hospitäler.
KM 25. 6. 1812
Botanik

BRUGNATELLI, Luigi Vincenzo, * 14. 2. 1761 (Pavia) † 24. 8. 1818 (Pavia)
1796 Professor für Chemie an der Universität in Pavia.
KM 25. 6. 1812
Chemie

BRUGSCH (Pascha), Heinrich Karl, * 18. 2. 1827 (Berlin) † 9. 9. 1894 (Charlottenburg)
1854 Privatdozent an der Universität in Berlin. 1857 Forschungsreise nach Ägypten. Anschließend Mitglied der preussischen Gesandtschaft in Persien. 1864 preuss. Konsul in Kairo. 1868 Professor für Ägyptologie an der Universität in Göttingen. 1869 bis 1878 erneuter Aufenthalt in Ägypten. 1883 Reisebegleiter des preuss. Prinzen FRIEDRICH KARL nach Ägypten und Syrien. 1884 Mitglied der Gesandtschaft in Persien. (B. hielt sich 1853 im Auftrage der preuss. Regierung erstmals in Ägypten auf. Während seines Aufenthaltes in Ägypten von 1869 bis 1878 wurde er vom Khedive TECOFIK Pascha zum Pascha ernannt.)
KM 13. 2. 1876
Ägyptologie

BRUGSCH, Karl Louis Theodor, * 11. 10. 1878 (Graz) † 11. 7. 1963 (Berlin), (Sohn von BRUGSCH (-Pascha), H. K.)
1909 Privatdozent, 1910 Professor für innere Medizin an der Universität in Berlin. 1927 bis 1936 Professor für innere Medizin an der Universität in Halle und Direktor der Medizinischen Klinik. 1945 Professor für innere Medizin an der Universität in Berlin und Direktor der I. Medizinischen Klinik und Poliklinik der Charitè. 1946 – 1949 zugleich Vizepräsident der Deutschen Verwaltung für Volksbildung in Berlin. 1956 Nationalpreis.
OM 14. 7. 1949
Innere Medizin

BRUNACCI, Vincenzo, * 3. 3. 1768 (Pisa) † 16. 6. 1818 (Pavia)
1790 Professor für Mathematik und Nautik am Marine-Institut in Livorno. 1801 Professor für Mathematik an der Universität in Pavia. Später Generalinspekteur des öffentlichen Unterrichtes in Italien.
KM 25. 6. 1812
Mathematik

BRUNN, Heinrich Ritter von (1882), * 23. 1. 1822 (Wörlitz/Anhalt) † 23. 7. 1894 (Schliersee)
1843 Hilfsarbeiter, 1856 Sekretär des Deutschen Archäologischen Instituts in Rom. 1854 Kustos an der Universitäts-Bibliothek in Bonn. 1855 Privatdozent an der Universität in Bonn. 1865 Professor für Archäologie an der Universität in München, zugleich Kurator des Münzkabinetts und der Vasensammlung sowie Ministerialkommissar für das Gymnasialwesen in Bayern. 1885 Rektor der Universität. 1888 Sekretär der Bayerischen Akademie der Wissenschaften.
KM 26. 7. 1866; AM 9. 3. 1893 (Bestät. 13. 3. 1893)
Archäologie

BRUNNER, Heinrich, * 21. 6. 1840 (Wels/Oberösterr.) † 11. 8. 1915 (Bad Kissingen)
1866 Professor für Rechtswissenschaften an der Universität in Lemberg. 1870 Professor für Rechtswissenschaften an der Universität in Prag. 1872 Professor für Rechtswissenschaften an der Universität in Straßburg. 1874 Professor für Rechtswissenschaften und Rechtsgeschichte an der Universität in Berlin. Geh. Justizrat.
OM 6. 3. 1884 (Bestät. 9. 4. 1884)
Rechtswissenschaften

BRUNS, Ernst Heinrich, * 4. 9. 1848 (Berlin) † 23. 9. 1919 (Leipzig)
1873 Rechner an der Sternwarte in Pulkowo. 1874 Observator an der Sternwarte in Dorpat. 1876 Professor für Mathematik an der Universität in Berlin. Zugleich Dozent an der Kriegsakademie und am Geodätischen Institut in Berlin. 1882 Professor für Astronomie an der Universität in Leipzig und Direktor der

Sternwarte.
KM 11. 1. 1906
Astronomie

BRUNS, Karl Eduard Georg, * 24. 2. 1816 (Helmstedt) † 10. 12. 1880 (Berlin)
1840 Privatdozent an der Universität in Tübingen. 1844 Professor für römisches Recht an der Universität in Rostock. 1851 Professor für römisches Recht an der Universität in Halle. 1859 Professor für römisches Recht an der Universität in Tübingen. 1861 Professor für römisches und germanisches Recht an der Universität in Berlin.
OM 17. 2. 1875 (Bestät. 6. 3. 1875)
Rechtsgeschichte

BUBNOFF, Serge von, * 15. 7. 1888 (Petersburg) † 16. 11. 1957 (Berlin)
1921 Privatdozent, 1925 Professor an der Universität in Breslau. 1929 Professor für Geologie an der Universität in Greifswald. 1950 Professor für Geologie und Paläontologie an der Universität in Berlin. Zugleich Direktor des Geotektonischen Instituts der Akademie in Berlin. 1953 und 1955 Nationalpreis.
KM 24. 4. 1941; OM 14. 7. 1949
Geologie

BUCH, Christian Leopold Freiherr von, * 25. 4. 1774 (Schloß Stolpe/Uckermark) † 4. 3. 1853 (Berlin)
Herr v. Gelmersdorf, Schöneburg usw. in der Uckermark. Preussischer Kammerherr. (B., der vermögend und unabhängig war, studierte in Freiberg, Halle und Göttingen. Ab 1797 unternahm er zahlreiche Forschungsreisen (u. a. Salzkammergut, Tirol, Italien, Schweiz, Skandinavien, Kanarische Inseln). A. v. HUMBOLDT charakterisierte B. als den größten Geognosten seiner Zeit.)
aoM 13. 3. 1806 (Bestät. 27. 3. 1806); OM 4. 8. 1808 (Bestät. 15. 8. 1808)
Geologie, Paläontologie

BUCHOLZ, Christian Friedrich, * 19. 9. 1770 (Eisleben) † 9. 6. 1818 (Erfurt)
1794 Übernahme der väterlichen Apotheke in Erfurt. 1809 Assessor des Collegium medicum et sanitatis. 1810 Professor für Chemie in Erfurt. (B. erblindete 1813)
KM 25. 6. 1812
Pharmazie, Chemie

BUDACH, Lothar, * 14. 11. 1935 (Berlin)
1966 Professor für Mathematik an der Universität in Berlin. 1964 bis 1968 zugleich Bereichsleiter im Institut für reine Mathematik (jetzt Zentralinstitut für Mathematik und Mechanik) der Akademie. Zeitweilig zugleich wissenschaftlicher Mitarbeiter des VEB Carl Zeiss Jena. 1977 Vorsitzender der Klasse „Mathematik" der Akademie. 1973 Nationalpreis.
KM 4. 9. 1969; OM 17. 4. 1975
Mathematik; Algebra, algebraische Geometrie, Automatentheorie

BUDDEUS, Augustin, * 7. 8. 1695 (Anklam) † 25. 12. 1753 (Berlin)
Professor für Anatomie am Theatrum anatomicum in Berlin; 1722 Direktor. 1725 Königl. Leibarzt und Hofrat in Berlin. 1725 – 1744 zugleich Direktor der Physikalischen Klasse der Akademie. 1728 und 1732 auch Vizepräsident der Akademie.
amwM 13. 9. 1723
Anatomie

BUDDEUS, Johann Franz, * 25. 6. 1667 (Anklam) † 10. 11. 1729 (Gotha)
Professor für Theologie in Halle. (B. wurde 1701 als Mitglied der Akademie aufgenommen, hat jedoch kein Diplom erhalten.)
M 1. 12. 1701
Theologie

BUDIG, Peter-Klaus, * 15. 7. 1928 (Sagan)
1963 technischer Direktor des VEB Sachsenwerk Dresden. 1966 Professor für Elektrotechnik an der Technischen Hochschule Karl-Marx-Stadt. 1970 Nationalpreis.
KM 12. 6. 1980
Elektrotechnik, Automatisierungstechnik

BUECHELER, Franz, * 3. 6. 1837 (Rheinsberg) † 3. 5. 1908 (Bonn)
1858 Professor für klassische Philologie an der Universität in Freiburg. 1866 Professor für klassische Philologie an der Universität in Greifswald. 1870 Professor für klassische Philologie an der Universität in Bonn.
KM 15. 6. 1882; AM 7. 12. 1899
(Bestät. 5. 3. 1900)
Klassische Philologie, Latinistik

BÜCHNER, Andreas Elias, * 9. 4. 1701 (Erfurt) † 29. (30.) 7. 1769 (Halle/Saale)
1729 Professor für Medizin an der Universität in Erfurt. 1744 Professor für Medizin an der Universität in Halle. Geh. Medizinalrat. 1736 Präsident der Deutschen Akademie der Naturforscher Leopoldina.
abwM 29. 10. 1738; AM 24. 1. 1744
Medizin

BÜCKING, Ferdinand Carl Bertram Hugo, * 12. 9. 1851 (Bieber bei Hanau) † 18. 11. 1932 (Heidelberg)
1883 Professor für Mineralogie und Petrographie an der Universität in Straßburg.
KM 8. 1. 1920
Mineralogie

BÜHLER, Johann Georg, * 19. 7. 1837 (Borstel/Hann.) † 8. 4. 1898 (bei Lindau a. Bodensee) (im Bodensee ertrunken)
1863 Professor für orientalische Sprachen am Elphinstone College in Bombay, zugleich Schulinspektor. 1881 Professor für altindische Philologie an der Universität in Wien.
KM 11. 4. 1878
Orientalistik

BÜLOW, Bernhard Fürst von, * 3. 5. 1849 (Klein-Flottbek bei Altona) † 28. 10. 1929 (Rom)
1873 Staatssekretär des Auswärtigen Amtes. 1874 bis 1877 Legations- und Botschaftssekretär in Rom, Petersburg und Wien. 1877 Geschäftsträger in Athen. 1878 Botschaftssekretär in Paris. 1884 Botschaftsrat in Petersburg. 1888 Gesandter in Bukarest. 1894 Botschafter in Rom. 1897 Staatssekretär des Auswärtigen Amtes. 1900 bis 1909 Reichskanzler, zugleich Preuss. Ministerpräsident. 1914 Sonderbotschafter in Rom.
EM 6. 1. 1910 (Bestät. 31. 1. 1910)

BÜNNING, Erwin, * 23. 1. 1906 (Hamburg)
1931 Privatdozent an der Universität in Jena. 1936 Professor, 1938 Professor für Botanik an der Universität in Königsberg. 1942 Professor für Botanik an der Universität in Straßburg. 1945 Professor für Botanik an der Universität in Köln. 1946 Professor für Botanik an der Universität in Tübingen und Direktor des Botanischen Instituts.
KM 13. 1. 1955; AM 20. 5. 1969
Botanik

BÜRG, Johann Tobias, * 24. 12. 1766 (Wien) † 25. 11. 1834 (Wiesenau bei Klagenfurt)
Adjunkt an der Sternwarte in Wien.
KM 25. 6. 1812
Astronomie

BÜRGER, Max, * 16. 11. 1885 (Hamburg) † 5. 2. 1966 (Berlin)

1918 Privatdozent an der Universität in Kiel. 1922 Professor, 1931 Professor für innere Medizin an der Universität in Bonn. 1937 Professor für innere Medizin an der Universität in Leipzig und Direktor der Medizinischen Klinik der Universität. 1952 Nationalpreis.
OM 24. 2. 1955
Innere Medizin

BÜTSCHLI, Johann Adam Otto,
* 3. 5. 1848 (Frankfurt a. Main)
† 2. 2. 1920 (Heidelberg)
1873 Assistent an der Landwirtschaftlichen Versuchsstation in Karlsruhe. 1876 Privatdozent an der Technischen Hochschule in Karlsruhe. 1878 Professor für Zoologie an der Universität in Heidelberg. Wirkl. Geh. Rat.
KM 11. 3. 1897
Zoologie und Paläontologie

BUFFON, Georges-Louis LECLERC Comte de, * 7. 9. 1707 (Montbard/Bourgogne) † 16. 4. 1788 (Paris)
Französischer Naturforscher und Schriftsteller. 1763 Intendant des Jardin du Roi in Paris. (B. war Mitarbeiter der Enzyklopädie und ist Verfasser einer 44 Bände umfassenden Naturgeschichte. Als berühmter Naturforscher und Schriftsteller erhob ihn LUDWIG XV. in den Grafenstand. LUDWIG XVI. ließ noch bei Lebzeiten von B. dessen Statue vor dem Kabinett des Königs aufstellen.)
AM 3. 2. 1746
Naturgeschichte

BUHR, Manfred, * 22. 2. 1927 (Kamenz)
1962 stellvertretender Direktor des Instituts für Philosophie der Akademie. 1965 Professor der Akademie. 1970 Direktor des Zentralinstituts für Philosophie der Akademie. 1969 Friedrich-Engels-Preis der Akademie. 1973 Nationalpreis.
KM 29. 5. 1969; OM 3. 6. 1971
Philosophie; Marxistisch-leninistische Philosophie, Geschichte der klassischen bürgerlichen Philosophie

BUNKE, Olaf, * 6. 5. 1935 (Berlin)
1967 Dozent, 1967 Professor für Mathematik an der Universität in Berlin. 1964 bis 1970 zugleich Bereichsleiter am Institut für Reine Mathematik (jetzt Zentralinstitut für Mathematik und Mechanik) der Akademie. 1976 Nationalpreis.
KM 11. 6. 1970; OM 10. 6. 1976
Mathematik; Mathematische Statistik

BUNSEN, Christian Karl Josias Freiherr von, * 25. 8. 1791 (Korbach/Waldeck) † 28. 11. 1860 (Bonn)
1822 Legationsrat, 1824 Geschäftsträger in Rom. 1839 Gesandter in der Schweiz. 1842 Gesandter in London. 1845 Wirkl. Geh. Rat. (B. war seit 1818 Sekretär von NIEBUHR in Rom. Mitbegründer des Deutschen Archäologischen Instituts in Rom.)
EM 4. 12. 1834 (Bestät. 7. 1. 1835); AM 30. 7. 1857 (Bestät. 24. 8. 1857)
Archäologie

BUNSEN, Robert Wilhelm, * 31. 3. 1811 (Göttingen) † 16. 8. 1899 (Heidelberg)
1833 Privatdozent an der Universität in Göttingen. 1836 Lehrer für Chemie am Polytechnikum in Kassel. 1838 Professor für Chemie am Polytechnikum in Kassel. 1838 Professor für Chemie an der Universität in Marburg und Direktor des Chemischen Instituts. 1851 Professor für Chemie an der Universität in Breslau. 1852 Professor für Chemie an der Universität in Heidelberg. Geh. Hofrat. 1892 Helmholtz-Medaille. (Im Kirchenbuch sind die Vornamen von B. aus Versehen als Wilhelm Eberhard aufgeführt.)
KM 19. 3. 1846; AM 6. 2. 1862 (Bestät. 3. 3. 1862)
Chemie

BURDACH, Carl Ernst Konrad,
* 29. 5. 1859 (Königsberg) † 18. 9. 1936 (Berlin)
1887 Professor für deutsche Philologie an der Universität in Halle. 1902 Leiter der Forschungsstelle für deutsche Sprachwissenschaft der Akademie in Berlin. 1908 Geh. Regierungsrat. (B. wurde in die für deutsche Sprache im Jahre 1900 geschaffene freie Stelle mit einem Gehalt von 10.000 RM gewählt. B. war Vorsitzender bzw. Mitglied folgender Kommissionen der Akademie: Deutsche Kommission, Luther-Kommission, Humboldt-Kommission, Leibniz-Kommission, Dilthey-Kommission.)
OM 24. 4. 1902 (Bestät. 9. 5. 1902)
Deutsche Philologie

BURDON-SANDERSON, Sir John,
* 21. 12. 1828 (Newcastle on Tyne) † 23. 11. 1905 (Oxford)
Professor für Physiologie an der Universität in Oxford.
KM 22. 2. 1900
Physiologie

BURGSDORF, Friedrich August Ludwig von, * 23.3.1747 (Leipzig) † 18.6.1802 (Berlin)
Geheimer Forstrat. Oberforstmeister der Kurmark. Domherr zu Minden. Direktor der Forstakademie und Professor der Forstwirtschaft in Berlin. B. betätigte sich auch auf dem Gebiet der Chemie.
OM 1. 10. 1789
Forstwirtschaft

BURHOP, Erich Henry Stoneley,
* 31. 1. 1911 (Melbourne/Australien) † 22. 1. 1980 (London)
1935 Dozent, später Professor für Physik an der Universität in Melbourne. 1945 Professor für Physik an der Universität in London. 1969 Präsident der Weltförderation der Wissenschaftler.
AM 21. 2. 1974 Physik

BURJA, Abel, * 30. 8. 1752 (Kiekebusch/Mark) † 16. 2. 1816 (Berlin)
Ursprünglich Lehrer für Mathematik und Französisch an der Kadettenanstalt in Petersburg und reformierter Prediger. Später Prediger an der Französischen Gemeinde in der Friedrichstadt und Professor für Mathematik an der Militärakademie in Berlin.
OM 29. 1. 1789
Mathematik, Theologie

BURMEISTER, Karl Hermann Konradt,
* 15. 1. 1807 (Stralsund) † 2. 5. 1892 (Buenos Aires)
Zunächst Lehrer für Naturwissenschaften am Joachimthalschen Gymnasium, später am Cölln. Realgymnasium in Berlin und Privatdozent an der Universität in Berlin. 1837 Professor für Zoologie an der Universität in Halle. 1850 – 1856 Aufenthalt in Brasilien. 1861 Professor und Direktor des von ihm gegründeten Naturhistorischen Museums in Buenos Aires. 1870 Kurator der Universität in Cordova.
KM 16. 4. 1874
Geologie, Entomologie

BURNOUF, Eugène, * 12.8.1801 (Paris) † 28. 5. 1852 (Paris)
1832 Professor für Sanskrit am Collège de France.
KM 16. 2. 1837
Orientalistik

BUSCHMANN, Johann Karl Eduard,
* 14. 2. 1805 (Magdeburg) † 21.4.1880 (Berlin)
1832 Mitarbeiter, 1835 Kustos, 1853 Bibliothekar in der Königl. Bibliothek in Berlin. (B. hatte an den sprachwissenschaftlichen Arbeiten W. v. HUMBOLDT's Anteil. Nach dessen Tod unterstützte er A. v. HUMBOLDT bei dessen Werken, insbesondere dem „Kosmos".)
OM 10. 4. 1851 (Bestät. 24. 5. 1851)

Sprachwissenschaft, mexikanische Sprachen

BUSCHOR, Ernst, * 2. 6. 1886 (Hürben/Bayern) † 11. 12. 1961 (München)
1919 Professor für Archäologie an der Universität Erlangen. 1920 Professor für Archäologie in Freiburg i. Br.. 1921 Direktor des Archäologischen Institutes des Deutschen Reiches in Athen. 1929 Professor für Archäologie an der Universität in München.
KM 6. 5. 1943 (Best. 29. 5. 1943)
Archäologie

BUSSIUS, August Friedrich, * 17.8.1666 (Meißen) † begr. 19. 6. 1727 (Dresden)
Dr. med.. Prakt. Arzt und Bergrat in Dresden. (Im Sterberegister ist vermerkt: „Königl. Pohln. Churf. Sächs. Bergh Rath, auch der Medizin berühmter Practicus.")
abwM 12. 4. 1715
Medizin

BUTENANDT, Adolf Friedrich Johann, * 24. 3. 1903 (Bremerhaven-Lehe)
1931 Privatdozent an der Universität in Göttingen und Leiter der organischen und biochemischen Abteilung des Chemischen Instituts. 1933 Professor für organische Chemie an der Technischen Hochschule in Danzig und Direktor des Organisch-Chemischen Instituts. 1936 Honorarprofessor an der Universität in Berlin; zugleich Direktor des Instituts für Biochemie der Kaiser-Wilhelm-Gesellschaft zur Förderung der Wissenschaften in Berlin. 1946 Professor für physiologische Chemie an der Universität in Tübingen; zugleich Direktor des Instituts für Biochemie der Max-Planck-Gesellschaft. 1949 Vizepräsident der Deutschen Forschungsgemeinschaft. 1953 Professor für physiologische Chemie an der Universität in München und Direktor des Instituts für Physiologische Chemie; zugleich Direktor des Instituts für Biochemie der Max-Planck-Gesellschaft in München. 1960 Präsident der Max-Planck-Gesellschaft, 1973 Ehrenpräsident der Max-Planck-Gesellschaft. 1939 Nobelpreis für Chemie.
OM 2. 3. 1939 (Bestät. 29. 4. 1939); AM 20. 5. 1969
Organische und physiologische Chemie, Biochemie

BUTTMANN, Philipp Karl, * 5.12.1764 (Frankfurt a. Main) † 21. 6. 1829 (Berlin)
(Schwiegersohn von SELLE, Chr. G.)
1789 Gehilfe, 1796 Sekretär, 1811 Bibliothekar der Königlichen Bibliothek in Berlin. Zugleich von 1800 – 1808 Professor am Joachimthal'schen Gymnasium in Berlin und von 1803 – 1812 Redakteur der Haude- und Spener'schen Zeitung. Lehrer des preußischen Kronprinzen. 1811 – 1826 Sekretar der Historisch-philologischen Klasse der Akademie.
aoM 24. 4. 1806 (Bestät. 24. 5. 1806); OM 4. 8. 1808 (Bestät. 15. 8. 1808)
Philologie

BUYS-BALLOT, Christoph Heinrich Diederich, * 10. 10. 1817 (Kloetinge) † 3. 2. 1890 (Utrecht)
1845 Lektor für Geologie, 1847 Professor für Mathematik an der Universität in Utrecht. 1854 Direktor der Meteorologischen Anstalt der Niederlande in Utrecht. 1870 Professor für Experimentalphysik an der Universität in Utrecht.
KM 3. 11. 1887
Physik

BYWATER, Ingram, * 27. 6. 1840 (London) † 17. 12. 1914 (London)
Professor für griechische Sprache an der Universität in Oxford.
KM 17. 11. 1887
Gräzistik

CAGNAT, René-Louis-Victor, * 10. 10. 1852 (Paris) † 27. 3. 1937 (Paris)
Professor für Epigraphik und der römischen Altertümer am Collège de France in Paris.
KM 3. 11. 1904
Altertumskunde

CAGNONI, Charles von, * (Unteritalien) † vor 1790 (Neapel)
Zunächst – seit 1736 im russischen diplomatischen Dienst. Später Geheimer Rat in Berlin. 1752 – 1762 Kurator der Akademie in Berlin.
EM 14. 10. 1751

CAHOURS, Auguste-André-Thomas, * 2. 10. 1813 (Paris) † 17. 3. 1891 (Paris)
Professor für Chemie an der École politechnique und an der Tabaksschule in Paris. Wardein bei der Münze.
KM 16. 12. 1867
Chemie

CAHUSAC, Louis-Joseph-Roger de, * 31.1. 1699 (Carcassonne) † 22.6.1759 (Paris)
Französischer Dichter und Schriftsteller. 1736 Sekretär des Intendanten von MONTAUBAN. Später Sekretär des Grafen von CLERMONT in Paris.
AM 28. 6. 1753
Literatur

CAILLE, Nicolas-Louis de, * 15.3.1713 (Rumigny/Champagne) † 21. 3. 1762 (Paris)
siehe: LA CAILLE, Nicolas-Louis de

CALAND, Willem, * 27. 8. 1859 (Briel) † 23. 3. 1932 (Utrecht)
1882 Lehrer für klassische Sprachen am Gymnasium in Maastrich. 1887 Prorektor am Gymnasium in Breda. 1903 Lektor für Sanskrit an der Universität in Utrecht, 1906 Professor, 1917 Professor für altindische Sprache und Literatur an der Universität in Utrecht.
KM 21. 6. 1923
Indologie

CALDANI, Leopoldo Marco Antonio, * 21. 11. 1725 (Bologna) † 30. 12. 1813 (Padua)
Zunächst Professor für Anatomie und Chirurgie an der Universität in Bologna, später Professor für Anatomie und Chirurgie an der Universität in Padua. (C. wurde 1812 irrtümlich noch einmal zum KM gewählt.)
AM 23. 10. 1760; KM 25. 6. 1812
Anatomie

CAMPER, Pieter, * 11. 5. 1722 (Leiden) † 7. 4. 1789 (den Haag)
Zunächst Professor für Philosophie, Medizin und Chirurgie an der Universität in Franeker, danach in Amsterdam und in Groningen. 1787 Mitglied des Staatsrates in den Haag.
AM 21. 8. 1788
Anatomie

CANALE, Michele Giuseppe, * 23. 12. 1808 (Genua) † 4. 6. 1890 (Genua)
Professor für Geschichte und Geographie am Technischen Institut in Genua. Zugleich Oberbibliothekar der Stadtbibliothek.
KM 13. 3. 1862
Geschichte

CANDOLLE, Alphonse-Louis-Pierre-Pyramus de, * 27. 10. 1806 (Paris) † 5. 4. 1893 (Genf)
(Sohn von CANDOLLE, Augustin-Pyramus de)
1842 Professor für Botanik an der Universität in Genf.
KM 16. 4. 1874
Botanik

CANDOLLE, Augustin-Pyramus de, * 4. 2. 1778 (Genf) † 9. 9. 1841 (Genf)
1816 Professor für Botanik an der Universität in Genf.
KM 13. 12. 1827
Botanik

CANINA, Luigi, * 23. 10. 1795 (Casale Monferrato) † 17. 10. 1856 (Florenz)
Ital. Baumeister und Altertumsforscher. Professor für Archäologie an der Universität in Turin. (C. leitete 1818 im Auftrage des Vatikans die Ausgrabungen in Rom.)
KM 17. 6. 1852
Archäologie

CANINO, Charles-Lucien Jules Laurent Fürst von, * 24. 5. 1803 (Paris) † 29. 7. 1857 (Paris)
siehe: BONAPARTE, Charles-Lucien Jules Laurent

CANNIZZARO, Stanislao, * 13. 7. 1826 (Palermo) † 10. 5. 1910 (Rom)
1871 Professor für Chemie an der Universität in Rom. Senator.
KM 6. 12. 1888
Chemie

CARATHÉODORY, Konstantin, * 13. 9. 1873 (Berlin) † 2. 2. 1950 (München)
1905 Privatdozent an der Universität in Göttingen. 1918 Privatdozent an der Universität in Bonn. 1909 Professor für Mathematik an der Technischen Hochschule Hannover. 1910 Professor für Mathematik an der Universität in Breslau. 1913 Professor für Mathematik an der Universität in Göttingen. 1918 Professor für Mathematik an der Universität in Berlin. 1920 Professor für Mathematik an der Universität in Smyrna. 1922 Professor für Mathematik an der Universität in Athen. 1924 Professor für Mathematik an der Universität in München.
OM 12. 12. 1918 (Bestät. 10. 2. 1919), EM 29. 7. 1920; AM 26. 11. 1925
Mathematik

CARITA, Pierre, * 13. 10. 1676 (Metz) † 16. 8. 1756 (Berlin)
Arzt in Berlin; zeitweilig Vizedekan des Obercollegium medicum in Berlin.
anwM 30. 3. 1722
Anatomie

CARLINI, Francesco, * 8. 1. 1783 (Mailand) † 29. 8. 1862 (Crodo)
1832 Direktor der Sternwarte in Mailand. Später auch Präsident des Lombardischen Instituts. (CARLINI nahm an der österreichisch-italienischen Gradmessung teil.)
KM 22. 6. 1826
Astronomie

CARMER, Johann Heinrich Kasimir Freiherr von (1791), Graf von (1798), * 29. 12. 1720 (Kreuznach) † 23. 5. 1801 (Rützen/Schles.)
1749 Kammergerichtsreferendar in Berlin. 1750 Leitung der Breslauer Oberamtsregierung, später Präsident dieser Regierung. 1763 Ehrenpräsident aller schlesischen Oberamtsregierungen mit dem Titel eines Justizministers. Später Großkanzler der Justiz in Berlin, Vorsitzender der Gesetzeskommission und Aufsichtsführender über die Generallandschaften in Schlesien, Pommern und Preußen. (Unter der Leitung von C. entstand das allgemeine Landrecht im Ergebnis der „großen Justizreform".)
EM 29. 1. 1789
Rechtswissenschaft

CARPOW, Jakob, * 29. 9. 1699 (Goslar) † 9. 6. 1768 (Weimar)
1725 Magister an der Universität in Jena. 1737 Lehrer, 1742 Professor für Mathematik am Gymnasium in Weimar. 1745 Rektor.

abwM 16. 9. 1730; AM 24. 1. 1744
Theologie, Philosophie

CARTHEUSER, Johann Friedrich,
* 29. 9. 1704 (Hayn/Harz) † 22.6.1777 (Frankfurt/O.)
1740 Professor für Chemie, Pharmazie und Medizin, 1759 Professor für Therapie und Pathologie an der Universität in Frankfurt/O.
AM 16. 11. 1758
Medizin

CARSTENS, Peter, * 13.9.1903 (Brunsbüttel) † Jan. 1945 (Posen)
1934 Professor für Tierzucht an der Landwirtschaftlichen Hochschule in Hohenheim. 1935 Rektor. 1941 Rektor der sogen. Reichsuniversität in Posen. (Die „Reichsuniversität" in Posen wurde am 27. 4. 1941 eröffnet. C. wurde unter Umgehung der Wahlbestimmungen der Akademie als Mitglied gewählt und vorab bestätigt.)
KM 24. 4. 1941
Haustierzucht

CARUS, Karl Gustav, * 3. 1. 1789 (Leipzig) † 28. 7. 1869 (Dresden)
Zunächst prakt. Arzt in Leipzig. 1811 Privatdozent an der Universität in Leipzig. 1813 Direktor des französischen Hospitals in Pfaffendorf. 1814 Professor für Frauenheilkunde an der Medizinisch-Chirurgischen Akademie in Dresden und Direktor des Hebammeninstituts. 1827 Königl. Leibarzt. 1862 Präsident der Deutschen Akademie der Naturforscher LEOPOLDINA. Hof- und Medizinalrat.
KM 13. 12. 1827
Vergleichende Anatomie, Gynäkologie, Philosophie, bildende Kunst

CASATI, Christoforo Comte, * 2.6.1724 (Mailand) † 1804 (Mailand)
Historiker und Jurist in Mailand.
AM 23. 9. 1779 Geschichte

CASIMIR, Hendrik Brugt Gerhard,
* 15. 7. 1909 (s'-Gravenhagen/Niederlande)
1939 Professor für Physik an der Universität in Leiden. 1946 Direktor am Philips-Forschungslaboratorium in Eindhoven. 1954 zugleich Kurator der Technischen Hochschule in Delft. Präsident der Niederländischen Akademie der Wissenschaften.
AM 8. 6. 1978
Theoretische Physik, Tieftemperaturphysik, angewandte Mathematik

CASORATI, Felice, * 17. 12. 1835 (Pavia) † 11. 9. 1890 (Pavia)
Professor für Mathematik an der Universität in Pavia.
KM 15. 7. 1886
Mathematik

CASSEBOHM, Johann Friedrich,
gt. 9. 9. 1698 (Berlin) † 7. 2. 1743 (Berlin)
1738 Professor für Anatomie an der Universität in Halle. 1741 Professor für Anatomie am Collegium medico-chirurgicum in Berlin.
anwM 1741
Anatomie

CASSINI, Jacques, * 18. 2. 1677 (Paris) † 16. 4. 1756 (Thury-sous-Clermont/Beauvaisis)
(Vater von CASSINI, César-François)
Direktor der Sternwarte in Paris. (CASSINIs wissenschaftliche Arbeiten betrafen u. a. die Neigung der Bahnen der Saturn-Trabanten und seines Ringes, sowie die Beschreibung der Gestalt der Erde. CASSINI leitete ab 1733 die Arbeiten der Akademie der Wissenschaften in Paris zur Durchführung der Gradmessung von Frankreich.)
AM 30. 6. 1746
Astronomie, Physik

CASSINI de THURY, César-François, * 17. 6. 1714 (Paris) † 4. 9. 1784 (Paris) (Sohn von CASSINI, Jacques)
1734 Astronom, 1756 Professor und Direktor der Sternwarte in Paris. (C. führte die Arbeiten zur topographischen Aufnahme von Frankreich durch.)
AM 30. 6. 1746
Astronomie, Topographie

CASTERA, Louis-Adrian DUPERRON (DU PERRON) de, * 1705 (Paris) † 28. 8. 1752 (Paris)
Dichter und Physiker in Paris. Zeitweilig französ. Resident in Warschau.
AM 8. 12. 1746

CASTIGLIONI, Luigi, * 28. 9. 1882 (Azzate/Varese) † 24. 2. 1965 (Mailand)
1927 bis 1957 Professor für lateinische Literatur und klassische Philologie an der Universität in Mailand.
KM 29. 6. 1950
Klassische Philologie

CASTILLON, Friedrich Adolf Maximilian Gustav von, * 22. 9. 1747 (Lausanne) † 27. 1. 1814 (Berlin), (Sohn von CASTILLON, Jean de)
1797 Professor für Philosophie an der Militärakademie in Berlin. 1801 – 1812 Direktor der Philosophischen Klasse der Akademie. Dez. 1809 – Jan. 1810 Beständiger Sekretar der Akademie.
OM 7. 9. 1786 (Bestät. 14. 9. 1786)
Philosophie

CASTILLON, Jean (Giovanni Francesco Mauro Melchior) de, * 15. 1. 1708 (Castiglione) † 11. 10. 1791 (Berlin) (Vater von CASTILLON,F.)
Ursprünglicher Aufenthalt in Lausanne und Bern. 1751 Professor für Mathematik, Physik und Astronomie an der Universität in Utrecht. 1763 Professor für Mathematik am Artillerie-Korps in Berlin. 1787 – 1791 Direktor der Mathematischen Klasse der Akademie. (C. hieß eigentlich Salvemini. Castiglione ist der Geburtsort von C.)
AM 4. 9. 1755; OM 5. 1. 1764
Mathematik

CATT, Henri Alexandre de, * 14. 6. 1725 (Morges a. Genfer See) † 23. 11. 1795 (Potsdam)
1758 Vorleser FRIEDRICHs II. (C. wurde von FRIEDRICH II. zum Akademiemitglied ernannt. Er fiel 1780 in Ungnade und soll in seinen letzten Lebensjahren erblindet gewesen sein.)
OM 7. 2. 1760

CATTANEO, Gaetano, * 20. 9. 1771 (Soncino bei Pavia) † 10. 9. 1841 (Triest)
Vorstand des Münzkabinetts in Mailand.
KM 16. 8. 1821
Numismatik

CAUCHY, Augustin-Louis Baron de, * 11. 8. 1789 (Paris) † 23. 5. 1857 (Sceaux)
Professor für Mathematik an der Ecole polytechnique in Paris und Ingenieur-en-Chef des Ponts-et-Chausseés. (Ch. lebte nach der Juli-Revolution als Erzieher des Herzogs von Bordeaux in Österreich, kehrte später nach Paris zurück und lehrte im Ordenshaus der Jesuiten Mathematik. Ch. stand bereits am 22. 6. 1826 erstmals zur Wahl, erhielt jedoch nicht die notwendige Stimmenzahl.)
AM 18. 2. 1836 (Bestät. 5. 4. 1836)
Mathematik

CAVEDONI, Celestino, * 17. 5. 1795 (Levizzano Rangone bei Modena) † 26. 11. 1865 (Modena)
1821 Kustos, 1847 Bibliothekar am Medaillenkabinett in Modena. Seit 1830 zugleich Professor für biblische Hermeneu-

tik an der Universität in Modena.
KM 27. 2. 1845
Numismatik

CAYLEY, Arthur, * 16. 8. 1821 (Richmond) † 26. 1. 1895 (Cambridge)
Professor für Mathematik an der Universität in Cambridge.
KM 26. 7. 1866
Mathematik

CELLARIUS (KELLER), Christoph, * 22. 11. 1638 (Schmalkalden) † 1. 6. 1707 (Halle)
1667 Professor für hebräische Sprache und Ethik am Gymnasium in Weißenfeld. 1673 Rektor des Gymnasiums in Weimar. 1676 Rektor der Stiftsschule in Zeiss. 1688 Rektor der Domschule in Merseburg. 1693 Professor der Beredsamkeit und Geschichte an der Universität in Halle.
(CELLARIUS wurde 1701 als Mitglied der Akademie aufgenommen, hat jedoch kein Diplom erhalten.)
M 1. 12. 1701
Klassische Philologie

CELSIUS, Anders, * 27. 11. 1701 (Uppsala) † 25. 4. 1744 (Uppsala)
1730 Professor für Astronomie an der Universität in Uppsala.
abwM 10. 2. 1734; AM 24. 1. 1744
Physik

CERATI, Gaspare Comte, * 1690 (Parma) † 19. 6. 1769 (Florenz)
Generalprovisor der Universität in Pisa.
AM 30. 6. 1746

CERIANI, Antonio Maria, * 2. 5. 1828 (Uboldo bei Saronno/Lombardei) † 8. 5. 1902 (Mailand)
Präfekt der Ambrosianischen Bibliothek in Mailand.
KM 4. 11. 1869
Klassische Philologie

CHABERT, Joseph-Bernhard Marquis de, * 28. 2. 1724 (Toulon) † 1. 12. 1805 (Paris)
Ursprünglich französischer Generalleutnant, später Vizeadmiral. (Ch. nahm am nordamerikanischen Unabhängigkeitskrieg teil, ging nach Ausbruch der französischen Revolution nach England und kehrte von dort 1802 nach Frankreich zurück. Er wurde Mitglied des Längenbüros.)
AM 28. 6. 1753
Kartographie, Astronomie

CHAMBERLAYNE, John, * um 1666 † 2. 11. 1723 (London)
Schriftsteller in London. Zeitweilig Kammerdiener bei dem Prinzen von Dänemark. Mitglied der Royal Society und königlicher Historiograph. (CHAMBERLAYNE bekleidete keine öffentliche Stellung.)
abwM 3. 2. 1712
Geschichte

CHAMBRAY, Georges Marquis de, * 23. 10. 1783 (Paris) † 7. 4. 1848 (Breteuil/Eure)
Marèchal-de-camp. Kriegshistoriker.
KM 20. 6. 1833
Geschichte, Kriegsgeschichte

CHAMBRIER d'OLEIRES, Jean Pierre Baron, * 4. 10. 1753 (Neuchâtel) † 30. 12. 1822 (Neuchâtel)
Preußischer Diplomat. Gesandter in Turin, später in Bern.
AM 12. 1. 1792; EM 24. 1. 1812

CHAMISSO, Louis Charles Adelaide (gen. Adelbert) von, * 30.1.1781 (Schloß Boncourt/Champagne) † 21. 8. 1838 (Berlin)
1801 – 1806 Offizier in preußischen Diensten. Danach längerer Aufenthalt in Frankreich und in der Schweiz. Seit 1811 in Berlin. 1815 – 1818 Teilneh-

mer an der russischen Expedition auf der Reise um die Welt unter O. v. KOTZEBUE. Später Konservator des Herbariums in Berlin (C. ist vor allem als Dichter bekannt.)
OM 7. 5. 1835 (Bestät. 28. 6. 1835)
Botanik

CHARISIUS, Christian Ludwig,
* 21. 2. 1692 (Königsberg i. Pr.)
† 24. 1. 1741 (Königsberg i. Pr.)
Professor für Medizin an der Universität in Königsberg. Leibarzt.
abwM 10. 3. 1728
Medizin

CHASLES, Michel, * 15. 11. 1793 (Epernon) † 18. 12. 1880 (Paris)
1841 Professor für Geodäsie und Maschinenkunde an der École polytechnique in Paris. 1851 auch Professor für höhere Geometrie an der Fakultät der Wissenschaften in Paris.
KM 22. 7. 1858; AM 24. 2. 1876 (Bestät. 15. 3. 1876)
Geodäsie, Geometrie

CHATTOPADHYAYA, Debiprasad,
* 19. 11. 1918 (Kalkutta)
Indischer Philosoph und Philosophiehistoriker. Begründer und Herausgeber der „Indian Studies: Past and Present".
AM 17. 4. 1975
Philosophie

CHAUVIN, Etienne, * 18. 4. 1640 (Nimes) † 6. 4. 1725 (Berlin)
Prediger der französischen reform. Gemeinde, Direktor und Professor des Collège française in Berlin.
anwM 11. 3. 1701
Theologie

CHEVREUL, Michael-Eugene,
* 31. 8. 1786 (Angers) † 9. 4. 1889 (Paris)
1809 Lehrer für Chemie an dem Privatinstitut von Fourcroy. 1813 Professor für Physik am Lyzeum in Charlemagne, 1820 zugleich Examinator an der École polytechnique in Paris, seit 1830 auch Professor für Chemie am Naturhistorischen Museum in Paris. Seit 1824 zugleich Direktor der Färbereien und Professor der auf Färberei angewandten Chemie bei der königl. Gobelins-Manufaktur.
KM 5. 6. 1834
Chemie

CHIAJE, Stefano delle, * 24. 4. 1794 Teano) † 22. 7. 1860 (Neapel)
Professor für Anatomie an der Universität in Neapel. (Seine Wahl zum Mitglied der Akademie erfolgte 19 Monate nach seinem Tode, der offenbar in der Akademie nicht bekannt war. Es handelt sich nicht um eine postume Ehrung.)
KM 27. 2. 1862
Anatomie

CHILDE, Gordon Vere, * 14. 4. 1892 (Sydney) † 19. 10. 1957 (Blue Mountains/Austral.)
1927 Professor für prähistorische Archäologie an der Universität in Edinburgh. 1946 Professor für Urgeschichte an der Universität in London.
KM 17. 5. 1956
Ur- und Frühgeschichte

CHLADNI, Ernst Florens Friedrich,
* 30. 11. 1756 (Wittenberg) † 3. 4. 1827 (Breslau)
Dr. phil. und Dr. jur.. Ohne amtliche Stellung. C. wohnte in Kemberg bei Wittenberg, war viel auf Reisen und lebte vom Ertrag seiner Werke und von Vorlesungen.
(CHLADNI gilt als Entdecker der Klangfiguren; 1799 Entwicklung der Glasharmonika „Euphon".)
KM 21. 12. 1815
Physik, Akustik

CHLUMECKY, Peter Ritter von,
* 30. 3. 1825 (Triest) † 28. 3. 1863 (Brünn)
1846 Staatsdienst; k. k. Statthaltereirat. 1854 Direktor des Mährischen Landesarchivs in Brünn.
KM 25. 3. 1858 Geschichte

CHMEL, Joseph, * 19. 3. 1798 (Olmütz) † 28. 11. 1858 (Wien)
1834 erster Archivar, 1846 Vizedirektor des Staatsarchivs in Wien. (Ch. war Augustiner-Chorherr und wirkte als Archivar, Sammler und Editor.)
KM 19. 3. 1846
Geschichte

CHODOWIECKI, Johann Serenius, * um 1650 (Thorn oder Koschlau)
† 30. 7. 1726 (Danzig)
Zunächst Rektor des Gymnasiums in Lissa. Später Rektor des Petri-Gymnasiums in Danzig.
abwM 7. 11. 1701

CHRAPTSCHENKO, Michail Borissowitsch, * 8./21.11.1904 (Chishuka/Geb. Smolensk)
1958 Korrespondierendes Mitglied, 1966 Ordentlicher Akademiker für Literaturwissenschaft der Akademie der Wissenschaften der UdSSR. Sekretär der Klasse für Sprache und Literatur der Akademie.
AM 17. 4. 1975
Sprach- und Literaturwissenschaft, russische Literatur

CHRISTOFFEL, Elvin Bruno,
* 10. 11. 1829 (Montjoie/Eifel)
† 15. 3. 1900 (Straßburg)
1860 Privatdozent an der Universität in Berlin. 1862 Professor für Mathematik am Polytechnikum in Zürich. 1869 Professor für Mathematik an der Gewerbeakademie in Berlin. 1872 Professor für Mathematik an der Universität in Straßburg.
KM 2. 4. 1868
Mathematik

CHUN, Carl, * 1. 10. 1852 (Höchst/Main) † 11. 4. 1914 (Leipzig)
1878 Privatdozent an der Universität in Leipzig. 1883 Professor für Zoologie an der Universität in Königsberg. 1907 Rektor. 1898 Professor für Zoologie und vergleichende Anatomie an der Universität in Leipzig. Geh. Rat. (Ch. leitete 1889 – 1898 die deutsche Tiefsee-Expedition „Valdivia" im Atlantischen und Indischen Ozean.)
KM 18. 1. 1900
Zoologie

CHUNO (CUNEAU), Johann Jakob, * 1661 (Kässel) † 30. 12. 1715 (Berlin)
Königl. Rat und Archivar in Berlin. 1710 – 1715 Direktor der Mathematischen Klasse, 1713 Vizepräsident der Akademie. (C. gehörte zu den Mitbegründern der Akademie.)
anwM 6. 12. 1700

CHUQUET, Arthur-Maxime, * 28.2.1853 (Rocroi/Ardennes) † 9. 6. 1925 (Villemomble/Seine)
1876 Oberlehrer in Paris. 1886 Professor an der Obernormalschule. 1893 Professor für Geschichte am Collège de France. 1901 Professor für Geschichte an der Kriegsakademie in Paris.
KM 14. 2. 1907
Geschichte

CHWOSTOW, Wladimir Michailowitsch, * 11./24. 6. 1905 (Kasan) † 9. 3. 1972 (Moskau)
1934 Dozent, später Professor für Geschichte an der Universität in Moskau. 1945 bis 1957 Abteilungsleiter im Ministerium für Auswärtige Angelegenheiten der UdSSR. 1946 bis 1953 zugleich Lehrstuhlleiter an der Akademie für Gesellschaftswissenschaften beim ZK der

KPdSU. 1943 Korrespondierendes Mitglied, 1964 Ordentlicher Akademiker der Akademie der Wissenschaften der UdSSR. 1960 Direktor des Instituts für Geschichte der Akademie der Wissenschaften der UdSSR in Moskau. 1967 Präsident der Akademie für Pädagogische Wissenschaften der UdSSR in Moskau. Vorsitzender der sowjetischen Sektion der Kommission der Historiker der UdSSR und der DDR.
KM 12. 10. 1967; AM 20. 5. 1969
Geschichte

CIAMICIAN, Giacomo, * 27. 8. 1857 (Triest) † 2. 1. 1922 (Bologna)
1887 Professor für Chemie an der Universität in Padua. 1889 Professor für allgemeine Chemie und biologische Chemie an der Universität in Bologna.
KM 28. 10. 1909
Chemie

CLAIRAUT, Alexis-Claude, * 13.5.1713 (Paris) † 17. 5. 1765 (Paris) (Sohn von CLAIRAUT, J. B.)
Französischer Mathematiker. (C. trug als Zwölfjähriger in der Akademie der Wissenschaften in Paris eine wissenschaftliche Abhandlung über „Neue Curven" vor und wurde mit 18 Jahren Mitglied der Akademie der Wissenschaften in Paris. 1736 – 1737 nahm er an der französischen Gradmessung in Lappland unter Leitung von MAUPERTUIS teil.)
AM 13. 2. 1744
Mathematik, Geometrie

CLAIRAUT, Jean Baptiste,
† n. 11. 9. 1767, (Vater von CLAIRAUT, A.-C.)
Professor für Mathematik an der Univer sität in Paris.
abwM 21. 7. 1728; AM 13. 2. 1744
Mathematik

CLARAC, Charles-Othon-Frédéric-Jean-Baptiste Comte de, * 16. 6. 1777 (Paris) † 20. 1. 1847 (Paris)
Direktor des Antikenmuseums des Louvre.
KM 16. 8. 1821
Klassische Archäologie

CLARKE, Edward Daniel, * 5. 6. 1769 (Willingdon/Sussex) † 9. 3. 1822 (Cambridge)
Ursprünglich Geistlicher. 1808 Professor für Mineralogie an der Universität in Cambridge. (C. war Mitstifter der Cambridge Philosophical Society.)
EM 22. 6. 1815
Mineralogie

CLAUS, Karl Ernst, * 11./22. 1. 1796 (Dorpat) † 12./24. 3. 1864 (Dorpat)
1816 Provisor, später Apotheker in Saratow. 1831 Assistent in Dorpat. 1839 Professor für Chemie an der Universität in Kasan. 1852 Professor für Pharmazie an der Universität in Dorpat.
KM 19. 11. 1863
Pharmazie

CLAUSIUS, Rudolf Julius Emanuel, * 2. 1. 1822 (Köslin) † 24. 8. 1888 (Bonn)
Zunächst Hauslehrer, danach Lehrer am Friedrich-Werderschen-Gymnasium in Berlin. 1850 Dozent für Physik an der Artillerie- und Ingenieurschule, zugleich Privatdozent an der Universität in Berlin. 1855 Professor für Physik an der Polytechnischen Schule, 1857 an der Universität in Zürich. 1867 Professor für Physik an der Universität in Würzburg. 1869 Professor für Physik an der Universität in Bonn. Geh. Regierungsrat.
KM 30. 3. 1876
Physik

CLEBSCH, Rudolf Friedrich Alfred, * 19. 1. 1833 (Königsberg i. Pr.) † 7. 11. 1872 (Göttingen)

1855 Lehrer in Berlin. 1858 zunächst Privatdozent in Berlin, dann Professor für Mathematik am Polytechnikum in Karlsruhe. 1863 Professor für Mathematik an der Universität in Gießen. 1868 Professor für Mathematik an der Universität in Göttingen.
KM 2. 4. 1868
Mathematik

CLOOS, Hans, * 8. 11. 1885 (Magdeburg) † 26. 9. 1951 (Bonn)
1911 Erdölgeologe in Niederländisch-Indien. 1914 Privatdozent an der Universität in Marburg. 1919 Professor für Geologie und Paläontologie an der Universität in Breslau. 1926 Professor für Geologie und Paläontologie an der Universität in Bonn. 1950 Nationalpreis.
KM 15. 4. 1937
Geologie, Paläontologie

CNOLL (KNOLL), Samuel Benjamin, * 10. 8. 1705 (Öls) † 26. 3. 1767 (Tranquebar)
Zunächst Arzt in der Frankischen Stiftung in Halle. 1733 bis 1767 Missionsarzt in Tranquebar, Ostindien.
abwM 31. 8. 1740; AM 24. 1. 1744
Medizin

COCHIUS, Leonhard, * 28. 1. 1718 (Königsberg i. Pr.) † 30. 4. 1779 (Potsdam)
Hof- und Garnisonsprediger in Potsdam.
OM 26. 4. 1770
Theologie

CÖPER, Lüder, * 10. 1. 1679 (Bremen) † 26. 2. 1733 (Berlin)
Zunächst Postkommissar. Später Sekretär der Geh. Kanzlei und des Collegium sanitatis in Berlin. 1724 Sekretar-Adjunkt, 1725 2. Sekretar – neben J. Th. JABLONSKI – , 1731 Sekretar der Akademie (C. wurde auf Befehl FRIERICH WILHELMs I. – vorgetragen in der Sitzung des Konziliums am 1. 11. 1724 -- dem Sekretar J. Th. JABLONSKI als Adjunkt zugeordnet, und diesem auf erneuten Befehl – vorgetragen in der Sitzung des Konziliums am 29.12. 1725 als „Controleur beigesetzt".)
anwM 29. 12. 1725

COGOLLIN, Joseph CUERS Chevalier de, * 1702 (Toulon) † 1. 1. 1760
Schriftsteller in Nancy.
AM 18. 9. 1754

COHEN, Marcel, * 6. 2. 1884 (Paris) † 5. 11. 1974 (Viroflay)
Professor für allgemeine Sprachwissenschaften in Paris.
KM 13. 1. 1955; AM 20. 5. 1969
Sprachwissenschaft, Semitistik

COHN, Ferdinand Julius, * 24.1.1828 (Breslau) † 25. 6. 1898 (Breslau)
1850 Privatdozent, 1857 Professor, 1872 Professor für Botanik an der Universität in Breslau.
KM 19. 12. 1889
Botanik

COLLAS, Jean von, * 1678 (London) † 16. 6. 1753 (Weißenstein/Ostpr.)
Dr. aller Fakultäten. Oberingenieur und Kammerrat in Königsberg.
abwM 20. 1. 1704

COLLINSON, Peter, * 14. 1. 1694 (Hugal Hall/Westmooreland) † 11.8.1768 (London)
Kaufmann in London. (C. betätigte sich als Botaniker. Er war Mitglied mehrerer Gelehrter Gesellschaften. In Briefen an C. machte FRANKLIN seine ersten elektrischen Versuche bekannt.)
AM 18. 7. 1754
Botanik

COMPTON, Arthur Holly, * 10. 9. 1892 (Wooster/Ohio) † 15. 3. 1962 (Berkeley)

Zunächst „Instructor" an der Universität in Minnesota, dann Ingenieur in Pittsburg. 1920 Professor für Physik an der Universität in St. Louis. 1923 Professor für Physik an der Universität in Chicago. 1927 Nobelpreis für Physik.
KM 2. 6. 1932
Physik

CONDAMINE, Charles-Marie de LA, * 28. 1. 1701 (Paris) † 4. 2. 1774 (Paris)
siehe: LA CONDAMINE, Charles-Marie de

CONDE, José Antonio, * 1765 (Paraleja/Cuenca) † 12. 6. 1820 (Madrid)
Bibliothekar in Madrid. Vorstand der Escorial-Bibliothek in Madrid.
KM 9. 12. 1819
Geschichte, Orientalistik

CONDILLAC, Etienne BONNOT de, * 30. 9. 1714 (Grenoble) † 3. 8. 1780 (Flux bei Beaugency)
Abbé von Mureaux. Zeitweilig Lehrer des Herzogs von Parma. 1768 Mitglied der Académie française. (C. gilt als der bedeutendste sensualistische Erkenntnistheoretiker der französischen Aufklärung. Er war mit DIDEROT und HELVETIUS befreundet.)
AM 4. 12. 1749
Philosophie

CONDORCET, Marie-Jean-Antoine Marquis de, * 17. 9. 1743 (Ribemont bei St. Quentin) † 28. 3. 1794 (Paris) (Freitod)
Professor für Mathematik, 1773 auch Sekretär der Academie des Sciences in Paris. 1791 Kommissar der Schatzkammer und Sekretär der gesetzgebenden Versammlung in Paris. (C., der Girondist war, wurde von FRIEDRICH WILHELM II. aus der Akademie ausgestoßen.)
AM 16. 11. 1786 – 25. 1. 1793
Mathematik, Philosophie

CONFIGLIACHI, Pietro, * 7. 11. 1777 (Mailand) † 23. 6. 1844 (Pavia)
Zunächst Lehrer der Theologie in Mailand, danach Lehrer für Philosophie, Physik und Mathematik in Cremona. 1800 Professor für Philosophie, Physik und Mathematik an der Universität in Cremona. 1804 Professor für Physik an der Universität in Pavia.
KM 25. 6. 1818
Physik

CONSETT, Thomas, † 21. 7. 1730 (Fort St. George/Ost-Indien)
Zunächst bis 1727 Minister der anglikan. Gemeinde in Petersburg. Später Kaplan im Fort St. George/Ost-Indien.
abwM 23. 3. 1724

CONZE, Alexander Christian Leopold, * 10. 12. 1831 (Hannover) † 19. 7. 1914 (Kol. Grunewald bei Berlin)
1863 Professor für Archäologie an der Universität in Halle. 1869 Professor für Archäologie an der Universität in Wien. 1877 Professor für Archäologie an der Universität in Berlin, Direktor der Antiken-Sammlungen in Berlin. Zugleich seit 1877 Mitglied, 1881 Vorsitzender der Zentraldirektion des Deutschen Archäologischen Instituts. 1887 1. Generalsekretär des Instituts.
(CONZE leitete 1873 bis 1875 die Ausgrabungen Samothrake und von 1878 bis 1886 sowie von 1900 bis 1912 die Grabungen in Pergamon.)
OM 22. 2. 1877 (Bestät. 23. 4. 1877)
Archäologie

COOPER, Charles Purton, * 1793 † 26. 3. 1873 (Boulogne-s.-mer)
Rechtsgelehrter in London.
KM 18. 2. 1836
Rechtsgeschichte

COREMANS, Victor-Amedee-Jacques-Marie, * 5. 10. 1802 (Brüssel) † 23. 10. 1872 (Ixelles)
Archivbeamter in Brüssel. (C. wurde bereits am 8. 2. 1838 aus der Mitgliederliste wieder gestrichen. Begründet wurde die Streichung mit „Ausfällen" C. gegen die preuß. Regierung sowie damit, daß er nur Archivbeamter sei.)
KM 7. 12. 1837 – 8. 2. 1838

CORNELIUS, Karl Adolf Wenzeslaus von, * 12. 3. 1819 (Würzburg) † 10. 2. 1903 (München)
Zunächst Professor am Lyzeum in Braunsberg. 1854 Professor für Geschichte an der Universität in Bonn. 1856 Professor für Geschichte an der Universität in München. 1861 Sekretär der Historischen Kommission der Bayerischen Akademie der Wissenschaften. (C. war 1848 Mitglied des Frankfurter Parlaments.)
KM 28. 10. 1897
Geschichte

CORNU, Auguste, * 9. 8. 1888 (Beaune/Frankr.) † 6. 5. 1981 (Berlin)
1949 Professor für Kulturgeschichte an der Universität in Leipzig. 1950 Gastprofessor, 1952 Professor für Kulturgeschichte an der Universität in Berlin. 1956 Leiter der Marx-Engels-Forschungsstelle der Akademie. 1956 Friedrich-Engels-Preis der Akademie. 1959 Nationalpreis.
KM 28. 5. 1964
Geschichte, Marx-Engels-Forschung

CORRENS, Carl Erich, * 19. 9. 1864 (München) † 14. 2. 1933 (Berlin) (Vater von CORRENS, E. P. H.)
1892 Privatdozent, 1899 Professor für Botanik an der Universität in Tübingen. 1902 Professor für Botanik an der Universität in Münster und Direktor des Botanischen Instituts sowie des Botanischen Gartens. 1914 1. Direktor des Instituts für Biologie der Kaiser-Wilhelm-Gesellschaft zur Förderung der Wissenschaften in Berlin. Zugleich Honorarprofessor, 1920 Professor für Biologie, 1924 Honorarprofessor an der Universität in Berlin. Geh. Regierungsrat.
OM 18. 2. 1915 (Bestät. 22. 3. 1915)
Biologie

CORRENS, Erich Paul Hubert, * 12. 5. 1896 (Tübingen)
1922 Assistent am Institut für Lederforschung der Kaiser-Wilhelm-Gesellschaft zur Förderung der Wissenschaften in Dresden. 1924 technischer Chemiker in der Deutschen Celluloid-Fabrik Eilenburg. 1925 Chemiker in der IG-Farben Industrie Elberfeld/Dormagen. 1937 Fabrikations- und Werkleiter, 1939 Wissenschaftler und beratender Chemiker in der Thüringischen Zellwolle AG. 1946 Werkleiter der Zellstoff- und Papierfabrik Rosenthal in Blankenstein. 1947 Industriedirektion Zellstoff und Papier der Landeseigenen Betriebe Thüringen. 1948 Werkleiter des Kunstfaserwerkes Wilhelm PIECK in Schwarza. 1951 Direktor des Instituts für Faserstoffforschung der Akademie in Teltow-Seehof. 1953 zugleich Professor an der Technischen Hochschule in Dresden. 1950 Präsident des Nationalrates der Nationalen Front der DDR. 1949 Nationalpreis.
OM 28. 6. 1951
Chemie; Faserstoff-Forschung/Cellulosechemie

COSCHWITZ, Georg Daniel, * 18.2.1679 (Konitz) † 8. 5. 1729 (Halle/Saale)
Professor für Botanik und Anatomie an der Universität in Halle. (C. errichtete in Halle auf eigene Kosten das erste Theatrum anatomicum. Seine literarische Tätigkeit wird als gering, unbedeutend und reich an Irrtümern charakterisiert.)

abwM 21. 7. 1728
Medizin

COSSA, Alfonso, * 3. 11. 1833 (Mailand) † 23. 10. 1902 (Turin)
Professor für anorganische Chemie am Gewerbemuseum und Direktor der Ingenieurschule in Turin. Zugleich Direktor der landwirtschaftlichen Versuchsstation in Turin. Präsident der Akademie Albertina in Turin.
KM 13. 6. 1895
Anorg. Chemie

COSTA de MACEDO, Joaquim José da, * 25. 4. 1777 (Lissabon) † 15. 3. 1867 (Golegá/Portugal)
Generalsekretär der Akademie der Wissenschaften in Lissabon.
KM 15. 2. 1838

COSTER, H.
(Nähere Angaben nicht zu ermitteln. Im Protokoll der Sitzung des Konziliums vom 12. Oktober 1701 ist die Aufnahme von „H. Coster" verzeichnet. Er hat offenbar kein Mitgliederdiplom erhalten.)
M 12. 10. 1701

COTHENIUS, Christian Andreas, * 14. 2. 1708 (Anklam) † 5. 1. 1789 (Berlin)
1735 prakt. Arzt und Stadtarzt, 1736 Adjunkt-Bürgermeister in Havelberg. 1740 Kreisamtsarzt in Priegnitz. 1748 Hofarzt in Potsdam. 1750 Leibarzt FRIEDRICHs II. 1768 Dekan des Oberkollegium medicum; zugleich Direktor des Kollegium medico-chirurgicum und Mitglied des Kollegiums Sanitatis. 1770 Direktor der Ephemeriden der Deutschen Akademie der Naturforscher Leopoldina. 1784 Direktor des Oberkollegium medicum; zugleich prakt. Arzt. Geh. Rat. (C. war im Siebenjährigen Krieg Generalfeldstabsarzt und Leiter des Heeres-Sanitätswesens. Nach dem Kriege reorganisierte er die Hofapotheke in Berlin und gehörte dem Direktorium zur Aufsicht über die Berliner Krankenanstalten – Armendirektorium – an. C. hinterließ der Akademie 1000 Taler für die Vergabe von Preisaufgaben. C. erblindete 1783.)
OM 9. 4. 1750; EM 18. 9. 1760; OM 16. 1. 1766
Medizin

COUSIN, Victor, * 28. 11. 1792 (Paris) † 13. 1. 1867 (Cannes)
1814 Professor für Philosophie an der École normale in Paris. Später Professor für Philosophie an der Sorbonne und Direktor der École normale. Zeitweilig Minister des öffentl. Unterrichts. Pair von Frankreich. Staatsrat. (C. stand bereits am 16. 12. 1830 erstmals zur Wahl, erhielt aber nicht die erforderliche Stimmenzahl. C., der mehrmals deutsche Philosophen, u. a. HEGEL und SCHELLING sowie GOETHE, besuchte, wurde 1825 in Berlin verhaftet und als Karbonaro 6 Monate im Gefängnis festgehalten.)
AM 12. 4. 1832 (Bestät. 7. 5. 1832)
Philosophie

COWELL, Edward Byles, * 23. 1. 1826 (Ipswich) † 9. 2. 1903 (Cambridge)
1856 Professor für Sanskrit am Presidency College und Leiter des Sanskrit College in Kalkutta. 1867 Professor für Sanskrit an der Universität in Cambridge.
KM 20. 4. 1893
Orientalistik

CRAMER, Gabriel, * 31. 7. 1704 (Genf) † 4. 1. 1752 (Bagnols bei Nimes)
Professor für Mathematik und Philosophie an der Universität in Genf. Mitglied des Rates der 200 und des Rates der 60 in Genf.
AM 8. 12. 1746 Mathematik

CRAMER, Johann Friedrich, gt. 1.4.1675 (Schweinfurt) begr. 28. 2. 1715 (Den Haag)
Anfangs Hofmeister bei dem Markgrafen von BRANDENBURG-ONOLZBACH. Später zunächst Hofmeister im Hause von DANKELMANN, dann Legationssekretär in Berlin. 1695 Ephorus des Kurprinzen FRIEDRICH WILHELM und kurbrandenburgischer Rat. 1697 Magdeburgischer Regierungs- und Konsistorialrat in Halle. Später bis 1713 preuss. Resident bei den Generalstaaten in Amsterdam. (C. fiel nach dem Tode FRIEDRICHs I. in Ungnade, ging nach Den Haag und starb in ärmlichen Verhältnissen.)
abwM 11. 3. 1701
Rechtswissenschaft

CRAMER, Matthias, * um 1640 (Köln) † um 1730 (Erlangen)
1672 Sprachlehrer und Lexikograph in Nürnberg. 1726 öffentlicher Lehrer an der Ritterakademie in Erlangen. (C. wird in der zeitgenössischen Literatur als „berühmter Sprachmeister" charakterisiert. Er ist Verfasser mehrerer Wörterbücher.)
abwM 6. 4. 1712
Lateinische Philologie

CRAMER, Melchior Konrad, * 18.8.1672 (Ansbach) † 28. 8. 1760 (Ansbach)
Zunächst prakt. Arzt, später Ansbach. Leibarzt. Geh. Rat.
abwM 15. 6. 1729; AM 23. 1. 1744
Medizin

CRAWFORD and BALCARRES, Lord, James Ludovic LINDSAY * 28. 7. 1847 (Saint-Germain-en-Laye) † 31. 7. 1913 (London) Förderer der Astronomie in England. Besitzer einer Privatsternwarte. Mehrfach Präsident der Royal Astronomical Society.
EM 7. 6. 1833 (Bestät. 30. 7. 1883)
Astronomie

CRELL, Lorenz (Florenz) Friedrich von, * 21. 1. 1744 (Helmstedt) † 7. 6. 1816 (Göttingen)
Bergrat. 1771 Professor für Chemie und Mineralogie am Carolinum in Braunschweig. 1773 Professor für Philosophie und Medizin an der Universität in Helmstedt. 1810 Professor für Chemie an der Universität in Göttingen.
AM 8. 1. 1784;
EM 24. 1. 1812
Philosophie, Medizin, Chemie

CRELLE, August Leopold, * 11.3.1780 (Eichwerder bei Wriezen/Oder)
† 6. 10. 1855 (Berlin)
Geh. Oberbaurat und Mitglied der Oberbaudirektion in Berlin.
(CRELLE wurde von 1824 bis 1849 für mathematische Arbeiten im Unterrichtsministerium verwendet. 1849 trat er aus gesundheitlichen Gründen aus dem Staatsdienst aus. CRELLE gab 1826 die erste mathematische Zeitschrift in deutscher Sprache „Journal für reine und angewandte Mathematik" und 1829 das „Journal für die Baukunst" heraus. Nach seinen Entwürfen wurde die Eisenbahnlinie von Berlin nach Potsdam gebaut.)
OM 12. 7. 1827 (Bestät. 23. 8. 1827)
Mathematik, Bautechnik

CREMONA, Luigi Antonio Gaudentio Josephe, * 7. 12. 1830 (Pavia)
† 10. 6. 1903 (Rom)
1857 Lehrer für Elementarmathematik am Gymnasium in Mailand. 1859 Professor für höhere Geometrie an der Universität in Bologna. 1866 Professor für höhere Geometrie und graphische Statik am Technischen Institut in Mailand. 1873 Direktor der Ingenieurschule in Rom und Professor für höhere Mathematik an der Universität in Rom.
KM 15. 7. 1886
Mathematik

CREUTZ, Friedrich Kasimir Karl Freiherr von, * 24. 11. 1724 (Homburg) † 6. 9. 1770 (Homburg)
1746 Hofrat bei dem Landgrafen Friedrich IV. von Hessen-Homburg. 1751 Oberster Staatsrat. 1764 Reichshofrat. (C. hat sich als Dichter, Philosoph und Publizist betätigt.)
AM 23. 12. 1751

CREUZER, Georg Friedrich, * 10.3.1771 (Marburg) † 16. 2. 1858 (Heidelberg)
1800 Professor der griechischen Sprache und Eloquenz an der Universität in Marburg. 1804 bis 1845 Professor für Philologie und alte Geschichte an der Universität in Heidelberg.
AM 5. 2. 1846 (Bestät. 11. 3. 1846)
Philologie, Archäologie

CROCE, Benedetto, * 25. 2. 1866 (Pescasseroli/Prov. Aquila) † 20.11.1952 (Neapel)
Philosoph in Neapel. 1902 Herausgeber der Zeitschrift „Critica". 1920 bis 1921 Unterrichtsminister in Rom. 1944 Minister. (C. wurde 1950 auf seinen Antrag aus der Mitgliederliste der Akademie gestrichen.)
KM 5. 2. 1925 – 27. 7. 1950
Philosophie

CUHN, Ernst Wilhelm, * 7. 12. 1756 (Kassel) † 13. 3. 1809 (Kassel)
Geograph und Statistiker in Berlin. Kriegsrat.
OM 12. 1. 1792 Geographie

CUMONT, Franz Valéry Marie, * 3. 1. 1868 (Aalst/Alost, Ost-Flandern) † 19. 8. 1947 (Wolawe-Saint-Pierre bei Brüssel)
1888 Dozent, 1892 Professor für klassische Philologie an der Universität in Gent.
KM 27. 4. 1911
Klassische Philologie, Altertumskunde

CUNNINGHAM, Sir Alexander, * 23. 1. 1814 (London) † 28. 11. 1893 (London)
1831 Leutnant, 1834 Adjutant des brit. Generalgouverneurs von Indien. 1858 Oberingenieur der Nordwestlandschaften, 1870 archäologischer Generalinspektor von Britisch-Indien.
KM 17. 6. 1875
Indologie, Archäologie

CUPER, Gisbert, * 14. 9. 1644 (Hemmen/Geldern) † 22. 11. 1716 (Deventer)
Altertumsforscher. Bürgermeister von Deventer.
abwM 8. 1. 1711 Archäologie

CURTIUS, Ernst, * 2. 9. 1814 (Lübeck) † 11. 7. 1896 (Berlin)
1837 Hauslehrer in Athen. 1844 Erzieher des preuß Kronprinzen; gleichzeitig Professor an der Universität in Berlin. 1855 Professor für klassische Philologie an der Universität in Göttingen. 1868 Professor für klassische Philologie an der Universität in Berlin und Direktor des Alten Museums. Seit 1872 zugleich Direktor des Antiquariums. 1871 – 1893 Sekretar der Philosophisch-historischen Klasse der Akademie. Geh. Regierungsrat. (C. leitete die Grabungen in Olympia. Unter dem Einfluß von C. wurde das Archäologische Institut in Rom preußische Staatsanstalt, in der Folge das Preußische Archäologische Institut in das Deutsche Archäologische Institut umgewandelt und zugleich die Errichtung einer Zweiganstalt in Athen beschlossen.)
OM 4. 11. 1852 (Bestät. 29. 11. 1852); EM 1. 4. 1856; AM 13. 2. 1862 (Bestät. 3. 3. 1862); OM 1. 10. 1868
Klassische Philologie, Archäologie

CURTIUS, Georg, * 16. 4. 1820 (Lübeck) † 12. 8. 1885 (Hermsdorf/Schles.) (Bruder von CURTIUS, Ernst)

1846 Privatdozent an der Universität in Berlin. 1849 Professor für klassische Philologie an der Universität in Prag. 1854 Professor für klassische Philologie an der Universität in Kiel. 1862 Professor für klassische Philologie an der Universität in Leipzig.
KM 4. 11. 1869
Klassische Philologie u. indogermanische Sprachwissenschaft

CURTIUS, Theodor Julius Wilhelm, * 27. 5. 1857 (Duisburg) † 8. 2. 1928 (Heidelberg)
1889 Professor für Chemie an der Universität in Kiel und Direktor des Chemischen Instituts. 1897 Professor für Chemie an der Universität in Bonn. 1898 Professor für Chemie an der Universität in Heidelberg.
KM 26. 6. 1919
Chemie

CUVIER, Jean-Léopold-Nicolas-Frédéric (gen. Georges) Baron, * 23. 8. 1769 (Montbéliard) † 13. 5. 1832 (Paris)
1795 Professor der Naturgeschichte an der École normale in Paris, 1800 Professor der Naturgeschichte am Collège de France, später auch Professor für vergl. Anatomie am Museum für Naturgeschichte. 1802 Generalinspekteur des öffentlichen Unterrichts. 1814 Staatsrat, 1820 Baron, 1831 Pair von Frankreich.
AM 31. 7. 1806 (Bestät. 5. 8. 1806)
Zoologie, Paläontologie

CYPRIAN(US), Ernst Salomo, * 22. 9. 1673 (Ostheim v. d. Rhön) † 19. 9. 1745 (Gotha)
1699 Professor für Philosophie an der Universität in Helmstedt. 1700 Professor für Theologie am Gymnasium in Coburg, zugleich Direktor. 1713 Kirchenrat und Assessor des Oberkonsistoriums in Gotha. (C. war evangel. Theologe. Er hatte die Studienaufsicht über die Söhne des Herzogs Johann Ernst.)
abwM 2. 4. 1703
Kirchengeschichte

DAHLMANN, Friedrich Christoph, * 13. 5. 1785 (Wismar) † 5. 12. 1860 (Bonn)
1812 Professor für Geschichte an der Universität in Kiel. 1829 Professor für Geschichte an der Universität in Göttingen. 1842 Professor für Geschichte und Staatswissenschaften an der Universität in Bonn. (D. war aktiv politisch tätig, 1815 Sekretär der „fortwährenden Deputation der schleswig-holsteinischen Prälaten und Ritterschaft" und 1848 Mitglied der Nationalversammlung in Frankfurt a. M.. D. gehörte 1837 zu den sieben Göttinger Professoren, die gegen die willkürliche Aufhebung der Verfassung durch den König von Hannover auftraten und wurde amtsenthoben.)
KM 27. 2. 1845
Geschichte

DAINE (D'AINE), Marius-Jean-Baptiste-Nicolas, * um 1730 (Paris) † 25. 9. 1804 (Paris)
Königl. Prokurator in Paris.
AM 18. 7. 1754

DALBERG, Karl Theodor Anton Maria Freiherr von und zu, * 8. 2. 1744 (Herrnsheim) † 10. 2. 1817 (Regensburg)
1772 Wirkl. Geheimer Rat und Statthalter von Erfurt. Präsident der Akademie der gemeinnützigen Wissenschaften in Erfurt. Später Rektor der Universität Würzburg. 1802 Erzkanzler und Kurfürst von Mainz, danach auch Erzbischof in Mainz; Bischof von Worms und Konstanz. 1806 Erzbischof und Primus zu Regensburg; Fürstprimas des Rheinbundes, Souveräner Fürst von Regensburg, Aschaffenburg, Frankfurt a. M. und Wetzlar. 1810 bis 1814 Großherzog von

Frankfurt a. M..
EM 26. 9. 1788
Verfasser von Beiträgen zur allgemeinen Naturlehre

DALTON, John, * 5. 9. 1766 (Eaglesfield/Cumberland † 27. 7. 1844 (Manchester)
1793 Lehrer für Mathematik und Naturwissenschaften am College in Manchester. (D., bedeutender Physiker und Chemiker, hielt auch zeitweilig Vorlesungen über Chemie in London, Edinburgh und Glasgow. Mit seinem Namen sind mehrere bedeutende Entdeckungen verbunden.)
KM 13. 12. 1827
Mathematik, Naturphilosophie

DAMES, Wilhelm Barnim, * 9. 6. 1843 (Stolp/Pomm.) † 22. 12. 1898 (Berlin)
1871 Assistent am Museum für Geologie und Paläontologie der Universität in Berlin. 1878 Professor, 1891 Professor für Geologie und Paläontologie an der Universität in Berlin und Direktor des Geologischen Museums.
OM 3. 3. 1892 (Bestät. 30. 3. 1892)
Geologie und Paläontologie

DANA, James Dwight, * 12. 2. 1813 (Utica/New York) † 15. 4. 1895 (New Haven)
1845 Professor für Geologie und Naturgeschichte am Yale-College in New Haven. (D. war Teilnehmer der Exploring-Expedition unter Leitung des Kapitäns C. WILKES um die Welt von 1838 – 1842.)
KM 26. 7. 1855
Geologie

DANCKELMANN, Karl Ludolf Freiherr von, * 12. 10. 1699 (Halle/Saale)
† 13. 12. 1764 (Berlin)
Zunächst Kammerjunker im Dienst GEORGs I. von England. 1725 Oberhofgerichtsrat in Marburg. 1731 Geh. Justizrat in Berlin und Gesandter in Regensburg. 1740 Geh. Staatsminister und Präsident aller Kollegien in der Grafschaft Hanau. 1748 Wirkl. Geh. Staatsminister, Präsident des geh. Justizrates und Lehnsdirektor in Berlin. Später bis zu seinem Tode auch Chef des Geistl. Departements, erster Präsident des ev.-luth. Oberkonsistoriums und Leitung aller Universitäten und Schulen sowie der königl. Bibliothek in Berlin.
EM 6. 12. 1754

DANGICOURT (D'ANGICOURT), Pierre, * 1665 (Rouen) † 5. 5. 1727 (Berlin)
Hof- und Revisionsrat und Rat am Französ. Gericht in Berlin. Königl. Sekretär. 1725 – 1726 Vizepräsident der Akademie.
anwM 1. 12. 1701
Mathematik

DANIELL, John Frederik, * 12.3.1790 (London) † 13. 3. 1845 (London)
Zunächst in industriellen Unternehmungen tätig. 1831 Professor für Chemie am Kings College in London. Sekretär der Royal Society.
KM 23. 1. 1845
Chemie

DANIELSSON, Olof August,
* 15. 10. 1852 (Häradshammer/Östergötland) † 10. 7. 1933 (Uppsala)
1879 Dozent für klassische Sprachen, 1891 Professor für griechische Sprache und Literatur an der Universität in Uppsala.
KM 17. 1. 1924
Gräzistik

DARBOUX, Jean-Gaston, * 14. 8. 1842 (Nimes) † 23. 2. 1917 (Paris)
1864 Professor für Mathematik am Lyzeum „St. Louis". 1865 Hilfsbibliothe-

kar an der Ecole normale in Paris. 1867 Professor für Mathematik am Lyzeum „Louis-le-Grand". 1872 Professor für Geometrie an der Fakultät der Wissenschaften in Paris. 1881 Professor für höhere Geometrie an der Sorbonne. 1900 Beständiger Sekretär der Akademie der Wissenschaften in Paris.
KM 11. 2. 1897
Mathematik

DARGET, Claude-Etienne, * 1712 (Paris) † 1778 (Paris)
Zunächst im französischen diplomatischen Dienst. 1746 – 1753 Vorleser und Sekretär FRIEDRICH's II.. Ab 1756 erneut im französischen diplomatischen Dienst. (D. gehörte zeitweilig zum Freundeskreis FRIEDRICH's II.. Seine Aufgabe als Vorleser und Sekretär war die Führung bzw. Überprüfung des persönlichen, vor allem des literarischen Briefwechsels des Königs. In der Akademie trug er mehrfach dessen Abhandlungen vor. D. nahm 1753 seinen Abschied. Er hielt sich in den folgenden Jahren in Hamburg auf und unterhielt während des siebenjährigen Krieges einen lebhaften Briefwechsel mit FRIEDRICH II.. Er ging später nach Frankreich zurück.)
EM 1745

DARU, Pierre-Antoine-Bruno Comte, * 12. 1. 1767 (Montpellier) † 5.9.1829 (Becheville b. Meulan)
Französ. Finanz- und Verwaltungsfachmann. Minister. (D., Anhänger der Französ. Revolution, war als Minister Bevollmächtigter bei den Friedensausschüssen von Petersburg, Tilsit und Wien sowie französ. Generalintendant in Preußen und Österreich. D. schrieb u. a. eine Geschichte Venedigs.)
AM 4. 8. 1808 (Bestät. 15. 8. 1808); EM 24. 1. 1812
Geschichte

DARWIN, Charles Robert, * 12. 2. 1809 (Shrewsbury) † 19. 4. 1882 (Down/Kent)
Englischer Naturforscher. 1831 – 1836 Teilnehmer der wissenschaftlichen Expedition unter Kapitän FITZROY. (D. lebte danach bis 1839 in London, 1840 – 1841 in Staffordshire, seit 1842 auf seinem Landsitz in Down.)
KM 26. 2. 1863; AM 7. 11. 1878 (Bestät. 2. 12. 1878)
Naturforschung

DARWIN, Sir George Howard, * 9. 7. 1845 (Down/Kent) † 7. 12. 1912 (Cambridge)
1883 Professor für Astronomie an der Universität in Cambridge.
KM 25. 6. 1908
Astronomie, Geophysik

DAUBENTON (D'AUBENTON), Louis-Jean-Marie, * 29. 5. 1716 (Montbard/Bourgogne) † 1. 1. 1800 (Paris)
Professor für Naturgeschichte am Collège de France und Professor für Mineralogie am Naturhistorischen Museum in Paris.
AM 15. 6. 1752
Zoologie, Botanik

DAUX, Georges, * 21. 9. 1899 (Bastia/Korsika)
Zunächst Professor für Archäologie an der Universität in Dijon, später an der Sorbonne in Paris. 1950 Direktor des Französischen Archäologischen Instituts in Athen.
KM 17. 12. 1964; AM 20. 5. 1969
Epigraphik, Archäologie

DAVID Heinz, * 5. 12. 1931 (Tilsit)
1965 Professor m. LA., 1969 Professor für Medizin an der Universität in Berlin und Direktor des Instituts für Wissenschaftsinformation in der Medizin sowie Leiter der Abteilung für Elektronen-

mikroskopie der Charité. 1966 Prodekan. 1968 Sekretär des Rates für Planung und Koordinierung der medizinischen Wissenschaften. 1971 Nationalpreis.
KM 14. 6. 1973; OM 17. 4. 1975
Medizin, Pathologische Anatomie

DAVILA, Don Pedro Franco, * 1715 (Guyaquil/Peru) † 1785 (Madrid)
Direktor des Naturhistorischen Museums in Madrid.
AM 9. 9. 1767

DAVIS, William Morris, * 12. 2. 1850 (Philadelphia) † 5. 2. 1934 (Pasadena)
Zunächst Corresp.. Sekretär der Am. Ac. of Arts and Sc. in Boston. 1876 Assistent, 1899 Professor für Geologie an der Harvard-Universität in Cambridge/Mass.
KM 28. 7. 1910
Geologie

DAVOUD-OGHLOU (später DAVOUD-PASCHA), Garabet Artin, * 1815 (Konstantinopel) † 4. 11. 1873 (Biarritz)
Rechtshistoriker. Zeitweilig türkischer Legationssekretär und Geschäftsträger in Berlin.
EM 10. 6. 1847 (Bestät. 24. 6. 1847)
Rechtsgeschichte

DAVY, Sir Humphry, * 17. 12. 1778 (Penzance/Cornwall) † 29. 5. 1829 (Genf)
1802 – 1812 Professor für Chemie an der Royal-Institution in London. 1820 Präsident der Royal Society.
AM 25. 6. 1812 (Bestät. 16. 7. 1812)
Chemie

DEBYE, Peter Joseph Wilhelm, * 24. 3. 1884 (Maastricht) † 2. 11. 1966 (Ithaca/New York)
1910 Privatdozent an der Universität in München. 1911 Professor für theoretische Physik an der Technischen Hochschule in Zürich. 1912 Professor für theoretische Physik an der Universität in Utrecht. 1914 Professor für theoretische Physik an der Universität in Göttingen. 1920 Professor für theoretische Physik an der Technischen Hochschule in Zürich. 1927 Professor für theoretische Physik an der Universität in Leipzig. 1934 Professor für theoretische Physik an der Universität in Berlin und Direktor des Instituts für Physik der Kaiser-Wilhelm-Gesellschaft zur Förderung der Wissenschaften. 1940 Professor für theoretische Physik an der Cornell-Universität in Ithaca/New York. 1936 Nobelpreis für Chemie.
KM 11. 3. 1920; OM 10. 12. 1936 (Bestät. 6. 1. 1937)
Theoretische Physik

DECHEN, Ernst Heinrich Karl von, * 25. 3. 1800 (Berlin) † 15. 2. 1889 (Bonn)
1841 Berghauptmann in Bonn. 1848 Präsident einer legislativen Kommission für das Bergwesen. 1859 Leiter des Bergwesendepart. im preussischen Handelsministerium. 1860 Rückkehr als Berghauptmann nach Bonn. Geheimer Oberbergrat.
KM 3. 2. 1842
Bergwesen

DEDEKIND, Julius Wilhelm Richard, * 6. 10. 1831 (Braunschweig) † 12. 2. 1916 (Braunschweig)
1854 Privatdozent an der Universität in Göttingen. 1858 Professor für Mathematik am Polytechnikum in Zürich. 1862 Professor für Mathematik an der Technischen Hochschule in Braunschweig.
KM 11. 3. 1880
Mathematik

DEFANT, Albert Joseph Maria, * 12. 7. 1884 (Trient) † 24. 12. 1974 (Innsbruck)
1909 Adjunkt an der kk. Zentralanstalt für Meteorologie und Geodynamik in

Wien. 1919 Professor an der Universität in Innsbruck und Vorstand des Instituts für kosmische Physik. 1927 Professor für Meteorologie und Geophysik und Direktor des Instituts und des Museums für Meereskunde der Universität Berlin. 1945 Professor für Meteorologie und Geophysik an der Universität in Innsbruck und Direktor des Instituts für Meteorologie und Geophysik der Universität. 1949 Gastprofessor am Institut für Ozeanographie der California-Universität in La Jolla. 1951 Gastprofessor, 1954 Honorarprofessor an der Universität in Hamburg.
OM 9. 5. 1935 (Bestät. 8. 6. 1935); aoM 31. 1. 1946; AM 20. 5. 1969
Geophysik, Ozeanographie

DEHIO, Georg Gottfried,
* 10./22. 11. 1850 (Reval) † 19. 3. 1932 (Tübingen)
1883 Professor für Kunstgeschichte an der Universität in Königsberg. 1892 Professor für Kunstgeschichte an der Universität in Straßburg. 1919 em. Professor in Tübingen.
KM 28. 10. 1920
Kunstgeschichte

DELAMBRE, Jean-Baptiste-Joseph,
* 19. 9. 1749 (Amiens) † 19. 8. 1822 (Paris)
Zunächst Hauslehrer in Paris. 1795 Mitglied und Sekretär des Längenbüros. 1808 Professor für Astronomie am Collège de France.
AM 23. 8. 1787
Astronomie

DELBRÜCK, Johann Friedrich Ferdinand, * 12. 4. 1772 (Magdeburg) † 25. 1. 1848 (Bonn)
1794 Erzieher bei dem Grafen STOLBERG in Eutin. 1795 Hauslehrer in Hamburg. 1797 Collaborator am Gymnasium zum Grauen Kloster in Berlin. 1809 Regierungsrat in Königsberg, zugleich Professor für Theorie, Kritik und Literatur der schönen Künste. 1816 Regierungsschulrat in Düsseldorf. 1818 Professor für schöne Literatur und Philosophie an der Universität in Bonn. Zugleich seit 1819 Kommissar für das Gymnasium in Bonn.
KM 25. 6. 1812
Klassische Philologie

DELISLE, Guillaume, * 28. 2. 1675 (Paris) † 25. 1. 1726 (Paris)
Königlicher Geograph in Paris. D. schuf mehr als 100 Landkarten. Unter ihnen befindet sich eine Weltkarte aus dem Jahre 1724.
abw M 3. 11. 1723
Geographie

DELISLE, Léopold-Victor, * 24.10.1826 (Valognes/Marne) † 21. 7. 1910 (Chantilly)
1874 Direktor der Nationalbibliothek in Paris.
KM 11. 4. 1867; AM 24. 7. 1902 (Bestät. 16. 11. 1902)
Geschichte

DELONNES, Ange-Bernard IMBERT-,
* 1749 (Vaqueyras/Avignon)
† 23. 8. 1818 (Paris)
Chirurg und Wundarzt in Paris.
AM 15. 10. 1801 (Bestät. 22. 10. 1801); EM 24. 1. 1812
Medizin

DENIFLE, Heinrich Suso (Josef),
* 16. 1. 1844 (Imst/Tirol) † 10. 6. 1905 (München)
Zunächst Angehöriger des Dominikanerordens und Kanzelredner. 1870 Lektor für Philosophie und Theologie des Dominikanerordens in Graz. 1883 Subarchivar im Archiv des Heiligen Stuhls in Rom.
KM 18. 12. 1890
Kirchengeschichte

DENINA, Giacomo Maria Carlo,
* 27. 2. 1731 (Revello/Piemont)
† 5. 12. 1813 (Paris)
1754 Geistlicher und Professor an der Schule in Pierolo. 1757 Professor für Rhetorik am Kollegium und an der Universität in Turin. 1782 Professor in Berlin. 1800 Bibliothekar an der Universität in Turin. 1804 kaiserl. Bibliothekar in Paris.
OM 7. 11. 1782; AM 1805; EM 24. 1. 1812
Geschichte

DEPARCIEUX, Antoine, * 28. 10. 1703 (Cessoux/Cevennen) † 1. 9. 1768 (Paris)
Mathematiker in Paris. Königl. Zensor. (D. ist durch nützliche Erfindungen in der Mechanik bekannt. Als Mathematiker berechnete er die Möglichkeiten, wie aus Flüssen Wasser in die oberen Stockwerke Pariser Häuser gelangen könnte. Die Realisierung dieser Pläne gelang ihm jedoch nicht.)
AM 30. 6. 1746
Mathematik

DES CLOISEAUX, Alfred-Louis-Olivier LEGRAND, * 17. 10. 1817 (Beauvais) † 6. 5. 1897 (Paris)
Zunächst Lehrer an versch. Schulen in Paris. 1876 Professor für Mineralogie am Naturhistorischen Museum in Paris.
KM 27. 6. 1895
Mineralogie

DESFONTAINES, René LOUICHE-,
* 14. 2. 1750 (Tremblay/Bretagne)
† 16. 11. 1833 (Paris)
Professor für Botanik am Jardin des Plantes in Paris. (D. war nach dem Studium der Medizin zunächst Forschungsreisender. Von 1783 bis 1786 trieb er botanische Forschungen in den Küstenländern Nordafrikas.)
KM 25. 6. 1812
Botanik

DESGENETTES, Rene-Nicolas DUFRICHE Baron, * 23. 5. 1762 (Alencon) † 3. 2. 1837 (Paris)
1796 Militärarzt. Später Professor für Medizin an der Medizinischen Fakultät in Paris. 1812 Generalsanitätsinspektor der Grande Armee. (D. nahm als Militärarzt u. a. am Feldzug NAPOLEONs nach Ägypten teil. 1812 geriet er in russ. Gefangenschaft. Chr. W. HUFELAND unterbreitete den Vorschlag, D. als EM in die Akademie aufzunehmen und berief sich hierbei auf eine Übereinstimmung mit dem preuß. König. D. wurde KM, jedoch von der Phys. Klasse als EM geführt.)
KM 25. 6. 1812
Medizin

DESLANDES, André-François BOUREAU-, * 1690 (Pondichéry/Indien) † 11. 4. 1757 (Paris)
siehe: BOUREAU-DESLANDES, André-François

DEUBEL, Fritz Hugo Franz,
* 9. 9. 1898 (Weilar) † 16. 12. 1966 (Jena)
1924 – 1934 Landesgeologe von Thüringen, 1925 zugleich Mitarbeiter der Preuss. geologischen Landesanstalt. 1937 Honorarprofessor für angewandte Geologie an der Universität in Jena. 1939 zugleich Leiter der Zweigstelle Thüringen des Reichsamtes für Bodenforschung. 1945 Leiter der Geologischen Landesanstalt der DDR. 1949 Professor für Geologie an der Universität in Jena. 1952 Professor für Geologie an der Universität in Berlin. 1952 Nationalpreis.
OM 19. 2. 1953
Angewandte Geologie

DEUBNER, Ludwig August, * 22. 1./3. 2. 1877 (Riga) † 25. 3. 1946 (Berlin)
1903 Privatdozent an der Universität in Bonn. 1906 Professor, 1912 Professor

für klassische Philologie an der Universität in Königsberg. 1917 Professor für klassische Philologie an der Universität in Freiburg i. Br.. 1927 Professor für klassische Philologie an der Universität in Berlin.
OM 3. 3. 1938 (Bestät. 13. 5. 1938)
Klassische Philologie, antike Religionsgeschichte

DIDEROT, Denis, * 5.10.1713 (Langres) † 31. 7. 1784 (Paris)
Führender französ. materialistischer Philosoph der Aufklärung. Schriftsteller und Kunsttheoretiker. (Unter der Leitung von D. wurde zwischen 1751 und 1780 die „Große Französische Enzyklopädie" herausgegeben.)
AM 4. 3. 1751
Philosophie

DIEFENBACH, Georg Lorenz Anton, * 29. 7. 1806 (Ostheim/Hessen) † 28. 3. 1883 (Darmstadt)
Zunächst Pfarrer und Bibliothekar des Grafen zu SOLMS-LAUBACH. 1865 Stadtbibliothekar in Frankfurt a. M..
KM 31. 1. 1861
Sprachwissenschaft, Ethnologie

DIEHL, Ernst, * 8. 1. 1928 (Fürstenwalde)
1964 Stellvertr. Direktor des Instituts für Marxismus-Leninismus beim ZK der SED in Berlin. 1967 Professor für Geschichte. 1966 Nationalpreis.
KM 3. 6. 1971; OM 14. 6. 1973
Geschichte, Geschichte der deutschen Arbeiterbewegung

DIELS, Hermann Alexander, * 18.5.1848 (Biebrich/Rh.) † 4.6.1922 (Berlin)
Ursprünglich Gymnasiallehrer, zuletzt in Hamburg. 1882 Professor für klassische Philologie an der Universität in Berlin. 1905 – 1906 Rektor der Universität. 1895 bis 1920 Sekretar der Philosophisch-historischen Klasse der Akademie. Geh. Regierungsrat. (D. war Vorsitzender der Kommission der Akademie für die Herausgabe des Corpus Medicorum Graecorum.)
OM 28. 7. 1881 (Bestät. 15. 8. 1881)
Klassische Philologie

DIELS, Friedrich Ludwig Emil, * 24. 9. 1874 (Hamburg) † 30. 11. 1945 (Berlin)
1906 Professor für Botanik an der Universität in Marburg. 1914 Professor für Botanik an der Universität in Berlin. Zugleich 2. Direktor, später Generaldirektor des Botanischen Gartens und Museums. (D. leitete das Unternehmen „Pflanzenreich" der Akademie. Nach der Zerschlagung des Faschismus und vor der Wiedereröffnung der Akademie war er vom 21. 6. 1945 – 30. 11. 1945 Sekretar ihrer Mathematisch-naturwissenschaftlichen Klasse.)
OM 15. 1. 1931 (Bestät. 29. 1. 1931)
Botanik

DIETERICI, Karl Friedrich Wilhelm, * 23. 8. 1790 (Berlin) † 29. 7. 1859 (Berlin)
1813 Ing.-Geograph im Hauptquartier des Marschalls BLÜCHER. 1816 Staatsdienst in Potsdam. 1818 Regierungsrat. 1820 Hilfsarbeiter im Kultusministerium. 1831 Geh. Oberregierungsrat. 1834 Professor für Staatswissenschaften an der Universität in Berlin. 1844 Direktor des Statistischen Büros. 1858 Wirkl. Geh. Oberregierungsrat. (D. war 1848 Mitglied der ersten Kammer, zog sich aber bald aus dem politischen Leben zurück.)
OM 17. 12. 1846 (Bestät. 20. 1. 1847)
Statistik

DIETZE, Walter, * 22. 5. 1926 (Leipzig)
1958 Dozent, 1963 Professor für neuere

und neueste deutsche Literaturgeschichte an der Universität in Leipzig. 1973 Nationalpreis.
OM 8. 6. 1967
Literaturwissenschaft; Germanistik, Geschichte der deutschen Literatur bis zum 19. Jahrhundert

DIEZ, Christian Friedrich, * 15. 3. 1794 (Gießen) † 29. 5. 1876 (Bonn)
1819 Hauslehrer in Utrecht. 1821 Lehrer, 1823 Professor der italienischen, spanischen und portugiesischen Sprache an der Universität in Bonn. (B. gilt als einer der Begründer der romanischen Philologie.)
KM 27. 2. 1845; AM 15. 2. 1872 (Bestät. 11. 3. 1872)
Romanische Philologie

DIEZ, Heinrich Friedrich von (1786), * 2. 9. 1751 (Bernburg) † 7. 4. 1817 (Berlin)
Zunächst Referendar in Magdeburg. 1784 Mitarbeiter der Gesandtschaft, später Legationsrat in Konstantinopel. (D. wurde 1790 abberufen, weil er in Verhandlungen mit der Pforte seine Kompetenzen überschritten hatte. Er lebte danach im Ruhestand. Eigenes Vermögen und eine Pfründe des Domstifts in Kolberg sicherten ihm materielle Unabhängigkeit und ermöglichten ihm, wissenschaftlich zu arbeiten.)
EM 24. 3. 1814 (Bestät. 14. 5. 1814)
Orientalistik

DILLMANN, Christian Friedrich August, * 25. 4. 1823 (Illingen/Württ.)
† 4. 7. 1894 (Berlin)
1854 Professor für Philologie an der Universität in Kiel. 1864 Professor für Philologie an der Universität in Gießen. 1869 Professor für Theologie an der Universität in Berlin.
OM 22. 2. 1877 (Bestät. 28. 3. 1877)
Orientalistik; Äthiopische Philologie

DILTHEY, Wilhelm Christian Ludwig, * 19. 11. 1833 (Biebrich/a. Rh.)
† 1. 10. 1911 (Seis am Schlern/Tirol)
1856 – 1858 im Schuldienst. 1858 – 1866 freischaffender Schriftsteller. 1866 Professor für Philosophie an der Universität in Basel. 1868 Professor für Philosophie der Universität in Kiel. 1871 Professor für Philosophie an der Universität in Breslau. 1882 Professor für Philosophie an der Universität in Berlin. 1893 Geh. Regierungsrat.
OM 6. 1. 1887 (Bestät. 24. 1. 1887)
Philosophie

DINDORF, Karl Wilhelm, * 2. 1. 1802 (Leipzig) † 1. 8. 1883 (Leipzig)
1828 Professor für Literaturgeschichte an der Universität in Leipzig. (D. hat zusammen mit seinem Bruder Ludwig den „Thesaurus linguae graecae" neu bearbeitet und infolgedessen die Lehrtätigkeit an der Universität 1833 für längere Zeit aufgegeben.)
KM 17. 12. 1846
Klassische Philologie

DIRICHLET, Johann Peter Gustav LEJEUNE-, * 13. 2. 1805 (Düren/Rhld.)
† 5. 5. 1859 (Göttingen)
Seit 1822 mehrjähriger Aufenthalt im Hause des Generals FOY in Paris. 1827 Dozent, 1828 Professor für Mathematik an der Universität in Breslau. 1828 auch Lehrer an der Allgem. Kriegsschule in Berlin. 1829 Privatdozent, 1831 Professor für Mathematik an der Universität in Berlin. 1855 Professor für Mathematik an der Universität in Göttingen.
OM 19. 1. 1832 (Bestät. 13. 2. 1832); EM 1. 10. 1855; AM 17. 1. 1856
Mathematik

DIRKSEN, Enno Heeren, * 3. 1. 1792 (Hamswerum/Ostfriesland) † 16. 7. 1850 (Paris)
1820 Privatdozent, 1821 Professor für

Mathematik an der Universität in Berlin; zugleich Lehrer an der allgemeinen Kriegsschule. (D's Wahl erfolgte im staatlichen Auftrage. Von seiner Wahl zum Akademiemitglied wurde die Bestätigung der Wahl des Astronomen I. F. ENCKE abhängig gemacht.)
OM 9. 6. 1825 (Bestät. 21. 6. 1825)
Mathematik

DIRKSEN, Heinrich Eduard,
* 13. 9. 1790 (Königsberg/i. Pr.)
† 10. 2. 1868 (Berlin)
1812 Professor, 1817 Professor für Rechtswissenschaften an der Universität in Königsberg. 1833 Privatdozent an der Universität in Berlin. 1825 Geh. Justizrat.
OM 11. 2. 1841 (Bestät. 9. 3. 1841)
Rechtswissenschaft, Rechtsgeschichte

DISCHINGER, Franz Anton,
* 8. 10. 1887 (Heidelberg) † 9. 1. 1953 (Westberlin)
1929 Obering. bei Dyckerhoff u. Widmann AG in Wiesbaden-Biebrich. 1933 Professor für Stahlbetonbau an der Technischen Hochschule in Berlin. 1946 Professor an der Technischen Universität in Westberlin. (D. legte auf Druck seiner vorgesetzten Dienststellen die Mitgliedschaft nieder.)
OM 14. 7. 1949 – 2. 11. 1950
Technik; Stahlbetonbau

DITHMAR, Justus Christoph,
* 16. 6. 1678 (Rotenburg/Fulda)
† 13. 3. 1737 (Frankfurt/Oder)
Zunächst Hauslehrer. 1709 Professor für Geschichte, 1727 Professor für Kameral, – Ökonomie- und Polizeiwissenschaften an der Universität in Frankfurt/Oder. Gleichzeitig Rat des Johanniter-Ordens.
abwM 12. 2. 1721
Nationalökonomie

DITTENBERGER, Wilhelm, * 31.8.1840 (Heidelberg) † 29. 12. 1906 (Halle/Saale)
Zunächst Gymnasiallehrer in Göttingen, Berlin, Rudolstadt und Quedlinburg. 1874 Professor für klassische Philologie an der Universität in Halle. Geh. Regierungsrat.
KM 15. 6. 1882
Klassische Philologie

DOBB, Maurice Herbert, * 24. 7. 1900 (London) † 17. 8. 1976 (Fulbourn)
Reader in Economics (em.) Cambridge. Fellow of Trinity College. 1951 Visiting Professor School of Economics University of Delhi.
AM 25. 2. 1971
Politische Ökonomie

DOBBERSTEIN, Johannes Christian Albert, * 19. 9. 1895 (Graudenz)
† 9. 1. 1965 (Berlin)
1926 Privatdozent an der Tierärztlichen Hochschule in Berlin. 1928 Professor für Veterinärmedizin an der Universität in Berlin und Direktor des Instituts für Veterinärpathologie. 1952 zugleich Direktor des Instituts für vergleichende Pathologie der Akademie. Vizepräsident der Akademie der Landwirtschaftswissenschaften der DDR. 1951 Nationalpreis.
OM 14. 7. 1949
Veterinärmedizin, vergleichende Pathologie

DOBROWSKÝ, Joseph, * 17. 8. 1753 (Györmet/Ungarn) † 6. 1. 1829 (Brünn)
Zunächst Philologe in Prag. 1787 Vizedirektor, 1789 bis 1790 Rektor des Generalseminars in Hradisch bei Olmütz. (D. wird als Begründer der modernen slawischen Philologie, speziell des Tschechischen charakterisiert.)
KM 25. 6. 1812 Slawische Philologie

DODWELL, Edward, * 1767 † 13.5.1832 (Rom)

Engl. Altertumsforscher. (D. bereiste 1801 bis 1806 Griechenland und lebte danach in Italien.)
EM 22. 6. 1815
Altertumskunde, Archäologie

DÖBEREINER, Johann Wolfgang,
* 13. 12. 1780 (Rittergut Bug)
† 24. 3. 1849 (Jena)
1795 – 1802 Pharmazeut, danach Chemiefabrikant in Gefrees und Münchberg. 1810 Professor für Chemie, Pharmazie und Technologie in Jena.
KM 19. 2. 1835
Chemie

DOEDERLEIN, Johann Alexander,
* 11. 2. 1675 (Weißenburg a. Sand)
† 23. 10. 1745 (Weißenburg a. Sand)
1703 Rektor des Gymnasiums in Weißenburg a. Sand. (D. trieb meteorologische Beobachtungen und historische Studien.)
abw M 19. 6. 1726; AM 23. 1. 1744
Meteorologie

DÖDERLEIN, Gustav, * 19. 5. 1893 (Leipzig) † 19. 3. 1980 (München)
1928 Privatdozent, 1933 Professor für Medizin an der Universität in Berlin. Zugleich Oberfeldarzt der Polizei und Dirig. Arzt im Staatskrankenhaus der Polizei in Berlin. 1946 bis 1959 Professor für Geburtshilfe und Gynäkologie an der Universität in Jena und Direktor der Universitäts-Frauenklinik und der Hebammenschule.
KM 13. 1. 1955; AM 20. 5. 1969
Medizin

DÖLGER, Franz, * 4. 10. 1891 (Kleinwallstadt/Ufr.) † 5. 11. 1968 (München)
1926 Privatdozent, 1931 bis 1949 Professor für Byzantinistik an der Universität in München und Vorstand des Instituts für Byzantinistik und neugriechische Philologie.
KM 13. 1. 1955
Byzantinistik

DÖRPFELD, Wilhelm, * 26. 12. 1853 (Barmen) † 25. 4. 1940 (Leukas)
1876 Regierungsbauführer. 1877 bis 1881 Technischer Leiter der Ausgrabungen in Olympia. 1882 Sekretär und Leiter des Deutschen Archäologischen Instituts in Athen. 1919 Professor für Archäologie an der Universität in Jena.
EM 26. 1. 1939 (vorab bestät. 24. 1. 1939)
Archäologie

DOHNA, Albrecht Christoph Burggraf und Graf zu, * 13. 9. 1698 (Berlin)
† 3. 5. 1752 (Berlin)
Burggraf und Graf zu Wartenberg. Oberhofmeister der Königin von Preussen.
EM 16. 2. 1744

DOLLO, Louis, * 7. 12. 1857 (Lille)
† 19. 4. 1931 (Brüssel)
1891 Konservator am Naturhistorischen Museum in Brüssel. 1903 Professor für Biologie, 1909 Professor für Paläontologie an der Universität in Brüssel.
KM 10. 5. 1928
Paläontologie

DOMASCHNEW, Sergej Gerassimowitsch,
* 24. 9. 1743 † 29. 8. 1795 (Moskau)
1775 bis 1783 Direktor der Akademie der Wissenschaften in Petersburg.
AM 7. 2. 1777
Literatur

DONDA, Arno, * 28. 4. 1930 (Berlin)
1963 Professor an der Hochschule für Ökonomie in Berlin. Leiter der Staatlichen Zentralverwaltung für Statistik.
KM 14. 6. 1979
Wirtschaftswissenschaften, Statistik und Demographie

DONDERS, Franz Cornelius,

* 27. 5. 1818 (Tilburg) † 24. 3. 1889 (Utrecht)
Zunächst Militärarzt am Hospital zu Haag, später Professor an der Medizinischen Militärschule in Utrecht. 1847 Professor für Physiologie und Ophtalmologie, 1863 Professor für Physiologie an der Universität in Utrecht.
KM 3. 4. 1873
Physiologie

DOPPELMAIER, Johann Gabriel,
* 27. 9. 1677 (Nürnberg) † 1. 12. 1750 (Nürnberg)
1704 Professor für Mathematik am Aegidien-Gymnasium in Nürnberg. (D. gab seit 1718 Erd- und Himmelsgloben heraus.)
abwM 12. 4. 1715; AM 24. 1. 1744
Mathematik

DORN, Johann Albrecht Bernhard,
* 11. 5. 1805 (Scheuerfeld bei Coburg) † 19./31. 5. 1881 (Petersburg)
1826 Professor für orientalische Sprachen an der Universität in Charkow. 1835 Professor für Geschichte und Geographie Asiens im Institut für orientalische Sprachen in Petersburg. 1835 Korresp. Mitglied, 1839 Adjunkt, 1852 Ordentlicher Akademiker der Akademie der Wissenschaften in Petersburg. Seit 1842 Direktor des Asiatischen Museums, seit 1844 Leiter der öffentlichen Bibliothek in Petersburg.
KM 11. 2. 1864
Orientalistik

DOVE, Heinrich Wilhelm, * 6. 10. 1803 (Liegnitz) † 4. 4. 1879 (Berlin)
1829 Professor an der Universität in Königsberg. 1845 Professor für Physik an der Universität in Berlin und Lehrer für Physik an der allgemeinen Kriegsschule, zugleich auch Lehrer am Gewerbeinstitut und an der Artillerieschule in Berlin. 1858 – 1859 und 1871 – 1872 Rektor der Universität in Berlin. Seit 1848 zugleich Vorstand der Meteorologischen Stationen in Preußen, Direktor des Preußischen Meteorologischen Instituts.
OM 1. 12. 1836 (Bestät. 4. 1. 1837)
Physik

DRAGENDORFF, Johannes (Hans) Friedrich Ludwig Wilhelm, * 3./15. 10. 1870 (Dorpat) † 29. 1. 1941 (Freiburg i. Br.)
1896 Stipendiat des Deutschen Archäologischen Instituts in Rom. 1896 Professor an der Universität in Basel. 1902 Leiter der Römisch-Germanischen Kommission in Frankfurt/a. M. und Leiter der Einrichtung der Kommission. 1911 Generalsekretär des Deutschen Archäologischen Instituts in Rom. 1922 Professor für Archäologie an der Universität in Freiburg. 1939 Professor für Archäologie an der Universität in Frankfurt/a. M..
OM 2. 3. 1916 (Bestät. 3. 4. 1916); EM 1. 4. 1922; AM 26. 11. 1925
Archäologie

DREFAHL, Günther, * 11. 5. 1922 (Rostock)
1946 Dozent an der Universität in Rostock. 1949 Professor, 1955 Professor für organische Chemie an der Universität in Jena. 1957 zugleich Direktor des Instituts für Organische Chemie und Biochemie der Universität. 1962 Rektor. 1969 Präsident des Friedensrates der DDR. 1962 Nationalpreis.
OM 11. 6. 1964
Organische Chemie, Polymerenchemie

DRESSEL, Heinrich, * 16. 6. 1845 (Rom) † 17. 7. 1920 (Teisendorf/Oberbayern)
1877 Mitglied, 1878 Professor am Archäologischen Institut in Rom. 1885 Professor und Leiter, 1898 Direktor der Antiken-Sammlung des Münzkabinetts in Berlin.

OM 24. 4. 1902 (Bestät. 9. 5. 1902)
Epigraphik, Numismatik

DREYHAUPT, Johann Christoph von (1742), * 20. 4. 1699 (Halle/Saale)
† 13. 12. 1768 (Halle/Saale)
1725 Advokat und Hoffiskal bei der französischen Kolonie in Halle und preuss. Kommissionsrat. 1729 Assessor des Schöppenstuhls in Halle. 1731 Regierungs-, Kriegs- und Domänenrat mit den Ämtern des Salzgrafen, Stadtschultheißen, Seniors des Schöppenstuhls und Bergrichters. Hofpfalzgraf. 1741 Geh. Rat. 1745 Mitglied des Kriegskommissariats in Sachsen. (D. war auch naturwissenschaftlich tätig und versuchte als Pfänner die halleschen Solquellen zu verbessern und zu vergrößern. Er besaß wertvolle Sammlungen von Mineralien, Münzen, Wappen, Urkunden, Regesten etc. und wurde vornehmlich aus diesem Grund Mitglied der Akademie. D. betätigte sich auch als Historiker und schrieb u. a. eine „Diplomatisch-historische Beschreibung des Saalkreises.")
AM 10. 5. 1753

DRISCHEL, Hans, * 8. 6. 1915 (Köln)
† 14. 5. 1980 (Leipzig)
1949 Oberarzt im Bergbaukrankenhaus in Schneeberg. 1955 Dozent, 1958 Professor für Physiologie an der Universität in Greifswald und Direktor des Physiologischen Instituts der Universität. 1959 Professor für Physiologie an der Universität in Leipzig und Direktor des Physiologischen Instituts der Universität. 1967 Nationalpreis.
OM 9. 6. 1966
Medizin, Physiologie, Biokybernetik

DRIVER, Samuel Rolles, * 2. 10. 1846 (Southampton) † 26. 2. 1914 (Oxford)
1883 Professor für hebräische Sprache und Exegese des Alten Testaments an der Universität in Oxford. Zugleich Kanonikus. Seit 1876 zugleich Mitglied der Kommission für die Revision der engl. Bibel.
KM 8. 12. 1910
Religionsgeschichte

DROYSEN, Johann Gustav Bernhard, * 6. 7. 1808 (Treptow/Rega)
† 19. 6. 1884 (Berlin)
1831 Lehrer am Gymnasium zum Grauen Kloster in Berlin. 1833 zugleich Professor für Geschichte an der Universität in Berlin. 1840 Professor für Geschichte an der Universität in Kiel. 1850 Professor für Geschichte an der Universität in Jena. 1859 Professor für Geschichte an der Universität in Berlin. Historiograph des Hauses Brandenburg. (D. war 1848 Mitglied des Frankfurter Parlaments und Mitglied des Verfassungsausschusses.)
OM 17. 1. 1867 (Bestät. 9. 2. 1867)
Geschichte

DRUDE, Paul Karl Ludwig,
* 12. 7. 1863 (Braunschweig)
† 5. 7. 1906 (Berlin), (Freitod)
1887 Assistent am Mathem.-physik. Institut in Göttingen, 1889 zugleich Privatdozent. 1894 Professor für techn. Physik an der Universität in Leipzig. 1900 Professor für Physik an der Universität in Gießen. 1905 Professor für Physik an der Universität in Berlin.
OM 2. 11. 1905 (Bestät. 12. 12. 1905)
Physik

DU BOCAGE, Jean-Denis, * 28. 4. 1760 (Paris) † 28. 12. 1825 (Paris)
siehe: BARBIÉ DU BOCAGE, Jean-Denis

DU BOIS, William Edward Burghardt, * 23. 2. 1868 (Great Barrington/Mass.)
† 27. 8. 1963 (Accra)
1895 Dr. phil.; später Professor für Geschichte und Soziologie an der Atlanta

Universität in New York. 1960 Professor für Geschichte und Soziologie in Accra/ Ghana. (D. B. ist der Gründer des Panafrikanischen Kongresses und war Vorsitzender des Rates für afrikanische Angelegenheiten.)
KM 20. 2. 1958
Geschichte, Soziologie

DU BOIS-REYMOND, Emil Heinrich, * 7. 11. 1818 (Berlin) † 26. 12. 1896 (Berlin)
1846 Privatdozent, 1848 Dozent für Anatomie an der Akademie der Künste in Berlin. 1858 Professor für Physiologie an der Universität in Berlin und Leiter des Physiologischen Laboratoriums (1877 Institut für Physiologie). 1869 – 1870 und 1882 – 1883 Rektor der Universität in Berlin. 1867 – 1895 Sekretar der Physikalisch-mathematischen Klasse der Akademie. Geh. Medizinalrat. 1892 Helmholtz-Medaille der Akademie. (D B.-R. war Mitbegründer der Physikalischen Gesellschaft und deren Ehrenpräsident.)
OM 6. 2. 1851 (Bestät. 5. 3. 1851)
Physiologie

DUCHESNE, Louis-Marie-Olivier, * 13. 9. 1843 (Saint-Servan) † 21. 4. 1922 (Rom)
Abbé. Professor für christliche Archäologie am Katholischen Institut in Paris; später Direktor des Instituts.
KM 20. 7. 1893
Kathol. Kirchengeschichte

DUCLOS, Charles PINEAU, * 12.2.1704 (Dinan/Bretagne) † 26. 3. 1772 (Paris)
Französischer Schriftsteller. 1755 Ständiger Sekretär der Académie Française. Historiograph von Frankreich.
AM 15. 6. 1752
Geschichte

DÜMMLER, Ernst Ludwig, * 2. 1. 1830 (Berlin) † 11. 9. 1902 (Friedrichroda/ Thür.)
1858 Professor, 1866 Professor für Geschichte an der Universität in Halle. 1876 Mitglied, 1888 Vorsitzender der Zentraldirektion der Monumenta Germaniae historica. Geh. Oberregierungsrat.
KM 30. 3. 1882; OM 6. 12. 1888 (Bestät. 19. 12. 1888)
Mittelalterl. Geschichte

DUFRÉNOY, Ours-Pierre-Armand PETIT-, * 5. 9. 1792 (Sevran/Seine-et-Oise) † 20. 3. 1857 (Paris)
Professor für Mineralogie und Direktor der École des ponts et chaussées in Paris. 1857 Generalinspekteur der Bergwerke.
KM 19. 2. 1835
Mineralogie, Geognosie

DU FRESNE, Joseph, * 18. 9. 1704 (Dourlens/Picardie) † 9. 5. 1781 (Berlin)
siehe: FRANCHEVILLE, Joseph DU FRESNE de

DUFRICHE, René-Nicolas Baron DESGENETTES, * 23. 5. 1762 (Alençon) † 3. 2. 1837 (Paris)
siehe: DESGENETTES, René-Nicolas DUFRICHE, Baron

DUGÈS, Antoine-Louis, * 10. 12. 1797 (Landrecies/Nord) † 2. 5. 1838 (Montpellier)
Professor für Pathologie an der Universität in Montpellier.
KM 24. 3. 1836
Vergleichende Anatomie

DUHAMEL, Jean-Marie-Constant, * 5. 2. 1797 (Saint-Malo) † 29. 4. 1872 (Paris)
Zunächst Studiendirektor an der Polytechnischen Schule, 1851 Professor für höhere Mathematik an der Universität in Paris.
KM 15. 4. 1847 Mathematik, Mechanik

DUHAN de JANDUN, Jacques Egide (Gilles), * 14. 3. 1685 (Jandun/Champagne) † 3. 1. 1746 (Berlin)
Ehemaliger Lehrer und Erzieher des preuß. Kronprinzen (später FRIEDRICH II.). Geh. Rat.
EM 23. 1. 1744

DUISBERG, Friedrich Carl, * 29. 9. 1861 (Barmen) † 19. 3. 1935 (Leverkusen)
1882 Assistent am Chemischen Laboratorium der Universität in Jena. 1884 Chemiker, 1888 Prokurist, 1899 Direktor, 1914 Generaldirektor und Vorsitzender des Direktoriums in den IG Farbenfabriken, vorm. Friedr. BAYER & Co. in Elberfeld. Seit 1904 Titularprofessor. 1925 Vorsitzender des Verwaltungs- und Aufsichtsrates der IG Farben-Industrie AG in Frankfurt a. M.. Geh. Regierungsrat.
KM 23. 6. 1921
Chemie

DULONG, Pierre-Louis, * 12. 2. 1785 (Rouen) † 19. 7. 1838 (Paris)
Zunächst Professor für Chemie an der Fakultät der Wissenschaft, an der École normale und an der Veterinärschule in Alfort. 1820 Professor für Physik an der École polytechnique in Paris. 1830 Direktor.
KM 13. 12. 1827
Physik

DUMAS, Jean-Baptiste André, * 15. 7. 1800 (Alais/Gard) † 11. 4. 1884 (Cannes)
Zunächst Pharmazeut in Genf, später in Paris. Professor für Chemie am Athénee, an der École et manufactures und an der Sorbonne. 1849 bis 1851 Minister für Ackerbau und Handel. 1868 ständiger Sekretär der Académie des Sciences in Paris.
KM 5. 6. 1834; AM 22. 7. 1880 (Bestät. 16. 8. 1880)
Chemie

DUMOLARD, Charles, * 22. 7. 1709 (Paris) † 26. 5. 1772 (Paris)
Französ. Schriftsteller.
abw M 8. 2. 1741; AM 24. 1. 1744

DUNCKER, Maximilian (Max) Wolfgang Theodor Julius, * 15. 10. 1811 (Berlin) † 21. 7. 1886 (Ansbach)
1839 Privatdozent, 1842 Professor für Geschichte an der Universität in Halle. 1857 Professor für politische Geschichte an der Universität in Tübingen. 1859 Geh. Regierungsrat und Leiter der Zentral-Press-Stelle im Preuß. Staatsministerium. 1861 Vortragender Rat und pol. Berater des Prinzen von Preußen. 1866 Zivilkommissar. 1867 bis 1874 Direktor der Preuß. Staatsarchive. Historiograph des Hauses Brandenburg. Seit 1872 auch Dozent an der Kriegsakademie. Geh. Oberregierungsrat. (D. wurde 1837 wegen Zugehörigkeit zur Burschenschaft zu 6 Jahren Festung verurteilt; die Strafe wurde später auf 6 Monate herabgesetzt, 1843 Redakteur an der „Allgemeinen Litteraturzeitung". 1848 Einreihung in die Schloßwache. Mitglied des Frankfurter Parlaments. 1849 bis 1852 Mitglied der Zweiten Kammer. 1850 Mitglied des Erfurter Parlaments. 1849 2. Präsident der Gothaer Versammlung. Mitarbeit an den „Preußischen Jahrbüchern". Mitglied des konstituierenden Reichstages.)
OM 24. 4. 1873 (Bestät. 14. 5. 1873)
Geschichte

DUNER, Nils Christoffer, * 21. 5. 1839 (Billeberga/Schonen) † 10. 11. 1914 (Stockholm)
1859 Assistent am Physikalischen Institut in Lund. 1864 zugleich Observator an der Sternwarte in Lund, 1887 Professor für Astronomie in Lund. 1888 Professor für Astronomie an der Universität

in Uppsala und Direktor der Sternwarte.
KM 22. 2. 1900
Astronomie

DUPERRON, Louis-Adrian, * 1705 (Paris) † 28. 8. 1752 (Paris)
siehe: CASTERA, Louis-Adrian DUPERRON (DU PERRON) de

DUREAU de LA MALLE, Adolphe-Jules-Cesar-Auguste, * 2. 3. 1777 (Paris) † 18. 5. 1857 (Paris)
Französ. Historiker. 1818 Mitglied der Akademie der Inschriften und schönen Künste in Paris.
KM 15. 4. 1847
Geschichte

DUTZ, Harald, * 14. 1. 1914 (Berlin)
1951 Oberarzt an der II. Medizinischen Klinik der Charité in Berlin. 1953 Dozent, 1955 Professor für innere Medizin an der Universität in Rostock und Direktor der Medizinischen Klinik und Poliklinik der Universität. 1962 Professor für innere Medizin an der Universität in Berlin und Direktor der II. Medizinischen Klinik der Charité. 1962 zugleich Vizepräsident des Rates für Planung und Koordinierung der Medizinischen Wissenschaften. 1972 Nationalpreis.
OM 4. 9. 1969
Medizin, innere Medizin

DUVERNOY, Georges-Louis,
* 6. 8. 1777 (Montbéliard) † 1. 3. 1855 (Paris)
1827 Professor für Anatomie und Zoologie an der Universität in Straßburg. 1837 Professor für vergl. Anatomie am Collège de France und am Naturhistorischen Museum in Paris.
KM 27. 4. 1854
Anatomie

DWALI, Rafael Rafaelowitsch,
* 17. 4. 1909 (Tbilissi)
1937 Dozent, 1948 Professor für technische Wissenschaften am Polytechnischen Institut in Tbiblissi. 1956 Rektor. 1958 Vizepräsident der Akademie der Wissenschaften der Georgischen SSR. Zugleich Direktor des Instituts für Maschinentechnik der Akademie.
AM 25. 2. 1971
Technik

EBEL, Hermann Wilhelm, * 10. 5. 1820 (Berlin) † 19. 8. 1875 (Misdroy)
Zunächst Lehrer am Cölln. Gymnasium in Berlin. 1852 Lehrer in Ostrowe. 1858 Lehrer am Gymnasium in Schneidemühl. 1872 Professor für vergleichende Sprachwissenschaft an der Universität in Berlin.
KM 4. 11. 1869
Keltische Philologie

EBELING, Christoph Ludwig Daniel Friedrich, * 20. 11. 1741 (Garmissen bei Hildesheim) † 30. 6. 1817 (Hamburg)
1767 Hofmeister in Leipzig. 1769 Lehrer, 1771 einer der beiden Vorsteher an der Handlungsakademie in Hamburg. 1784 Professor für Geschichte und griech. Sprache am Hamburger Akad. Gymnasium; seit 1799 zugleich Bibliothekar der Stadtbibliothek in Hamburg. (E. gilt als Haupt der Hamburger Gelehrsamkeit seiner Zeit. Er schrieb u. a. die erste Geschichte der amerikanischen Freistaaten. E. war in den letzten Lebensjahren taub.)
KM 25. 6. 1812
Geschichte, Amerikanistik

EBELING, Werner Otto Hermann,
* 15. 9. 1936 (Bad Suderoda)
1970 Professor für theoretische Physik und Forschungsgruppenleiter an der Sektion Physik der Universität in Rostock.
KM 9. 6. 1977
Theoretische Physik, statistische Physik

EBERHARD, Johann August,

* 31. 8. 1738 (Halberstadt) † 6. 1. 1809 (Halle/Saale)
1759 Hauslehrer bei dem späteren Staatsminister Freiherr v. d. HORST; 1763 zugleich Konrektor am Martineum in Halberstadt und Prediger an der Hospitalkirche. E. folgte v. d. HORST nach dessen Ernennung zum Staatsminister nach Berlin. 1768 Prediger am Berliner Arbeitshaus, zugleich Prediger in Stralow. 1774 Prediger in Charlottenburg. 1778 Professor für Philosophie an der Universität in Halle. Geh. Rat.
AM 16. 11. 1786 (Bestät. 21. 11. 1786)
Theologie, Geschichte der Philosophie

EBNER, Anton Gilbert Viktor, Ritter von Rofenstein, * 4. 2. 1842 (Bregenz) † 20. 3. 1925 (Wien)
1866 Assistent an der Universität in Graz. 1873 Professor für Histologie und Entwicklungsgeschichte an der Universität in Graz. 1888 Professor für Histologie und Entwicklungsgeschichte an der Universität in Wien.
KM 15. 7. 1920
Medizin, Histologie

ECKHARDT, Johann Georg von (1719), * 7. 9. 1664 (Duingen/Hann.) † 9. 2. 1730 (Würzburg)
Sekretär des kursächs. Staatsministers und Feldmarschalls Graf FLEMMING. Nach 1694 Gehilfe von G. W. LEIBNIZ in Hannover. 1706 Professor für Geschichte an der Universität in Helmstedt. 1714 hannöv. Rat und Historiograph in Hannover. 1724 Geh. Rat. (E. war seit 1694 Gehilfe von LEIBNIZ besonders bei historischen Arbeiten. Zwischen 1694 und 1706 begleitete er LEIBNIZ auf Reisen zum Zwecke von Archiv- und Sprachstudien. Er war als Gehilfe von LEIBNIZ auch bei der Abfassung der Geschichte des Welfenhauses beteiligt. (E. floh 1723 unter Zurücklassung der Familie aus Hannover, trat zum Katholizismus über und hielt sich zunächst bei den Benediktinern in Corvey und danach am Kollegium der Jesuiten in Köln auf. Er wurde 1724 nach Würzburg gerufen und zum bischöfl. Historiographen ernannt.)
abwM 18. 3. 1711
German. Philologie, Geschichte

EDDINGTON, Sir Arthur Stanley, * 28. 12. 1882 (Kendal) † 22. 11. 1944 (Cambridge)
1906 Chefassistent am Observatorium in Greenwich. 1913 Professor für Astronomie und Experimentalphilosophie an der Universität in Cambridge. 1914 Direktor der Sternwarte in Cambridge.
KM 17. 2. 1938
Astronomie

EGENOLFF, Johann August, * 22. 2. 1683 (Dresden) † zwischen 1729 und 1734
1704 Magister artium an der Universität in Leipzig. 1711 Konrektor des Gymnasiums in Grimma.
abwM 6. 3. 1727
Geschichte

EGGER, Emile, * 18. 7. 1813 (Paris) † 31. 8. 1885 (Royat)
1835 Lehrer am Collège St. Louis. 1839 Lehrer für allgemeine und vergleichende Grammatik an der École normale in Paris. 1840 Hilfsprofessor, 1855 Professor für griechische Literatur an der Universität in Paris. 1873 zugleich Mitglied des Conseil supérieur für den öffentlichen Unterricht.
KM 11. 4. 1867
Klassische Philologie

EHLERS, Ernst Heinrich, * 11. 11. 1835 (Lüneburg) † 31. 12. 1925 (Göttingen)
1863 Privatdozent an der Universität in Göttingen. 1869 Professor für Zoologie und vergl. Anatomie an der Universität in Erlangen. 1874 Professor für Zoologie

und vergl. Anatomie an der Universität in Göttingen. Geh. Oberregierungsrat.
KM 21. 1. 1897
Zoologie

EHRENBERG, Christian Gottfried,
* 19. 4. 1795 (Delitzsch bei Leipzig)
† 27. 6. 1876 (Berlin)
1827 Professor an der Medizinischen Fakultät der Universität in Berlin, 1839 Professor für Medizin an der Universität in Berlin. 1855 – 1856 Rektor der Universität. 1842 – 1867 Sekretar der Physikalisch-mathematischen Klasse der Akademie. Geh. Medizinalrat. (E. unternahm von 1820 – 1825 zusammen mit Dr. HEMPRICHT eine Expedition durch Ägypten und Nubien. 1829 begleitete er A. v. HUMBOLDT und G. ROSE auf deren Forschungsreise zum Ural und in das Altaigebiet.)
KM 13. 4. 1826; OM 31. 5. 1827 (Bestät. 18. 6. 1827)
Zoologie, Botanik, Paläontologie

EHRHARD, Albert Maria Joseph,
* 14. 3. 1862 (Herbitzheim/Elsaß)
† 23. 9. 1940 (Bonn)
1889 Professor am Priesterseminar in Straßburg. 1892 Professor für Kirchengeschichte an der Universität in Würzburg. 1898 Professor für Kirchengeschichte an der Universität in Wien. 1902 Professor für Kirchengeschichte an der Universität in Freiburg/Br.. 1903 Professor für Kirchengeschichte an der kathol.-theol. Fakultät der Universität in Straßburg. 1918 Professor für Kirchengeschichte an der Universität in München. 1920 Professor für kathol. Theologie an der Universität in Bonn.
KM 26. 11. 1936
Theologie, Kirchengeschichte

EHRISMANN, Gustav Adolf,
* 8. 10. 1855 (Pforzheim) † 9. 9. 1941 (Hamburg-Altona)
1881 Privatgelehrter in Pforzheim. 1901 Professor für Germanistik in Heidelberg. 1909 Professor für deutsche Literaturgeschichte an der Universität in Greifswald. (E. lebte nach seiner Emeritierung 1924 zunächst in Heidelberg, danach in Berlin, zuletzt in Hamburg.)
KM 6. 12. 1923
Germanistik

EHRLE, Franz, * 17. 10. 1845 (Isny/Württ.) † 31. 3. 1934 (Rom)
Kardinal. Präfekt der Vatikanischen Bibliothek.
KM 24. 7. 1913
Theologie

EICHHORN, Karl Friedrich,
* 20. 11. 1781 (Jena) † 4. 7. 1854 (Köln)
1804 Beisitzer des Spruchkollegs in Göttingen. 1805 Professor für Rechtswissenschaften an der Universität in Frankfurt a. O.. 1816 Professor für deutsches und kanonisches Recht an der Universität in Göttingen. 1832 Professor für Rechtswissenschaften an der Universität in Berlin. (E. nahm 1813 als Offizier am Befreiungskrieg teil. 1824 wurde er beurlaubt, 1829 emeritiert. Nach 1832 betätigte er sich in Berlin hauptsächlich als Mitglied des geh. Obertribunals und des Staatsrates. 1847 schied er aus Krankheitsgründen aus dem Staatsdienst aus und lebte in Tübingen. Der Status der Mitgliedschaft als EM, anschließend zum AM 1847, resultiert aus der Verlegung des Wohnsitzes. Es erfolgte hierzu keine Wahl.)
OM 19. 1. 1832 (Bestät. 13. 2. 1832); EM 1. 1. 1847; AM 15. 4. 1847
Rechtsgeschichte, Kirchenrecht

EICHHORN, Wolfgang, * 23. 2. 1930 (Unterneubrunn/Thürg.)
1960 bis 1964 Chefredakteur der „Deutschen Zeitschrift für Philosophie". 1963

Abteilungsleiter am Institut für Philosophie der Universität in Berlin. 1966 Professor für Philosophie an der Universität in Berlin. 1967 Abteilungsleiter am Institut für Philosophie der Akademie. 1969 bis 1971 Leiter des Forschungsbereichs Gesellschaftswissenschaften der Akademie. 1980 Nationalpreis.
KM 29. 5. 1969; OM 14. 6. 1973
Philosophie, Historischer Materialismus

EICHLER, August Wilhelm,
* 22. 4. 1839 (Neukirchen/Hessen)
† 2. 3. 1887 (Berlin)
1861 Assistent an der Universität in München. 1871 Professor an der Technischen Hochschule in Graz. 1872 Professor für Botanik an der Universität in Kiel. 1878 Professor für systematische Botanik an der Universität in Berlin, Direktor des Herbariums der Universität und des Botanischen Gartens.
OM 12. 2. 1880 (Bestät. 10. 3. 1880)
Botanik

EICKEN, Carl von, * 31. 12. 1873 (Mühlheim/Ruhr) † 29. 6. 1960 (Heilbronn)
1903 Privatdozent, 1909 Professor für Medizin an der Universität in Freiburg i. Br.. 1910 Professor für Medizin an der Universität in Gießen. 1922 Professor für Hals-, Nasen- und Ohrenkrankheiten an der Universität in Berlin.
OM 14. 9. 1949
Medizin, Hals-, Nasen- und Ohrenkrankheiten

EIMMART, Georg Christoph,
* 22. 8. 1638 (Regensburg) † 5. 1. 1705 (Nürnberg)
Studium der Mathematik und der Rechte an den Universitäten in Altdorf und Jena. 1674 Mitdirektor, 1699 Leiter der Malerakademie in Nürnberg. Radierer, Kupferstecher und Maler in Nürnberg. E. betätigte sich auch als Astronom, errichtete 1677 eine Sternwarte bei der Burg in Nürnberg und erfand und baute selbst astronomische Instrumente. (E. hat offenbar das Diplom der Mitgliedschaft in der Akademie nicht erhalten.)
abwM 8. 4. 1701
Astronomie

EINSTEIN, Albert, * 14. 3. 1879 (Ulm)
† 18. 4. 1955 (Princeton/New Jersey)
1901 wissenschaftlicher Expert am Patentamt in Bern. 1909 Professor an der Universität in Zürich. 1911 Professor für theoretische Physik an der Universität in Prag. 1912 Professor für theoretische Physik am Polytechnikum in Zürich. 1913 Ordentliches (hauptamtliches) Mitglied der Akademie in Berlin. 1914 Direktor des Instituts für Physik der Kaiser-Wilhelm-Gesellschaft zur Förderung der Wissenschaften. 1933 Professor am Institut for Advanced Study in Princeton. 1921 Nobelpreis für Physik. (E. legte nach der Errichtung der faschistischen Diktatur in Deutschland die Mitgliedschaft nieder. In seinem Schreiben vom 28. 3. 1933 an die Berliner Akademie schrieb er u. a.: „Die in Deutschland gegenwärtig herrschenden Zustände veranlassen mich, meine Stellung bei der Preußischen Akademie der Wissenschaften hiermit niederzulegen . . . Die durch meine Stellung bedingte Abhängigkeit von der Preußischen Regierung empfinde ich . . . unter den gegenwärtigen Umständen als untragbar.")
OM 24. 7. 1913 (Bestät. 12. 11. 1913)
Theoretische Physik

EISENKOLB, Friedrich Johann,
* 5. 1. 1901 (Warnsdorf) † 29. 9. 1967 (Dresden)
1937 Privatdozent für Metallurgie, 1941 Dozent m. LA an der „Deutschen Technischen Hochschule" in Prag. 1949 Professor für Werkstoffkunde an der Technischen Hochschule (jetzt Technische Uni-

versität) in Dresden und Direktor des Instituts für Werkstoffkunde. 1951 zugleich Direktor des Forschungsinstituts für metallische Spezialwerkstoffe der Akademie in Dresden. 1959 Nationalpreis.
OM 19. 2. 1953
Werkstoffkunde

EISENSTEIN, Ferdinand Gotthold Max, * 16. 4. 1823 (Berlin) † 11. 10. 1852 (Berlin)
1847 – 1852 Privatdozent für Mathematik an der Universität in Berlin. (E. gehörte zu den Teilnehmern des Schreckensmarsches gefangener Märzkämpfer am 19. 3. 1848 nach Spandau. A. v. HUMBOLDT erreichte für E., den er als bedeutenden Mathematiker charakterisierte, 1844 vorübergehend ein Gnadengehalt; jedoch scheiterte die Ernennung zum Professor. GAUß zählte E., der mit 29 Jahren, wenige Monate vor seinem Tode, zum OM gewählt wurde, neben ARCHIMEDES und NEWTON zu den drei „epochebildenden" Mathematikern.)
OM 25. 3. 1852 (Bestät. 24. 4. 1852)
Mathematik

EISSFELDT, Otto, * 1. 9. 1887 (Northeim/Hann.) † 23. 4. 1973 (Halle)
1913 Privatdozent, 1918 Professor an der Universität in Berlin. 1922 Professor für alttestamentarische Theologie an der Universität in Halle. 1929 und 1945 – 1948 Rektor.
KM 24. 2. 1949; OM 14. 7. 1949
Nordwestsemitische Philologie, Religionsgeschichte

EITEL, Wilhelm Hermann Julius, * 6. 5. 1891 (Frankfurt a. M.)
1918 Privatdozent an der Universität in Frankfurt a. M.. 1920 Professor für Mineralogie und Petrographie an der Universität in Leipzig. 1921 Professor für Mineralogie und Petrographie an der Universität in Königsberg. 1926 Professor für Mineralogie und Petrographie an der Technischen Hochschule in Berlin und Direktor des Instituts für Silikatforschung der Kaiser-Wilhelm-Gesellschaft zur Förderung der Wissenschaften in Berlin-Dahlem. 1946 Professor für physikalische Chemie in Toledo/USA. (E. wurde auf Vorschlag der Akademie vor deren Wiedereröffnung 1946 aus der Mitgliederliste gestrichen. Seine Mitgliedschaft endet damit am 8. 5. 1945.)
OM 10. 7. 1942 – 8. 5. 1945 (Bestät. 10. 7. 1942)
Mineralogie, Silikatforschung

EKWALL, Bror Oscar Eilert, * 8. 1. 1877 (Vallsjö/Jönköpings Län) † 23. 11. 1964 (Lund)
1903 Privatdozent an der Universität in Uppsala. 1907 Professor für engl. Philologie an der Universität in Lund.
KM 14. 10. 1937
Anglistik

ÉLIE de BEAUMONT, Jean-Baptiste-Jacques, * Okt. 1732 (Catentan) † 10. 1. 1786 (Paris)
Advokat am Parlament in Paris.
AM 26. 4. 1768

ÉLIE de BEAUMONT, Jean-Baptiste-Armand-Louis-Léonce, * 25. 9. 1798 (Canon/Calvados) † 12. 9. 1874 (Canon/Calvados)
1832 Professor für Geologie am Collège de France und an der École des mines in Paris. Inspekt. gén. des Mines.
KM 13. 12. 1827
Geologie, Geodäsie

ELLER, Johann Theodor, * 29. 11. 1689 (Plätzkau/Anhalt) † 13. 9. 1760 (Berlin)
1721 Leibarzt und Stadtarzt in Bernburg. 1724 Leibarzt und Feldarzt in Ber-

lin, Arzt am Friedrichs-Hospital und Professor für innere Krankheiten am Collegium medico-chirurgicum in Berlin. 1755 Direktor des Collegium medico-chirurgicum. 1735 Leibarzt FRIEDRICH WILHELM's I.. 1740 – 1747 Leibarzt FRIEDRICH's II.. Zugleich Generalstabsarzt der Armee und Leiter des Medizinalwesens in Preußen. 1735 – 1760 Direktor der Physikalischen Klasse der Akademie. (E. führte in Preußen erstmals die Pockeninokulation durch.)
anwM 12. 9. 1725
Medizin

ELSNER, Jakob, * März 1692 (Saalfeld i. Pr.) † 8. 10. 1750 (Berlin)
1715 Konrektor der reformierten Schule in Königsberg; zugleich Hauskaplan bei dem Feldmarschall Graf A. von DOHNA. 1720 Professor für Theologie und orientalische Sprachen an der Theologischen Lehranstalt in Lingen/Westf.; zugleich Prediger der dortigen reformierten Gemeinde. 1722 Rektor und erster Professor am Joachimthalschen Gymnasium in Berlin. Später Konsistorialrat und geistl. Inspektor des Gymnasiums, sowie 1. Prediger an der Parochialkirche und Mitglied des Kirchendirektoriums. 1742 erneut Rektor des Joachimthalschen Gymnasiums in Berlin. 1742 – 1744 Direktor der Philologisch-Orientalischen Klasse, 1744 – 1750 Direktor der Historischen (später Philologischen) Klasse der Akademie.
anwM 5. 11. 1722
Theologie

EMANUEL, Nikolai Markowitsch, * 18. 9./1. 10. 1915 (Tim/Bez. Kursk)
1950 Professor für chemische Physik an der Universität in Moskau. 1958 Korrespondierendes Mitglied, 1966 Ordentlicher Akademiker für technische Chemie der Akademie der Wissenschaften der UdSSR in Moskau.
AM 17. 4. 1975
Chemische Physik

EMGE, Carl August, * 21. 4. 1886 (Hanau) † 20. 1. 1970 (München)
1916 Privatdozent, 1922 Professor für Philosophie an der Universität in Gießen. 1924 Privatdozent an der Universität in Jena. 1926 Professor am HERDER-Institut in Riga. 1927 Professor für Philosophie an der Universität in Jena. 1931 zugleich Wissenschaftl. Leiter des NIETZSCHE-Archivs in Weimar. 1935 Professor für Philosophie und Rechtsphilosophie an der Universität in Berlin. 1937 Vizepräsident der Akademie für Deutsches Recht. Nach 1945 – 1959 Professor für Philosophie und Rechtsphilosophie an der Universität in Würzburg. (E. wurde auf Vorschlag der Akademie vor deren Wiedereröffnung 1946 aus der Mitgliederliste gestrichen. Seine Mitgliedschaft endete damit am 8. 5. 1945.)
OM 2. 3. 1939 – 8. 5. 1945 (Bestät. 29. 4. 1939)
Rechtsphilosophie

EMICKE, Otto Christoph Martin Erhardt, * 27. 4. 1891 (Ratibor) † 19. 10. 1970 (Freiberg)
1919 Betriebsleiter des Stahlwerkes Lindenberg in Remscheid. 1926 Schriftleiter bei dem Verein Deutscher Eisenhüttenleute in Düsseldorf. 1928 Professor für bildsame Formgebung an der Bergakademie in Freiberg. 1941 zugleich Direktor des Instituts für Metallformung. 1943 Direktor des Instituts für Metallforschung der Kaiser-Wilhelm-Gesellschaft zur Förderung der Wissenschaften in Freiberg; zugleich Leiter des Walzwerkausschusses für die deutsche NE-Metallindustrie. 1947 Forschungsleiter des Sowj. Technischen Büros Eisen und Metallurgie in Freiberg. 1949 Direktor des Forschungsinstituts für NE-Metalle in Freiberg.

OM 24. 2. 1955
Metallurgie

EMONS, Hans-Heinz, * 1. 6. 1930 (Herford)
1962 Dozent, 1965 Professor für Chemie und Technologie der Mineralsalze, 1969 Professor für Technische anorganische Chemie an der Technischen Hochschule für Chemie in Leuna-Merseburg. 1964 bis 1967 zugleich Direktor des Instituts für Chemie und Technologie der Mineralsalze. 1968 Rektor. 1970 Nationalpreis.
KM 11. 6. 1970; OM 14. 6. 1973
Anorganische und anorganisch-technische Chemie; Chemie und Technologie der Salze

ENCKE, Johann Franz, * 23. 9. 1791 (Hamburg) † 26. 8. 1865 (Spandau)
1815 Gehilfe an der Sternwarte auf dem Seeberg bei Gotha; 1817 Vizedirektor dieser Sternwarte. 1825 Direktor der Sternwarte in Berlin, 1844 auch Professor für Astronomie an der Universität in Berlin. 1853 – 1854 Rektor der Universität. 1825 Sekretar der Mathematischen Klasse – ab 1830 – 1863 Sekretar der Physikalisch-mathematischen Klasse der Akademie.
KM 5. 6. 1823; OM 10. 2. 1825[1)] (Bestät. 21. 6. 1825)
Astronomie

1) (E. Wurde am 10. 2. 1825 als OM in die Akademie aufgenommen. Erst am 5. 5. 1825 entschloß sich die Akademie, Encke „vorläufig seine Ernennung" zum Ordentlichen Mitglied zu melden und gleichzeitig den Antrag auf Bestätigung beim zuständigen Ministerium einzureichen. Am 2. 6. 1825 erhielt die Akademie die Antwort, daß die Bestätigung dem „König vorgelegt" wird, sobald die Akademie die „Ernennung" von Dirksen mitgeteilt habe, der Professor für Mathematik und Lehrer an der allgemeinen Kriegsschule in Berlin war. Die Akademie wählt daraufhin Dirksen am 9. 6. 1825 ebenfalls zum OM. Die staatliche Bestätigung beider erfolgt am 21. 6. 1825.)

ENGEL, Friedrich, * 26. 12. 1861 (Lugau/Prov. Sachsen) † 29. 9. 1941 (Gießen)
1885 Privatdozent an der Universität in Leipzig. 1889 Professor für Mathematik an der Universität in Leipzig. 1904 Professor für Mathematik an der Universität in Greifswald. 1913 Professor für Mathematik an der Universität in Gießen.
KM 21. 12. 1939
Mathematik

ENGEL, Johann Jakob, * 11. 9. 1741 (Parchim/Meckl.) † 28. 6. 1802 (Parchim)
Zunächst als Schriftsteller literarisch tätig als Kritiker, Theaterdichter und Essayist. 1776 Professor für Moralphilosophie und schöne Wissenschaften am Joachimthalschen Gymnasium in Berlin. 1787 bis 1794 Leiter des Königl. Theaters in Berlin. (E. war u. a. Lehrer der Gebrüder von HUMBOLDT und Erzieher des späteren Königs FRIEDRICH WILHELM III. Er hat dazu beigetragen, daß aus einer Wanderbühne das Berliner Nationaltheater entstand.)
OM 7. 9. 1786 (Bestät. 14. 9. 1786)

ENGELBERG, Ernst, * 5. 4. 1909 (Haslach/Baden)
1948 Lehrbeauftragter an der Brandenburg. Landesschule in Potsdam. 1949 Professor m. LA, 1953 Professor m. v. LA an der Universität in Leipzig. 1951 zugleich Direktor des Instituts für deutsche Geschichte. 1960 Direktor des Instituts für Geschichte der Akademie. 1969 Leiter der Forschungsstelle für Methodologie und Geschichte der Geschichtswissenschaft im Zentralinstitut für Geschichte der Akademie. 1964 Nationalpreis.
OM 15. 6. 1961
Geschichte, Geschichte der Arbeiterbewegung; Geschichte des 19. Jh.; Methodologie

ENGELHARDT, Wladimir Alexandrowitsch, * 21. 11./3. 12. 1894 (Moskau)

1934 Professor für Biochemie an der Universität in Moskau. 1946 Korrespondierendes Mitglied, 1953 Ordentlicher Akademiker für biologische Wissenschaften der Akademie der Wissenschaften der UdSSR.
KM 29. 6. 1950; AM 20. 5. 1969
Biochemie

ENGELMANN, Theodor Wilhelm,
* 14. 11. 1843 (Leipzig) † 20. 5. 1909 (Berlin)
1871 Professor für Physiologie an der Universität in Utrecht. 1897 Professor für Physiologie an der Universität in Berlin und Direktor des Physiologischen Instituts. Geh. Medizinalrat.
OM 20. 1. 1898 (Bestät. 14. 2. 1898)
Physiologie

ENGLER, Adolf Heinrich Gustav,
* 25. 3. 1844 (Sagan) † 10. 10. 1930 (Berlin)
1871 Privatdozent und Kustos des Herbariums in München. 1878 Professor für Botanik an der Universität in Kiel. 1884 Professor für Botanik an der Universität in Breslau. 1889 Professor für Botanik an der Universität in Berlin. Geh. Oberregierungsrat. (E. gründete 1880 die „Botanischen Jahrbücher" und war Leiter des Unternehmens der Akademie „Das Pflanzenreich", gegründet 1900.)
OM 19. 12. 1889 (Bestät. 29. 1. 1890)
Botanik

ENGLER, Carl Oswald Viktor,
* 5. 1. 1842 (Weisweil/Baden)
† 7. 2. 1925 (Karlsruhe i. B.)
1867 Privatdozent, 1872 Professor für Chemie an der Universität in Halle. 1876 Professor für chemische Technologie am Polytechnikum in Karlsruhe. 1887 Professor für reine Chemie an der Technischen Hochschule in Karlsruhe und Direktor des Chemischen Instituts. (E. war politisch in der National-Liberalen-Partei tätig und 1887 bis 1890 Mitglied des Reichstages.)
KM 26. 6. 1919
Chemie

ENGST, Rudolf Walter, * 8. 5. 1920 (Crimmitschau)
1956 Direktor des Instituts für Lebensmittelchemie beim Magistrat von Groß-Berlin. 1963 Bereichsleiter am Institut für Ernährung (jetzt Zentralinstitut) der Akademie. 1969 zugleich Professor an der Technischen Universität in Dresden.
KM 14. 6. 1979
Lebensmittelchemie, Ernährungstoxikologie

EÖTVÖS, Lorand (Roland) Baron,
* 27. 7. 1848 (Budapest) † 8. 4. 1919 (Budapest)
1871 Dozent, 1872 Professor für Physik an der Universität in Budapest. 1889 – 1905 Präsident der Ungarischen Akademie der Wissenschaften in Budapest. 1894 – 1895 ungarischer Minister für Kultus und Unterricht.
KM 6. 1. 1910
Experimentalphysik

EOSANDER, Johann Friedrich Nilsson (seit 1713 Frh. GÖTHE), * 23. 8. 1669 (Stralsund) † 22. 5. 1728 (Dresden)
Um 1690 in schwedischen Diensten Festungskondukteur in Stettin. 1699 in brandenburgischen Diensten Baumeister, 1702 Baudirektor, 1707 Oberbaudirektor und Kontrolleur aller zivilen und militärischen Bauten. 1713 in schwedischen Diensten Generalquartiermeister, später Generalmajor. 1722 in kursächsischen Diensten Generalleutnant. (E. geriet 1715 in preußische Gefangenschaft und wurde zeitweilig in Spandau gefangen gehalten. E. führte die Dekorationen der Berliner Oper aus und leitete den Umbau und die Erweiterung des Grumkauschen Hauses, des späteren Schlosses in Schön-

hausen bei Berlin. 1700 war er an der Vorbereitung der Krönungsfeier in Königsberg beteiligt und führte den Schmuck der Schloßkirche aus. 1702 Leitung der Erweiterungsarbeiten am Schloß Lützenburg – 1705 in Charlottenburg umbenannt – . E. war an zahlreichen weiteren Berliner Bauten beteiligt und entwarf den Plan für die Stadt Charlottenburg. Seit 1709 hatte er als Nachfolger SCHLÜTERs die Leitung des Baues des Berliner Schlosses. Das EOSANDER-Portal des im zweiten Weltkrieg zerstörten Berliner Schlosses bildet heute einen Bestandteil des Gebäudes des Staatsrates der DDR am Marx-Engels-Platz in Berlin. E., vom Konzilium der Akademie als Mitglied aufgenommen, ist in bisherigen Mitgliederverzeichnissen nicht aufgeführt. Er hat offenbar kein Diplom erhalten.)
anwM 11. 3. 1701
Mechanik

ERBEN, Johannes, * 12. 1. 1925 (Leipzig)
1949 wissenschaftlicher Mitarbeiter, 1959 Abteilungsleiter, 1961 stellvertr. Direktor des Instituts für Deutsche Sprache und Literatur der Akademie. 1953 Dozent, 1954 Professor für deutsche Philologie (Frühneuhochdeutsch) an der Universität in Berlin. 1965 Professor für Altgermanistik an der Universität in Innsbruck. 1979 Professor für Altgermanistik an der Universität in Bonn. 1961 Nationalpreis.
OM 11. 6. 1964; KM 17. 11. 1966; AM 20. 5. 1969
Sprachwissenschaft, Altgermanistik

ERDEY-GRUZ, Tibor, * 27. 10. 1902 (Budapest) † 16. 8. 1976 (Budapest)
Zunächst Privatdozent, später Professor für physikalische Chemie an der Universität in Budapest. Präsident der Ungarischen Akademie der Wissenschaften in Budapest.
KM 22. 11. 1962; AM 26. 5. 1969
Physikalische Chemie

ERDMANN, Benno, * 30. 5. 1851 (Gugrau/Schles.) † 7. 1. 1921 (Berlin)
1876 Privatdozent an der Universität in Berlin. 1878 Professor, 1879 Professor für Philosophie an der Universität in Kiel. 1884 Professor für Philosophie an der Universität in Breslau. 1890 Professor für Philosophie an der Universität in Halle. 1898 Professor für Philosophie an der Universität in Bonn. 1909 Professor für Philosophie an der Universität in Berlin.
KM 15. 1. 1903; OM 22. 6. 1911 (Bestät. 25. 7. 1911)
Philosophie, Geschichte der Philosophie

ERDMANNSDÖRFFER, Bernhard, * 24. 1. 1833 (Altenburg/Thür.) † 1. 3. 1901 (Heidelberg)
Zunächst Hauslehrer in Ostpreußen und in Venedig, 1862 Privatdozent für Geschichte an der Universität in Berlin. 1864 zugleich Dozent, 1869 Professor für Geschichte an der Kriegsakademie in Berlin. 1871 Professor für neuere Geschichte an der Universität in Greifswald. 1873 Professor für neuere Geschichte an der Universität in Breslau. 1874 Professor für neuere Geschichte an der Universität in Heidelberg.
KM 28. 10. 1897
Geschichte

ERMAN, Jean Pierre, * 1. 3. 1735 (Berlin) † 11. 8. 1814 (Berlin)
Prediger an der Französischen Gemeinde auf dem Friedrichs-Werder. Oberkonsistorialrat. Brandenburgischer Historiograph.
OM 2. 11. 1786 (Bestät. 9. 11. 1786)
Geschichte

ERMAN, Jean Pierre Adolphe (Adolf),

* 31. 10. 1854 (Berlin) † 26. 6. 1937 (Berlin), (Enkel von ERMAN, Paul)
Zunächst wissenschaftlicher Hilfsarbeiter in der Bibliothek und in der Münzsammlung der Kgl. Museen in Berlin. 1884 Direktor des Ägyptischen Museums in Berlin. 1892 Professor für Ägyptologie an der Universität in Berlin. Geh. Regierungsrat. (E. leitete seit 1897 das Unternehmen der Akademie „Wörterbuch der ägyptischen Sprache".)
OM 10. 1. 1895 (Bestät. 18. 2. 1895)
Ägyptologie

ERMAN, Paul, * 29. 2. 1764 (Berlin) † 11. 10. 1851 (Berlin), (Sohn von ERMAN, Jean Pierre)
1781 Lehrer, 1791 Professor für Philosophie am Französischen Gymnasium in Berlin. 1792 Professor an der „Académie des nobles". 1810 Professor für Physik an der Universität in Berlin, zugleich Lehrer für Physik an der Allgemeinen Kriegsschule. 1810 Sekretar der Physikalischen Klasse – ab 1830 – 1841 der Physikalisch-mathematischen Klasse der Akademie.
aoM 13. 3. 1806 (Bestät. 27. 3. 1806); OM 4. 8. 1808 (Bestät. 15. 8. 1808)
Physik

ERTEL, Hans Richard Max, * 24. 3. 1904 (Berlin) † 2. 7. 1971 (Berlin)
1935 Observator, 1938 Privatdozent an der Universität in Berlin. 1941 Oberobservator und Professor für Meteorologie am Institut für Meteorologie der Universität in Berlin. 1942 Hauptobservator und Professor an der Zentralanstalt für Meteorologie und Geodynamik in Wien. 1943 Professor für Geophysik an der Universität in Innsbruck. 1946 Professor für Geophysik an der Universität in Berlin und Direktor des Instituts für Meteorologie und Geophysik der Universität. 1949 zugleich Direktor des Instituts für physikalische Hydrographie der Akademie in Berlin. 1951 – 1961 Vizepräsident der Akademie. 1950 Nationalpreis.
OM 24. 2. 1949
Geophysik, Meteorologie, Hydrographie

ESAU, Abraham, * 7. 6. 1884 (Tiegenhagen/Westpr.) † 12. 5. 1955 (Düsseldorf)
1912 Leiter der Laboratoriumsabteilung L. in der Telefunkengesellschaft für drahtlose Telegrafie m. b. H. in Berlin. 1927 Professor für technische Physik an der Universität in Jena. 1939 – 1945 Präsident der Physikalisch-Technischen Reichsanstalt, zugleich Bevollmächtigter für Hochfrequenzforschung. 1949 Professor an der Technischen Hochschule in Aachen. 1953 Direktor des Instituts für Hochfrequenztechnik an der Deutschen Versuchsanstalt für Luftfahrt in Mühlheim/Ruhr. (E. leitete 1913 in der ehemaligen deutschen Kolonie Togo die Errichtung des Fernverkehrsnetzes; er geriet 1914 in französ. Kriegsgefangenschaft. E. gehörte zu den einflußreichsten Vertretern des Faschismus in der Wissenschaft. Neben zahlreichen und wichtigen Funktionen in Gremien des faschist. deutschen Staates wurde er 1933 Thüring. Staatsrat, 1934 Stiftungskommissar der Carl-Zeiss-Stiftung, 1935 Mitglied des Reichskultursekretariats und 1937 Mitglied der Akademie für Luftforschung. E. wurde auf Vorschlag der Akademie vor deren Wiedereröffnung 1946 aus der Mitgliederliste gestrichen. Seine Mitgliedschaft endete damit am 8. 5. 1945.)
OM 4. 6. 1942 – 8. 5. 1945 (Bestät. 7. 7. 1942)
Techn. Physik, UKW-Technik

ESCHRICHT, Daniel Friedrich, * 18. 3. 1798 (Kopenhagen) † 22. 2. 1863 (Kopenhagen)
1822 bis 1825 prakt. Arzt auf Born-

holm. 1829 Lektor, 1836 Professor für Physiologie an der Universität in Kopenhagen.
KM 7. 4. 1842
Physiologie, Zoologie

ESCHSCHOLTZ, Johann Friedrich,
* 1./12. 11. 1793 (Dorpat)
† 7./19. 5. 1831 (Dorpat)
1819 Professor für Medizin an der Universität in Dorpat. 1822 zugleich Direktor des zoologischen Kabinetts. 1830 Professor für Anatomie und gerichtliche Medizin an der Universität in Dorpat. (E. nahm von 1815 – 1818 und von 1823 – 1826 als Schiffsarzt und Naturforscher an den Weltreisen unter Leitung von O. S. KOTZEBUE teil. Nach E. ist die „Eschscholtz-Bay" in der Behringstraße benannt.)
KM 10. 12. 1829
Anatomie

EULER, Johann Albrecht,
* 16./27. 11. 1734 (Petersburg)
† 6./18. 9. 1800 (Petersburg), (Sohn von EULER, L.)
1758 Aufseher der Sternwarte der Berliner Akademie. 1766 Professor für Physik, 1769 Konferenz-Sekretär der Akademie der Wissenschaften in Petersburg. 1776 zugleich Aufseher der Militärakademie in Petersburg.
OM 6. 12. 1754; AM 29. 5. 1766
Mathematik, Physik, Astronomie

EULER, Leonhard, * 15. 4. 1707 (Basel)
† 7./18. 9. 1783 (Petersburg)
1726 akad. Adjunkt der Physiologie, 1731 Professor für Physik, 1733 auch Professor für höhere Mathematik an der Akademie der Wissenschaften in Petersburg. 1741 Professor für Mathematik in Berlin. 1744 – 1766 Direktor der Mathematischen Klasse der Akademie in Berlin. 1742 ausländisches Ehrenmitglied der Akademie der Wissenschaften in Petersburg. 1766 Professor für höhere Mathematik an der Akademie der Wissenschaften in Petersburg. (E. erblindete 1735 auf einem und 1766 auf beiden Augen.)
anwM 6. 1741; AM 29. 5. 1766
Mathematik, Physik, Mechanik

EULER-CHELPIN, Hans Karl August Simon von, * 15. 2. 1873 (Augsburg)
† 6. 11. 1964 (Stockholm)
1899 Dozent am Physikalischen Institut der Universität in Stockholm. 1906 Professor für allgemeine und organische Chemie und Vorstand des Allgemeinen chemischen Laboratoriums der Universität in Stockholm. 1929 Direktor des Instituts für Biochemie der Universität in Stockholm. 1939 Direktor des Instituts für organisch-chemische Forschung in Stockholm. 1945 Direktor des Vitamin-Instituts in Stockholm. 1929 Nobelpreis für Chemie.
KM 16. 7. 1942 (Bestät. 6. 8. 1942)
Organische und physiologische Chemie, Biochemie

EUTING, Julius, * 11. 7. 1839 (Stuttgart) † 2. 1. 1913 (Straßburg)
1871 erster Bibliothekar der Bibliothek an der Universität in Straßburg. 1880 Professor für semitische Philologie an der Universität in Straßburg. 1900 Direktor der Bibliothek der Universität in Straßburg.
KM 13. 6. 1907
Orientalistik, semitische Philologie

EVSTRATIADIS (EUSTRATIADIS), Panagiotis, * 1815 (Mandamados/Lesbos) † Juni 1888 (Athen)
Generalephoros der Altertümer in Athen.
KM 3. 11. 1870
Klassische Archäologie

EWALD, Julius Wilhelm, * 3. 12. 1811 (Berlin) † 11. 12. 1891 (Berlin)

Privatgelehrter in Berlin.
OM 30. 6. 1853 (Bestät. 15. 8. 1853)
Geologie, Paläontologie

EXNER, Felix Maria, Ritter von Ewarten, * 23. 8. 1876 (Wien) † 7. 2. 1930 (Wien)
1901 Assistent an der Zentralanstalt für Meteorologie und Geodynamik in Wien. 1910 Professor für kosmische Physik an der Universität in Innsbruck. 1917 Professor für Physik der Erde an der Universität in Wien und Direktor der Zentralanstalt für Meteorologie und Geodynamik.
KM 10. 5. 1928
Meteorologie

EXPILY, Jean-Joseph d', * 1719 (Saint-Rémy/Provence) † 1793 (Italien)
Abbé in Parix. (E., der große Teile Europas und Nordafrikas bereist hatte, betätigte sich als Astronom und Topograph.)
AM 28. 6. 1764
Astronomie

EYTELWEIN, Johann Albert,
* 31. 12. 1764 (Frankfurt a. M.)
† 18. 8. 1849 (Berlin)
1787 Artillerieleutnant. 1790 Architekt der Oberbaudeputation und Deichinspektor des Oderbruchs. 1794 Geheimer Oberbaurat. 1809 Direktor der Oberbaudeputation in Berlin, vortragender Rat im Ministerium des Handels und des Gewerbes. 1816 Oberlandesbaudirektor. (Unter Leitung von E. wurde 1799 die Bauakademie in Berlin eröffnet.)
aoM 27. 1. 1803; OM 4. 8. 1808 (Bestät. 15. 8. 1808)
Angew. Mathematik, techn. Mechanik, Wasserbau

FABER, Johann Friedrich, * (Bäslack/Ostpr.) † Okt. 1745 (bei Berlin)
Mathematiker in Berlin. (Die Aufnahme von F. als Mitglied entsprach einem Wunsche FRIEDRICH's II., bei Beginn der Reform der Akademie 1744, „ein Subjekt zu suchen", das den Fonds der Akademie verwaltet. Dieses Mitglied hatte den Titel „Tresorier" und verwaltete die Wertsachen, die zur Ehrung von Persönlichkeiten bzw. für Geschenkzwecke an – vorwiegend – ausländische Mitglieder bestimmt waren. Im wesentlichen handelte es sich bei diesem Fonds um silberne Tabaksdosen. Die Funktion des „Tresoriers" war von den Aufgaben des gleichzeitig gebildeten ökonomischen Ausschusses der Akademie, dem die Verwaltung bzw. Kontrolle der Finanzen der Akademie oblag, getrennt. F., der am 14. 2. 1744 zum „Tresorier" bestellt worden war, mißbrauchte seine Funktion und veräußerte zur persönlichen Bereicherung einen großen Teil dieses Fonds. Im Oktober 1745 kam das Konzilium der Akademie im Ergebnis von Untersuchungen zu dem Schluß, F. wegen Veruntreuung aus der Akademie auszuschließen. Dieses Verfahren kam nicht mehr zum Abschluß, da F. sich inzwischen auf das Gut eines Freundes zurückgezogen hatte, wo er im Oktober des gleichen Jahres verstarb.)
OM 23. 1. 1744
Mathematik

FABER, Samuel, * 3. 3. 1657 (Altdorf) † 10. 4. 1716 (Nürnberg)
Konrektor, 1706 Rektor des Ägidien-Gymnasiums in Nürnberg. (F. hinterließ historische, politische und oratorische Schriften.)
abwM 3. 10. 1715
Theologie, Geschichte

FABRICIUS, Ernst, * 6. 9. 1857 (Darmstadt) † 22. 3. 1942 (Freiburg i. Br.)
1886 Assistent am Antiken-Museum in Berlin. 1888 Professor für alte Geschichte an der Universität in Freiburg i. Br. 1898 Mitherausgeber, 1902 Herausgeber der „Obergerman.-raet. Limes des

Römerreiches".
KM 25. 11. 1926
alte Geschichte, Archäologie

FABRICIUS, Johann, * 11. 2. 1644 (Altdorf) † 29. 1. 1729 (Helmstedt)
Zunächst ev. Prediger in Venedig. 1677 Professor für Theologie an der Universität in Altdorf. 1696 – 1709 Professor für Theologie an der Universität in Helmstedt. 1701 zugleich Abt in Königslutter. 1703 Konsistorialrat. 1709 Generalinspektor der Schulen im Herzogtum Braunschweig. (Ein Gutachten von 1707, in dem F. den Übertritt der wolfenbüttelschen Prinzessin ELISABETH-CHRISTINE, Braut KARLs VI., zur katholischen Kirche bejahte, führte zu seiner Entlassung in Helmstedt. Er wandte sich wissenschaftsbibliographischen Arbeiten zu.)
abwM 11. 3. 1701
Theologie

FÄSCH, Johann Rudolf, * 6. 4. 1680 (Basel) † 1. 11. 1749 (Dresden)
Um 1712 Ing.-Kapitän und Architekt im kursächsischen Dienst. 1742 Oberst. 1748 Kommandeur der Feldbrigade des Ingenieur-Korps, zugleich Lehrer und Ausbilder für Militärarchitekten am Kadettenkorps in Dresden. (F. galt als Sachverständiger für Ingenieur-, Seewesen, Artillerie, Geometrie, Mechanik, Bergwerks-, Maß-, Gewichts- und Münzwesen.)
abwM 2. 9. 1723
Architektur

FAGNANO dei TOSCHI, Giovanni Francesco, * 1715 (Senigallia) † 1797 (Senigallia)
Archidiakonus in Senigallia. (F. wurde wegen seiner mathematischen Arbeiten Mitglied der Akademie.)
AM 2. 7. 1772
Mathematik

FAGNANO dei TOSCHI, Marchese di Sant'Onorio, Giulio Cesare, * 6.12.1682 (Senigallia) † 26. 9. 1766 (Pesaro), (Vater von FAGNANO dei TOSCHI, G. F.)
Mathematiker in Senigallia.
AM 15. 6. 1752
Mathematik

FALCKENSTEIN, Johann Heinrich von, * 6. 10. 1682 † 3. 2. 1760 (Schwabach)
1714 Direktor der Ritter-Akademie in Erlangen. 1718 Wirkl. Hofrat, Kammerjunker und Historiograph im Dienste des Fürstbischofs ANTON I. von Eichstädt. 1730 Hofrat im Dienste des Markgrafen WILHELM FRIEDRICH von AMSBACH in Schwabach.
abwM 1731
Ortsgeschichte

FALK, Paul Ludwig Adalbert,
* 10. 8. 1827 (Metschkau/Schles.)
† 7. 7. 1900 (Hamm/Westf.)
1843 Staatsanwalt in Lyk. 1861 Staatsanwalt in Berlin, zugleich Hilfsarbeiter im Justizministerium (Mitarbeit an den „Ergänzungen und Erläuterungen der preuß. Rechtsbücher"). 1867 Mitglied des Norddeutschen Reichstages. 1868 Geh. Justizrat und Vortragender Rat im Justizministerium. 1871 Geh. Oberjustizrat. 1872 – 1879 Preuß. Minister für Geistl.-, Unterrichts- und Medizinalangelegenheiten. 1873 Mitglied des Reichstages und des Preuß. Abgeordnetenhauses. 1882 Präsident des Oberlandesgerichts in Hamm.
EM 21. 12. 1899 (Bestät. 5. 3. 1900)

FALKENHAGEN, Hans Eduard Wilhelm, * 13. 5. 1895 (Wernigerode)
† 26. 6. 1971 (Rostock)
1924 Privatdozent, 1932 nicht beamt. ao. Professor, 1933 zugleich Leiter der Abteilung Elektrolyt-Forschung an der Universität in Köln. 1936 Professor für Thermodynamik an der Technischen

Hochschule in Dresden. 1949 Professor für theoretische Physik an der Universität in Rostock. 1955 Nationalpreis.
OM 24. 2. 1955 Physik

FALTIN, Hans Karl Kurt Gustav, * 26. 9. 1896 (Halle/Saale) † 28. 6. 1961 (Dresden)
1925 Betriebs-Oberingenieur des Heizkraftwerkes der Technischen Hochschule in Breslau. 1932 zugleich Privatdozent, 1934 Lehrbeauftragter, 1939 Professor an der Technischen Hochschule in Breslau. 1943 Professor für technische Thermodynamik an der Technischen Hochschule in Brünn. 1945 Professor für Thermodynamik an der Universität in Halle. 1946 wissenschaftliche Tätigkeit in den Chemischen Werken in Leuna. 1949 Professor für Thermodynamik und thermische Strömungsmaschinen an der Technischen Hochschule in Dresden.
OM 19. 2. 1953
Technik, technische Thermodynamik

FARADAY, Michael, * 22. 9. 1791 (Newington bei London) † 25. 8. 1867 (Hampton Court bei London)
Zunächst Buchbinder in London. 1813 Assistent am Physikalischen Laboratorium der Royal Institution in London. 1827 Professor für Chemie an der Royal Institution in London. 1829 bis 1842 zugleich Lektor an der Militärakademie in Woolwich.
KM 20. 6. 1833; AM 7. 4. 1842 (Bestät. 28. 6. 1842)
Chemie, Physik

FARDELLA, Michel Angelo, * 1650 (Trapani) † 2. 1. 1718 (Neapel)
1694 Professor für Astronomie und Meteorologie, später auch für Philosophie an der Universität in Padua. (F. lebte ab 1709 in Barcelona und Neapel)
abwM 26. 9. 1707
Philosophie

FARINELLI, Arturo, * 30. 3. 1867 (Intra/Prov. Novara) † 21. 4. 1948 (Turin)
1896 Privatdozent an der Universität in Graz. 1898 Professor für römische Philologie an der Universität in Innsbruck. 1908 Professor für deutsche Literatur an der Universität in Turin.
KM 22. 2. 1934
Germanistik

FASSMANN, David, * 14. 6. 1683 (Wiesenthal/Erzgeb.) † 14. 6. 1744 (Lichtenstädt)
Zunächst Schreiber, später Reisebegleiter. 1717 Schriftsteller in Leipzig. 1726 Spaßmacher am Hofe FRIEDRICH WILHELMs I. in Berlin. (F. schrieb als Literat in Leipzig auf Bestellung Modeschriften, speziell über europäische Fürstenhöfe. Für die jährlichen Messen in Leipzig schrieb er bis 1740 „Gespräche aus dem Reiche der Todten", in denen er, mit scheinwissenschaftlichen Formulierungen versehen, Lächerlichkeiten aus dem Leben herrschender Fürsten veröffentlichte. F. war in Preußen Schriftsteller und königl. Spaßmacher im Tabakskollegium FRIEDRICH WILHELMs I.. Er verfaßte später Schriften über ihn, die von der Zensur verfolgt wurden. F. wurde von FRIEDRICH WILHELM I. am 25. 4. 1731 als Präsident der Akademie eingesetzt, verließ aber bereits im Mai 1731 heimlich Berlin.)
anwM 25. 4. 1731

FECHNER, Gustav Theodor (Pseudonym: Dr. Mises), * 19. 4. 1801 (Groß-Särchen/Nd.-Lausitz) † 18. 11. 1887 (Leipzig)
1823 Privatdozent, 1834 Professor für Physik, 1843 Professor für Naturphilosophie und Anthropologie an der Universität in Leipzig.
KM 25. 3. 1841
Philosophie, Physik, Psychologie

FEDOSSEJEW, Pjotr Nikolajewitsch, * 9./22. 8. 1908 (Gebiet Gorki)
1941 bis 1955 Chefredakteur der Zeitschrift „Bolschewik". Zeitweise zugleich Leiter des Lehrstuhls für Philosophie an der Akademie für Gesellschaftswissenschaften beim ZK der KPdSU in Moskau. 1946 Korrespondierendes Mitglied, 1960 Ordentlicher Akademiker der Akademie der Wissenschaften der UdSSR. 1965 Direktor des Instituts für Philosophie der Akademie. 1967 zugleich Direktor des Marx-Engels-Lenin-Instituts beim ZK der KPdSU in Moskau. 1962 bis 1967 und seit 1971 Vizepräsident der Akademie.
AM 21. 2. 1974
Philosophie

FEHR, Hans, * 9. 9. 1874 (St. Gallen) † 21. 11. 1961 (Muri b. Bern)
1904 Privatdozent an der Universität in Leipzig. 1907 Professor für deutsche Rechtsgeschichte an der Universität in Jena. 1912 Professor für deutsche Rechtsgeschichte an der Universität in Halle. 1917 Professor für deutsche Rechtsgeschichte an der Universität in Heidelberg. 1924 Professor für deutsche Rechtsgeschichte an der Universität in Bern. Geh. Hofrat.
KM 29. 6. 1950
Deutsche Rechtsgeschichte

FEIST, Peter, * 29. 7. 1928 (Warnsdorf)
1967 Dozent, 1968 Professor, 1969 Professor für Kunstwissenschaft an der Universität in Berlin; 1966 bis 1968 zugleich Direktor des Kunstgeschichtlichen Instituts. 1975 und 1980 Nationalpreis.
KM 13. 6. 1974
Kunstgeschichte; Geschichte der Malerei und Kunsttheorie

FEJES TOTH, Laszlo, * 12. 3. 1915 (Szeged)
Professor für Mathematik an der Universität in Budapest und Direktor des Mathematischen Instituts der Ungarischen Akademie der Wissenschaften in Budapest.
AM 9. 6. 1977
Mathematik, Geometrie

FELIX, Willi, * 10. 2. 1892 (Zürich) † 2. 8. 1962 (Berlin)
1925 Privatdozent an der Universität in München. 1929 Professor für Chirurgie an der Universität in Berlin und Ärztl. Direktor des Städtischen Krankenhauses Brietz. 1946 Professor für Chirurgie an der Universität in Greifswald und Direktor der Chirurgischen Klinik der Universität. 1950 Professor für Chirurgie an der Universität in Berlin und Direktor der Chirurgischen Klinik der Universität.
OM 24. 2. 1955
Chirurgie

FERBER, Johann Jakob, * 9. 9. 1743 (Karlskrona/Schweden) † 17. 4. 1790 (Bern)
1774 Professor für Physik am Gymnasium in Mietau. 1782 Professor für Mineralogie an der Universität in Petersburg. 1783 Ordentlicher Akademiker, 1787 ausländisches Mitglied der Akademie der Wissenschaften in Petersburg. 1786 Oberbergrat in Berlin.
OM 3. 11. 1786
Mineralogie

FERGUSON, Adam, * 20. 6. 1723 (Logieraith/Perth) † 22. 2. 1816 (Saint-Andrews)
Professor für Moralphilosophie an der Universität in Edingburgh.
AM 19. 9. 1793; EM 24. 1. 1812
Philosophie

FERNANDEZ GUERRA Y ORBE, Aureliano, * 1816 (Granada) † 7. 9. 1894 (Madrid)
Zunächst Professor für Geschichte und Literatur in Granada, später an der Uni-

versität in Madrid. Generaldirektor des öffentlichen Unterrichts in Spanien.
KM 30. 5. 1861
Geschichte, Literaturgeschichte

FICK, Adolf, * 3. 9. 1829 (Kassel) † 21. 8. 1901 (Blankenberghe)
1852 Dozent, 1862 Professor für Physiologie an der Universität in Zürich. 1868 Professor für Physiologie an der Universität in Würzburg.
KM 24. 2. 1898
Physiologie

FICK, Rudolf Armin, * 24. 2. 1866 (Zürich) † 23. 5. 1939 (Berlin)
Zunächst Prosektor an der Universität in Würzburg. 1892 Professor für Anatomie an der Universität in Leipzig. 1905 Professor für Anatomie an der Deutschen Universität in Prag, Direktor des Anatomischen Institutes. 1909 Professor für Anatomie an der Universität in Innsbruck. 1917 Professor für Anatomie an der Universität in Berlin.
OM 27. 6. 1918 (Bestät. 1. 8. 1918)
Anatomie

FICKER, Heinrich von, * 22. 11. 1881 (München) † 29. 4. 1957 (Wien)
1909 Privatdozent an der Universität in Innsbruck. 1911 Professor, 1919 Professor für Physik der Erde an der Universität in Graz. 1923 Professor für Meteorologie an der Universität in Berlin und Direktor des Preuß. Meteorologischen Instituts in Berlin. 1928 – 1945 zugleich Präsident der Internationalen Klimatologischen Kommission. 1937 Professor für Physik der Erde an der Universität in Wien und Direktor der Zentral-Anstalt für Meteorologie und Geodynamik in Wien. 1932 – 1937 Sekretar der Physikalisch-mathematischen Klasse der Akademie in Berlin. 1946 Präsident, 1951 Vizepräsident der Österr. Akademie der Wissenschaften zu Wien.
OM 15. 7. 1926 (Bestät. 28. 7. 1926), AM 1. 10. 1937; OM 10. 10. 1949
Meteorologie

FICKER, Ritter von Feldhaus, Caspar Julius, * 30. 4. 1826 (Paderborn) † 10. 7. 1902 (Innsbruck), (Vater von FICKER, Heinrich von)
1851 Privatdozent an der Universität in Bonn. 1852 Professor für Geschichte, 1863 Professor für deutsche Reichs- und Rechtsgeschichte an der Universität in Innsbruck. Hofrat.
KM 20. 7. 1893
Geschichte, Rechtsgeschichte

FILIP, Jan, * 25. 12. 1900 (Chocnějowice)
1924 bis 1934 Professor am Gymnasium in Prag. 1935 Landesschulinspektor im Unterrichtsministerium in Prag. 1938 Mitarbeiter am Archäologischen Landesamt in Prag. 1945 Professor für Ur- und Frühgeschichte an der Universität in Prag. 1963 zugleich Direktor des Archäologischen Instituts der Tschechoslowakischen Akademie der Wissenschaften in Prag. 1957 bis 1962 Vizepräsident der Tschechoslowakischen Akademie der Wissenschaften in Prag.
KM 28. 5. 1964; AM 20. 5. 1969
Ur- und Frühgeschichte

FILOW, Bogdan, * 10. 4. 1883 (Stara Zagora) † 7. 1945 (Sofia)
1910 Direktor des Nationalmuseums in Sofia. 1914 Privatdozent, 1919 Professor für Archäologie und Kunstgeschichte an der Universität in Sofia und Direktor des Bulgarischen Archäologischen Instituts. 1937 Präsident der Bulgarischen Akademie der Wissenschaften. Später zunächst Ministerpräsident und Minister der auswärtigen Angelegenheiten, dann Mitglied des bulgarischen Regentschaftsrates. (F., der mit dem Hitlerfaschismus kollaborierte, wurde im Februar 1945 von der

Volksmacht in Bulgarien zum Tode verurteilt.)
KM 13. 1. 1938; EM 17. 12. 1942 (Bestät. 5. 1. 1943)
Archäologie

FINCK, Wilhelm, * 3. 8. 1929 (Diesdorf/Altmark)
1967 Dozent an der Universität in Jena. 1969 Professor für Nuklearmedizin an der Universität in Rostock und Direktor der Abteilung für Nuklearmedizin der Radiologischen Klinik, 1976 zugleich Direktor der Radiologischen Klinik der Universität.
KM 9. 6. 1977
Nuklearmedizin, Strahlenbiologie

FINCK VON FINCKENSTEIN, Karl Wilhelm Graf, * 11. 2. 1714 (Berlin) † 3. 1. 1800 (Berlin)
1735 Legationsrat, 1740 Geh. Legationsrat und Minister der preuß. Regierung am dänischen Hof. 1743 Aufenthalt in England. 1744 – 1746 preuß. Diplomat in Schweden. 1747 Wirkl. Geh. Staatsminister, preuß. Diplomat in Rußland. 1749 – 1799 Geh. Kabinettsminister. (FRIEDRICH II. hatte F. v. F. während des Siebenjährigen Krieges in seiner Geheiminstruktion für den Fall seines Todes als Regierungschef vorgesehen. 1762 erhielt F. v. F. die Stelle eines Domherren in Halberstadt.)
EM 23. 1. 1744

FINKE, Heinrich, * 13. 6. 1855 (Krechting/Westf.) † 19. 12. 1938 (Freiburg i. Br.)
1891 Professor für Geschichte an der Universität in Münster. 1899 Professor für mittlere Geschichte an der Universität in Freiburg i. Br.; 1924 Präsident der Görres-Gesellschaft. (F. war ursprünglich als Archivar, Journalist und Reichstagsstenograph tätig.)
KM 22. 6. 1922 Geschichte

FIORELLI, Giuseppe, * 8. 6. 1823 (Neapel) † 30. 1. 1896 (Neapel)
Professor für Archäologie an der Universität in Neapel und Direktor des Nationalmuseums. 1875 Generaldirektor der Staatl. Museen, zugleich verantwortlich für alle archäologischen Grabungen in Italien. (F. leitete u. a. 1845 – 1848 sowie nach 1860 die Ausgrabungen in Pompeji.)
KM 12. 1. 1865
Archäologie

FISCHER, August Wilhelm Herrmann Gustav, * 14. 2. 1865 (Halle/Saale) † 14. 2. 1949 (Leipzig)
1896 Lehrer des Arabischen am Seminar für orientalische Sprachen in Berlin. 1900 Professor für orientalische Philologie an der Universität in Leipzig.
KM 25. 3. 1943 (Bestät. 17. 4. 1943)
Orientalistik

FISCHER, Caspar
Dr. med.. Saalfeldischer Leibarzt. (F. wurde als „Sachsen-saalfeldischer Leibarzt" auf eigenes Ersuchen „wegen seiner bekannten Verdienste in dem Reiche der Gelehrsamkeit" am 14. 6. 1730 als Mitglied aufgenommen. Seine Lebensdaten sind mit Sicherheit nicht anzugeben. Nach Mitteilung des Ev.-luth. Pfarramtes in Coburg starb F. im Alter von 69 Jahren. Angaben in älteren Verzeichnissen nennen 1719 als Geburtsjahr. Das würde bedeuten, daß F. als Elfjähriger Mitglied der Akademie geworden wäre. Die Begründung für seine Aufnahme widerspricht einer solchen Kuriosität.)
abwM 14. 6. 1730
Anatomie

FISCHER, Hermann Emil, * 9. 10. 1852 (Euskirchen) † 15. 7. 1919 (Berlin-Wannsee), (Freitod)
1878 Privatdozent, 1879 Professor für Chemie an der Universität in München.

1882 Professor für Chemie an der Universität in Erlangen. 1885 Professor für Chemie an der Universität in Würzburg. 1892 Professor für Chemie an der Universität in Berlin und Direktor des I. Chemischen Instituts. 1902 Nobelpreis für Chemie. 1909 Helmholtz-Medaille der Akademie. Wirkl. Geh. Rat.
OM 12. 1. 1893 (Bestät. 6. 2. 1893)
Chemie

FISCHER, Ernst Gottfried,
* 17. 7. 1754 (Hoheneiche bei Saalfeld/Thür.) † 27. 1. 1831 (Berlin)
1775 Lehrer am Pädagogium in Halle. 1787 Lehrer, später Professor für Mathematik und Physik am Gymnasium zum Grauen Kloster in Berlin. 1810 Professor für Mathematik und Physik an der Universität in Berlin. Mitglied der Militäroberstudienkommission und der Direktion der Kriegsschule in Berlin.
aoM 27. 1. 1803; OM 4. 8. 1808 (Bestät. 15. 8. 1808)
Mathematik, Physik

FISCHER, Eugen, * 5. 6. 1874 (Karlsruhe i. B.) † 9. 7. 1967 (Freiburg i. Br.)
1900 Privatdozent an der Universität in Freiburg i. Br.. 1905 Professor für Anthropologie an der Universität in Würzburg. 1914 Professor, 1918 Professor für Anatomie an der Universität in Freiburg i. Br.. 1927 Professor für Anthropologie an der Universität in Berlin und Direktor des Instituts für Anthropologie, menschliche Erblehre und Eugenik der Kaiser-Wilhelm-Gesellschaft zur Förderung der Wissenschaften.
(FISCHER wurde auf Vorschlag der Akademie vor deren Wiedereröffnung 1946 aus der Mitgliederliste gestrichen. Seine Mitgliedschaft endet damit am 8. 5. 1945.)
OM 15. 4. 1937 bis 8. 5. 1945 (Bestät. 8. 5. 1937)
Anthropologie

FISCHER, Friedrich Ernst Ludwig von,
* 20. 2. 1782 (Halberstadt)
† 5./17. 6. 1854 (Petersburg)
1819 Korrespondierendes Mitglied der Akademie der Wissenschaften in Petersburg. Direktor des Botanischen Gartens in Petersburg.
KM 19. 1. 1832
Botanik

FISCHER, Hans, * 27. 7. 1881 (Höchst/Main) † 31. 3. 1945 (München) (Freitod)
1912 Privatdozent für Innere Medizin, 1913 für Physiologie, 1916 Professor für medizin. Chemie an der Universität in Innsbruck. 1919 Professor für medizin. Chemie an der Universität in Wien. 1921 Professor für organische Chemie an der Technischen Hochschule in München. 1930 Nobelpreis für Chemie.
KM 24. 4. 1941
Organische Chemie

FISCHER, Kuno Ernst Berthold,
* 23. 7. 1824 (Groß-Sandewalde/Schles.)
† 5. 7. 1907 (Heidelberg)
1847 Hauslehrer in Pforzheim. 1855 Professor für Philosophie an der Universität in Jena. 1872 Professor für Philosophie an der Universität in Heidelberg. Wirkl. Geh. Rat.
KM 29. 1. 1885
Philosophiegeschichte, Literaturgeschichte

FISCHER, Walther, * 27. 12. 1882 (Stuttgart) † 27. 7. 1969 (Göttingen)
1911 Privatdozent an der Universität in Göttingen. 1913 Dozent, 1918 Professor an der Deutschen Medizinschule in Schanghai. 1919 Professor für Pathologie an der Universität in Göttingen. 1920 Professor für Pathologie an der Universität in Bonn. 1922 Professor für Pathologie an der Universität in Rostock. 1946 Professor für Pathologie an der Universität in Jena.

KM 13. 1. 1955; AM 20. 5. 1969
Pathologie, gerichtl. Medizin, Tropenkrankheiten

FISCHER von WALDHEIM, Johann Gotthelf, * 15. 10. 1771 (Waldheim) † 6./18. 10. 1853 (Moskau)
1797 Dr. med., 1799 Professor für Naturgeschichte und Bibliothekar an der Zentralschule in Mainz. 1804 Professor für Naturgeschichte und Direktor des Naturhistorischen Museums der Universität in Moskau. 1805 Korrespondierendes Mitglied, 1819 Ordentlicher Akademiker der Akademie der Wissenschaften in Petersburg. 1805 Gründung der Naturforsch. Gesellschaft in Moskau. 1835 Vizepräsident dieser Gesellschaft. Staatsrat.
KM 19. 1. 1832
Zoologie, Naturgeschichte

FITTIG, Wilhelm Rudolf, * 16. 12. 1835 (Hamburg) † 19. 11. 1910 (Straßburg)
1866 Professor für Chemie an der Universität in Göttingen. 1870 Professor für Chemie an der Universität in Tübingen. 1886 Professor für Chemie an der Universität in Straßburg.
KM 29. 10. 1896
Chemie

FITTING, Johannes, * 23. 4. 1877 (Halle/Saale) † 6. 7. 1970 (Bonn)
1903 Privatdozent an der Universität in Tübingen. 1908 Professor für Botanik an der Universität in Straßburg. 1910 Professor für Botanik an der Universität in Halle. 1911 Direktor des Botanischen Staatsinstituts und des Preuß. Kolonialinstituts in Hamburg. 1912 Professor für Botanik an der Universität in Bonn.
KM 29. 4. 1937; AM 20. 5. 1969
Botanik, Pflanzenphysiologie

FIZEAU, Armand-Hippolyte-Louis, * 23. 9. 1819 (Paris) † 18. 9. 1896 (Venteuil/Seine-et-Marne), (Schwiegersohn von de JUSSIEU, Antoine-Laurent)
Physiker in Paris. 1878 Mitglied des Längenbüros.
KM 6. 8. 1863
Physik

FLACH, Günter, * 6.12.1932 (Rostock)
1967 Bereichsleiter im Zentralinstitut für Kernforschung der Akademie in Dresden-Rossendorf. 1970 Direktor des Zentralinstituts für Kernforschung. 1972 Professor.
KM 8. 6. 1978
Theoretische Physik

FLAUTI, Vincenzo, * 4. 4. 1782 (Neapel) † 21. 6. 1863 (Neapel)
Professor für Mathematik an der Universität in Neapel.
KM 10. 12. 1829
Mathematik

FLEISCHER, Heinrich Lebrecht, * 21. 2. 1801 (Schandau/Elbe) † 10. 2. 1888 (Leipzig)
1835 – 1888 Professor für orientalische Sprachen an der Universität in Leipzig. (FLEISCHER war Mitbegründer der Deutschen Morgenländischen Gesellschaft.)
KM 10. 4. 1851; AM 19. 3. 1874 (Bestät. 20. 4. 1874)
Orientalistik

FLEISCHER, Wolfgang, * 24. 8. 1922 (Großschirma)
1968 Professor, 1969 Professor für deutsche Sprache an der Universität in Leipzig. Zugleich Leiter des Lehrstuhls Deutsche Sprache und Gegenwart, 1969 bis 1971 auch Leiter des Fachbereiches Germanistische Linguistik.
KM 9. 6. 1977; OM 12. 6. 1980
Deutsche Sprache der Gegenwart, Sprachtheorie, Lexikologie, Namensforschung

FLEMMING, Walther, * 21. 4. 1843 (auf dem Sachsenberg b. Schwerin)
† 4. 8. 1905 (Kiel)
1871 Privatdozent an der Universität in Rostock. 1873 Professor für Histologie und Entwicklungslehre an der Universität in Prag. 1876 Professor für Anatomie an der Universität in Kiel.
KM 1. 6. 1893
Anatomie

FLORMANN, Arvid Henrik,
* 4. 9. 1761 (Tosterup/Schonen)
† 21. 1. 1840 (Lund)
Professor für Anatomie und Chirurgie an der Universität in Lund.
KM 25. 6. 1812
Anatomie

FOCK, Vladimir Alexandrowitsch,
* 10./22. 12. 1898 (Petersburg)
† 27. 12. 1974 (Leningrad)
Professor für theoretische Physik an der Universität in Leningrad. 1932 Korrespondierendes Mitglied, 1939 Ordentlicher Akademiker für Mathematik und Physik der Akademie der Wissenschaften der UdSSR. 1971 Helmholtzmedaille der Akademie.
KM 12. 10. 1967; AM 20. 5. 1969
Theoretische Physik

FOKIN, Alexander Wassiljewitsch,
* 13./26. 8. 1912 (Kizyl-Arbat)
1935 Ingenieur-Technologe. 1941 Offizier der Sowjetarmee. 1947 Lehrer, 1959 Professor an der Militärakademie für chemischen Schutz der Sowjetarmee. 1968 Korrespondierendes Mitglied, 1974 Ordentlicher Akademiker der Akademie der Wissenschaften der UdSSR. Seit 1971 ist FOKIN Stellvertreter des Wissenschaftlichen Hauptsekretärs des Präsidiums der Akademie der Wissenschaften der UdSSR.
AM 12. 6. 1980
Organische Chemie

FOLKES, Martin, * 29. 10. 1690 (London) † 28. 6. 1754 (London)
1714 Rat in der Royal Society. 1723 Vizepräsident. 1739 Präsident der Royal Society. 1750 zugleich Präsident der Gesellschaft der Altertumsforscher in London.
AM 30. 6. 1746
Archäologie

FONTAINE, Alexis, * 13. 8. 1704 (Claveyson/Dauphiné) † 21. 8. 1771 (Cuiseaux/Bourgogne)
Vermögender Privatmann. Mathematiker in Paris.
AM 2. 11. 1747
Mathematik

FONTENELLE, Bernard LE BOUYER (LE BOVIER) de, * 11. 2. 1657 (Rouen)
† 9. 1. 1757 (Paris)
Schriftsteller, Dichter und Philosoph. Zeitweilig Sekretär des Herzogs von ORLEANS. 1697 bis 1740 Sekretär der Académie des Sciences und der Académie française. (F. wird in der zeitgenössischen Literatur als Universalgelehrter charakterisiert, der sich u. a. auch auf Gebieten der Physik und Geometrie betätigte. Er war der Patriarch der französischen Frühaufklärung und hat wesentlich die Grundorientierung der neuen philosophischen Bewegung bestimmt. Von F. wurde der einzige bedeutende Nachruf auf G. W. LEIBNIZ nach dessen Tode verfaßt.)
AM 4. 12. 1749
Naturwissenschaften, Philosophie

FORBES, James David, * 20. 4. 1809 (Bolington/Schottland) † 31. 12. 1868 (Clifton bei Bristol)
1833 Professor für Physik an der Universität in Edinburgh. 1859 Prinzipal der Universität zu St. Andrews.
KM 16. 12. 1867
Physik

FORMEY, Johann Heinrich Samuel, * 31. 5. 1711 (Berlin) † 8. 3. 1797 (Berlin)
Zunächst reform. Prediger in Brandenburg. 1737 Lehrer, 1739 Professor für Philosophie am Französ. Gymnasium in Berlin. Seit 1778 zugleich Sekretär der Prinzessin HENRIETTE-MARIE. 1748 – 1797 Beständiger Sekretar der Akademie. 1788 – 1797 auch Direktor der Philosophischen Klasse der Akademie. Historiograph der Akademie. Geh. Rat.
OM 23. 1. 1744
Philosophie, Geschichte, Theologie

FORREST, Bernard de, * um 1693 (Katalonien) † 8. 9. 1761 (Paris)
siehe: BÉLIDOR, Bernard FORREST de

FORSTER, Johann George Adam, * 27. 11. 1754 (Nassenhuben bei Danzig) † 10. 1. 1794 (Paris), (Sohn von FORSTER, J. R.)
1779 Professor für Naturgeschichte am Carolinum in Kassel. 1784 Professor für Naturgeschichte an der Universität in Wilna. 1788 Oberbibliothekar der kurfürstl. Bibliothek in Mainz. 1793 Agent du conceil exécutif in Paris. Polnischer Geheimrat. (F. begleitete seinen Vater J. R. FORSTER auf der Weltreise von James COOK 1772 bis 1775 als Naturforscher.)
AM 7. 12. 1786
Naturgeschichte

FORSTER, Johann Reinhold, * 22. 10. 1729 (Dirschau) † 9. 12. 1798 (Halle/Saale)
1753 reformierter Prediger in Nassenhuben. 1765 Forschungsreise nach Saratow im Auftrage der russischen Regierung. 1766 bis 1767 Professor der Naturgeschichte und Lehrer an der Dissender-Akademie zu Warrington in Lancashire. 1772 – 1775 Teilnehmer der zweiten Weltreise des Kapitäns COOK. 1780 Professor der Naturgeschichte an der Universität Halle.
AM 16. 11. 1786 (Bestät. 21. 11. 1786)
Naturgeschichte

FOUCART, Paul François, * 15. 3. 1836 (Paris) † 19. 5. 1926 (Paris)
1874 Professor, 1877 bis 1878 und ab 1890 Professor für Epigraphik und griechische Altertumskunde am Collège de France. 1878 bis 1890 Direktor der französ. Schule in Athen.
KM 17. 7. 1884
Klassische Philologie

FOUCAULT, Jean-Bernard-Léon, * 18. 9. 1819 (Paris) † 11. 2. 1868 (Paris)
Autodidakt. 1845 Redakteur des wissenschaftlichen Teils des Journals des Débats. 1855 Physiker und Astronom an der Sternwarte in Paris. (F. unternahm 1850 in der Sternwarte und 1851 im Pantheon den Foucault'schen Pendelversuch zum Nachweis der Erdrotation.)
KM 2. 2. 1865
Physik, Astronomie

FOUNTAINE, Sir Andrew, * 1676 † 4. 9. 1753 (Narford)
Sammler und Mathematiker. 1727 Wardein der Münze in London. (Aus Protokollen der Akademie ist die Aufnahme von F. nicht ersichtlich. Sein Name ist erstmals in einer Mitgliederliste der Akademie aus dem Jahre 1707 verzeichnet. Im „Adreßkalender der Königlich-preußischen Haupt- und Residenz-Stadt Berlin und daselbst befindlichen Königl. Hofes" von 1720 wird er als abwesendes Mitglied der Societät aufgeführt als „Fountain, Engeländischer Ritter.")
abwM vor 1707

FOURIER, Jean-Baptiste-Joseph Baron de, * 21. 3. 1768 (Auxerre) † 16. 5. 1830 (Paris)

1796 Professor an der Kriegsschule und anschließend an der École polytechnique in Paris. F. folgte NAPOLEON I. nach Ägypten und wurde dort Mitglied und Sekretär des Instituts d'Egypte. 1802 Präfekt in Paris. 1817 Mitglied und Beständiger Sekretär der Akademie der Wissenschaften zu Paris.
KM 22. 6. 1826
Mathematik

FOURMONT, Etienne, * 23. 6. 1683 (Herbelay bei Paris) † 19. 12. 1745 (Paris)
Professor für arabische Sprachen an der Universität in Paris.
abwM 8. 2. 1741
Orientalische Philologie, Arabistik

FOURQUET, Jean Philippe, * 23. 6. 1899 (Dele/Frankreich)
Professor für Germanistik an der Universität in Paris und Direktor des Instituts d'Études Germaniques". (F. wurde auf seinen Wunsch nach Information des Plenums der Akademie am 17. 4. 1980 mit Wirkung vom 28. 1. 1980 von der Mitgliederliste gestrichen).
ausw. KM 17. 12. 1964; AM 20. 5. 1969 – 28. 1. 1980
Sprachwissenschaft

FRACCARO, Plinio, * 8. 1. 1883 (Bassano del Grappa/Vicena) † 1. 11. 1959 (Pavia)
Professor für griechische und römische Geschichte an der Universität in Pavia.
KM 29. 6. 1950
Philologie, alte Geschichte

FRÄHN, Christian Martin Joachim, * 23. 5. 1782 (Rostock) † 16./28.8.1851 (Petersburg)
1804 Lehrer für Latein im Pestalozzischen Institut in Burgdorf, danach Hauslehrer. 1807 Professor für orientalische Sprachen an der Universität in Kasan. 1817 Ordentlicher Akademiker der Akademie der Wissenschaften in Petersburg für orientalische Altertümer und Direktor des Asiatischen Museums.
KM 4. 12. 1834
Orientalistik, Numismatik

FRAENGER, Wilhelm, * 5. 6. 1890 (Erlangen) † 19. 2. 1964 (Potsdam-Babelsberg)
1926 Direktor der Stadt- und Hochschulbibliothek in Mannheim. 1933 freischaffender Kunsthistoriker. 1938 Künstlerischer Beirat am Schillertheater in Berlin. 1945 Bürgermeister in Pawesin. 1946 Stadtrat in Brandenburg. 1947 Leiter der Volkshochschule in Brandenburg. 1953 Stellvertr. Direktor des Instituts für Volkskunde der Akademie. 1955 Professor der Akademie. 1955 Professor für Volkskunde und Kunstgeschichte an der Universität in Berlin.
OM 15. 6. 1961
Volkskunde, Kunstgeschichte

FRANCHEVILLE, Joseph DU FRESNE de, * 18. 9. 1704 (Dourlens/Picardie) † 9. 5. 1781 (Berlin)
Französ. Schriftsteller. 1742 Hofrat in Berlin.
OM 23. 1. 1744
Geschichte

FRANCHI de CAVALIERI, Pio, * 31. 8. 1869 (Veroli/Prov. Rom) † 6. 8. 1960 (Rom)
Präsident der päpstlichen archäologischen Akademie in Rom (Pont. Accademia Romana di archeologia) und Kustos an der Vatikanischen Bibliothek.
KM 13. 2. 1930
Klassische Archäologie

FRANCK, Hans Heinrich, * 22. 11. 1888 (Würzburg) † 21. 12. 1961 (Berlin)
1921 Leiter des Forschungslaboratoriums der Bayerischen Stickstoffwerke.

1927 Professor für technische Chemie an der Technischen Hochschule in Berlin. 1945 Professor für chemische Technologie an der Technischen Hochschule in Berlin. 1945 bis 1948 zugleich Leiter des Stickstoffwerkes in Piesteritz. 1949 Professor für chemische Technologie an der Universität in Berlin. 1950 zugleich Direktor des Instituts für angewandte Silikatforschung der Akademie. Präsident der Kammer der Technik. 1953 Nationalpreis.
OM 14. 7. 1949
Technische Chemie

FRANCK, James, * 26. 8. 1882 (Hamburg) † 21. 5. 1964 (Göttingen)
1911 Privatdozent, 1916 Professor für Physik an der Universität in Berlin, zugleich Abteilungsleiter am Institut für Physikalische Chemie der Kaiser-Wilhelm-Gesellschaft zur Förderung der Wissenschaften. 1920 Professor für Experimentalphysik an der Universität in Göttingen und Direktor des II. Physikalischen Instituts. 1934 Gastprofessor an der Universität in Kopenhagen. 1935 Professor für Physik an der Universität in Baltimore. 1938 Professor für Physik an der Universität in Chicago. 1925 Nobelpreis für Physik. (F. wurde auf Grund der faschistischen Rassengesetze am 19. 11. 1942 aus der Mitgliederliste gestrichen. Bei Wiedereröffnung der Akademie wurde diese Streichung am 30. 6. 1946 aufgehoben. F. legte am 26. 1. 1951 unter dem Druck imperialistischer Kräfte seine Mitgliedschaft nieder.)
KM 31. 10. 1929 bis 26. 1. 1951
Experimentalphysik

FRANCKE, August Hermann, * 22. 3. 1663 (Lübeck) † 8. 6. 1727 (Halle/Saale)
1685 Magister in Leipzig. 1690 Diakonus in Erfurt. 1692 Professor für orientalische Sprachen an der Universität in Halle, zugleich Pfarrer in Glauchau. 1698 Professor für Theologie an der Universität in Halle. (F. gründete das Waisenhaus in Halle (Franckesche Stiftungen). Als Theologe schrieb F. auch Kirchenlieder.)
abwM 12. 10. 1701
Theologie, Pädagogik

FRANK, Gleb Michailowitsch, * 11. (24.) 5. 1904 (Nishnij Nowgorod) † 10. 10. 1976 (Moskau)
1929 Laborleiter am Phys.-Techn. Institut in Leningrad. 1933 Leiter der Biophysikalischen Abteilung des Allunionsinstituts für experimentelle Biologie in Moskau. 1943 Leiter des Laboratoriums für Biophysik der AdW der UdSSR. 1952 Direktor des Instituts für biologische Physik der AdW der UdSSR. 1960 Korrespond. Mitglied, 1966 Ordentlicher Akademiker der AdW der UdSSR.
AM 17. 4. 1975
Biophysik

FRANK, Ilja Michailowitsch, * 10./23. 10. 1908 (Petersburg)
1944 Professor für Physik an der Universität in Moskau. 1946 Korrespondierendes Mitglied, 1968 Ordentlicher Akademiker der Akademie der Wissenschaften der UdSSR. Direktor des Laboratoriums für Neutronenphysik des Vereinigten Instituts für Kernforschung in Dubna. 1958 Nobelpreis für Physik.
AM 9. 6. 1977
Physik, Neutronenphysik

FRANK, Otto, * 21. 6. 1865 (Groß-Umstadt/Hessen) † 2. 11. 1944 (München)
1895 Privatdozent, 1903 Professor, 1909 Professor für Physiologie an der Universität in München. Geh. Hofrat.
KM 12. 11. 1936
Physiologie

FRANKE, Otto, * 27. 9. 1863 (Gernrode) † 5. 8. 1946 (Berlin)

1907 Privatdozent an der Universität in Berlin. 1910 Professor für Sinologie an der Universtität in Hamburg. 1923 Professor für Sinologie an der Universität in Berlin.
OM 17. 5. 1923 (Bestät. 4. 6. 1923)
Sinologie

FRANKLAND, Sir (1897) Edward,
* 18. 1. 1825 (Churchtown bei Lancaster) † 9. 8. 1899 (Golaa im Gulbrandsdal/Norwegen)
1865 Professor an der Royal-Institution. 1865 zugleich auch Professor für Chemie an der School of Mines in London. 1889 Friedensrichter in London.
KM 18. 11. 1875
Chemie

FRATZSCHER, Wolfgang, * 11. 6. 1932 (Leipzig)
1961 Abteilungsleiter im VEB Atomkraftwerk Rheinsberg. 1964 Dozent, 1966 Professor für technische Thermodynamik, 1968 Professor für Energiewirtschaft und Wärmetechnik an der Technischen Hochschule für Chemie in Leuna-Merseburg.
KM 13. 6. 1974; OM 14. 6. 1979
Technik; Energiewirtschaft, techn. Thermodynamik, chem. Verfahrenstechnik

FRAZER, Sir (1914) James George,
* 1. 1. 1854 (Glasgow) † 7. 5. 1941 (Cambridge)
1907 Professor für Anthropologie an der Universität in Liverpool. 1921 Professor für Anthropologie an der Universität in Cambridge.
KM 27. 4. 1911
Anthropologie

FREIESLEBEN, Johann Karl,
* 14. 6. 1774 (Freiberg) † 20. 3. 1846 (Nieder-Auerbach/Vogtl.)
1796 Bergamtsassessor in Marienberg. 1799 Bergmeister in Johanngeorgenstadt. 1800 Bergkommissionsrat und Direktor des mansfeldischen und thüringischen Bergbaus in Eisleben. 1816 Bergrat. 1818 Rat beim preuss. Oberberg- und Hüttenamt. 1838 Berghauptmann in Freiberg und Chef des sächs. Berg- und Hüttenwesens.
KM 13. 12. 1827
Geologie, Paläontologie, Bergbau

FRENZEL, Eduard Michael Walter,
* 29. 9. 1884 (Klein-Zschachwitz/Sa.)
† 14. 10. 1970 (Westberlin)
1910 bis 1911 Assistent an der Technischen Hochschule in Hannover, anschließend Textilchemiker in verschiedenen Industriebetrieben, u. a. im Niederländischen Reichs-Faserforschungsinstitut der Technischen Hochschule in Delft. 1947 Professor für Textilchemie an der Technischen Hochschule in Dresden. 1949 Direktor des Instituts für Technologie der Fasern der Akademie in Dresden. 1953 Nationalpreis.
OM 14. 7. 1949; AM 20. 5. 1969
Textilchemie

FRESENIUS, Karl Remigius,
* 28. 12. 1818 (Frankfurt a. M.)
† 11. 6. 1897 (Wiesbaden)
Zunächst Assistent am Liebig'schen Laboratorium in Gießen. 1845 Professor für Chemie, Physik und Technologie am landwirtschaftlichen Institut in Wiesbaden. 1848 Gründer, Besitzer und Direktor des chemischen Laboratoriums Fresenius in Wiesbaden. Herzogl.-Nassauischer Geheimer Hofrat.
KM 6. 12. 1888
Chemie

FREYTAG, Georg Wilhelm Friedrich,
* 19. 9. 1788 (Lüneburg) † 16. 11. 1861 (Bonn)
Zunächst Repetent in Göttingen, danach Bibliotheksadjunkt an der Universität in Königsberg. 1815 Divisionsprediger in

Paris. 1819 Professor für orientalische Sprachen an der Universität in Bonn.
KM 10. 12. 1829
Orientalistik

FRIEDLÄNDER, Eduard Julius Theodor, * 26. 6. 1813 (Berlin) † 14. 4. 1884 (Berlin)
1840 Hilfsarbeiter im Münzkabinett in Berlin. 1858 Leiter der Antiken-Abteilung des Münzkabinetts, 1868 Direktor des Münzkabinetts in Berlin. (F. schied im September 1874 aus Gesundheitsgründen als OM aus. Der Status seiner Mitgliedschaft wurde in den eines EM verändert).
OM 14. 11. 1872 (Bestät. 9. 12. 1872); EM 14. 1. 1875 (Bestät. 10. 2. 1875)
Numismatik

FRIEDLÄNDER, Ludwig Heinrich, * 16. 7. 1824 (Königsberg) † 16.12.1909 (Straßburg)
1858 Professor für Eloquenz, später auch für Archäologie an der Universität in Königsberg. (F. siedelte nach seiner Emeritierung nach Straßburg über.)
KM 18. 1. 1900
Klassische Philologie

FRIEDRICH II., * 24. 1. 1712 (Berlin) † 17. 8. 1786 (Potsdam)
1740 – 1786 König von Preußen. (F. erklärte sich durch eigene Entscheidung vom 6. 1. 1764 selbst zum amtierenden Präsidenten der Akademie, beanspruchte alle Rechte, die er s. Zt. MAUPERTUIS übertragen hatte, bestimmte und ernannte u. a. seit dieser Zeit die Akademiemitglieder entgegen den von ihm selbst erlassenen Statuten und regierte faktisch die Akademie. F. II. ist in bisherigen Mitgliederverzeichnissen nur als Protektor, nicht jedoch als Mitglied geführt. Die Funktion eines Präsidenten war jedoch gemäß Statut an die Mitgliedschaft gebunden. Die Akademie hielt FRIEDRICH II. bei dessen Tod keine Gedächtnisrede.)
OM 6. 1. 1764

FRIEDRICH, Gerd, * 28. 10. 1928 (Berlin)
1961 Professor für politische Ökonomie, 1968 Stellvertr. Direktor des Zentralinstituts für Sozialistische Wirtschaftsführung beim Zentralkomitee der SED in Berlin. 1969 Nationalpreis.
KM 17. 4. 1975
Politische Ökonomie, Leitung der sozialistischen Industrie

FRIEDRICH, Walter, * 25. 12. 1883 (Magdeburg) † 16. 10. 1968 (Berlin)
1917 Privatdozent, 1921 Professor für Physik an der Universität in Freiburg i. Br.; 1922 zugleich Abteilungsvorsteher an der Universitätsfrauenklinik. 1922 Professor für medizinische Physik an der Universität in Berlin und Direktor des Instituts für Strahlenforschung. 1949 – 1952 Rektor der Universität. 1948 Direktor, 1955 Präsident, 1959 1. Direktor des Instituts für Medizin und Biologie der Akademie in Berlin-Buch. 1950 Vorsitzender des Deutschen Friedenskomitees (später Präsident des Friedensrates). 1959 Vizepräsident des Weltfriedensrates. 1951 bis 1956 Präsident, 1956 bis 1958 Viezepräsident der Akademie. 1950 Nationalpreis.
OM 24. 2. 1949
Medizinische Physik

FRIES, Elias Magnus, * 15. 8. 1797 (Femsjö) † 8. 2. 1878 (Uppsala)
1814 Dozent, 1819 Adjunkt, 1828 Demonstrator für Botanik an der Universität in Lund. 1834 Professor für praktische Ökonomie, 1851 auch Professor für Botanik an der Universität in Uppsala und Direktor des Botanischen Museums und des Botanischen Gartens.
KM 1. 6. 1854 Botanik

FRIES, Jakob Friedrich, * 23. 8. 1773 (Barby/Elbe) † 10. 8. 1843 (Jena)
1801 Dozent an der Universität in Jena. 1805 Professor für Philosophie und für Elementarmathematik an der Universität in Heidelberg. 1816 Professor für theoretische Philosophie, 1824 Professor für Physik und Mathematik an der Universität in Jena. (F. wurde 1824 aus der Stelle als Professor der theoretischen Philosophie wegen seiner Teilnahme am Wartburgfest entlassen.)
KM 25. 6. 1812
Philosophie

FRINGS, Theodor, * 23. 7. 1886 (Dülken/Rhld.) † 6. 6. 1968 (Leipzig)
1915 Privatdozent, 1917 Professor, 1919 Professor für deutsche und niederländische Philologie an der Universität in Bonn. 1927 Professor für Germanistik an der Universität in Leipzig. 1946 – 1968 Präsident der Sächsischen Akademie der Wissenschaften zu Leipzig. 1952 zugleich Direktor des Instituts für deutsche Sprache und Literatur der Akademie in Berlin. 1951 – 1961 Sekretar der Klasse für Sprachen, Literatur und Kunst der Akademie; 1952 – 1953 zugleich mit der Wahrnehmung der Geschäfte des Sekretars der Klasse für Gesellschaftswissenschaften der Akademie beauftragt. 1949 und 1961 Nationalpreis.
OM 12. 9. 1946
Germanistik

FRISCH, Johann Leonhard, * 19. 3. 1666 (Sulzbach/Oberpfalz) † 21. 3. 1743 (Berlin)
Nach dem Studium zunächst Hilfsprediger in Ungarn, danach Dolmetscher im kaiserl. Heer während des Türkenkrieges. 1693 Rückkehr nach Nürnberg. 1695 – 1697 Hofverwalter in der Landwirtschaft. 1699 Lehrer, 1708 Konrektor, 1727 – 1743 Rektor am Gymnasium zum Grauen Kloster in Berlin. 1731 – 1743 Direktor der Historischen Klasse, 1734 zugleich Vizepräsident der Akademie. (F. wurde auf Vorschlag von G. W. LEIBNIZ Mitglied der Akademie. Er gilt als Forscher auf naturwissenschaftlichen Gebieten, als Vorläufer der vergl. Sprachwissenschaft und Wegbereiter der Slawistik in Deutschland. F. hat G. W. LEIBNIZ in russisch unterrichtet und wirkte für deutsch-russische Wissenschaftsbeziehungen.)
anwM 6. 12. 1706
Sprachwissenschaft, Pädagogik, Entomologie

FRISI, Paolo, * 13. 4. 1728 (Mailand) † 22. 11. 1784 (Mailand)
1753 Professor für Philosophie in Mailand. 1756 Professor für Philosophie an der Universität in Pisa, daneben Professor für Mathematik in Mailand. Später Professor der Moral und Metaphysik an der Universität in Padua. (In den letzten Lebensjahren wirkte F. als Weltpriester in Mailand.)
AM 16. 11. 1758
Physik, Philosophie

FROBENIUS, Georg Ferdinand, * 26. 10. 1849 (Berlin) † 3. 8. 1917 (Charlottenburg)
1871 Lehrer an der Sophienrealschule in Berlin. 1874 Professor für Mathematik an der Universität in Berlin. 1875 Professor für Mathematik am Polytechnikum in Zürich. 1892 Professor für Mathematik an der Universität in Berlin.
OM 15. 12. 1892 (Bestät. 14. 1. 1893)
Mathematik

FRÖHNER, Wilhelm, * 17. 8. 1834 (Karlsruhe i. B.) † 22. 5. 1925 (Paris)
1863 Vorleser NAPOLEON's III.. 1870 Konservator der Kunstschätze in den Kaiserlichen Schlössern in Paris.
KM 23. 6. 1910
Archäologie, Kunstgeschichte

FROMME, Albert, * 25. 11. 1881 (Gießen) † 5. 5. 1966 (Holzminden)
1910 Dozent an der Universität in Göttingen. 1915 Professor für Medizin und Direktor der Chirurgischen Klinik des Stadtkrankenhauses Dresden-Friedrichstadt. 1954 1. Rektor der Medizinischen Akademie in Dresden.
KM 13. 1. 1955
Medizin, Chirurgie

FROMMELT, Walter Horst, * 9. 1. 1925 (Leipzig)
1969 Bereichsdirektor im Zentralinstitut für Organische Chemie der Akademie in Berlin. 1972 Professor. 1974 stellvertr. Direktor des Zentralinstituts für Organische Chemie der Akademie.
KM 8. 6. 1978
Makromolekulare Chemie

FRORIEP, August von, * 10. 9. 1849 (Weimar) † 11. 10. 1917 (Tübingen)
1878 Privatdozent, 1884 Professor, 1895 Professor für Anatomie an der Universität in Tübingen und Direktor des Anatomischen Instituts.
KM 19. 7. 1917
Anatomie

FRÜHAUF, Hans, * 4. 1. 1904 (Pforzheim)
1932 Dozent und Laborleiter an der Technischen Hochschule in Stuttgart. 1935 Labor- und Konstruktionsleiter in Villingen. 1938 bis 1945 Chefkonstrukteur, Technischer Direktor und Geschäftsleiter der Graetz-AG in Berlin. 1945 Chefingenieur und Stellvertr. Betriebsleiter von Sternradio in Rochlitz. 1948 Technischer Direktor und Wissenschaftlicher Leiter der Vereinigung Volkseigener Betriebe Radio- und Fernmeldetechnik in Leipzig. 1950 zugleich Professor für Schwachstromtechnik an der Technischen Hochschule (jetzt Technische Universität) in Dresden und Direktor des Instituts für Hochfrequenztechnik und Elektronenröhren. 1957 bis 1961 Vizepräsident der Akademie. Zugleich Vorsitzender der Forschungsgemeinschaft der naturwissenschaftlichen, technischen und medizinischen Institute der Akademie. 1958 zugleich 1. Stellvertreter des Vorsitzenden des Forschungsrates der DDR. 1961 Staatssekretär und Sekretär des Forschungsrates. 1951 und 1961 Nationalpreis.
OM 19. 2. 1953
Physik, Elektronik, Informationstechnik

FRUMKIN, Alexander Naumowitsch, * 12./24. 10. 1895 (Kischinew) † 1. 6. 1976 (Moskau)
1930 Professor für Elektrochemie an der Universität in Moskau. 1932 Ordentlicher Akademiker der Akademie der Wissenschaften der UdSSR. 1958 Direktor des Instituts für Elektrochemie der Akademie der Wissenschaften der UdSSR in Moskau.
KM 17. 5. 1956; AM 20. 5. 1969
Technische Wissenschaften, physikalische Chemie

FUCHS, Immanuel Lazarus, * 5. 5. 1833 (Moschin) † 26. 4. 1902 (Berlin)
1860 – 1867 Lehrer an verschiedenen höheren Schulen in Berlin. 1867 Dozent an der Artillerie- und Ingenieurschule in Berlin. 1865 Privatdozent, 1866 Professor für Mathematik an der Universität in Berlin. 1869 Professor für Mathematik an der Universität in Greifswald, zugleich Dozent an der landwirtschaftlichen Akademie in Eldena. 1874 Professor für Mathematik an der Universität in Göttingen. 1885 Professor für Mathematik an der Universität in Berlin. 1899 – 1900 Rektor der Universität. Geh. Regierungsrat.
KM 6. 1. 1881; OM 6. 3. 1884 (Bestät. 9. 4. 1884)
Mathematik

FUCHS, Johann Nepomuk von (1849), * 15. 5. 1774 (Mattenzell/Bayr. Wald) † 5. 3. 1856 (München)
1805 Lehrer, 1807 Professor für Chemie und Mineralogie an der Universität in Landshut. 1823 Konservator der Mineralogischen Sammlung des Bayerischen Staates in München. 1826 Professor für Mineralogie an der Universität in München. 1835 Oberberg- und Salinenrat. 1852 Geh. Rat.
KM 13. 2. 1834
Mineralogie

FUCHS, Klaus, * 29. 12. 1911 (Rüsselsheim)
1946 Bereichsleiter am Atomforschungszentrum in Harwell. 1959 Bereichsleiter und stellvertr. Direktor des Zentralinstituts für Kernforschung der Akademie in Rossendorf. 1961 Professor für theoretische Physik der Technischen Universität in Dresden. 1974 Leiter des Forschungsbereichs Physik-, Kern- und Werkstoffwissenschaften der Akademie. 1975 Nationalpreis.
OM 15. 6. 1972
Theoretische Physik, Kernenergetik

FÜRBRINGER, Max Carl, * 30. 1. 1846 (Wittenberg) † 6. 3. 1920 (Heidelberg)
1879 Professor für Anatomie an der Universität in Heidelberg, im gleichen Jahr auch an der Universität in Amsterdam. 1888 Professor für Anatomie an der Universität in Jena. 1901 Professor für Anatomie an der Universität in Heidelberg. Geheimer Rat.
KM 22. 2. 1900
Vergleichende Anatomie

FUNAIOLI, Gino, * 2. 10. 1878 (Pomarance/Prov. Pisa) † 28. 12. 1958 (Florenz)
Zunächst Professor für klassische Philologie an der Universität in Messina und an der Universität in Palermo. Später Professor an der Päpstlichen Universität Sacro Cuore in Mailand. Zuletzt Professor für lateinische Philologie an der Universität in Bologna.
KM 2. 3. 1939 (Bestät. 27. 9. 1939)
Klassische Philologie

FURIA, Francesco del, * 28. 12. 1777 (Florenz) † 19. 10. 1856 (Florenz)
Großherzogl. Bibliothekar in Florenz.
KM 4. 2. 1819
Philologie

FURTWÄNGLER, Philipp, * 21. 4. 1869 (Elze/Hann.) † 19. 5. 1940 (Wien)
1899 Assistent am Geodätischen Institut in Potsdam. 1904 Professor an der landwirtschaftlichen Akademie in Bonn. 1907 Professor für Mathematik an der Technischen Hochschule in Aachen. 1910 Professor für Mathematik an der landwirtschaftlichen Akademie in Bonn. 1912 Professor für Mathematik an der Universität in Wien.
KM 19. 2. 1931
Mathematik

FURUKAWA, Iunji, * 18. 12. 1912 (Osaka/Japan)
Zunächst Professor für synthetische Chemie an der Universität in Kyoto. Gegenwärtig Professor für organische Chemie an der Universität in Tokio.
AM 8. 6. 1978
Polymerenchemie

FUSS, Nikolaus von (1806), * 29.1.1755 (Basel) † 23. 12. 1825/4. 1. 1826 (Petersburg) (Schwiegersohn von EULER, L.)
1773 bis 1782 Sekretär von L. EULER in Petersburg. 1776 Adjunkt, 1783 Ordentlicher Akademiker der Akademie der Wissenschaften in Petersburg und Professor für Mathematik am Adligen Landkadettenkorps. Seit 1790 zugleich Professor für Mathematik am Marine-

korps in Petersburg. 1800 Beständiger Sekretär der Akademie der Wissenschaften in Petersburg. 1806 Wirkl. Staatsrat.
AM 19. 9. 1793
Mathematik

GABAIN, Annemarie von, * 4. 7. 1901 (Mörchingen/Lothr.)
1935 Professor für türkische Sprachwissenschaft an der Universität in Ankara. 1938 – 1945 Dozent an der Universität in Berlin und wissenschaftlicher Hilfsarbeiter der Orientalischen Kommission der Akademie. 1952 Professor für Turkologie und buddhist. Chinesisch an der Universität in Hamburg.
KM 23. 4. 1959; AM 20. 5. 1969
Turkologie, Sinologie, zentralasiatische Kulturgeschichte

GABELENTZ, Hans Conon von der, * 13. 10. 1807 (Altenburg) † 3. 9. 1874 (Lemnitz/Thür.)
1830 Eintritt in den Staatsdienst in Altenburg. 1848 Mitglied des Bundestages, zugleich Mitglied und Präsident des Altenburger Landtages bis 1870. Nach 1848 Beginn der sprachwissenschaftlichen Forschungen. (G. hatte Sprachwissenschaften nicht studiert, jedoch ca. 80 Sprachen erforscht und zum großen Teil erstmals wissenschaftlich bearbeitet, darunter ostasiatische, uralaltaiische, nordamerikanische und Südseesprachen. Von den offiziellen Vertretern der Sprachwissenschaft wurde er weitgehend ignoriert.)
KM 11. 2. 1869
Sprachwissenschaften

GABELENTZ, Hans Georg Conon von der, * 16. 3. 1840 (Poschwitz/Thür.) † 11. 12. 1893 (Berlin)
1878 Professor für ostasiatische Sprachen an der Universität in Leipzig. 1889 Professor für vergleichende Sprachwissenschaften an der Universität in Berlin.
OM 25. 7. 1889 (Bestät. 16. 8. 1889)
Sinologie

GALISSARD, Jean-Charles de, * 24. 4. 1817 (Genf) † 15. 4. 1894 (Genf)
siehe: MARIGNAC, Jean-Charles GALISSARD de

GAMILLSCHEG, Ernst, * 28. 10. 1887 (Neuhaus/Österr.) † 18. 3. 1971 (Göttingen)
1913 Privatdozent an der Universität in Wien. 1916 Professor, 1919 Professor für romanische Philologie an der Universität in Innsbruck. 1925 Professor für romanische Philologie an der Universität in Berlin. 1946 Professor für romanische Philologie an der Universität in Tübingen. (G. wurde auf Vorschlag der Akademie vor deren Wiedereröffnung 1946 aus der Mitgliederliste gestrichen. Seine Mitgliedschaft endete damit am 8. 5. 1945.)
OM 16. 1. 1936 bis 8. 5. 1945 (Bestät. 7. 2. 1936)
Romanische Philologie

GANOWSKI, Sawa Zowol, * 1. 3. 1897 (Kunino)
1928 Lehrer am Institut für Rote Professur in Moskau. 1951 Professor für Geschichte der Philosophie an der Universität in Sofia. 1956 Vizepräsident der Bulgarischen Akademie der Wissenschaften. Präsident der Internationalen Förderation der Philosophischen Gesellschaften. (G. war von 1931 bis 1950 in Bulgarien publizistisch und seit 1945 in verschiedenen Institutionen leitend tätig.)
KM 22. 11. 1962; AM 20. 5. 1969
Geschichte der Philosophie

GANSHOF, François, * 14. 3. 1895 (Brügge) † 26. 7. 1980 (Brüssel)
Professor für Geschichte des Mittelal-

ters an der Universität in Gent.
KM 29. 6. 1950; AM 20. 5. 1969
Geschichte

GARCIN de TASSY, Joseph-Héliodore-Sagesse-Vertu, * 20. 1. 1794 (Marseille) † 2. 9. 1878 (Paris)
Professor für hindustanische Literatur an der orientalischen Sprachenschule in Paris. 1876 Präsident der Asiatischen Gesellschaft.
KM 29. 6. 1876
Orientalistik

GARDINER, Sir Alan Henderson, * 29. 3. 1879 (Eltham/Kent) † 19. 12. 1963 (Oxford)
1912 Reader für Ägyptologie an der Universität in Manchester. 1917 bis 1920 Ehrensekretär der Britischen Expedition nach Ägypten. 1916 bis 1921 zugleich Redakteur des „Journal of Egyptian Archaeology". 1934 Gastprofessor für Ägyptologie an der Universität in Chicago.
KM 28. 3. 1935
Orientalische Philologie

GARDNER, Sir Percy, * 24. 11. 1846 (Hackney/London) † 17. 7. 1937 (Oxford)
1871 Assistent am Britischen Museum in London. 1880 Professor für Archäologie an der Universität in Cambridge. 1887 Professor für klassische Archäologie an der Universität in Oxford.
KM 29. 10. 1908
Klassische Archäologie

GARVE, Christian, * 7. 1. 1742 (Breslau) † 1. 12. 1798 (Breslau)
1766 Magister in Leipzig. 1767 – 1772 Professor für Philosophie an der Universität in Leipzig. (G. war seit seiner Jugend kränklich und hypochondrisch. Er kehrte 1772 nach Breslau zurück und betätigte sich als Moralphilosoph sowie als Übersetzer und Kommentator philosophischer Werke.)
AM 7. 9. 1786 (Bestät. 14. 9. 1786)
Moralphilosophie

GAUDICHAUD-BEAUPRÉ, Charles, * 4. 9. 1789 (Angoulême) † 16. 1. 1854 (Paris)
Französ. Botaniker und Forschungsreisender. (Nach G. wird bei mehreren Pflanzennamen die Abkürzung „Gaudich" beigefügt.)
KM 13. 2. 1834
Botanik

GAUDRY, Jean-Albert, * 15. 9. 1827 (Saint-Germain-en-Laye) † 27. 11. 1908 (Paris)
1853 – 1860 Aufenthalt im Orient und in Griechenland. Danach „Aide – naturaliste". 1872 Professor für Paläontologie am Naturhistorischen Museum in Paris.
KM 8. 2. 1900
Paläontologie

GAULTIER, François de,
(Der Prediger F. de G. wurde am 11. 7. 1701 als Mitglied aufgenommen. Nähere Angaben sind nicht zu ermitteln. Er hat offenbar kein Mitgliederdiplom erhalten.)
M 11. 1. 1701

GAUSS, Karl Friedrich, * 30. 4. 1777 (Braunschweig) † 23. 2. 1855 (Göttingen)
1798 – 1807 Privatgelehrter in Braunschweig. 1807 Professor für Astronomie an der Universität in Göttingen und Direktor der Sternwarte. Geh. Hofrat. (G. genoß die besondere Förderung und Unterstützung des Herzogs KARL WILHELM FERDINAND von Braunschweig. Sie ermöglichte es G., ohne amtliche Verpflichtungen wissenschaftlich zu arbeiten. Die Akademie wählte G. 1810 zum Ordentlichen Mitglied. Da er jedoch

einer beabsichtigten Berufung nach Berlin nicht folgte, wurde der Status seiner Mitgliedschaft in den eines AM verändert. 1824 wurde G. noch einmal zum OM und gleichzeitig zum vorläufigen Sekretar der Mathematischen Klasse der Akademie mit einem vorgesehenen Gehalt von 1.700 Thl. gewählt. G. blieb jedoch in Göttingen.)
OM 29. 3. 1810; AM 21. 6. 1810 (Bestät. 18. 7. 1810); OM 11. 11. 1824 (Als AM geführt)
Mathematik, Physik, Astronomie, Geodäsie

GAY-LUSSAC, Joseph-Louis,
* 6. 12. 1778 (Saint-Léonhard/Limousin) † 9. 5. 1850 (Paris)
1809 Professor für Chemie an der École polytechnique, 1818 auch Professor für Physik an der Sorbonne. 1832 Professor für allgemeine Chemie am Jardin des Plantes. Seit 1830 mehrmals Deputierter. 1839 Pair von Frankreich.
KM 25. 6. 1812; AM 7. 4. 1842 (Bestät. 28. 6. 1842)
Chemie

GAZIS (GAZES), Anthimos, * 1758 (Meliai/Miliä Thess.) † 22. 12. 1828 (Syra)
Archimandrit in Syra.
KM 22. 6. 1815
Orientalistik, Kirchengeschichte

GEBHARDT, Oscar Leopold von,
* 10./22. 6. 1844 (Wesenberg/Estland) † 9. 5. 1906 (Leipzig)
1875 Bibliothekar an der Universität in Straßburg, in der Folge an den Universitäten in Leipzig, Halle und Göttingen. 1891 Direktor der Druckschriftenabteilung der Königl. Bibliothek in Berlin. 1893 o. Hon.-Professor an der Universität in Leipzig und Direktor der Universitätsbibliothek.
KM 9. 7. 1903
Klassische Philologie, Bibliotheks- und Archivwissenschaft

GEDIKE, Friedrich, * 15. 1. 1754 (Boberow/Prignitz) † 2. 5. 1803 (Berlin)
1775 Privatlehrer im Hause des Probstes SPALDING in Berlin. 1775 zugleich Konrektor am Friedrich-Werderschen-Gymnasium in Berlin, 1778 Direktor. 1784 Oberkonsistorialrat. 1787 Oberschulrat im Oberschulkollegium. 1793 Direktor des Vereinigten Berlinisch-Köllnischen Gymnasiums (Zum Grauen Kloster).
(GEDIKE gründete 1800 die „Annalen des preuß. Schul- und Kirchenwesens" und war Mitglied der Berliner Mittwoch-Gesellschaft.)
OM 28. 1. 1790
Pädagogik

GEEL, Jacobus, * 12. 11. 1789 (Amsterdam) † 11. 11. 1862 (Scheveningen)
Professor für klassische Philologie an der Universität in Leiden und Direktor der Bibliothek der Universität.
KM 23. 6. 1836
Klassische Philologie

GEELHAUSEN, Johann Jakob,
* 25. 8. 1692 (Altenkirchen/Westerwald)
† 16. 2. 1737 (Prag)
Professor für Anatomie in Prag.
abwM 12. 6. 1732
Anatomie

GEER, Gerard Jakob Freiherr de,
* 2. 10. 1858 (Stockholm) † 23. 7. 1943 (Stockholm)
1885 Landesgeologe an der Geologischen Landesuntersuchung Schwedens. 1897 Professor für Geologie an der Universität in Stockholm und Direktor des Instituts für Geochronologie. 1903 – 1910 Rektor.
KM 23. 11. 1922
Geologie

GEGENBAUR, Carl, * 21. 8. 1826 (Würzburg) † 14. 6. 1903 (Heidelberg)
1854 Privatdozent an der Universität in Würzburg. 1855 Professor für Anatomie und Zoologie an der Universität in Jena. 1873 Professor für vergleichende Anatomie an der Universität in Heidelberg.
KM 17. 1. 1884; AM 21. 12.1899 (Bestät. 5. 3. 1900)
Anatomie

GEIGER, Johannes (Hans) Wilhelm, * 30. 9. 1882 (Neustadt a. d. H.) † 24. 9. 1945 (Potsdam)
1906 Mitarbeiter im Physikalischen Institut der Universität in Manchester und Mitarbeiter von E. RUTHERFORD. 1912 Leiter des Laboratoriums für Radioaktivität der Physikalisch-Technischen Reichsanstalt in Berlin. 1925 Professor für Physik an der Universität in Kiel. 1929 Professor für Physik an der Universität in Tübingen. 1936 Professor für Physik an der Technischen Hochschule in Berlin-Charlottenburg und Direktor des Physikalischen Instituts.
OM 10. 12. 1936 (Bestät. 6. 1. 1937)
Physik

GEIJER, Erik Gustav, * 12. 1. 1783 (Ransäters bruk/Värmland) † 23.4.1847 (Stockholm)
Schwedischer Schriftsteller, Historiker, Philosoph und Komponist. 1817 bis 1846 Professor für Geschichte an der Universität in Uppsala.
KM 23. 6. 1836
Geschichte

GEIKIE, Sir (1891) Archibald, * 28. 12. 1835 (Edinburgh) † 10. 11. 1924 (Haslemere/Surrey)
1867 Direktor der geologischen Landesaufnahme von Schottland. Seit 1870 zugleich Professor für Geologie und Mineralogie an der Universität in Edinburgh. 1881 Generaldirektor der geologischen Landesaufnahme von Großbritannien und Direktor des Geologischen Museums in London. Präsident der Royal Society.
KM 21. 2. 1889
Geologie und Mineralogie

GELL, Sir William, * 1777 † 4. 2. 1836 (Neapel)
Archäologe in Neapel.
KM 22. 6. 1815
Klassische Archäologie

GELZER, Matthias, * 19. 12. 1886 (Liestal/Schweiz)
1912 Privatdozent an der Universität in Freiburg i. Br.. 1915 Professor für alte Geschichte an der Universität in Greifswald. 1918 Professor für alte Geschichte an der Universität in Straßburg. 1919 Professor für alte Geschichte an der Universität in Frankfurt a. M.. (G. wurde 1972 auf eigenen Antrag aus der Mitgliederliste der Akademie gestrichen.)
aOM 10. 6. 1937 (Bestät. 13. 6. 1938); OM 17. 10. 1946; AM 20. 5. 1969 – 30. 10. 1972
Römische Geschichte

GENSEL(IUS), Johann Adam, * 26. 10. 1677 (Oedenburg) † 31.8.1720 (Oedenburg)
1703 Dr. der Philosophie und Medizin an der Universität in Padua. Später Amtsarzt in Oedenburg und Leibarzt des Fürsten ESTERHAZY. 1712 Adjunkt der Kaiserl. Gesellschaft der Naturforscher in Wien.
abwM 1719
Medizin

GEORGI, Johann Gottlieb, * 31.12.1729 (Wachholzhagen bei Treptow/Rega) † 27. 10./8. 11. 1803 (Petersburg)
Pharmazeut in Stendal. 1770 Aufenthalt in Petersburg. 1776 Adjunkt, 1783 Ordentlicher Akademiker der Akademie der Wissenschaften in Petersburg.

AM 21. 8. 1788 (in der öffentl. Sitzung bekanntgegeben)
Pharmazie

GERANDO, Joseph-Marie Baron de, * 29. 2. 1772 (Lyon) † 10. 11. 1842 (Paris)
Professor für Staatsrecht und Verwaltungsrecht an der Universität in Paris. Staatsrat. 1837 Pair von Frankreich.
KM 25. 6. 1812
Rechtswissenschaft

GERASIMOW, Innokenti Petrowitsch, * 26. 11./9. 12. 1905 (Kostroma)
1936 Abteilungsleiter, 1951 Direktor des Geologischen Instituts der Akademie der Wissenschaften der UdSSR in Moskau. 1946 Korrespondierendes Mitglied, 1953 Ordentlicher Akademiker der Akademie der Wissenschaften der UdSSR.
KM 12. 10. 1967; AM 20. 5. 1969
Physikalische Geographie, Kartographie

GERDES, Daniel, * 19. 4. 1698 (Bremen) † 11. 2. 1765 (Groningen)
1724 Prediger der reform. Gemeinde in Wageningen. 1726 Professor für Theologie, 1728 auch Professor für Kirchengeschichte an der Universität in Duisburg. 1736 Professor für Theologie an der Universität in Groningen.
abwM 8. 8. 1736; AM 24. 1. 1744
Theologie, Reformationsgeschichte

GERGONNE, Joseph-Diez, * 19. 6. 1771 (Nancy) † 4. 4. 1859 (Montpellier)
Zunächst Professor für Mathematik in Nimes, später an der Universität in Montpellier.
KM 19. 1. 1832
Mathematik

GERHARD, Friedrich Wilhelm Eduard, * 29. 11. 1795 (Posen) † 12. 5. 1867 (Berlin)
1833 Archäologe und Abteilungsdirektor am Königl. Museum in Berlin. 1844 Professor für Archäologie an der Universität in Berlin. (Auf G.'s Initiative entstand das Instituto di Corrispondenza Archeologica, aus dem 1829 das Deutsche Archäologische Institut in Rom hervorging. G. begründete 1843 die „Archäologische Zeitung". Er genoß die besondere Förderung des Kronprinzen von Preußen, des späteren Königs FRIEDRICH WILHELM IV., den er u. a. 1828 auf einer Italien-Reise begleitete und als Führer durch die antiken Denkmäler diente. G. hinterließ der Akademie eine Stiftung von 71.000 RM, „Eduard Gerhard'sches archaeologisches Stipendium" (1893). Die Zinsen der Stiftung waren für Reisestipendien von Archäologen bestimmt.)
KM 12. 4. 1832; OM 19. 2. 1835 (Bestät. 12. 3. 1835)
Archäologie

GERHARD, Karl Abraham, * 26.2.1738 (Lerchenbrunn) † 9. 3. 1821 (Berlin)
Dr. med.. 1786 Geh. Oberfinanz-, Kriegs- und Domänenrat in Berlin. 1805 – 1812 Direktor der Physikal. Klasse der Akademie. Geh. Bergrat. (G. hielt Vorlesungen über Bergwerkswissenschaften.)
OM 22. 9. 1768
Bergwerkswissenschaft

GERHARDT, Carl Immanuel, * 2. 12. 1816 (Herzberg) † 5. 5. 1899 (Halle/Saale)
1840 Oberlehrer am Gymnasium in Salzwedel. 1854 Oberlehrer am Französischen Gymnasium in Berlin. 1876 Professor für Mathematik und Direktor des Gymnasiums in Eisleben. (G. war auch Leibniz-Forscher.)
KM 31. 1. 1861
Mathematik

GERICKE, Peter, * 4. 4. 1693 (Stendal) † 8. 10. 1750 (Helmstedt)

1723 Professor für Medizin und Philosophie an der Universität in Halle. 1730 Professor für Anatomie. Pharmazie und Chemie, 1741 Professor für theoretische Medizin an der Universität in Helmstedt; zugleich Leibarzt des Herzogs von Braunschweig.
abwM 4. 12. 1731; AM 24. 1. 1744
Anatomie

GERSCH, Manfred, * 12. 8. 1909 (Dresden)
1939 Dozent an der Universität in Leipzig. 1951 Professor, 1953 Professor für Zoologie an der Universität in Jena und Direktor des Zoologischen Instituts sowie des Phyletischen Museums der Universität. 1958 Nationalpreis.
OM 24. 2. 1955
Zoologie, Tierphysiologie

GERVINUS, Georg Gottfried,
* 20. 5. 1805 (Darmstadt) † 18. 3. 1871 (Heidelberg)
1835 Professor für Geschichte an der Universität in Heidelberg. Im gleichen Jahr Professor für Geschichte an der Universität in Göttingen. 1844 Honorarprofessor an der Universität in Heidelberg. (G. gehörte zu den „Göttinger Sieben", die 1837 von ihren Lehrstellen entfernt wurden, weil sie gegen die willkürliche Aufhebung der Verfassung durch den König von Hannover auftraten. G. war 1848 Abgeordneter der Generalversammlung. Er wird als „*der* politische Professor im bürgerlich-liberalen Zeitalter" charakterisiert.)
KM 27. 2. 1845 Geschichte

GESENIUS, Heinrich Friedrich Wilhelm,
* 3. 2. 1786 (Nordhausen) † 23. 10. 1842 (Halle/Saale)
1809 Professor am Gymnasium in Heiligenstadt. 1810 Professor für Theologie an der Universität in Halle. 1827 Konsistorialrat.
KM 22. 6. 1826
Theologie, Semitische Philologie

GESNER, Johann Albrecht, * 17. 9. 1695 (Auhausen/Wörnitz) † 10. 6. 1760 (Stuttgart)
Zunächst Apotheker in Gunzenhausen. 1723 Dr. med. und Oberamtsarzt in Gunzenhausen. 1728 Hofarzt und 1734 Leibarzt in Stuttgart. In späteren Jahren auch Assessor des Berggerichts in Stuttgart.
AM 30. 6. 1746
Medizin

GESNER, Johann Matthias, * 9.4.1691 (Roth bei Nürnberg) † 3.8.1761 (Göttingen)
1715 Konrektor in Weimar, zugleich Verwalter der herzogl. Münzsammlung und Bibliothekar. 1729 Rektor in Ansbach. 1730 Rektor der Thomas-Schule in Leipzig. 1734 Professor für Poesie und Eloquenz an der Universität in Göttingen, zugleich Bibliothekar der Universitätsbibliothek. 1751 Sekretär, 1753 alternierender Direktor der Sozietät der Wissenschaften in Göttingen.
abwM 14. 12. 1740; AM 24. 1. 1744
Pädagogik, Klass. Philologie

GESNER, (GEßNER) Johannes,
* 28. 3. 1709 (Wangen bei Zürich)
† 6. 5. 1790 (Zürich)
1733 Professor für Mathematik, 1738 auch Professor für Physik am Carolinum in Zürich. Chorherr. (G. wirkte als Arzt und Naturforscher. 1746 begründete er die Physikal. Gesellschaft, später Naturforschende Gesellschaft in Zürich.)
AM 17. 6. 1751 Physik

GEYER, Rudolf Eugen, * 28. 6. 1861 (Wien) † 15. 9. 1929 (Wien)
1900 Privatdozent, 1906 Professor, 1917 Professor für semitische Philologie an der Universität in Wien.

KM 23. 2. 1922
Orientalistik, Bibliothekswesen

GIBBS, Josiah Willard, * 11.2.1839 (New Haven/Conn.) † 28.4.1903 (New Haven/Conn.)
1871 Professor für mathematische Physik am Yale-College in New Haven, Conn..
KM 22. 2. 1900 Physik

GIBBS, Oliver Wolcott, * 21. 2. 1822 (New York) † 9. 12. 1908 (Newport)
1849 Professor für Physik und Chemie am College of City in New York. 1863 Rumford-Professor und Lecturer on the applicat. of. sc. an der Universität in Cambridge/Mass..
KM 29. 1. 1885
Chemie

GIESEBRECHT, Friedrich Wilhelm Benjamin von (1865), * 5. 3. 1814 (Berlin) † 18. 12. 1889 (München)
1840 Adjunkt und Lehrer, 1846 Oberlehrer, 1851 Professor am Joachimsthalschen Gymnasium in Berlin. 1857 Professor für Geschichte an der Universität in Königsberg. 1862 Professor für Geschichte an der Universität in München. 1871 Rektor. (G. stand der Revolution von 1848 ablehnend gegenüber. Er war führend im „Patriotischen Verein" tätig.)
KM 30. 6. 1859
Geschichte

GIETZELD, Fritz, * 21. 12. 1903 (Frankenberg/Sa.) † 29. 5. 1968 (Berlin)
1939 Facharzt in Leipzig. 1945 Oberarzt, 1946 Leiter des Röntgeninstituts der Universität in Leipzig. 1946 leitender Arzt in der Charité in Berlin. 1951 Professor für Radiologie an der Universität in Berlin und Direktor der Geschwulstklinik und des Röntgeninstituts der Charité. 1960 Nationalpreis.
OM 11. 6. 1964
Medizin, Radiologie

GILBERT, Ludwig Wilhelm, * 12.8.1769 (Berlin) † 7. 3. 1824 (Leipzig)
1795 Professor an der Universität in Halle und Observator der Sternwarte. 1798 Unterbibliothekar. 1801 Professor für Physik und Chemie an der Universität in Halle. 1811 Professor für Physik an der Universität in Leipzig. (G. gab von 1799 – 1824 die „Annalen der Physik" heraus.)
KM 25. 6. 1812 Physik

GILL, Sir (1900) David, * 12. 6. 1843 (Aberdeen) † 14. 1. 1914 (London)
1868 Errichtung eines Privatobservatoriums in Aberdeen. 1879 königl. Astronom und Direktor der Sternwarte am Kap der Guten Hoffnung. (G. gründete die Sternwarte bei Lord LINDSAY's Venusexpedition nach Mauritius und führte 1875 Basismessungen in Ägypten durch.)
KM 5. 6. 1890
Astronomie

GIOENI, Guiseppe, aus dem Hause der Herzöge von Angio, * 12. 5. 1747 (Catania) † 6. 12. 1822 (Neapel)
Professor für Naturgeschichte an der Universität in Catania. Kammerherr.
AM 22. 9. 1791
Naturgeschichte

GIOVANE, Juliane Herzogin, geb. Freiin v. MUDERSBACH, * 1766 (Mudersbach) † August 1805 (Ofen)
1791 Oberhofmeisterin der Erzherzogin MARIE-LUISE, der späteren Kaiserin von Frankreich. (G. war mit K. Th. v. DALBERG und Frau von LA ROCHE befreundet. In Neapel heiratete sie den Herzog von GIOVANE. In Italien machte sie die Bekanntschaft mit GOETHE. Von Neapel ging sie nach ihrer Scheidung nach Wien. Später lebte sie in Ofen. Sie war als Dichterin und Schriftstellerin tätig. Eine Wahl zum Akademiemitglied erfolgte nicht. Am 16. 1. 1794

wurde die Entscheidung des Königs über ihre Mitgliedschaft in der Akademie bekanntgegeben.)
AM 16. 1. 1794

GISLASON, Konrad, * 3. 7. 1808 (Langamyri/Island) † 4. 1. 1891 (Kopenhagen)
1848 Lektor, 1853 Professor für isländische Sprache an der Universität in Kopenhagen.
KM 2. 3. 1854
Nordische Sprachen

GIULIARI, Giovanni Battista Carlo Graf, * 22. 4. 1810 (Verona) † 11. 1. 1884 (Florenz)
Domherr des Kapitels zu Verona. 1862 Bibliothekar der Capitolare.
KM 11. 4. 1867
Altertumskunde

GLASER, Roland, * 23. 3. 1935 (Jena)
1965 Dozent an der Universität in Jena. 1970 Professor für Biophysik an der Universität in Berlin.
KM 14. 6. 1979
Biologie, Biophysik

GLAUCH,
Pastor in Halle. (Nähere Angaben nicht zu ermitteln. Die Aufnahme von G. ist im Protokoll der Sitzung des Konziliums der Akademie verzeichnet. G. hat offenbar kein Mitgliederdiplom erhalten.)
abwM 12. 10. 1701

GLEDITSCH, Johann Gottlieb, * 5. 2. 1714 (Leipzig) † 5. 10. 1786 (Berlin)
Nach dem Studium der Philosophie, Medizin und Botanik ab 1732 prakt. Arzt in Annaberg. 1740 Kreisarzt in Lebus. 1742 Dozent für Physiologie und medizinische Botanik an der Universität in Frankfurt/O.. 1746 Professor am Kollegium medico chirurgicum und Direktor des Botanischen Gartens in Berlin. 1780 Mitglied der Hofapothekerkommission. (G. siedelte 1744 nach Berlin über. Er gilt als Begründer der Forstwissenschaft, speziell der Forstbotanik. In Berlin hielt er seit 1668 auch forstwissenschaftliche Vorlesungen.)
OM 23. 1. 1744
Botanik, Forstwissenschaft

GLUSCHKOW, Viktor Michailowitsch, * 24. 8. 1923 (Rostow/Don)
1957 Professor. 1961 Ordentlicher Akademiker der Ukrainischen Akademie der Wissenschaften. 1962 Vizepräsident. Direktor des Instituts für Kybernetik der Akademie in Kiew. 1964 Ordentlicher Akademiker der Akademie der Wissenschaften der UdSSR.
AM 17. 4. 1975
Mathematik, Kybernetik, Rechentechnik

GMELIN, Christian Gottlieb, * 12. 10. 1792 (Tübingen) † 13. 5. 1860 (Tübingen)
1817 Professor für Chemie und Pharmazie an der Universität in Tübingen. (G. war Schüler von KLAPROTH und BERZELIUS. Er stand bereits im November 1817 einmal zur Wahl. Da G. den damit verbundenen Ruf an die Universität in Berlin abgelehnt hatte, kam die Wahl nicht zustande. G. entdeckte die künstliche Darstellung des Ultramarins.)
KM 13. 2. 1834
Chemie, Pharmazie

GMELIN, Leopold, * 2. 8. 1788 (Göttingen) † 13. 4. 1853 (Heidelberg)
1814 – 1851 Professor für Medizin an der Universität in Heidelberg.
KM 13. 12. 1827
Medizin

GODIN, Louis, * 28. 2. 1704 (Paris) † 11. 9. 1760 (Cadix)
1751 Direktor der Seekadettenschule in

Cadix. (G. betätigte sich als Astronom. Er nahm 1735 an der Gradmessung in Peru teil und kehrte 1751 nach Frankreich zurück.)
AM 16. 3. 1752
Astronomie

GOEBEL, Johann Wilhelm von (1730), * 21. 3. 1683 (Höxter) † 6. 3. 1745 (Helmstedt)
1690 Dr. phil in Jena. Anschließend Aufenthalt in Königsberg. Helmstedt, Utrecht, Leyden und Straßburg, sowie als Jurist in Hannover. Mitarbeiter von G. W. LEIBNIZ bei dessen historischen Arbeiten. 1717 Professor der Rechte an der Universität in Helmstedt. Sechsmal Rektor. 1730 Assessor des Hofgerichts in Braunschweig. Hofrat.
abwM 13. 2. 1726
Rechtswissenschaft

GOEBEL, Karl Immanuel Eberhardt Ritter von (1909), * 8. 3. 1855 (Billigheim/Baden) † 10. 10. 1932 (München)
1882 Professor für Botanik an der Universität in Marburg. 1891 Professor für Botanik an der Universität in München und Direktor des Botanischen Instituts sowie des Botanischen Gartens. 1916 Rektor der Universität. 1908 – 1930 Sekretär der Mathematisch-naturwissenschaftlichen Klasse, 1908 – 1932 Präsident der Bayerischen Akademie der Wissenschaften zu München. Generaldirektor der wissenschaftlichen Sammlungen des Bayerischen Staates.
KM 16. 1. 1913
Botanik

GÖLDNER, Erhardt Hans Woldemar, * 19. 2. 1928 (Cossebaude/b. Dresden)
1964 Professor für Festkörpermechanik an der Technischen Universität in Dresden. 1968 Direktor der Sektion Grundlagen des Maschinenwesens an der Technischen Universität in Dresden. 1974 Leiter des Wissenschaftsbereiches Statik und Festigkeitslehre an der Technischen Universität in Dresden.
KM 8. 6. 1978
Mechanik, Festkörpermechanik

GÖPPERT, Heinrich Robert, * 25.7.1800 (Sprottau) † 18. 5. 1884 (Breslau)
1831 Professor für Medizin und Botanik an der Universität in Breslau. 1852 zugleich Direktor des Botanischen Gartens in Breslau. Geh. Medizinalrat.
KM 6. 6. 1839
Medizin, Botanik

GÖRLICH, Paul Robert, * 7. 10. 1905 (Dresden)
1932 Laborleiter in der Zeiss Ikon AG in Dresden. 1946 bis 1952 wissenschaftliche Tätigkeit in der UdSSR. 1952 wissenschaftlicher Hauptleiter des VEB CARL ZEISS in Jena. 1953 zugleich Dozent, 1954 Professor für Festkörperphysik an der Universität in Jena. 1954 Nationalpreis.
OM 24. 2. 1955
Physik; Festkörperphysik

GOERTTLER, Viktor, * 5. 1. 1897 (Sondershausen/Thür.)
1929 Regierungsveterinärrat, Oberregierungsrat und Direktor des Veterinäruntersuchungs- und Tiergesundheitsamtes in Jena. 1938 Professor für Tierheilkunde an der Universität in Jena. 1961 Direktor des Instituts für bakterielle Tierseuchenforschung der Akademie der Landwirtschaftswissenschaften in Jena. 1953 Nationalpreis.
KM 13. 1. 1955; OM 15. 6. 1961
Bakteriologie, Epidemiologie der Tierseuchen.

GÖSCHEN, Johann Friedrich Ludwig, * 16. 2. 1778 (Königsberg i. Pr.) † 24. 9. 1837 (Göttingen)
Nach dem Studium zunächst Gutsbesit-

zer in Ostpreußen. 1811 Professor, 1813 Professor für Rechtswissenschaften an der Universität in Berlin. 1822 Professor für Rechtswissenschaften an der Universität in Göttingen und außerordentlicher Beisitzer des Spruchkollegiums. 1828 Hofrat. (G. wurde 1817 auf Vorschlag von SAVIGNY zur Entzifferung der von NIEBUHR entdeckten Handschrift des GAIUS nach Verona entsandt.)
KM 26. 6. 1817
Rechtswissenschaften, Zivilrecht

GOETHE, Johann Wolfgang von (1782), * 28. 8. 1749 (Frankfurt a. Main) † 22. 3. 1832 (Weimar)
Dichter und Schriftsteller. 1772 Praktikant am Reichskammergericht in Wetzlar. 1776 Legationsrat, 1779 Geh. Rat, 1782 Kammerpräsident, 1804 Wirkl. Geh. Rat, 1815 Erster Staatsminister von Weimar.
AM 31. 7. 1806 (Bestät. 5. 8. 1806)
Philologie, Naturwissenschaften

GOETTE, Alexander, * 19./31.12.1840 (Petersburg) † 5. 2. 1922 (Heidelberg)
1866 Privatgelehrter in Tübingen. 1872 Assistent, 1877 Professor für Zoologie an der Universität in Straßburg. 1880 zugleich Direktor der zoologischen Sammlung des Städtischen Museums in Straßburg. 1882 Professor für Zoologie an der Universität in Rostock und Direktor des Zoologischen Instituts. 1886 Professor für Zoologie an der Universität in Straßburg.
KM 9. 12. 1920
Zoologie

GÖTTLING, Karl Wilhelm, * 19.1.1793 (Jena) † 20. 1. 1869 (Jena)
1816 Professor am Gymnasium in Rudolfstadt. 1819 Rektor des Gymnasiums in Neuwied. 1822 Professor für Philosophie, 1831 Professor für klassische Philologie an der Universität in Jena. Seit 1826 zugleich Bibliothekar der Universität. 1842 Geh. Hofrat.
KM 9. 5. 1844
Klassische Philologie

GOETZ, Walter Wilhelm, * 11. 11. 1867 (Leipzig) † 30. 10. 1958 (Sanatorium Adelholzen)
1901 ständiger Mitarbeiter, 1913 Mitglied, 1946 bis 1951 Präsident der Historischen Kommission der Bayerischen Akademie der Wissenschaften. 1905 Professor für Geschichte an der Universität in Tübingen. 1913 Professor für Geschichte an der Universität in Tübingen. 1915 Professor für Geschichte an der Universität in Leipzig und Direktor des Instituts für Kultur- und Universalgeschichte. 1945 Honorarprofessor an der Universität in München. Geh. Hofrat. (G. war als Mitglied der Deutschen Demokratischen Partei 1920 bis 1928 Mitglied des Reichstages.)
KM 16. 10. 1947
Geschichte

GOHL(IUS), Johann Daniel (Ps. Ursinus Wahrmund), * 26. 7. 1674 (Berlin) † 2. 4. 1731 (Wriezen/Oder)
1698 prakt. Arzt in Berlin, 1699 prakt. Arzt in Halle, danach erneut in Berlin. 1711 Brunnenarzt in Freienwalde. 1721 Kreisarzt in Wriezen. (G. gab seit 1717 die „Acta medicorum Berolinensium" heraus. In ihnen wurde u. a. die wahrscheinlich beiden ersten deutschen Statistiken über Todesursachen veröffentlicht.)
anwM 8. 1. 1711; abwM 1721
Medizin, Medizinstatistik

GOLDSCHMIDT, Adolf, * 15. 1. 1863 (Hamburg) † 5. 1. 1944 (Basel)
1892 Privatdozent, 1903 Professor an der Universität in Berlin. 1904 Professor für Kunstgeschichte an der Universität in

Halle. 1912 Professor für Kunstgeschichte an der Universität in Berlin. 1915 Geh. Regierungsrat. (G. war von 1927 bis 1930 Gastprofessor an der Harvard-Universität in Cambridge, von 1912 bis 1932 Mitherausgeber des Jahrbuches der Preuß. Kunstsammlungen, seit 1922 Mitglied des Deutschen Archäologischen Instituts in Rom und Vorsitzender der Berliner Kunstgeschichtlichen Gesellschaft. G. wurde auf Grund der faschistischen Rassengesetze zum Austritt aus der Akademie gezwungen, legte seine Mitgliedschaft am 12. 10. 1938 nieder und wurde aus der Mitgliederliste gestrichen.)
OM 5. 2. 1914 (Bestät. 2. 3. 1914)
Kunstgeschichte

GOLDSCHMIDT, Petrus, † 1713 (bei Hamburg)
1690 Konrektor in Harthersleben. 1691 Pfarrer in Sterup. 1707 Prediger in Güstrow. 1709 Pastor und Superintendent in Parchim. (G. wurde am 1. 3. 1712 Mitglied der Akademie, hat aber offenbar kein Diplom erhalten. G. wurde um 1712 wegen Simonie von seinen Kirchenämtern abgesetzt. Er geriet später in Schulden und soll als Schankwirt in der Nähe von Hamburg gestorben sein.)
M. 1. 3. 1712
Theologie

GOLDZIHER, Ignaz, * 22. 6. 1850 (Stuhlweißenburg) † 13. 11. 1921 (Budapest)
1872 Privatdozent, 1894 Professor für orientalische Sprachen an der Universität in Budapest.
KM 8. 12. 1910
Orientalistik

GOLGI, Camillo, * 7. 7. 1844 (Corteno bei Brescia) † 21. 1. 1926 (Paris)
Zunächst Professor für Histologie an der Universität in Pavia. 1875 Professor für Anatomie an der Universität in Siena. 1876 Professor für Histologie, 1881 Professor für allgemeine Pathologie an der Universität in Pavia. 1906 Nobelpreis für Medizin.
KM 21. 12. 1911
Pathologie

GOLIZYN (GALIZIN), Dimitrij Alexejewitsch, * 15. 5. 1734 † 17. 3. 1803 (Braunschweig)
Russischer Fürst. Während der Regierungszeit von KATHARINA II. Gesandter in Paris und in Haag. (G., mit VOLTAIRE und den Enzyklopädisten befreundet, war auch literarisch tätig.)
AM 16. 1. 1793

GOLTZ, Georg Konrad Freiherr von der, * 4. 10. 1704 (Parsow/Pomm.) † 4. 8. 1747 (Berlin)
Preuß. Generalmajor. Regimentskommandeur und Generalkriegskommissär. Zeitweilig auch Generalintendant der preuß. Armee.
EM 23. 1. 1744

GOMPERZ, Theodor, * 29. 3. 1832 (Brünn) † 29. 8. 1912 (Baden bei Wien)
1869 Professor, 1873 Professor für klassische Philologie an der Universität in Wien. 1901 Mitglied des Herrenhauses.
KM 19. 10. 1893
Klassische Philologie, antike Philosophiegeschichte

GONZAGA-CASTIGLIONE, Luigi Fürst, * 22. 5. 1745 (Venedig) † 10. 9. 1819 (Wien)
Fürst von Castiglione.
AM 26. 7. 1789 (Bestät. 27. 7. 1789);
EM 24. 1. 1812

GONZÁLEZ-REYNA, Jenaro, * 12. 11. 1905 (Mineral de las Dos Estrellas/Mexico) † 1970 (Mexiko)
1949 Chef der Geologen und Ingenieure des Instituto Nacional para la Investiga-

cion de Recursos Minerales in Mexiko; zugleich Forschungsgeologe im Institut für Geologie sowie der staatl. Gesellschaft „Petróleos Mexicanos".
KM 12. 9. 1957; AM 20. 5. 1969
Geologie
I

GORBANDT, Erwin, * 20. 9. 1890 (Schlawe) † 3. 1. 1965 (Westberlin)
1924 Privatdozent, 1928 Professor, 1939 Professor für Chirurgie an der Universität in Berlin und Ärztlicher Direktor des Städtischen Krankenhauses in Moabit. (G., dem von seiner vorgesetzten Dienststelle in Westberlin seit 1951 die Lehrtätigkeit an der Universität in Berlin untersagt worden war, wurde 1955 auch gezwungen, die Mitgliedschaft in der Akademie niederzulegen.)
OM 24. 2. 1955 – 28. 3. 1955
Chirurgie

GORDAN, Paul Albert, * 27. 4. 1837 (Breslau) † 21. 12. 1912 (Erlangen)
1875 Professor für Mathematik an der Universität in Erlangen.
KM 22. 2. 1900
Mathematik

GOSSLER, Gustav Heinrich Konrad von, * 13. 4. 1838 (Naumburg/Saale)
† 29. 9. 1902 (Danzig)
1861 Referendar, 1864 Assessor am Oberlandesgericht in Insterburg. 1865 Landrat des Kreises Darkehmen. 1875 Hilfsarbeiter im Ministerium des Innern. 1878 Mitglied des Oberverwaltungsgerichts in Berlin. 1879 Unterstaatssekretär im Ministerium für geistl., Unterrichts- und Medizinal-Angelegenheiten. 1881 – 1891 Präsident des Reichstages und Minister für geistl., Unterrichts- und Medizinal-Angelegenheiten. 1891 Oberpräsident der Provinz Westpreußen. (G. wurde 1877 als Mitglied der deutschkonservativen Partei Mitglied des Reichstages. Seine Wahl zum EM erfolgte anläßlich des 200jährigen Jubiläums der Akademie.)
EM 21. 12. 1899 (Bestät. 5. 3. 1900)

GOTHAN, Walter Ulrich Eduard Friedrich, * 26. 8. 1879 (Woldegk/Meck.)
† 30. 12. 1954 (Berlin)
1903 Assistent an der Preußischen Geologischen Landesanstalt. 1908 Privatdozent an der Bergakademie in Berlin. 1910 Assistent an der Preußischen Geologischen Landesanstalt, 1919 Titularprofessor. 1915 Dozent an der Technischen Hochschule in Berlin-Charlottenburg. 1927 Honorarprofessor an der Universität in Berlin. 1927 Bezirksgeologe. 1929 Landesgeologe. 1933 Hon. Res. Fellow Acad. Sinica in Nanking. 1938 Abteilungsdirektor der Preußischen Geologischen Landesanstalt. 1946 Professor für Paläobotanik an der Universität in Berlin. 1951 Direktor der Arbeitsstelle für Paläobotanik der Akademie.
OM 24. 2. 1949
Paläobotanik

GOTTER, Gustav Adolf Graf von,
* 26. 3. 1692 (Altenburg)
† 28. 5. 1762 (Berlin)
1717 Geschäftsträger, 1720 Gesandter in Wien. 1732 Übertritt in preußischen Dienst als Gesandter in Wien. 1740 Oberhofmarschall in Berlin. 1743 Generaldirektor der Berliner Oper. 1744 bis 1745 und 1749 bis 1762 Kurator der Akademie. 1753 Generalpostmeister und Mitglied des Generaldirektoriums in Berlin. (GOTTER wurde 1724 Reichsfreiherr, 1740 Reichsgraf und preußischer Graf. Er wird als berechnender, großsprecherischer Lebemann ohne sittlichen Ernst charakterisiert. 1745 mußte er wegen seiner durch den amoralischen Lebenswandel untergrabenen Gesundheit aus dem Staatsdienst vorübergehend ausscheiden.)
EM Febr. 1745

GOTTFRIED (GOTHOFREDUS), Georg, gt. 26. 6. 1648 (Großenhain) † 25. 11. 1725 (Leipzig)
Dr. der Rechte und kaiserlicher Notar in Leipzig.
abwM 14. 1. 1709
Rechtswissenschaft

GOTTSCHALDT, Kurt, * 25. 4. 1902 (Dresden)
1929 Leiter des Psychologischen Labors der Kinderanstalt für seelisch Abnorme in Bonn. 1932 Privatdozent an der Universität in Bonn. 1938 Professor für Psychologie an der Universität in Berlin. Zugleich 1938 bis 1945 Abteilungsleiter am Institut für Anthropologie, menschliche Erblehre und Eugenik der Kaiser-Wilhelm-Gesellschaft zur Förderung der Wissenschaften. 1946 Professor für Psychologie an der Universität in Berlin und Direktor des Instituts für Psychologie. 1955 zugleich Leiter der Arbeitsstelle für experimentelle und angewandte Psychologie der Akademie. 1962 Professor für Psychologie an der Universität in Göttingen und Direktor des Instituts für Psychologie.
OM 19. 2. 1953; AM 20. 5. 1969
Psychologie

GOTTSCHED, Johann, * 15. 7. 1668 (Königsberg i. Pr.) † 10. 4. 1704 (Königsberg i. Pr.)
1691 Amtsarzt in Bartenstein. 1694 Professor für Medizin, 1701 auch Professor für Physik an der Universität in Königsberg. (G. betätigte sich auch als Meteorologe und hinterließ meteorologische Tagebücher.)
abwM 7. 11. 1701
Medizin

GOTTSCHED, Johann Christoph, * 2. 2. 1700 (Judittenkirch/Ostpr.) † 12. 12. 1766 (Leipzig)
1724 Magister in Königsberg. 1730 Professor der Poesie, 1734 Professor für Logik und Metaphysik an der Universität in Leipzig. Mehrfach Rektor der Universität. (G. verließ 1724 Königsberg aus Furcht vor den preuß. Soldatenwerbern. Er galt als einer der bedeutendsten Literaturreformer, Dichter und Poeten seiner Zeit.)
abwM 8. 12. 1729
Literaturwissenschaft

GOULD, Benjamin Apthorp, * 27. 9. 1824 (Boston) † 26. 11. 1896 (Cambridge/Mass.)
1856 Direktor der Dudley-Sternwarte zu Albany. 1870 Direktor der Sternwarte in Cordoba/Argentinien. 1884 Direktor der Sternwarte in Cambridge/Mass.. (G. war auch astronomischer Assistent bei der Küstenvermessung der USA in Cambridge bei Boston.)
KM 7. 6. 1883
Astronomie

GOYON d' ARZAC, Guillaume-Henri-Charles Vicomte de, * um 1740 (Mezin/Guyenne) † nach 1804
Französ. Schriftsteller. (G. verließ Frankreich während der Französischen Revolution. Nach Mitteilung der Nationalbibliothek in Paris ist er wahrscheinlich um 1804 in Berlin verstorben.)
OM 16. 10. 1794; AM 23. 8. 1804
Geschichte, Philosophie

GRABEN ZUM STEIN, Otto von, * (Tirol) † vor 1756 (Potsdam)
Zunächst Angehöriger des Serviten-Ordens. Später Feldprediger in Milazzo/Sizilien. 1731 königl. Spaßmacher in Berlin. 1732 bis 1740 Vizepräsident der Akademie in Berlin. (G. z. St., der als Feldprediger die Rechte des kaiserlichen Hofes gegenüber dem Papst verteidigte, wurde von der römischen Kirche verfolgt, ging zunächst nach Böhmen und später nach Leipzig. Hier gab er Unter-

richt in italienischer Sprache. In Berlin trat er als königl. Spaßmacher die Nachfolge von FASSMANN an. Vizepräsident der Akademie wurde er auf Befehl von FRIEDRICH WILHELM I.)
anwM 19. 1. 1732

GRABMANN, Martin, * 5. 1. 1875 (Winterzhofen/Bayern) † 9. 1. 1949 (Eichstätt)
1898 Priesterweihe im Bischöfl. Lyzeum in Eichstätt, anschließend Priester in Kipfenberg, Allersberg und Neumarkt. Nach weiterem Studium im Thomaskolleg der Dominikaner in Rom 1906 Professor für Dogmatik am Bischöfl. Lyzeum in Eichstätt. 1913 Professor für christl. Philosophie an der Universität in Wien. 1918 Professor für kathol. Dogmatik an der Universität in München. 1921 Päpstl. Hausprälat. 1941 Apostol. Protonotar.
KM 1. 11. 1934
Mittelalterl. Philosophie und kathol. Theologie

GRAEBE, Carl James Peter, * 24.2.1841 (Frankfurt a. Main) † 19. 1. 1927 (Frankfurt a. Main)
1869 Privatdozent an der Universität in Leipzig. 1870 Professor für Chemie an der Universität in Königsberg. 1878 Professor für Chemie an der Universität in Genf.
KM 13. 6. 1907
Chemie

GRAFF, Eberhard Gottlieb, * 10.3.1780 (Elbing) † 18. 10. 1841 (Berlin)
1805 Professor am Gymnasium in Elbing. 1810 Regierungs- und Schulrat in Marienwerder, 1814 in Arnsberg und Koblenz. 1824 Professor für deutsche Philologie an der Universität in Königsberg. 1830 Regierungsrat im Ministerium für geistl., Unterrichts- und Medizinal-Angelegenheiten. (G. wurde 1813 Mitglied des Verwaltungsrates unter Frh. v. STEIN, er wandte sich nach Ablehnung seiner Vorschläge zur Schulreform der Sprachwissenschaft, speziell dem Althochdeutsch, zu.)
KM 12. 4. 1832; OM 29. 11. 1832 (Bestät. 3. 1. 1833)
Germanistik

GRAFF (DE PANCSOVA), Ludwig Bartholomäus v., * 2. 1. 1851 (Pancsova) † 6. 2. 1924 (Graz)
1876 Professor an der Forstakademie in Aschaffenburg. 1884 Professor für Zoologie an der Universität in Graz und Direktor des Zoologischen Instituts. 1896 – 1897 Rektor der Universität. (G. unternahm mehrere längere zoologische Forschungsreisen, u. a. nach Ceylon, Java, in das nördliche Eismeer und nach Nordamerika. 1907 gründete er die Gesellschaft für Morphologie und Physiologie und ist Mitbegründer der Deutschen Zoologischen Gesellschaft. G. war in seinen letzten Lebensjahren zeitweilig geistig umnachtet.)
KM 8. 2. 1900
Zoologie

GRAFFI, Arnold,
* 19. 6. 1910 (Bistritz/Siebenbg.)
1943 wissenschaftlicher Mitarbeiter der Schering-AG in Berlin. 1947 Abteilungsleiter am Bakteriologisch-sereologischen Institut in Perleberg. 1948 wissenschaftlicher Mitarbeiter in der Zentralstelle für Hygiene in Potsdam. 1948 Leiter der Abteilung für biologische Kresbsforschung des Instituts für Medizin und Biologie der Akademie in Berlin-Buch. 1951 Professor für chemische Pathologie an der Universität in Berlin. 1956 Direktor am Institut für Medizin und Biologie der Akademie in Berlin-Buch. 1955 und 1980 Nationalpreis.
OM 15. 6. 1961
Medizin; experimentelle Pathologie

GRAHAM, Thomas, * 20. 12. 1805 (Glasgow) † 16. 9. 1869 (London)
Zunächst Professor für Chemie an der Universität in Glasgow. 1837 Professor für Chemie an der Universität in London.
KM 19. 2. 1835
Chemie

GRANDMAISON, Aubin-Louis de, * 19. 7. 1759 (Paris) † 14. 8. 1818 (Paris)
siehe: MILLIN de GRANDMAISON, Aubin-Louis

GRANDMAISON, François-Marie Comte de, * 1795 † 19. 2. 1878 (Tours)
siehe: PAMBOUR, François-Marie de GUYONEAU, Comte de GRANDMAISON

GRAPOW, Hermann Willi Berthold Kurt, * 1. 9. 1885 (Rostock) † 24. 8. 1967 (Westberlin)
1922 – 1937 wissenschaftl. Beamter der Akademie in Berlin. 1928 Honorarprofessor, 1938 – 1945 Professor für Ägyptologie an der Universität in Berlin. 1939 – 1945 zugleich Vizepräsident der Akademie. 1956 Direktor des Instituts für Orientforschung der Akademie. 1953 und 1959 Nationalpreis.
OM 28. 4. 1938 (Bestät. 8. 6. 1938)
Ägyptologie

GRAY, Asa, * 18. 11. 1810 (Sauquoit/New York) † 30. 1. 1888 (Cambridge/Mass.)
1842 Professor für Naturgeschichte an der Universität in Cambridge/Mass.
KM 26. 7. 1855
Botanik

GREIFENKRANZ, Christoph Joachim Nicolai von, * 6. 1. 1649 (Schwerin) † 9. 8. 1715 (Zweibrücken)
Zunächst holstein.-gottorp. Etatsrat und Gesandter. Später ostfriesischer Geheimer Rat. Zuletzt schwedischer Kanzler in Zweibrücken.
abwM 1. 4. 1701

GRELL, Heinrich, * 3. 2. 1903 (Lüdenscheid) † 21. 8. 1974 (Berlin)
1930 Dozent an der Universität in Jena. 1934 Dozent an der Universität in Halle. 1935 freiberufl. Mathematiker in Lüdenscheid. 1939 Arbeitsgruppenleiter im Entwicklungsbüro der Messerschmidt AG in Augsburg. 1944 Mathematiker beim Reichsforschungsamt in Erlangen. 1947 Lehrbeauftragter an der Hochschule in Bamberg. 1948 Professor, 1953 Professor für Mathematik an der Universität in Berlin und Geschäftsführender Direktor des I. Mathematischen Instituts. 1959 Geschäftsführender Direktor des Instituts für Reine Mathematik der Akademie in Berlin. 1964 – 1968 Stellvertr. des Generalsekretärs der Akademie.
KM 21. 6. 1962; OM 23. 4. 1964
Mathematik, Algebra

GREN, Friedrich Albert Karl, * 1. 5. 1760 (Bernburg) † 26. 11. 1797 (Halle/Saale)
1776 Pharmazeut in Erfurt. 1787 Professor für Chemie und Medizin an der Universität in Halle.
AM 25. 9. 1792
Medizin

GRESSET, Jean-Baptiste-Louis de (1775), * 29. 8. 1709 (Amiens) † 16. 6. 1777 (Amiens)
Schriftsteller, Maler und Dichter in Amiens. (G. gehörte 1725 bis 1735 dem Jesuitenorden an. 1748 wurde er Mitglied der Acadèmie française, lebte aber in Amiens und verwaltete dort eine Finanzstelle. Er war vermögend und unabhängig. Zum Regierungsantritt LUDWIG's XV. überbrachte er als Vertreter der Academie francaise deren Glückwünsche.)

AM 2. 11. 1747
Kunst, Literatur

GRIFFITH, Francis Llewellyn,
* 27. 5. 1862 (Brighton) † 14. 3. 1934 (Oxford)
Professor für orientalische Philologie an der Universität in Oxford.
KM 18. 1. 1900
Ägyptologie

GRILLO, Johann David, * 1689 (Halberstadt) † 14. 12. 1766 (Frankfurt/Oder)
Professor für Theologie in Frankfurt a. O..
abwM 24. 2. 1724
Theologie, Philologie

GRIMM, Jacob Ludwig Karl,
* 4. 1. 1785 (Hanau) † 20. 9. 1863 (Berlin)
1805 Gehilfe von SAVIGNY in Paris bei den Vorarbeiten zur Geschichte des römischen Rechts im Mittelalter. 1806 Sekretäranwärter im Kriegskollegium in Kassel. 1808 Vorsteher der Privatbibliothek des Königs JEROME. 1809 Auditor des Staatsrates. 1813 Legationssekretär. 1816 2. Bibliothekar der Landesbibliothek in Kassel. 1829 Professor für deutsche Philologie an der Universität in Göttingen und Bibliothekar. 1841 hauptamtliches Ordentliches Mitglied der Akademie der Wissenschaften in Berlin mit gleichzeitigem Vorlesungsrecht an der Universität in Berlin. (J. G. nahm 1815 am Wiener Kongreß teil und hielt sich im gleichen Jahr in Paris als Beauftragter Preußens zwecks Rückgabe der während der napoleonischen Herrschaft geraubten Handschriften auf. 1837 gehörte er zu den 7 Göttinger Professoren, die von ihren Lehrstühlen verjagt wurden, weil sie gegen die willkürliche Aufhebung der Verfassung durch den König von Hannover aufgetreten waren. Er siedelte zunächst nach Kassel über. 1848 war J. GRIMM Mitglied des Frankfurter Parlaments und hatte seinen Platz im „rechten Zentrum". J. GRIMM stand bereits am 16. 12. 1830 zum ersten Mal zur Wahl als Auswärtiges Mitglied der Akademie, erhielt jedoch nicht die notwendige Stimmenzahl. Zusammen mit seinem Bruder Wilhelm begann er die Hauptarbeiten für das „Deutsche Wörterbuch".)
KM 22. 6. 1826; AM 12. 4. 1832 (Bestät. 7. 5. 1832); OM 9. 3. 1841
Germanistik, deutsche Altertumsforschung

GRIMM, Wilhelm Karl, * 24. 2. 1786 (Hanau) † 16. 12. 1859 (Berlin)
1816 Bibliothekssekretär in Kassel. 1830 Unterbibliothekar, 1831 Professor, 1835 Professor für deutsche Philologie an der Universität in Göttingen. 1841 hauptamtliches Ordentliches Mitglied der Akademie der Wissenschaften in Berlin mit gleichzeitigem Vorlesungsrecht an der Universität in Berlin. (W. G. gehörte 1837 zu den 7 Göttinger Professoren, die von ihren Lehrstühlen verjagt wurden, weil sie gegen die willkürliche Aufhebung der Verfassung durch den König von Hannover aufgetreten waren. Er hielt sich anschließend bis 1841 in Kassel auf.)
KM 12. 4. 1832; OM 11. 2. 1841 (Bestät. 9. 3. 1841)
Germanistik

GRISCHOW, Augustin, * 13. 12. 1683 (Anklam) † 10. 11. 1749 (Berlin)
1725 Professor für Mathematik am Collegium medicum chirurgicum in Berlin und Observator der Akademie. (G. hat sich um die Kalenderarbeit der Akademie verdient gemacht.)
anwM 12. 7. 1725 (Bestät. 27. 7. 1725)
Astronomie, Meteorologie

GRISCHOW, Augustin Nathanael,
* 29. 9. 1726 (Berlin) † 4./15. 6. 1760

(Petersburg), (Sohn von GRISCHOW, Augustin)
1744 Astronom der Akademie. 1751 Ordentlicher Akademiker für Astronomie an der Akademie der Wissenschaften in Petersburg, 1751 – 1754 zugleich Sekretär der Akademie. (GRISCHOW wurde auf Befehl FRIEDRICHs II. aus der Mitgliederliste der Berliner Akademie gestrichen, weil er ohne FRIEDRICHs Erlaubnis eine Berufung an die Akademie der Wissenschaften in Petersburg angenommen hatte. Der Befehl seiner Streichung wurde am 30. 11. 1750 in der Akademie verlesen.)
OM 23. 10. 1749 – 30. 11. 1750
Astronomie, Mathematik

GRISEBACH, August Heinrich Rudolf, * 17. 4. 1814 (Hannover) † 9. 5. 1879 (Göttingen)
1837 Privatdozent für Botanik an der Universität in Göttingen. 1841 Professor, 1847 Professor für allgemeine Naturgeschichte, 1875 Professor für Botanik an der Universität in Göttingen und Direktor des Botanischen Gartens. 1878 Geh. Regierungsrat.
KM 16. 4. 1874
Botanik

GRJOTHEIM, Kai Gudbrand, * 13. 7. 1919 (Åsnes)
1957 Professor für anorganische Chemie an der Technischen Hochschule in Trondheim; 1959 zugleich Direktor des Instituts für Anorganische Chemie. 1973 Professor für allgemeine und anorganische Chemie an der Universität in Oslo.
AM 12. 6. 1980
Anorganisch-technische Chemie, Hochtemperaturchemie

GROBBEN, Karl Anton Matthias, * 27. 8. 1854 (Brünn) † 13. 4. 1945 (Salzburg)
1876 Assistent, 1884 Professor, 1893 Professor für Zoologie an der Universität in Wien und Direktor des Zootomischen Instituts. 1896 Vorstand des I. Zoologischen Instituts der Universität in Wien.
KM 23. 11. 1922
Zoologie

GRODDECK, Gabriel, * 7. 1. 1672 (Danzig) † 12. 9. 1709 (Danzig)
Professor für Philosophie und Bibliothekar am Dreifaltigkeits-Gymnasium in Danzig.
abwM 7. 11. 1701
Philosophie

GROEBER Gustav, * 4. 5. 1844 (Leipzig) † 5. 11. 1911 (Ruprechtsau b. Straßburg)
1870 Hauslehrer, danach Handelsschullehrer in Leipzig. 1872 Professor an der Universität in Zürich. 1874 Professor für romanische Philologie an der Universität in Breslau. 1880 Professor für romanische Philologie an der Universität in Straßburg.
KM 18. 1. 1900
Romanische Philologie

GROOT, Johann Jakob Maria de, * 18. 2. 1854 (Schiedam) † 24. 9. 1921 (Berlin)
1878 Dolmetscher im niederländischen Kolonialdienst. 1890 Lehrer für Malaiisch und Chinesisch an der Öffentlichen Handelsschule in Amsterdam. 1890 Professor für Landes- und Völkerkunde Niederländisch-Indiens, 1904 Professor für Sinologie an der Universität in Leiden. 1912 Professor für Sinologie an der Universität in Berlin.
OM 7. 12. 1911 (Bestät. 4. 1. 1912)
Sinologie

GROS, Claude de, * 28. 1. 1680 (Lyon) † 10. 9. 1753 (Paris)
1705 Mitglied der Académie française.
siehe: BOZE, Claude GROS de

GROSSE, Rudolf, * 28. 7. 1924 (Heldrungen)
1959 Dozent, 1964 Professor für deutsche Philologie an der Universität in Leipzig.
KM 15. 6. 1972; OM 10. 6. 1976
Sprachwissenschaft, deutsche Philologie

GROSSER, Otto, * 21. 11. 1873 (Wien) † 23. 3. 1951 (Thumersbach b. Zell a. See)
1907 Professor für Anatomie an der Universität in Wien. 1909 Professor für Anatomie an der Deutschen Universität in Prag.
KM 8. 2. 1934
Anatomie

GROSSER, Samuel, * 8. 2. 1664 (Paschkerwitz/Schles.) † 24. 6. 1736 (Görlitz)
1690 Konrektor der Nicolai-Schule in Leipzig. 1691 Rektor des Gymnasiums in Altenburg, 1696 Rektor des Gymnasiums in Görlitz.
abwM 30. 6. 1712
Pädagogik, Geschichte

GROSTÊTE, Claude, * 1647 (Orleans) † 30. 9. 1713 (London)
siehe: LA MOTHE, Claude GROSTÊTE de

GROTE, Claus, * 8. 8. 1927 (Bückeburg)
1960 Professor der Akademie. 1972 Generalsekretär der Akademie.
KM 15. 6. 1972; OM 13. 6. 1974
Physik; exper. Hochenergiephysik

GROTEFEND, Georg Friedrich, * 9. 6. 1775 (Hann.-Münden) † 15. 12. 1853 (Hannover)
1797 Lehrer am Gymnasium in Göttingen. 1803 Prorektor, 1812 Professor für klassische Literatur am Gymnasium in Frankfurt a. M.. 1821 Direktor des Lyzeums in Hannover. 1849 Schulrat. (G. gehört zu den Mitbegründern der Gesellschaft für ältere deutsche Geschichte.)
KM 15. 4. 1847
Pädagogik, Philologie, Archäologie

GROTEFEND, Karl Ludwig, * 22. 12. 1807 (Frankfurt a. Main) † 27. 10. 1874 (Hannover)
(Sohn von GROTEFEND, G. F.)
1829 Lehrer am Gymnasium in Hildesheim. 1833 Lehrer, später Direktor des Lyzeums in Hannover. 1853 Archivsekretär, 1862 Archivrat, 1868 Staatsarchivar, 1871 Geh. Archivrat in Hannover.
KM 13. 3. 1862
Klassische Altertumswissenschaften

GROTRIAN, Walter Robert Wilhelm, * 21. 4. 1890 (Aachen) † 3. 3. 1954 (Potsdam)
1922 Observator am Astrophysikalischen Observatorium in Potsdam. 1927 Professor an der Universität in Berlin. Im zweiten Weltkrieg Leiter einer Spezialeinheit für Hochfrequenztechnik und Ionosphärenforschung. 1951 Professor für Astrophysik an der Universität in Berlin und Direktor des Astrophysikalischen Observatoriums der Akademie. 1949 Nationalpreis.
OM 28. 6. 1951
Astrophysik

GRÜNBERG, Martin, * 1655 (Ostpreußen) † 16./23. 10. 1706 (Berlin ?)
Zunächst Schreiber der Glashütte in Drewitz bei Potsdam. 1678 Bauschreiber. 1682 – 1684 Aufenthalt in Italien und Ausbildung zum Architekten. 1688 Ingenieur. 1697 Hofbaumeister in Berlin. 1699 „Baudirektor in den Städten und auf dem Land".
anwM 11. 3. 1701
Architektur und Bauwesen

GRUNZE, Herbert, * 4. 4. 1923 (Berlin)
1960 Dozent, 1964 Professor für anorganische Chemie an der Universität in Ber-

lin. 1962 stellvertr. Direktor, 1971 Direktor des Zentralinstituts für Anorganische Chemie der Akademie in Berlin.
KM 14. 6. 1973
Anorganische Chemie; Polymerenchemie

GRUSON (GRÜSON), Jean Philippe (Johann Philipp), * 2. 2. 1768 (Magdeburg-Neustadt) † 16. 11. 1857 (Berlin)
1787 Conduktor der Kriegsdomänenkammer in Magdeburg. 1794 Professor für Mathematik am Kadettenkorps in Berlin. 1799 Professor an der Bauakademie in Berlin. 1816 Professor für Mathematik an der Berliner Universität und ab 1817 auch am französischen Gymnasium.
OM 18. 1. 1798 (Bestät. 6. 2. 1798)
Mathematik

GUASCO, Octavien de, Comte de Clavières, * 1712 (Pinerolo) † 10. 3. 1781 (Verona)
Abbé in Paris.
AM 11. 12. 1749
Philosophie

GÜLZOW, Martin, * 10. 5. 1910 (Kemnitz/Mecklbg.) † 5. 10. 1976 (Rostock)
1942 Dozent, 1949 Professor für pathologische Physiologie an der Universität in Greifswald. 1950 Leiter der Inneren Klinik des Bezirkskrankenhauses in Stralsund, 1954 ärztl. Direktor; zugleich Professor an der Universitätsklinik in Greifswald. 1956 Professor für innere Medizin und Berufskrankheiten an der Akademie für ärztl. Fortbildung in Berlin. 1957 Professor für innere Medizin an der Universität in Rostock und Direktor der Medizinischen Klinik.
OM 11. 6. 1964
Innere Medizin

GÜMBEL, Karl Wilhelm von,
* 11. 2. 1823 (Dannenfels/Pfalz)
† 18. 6. 1898 (München)
1862 Bergmeister. Bayerischer Staatsgeologe. 1863 Professor an der Universität in München. 1869 Oberbergrat in München und Vorstand des Büros für die geognostische Landesaufnahme in Bayern. 1879 Oberbergdirektor.
KM 13. 6. 1895
Geologie

GÜNTHER, Karl-Heinz Hermann,
* 13. 2. 1926 (Eisenach)
1958 Studiendirektor, 1961 Stellvertr. Direktor des Deutschen Pädagogischen Zentralinstituts. 1962 zugleich Professor für Geschichte der Erziehung am Deutschen Pädagogischen Zentralinstitut. 1970 Vizepräsident der Akademie der Pädagogischen Wissenschaften der DDR und Professor für Geschichte der Pädagogik an der Akademie der Pädagogischen Wissenschaften der DDR. 1974 Nationalpreis.
KM 8. 6. 1978
Geschichte der Pädagogik, Bildungsprognose

GUÉRARD, Benjamin-Edme-Charles,
* 15. 3. 1797 (Montbard/Côte d'Or)
† 10. 3. 1854 (Paris)
Historiker in Paris.
KM 27. 2. 1845
Geschichte

GUICHART, Karl Gottlieb von,
* 24. 9. 1724 (Magdeburg)
† 13. 5. 1775 (Potsdam)
1756 preußischer Oberst und Kommandeur eines Freibataillons.
siehe: QUINTUS ICILIUS

GUIDI, Ignazio, * 31. 7. 1844 (Rom)
† 18. 4. 1935 (Rom)
1871 Direktor des Münzkabinetts im Vatikan. 1876 Dozent, 1878 Professor für semitische Philologie an der Universität in Rom. 1914 Senator.
KM 15. 12. 1904
Orientalistik

GUILIELMINI, Domenico,
* 27. 9. 1655 (Bologna) † 12. 7. 1710 (Padua)
1686 Generalaufseher der Gewässer von Bologno. Daneben seit 1690 Professor für Mathematik und seit 1694 Professor für Hydrometrie an der Universität Bologno. 1698 Professor für Mathematik und seit 1702 Professor für Medizin an der Universität in Padua.
abwM 26. 9. 1707
Medizin

GUIZOT, François-Pierre-Guillaume,
* 4. 10. 1787 (Nimes) † 12. 9. 1874 (Val-Richer/Normandie)
Professor für Geschichte an der Sorbonne. Zeitweilig Präsident der Acadèmie des sciences morales et politiques. 1832 Innenminister, 1836 Minister für Erziehung. 1840 Außenminister, 1847 bis 1848 Ministerpräsident von Frankreich.
AM 5. 11. 1840 (Bestät. 14. 12. 1840)
Geschichte

GULEKE, Nicolai Gustav Hermann,
* 13./25. 4. 1878 (Pernau/Livland)
† 4. 4. 1958 (Wiesbaden)
1913 Professor für Chirurgie an der Universität in Straßburg. 1918 Professor für Chirurgie an der Universität in Marburg. 1919 Professor für Chirurgie an der Universität in Jena. (G., der mit 73 Jahren Mitglied der Akademie wurde, verließ 1951 die DDR, trat aus der Akademie aus und unterstützte in der BRD die aggressive imperialistische Politik gegen die Wissenschaft der DDR im allgemeinen, gegen die Akademie im besonderen.)
OM 14. 7. 1949 – 24. 5. 1951
Medizin

GULLSTRAND, Allvar, * 5. 6. 1862 (Landskrona) † 28. 7. 1930 Stockholm)
1891 Privatdozent an der Universität in Stockholm. 1894 Professor für Ophthalmologie an der Universität in Uppsala. 1914 Professor für Physiologie und physikalische Optik an der Universität in Uppsala. 1911 Nobelpreis für Medizin.
KM 7. 2. 1924
Anatomie und Physiologie

GUMMEL, Hans, * 3. 8. 1908 (Berlin)
† 27. 5. 1973 (Berlin)
1939 Oberarzt an der Universitätsklinik in Breslau. 1947 Wissenschaftlicher Leiter der Hauptverwaltung Volkseigene Betriebe Sachsen in Dresden. 1948 Chefarzt, 1955 Direktor der Robert-Rössle-Klinik der Akademie. 1953 Professor der Akademie. 1961 bis 1967 Stellvertr. Vorsitzender der Forschungsgemeinschaft der naturwissenschaftlichen, technischen und medizinischen Institute der Akademie und Leiter des Fachbereiches Medizin der Forschungsgemeinschaft. 1972 Direktor des Zentralinstituts für Krebsforschung der Akademie. 1959 Nationalpreis.
OM 15. 6. 1961
Medizin, Chirurgie

GUNDLING, Jakob Paul Freiherr von (1724), * 19. 8. 1673 (Hersbruck) † 11. 4. 1731 (Potsdam)
1705 Professor iuris publici et historiarum an der neugegründeten Ritterakademie in Berlin, zugleich historischer Mitarbeiter am Königl. Oberheroldsamt. 1713 Zeitungsreferent FRIEDRICH WILHELM's I.. 1718 – 1731 Präsident der Akademie. (G. war u. a. Kammergerichtsrat und Oberzeremonienmeister. Lange Zeit mit Titeln und Auszeichnungen überhäuft, ist er angeblich in einem Weinfaß beerdigt worden. Als Präsident der Akademie hat G. in den ersten Jahren Initiative entfaltet und versucht, die Arbeit der Akademie zu aktivieren. Die preußischen Zustände und seine eigene Charakterschwäche verhinderten jedoch grundlegende Veränderungen in der Aka-

demie. G. ist in bisherigen Mitgliederverzeichnissen der Akademie nicht verzeichnet. Da Präsidenten der Akademie zugleich auch Akademiemitglieder waren, ist er in diesem Bande als Mitglied aufgenommen. Als Mitglied stand er bereits am 18. 3. 1711 zur Wahl. Es wurde jedoch entschieden, „noch Abstand" zu nehmen. G. wurde auf Befehl FRIEDRICH WILHELM's I. Präsident der Akademie.
anwM 5. 3. 1718
Geschichte

GUTHNICK, Paul, * 12. 1. 1879 (Hitdorf/Rh.) † 6. 9. 1947 (Potsdam-Babelsberg
1906 Observator an der Sternwarte in Potsdam-Babelsberg. 1916 Professor, 1921 Professor für praktische Astronomie an der Universität in Berlin und Direktor der Sternwarte in Potsdam-Babelsberg.
OM 23. 11. 1922 (Bestät. 11. 1. 1923)
Astronomie

GYLLENBERG, Helge Gideon, * 4. 7. 1924 (Helsinki)
Professor für Mikrobiologie an der Universität in Helsinki. Präsident der Finnischen Akademie der Wissenschaften in Helsinki.
AM 9. 6. 1977
Mikrobiologie

HABER, Fritz, * 9. 12. 1868 (Breslau) † 29. 1. 1934 (Basel)
1896 Privatdozent, 1898 Professor für technische Chemie an der Technischen Hochschule in Karlsruhe. 1911 Direktor des Instituts für physikalische Chemie und Elektrochemie der Kaiser-Wilhelm-Gesellschaft zur Förderung der Wissenschaft in Berlin. 1914 zugleich Professor für physikalische Chemie an der Universität in Berlin und – im Range eines Hauptmanns – de facto Leiter der Zentralstelle Chemie im Kriegsministerium. 1933 Professor für physikalische Chemie an der Universität in Cambridge. 1918 Nobelpreis für Chemie.
OM 5. 11. 1914 (Best. 16. 12. 1914)
Physikalische Chemie und Elektrochemie

HABERLANDT, Gottlieb Johann Friedrich, * 28. 11. 1854 (Ungarisch-Altenburg) † 30. 1. 1945 (Berlin)
1879 Privatdozent an der Universität in Wien. 1884 Professor, 1888 Professor für Botanik an der Universität in Graz. 1910 Professor für Botanik an der Universität in Berlin.
KM 8. 6. 1899; OM 27. 4. 1911 (Bestät. 3. 7. 1911)
Botanik, Pflanzenphysiologie

HACHENBERG, Otto, * 25. 6. 1911 (Anhausen/Neuwied)
1946 Physiker im Werk für Fernmeldewesen H. F. in Berlin, 1949 Leiter des Versuchslabors. 1948 Privatdozent, 1951 Professor für Physik an der Universität in Berlin. 1950 zugleich Direktor des Heinrich-Hertz-Instituts für Schwingungsforschung der Akademie, 1958 Leiter des Bereiches Radioastronomie des Instituts. 1961 Professor für Radioastronomie an der Universität in Bonn. 1964 Direktor der Radiosternwarte Stockert. 1966 zugleich Direktor des Instituts für Radioastronomie der Max-Planck-Gesellschaft in Bonn. 1959 Nationalpreis.
KM 15. 6. 1961; AM 20. 5. 1969
Radioastronomie

HAEFTEN, Hans Maximilian Gustav von, * 13. 6. 1870 (Gut Fürstenberg bei Xanten) † 9. 6. 1937 (Gotha)
Seit 1903 im Großen Generalstab tätig, 1910 Major. 1914 Leiter der Kriegsnachrichtenstelle Ost. 1916 als Vertreter der Obersten Heeresleitung und militärischer Berater zunächst dem Auswärtigen Amt, später dem Reichskanzler zugeordnet.

1920 Generalmajor, Direktor der historischen Abteilung des Reichsarchivs. 1931 Präsident des Reichsarchivs.
OM 13. 7. 1933 (Bestät. 12. 8. 1933)
Militärgeschichte

HÄGGQVIST, Gösta, * 18. 10. 1891 (Rödön/Jamtsland Län) † 28. 3. 1972 (Djursholm)
Professor für Histologie und Direktor der Histologischen Abteilung des Karolinska Medico-Kirurgiska Institutes in Stockholm.
KM 29. 6. 1950; AM 20. 5. 1969
Medizin, Histologie

HAENEL, Helmut, * 24. 4. 1919 (Berlin)
1952 Leiter der Abteilung Mikrobiologie des Instituts für Ernährung, 1964 Geschäftsführender Direktor des Instituts für Ernährung der Akademie. 1965 Professor der Akademie, 1966 Direktor des Instituts – jetzt Zentralinstituts für Ernährung.
OM 4. 9. 1969
Ernährungsforschung; Mikroökologie

HAENISCH, Axel Erich, * 27. 8. 1880 (Berlin) † 21. 12. 1967 (Stuttgart)
1904 bis 1911 Lehrer im chinesischen Schuldienst in Hupe und Hunan. 1912 wissenschaftl. Hilfsarbeiter am Museum für Völkerkunde in Berlin. 1913 Privatdozent, 1920 Professor für Sinologie an der Universität in Berlin. 1925 Professor für Sinologie an der Universität in Göttingen. 1925 Professor für Sinologie an der Universität in Leipzig. 1932 Professor für Sinologie an der Universität in Berlin. 1947 Professor für Sinologie an der Universität in München. (H., Befürworter der USA-Intervention in Vietnam, legte seine Mitgliedschaft in der Akademie am 16. 3. 1966 auf Grund der Vietnam-Erklärung der Akademie nieder.)
OM 22. 1. 1942 bis 16. 3. 1966
(Bestät. 25. 2. 1942)
Sinologie

HÄRTIG, Helmut, * 24. 3. 1902 (Pirna/Sa.)
1938 Betriebsingenieur, später Technischer Direktor im Braunkohlenwerk Geiseltal. 1947 Produktionsleiter der Revierdirektion Merseburg. 1953 Professor für Tagebautechnik an der Bergakademie in Freiberg. 1955 zugleich Direktor des Industrieinstituts der Bergakademie. 1957 Rektor der Bergakademie.
KM 15. 6. 1961; OM 23. 4. 1964
Bergbau, Tagebau

HAGEN, Friedrich Heinrich von der (1803), * 19. 2. 1780 (Schmiedeberg/Schles.) † 11. 6. 1856 (Berlin)
1801 Referendar am Kammergericht in Berlin. 1810 Professor für deutsche Sprache und Literatur an der Universität in Berlin. 1811 Professor und Bibliothekar, 1818 Professor für deutsche Sprache und Literatur an der Universität in Breslau. 1824 Professor für deutsche Sprache und Literatur an der Universität in Berlin.
OM 11. 2. 1841 (Bestät. 9. 3. 1841)
Germanistik

HAGEN, Gotthilf Heinrich Ludwig, * 3. 3. 1797 (Königsberg i. Pr.) † 3. 2. 1884 (Berlin)
Zunächst Astronom bei BESSEL in Königsberg. 1825 stellvertr. Regierungs- und Baurat in Danzig. 1826 Hafeninspektor in Pillau. 1831 Oberbaurat in Berlin; zeitweise auch Lehrer für Wasserbau an der Artillerie- und Ingenieurschule in Berlin und an der Bauakademie in Berlin. 1847 Geh. Oberbaurat, und 1850 vortr. Rat im Handelsministerium. 1866 Oberbaudirektor und Vorsitzender der technischen Baudeputation. 1869 Oberlandesbaudirektor. Wirkl. Geh. Rat.
OM 7. 4. 1842 (Bestät. 28. 6. 1842)
Hydrotechnik

HAGENMÜLLER, Paul, * 3. 8. 1921 (Straßburg)
1958 Professor für anorganische Chemie an der Universität in Rennes. 1960 Professor für anorganische Chemie an der Universität in Bordeaux und Direktor der Abteilung für anorganische Chemie.
AM 17. 4. 1975
Feststoffchemie

HAHN, Erich, * 5. 3. 1930 (Kiel)
1967 Professor für Philosophie am Institut (jetzt Akademie) für Gesellschaftswissenschaften beim ZK der SED in Berlin. 1966 zugleich Leiter des Lehrstuhls für marxistisch-leninistische Soziologie, 1972 Leiter des Lehrstuhls für marxistisch-leninistische Philosophie an der Akademie für Gesellschaftswissenschaften beim ZK der SED in Berlin. 1977 Nationalpreis.
KM 13. 6. 1974; OM 12. 6. 1980
Philosophie; dial. und histor. Materialismus, Soziologie

HAHN, Otto, * 8. 3. 1879 (Frankfurt a. M.) † 28. 7. 1968 (Göttingen)
1907 Privatdozent, 1910 Professor für Chemie an der Universität in Berlin. 1924 II. Direktor, 1928 bis 1946 Direktor des Instituts für Chemie der Kaiser-Wilhelm-Gesellschaft zur Förderung der Wissenschaften in Berlin-Dahlem. 1933 Visiting-Professor an der Cornell-Universität in Ithaka. 1946 Präsident der Kaiser-Wilhelm-Gesellschaft zur Förderung der Wissenschaften (1948 Max-Planck-Gesellschaft) in Göttingen. 1945 Nobelpreis für Chemie für das Jahr 1944. 1959 Helmholtz-Medaille der Akademie.
OM 6. 11. 1924 (Bestät. 2. 12. 1924)
Chemie

HAIDINGER, Wilhelm Karl Ritter von (1865), * 5. 2. 1795 (Wien) † 19.3.1871 (Dornbach bei Wien)
1840 Bergrat und Leiter der Mineraliensammlung der Hofkammer des Münz- und Bergwesens in Wien. 1849 Direktor der Geologischen Reichsanstalt in Wien. 1862 Wirkl. Hofrat. (H. war 1812 Mitarbeiter von MOHS in Graz, wirkte 1817 in Freiberg und ab 1823 in England zu mineralogischen Studien. Nach H. sind ein Mineral, eine Pflanzengattung, ein fossiler Fisch und eine Bergkette in Neuseeland benannt.)
KM 7. 4. 1842
Mineralogie, Geologie

HAJKO, Vladimír, * 3. 10. 1920 (Krompach)
1953 Dozent, später Professor für technische Physik an der Technischen Hochschule und an der Universität in Košice. 1969 Rektor der Universität. 1974 Präsident der Slowakischen Akademie der Wissenschaften in Bratislava.
AM 9. 6. 1977
Festkörperphysik

HALDANE, John Burdon Sanderson, * 5. 11. 1892 (Oxford) † 1. 12. 1964 (Bhubaneswar/Indien)
1919 Fellow, 1922 Raeder an der Universität in Cambridge. 1933 Professor für Genetik, 1937 Professor für Biometrie an der Universität in London. 1957 Direktor des Staatsinstituts für Genetik und Biometrie in Orissa/Indien.
KM 29. 6. 1950
Genetik

HALLER, Albrecht von (1749), * 16. 10. 1708 (Bern) † 12. 12. 1777 (Bern)
1729 praktischer Arzt und Stadtbibliothekar in Bern. 1736 – 1753 Professor für Medizin, Anatomie, Botanik und Chirurgie an der Universität in Göttingen. 1751 Mitbegründer und erster Präsident der Akademie der Wissenschaften zu Göttingen. 1753 Rückkehr nach Bern; hier in verschiedenen Staatsämtern tätig.

(Zwischen 1723 und 1728 Aufenthalt in Deutschland, Holland, England und Frankreich. H. wirkte als Naturforscher, Arzt und Dichter. Er wird als einer der größten Universalgelehrten der Schweiz bezeichnet.)
AM 4. 9. 1749
Medizin

HALM, Carl Felix von (1872),
* 5. 4. 1809 (München) † 5. 10. 1882 (München)
1830 Lehrer am Gymnasium in München. 1839 Professor am Gymnasium und Lyzeum in Speyer. 1846 Professor am Gymnasium in Hadamar. 1849 Rektor des Maximilian-Gymnasium in München. 1856 Professor für klassische Philologie an der Universität in München und Direktor der Hof- und Staatsbibliothek.
KM 13. 1. 1870
Klassische Philologie

HALMA, Nicolas, * 31.12.1755 (Sedan) † 4. 6. 1828 (Paris)
Ursprünglich Abbé und Militärchirurg. Später Professor für Mathematik und Geographie in Paris, danach Professor für Geographie an der Militärschule zu Fontainbleau. Bibliothekar der französischen Kaiserin. Nach 1815 Canonicus an der Notre Dame-Kirche und Konservator der Bibliothek von St. Geneviève von Paris.
KM 16. 8. 1821
Mathematik, Mathematikgeschichte

HAMAKER, Hendrik Arent,
* 25. 2. 1789 (Amsterdam) † 7.10.1835 (Nerlangbroek)
Professor für klassische und orientalische Sprachen an der Universität in Leiden.
KM 12. 2. 1829
Klassische Philologie

HAMANN, Richard, * 29. 5. 1879 (Seehausen Kr. Wanzleben) † 9. 1. 1961 (Immenstadt)
1911 Professor für Kunstgeschichte an der Universität in Posen. 1913 Professor für Kunstgeschichte an der Universität in Marburg. 1947 zugleich Professor für Kunstgeschichte an der Universität in Berlin. 1954 Leiter der Arbeitsstelle für Kunstgeschichte der Akademie. 1949 Nationalpreis.
OM 24. 2. 1949
Kunstgeschichte

HAMEL, Georg Karl Wilhelm,
* 12.9.1877 (Düren/Rhld.) † 4.10.1954 (Landshut)
1903 Privatdozent an der Technischen Hochschule in Karlsruhe. 1905 Professor für Mathematik und Mechanik an der Technischen Hochschule in Brünn. 1912 Professor für Mathematik und Mechanik an der Technischen Hochschule in Aachen. 1919 Professor für Mathematik an der Technischen Hochschule in Berlin. 1946 Gastprofessor an der Universität in Tübingen. 1947 Gastprofessor an der Universität in Berlin. 1948 Lehrbeauftragter an der Technischen Hochschule in München. (H., der seit 1946 in Landshut lebte, legte 1954 die Mitgliedschaft nieder.)
OM 3. 11. 1938 – 11. 3. 1954 (Bestät. 28. 11. 1938)
Mathematik

HAMILTON, William Richard,
* 9. 1. 1777 (London) † 11. 7. 1859 (London)
Unterstaatssekretär des Auswärtigen in London. Zeitweilig Britischer Gesandter in Neapel.
EM 22. 6. 1815

HAMILTON, Sir (1835) William Rowan,
* 3./4. 8. 1805 (Dublin) † 2. 9. 1865 (Dublin)
1827 Professor für Astronomie an der Universität in Dublin. Königl. Astronom

von Irland. (Wohnhaft auf der Sternwarte Dunsink bei Dublin.) Präsident der Königl. Irischen Akademie.
KM 6. 6. 1839
Mathematik, Physik, Astronomie

HAMMAR, Johannes August,
* 21. 8. 1861 (Karlskrona) † 17. 4. 1946 (Uppsala)
1892 Dozent für Histologie, 1894 Professor, 1898 Professor für Anatomie an der Universität in Uppsala.
KM 7. 2. 1924
Anatomie, Physiologie

HAMMER-PURGSTALL, Joseph Freiherr von (1836), * 9. 6. 1774 (Graz) † 23. 11. 1856 (Wien)
1789 Eintritt in die K.k. Orientalische Akademie. 1799 – 1809 sog. „Sprachknabe", Reisender und Diplomat. (1801 Teilnahme am Feldzug in Ägypten, 1802 – 1804 Legationssekretär in Konstantinopel. 1807 Hofrat im Ministerium des Auswärtigen in Wien.) 1811 wirkl. Staatskanzleirat und Hofdolmetsch. 1847 erster Präsident der Akademie der Wissenschaften in Wien. (1835 vermachte ihm die im gleichen Jahre verstorbene Gräfin von PURGSTALL ihr Schloß Hainfeld in der Steiermark. Daraufhin erfolgte die Namensvereinigung.)
KM 17. 3. 1814
Orientalistik, Geschichte

HAMPE, Karl Ludwig, * 3. 2. 1869 (Bremen) † 14. 2. 1936 (Heidelberg)
1893 Mitarbeiter bei der Monumenta Germaniae Historica. 1903 Professor für mittl. Geschichte an der Universität in Heidelberg. (Im Rahmen der Monumenta Germaniae Historica arbeitete H. besonders auf dem Gebiet der mittelalterlichen Quellenforschung und der Briefe der Karolingerzeit.)
KM 19. 2. 1925
Geschichte

HAMPERL, Herwig, * 12. 9. 1899 (Wien) † 22. 4. 1976 (Bonn)
1931 Privatdozent an der Universität in Wien. 1935 Professor an der Universität in Berlin. 1939 Professor für Anatomie an der Universität in Prag. 1942 Prorektor. 1945 Prosektor an der Universität in St. Pölten. 1946 Prosektor am Landeskrankenhaus und Leiter der Bakteriologischen-serologischen Untersuchungsstelle in Salzburg. 1948 Prosektor des Stahlgrenska Krankenhauses in Göteborg. 1949 Professor an der Universität Uppsala. 1949 Professor für Pathologie an der Universität in Marburg und Direktor des Pathologischen Instituts. 1954 Professor für Pathologie an der Universität in Bonn und Direktor des Pathologischen Instituts.
KM 10. 2. 1955;
AM 20. 5. 1969
Medizin, pathologische Histologie

HANN, Julius Ferdinand Edler (1912) von (1910) * 23. 3. 1839 (Schloß Haus bei Linz) † 1. 10. 1921 (Wien)
1867 Assistent in der Zentralanstalt für Meteorologie in Wien. 1872 Dozent für Klimatologie an der Hochschule für Bodenkultur in Wien. 1874 Professor für physikalische Geographie an der Universität in Wien. 1877 – 1897 Direktor der Zentralanstalt für Meteorologie in Wien, ab 1877 zugleich Professor für Physik der Erde an der Universität in Wien. 1897 Professor für Physik der Erde an der Universität in Graz. 1900 Professor für Physik der Erde an der Universität in Wien.
KM 21. 2. 1889
Meteorologie, Klimatologie

HANSELMANN, Christian Ernst,
* 8. 7. 1699 (Weikersheim) † 26. 8. 1776 (Öhringen)
1725 Hofmeister bei dem Grafen v. RECHTERN. 1730 Archivar bei dem

Fürsten von HOHENLOHE in Öhringen.
AM 9. 11. 1758
Geschichte, Generalogie

HANSEN, Joseph, * 26.4.1862 (Aachen) † 29. 6. 1943 (Köln)
Professor Dr. phil.. Direktor des Historischen Archivs und des Historischen Museums der Stadt Köln. Vorsitzender der Gesellschaft für Rheinische Geschichtskunde. Geh. Regierungsrat.
KM 19. 2. 1925
Geschichte

HANSEN, Peter Andreas, * 8. 12. 1795 (Tondern) † 28. 3. 1874 (Gotha)
Ursprünglich Uhrmacher. Nach 1820 Angestellter bei der Gradmessung in Kopenhagen, danach in Altona. 1825 Astronom in Gotha. Direktor der neuen Sternwarte in Gotha. 1860 auch Ministerialrat für die Landesvermessung.
KM 19. 1. 1832; AM 1. 3. 1866 (Bestät. 24. 3. 1866)
Astronomie

HANSSEN, Georg, * 31. 5. 1809 (Hamburg) † 19. 12. 1894 (Göttingen)
1832 zunächst Dozent, dann Professor an der Universität in Göttingen, 1833 Kammersekretär und Kontorchef in der deutschen Abteilung der Kopenhagener Kommerzkanzlei. 1837 Professor für Agrargeschichte an der Universität in Kiel. 1842 Professor für Agrargeschichte an der Universität in Leipzig. 1848 Professor für Nationalökonomie an der Universität in Göttingen. 1860 Professor für Nationalökonomie an der Universität in Berlin. 1869 Professor für Nationalökonomie an der Universität in Göttingen. (Die Umwandlung des Status der Mitgliedschaft vom OM zum EM 1869 erfolgte ohne besondere Wahl. Sie ergab sich durch die Verlegung des Wohnortes von Berlin nach Göttingen).
OM 13. 2. 1862 (Bestät. 3. 3. 1862); EM 1. 4. 1869
Agrargeschichte, Nationalökonomie

HANSTEEN, Christopher, * 26. 9. 1784 (Christiania) † 11. 4. 1873 (Christiania)
1815 Professor für Astronomie und angewandte Mathematik an der Universität in Christiania; zugleich Direktor der Sternwarte.
KM 13. 12. 1827
Astronomie

HARDER, Richard, * 19.1.1896 (Tetenbüll/Schleswig) † 4. 9. 1957 (Münster)
1927 Professor für klassische Philologie an der Universität in Heidelberg, im gleichen Jahr auch an der Universität in Königsberg. 1930 Professor für klassische Philologie an der Universität in Kiel. 1941 Professor für klassische Philologie an der Universität in München. 1952 Professor für klassische Philologie an der Universität in Münster. (H. war seit 1925 Herausgeber der Zeitschrift für das Klassische Altertum „Gnomon".)
KM 2. 3. 1939 (Bestät. 4. 5. 1939)
Klassische Philologie

HARDY, Godfrey Harold, * 7. 2. 1877 (Cranleigh/Surrey) † 1. 12. 1947 (Cambridge)
Professor für Mathematik an der Universität in Cambridge, 1906 Rektor der Universität. 1919 Professor für Geometrie an der Universität in Oxford.
KM 31. 10. 1929
Mathematik

HARENBERG, Johann Christoph, * 28. 4. 1696 (Langenholzen) † 12. 11. 1774 (St. Lorenz bei Schöningen)
1720 Rektor der Stiftschule in Gandersheim. 1733 Generalinspektor der Schulen im Herzogtum Braunschweig. 1745 Professor für Kirchengeschichte und politische Geographie am Collegium Caroli-

num in Braunschweig. Zuletzt Propst des St. Lorenz-Stifts bei Schöningen.
abwM 19. 3. 1738
Geschichte, Orientalistik

HARMS, Joachim Friedrich Simon,
* 24. 10. 1816 (Kiel) † 5. 4. 1880 (Berlin)
1842 Dozent, 1858 Professor für Philosophie an der Universität in Kiel. 1867 Professor für Philosophie an der Universität in Berlin.
OM 14. 11. 1872 (Bestät. 9. 12. 1872)
Philosophie

HARNACK, Karl Gustav Adolf von (1914), * 7./19. 5. 1851 (Dorpat)
† 10. 6. 1930 (Heidelberg)
Nach dem Studium der Theologie in Dorpat 1874 Dozent, 1876 Professor für Kirchengeschichte an der Universität in Leipzig. 1879 Professor für Kirchengeschichte an der Universität in Gießen. 1886 Professor für Kirchengeschichte an der Universität in Marburg. 1888 Professor für Kirchengeschichte an der Universität in Berlin. 1900 – 1901 Rektor der Universität. 1906 bis 1921 zugleich Generaldirektor der Königl. Bibliothek – später Preuss. Staatsbibliothek – in Berlin. 1911 Präsident der Kaiser-Wilhelm-Gesellschaft zur Förderung der Wissenschaften. Wirkl. Geh. Rat. (H. erhielt 1890 von der Berliner Akademie den Auftrag zur kritischen Ausgabe der „Griechisch-christl. Schriftsteller der ersten drei Jahrhunderte". Er war Vorsitzender der Kirchenväter-Kommission der Akademie. Nach seiner Emeritierung leitete er den Hauptausschuß der „Notgemeinschaft der deutschen Wissenschaft".)
OM 16. 1. 1890 (Bestät. 10. 2. 1890)
Kirchengeschichte, Religionsgeschichte

HARRISON, Ross Grandville,
* 13. 1. 1870 (Philadelphia) † 30.9.1959 (New Haven)
1903 Professor für vergleichende Anatomie, später für Biologie an der Yale-Universität in New Haven/USA.
KM 24. 7. 1930
Anatomie, Zoologie

HARTEL, Wilhelm August Ritter von (1882), * 28. 5. 1839 (Hof/Mähren)
† 14. 1. 1907 (Wien)
1869 Professor, 1872 Professor für klassische Philologie an der Universität in Wien. 1896 Sektionschef für Hoch- und Mittelschulen im Ministerium für Kultus und Unterricht in Wien. 1899 Leiter des Unterrichtsministeriums, 1900 wirkl. Unterrichtsminister. 1891 – 1896 zugleich Direktor der Hofbibliothek in Wien. 1891 Mitglied des österr. Herrenhauses. (H. regte 1892 in einer Denkschrift die Bildung eines Verbandes wissenschaftlicher Körperschaften innerhalb Österreichs und Deutschlands an. 1893 wurde in Leipzig der Entwurf der Statuten für das sogen. Kartell der Akademien in Leipzig von den Akademien in Wien, München, Göttingen und Leipzig angenommen. Die Berliner Akademie trat 1906 diesem Kartell offiziell bei. H. wurde 1903 Obmann, später Präsident der interakademischen Kommission zur Herausgabe eines Thesaurus linguae Latinae.)
KM 19. 10. 1893
klassische Philologie, Gräzistik

HARTING, Carl August Johannes (Hans),
* 15. 2. 1868 (Berlin-Rummelsburg)
† 21. 9. 1951 (Jena)
1893 Mitarbeiter an der Physikalisch-Technischen Reichsanstalt. 1897 Wissenschaftlicher Mitarbeiter der ZEISS-Werke in Jena. 1899 Direktor der Optischen Werkstätten VOGTLÄNDER u. Sohn in Braunschweig. 1901 – 1907 Privatdozent an der Technischen Hochschule in Braunschweig. 1908 Regierungsrat. 1918 Abteilungsleiter, 1929 Direktor, 1933

bis 1934 Präsident des Reichspatentamtes in Berlin. 1934 bis 1940 Vorstandsmitglied des CARL ZEISS Werkes in Jena. 1940 Mitarbeiter der Sternwarte in Berlin-Babelsberg. 1945 bis 1951 wissenschaftlicher Hauptleiter des VEB CARL ZEISS in Jena. Geheimrat. 1949 Nationalpreis.
EM 29. 6. 1950
Optik

HARTKE, Werner, * 1. 3. 1907 (Eschwege)
1939 Dozent an der Universität in Königsberg. 1945 Dozent an der Universität in Göttingen. 1948 Professor für klassische Philologie an der Universität in Rostock. 1955 Professor für klassische Philologie an der Universität in Berlin und Direktor des Instituts für Altertumskunde. 1955 zugleich 1. Direktor des Instituts für Griechisch-römische Altertumskunde der Akademie. 1957 – 1959 Rektor der Universität in Berlin. 1958 – 1968 Präsident, 1968 – 1972 Vizepräsident der Akademie. 1958 Nationalpreis.
OM 24. 2. 1955
Klassische Philologie, Alte Geschichte und Archäologie

HARTMANN, Max, * 7. 7. 1876 (Lauterecken/Pfalz) † 11. 10. 1962 (Buchchenbühl)
1902 Assistent, 1903 Privatdozent am zool. Institut der Universität in Gießen. 1905 Leiter der Protozoen-Abt. im Institut für Infektionskrankheiten in Berlin. 1906 Privatdozent, 1909 a. o. Professor, 1921 Honorarprofessor an der Universität in Berlin. 1914 Abteilungsleiter im Institut für Biologie der Kaiser-Wilhelm-Gesellschaft zur Förderung der Wissenschaften in Berlin-Dahlem, 1933 – 1955 Direktor des Instituts. 1946 Honorarprofessor an der Universität in Tübingen. (Das Institut für Biologie wurde 1944 nach Hechingen und 1952 nach Tübingen verlegt.)
OM 8. 2. 1934 (Bestät. 15. 3. 1934)
Biologie

HARTMANN, Paul Nicolai, * 20.2.1882 (Riga) † 9. 10. 1950 (Göttingen)
1920 Professor, 1922 Professor für Philosophie an der Universität in Marburg. 1925 Professor für Philosophie an der Universität in Kiel. 1931 Professor für Philosophie an der Universität in Berlin. 1945 Professor für Philosophie an der Universität in Göttingen.
OM 22. 2. 1934 (Bestät. 6. 4. 1934)
Philosophie

HARTMANN, Philipp Jakob, * 26. 3. 1648 (Stralsund) † 28. 3. 1707 (Königsberg i. Pr.)
Zunächst Professor für Geschichte, später Professor für Medizin an der Universität in Königsberg.
abwM 7. 11. 1701
Medizin

HARTMANN, Richard, * 8. 6. 1881 (Neunkirchen/Württ.) † 5. 2. 1965 (Berlin)
1914 Privatdozent an der Universität in Kiel. 1918 Professor für Orientalistik an der Universität in Leipzig. 1922 Professor für Orientalistik an der Universität in Königsberg. 1926 Professor für Orientalistik an der Universität in Heidelberg. 1930 Professor für Orientalistik an der Universität in Göttingen. 1936 Professor für Arabistik und Islamkunde an der Universität in Berlin.
OM 2. 3. 1939 (Bestät. 29. 4. 1939)
Arabistik, Islamkunde

HARTSOECKER, Nikolaus, * 26. 3. 1656 (Gouda/Holland) † 10. 12. 1725 (Utrecht)
Sohn eines Predigers, der in Amsterdam, Paris und danach wiederum in Amsterdam als Mathematiker wirkte. Er erteilte

hier PETER I. Unterricht. 1704 – 1716 Hofmathematiker des Kurfürsten von der Pfalz in Düsseldorf und Professor in Heidelberg. Zuletzt tätig in Utrecht.
abwM 7. 9. 1703
Mathematik

HARTUNG, Fritz, * 12. 1. 1883 (Saargemünd) † 24. 11. 1967 (Berlin-West)
1910 Privatdozent an der Universität in Halle. 1915 Professor, 1922 Professor für mittlere und neuere Geschichte an der Universität in Kiel. 1923 Professor für mittlere und neuere Geschichte an der Universität in Berlin. Juni 1945 mit der Wahrnehmung der Funktion des Sekretars der Philosophisch-histor. Klasse der Akademie beauftragt. 1946 – 1949 Sekretar der Philosophisch-historischen Klasse, 1949 – 1952 Sekretar der Klasse für Gesellschaftswissenschaften der Akademie.
OM 2. 3. 1939 (Bestät. 29. 4. 1939)
Geschichte

HASE, Karl Benedikt, * 11. 5. 1780 (Sulza/Thür.) † 21. 3. 1864 (Paris)
1805 Mitarbeiter der Bibliothek in Paris. 1816 Professor für griechische Paläographie und für neugriechische Sprache an der École des Langues orientales in Paris. 1830 Professor für deutsche Sprache und Literatur an der École polytechnique. 1832 Konservator der Handschriften der Bibliothek in Paris. 1852 Professor de grammaire comparée an der Faculté des lettres in Paris.
KM 25. 6. 1812; AM 25. 4. 1850 (Bestät. 18. 5. 1850)
Vergleichende Grammatik

HASE, Theodor von, * 30. 11. 1682 (Bremen) † 25. 2. 1731 (Bremen)
Oberpastor an der Liebfrauen-Kirche in Bremen.
abwM 11. 7. 1718
Theologie

HASSE, Helmut, * 25. 8. 1898 (Kassel) † 26. 12. 1979 (Ahrensburg)
1925 Professor für Mathematik an der Universität in Halle. 1930 Professor für Mathematik an der Universität in Marburg. 1934 Professor für Mathematik an der Universität in Göttingen. 1949 Professor für Mathematik an der Universität in Berlin. 1950 Professor für Mathematik an der Universität in Hamburg. 1953 Nationalpreis.
OM 14. 7. 1949; AM 20. 5. 1969
Mathematik

HASSINGER, Hugo Rudolf Franz, * 8. 11. 1877 (Wien) † 13. 3. 1952 (Wien)
Seit 1903 zunächst im Schuldienst tätig. 1918 Professor für Geographie an der Universität in Basel. 1927 Professor für Geographie an der Universität in Freiburg i. Br.. 1931 Professor für Geographie an der Universität in Wien. 1939 Leiter der „Arbeitsgemeinschaft für Raumforschung". 1937 – 1951 Präsident der Geographischen Gesellschaft in Wien.
KM 23. 6. 1938
Geographie

HATZIDAKIS, Georgios Nikolaou, * 11./23. 11. 1848 (Bez. Hagios Basileios/Kreta) † 26. 6. 1941 (Athen)
1885 Professor für vergleichende Sprachwissenschaft an der Universität in Athen.
KM 18. 1. 1900
Neugriechische Philologie

HAUBER, Eberhard David, * 27.5.1695 (Hohenhaslach/Württ.) † 15. 2. 1765 (Kopenhagen)
Nach dem Studium der Theologie zunächst Hauslehrer, danach Repetent am Tübinger Stift. 1724 Vikar an der Stiftskirche in Stuttgart. 1726 Superintendent der Grafschaft Schaumburg, zugleich Oberpfarrer in Stadthagen. 1746 Pfarrer

an der St. Peters-Kirche in Kopenhagen. (H. betätigte sich auch als Geograph. Er schrieb die älteste, umfassende Darstellung der Geschichte der Kartographie des deutschen Südwestens. Die späteren Arbeiten waren vorwiegend theologischen Inhalts.)
abwM 2. 8. 1724
Theologie, Geographie

HAUCK, Albert, * 9. 12. 1845 (Wassertrüdingen/Mittelfr.) † 7. 4. 1918 (Leipzig)
1870 Vikar in München. 1871 Vikar in Feldkirchen. 1875 evanglischer Pfarrer in Frankenheim. 1878 Professor, 1882 Professor für Kirchengeschichte und christliche Archäologie an der Universität in Erlangen. 1889 Professor für Kirchengeschichte an der Universität in Leipzig. 1898 – 1899 Rektor der Universität.
KM 18. 1. 1900
Kirchengeschichte

HAUER, Franz Ritter von, * 30.1.1822 (Wien) † 20. 3. 1899 (Wien)
1849 Erster Geologe mit dem Titel Bergrat, 1866 Direktor der Geologischen Reichsanstalt in Wien. Seit 1874 zugleich Dozent an der Hochschule für Bodenkultur in Wien. 1885 Intendant des Hofmuseums in Wien. Hofrat.
KM 3. 3. 1881
Geologie

HAUGHTON, Sir Graves Champney
* 1788 (Dublin) † 28. 8. 1849 (Saint-Cloud bei Paris)
1817 – 1827 Professor des Sanskrit und des Bengali in Oxford. (H. war zunächst bis 1817 Kadett in Indien. Hier erfolgte das Studium des Sanskrit im Ford William College in Kalkutta. Ab 1839 lebte er in Frankreich.)
KM 16. 2. 1837
Philologie, Sanskrit-Forschung

HAUPT, Rudolph Friedrich Moriz
* 27. 7. 1808 (Zittau) † 5. 2. 1874 (Berlin)
1841 Professor, 1843 Professor für deutsche Sprache und Literatur an der Universität in Leipzig. 1853 Professor für germanische Philologie an der Universität in Berlin. 1861 – 1874 Sekretar der Philosophisch-historischen Klasse der Akademie. (HAUPT gab zusammen mit A. H. HOFFMANN v. FALLERSLEBEN in den Jahren 1836 – 1840 zwei Bände „Altdeutsche Blätter" heraus. Er wurde nach der Revolution von 1848 wegen seines Auftretens im Deutschen Verein zusammen mit O. JAHN und Th. MOMMSEN als Hochverräter angeklagt, gerichtlich zwar freigesprochen, 1851 jedoch aus seinem Lehreramt in Leipzig entlassen.)
KM 19. 3. 1846; OM 16. 6. 1853 (Bestät. 25. 7. 1853)
Klassische und germanische Philologie

HAUSCHILD, Fritz, * 8. 12. 1908 (Chemnitz) † 13. 1. 1974 (Leipzig)
1947 Dozent an der Universität in Halle. 1949 Professor für Pharmakologie und Toxikologie an der Universität in Leipzig und Direktor des Instituts für Pharmakologie und Toxikologie. 1957 Nationalpreis.
OM 11. 6. 1964
Pharmakologie, Toxikologie

HAUSEN, Christian August,
* 19. 6. 1693 (Dresden) † 2. 5. 1743 (Leipzig)
1714 Professor für Mathematik in Leipzig.
abwM 27. 11. 1726
Mathematik

HAUSMANN, Johann Friedrich Ludwig,
* 22. 2. 1782 (Hannover) † 26. 12. 1859 (Göttingen)
1803 Auditor bei den Bergämtern zu

Clausthal und Zellerfeld. 1805 Braunschweigischer Kammersekretär. 1809 Generalinspektor der Berg-, Hütten- und Salzwerke des Königreiches Westfalen zu Kassel. 1811 Professor für Mineralogie und Technologie an der Universität Göttingen.
KM 25. 6. 1812
Bergwissenschaft, Technologie

HAUSSHERR, Hans, * 8. 7. 1898 (Berlin) † 17. 9. 1960 (Köln)
1929 Studienrat in Berlin. 1945 Dozent, 1946 Professor für Wirtschafts- und Sozialgeschichte an der Universität in Halle und Direktor des Instituts für allgemeine Geschichte. 1955 zugleich Professor am Institut für Geschichte der Max-Planck-Gesellschaft in Göttingen. 1958 Professor für Geschichte an der Universität in Göttingen.
OM 24. 2. 1955
Geschichte

HAUSSOULLIER, Bernhard,
* 11. 9. 1853 (Paris) † 26. 7. 1926 (Saint-Prix/Seine-et Oise)
1876 Mitglied der Französischen Schule in Athen. 1880 Professor an der Universität in Caen, später an der Universität in Bordeaux. 1889 Professor für griechische Epigraphik an der Universität in Paris und Direktor an der École des hautes études.
KM 2. 5. 1907
Klassische Archäologie

HAUY, René-Just, * 28. 2. 1743 (Saint-Just/Beauvaisis) † 3. 6. 1822 (Paris)
Ursprünglich Abbé und Lehrer am Collège des Kardinals LEMOINE. 1793 Mitglied der Kommission für Maße und Gewichte. 1794 Konservator des Cabinet des mines. 1802 Professor für Mineralogie am Naturhistorischen Museum und an der Fakultät der Wissenschaften in Paris. Honorarcanonicus in Nótre-Dame.
AM 26. 7. 1804 (Bestät. 7. 8. 1804); EM 24. 1. 1812
Mineralogie

HAVEMANN, Robert, * 11. 3. 1910 (München)
1945 Verwaltungsleiter an der Kaiser-Wilhelm-Gesellschaft zur Förderung der Wissenschaften und – bis 1950 – Abteilungsleiter im Institut für Physikalische Chemie und Elektrochemie in Berlin-Dahlem. 1946 Professor, 1952 – 1964 Professor für physikalische Chemie an der Universität in Berlin und Direktor des Instituts für Physikalische Chemie. 1961 – 1965 zugleich Leiter der Arbeitsstelle für Photochemie der Akademie in Berlin. 1959 Nationalpreis. (H. wurde auf Vorschlag der Klasse Chemie, Biologie und Geologie und mit Zustimmung einer überwiegenden Mehrheit des Plenums der Akademie aus der Mitgliederliste gestrichen.)
KM 15. 6. 1961 – 31. 3. 1966
Photochemie

HAVIGHORST, Johann, * 25. 5. 1674 (Bremen) † 1. 1. 1732 (Bremen)
Professor der Beredsamkeit, Poesie und Theologie am Gymnasium in Bremen.
abwM 27. 7. 1725
Theologie

HAVRÁNEK, Bohuslav, * 30. 1. 1893 (Prag) † 2. 3. 1978 (Prag)
1928 Dozent an der Universität in Prag. Später Professor für Slawistik an der Universität in Brno und Professor für Slawistik an der Universität in Prag. Direktor des Instituts für slawische Sprache der Tschechoslowakischen Akademie der Wissenschaften. Rektor der Hochschule für russische Sprache und Literatur in Prag.
KM 10. 2. 1955; AM 20. 5. 1969
Slawistik

HAYM, Rudolf Theodor, * 5. 10. 1821

(Grünberg/Schles.) † 27. 8. 1901 (St. Anton a. Arlberg)
1860 Professor, 1868 Professor für neuere Literaturgeschichte an der Universität in Halle. (H. war 1848 Abgeordneter des Frankfurter Parlaments und später Redakteur der „Konstitutionellen Zeitung" in Berlin. 1866 Abgeordneter im Preußischen Abgeordnetenhaus. 1858 Redakteur der „Preußischen Jahrbücher".)
AM 7. 12. 1899 (Bestät. 5. 3. 1900
Geschichte

HEAD, Barclay Vincent, * 2. 1. 1844 (Ipswich) † 12. 6. 1914 (London)
1864 Assistent, 1871 Oberassistent, 1893 Abteilungsdirektor am Britischen Museum in London.
KM 29. 10. 1908
Numismatik

HECKMANN, Otto, * 23. 6. 1901 (Opladen/Rhld.)
1929 Privatdozent, 1935 Professor für Astronomie an der Universität in Göttingen und stellvertretender Direktor der Sternwarte. 1941 Professor für Astronomie an der Universität in Hamburg und Direktor der Sternwarte in Hamburg-Bergedorf. 1955 bis 1961 Vizepräsident, 1967 bis 1970 Präsident der Internat. Astronomischen Union.
KM 5. 6. 1947; AM 20. 5. 1969
Astronomie

HEDIN, Sven Anders, * 19. 2. 1865 (Stockholm) † 26. 11. 1952 (Stockholm)
Dr. phil.. Forschungsreisender. (H. gilt als Erforscher Zentralasiens.)
KM 28. 11. 1918

HEDLINGER, Johann Karl,
* 28. 3. 1691 (Schwyz) † 14. 3. 1771 (Schwyz)
1713 Stempelschneider an der Münze in Luzern. 1718 Medailleur und Direktor an der Königl. Münze in Stockholm. (H. wirkte zeitweilig auch in Holland, Italien, Preußen, Österreich und Rußland. Er gilt als einer der berühmtesten Medailleure des 18. Jahrhunderts. Für die Berliner Akademie schuf er die Preismünze der Akademie mit dem Brustbild FRIEDRICH's II..)
AM 4. 8. 1748

HEE, Christen, * 5. 4. 1712 (Sandbjerg) † 12. 1. 1782 (Kopenhagen)
Zunächst Lehrer, 1759 Professor für Mathematik und Philosophie an der Universität in Kopenhagen. Königl. Dänischer Justizrat.
AM 19. 10. 1752
Mathematik

HEEREN, Arnold Hermann Ludwig, * 25. 10. 1760 (Arbergen bei Bremen) † 6. 3. 1842 (Göttingen)
1784 Privatdozent für Philologie an der Universität in Tübingen. 1787 a. o. Professor, 1794 Professor für Philosophie, 1801 Professor für Geschichte an der Universität in Göttingen.
KM 25. 6. 1812, AM 16. 12. 1830 (Bestät. 11. 1. 1831)
Geschichte

HEFNER-ALTENECK, Friedrich Franz Heinrich Philipp von, * 27. 4. 1845 (Aschaffenburg) † 7. 1. 1904 (Berlin-Biesdorf)
Studium in München und Zürich. Von 1867 – 1890 in der Firma SIEMENS und HALSKE tätig; zuletzt Oberingenieur. 1880 Prokurist, 1897 Mitglied des Aufsichtsrates der AEG.
OM 20. 12. 1900 (Bestät. 14. 1. 1901)
Technik

HEGEL, Friedrich Wilhelm Karl von, * 7. 6. 1813 (Nürnberg) † 5. 12. 1901 (Erlangen) (Sohn des Philosophen HEGEL, G. W. F.)
Zunächst Hilfslehrer am Köllnischen

Gymnasium in Berlin. 1841 Professor, 1849 Professor für Geschichte an der Universität in Rostock. 1856 Professor für Geschichte an der Universität in Erlangen.
KM 6. 4. 1876
Geschichte

HEIBERG, Johann Ludwig,
* 27. 11. 1854 (Aalborg) † 4. 1. 1928 (Kopenhagen)
1896 Professor für klassische Philologie und Archäologie an der Universität in Kopenhagen.
KM 12. 3. 1896
Klassische Philologie, Geschichte der Mathematik

HEIDENHAIN, Rudolf Peter Heinrich,
* 29. 1. 1834 (Marienwerder)
† 13. 10. 1897 (Breslau)
1859 Professor für Physiologie und Histologie an der Universität in Breslau.
KM 17. 1. 1884
Physiologie

HEIDER, Karl, * 28. 4. 1856 (Wien) † 2. 7. 1935 (Deutsch-Feistritz/Steiermark)
1882 Assistent, 1893 Professor für Zoologie an der Universität in Wien. 1894 Professor für Zoologie an der Universität in Innsbruck. 1917 Professor für Embryologie an der Universität in Berlin. (H. verließ im April 1933 Berlin und ging nach Österreich zurück. Der Status seiner Mitgliedschaft änderte sich in den eines AM.)
OM 27. 6. 1918 (Bestät. 1. 8. 1918); AM 1. 4. 1933
Zoologie, Embryologie

HEIGEL, Karl Theodor Ritter von,
* 23. 8. 1842 (München) † 23. 3. 1915 (München)
1872 Sekretär im Reichsarchiv. 1873 Privatdozent, 1885 Professor für Geschichte an der Universität in München. 1904 Präsident der Bayerischen Akademie der Wissenschaften in München und Generaldirektor der wissenschaftlichen Sammlungen des Bayerischen Staates. Geh. Rat.
KM 3. 11. 1904
Neuere Geschichte

HEIMREICH, Ernst Franz Justus, EDLER v. HEIMENTHAL (1737),
* 29. 8. 1701 (Coburg) † um 1760
Coburg. und meiningenscher Hofarzt. Hofpfalzgraf. Stadtarzt in Schalkau/Thür.. Seit 1735 in Wien.
abwM 1726
Medizin

HEIN, Franz, * 30. 6. 1892 (Grötzingen/Baden) † 26. 3. 1976 (Jena)
1923 Professor an der Universität in Leipzig. 1942 Professor, 1946 Professor für anorganische Chemie an der Universität in Jena und Direktor des Instituts für anorganische Chemie. 1952 Nationalpreis.
OM 19. 2. 1953
Anorganische Chemie; Komplexchemie, Chemie der Metallorgano-Verbindungen

HEINDORF, Ludwig Friedrich,
* 21. 9. 1774 (Berlin) † 23. 6. 1816 (Halle/Saale)
1796 Subrektor am Kölln. Gymnasium in Berlin. 1810 Professor für klassische Philologie an der Universität in Berlin. 1811 Professor für klassische Philologie an der Universität in Breslau. 1816 Professor für klassische Philologie an der Universität in Halle.
KM 25. 6. 1812
Klassische Philologie

HEINE, Heinrich Eduard, * 15. 3. 1821 (Berlin) † 24. 10. 1881 (Halle/Saale)
1834 Privatdozent, später Professor für Mathematik an der Universität in Bonn. 1856 Professor für Mathematik an der

Universität in Halle/Saale.
KM 16. 7. 1863
Mathematik

HEINECCIUS, Johann Michael, (ursprünglich Heinecke), * 14. 12. 1674 (Eisenberg/Thür.) † 11. 9. 1722 (Halle/Saale)
Nach dem Studium der Theologie Professor in Helmstedt. 1699 Diakonus in Goslar. 1708 Pastor, zugleich Scholarch und Professor am Gymnasium in Halle. Konsistorialrat des Hzt. Magdeburg, Superintendent und Oberpfarrer an der Spitalkirche in Halle. (H. ist bekannt als Kirchenliederdichter).
abwM 9. 5. 1707
Theologie

HEINIUS (HEINE), Johann Philipp, * 6. 1. 1688 (Kassel) † 8. 8. 1775 (Berlin)
Rektor des Joachimthalschen Gymnasiums in Berlin. 1744 – 1745 Direktor der Philosophischen Klasse der Akademie.
anwM 19. 4. 1730; OM 23. 1. 1744
Theologie

HEINRICHER, Emil Johann Lambert, * 14. 11. 1856 (Laibach) † 13. 7. 1934 (Innsbruck)
1882 Privatdozent an der Universität, 1882 an der Technischen Hochschule in Graz. 1889 Professor, 1891 Professor für Botanik an der Universität in Innsbruck und Vorsteher des Botanischen Instituts und des Botanischen Gartens. Hofrat.
KM 28. 1. 1932
Botanik

HEINRICHS, Wolfgang, * 9. 2. 1929 (Danzig)
1953 Dozent und Prorektor, 1957 Professor für politische Ökonomie an der Hochschule für Binnenhandel in Leipzig. 1969 Rektor. 1963 bis 1969 zugleich Stellvertr. Minister für Handel und Versorgung in Berlin. 1973 Direktor des Zentralinstituts für Wirtschaftswissenschaften der Akademie in Berlin.
KM 10. 6. 1976
Politische Ökonomie; Zirkulation

HEINZE, Max, * 13. 12. 1835 (Prießnitz/Thür.) † 17. 9. 1909 (Leipzig)
1860 Lehrer in Schulpforta. 1863 Erzieher der Oldenburgischen Prinzen. 1872 Privatdozent an der Universität in Leipzig. 1874 Professor für Philosophie an der Universität in Basel. 1875 Professor für Philosophie an der Universität in Königsberg. 1875 Professor für Philosophie an der Universität in Leipzig.
KM 18. 1. 1900
Philosophie

HEINZEL, Richard, * 3. 11. 1838 (Capo d' Istria) † 4. 4. 1905 (Wien), (Freitod)
1860 bis 1864 Lehrer an Gymnasien in Triest, Wien und Linz. Danach Hofmeister in der Familie des Fürsten SUTSOS in Rumänien. 1865 Lehrer, 1866 Professor im Schuldienst in Wien. 1873 Professor für deutsche Sprache und Literatur an der Universität in Wien.
KM 18. 1. 1900
Germanistik

HEISENBERG, Werner Karl, * 5. 12. 1901 (Würzburg) † 1. 2. 1976 (München)
1924 Privatdozent an der Universität in Göttingen. 1926 Lektor, 1927 Professor für theoretische Physik an der Universität in Kopenhagen. 1927 Professor für Physik an der Universität in Leipzig, zugleich Leiter des Theoretisch-Physikalischen Instituts. 1941 Professor für Physik an der Universität in Berlin. Zugleich Direktor des Instituts für Physik der Kaiser-Wilhelm-Gesellschaft zur Förderung der Wissenschaften in Berlin. 1946 Pro-

fessor für Physik an der Universität in Göttingen; zugleich Direktor des Instituts für Physik der Max-Planck-Gesellschaft. 1949 bis 1951 Präsident des Forschungsrates der BRD und Präsident der Akademie der Wissenschaften in Göttingen. 1955 Präsident der A.-v.-Humboldt-Stiftung in der BRD. 1958 Honorarprofessor, 1959 Professor für theoretische Physik an der Universität in München. Seit 1958 zugleich geschäftsführender Direktor des Instituts für Physik und Astrophysik der Max-Planck-Gesellschaft in München. 1963 Vorsitzender des Vorstandsrates des Deutschen Museums in München. 1964 auch Mitglied des Aufsichtsrates der Telefunken A. G. in Westberlin. 1967 zugleich Mitglied des Beratenden Ausschusses für Forschungspolitik der BRD. Mitglied des Wissenschaftlichen Rates, des Verwaltungsrates und des Senats der Max-Planck-Gesellschaft. 1932 Nobelpreis für Physik.
KM 23. 6. 1938; OM 25. 3. 1943 (Bestät. 19. 4. 1943); AM 20. 5. 1969
Theoretische Physik

HEISKANEN, Weikko Aleksanterie,
* 23. 7. 1895 (Kankgaslampi)
† 23. 10. 1971 (Helsinki)
1926 Dozent an der Universität in Helsinki. 1928 Professor für Geodäsie an der Technischen Hochschule in Helsinki. 1936 Direktor des Internationalen Isostatischen Instituts in Helsinki.
KM 29. 6. 1950; AM 20. 5. 1969
Geophysik; Geodäsie

HEISTER, Lorenz,* 19. 9. 1683 (Frankfurt a. M.) † 18. 4. 1758 (Bornum bei Königslutter)
Zunächst Hilfsarzt in flandr. Feldhospitälern, später Militärarzt. 1709 Lehrer für Anatomie in Amsterdam. 1710 Professor für Anatomie, Chirurgie, theoretische und praktische Medizin in Altdorf. 1720 Professor für Anatomie und Chirurgie, 1730 auch Professor für Botanik an der Universität in Helmstedt. Seit 1740 zugleich Professor für theoretische und praktische Medizin, Geburtshilfe und gerichtliche Medizin. Braunschw.-Lüneburgischer Leibarzt und Hofrat. (H. gilt als berühmtester deutscher Chirurg des 18. Jh. und als Schrittmacher der wissenschaftlichen Chirurgie. Mit seiner 1718 in Nürnberg erschienenen Arbeit „Chirurgie in welcher alles, was zur Wundarznei gehört, nach der neuesten und besten Art abgehandelt", erlangte er Weltruhm.)
abwM 1715
Medizin, Chirurgie

HEITZ, Johann Heinrich Emil,
* 13. 11. 1825 (Straßburg) † 15. 7. 1890 (Straßburg)
Zunächst Professor am Gymnasium, später Professor für klassische Philologie an der Universität in Straßburg.
KM 20. 7. 1871
Klassische Philologie

HELLAND-HANSEN, Björn,
* 16. 10. 1877 (Christiania) † 7. 9. 1957 (Bergen)
1915 Professor für Ozeanographie an der Universität in Bergen. 1917 zugleich Direktor des Instituts für Geophysik. 1939 Präsident der Internationalen Assoziation für physikalische Ozeanographie. 1948 Präsident der Internationalen Union für Geodäsie und Geophysik.
KM 13. 7. 1939 (Bestät. 20. 10. 1939)
Physikalische Ozeanographie

HELLMANN, Johann Georg Gustav,
* 8. 7. 1854 (Löwen/Schles.)
† 21. 2. 1939 (Berlin)
Nach dem Studium zunächst mehrjährige Studienreisen. 1879 Assistent, 1886 Abteilungsvorsteher, 1907 Mitglied des Direktoriums des Preuß. Meteorologischen Instituts in Berlin. Seit 1886 zugleich Professor für Meteorologie an der

Universität in Berlin. 1907 Geheimrat. (Der vielfache Wechsel des Status der Mitgliedschaft ergibt sich aus dem mehrfachen Wechsel des Wohnsitzes zwischen Berlin und Meran.)
OM 9. 11. 1911 (Bestät. 2. 12. 1911); AM 12. 11. 1931; OM 7. 1. 1932; AM 11. 4. 1935; OM 28. 10. 1937
Meteorologie, klass. Klimatologie

HELLWIG, Johann Christian Ludwig, * 8. 11. 1743 (Garz a. Oder) † 10. 9. 1831 (Braunschweig)
Nach dem Studium der Mathematik und Naturwissenschaften in Frankfurt a. Oder 1765 Begleiter des Prinzen WILHELM ADOLF von Braunschweig auf einer Reise nach Südrußland. 1771 Lehrer am Gymnasium in Braunschweig. Pagenhofmeister. 1790 Professor. 1802 Hofrat, zugleich Professor am Collegium Carolinum in Braunschweig. (H. war Verfasser von Lehrbüchern für Mathematik. Er gilt als ein Wegbereiter moderner Lebensversicherung. Seine Insektensammlung bildete später den Grundstock der Berliner Sammlung.)
KM 25. 6. 1812
Mathematik, Naturwissenschaften

HELMERT, Friedrich Robert, * 31. 7. 1843 (Freiberg/Sa.) † 15. 6. 1917 (Potsdam)
1863 – 1866 Assistent bei der sächsischen Gradmessung. 1869 Observator an der Sternwarte in Hamburg. 1870 Professor für Geodäsie und praktische Geometrie am Polytechnikum in Aachen. 1886 Direktor des Preußischen Geodätischen Instituts; 1887 auch Professor für Geodäsie an der Universität in Berlin. Geh. Regierungsrat. (H. stand bereits am 3. 3. 1892 einmal zur Wahl, erreichte jedoch nicht die notwendige Stimmenzahl.)
OM 21. 12. 1899 (Bestät. 31. 1. 1900)
Geodäsie

HELMHOLTZ, Hermann Ludwig Ferdinand von (1883), * 31. 8. 1821 (Potsdam) † 8. 9. 1894 (Charlottenburg)
1842 Dr. med.; Militärarzt in Potsdam. Zugleich Lehrer für Anatomie an der Kunstakademie in Berlin und Gehilfe der anatom.-zootom. Sammlung. 1849 Professor für Physiologie an der Universität in Königsberg. 1855 Professor für Anatomie und Physiologie an der Universität in Bonn. 1858 Professor für Physiologie an der Universität in Heidelberg. 1871 Professor für Physik an der Universität in Berlin und Direktor des Physikalischen Instituts. 1877 – 1878 Rektor der Universität. 1888 Präsident der Physikalisch-Technischen Reichsanstalt. Wirkl. Geh. Rat. (Nach H. ist die höchste wissenschaftliche Auszeichnung der Akademie, die Helmholtz-Medaille, benannt, die 1891 gestiftet und 1892 erstmals verliehen wurde.)
KM 15. 1. 1857; AM 5. 5. 1870 (Bestät. 1. 6. 1870); OM 1. 4. 1871
Physik, Physiologie, Mathematik

HELVETIUS, Claude-Adrien, * Jan. 1715 (Paris) † 26. 12. 1771 (Paris)
Generalsteuerpächter, Französischer Philosoph. (H., materialistischer Philosoph, arbeitete an der Enzyklopädie mit. Sein Hauptwerk „Vom Geist" wurde als staats- und kirchenfeindlich verbrannt, H. selbst verfolgt.)
AM 5. 1. 1764
Philosophie

HELVETIUS, Jean-Claude-Adrien, * 18. 7. 1685 (Paris) † 17. 7. 1755 (Paris)
Arzt in Paris. 1735 Staatsrat und Leibarzt der Königin von Frankreich. Zugleich Inspektor der Hospitäler bei der Miliz.
AM 28. 8. 1754
Anatomie

HELWIG, Georg Andreas, * 14. 12. 1666 (Angerburg/Ostpr.) † 3. 1. 1748 (Angerburg/Ostpr.)
1688 Magister an der Universität in Jena. 1705 Pastor, 1725 Propst und Erzpriester in Angerburg.
abwM 31. 8. 1709
Theologie, Naturkunde

HENAULT, Charles-Jean-François, * 8. 2. 1685 (Paris) † 24. 11. 1770 (Paris)
Französischer Staatsbeamter, Kammerpräsident des Parlaments von Paris. (H. betätigte sich als Schriftsteller und Historiker. Er ist Verfasser von Tragödien und Komödien, Memoiren und einer Geschichte Frankreichs. Er war ein Freund und Briefpartner von VOLTAIRE.)
AM 8. 5. 1749
Philosophie, Geschichte

HENCKEL, Joachim Friedrich, * 4. 3. 1712 (Preuß.-Holland/Ostpr.) † 21. 7. 1779 (Berlin)
Dr. med.. Arzt in Berlin.
OM 4. 7. 1776
Anatomie

HENDRICH, Peter Ludwig, * 2. 2. 1673 (Berlin) – begr. 26. 8. 1725 (Frankfurt/Oder)
Zunächst Hofprediger und Pastor der reform. Gemeinde in Potsdam. 1721 Pastor in Eberswalde. 1722 Pastor in Frankfurt a. O..
abwM 6. 4. 1711
Theologie

HENFLING, Konrad, gt. 7. 4. 1648 (Ansbach) – begr. 15. 4. 1716 (Ansbach)
Fürstl. ansbachischer Hofrat. (Über die Aufnahme von H. wurde erstmals am 4. 5. 1707 verhandelt. Es wurde entschieden, „HÄNFLING" aufzunehmen, „wenn Name und Titel herbeigeschafft" werden.)
abwM 18. 3. 1711

HENKEL, Johann Friedrich, * 11. 8. 1679 (Freiberg) † 26. 1. 1744 (Freiberg)
Zunächst praktischer Arzt in Freiberg, später kurfürstl. sächs. Bergrat.
abwM 6. 2. 1726
Medizin

HENKEL, Otto, * 27. 6. 1924 (Limlingerode/Kr. Nordhausen)
1961 Arbeitsgruppenleiter, 1967 Direktor des Instituts für metallische Spezialwerkstoffe der Akademie in Dresden. 1967 Professor. 1969 Direktor des Zentralinstituts für Festkörperphysik und Werkstofforschung der Akademie in Dresden.
KM 13. 6. 1974; OM 8. 6. 1978
Physik, Metallphysik

HENLE, Friedrich Gustav Jakob, * 20. 7. 1809 (Fürth i. B.) † 13. 5. 1885 (Göttingen)
1834 Prosektor an der Universität in Berlin. 1840 Professor für Anatomie an der Universität in Zürich. 1844 Professor für Anatomie an der Universität in Heidelberg. 1852 Professor für Anatomie an der Universität in Göttingen.
KM 3. 4. 1873
Anatomie

HENNING (HENNINGS), Karl Andreas, gt. 27. 9. 1693 (Tangermünde) † 4. 5. 1729 (Berlin)
1720 Subrektor, 1727 Konrektor am Gymnasium zum Grauen Kloster in Berlin.
anwM 17. 7. 1726

HENNING, Walter Bruno, * 26. 8. 1908 (Ragnit/Ostpr.) † 8. 1. 1967 (Berkeley/USA)
1932 bis 1936 Herausgeber manichäi-

scher Texte der Akademie in Berlin. 1936 Lektor für Iranische Studien an der Schule für orientalische und afrikanische Studien in London. 1946 Gastprofessor für Indologie und Iranistik an der Universität in New-York. 1947 Reader, 1948 Professor an der Universität in London, 1949 Ratanbai Katrak Lector an der Universität in Oxford. Zuletzt Professor für iranische Studien an der Universität in Berkeley/USA.
KM 4. 4. 1957
Iranistik

HENRICI, Heinrich, * 1673 (Merseburg) † 3. 7. 1728 (Halle/Saale)
Hofarzt in Berlin. 1725 Leibarzt in Dessau. 1719 bis 1725 Direktor der Physikalischen Klasse; 1720 und 1724 Vizepräsident der Akademie.
anwM 21. 11. 1714; abwM 1725
Medizin

HENSEL, Witold, * 29. 3. 1917 (Poznań)
Professor für alte Geschichte und Archäologie an der Universität in Warschau. Direktor des Instituts für Geschichte der materiellen Kultur der Polnischen Akademie der Wissenschaften.
AM 17. 4. 1975
Alte Geschichte und Archäologie

HENSEN, Christian Andreas Victor, * 10. 2. 1835 (Schleswig) † 5. 4. 1924 (Kiel)
1860 Prosektor, 1864 Professor, 1868 Professor für Physiologie und Embryologie an der Universität in Kiel. Vorsitzender der Preuß. Meeres-Kommission. (H. leitete mehrere wissenschaftliche Expeditionen, darunter 1889 die Atlantik-Plankton-Expedition der Humboldt-Stiftung.)
KM 24. 2. 1898
Physiologie, Meeresbiologie

HENZEN, Johann Heinrich Wilhelm, * 24. 1. 1816 (Bremen) † 27. 1. 1887 (Rom)
1842 Bibliothekar, 1843 zweiter Sekretär, 1856 erster Sekretär des Deutschen Archäologischen Instituts in Rom.
KM 16. 6. 1853
Archäologie

HERCHER, Rudolf, * 11. 1. 1821 (Rudolstadt) † 26. 3. 1878 (Berlin)
1844 Hauslehrer bei dem oldenburg. Bundestagsgesandten v. BOTH. 1846 Hauslehrer in England, 1854 Professor am Gymnasium in Rudolstadt. 1861 Professor am Joachimthalschen Gymnasium in Berlin, zugleich Mitglied des Deutschen Archäologischen Instituts in Rom, seit 1865 auch Mitglied der Zentraldirektion des Instituts.
OM 19. 6. 1873 (Bestät. 14. 7. 1873)
Klassische Philologie

HERDER, Johann Gottfried von, * 25. 8. 1744 (Mohrungen/Ostpr.) † 18. 12. 1803 (Weimar)
Dichter und Schriftsteller. 1764 Kollaborator an der Domschule in Riga. 1765 Lehrer und Prediger zunächst an der Domschule, danach an der Hauptkirche in Riga. 1769 bis 1770 Aufenthalt in Nantes und Paris. 1770 Hofmeister und Prediger des Erbprinzen von Holstein-Gottorf. 1771 Konsistorialrat in Bückeburg. 1776 Generalsuperintendent und Hofprediger in Weimar, später Vizepräsident des Oberkonsiliums. (H. beteiligte sich mehrfach an den Preisaufgaben der Akademie und erhielt für seine Schriften dreimal den Preis zuerkannt. H., in Bayern geadelt, nahm den Adelstitel an, da er die Voraussetzung war, daß sein Sohn ein Gut erwerben konnte.)
AM 27. 7. 1787
Philosophie, Kunst- und Literaturwissenschaft

HERFORTH, Lieselott, * 13. 9. 1916 (Altenburg/Thür.)
1949 Wissenschaftliche Mitarbeiterin im Institut für Medizin und Biologie der Akademie in Berlin-Buch. 1954 Dozent, später Gastprofessor an der Universität in Leipzig. 1955 zugleich Wissenschaftliche Mitarbeiterin am Institut für angewandte Radioaktivität der Universität. 1960 Professor für Physik an der Technischen Hochschule (jetzt Universität) in Dresden und Direktor des Instituts für Anwendung radioaktiver Isotope der Technischen Universität. 1965 bis 1968 Rektor.
OM 29. 5. 1969
Physik, Strahlenschutzphysik

HERING, Georg Karl, * 1680 (Magdeburg) † begr. 21. 10. 1750 (Berlin)
Zunächst Justizbeamter im preuß. Militärdienst, später Sekretär, zuletzt Kriegskommissar im Generaldirektorium in Berlin.
anwM 31. 10. 1731
Geschichte

HERMANN, Jacob, * 16. 7. 1678 (Basel) † 11. 7. 1733 (Basel)
1703 Professor für Mathematik an der Universität in Padua. 1713 Professor für Mathematik an der Universität in Frankfurt/O.. 1725 – 1731 Professor für höhere Mathematik an der Akademie der Wissenschaften in Petersburg. 1731 Ausländisches Ehrenmitglied der Akademie der Wissenschaften in Petersburg. 1732 Professor für Moralphilosophie an der Universität in Basel.
abwM 26. 9. 1707
Mathematik

HERMANN, Johann Christoph, * (Königsberg i. Pr.) † 28. 3. 1733 (Frankfurt/Oder)
Professor für Mathematik und Physik an der Universität in Frankfurt a. O.
abwM 27. 11. 1726
Mathematik

HERMANN, Johann Gottfried Jakob, * 28. 11. 1772 (Leipzig) † 31. 12. 1838 (Leipzig)
1797 Professor, 1803 Professor für Eloquenz, 1809 auch Professor für Poesie an der Universität in Leipzig.
KM 25. 6. 1812; AM 1. 6. 1820 (Bestät. 3. 9. 1820)
Klassische Philologie

HERMANN, Karl Friedrich, * 4. 8. 1804 (Frankfurt a. Main) † 31. 12. 1855 (Göttingen)
1832 Professor für klassische Philologie und Archäologie an der Universität in Marburg. 1842 Professor für klassische Philologie und Archäologie an der Universität in Göttingen.
KM 5. 11. 1840
Klassische Philologie und Archäologie

HERMANN, Leonhard David, * 27. 6. 1670 (Massel) † 1. 5. 1736 (Massel)
Pastor in Massel. (H. betätigte sich als Historiker, vorwiegend auf dem Gebiet der Heimatgeschichte.)
abwM 20. 6. 1725
Theologie, Geschichte

HERMBSTAEDT, Sigismund Friedrich, * 14. 4. 1760 (Erfurt) † 22. 10. 1833 (Berlin)
1790 Administrator der Hofapotheke in Berlin. 1797 Königl. Hofapotheker. 1791 Professor für Chemie und Pharmazie am Collegium medico-chirurgicum. 1810 Geh. Medizinalrat und Mitglied der wissenschaftlichen Deputation für das Medizinalwesen und der technischen Deputation in Berlin. Seit 1810 zugleich Professor für Technologie an der Universität zu Berlin, seit 1820 auch Lehrer für Chemie an der allgemeinen Kriegsschule.

Obersanitätsrat.
OM 16. 1. 1794; aoM 25. 7. 1800 (Bestät. 4. 8. 1800); OM 4. 8. 1808 (Bestät. 15. 8. 1808)
Chemie, Pharmazie

HERMITE, Charles, * 24. 12. 1822 (Dieuze/Meurthe) † 14. 1. 1901 (Paris)
1863 Examinator, 1867 Professor für Mathematik an der École polytechnique. 1869 Professor für Mathematik an der Sorbonne. 1897 Professor hon. an der Universität in Paris.
KM 11. 8. 1859; AM 25. 10. 1883 (Bestät. 2. 1. 1884)
Mathematik

HERON de VILLEFOSSE, Antoine-Marie-Albert * 8. 12. 1845 (Paris)
† 15. 6. 1919 (Paris)
Direktor der École des Hautes-Etudes in Paris und Konservator der griechisch-römischen Altertümer des Louvre.
KM 2. 2. 1893
Altertumskunde

HERRMANN, Franz Johann Benedikt, * 14. 3. 1755 (Mariahof/Steiermark)
† 31. 1./12. 2. 1815 (Petersburg)
1784 Hofrat und Direktor der Stahlhütte in Pyschminsk. 1790 Professor für Mineralogie an der Universität in Petersburg. 1782 Ausländisches Korrespondierendes Mitglied, 1786 Ausländisches Ehrenmitglied, 1790 Ordentlicher Akademiker für Mineralogie an der Akademie der Wissenschaften in Petersburg, 1801 Ehrenmitglied. 1798 Wirkl. Mitglied des Reichsbergwerkskollegiums. 1799 zugleich Inspektor der Bergschule in Petersburg. 1801 Staatsrat und Oberberghauptmann. Leiter der Ural-Bergverwaltung in Jekaterinenburg.
AM 23. 1. 1806; EM 24. 1. 1812
Mineralogie

HERRMANN, Joachim * 19. 12. 1932 (Lübnitz Kr. Belzig)
1969 Professor der Akademie. Direktor des Zentralinstituts für Alte Geschichte und Archäologie der Akademie. 1980 Vorsitzender der Klasse „Literatur, Sprach-, Geschichts- und Kunstwissenschaften" (Gesellschaftswissenschaften II) der Akademie. 1971 Nationalpreis.
KM 15. 6. 1972; OM 13. 6. 1974
Geschichte und Archäologie; (Geschichte des frühen Mittelalters, frühgeschichtl. Archäologie)

HERSART, Théodore-Claude-Henri
* 7. 7. 1815 (Quimperlé/Finistère)
† 8. 12. 1895 (Keransker-en-Nézou)
siehe: LA VILLEMARQUE, Théodore-Claude-Henri HERSART, Vicomte de

HERSCHEL, Sir Friedrich Wilhelm,
* 15. 11. 1738 (Born b. Hannover)
† 25. 8. 1822 (Slough)
1782 Astronom des Königs GEORG III. in Slough bei Windsor. (H. kam 1754 als Angehöriger eines Hannoverschen Truppenkorps nach London und war hier zunächst Musiklehrer und Organist. H. entdeckte 1781 den Uranus.)
AM 21. 8. 1788
Astronomie

HERSCHEL, Sir (1838) John Frederick William, * 7. 3. 1792 (Slough)
† 12. 5. 1871 (London), (Sohn von F. W. HERSCHEL)
1850 – 1855 Direktor der Königlichen Münze. Astronom in Slough bei Windsor. (H. lebte als wohlhabender Privatmann zunächst in London. 1834 – 1838 astronomische Beobachtungen am Kap der guten Hoffnung)
KM 13. 12. 1827; AM 20. 12. 1838 (Bestät. 1. 2. 1839)
Astronomie

HERTEL, Christian Gottlieb
gt. 17. 5. 1683 (Fürstenwalde)

† 6. 10. 1743 (Liegnitz)
Professor für Mathematik an der Ritterakademie in Liegnitz. (H. wurde 1726 pensioniert. Er starb, geisteskrank, im Hospital.)
abwM 1. 2. 1713
Mathematik

HERTENSTEIN, Johann Heinrich, * 3. 12. 1676 (Straßburg) † 16. 3. 1741 (Straßburg)
1705 Professor des Natur-, Völker-, Bürger- und Lehnrechts in Berlin. 1719 Professor für Mathematik an der Universität in Straßburg.
abwM 12. 11. 1721
Mathematik

HERTWIG, Wilhelm August Oskar, * 21. 4. 1849 (Friedberg/Hessen) † 25. 10. 1922 (Berlin) (Bruder von HERTWIG, Richard)
1872 Assistent an der Universität in Bonn. 1878 Professor, 1881 Professor für Anatomie an der Universität in Jena. 1888 Professor für Anatomie an der Universität in Berlin und Direktor des II. Anatomischen Instituts (seit 1897 Anatomisch/biolog. Institut). 1904 – 1905 Rektor der Universität. Geh. Medizinalrat.
OM 2. 3. 1893 (Bestät. 17. 4. 1893)
Anatomie, Zoologie

HERTWIG, Richard Wilhelm Karl Theodor Ritter von (1909), * 23. 9. 1850 (Friedberg/Hessen) † 3. 10. 1937 (Schlederlohe/Isartal), (Bruder von HERTWIG, Oskar)
1872 Assistent an der Universität in Bonn. 1881 Professor für Zoologie an der Universität in Königsberg. 1883 Professor für Zoologie an der Universität in Bonn. 1885 Professor für Zoologie an der Universität, Direktor des Zoologischen Instituts und Leiter der zoolog. Staatssammlung in München. 1916 Helmholtz-Medaille der Akademie.
KM 28. 4. 1898
Zoologie

HERTZ, Gustav Ludwig, * 22. 7. 1887 (Hamburg) † 30. 10. 1975 (Berlin)
1917 Privatdozent an der Universität in Berlin. 1920 Wissenschaftler am Physikalischen Labor der PHILIPS-Glühlampenfabrik Eindhoven. 1925 Professor für Physik an der Universität in Halle. 1928 Professor für Physik, 1935 Honorarprofessor an der Technischen Hochschule Berlin-Charlottenburg. Zugleich Leiter des Forschungslaboratoriums der SIEMENS-Werke. 1945 – 1954 wissenschaftliche Tätigkeit in der UdSSR. 1954 Professor für Physik an der Universität in Leipzig und Direktor des Physikalischen Instituts. Rektor der Universität. 1963 – 1968 Sekretar der Klasse für Mathematik, Physik und Technik der Akademie. 1926 Nobelpreis für Physik. 1955 Nationalpreis. 1959 Helmholtz-Medaille der Akademie.
OM 25. 11. 1954
Physik

HERTZ, Heinrich Rudolf, * 22. 2. 1857 (Hamburg) † 1. 1. 1894 (Bonn)
1880 Assistent bei H. HELMHOLTZ in Berlin. 1883 Privatdozent für theoretische Physik an der Universität in Kiel. 1885 Professor für Physik am Polytechnikum in Karlsruhe. 1889 Professor für Physik an der Universität in Bonn.
KM 7. 3. 1889
Physik

HERTZBERG, Ewald Friedrich Graf (1763) von, * 2. 9. 1725 (Lottin/Pomm.) † 27. 5. 1795 (Berlin)
1745 Botschaftssekretär, 1747 Legationssekretär, 1752 Geh. Legationsrat; zugleich Archivbeamter. 1763 – 1791 Wirkl. Geh. Etats- und Kabinettsminister und Aufseher über das geheime Kabi-

nettsarchiv. 1786 – 1795 Kurator der Akademie. (H. war gegen Ende seines Lebens geistig umnachtet.)
EM 7. 9. 1752

HESSE, Ludwig Otto, * 22. 4. 1811 (Königsberg i. Pr.) † 4. 8. 1874 (München)
1857 Professor für Mathematik an der Universität in Heidelberg. 1869 Professor für Mathematik am Polytechnikum in München.
KM 21. 7. 1859
Mathematik

HESSE, Richard, * 20. 2. 1868 (Nordhausen) † 28. 12. 1944 (Berlin)
1901 a. o. Professor für Zoologie an der Universität in Tübingen. 1909 Professor für Zoologie an der Landwirtschaftlichen Hochschule in Berlin. 1914 Professor für Zoologie an der Universität in Bonn. 1926 Professor für Zoologie an der Universität in Berlin.
OM 9. 12. 1926 (Bestät. 31. 12. 1926)
Zoologie

HESSELBERG, Hans Theodor, * 7. 1. 1885 (Lierne) † 10. 11. 1966 (Oslo)
1913 Professor für Metereologie an der Universität in Leipzig. 1915 Professor für Metereologie an der Universität in Oslo und Direktor des Norwegischen Metereologischen Instituts.
KM 5. 3. 1936
Metereologie, Klimatologie, Hydrographie

HEUBEL, Johann Heinrich, * um 1695 (Magdeburg), begr. 6. 12. 1758 (Hamburg)
Professor für Natur- und Völkerrecht an der Universität in Kiel.
abwM 12. 2. 1721
Rechtswissenschaft

HEUBNER, Wolfgang Otto, * 18.6.1877 (Leipzig) † 26. 2. 1957 (Heidelberg)
1908 Professor, 1910 Professor für Pharmakologie an der Universität in Göttingen und Direktor des Pharmakologischen Instituts. 1928 Professor für Pharmakologie an der Universität in Düsseldorf. 1930 Professor für Pharmakologie an der Universität in Heidelberg. 1932 – 1949 Professor für Pharmakologie an der Universität in Berlin. 1950 – 1952 Professor für Pharmakologie an der Universität in Westberlin.
OM 14. 2. 1946 – 30. 6. 1950
Pharmakologie

HEUER, Uwe-Jens, * 11.7.1927 (Essen)
1965 Professor für Rechtswissenschaft an der Universität in Berlin. 1963 bis 1967 zugleich Direktor des Instituts für Staatsrecht der Universität. 1967 Gruppenleiter am Zentralinstitut für Sozialistische Wirtschaftsführung beim ZK der SED in Berlin.
KM 14. 6. 1979
Staats- und Rechtswissenschaft, Sozial. Wirtschaftsrecht

HEUSDE, Philipp Willem van, * 17. 6. 1778 (Rotterdam) † 28. 7. 1839 (Genf)
Professor für Geschichte, Altertumskunde, Beredsamkeit und griechische Sprache an der Universität in Utrecht.
KM 25. 6. 1812
Geschichte

HEUSLER, Andreas, * 10. 8. 1865 (Basel) † 28. 2. 1940 (Basel)
1894 Professor für nordische Philologie an der Universität in Basel. 1913 Professor für Germanistik an der Universität in Berlin. 1920 Professor für nordische Philologie an der Universität in Basel.
OM 18. 7. 1907 (Bestät. 8. 8. 1907); EM 1. 10. 1919; AM 26. 11. 1925
German. Philologie

HEUZEY, Léon * 1. 12. 1831 (Rouen) † 8. 2. 1922 (Paris)
Professor für Archäologie an der École Nationale des beaux-Arts und an der École du Louvre. Vorstand der Abteilungen für orientalische Altertümer und antike Keramik des Louvre in Paris. (H. legte 1915 aus Protest gegen den Aufruf von 1914 „An die Kulturwelt" seine Mitgliedschaft nieder.)
KM 18. 1. 1900 – 10. 5. 1915
Klassische Archäologie

HEYMANN, Ernst, * 6. 4. 1870 (Berlin) † 2. 5. 1946 (Tübingen)
1899 Professor an der Universität in Berlin. 1902 Professor für Rechtswissenschaft an der Universität in Königsberg. 1904 Professor für Rechtswissenschaft an der Universität in Marburg. 1914 Professor für Rechtswissenschaft an der Universität in Berlin. Zugleich Direktor des Instituts für ausländisches und internationales Privatrecht der Kaiser-Wilhelm-Gesellschaft zur Förderung der Wissenschaften. 1926 bis 1938 Sekretar der Philosophisch-historischen Klasse, 1938 bis 1939 kommiss. Vizepräsident, 1939 bis 1942 Vizepräsident der Akademie. Mitglied der Zentraldirektion der Monumenta Germaniae Historica. Geh. Justizrat. (Das Institut der KWG wurde 1943 nach Tübingen verlegt. H. übersiedelte 1943 aus diesem Grunde ebenfalls nach Tübingen.)
OM 31. 1. 1918 (Bestät. 4. 3. 1918)
Rechtswissenschaft

HEYMANS, Gerardus, * 17. 4. 1857 (Ferwerd/Friesland) † 18. 2. 1930 (Groningen)
1890 Professor für Philosophie an der Universität in Groningen.
KM 15. 7. 1920
Philosophie, Psychologie

HEYNE, Christian Gottlieb, * 25.9.1729 (Chemnitz) † 14. 7. 1812 (Göttingen)
1753 Kopist in der Brühlschen Bibliothek in Dresden. 1757 – 1760 Hofmeister. 1763 Professor für Poesie und Beredsamkeit an der Universität in Göttingen und Direktor der Universitätsbibliothek. 1770 Sekretär der Akademie der Wissenschaften in Göttingen. (H., der während des siebenjährigen Krieges von seiner Stelle in der Brühlschen Bibliothek vertrieben wurde, verdiente sich zeitweilig seinen Unterhalt durch Gelegenheitsübersetzungen. In Göttingen hat er wesentlich an der Reorganisation der dortigen Akademie mitgewirkt. Zu seinen bedeutendsten Leistungen als Bibliothekar zählt die Anlage des später berühmt gewordenen Nominalkataloges. H., der in Verbindung mit GOETHE, HERDER u. a. stand, hatte auch wesentlichen Einfluß auf Reformen im Schulwesen Norddeutschlands.)
AM 16. 11. 1786 (Bestät. 21. 11. 1786)
Klassische Philologie, Bibliothekswesen

HEYNITZ, Karl Friedrich Anton von, * 14. 5. 1725 (Dröschkau bei Torgau) † 15. 5. 1802 (Berlin)
1746 – 1763 als Bergtechniker und Verwaltungsbeamter in braunschweig. Diensten. 1763 Vizeberghauptmann und Leiter des Harzer Bergbaus, Generalbergkommissar und oberster Leiter des Berg-, Hütten- und Forstwesens in Kursachsen. 1765 Gründung der Bergakademie in Freiberg. 1774 Austritt aus dem Staatsdienst. 1777 Eintritt in preuß. Dienste. Wirkl. Geh. Etats-, Kriegs- und Dirigierender Minister, Vizepräsident und Oberberghauptmann beim Generaldirektorium des Bergwerk- und Hüttendepartements. Vorübergehend auch Leiter des 5. Departements für Handel und Manufaktur. 1786 – 1796 zugleich Leiter des Salzdepartements. 1786 auch Oberaufseher über die Kunstakademie in Berlin. (H. gilt als Schöpfer des auf Wissen-

schaft beruhenden preuß. Berg- und Hüttenwesens. In preuß. Dienste trat er erst nach längeren Verhandlungen. Als Organisator, Techniker und Verwaltungsbeamter hatte er maßgeblichen Anteil an der Neuordnung der Behörden, an der Entwicklung der Hauptbergbaugebiete in Preußen, an der systematischen Suche nach Lagerstätten und der Verbesserung der Verkehrsverhältnisse. H. war 1798 auch an der Gründung der Bauakademie in Berlin beteiligt, die vor allem zur Ausbildung von Architekten und Feldvermessern geschaffen wurde.)
EM 12. 1. 1792

HEYROVSKÝ, Jaroslav, * 20. 12. 1890 (Prag) † 27. 3. 1967 (Prag)
1926 Professor für physikalische Chemie an der Universität in Prag. 1950 Direktor des Polarographischen Instituts der Tschechoslowakischen Akademie der Wissenschaften in Prag. 1959 Nobelpreis für Chemie.
KM 10. 2. 1955
Physikalische Chemie, Polarographie

HIEMER, Eberhard Friedrich,
* 24. 5. 1682 (Hechingen) † 5. 3. 1727 (Hirsau)
Zunächst Hofprediger und Konsistorialrat in Stuttgart. 1700 Magister in Tübingen. 1707 ev. Pfarrer in Rosenfeld. 1716 Kirchenrat in Bayreuth. 1718 herzogl. würtemberg. Hofprediger und Konsistorialrat in Stuttgart. 1725 Prälat zu Hirsau.
abwM 2. 8. 1724
Theologie

HILBERT, David, * 23. 1. 1862 (Königsberg i. Pr.) † 14. 2. 1943 (Göttingen)
1892 Professor, 1893 Professor für Mathematik an der Universität in Königsberg. 1895 Professor für Mathematik an der Universität in Göttingen. Geh. Regierungsrat. (H., der als einer der größten Mathematiker aller Zeiten charakterisiert wird, wurde anläßlich seines 80. Geburtstages Ehrenmitglied.)
KM 10. 7. 1913; EM 29. 1. 1942 (Bestät. 7. 5. 1942)
Mathematik

HILDEBRAND, Bror Emil, * 22. 2. 1806 (Flerohopps järnbruk/Kalmar)
† 30. 8. 1884 (Stockholm)
Schwedischer Reichsantiquar in Stockholm.
KM 27. 2. 1845
Alte Geschichte, Archäologie

HILDEBRAND, Hildebrandsson Hugo, * 19. 8. 1838 (Stockholm) † 29.7.1925 (Uppsala)
1878 Professor für Meteorologie an der Universität in Uppsala und Direktor des meteorologischen Observatoriums. 1899 Sekretär des Internat. meteorolog. Komitees.
KM 3. 5. 1917
Meteorologie

HILDEBRANDT, Georg Friedrich,
* 5. 6. 1764 (Hannover) † 23. 3. 1816 (Erlangen)
1786 Professor für Anatomie am Anatomisch-chirurgischen Institut in Braunschweig, später auch Assessor des Obersanitätskollegiums. 1793 Professor für Medizin, 1796 Professor für Chemie und 1799 Professor für Physik an der Universität in Erlangen. (H. sollte auf Vorschlag der Physikalischen Klasse der Akademie als EM gewählt werden, wurde jedoch KM. Die Nachricht seiner Wahl hat ihn offenbar spät erreicht: erst am 13. 4. 1815 wurde sein Dankschreiben für die Zuwahl vorgelegt.)
KM 25. 6. 1812
Medizin, Chemie, Physik

HILLEBRANDT, Alfred, * 15. 3. 1853

(Groß-Nädlitz bei Breslau) † 18.10.1927 (Deutsch-Lissa)
1883 Professor, 1887 Professor für Sanskrit an der Universität in Breslau. Mehrfach Rektor der Universität. 1903 – 1908 Mitglied des preuß. Herrenhauses.
KM 5. 11. 1925
Indologie

HINDENBURG, Karl Friedrich, * 13. 7. 1741 (Dresden) † 17. 3. 1808 (Leipzig)
1771 Magister, anschließend Privatdozent, 1781 Professor für Philosophie, 1786 Professor für Physik an der Universität in Leipzig.
AM 31. 7. 1806 (Bestät. 5. 8. 1806)
Mathematik

HINTZE, Fritz, * 18. 4. 1915 (Berlin)
1936 wissenschaftlicher Hilfsarbeiter, 1946 wissenschaftlicher Mitarbeiter der Akademie. 1951 Professor m. LA, 1953 Professor m. v. LA, 1956 Professor für Ägyptologie an der Universität in Berlin. Seit 1953 zugleich Direktor des Instituts für afrikanische Sprachen und seit 1957 Direktor des Instituts für Ägyptologie der Universität. 1965 zugleich Direktor des Instituts für Orientforschung der Akademie. 1968 Direktor des Bereiches Ägyptologie und Sudanarchäologie an der Universität in Berlin. 1960 Nationalpreis.
KM 23. 4. 1959; OM 15. 6. 1961
Ägyptologie/Meroitistik; Sudanarchäologie

HINTZE, Otto, * 27. 8. 1861 (Pyritz/Pomm.) † 25. 4. 1940 (Berlin)
1899 Professor, 1902 Professor für Verfassungs-, Verwaltungs-, Wirtschaftsgeschichte und Politik an der Universität in Berlin. (H. war ursprünglich Bibliothekar der „Historischen Gesellschaft" und Mitarbeiter für die Acta Borussica. H. gilt als Verfasser des Reichssiedlungsgesetzes 1919. H. wurde, da er eine jüdische Ehefrau hatte, auf Grund der faschistischen Rassengesetze zum Austritt aus der Akademie gezwungen. Er legte seine Mitgliedschaft am 2. 12. 1938 nieder und wurde aus der Mitgliederliste gestrichen.)
OM 15. 1. 1914 (Bestät. 16. 2. 1914)
Neuere Geschichte

HIRSCH, Hans, * 27. 12. 1878 (Zwettl/Nieder-Österr.) † 20. 8. 1940 (Wien)
1908 Privatdozent, 1914 Professor an der Universität in Wien. 1918 Professor für Geschichte an der Deutschen Universität in Prag. 1926 Professor für Geschichte an der Universität in Wien, seit 1929 auch Direktor des Institutes für Geschichtsforschung. (H. war Mitarbeiter der Wiener Diplomata-Abteilung der Monumenta Germaniae Historica.)
KM 12. 11. 1936
Geschichte

HIRSCHFELD, Otto, * 16. 3. 1843 (Königsberg i. Pr.) † 27. 3. 1922 (Berlin)
1869 Privatdozent an der Universität in Göttingen. 1872 Professor für Altertumskunde an der Universität in Prag. 1876 Professor für alte Geschichte an der Universität in Berlin und Direktor des Instituts für Altertumskunde. Mitglied der Zentraldirektion des Deutschen Archäologischen Instituts in Rom. Hofrat. Geh. Regierungsrat.
OM 17. 12. 1884 (Bestät. 9. 3. 1885)
Alte Geschichte, Archäologie

HIRT, Aloys (Louis), * 27. 6. 1759 (Behla bei Donaueschingen) † 29.6.1837 (Berlin)
1810 Hofrat und Professor. 1821 Mitglied der Ankaufkommission für das Neue Museum in Berlin. (H., der sich zwischen 1782 und 1796 in Italien aufhielt, wurde auf Grund eines Gutachtens über die preuß. Kunstschätze von

FRIEDRICH WILHELM II. zum OM ernannt. Eine Wahl erfolgte nicht. Die Bekanntgabe der Order des Königs in der Akademie erfolgte am 3. 11. 1796.)
OM 3. 11. 1796
Kunstgeschichte, Archäologie

HIS, Wilhelm, * 9. 7. 1831 (Basel) † 1. 5. 1904 (Leipzig)
1857 Professor für Anatomie und Physiologie an der Universität in Basel. 1872 Professor für Anatomie an der Universität in Leipzig und Direktor des 1875 errichteten Anatomischen Instituts.
KM 1. 6. 1893
Anatomie

HISINGER, Wilhelm, * 23. 12. 1766 (Elfstorpsbruk/Örebro) † 28. 6. 1852 (Skinskatteberg)
Besitzer der Gruben von Skinskatteberg und Bagga in Westmanland.
EM 13. 12. 1827 (Bestät. 4. 1. 1828)
Chemie, Mineralogie

HITTORF, Johann Wilhelm, * 27.3.1824 (Bonn) † 28. 11. 1914 (Münster i. W.)
1847 Privatdozent für Experimentalphysik und Chemie, 1849 Vorsteher des chem. Laboratoriums, 1853 auch Vorsteher des physikal. Kabinetts, 1852 Professor, 1856 Professor für Physik und Chemie an der Universität in Münster. 1900 Exzellenz.
KM 31. 7. 1884; AM 21. 12. 1899 (Bestät. 5. 3. 1900)
Physik

HJÄRNE, Harald, * 2. 5. 1848 (Klastorp/Västergötland) † 6. 1. 1922 (Uppsala)
1872 Privatdozent, 1885 Professor, 1889 Professor für Geschichte an der Universität in Uppsala. 1903 – 1918 Mitglied des schwedischen Reichstages.
KM 25. 2. 1909
Geschichte, nordische Geschichte

HOCHSTETTER, Ferdinand, * 5.2.1861 (Hruschau/Österr.-Schles.) † 10.11.1954 (Wien)
1892 Professor für Anatomie an der Universität in Wien. 1896 Professor für Anatomie an der Universität in Innsbruck. 1906 Professor für Anatomie und Physiologie an der Universität in Wien.
KM 25. 2. 1932
Anatomie

HOCKER, Johann Ludwig, * 10.8.1670 (Leutersheim bei Ansbach) † 16.4.1746 (Heilsbronn)
1702 Diakonus zu Creisheim. 1722 Pfarrer zu Heilsbronn. Ansbach. Hofprediger und Lehrer der Theologie und des Hebräischen am Gymnasium Illustre in Heilsbronn.
abwM 4. 12. 1731
Theologie

HÖFER, Karl-Heinz, * 12. 5. 1926 (Saalfeld)
1957 Dr.-Ing.. 1958 Wissenschaftlicher Mitarbeiter im Steinkohlenwerk Martin HOOP in Zwickau. 1959 Wissenschaftlicher Mitarbeiter der Zentralen Forschungsstelle für die Kaliindustrie in Sondershausen. 1960 Abteilungsleiter, 1964 Direktor des Instituts für Grubensicherheit in Leipzig.
OM 8. 6. 1967
Bergbauforschung, Geomechanik

HÖGBOM, Arvid Gustaf, * 11. 1. 1857 (Vännäs/Västerbotten) † 19. 1. 1940 (Uppsala)
1885 Dozent an der Universität in Uppsala. 1891 Lehrer, 1895 Professor für Mineralogie und Geologie an der Universität in Stockholm. 1896 Professor für Mineralogie und Geologie an der Universität in Uppsala.
KM 23. 11. 1922
Mineralogie, Geologie

HÖLDER, Ernst Otto, * 2. 4. 1901 (Leipzig)
1929 bis 1945 Privatdozent bzw. Dozent an der Universität in Leipzig. 1939 Mitarbeiter an der Luftfahrt-Forschungsanstalt in Braunschweig. 1945 apl. Professor. 1946 Professor für Mathematik an der Universität in Leipzig und Direktor des Mathematischen Instituts. 1958 Professor für Mathematik an der Universität in Mainz.
OM 24. 2. 1955; AM 20. 5. 1969
Mathematik, Mechanik

HÖRZ, Herbert, * 12. 8. 1933 (Stuttgart)
1962 Dozent, 1965 Professor für Philosophie an der Universität in Berlin. 1968 Direktor der Sektion Philosophie an der Universität in Berlin. 1972 Bereichsleiter im Zentralinstitut für Philosophie der Akademie. 1972 Nationalpreis.
KM 14. 6. 1973; OM 9. 6. 1977
Philosophie; Dial. Materialismus u. phil. Probleme d. Wissenschaftsentwicklung

HOFF, Jacobus Henricus van 't,
* 30. 8. 1852 (Rotterdam) † 1. 3. 1911 (Steglitz bei Berlin)
1876 Dozent für Physik an der Tierarzneischule in Utrecht. 1878 Professor für Chemie, Mineralogie und Geologie an der Universität in Amsterdam. 1896 hauptamtl. Ordentliches Mitglied der Akademie in Berlin. Zugleich Professor für Chemie (Stereochemie) an der Universität in Berlin. 1901 Nobelpreis für Chemie. 1910 Helmholtz-Medaille der Akademie. Geh. Regierungsrat.
OM 30. 1. 1896 (Bestät. 26. 2. 1896)
Physikalische Chemie, Stereochemie

HOFFMANN, Christian Gottfried,
* 8. 11. 1692 (Lauban) † 1. 9. 1735 (Frankfurt/Oder)
Nach dem Studium zunächst Hofmeister des in Leipzig studierenden Fürsten GALLICZIN. 1718 Professor für Natur- und Völkerrecht an der Universität in Leipzig. 1723 Professor für Staatsrecht an der Universität in Frankfurt/Oder. Preuß. Geh. Rat.
abwM 19. 6. 1726
Rechtswissenschaft

HOFFMANN, Friedrich, * 19. 2. 1660 (Halle/Saale) † 12. 11. 1742 (Halle/Saale)
1685 prakt. Arzt in Minden; zugleich Garnisonsarzt. 1686 Hofarzt im Fürstentum Minden. 1687 Landarzt in Halberstadt. 1693 Professor für Medizin und Physik an der Universität in Halle 1703 Hofrat. 1709 Leibarzt FRIEDRICH's I. in Berlin. 1712 Professor für Medizin an der Universität in Halle. 1727 Hofpfalzgraf. 1734 Senator und Geh. Rat. (H., Vertreter der „Mechanischen Arznei-Gelahrsamkeit", schrieb grundlegende Arbeiten über mineralogische Quellen. Nach ihm sind die bekannten „Hoffmanns-Tropfen" benannt.)
abwM 1. 4. 1701; anwM 1709 – 1712; abwM 1712
Medizin

HOFFMANN, Johann Gottfried,
* 19. 7. 1765 (Breslau) † 12. 11. 1847 (Berlin)
Zunächst – bis 1798 – Inspektor eines Mühlenetablissements in Wehlau. 1798 Lehrer in Königsberg. 1807 Professor für Kameralwissenschaften an der Universität in Königsberg. 1810 Direktor des Statistischen Büros in Berlin. 1821 Professor für Staatswissenschaften an der Universität in Berlin. Wirkl. Geh. Oberregierungsrat.
OM 19. 1. 1832 (Bestät. 13. 2. 1832)
Staatswissenschaften

HOFFMANN, Johann Heinrich, * 1669 (Kerspleben/Thür.) † 6. 4. 1716 (Berlin)

Adjunkt, Astronom und Observator der Akademie in Berlin. (Die Mitgliedschaft von H. ist nicht eindeutig nachzuweisen. Die Protokolle des Konziliums vom 12. und 18. 2. 1701 besagen, daß H. als Adjunkt „bei der Astronomischen Arbeit" eingestellt sei. In Mitgliederlisten der Akademie von 1707 und von 1711 ist er als Mitglied verzeichnet.)
anwM 18. 2. 1701
Astronomie, Mathematik

HOFFMANN, Johann Joseph, * 16. 1. 1805 (Würzburg) † 19. 1. 1878 (den Haag)
1825 – 1830 Theatersänger. Von 1830 – 1855 sprachwissenschaftlich tätig; zeitweilig Übersetzer im Dienste der niederländ. Regierung. 1855 Professor für japanische Sprache an der Universität in Leiden.
KM 11. 2. 1875
Japanologie

HOFFMANNSEGG, (HOFFMANN) Johann Centurius, Graf von, * 23. 8. 1766 (Rammenau/Oberlausitz) † 13. 12. 1849 (Dresden)
Botaniker und Forschungsreisender. (H. war Gutsbesitzer in Rammenau. Nach dem Studium und einer Militärdienstzeit lebte er als wohlhabender Privatmann und unternahm mehrere größere Reisen nach Österreich-Ungarn, Italien und Portugal zu botanischen Zwecken, vorwiegend zur Sammlung von Insekten. H. siedelte 1804 nach Berlin über. Er gründete das Zoologische Museum in Berlin. 1816 zog er nach Dresden und lebte bis zu seinem Tode auf dem Gut Rammenau.)
EM 23. 3. 1815 (Bestät. 3. 5. 1815)
Botanik

HOFFMEISTER, Cuno Friedrich Ludwig, * 2. 2. 1892 (Sonneberg/Thür.) † 2. 1. 1968 (Sonneberg/Thür.)
1930 bis 1945 Leiter der Abteilung Sonneberg der Universitätssternwarte Berlin/Babelsberg. 1937 bis 1938 zugleich Leiter der astronomischen Station bei Windhoek/Südwestafrika. 1941 Professor. 1947 Direktor der Sternwarte Sonneberg der Akademie. 1951 zugleich Lehrbeauftragter an der Universität in Jena. 1927 Leibnizmedaille der Akademie. 1951 Nationalpreis.
KM 23. 4. 1959; OM 15. 6. 1961
Astronomie, Geophysik

HOFMANN, Georg Christian August Wilhelm von (1890), * 8. 4. 1818 (Gießen) † 5. 5. 1892 (Berlin)
1843 Privatassistent bei J. v. LIEBIG. 1845 Leiter des „College of Chemistry" (seit 1846 Royal College) in London. 1865 Professor für Chemie an der Universität in Berlin und Direktor des Chemischen Laboratoriums. 1880 Rektor der Universität. Geh. Reg. Rat. (v. H. war in Berlin u. a. leitend tätig im Reichspatentamt, am Reichsgesundheitsamt sowie als Mitglied der Deputation für Handel und Gewerbe. Er begründete 1867 die Chemische Gesellschaft in Berlin und war vierzehnmal Präsident dieser Gesellschaft. v. H. wurde am 3. 12. 1863 zum Ordentlichen Mitglied der Akademie gewählt. Da er jedoch erst später aus London zurückkehrte, erfolgte 1865 eine nochmalige Wahl)
KM 28. 7. 1853; OM 3. 12. 1863; OM 30. 3. 1865 (Bestät. 27. 5. 1865)
Analytische, physikalische und technische Chemie

HOFMANN, Eberhard, * 19. 4. 1930 (Chemnitz)
1961 Professor für Biochemie an der Universität in Leipzig und an der Medizinischen Akademie in Magdeburg. 1961 bis 1967 zugleich Direktor des Physikalisch-Chemischen Instituts der Medizinischen Akademie. 1967 Direktor des Physiologisch-Chemischen Instituts der Uni-

versität in Leipzig. 1976 Nationalpreis.
KM 9. 6. 1977; OM 12. 6. 1980
Biochemie, Enzymologie, Regulation des Stoffwechsels

HOFMANN, Franz Bruno, * 29.11.1869 (Skalka/Böhmen) † 6. 6. 1926 (Marburg)
1898 Privatdozent, 1903 Professor für Physiologie an der Universität in Leipzig. 1905 Professor für Physiologie an der Universität in Innsbruck. 1911 Professor für Physiologie an der Universität in Prag. 1913 Professor für Physiologie an der Universität in Königsberg. 1916 Professor für Physiologie an der Universität in Marburg. Geh. Rat.
OM 4. 3. 1926 (Bestät. 7. 4. 1926)
Physiologie

HOFMANN, Johann Baptist, * 11.2.1886 (Neukenroth/Obfr.) † 27.7.1954 (München)
1909 Mitarbeiter, seit 1927 Redakteur am Thesaurus linguae Latinae in München.
KM 12. 6. 1941 (Bestät. 8. 8. 1941)
Klassische Philologie

HOFMANN, Joseph Ehrenfried, * 7.3.1900 (München) † 7.5.1973 (Ichenhausen)
Zunächst Studienrat. 1940 Dozent an der Universität in Berlin. 1940 Wissenschaftl. Beamter und Professor bei der Akademie (Leibniz-Ausgabe) in Berlin. 1946 Gastprofessor an der Universität in Freiburg i. Br.. 1948 Professor für Geschichte der Mathematik an der Universität in Tübingen. 1949 Professor für Geschichte der Mathematik an der Universität in Karlsruhe. 1950 Professor für Geschichte der Mathematik an der Universität in Tübingen.
KM 4. 4. 1957; AM 20. 5. 1969
Geschichte der Mathematik

HOFMANN, Karl Andreas, * 2. 4. 1870 (Ansbach) † 15. 10. 1940 (Berlin)
1895 Abteilungsvorstand im Chemischen Laboratorium der Bayerischen Akademie der Wissenschaften in München. 1898 Professor für Chemie an der Universität in München. 1910 – 1935 Professor für organische Chemie an der Technischen Hochschule in Berlin-Charlottenburg. Geh. Regierungsrat.
OM 4. 12. 1924 (Bestät. 21. 1. 1925)
Organische Chemie

HOFMANN, Ulrich, * 26. 6. 1931 (Dolsthaida Kr. Liebenwerda)
1969 Honorarprofessor an der Technischen Universität in Dresden. 1967 stellv. Direktor des Institutes für metallische Spezialwerkstoffe der Akademie in Dresden. 1969 Leiter des Forschungsbereiches Werkstoffwissenschaften der Akademie. 1970 Vizepräsident der Akademie.
OM 11. 6. 1970
Physik; Festkörperphysik

HOFMEISTER, Friedrich Wilhelm, * 18. 5. 1824 (Leipzig) † 12. 1. 1877 (Lindenau bei Leipzig)
1863 Professor für Botanik an der Universität in Heidelberg. 1872 Professor für Botanik an der Universität in Tübingen. Mitbesitzer der Musikalienhandlung „Friedrich Hofmeister" in Leipzig.
KM 16. 4. 1874
Botanik

HOHEISEL, Daniel Friedrich, * Sept. 1698 (Danzig) † 19. 5. 1732 (Halle/Saale)
1720 Magister. Prakt. Arzt in Danzig. 1723 Professor für Philosophie und für Rechtswissenschaften an der Universität in Halle.
abwM 19. 6. 1726
Philosophie

HOHENLOHE–SCHILLINGSFÜRST, Chlodwig Fürst zu, Prinz von Ratibor

und Corvey, * 31. 3. 1819 (Rotenburg/Fulda) † 6. 7. 1901 (Ragaz)
1842 – 1846 preuß. Staatsdienst. 1866 – 1870 Ministerpräsident und Außenminister der bayerischen Regierung. 1870 Mitglied des Reichstages, 1871 – 1881 Abgeordneter der Liberalen Reichspartei, zeitweilig 1. Vizepräsident des Reichstages. 1874 Botschafter in Paris. 1880 Staatssekretär des Auswärtigen Amtes. 1885 Statthalter von Elsaß-Lothringen. 1894 Reichskanzler und preuß. Ministerpräsident (1894 – 1900) Erbl. Mitglied in der Bayerischen Kammer der Reichsräte. (Die Wahl von H.-Sch. erfolgte anläßlich des 200jährigen Jubiläums der Akademie.)
EM 21. 12. 1899 (Bestät. 5. 3. 1900)

HOHL, Ernst Heinrich, * 18. 4. 1886 (Stuttgart) † 24. 2. 1957 (Berlin)
1914 Privatdozent an der Universität in Straßburg. 1919 Professor, 1923 Professor für alte Geschichte an der Universität in Rostock. 1949 Professor für alte Geschichte an der Universität in Berlin.
OM 24. 2. 1949
Alte Geschichte

HOLBACH, Paul THIERRY Baron von, gt. 8. 12. 1723 (Edesheim/Pfalz)
† 21. 6. 1789 (Paris)
Französischer Philosoph. (H. war neben DIDEROT und d'ALEMBERT geistiger Vater und Mitarbeiter der Enzyklopädie. Als Schriftsteller übersetzte er auch Werke führender Chemiker seiner Zeit in die französische Sprache. Unter dem Pseudonym „Mirabaud" betätigte er sich als aufgeklärter Philosoph heimlich mit der Herausgabe kirchenfeindlicher Schriften.)
AM 18. 7. 1754
Philosophie

HOLL, Karl, * 15. 5. 1866 (Tübingen) † 23. 5. 1926 (Berlin)
Ursprünglich Vikar, 1891 Repetent im Tübinger Stift. 1900 Professor an der Universität in Tübingen. 1906 Professor für Kirchengeschichte an der Universität in Berlin. Seit 1897 zugleich Mitarbeiter in der Kirchenväter-Kommission der Akademie.
OM 17. 12. 1914 (Bestät. 12. 1. 1915)
Kirchengeschichte

HOLLEAUX, Eugène Maurice,
* 15. 4. 1861 (Château-Thierry) – 22. 9. 1932 (Limon bei La Ferté-sous-Jouarre)
1882 Mitglied der Ecole Française in Athen. 1886 Maitre de Conférences an der Universität in Bordeaux. 1888 Professor für Archäologie an der Universität in Lyon. 1904 Direktor der École Française in Athen. Später Professor für hellenistische Geschichte und griechische Epigraphik an der Universität in Paris.
KM 25. 2. 1909
Gräzistik

HOLM, Peter Edward, * 26. 1. 1833 (Kopenhagen) † 18. 5. 1915 (Kopenhagen)
1865 Dozent, 1868 Professor für Geschichte an der Universität in Kopenhagen.
KM 3. 11. 1904
Römische Geschichte, nordische Geschichte

HOLST, Gabriel, * um 1685 (Marienburg)
Doktor der Rechte in Leipzig.
abwM 9. 3. 1712

HOLST, Hermann Eduard von,
* 19. 6. 1841 (Fellin) † 20. 1. 1904 (Freiburg i. Br.)
1872 Professor für Geschichte an der Universität in Straßburg. 1874 Professor für Geschichte an der Universität in Freiburg. 1892 – 1899 Gastprofessor an der Universität in Chicago.

KM 25. 7. 1889
Geschichte

HOLTZ, Peter Wilhelm Joseph,
* 6. 2. 1902 (Stolberg/Rhld.)
† 9. 11. 1970 (Frankfurt a. M.)
1930 bis 1932 Rockefeller Fellow Nat. Inst. Med. Research in London. 1935 Privatdozent an der Universität in Greifswald. 1938 Professor, 1946 Professor für Pharmakologie an der Universität in Rostock. 1953 Professor für Pharmakologie an der Universität in Frankfurt a. M.. 1952 Nationalpreis.
OM 19. 2. 1953; KM 11. 5. 1967; AM 20. 5. 1969
Pharmakologie

HOLTZE (HOLCE), Joachim,
* 1683 (Stramehl/Pomm.) † 16. 2. 1742 (Bublitz)
Zunächst Pastor, später Propst zu Bublitz.
abwM 30. 5. 1725
Theologie

HOLTZENDORFF, Ernst Konrad,
* 27. 9. 1688 (Berlin) † 17. 2. 1751 (Colbitz)
Ursprünglich Regimentsfeldscher der Garde. 1716 königl. Leibarzt und Generalchirurg der preußischen Armee.
abwM 16. 11. 1724
Medizin

HOMAN, Valentin (Bálint) von,
* 29. 12. 1885 (Budapest) † 1951 (Vao)
Professor für mittelalterl. Geschichte. Zeitweilig Generaldirektor des Ungar. Nationalmuseums in Budapest. 1932 bis 1942 Kultusminister. (H. wurde 1946 zu lebenslänglicher Zuchthausstrafe verurteilt. Bei Wiedereröffnung der Akademie wurde seine Mitgliedschaft am 30. 6. 1946 nicht bestätigt. Er ist damit aus der Mitgliederliste der Akademie seit dem 8. 5. 1945 gestrichen.)
EM 22. 6. 1939 bis 8. 5. 1945 (Bestät. 5. 7. 1939)

HOMANN, Johann Baptist,
* 20. 3. 1664 (Kambach b. Mindelheim/Schw.) † 1. 7. 1724 (Nürnberg)
1687 Notar in Nürnberg. Anschließend Kartenstecher und Inhaber einer Landkartenhandlung in Nürnberg. (H. verbrachte ursprünglich mehrere Jahre in Klöstern, wandte sich später der evangelischen Kirche zu und ließ sich in Nürnberg nieder. 1693 verließ er heimlich Nürnberg. Vorübergehender Aufenthalt im Dominikanerkloster in Wien. 1695 Aufenthalt in Erlangen. Von dort als Kupferstecher nach Leipzig berufen. 1715 von PETER I. zum kaiserlichen Geographen und kaiserlich russischen Agenten ernannt. H. fertigte u. a. 1716 den „Großen Atlas über die ganze Welt" an. Die von ihm begründete Landkartenhandlung war die berühmteste seiner Zeit.)
abwM 12. 4. 1715
Kartographie

HOMEYER, Karl Gustav, * 13. 8. 1795 (Wolgast/Pomm.) † 20. 10. 1874 (Berlin)
1824 Professor, 1827 Professor für Rechtswissenschaft an der Universität in Berlin. 1845 – 1867 zugleich Mitglied des Obertribunalrates in Preußen. 1854 Mitglied des Staatsrates.
OM 25. 4. 1850 (Bestät. 18. 5. 1850)
Rechtswissenschaft

HOMOLLE, Théophile, * 19. 12. 1845 (Paris) † 13. 6. 1925 (Paris)
Zunächst Professor für Archäologie am Collège de France und Direktor der École d' Athènes. Später Direktor des Louvre und der Nationalbibliothek in Paris. (H. legte 1915 aus Protest gegen den Aufruf von 1914 „An die Kulturwelt" seine Mitgliedschaft nieder.)
KM 17. 11. 1887 – 9. 5. 1915

Klassische Archäologie

HOOKER, Sir (1872) Joseph Dalton, * 30. 6. 1817 (Halesworth/Suffolk) † 10. 12. 1911 (Sunningdale/Berkshire), (Sohn von HOOKER, W. J.)
Botaniker. 1855 Gehilfe seines Vaters, 1865 Direktor des Botanischen Gartens in Kew. (H. begleitete als Arzt und Naturforscher Kapitän ROß auf dessen Antarktikexpedition 1839 bis 1843. 1847 bis 1851 führte er eine botanische Reise nach Indien und Tibet durch. Die Ergebnisse dieser und weiterer Expeditionen wurden von ihm veröffentlicht.)
KM 1. 6. 1854; AM 21. 4. 1904 (Bestät. 29. 5. 1904)
Botanik

HOOKER, Sir (1836) William Jackson, * 6. 7. 1785 (Norwich) † 12. 8. 1865 Kew)
1815 Professor für Botanik an der Universität in Glasgow. 1840 Direktor des Botanischen Gartens in Kew.
KM 13. 2. 1834; EM 26. 7. 1855 (Bestät. 15. 8. 1855)
Botanik

HOOPS, Johannes, * 20. 7. 1865 (Rablinghausen bei Bremen) † 14. 4. 1949 (Heidelberg)
Zunächst im Schuldienst tätig. 1893 Dozent, 1894 Professor an der Universität in Tübingen. 1896 Professor für englische Philologie, 1910 auch für germanische Altertumskunde an der Universität in Heidelberg. Mehrfach Rektor der Universität. 1910 Geh. Hofrat.
KM 2. 3. 1939 (Bestät. 4. 5. 1939)
Anglistik

HORCH, Christoph, (Vater von HORCH, F. W.)
Königl. Leibarzt in Berlin. Hofrat. (H. wurde 1719 als Mitglied aufgenommen, hat aber offenbar kein Diplom erhalten.)
M 10. 6. 1719
Medizin

HORCH, Friedrich Wilhelm, gt. 29. 3. 1701 (Berlin) † 18. 3. 1744 (Berlin, (Sohn von HORCH, Christoph)
Hofrat in der Geheimen Kriegskanzlei und Kirchenrat in Berlin.
anwM 15. 1. 1738
Physik

HORKEL, Johann Adam, * 8. 9. 1769 (Burg a. Fehmarn) † 15. 11. 1846 (Berlin)
Professor für Physiologie an der Universität in Berlin. -
OM 10. 12. 1829 (Bestät. 11. 1. 1830)
Physiologie

HORMAYR, Joseph Freiherr von, * 20. 1. 1782 (Innsbruck) † 5. 10. 1848 (München)
1802 Hofkonzipist an der Staatskanzlei in Wien. 1808 Direktor des Geh. Hausarchivs, 1809 Hofrat. 1816 Österreichischer Reichshistoriograph. 1828 Wirkl. Geheimrat in München. 1832 Ministerresident in Hannover. 1837 Geschäftsträger in Bremen. 1847 Vorstand des Münchener allgemeinen Reichsarchivs. (H. wurde 1813 aus dem Staatsdienst entlassen und vorübergehend verhaftet, weil er führend an den gegen die Napoleonische Fremdherrschaft gerichteten Aktionen des „Alpenbundes" beteiligt war.)
KM 12. 2. 1829
Geschichte

HORN, Johann Gottlob, * 17. 12. 1680 (Pulsnitz) † 13. 10. 1754 (Moritzburg)
Zunächst Hofmeister in adlig. Häusern. 1732 kursächsischer Histograph. (H. gilt als einer der ersten Historiker, der die urkundlichen Quellen für die sächsische Geschichtsschreibung auswertete.)
abwM 19. 6. 1726 Geschichte

HORREBOW, Peter Nielsen,
* 14. 5. 1679 (Lögstör) † 15. 4. 1764 (Kopenhagen)
Zunächst Hauslehrer, danach Zollinspektor in Kopenhagen. 1714 Professor für Mathematik an der Universität in Kopenhagen und Königl. Astronom.
AM 30. 6. 1746
Mathematik, Astronomie

HORSLEY, Sir Victor Alexander Haden,
* 14. 4. 1857 (London-Kensington)
† 16. 7. 1916 (Amara/Mesopotamien)
1887 Professor für Pathologie an der Universität in London. 1899 Professor für Chirurgie an der Universität in London und Chirurg am National Hospital für Gelähmte und Epileptiker.
KM 28. 7. 1910
Medizin

HUBER, Johann Jakob, * 11. 9. 1707 (Basel) † 6. 7. 1778 (Kassel)
1733 Dr. med.. 1734 Mitglied des Collegium medicum in Brüssel. 1736 Leibarzt des Fürsten von Baden-Durlach. 1738 Prosektor am Theatrum anatomicum in Göttingen. 1739 Professor. 1742 Professor für Anatomie und Chirurgie am Lyzeum in Kassel. Zugleich Leibarzt des Kurfürsten von Hessen. Hofrat.
AM 16. 10. 1760
Anatomie

HUBER, Johann Jakob, * 27. 8. 1733 (Basel) † 21. 1. 1798 (Gotha)
1754 Astronom in Greenwich. 1756 Astronom der Akademie in Berlin. (H. verließ nach Ausbruch des Siebenjährigen Krieges Preußen und kehrte nach Basel zurück. 1798 weilte er in Gotha, wo er an einem astronomischen Kongreß teilnehmen wollte.)
OM 15. 1. 1756; AM 27. 1. 1758
Astronomie

HÜBNER, Arthur, * 17. 9. 1885 (Neudamm/Neumark) † 9. 3. 1937 (Berlin)
1911 Privatdozent, 1918 Professor an der Universität in Berlin. 1924 Professor für Altgermanistik an der Universität in Münster. 1927 Professor für Germanistik an der Universität in Berlin.
OM 28. 1. 1932 (Bestät. 16. 3. 1932)
Deutsche Philologie

HÜLSEN, Christian Karl Friedrich,
* 29. 11. 1858 (Charlottenburg)
† 19. 1. 1935 (Florenz)
1881 Stipendiat am Deutschen Archäologischen Institut in Rom. 1887 bis 1909 Zweiter Sekretär des Instituts. 1917 Honorarprofessor an der Universität in Heidelberg. (H. lebte nach dem 1. Weltkrieg in Florenz.)
KM 2. 5. 1907
Archäologie

HUFELAND, Christoph Wilhelm,
* 12. 8. 1762 (Langensalza)
† 25. 8. 1836 (Berlin)
1783 prakt. Arzt. 1787 Hofarzt in Weimar. 1793 Professor für Medizin an der Universität in Jena. 1801 Leibarzt der königl. Familie, Direktor des Collegiums medicum und 1. Arzt der Charité. 1810 Professor für spezielle Pathologie und Therapie an der Universität in Berlin. Nach der Aufhebung des Oberkollegiums medicum leitender Beamter der Abteilung Gesundheitswesen im Innenministerium und Leiter der reorganisierten Medizinisch-Chirurgischen Militärakademie. Staatsrat. (H. begründete 1795 das „Journal der praktischen Arzneikunde und Wundarzneikunst", 1799 die „Bibliothek der praktischen Arzneikunde und Wundarzneikunde" und 1810 die Medizinisch-chirurgische Gesellschaft (ab 1833 „Hufelandische Gesellschaft"). H. wurde auf Weisung des preuss. Königs Mitglied der Akademie. Eine Wahl fand nicht statt.)
OM 23. 12. 1800 Medizin

HUGGINS, Sir (1897) William,
* 7. 2. 1824 (London) † 13. 5. 1910 (Upper Tulse Hill/b. London)
Astronom. 1900 Präsident der Royal Society. (H. war Eigentümer der Sternwarte in Upper Tulse Hill bei London.)
KM 12. 12. 1895
Astronomie

HUMBERT, Abraham von, * 19. 4. 1689 (Berlin) † 12. 1. 1761
Zunächst in holländischen, dann in sächsischen Diensten. Seit 1718 in preußischen Diensten. Zuletzt Ingenieur-Major, Geh. Rat und Assessor des reform. Französ. Konsistoriums. (H. legte die Festungswerke von Stettin und Memel an.)
OM 23. 1. 1744
Technik, Mechanik

HUMBOLDT, Friedrich Wilhelm Heinrich Alexander von, * 14. 9. 1769 (Berlin) † 6. 5. 1859 (Berlin), (Bruder von HUMBOLDT, Wilhelm v.)
Naturforscher und Geograph. 1792 Assessor, 1794 Bergrat, 1795 Oberbergrat im Preuß. Bergdepartment in Berlin. Kammerherr. Wirkl. Geh. Rat. (H. unternahm mehrere große Forschungsreisen. So bereiste er 1790 mit G. FORSTER die Niederlande, England und Frankreich. 1799 bis 1804 Forschungsreise nach Amerika. Gemeinsam mit A. BONPLAND durchforschte er Venezuela, Kuba, Kolumbien, Ecuador, Peru und Teile der USA. 1829 unternahm er gemeinsam mit Chr. EHRENBERG und G. ROSE eine Forschungsreise innerhalb Rußlands, die sie in den Ural, das Altaigebiet und an das Kaspische Meer führte. H. hielt sich von 1804 bis 1827 mit wenigen Unterbrechungen in Paris auf. Er wurde 1805 OM der Akademie und behielt diesen Status trotz seiner langjährigen Abwesenheit von Berlin.)
aOM 25. 7. 1800 (Bestät. 4. 8. 1800);
OM 19. 2. 1805
Naturwissenschaften, Geographie

HUMBOLDT, Friedrich Wilhelm Christian Carl Ferdinand Freiherr von,
* 22. 6. 1767 (Potsdam) † 8. 4. 1835 (Tegel bei Berlin), (Bruder von HUMBOLDT, Alexander v.)
Zunächst Refendar – mit dem Titel Legationsrat – am Kammergericht in Berlin. 1801 preuß. Ministerresident, 1806 bevollmächtigter Minister in Rom. 1809 Geh. Staatsrat im Ministerium des Innern in Berlin und Leiter der geistl. und Unterrichtsangelegenheiten. 1810 als Geh. Staatsminister ausserordentl. Gesandter und bevollmächtigter Minister in Wien. 1814 bis 1815 zweiter Bevollmächtigter Preußens auf dem Wiener Kongreß. 1816 Mitglied der Territorialkommission in Frankfurt a. M.. 1817 Mitglied des Staatsrates, danach Gesandter in London. 1819 Minister des Innern mit dem Ressort der ständigen und Kommunalangelegenheiten. (W. v. H. wirkte nach seinem Rücktritt als Minister im Jahre 1819 vorwiegend als Sprachforscher in Tegel. Mit seinem Namen ist die Gründung der Universität in Berlin – heute Humboldt-Universität – verbunden.)
AM 4. 8. 1808 (Bestät. 15. 8. 1808);
OM 29. 3. 1810 (Bestät. 7. 4. 1810);
AM 5. 3. 1812 (Bestät. 25. 6. 1812);
OM Febr. 1820
Sprachwissenschaft

HUND, Friedrich, * 4. 2. 1896 (Karlsruhe i. B.)
1929 Professor für mathematische Physik an der Universität in Leipzig. 1946 Professor für theoretische Physik an der Universität in Jena. 1951 Professor für theoretische Physik an der Universität in Frankfurt a. M.. 1956 Professor für theoretische Physik an der Universität in Göttingen. 1949 Nationalpreis.
OM 24.2.1949; AM 20.5.1969
Theoretische Physik

HUNFALVY, Paul, * 12. 3. 1810 (Groß-Schlagendorf/Zips) † 30. 11. 1891 (Budapest)
1842 Professor der Rechte am evangel. Kollegium in Kesmark. (H. gab sein Lehramt 1848 auf, nachdem er in den ungar. Landtag gewählt war und der Nationalversammlung angehörte. Seit 1848 Privatgelehrter in Pest (finn.-ugrisch. Sprachen.)
KM 13. 2. 1873
Sprachwissenschaft, Ethnographie

HUTH, Johann Simon Gottfried Sigismund, * 2. 5. 1763 (Roßlau/Elbe) † 28. 2./12. 3. 1818 (Dorpat)
1789 Professor für Mathematik und Physik an der Universität in Frankfurt a. O.. 1808 Professor für Mathematik und Physik an der Universität in Charkow. 1811 Professor für Mathematik und Astronomie an der Universität in Dorpat.
KM 25. 6. 1812
Mathematik, Astronomie

HUXLEY, Thomas Henry, * 4. 5. 1825 (Ealing bei London) † 29. 6. 1895 (London)
Fellow der Royal Society. 1855 Professor für Naturgeschichte an der Royal School of Mines, Fulleran-Professor für Physiologie an der Royal - Institution. 1862 Mitglied, 1863 Professor an der R. C. S. 1869 Präsident der Geologischen Gesellschaft. 1870 Präsident der Brit. Assoc. für the advancement of Sciences. 1883 Präsident der Royal Society. 1892 Privy Councillor der Königin von England.
KM 3. 8. 1865
Physiologie, vergleichende Anatomie

HUY LIEU, Tran, * 23. 11. 1901 (Namdink) † 28. 7. 1969 (Hanoi)
Professor für Geschichte und Direktor des Instituts für Geschichte beim Staatl. Komitee der Wissenschaften der DR Vietnam in Hanoi.
KM 22. 11. 1962; AM 20. 5. 1969
Geschichte

HUYSSEN, Heinrich Freiherr von, * 27. 7. 1666 (Essen) † 6. 9. 1739 (auf See bei Kopenhagen)
Nach dem Studium in Duisburg, Köln und Halle zunächst Reisebegleiter und Hofmeister. 1700 Hof- und Regierungsrat des Fürsten von WALDECK. 1701 Sekretär des sächs. Generals von FLEMMING. 1702 Eintritt in russ. Dienste. Vorübergehend Jurist und Erzieher des Großfürsten ALEKSEJ. 1705 russ. Gesandter in Wien. 1707 Historiograph PETERS I.. 1726 Rat im Kriegskollegium und Wirkl. Staatsrat. (H. war u. a. Studienleiter der Söhne E. v. DANKELMANNs in Utrecht und Verwalter der Besitzungen von DANKELMANN am Genfer See. Aus russ. Diensten wurde er 1732 verabschiedet.)
abwM 28. 4. 1710

HYNITZSCH, Albrecht Friedrich, * (Halberstadt) † begr. 10. 5. 1731 (Berlin)
Hof-, Kammergerichts- und Kriminalrat in Berlin.
anwM 13. 5. 1719

HYRTL, Joseph, * 7. 12. 1810 (Eisenstadt) † 17. 7. 1894 (Perchtoldsdorf bei Wien)
1833 Prosektor an der Universität in Wien. 1837 Professor für Anatomie an der Universität in Prag. 1845 Professor für Anatomie an der Universität in Wien. (H. legte 1874 sein Lehramt nieder. Er stiftete das Waisenhaus in Mödling, das auch Universalerbe seines großen Vermögens wurde.)
KM 15. 1. 1857
Anatomie, Physiologie

IBANEZ, Don Carlos, Marquez de Mulhacèn, * 14. 4. 1825 (Barcelona)
† 29. 1. 1891 (Nizza)
General. Direktor des statistischen und geographischen Büros von Spanien. 1885 Präsident der Europäischen Gradmessungskommission. 1872 Präsident der Internationalen Meterkommission.
EM 20. 1. 1887 (Bestät. 1. 4. 1887)
Geodäsie

IDELER, Christian Ludwig,
* 21. 9. 1766 (Groß-Brese bei Perleberg)
† 10. 8. 1846 (Berlin)
1794 Königlicher Astronom und Berechner der Landeskalender. 1810 Mitglied der Kalenderdeputation. 1816 – 1822 Lehrer der Prinzen WILHELM FRIEDRICH und KARL. 1821 Professor an der Universität in Berlin, zugleich Studiendirektor des Kadettenkorps, Lehrer an der Forstakademie und an der allgemeinen Kriegsschule in Berlin.
OM 29. 3. 1810 (Bestät. 7. 4. 1810)
Astronomie, Chronologie

IHERING, Caspar Rudolph von (1872), * 22. 8. 1818 (Aurich) † 17. 9. 1892 (Göttingen)
1845 Professor für Rechtswissenschaft an der Universität in Basel. 1846 Professor für Rechtswissenschaft an der Universität in Rostock. 1849 Professor für Rechtswissenschaft an der Universität in Kiel. 1852 Professor für Rechtswissenschaft an der Universität in Giessen. 1868 Professor für Rechtswissenschaft an der Universität in Wien. 1873 Professor der Rechte an der Universität in Göttingen. (I. leitete seit 1856 die Herausgabe der Jahrbücher „für die Dogmatik des heutigen römischen und deutschen Privatrechtes.")
KM 25. 7. 1889
Rechtswissenschaft

IHRING, Heinrich Nikolaus,
* 12. 2. 1663 (Waldau bei Kassel)
† 20. 12. 1718 (Kassel)
Metropolitan der Neustadt in Kassel, später Dekan und Konsistorialrat an der Martinskirche in Kassel.
abwM 2. 4. 1703
Theologie

IKEN, Konrad, * 25. 12. 1689 (Bremen)
† 30. 6. 1753 (Bremen)
Nach dem Studium der Theologie in Bremen und Utrecht 1714 Prediger in Lopik und Kabauwen/Provinz Utrecht. 1716 Prediger in Zütphen. 1720 Prediger in der Stephanie-Kirche in Bremen. Seit 1723 zugleich Professor am Gymnasium in Bremen; 1741 Rektor.
AM 29. 1. 1745
Theologie/Religionswissenschaft

IKONOMOS (OIKONOMOS), Konstantinos, * 8. 9. 1780 (Zarizani (Thessalien)
† 8./20. 3. 1857 (Athen)
Archipresbyter zunächst in Petersburg, später in Athen.
KM 13. 12. 1832

ILIEW, Ljubomir Georgiew, * 7. 4. 1913 (Tirnovo)
Direktor des Zentrums für Mathematik und Mechanik und des Instituts für Mathematik und Mechanik der Bulgarischen Akademie der Wissenschaften in Sofia.
AM 9. 6. 1977
Mathematik

ILLIGER, Johann Karl Wilhelm,
* 19. 11. 1775 (Braunschweig)
† 10. 5. 1813 (Berlin)
1810 Professor für Zoologie an der Universität in Berlin. (I. wurde im gleichen Jahr auch Direktor des aus der bisherigen königl. Naturaliensammlung zu gründenden Zoologischen Museums an der Universität in Berlin.)
OM 29. 3. 1810 (Bestät. 7. 4. 1810)
Zoologie, Entomologie

IMBERT-DELONNES, Ange-Bernard, * 1749 (Vaqueyras/Avignon) † 23.8.1818 (Paris)
siehe: DELONNES, Ange-Bernard IMBERT-

IMHOOF-BLUMER, Friedrich, * 11. 5. 1838 (Winterthur) † 26. 4. 1920 (Winterthur)
Numismatiker in Winterthur.
KM 19. 6. 1879; AM 7. 12. 1899 (Bestät. 5. 3. 1900)
Numismatik

INAMA-STERNEGG, Karl Theodor von, * 20. 1. 1843 (Augsburg) † 28. 11. 1908 (Innsbruck)
1868 Privatdozent an der Universität in München. 1868 Professor, 1871 Professor für politische Wissenschaften an der Universität in Innsbruck. 1880 Professor für politische Ökonomie an der Universität in Prag. 1881 Direktor des Büros für administrative Statistik in Wien, zugleich Honorar-Professor für Statistik und Verwaltungslehre an der Universität in Wien. 1884 zugleich Präsident der Statistischen Zentralkommission. 1890 Präsident des Internationalen Statistischen Instituts.
KM 18. 1. 1900
Staatswissenschaften, Statistik, Wirtschaftsgeschichte

INFELD, Leopold, * 20. 8. 1898 (Krakau) † 15. 1. 1968 (Warschau)
1931 Dozent an der Universität in Lwow. 1933 Professor an der Universität in Cambridge. 1936 Mitarbeiter von Albert EINSTEIN in Princeton. 1938 Professor für Physik an der Universität in Toronto. 1950 Professor für theoretische Physik an der Universität in Warschau und Direktor des Instituts für theoretische Physik. Vizepräsident der Polnischen Akademie der Wissenschaften.
KM 10. 2. 1955
Theoretische Physik

IRMSCHER, Johannes, * 14. 9. 1920 (Dresden)
1947 Wissenschaftlicher Mitarbeiter der Akademie in Berlin. 1951 zugleich Dozent, 1953 Professor für alte Geschichte an der Universität in Berlin. 1955 Geschäftsführender Direktor, 1964 Direktor des Instituts für Griechisch-römische Altertumskunde der Akademie in Berlin. 1969 Bereichsdirektor am Zentralinstitut für Alte Geschichte und Archäologie der Akademie in Berlin.
KM 14. 6. 1973
Alte Geschichte, Gräzistik, Byzantinistik, Neogräzistik

ISAČENKO, Alexander, * 21. 12. 1910 (Petersburg)
1935 Lektor an der Universität in Prag. 1939 Privatdozent an der Universität in Ljubljana. 1941 Lektor an der Hochschule für Welthandel in Bratislava. 1945 Professor für slawische Philologie an der Universität in Bratislava. 1956 Professor für slawische Philologie an der Universität in Olomouc. 1961 – 1965 Leiter der Arbeitsstelle für strukturelle Grammatik der Akademie in Berlin.
KM 17. 12. 1964 – 20. 5. 1969
Slawistik

ISELIN, Johann Rudolf, * 19. 6. 1705 (Basel) † 6. 3. 1779 (Basel)
Zunächst Vorsteher des Theol. Alumneums, Rechtskonsultant der Stadtregierung in Basel und Redakteur von Zeitungen. 1757 Professor für römisches und öffentliches Recht an der Universität in Basel. 1763 Rektor. (I. war Mitarbeiter des Thesaurus Joh. Jak. BODMERS, edierte die Ausgabe von TSCHUDIS Chronik, die später SCHILLER als Grundlage für die Darstellung der Schweizer Befreiungsgeschichte in „Wilhelm Tell" diente.)
abwM 13. 2. 1726
Rechtswissenschaft, Geschichte

IVORY, Sir (1831) James, * 1765 (Dundee) † 21. 9. 1842 (London)
1786 Lehrer für Mathematik und Physik in Dundee. 1800 Vorsteher einer Flachspinnerei. 1804 Professor am Militärkollegium in Marlow. 1817 Professor für Mathematik in Sandhurst.
KM 22. 6. 1826
Mathematik

I

JABERG, Karl, * 24. 4. 1877 (Langenthal/Kt. Bern) † 30. 5. 1958 (Bern)
1901 Lehrer an der Kantonschule in Aarau. 1906 Lehrer an der Höheren Töchterschule in Zürich. 1907 – 1945 Professor für romanische Philologie, ital. Sprache und Literatur an der Universität in Bern.
KM 14. 1. 1937
Romanistik

JABLONSKI, Daniel Ernst (bis 1685 Figulus), * 26. 11. 1660 (Hochzeit bei Danzig) † 25. 5. 1741 (Berlin)
1683 reform. Feldprediger in Magdeburg. 1686 Pfarrer der Gemeinde und Rektor des deutschen Gymnasiums in Lissa. 1691 Hofprediger in Königsberg. 1693 Hofprediger in Berlin. 1718 Mitglied des Konsistoriums. 1729 Mitglied des Reformierten Kirchendirektoriums. 1710 – 1741 Direktor der Philologisch-Orientalischen Klasse der Akademie. 1710 – 1712, 1715 – 1716, 1719 – 1720, 1723 – 1724, 1727 – 1728, 1731 – 1732 und 1733 – 1734 Vizepräsident der Akademie. 1733 – 1741 Präsident der Akademie. (J. wurde 1699 zum Senior der Unität für Groß-Polen und Preußen gewählt und zum Bischof geweiht. Er hatte die Interessen der Reformierten in Polen am Berliner Hofe zu vertreten. J. gehörte zu den Mitbegründern der Akademie.)
anwM 6. 12. 1700
Theologie

JABLONSKI, Johann Theodor, * 15. 12. 1654 (Danzig) † 28. 4. 1731 (Berlin), (Bruder von JABLONSKI, Daniel Ernst)
1678 Sekretär am Hofe des Herzogs JOHANN GEORG von Anhalt-Dessau. 1689 Sekretär des Herzogs von Sachsen-Weißenfels zu Barby. 1700 – 1731 Beständiger Sekretar der Akademie.
anwM 6. 10. 1700
Geschichte

JABLONSKI, Paul Ernst, * 28. 12. 1693 (Berlin) † 13. 9. 1757 (Frankfurt/Oder), (Sohn von JABLONSKI, D. E.)
1720 Prediger in Liebenberg. 1721 Professor für Philologie und Theologie, 1727 Professor für Theologie an der Universität in Frankfurt/Oder. Seit 1721 – 1741 zugleich Prediger bei der reformierten Gemeinde. (Die Arbeiten von J. betrafen vorwiegend die Kirchengeschichte und Dogmatik sowie die Erklärung der Bibel. Einige Arbeiten betrafen die koptische Sprache und die Altertumskunde.)
abwM 10. 7. 1721
Theologie, Kirchengeschichte

JACHMANN, Günther, * 20. 5. 1887 (Gumbinnen) † 17. 9. 1979 (Köln)
1912 Privatdozent an der Universität in Marburg. 1914 Redakteur des Thesaurus Linguae Latinae in München. 1917 Professor für klassische Philologie an der Universität in Göttingen. 1918 Professor für klassische Philologie an der Universität in Dorpat. 1920 Professor für klassische Philologie an der Universität in Göttingen. 1922 Professor für klassische Philologie an der Universität in Greifswald. 1922 Professor für klassische Philologie an der Universität in Basel. 1925 Professor für klassische Philologie an der Universität in Köln.
KM 23. 10. 1947; AM 20. 5. 1969
Klassische Philologie

JACOBI, Friedrich Heinrich Ritter von (1813), * 25. 1. 1743 (Düsseldorf) † 10. 3. 1819 (München)
Ursprünglich Kaufmann. 1773 Hofkammerrat im Hzgt. Berg. 1779 Geheimrat und Referent für das Zollwesen im Bayerischen Innenministerium. 1805 Präsident der Bayerischen Akademie der Wissenschaften.
AM 4. 8. 1808 (Bestät. 15. 8. 1808)
Philosophie

JACOBI, Friedrich Paul, * 8. 5. 1724 (Tucheband/Neumark) † 8. 6. 1758 (Olmütz)
Leutnant der Artillerie und Lehrer für Mathematik beim Artillerie-Korps. (J. wurde bei der Belagerung von Olmütz durch eine Kanonenkugel getötet.)
OM 5. 10. 1752
Mathematik

JACOBI, Hermann Georg, * 11. 2. 1850 (Köln) † 19. 10. 1937 (Bonn)
1876 Professor für Sanskrit an der Universität in Münster. 1885 Professor für ind. Philologie an der Universität in Kiel. 1889 – 1922 Professor für ind. Philologie an der Universität in Bonn.
KM 9. 2. 1911
Indologie

JACOBI, Karl Gustav Jacob,
* 10. 12. 1804 (Potsdam) † 18. 2. 1851 (Berlin)
1826 Privatdozent, 1827 Professor, 1829 Professor für Mathematik an der Universität in Königsberg. (J. stellte 1843 wegen Zuckerkrankheit seine Vorlesungen ein und siedelte nach Berlin über. 1848 fiel er wegen liberaler politischer Tätigkeit in Ungnade. J. wurde 1850 an die Universität in Wien berufen; er starb vor der Übersiedlung an den Blattern. Die Umwandlung des Status der Mitgliedschaft 1844 erfolgte durch eigene Erklärung. Eine Wahl fand nicht statt.)
KM 10. 12. 1829; AM 18. 2. 1836 (Bestät. 5. 4. 1836); OM 28. 10. 1844
Mathematik

JACOBI, Moritz Hermann von,
* 21. 9. 1801 (Potsdam) † 27. 2./10. 3. 1874 (Petersburg), (Bruder von JACOBI, Carl Gustav)
1827 preuss. Baubeamter in Königsberg. 1835 Professor für „Civilbaukunst" an der Universität in Dorpat. 1838 Korrespondierendes Mitglied. 1839 Adjunkt, 1842 außerordentliches Mitglied, 1847 ordentlicher Akademiker für Technologie und angewandte Chemie, 1865 für physikalisch-mathematische Wissenschaften der Akademie der Wissenschaften in Petersburg. 1850 Wirkl. Staatsrat und Mitglied des Manufakturkonsils beim Finanzministerium in Petersburg.
KM 7. 4. 1859
Physik, Chemie, Technologie

JACOBS, Christian Friedrich Wilhelm, * 6. 10. 1764 (Gotha) † 30. 3. 1847 (Gotha)
1785 Lehrer am Gymnasium, 1802 zugleich Leiter der herzogl. Bibliothek in Gotha. 1807 Professor für deutsche Philologie am Lyzeum in München. 1810 Oberbibliothekar und Direktor des Münzkabinetts in Gotha. (J. setzte 1810 seine Entlassung aus dem bayer. Staatsdienst durch, nachdem Intrigen reaktionärer Wissenschaftler in München sein Wirken zunehmend behindert hatten. J. war im hohen Alter geistesgestört.)
KM 25. 6. 1812; AM 12. 4. 1832 (Bestät. 7. 5. 1832)
Deutsche Philologie

JACOBY, Felix, * 19. 3. 1876 (Magdeburg) † 10. 11. 1959 (Berlin)
1906 Professor, 1907 Professor für klassische Philologie an der Universität in Kiel. 1939 Professor an der Universität in Oxford. (J. wurde auf Grund der fa-

schistischen Rassegesetze 1935 zwangsweise emeritiert und 1938 zum Austritt aus der Akademie gezwungen. Er legte seine Mitgliedschaft am 2. 12. 1938 nieder und wurde aus der Mitgliederliste gestrichen. J. emigrierte 1939 nach Groß-Britannien und kehrte 1956 nach Berlin zurück.)
KM 30. 1. 1930
Klassische Philologie, alte Geschichte

JACQUIER, P. François, * 7. 6. 1711 (Vitry-le-Français/Champagne)
† 3. 7. 1788 (Rom)
Franziskaner. Professor für Mathematik am Collegio Romano.
AM 4. 9. 1749
Mathematik

JACQUIN, Joseph Franz Freiherr von (1806), * 7. 2. 1766 (Schemnitz)
† 9. 12. 1839 (Wien), (Sohn von JACQUIN, Nikolaus Joseph)
1793 Professor, 1797 Professor für Chemie und Botanik an der Universität in Wien und Direktor der Schönbrunner Gärten. 1806 Baron. 1814 Regierungsrat. (J. trat 1797 die Nachfolge seines Vaters im Amt an.)
EM 10. 12. 1829 (Bestät. 11. 1. 1830)
Botanik

JACQUIN, Nikolaus Joseph Freiherr von, (1806), * 16. 2. 1727 (Leiden)
† 26. 10. 1817 (Wien)
Dr. med. J. kam 1752 nach Wien. 1759 Bergrat und anschließend Professor für Chemie, Meteorologie, Berg- und Hüttenkunde an der Bergakademie in Schemnitz. Später Professor für Chemie und Botanik an der Universität in Wien und Direktor der Schönbrunner Gärten. 1806 Baron. (JACQUIN unternahm 1755 – 1759 naturhistorische Reisen nach Amerika.)
AM 7. 12. 1786; EM 24. 1. 1812
Chemie, Botanik

JAEGER, Werner Wilhelm, * 30. 7. 1888 (Lobberich/Rhld.) † 19. 10. 1961 (Boston/Mass.)
1913 Privatdozent, 1914 Professor an der Universität in Basel. 1915 Professor für klassische Philologie an der Universität in Kiel. 1921 Professor für klassische Philologie an der Universität in Berlin. 1936 Professor für klassische Philologie an der Universität in Chicago. 1939 Professor für klassische Philologie an der Universität in Harvard. (J. war von 1925 – 1936 2. Vorsitzender der Gesellschaft für antike Kultur. 1936 emigrierte er in die USA.)
OM 17. 1. 1924 (Bestät. 5. 2. 1924); AM 1. 10. 1936
Klassische Philologie

JÄGWITZ, Friedrich, * 1665 (Polnisch-Lissa) † 27. 9. 1727 (Berlin)
Hofarzt. Professor für Anatomie an der Akademie der Künste in Berlin. 1716 bis 1727 Direktor der Mathematischen Klasse, 1717 und 1721 zugleich Vizepräsident der Akademie.
anwM 11. 3. 1701
Anatomie

JAGIĆ, Vratoslav von (1908), * 6. 7. 1838 (Varasdin) † 5. 8. 1923 (Wien)
1861 Professor am Gymnasium in Agram. 1871 Professor für slawische Philologie an der Universität in Odessa. 1874 Professor für slawische Philologie an der Universität in Berlin. 1868 ausländisches Korrespondierendes Mitglied, 1881 Ordentlicher Akademiker für slawische Philologie an der Akademie der Wissenschaften in Petersburg. 1881 zugleich Professor für slawische Philologie an der Universität in Petersburg. 1886 Professor für slawische Philologie an der Universität in Wien. Russischer Geheimer Rat. Mitglied des Österreichischen Herrenhauses.

KM 16. 12. 1880; AM 16. 7. 1908 (Bestät. 25. 9. 1908)
Slawische Philologie

JAHN, Otto, * 16. 6. 1813 (Kiel)
† 9. 9. 1869 (Göttingen)
1839 Dozent an der Universität in Kiel. 1842 Professor, 1845 Professor für klassische Literatur und Archäologie an der Universität in Greifswald. 1847 Professor für klassische Literatur und Archäologie an der Universität in Leipzig. 1853 Sekretar der Gesellschaft der Wissenschaften in Leipzig. 1855 Professor für klassische Philologie an der Universität in Bonn. 1858 Rektor. (J. war Mitbegründer und Schriftführer der Bach-Gesellschaft. 1849 wurde er zusammen mit Th. MOMMSEN u. a. wegen politischer Tätigkeit von der Universität Leipzig suspendiert, später zur Festungshaft verurteilt, jedoch in zweiter Instanz freigesprochen. Die Regierung verfügte statt dessen die Absetzung „zum besten der Universität".)
KM 10. 4. 1851
Philologie, Archäologie, Literaturgeschichte, Musikwissenschaften

JAKOBI, Erwin, * 15. 1. 1884 (Zittau)
† 5. 4. 1965 (Leipzig)
1912 Privatdozent, 1916 Professor für Staats- und Rechtswissenschaften an der Universität in Leipzig. 1920 Professor für Staats- und Rechtswissenschaften an der Universität in Greifswald. 1920 bis 1933 Professor für Staats- und Rechtswissenschaften an der Universität in Leipzig. 1945 Professor für Staatsrecht, Verwaltungsrecht, Arbeitsrecht und Kirchenrecht an der Universität in Leipzig und Direktor des Instituts für Arbeitsrecht.
KM 13. 1. 1955
Rechtswissenschaften

JALLABERT, Jean, * 26.7.1712 (Genf)
† 11. 3. 1768 (Beguin bei Genf)
Professor für Mathematik und Experimentalphilosophie an der Universität in Genf. Zugleich Stadtbibliothekar. 1758 Staatsrat in Genf.
AM 16. 3. 1752
Physik

JAMES, William, * 11. 1. 1842 (New York) † 26. 8. 1910 (Chocorna/New Hampshire)
1872 Professor für Physiologie und vergleichende Anatomie, 1876 auch für Psychologie an der Universität in Cambridge/USA.
KM 18. 1. 1900
Psychologie, Philosophie

JAMESON, Robert, * 11. 7. 1774 (Leith) † 19. 4. 1854 (Edinburgh)
Professor für Naturgeschichte und Lektor für Mineralogie an der Universität in Edinburgh.
KM 1. 6. 1820
Mineralogie

JANDUN, Charles Egide (Gilles), de,
* 14. 3. 1685 (Jandun/Champagne)
† 3. 1. 1746 (Berlin)
siehe: DUHAN de JANDUN

JANOSSY, Lajos, * 2. 3. 1912 (Budapest) † 2. 3. 1978 (Budapest)
Professor für Physik an der Universität in Budapest. Vizepräsident der Ungarischen Akademie der Wissenschaften.
KM 10. 2. 1955; AM 20. 5. 1969
Physik

JANSCHIN, Alexander Leonidowitsch,
* 15./28. 3. 1911 (Smolensk)
1958 Ordentlicher Akademiker der Akademie der Wissenschaften der UdSSR; Stellvertr. Direktor des Instituts für Geologie und Geophysik der Sibirischen Abteilung der Akademie der Wissenschaften der UdSSR.
AM 12. 6. 1980
Geologie, Geographie

JANTE, Alfred, * 3. 6. 1908 (Schönlanke/Kr. Czarnikau)
1946 Baurat und Dozent an der Ingenieurschule in Leipzig. 1948 Professor für Kraftfahrtechnik und Verbrennungskraftmaschinen an der Technischen Hochschule (jetzt Technische Universität) in Dresden und Direktor des Instituts für Kraftfahrwesen.
OM 19. 2. 1953
Technik, Thermodynamik, Kraftfahrtmechanik

JAQUEMIN, Ludwig Julius
Zunächst Hof- und Garnisonsarzt in Potsdam und Kreisarzt der Zauche. 1735 bis 1741 Hofarzt in Petersburg.
abwM 20. 12. 1724
Anatomie

JARIGES, Philippe Joseph de,
* 13. 11. 1706 (Berlin) † 9. 11. 1770 (Berlin)
Nach dem Studium der Rechte und der Philosophie in Halle 1727 Hofrat und Kriminalrat in Berlin. 1729 Mitglied der Geheimen Revisionskammer. 1735 Rat im französ. Oberkonsistorium. 1740 Direktor des Französischen Obergerichts. 1748 Geh. Tribunalrat, Präsident des Kammergerichts. 1755 Großkanzler der Justiz im Justizdepartement. 1733 – 1748 Sekretar der Akademie.
anwM 31. 10. 1731; OM 23. 1. 1744; EM 27. 11. 1755
Rechtswissenschaft

JAUCOURT, Louis Chevalier de,
* 27. 9. 1704 (Paris) † 3. 2. 1779 (Compiègne)
Gelehrter und Schriftsteller in Paris. (J., wohlhabender Privatmann, Mitglied mehrerer gelehrter Gesellschaften, gehörte zu den aktivsten Mitarbeitern der Enzyklopädie.)
AM 5. 1. 1764
Philosophie

JENSEN, Christian, * 20. 7. 1883 (Archsum/Insel Sylt) † 18. 9. 1940 (Berlin)
1906 – 1912 Lehrer an Gymnasien in Kiel und in Wandsbeck. 1912 Professor an der Universität in Königsberg. 1913 Professor für klassische Philologie an der Universität in Jena. 1917 Professor für klassische Philologie an der Universität in Königsberg. 1921 Professor für klassische Philologie an der Universität in Kiel. 1926 Professor für klassische Philologie an der Universität in Bonn. 1937 Professor für klassische Philologie in Berlin.
OM 2. 3. 1939 (Bestät. 29. 4. 1939)
Klassische Philologie, Papyrologie

JENSEN, Waldemar, * 1. 8. 1915 (Ukraina)
1949 Dozent, anschließend Professor für Holzchemie und chemische Technologie an der Akademie in Abo. 1955 Direktor des Finnischen Zellstoff- und Papierforschungsinstituts in Helsinki. 1967 Präsident der Finnischen Akademie für Technische Wissenschaften.
AM 4. 9. 1969
Celluloseforschung

JERUSALIMSKI, Arkadij Semjonowitsch, * 1. 6. 1901 (Bichow)
† 30. 11. 1965 (Moskau)
Professor für neuere Geschichte an der Lomonossow-Universität und Leiter der Arbeitsgemeinschaft für deutsche Geschichte am Institut für Geschichte der Akademie der Wissenschaften der UdSSR in Moskau. 1957 Gastprofessor am Institut für Geschichte der Akademie in Berlin. Vorsitzender der sowjetischen Sektion der Kommission der Historiker der DDR und der UdSSR.
KM 17. 5. 1956
Neuere Geschichte, deutsche Geschichte

JEŻOWSKA-TRZEBIATOWSKA, Bogusława, * 19. 11. 1908 (Stanislawow)
1948 Professor für Chemie an der Uni-

versität in Wroclaw. 1953 zugleich Direktor des Instituts für Anorganische Chemie, 1969 Direktor des Instituts für Chemie der Universität in Wroclaw.
AM 9. 6. 1977
Anorganische Chemie

JOFFE, Abram Fedorowitsch,
* 17./29. 10. 1880 (Romny)
† 14. 10. 1960 (Leningrad)
1913 Professor am Polytechnikum in Petersburg, später auch Professor für Physik an der Universität in Leningrad und Direktor des Physikalisch-technischen Instituts. 1918 Korrespondierendes Mitglied, 1920 Ordentlicher Akademiker der Akademie der Wissenschaften der UdSSR. 1942 Vizepräsident der Akademie der Wissenschaften der UdSSR. (J. legte am 15. 11. 1938 seine Mitgliedschaft in der Akademie nieder. Dieser als Protest gegen den Ausschluß jüdischer Mitglieder aus der Akademie gedachte Schritt war zugleich auf die Unterstützung der demokratischen Kräfte der Akademie gerichtet. J. bekundete 1956 seine Sympathie für die Akademie und nahm die Mitgliedschaft wieder an.)
KM 21. 6. 1928 (15. 11. 1938 – 14. 3. 1956 unterbrochen.)
Physik, Halbleiterphysik

JOHNSEN, Arrien, * 8. 12. 1877 (Munkbrarup/Schleswig) † 22. 3. 1934 (Berlin)
1909 Professor für Mineralogie und allgemeine Geologie an der Universität in Kiel. 1921 Professor für Mineralogie an der Universität in Berlin und Direktor des Mineralogisch-petrographischen Instituts.
OM 22. 6. 1922 (Bestät. 23. 10. 1922)
Mineralogie, Kristallographie

JOLIOT-CURIE, Frédéric, * 19. 3. 1900 (Paris) † 14. 8. 1958 (Paris)
Zunächst Diplomingenieur an der Schule für Physik und für technische Chemie in Paris. 1924 Assistent am Radiuminstitut in Paris. 1932 – 1935 zugleich Leiter der Forschungen des französischen Nationalfonds für Naturwissenschaften. 1934 Professor für Kernchemie am Collège de France in Paris und – gemeinsam mit Irène JOLIOT-CURIE – Leitung des Radiuminstituts. 1939 zugleich Leiter einer Forschungsgruppe der französ. Armee. 1944 Leiter des Centre National de la Recherche Scientifique. 1946 – 1950 Hoher Kommissar für Atomenergie in Frankreich. 1950 Präsident des Weltfriedensrates. 1935 Nobelpreis für Chemie (gemeinsam mit Irène JOLIOT-CURIE). (J.-C. war im zweiten Weltkrieg führendes Mitglied der Widerstandsbewegung in Frankreich gegen den deutschen Faschismus.)
KM 29. 6. 1950
Atomphysik

JOLIOT-CURIE, Irène, * 12. 9. 1897 (Paris) † 17. 3. 1956 (Paris), (Ehefrau von JOLIOT-CURIE, Frédéric; Tochter von CURIE, Marie)
1918 Präparator im Laboratorium des Radiuminstituts in Paris. 1925 Leiterin der Arbeiten im Institut. 1934 Professor an der Faculté des Sciences in Paris und – gemeinsam mit Frédéric JOLIOT-CURIE – Leitung des Radiuminstituts. 1935 Nobelpreis für Chemie (gemeinsam mit Frédéric JOLIOT-CURIE).
KM 29. 6. 1950
Atomphysik

JOMARD, Edmond-François,
* 22. 11. 1777 (Versailles) † 22. 9. 1862 (Paris)
Kustos und Konservator der Karten und Pläne der Königl. Bibliothek in Paris. (J. machte als Ingenieur-Geograph die Feldzüge NAPOLEON's I. nach Ägypten mit.)
KM 16. 8. 1821
Geographie, Ägyptologie

JONAS, Ernst-Wolfgang, * 23. 4. 1926 (Berlin)
1965 Stellvertr. Leiter der Arbeitsstelle (jetzt Institut) für Wirtschaftsgeschichte der Akademie. 1968 Professor der Akademie. 1969 Direktor des Instituts für Wirtschaftsgeschichte der Akademie.
KM 15. 6. 1972; OM 13. 6. 1974
Wirtschaftsgeschichte; Geschichte der Produktivkräfte

JONCKBLOET, Willem Joseph Andries, * 6. 7. 1817 (Den Haag) † 19. 10. 1885 (Wiesbaden)
Zunächst Professor für Geschichte an der Universität in Groningen. Später Professor für niederländische Literatur an der Universität in Leiden.
KM 11. 2. 1864
Niederländische Geschichte und Literatur

JONES, Daniel, * 9. 12. 1881 (London) † 5. 12. 1967 (Bucks)
1921 Professor für Phonetik an der Universität in London.
KM 29. 6. 1950
Sprachwissenschaft

JORDAN, Charles Etienne, * 27. 8. 1700 (Berlin) † 24. 5. 1745 (Berlin)
1725 – 1732 Pfarrer in Potzlow. 1735 Erzieher in Frankfurt a. O. 1736 Gesellschafter, Bibliothekar und Sekretär des preuß. Kronprinzen. 1740 Geh. Rat, Mitglied des französ. Oberdirektoriums, Kurator der preuß. Universitäten und Oberaufseher der Hospitäler und Waisenhäuser in Berlin. 1744 Vizepräsident der Akademie. (J. war 1743 Mitbegründer der „Nouvelle Société Littéraire", die 1744 mit der 1700 gegründeten Sozietät der Wissenschaften zur „Académie royale des sciences et belles lettres" vereinigt wurde.)
OM 23. 1. 1744

JORDAN, Jorgu, * 29. 9. 1888 (Tecuci)
1926 Professor für rumänische Philologie in Jassy, später an der Universität in Bukarest. 1957 Vizepräsident der Rumänischen Volksrepublik (heute Sozialistische Republik Rumänien).
KM 17. 12. 1964; AM 20. 5. 1969
Romanische Philologie

JOST, Ludwig, * 13. 11. 1865 (Karlsruhe) † 22. 2. 1947 (Heidelberg)
1894 Professor an der Universität in Straßburg. 1907 Professor für Pflanzenphysiologie an der Landwirtschaftlichen Akademie in Bonn. 1908 Professor für Pflanzenphysiologie an der Universität in Straßburg. 1919 – 1934 Professor für Botanik an der Universität in Heidelberg.
KM 19. 11. 1925
Botanik

JUAN Y SANTACILIA, Don Jorge, * 5. 1. 1713 (Novelda/Valencia) † 21. 6. 1773 (Madrid)
Spanischer Marine-Offizier und Kommandant der Marine-Arsenale. (J. Y. S. war Teilnehmer der Peruanischen Gradmessung.)
AM 16. 4. 1750
Astronomie

JUEL, Hans Oscar, * 17. 6. 1863 (Stockholm) † 3. 7. 1931 (Ystad)
1892 Dozent, 1902 Professor für Botanik, 1907 Professor für Botanik und praktische Ökonomie an der Universität in Uppsala.
KM 19. 11. 1925
Botanik

JÜLICHER, Gustav Adolf, * 26. 1. 1857 (Falkenberg b. Berlin) † 3. 8. 1938 (Marburg)
1882 Prediger am Waisenhaus in Rummelsburg bei Berlin; seit 1887 zugleich Privatdozent an der Universität in Berlin. 1888 Professor, 1889 Professor für

Neues Testament und Kirchengeschichte an der Universität in Marburg. (J. war seit 1925 erblindet).
KM 1. 11. 1906
Ev. Theologie und Kirchengeschichte

JULIEN, Aignan-Stanislas, * 21. 9. 1799 (Orléans) † 13. 2. 1873 (Paris)
1839 Hilfskonservator der Handschriften an der Königl. Bibliothek in Paris. 1855 Professor für orientalische Sprachen am Collège de France. (J. hieß eigentlich Noel, nahm aber nach dem Tode seines Bruders dessen Vornamen an.)
KM 14. 4. 1842
Orientalistik

JUNCKER, Christian, * 16. 10. 1668 (Leipzig) † 19. 6. 1714 (Altenburg/Thür.)
1695 Konrektor am Gymnasium in Schleusingen. 1705 Historiograph. 1708 Rektor des Gymnasiums in Eisenach und Verwalter der fürstl. Bibliothek. 1713 Rektor des Gymnasiums in Altenburg. (J. hat als Historiker vor allem die sächsische Geschichte bearbeitet. Er war Historiograph der beiden ernestinischen Linien. Als Pädagoge unterstützte er Bestrebungen, in den Schulen die deutsche Sprache besser zu pflegen und deutschsprachige Lehrbücher einzuführen.)
abwM 10. 9. 1711
Landesgeschichte, Pädagogik

JUNG, Friedrich Karl, * 21. 4. 1915 (Friedrichshafen/Bodensee)
1944 Dozent an der Universität in Berlin. 1945 Dozent an der Universität in Tübingen. 1946 Dozent an der Universität in Würzburg und komm. Direktor des Pharmakologischen Instituts. 1949 Professor für Pharmakologie an der Universität in Berlin. 1949 zugleich Abteilungsleiter, 1956 Direktor des Pharmakologischen Instituts der Universität. 1956 zugleich Direktor im Institut für Medizin und Biologie der Akademie in Berlin-Buch. 1972 Direktor des Zentralinstituts für Molekularbiologie der Akademie in Berlin-Buch. 1957 und 1965 Nationalpreis.
KM 15. 6. 1961; OM 23. 4. 1964
Biochemie, Pharmakologie, Toxikologie

JUNGE, Klaus, * 9. 7. 1926 (Kiel-Gaarden)
1963 Direktor des II. Physikalisch-Technischen Instituts, 1968 Direktor des Zentralinstituts für Optik und Spektroskopie der Akademie in Berlin. 1970 Professor der Akademie. 1978 Nationalpreis.
KM 14. 6. 1979
Physik, Optik und Quantenelektronik

JUNIUS, Ulrich, * 17. 10. 1670 (Ulm) † 20. 3. 1726 (Leipzig)
1700 Magister, 1702 Professor, 1705 Professor für Mathematik an der Universität in Leipzig.
abwM 22. 9. 1723
Mathematik

JUNKER, Hermann, * 29. 11. 1877 (Bendorf/Rh.) † 9. 1. 1962 (Wien)
1900 Priesterweihe in Trier, anschließend Kaplan in Ahrweiler. 1909 Professor, 1912 Professor für Ägyptologie an der Universität in Wien. 1929 Direktor des Deutschen Archäologischen Instituts in Kairo und Professor für Ägyptologie an der Universität in Kairo. Seit 1938 zugleich Honorarprofessor an der Universität in Wien. (J. leitete 1908 – 1911 im Auftrage der Berliner Akademie Expeditionen nach Nubien und, von 1912 – 1929, Ausgrabungen bei den Pyramiden von Giza sowie von 1929 – 1938 prähistorische Ausgrabungen in Unterägypten im Auftrage der Wiener Akademie.)
EM 27. 7. 1922
Ägyptologie

JUNKERS, Heinrich Hugo, * 3. 2. 1859

(Rheydt) † 3. 2. 1935 (Gauting bei München)
1884 bis 1888 Konstrukteur in verschiedenen Maschinenfabriken in Berlin und im Rheinland; zuletzt Teilhaber der Continental-Gasgesellschaft in Dessau. 1895 Gründung der Fabrik Junkers & Co., Fabrik für Gasgeräte in Dessau. 1897 Professor für Maschinenbau und Thermodynamik an der Technischen Hochschule in Aachen und Leiter des Maschinenlabors. 1913 Gründer und Leiter der „Junkers Motorenbau GmbH" in Magdeburg und Dessau. 1917 Gründung der Junkers-Fokker-Werke Aktiengesellschaft. 1923 Gründung der „Junkers Luftverkehr Aktiengesellschaft".
KM 17. 1. 1929
Technik

JUSSIEU, Antoine de, * 6. 7. 1686 (Lyon) † 22. 4. 1758 (Paris)
1712 Professor für Botanik am Jardin royal.
abwM 1723
Botanik

JUSSIEU, Antoine-Laurent de, * 12. 4. 1748 (Lyon) † 17. 9. 1836 (Paris)
1770 Professor für Botanik am Jardin des Plantes. 1777 Direktor.
AM 25. 6. 1812
Botanik

JUSTI, Carl Nikolaus Heinrich, * 2. 8. 1832 (Marburg) † 10. 12. 1912 (Bonn), (Bruder von JUSTI, F. W. J.)
1867 a. o. Professor für Philosophie mit gleichzeitigem Lehrauftrag für Archäologie, 1869 Professor für Philosophie an der Universität in Marburg. 1875 Professor für Philosophie an der Universität in Kiel. 1872 Professor für Kunstgeschichte an der Universität in Bonn.
KM 30. 11. 1893
Kunstgeschichte, Philosophie

JUSTI, Ferdinand Wilhelm Jakob, * 2. 6. 1837 (Marburg) † 17. 2. 1907 (Marburg) (Vater von JUSTI, L.)
1861 Dozent, 1865 a. o. Professor für germanische Philologie, 1869 Professor für Orientalistik an der Universität in Marburg.
KM 14. 7. 1898
Orientalistik, Iranistik

JUSTI, Ludwig, * 14. 3. 1876 (Marburg) † 19. 10. 1957 (Potsdam)
1900 Hilfsarbeiter in den Staatl. Museen in Berlin. 1901 Privatdozent an der Universität in Berlin. 1903 Professor an der Universität in Halle. 1904 Direktor des Städel'schen Kunstinstituts in Frankfurt a. M.. 1905 Sekretär der Akademie der Künste in Berlin. 1909 Direktor der Nationalgalerie in Berlin. 1956 Generaldirektor der Staatl. Museen in Berlin. 1950 Nationalpreis. (J. wurde 1933 aus pol. Gründen beurlaubt und als Kustos an die Bibliothek der Staatl. Museen strafversetzt.)
OM 24. 2. 1949
Kunstgeschichte

KABBADIAS, Panagiotis, * 1. 5. 1852 (Kothreas/Kephallenia) † 21. 7. 1928 (Athen)
Professor für Archäologie an der Universität in Athen und Generaldirektor der Museen und Altertümer Griechenlands. (KABBADIAS leitete die Ausgrabungen von Epinauros und der Akropolis von Athen. Er ist der Gründer des Nationalmuseums in Athen. Die Preußische Regierung ernannte ihn wegen seiner Verdienste und um die Archäologie zum Titularprofessor.)
KM 17. 11. 1887; AM 16. 7. 1908 (Bestät. 25. 9. 1908)
Archäologie

KÄHLER, Erich Ernst, * 16. 1. 1906 (Leipzig)

1930 Privatdozent an der Universität in Hamburg. 1931 Rockefeller-Stipendiat an der Universität in Rom. 1936 Professor für Mathematik an der Universität in Königsberg. 1948 Professor für Mathematik an der Universität in Leipzig. 1957 zugleich Mitglied des Direktoriums des Akademie-Instituts für reine Mathematik in Berlin. 1958 Professor für Mathematik an der Technischen Universität in West-Berlin. 1964 Professor für Mathematik an der Universität in Hamburg.
OM 24. 2. 1955; KM 17. 11. 1966; AM 20. 5. 1969
Mathematik

KÄMTZ, Ludwig Friedrich,
* 11. 1. 1801 (Treptow/Rega)
† 8./20. 12. 1867 (Petersburg)
1827 Professor für Physik an der Universität in Halle. 1842 Professor für Physik an der Universität in Dorpat. 1865 Ordentlicher Akademiker für Physik der Akademie der Wissenschaften in Petersburg und Direktor des Zentralobservatoriums in Petersburg. Staatsrat.
KM 25. 3. 1841
Geophysik

KÄSTNER, Abraham Gotthelf,
* 27. 9. 1719 (Leipzig) † 20. 6. 1800 (Göttingen)
1731 Notar, 1737 Magister in Leipzig. 1746 Professor für Mathematik an der Universität in Leipzig. 1756 Professor für Mathematik an der Universität in Göttingen. 1763 zugleich Leiter der Sternwarte. (K. war auch ein bekannter Schriftsteller (Aphorismen). K. wurde 1762 Vorsitzender der Göttinger Deutschen Gesellschaft.)
AM 5. 2. 1750
Mathematik

KAESTNER, Alfred, * 17. 5. 1901 (Leipzig) † 3. 1. 1971 (München)
1930 Kustos und Leiter des Naturkundemuseums in Stettin. 1946 Kustos am Zoologischen Museum in Berlin. 1949 Professor, 1951 Professor für spezielle Zoologie an der Universität in Berlin und Direktor des Zoologischen Museums. 1957 Professor für Zoologie an der Universität in München und 1. Direktor der Zoologischen Sammlungen.
OM 24. 2. 1955; AM 20. 5. 1969
Systematische Zoologie

KAHLE, Paul, * 21. 1. 1875 (Hohenstein/Ostpr.) † 24. 9. 1964 (Düsseldorf)
1902 Pfarrer und Schulleiter in Braila/Rumänien. 1903 Pfarrer und Leiter der deutschen Schule in Kairo. 1909 Privatdozent an der Universität in Halle. 1909 Mitarbeiter am Deutschen Evangelischen Institut für Altertumskunde in Jerusalem. 1914 Professor für semitische Philologie an der Universität in Gießen. 1923 Professor für semitische Philologie an der Universität in Bonn. 1940 Professor an der Universität in Oxford. 1953 Honorarprofessor für alttestamentalische Textgeschichte an der Universität in Münster.
KM 23. 10. 1947
Orientalistik, semitische Philologie

KAIBEL, Georg Wilhelm,
* 30. 10. 1849 (Lübeck) † 12. 10. 1901 (Göttingen)
1879 Professor für klassische Philologie an der Universität in Breslau. 1881 Professor für klassische Philologie an der Universität in Rostock. 1883 Professor für klassische Philologie an der Universität in Greifswald. 1886 Professor für klassische Philologie an der Universität in Straßburg. 1897 Professor für klassische Philologie an der Universität in Göttingen.
KM 4. 6. 1891
Klassische Philologie

KAISCHEW, Rostislaw, * 16. 2. 1908 (Petersburg)

1940 Dozent, 1944 Professor für physikalische Chemie an der Universität in Sofia. Vizepräsident der Bulgarischen Akademie der Wissenschaften.
KM 24. 1. 1957; AM 20. 5. 1969
Physikalische Chemie

KAISER, Frederik, * 10. 6. 1808 (Amsterdam) † 28. 6. 1872 (Leiden)
1826 Observator, 1837 Direktor der Sternwarte in Leiden. Seit 1848 zugleich Professor für Astronomie an der Universität in Leiden. Vertreter von Holland bei der Europ. Gradmessung.
KM 15. 4. 1869
Astronomie

KALWEIT, Werner, * 27. 7. 1926 (Madrid)
1962 Honorarprofessor an der Hochschule für Ökonomie in Berlin. 1962 Professor für politische Ökonomie und Leiter des Lehrstuhls für Politische Ökonomie am Institut – jetzt Akademie – für Gesellschaftswissenschaften beim ZK der SED in Berlin. 1971 Stellvertreter des Direktors des Instituts. 1971 Leiter des Forschungsbereiches Gesellschaftswissenschaften der Akademie der Wissenschaften der DDR, 1972 zugleich Vizepräsident der Akademie. 1970 Nationalpreis.
KM 3. 6. 1971; OM 14. 6. 1973
Politische Ökonomie

KAMERLINGH ONNES, Heike,
* 21. 9. 1853 (Groningen) † 21. 2. 1926 (Leiden)
1878 Assistent am Polytechnikum in Delft. 1881 Privatdozent, 1882 Professor für Experimentalphysik an der Universität in Leiden. 1913 Nobelpreis für Physik.
KM 1. 6. 1922
Physik

KANT, Immanuel, * 22. 4. 1724 (Königsberg i. Pr.) † 12. 2. 1804 (Königsberg i. Pr.)
Seit 1746 Hauslehrer, zunächst in Arensdorf, später bei dem Grafen KAYSERLING in Rautenburg. 1755 Dozent für Mathematik, Physik, Geographie, 1758 auch für Philosophie an der Universität in Königsberg. 1766 – 1772 zugleich Unterbibliothekar der Universität. 1770 Professor für Mathematik, Logik und Metaphysik an der Universität in Königsberg. 1786 Rektor.
AM 7. 12. 1786
Physik, Philosophie

KANTEMIR, Demeter Fürst,
* 26. 10. 1673 (im Fürstentum Moldau) † 21. 8. 1723 (Dmitrovka/Ukraine)
1693 Fürst der Moldau. 1713 russischer Fürst und Geheimer Rat PETERs I.
abwM 1. 8. 1714

KAPPERT, Hans, * 24. 8. 1890 (Münster i. W.)
1920 Abteilungsleiter für Faserpflanzenzüchtung am Forschungsinstitut in Sorau. 1924 Saatzuchtleiter bei der Firma DIPPE A. G. in Quedlinburg. 1929 Privatdozent, 1931 Professor an der Landwirtschaftlichen Hochschule in Berlin und Direktor des Instituts für Vererbungs- und Züchtungsforschung. 1957 Honorarprofessor an der Universität in Münster. (K. wurde von seiner vorgesetzten Behörde gezwungen, seine Mitgliedschaft niederzulegen.)
OM 14. 7. 1949 bis 22. 1. 1951
Pflanzengenetik

KAPTEYN, Jacobus Cornelius,
* 19. 1. 1851 (Barneveld) † 17. 6. 1922 (Amsterdam)
1878 Professor für Astronomie an der Universität in Groningen. 1920 Adjunkt-Direktor der Sternwarte in Leiden.
KM 9. 3. 1922
Astronomie

KARADŽIČ (KARADSCHITSCH), Vuk Stepanovič, * 26. 10./7. 11. 1787 (Tršič/Serbien) † 7. 2. 1864 (Wien)
Slawischer Philologe. (K. nahm am serbischen Aufstand teil und floh 1813 nach Wien. Er schuf eine serbische Grammatik und gilt als einer der Schöpfer der modernen slawischen Schriftsprache. K. wurde ohne Kenntnis seines vollständigen Namens zum Mitglied gewählt.)
KM 25. 4. 1850
Slawistik

KARAJAN, Theodor Georg Ritter von (1869), * 22. 1. 1810 (Wien)
† 28. 4. 1873 (Wien)
1829 im Schuldienst. 1832 Mitarbeiter im Archiv der Hofkammer in Wien. 1841 Bibliothekar an der Hofbibliothek in Wien. 1850 Professor für deutsche Sprache und Literatur an der Universität in Wien, zugleich Mitglied der Prüfungskommission für Kandidaten des Gymnasial-Lehramtes. 1851 Vizepräsident der Akademie der Wissenschaften in Wien, 1866 Präsident. 1854 zugleich Präsident des Wiener Altertumsvereins. 1857 Wirkl. Kustos, 1867 2. Kustos der Hofbibliothek in Wien. 1867 Mitglied des österr. Herrenhauses, 1869 Erhebung in den erblichen Ritterstand. 1871 Regierungsrat. (K. war 1848 Mitglied der Nationalversammlung in Frankfurt. An der Universität in Wien legte er 1851 sein Lehramt nieder. Er lebte von 1851 – 1853 als Privatmann.)
KM 16. 6. 1853
Altdeutsche Philologie und Geschichte

KARGIN, Walentin Alexejewitsch,
* 10./23. 1. 1907 (Moskau)
† 23. 10. 1969 (Moskau)
Professor für hochmolekulare Verbindungen an der Universität in Moskau. 1946 Korrespondierendes Mitglied, 1953 Ordentlicher Akademiker für physikalische Chemie der Akademie der Wissenschaften der UdSSR. Abteilungsleiter am Institut für petrochemische Synthese der Akademie in Moskau.
AM 4. 9. 1969
Physikalische Chemie

KARSTEN, Dietrich Ludwig Gustav,
* 5. 4. 1768 (Bützow/Meckl.)
† 20. 5. 1810 (Berlin)
1789 Lehrer für Mineralogie und Bergbaukunde am Bergwerkseleveninstitut in Berlin und Aufseher des 1781 gegründeten Mineralienkabinetts. 1791 preußischer Bergrat und Assessor bei der Bergwerks- und Hüttenadministration. Staatsrat.
aoM 28. 7. 1803 (Bestät. 2. 8. 1803); OM 4. 8. 1808 (Bestät. 15. 8. 1808)
Mineralogie, Bergbauwissenschaft

KARSTEN, Karl Johann Bernhard,
* 26. 11. 1782 (Bützow/Meckl.)
† 22. 8. 1853 (Berlin)
1810 Bergrat. 1811 Oberhüttenrat und Oberhüttenverwalter in Schlesien. 1819 – 1851 Geheimer Oberbergrat im Ministerium des Innern in Berlin.
OM 28. 2. 1822 (Bestät. 28. 4. 1822)
Mineralogie

KASTLER, Alfred, * 3. 5. 1902 (Gebweiler/Elsaß)
1938 Professor für Physik an der Universität in Bordeaux. 1941 Professor für Physik an der Universität in Paris sowie an der École Normale Supérieure in Paris und Direktor des Physikalischen Instituts. 1966 Nobelpreis für Physik.
AM 4. 9. 1969
Physik, Spektroskopie

KATHARINA II., * 2. 5. 1729 (Stettin)
† 6./17. 11. 1796 (Petersburg)
1762 bis 1796 Zarin von Rußland. (Die Mitgliedschaft KATHARINAS II. wird in bisherigen Mitgliederverzeichnissen mit dem 10. 9. 1767 datiert. Aus den

Akten der Akademie ist nicht zu ermitteln, ob K. II. an diesem Tage die Annahme der ihr angetragenen Ehren-Mitgliedschaft ausgesprochen hat, oder ihr Antwortschreiben bei der Akademie eingetroffen ist. Die Aufnahme von K. II. erfolgte zunächst als Ehrenmitglied. Gemäß einer Anordnung von FRIEDRICH II., die der Akademie am 21. 1. 1768 mitgeteilt wurde, wurde der Status der Mitgliedschaft in den eines Auswärtigen Mitgliedes verändert.)
EM 10. 9. 1767; AM 21. 1. 1768

KATHE, Johannes, * 22.12.1880 (Stollberg/Harz) † 25.8.1965 (Rostock)
1911 Privatdozent an der Universität in Halle. 1911 Leiter des Staatl. Medizinaluntersuchungsamtes in Breslau. 1919 Professor. 1949 Professor für Hygiene und Bakteriologie an der Universität in Rostock und Direktor des Hygiene-Instituts. 1953 Nationalpreis.
KM 10. 2. 1955
Hygiene

KATSCH, Gerhardt, * 14. 5. 1887 (Berlin) † 7. 3. 1961 (Greifswald)
1912 Oberarzt im Krankenhaus in Altona. 1917 Privatdozent, 1918 Professor für innere Medizin an der Universität in Marburg. 1921 Professor für innere Medizin an der Universität in Frankfurt a. M.. 1928 Professor für innere Medizin an der Universität in Greifswald und Direktor der Medizinischen Klinik und Poliklinik. Direktor des Forschungsinstituts für Diabetes in Karlsburg-Garz/Rügen. 1952 Nationalpreis.
OM 19. 2. 1953
Innere Medizin

KAUSCH, Johann Joseph,
* 16. 11. 1751 (Löwenberg/Schles.)
† 10. 3. 1825 (Liegnitz)
1773 prakt. Arzt in Trachenberg, danach Kreisarzt in Militsch. 1807 als Wirkl. Geh. Medizinalrat dem Provinzialkollegium medicum in Liegnitz beigeordnet.
KM 17. 3. 1814
Medizin

KAUTZLEBEN, Heinz Karl,
* 31. 3. 1934 (Kelbra/Kyffhäuser)
1968 Direktor des Geodätischen Instituts der Akademie in Potsdam. 1969 Professor der Akademie. 1970 amt. Direktor, 1973 Direktor des Zentralinstituts für Physik der Erde der Akademie. 1978 Nationalpreis.
KM 14. 6. 1979
Geophysik; Geodynamik, Geodäsie

KAUTZSCH, Hans-Friedrich Eberhard,
* 2. 11. 1905 (Darmstadt)
1934 Montangeologe bei der Deutschen Montangesellschaft in Wiesbaden. 1937 Leiter der Studiengesellschaft Deutscher Kupferbergbau (1945 Mansfeld-Bergbau-Kombinat) in Eisleben. 1946 Leiter der Geologischen Abteilung der Hauptverwaltung Erzbergbau in Eisleben. 1956 Professor für angewandte Geologie an der Universität in Berlin. 1957 zugleich Chefgeologe der Staatlichen Geologischen Kommission in Berlin. 1962 Professor für Geologie an der Universität in Berlin und Direktor des Geologischen Instituts. 1952 Nationalpreis.
OM 26. 9. 1957
Geologie, Geologie der Sedimente und Lagerstätten mineralischer Rohstoffe

KAWAGUCHI, Akitsugu, * 8. 4. 1902 (Kumumoto/Japan)
Präsident des KAWAGUCHI-Instituts für Mathematische Wissenschaften in Shigasaki. Gründer und Präsident der Internationalen Tensor-Gesellschaft.
AM 8. 6. 1978
Mathematik

KAYSER, Friedrich Heinrich Emanuel,
* 26. 3. 1845 (Königsberg i. Pr.)

† 29. 11. 1927 (München)
1872 Privatdozent für Geologie an der Universität in Berlin, zugleich Landesgeologe. 1882 Professor für Geologie an der Universität in Berlin. 1885 Professor für Geologie an der Universität in Marburg.
KM 19. 7. 1917
Geologie, Paläontologie

KEES, Hermann, * 21. 12. 1886 (Leipzig) † 7. 2. 1964 (Göttingen)
1920 Privatdozent an der Universität in Freiburg i. Br. 1921 Privatdozent an der Universität in Leipzig. 1924 Professor für Ägyptologie an der Universität in Göttingen. 1936 Sekretär, 1942 – 1944 zugleich Präsident der Akademie der Wissenschaften in Göttingen. 1951 – 1956 Gastprofessor in Kairo.
KM 2. 3. 1939 (Bestät. 4. 5. 1939)
Ägyptologie

KEGEL, Friedrich Karl, * 19. 5. 1876 (Magdeburg) † 5. 3. 1959 (Freiberg/Sa.)
1905 Berginspektor der Halle'schen Pfännerschaft. 1906 Lehrer an der Bergschule in Bochum. 1918 Professor für Bergbau und Bergwirtschaft und Brikettierung an der Bergakademie in Freiberg und Direktor des Instituts für Bergbau und Bergwirtschaft. 1949 Nationalpreis.
OM 14. 7. 1949
Bergbaukunde

KEHR, Paul Fridolin, * 28. 12. 1860 (Waltershausen/Thür.) † 9. 11. 1944 (Wässerndorf/Ufr.)
1889 Privatdozent, 1893 Professor für deutsche Geschichte an der Universität in Marburg. 1895 Professor für deutsche Geschichte an der Universität in Göttingen. 1903 zugleich kommissar. Direktor des Preußischen Historischen Instituts in Rom. 1915 Generaldirektor der Preußischen Staatsarchive und Direktor des Geheimen Staatsarchivs. Vorsitzender der Zentraldirektion der Monumenta Germaniae Historica und Direktor des Instituts für deutsche Geschichte der Kaiser-Wilhelm-Gesellschaft zur Förderung der Wissenschaften. Geh. Oberregierungsrat.
OM 31. 1. 1918 (Bestät. 4. 3. 1918)
Deutsche Geschichte

KEIBEL, Franz Julius, * 6. 7. 1861 (Adlig-Dombrowken/b. Graudenz)
† 27. 4. 1929 (Berlin)
1889 Professor für Zoologie an der Universität in Freiburg in Br. 1914 Professor für Zoologie an der Universität in Straßburg. 1919 Professor für Zoologie an der Universität in Königsberg. 1920 Professor für Zoologie an der Universität in Berlin. Geh. Oberregierungsrat.
OM 21. 12. 1922 (Bestät. 11. 1. 1923)
Zoologie

KEIL, Gerhard, * 11. 8. 1926 (Halle/Sa.)
1946 Chemie-Ingenieur in Halle. 1946 bis 1950 wissenschaftliche Tätigkeit in der UdSSR. 1950 Wissenschaftlicher Mitarbeiter, später stellvertr. Abteilungsleiter am Institut für Organisch-chemische Industrie. 1954 Dozent an der Fachschule für Chemie in Köthen. 1955 Wissenschaftlicher Mitarbeiter an der Technischen Hochschule für Chemie in Leuna-Merseburg. 1956 Wissenschaftlicher Mitarbeiter an der Technischen Universität in Dresden. 1959 stellvertr. Abteilungsleiter am Deutschen Brennstoffinstitut in Freiberg. 1960 Leiter der Forschungs- und Entwicklungsstelle, später Direktor für Forschung und Entwicklung des VEB Mineralölwerkes Lützkendorf. 1967 zugleich Professor für angewandte physikalische Chemie, 1971 Professor für technische Chemie an der Universität in Jena. 1971 Leiter des Forschungsbereiches Chemie der Akademie; 1979 zugleich Direktor des Instituts für chemische Technologie der Akademie.

1971 – 80 Vorsitzender der Klasse „Chemie" der Akademie. 1970 Nationalpreis.
OM 29. 5. 1969
Technische Chemie, Erdölverarbeitung, Kohlechemie, Petrolchemie
I

KEIL, Theodor Heinrich Gottfried,
* 25. 5. 1822 (Gressow bei Wismar)
† 27. 8. 1894 (Friedrichroda)
1843 Lehrer an der königl. Realschule in Berlin. 1847 Lehrer am Pädagogium, später an der lateinischen Hauptschule in Halle. 1855 Oberlehrer am Werderschen Gymnasium in Berlin. 1859 Professor für Philologie an der Universität in Erlangen. 1869 Professor für Philologie an der Universität in Halle.
KM 15. 6. 1882
Klassische Philologie

KEIL, Josef, * 13. 10. 1878 (Reichenberg/Böhmen) † 13. 12. 1963 (Wien)
1904 Leiter des Sekretariats Smyrna des Österreichischen Archäologischen Instituts. 1920 Privatdozent, 1925 Professor für alte Geschichte und Archäologie an der Universität in Wien. 1927 Professor für alte Geschichte und Archäologie an der Universität in Greifswald. 1936 Professor für alte Geschichte und Archäologie an der Universität in Wien. Zugleich bis 1956 Mitdirektor des Österreichischen Archäologischen Instituts.
KM 25. 9. 1958
Alte Geschichte, Archäologie, Epigraphik

KEIL, Christian August Karl,
* 17. 5. 1812 (Weißenfels)
† 15. 12. 1865 (Pforta)
1834 Lehrer am Joachimthalschen Gymnasium in Berlin. 1837 Adjunkt, 1843 Professor für klassische Philologie an der Landesschule in Pforta.
KM 11. 2. 1864
Klassische Philologie, griechische Epigraphik

KEITH, James (Jakob) Francis Edward,
* 11. 6. 1696 (Inverugie Castle/Schottland) † 14. 10. 1758 (bei Hochkirch)
1725 Militärdienst in Spanien. 1728 bis 1747 Militärdienst in Rußland; zuletzt als General der Infanterie. 1747 Eintritt in preußische Dienste als Generalfeldmarschall. 1749 Gouverneur von Berlin. (K. gehörte zum engsten Freundeskreis FRIEDRICHs II. Er fiel 1758 bei Hochkirch.)
EM 3. 9. 1750

KEITH, Peter Christoph Karl von,
* 24. 5. 1711 (Poberow/Pomm.)
† 27. 12. 1756 (Berlin)
Leibpage des preußischen Kronprinzen FRIEDRICH. 1740 Stallmeister und Oberstleutnant. 1747 Kurator der Akademie. (K. floh nach dem Fluchtversuch des Kronprinzen nach England, um der Hinrichtung zu entgehen. Er kehrte 1740 nach Preußen zurück.)
EM 16. 2. 1744

KEKULÉ von STRADONITZ, Friedrich August, * 7. 9. 1829 (Darmstadt)
† 13. 7. 1896 (Bonn)
1853 Privatassistent in London. 1856 Privatdozent an der Universität in Heidelberg. 1858 Professor für Chemie an der Universität in Gent. 1867 Professor für Chemie an der Universität in Bonn. Geh. Regierungsrat.
KM 18. 11. 1875; AM 29. 1. 1885 (Bestät. 2. 3. 1885)
Chemie

KEKULÉ von STRADONITZ, Heinrich Friedrich Reinhard, * 6. 3. 1839 (Darmstadt) † 22. 3. 1911 (Berlin)
1868 Privatdozent an der Universität in Bonn. 1869 Konservator am Museum in Wiesbaden. 1870 Professor für Archäologie an der Universität in Berlin und Direktor der antiken Skulpturensammlung der königl. Museen. Geh. Regierungsrat.

OM 12. 5. 1898 (Bestät. 9. 6. 1898)
Archäologie

KELBG, Günter, * 26. 3. 1922 (Königsberg)
1959 Dozent, 1961 Professor für theoretische Physik an der Universität in Rostock und Direktor des Instituts für Theoretische Physik.
KM 11. 6. 1970; OM 15. 6. 1972
Theoretische Physik; Stat. Mechanik, Theorie der Flüssigkeiten, Theorie der elektrolytischen Lösungen

KELDYSCH, Mstislaw Wsewolodowitsch, * 28. 1./10. 2. 1911 (Riga)
† 24. 6. 1978 (Moskau)
1932 Dozent, 1946 Professor für Mathematik und mechanische Wissenschaften an der Universität in Moskau. 1943 Korrespondierendes Mitglied, 1946 Ordentlicher Akademiker für technische Wissenschaften der Akademie der Wissenschaften der UdSSR. 1960 Vizepräsident, 1961 Präsident der Akademie der Wissenschaften der UdSSR.
KM 17. 11. 1966; AM 20. 5. 1969
Mathematik, Physik

KELLER, Christoph, * 22. 11. 1638 (Schmalkalden) † 1. 6. 1707 (Halle)
siehe: CELLARIUS (Keller), Christoph

KELLER, Ferdinand, * 24. 12. 1800 (Marthalen/Kt. Zürich) † 21. 7. 1881 (Zürich)
Stifter der Züricher Antiquarischen Gesellschaft. 1832 Präsident, 1871 Ehrenpräsident der Antiquarischen Gesellschaft.
KM 16. 12. 1880
Archäologie

KELLÖ Vojtech, * 10. 5. 1919 (Cigelke)
1953 Dozent, 1957 Professor für physikalische Chemie an der Technischen Hochschule in Bratislava. 1970 Vizepräsident der Slowakischen Akademie der Wissenschaften in Bratislava.
AM 9. 6. 1977
Physikalische Chemie

KELVIN, Lord (1892) William THOMSON, * 26. 6. 1824 (Belfast)
† 17. 12. 1907 (Netherhall b. Largs/Schottland)
1846 bis 1899 Professor für theoretische Physik an der Universität in Glasgow. 1856 Mitbegründer der „Atlantic Telegraph Company" und Mitglied der Direktion. 1892 Verleihung der Pairswürde (Baron KELVIN of Largs). 1900 Präsident der Royal Society. 1892 Helmholtz-Medaille der Akademie.
KM 13. 7. 1871; AM 21. 12. 1899 (Bestät. 5. 3. 1900)
Physik, Technik

KEMBLE, John Mitchell, * 2. 4. 1807 (London) † 26. 3. 1857 (Dublin)
Historiker und Sprachwissenschaftler. Mitbegründer der English Historical Society of Science. 1835 Redakteur der „British and Foreign Review". (K. hielt ab 1834 an der Universität in Cambridge Vorlesungen über englische Literatur. Zwischenzeitlich mehrjähriger Arbeitsaufenthalt in Deutschland, u. a. bei J. GRIMM in Göttingen.)
KM 27. 2. 1845
Alte Geschichte

KENYON, Sir (1912) Frederic George, * 15. 1. 1863 (London) † 23. 8. 1952 (Kirksteadt, Godstone/Surrey)
Zunächst Kustos der Handschriftenabteilung des Britischen Museums in London. Später Generaldirektor des Britischen Museums. Zeitweilig Präsident der British Academy und Professor für alte Geschichte an der Royal Academy.
KM 18. 1. 1900
Alte Geschichte

KERSTAN, Johannes, * 31. 8. 1926 (Chemnitz)
Professor für Mathematik an der Universität in Jena. 1976 Nationalpreis.
KM 9. 6. 1977
Mathematik

KETTLER, Louis-Heinz, * 13. 12. 1910 (Halle/S.) † 21. 10. 1976 (Berlin)
1943 Dozent, 1948 Professor für pathologische Anatomie an der Universität in Halle. 1952 ärztl. Direktor der Charité in Berlin. 1953 Professor für pathologische Anatomie an der Universität in Berlin. 1967 zugleich Leiter der Arbeitsgruppe Transplantation der Robert-Rössle-Klinik der Akademie der Wissenschaften. 1967 Stellvertreter des Vorsitzenden der Forschungsgemeinschaft für den Fachbereich Medizin und Biologie der Akademie. 1964 Nationalpreis.
KM 15. 6. 1961; OM 23. 4. 1964
Pathologische Anatomie

KEYSERLING, Hermann Karl Graf von, * 1696 (Bliden/Kurland)
† 19./30. 9. 1765 (Warschau)
1765 Russischer Gesandter in Berlin. Wirkl. Geh. Rat. 1733 – 1734 Präsident der Akademie der Wissenschaften in Petersburg.
AM 16. 2. 1747

KEYSERLINGK, Dietrich Freiherr von, * 25. 7. 1698 (Okten-Kurland)
† 13. 8. 1745 (Berlin)
Seit 1729 mit der Amtsstellung eines Stallmeisters als Aufpasser dem preußischen Kronprinzen und späterem König FRIEDRICH II. beigegeben. 1732 Rittmeister, 1740 Oberst und Generaladjudant FRIEDRICHs II. (K. gehörte in Rheinsberg zum Freundeskreis des Kronprinzen.)
EM 23. 1. 1744

KIELHORN, Lorenz Franz, * 31. 5. 1840 (Osnabrück)
† 19. 3. 1908 (Göttingen)
1866 Professor für Sanskrit am Deccan College in Puna. 1882 Professor für Sanskrit an der Universität in Göttingen.
KM 16. 12. 1880
Orientalistik

KIELMEYER, Karl Friedrich von, * 22. 10. 1765 (Bebenhausen/Württ.)
† 24. 9. 1844 (Stuttgart)
1785 Dozent für Naturgeschichte und Botanik. 1788 Professor für Zoologie, 1792 zugleich Professor für Botanik und Chemie an der Karlsschule in Stuttgart. 1796 Professor für Chemie, 1801 zugleich Professor für Botanik, Pharmazie und Medizin an der Universität in Tübingen. 1816 Staatsrat und Vorstand der Sammlungen und Anstalten für Wissenschaft und Kunst in Stuttgart.
KM 25. 6. 1812
Naturwissenschaften

KIENAST, Richard, * 11. 9. 1892 (Berlin) † 3. 2. 1976 (Heidelberg)
1934 Dozent an der Universität in Berlin. 1938 Professor für deutsche und lateinische Philologie an der Universität in Heidelberg.
KM 13. 1. 1955; AM 20. 5. 1969
Philologie

KIENLE, Johann (Hans) Georg, * 22. 10. 1895 (Kulmbach)
† 15. 2. 1975 (Heidelberg)
1920 Privatdozent an der Universität in München. 1921 Observator der Sternwarte der Universität in München. 1924 Professor für Astrophysik und Astronomie an der Universität in Göttingen und Direktor der Sternwarte der Universität. 1930 Präsident der Heidelberger Akademie der Wissenschaften. 1939 Professor für Astrophysik und Astronomie an der Universität in Berlin und Direktor des Astrophysikalischen Observatoriums in

Potsdam. 1950 Professor für Astrophysik und Astronomie an der Universität in Heidelberg und Direktor der Landessternwarte in Heidelberg. (K. wurde vor der Wiedereröffnung der Akademie am 14. 2. 1946 von den in Berlin anwesenden OM als Mitglied aufgenommen. Die Wahl wurde mit der Wiedereröffnung der Akademie bestätigt.)
OM 1. 7. 1946; AM 20. 5. 1969
Astrophysik, Astronomie

KIEPERT, Johann Samuel Heinrich, * 31. 7. 1818 (Berlin) † 21. 4. 1899 (Berlin)
1845 Leiter des Geographischen Institutes in Weimar. 1859 Professor, 1871 Professor für Geographie an der Universität in Berlin.
OM 16. 6. 1853 (Bestät. 25. 7. 1853)
Geographie, Kartographie

KIES, Johannes, * 14. 9. 1713 (Tübingen) † 29. 7. 1781 (Tübingen)
Znächst Vicar in Würtemberg, danach Mathematiker beim Fürsten CZARTORYSKI in Warschau. 1742 Professor für Mathematik und Physik und 1743 Astronom der Akademie in Berlin. 1754 Professor für Mathematik und Physik an der Universität in Tübingen und am Collegio illustre; zugleich Bibliothekar der Universität.
OM 13. 2. 1744; AM 20. 9. 1754
Astronomie

KINSBERGEN, Graf (1810), Jan Hendrik van, * 1. 5. 1735 (Doesburg/Ijssel) † 24. 5. 1819 (Welgelegen bei Apeldoorn)
Vizeadmiral, später Marschall der Flotte der Vereinigten Niederlande. 1810 Senator des französ. Kaiserreiches. Direktor der Gesellschaft der Wissenschaften in Harlem.
AM 30. 4. 1789; EM 24. 1. 1812
Seewesen

KIRCH, Christfried, * 24. 12. 1694 (Guben) † 19. 3. 1740 (Berlin), (Sohn von KIRCH, Gottfried)
1716 Astronom der Akademie. 1726 zugleich Bibliothekar. (K. wurde am 8. 10. 1716 anstelle seines verstorbenen Vaters als Astronom und Observator der Akademie gewählt und am 10. 1. 1717 als Mitglied aufgenommen.)
anwM 10. 1. 1717
Astronomie

KIRCH, Gottfried, * 18. 12. 1639 (Guben) † 25. 7. 1710 (Berlin)
Ursprünglich Kalendermacher, zunächst in Leipzig, später in Guben, Löwenstein und Coburg. 1700 Astronom der Akademie.
anwM 11. 7. 1700
Astronomie

KIRCHBERG, Helmut, * 31. 1. 1906 (Mainz)
1938 wissenschaftlicher Mitarbeiter im Institut für Eisenforschung der Kaiser-Wilhelm-Gesellschaft zur Förderung der Wissenschaften in Düsseldorf. 1943 Professor für Bergbaukunde und Aufbereitung an der Technischen Hochschule in Breslau. 1946 Oberreferent bei der Deutschen Zentralverwaltung der Brennstoffindustrie in Berlin. 1947 Professor für Aufbereitungskunde an der Bergakademie in Freiberg. 1953 Rektor. 1954 Direktor des Forschungsinstituts für Aufbereitung des Ministeriums für Berg- und Hüttenwesen (jetzt Akademieinstitut) in Freiberg.
KM 17. 5. 1956; OM 26. 9. 1957
Aufbereitung, Flotation

KIRCHHOFF, Johann Wilhelm Adolf, * 6. 1. 1826 (Berlin) † 27. 2. 1908 (Berlin)
1846 Adjunkt, später Professor am Joachimthalschen Gymnasium. 1865 Professor für klassische Philologie an der

Universität in Berlin. Später auch Mitdirektor des Philologischen Seminars.
OM 16. 2. 1860 (Bestät. 7. 3. 1860)
Klassische Philologie, Altertumskunde

KIRCHHOFF, Gustav Robert,
* 12. 3. 1824 (Königsberg i. Pr.)
† 17. 10. 1887 (Berlin)
1848 Privatdozent an der Universität in Berlin. 1850 Professor für Physik an der Universität in Breslau. 1854 Professor für theoretische und Experimentalphysik an der Universität in Heidelberg. 1875 Professor für theoretische Physik an der Universität in Berlin. 1883 – 1884 Rektor der Universität. Geh. Hofrat. Geh. Rat.
KM 24. 10. 1861; AM 5. 5. 1870; OM 20. 12. 1875
Physik

KIRSCHE, Walter, * 21. 6. 1920 (Oelsnitz/Erzgeb.)
1950 Dozent an der Universität in Berlin. 1951 Professor für Medizin an der Universität Jena. 1951 Professor, 1954 Professor für Anatomie an der Universität in Berlin; 1966 Direktor des Anatomischen Instituts. 1973 Nationalpreis.
KM 4. 9. 1969; OM 13. 6. 1974
Medizin; experiment. und vergl. Neuromorphologie

KIRSTETTER (KIRSTEDT), Otto,
* um 1678 (Berlin) † begr. 29. 9. 1748 (Berlin)
Dr. med.. Hofarzt. Mitglied des Obercollegium medicum in Berlin.
anwM 29. 11. 1719
Anatomie

KJERULF, Theodor, * 30. 3. 1825 (Christiania) † 25. 10. 1888 (Christiania)
1858 Lektor, später Professor für Mineralogie und Geologie an der Universität in Christiania, zugleich Direktor der schwed./norweg. geologischen Landesuntersuchung.
KM 3. 3. 1881
Geologie, Mineralogie

KLAFFENBACH, Günther Edmund Wilhelm, * 20. 6. 1890 (Berlin) † 3. 3. 1972 (Berlin)
1920 Studienrat am Gymnasium in Berlin-Schmargendorf. 1929 Wissenschaftlicher Beamter und Professor an der Akademie in Berlin. 1935 Professor für griechische Epigraphik an der Universität in Berlin. 1955 2. Direktor des Instituts für griechisch-römische Altertumskunde der Akademie in Berlin.
OM 19. 2. 1953
Griechische Epigraphik

KLAPROTH, Martin Heinrich,
* 1. 12. 1743 (Wernigerode) † 1. 1. 1817 (Berlin)
1759 Pharmaziegehilfe in Quedlinburg, 1766 – 1771 in Hannover, Berlin und Danzig. 1771 – 1780 Provisor der ROSEschen Apotheke in Berlin und eigener Apotheker; daneben seit 1782 Assessor der Pharmazie beim Oberkollegium medicum. 1787 Professor für Chemie beim Feld-Artillerie-Korps. 1791 Professor für Chemie an der Artillerie-Akademie. 1799 Rat und Mitglied des Oberkollegiums medicum et sanitatis. 1810 Professor für Chemie an der Universität in Berlin. (K. entdeckte 1789 die Elemente Uran und Zirkon und 1803 das Cerium.)
OM 24. 1. 1788 Chemie

KLARE, Hermann, * 12. 5. 1909 (Hameln/Weser)
1933 zunächst Betriebsassistent, später Betriebsleiter in der I. G. Farben Kunstseidenfabrik in Wolfen. 1939 Entwicklungschemiker in der „Aceta" G.m.b.H. in Lichtenberg. 1945 Forschungs- und Betriebsleiter in Landsberg/Wa. 1945 Betriebsleiter in der Kunstseidenfabrik Premnitz. 1946 Forschungs- und Betriebsleiter in der „Thüringischen Zell-

wolle" in Schwarza. 1947 – 1949 Wissenschaftliche und Beratertätigkeit in der UdSSR. 1949 Betriebsleiter, 1951 Werkleiter der Thür. Kunstfaserfabrik „WILHELM PIECK" in Schwarza. 1953 Stellvertretender Direktor, 1962 Direktor des Instituts für Faserstofforschung der Akademie (jetzt Institut für Polymerenchemie) in Teltow-Seehof. 1955 Professor der Akademie. 1961 Vorsitzender der Forschungsgemeinschaft der naturwissenschaftlichen, technischen und medizinischen Institute der Akademie, 1963 zugleich Vizepräsident der Akademie. 1968 Präsident der Akademie. 1979 Vizepräsident der Akademie. 1980 zugleich Vorsitzender der Klasse „Chemie" der Akademie. 1951 und 1963 Nationalpreis.
OM 15. 6. 1961
Chemie; Polymerenchemie

KLAUS, Georg, * 28. 12. 1912 (Nürnberg) † 29. 7. 1974 (Berlin)
1950 Professor für Philosophie an der Universität in Jena. 1953 Professor für Logik und Erkenntnistheorie an der Universität in Berlin und Direktor des Instituts für Philosophie. 1958 Leiter der Arbeitsstelle (1960 Institut, jetzt Zentralinstitut) für Philosophie der Akademie in Berlin. 1959 und 1964 Nationalpreis.
OM 15. 6. 1961
Philosophie, Logik, Semiotik

KLEBER, Will (Wilhelm) Philipp Andreas, * 15. 12. 1906 (Karlsruhe)
† 27. 8. 1970 (Berlin)
1938 Dozent an der Universität in Heidelberg. 1940 Dozent, 1943 Professor für Mineralogie und Kristallographie, 1941 auch für Petrographie an der Universität in Bonn. Seit 1940 zugleich Leiter der Abteilung für Kristallographie und röntgenogr. Untersuchungen am Mineralogisch-Petrographischen Institut der Universität. 1953 Professor für Mineralogie und Petrographie an der Universität in Berlin und Direktor des Mineralogisch-Petrographischen Instituts und Museums der Universität. 1960 Nationalpreis.
OM 15. 6. 1961
Mineralogie, Petrographie

KLEIN, Ernst Ferdinand, * 3. 9. 1744 (Breslau) † 18. 3. 1810 (Berlin)
1771 Assistentsrat, später Kammergerichtsrat im Justizministerium in Berlin. 1791 Professor für Rechtswissenschaften an der Universität in Halle und Direktor der Universität. 1800 Mitglied des Obertribunals und Geh. Oberjustizrat in Berlin. (K. betätigte sich in Halle auch als öffentlicher Lehrer. Er gab die „Annalen der Gesetzgebung und Rechtsgelehrsamkeit in den Preuss. Staaten" heraus und begründete 1798 gemeinsam mit KLEINSCHROD das „Archiv des Kriminalrechts".)
OM 1. 10. 1789; AM 29. 3. 1792; OM Dez. 1800
Rechtswissenschaft

KLEIN, Christian Felix, * 25. 4. 1849 (Düsseldorf) † 22. 6. 1925 (Göttingen)
1871 Privatdozent an der Universität in Göttingen. 1872 Professor für Mathematik an der Universität in Erlangen. 1875 Professor für Mathematik an der Technischen Hochschule in München. 1880 Professor für Mathematik an der Universität in Leipzig. 1886 Professor für mathematische Physik an der Universität in Göttingen.
KM 10. 7. 1913
Mathematik

KLEIN, Helmut, * 2. 3. 1930 (Berlin)
1961 Professor für Pädagogik an der Universität in Berlin. 1969 Sektionsdirektor, 1976 Rektor der Humboldt-Universität zu Berlin.
KM 14. 6. 1979
Pädagogik

KLEIN, Jakob Theodor, * 15. 8. 1685 (Königsberg i. Pr.) † 27. 2. 1759 (Danzig)
1713 Stadtsekretär in Danzig. (K. unternahm zwischen 1706 und 1711 ausgedehnte Reisen durch Europa. 1714 wurde er zur Begrüßung PETER I. nach Königsberg entsandt. Im gleichen Jahr war er auch „Residierender Sekretär bei Hofe" in Dresden. Neben seiner amtlichen Tätigkeit betrieb er das Studium der Naturgeschichte, speziell der Botanik und Zoologie und legte in Danzig einen Botanischen Garten an. Er war Mitbegründer und später Direktor der Danziger Naturforscher-Gesellschaft.)
abwM 19. 4. 1741
Botanik

KLEIN, Johann Friedrich Karl, * 15. 8. 1842 (Hanau) † 23. 6. 1907 (Berlin)
1868 Privatdozent an der Universität in Heidelberg. 1873 Professor, 1877 Professor für Mineralogie an der Universität in Göttingen und Direktor des Mineralogisch-petrographischen Instituts. 1887 Professor für Geologie an der Universität in Berlin, zugleich Direktor des Mineralogisch-petrographischen Instituts und der mineralogisch-petrographischen Sammlung. Geh. Bergrat.
OM 17. 3. 1887 (Bestät. 6. 4. 1887)
Mineralogie

KLEIST, Ewald Georg von, * um 1705 † 11. 12. 1748 (Köslin)
1722 bis 1747 Dechant des Klosterkapitels von Kammin. Danach Präsident des Hofgerichtes in Köslin. (K. beschäftigte sich mit physikalischen Experimenten. Er erfand im Oktober 1745 den elektrischen Kondensator (Kleist'sche oder Leydener Flasche). Hiervon gab er 1745 dem Mitglied der Berliner Akademie, J. N. LIEBERKÜHN, Nachricht.)
AM 8. 12. 1746 Physik

KLEMPERER, Victor, * 9. 10. 1881 (Landsberg/Warthe) † 10. 2. 1960 (Dresden)
1914 Privatdozent an der Universität in München. 1914 bis 1915 Lektor in Neapel. 1919 Professor für romanische Philologie an der Universität in München. 1920 bis 1933 Professor für romanische Philologie an der Technischen Hochschule Dresden. 1947 Professor für romanische Philologie an der Universität in Greifswald. 1948 Professor für romanische Philologie an der Universität in Halle und Direktor des romanischen Seminars. 1950 Professor für romanische Sprachen und Literaturen an der Universität in Berlin. 1952 Nationalpreis.
OM 19. 2. 1953
Romanistik

KLENNER, Hermann Heinz Rudolph, * 5. 1. 1926 (Erbach)
1956 Professor für Staats- und Rechtstheorie an der Universität in Berlin. 1964 Direktor des Instituts für Wirtschaft und Internationales Wirtschaftsrecht an der Hochschule für Ökonomie in Berlin. 1967 Leiter der Arbeitsstelle für Rechtswissenschaft der Akademie in Berlin. 1968 Wissenschaftlicher Mitarbeiter am Zentralinstitut für Philosophie der Akademie in Berlin.
KM 8. 6. 1978
Staats- und Rechtstheorie, Rechtsphilosophie und ihre Geschichte

KLIEM, Johann Christoph, * um 1668 (Wiegleben bei Gotha) † um 1730 (Wetzlar ?)
1694 Arzt in Halle. Später Astronom und Sprachlehrer in Nürnberg. (K., der in Nürnberg Gehilfe des Astronomen G. Ch. EIMMART war, betätigte sich zugleich als Lehrer für griechische und lateinische Sprache. Er ging später nach Wetzlar.)
abwM 12. 10. 1701 Astronomie

KLINGNER, Friedrich, * 7. 7. 1894 (Dresden) † 26. 1. 1968 (München)
1923 Privatdozent an der Universität in Marburg. 1924 Privatdozent an der Universität in Berlin. 1925 Professor für klassische Philologie an der Universität in Hamburg. 1930 Professor für klassische Philologie an der Universität in Leipzig. 1948 Professor für klassische Philologie an der Universität in München.
KM 10. 4. 1947
Klassische Philologie, römische Rechtsgeschichte

KLINKOWSKI, Maximilian, * 24. 5. 1904 (Berlin) † 22. 6. 1971 (Aschersleben)
1929 bis 1945 Wissenschaftlicher Mitarbeiter der Biologischen Reichsanstalt für Land- und Forstwirtschaft. 1939 Regierungsrat. 1945 Leiter der Zweigstelle Aschersleben der Biologischen Zentralanstalt. 1952 Direktor der Biologischen Zentralanstalt in Aschersleben der Akademie der Landwirtschaftswissenschaften. Seit 1951 zugleich Professor für Phytopathologie an der Universität in Halle und Direktor des Phytopathologischen Instituts. 1960 Nationalpreis.
OM 3. 6. 1965
Phytopathologie

KLIX, Friedhart, * 13. 10. 1927 (Friedersdorf/Kr. Lauban)
1962 Professor für Psychologie an der Universität in Jena. 1966 Professor für Psychologie an der Universität in Berlin und Direktor des Instituts für Psychologie. 1969 zugleich Bereichsleiter am Zentralinstitut für Kybernetik und Informationsprozesse der Akademie in Berlin. 1969 Nationalpreis.
OM 3. 6. 1965
Psychologie, Kognitive Prozesse, Psychophysiologie

KLOSTERMANN, Erich, * 14. 2. 1870 (Kiel) † 18. 9. 1963 (Halle)
1901 Privatdozent, 1907 Professor für Theologie an der Universität in Kiel. 1911 Professor für Theologie an der Universität in Straßburg. 1919 Professor für Theologie an der Universität in Münster. 1923 Professor für neutestament. Theologie und altchristl. Literatur an der Universität in Königsberg. 1928 Professor für Theologie an der Universität in Halle.
KM 5. 5. 1927
Relegionswissenschaft, Kirchengeschichte

KLOTZSCH, Johann Friedrich, * 9. 6. 1805 (Wittenberg) † 5. 11. 1860 (Berlin)
1834 Assistent, 1836 zweiter Kustos, 1838 erster Kustos am Herbarium in Berlin. 1860 Titularprofessor.
OM 19. 6. 1851 (Bestät. 16. 7. 1851)
Botanik

KLUEGEL, Georg Simon, * 19. 8. 1739 (Hamburg) † 4. 8. 1812 (Halle)
1767 Professor für Mathematik an der Universität in Helmstedt. 1787 Professor für Mathematik und Physik an der Universität in Halle. (K. ist Verfasser eines physikalischen Wörterbuches.)
AM 27. 1. 1803
Mathematik, Physik

KLUG, Johann Christoph Friedrich, * 5. 5. 1775 (Berlin) † 3. 2. 1856 (Berlin)
1798 prakt. Arzt in Berlin. 1806 Assessor des Ober-Medizinal-Collegiums. 1818 Professor an der Universität in Berlin und zweiter Direktor der zoologischen Sammlung. 1823 zugleich Medizinalrat bei dem Polizeipräsidium in Berlin. 1828 zugleich auch Direktor der wissenschaftlichen Deputation für das Medizinalwesen. 1835 Geh. Obermedizinalrat und vortragender Rat in der Medizinalabteilung des Ministeriums der geistl., Unter-

richts- und Medizinalangelegenheiten.
OM 10. 12. 1829
Zoologie

KNAPP, Georg Friedrich, * 7. 3. 1842 (Gießen) † 20. 2. 1926 (Darmstadt)
1867 Direktor des statistischen Büros der Stadt Leipzig. 1869 Professor für Nationalökonomie und Statistik an der Universität in Leipzig. 1874 Professor für Nationalökonomie an der Universität in Straßburg.
KM 14. 12. 1893
Staatswissenschaften, Nationalökonomie

KNEPLER, Georg, * 21. 12. 1906 (Wien)
1950 bis 1959 Rektor der Deutschen Hochschule für Musik in Berlin. 1959 Professor für Musikwissenschaft an der Universität in Berlin und Direktor des Musikwissenschaftlichen Insituts.
OM 11. 6. 1964
Musikwissenschaft, Musik des 19. und 20. Jahrhunderts

KNESER, Adolf, * 19. 3. 1862 (Grüssow/Meckl.) † 24. 1. 1930 (Breslau)
1889 Professor für angewandte Mathematik an der Universität in Dorpat. 1900 Professor für höhere Mathematik an der Bergakademie in Berlin. 1905 Professor für Mathematik an der Universität in Breslau.
KM 7. 6. 1923
Mathematik

KNIGTH, Richard Payne, * 1750 (London) † 28. 4. 1824 (London)
Schriftsteller, Dichter und Sammler in London.
EM 22. 6. 1815
Numismatik

KNOBELSDORFF, Friedrich Wilhelm Ernst von, * 28. 1. 1752 (Berlin) † 19. 4. 1820 (Berlin)
Preuß. Generalleutnant. Zeitweilig im diplomatischen Dienst als preußischer Gesandter in der Türkei.
aoM 4. 5. 1804; EM 24. 1. 1812
Numismatik

KNOBELSDORFF, Hans Georg Wenzeslaus Freiherr von, * 17. 2. 1699 (Kuckädel bei Crossen) † 16. 9. 1753 (Berlin)
Ursprünglich Offizier. 1740 Surintendant der königlichen Schlösser, Häuser und Gärten und Direktor aller Bauten in den preußischen Provinzen. Zugleich Intendant der Schauspiele und Musik. 1744 Geheimer Finanz-, Kriegs- und Domänenrat. (K. leitete die Ausgestaltung des Schlosses Rheinsberg, des Opernhauses, der Neuen Kolonade des Potsdamer Stadtschlosses und des Kuppelsaales in Sanssouci sowie den Bau des Schlosses in Dessau. Er war verantwortlich für die Gestaltung des Berliner Tiergartens und baute zahlreiche Häuser in Berlin und Potsdam. K., während der Rheinsberger Zeit des preußischen Kronprinzen dessen Freund, entfremdete sich später zunehmend von FRIEDRICH II. infolge von Auseinandersetzungen beim Bau des „Lustschlosses auf dem Königlichen Weinberg" (Sanssouci)).
KM 23. 1. 1744
Architektur, Kunst

KNÖLL, Hans, * 7. 1. 1913 (Wiesbaden) † 26. 6. 1978 (Stralsund)
1938 Leiter des Bakteriologischen Laboratoriums (1944 Institut für Mikrobiologie und experimentelle Therapie) des Jenaer Glaswerks Schott & Gen. 1949 Dozent. 1950 Professor für Bakteriologie an der Universität in Jena. Zugleich bis 1953 Werkleiter des VEB Jenapharm in Jena. 1956 Direktor des Instituts für Mikrobiologie und experimentelle Therapie (jetzt Zentralinstitut) der Akademie in Jena. 1949 und 1952 Nationalpreis.
OM 24. 2. 1955
Mikrobiologie, Antibiotikaforschung

KNUDSEN, Martin Hans Christian,
* 15. 2. 1871 (Hasmark/Fünen)
† 27. 5. 1949 (Kopenhagen)
1902 Dozent, 1912 Professor für Physik an der Universität in Kopenhagen. Sekretär der Königl. Dänischen Akademie der Wissenschaften.
KM 23. 6. 1921
Physik

KOCH, Franz, * 21. 3. 1888 (Attnang/Oberösterr.) † 26. 12. 1969 (Tübingen)
1925 Privatdozent, 1932 Professor für deutsche Sprache und Literatur an der Universität in Wien. 1935 Professor für deutsche Literatur- und Geistesgeschichte an der Universität in Berlin. 1946 Professor für deutsche Sprache und Literatur an der Universität in Tübingen. (K. wurde auf Vorschlag der Akademie vor deren Wiedereröffnung 1946 aus der Mitgliederliste gestrichen. Seine Mitgliedschaft endete damit am 8. 5. 1945.)
OM 2. 3. 1939 – 8. 5. 1945 (Bestät. 29. 4. 1939)
Deutsche Philologie

KOCH, Helmut, * 5. 10. 1932 (Potsdam)
1971 Professor der Akademie. 1971 Bereichs- und Abteilungsleiter im Zentralinstitut für Mathematik und Mechanik der Akademie.
KM 10. 6. 1976
Mathematik; Algebra, Zahlentheorie

KOCH, Robert, * 11. 12. 1843 (Clausthal/Harz) † 27. 5. 1910 (Baden-Baden)
1872 Kreisarzt in Wollstein. 1880 Regierungsrat im Gesundheitsamt in Berlin, zugleich Berater des Staates in der Seuchenbekämpfung. 1885 Professor für Hygiene an der Universität in Berlin. 1891 zugleich Direktor des Instituts für Infektionskrankheiten in Berlin. Geh. Medizinalrat. Wirkl. Geh. Rat. 1905 Nobelpreis für Medizin.
OM 5. 5. 1904 (Bestät. 1. 6. 1904)
Medizin, Bakteriologie

KOCK, Carl Axel Lichnowsky, * 2.3.1851 (Trälleborg) † 18. 3. 1935 (Lund)
1879 Dozent für nordische Sprachen an der Universität in Lund. 1890 Professor für nordische Sprachen an der Universität in Göteborg. 1891 Rektor. 1893 Privatlehrer in Lund. 1907 Professor für nordische Sprachen an der Universität in Lund. 1911 Rektor.
KM 19. 7. 1917
Nordische Philologie

KOEBE, Paul, * 15. 2. 1882 (Luckenwalde) † 6. 8. 1945 (Leipzig)
1907 Privatdozent an der Universität in Göttingen. 1910 Professor für Mathematik an der Universität in Leipzig. 1914 Professor für Mathematik an der Universität in Jena und Direktor des mathematischen Seminars. 1926 Professor für Mathematik an der Universität in Leipzig.
KM 5. 2. 1925
Mathematik

KOECHLY, Hermann August Theodor,
* 5. 8. 1815 (Leipzig) † 3. 12. 1876 (Triest)
1837 Lehrer in Saalfeld. 1840 Lehrer an der Kreuzschule in Dresden. 1850 Professor für klassische Philologie an der Universität in Zürich. 1864 Professor für klassische Philologie an der Universität in Heidelberg. (K. war 1871 Mitglied des Reichstages.)
KM 31. 1. 1861
Klassische Philologie

KÖHLER, Hans Wolf Günther,
* 15. 11. 1901 (Dresden) † 11. 7. 1958 (Dresden)
1929 Assistent an der Universität in München. 1932 Professor an der Universität in Peking. 1934 – 1938 Mitglied der Yellow River-Kommission in Kai-

feng/Honan. 1939 Professor für Geographie Ost- und Zentralasiens an der Technischen Hochschule in Dresden und Direktor des Geographischen Instituts. 1948 Professor für Geographie an der Technischen Hochschule in Dresden; zugleich Lehrtätigkeit an der Bergakademie in Freiberg, an der Hochschule für Verkehrswesen in Dresden und an der Universität in Berlin. 1954 Direktor des Instituts für Verkehrsgeographie in Dresden.
OM 13. 12. 1956
Geographie

KÖHLER, Heinrich Karl Ernst,
* 15. 8. 1765 (Wechselburg/Sa.)
† 22. 1./3. 2. 1838 (Petersburg)
Direktor des Antikenkabinetts und der Ermitage in Petersburg. 1803 Korresp. Mitglied, 1817 Ordentlicher Akademiker für Literatur und griech.-röm. Altertumskunde der Akademie der Wissenschaften in Petersburg. Staatsrat.
KM 25. 6. 1812
Geschichte, Archäologie

KOEHLER, Hilding, * 12. 9. 1888 (Tranemo)
1935 Professor für physikalische und theoretische Meteorologie an der Universität in Uppsala und Leiter des Observatoriums in Marsta b. Uppsala.
KM 29. 6. 1950; AM 20. 5. 1969
Meteorologie

KOE(H)LER, Johann David, * 18.1.1684 (Colditz/Sa.) † 10. 3. 1755 (Göttingen)
1710 Professor für Logik, 1714 Professor für Geschichte an der Universität in Altdorf. 1735 Professor für Geschichte an der Universität in Göttingen.
abwM 19. 6. 1726
Geschichte, histor. Hilfswissenschaften

KÖHLER, Karl Adolf Heinrich,
* 27. 12. 1896 (Breslau)
1931 Dr.-Ing. 1935 Leiter des Stahlwerkes der Eisen- und Hüttenwerke in Thale. 1952 Direktor der metallurgischen Betriebe des VEB Eisen- und Hüttenwerke Thale. 1958 Hauptabteilungsleiter im Eisenforschungsinstitut in Hennigsdorf.
KM 21. 11. 1957; OM 23. 4. 1964
Eisenhüttenkunde, Metallurgie der Stahlherstellung

KÖHLER, Ulrich Leopold, * 6. 11. 1838 (Klein-Neuhausen bei Weimar)
† 21. 10. 1903 (Berlin)
1865 Sekretär der preußischen Gesandtschaft in Athen. 1872 Professor für Altertumskunde an der Universität in Straßburg. 1875 Vorstand der Archäologischen Institute in Athen. 1886 Professor für alte Geschichte an der Universität in Berlin. Geh. Regierungsrat.
KM 3. 11. 1870; OM 6. 12. 1888 (Bestät. 19. 12. 1888)
Alte Geschichte

KÖHLER, Alfred Werner, * 24. 3. 1929 (Dresden)
1954 Oberarzt am Hygiene-Institut der Universität in Rostock. 1958 Dozent an der Universität in Rostock. 1958 Abteilungsleiter, 1970 Bereichsleiter am Zentralinstitut für Mikrobiologie und experimentelle Therapie der Akademie in Jena. 1966 bis 1972 zugleich Direktor des Forschungsinstituts für Mikrobiologie und Hygiene in Bad Elster. 1961 Professor der Akademie.
KM 11. 6. 1970; OM 10. 6. 1976
Biologie, Medizin, Mikrobiologie und Immunbiologie

KOELLE, Sigismund Wilhelm,
* 14. 7. 1820 (Kleebronn/Württ.)
† 18. 2. 1902 (London)
Missionar in Sierra Leone, Haifa, Konstantinopel und London.
KM 10. 5. 1855
Sprachwissenschaft

KOELLIKER, Rudolf Albert von, * 6. 7. 1817 (Zürich) † 2. 11. 1905 (Würzburg)
1843 Privatdozent, 1945 Professor für Physiologie und vergleichende Anatomie an der Universität in Zürich. 1847 Professor für Physiologie und vergleichende Anatomie, 1866 Professor für Anatomie, Mikroskopie und Entwicklungsgeschichte an der Universität in Würzburg.
KM 3. 4. 1873; AM 18. 2. 1892 (Bestät. 16. 3. 1892)
Anatomie

KOENEN, Adolf von, * 21. 3. 1837 (Potsdam) † 3. 5. 1915 (Göttingen)
Ursprünglich Bergmann. 1867 Privatdozent, 1873 Professor für Geologie und Paläontologie an der Universität in Göttingen.
KM 5. 5. 1904
Geologie, Paläontologie

KÖNIG, Johann Ulrich, * 8. 10. 1688 (Eßlingen) † 14. 3. 1744 (Dresden)
Zunächst Hofmeister in Heidelberg. 1719 Hofpoet in Dresden, mit dem Titel eines Geheimsekretärs. 1729 Zeremonienmeister und Hofrat. (K. wurde in zeitgenössischer Literatur als Empörkömmling charakterisiert, der ehrgeizig, übel und ruhmredig gewesen sei.)
abwM 21. 7. 1728

KÖNIG, Otto, * 5. 3. 1929 (Langewiesen/Kr. Ilmenau)
1961 Stellvertr. Produktionsdirektor des Stickstoffwerkes Piesteritz. 1967 Produktionsdirektor der VVB Elektrochemie und Plaste. 1969 Direktor für Werksentwicklung und Forschung des VEB Leuna-Werke „WALTER ULBRICHT".
KM 4. 9. 1969
Chemie, Petrolchemie, hochpolymere Werkstoffe

KÖNIG, Johann Samuel, gt. 31. 7. 1712 (Büdingen/Hessen) † 21. 8. 1757 (Zuylenstein)
Zunächst – bis 1745 – Mathematiklehrer der Marquise DU CHÂTELET. 1745 Professor für Philosophie, 1747 auch für Mathematik an der Universität in Franeker. 1748 Rat und Bibliothekar des Prinzen von Oranien. 1749 zugleich Professor für Philosophie und Naturrecht an der Kriegsakademie im Haag. (K. veröffentlichte 1751 eine Arbeit, in der er bestimmte mechanische Begriffe auf LEIBNIZ zurückzuführen suchte und nachwies, daß dieser das Prinzip der kleinsten Action entdeckt hatte. P.-L. MAUPERTUIS, der damalige Präsident der Akademie, schrieb sich jedoch selbst diese Entdeckung zu und zog die Akademie in den wissenschaftlichen Streit mit K. hinein. Dieser sandte 1752 sein Diplom zurück und legte die Mitgliedschaft nieder.)
AM 4. 9. 1749 – 6. 7. 1752
Mathematik, Philosophie

KÖNIG, Walter, * 26. 9. 1878 (Annaberg/Erzgeb.) † 2. 2. 1964 (Radebeul)
1906 Privatdozent, 1913 Professor für Farbstoffchemie und Färbereitechnik an der Technischen Hochschule in Dresden und Direktor des Instituts für Farben- und Textilchemie.
KM 13. 1. 1955
Farbstoffchemie

KÖNIGSBERGER, Leo, * 15. 10. 1837 (Posen) † 15. 12. 1921 (Heidelberg)
1861 Lehrer für Mathematik und Physik in Berlin. 1864 Professor für Mathematik an der Universität in Greifswald, danach in Heidelberg. 1875 Professor für Mathematik am Polytechnikum in Dresden. 1877 Professor für höhere Mathematik an der Universität in Wien. 1884 Professor für Mathematik an der Universität in Heidelberg. Geh. Rat.
KM 4. 5. 1893 Mathematik

KÖPPEN, Wladimir Peter,
* 13./25. 9. 1846 (Petersburg)
† 22. 6. 1940 (Graz)
1872 – 1873 Assistent am Physikalischen Zentral-Observatorium in Petersburg. 1875 Abteilungsvorstand für Wettertelegrafie an der Deutschen Seewarte in Hamburg. 1879 – 1919 Professor, Meteorologe der Deutschen Seewarte in Hamburg.
KM 9. 3. 1922
Meteorologie

KÖRNER, Wilhelm, * 20. 4. 1839 (Kassel) † 28. 3. 1925 (Mailand)
1870 Professor für organische Chemie und Direktor der Landwirtschaftlichen Hochschule in Mailand.
KM 7. 1. 1909
Organische Chemie

KÖRTE, Alfred, * 5. 9. 1866 (Berlin) † 6. 11. 1946 (Leipzig)
1896 Privatdozent an der Universität in Bonn. 1899 Professor für klassische Philologie an der Universität in Greifswald. 1903 Professor für klassische Philologie an der Universität in Basel. 1906 Professor für klassische Philologie an der Universität in Gießen. 1914 Professor für klassische Philologie an der Universität in Freiburg i. Br. 1917 Professor für klassische Philologie an der Universität in Leipzig. Geh. Hofrat.
KM 29. 8. 1946.
Klassische Philologie

KÖTZSCHKE, Rudolf, * 8. 7. 1867 (Dresden) † 3. 8. 1949 (Leipzig)
1899 Privatdozent, 1906 Professor, 1930 Professor für Geschichte an der Universität in Leipzig.
KM 25. 6. 1942 (Bestät. 2. 7. 1942)
Geschichte, histor. Geographie

KOHLMEY, Gunther, * 27. 7. 1913 (Berlin)
1947 Dozent, Professor an der Deutschen Verwaltungsakademie in Forst Zinna. 1948 Redaktionsleiter der Berliner Zeitung. 1948 Professor für politische Ökonomie an der Deutschen Akademie für Staat und Recht in Potsdam-Babelsberg. 1953 Direktor, 1958 1. Stellvertr. Direktor des Instituts für Wirtschaftswissenschaften der Akademie in Berlin. 1955 Nationalpreis.
OM 11. 6. 1964
Wirtschaftswissenschaft, Weltwirtschaft

KOHLRAUSCH, Eduard, * 4. 2. 1874 (Darmstadt) † 22. 1. 1948 (Berlin)
1903 Privatdozent an der Universität in Heidelberg. 1904 Professor für Rechtswissenschaften an der Universität in Königsberg. 1914 Professor für Rechtswissenschaften an der Universität in Straßburg. 1919 Professor für Rechtswissenschaften an der Universität in Berlin.
OM 12. 9. 1946
Strafrecht, Rechtsphilosophie

KOHLRAUSCH, Friedrich Wilhelm Georg, * 14.10.1840 (Rinteln) † 17.1.1910 (Marburg)
1866 Professor für Physik an der Universität in Göttingen. 1870 Professor für Physik an der Technischen Hochschule in Zürich. 1871 Professor für Physik an der Technischen Hochschule in Darmstadt. 1875 Professor für Physik an der Universität in Würzburg. 1888 Professor für Physik an der Universität in Straßburg. 1900 Professor für Physik an der Universität in Berlin. 1895 – 1905 Präsident der Physikalisch-Technischen Reichsanstalt. Geh. Oberregierungsrat.
KM 31. 7. 1884; OM 18. 7. 1895 (Bestät. 13. 8. 1895); EM 1. 4. 1905
Physik

KOKSCHAROW, Nikolaj Iwanowitsch, * 23. 11. 1818 (bei Ust-Kamenogorsk/ Gouvern. Tobolsk) † 21. 12. 1892 (Pe-

tersburg)
1837 Bergingenieur. 1845 Professor für Mineralogie am Berginstitut in Petersburg. 1885 Adjunkt, 1858 Außerordentliches Mitglied, 1866 Ordentlicher Akademiker für Mineralogie der Akademie der Wissenschaften in Petersburg. 1865 Präsident der Mineralogischen Gesellschaft in Petersburg. 1872 Direktor des Berginstituts in Petersburg. 1878 General.
KM 20. 10. 1887
Mineralogie, Kristallographie

KOLBE, Adolf Wilhelm Hermann, * 27. 9. 1818 (Eliehausen b. Göttingen) † 25. 11. 1884 (Leipzig)
Zunächst Chemiker in London und Marburg. 1848 Redakteur des „Handbuches der Chemie" in Braunschweig. 1851 Professor für Chemie an der Universität in Marburg. 1865 Professor für Chemie an der Universität in Leipzig. Geh. Rat. (K. lehnte die vollzogene und im „Staatsanzeiger" bekanntgegebene Wahl am 20. 12. 1875 ab.)
KM 18. 11. 1875 – 20. 12. 1875
Chemie

KOLDITZ, Lothar, * 30. 9. 1929 (Albernau/Erzgeb.)
1957 Dozent an der Universität in Berlin. 1957 Professor für anorganische Chemie und Anwendung radiochemischer Methoden an der Technischen Hochschule für Chemie, Leuna-Merseburg. 1959 Professor für anorganische Chemie an der Universität in Jena und Direktor des Instituts für Anorganische Chemie. 1962 Professor für anorganische Chemie an der Universität in Berlin und Direktor des I. Chemischen Instituts. 1980 Direktor des Zentralinstituts für anorganische Chemie der Akademie, Berlin. 1972 Nationalpreis.
KM 4. 9. 1969; OM 15. 6. 1972
Anorganische Chemie, Fluorchemie

KOLMOGOROW, Andrei Nikolajewitsch, * 12./25. 4. 1903 (Tambow)
Professor für Mathematik an der Universität in Moskau. 1939 Ordentlicher Akademiker für mathematische Wissenschaften der Akademie der Wissenschaften der UdSSR. 1975 Helmholtzmedaille der Akademie.
AM 9. 6. 1977
Mathematik

KONOW, Sten, * 17. 4. 1867 (Süd-Aurdal/Valdres, Norwegen) † 29. 6. 1948 (Oslo)
1897 Privatdozent, 1899 Dozent, 1910 Professor für indische Philologie an der Universität in Christiania. 1914 Professor für Kultur und Geschichte Indiens an der Universität in Hamburg. 1919 Professor für indische Sprache und Geschichte an der Universität in Oslo.
KM 21. 6. 1923
Indologie

KOPFF, August Adalbert, * 5. 2. 1882 (Heidelberg) † 25. 4. 1960 (Heidelberg)
1907 Privatdozent, 1912 Professor für Astronomie an der Universität Heidelberg. 1924 Professor für Astronomie an der Universität in Berlin und Direktor des Astronomischen Recheninstituts in Berlin-Dahlem.
OM 5. 12. 1935 (Bestät. 7. 2. 1936)
Astronomie

KOPITAR, Bartholomäus, * 23. 8. 1780 (Repnje/Krain) † 11. 8. 1844 (Wien)
Zunächst Beamter, 1843 erster Kustos an der Hofbibliothek in Wien.
KM 23. 6. 1836
Slawistik

KOPP, Hermann Franz Moritz, * 30. 10. 1817 (Hanau) † 20. 2. 1892 (Heidelberg)
1841 Dozent, 1843 Professor, 1853 Professor für Physik und Chemie an der Uni-

versität in Gießen. 1864 Professor für Chemie an der Universität in Heidelberg. Geh. Hofrat.
KM 16. 12. 1867; AM 16. 4. 1874 (Bestät. 13. 5. 1874)
Chemie, Geschichte der Chemie

KOPP, Joseph Eutychius, * 25. 4. 1793 (Beromünster) † 25. 10. 1866 (Luzern)
1816 Lehrer in Hofwil, 1817 Lehrer in Zurzach, 1819 Professor für klassische Philologie am Lyzeum in Luzern. 1841 Mitglied des Großen Rates und Präsident des schweizerischen Erziehungsrates.
KM 19. 3. 1846
Klassische Philologie

KORSCHAK, Wassilij Wladimirowitsch, * 27.12.1908/9.1.1909 (Gebiet Tschernigow)
1938 Professor für Chemie und Technologie hochmolekularer Verbindungen an der Moskauer Chemisch-technologischen Hochschule. 1953 Korrespondierendes Mitglied der Akademie der Wissenschaften der UdSSR. 1948 – 1954 Stellvertretender Direktor des Instituts für Organische Chemie, 1954 – 1963 des Instituts für Elementorganische Verbindungen der Akademie der Wissenschaften der UdSSR.
AM 14. 6. 1979
Makromolekulare Chemie

KORSCHELT, Eugen, * 28. 9. 1858 (Zittau) † 28. 12. 1946 (Marburg)
1885 Privatdozent an der Universität in Freiburg i. Br.. 1887 Privatdozent an der Universität in Berlin. 1882 Professor für Zoologie und vergleichende Anatomie an der Universität in Marburg.
KM 9. 12. 1920
Zoologie, vergl. Anatomie

KOSCHAKER, Paul, * 19. 4. 1879 (Klagenfurt) † 1. 6. 1951 (Walchensee)
1905 Privatdozent an der Universität in Graz. 1908 Professor für römisches Recht an der Universität in Innsbruck. 1909 Professor für römisches Recht an der Universität in Prag. 1914 Professor für römisches Recht an der Universität in Frankfurt a. M.. 1915 Professor für römisches Recht und Rechtsgeschichte an der Universität in Berlin.
OM 14. 1. 1937 (Bestät. 18. 2. 1937)
Rechtswissenschaften

KOSEGARTEN, Hans Gottfried Ludwig, * 10. 9. 1792 (Altenkirchen/Rügen) † 18. 8. 1860 (Greifswald)
1814 Dozent an der Universität in Greifswald. 1817 Professor für Orientalistik an der Universität in Jena. 1823 Professor für Theologie an der Universität in Greifswald.
KM 10. 12. 1829
Orientalistik

KOSER, Reinhold Jordan Karl Bernhard Alexander, * 7. 2. 1852 (Schmarsow bei Prenzlau) † 25. 8. 1914 (Berlin)
1874 bis 1885 Mitarbeiter an den Publikationen der Akademie in Berlin. 1880 Privatdozent an der Universität in Berlin. 1882 zugleich Geheimer Staatsarchivar in Berlin. 1884 Professor für Geschichte an der Universität in Berlin. 1890 Professor für Geschichte an der Universität in Bonn. 1896 Direktor der preuß. Staatsarchive. 1898 Historiograph des preuß. Staates. Vorsitzender der Zentraldirektion der Monumenta Germaniae Historica. Wirkl. Geh. Oberregierungsrat.
OM 11. 6. 1896 (Bestät. 12. 7. 1896)
Geschichte

KOSING, Alfred, * 15. 12. 1928 (Wolfsdorf)
1953 Dozent, 1962 Professor für Philosophie und stellvertr. Lehrstuhlleiter am Institut (jetzt Akademie) für Gesellschaftswissenschaften beim ZK der SED

in Berlin. 1964 Professor für Philosophie an der Universität in Leipzig und Direktor des Instituts für Philosophie. 1969 Professor für Philosophie am Institut für Gesellschaftswissenschaften beim ZK der SED in Berlin. 1975 Nationalpreis.
KM 4. 9. 1969; OM 3. 6. 1971
Philosophie, Systematik der marx.-lenin. Philosophie, Erkenntnistheorie und ihre Geschichte

KOSSMAT, Franz Georg, * 22. 8. 1871 (Wien) † 1. 12. 1938 (Leipzig)
1900 Privatdozent an der Universität in Wien. 1911 Professor für Geologie an der Universität in Graz. 1913 Professor für Geologie und Paläontologie an der Universität in Leipzig. Direktor der Sächsischen Geologischen Landesanstalt.
KM 15. 4. 1937
Geologie, Paläontologie

KOSSOK, Manfred, * 18. 5. 1930 (Breslau)
1959 Dozent, 1963 Professor mit LA und Gastprofessor an der Universität in Santiago/Chile. 1966 Professor für allgemeine Geschichte der internationalen Arbeiterbewegung 1500 bis 1917 an der Universität in Leipzig. 1977 Nationalpreis.
KM 15. 6. 1972; OM 17. 4. 1975
Geschichte, Vergleichende Revolutionsgeschichte

KOTELNIKOW, Wladimir Alexandrowitsch, * 24. 8./6. 9. 1908 (Kasan)
Zunächst Professor für theoretische Radiotechnik am Energetischen Institut in Moskau. 1953 Ordentlicher Akademiker der Akademie der Wissenschaften der UdSSR. 1954 Direktor des Instituts für Radiotechnik und Elektronik der Akademie. 1971 Vizepräsident der Akademie der Wissenschaften der UdSSR.
AM 21. 2. 1974
Technische Wissenschaften, Elektronik

KOTZEBUE, August Friedrich Ferdinand von, * 3. 5. 1761 (Weimar) † 23. 3. 1819 (Mannheim)
Dichter und Schriftsteller. 1781 Sekretär am Theater in Petersburg. 1783 Oberappellationsassessor, 1785 Präsident des Gouvernementsmagistrats in Petersburg. 1798 Theaterdichter in Wien. 1800 Theaterdirektor in Petersburg. 1805 Dichter und Schriftsteller in Weimar. 1807 russ. Staatsrat. 1813 russ. Generalkonsul in Königsberg. 1817 erneut in Weimar. (K. wurde am 27. 1. 1803 auf Befehl des preuß. Königs Mitglied der Akademie. 1819 wurde er von dem Studenten Carl Ludwig SAND ermordet.)
aoM 27. 1. 1803; EM 24. 1. 1812
Literatur

KOŽESNIK, Jaroslav, * 8. 6. 1907 (Kněžice)
Erster Direktor des Instituts für Informationstheorie und Automatisierung der Tschechoslowakischen Akademie der Wissenschaften in Prag. 1970 Präsident der Akademie.
AM 21. 2. 1974
Technik

KOZIOLEK, Helmut, * 5. 7. 1927 (Beuthen)
1949 Dozent an der Deutschen Akademie für Staats- und Rechtswissenschaften in Potsdam-Babelsberg. 1957 Professor für politische Ökonomie an der Hochschule für Ökonomie in Potsdam-Babelsberg. 1956 zugleich Arbeitsgruppenleiter am Institut für Wirtschaftswissenschaften der Akademie in Berlin. 1963 Direktor des Ökonomischen Forschungsinstituts der staatl. Plankommission. 1968 Direktor des Zentralinstituts für sozialistische Wirtschaftsführung beim ZK der SED in Berlin. 1966 und 1970 Nationalpreis.
OM 3. 6. 1965
Politische Ökonomie des Sozialismus, sozialistische Wirtschaftsführung

KRAATZ, Helmut, * 6. 8. 1902 (Wittenberg a. d. Elbe)
1930 Oberarzt an der Frauenklinik der Universität in Berlin. 1941 Dozent, 1948 Professor für Geburtshilfe und Gynäkologie an der Universität in Berlin. 1949 Professor für Geburtshilfe und Gynäkologie an der Universität in Halle. 1951 Professor für Geburtshilfe und Gynäkologie an der Universität in Berlin und Direktor der Frauenklinik der Universität. 1963 – 1968 Sekretar, 1969 – 1975 Vorsitzender der Klasse für Medizin der Akademie. Präsident des Rates für die Koordinierung der medizinischen Wissenschaften der DDR. 1960 Nationalpreis.
KM 10. 2. 1955; OM 13. 12. 1956
Geburtshilfe und Gynäkologie

KRAEMER, Maximilian Heinrich, * 27.12.1898 (Saarbrücken) † 22.6.1962 (Berlin)
1929 Technischer Leiter einer Hartmetallgießerei in Berlin. 1932 wissenschaftlicher Mitarbeiter bei dem Verein Deutscher Ingenieure. 1937 Dezernent bei dem Amt für Deutsche Roh- und Werkstoffe in Berlin. 1945 Leiter der Hauptverwaltung Metallurgie der Deutschen Zentralverwaltung für Industrie (später Ministerium für Schwerindustrie der DDR). 1952 Werkdirektor des Zentralen Projektierungsbüros der metallurgischen Industrie. 1954 Leiter des zentralen Arbeitskreises für Forschung und Technik „Eisen" des Forschungsrates der DDR. 1956 zugleich Leiter der Sektion für wissenschaftliche Forschungsarbeiten bei der Ständigen Kommission für Schwarzmetallurgie im RGW.
KM 21. 11. 1957
Metallurgie, Eisenhüttentechnik

KRAFT, Ernest Anton, * 17. 8. 1880 (Wien) † 19. 2. 1962
Direktor der AEG-Turbinenfabrik in Berlin. 1925 zugleich Privatdozent, 1926 bis 1945 Honorarprofessor an der Technischen Hochschule in Berlin-Charlottenburg. Später zeitweilig tätig in Zagreb. (K. wurde auf Vorschlag der Akademie vor dessen Wiedereröffnung 1946 aus der Mitgliederliste gestrichen, Seine Mitgliedschaft endete damit am 8. Mai 1945.)
OM 29. 4. 1937 bis 8. 5. 1945 (Bestät. 11. 6. 1937)
Technik

KRAFT, Georg Wolfgang, * 16. 7. 1701 (Tuttlingen) † 16. 7. 1754 (Tübingen)
1725 Magister an der Universität in Tübingen. 1727 Lehrer für Mathematik am Gymnasium in Petersburg und Adjunkt an der Akademie der Wissenschaften in Petersburg. 1730 Professor für Mathematik und ordentlicher Akademiker an der Akademie der Wissenschaften in Petersburg. 1731 Professor der theoretischen und experimentellen Physik, 1738 auch Aufseher der Gymnasien in Petersburg. 1744 Professor für Mathematik und Physik an der Universität in Tübingen.
AM 29. 1. 1745
Mathematik

KRAMP, Christian, * 10. 7. 1760 (Straßburg) † 13. 5. 1826 (Straßburg)
1788 prakt. Arzt in Paris. 1794 Arzt, zugleich Lehrer für Geburtshilfe in Meisenheim. 1796 2. Stadtarzt in Speyer. Danach Professor für Physik und Chemie an der Zentralschule in Köln. Später Professor für Mathematik an der Universität in Straßburg.
KM 25. 6. 1812
Medizin, Mathematik

KRANTZ (CRANTZ), Gottlob, * 24. 2. 1660 (Hansdorf/Oberlausitz) † 25. 12. 1733 (Breslau)
1684 Professor für Rechtswissenschaften in Oels. 1685 Präceptor, 1700 Prorektor des Elisabeth-Gymnasiums in Breslau, zugleich Bibliothekar. 1709 In-

spektor der evangel. Schulen in Breslau.
abwM 1733 Geschichte

KRATZENSTEIN, Christian Gottlieb, * 30. 1. 1723 (Wernigerode) † 7. 7. 1795 (Kopenhagen)
1746 Professor für Physik an der Universität in Halle. 1748 Professor für Mechanik an der Akademie der Wissenschaften in Petersburg, 1753 ausländisches Ehrenmitglied der Akademie der Wissenschaften in Petersburg. 1753 Professor für Experimentalphysik an der Universität in Kopenhagen. (K. wurde auf Befehl des Königs vom 26. 9. 1791 Mitglied der Akademie. Die Bekanntgabe erfolgte am 29. 9. 1791.)
AM 29. 9. 1791
Medizin, Physik, Mechanik

KRAUS, Carl von, * 20. 4. 1868 (Wien) † 9. 4. 1952 (München)
1894 Privatdozent, 1901 Professor für deutsche Philologie an der Universität in Wien. 1904 Professor für deutsche Philologie an der Universität in Prag. 1911 Professor für deutsche Philologie an der Universität in Bonn. 1913 Professor für deutsche Philologie an der Universität in Wien. 1917 Professor für deutsche Philologie an der Universität in München.
KM 19. 7. 1917
Altdeutsche Philologie

KRAUS, Ernst Carl, * 10. 7. 1889 (Freising) † 23. 6. 1970 (München)
1919 Dozent an der Technischen Hochschule in München. 1919 Dozent, 1922 Professor für Geologie an der Universität in Königsberg. 1924 Professor für Geologie an der Universität in Riga. 1937 bis 1941 Leitender Heeresgeologe in Berlin. 1941 bis 1945 und 1949 bis 1954 Professor für Geologie an der Universität in München.
KM 28. 5. 1959; AM 20. 5. 1969
Geologie

KRAUSS, Werner, * 7. 6. 1900 (Stuttgart) † 28. 8. 1976 (Berlin)
1942 Professor, 1946 Professor für romanische Philologie an der Universität in Marburg. 1947 Professor für romanische Philologie an der Universität in Leipzig. 1951 Professor für Romanistik an der Universität in Berlin. 1956 Direktor des Instituts für romanische Sprachen und Kultur der Akademie. 1958 zugleich Direktor der Arbeitsstelle zur Geschichte der deutschen und französischen Aufklärung der Akademie. 1959 Friedrich-Engels-Preis der Akademie. 1949 Nationalpreis. (1963 wurden das Institut und die Arbeitsstelle der Akademie zu einem Institut vereinigt. K. leitete als Direktor die Einrichtung.)
OM 14. 7. 1949 Romanistik

KREBS, Norbert, * 29. 8. 1876 (Leoben) † 5. 12. 1947 (Berlin)
1909 Privatdozent an der Universität in Wien. 1917 Professor für Geographie an der Universität in Würzburg. 1918 Professor für Geographie an der Universität in Frankfurt a. M.. 1920 Professor für Geographie an der Universität in Freiburg i. Br.. 1927 Professor für Geographie an der Universität in Berlin.
OM 31. 5. 1934 (Bestät. 25. 6. 1934)
Geographie

KRETSCHMER, Ernst, * 8. 10. 1888 (Wüstenrot b. Heilbronn) † 8. 2. 1964 (Tübingen)
1918 Privatdozent, 1923 Professor für Psychiatrie an der Universität in Tübingen. 1926 Professor für Psychiatrie, Psychologie und Neurologie an der Universität in Marburg und Direktor der Nervenklinik. 1946 Professor für Psychiatrie, Psychologie und Neurologie an der Universität in Tübingen und Direktor der Nervenklinik.
KM 10. 2. 1955
Psychiatrie, Psychologie, Neurologie

KRETSCHMER, Paul, * 2. 5. 1866 (Berlin) † 9. 3. 1956 (Wien)
1891 Privatdozent an der Universität in Wien. 1897 Professor für vergleichende Sprachwissenschaft an der Universität in Marburg. 1899 Professor für vergleichende Sprachwissenschaft an der Universität in Wien.
KM 15. 4. 1937
Vergleichende Sprachwissenschaft

KRIES, Johannes Adolf von,
* 6. 10. 1853 (Roggenhausen/Westpr.)
† 30. 12. 1928 (Freiburg i. Br.)
1878 Privatdozent, später Professor für Physiologie an der Universität in Leipzig. 1880 Professor für Physiologie an der Universität in Freiburg i. Br.. Hofrat. Geh. Regierungsrat.
KM 18. 1. 1923
Anatomie, Physiologie

KRÖBER, Günter, * 12. 2. 1933 (Meuselwitz/Kr. Altenburg)
1962 Abteilungsleiter, 1968 Bereichsleiter am Institut für Philosophie der Akademie (jetzt Zentralinstitut). 1969 Professor. 1970 Direktor des Instituts für Theorie, Geschichte und Organisation der Wissenschaft der Akademie.
KM 10. 6. 1976
Wissenschaftstheorie und -geschichte, Erkenntnistheorie

KRONECKER, Leopold, * 7. 12. 1823 (Liegnitz) † 29. 12. 1891 (Berlin)
1883 Professor für Mathematik an der Universität in Berlin. (K. lebte nach Abschluß seines Studiums im Jahre 1845 zunächst als Privatmann in Liegnitz und Berlin und trieb mathematische Studien.)·
OM 20. 12. 1860 (Bestät. 23. 1. 1861)
Mathematik

KRUEGER, Carl Nikolaus Adalbert, * 2. 12. 1832 (Marienburg) † 21. 4. 1896 (Kiel)
1860 Dozent an der Universität in Bonn. 1862 Professor für Astronomie an der Universität in Helsingfors und Direktor der Sternwarte. 1876 Direktor der Sternwarte in Gotha. 1880 Professor für Astronomie an der Universität in Kiel und Direktor der Sternwarte. Geh. Regierungsrat.
KM 10. 2. 1887
Astronomie

KRÜGER, Johann Gottlob, * 15. 6. 1715 (Halle/Saale) † 6. 10. 1759 (Braunschweig)
1743 Professor für Medizin an der Universität in Halle. 1751 Professor für Philosophie und Medizin an der Universität in Helmstädt.
AM 3. 2. 1746
Medizin

KRUG von NIDDA, Theodor (Dietrich) Christoph, gt. 3. 7. 1653 (Hersfeld) † 17. 5. 1719 (Ilmenau)*
Hof- und Bergrat. Kurfürstl.-Brandenburg. Leibarzt in Berlin. 1712 und 1716 Vizepräsident der Akademie. 1710 – 1719 Direktor der Physikalischen Klasse der Akademie.
anwM 11. 3. 1701
Anatomie

KRUSCH, Bruno, * 8. 7. 1857 (Görlitz) † 29. 6. 1940 (Hannover)
Direktor des Preuß. Staatsarchivs in Hannover. Mitglied der Zentraldirektion der Monumenta Germaniae Historica. Geh. Archivrat.
KM 19. 2. 1925 Geschichte

KRUSENSTERN, Iwan Fjodorowitsch von, * 8./19. 11. 1770 (Haggud/Estland) † 12./24. 8. 1846 (Landgut Ass/Estland)
Forschungsreisender. 1793 – 1799 Dienst in der englischen Flotte. 1803 Korrespondierendes Mitglied, 1806 Ehrenmitglied der Akademie der Wissen-

schaften in Petersburg. Admiral und Direktor des Seekadetten-Korps in Petersburg. (K. leitete von 1803 – 1806 eine russische Expedition, die die Welt umsegelte.)
KM 13. 12. 1827

KUCZYNSKI, Jürgen, * 17. 9. 1904 (Elberfeld)
1927 Leiter der Wirtschaftsabteilung in der American Federation of Labor in Washington. 1929 – 1935 Schriftsteller in Berlin; zugleich bis 1933 Herausgeber der „Finanzpolitischen Korrespondenz" und bis 1935 der „Konjunkturstatistischen Korrespondenz", Basel. 1946 Professor für Wirtschaftsgeschichte an der Universität in Berlin. 1950 zugleich Direktor des Deutschen Wirtschaftsinstituts in Berlin. 1956 Abteilungsleiter im Institut für Geschichte. 1964 Leiter der Arbeitsstelle für Wirtschaftsgeschichte (jetzt Institut) der Akademie in Berlin. 1970 Friedrich-Engels-Preis der Akademie. 1949 und 1974 Nationalpreis.
OM 24. 2. 1955
Wirtschaftswissenschaft, Wirtschaftsgeschichte

KÜBLER, Bernhard Gustav Adolf, * 4. 7. 1859 (Krotoschin) † 12. 5. 1940 (Erlangen)
1884 Gymnasiallehrer in Berlin. 1889 Lehrer der Söhne des Prinzen Albrecht. 1895 Oberlehrer am Askan. Gymnasium; zugleich Privatdozent an der Universität in Berlin. 1901 Professor für römisches Recht an der Universität in Berlin. 1912 Professor für römisches Recht an der Universität in Erlangen. Justizrat.
KM 21. 11. 1935
Klassische Philologie, Rechtswissenschaften

KÜHN, Alfred Richard Wilhelm, * 22. 4. 1885 (Baden-Baden) † 22. 11. 1968 (Tübingen)
1910 Privatdozent, 1914 Professor für Biologie an der Universität in Freiburg i. Br.. 1918 Professor für Biologie an der Universität in Berlin. 1920 bis 1927 Professor für Biologie an der Universität in Göttingen. 1937 Direktor des Instituts für Biologie der Kaiser-Wilhelm-Gesellschaft zur Förderung der Wissenschaften in Berlin. 1945 Professor für Biologie an der Universität in Tübingen; zugleich Direktor des Instituts für Biologie der Max-Planck-Gesellschaft zur Förderung der Wissenschaften in Tübingen.
OM 3. 2. 1938 bis 15. 10. 1951 (Bestät. 16. 6. 1938)
Biologie

KÜHNE, Friedrich Wilhelm (Willy), * 28. 3. 1837 (Hamburg) † 10. 6. 1900 (Heidelberg)
1859 Assistent in Paris. Danach kurze Zeit Dozent an der Universität in Berlin und Professor für Physiologie an der Universität in Amsterdam. 1871 Professor für Physiologie an der Universität in Heidelberg.
KM 24. 2. 1898
Physiologie

KÜKENTHAL, Willy Georg, * 4. 8. 1861 (Weißenfels) † 20. 8. 1922 (Berlin)
1889 Privatdozent, 1889 Professor für Zoologie an der Universität in Jena. 1898 Professor für Zoologie und vergleichende Anatomie an der Universität in Breslau. 1911 bis 1912 Austauschprofessor an der Universität in Cambridge. 1913 Professor für Zoologie an der Universität in Berlin und Direktor des Zoologischen Museums.
OM 13. 3. 1919 (Bestät. 12. 4. 1919)
Zoologie

KÜRTI (KURTI), Nicholas, * 14. 5. 1908 (Budapest)
Professor für Physik an der Universität in Oxford.

AM 17. 4. 1975
Physik, Tieftemperaturphysik

KÜSTER, Georg Gottfried, gt. 3. 2. 1695 (Halle/Saale) † 28 2. 1776 (Berlin)
1716 Hauslehrer in Berlin. 1718 Rektor in Tangermünde. 1723 Lehrer am Cöllnischen Gymnasium in Berlin. 1732 Rektor des Friedrich-Werderschen Gymnasiums in Berlin.
anwM 21. 7. 1728
Landesgeschichte, Märkische Geschichte

KÜSTNER, Karl Friedrich, * 22. 8. 1856 (Görlitz) † 15. 10. 1936 (Mehlem b. Bonn)
1882 Observator an der Sternwarte in Hamburg. 1884 Observator an der Sternwarte in Berlin. 1891 Professor für Astronomie an der Universität in Bonn und Direktor der Sternwarte.
KM 27. 10. 1910
Astronomie

KUHN, Franz Felix Adalbert, * 19. 11. 1812 (Königsberg/Neumark) † 5. 5. 1881 (Berlin)
1841 Lehrer, 1856 Professor, 1870 Direktor des Köllnischen Gymnasiums in Berlin. (K. gründete 1852 die „Zeitschrift für vergleichende Sprachforschung auf dem Gebiete des Deutschen, Griechischen und Lateinischen".)
OM 15. 2. 1872 (Bestät. 11. 3. 1872)
Indogermanische Sprachwissenschaft

KUHN, Hans, * 13. 7. 1899 (Minden/Westf.)
Zunächst Gymnasialdirektor in Berlin. 1931 Privatdozent an der Universität in Marburg. 1938 Professor für nordische Philologie an der Universität in Leipzig. 1941 Professor für nordische Philologie an der Universität in Berlin. 1946 Professor für nordische Philologie an der Universität in Kiel.
OM 25. 2. 1943 (Bestät. 8. 4. 1943); AM 20. 5. 1969
Nordische Philologie

KUHN, Richard, * 3. 12. 1900 (Wien) † 31. 7. 1967 (Heidelberg)
1925 Dozent an der Universität in München. 1926 Dozent, danach Professor für allgemeine und analytische Chemie an der Eidgenössischen Hochschule in Zürich. 1929 Honor. Professor an der Universität in Heidelberg. Zugleich Direktor des Instituts für Chemie. 1937 Direktor des Instituts für Medizinische Forschung der Kaiser-Wilhelm-Gesellschaft zur Förderung der Wissenschaften (später Max-Planck-Gesellschaft) in Heidelberg. 1938 Nobelpreis für Chemie (verliehen 1939).
KM 24. 4. 1941
Chemie, Biologie

KULMUS, Johann Adam, * 18. 3. 1689 (Breslau) † 29. 5. 1745 (Danzig)
Praktischer Arzt, 1725 auch Lehrer der Medizin und Physik am Gymnasium in Danzig.
abwM 23. 8. 1735
Medizin

KUMANUDIS (KUMANUDES), Stephanos, * 1818 (Adrianopel) † 31. 5. 1899 (Athen)
Professor für Archäologie an der Universität in Athen.
KM 3. 11. 1870
Klassische Archäologie

KUMAS, Konstantinos, * 1777 (Larissa) † 13. 5. 1836 (Triest)
Direktor des Kollegiums in Smyrna. Später Direktor des Griechischen Gymnasiums in Triest.
KM 9. 12. 1819
Klassische Philologie

KUMMER, Ernst Eduard, * 29. 1. 1810 (Sorau) † 14. 5. 1893 (Berlin)
1832 – 1842 Lehrer am Gymnasium in

Liegnitz. 1842 Professor für Mathematik an der Universität in Breslau. 1855 Professor für Mathematik an der Universität in Berlin; zugleich Professor für Mathematik an der Kriegsschule in Berlin. 1868 – 1869 Rektor der Universität. 1863 – 1878 Sekretar der Physikalisch-mathematischen Klasse der Akademie. Geh. Regierungsrat.
KM 6. 6. 1839; OM 15. 11. 1855 (Bestät. 10. 12. 1855)
Mathematik

KUNDT, August Adolf Eduard Eberhard, * 18. 11. 1839 (Schwerin) † 21. 5. 1894 (Israeldorf bei Lübeck)
1867 Privatdozent an der Universität in Berlin. 1868 Professor für Physik am Polytechnikum in Zürich. 1870 Professor für Physik an der Universität in Würzburg. 1872 Professor für Physik an der Universität in Straßburg. 1888 Professor für Experimentalphysik an der Universität in Berlin.
KM 13. 3. 1879; OM 26. 4. 1888 (Bestät. 29. 5. 1888)
Physik

KUNTH, Karl Sigismund, * 18. 6. 1788 (Leipzig) † 22. 3. 1850 (Berlin) (Freitod)
1829 Professor für Botanik an der Universität in Berlin, zugleich Vizedirektor des Botanischen Gartens. (K. bearbeitete von 1813 – 1829 die botanischen Sammlungen A. v. HUMBOLDTs und BONPLANDs in Paris. In Berlin schuf er ein bedeutendes Herbarium mit ca. 55 000 Arten; es wurde später von der preuß. Regierung aufgekauft und bildete den größten Teil des Generalherbars des Berliner Botanischen Museums.)
KM 1. 6. 1820; OM 10. 12. 1829 (Bestät. 11. 1. 1830)
Botanik

KUNTZEN, Heinrich, * 11. 1. 1893 (Hannoversch-Münden) † 9. 5. 1977 (Jena)
1929 Privatdozent, 1936 Professor für Chirurgie an der Universität in Leipzig. 1937 Ärztlicher Direktor der Chirurgischen Klinik in Chemnitz. 1951 Professor für Chirurgie an der Universität in Jena und Direktor der Chirurgischen Klinik der Universität.
KM 13. 1. 1955; OM 9. 4. 1959
Medizin, Chirurgie

KUO, Mo-Jo, * 16. 11. 1892 (Shawan/Bez. Loshan der Prov. Sechuan) † 12. 6. 1978 (Peking)
Nach 1949 zeitweilig stellvertretender Ministerpräsident. Präsident der Chinesischen Akademie der Wissenschaften in Peking.
KM 6. 9. 1956; AM 20. 5. 1969
Geschichte

KUPFFER, Karl Wilhelm Ritter von, * 2./14. 11. 1829 (Lesten/Kurland) † 16. 12. 1902 (München)
1858 Prosektor und Professor an der Universität in Dorpat. 1866 Professor für Anatomie an der Universität in Kiel. 1876 Professor für Anatomie an der Universität in Königsberg. 1880 Professor für Anatomie an der Universität in München und Vorsteher des Anatomischen Instituts. Geheimrat.
KM 30. 4. 1896
Anatomie

KURATOWSKI, Kazimierz, * 2. 2. 1896 (Warschau) † 18. 6. 1980 (Warschau)
1934 Professor für Mathematik an der Universität in Warschau. 1949 zugleich Direktor des Mathematischen Instituts der Polnischen Akademie der Wissenschaften in Warschau.
AM 4. 9. 1969
Mathematik

KURDJUMOW, Georgi Wjatscheslawo-

witsch, * 1./14. 2. 1902 (Rilsk)
1932 Professor für Metallphysik an der Universität in Dnepropetrowsk. 1944 Direktor des Instituts für Metallkunde und Metallphysik in Moskau. 1946 Korrespondierendes Mitglied, 1953 Ordentlicher Akademiker der Akademie der Wissenschaften der UdSSR. 1969 Direktor des Zentralinstituts für Festkörperphysik der Akademie in Moskau.
AM 4. 9. 1969
Metallphysik

KURDWANOWSKI, Jan Stefan Ligenza, * 26. 12. 1680 (Radzanow/Woiw. Sandomir) † 21. 6. 1780 (Lunéville)
Kammerherr des Königs STANISLAUS in Lunéville. (K. beschäftigte sich mit physikalischen Versuchen.)
AM 28. 6. 1753
Physik

KURYŁOWICZ, Włodzimierz, * 26. 9. 1910 (Lwów)
1939 Dozent, 1954 Professor für Medizin an der Universität in Warschau. Direktor des Staatlichen Hygiene-Instituts in Warschau. 1962 Vorsitzender des Wissenschaftlichen Rates für Planung und Koordinierung der medizinischen Wissenschaft beim Ministerium für Gesundheitswesen in Warschau.
AM 25. 2. 1971
Mikrobiologie, Immunologie

KUTZSCHE, Werner, * 14. 5. 1911 (Radebeul)
1946 Entwicklungsingenieur in Dresden. 1949 Technischer- und Entwicklungsleiter, 1954 Leiter der Abteilung Forschung und Entwicklung des VEB Funkwerk in Dresden. 1957 Professor für Elektroakustik an der Technischen Hochschule in Ilmenau; 1958 Direktor des Instituts für Elektroakustik, 1960 auch Direktor des Instituts für Hochfrequenztechnik. 1965 Professor für elektronische Schaltungstechnik und Meßtechnik an der Technischen Hochschule in Ilmenau. 1968 Nationalpreis.
KM 13. 6. 1974
Technik; elektron. Schaltungs- und Meßtechnik

KYANK, Helmut, * 7. 1. 1916 (Demitz-Thumitz/Kr. Bautzen)
1951 Oberarzt, 1952 Dozent, 1956 Professor für Frauenheilkunde an der Universität in Leipzig. 1958 Professor für Frauenheilkunde an der Universität in Rostock und Direktor der Frauenklinik der Universität. 1974 Nationalpreis.
OM 8. 6. 1967
Medizin, Physiologie, Pathologie

LABUDA, Gerard, * 28. 12. 1916 (Nowahuta/Kr. Kartuzy)
1946 Dozent, 1950 Professor, 1956 Professor für allgemeine und mittelalterliche Geschichte an der Universität in Poznań. 1962 Rektor. 1953 zugleich Direktor des Instituts für die Geschichte Pommerns der Polnischen Akademie der Wissenschaften. 1956 auch Vizedirektor, 1959 bis 1961 Direktor des Westinstituts in Poznań.
AM 8. 6. 1978
Geschichte

LABUS, Giovanni, * 10. 4. 1775 (Brescia) † 6. 10. 1853 (Mailand)
Königl. Antiquar in Mailand.
KM 2. 3. 1843
Epigraphik

LA CAILLE, Nicolas-Louis de, * 15. 3. 1713 (Rumigny/Champagne) † 21. 3. 1762 (Paris)
Abbé, 1746 Professor für Mathematik am Collège Mazarin in Paris. (L. C. führte zwischen 1750 und 1753 am Kap der Guten Hoffnung astronomische Beobachtungen und eine Meridianmessung durch.)

AM 27. 2. 1755
Astronomie

LACASSAGNE, Antoine, * 29. 8. 1884 (Villerest) † 16. 12. 1971 (Paris)
1937 Direktor des Pasteur-Laboratoriums am Institut du Radium in Paris. 1955 Ehrenprofessor am Collège de France.
KM 22. 11. 1962; AM 20. 5. 1969
Medizin, Radiobiologie, Hormonologie, Cancerologie

LACHMANN, Karl Konrad Friedrich Wilhelm, * 4. 3. 1793 (Braunschweig) † 13. 3. 1851 (Berlin)
1815 Lehrer am Friedrich Werderschen Gymnasium in Berlin. 1816 Lehrer in Königsberg. 1818 Professor an der Universität in Königsberg. 1827 Professor für Philologie an der Universität in Berlin. 1843 – 1844 Rektor.
OM 13. 5. 1830 (Bestät. 11. 6. 1830)
Deutsche und klassische Philologie

LA CONDAMINE, Charles-Marie de, * 28. 1. 1701 (Paris) † 4. 2. 1774 (Paris)
Mathematiker und Naturforscher. 1731 Adjunkt der Akademie der Wissenschaften in Paris. (LA C. nahm 1735 bis 1742 an der französischen Gradmessungs-Expedition nach dem heutigen Ekuador teil. Er vermaß 1736 bis 1742 in Peru und auf dem Hochland von Quito einen Meridianbogen von mehr als 3°. 1743 erarbeitete er die erste zuverlässige Karte des Amazonas.)
AM 9. 6. 1746
Mathematik

LA CROZE, Mathurin VEYSSIERE de, * 4. 12. 1661 (Nantes) † 21. 5. 1739 (Berlin)
1697 königl. Bibliothekar in Berlin. 1725 zugleich Professor für Philosophie am Französischen Collegium in Berlin. (LA C. war ursprünglich Katholik und Mönch im Benediktinerkloster St. Germain des prés in Paris. Er arbeitete an der großen Kirchenväterausgabe mit. 1696 floh er nach Basel und trat zur reformierten Kirche über. LA C. wird in zeitgenössischen Urteilen als Sprachgenie und Polyhistor und als einer der gelehrtesten Männer Berlins charakterisiert.)
anwM 11. 3. 1701
Philosophie

LADENBURG, Albert, * 2. 7. 1842 (Mannheim) † 15. 8. 1911 (Breslau)
1870 Privatdozent an der Universität in Heidelberg. 1874 Professor für Chemie an der Universität in Kiel. 1889 Professor für Chemie an der Universität in Breslau.
KM 6. 1. 1910
Chemie

LAGRANGE, Joseph-Louis Comte de, * 25. 1. 1736 (Turin) † 10. 4. 1813 (Paris)
1755 Professor für Mathematik an der Artillerie-Schule in Turin. 1766 – 1787 Direktor der Mathematischen Klasse der Akademie in Berlin. 1787 Professor für Mathematik an der École normale und an der École polytechnique in Paris. Mitglied des Längenbüros. Senator und Graf des Kaiserreiches.
AM 2. 9. 1756; OM 2. 10. 1766;
AM 20. 2. 1787
Mathematik

LAJARD, Jean-Baptiste-Félix, * 30.3.1783 (Lyon) † 19.9.1858 (Tours)
Archäologe in Paris.
KM 17. 12. 1846
Klassische Archäologie

LAKE, Kirsopp, * 7. 4. 1872 (Southhampton) † 10. 11. 1946 (Cambridge/ Mass.)
1904 Professor für Theologie an der Uni-

versität in Leiden. 1914 Professor für Kirchengeschichte an der Universität in Cambridge/Mass..
KM 14. 10. 1937
Kirchengeschichte

LALANDE, Joseph-Jerôme LE FRANÇAIS DE, * 11. 7. 1732 (Bourg/Bresse) † 4. 4. 1807 (Paris)
1732 bis 1753 Advokat in Bourg. 1751 von der Akademie der Wissenschaften in Paris zur Bestimmung der Parallaxe des Mondes nach Berlin entsandt. 1761 Professor für Astronomie am Collège de France, 1768 zugleich Direktor der Sternwarte in Paris. (L., der bereits 1751 zum Auswärtigen Mitglied der Berliner Akademie gewählt worden war, wurde 1800 versehentlich erneut zur Wahl zum Auswärtigen Mitglied vorgeschlagen.)
AM 23. 12. 1751
Astronomie

LA MALLE, Adolphe-Jules-César-Auguste, * 2. 3. 1777 (Paris) † 18. 5. 1857 (Paris)
siehe: DUREAU de LA MALLE, Adolphe-Jules-César-Auguste

LAMBERT, Johann Heinrich, * 26. 8. 1728 (Mühlhausen/Elsaß) † 25. 9. 1777 (Berlin)
Ursprünglich Schreiber. 1746 Sekretär bei ISELIN in Basel. 1748 – 1756 Hauslehrer bei dem Reichsgrafen P. von SALIS in Chur. 1770 Oberbaurat. (L. unternahm 1756 zahlreiche Reisen, u. a. nach Deutschland, Holland und Italien. 1759 wurde er in München Professor und Mitglied der Bayerischen Akademie der Wissenschaften. In Berlin hatte L. die Oberaufsicht über die allgemeine Landvermessung und über das Landbauwesen. L. wurde in der Berliner Akademie am 2. 4. 1761 zum OM gewählt. FRIEDRICH II. zog zunächst eine Bestätigung dieser und anderer am gleichen Tage erfolgter Wahlen hinaus und lehnte sie am 6. 1. 1764 endgültig ab. Am 10. 1. 1765 wurde L. von FRIEDRICH II. zum OM berufen.)
OM 10. 1. 1765
Mathematik, Physik, Astronomie, Philosophie

LAMBERTI, Luigi, * 27. 5. 1756 (Reggio/Emilia) † 4. 12. 1813 (Mailand)
Professor am Brera-Kolleg und Direktor der öffentl. Brera-Bibliothek in Mailand.
KM 25. 6. 1812
Klassische Philologie

LAME, Gabriel, * 22. 7. 1795 (Tours) † 1. 5. 1870 (Paris)
1822 Ingenieur des mines in Paris. 1829 Korrespondierendes Mitglied der Akademie der Wissenschaften in Petersburg; einige Jahre als Oberst im russischen Korps der Wegebaumeister tätig. 1832 Professor für Physik an der École polytechnique. 1848 Professor für Wahrscheinlichkeitsrechnung an der Fakultät der Wissenschaften in Paris. Seit 1836 Ingenieur-en-chef des mines.
KM 20. 12. 1838
Mathematik, Physik

LA METHERIE, Jean-Claude de, * 4. 9. 1743 (Clayette/Mâconnais) † 1. 7. 1817 (Paris)
Dr. med.; praktischer Arzt in Paris. 1801 Professor für Naturgeschichte am Collège de France in Paris. Redakteur des Journal de Physique.
KM 25. 6. 1812
Physik

LA METTRIE, Julien OFFRAY de, * 25. 12. 1709 (Saint-Malo) † 11. 11. 1751 (Berlin)
Zunächst prakt. Arzt und Naturforscher in St. Malo. 1742 Militärarzt in Paris. 1748 Gesellschafter und Vorleser FRIEDRICH's II. (LA M. verlor in Paris seine Stellung wegen philosophisch-materiali-

stischer Schriften, wurde verfolgt und ging zunächst nach Leiden.)
OM 4. 7. 1748 Philosophie

LAMMERT, Ule, * 15. 4. 1926 (Essen)
1966 Vizepräsident der Bauakademie der DDR und Direktor des Instituts für Städtebau und Architektur der Bauakademie der DDR. 1968 Professor.
KM 12. 6. 1980
Städtebau und Architektur

LA MOTHE, Claude GROSTÊTE de, * 1647 (Orleans) † 30. 9. 1713 (London)
Pastor der savoyischen Kirche in London.
abwM 6. 4. 1712
Theologie

LAMPRECHT, Jakob Friedrich, * 1. 10. 1707 (Hamburg) † 8. 12. 1744 (Berlin)
1742 Sekretär im Departement der Auswärtigen Angelegenheiten. 1742 Sekretär des Prinzen HEINRICH von Preußen. (L. genoß vor seinem Eintritt in den Staatsdienst die Unterstützung reicher Gönner und unternahm zahlreiche Reisen. Von 1737 – 1740 leitete er die Redaktion des „Hamburger Correspondenten" und hielt zugleich Vorlesungen über Philosophie, Beredsamkeit und Dichtkunst. Ab 1740 betätigte er sich als Schriftsteller in Berlin. schrieb Artikel in den „Berliner Nachrichten" und gab die Zeitschrift „Der Weltbürger" heraus.)
OM 23. 1. 1744

LANDAU, Edmund Georg Hermann, * 14. 2. 1877 (Berlin) † 19. 2. 1938 (Berlin)
1901 Privatdozent an der Universität in Berlin. 1909 bis 1934 Professor für Mathematik an der Universität in Göttingen und Direktor des Mathematisch-physikalischen Seminars.
KM 21. 2. 1924 Mathematik

LANDOLT, Hans Heinrich, * 5. 12. 1831 (Zürich) † 15. 3. 1910 (Berlin)
1856 Privatdozent an der Universität in Breslau. 1858 Professor für Chemie an der Universität in Bonn. 1869 Professor für Chemie am Polytechnikum in Aachen. 1880 Professor für Chemie an der Landwirtschaftlichen Hochschule in Berlin. 1891 zugleich Professor für Chemie an der Universität in Berlin und Direktor des II. Chemischen Institutes. Geh. Regierungsrat.
OM 28. 7. 1881 (Bestät. 15. 8. 1881)
Chemie

LANDRIANI, Marsilio Chevalier, * 1. 10. 1751 (Mailand) † 13. 3. 1815 (Wien)
Hofmarschall des Herzogs ALBERT von Sachsen-Teschen in Wien. (L. wurde auf Grund seiner erfolgreichen physikalischen Versuche Mitglied der Akademie.)
AM 3. 4. 1783
Physik

LANG, Karl Heinrich Ritter von (1808), * 7. 7. 1764 (Balgheim bei Nördlingen) † 26. 3. 1835 (bei Ansbach)
1786 Regierungsprotokollant, 1787 Regierungssekretär in Nürnberg. 1789 Privatsekretär des württemb. Gesandten von BÜHLER. 1790 Geh. Hofsekretär des Fürsten von WALLERSTEIN. 1795 Geh. Archivar zu Bayreuth und Plattenburg. 1797 Legationssekretär bei der preuß. Gesandtschaft in Rastatt. 1798 Wirkl. Kriegs- und Domänenrat in Ansbach, 1806 Direktor der Kriegs- und Domänenkammer. 1810 1. Archivar im Landesarchiv München. 1811 Direktor des bayer. Reichsarchivs in München. 1812 zugleich Chef des Reichsherolds-Amtes und geh. Referendar im Ministerium des Äußeren in München. 1815 Kreisdirektor in Ansbach.

KM 28. 2. 1822
Geschichte

LANGE, Franz-Heinrich, * 27. 11. 1909 (Kiel)
1936 Entwicklungsingenieur bei der Telefunken-Gesellschaft für drahtlose Telegraphie. 1946 bis 1952 wissenschaftliche Tätigkeit in der UdSSR. 1952 Entwicklungsleiter im Funkwerk Leipzig. 1955 Gastdozent an der Universität in Leipzig. 1956 Gastdozent an der Universität in Rostock. 1958 Professor, 1959 Professor für technische Physik an der Universität in Rostock und Direktor des Instituts für Hochfrequenztechnik und Fernmeldetechnik.
KM 11. 6. 1970
Physik, Elektronik, Informationstechnik

LANGE, Hans Ostenfeldt, * 13. 10. 1863 (Aarhus) † 15. 1. 1943 (Gentofte bei Kopenhagen)
1905 bis 1924 Direktor der Königl. Bibliothek in Kopenhagen. 1924 Professor für Ägyptologie an der Universität in Kopenhagen.
KM 15. 12. 1927
Ägyptologie

LANGE, Johann Joachim, gt. 25. 5. 1699 (Berlin) † 18. 8. 1765 (Halle/Saale)
Professor für Philosophie und Mathematik an der Universität in Halle.
abwM 5. 3. 1732
Philosophie, Mineralogie

LANGE (LANGIUS), Karl Nikolaus, * 18. 2. 1670 (Luzern) † 2. 5. 1741 (Luzern)
1699 Stadtarzt in Luzern. 1712 Ratsherr.
abwM 24. 5. 1709
Medizin, Naturgeschichte

LANGE, Samuel Gotthold, * 22. 3. 1711 (Halle/Saale) † 25. 6. 1781 (Laubingen)
1737 Pastor in Laubingen bei Halle. (L. betätigte sich auch als Dichter, eine Kritik von LESSING vernichtete jedoch seinen literarischen Ruf.)
AM 14. 1. 1751
Theologie

LANGE, Werner, * 18. 7. 1913 (Auerhammer/Sa.)
1947 Professor für Metallhüttenkunde an der Bergakademie in Freiberg. 1949 zugleich Direktor des Metallhütteninstituts der Bergakademie. 1949 Leiter des Zentralamtes für Forschung und Technik. 1955 Professor für Isotopenanwendung an der Technischen Hochschule (jetzt Technische Universität) in Dresden und Leiter des Instituts für Anwendung radioaktiver Isotope der Technischen Hochschule (jetzt Universität). 1956 zugleich Direktor des Forschungsinstituts für Nichteisenmetalle im VEB Mansfeld Kombinat in Eisleben. 1962 bis 1966 zugleich Professor für Metallkunde an der Bergakademie in Freiberg. 1969 Vorsitzender der Klasse Werkstofforschung der Akademie. 1963 Nationalpreis.
KM 15. 6. 1961; OM 23. 4. 1964
Metallhüttenkunde – NE-Metalle, Diffusion in Metallen, chemische Thermodynamik

LANGENBECK, Bernhard, * 25. 5. 1895 (Osterode/Harz) † 30. 4. 1964 (Bonn)
1931 Privatdozent, 1937 Professor, 1940 Professor für Hals-, Nasen und Ohrenkrankheiten an der Universität in Leipzig. 1942 Professor für Hals-, Nasen- und Ohrenkrankheiten an der Universität in Bonn.
KM 10. 2. 1955
Medizin, HNO-Medizin, Luftfahrtmedizin

LANGENBECK, Wolfgang, * 21. 6. 1899 (Göttingen) † 26. 3. 1967 (Rostock)
1928 Privatdozent an der Universität in

Münster. 1933 Professor für organische Chemie an der Universität in Greifswald. 1940 Professor für organische Chemie an der Technischen Hochschule in Dresden. 1945 Chemiker in Greifswald. 1947 Professor für organische Chemie an der Universität in Rostock. 1951 Professor für organische Chemie an der Universität in Halle und Direktor des Instituts für Katalyseforschung. 1955 Nationalpreis.
OM 19. 2. 1953
Organische Chemie

LANGHANSEN, Christoph, * 9. 11. 1691 (Königsberg i. Pr.) † 14. 3. 1770 (Königsberg i. Pr.)
1707 Professor für Theologie an der Universität in Königsberg. Zugleich Hofprediger und Konsistorialrat in Königsberg. (L. betätigte sich auch als Mathematiker.)
abwM 29. 11. 1719
Theologie

LANIUS, Karl, * 3. 5. 1927 (Berlin)
1962 Leiter der Forschungsstelle für Physik hoher Energien (1968 Institut für Hochenergiephysik) der Akademie in Zeuthen. 1964 Professor für Physik an der Universität in Berlin. 1969 bis 1972 Leiter des Forschungsbereiches Mathematik/Physik der Akademie. 1967 Nationalpreis.
OM 4. 9. 1969
Physik, Hochenergiephysik

LAPIN, Boris Arkadjewitsch, * 10.8.1921 (Charkow)
1959 Direktor des Instituts für experimentelle Pathologie und Therapie der Akademie der Medizinischen Wissenschaften der UdSSR. 1961 Professor. 1967 Korrespondierendes Mitglied, 1974 Ordentlicher Akademiker der Akademie der Medizinischen Wissenschaften der UdSSR.
AM 9. 6. 1977 Medizin

LAPLACE, Pierre-Simon Comte Marquis de, * 28. 3. 1749 (Beaumont-en-Auge Normandie) † 5. 3. 1827 (Paris)
Ursprünglich Lehrer der Mathematik an der Militärschule, dann Examinator beim Artilleriekorps in Paris. 1799 Minister des Innern, dann Mitglied und 1803 Kanzler des Erhaltungssenats. (L. wurde von NAPOLEON I. zum Grafen, von LUDWIG XVIII. zum Pair und – 1817 – zum Marquis ernannt.)
AM 4. 8. 1808 (Bestät. 15. 8. 1808)
Mathematik, Astronomie

LAPPENBERG, Johann Martin, * 30. 7. 1794 (Hamburg) † 28. 11. 1865 (Hamburg)
1820 Hamburger Geschäftsträger in Berlin. 1823 Archivar der Stadt Hamburg und Regierungssekretär. (L. war Mitarbeiter der Monumenta Germaniae Historica.)
KM 27. 2. 1845; AM 10. 4. 1862 (Bestät. 21. 5. 1862)
Geschichte

LA RIVE, Auguste-Arthur de, * 9.10.1801 (Genf) † 27.11.1873 (Marseille)
Professor für Physik an der Universität in Genf.
KM 19. 2. 1835
Physik

LARREY Dominique-Jean Baron, * 8. 7. 1766 (Baudéan/Bigorre) † 25. 7. 1842 (Lyon)
Inspektor des Obersten Gesundheitsrates in Frankreich. Chefchirurg der Großen Armee. (L. wurde zum KM gewählt, von der Physikalischen Klasse jedoch als EM geführt.)
KM 25. 6. 1812 Medizin

LASSEN, Christian, * 22. 10. 1800 (Bergen/Norwegen) † 8. 5. 1876 (Bonn)
1827 Privatdozent, 1830 Professor,

1840 Professor für altindische Sprache und Literatur an der Universität in Bonn.
KM 17. 12 1846; AM 28. 6. 1872
Indologie

LAßNER, Gerd, * 19. 8. 1940 (Waldkirchen/Erzgeb.)
1969 Professor für Mathematik an der Universität in Leipzig. 1973 – 1976 zugleich Leiter des Naturwissenschaftlich-Theoretischen Zentrums der Universität in Leipzig.
KM 14. 6. 1979
Mathematik, mathematische Physik

LATREILLE, Pierre-André,
* 29. 11. 1762 (Brive-la-Gaillarde/Limousin) † 6. 2. 1833 (Paris)
Professor für Entomologie am Naturhistorischen Museum in Paris.
KM 25. 6. 1812
Zoologie, Entomologie

LATTE, Kurt, * 9. 3. 1891 (Königsberg i. Pr.) † 18. 6. 1964 (Tutzing)
1920 Privatdozent an der Universität in Münster. 1923 Professor für klassische Philologie an der Universität in Greifswald. 1926 Professor für klassische Philologie an der Universität in Basel. 1931 Professor für klassische Philologie an der Universität in Göttingen.
KM 23. 10. 1947
Klassische Philologie

LATYSCHEW, Wassilii Wassiljewitsch,
* 29. 7. 1855 (Dievo/Gouv. Twer) † 2. 5. 1921 (Petrograd)
Zunächst Lehrer in Wilna, dann im Bezirk Kasan. 1890 Korrespondierendes Mitglied, 1893 Ordentlicher Akademiker der Akademie der Wissenschaften in Petersburg und Direktor des Historischen-philosophischen Instituts in Petersburg.
KM 4. 6. 1891
Klassische Philologie, Epigraphik, Geschichte

LAUE, Max Theodor Felix von,
* 9. 10. 1879 (Pfaffendorf b. Koblenz) † 24. 4. 1960 (Westberlin)
1906 Privatdozent an der Universität in Berlin, 1909 an der Universität in München. 1912 Professor für theoretische Physik an der Universität in Zürich. 1914 Professor für Physik an der Universität in Frankfurt a. M. 1919 Professor für theoretische Physik an der Universität in Berlin. Neben A. EINSTEIN Mitdirektor des Instituts für Physik der Kaiser-Wilhelm-Gesellschaft zur Förderung der Wissenschaften. 1946 Honorarprofessor an der Universität in Göttingen; zugleich Stellv. Direktor des Instituts für Physik der Max-Planck-Gesellschaft. 1951 Direktor des Instituts für Physikalische Chemie und Elektrochemie der Max-Planck-Gesellschaft. 1914 Nobelpreis für Physik. 1959 Helmholtz-Medaille der Akademie.
OM 15. 7. 1920 (Bestät. 14. 8. 1920)
Theoretische Physik

LAUTER, Ernst-August, * 1. 12. 1920 (Rostock)
1951 Direktor des Observatoriums für Ionosphärenforschung des Meteorologischen Dienstes der DDR in Kühlungsborn. 1957 Professor für Physik der Atmosphäre an der Universität in Rostock. 1966 – 1969 und 1972 – 1976 Direktor des Zentralinstituts für solarterrestrische Physik der Akademie in Berlin. 1968 – 1972 Generalsekretär der Akademie. 1968 Nationalpreis.
OM 11. 6. 1964
Physik; Solar-terrestrische Physik, Geophysik

LAUTERBACH, Robert, * 25. 2. 1915 (Leipzig)
1945 Inhaber und Leiter eines Ingenieurbüros für Geologie. 1953 Professor für angewandte Geophysik und Geologie an der Universität in Leipzig. 1958 zugleich Direktor des Instituts für Geophysikali-

sche Erkundung, 1965 Direktor des Instituts für Geophysikalische Erkundung und Geologie der Universität. 1951 zugleich leitender Mitarbeiter des Geophysikalischen Dienstes der DDR. 1957 bis 1964 Leiter der Forschungsstelle des VEB Geophysik in Leipzig. Seit 1951 auch Lehrbeauftragter an der Bergakademie in Freiberg, seit 1965 auch Lehrbeauftragter an der Universität in Berlin. 1967 Nationalpreis.
OM 8. 6. 1967
Physik; Geophysik, Biogeophysik, Radiogeochemie

LA VILLEMARQUE, Théodore-Claude-Henri HERSART Vicomte de, * 7.7.1815 (Quimperlé/Finistère) † 8. 12. 1895 (Keransker-en-Nézou)
Professor für Literaturgeschichte an der Universität in Paris.
KM 10. 4. 1851
Literaturgeschichte, Geschichte der bretonischen Literatur

LAWRENTJEW, Michail Aleksejewitsch, * 6./19. 11. 1900 (Kasan) † 15. 10. 1980 (Moskau)
1931 Professor für Mathematik an der Universität in Moskau. 1939 Direktor des Instituts für Mathematik und Mechanik der Ukrainischen Akademie der Wissenschaften in Kiew. 1946 Ordentlicher Akademiker für Mathematik der Akademie der Wissenschaften der UdSSR. 1945 bis 1948 Vizepräsident der Ukrainischen Akademie der Wissenschaften in Kiew. 1957 Vizepräsident der Akademie der Wissenschaften der UdSSR und Präsident der Sibirischen Abteilung der Akademie.
AM 4. 9. 1969
Mathematik

LEAKE, William Martin, * 1777 † 6. 1. 1860 (Brighton)
Zunächst bis 1823 brit. Artillerieoffizier; zuletzt Oberstleutnant. Nach 1823 Schriftsteller. (L., als Offizier mehrfach im diplomatischen Auftrag im vorderen Orient, nahm am griechischen Freiheitskampf teil. Er nahm 1823 seinen Abschied und betätigte sich als archäologischer Schriftsteller. Grundlegend waren seine Arbeiten zur Topographie des Alten Griechenlands.)
EM 22. 6. 1815
Archäologie

LE BAS, Philippe, * 18. 6. 1794 (Paris) † 16. 5. 1860 (Paris)
Administrator der Bibliothek der Universität in Paris.
KM 25. 3. 1858
Archäologie

LE BOUYER (LE BOVIER), Bernhard de, * 11. 2. 1657 (Rouen) † 9. 1. 1757 (Paris)
siehe: FONTENELLE, Bernard LE BOUYER (LE BOVIER) de

LE CAT, Claude-Nicolas, * 6. 9. 1700 (Brérancourt/Picardie) † 20. 8. 1768 (Rouen)
Chefchirurg im Hôtel-Dieu in Rouen.
AM 28. 8. 1754
Medizin

LE CHATELIER, Henri-Louis, * 8. 10. 1850 (Paris) † 17. 9. 1936 (Miribelles-les-Echelles/Isere)
1871 Ingenieur am Corps des Mines in Besançon. 1877 Professor für allgemeine Chemie an der École des mines in Paris. 1884 Professor für allgemeine Chemie an der Ecole polytechnique in Paris. 1887 Professor für chemische Technologie an der École des mines in Paris. 1898 Professor für physikalische Chemie am Collège de France und der Fakultät der Wissenschaften. Inspektor gen. des mines. (CH. legte am 15. März 1915 seine Mitgliedschaft in der Akademie aus Pro-

test gegen den Aufruf „An die Kulturwelt" nieder.)
KM 14. 12. 1905 – 15. 3. 1915
Physikalische Chemie

L'ECLUSE des LOGES, Pierre-Mathurin de, * 1716 (Falaise/Normandie) † um 1783 (Paris)
Abbé. Pfarrer an St. Nicolas-des Champs in Paris.
AM 11. 12. 1749
Theologie, Philosophie

LEDEBOUR, Karl Christian Friedrich, * 8. 6. 1785 (Stralsund) † 22. 6. 1851 (München)
1805 Demonstrator der Botanik und Direktor des Botanischen Gartens der Universität in Greifswald. 1811 Professor für Naturgeschichte an der Universität in Dorpat. (L. lebte seit 1836 privat in Odessa, später in Heidelberg und zuletzt in München.)
KM 19. 1. 1832
Botanik

LE DUCHAT, Jacques, * 23. 2. 1658 (Metz) † 23. 7. 1735 (Berlin)
Königl. Rat und Assessor am französischen Obergericht in Berlin.
anwM 2. 1. 1715
Rechtswissenschaft

LEEMANNS, Conradus, * 28. 4. 1809 (Zalt-Bommel) † 14. 10. 1893 (Leiden)
Direktor des Königl. Museums für Altertümer in Leiden. Zeitweilig auch Direktor des Ethnographischen Reichsmuseums in Leiden.
KM 9. 5. 1844
Archäologie, Altertumskunde

LEFEBVRE, Georges, * 6. 8. 1874 (Lille) † 28. 8. 1959 (Boulogne-sur-Seine)
1899 bis 1922 Lehrer am Gymnasium in Cherbourg, Tourcoing, Lille, Saint-Omer, Orléans und Paris. 1924 Professor an der Faculté des Lettres in Clermont/Ferrand, später in Straßburg. 1932 Präsident der Société des Études robespierristes und Leiter der „Annales historique de la Révolution française". 1937 Professor für Geschichte der Französischen Revolution an der Sorbonne in Paris.
KM 10. 2. 1955
Geschichte der Französischen Revolution

LE FREVRE (LEFEBVRE, LEFEBURE), Simon Dieudonné, * 1712 (in Frankreich) † 1771 (Neisse) (Freitod)
1748 Hauptmann im preuß. Ingenieurkorps. 1770 preuß. Oberstleutnant. (L. F. genoß anfangs die Gunst FRIEDRICH's II. Er erhielt Aufträge zum Bau von Befestigungsanlagen und zur Herstellung von Minen. Im siebenjährigen Krieg geriet er zweimal in Gefangenschaft. 1771 wurde er arretiert und beging Selbstmord.)
OM 17. 6. 1751
AM 9. 12. 1751

LEGENDRE, Adrien-Marie, * 18. 9. 1752 (Paris) † 10. 1. 1833 (Paris)
Professor für Mathematik, zunächst an der Militärschule, dann an der Normalschule in Paris. Später Mitglied der Kommission des öffentlichen Unterrichts. 1816 Examinator an der École polytechnique. (L. verlor 1824 seine Pension von 3.000 frs., weil er bei der Besetzung einer akadem. Stelle nicht für den Kandidaten des Ministeriums gestimmt hatte.)
KM 25. 6. 1812
Mathematik

LEHMANN, Peter Ambrosius, gt. 20. 12. 1666 (Döbeln) † 31. 10. 1729 (Hamburg)
1690 Magister der Philosophie in Leipzig. 1693 Hauslehrer in Hamburg. 1708 Legationssekretär im Dienste des Kurfür-

sten von Sachsen.
abwM 19. 6. 1726
Geschichte, Genealogie

LEHMANN, Edgar Theodor, * 25.3.1905 (Berlin)
1933 Leiter der Kartographischen Anstalt des Bibliographischen Instituts in Leipzig und Verlagsleiter. 1945 Leiter, später Direktor der Kartographischen Anstalt und des Technischen Betriebes des Bibliographischen Insituts in Leipzig. 1950 Professor für Kartographie und Länderkunde, 1952 Professor für Geographie an der Universität in Leipzig. Seit 1950 zugleich Direktor des Deutschen Instituts für Länderkunde in Leipzig (1968 der Akademie zugeordnet, 1969 in Geographisches Institut umbenannt.) Seit 1961 zugleich Direktor des Geographischen Instituts der Universität in Leipzig. 1963 bis 1968 Sekretar der Klasse für Chemie, Geologie und Biologie der Akademie. 1971 Vorsitzender der Klasse Umweltschutz und Umweltgestaltung der Akademie.
KM 23. 4. 1959; OM 15. 6. 1961
Geographie, Kartographie

LEHMANN, Nikolaus Joachim
* 15. 3. 1921 (Camina/Sa.)
1953 Professor für angewandte Mathematik an der Technischen Universität Dresden. 1956 zugleich Direktor des Instituts für maschinelle Rechentechnik. 1979 Professor für mathematische Kybernetik und Rechentechnik der Technischen Universität Dresden. 1964 Nationalpreis.
KM 12. 6. 1980
Mathematik; mathematische Grundlagen der Informationsverarbeitung

LEHMANN, Johann Christian,
* 16. 6. 1675 (Bautzen) † 19. 1. 1739 (Leipzig)
Nach dem Studium der Medizin und Naturwissenschaften Professor für Physik und Medizin an der Universität in Leipzig. (L. hat sich um die Verbesserung der sächsischen Salzwerke verdient gemacht.)
abwM 7. 6. 1713
Chemie, Physik

LEHMANN, Johann Gottlob, * 4. 8. 1719 (Langenhennersdorf bei Pirna)
† 11./22. 1. 1767 (Petersburg)
Dr. med.. Preuss. Bergrat in Berlin 1761 Professor für Chemie an der Akademie der Wissenschaften in Petersburg und Direktor des Kaiserl. Museums in Petersburg.
OM 19. 9. 1754; AM 11. 6. 1761
Geologie, Chemie

LEHMANN, Maximilian (Max) Ludwig Eduard, * 19. 5. 1845 (Berlin)
† 8. 10. 1929 (Göttingen)
1868 Gymnasiallehrer in Berlin. 1875 Geh. Staatsarchivar in Berlin. 1879 zugleich Dozent an der Kriegsakademie in Berlin. 1888 Professor für Geschichte an der Universität in Marburg. 1893 Professor für Geschichte an der Universität in Leipzig. 1893 Professor für Geschichte an der Universität in Göttingen. Geh. Regierungsrat.
OM 9. 12. 1886 (Bestät. 24. 1. 1887); EM 1. 10. 1888; AM 26. 11. 1925
Geschichte

LEHMANN, Paul, * 13. 7. 1884 (Braunschweig) † 4. 1. 1964 (München)
1911 Privatdozent, 1917 Professor, 1926 Professor für klassische Philologie an der Universität in München.
KM 2. 12. 1948
Klassische Philologie

LEHNDORFF, August Adolf Leopold Graf von, * 8. 4. 1771 (Bandels/Ostpr.)
† 1820
Königl. Preuß. Kammerherr in Königsberg. (L. wurde als Mitglied aufgenom-

men, nachdem er der Akademie „eine Ode eingereicht" hatte, „die sehr gefallen hat".)
aoM 13. 2. 1806 (Bestät. 24. 2. 1806); EM 24. 1. 1812

LEHNERT, Martin, * 20. 6. 1910 (Berlin)
1948 Professor für Anglistik an der Universität in Greifswald. 1951 Professor für Anglistik an der Universität in Berlin. 1964 Nationalpreis.
OM 15. 6. 1961
Sprachwissenschaft; engl. Sprache und Literatur

LEHR-SPLAVINSKI, Tadeusz, * 20. 9. 1891 (Krakau) † 16. 2. 1965 (Krakau)
1929 Professor für slawische Philologie an der Universität in Krakau. 1939 Rektor.
KM 10. 2. 1955
Slawische Philologie, Altertumskunde

LEHRS, Karl, * 14. 1. 1802 (Königsberg i. Pr.) † 9. 6. 1878 (Königsberg i. Pr.)
1823 Lehrer am Gymnasium in Danzig, später in Marienwerder. 1825 Oberlehrer in Königsberg. 1831 Privatdozent, 1835 Professor, 1845 Professor für klassische Philologie an der Universität in Königsberg.
KM 27. 2. 1845
Klassische Philologie

LEIBNITZ, Eberhard, * 31. 1. 1910 (Hannover)
1933 Ingenieur an der Technischen Hochschule in Berlin-Charlottenburg. 1937 freiberuflicher Chemiker. 1945 Leiter eines Forschungslaboratoriums der SMAD in Leipzig. 1947 Leiter der Lackfabrik Leutzsch in Leipzig. 1948 Technischer Leiter der VVB Lacke/Farben und Plaste. 1951 zugleich nebenamtl. Professor, 1953 Professor für chemische Technologie an der Universität in Leipzig. 1953 Leiter des Instituts für organisch-chemische Industrie des Ministeriums für Schwermaschinenbau in Leipzig (1952 gegründet; 1957 Institut für organische Grundstoffchemie). 1955 Professor für organisch-chemische Technologie an der Technischen Hochschule in Leuna-Merseburg. Rektor. 1956 Direktor des Instituts für Verfahrenstechnik der organischen Chemie der Akademie in Leipzig. 1961 Direktor des Instituts für Dokumentation der Akademie in Berlin. 1963 Leiter des Sektionskonsiliums im naturwissenschaftlich-technischen Forschungsbereich der Akademie. Zugleich Direktor des Instituts für Verfahrenstechnik und organische Chemie der Akademie in Leipzig. 1964 zugleich Stellvertreter des Vorsitzenden der Forschungsgemeinschaft der naturwissenschaftlichen, technischen und medizinischen Institute der Akademie für den Fachbereich Chemie. 1964 auch Direktor der Wissenschaftlichen Redaktion der Zentralblätter in Berlin. 1970 Leiter des Forschungsbereiches Chemie der Akademie in Berlin. 1971 Präsident der Urania. 1959 Nationalpreis.
OM 19. 2. 1953
Organische Chemie, Technische Chemie

LEIBNIZ, Gottfried Wilhelm Freiherr von, * 1. 7. 1646 (Leipzig) † 14. 11. 1716 (Hannover)
1664 Magister an der Universität in Leipzig. 1666 Doktor beider Rechte an der Universität in Altdorf. 1667 Sekretär des Ordens der Rosenkreuzer in Nürnberg. 1667 politisch-staatsrechtlicher Berater im Dienste des Kurfürsten von Mainz. 1670 zugleich Rat am Oberrevisionskollegium in Mainz. 1673 Mitglied der Royal Society. 1676 Bibliothekar (mit dem Titel eines Hofrates) an der Bibliothek des Herzogs von Hannover. 1695

Geh. Justizrat. 1669 Mitglied der Académie des Sciences, Paris. 1700 Präsident der Brandenburgischen Sozietät der Wissenschaften in Berlin. 1712 zugleich Geh. Justizrat im Dienste PETERs I. 1713 Reichshofrat. (L., geistiger Schöpfer der Königlich Brandenburgischen Sozietät der Wissenschaften in Berlin, der heutigen Akademie der Wissenschaften der DDR, wurde am 19. 6. 1700, vor der Gründung der Akademie, zu ihrem Präsidenten ernannt.)
OM 12. 7. 1700
Mathematik, Naturwissenschaften, Philosophie, Sprachwissenschaft, Rechtswissenschaft, Organisation der Wissenschaft

LEICHT, Pier Silverio, * 25. 6. 1874 (Venedig) † 3. 2. 1956 (Rom)
1900 Dozent an der Universität in Padua. 1905 Professor für Rechtsgeschichte an der Universität in Cagliari. 1907 Professor für Rechtsgeschichte an der Universität in Siena. 1913 Professor für Rechtsgeschichte an der Universität in Modena. 1921 Professor für Rechtsgeschichte an der Universität in Bologna. 1926 Dekan. 1928 Unterstaatssekretär im ital. Unterrichtsministerium. 1935 Professor für Rechtsgeschichte an der Universität in Rom. 1934 Senator.
KM 20. 6. 1935
Rechtsgeschichte

LEIDENFROST, Johann Gottlob,
* 24. 11. 1715 (Rosperswenda/Harz)
† 2. 12. 1794 (Duisburg)
1743 Professor für Medizin an der Universität in Duisburg/Rhl., daneben prakt. Arzt. Im 7jährigen Krieg Feldarzt. (Nach L. ist das Leidenfrost'sche Phänomen in der Physik benannt.)
AM 16. 11. 1758
Medizin

LEITZMANN, Albert, * 3. 8. 1867 (Magdeburg) † 16. 4. 1950 (Jena)
1891 Privatdozent, 1898 Professor, 1923 Professor für deutsche Sprache und Literaturgeschichte an der Universität in Jena. 1928 Silberne Leibniz-Medaille der Akademie.
KM 3. 11. 1938
Germanistik

LEKSCHAS, John, * 10. 10. 1925 (Memel)
1951 Dozent an der Universität in Halle und Direktor des Instituts für Strafrecht. 1956 Professor für Strafrecht an der Universität in Halle. 1961 Professor für Strafrecht an der Universität in Berlin und Direktor des Instituts für Strafrecht. 1969 Direktor der Sektion Rechtswissenschaften an der Universität in Berlin.
KM 14. 6. 1973
Rechtswissenschaft, Strafrecht, Kriminologie

LELORGNE, Marie Jules César de,
* 5. 4. 1779 (Provins/Brie champ.)
† 5. 10. 1851 (Gally/Seine-et-Oise)
siehe: SAVIGNY, Marie Jules César LELORGNE de

LE MONNIER, Louis-Guillaume,
* 27. 6. 1717 (Paris) † 7. 9. 1799 (Montreuil bei Versailles), (Bruder von LE MONNIER, Pierre-Charles)
1738 prakt. Arzt am Krankenhaus in St. Germain. 1740 Oberfeldarzt. 1742 Professor für Botanik am Jardin du Roi und 1. Leibarzt LUDWIGs XV. (M. legte botanische Sammlungen an und arbeitete über Fragen der Elektrizität. 1735 nahm er an der Expedition unter der Leitung von P. MAUPERTUIS nach Lappland teil. Nach der bürgerlichen Revolution in Frankreich war er Mitglied der Zentralen Kommission für den öffentl. Unterricht.)
AM 30. 6. 1746
Botanik

LE MONNIER, Pierre-Charles,

* 23. 11. 1715 (Paris) † 3. 4. 1799 (Hèrils/Calvados)
Professor für Physik am Collège de France. Astronom der Marine.
AM 29. 1. 1745
Astronomie

LENARD, Philipp Eduard Anton,
* 7. 6. 1862 (Presburg) † 20. 5. 1947 (Messelhausen/Württ.)
1894 Professor an der Universität in Breslau. 1895 Dozent für Physik an der Technischen Hochschule in Aachen. 1896 Professor für theoretische Physik an der Universität in Heidelberg. 1898 Professor für Physik an der Universität in Kiel und Direktor des Physikalischen Instituts. 1908 Professor für Physik an der Universität in Heidelberg und Direktor des Physikalischen Instituts. 1905 Nobelpreis für Physik. Geh. Rat. (L., Hauptvertreter der „deutschen" Physik des Faschismus und aktiver Verfechter der faschistischen Rassenideologie und -politik, wurde auf Wunsch der faschistischen Regierung EM. Die Wahl erfolgte unter Umgehung der Wahlbestimmungen. Bei der Wiedereröffnung der Akademie wurde seine Mitgliedschaft am 30. 6. 1946 nicht bestätigt. Er ist damit aus der Mitgliederliste der Akademie seit dem 8. 5. 1945 gestrichen.)
KM 21. 1. 1909 – 8. 5. 1945;
EM 7. 5. 1942 (Bestät. 1. 6. 1942) – 8. 5. 1945
Physik

LENFANT, Jakob, * 13. 4. 1661 (Bazoches/Beauce) † 7. 8. 1728 (Berlin)
1684 Capellan der verw. Kurfürstin von der Pfalz und Pastor an der französischen Kirche in Heidelberg. 1689 1. Prediger der Französischen Gemeinde in Berlin. Später zugleich Hofprediger und Oberkonsistorialrat.
anwM 24. 2. 1724
Theologie, Religionsgeschichte

LENORMANT, Charles, * 1. 6. 1802 (Paris) † 24. 11. 1859 (Athen)
1837 Konservator an der Nationalbibliothek, 1840 Konservator im Antikenkabinett des Louvre in Paris. 1848 Professor für ägyptische Archäologie am Collège de France.
KM 27. 2. 1845
Archäologie, Numismatik

LENZ, Heinrich Friedrich Emil,
* 12./24. 2. 1804 (Dorpat) † 10. 2. 1865 (Rom)
1828 Adjunkt für Physik, 1834 Ordentlicher Akademiker der Akademie der Wissenschaften in Petersburg; zugleich Professor für Physik an der Universität, am pädagogischen Hauptinstitut und an der Artillerieschule in Petersburg. (L. nahm 1823 – 1826 an der Expedition unter Leitung von KOTZEBUE teil.)
KM 24. 2. 1853
Physik

LENZ, Max Albert Wilhelm, * 13.6.1850 (Greifswald) † 6. 4. 1932 (Berlin)
1876 Privatdozent, 1881 Professor, 1885 Professor für neuere Geschichte an der Universität in Marburg. 1888 Professor für neuere Geschichte an der Universität in Breslau. 1890 Professor für neuere Geschichte an der Universität in Berlin und Direktor des Histor. Seminars. 1911 – 1912 Rektor der Universität. 1914 Professor für neuere Geschichte an der Universität in Hamburg. Geh. Regierungsrat.
OM 26. 11. 1896 (Bestät. 14. 12. 1896);
EM 1. 5. 1914; AM 26. 11. 1925;
OM 10. 12. 1925
Geschichte

LEO, Friedrich, * 10. 7. 1851 (Regenwalde/Pomm.) † 15. 1. 1914 (Göttingen)
1881 Professor für klassische Philologie an der Universität in Kiel. 1884 Professor für klassische Philologie an der Uni-

versität in Rostock. 1888 Professor für klassische Philologie an der Universität in Straßburg. 1889 Professor für klassische Philologie an der Universität in Göttingen.
KM 1. 11. 1906
Klassische Philologie

LEPSIUS, Karl Richard, * 23. 12. 1810 (Naumburg/Saale) † 10. 7. 1884 (Berlin)
1836 Sekretär des Archäologischen Instituts in Rom. 1842 Professor, 1846 Professor für Ägyptologie an der Universität in Berlin. 1855 zugleich Direktor des Ägyptologischen Instituts. In der Folge Generaldirektor der Kgl. Bibliothek. 1873 Geh. Regierungsrat. (L. unternahm mehrere längere Expeditionsreisen, vor allem nach Ägypten.)
KM 9. 5. 1844; OM 25. 4. 1850 (Bestät. 18. 5. 1850)
Ägyptologie

LERCHENFELD, Hugo Graf v. und zu, auf Höfering und Schönberg,
* 13. 10. 1843 (Berlin) † 28. 6. 1925 (Köfering)
1868 Attaché der Bayerischen Gesandtschaft in Paris. 1869 Akzessist im Ministerium des Äußeren in München. 1871 Bayerischer Geschäftsträger in Petersburg. 1875 Legationsrat bei der Bayerischen Gesandtschaft in Wien. 1880 a. o. Gesandter und Bevollmächtigter der Bayerischen Regierung zur Reichsregierung in Berlin. Staatsrat. (Die Wahl von L. zum EM erfolgte aus Anlaß des 200. Gründungsjahres der Akademie.)
EM 21. 12 1899 (Bestät. 5. 3. 1900)

LE SEUR, P. Thomas, * 1. 10. 1703 (Rethel) † 26. 9. 1770 (Rom)
Franziskaner. Professor für Theologie am Collegio der Propaganda und der Dogmatik an der Sapinza in Rom.
AM 4. 9. 1749 Theologie

LESKIEN, August, * 8. 7. 1840 (Kiel) † 20. 9. 1916 (Leipzig)
1864 Lehrer in Leipzig. 1867 Privatdozent an der Universität in Göttingen. 1869 Professor für vergl. Sprachwissenschaft an der Universität in Jena. 1870 Professor, 1876 Professor für slawische Sprachen an der Universität in Leipzig. Geh. Hofrat.
KM 18. 1. 1900
Vergl. Sprachwissenschaft, Slawistik

LESSER, Friedrich Christian,
* 29. 5. 1692 (Nordhausen) † 17.9.1754 (Nordhausen)
1716 Pastor in Nordhausen. 1724 – 1743 zugleich Administrator des Waisenhauses.
AM 24. 1. 1744
Theologie, Kirchengeschichte

LESSING, Gotthold Ephraim,
* 22. 1. 1729 (Kamenz/Sa) † 15.2.1781 (Braunschweig)
Dichter, Ästhetiker und Philologe. 1751 Magister an der Universität in Wittenberg. 1760 Sekretär des Generals TAUENZIN in Breslau. 1770 Direktor der herzogl. Bibliothek in Braunschweig.
AM 23. 10. 1760 (Bestät. 30. 10. 1760)
Philologie

LETRONNE, Jean-Antoine, * 2. 1. 1787 (Paris) † 14. 12. 1848 (Paris)
1831 Professor für Geschichte und Archäologie am Collège de France und Direktor der Königl. Bibliothek in Paris. 1838 Administrator des Collège de France. 1840 Oberster Leiter der Archive Frankreichs. (L. stand, obwohl bereits KM, am 16. 12. 1830 erstmals zur Wahl als AM, erhielt aber nicht die erforderliche Stimmenzahl.)
KM 16. 8. 1821; AM 12. 4. 1832 (Bestät. 7. 5. 1832) Altertumskunde

LEUCKART, Karl Georg Friedrich Ru-

dolf, * 7. 10. 1822 (Helmstedt)
† 6. 2. 1898 (Leipzig)
1847 Privatdozent für Zoologie an der Universität in Göttingen. 1850 Professor, 1855 Professor für Zoologie an der Universität in Gießen. 1869 Professor für Zoologie und Zootomie an der Universität in Leipzig.
KM 20. 1. 1887
Zoologie

LEUCKFELD, Johann Georg, * 4.7.1668 (Heringen) † 24.4.1726 (Grönigen/Fsm. Halberstadt)
1700 Sekretär der Äbtissin in Gandersheim, zugleich Archivar der Abtei. 1702 1. Pastor in Gröningen. (L. schrieb vor allem Biographien kirchl. Würdenträger, Beschreibungen von Klöstern und Städten, die urkundlich belegt waren.)
abwM 3. 2. 1712
Theologie, Geschichte, Numismatik

LEUPOLD, Jakob, * 25. 7. 1674 (Planitz bei Zwickau) † 12. 1. 1727 (Leipzig)
Seit 1699 Mechanikus in Leipzig. Seit 1701 auch Ökonom am Lazarett in Leipzig. 1725 Sächsischer Rat und Bergkommissar.
abwM 12. 4. 1715
Mechanik

LEUTWEIN, Friedrich, * 9. 8. 1911 (Berlin) † 28. 12. 1974 (Stuchensee-Büching)
1939 wissenschaftlicher Mitarbeiter am Oberbergamt in Freiberg/Sa. 1943 Leiter des Forschungslaboratoriums des Bergreviers Freiberg/Sa. 1947 Dozent, 1947 Professor für Mineralogie, Petrographie und Geochemie an der Bergakademie in Freiberg und Direktor des Mineralogischen Instituts. 1949 Rektor. 1959 Honorarprofessor an der Universität in Hamburg. 1960 Professor an der Universität in Nancy.
OM.26. 9. 1957; KM 23. 4. 1964;
AM 20. 5. 1969
Mineralogie, Lagerstättenkunde

LEVASSEUR, Emile, * 8. 12. 1828 (Paris) † 10. 7. 1911 (Paris)
1872 Professor für Nationalökonomie am Collège de France.
KM 18. 1. 1900
Nationalökonomie, Statistik

LE VERRIER, Urbain Jean-Joseph, * 11. 3. 1811 (Saint-Lô/Manche)
† 23. 9. 1877 (Paris)
1853 – 1870 und ab 1873 Professor für Astronomie an der Universität in Paris und Direktor der Sternwarte von Paris. Senator.
KM 17. 12. 1846
Astronomie

LEVEZOW, Jakob Andreas Konrad, * 3. 9. 1770 (Stettin) † 13. 10. 1835 (Berlin)
Zunächst Hauslehrer in Pommern. 1793 Hilfslehrer, 1795 Lehrer am Friedrich-Wilhelm-Gymnasium in Berlin; zugleich Professor für Altertümer an der Akademie der bildenden Künste in Berlin. 1821 Aufseher, 1826 Vorstand des Antiquariums (Kunstkabinett) in Berlin.
OM 19. 1. 1832 (Bestät. 13. 2. 1832)
Archäologie

LEVI-CIVITA, Tullio, * 29. 3. 1873 (Padua) † 29. 12. 1941 (Rom)
1896 Hilfsprofessor an der Höheren Normalschule der Universität in Pavia. 1897 Suppl., 1900 Professor für analytische Mechanik an der Universität in Padua. 1923 Professor für höhere Analysis, 1924 Professor für rationale Mechanik an der Universität in Rom. (L.–C., der die mathematischen Grundlagen der Relativitätstheorie mit geschaffen hatte, wurde am 27. 11. 1941 auf Grund der faschistischen Rassegesetze von der Mitgliederliste gestrichen.)

KM 31. 10. 1929
Mathematik

LÉVY, Auguste Michel-, * 7. 8. 1844 (Paris) † 24. 9. 1911 (Paris)
siehe: MICHEL-LÉVY, Auguste

LEWY, Ernst, * 19. 9. 1881 (Breslau) † 25. 9. 1966 (Dublin)
1925 bis 1933 Professor für allgemeine Sprachwissenschaft an der Universität in Berlin. 1934 Professor für Sprachwissenschaft an der Irischen Akademie in Dublin.
KM 29. 6. 1950
Sprachwissenschaft

LEYDIG, Franz von, * 21. 5. 1821 (Rothenburg ob d. Tauber) † 11. 4. 1908 (Rothenburg ob der Tauber)
1849 Privatdozent, 1855 Professor für Anatomie an der Universität in Würzburg. 1857 Professor für Anatomie an der Universität in Tübingen, 1875 Professor für Anatomie und Zoologie an der Universität in Bonn und Direktor des Anatomischen Instituts sowie des Zoologischen Museums und Instituts in Bonn. Geh. Medizinalrat.
KM 20. 1. 1887
Anatomie, Zoologie

L'HULLIER, Simon Antoine Jean, * 24. 4. 1750 (Genf) † 28. 3. 1840 (Genf)
Zunächst Hauslehrer in Warschau bei dem Fürsten CZARTORISKY. 1795 Professor für Mathematik an der Universität in Genf.
AM 30. 4. 1789 (Bestät. 14. 5. 1789)
EM 24. 1. 1812
Mathematik

LIBRI-CARUCCI della Sommaja, Guglielmo Brutus Icilius Timoleone Graf, * 2. 1. 1803 (Florenz) † 28. 9. 1869 (Villa Fiesole)
Zunächst bis 1830 Professor für Mathematik an der Universität in Pisa. Später bis 1848 Professor für Analysis am Collège de France, Generalinspekteur der Universität und der öffentlichen Bibliotheken in Paris sowie Mitglied der Akademie der Wissenschaften in Paris. (L. verließ 1830 Italien als politischer Flüchtling. 1848 floh er aus Frankreich nach England. Er wurde in Frankreich in Abwesenheit zu 10 Jahren Zuchthaus verurteilt, da er des Diebstahls von Büchern und Handschriften mit einem Wert von 500.000 frc. angeklagt war.)
KM 19. 1. 1832
Mathematik

LICHTENHELDT, Willibald, * 30. 10. 1901 (Werdau/Sa.) † 1. 11. 1980 (Dresden)
1949 Wissenschaftlicher Mitarbeiter im VEB Carl Zeiss in Jena. 1950 Professor für Getriebetechnik und Feinmechanik an der Technischen Hochschule (jetzt Universität) in Dresden und Direktor des Instituts für Getriebetechnik und Feinmechanik. 1962 Nationalpreis.
KM 17. 5. 1956; OM 9. 4. 1959
Technik

LICHTENSTEIN, Martin Hinrich Karl, * 10. 1. 1780 (Hamburg) † 3. 9. 1857 (auf See zwischen Korsör und Kiel)
1803 Militärarzt in niederländischem Dienst. 1804 – 1806 Erzieher und Hausarzt des niederländischen Generals JANSSENS. 1806 erneut Militärarzt. 1811 Professor für Zoologie an der Universität in Berlin. 1813 zugleich Direktor des Zoologischen Museums. 1844 Gründung des Berliner Zoos. (L. trieb zwischen 1803 und 1806 im Kapland zoologische Studien. Seit 1830 führte er von Berlin aus die Geschäfte eines Kurators für die naturwissenschaftlichen Angelegenheiten der von Berlin nach Neustadt verlegten Forstakademie.)

OM 24. 3. 1814 (Bestät. 14. 5. 1814)
Zoologie

LICHTSCHEID, Ferdinand Helfreich,
* 12. 11. 1661 (Würmling bei Wien)
† 23. 2. 1707 (Berlin)
1689 Prediger in Zeitz. 1703 Prediger an der Petrikirche in Berlin; Propst und Konsistorialrat.
anwM 12. 10. 1701
Theologie

LIDÉN, Evald, * 3. 10. 1862 (Sandared, Sandhult/Västergötland) † 11. 10. 1939 (Göteborg)
1895 Privatdozent an der Universität in Uppsala. 1899 Professor für vergleichende Sprachwissenschaft und Sanskrit an der Universität in Göteborg.
KM 14. 6. 1934
Indogermanische Sprachwissenschaft

LIEBERKÜHN, Johann Nathanael,
* 5. 9. 1711 (Berlin) † 7. 12. 1756 (Berlin)
Dr. med.. 1740 Arzt in Berlin. 1751 Mitglied des Obercollegium medicum. (L. gewann in der Akademie durch den Bau optischer, mechanischer und physikalischer Instrumente großes Ansehen. Von 1737 bis 1740 hielt sich L. u. a. in Halle, Jena und Erfurt, später in Leiden, London und Paris auf. In dieser Zeit hatte er den Status eines abwM, Nach seinem Namen sind die Schlauchdrüsen des Dünndarms benannt (Lieberkühnsche Drüsen).)
anwM 1735 OM 23. 1. 1744
Anatomie

LIEBEZEIT, Georg Sigismund,
* 3. 11. 1690 (Oedenburg) † Dez. 1739 (Oedenburg)
Amtsarzt in Oedenburg.
abwM 9. 6. 1723
Medizin

LIEBIG, Johann Justus Freiherr von (1845), * 12. 5. 1803 (Darmstadt)
† 18. 4. 1873 (München)
Ursprünglich Pharmazeut. 1824 Professor für Chemie an der Universität in Gießen. 1852 Professor für Chemie an der Universität in München. 1860 Präsident der Bayerischen Akademie der Wissenschaften in München. Wirkl. Geh. Rat.
KM 20. 6. 1833; AM 26. 7. 1855
(Bestät. 15. 8. 1855)
Chemie, Agrarwissenschaft

LIEBISCH, Theordor, * 29. 4. 1852 (Breslau) † 9. 2. 1922 (Berlin)
1875 Kustos am Mineralogischen Museum der Universität in Berlin. 1878 Privatdozent für Mineralogie an der Universität in Berlin. 1880 Professor an der Universität in Breslau. 1883 Professor für Mineralogie an der Universität in Greifswald. 1884 Professor für Mineralogie an der Universität in Königsberg. 1887 Professor für Mineralogie an der Universität in Göttingen. 1908 Professor für Mineralogie an der Universität in Berlin. Geh. Bergrat.
OM 25. 6. 1908 (Bestät. 3. 8. 1908)
Mineralogie

LIEBKNECHT, Johann Georg,
* 23. 4. 1679 (Wasungen) † 17. 9. 1749 (Gießen)
1707 Professor für Mathematik, 1721 auch Professor für Theologie an der Universität in Gießen.
abwM 7. 10. 1716
Mathematik, Theologie

LIETZMANN, Hans, * 2. 3. 1875 (Düsseldorf) † 25. 6. 1942 (Locarno)
1900 Privatdozent an der Universität in Berlin. 1905 Professor, 1908 Professor für Kirchengeschichte an der Universität in Jena. 1924 Professor für Kirchengeschichte an der Universität in Berlin.
OM 19. 5. 1927 (Bestät. 31. 5. 1927)
Kirchengeschichte

LILIENCRON, Rochus Wilhelm Traugott Heinrich Ferdinand Freiherr von, * 8. 12. 1820 (Plön) † 5. 3. 1912 (Koblenz)
1847 Privatdozent an der Universität in Bonn. 1848 Sekretär im Büro für auswärtige Angelegenheiten in Holstein; zugleich bis 1850 diplom. Vertreter von Schleswig-Holstein in Berlin. 1850 Professor für nordische Sprache und Literatur an der Universität in Kiel. 1852 Professor für deutsche Sprache und Literatur an der Universität in Jena. 1855 Kabinettsrat in Meiningen; zugleich Intendant der Hofkapelle und Vorsteher der herzogl. Bibliotheken. 1869 Leiter der Herausgabe der „Allgemeinen Deutschen Biographie" – im Auftrage der Historischen Kommission der Bayerischen Akademie der Wissenschaften in München. 1876 zugleich Probst des Damenstiftes St. Johannis in Schleswig. Wirkl. Geh. Rat.
AM 20. 12. 1900 (Bestät. 14. 1. 1901); EM 1. 9. 1908
Germanistik

LILIENTHAL, Michael, * 8. 9. 1686 (Liebstadt/Ostpr.) † 23. 1. 1750 (Königsberg i. Pr.)
1713 2. Inspektor an der Universität in Königsberg. 1715 Diaconus in Königsberg. 1719 Diaconus an der Altstädtischen Kirche in Königsberg. Zugleich Stadtbibliothekar. (Von L. sind historische Beschreibungen über Kirchenbauten überliefert.)
abwM 25. 1. 1711
Kirchengeschichte

LIMPRECHT, Johann Adam, * 2.12.1651 (Breslau) † 27.7.1735 (Berlin)
Doktor der Medizin. Arzt in Berlin.
anwM 10. 6. 1719
Anatomie

LINDBLOM, Karl Gerhard, * 26.8.1887 (Aby/Kalmar Län) † 14.6.1969 (Stockholm)
Professor für Ethnologie an der Universität in Stockholm und Direktor der Ethnographischen Abteilung des Reichsmuseums in Stockholm.
KM 29. 6. 1950; AM 20. 5. 1969
Ethnographie

LINDE, Carl Paul Gottfried Ritter von, * 11. 6. 1842 (Berndorf/Obfr.) † 16. 11. 1934 (München)
1866 Leiter des Konstruktionsbüros der Lokomotivfabrik Krauss und Co. in München. 1868 Professor für Maschinenlehre und angewandte Thermodynamik an der Technischen Hochschule in München.
KM 6. 7. 1916
Technik, Thermodynamik

LINDE, Samuel Gottlieb, * 28. 4. 1771 (Thorn) † 8. 8. 1847 (Warschau)
Zunächst Lektor für polnische Sprache an der Universität in Leipzig. Später Bibliothekar des Grafen OSSOLINSKI in Wien. 1803 Rektor des Lyzeums in Warschau und Oberbibliothekar. 1833 Direktor des Gymnasiums in Warschau; zugleich Direktor des Schulwesens für das Gebiet Masovien.
KM 25. 6. 1812
Philologie

LINDELÖF, Ernst Leonard, * 7. 3. 1870 (Helsingfors) † 4. 6. 1946 (Helsinki)
1895 Dozent, 1902 Adjunkt, 1903 Professor für Mathematik an der Universität in Helsingfors.
KM 19. 2. 1931
Mathematik

LINDENAU, Bernhard August von, * 11. 6. 1779 (Altenburg/Thür.) † 21. 5. 1854 (Altenburg/Thür.)
1800 Rat im Kammercollegium Alten-

burg. 1801 Astronom in Gotha. 1808 Direktor der Sternwarte auf dem Seeberg bei Gotha. 1818 – 1833 im Sächs. Staatsdienst, Staatsminister.
EM 13. 12. 1827 (Bestät. 4. 1. 1828)
Astronomie

LINDLEY, John, * 5. 2. 1799 (Catton bei Norwich) † 1. 11. 1865 (London)
1829 bis 1860 Professor für Botanik an der Universität in London.
KM 13. 2. 1834
Botanik

LINDSTRÖM, Gustav, * 27. 8. 1829 (Visby) † 16. 5. 1901 (Stockholm)
1856 Adjunkt am Gymnasium in Visby. 1876 Professor für Paläontologie und Physik und Intendant der Paläontologischen Abteilung des Naturhistor. Reichsmuseums in Stockholm.
KM 28. 7. 1898
Paläontologie

LINK, Heinrich Friedrich, * 2. 2. 1767 (Hildesheim) † 1. 1. 1851 (Berlin)
Dr. med.. 1792 Professor für Naturgeschichte, Botanik und Chemie an der Universität in Rostock. 1811 Professor für Chemie und Botanik an der Universität in Berlin. 1815 Professor für Botanik an der Universität in Berlin und Direktor des Botanischen Gartens. (L. wurde auf Grund einer Anweisung des preuß. Königs vom 4. 8. 1815, L. ab 1. 7. 1815 das Gehalt zu zahlen, OM. Eine gesonderte Wahl erfolgte nicht. L. nahm am 9. 11. 1815 erstmals als OM an einer Sitzung der Akademie teil.)
KM 25. 6. 1812; OM 1. 7. 1815
Botanik

LINNÉ, Karl von (1757), * 24. 5. 1707 (Råshult) † 10. 1. 1778 (Hammarby bei Uppsala)
1738 Arzt und Professor für Mineralogie an der Admiralität in Stockholm. 1741 Professor für Medizin, 1742 Professor für Botanik an der Universität in Uppsala. 1747 Leibarzt des Königs. (L., Schöpfer der biologischen Nomenklatur, gehörte der Akademie der Wissenschaften in Stockholm seit deren Gründung im Jahre 1739 an.)
AM 30. 6. 1746
Botanik, Zoologie

LINTZEL, Martin, * 28. 2. 1901 (Magdeburg) † 15. 7. 1955 (Halle/Saale)
1927 Privatdozent an der Universität in Halle. 1935 Professor für Geschichte an der Universität in Kiel. 1936 Professor für Geschichte an der Universität in Halle.
OM 24. 2. 1955
Mittelalterliche Geschichte

LIOUVILLE, Joseph, * 24. 3. 1809 (Saint-Omer) † 8. 9. 1882 (Paris)
1833 Professor für Mathematik an der École polytechnique. 1839 Professor für Mathematik und Mechanik an der Sorbonne. 1862 Mitglied des Büros d. Longitudes.
KM 19. 12. 1839; AM 24. 2. 1876 (Bestät. 15. 3. 1876)
Mathematik

LIPPMANN, Jonas Ferdinand Gabriel, * 16. 8. 1845 (Hollerich/Luxemburg) † 13. 7. 1921 (auf der Überfahrt Kanada-Europa)
1878 Maitre de conférences an der Sorbonne. 1883 Professor für Mathematik, 1886 Professor für allgemeine Physik an der Universität in Paris. 1898 Mitglied des Längenbüros. 1908 Nobelpreis für Physik.
KM 22. 2. 1900
Physik

LIPSCHITZ, Rudolf Otto Sigmund, * 14. 5. 1832 (Königsberg i. Pr.) † 7. 10. 1903 (Bonn)

1864 Professor für Mathematik an der Universität in Bonn.
KM 18. 4. 1872
Mathematik

LISSNER, Anton, * 21. 8. 1885 (Großschönau/Böhmen) † 6. 2. 1970 (Freiberg)
1913 Privatdozent, 1920 Professor für Chemie an der Technischen Hochschule in Brünn. 1942 Professor für anorganische Chemie an der Universität in Prag. 1946 Professor für anorganische Chemie an der Bergakademie in Freiberg und Direktor des Instituts für chemische Kohleveredlung. 1952 Nationalpreis.
KM 24. 10. 1957; OM 23. 4. 1964
Anorganische Chemie

LITT, Theodor, * 27. 12. 1880 (Düsseldorf) † 16. 7. 1962 (Bonn)
1919 Professor für Philosophie an der Universität in Bonn. 1920 – 1937 Professor für Philosophie an der Universität in Leipzig. 1947 Professor für Philosophie und Pädagogik an der Universität in Bonn. (L. wurde vor der Wiedereröffnung der Akademie am 9. 5. 1946 „vorläufig" zum KM gewählt. Die Bestätigung erfolgte anläßlich der Wiedereröffnung der Akademie. L. stellte sich später in den Dienst der gegen die DDR gerichteten imperialistischen Politik in der BRD.)
KM 30. 6. 1946
Philosophie

LITTMANN, Richard Ludwig Enno, * 16. 9. 1875 (Oldenburg) † 4.5. 1958 (Tübingen)
1906 Professor für morgenländische Sprachen an der Universität in Straßburg. 1914 Professor für morgenländische Sprachen an der Universität in Göttingen. 1917 Professor für morgenländische Sprachen an der Universität in Bonn. 1921 Professor für morgenländische Sprachen und Literatur in Tübingen. 1910 – 1911, 1929 und 1948 Gastprofessor an der Universität in Kairo.
KM 12. 5. 1932
Orientalistik

LOBECK, Christian August, * 5. 6. 1781 (Naumburg/Saale) † 25. 8. 1860 (Königsberg i. Pr.)
Zunächst Predigeramtskandidat in Zeitz. 1802 Privatdozent an der Universität in Wittenberg und Kustos der Universitätsbibliothek. 1807 Konrektor, 1808 Rektor am Lyzeum in Wittenberg. 1809 Professor am Lyzeum in Wittenberg. 1814 Professor der Eloquenz und Altertumswissenschaft an der Universität in Königsberg. Zugleich Oberbibliothekar der Universität. Geh. Rat.
AM 12. 4. 1832 (Bestät. 7. 5. 1832)
Klassische Philologie, Gräzistik

LOBKOWITZ, Ferdinand Philipp Joseph Fürst von, * 27. 4. 1724 † 11. 1. 1784 (Prag)
Böhmischer Fürst.
AM 28. 8. 1749

LODER, Ferdinand Justus Christian von (1809), * 28. 4./9. 5. 1753 (Riga) † 4./16. 4. 1832 (Moskau)
1778 Professor für Medizin, Anatomie und Chirurgie an der Universität in Jena. 1781 zugleich Oberaufseher des Naturalienkabinetts, Amtsarzt, Weimarischer Hofrat und Leibarzt. 1799 Geh. Hofrat. 1803 Professor für Medizin an der Universität in Halle, zugleich preuß. Geh. Rat. 1808 Leibarzt in Königsberg. 1794 Ehrenmitglied der Akademie der Wissenschaften in Petersburg. 1810 Wirkl. Staatsrat und Leibarzt des Zaren ALEXANDER (mit Wohnsitz in Moskau). Mitglied des medizinischen Reichskollegiums. 1831 Geh. Rat. (L., der 1780 – 1781 wissenschaftliche Reisen nach Frankreich, England und Holland unternommen hatte, richtete nach seiner

Rückkehr 1781 in Jena ein Theatrum anatomicum, eine medizinisch-chirurgische Klinik und eine Entbindungsanstalt ein. 1812 war er in Moskau für die Betreuung der Verwundeten verantwortlich. Neben seiner Tätigkeit als Leibarzt wirkte er in mehreren medizinischen Gremien mit.)
KM 12. 10. 1809; EM 24. 1. 1812
Medizin

LÖBELL, Johann Wilhelm, * 15.9.1786 (Berlin) † 12.7.1863 (Bonn)
1815 Lehrer für Geschichte an der Kriegsschule in Breslau. 1823 Lehrer für Geschichte am Kadetten-Korps in Berlin. 1829 Professor für Geschichte an der Universität in Bonn.
KM 17. 12. 1846
Geschichte

LÖFSTEDT, Haimar Einar Harald, * 15. 6. 1880 (Uppsala) † 10. 6. 1955 (Lund)
1907 Privatdozent, 1912 Professor für eloquentia et poesia Romana an der Universität in Lund.
KM 19. 3. 1936
Klassische Philologie, Latinistik

LÖHLEIN, Walther, * 5. 1. 1882 (Berlin) † 14. 9. 1954 (Essen)
1909 Privatdozent, 1921 Professor für Medizin an der Universität in Greifswald. 1924 Professor für Augenheilkunde an der Universität in Jena. 1932 Professor für Augenheilkunde an der Universität in Freiburg i. Br. 1934 Professor für Augenheilkunde an der Universität in Berlin. 1949 Honorarprofessor an der Universität in Westberlin.
OM 14. 7. 1949 – 29. 6. 1950
Medizin

LÖNNROT, Elias, * 9. 4. 1802 (Sammatti/Nyland) † 19. 3. 1884 (Sammatti/Nyland)
1833 Kreisarzt in Kajana. 1853 bis 1962 Professor für finnische Sprache und Literatur an der Universität in Helsingsfors.
KM 25. 4. 1850
Sprachwissenschaft

LOESCHCKE, Georg, * 28. 6. 1852 (Penig/Sa.) † 26. 11. 1915 (Baden-Baden)
1890 Professor für klassische Archäologie an der Universität in Bonn. 1912 Professor für Kunstwissenschaft an der Universität in Berlin. Geh. Rat.
OM 20. 2. 1913 (Bestät. 31. 3. 1913)
Klassische Archäologie

LÖSCHE, Max Hermann Artur, * 20. 10. 1921 (Leipzig)
1953 Dozent, 1955 Professor für Physik an der Universität in Leipzig. 1966 Direktor der Sektion Physik und des Physikalischen Instituts der Universität in Leipzig. 1958 Nationalpreis.
OM 3. 6. 1965
Physik; Strukturphysik, Hochfrequenzspektroskopie

LOESCHKE, Hermann, * 13. 5. 1882 (Dorpat) † 27. 9. 1958 (Rostock)
1911 Privatdozent an der Universität in Köln. 1929 Professor für Pathologie an der Universität in Heidelberg. 1931 Professor für Pathologie an der Universität in Greifswald. 1948 Professor für Pathologie an der Universität in Rostock.
KM 13. 1. 1955
Pathologie

LÖW, Karl Friedrich * 20. (22.) 3. 1699 (Oedenburg) † 4. (6.) 11. 1741 (Oedenburg.)
Prakt. Arzt in Wien, später in Oedenburg.
abwM 31. 10. 1731
Anatomie

LOEWY, Maurice, * 15. 4. 1833 (Wien) † 15. 10. 1907 (Paris)
Zunächst Astronom in Wien, später bei

LEVERRIER am Observatorium in Paris. 1872 Mitglied des Längenbüros. 1876 Direktor der Sternwarte in Montsouris (gemeinsam mit Admiral MOUCHEZ). Später Direktor der Sternwarte in Paris.
KM 12. 12. 1895
Astronomie

LOGUNOW, Anatolii Alexejewitsch,
* 30. 12. 1926 (Obscharowka/Geb. Kuibyschew)
1956 Stellvertr. Direktor des Laboratoriums für Theoretische Physik des Vereinigten Instituts für Kernforschung in Dubna. Später Direktor des Instituts für Physik hoher Energien in Serpuchow. 1968 Korrespondierendes Mitglied, 1972 Ordentlicher Akademiker der Akademie der Wissenschaften der UdSSR. 1975 Vizepräsident der Akademie. 1977 zugleich Rektor der Universität in Moskau.
AM 8. 6. 1978
Theoretische Physik

LOHMANN, Hans, * 26. 9. 1863 (Hannover) † 3. 12. 1934 (Hamburg)
1893 Privatdozent an der Universität in Kiel. 1919 Professor für Zoologie an der Universität in Hamburg und Direktor des Zoologischen Staatsinstituts sowie des Zoologischen Museums.
KM 24. 7. 1924
Zoologie, Planktonforschung

LOHMANN, Karl Heinrich Adolf,
* 10. 4. 1898 (Bielefeld) † 22. 4. 1978 (Berlin)
1929 Privatdozent an der Universität in Berlin. Zugleich Oberassistent am Institut für Medizinische Forschung der Kaiser-Wilhelm-Gesellschaft zur Förderung der Wissenschaften. 1930 Privatdozent, 1937 Professor für physiologische Chemie an der Universität in Heidelberg. 1937 Professor für physiologische Chemie an der Universität in Berlin und Direktor des Physiologisch-chemischen Instituts. 1950 Stellvertr. Direktor, später Direktor des Instituts für Medizin und Biologie der Akademie in Berlin-Buch. 1957 Präsident des Instituts für Ernährung der Akademie in Potsdam-Rehbrükke. 1961 Direktor des Instituts für Biochemie der Akademie in Berlin. 1949 bis 1954 Sekretar der Klasse für medizinische Wissenschaften der Akademie. 1954 bis 1961 Sekretar der Klasse für Medizin der Akademie. 1951 Nationalpreis. 1978 Helmholtzmedaille der Akademie.
OM 24. 2. 1949
Medizin, Biologie, Biochemie

LOHS, Rudolf Karlheinz
* 23. 8. 1929 (Annaberg/Erzgeb.)
1958 Direktor der VEB Chemisch-technische Laboratorien. 1965 Professor der Akademie; zugleich Direktor des Instituts für Biochemie der Akademie in Berlin. 1970 Leiter der Forschungsstelle für chemische Toxikologie der Akademie in Leipzig.
KM 11. 6. 1970; OM 15. 6. 1972
Chemische Toxikologie

LOLLING, Habbo Gerhardus,
* 23. 11. 1848 (Tergast/Ostfriesland)
† 22. 2. 1894 (Athen)
Kustos der griechischen Inschriften und Bibliothekar am Deutschen Archäologischen Institut in Athen.
KM 2. 2. 1893
Klassische Philologie, Epigraphik

LOMBARD, Johann Wilhelm,
* 1. 4. 1767 (Berlin) † 28. 4. 1812 (Nizza)
1786 Kanzleiangestellter, danach Kabinettssekretär im Kabinett FRIEDRICHs II. 1800 Geh. Kabinettsrat in Berlin. 1807 – 1809 Beständiger Sekretar der Akademie. (L., der vielfach im diplomatischen Auftrag tätig war, wird von Zeitgenossen als frivol und käuflich charakterisiert. Wegen seiner Zusammenarbeit

mit Frankreich floh er 1806 aus Berlin. 1807 wurde er auf Befehl FRIEDRICH WILHELMs III. gegen den Widerstand in der Akademie zum Ordentlichen Mitglied und Beständigen Sekretar ernannt. Er trat 1809 als Beständiger Sekretar zurück, behielt aber, obwohl er danach im Ausland lebte, den Status eines OM.)
aoM 27. 1. 1803;
OM 9. 7. 1807

LOMBARDI, Luigi, * 21. 8. 1867 (Dronero/Prov. Cuneo) † 7. 2. 1958 (Rom)
1896 Dozent an der Technischen Hochschule in Zürich. 1897 Professor für technische Physik an der Technischen Hochschule in Turin. 1898 Professor für technische Physik, 1903 Professor für Elektrotechnik an der Technischen Hochschule in Neapel. 1922 Professor für Elektrotechnik an der Universität in Rom.
KM 28. 4. 1938
Hochspannungstechnik

LOMMATZSCH, Erhard, * 2. 2. 1886 (Dresden) † 20. 1. 1975 (Frankfurt a. M.)
1913 Privatdozent, 1919 Professor für romanische Philologie an der Universität in Berlin. 1921 Professor für romanische Philologie an der Universität in Greifswald. 1928 Professor für romanische Philologie an der Universität in Frankfurt a. M..
KM 29. 4. 1937; AM 20. 5. 1969
Romanische Philologie

LONGPÉRIER, Henri-Adrien PRÉVOST de, * 21. 9. 1816 (Paris) † 14. 1. 1882 (Paris)
Konservator der Antikensammlung des Louvre in Paris.
KM 30. 7. 1857
Archäologie

LOOFS, Friedrich, * 19. 6. 1858 (Hildesheim) † 13. 1. 1928 (Halle/Saale)
1882 Privatdozent, 1886 Professor für Kirchengeschichte an der Universität in Leipzig. 1887 Professor, 1888 Professor für Kirchengeschichte an der Universität in Halle. 1910 Geh. Konsistorialrat. (L. stand bereits am 9. Juli 1903 erstmals zur Wahl, erhielt jedoch nicht die erforderliche Stimmenmehrheit.)
KM 3. 11. 1904
Kirchengeschichte

LORENTZ, Hendrik Antoon, * 18. 7. 1853 (Arnheim) † 4. 2. 1928 (Haarlem)
1872 Lehrer in Arnheim. 1878 Professor für theoretische Physik an der Universität in Leiden. Kurator des Physikalischen Instituts der Universität. 1902 Nobelpreis für Physik.
KM 4. 5. 1905
Theoretische Physik

LORGNA, Antonio Maria, * 22.10.1735 (Cerera bei Verona) † 28. 5. 1796 (Verona)
Brigadier und Gouverneur der Militärschule in Verona.
AM 20. 2. 1777
Mathematik

d'LORIOL, Jean Frèderic Benjamin, * 9. 12. 1736 (Berlin) † 6. 4. 1803 (Berlin)
siehe: ANIERES, Jean Frèderic Benjamin LORIOL d'

LOTTER, Johann Georg, * 25. 3. 1702 (Augsburg) † 1./12. 4. 1737 (Petersburg)
Zunächst Magister in Leipzig. 1733 Professor der Eloquenz und für griechisch-römische Altertümer an der Akademie der Wissenschaften in Petersburg.
abwM 1731
Altertumswissenschaft

LOTZE, Rudolf Hermann, * 21.5.1817 (Bautzen) † 1. 7. 1881 (Berlin)
1839 Privatdozent an der Universität in

Leipzig. 1842 Professor für Philosophie, zugleich Dozent für Medizin an der Universität in Leipzig. 1844 Professor für Philosophie an der Universität in Göttingen. 1881 Professor für Philosophie in Berlin.
KM 11. 2. 1864
Physiologie, Philosophie

LOVEN, Sven Ludwig, * 6. 1. 1809 (Stockholm) † 3. 9. 1895 (Karlsborg bei Stockholm)
Intendant am Naturhistorischen Reichsmuseum in Stockholm.
KM 8. 7. 1875
Naturgeschichte

LUCCHESINI, Girolamo Marchese, * 7. 5. 1751 (Lucca) † 20. 10. 1825 (Florenz)
1780 Kammerherr FRIEDRICH's II. 1793 Wirkl. Geh. Etats- und Kriegsminister. 1807 Oberhofmeister der Herzogin BACCIOCHI in Lucca. (L. gehörte zur Tischgesellschaft FRIEDRICH's II. und vermittelte dessen literarischen Verkehr mit italienischen Gelehrten. Von 1786 bis 1802 fand er im preuß. diplomatischen Dienst Verwendung und war u. a. Gesandter in Warschau und Dresden.)
EM 24. 8. 1786

LUDENDORFF, Friedrich Wilhelm Hans, * 26. 5. 1873 (Thunow/Pomm.) † 26. 6. 1941 (Potsdam)
1897 wissenschaftlicher Hilfsarbeiter an der Sternwarte in Hamburg. 1898 wissenschaftlicher Hilfsarbeiter am Observatorium in Potsdam. 1905 Observator, 1915 Hauptobservator, 1921 Direktor des Astrophysikalischen Observatoriums in Potsdam.
OM 11. 5. 1922 (Bestät. 23. 10. 1922)
Astrophysik

LUDIN, Adolf, * 27. 12. 1879 (Karlsruhe i. B.) † 4. 8. 1968 (Berlin-West)
1904 bis 1914 und 1919 Ingenieur der Badischen Eisenbahn und der Badischen Wasser- und Straßenbauverwaltung. 1920 selbständ. berat. Ingenieur. 1920 Privatdozent an der Technischen Hochschule in Karlsruhe. 1923 Professor für Wasserbautechnik an der Technischen Hochschule in Berlin.
OM 2. 3. 1939 (Bestät. 29. 4. 1939)
Wasserbau, Wasser- und Elektrizitätswirtschaft

LUDOLF, Hiob[1], * 15. 6. 1624 (Erfurt) † 8. 4. 1704 (Frankfurt a. M.)
1652 Lehrer des Erbprinzen in Gotha. Später Hofrat. 1675 Kammerdirektor in Altenburg. 1681 Kammerdirektor bei dem Kurfürsten von der Pfalz in Frankfurt a. M. 1690 Präsident des Collegium imperale historicum in Frankfurt a. M. (L., der 25 Sprachen beherrscht haben soll, gilt als Begründer des äthiopischen Studiums in Europa.)
abw. M. 12. 10. 1701

1) Am 12. 10. 1701 wurde „Ludolf jun." als Mitglied aufgenommen. Nähere Angaben sind nicht zu ermitteln. Ein Diplom der Mitgliedschaft ist nicht ausgestellt worden. In älteren Mitgliederverzeichnissen wird angenommen, daß es sich um Ludolf, Hiob, Professor der Mathematik in Frankfurt a. O., handele. Hinweise hierzu sind in den Akten der Akademie nicht enthalten. Dagegen scheint es wahrscheinlicher, daß es sich um den oben Genannten handelt, der mit G. W. Leibniz in wissenschaftlichen Beziehungen stand. Mit Sicherheit ist jedoch nicht nachzuweisen, welcher Ludolf als Mitglied aufgenommen wurde.)

LUDOLFF, Christian Friedrich (der Jüngere), * 5. 3. 1707 (Berlin) † 22. 10. 1763 (Berlin), (Vetter von LUDOLFF, M. M.)
Dr. med.. Professor am Collegium medico-chirurgicum in Berlin.
anwM 4. 12. 1738; OM 23. 1. 1744
Anatomie

LUDOLFF, Michael Matthias (der Ältere), * 2. 4. 1696 (Berlin) † 30. 7. 1756 (Berlin)
Dr. med.. Hofarzt. Zugleich Professor für

Botanik am Collegium medico-chirurgicum in Berlin.
anwM 1723; OM 23. 1. 1744
Anatomie, Botanik

LUDOVICI, Karl Günther, * 7. 8. 1707 (Leipzig) † 5. 7. 1778 (Leipzig)
Professor für Philosophie an der Universität in Leipzig.
abwM 19. 3. 1738
Philosophie

LUDWIG, Christian Gottlieb, * 30. 4. 1709 (Brieg) † 7. 5. 1773 (Leipzig)
1736 Magister in Leipzig. 1740 Professor, 1747 Professor für Medizin an der Universität in Leipzig. (L. begleitete von 1730 – 1733 auf Befehl des Kurfürsten FRIEDRICH AUGUST II. L. HEBENSTREIT als Botaniker nach Afrika.)
AM 10. 5. 1753 Medizin

LUDWIG, Hubert, * 22. 3. 1852 (Trier) † 17. 11. 1913 (Bonn)
1875 Privatdozent an der Universität in Göttingen. 1878 Direktor des Museums für Kultur- und Völkerkunde in Bremen. 1881 Professor für Zoologie an der Universität in Gießen. 1887 Professor für Zoologie und vergl. Anatomie an der Universität in Bonn und Direktor des Instituts für Zoologie und vergl. Anatomie. Geh. Regierungsrat.
KM 14. 7. 1898
Zoologie, vergl. Anatomie

LUDWIG, Karl Friedrich Wilhelm, * 29. 12. 1816 (Witzenhausen/Werra) † 23. 4. 1895 (Leipzig)
1842 Privatdozent, 1843 1. Prosektor und 1846 Professor der Medizin an der Universität in Marburg. 1849 Professor der Anatomie und Physiologie in Zürich. 1855 Professor der Physiologie und Zoologie an der Medizinischen Militärakademie in Wien. 1865 Professor der Physiologie an der Universität in Leipzig.
KM 27. 10. 1864
Medizin, Physiologie

LÜDEMANN, Karl-Friedrich, * 7.6.1912 (Lennep/Rhld.) † 29.5.1967 (Freiberg)
1936 Ingenieur, später Stellvertr. Betriebsleiter der KLÖCKNER-Werke AG, Werk Haspe in Hagen-Haspe. 1944 Stahlwerksleiter der Königs- und Bismarckshütten AG, Werk Königshütte. 1946 Wissenschaftlicher Mitarbeiter am Technischen Büro „Eisen" in Freiberg. 1947 Hauptingenieur, später Technischer Direktor der Staatl. AG „Marten" Werk Silbitz b. Krossen. 1950 Abteilungsleiter im Eisenforschungsinstitut in Hennigsdorf. 1953 zugleich Professor für Eisenhüttenkunde an der Universität in Berlin. 1956 Professor für Eisenhüttenforschung an der Bergakademie in Freiberg und Direktor des Instituts für Sonderstahlkunde der Bergakademie. 1965 Rektor. 1963 Sekretar der Klasse für Bergbau, Hüttenwesen und Montangeologie der Akademie. 1954 Nationalpreis.
KM 23. 4. 1959; OM 15. 6. 1961
Metallurgie, Eisenhüttenkunde

LÜDERS, Heinrich, * 25. 6. 1869 (Lübeck) † 7. 5. 1943 (Badenweiler)
1898 Privatdozent an der Universität in Göttingen. 1903 Professor, 1905 Professor für indische Philologie an der Universität Rostock. 1908 Professor für indische Philologie an der Universität Kiel. 1909 Professor für altindische Sprache und Literatur an der Universität in Berlin. 1931 – 1932 Rektor der Universität. 1920 – 1938 Sekretar der Philosophisch-historischen Klasse der Akademie. Geh. Rat.
OM 15. 7. 1909 (Bestät. 5. 8. 1909)
Indologie

LÜTTRINGHAUS, Arthur, * 6. 7. 1906 (Köln-Mühlheim)
1938 Privatdozent an der Universität in

Berlin. 1941 Professor für organische Chemie an der Universität in Greifswald. 1947 Professor für organische Chemie an der Universität in Halle. 1951 Professor für organische Chemie an der Universität in Freiburg i. Br..
OM 17. 7. 1949; KM 11. 6. 1964
AM 20. 5. 1969
Organische Chemie

LUICK, Karl, * 27. 1. 1865 (Wien-Floridsdorf) † 20. 9. 1935 (Wien)
1890 Privatlehrer bzw. Privatdozent an der Universität in Wien. 1891 Privatdozent, 1893 Professor, 1898 Professor für englische Sprache und Literatur an der Universität in Graz. 1908 Professor für englische Sprache und Literatur an der Universität in Wien.
KM 1. 6. 1922
Anglistik

LUISCIUS, Abraham Georg, * vor 1693 (Xanten)
Lexikograph. 1734 – 1739 preuß. Resident bei den Generalstaaten im Haag. Geh. Regierungsrat. (L. wurde 1739 wegen Unterschlagung abberufen, beging einen Selbstmordversuch und verlor alle Stellungen.)
abwM 24. 6. 1734

LUKACS, Georg, * 13. 4. 1885 (Budapest) † 4. 6. 1971 (Budapest)
1919 Volkskommissar für Kultur der Ungarischen Räterepublik. 1945 Professor für Ästhetik und Kulturphilosophie an der Universität in Budapest.
KM 13. 1. 1955; AM 20. 5. 1969
Literaturwissenschaft

LULOFS, Johann, * 5. 8. 1711 (Zutphen) † 4. 11. 1768 (Leiden)
1742 Professor für Mathematik und Astronomie, 1744 auch für Philosophie an der Universität in Leiden. Daneben seit 1752 Generalinspekteur der Flüsse.
abwM 8. 8. 1736 Astronomie

LUMBROSO, Giacomo, * 9. 10. 1844 (Bardo/Tunis) † 27. 3. 1925 (Rapallo)
Zunächst Professor für Archäologie in Palermo. Später Professor für Archäologie an der Universität in Pisa und an der Universität in Rom.
KM 12. 11. 1874
Klassische Archäologie

LUPICHIUS, Sigismund, gt. 18. 1. 1680 (Spiez/Kt. Bern) † Mai 1748 (Ins)
Zunächst Hofprediger des Erbprinzen von Württemberg, später Pastor in Ins.
abwM 12. 9. 1725; AM 23. 1. 1744
Theologie

LUSCHIN VON EBENGREUTH, Arnold, * 26. 8. 1841 (Lemberg) † 6. 12. 1932 (Graz)
1869 Privatdozent, 1873 Professor, 1882 Professor für Rechtsgeschichte an der Universität in Graz.
KM 21. 7. 1904
Rechtswissenschaft, Staatswissenschaft

LUSK, Graham, * 15. 2. 1866 (Bridgeport/Conn.) † 19. 7. 1932 (New York)
1891 Assistent, später Professor für Physiologie an der Medizinschule in New York. 1898 Professor für Physiologie an der Universität und am Bellevue-Hospital in New York. 1902 Professor für Physiologie an der Universität in New York.
KM 11. 2. 1932
Physiologie

LUYNES, Honoré Theodoric Paul Joseph d'ALBERT Herzog von, * 15. 12. 1802 (Paris) † 14. 12. 1867 (Rom)
Archäologe. 1830 Mitglied der Akademie der Inschriften in Paris. 1848 Mitglied der Konstituierenden Versammlung, 1849 Mitglied der Gesetzgebenden Versammlung in Paris. (L. wurde vor allem

bekannt als Kunstmäzen.)
EM 5. 11. 1840 (Bestät. 14. 12. 1840)
Archäologie

LYELL, Sir (1840) Charles,
* 14. 11. 1797 (Kinnordy/Forfarshire)
† 23. 2. 1875 (London)
Zunächst Jurist in Oxford, später Privatmann in London, wo er im Kings-College geologische Vorlesungen hielt. 1864 Baronet.
KM 26. 7. 1855
Geologie

LYONET, Pierre, * 22. 7. 1707 (Maastricht) † 10. 1. 1789 (den Haag)
Sachwalter des Justizhofes im Haag. Dolmetscher, Patentmeister und Sekretär bei den Generalstaaten zur Entzifferung der geheimen Korrespondenz.
AM 23. 10. 1760

MAAS, Paul, * 18. 11. 1880 (Frankfurt a. Main) † 15. 7. 1964 (Oxford)
1910 Privatdozent, 1920 Professor für klassische Philologie an der Universität in Berlin. 1930 bis 1933 Professor für klassische Philologie an der Universität in Königsberg. 1941 Professor für klassische Philologie an der Universität in Oxford.
KM 10. 11. 1955
Klassische Philologie

MACCLESFIELD, Georg PARKER, 2. Earl of, * 1697 † 17. 3. 1764 (Shirburn Castle/Oxfordshire)
Astronom. Mitglied des Oberhauses. 1752 Präsident der Royal Society. (M. machte sich besonders um die 1752 erreichte Einführung des neuen Kalenders in England verdient.)
AM 4. 12. 1749
Astronomie

MACDONALD, Sir George, * 30.1.1862 (Elgin/Schottland) † 11. 8. 1940 (Edinburgh)
1887 Gymnasiallehrer. 1892 Professor für schottische Archäologie an der Universität in Glasgow. 1904 Ministerialrat im Unterrichtsministerium. Konservator des Münzkabinetts im Hunter-Museum in Edinburgh.
KM 30. 4. 1931
Numismatik

MACHNITZKY, Heinrich Gottlieb,
† um 1758
Kriegsrat an der Kriegs- und Domänenkammer in Glogau.
AM 20. 11. 1755

MACHY, Jacques-François de,
* 30. 8. 1728 (Paris) † 7. 7. 1803 (Paris)
Apotheker und Chemiker in Paris.
AM 23. 10. 1760
Chemie

MADVIG, Johann Nicolai, * 7. 8. 1804 (Svaneke) † 12. 12. 1886 (Kopenhagen)
1828 Lektor, 1829 Professor für lateinische Sprache und Literatur an der Universität in Kopenhagen. 1848 Kultusminister. 1851 Unterrichtsinspektor. Später bis 1879 Professor für klassische Philologie an der Universität in Kopenhagen.
KM 23. 6. 1836
Klassische Philologie

MAFFEI, Scipione de Marchese,
* 1. 6. 1675 (Verona) † 11. 2. 1755 (Verona)
Schriftsteller und Archäologe. (M. diente im span. Successionskrieg in Italien und Deutschland. Er stiftete 1725 eine gelehrte Gesellschaft in Verona. M. war Mitglied der Accademie della Crusca und zahlreicher anderer ital. Akademien.)
AM 27. 6. 1748

MAGALHÃES (MAGALLAN), Joao Hyacintho de, * 4. 11. 1722 (Lissabon) † 7. 2. 1790 (Islington bei London)
Augustinermönch in Lissabon. M. kam

um 1764 nach England und trat zum Protestantismus über. M. beschäftigte sich in London mit Chemie und Mineralogie. (M. ist ein Nachfahre des Weltumseglers MAGALHÃES.)
AM 2. 11. 1786
Chemie, Mineralogie

MAGNUS, Heinrich Gustav, * 2. 5. 1802 † 4. 4. 1870 (Berlin)
1831 Privatdozent für Physik und Technologie an der Universität in Berlin. 1832 Lehrer für Physik an der vereinigten Artillerie- und Ingenieurschule in Berlin. 1834 Professor. 1845 Professor für Physik an der Universität in Berlin. 1850 zugleich Professor für chemische Technologie am Gewerbe-Institut in Berlin. 1861 – 1862 Rektor der Universität. (M. begründete 1848 das physikalische Kolloquium in seinem Hause, in dem auch das erste chemische und physikalische Laboratorium in Berlin eingerichtet war.)
OM 19. 12. 1839 (Bestät. 27. 1. 1840)
Physik, Chemie, Technologie

MAGNUSEN, Finn (eigentl. MAGNUSSON, Finnur), * 27. 8. 1781 (Skålholt/Island) † 24. 12. 1847 (Kopenhagen)
1815 Professor für Altertumskunde an der Universität in Kopenhagen und Geheimarchivar.
KM 23. 6. 1836
Altertumskunde

MAGON, Leopold, * 3. 4. 1887 (Düsseldorf) † 5. 2. 1968 (Berlin)
1917 Privatdozent an der Universität in Münster. 1926 Professor, 1928 Professor für nordische Philologie an der Universität in Greifswald und Direktor des Dän., Isländ. und Norweg. Instituts. 1950 Professor für deutsche und nordische Philologie und Theaterwissenschaft an der Universität in Berlin. Zugleich Abteilungsleiter am Institut für deutsche Sprache und Literatur der Akademie.
KM 15. 6. 1961; OM 23. 4. 1964
Germanistik

MAHAFFY, Sir (1918) John Pentland, * 26. 2. 1839 (Chapponaire bei Vevey/Schweiz † 30. 4. 1919 (Dublin)
Professor für alte Geschichte an der Universität in Dublin, zugleich Honorarprofessor an der Universität in Oxford.
KM 18. 1. 1900
Geschichte

MAI, Angelo, * 7. 3. 1781 (Schilpario/Bergamo) † 9. 9. 1854 (Albano)
1838 Kardinal; Bibliothekar der Vatikan. Bibliothek,
KM 28. 2. 1822; EM 15. 6. 1854 (Bestät. 22. 7. 1854)

MAIER, Heinrich, * 5. 2. 1867 (Heidenheim/Württ.) † 28. 11. 1933 (Berlin)
1896 Privatdozent an der Universität in Tübingen. 1900 Professor, 1901 Professor für Philosophie an der Technischen Hochschule in Zürich. 1902 Professor für Philosophie an der Universität in Tübingen. 1911 Professor für Philosophie an der Universität in Göttingen. 1918 Professor für Philosophie an der Universität in Heidelberg. 1922 Professor für Philosophie an der Universität in Berlin.
OM 27. 7. 1922 (Bestät. 23. 10. 1922)
Philosophie

MAINE de BIRAN, François-Pierre-Gothier, * 29. 11. 1766 (Bergerac/Périgord) † 16. 7. 1824 (Paris)
Französ. Philosoph und Politiker. 1816 Staatsrat und Mitglied der Zweiten Kammer. (M. diente in der Leibgarde von LUDWIG XVI. Er zog sich nach Ausbruch der Revolution 1789 bis zum Sturz NAPOLEONs auf sein Landgut bei Bergerac zurück.)
KM 25. 6. 1812
Philosophie

MAITLAND, Frederic William,
* 28. 5. 1850 (London) † 19. 12. 1906 (Las Palmas)
1884 Reader, 1884 Professor für englisches Recht an der Universität in Cambridge.
KM 18. 1. 1900
Rechtsgeschichte

MAIURI, Amedeo, * 7. 1. 1886 (Veroli/Prov. Frosinone) † 7. 4. 1963 (Neapel)
1923 Leiter des Nationalmuseums in Neapel und Professor für Altertumskunde und Archäologie an der Universität in Neapel. (M. war seit 1914 Leiter zahlreicher Ausgrabungen, so u. a. jener von Herkulanum und Pompeji.)
KM 7. 5. 1942 (Bestät. 18. 8. 1942)
Klassische Archäologie

MALEK, Ivan, * 28. 9. 1909 (Zábřeh)
Professor für biologisch-medizinische Wissenschaften an der Universität in Prag.
KM 22. 11. 1962; AM 20. 5. 1969
Mikrobiologie

MALMSTEN, Carl Johann, * 9. 4. 1814 (Uddetorp bei Skara) † 11. 2. 1886 (Uppsala)
1840 Professor für Mathematik an der Universität in Uppsala. 1859 Staatsrat und Mitglied der Regierung. 1866 Landeshauptmann in Skarborgs-län.
EM 25. 11. 1880 (Bestät. 15. 12. 1880)
Mathematik

MANGOLD, Ernst, * 5. 2. 1879 (Berlin) † 10. 7. 1961 (Hahnenklee/Harz)
1906 Privatdozent an der Universität in Jena. 1907 Privatdozent an der Universität in Greifswald. 1911 Privatdozent, 1912 Professor für Ernährungsphysiologie der Haustiere an der Universität in Freiburg i. Br.. 1923 Professor für Ernährungsphysiologie der Haustiere an der Universität in Berlin; zugleich Professor an der Landwirtschaftlichen Hochschule in Berlin. 1950 und 1959 Nationalpreis.
OM 24. 2. 1949
Ernährungsphysiologie der Tiere

MARCELLO, Alessandro Alvise,
* 24. 8. 1669 (Venedig) † 19. 6. 1747 (Venedig)
Prakt. Arzt in Venedig.
abwM 19. 1. 1729
Medizin

MARCHAND, Jakob Felix,
* 22. 10. 1846 (Halle/Saale) † 4. 2. 1928 (Leipzig)
1870 Militärarzt. 1876 Assistent am Pathalogischen Institut der Universität in Halle. 1879 Privatdozent an der Universität in Breslau. 1881 Professor für pathologische und allgemeine Anatomie an der Universität in Gießen. 1883 Professor für pathologische und allgemeine Anatomie an der Universität in Marburg. 1890 Professor für pathologische und allgemeine Anatomie an der Universität in Leipzig. 1896 Geh. Medizinalrat.
KM 28. 7. 1910
Anatomie

MARCKS, Erich, * 17. 11. 1861 (Magdeburg) † 22. 11. 1938 (Berlin)
1887 Privatdozent an der Universität in Berlin. 1892 Professor für Geschichte an der Universität in Freiburg i. Br.. 1894 Professor für Geschichte an der Universität in Leipzig. 1901 Professor für Geschichte an der Universität in Heidelberg. 1907 Professor für Geschichte an der Universität in Hamburg. 1913 Professor für Geschichte an der Universität in München. 1922 Professor für Geschichte an der Universität in Berlin. Großherzogl. Badischer Geh. Hofrat.
OM 9. 11. 1922 (Bestät. 9. 12. 1922)
Neuere Geschichte

MARGGRAF, Andreas Sigismund,

* 3. 3. 1709 (Berlin) † 7. 8. 1782 (Berlin)
1735 Assistent des Vaters, Hofapotheker Henning Christian MARGGRAF, in Berlin. 1738 Mitglied, 1754 Vorsteher des chemischen Laboratoriums der Akademie in Berlin. 1760 – 1782 Direktor der Physikalischen Klasse der Akademie. (M., der nach Studien in Straßburg, Halle und Freiburg i. Br. nach Berlin zurückkehrte, wurde 1738 ein Laboratorium in einer Wohnung der Akademie zur Verfügung gestellt. Er teilte 1747 der Akademie seine Beobachtungen über den Zukkergehalt der Runkelrübe mit.)
anwM 19. 2. 1738; OM 23. 1. 1744
Chemie

MARIGNAC, Jean-Charles GALISSARD de, * 24. 4. 1817 (Genf) † 15. 4. 1894 (Genf)
1841 bis 1878 Professor für Chemie an der Akademie in Genf.
KM 30. 3. 1865
Chemie

MARINELLO y VIDAURRETA, Zoilo, * 21. 8. 1919 (Provinz Lasvillas/Kuba)
Direktor des Nationalen Instituts für Ontologie und Radiobiologie in Havanna. 1974 Präsident der Kubanischen Akademie der Wissenschaften. 1978 Minister für Gesundheitswesen der Republik Kuba.
AM 17. 4. 1975
Biologie, Medizin

MARINONI, Giovanni Jacopo, * 1676 (Udine) † 10. 1. 1755 (Wien)
1698 Magister für Philosophie an der Universität in Wien. Hofmathematiker. 1709 Ingenieur von Nieder-Österreich. 1718 Vizedirektor der Akademie für Geometrie und Kriegswissenschaften in Wien. 1719 erster kaiserl. Mathematiker. 1726 Direktor der Kriegsakademie in Wien. (M. entwarf 1706 den Plan der Hauptstadt Wien. 1730 errichtete er eine Privatsternwarte.)
AM 30. 6. 1746
Mathematik, Astronomie

MARKOV, Walter, * 5. 10. 1909 (Graz/Österreich)
1947 Professor an der Universität in Halle. 1948 Professor für allgemeine Geschichte an der Universität in Leipzig; 1949 zugleich Direktor des Instituts für Allgemeine Geschichte. 1961 Nationalpreis. 1978 Friedrich-Engels-Preis der Akademie.
OM 15. 6. 1961
Geschichte, Revolutionsgeschichte

MARKWARDT, Fritz, * 3. 12. 1924 (Magdeburg)
1960 Professor für Pharmakologie an der Universität in Greifswald. 1961 Professor für Pharmakologie an der Medizinischen Akademie in Erfurt und Direktor des Instituts für Pharmakologie und Toxikologie. 1966 Nationalpreis.
KM 17. 4. 1975
Medizin, Pharmakologie der Herzkreislaufmittel

MARMORA, Alberto Comte della, * 7. 4. 1789 (Turin) † 1. 5. 1863 (Turin)
Sardinischer Generalleutnant.
KM 9. 5. 1844
Kriegsgeschichte

MARPERGER, Bernhard Woldemar, * 14. 5. 1682 (Hamburg) † 28. 3. 1746 (Dresden), (Sohn von MARPERGER, P. J.)
Seit 1705 in verschiedenen Kirchenämtern in Nürnberg tätig, zuletzt als Oberpastor der Ägidienkirche. 1724 Oberhofprediger, Kirchenrat und Oberkonsistorialassessor in Dresden. (M. ist u. a. als Kirchenliederdichter bekannt.)
abwM 12. 4. 1715
Theologie

MARPERGER, Paul Jakob, * 27.6.1656 (Nürnberg) † 27. 10. 1730 (Dresden)
1698 kaiserlich gekrönter Dichter. 1724 königl. polnischer und kursächsischer Hof- und Kommerzienrat in Dresden. (M. erlernte in Lyon die Kameralwirtschaft, war zeitweilig gräfl. Wittgensteiner Hofintendant und später in Genf, Hamburg, Lübeck, Moskau, Petersburg, Stockholm und Wien als Fachmann für Handels-, Polizei- und Kameralfragen tätig. Er beschäftigte sich auch mit Sonnenzeiger und Schlaguhren.)
anwM 26. 3. 1708; abwM 1724

MARSCHALL, Friedrich Wilhelm von, gt 29. 5. 1724 (Berlin) † 1790 (Rom), (Schwiegersohn von PODEWILS, Heinrich Graf v.)
Lagationsrat im Kabinettsministerium in Berlin. (M. verließ 1752 Berlin und ging zunächst nach Spanien, 1754 nach Rom. Er wurde jedoch nicht als Diplomat verwendet, wozu wohl sein Lebenswandel beigetragen hatte. Er starb verarmt in Rom.)
EM 11. 6. 1750; AM 1754

MARSCHALL, Samuel von, gt. 11. 5. 1685 (Königsberg i. Pr.) † 11. 12. 1749 (Berlin), (Vater von MARSCHALL Friedrich Wilhelm v.)
Dirigierender Minister im Generaldirektorium. 1723 Wirkl. Geh. Etats- und Kriegsrat.
EM 16. 2. 1744

MARTENS, Adolf Karl Gottfried Friedrich, * 6. 3. 1850 (Backendorf/Meckl.) † 24. 7. 1914 (Berlin)
1884 Leiter der Mechanisch-technischen Versuchsanstalt (später Materialprüfungsamt) in Berlin. Zugleich Dozent an der Technischen Hochschule in Berlin. Geh. Oberregierungsrat.
OM 21. 7. 1904 (Bestät. 29. 8. 1904)
Technik

MARTIN, Henri, * 20. 2. 1810 (Saint-Quentin) † 14. 12. 1883 (Paris)
Französ. Historiker und Schriftsteller. 1871 Mitglied des Collège de France. 1871 Mitglied der Nationalversammlung in Paris. 1876 Mitglied des Senats in Paris. (M., der keine amtliche Stellung bekleidete, schrieb u. a. eine 15bändige Geschichte Frankreichs.)
KM 10. 5. 1855
Geschichte

MARTIUS, Karl Friedrich Philipp von, * 17. 4. 1794 (Erlangen) † 13. 12. 1868 (München)
1816 Adjunkt an der Bayerischen Akademie der Wissenschaften. 1826 Professor für Botanik an der Universität in München und Direktor des Botanischen Gartens. (M. unternahm 1817 – 1820 eine botanische Expedition nach Brasilien. Er war später auch Sekretär der Bayerischen Akademie.)
KM 19. 1. 1832; AM 2. 6. 1864 (Bestät. 11. 7. 1864)
Botanik

MARTSCHUK, Gurii Iwanowitsch, * 8. 6. 1925 (Petro Chersonets/Orenburger Region)
1962 Korrespondierendes Mitglied, 1968 Ordentlicher Akademiker für Physik der Akademie der Wissenschaften der UdSSR. 1977 Vizepräsident der Akademie der Wissenschaften der UdSSR und Vorsitzender der Sibirischen Abteilung der Akademie. 1979 Vorsitzender des Staatlichen Komitees für Wissenschaft und Technik der UdSSR, zugleich Vizepräsident der Akademie der Wissenschaften der UdSSR.
AM 9. 6. 1977
Angewandte Mathematik

MARUM, Martinus van, * 20. 3. 1750 (Groningen) † 26. 12. 1837 (Haarlem)
Zunächst praktischer Arzt in Haarlem.

1777 Direktor des Naturalienkabinetts der Haarlemer Gesellschaft der Wissenschaft. 1784 Direktor des Physikalischen und Naturhistorischen Museums der Haarlemer Gesellschaft der Wissenschaft. Bibliothekar und seit 1785 Sekretär dieser Gesellschaft.
AM 27. 9. 1787
Naturkunde

MASCART, Eleuthère-Elie-Nicolas,
* 29. 2. 1837 (Quarouble/Nord)
† 26. 8. 1908 (Poissy/Seine-et-Oise)
1872 Professor für Physik am Collège de France. 1878 Direktor des Zentralbüros für Meteorologie in Paris.
KM 18. 7. 1895
Physik

MASPERO, Sir (1909) Gaston Camille Charles,
* 23. 6. 1846 (Paris), † 30. 6. 1916 (Paris)
1868 Dozent an der École des hautes études in Paris. 1873 Professor für Ägyptologie am Collège de France in Paris. 1881 Direktor der Ausgrabungen in Ägypten; zugleich Leiter des Museums in Bulak. 1887 Professor für Philologie und ägyptische Archäologie am Collège de France in Paris. (M. gründete 1880 im Auftrag der französischen Regierung in Kairo ein archäologisches Institut. Er leitete u. a. die Ausgrabungen der Sphinx von Gise.)
KM 15. 7. 1897
Ägyptologie

MASSOW, Joachim Ewald von, * 1696
† 27. 10. 1769 (Bartin/Pomm.)
Geh. Etatminister. Dirigierender Minister in Schlesien.
EM 6. 12. 1754

MATTHES, Klaus, * 20. 1. 1931 (Berlin)
1962 komm. Direktor des Mathematischen Instituts der Technischen Hochschule in Ilmenau. 1964 Professor für Mathematik an der Universität in Jena. 1970 Stellvertr. Leiter des Institutskomplexes Mathematik der Akademie der Wissenschaften in Berlin. 1971 Stellvertr. Direktor, 1973 Direktor des Zentralinstituts für Mathematik und Mechanik der Akademie. 1981 Direktor des Instituts für Mathematik der Akademie. 1971 Nationalpreis.
KM 13. 6. 1974; OM 12. 6. 1980
Mathematik, Wahrscheinlichkeitsrechnung

MATTHIES, Hansjürgen,
* 6. 3. 1925 (Stettin)
1957 komm. Leiter des Instituts für Pharmakologie und Toxikologie der Medizinischen Akademie Magdeburg. 1958 Professor mit LA., 1959 Professor für Pharmakologie an der Medizinischen Akademie Magdeburg. 1960 zugleich Direktor des Instituts für Pharmakologie und Toxikologie. 1962 und 1973 Rektor der Medizinischen Akademie. 1968 Nationalpreis.
KM 3. 6. 1971; OM 14. 6. 1973
Pharmakologie/Neurobiologie

MATY, Matthew, * 17. 5. 1718 (Montfort bei Utrecht) † 2. 7. 1776 (London)
1753 Unterbibliothekar, 1772 1. Bibliothekar des Britischen Museums in London. Sekretär der Royal Society. (M. studierte in Leiden Medizin, ging 1740 nach England und gab dort bis 1750 das „Journal Britannique" heraus. Er war auch als Arzt tätig und verteidigte die Schutzimpfung gegen Blattern.)
AM 15. 1. 1755
Medizin

MAUCLERC, Paul Emile de, * 30.7.1698 (Paris) † 11. 9. 1742 (Stettin)
1710 reform. Prediger in Buchholz. 1721 Prediger der Französischen Gemeinde in Stettin. Hofrat. (M. wirkte seit 1720 an

der Bibliotheque germanique mit.)
abwM 11. 11. 1739
Theologie

MAUPERTIUS, Pierre-Louis MOREAU DE, * 28. 9. 1698 (Saint-Malo)
† 27. 7. 1759 (Basel)
1718 Dragoneroffizier der französischen Armee. 1723 Adjunkt, 1731 besoldetes Mitglied für Geographie an der Academie des Sciences in Paris. 1746 Präsident der Akademie in Berlin. (M. leitete 1736 die Gradmessungsexpedition nach Lappland und berichtete 1737 der Akademie der Wissenschaften in Paris, daß die Abplattung der Erde nach den Polen als gesichert bezeichnet werden kann. M. wurde 1741 von FRIEDRICH II. nach Berlin gerufen und 1746 als Präsident der Akademie mit autokratischen Vollmachten eingesetzt. M., der diese Vollmachten nicht immer zum Wohle der Akademie nutzte und verschiedentlich in eigenem Interesse mißbrauchte, wurde später von F.-M. VOLTAIRE scharf angegriffen.)
abwM 23. 6. 1735; OM 1. 2. 1746
Mathematik

MAURER, Eduard, * 3. 11. 1886 (Königstein) † 21. 2. 1969 (Berlin)
1909 Assistent, später Abteilungsleiter und Vertreter des Vorstandes der Physikalisch-chemischen Versuchsanstalt der Gußstahlfabrik in Essen. 1919 Dozent, 1925 Professor an der Technischen Hochschule in Aachen. 1919 zugleich Abteilungsleiter und Stellvertr. Direktor des Instituts für Eisenforschung der Kaiser-Wilhelm-Gesellschaft zur Förderung der Wissenschaften in Düsseldorf. 1925 Professor für Eisenhüttenkunde an der Bergakademie in Freiberg und Direktor des Instituts für Eisenhüttenkunde. 1945 Leiter des Sowjet. Büros „Eisen" in Freiberg. 1948 Beratender Ingenieur für Eisenhüttenkunde bei der Deutschen Wirtschaftskommission in Berlin. Zugleich Professor für Eisenhüttenkunde an der Universität in Berlin. 1949 Direktor des Eisenforschungsinstituts in Henningsdorf. 1960 Leiter der Forschungsstelle der Akademie für Eisen und Stahl in Freiberg. 1950 und 1954 Nationalpreis.
OM 28. 6. 1951
Eisenhüttenwesen, Stahlerzeugung, -verarbeitung und -verwendung

MAURER, Georg Ludwig Ritter von,
* 2. 11. 1790 (Erpolzheim/Pfalz)
† 9. 5. 1872 (München)
1818 Appelations- und Revisionsrat, später Staatsprokurator in Frankenthal. 1826 Professor für deutsches Privatrecht und deutsche Rechtsgeschichte an der Universität in München. 1829 Mitglied des Bayerischen Staatsrates. 1830 Präsident des Oberbayerischen Landrates. 1831 Reichsrat. 1832 bis 1834 Regentschaftsmitglied für den minderjährigen König von Griechenland. 1834 Staatsrat in München. 1858 Vizepräsident der Bayerischen Akademie der Wissenschaften in München.
KM 15. 6. 1854
Rechtsgeschichte, Gräzistik

MAURER, Konrad von, * 29. 4. 1823 (Frankenthal) † 16. 9. 1902 (München)
1847 Professor, 1855 Professor für Rechtsgeschichte an der Universität in München.
KM 25. 7. 1889
Germanische und skandinavische Rechtsgeschichte

MAURICE, Antoine, * 22. 9. 1677 (Eyguières/Provence) † 13. 7. 1756 (Genf)
1704 Pastor, 1710 Professor der schönen Wissenschaften, 1719 Professor für orientalische Sprachen, 1724 Professor für Theologie in Genf.
abwM 7. 6. 1713; KM 23. 1. 1744
Geschichte und Literatur

MAYER, Andreas, * 8. 6. 1716 (Augsburg) † 20. 12. 1782 (Greifswald)
1741 Professor für Astronomie und Mathematik an der Universität in Greifswald. (M., ein Schüler von Chr. KIRCH, bestimmte 1753 Lage und Polhöhe von Greifswald.)
AM 15. 1. 1755
Mathematik, Astronomie und Kartographie

MAYER, Johann Christoph Andreas, * 8.12.1747 (Greifswald) † 5.11.1801 (Berlin), (Sohn von MAYER, Andreas)
1777 Professor für Anatomie am Collegium medico-chirurgicum in Berlin. 1778 Professor für Medizin an der Universität in Frankfurt a. O. 1787 Professor für Botanik und Medizin und Direktor des Botanischen Gartens in Berlin. 1789 Königl. Leibarzt, zugleich Dekan am Obercollegium medico-chirurgicum und Kommissar der Hofapotheken-Kommission. Geh. Rat.
OM 7. 6. 1787
Medizin

MAYER, Roland Otto Adolf, * 26. 1. 1927 (Hartmannsdorf)
1959 Professor an der Technischen Universität in Dresden und Direktor des Instituts für Pflanzenchemie und Holzforschung. 1960 Professor für organische Chemie an der Technischen Universität Dresden und Direktor des Instituts für organische Chemie.
KM 12. 6. 1980
Organische Chemie, organische Schwefelchemie, Synthesechemie

MAYER, Theodor, * 24. 8. 1883 (Neukirchen/Oberösterr.) † 26. 11. 1972 (Salzburg)
1914 Privatdozent, 1922 Professor für Geschichte an der Universität in Wien. 1923 Professor, 1927 Professor für Geschichte an der Universität in Prag. 1930 Professor für Geschichte an der Universität in Gießen. 1934 Professor für Geschichte, an der Universität in Freiburg i. Br. und Direktor des Instituts für mittelalterliche Geschichte, geschichtl. Hilfswissenschaften und Landeskunde. 1938 Professor für Geschichte an der Universität in Marburg. 1939 Rektor. 1943 Professor für Geschichte an der Universität in Berlin. Seit 1942 zugleich Präsident des Reichsinstituts für alte deutsche Geschichtskunde. (M. wurde auf Vorschlag der Akademie vor deren Wiedereröffnung 1946 aus der Mitgliederliste gestrichen. Seine Mitgliedschaft endete damit am 8. 5. 1945.)
OM 30. 11. 1944 bis 8. 5. 1945 (Bestät. 27. 12. 1944)
Geschichte

MEBEL, Moritz, * 23. 2. 1923 (Erfurt)
1960 1. Oberarzt der Urologischen Klinik im Klinikum Berlin-Buch. 1962 Chefarzt der Urologischen Klinik und Poliklinik im Städt. Krankenhaus Berlin-Friedrichshain. 1963 Dozent, 1964 Professor für Urologie an der Akademie für Ärztliche Fortbildung. 1967 Professor für Urologie an der Universität in Berlin und Direktor der Urologischen Klinik und Poliklinik des Städt. Krankenhauses Friedrichshain sowie Leiter der Abteilung für Experimentelle Organtransplantation der Universität in Berlin. 1972 Nationalpreis.
KM 14. 6. 1973; OM 17. 4. 1975
Medizin, Urologie

MECKEL, Johann Friedrich, * 31.7.1724 (Wetzlar) † 18.9.1774 (Berlin)
Professor für Anatomie, Botanik und Geburtshilfe am Collegium medico-chirurgicum in Berlin. (M. entdeckte das Ganglion spenopalatinum, das als Ganglion Meckelii bezeichnet wird.)
OM 8. 5. 1749
Medizin

MEIER, Georg Friedrich, * 29. 3. 1718 (Ammendorf bei Halle/Saale)
† 21. 6. 1777 (Halle/Saale)
1746 Professor für Philosophie an der Universität in Halle.
AM 14. 1. 1751
Philosophie, Theologie

MEIER, Gerhard, * 2. 12. 1646 (Bremen)
† 31. 1. 1703 (Bremen)
1668 Magister in Rinteln. 1674 Dr. der Theologie in Leyden. 1676 Professor für Mathematik am Gymnasium in Bremen. 1683 Prediger, 1689 1. Pastor an der Stephani-Kirche in Bremen. Superintendent.
abwM 11. 3. 1701
Theologie, Kirchengeschichte

MEIER, Moritz Hermann Eduard,
* 1. 1. 1796 (Groß-Glogau/Oberschles.)
† 5. 12. 1855 (Halle/Saale)
1819 Privatdozent in Halle. 1820 Professor an der Universität in Greifswald. 1825 Professor für Altertumswissenschaft und für klassische Philologie an der Universität in Halle. 1848 Prorektor.
KM 17. 6. 1824
Klassische Philologie und Altertumskunde

MEIEROTTO, Johann Heinrich Ludwig,
* 22. 8. 1742 (Stargard/Pomm.)
† 24. 9. 1800 (Berlin)
1760 Lehrer am Joachimtalschen Gymnasium in Berlin. 1762 Lehrer am Gymnasium in Frankf./O. 1765 Hauslehrer beim Bankier Schickler in Berlin. 1772 Professor der Beredsamkeit am Joachimtalschen Gymnasium, 1775 Rektor. 1786 Kirchenrat und Mitglied des Oberschulkollegiums in Berlin.
OM 2. 11. 1786 (Bestät. 9. 11. 1786)
Philologie, Pädagogik

MEINEKE, Johann Albert Friedrich August, * 8. 12. 1790 (Soest),
† 12. 12. 1870 (Berlin)
-1811 Professor für griechische und römische Literatur an der Schule in Jenkau. 1817 Direktor des Gymnasiums in Danzig. 1826 Direktor des Joachimtalschen Gymnasiums in Berlin.
OM 13. 5. 1830 (Bestät. 11. 6. 1830)
Klassische Philologie

MEINECKE, Friedrich, * 30. 10. 1862 (Salzwedel) † 6. 2. 1954 (Berlin)
1886 Hauslehrer bei dem Gutsbesitzer von Oertzen in Altvorwerk/Meckl. 1887 Hilfsarbeiter, 1892 Archivar im Geheimen Staatsarchiv in Berlin. 1896 Privatdozent an der Universität in Berlin. 1901 Professor für neuere Geschichte an der Universität in Straßburg. 1906 Professor für neuere Geschichte an der Universität in Freiburg. 1914 bis 1928 Professor für neuere Geschichte an der Universität in Berlin. Brandenburgischer Historiograph. 1893 bis 1935 zugleich Herausgeber der „Historischen Zeitschrift". 1948 Professor für neuere Geschichte an der Universität in Westberlin. Geh. Regierungsrat. (M., Gegner einer antifaschistisch-demokratischen Entwicklung, legte 1950 seine Mitgliedschaft in der Akademie nieder und stellte sich in den Dienst der gegen die Akademie gerichteten Politk der BRD.)
OM 14. 1. 1915 – 30. 6. 1950 (Bestät. 15. 2. 1915)
Neuere Geschichte

MEISENBURG, Karl Wilhelm von,
gt. 3. 12. 1679 (Kassel) † vor 1726
Hessischer Regierungsrat in Marburg.
abwM 14. 11. 1704

MEISNER, Heinrich Otto,
* 1. 4. 1890 (Berlin) † 26. 11. 1976 (Potsdam)
1919 Wissenschaftlicher Hilfsarbeiter im Geh. Staatsarchiv Berlin-Dahlem. 1921 Staatsarchivar. 1922 zugleich Dozent für Archivkunde, Verfassungs-,

Verwaltungs- und Behördengeschichte am Institut für Archivwissenschaft in Berlin-Dahlem. 1923 Kommissar des Finanzministeriums bei ehem. königl. Hausarchiv in Charlottenburg. 1925 Leiter des Brandenburg-Preußischen Hausarchivs. 1935 Oberarchivrat im Reichsarchiv in Potsdam. 1950 Dozent am Institut für Archivwissenschaft beim Zentralarchiv der DDR, seit 1953 auch Professor an der Humboldt-Universität zu Berlin.
KM 23. 4. 1959; OM 15. 6. 1961
Neuere Verfassungs- und Verwaltungsgeschichte, Archivwissenschaft

MEISSER, Otto, * 19. 6. 1899 (Apolda) † 13. 7. 1966 (Freiberg/Sa.)
1923 Regierungsrat an der Reichsanstalt für Erdbebenforschung in Jena. 1928 zugleich Dozent, 1935 Professor für Geophysik an der Universität in Jena. 1940 Professor für angewandte Geophysik an der Bergakademie in Freiberg/Sa. 1947 Wissenschaftlicher Berater im Bergwerksministerium Jugoslawiens in Belgrad. 1950 freischaffender Wissenschaftler in Göttingen. 1951 Professor für angewandte Geophysik an der Bergakademie in Freiberg/Sa. und Direktor des Instituts für Angewandte Geophysik. 1955 Rektor der Bergakademie. 1957 bis 1963 Sekretar der Klasse für Bergbau, Hüttenwesen und Montangeologie der Akademie.
OM 26. 9. 1957
Geophysik, Geodynamik

MEISSNER, Bruno Ernst, * 25. 4. 1868 (Graudenz) † 13. 3.1947 (Zeuthen/Mark)
1894 Privatdozent an der Universität in Halle. 1899 wissenschaftlicher Berater der Deutschen Orientgesellschaft bei den Ausgrabungen in Babylon. 1900 Lehrer am Seminar für orientalische Sprachen in Berlin. 1904 Professor, 1911 Professor für Assyriologie an der Universität in Breslau. 1921 Professor für Assyriologie an der Universität in Berlin.
OM 20. 11. 1930 (Bestät. 22. 12. 1930)
Assyriologie

MEISSNER, Herbert, * 16. 5. 1927 (Dresden)
1965 Professor der Akademie. 1969 Stellvertr. Direktor des Zentralinstituts für Wirtschaftswissenschaften der Akademie in Berlin. 1979 Nationalpreis.
KM 17. 4. 1975
Politische Ökonomie, Geschichte der Politischen Ökonomie

MEITNER, Lise, * 7. 11. 1878 (Wien) † 27. 10. 1968 (Cambridge)
1922 Privatdozent, 1926 bis 1933 Professor für physikalische Chemie an der Universität in Berlin. 1917 bis 1938 zugleich Leiterin der Physikalischen Abteilung des Instituts für Chemie der Kaiser-Wilhelm-Gesellschaft zur Förderung der Wissenschaften in Berlin. 1946 Professor für physikalische Chemie an der Technischen Hochschule in Stockholm und Leiterin der Kernphysikalischen Abteilung. 1924 Leibnizmedaille der Akademie. (M. war die 4. Frau, jedoch die 1. Wissenschaftlerin, die Mitglied der Akademie wurde.)
KM 20. 10. 1949
Physikalische Chemie

MEL, Konrad, * 14. 8. 1666 (Gudensberg/Hessen) † 3. 5. 1733 (Hersfeld)
1690 Prediger in Mitau, später in Memel. 1697 Hofprediger, zugleich Professor für Theologie an der Universität in Königsberg. 1705 Stiftsprediger, zugleich Inspektor und Rektor des Gymnasiums in Hersfeld. (M. gilt als bekannter Kanzelredner. Seine Predigten sind in dem als „Melbuch" bekannten Gebetbuch sowie im Gebetbuch „Die Posaunen der Ewigkeit" erschienen. M.

gründete 1709 das Waisenhaus in Hersfeld. Der Akademie unterbreitete er den Vorschlag einer Universalschrift.)
abwM 20. 1. 1701
Theologie

MELANDER, Daniel MELANDERHJELM (1778), * 29. 10. 1726 (Stockholm) † 8. 1. 1810 (Stockholm)
Zunächst bis 1794 Professor für Astronomie an der Universität in Uppsala. 1795 Sekretär der Akademie der Wissenschaften in Stockholm.
AM 31. 12. 1773
Astronomie

MELICH, János, * 16. 9. 1872 (Szarvas) † 20. 11. 1963 (Budapest)
Zunächst Direktor des Ungarischen Nationalmuseums an der Universität in Budapest. 1920 Professor für slawische Philologie an der Universität in Budapest.
KM 25. 5. 1939 (Bestät. 5. 6. 1940)
Slawische Philologie

MELLONI, Macedonio, * 11. 4. 1798 (Parma) † 11. 8. 1854 (Portici)
1824 Professor für Physik an der Universität in Parma. 1839 Direktor des Konservatoriums der Künste und Gewerbe in Neapel und Direktor eines meteorologischen Observatoriums auf dem Vesuv. (M. nahm an der Revolution in Italien teil und flüchtete 1831 nach Frankreich. Hier lebte er bis 1839 als Privatmann.)
KM 24. 3. 1836
Physik

MENCKE, Friedrich Otto, * 3. 8. 1708 (Leipzig) † 14. 3. 1754 (Leipzig), (Sohn von MENCKE, Johann Burchard)
1735 Polnisch-kursächsischer Hof- und Justizrat. 1743 Ratsherr in Leipzig.
abwM 18. 10. 1734
Rechtswissenschaft

+ MENCKE(N), Johann Burchard, * 27. 3. 1675 (Leipzig) † 1. 4. 1732 (Leipzig)
1694 Magister der Philosophie, 1699 Professor für Geschichte an der Universität in Leipzig. 1708 Kurfürstl. sächs. Historiograph. 1709 Königl. Poln. Rat. 1723 Hofrat. (M. gründete 1715 die „Neuen Zeitungen von gelehrten Sachen")
abwM 19. 6. 1726
Geschichte, Rechtsgeschichte

MENDEL Johann August Wilhelm, * 17.1.1789 (Göttingen) † 14.7.1850 (Berlin)
siehe: NEANDER, Johann August Wilhelm

MENDELEJEW, Dimitrij Iwanowitsch, * 27. 1./8. 2. 1834 (Tobolsk) † 20. 1./2. 2. 1907 (Petersburg)
Zunächst Lehrer am Gymnasium in Simpferopol und in Odessa. 1856 Privatdozent, 1866 Professor für Chemie an der Universität in Petersburg. Seit 1863 zugleich Professor für Chemie am Technologischen Institut in Petersburg. 1876 Korrespondierendes Mitglied der Akademie der Wissenschaften in Petersburg. 1890 Direktor des Aich-Instituts in Petersburg. Wirkl. Staatsrat.
KM 8. 2. 1900
Chemie

MERCATI, Geovanni Davide Michele, * 17. 12. 1866 (Villa Gaida/Emilia) † 22. 8. 1957 (Rom)
1889 Priester. 1893 Bibliothekar an der Ambrosiana in Mailand. 1898 Bibliothekar an der Bibliothek des Vatikans. 1919 Präfekt. 1935 Kardinaldiakon. 1936 Bibliothekar und Archivar des Vatikans.
KM 5. 11. 1925
Gräzistik, Byzantinistik

MERIAN, Johann Bernhard, * 28.9.1723

(Liestal bei Basel) † 12.2.1807 (Berlin)
Zunächst Hofmeister in Amsterdam. 1757 Bibliothekar der Akademie. 1769 zugleich Inspektor und Professor für Philosophie am Französ. Kollegium in Berlin. 1771 – 1807 Direktor der Philologischen Klasse der Akademie. 1773 zugleich Visitator des Joachimthalschen Gymnasiums in Berlin. 1797 – 1807 Beständiger Sekretar der Akademie.
OM 9. 4. 1750
Philosophie

MERIAN-THURNEYSEN, Peter,
* 22. 12. 1795 (Basel) † 8. 2. 1883 (Basel)
1821 Professor für Chemie und Physik, 1835 Professor für Geologie und Paläontologie an der Universität in Basel. Seit 1847 auch Präsident des Erziehungskollegiums der Universität in Basel. Ratsherr.
EM 23. 1. 1845 (Bestät. 8. 3. 1845)
Geologie

MERKEL, Adolf Joseph Matthäus,
* 11.1.1836 (Mainz) † 30.3.1896 (Straßburg)
1862 Privatdozent an der Universität in Gießen. 1868 Professor für Rechtswissenschaft an der Universität in Prag. 1872 Professor für Rechtswissenschaft an der Universität in Wien. 1874 Professor für Strafrecht an der Universität in Straßburg.
KM 14. 12. 1893
Rechtsphilosophie, Strafrecht

MERKEL, Friedrich Siegmund,
* 5. 4. 1845 (Nürnberg) † 28. 5. 1919 (Göttingen)
1870 Privatdozent an der Universität in Göttingen. 1872 Professor für Anatomie an der Universität in Rostock und Direktor des anatomischen Instituts. 1883 Professor für Anatomie an der Universität in Königsberg, 1885 Professor für Anatomie an der Universität in Göttingen.
KM 28. 7. 1910
Anatomie

MERKEL, Gerhard, * 12.8.1929 (Chemnitz)
1961 Bereichsleiter in Zentralinstitut für Automatisierung, 1964 Direktor des Instituts für Datenverarbeitung in Dresden. 1969 Direktor für Forschung und Technik und Leiter des Zentrums für Forschung und Technik im VEB Kombinat Robotron in Dresden.
KM 4. 9. 1969
Elektronische Rechentechnik, Kybernetik

MERLO, Clemente, * 2.5.1879 (Neapel) † 13.1.1960 (Mailand)
1908 Professor für romanische Philologie an der Universität in Pisa.
KM 17. 2. 1938
Romanistik

MERREM, Blasius, * 4. 2. 1761 (Bremen) † 23. 2. 1824 (Marburg)
1781 Privatdozent an der Universität in Göttingen. 1784 Professor für Mathematik und Physik, 1794 auch Professor für Kameralwissenschaft an der Universität in Duisburg. 1804 Professor für Ökonomie, Kameralwissenschaft und Botanik an der Universität in Marburg.
KM 25. 6. 1812
Botanik, Ökonomie

MERTENS, Franz Karl Joseph,
* 20.3.1840 (Wreschen) † 5. 3. 1927 (Wien)
1869 Professor für Mathematik an der Universität in Krakau. 1884 Professor für Mathematik am Polytechnikum in Graz. 1894 Professor für Mathematik an der Universität in Wien.
KM 22. 2. 1900
Mathematik

MESSIER, Charles-Joseph, * 26.6.1730 (Badonviller/Lothringen) † 12. 4. 1817

(Paris)
Observator an der Sternwarte in Paris. 1789 Mitglied des Längenbüros. (M., Entdecker zahlreicher Kometen und mehrerer Nebel, schuf 1771 den ersten brauchbaren Nebelkatalog.)
AM 9. 9. 1769; EM 24. 1. 1812
Astronomie

MEUSCHEN, Johann Gerhard, * 4. 5. 1680 (Osnabrück) † 15. 12. 1743 (Coburg)
1702 Magister in Jena. 1703 Assessor, danach Professor für Philosophie an der Universität in Kiel. 1704 Prediger in Osnabrück. 1707 Prediger an der deutschen lutherischen Kirche im Haag. 1716 Oberhofprediger und Konsistorialrat, 1720 zugleich Generalsuperintendent in Hanau. 1723 Kirchenrat und Generalsuperintendent in Coburg, zugleich Professor für Theologie am Gymnasium in Coburg.
abwM 8. 11. 1719
Theologie

MEUSEL, Alfred, * 19. 5. 1896 (Kiel) † 10. 9. 1960 (Berlin)
1923 Privatdozent, 1925 Professor, 1930 bis 1933 Professor für Volkswirtschaftslehre an der Technischen Hochschule in Aachen. 1946 Professor für politische und soziale Probleme, 1947 Professor für neuere Geschichte an der Universität in Berlin. 1952 Direktor des Museums für deutsche Geschichte in Berlin. 1958 bis 1960 Sekretar der Klasse für Philosophie, Geschichte, Staats-, Rechts- und Wirtschaftswissenschaften der Akademie. 1953 Nationalpreis.
OM 19. 2. 1953
Deutsche Geschichte

MEWALDT, Johannes, * 29. 4. 1880 (Posen) † 1. 5. 1964 (Wien)
1907 Privatdozent an der Universität in Berlin. 1909 Professor für klassische Philologie an der Universität in Greifswald. 1914 Professor für klassische Philologie an der Universität in Marburg. 1916 Professor für klassische Philologie an der Universität in Greifswald. 1923 Professor für klassische Philologie an der Universität in Königsberg. 1927 Professor für klassische Philologie an der Universität in Tübingen. 1931 Professor für klassische Philologie an der Universität in Wien.
KM 7. 2. 1924
Klassische Philologie

MEYER, Eduard, * 25. 1. 1855 (Hamburg) † 31. 8. 1930 (Berlin)
1875 Lehrer im Hause des britischen Konsuls in Konstantinopel. 1879 Privatdozent, 1884 Professor für alte Geschichte an der Universität in Leipzig, 1885 Professor für Alte Geschichte an der Universität in Breslau. 1889 Professor für alte Geschichte an der Universität in Halle. 1902 Professor für alte Geschichte an der Universität in Berlin. 1920 Rektor.
OM 9. 7. 1903 (Bestät. 4. 8. 1903)
Alte Geschichte

MEYER, Hans Horst, * 17. 3. 1853 (Insterburg) † 6. 10. 1939 (Wien)
1881 Privatdozent an der Universität in Straßburg. 1882 Professor für Arzneimittellehre, Diätik und Geschichte der Medizin an der Universität in Dorpat. 1884 Professor für Pharmakologie an der Universität in Marburg. 1904 Professor für Pharmakologie an der Universität in Wien.
KM 28. 10. 1920
Anatomie, Physiologie

MEYER, Herbert Oskar, * 10. 2. 1875 (Breslau) † 6. 3. 1941 (Berlin)
1899 Referendar; 1903 Privatdozent an der Universität in Breslau. 1904 Professor für Rechtswissenschaft an der Universität in Jena. 1906 Professor für Rechtswissenschaft an der Universität in Breslau. 1908 Professor für Rechtswissen-

schaft an der Universität in Göttingen. 1928 Rektor. 1937 Professor für deutsches, bürgerliches und Handelsrecht an der Universität in Berlin.
KM 10. 7. 1930; OM 2. 3. 1939 (Bestät. 29. 4. 1939)
Rechtswissenschaft; deutsches, bürgerliches und Handelsrecht, deutsche Rechtsgeschichte

MEYER, Johann Karl Friedrich
* 17. 10. 1739 (Stettin) † 20. 2. 1811 (Stettin)
Chemiker und Pharmazeut. Königl. Hofapotheker in Stettin.
AM 24. 1. 1788
Pharmazie

MEYER, Konrad, * 15. 5. 1901 (Salzderhelden/Hann.)
1930 Privatdozent an der Universität in Göttingen. 1935 bis 1945 Professor für Agrarpolitik und Ackerbau an der Universität in Berlin und Direktor des Instituts für Agrarwesen und Agrarpolitik. 1956 Professor für Agrarwesen, Agrarraumforschung und Landesplanung an der Technischen Hochschule in Hannover. (M. wurde auf Vorschlag der Akademie vor deren Wiedereröffnung 1946 aus der Mitgliederliste gestrichen. Seine Mitgliedschaft endete damit am 8. 5. 1945.
OM 2. 3. 1939 – 8. 5. 1945 (Bestät. 29. 4. 1939)
Agrarpolitik

MEYER, Kuno, * 20. 12. 1858 (Hamburg) † 11. 10. 1919 (Leipzig), (Bruder von MEYER, Eduard)
1884 Professor für deutsche und keltische Philologie an der Royal Universität in Liverpool. Später Direktor der School of Irish Learning und Professor für keltische Philologie an der Royal Irish Academie in Dublin. 1911 Professor für keltische Philologie an der Universität in Berlin.
OM 27. 4. 1911 (Bestät. 3. 7. 1911)
Philologie

MEYER, Johannes Kurt, * 31. 3. 1904 (Zwickau/Sa.) † 6. 11. 1978 (Wolfen)
1937 Forschungslaborleiter bei der Zeiss Ikon AG in Berlin. 1945 Chefchemiker eines Forschungslabors in Berlin. 1947 bis 1950 wissenschaftliche Tätigkeit in der UdSSR. 1950 Technikumsleiter, 1954 Abteilungsleiter, 1955 Leiter der Abteilung Forschung und Entwicklung der VEB Filmfabrik Agfa in Wolfen. 1956 zugleich Professor mit LA. an der Universität in Berlin. 1956 und 1965 Nationalpreis.
OM 11. 6. 1964
Physikalische Chemie, Chemie, Physik und Herstellung von Photomaterialien

MEYER, Lothar Julius, * 19. 8. 1830 (Varel/Oldenburg) † 12. 4. 1895 (Tübingen)
1854 Dr. med. in Würzburg. 1859 Dozent für Physik und Chemie und Leiter des Physikalisch-chemischen Laboratoriums an der Universität in Breslau. 1866 Professor für Chemie an der Forstwirtschaftlichen Akademie in Eberswalde. 1868 Professor für Chemie am Polytechnikum in Karlsruhe. 1876 Professor für Chemie an der Universität in Tübingen.
KM 6. 12. 1888
Chemie

MEYER, Viktor Johannes, * 8. 9. 1848 (Berlin) † 8. 8. 1897 (Heidelberg), (Freitod)
1871 Professor am Polytechnikum in Stuttgart. 1872 Professor für Chemie und Dirktor des Chemisch-analytischen Laboratoriums am Polytechnikum in Zürich. Seit 1877 zugleich Vorstand der Chemischen Fachschule in Zürich. 1885 Professor für Chemie an der Universität in Göttingen. 1889 Professor für Chemie an der Universität in Heidelberg.

KM 12. 3. 1896
Chemie

MEYER–LÜBKE, Wilhelm, * 30.1.1861 (Dübendorf/Kt. Zürich) † 4. 10. 1936 (Bonn)
1885 Privatdozent an der Universität in Zürich. 1887 Professor für romanische Philologie an der Universität in Jena. 1890 Professor für romanische Philologie an der Universität in Wien. 1906 Rektor. 1915 Professor für romanische Philologie an der Universität in Bonn. Geh. Regierungsrat.
KM 6. 7. 1905
Romanistik

MICHAELIS, Adolf Theodor Friedrich, * 22. 7. 1835 (Kiel) † 12. 8. 1910 (Straßburg)
1861 Privatdozent an der Universität in Kiel. 1862 Professor für Archäologie an der Universität in Greifswald. 1865 Professor für Archäologie an der Universität in Tübingen. 1872 Professor für Archäologie an der Universität in Straßburg. 1874 zugleich Mitglied der Zentraldirektion des Deutschen Archäologischen Instituts in Rom.
KM 21. 6. 1888
Archäologie

MICHA(E)LIS, Anastasios, * Naussa/ Mazedonien) † nach 1722
(M. wurde auf Vorschlag von D. E. JABLONSKI als „ein edler Mazedonier" aufgenommen. Im „Adress-Calender der Königl. Preus. Haupt- und Residentz-Städte Berlin . . . " 1726 Seite 130 wird M. wie folgt charakterisiert: „Ein Gelehrter Griechischer von Adel, der bei seinen Peregrinationen in Teutschland und Holland bekannt geworden." Zeitweilig Sprachlehrer in Moskau.)
abwM 21. 6. 1707

MICHAELIS, Christian Bendikt, * 26. 1. 1680 (Ellrich a. Harz) † 22. 2. 1764 (Halle/Saale)
1713 Professor, 1714 Professor für Philosophie an der Universität in Halle. 1731 Professor für Theologie, 1738 Professor für orientalische Sprachen an der Universität in Halle.
abwM 14. 6. 1730
Theologie, Orientalistik

MICHAŁOWSKI, Kazimierz, * 14. 12. 1901 (Tarnopol) † 1. 1. 1981 (Warschau)
1931 Professor für klassische Archäologie, 1939 Professor für Mittelmeer-Archäologie an der Universität in Warschau. 1945 zugleich Mitdirektor des Nationalmuseums in Warschau.
KM 23. 4. 1964; AM 20. 5. 1969
Archäologie

MICHALSKI, Jan, * 7. 6. 1920 (Lodz)
1955 Dozent, 1958 Professor, 1963 Professor für organische Chemie an der Universität in Lodz. 1971 zugleich Direktor des Instituts für Organische Chemie der Technischen Hochschule und Direktor des Zentrums für molekulare und makromolekulare Untersuchungen der Polnischen Akademie der Wissenschaften in Lodz.
AM 8. 6. 1798
Organische Chemie

MICHEL–LEVY, Auguste, * 7. 8. 1844 (Paris) † 25. 9. 1911 (Paris)
Ingénieur en Chef des mines. Direktor der geologischen Landesaufnahme Frankreichs.
KM 28. 7. 1898
Geologie

MICHELOTTI, Pietro Antonio, * 1673 (Drò bei Arco) † 1. 2. 1740 (Venedig)
Stadtarzt und Mathematiker in Venedig.
abwM 3. 10. 1715
Mathematik

MICHELSEN, Johann Andreas Christian, * 9. 6. 1749 (Quedlinburg) † 8. 8. 1797 (Berlin)
1872 Informator in Berlin. 1778 Professor für Mathematik und Physik am Vereinigten Berlinischen und Cölnischen Gymnasium zum Grauen Kloster in Berlin.
OM 24. 1. 1793
Mathematik

MIETTINEN, Jormar Kalervo, * 11. 8. 1921 (Helsinki)
1948 Projektleiter am Biochemischen Forschungsinstitut in Helsinki. 1964 Professor für Radiochemie an der Universität in Helsinki und Direktor des Instituts für Radiochemie.
AM 10. 6. 1976
Organische Chemie

MIGNOT, Etienne de, * 15. 12. 1714 (Paris) † 6. 5. 1782 (Paris)
siehe: MONTIGNY, Etienne MIGNOT de

MIKLOSICH, Franz Xaver Ritter von, * 20. 11. 1813 (Luttenberg/Steiermark) † 7. 3. 1891 (Wien)
1844 Mitarbeiter an der Hofbibliothek in Wien. 1849 Professor, 1850 Professor für slawische Philologie an der Universität in Wien. (M. stand bereits am 13. 2. 1862 erstmals zur Wahl, erhielt jedoch nicht die erforderliche Stimmenmehrheit.)
AM 27. 2. 1862 (Bestät. 24. 3. 1862)
Slawistik

MILLER, Oskar von, * 7. 5. 1855 (München) † 9. 4. 1934 (München)
Bauingenieur, Dr. ing. e. h., Dr. h. c. oec. publ., Direktor der Deutschen EDISON-Gesellschaft, später Allgem. Elektrizitäts-Gesellschaft (gemeinsam mit Emil RATHENAU). 1890 Inhaber des Ingenieurbüros Oskar von MILLER in München. 1903 Vorsitzender der Deutschen Museums-Organisation der 1. elektrotechn. Ausstellung und Begründer des deutschen Museums von Meisterwerken der Naturwissenschaft und Technik in München. 1918 – 1921 Bayerischer Staatskommissär für die Ausführung des Walchenseewerkes und des Bayernwerkes. 1925 Direktor des Deutschen Museums in München. Geh. Baurat.
EM 27. 4. 1929
Technik

MILLER, William Hallowes, * 6. 4. 1801 (Velindre/Wales) † 20. 5. 1880 (Cambridge)
Professor für Mineralogie an der Universität in Cambridge. Seit 1870 auch Mitglied der Internationalen Meterkommission und Medaillist der Royal Society in London.
KM 10. 5. 1860
Mineralogie

MILLIN de GRANDMAISON, Aubin-Louis, * 19. 7. 1759 (Paris) † 14. 8. 1818 (Paris)
Konservator des Antiken- und Medaillenkabinetts der Nationalbibliothek in Paris.
KM 25. 6. 1812
Archäologie, Numismatik

MILLINGEN, James, * 18.1.1774 (London), † 1.10.1845 (Florenz)
Archäologe in Florenz.
KM 13. 2. 1840
Klassische Archäologie

MILLIONSTSCHIKOW, Michail Dmitrijewitsch, * 3./16. 1. 1913 (Grodno) † 27. 5. 1973 (Moskau)
1953 Korrespondierendes Mitglied, 1962 Ordentlicher Akademiker für technische Wissenschaften und Vizepräsident der Akademie der Wissenschaften der UdSSR.
AM 25. 2. 1971
Physik

MILNE–EDWARDS, Henri-Milne EDWARDS (gen. Henri), * 23.10.1800 Brügge) † 28.7.1885 (Paris)
Zunächst Professor für Naturgeschichte am Collège Henry IV. in Paris. 1841 Professor, 1862 Professor für Zoologie am Naturhistorischen Museum in Paris. 1864 stellv. Direktor.
KM 15. 4. 1847
Zoologie, Physiologie

MINERVINI, Giulio, * 9. 8. 1819 (Neapel) † 18. 12. 1891 (Rom)
Archäologe. Zeitweilig Inspektor des Nationalmuseums in Neapel.
KM 17. 6. 1852
Klassische Archäologie

MINUTOLI, Johann Heinrich Freiherr MENU von, * 12. 5. 1722 (Genf)
† 16. 9. 1846 (Berlin)
1786 Eintritt in den preußischen Militärdienst, 1793 Stabskapitän im Kadettenkorps in Berlin. Zuletzt Generalleutnant. 1810 Gouverneur des Prinzen KARL v. Preußen. (M. begleitete 1820 – 1822 EHRENBERG und HEMPRICHT auf deren Forschungsreise nach Ägypten. Ein Teil der archäologischen Sammlungen von M. ging bei einem Sturm in der Nordsee verloren. M. veröffentlichte einige Schriften militärischen, historischen und archäologischen Inhalts).
EM 13. 4. 1820 (Bestät. 5. 5. 1820)

Dr. MISES, Gustav Theodor, * 19.4.1801 (Groß-Särchen/Nd.-Lausitz)
† 18. 11. 1887 Leipzig)
siehe: FECHNER, Gustav Theodor (Pseudonym: Dr. Mises)

MISES, Richard Edler von, * 19.4.1883 (Lemberg) † 14.7.1953 (Boston/USA)
1908 Privatdozent an der Universität in Brünn. 1909 Professor für Mathematik an der Universität in Straßburg. 1919 Professor für Mathematik an der Technischen Hochschule in Dresden. 1920 Professor für Mathematik an der Universität in Berlin. 1935 Professor für Mathematik an der Universität in Istanbul. Später Professor für Aerodynamik und angewandte Mathematik an der Universität in Cambridge/Mass. (M. betrachtete die Mitgliedschaft als hohe Ehre, mußte sie jedoch unter dem Druck des Mc Carthismus in den USA ablehnen.)
KM 29. 6. 1950 – 15. 9. 1950
Angewandte Mathematik und Mechanik

MISSY Jean de, * 26. 8. 1686 (Laon)
† 1762 (Brüssel)
siehe: ROUSSET de MSSY, Jean

MITSCHERLICH, Eilard,
* 7. 1. 1794 (Neuende/Ostfriesl.)
† 28. 8. 1863 (Berlin)
Ursprünglich Orientalist. 1822 Professor, 1825 Professor für Chemie an der Universität in Berlin; zugleich Professor für Physik und Chemie an der Militärakademie in Berlin. 1854 – 1855 Rektor der Universität. (M. gilt als Entdecker des Isomorphismus und als Mitbegründer der kristallographischen Chemie. Seine Wahl erfolgte auf Antrag des der Akademie vorgeordneten Ministeriums.)
OM 25. 10. 1821 (Bestät. 7. 2. 1822).
Chemie

MITSCHERLICH, Eilhard Alfred,
* 29. 8. 1874 (Berlin) † 3. 2. 1956 (Paulinenaue bei Nauen), (Enkel von MITSCHERLICH, Eilard)
1901 Privatdozent an der Universität in Kiel. 1906 Professor für Pflanzenbaulehre und Bodenkunde an der Universität in Königsberg. 1930 Rektor. 1946 Professor für Kulturtechnik an der Universität in Berlin und Direktor des Institutes für Kulturtechnik. 1947 Direktor (Gründer) des Institutes zur Steigerung der Pflanzenerträge in Paulinenaue (1956 von der Akademie an die Akademie der

Landwirtschaftswissenschaften abgegeben). 1949 –1951 Sekretar der Klasse für landwirtschaftliche Wissenschaften der Akademie. 1949 Nationalpreis.
OM 20. 3. 1947
Agrarwissenschaft, Kulturtechnik

MITTEIS, Heinrich, * 26. 11. 1889 (Prag) † 29. 7. 1952 (München)
1919 Dozent an der Universität in Halle. 1921 Professor für Rechtswissenschaft an der Universität in Köln. 1924 Professor für Rechtswissenschaft an der Universität in Heidelberg. 1934 Professor für Rechtswissenschaft an der Universität in Wien. 1940 Professor für Rechtswissenschaft an der Universität in Rostock. 1946 Professor für deutsche Rechtsgeschichte an der Universität in Berlin. 1948 Professor für Rechtswissenschaft an der Universität in München. 1950 Präsident der Bayerischen Akademie in München. (M. wurde am 20. 6. 1946 in einer „Vorwahl" Mitglied der Akademie, um als Justitiar der Akademie fungieren und den akademischen Sitzungen beiwohnen zu können. Die offizielle Mitgliedschaft datiert vom 11. 7. 1946).
OM 11. 7. 1946
Rechtswissenschaft, deutsche Rechtsgeschichte

MITTEIS, Ludwig, * 17. 3. 1859 (Laibach) † 26. 12. 1921 (Leipzig)
1880 bis 1886 Richter in Wien. 1884 zugleich Privatdozent an der Universität in Wien. 1887 Professor für bürgerl. Recht an der Universität in Prag. 1895 Professor für bürgerl. Recht an der Universität in Wien. 1899 Professor für bürgerl. Recht an der Universität in Leipzig. Geh. Rat.
KM 16. 2. 1905
Rechtswissenschaft, deutsche Rechtsgeschichte

MITTENZWEI, Werner Hugo, * 7.8.1927 (Limbach/Sa.)
1946 Lehrer in Limbach. 1950 Lehrer in Burgstädt. 1960 Dozent, 1966 Professor für Literaturwissenschaft am Institut (jetzt Akademie) für Gesellschaftswissenschaften beim ZK der SED. 1968 Leiter der Arbeitsstelle für Literaturtheorie, 1969 Direktor des Zentralinstituts für Literaturgeschichte der Akademie in Berlin. 1973 Forschungsgruppenleiter im Zentralinstitut für Literaturgeschichte der Akademie. 1973 Nationalpreis.
KM 4. 9. 1969; OM 15. 6. 1972
Literatur- und Kunstwissenschaft; Dtsch. Literatur des 20. Jh., Westeurop. Dramatik des 20. Jh..

MLADENOW, Stefan, * 27. 12. 1880 (Widin) † 1. 5. 1963 (Sofia)
1910 Dozent, 1916 Professor, 1921 Professor für indogermanische Sprachwissenschaft an der Universität in Sofia.
KM 22. 1. 1942 (Bestät. 13. 5. 1942)
Vergleichende Sprachwissenschaft

MOEBIUS, August Ferdinand, * 17. 11. 1790 (Pforta) † 26. 9. 1868 (Leipzig)
1816 Professor für Astronomie an der Universität in Leipzig und Direktor der Sternwarte. 1844 Professor für Mathematik an der Universität in Leipzig, Geh. Regierungsrat.
KM 10. 12. 1829
Mathematik, Astronomie

MÖBIUS, Karl August, * 7. 2. 1825 (Eilenburg bei Leipzig) † 26. 4. 1908 (Berlin)
1853 Lehrer in Hamburg. 1868 Professor für Zoologie an der Universität in Kiel. 1887 Professor für Zoologie an der Universität in Berlin und Direktor der Zoologischen Sammlung. Später Direktor des Museums für Naturkunde in Berlin. (M. war Mitglied der Ministeralkommission für wissenschaftliche Untersuchung der deutschen Meere und nahm als solcher

an mehreren Expeditionen teil).
OM 12. 4. 1888 (Bestät. 30. 4. 1888)
Zoologie

MOEHSEN, Johann Karl Wilhelm,
* 9. 5. 1722 (Berlin) † 22. 9. 1795 (Berlin)
1742 Arzt am Joachimthalschen Gymnasium in Berlin. 1747 Mitglied des Obermedizinalkollegiums und Kreisarzt in Teltow. 1763 Mitglied des Obersanitätskollegiums in Berlin. 1766 Arzt am Kadettenkorps und an der Ritterakademie in Berlin. 1778 Leibarzt FRIEDRICHs II. (M., der als einer der gelehrtesten und gebildetsten Ärzte seiner Zeit charakterisiert wird, war auch ein bedeutender Medizinhistoriker.)
OM 7. 12. 1786 (Bestät. 14. 12. 1786)
Medizin

MOENNICH, Bernhard Friedrich,
* 16. 3. 1741 (Boldewitz/Rügen)
† 1.8.1800 (Berlin)
1769 Privatdozent an der Universität in Greifswald. 1771 Oberlehrer am Pädagogium in Klosterbergen. 1785 Oberberg- und Baurat in Berlin. 1786 Professor für Mathematik und Physik an der Universität in Frankfurt a. O.
OM 29. 4. 1790
Mathematik, Physik

MOHL, Hugo von, * 8. 4. 1805 (Stuttgart) † 1. 4. 1872 (Tübingen)
1832 Professor für Physiologie an der Universität in Bern. 1835 Professor für Botanik an der Universität in Tübingen. (M. wurde am 6. 6. 1850 zum Ordentlichen Mitglied unter der Voraussetzung gewählt, eine Berufung nach Berlin anzunehmen. Da diese Bedingung nicht erfüllt wurde, wurde eine Bestätigung dieser Wahl nicht beantragt.)
KM 15. 4. 1847
Botanik

MOHL, Julius (Jules), *25. 10. 1800 (Stuttgart) † 4. 1. 1876 (Paris)
1826 Professor für morgenländische Literatur an der Universität in Tübingen. 1841 Zweiter Sekretär, später Sekretär und zuletzt Präsident der Société asiatique in Paris. 1847 Professor für persische Sprache am Collège de France, später zugleich Inspektor der orientalischen Typographie an der Staatsdrukkerei in Paris.
KM 25. 4. 1850
Orientalistik

MOHN, Henrik, * 15. 5. 1835 (Bergen) † 12. 9. 1916 (Christiania)
1861 Observator der Sternwarte in Christiania. 1866 Professor an der Universität in Christiania und Direktor des Meteorologischen Instituts.
KM 22. 2. 1900
Meteorologie

MOHS, Friedrich Karl Christian
* 29. 1. 1773 (Gernrode) † 29. 9. 1839 (Agordo/Tirol)
1812 Professor für Mineralogie in Graz. 1818 Professor für Mineralogie in Freiberg. 1826 Professor für Mineralogie an der Universität in Wien. 1835 Wirkl. Bergrat im Staatsdienst.
KM 25. 6. 1812
Mineralogie

MOISSAN, Henri, * 28. 9. 1852 (Paris) † 20. 2. 1907 (Paris)
Professor für Chemie an der Universität in Paris und Direktor des Laboratoriums für Mineralchemie an der École sup. de pharmacie und an der Schule für Architektur in Paris. 1906 Nobelpreis für Chemie.
KM 12. 1. 1905
Anorganische Chemie

MOIVRE, Abraham de, * 26. 5. 1667

(Vitry/Champagne) † 27. 11. 1754 (London)
Geometer in London. (M. verließ Frankreich nach Aufhebung des Edikts von Nantes und lebte in London. Er gab hier Mathematikunterricht. M. wurde 1697 Mitglied der Royal Society.)
abwM 23. 8. 1735
Mathematik

MOLBECH, Christian, * 8.10.1783 (Sorö) † 23.6.1857 (Kopenhagen)
1804 Mitarbeiter der königl. Bibliothek in Kopenhagen. 1829 Professor für Literaturgeschichte an der Universität in Kopenhagen. 1830 Mitglied der Direktion der königl. Schauspiele in Kopenhagen. 1846 Etatsrat.
KM 27. 2. 1845
Dänische Geschichte, Sprachwissenschaft

MOLISCH, Hans, * 6. 12. 1856 (Brünn) † 8. 12. 1937 (Wien)
1885 Privatdozent an der Universität in Wien. 1889 Professor für Anatomie an der Technischen Hochschule in Graz. 1894 Professor für Anatomie an der Universität in Prag. 1909 Professor für Anatomie und Pflanzenphysiologie an der Universität in Wien und Direktor des Pflanzenphysiologischen Institutes. 1922 – 1925 Gastprofessor an der Universität in Sendal/Japan.
KM 24. 7. 1930
Botanik

MOLL, Karl Maria Ehrenbert Freiherr von, * 21. 12. 1760 (Thalgau/Salzburg) † 1. 2. 1838 (Augsburg)
1790 Direktor der Hofkammer in Salzburg. 1791 zugleich Direktor des Salz-, Münz- und Bergwesens. 1800 Geh. Rat. 1803 Regierungspräsident. 1807 Sekretär der math.-physikal. Klasse der Bayerischen Akademie der Wissenschaften. (M. lebte später vorwiegend auf seinem Landgut in Dachau. Er gilt als bedeutender Mineraloge. Mehrere Arten von Tieren und Pflanzen sind mit seinem Namen bezeichnet.)
KM 25. 6. 1812
Mineralogie

MOLTKE, Helmuth Karl Bernhard Freiherr (1870 Graf von), * 26. 10. 1800 (Parchim/Meckl.) † 24. 4. 1891 (Berlin)
1811 – 1821 im dänischen Militärdienst, zunächst Kadett, später Hofpage und Leutnant. 1822 Eintritt in den preuß. Militärdienst. 1828 Mitarbeiter im Topographischen Büro des Großen Generalstabes. 1859 Generalleutnant. 1864 Chef des Generalstabes. 1871 Generalfeldmarschall. 1872 Mitglied des Herrenhauses. (M. war an der Bildung der Physikalisch-Technischen Reichsanstalt beteiligt.)
EM 26. 4. 1860 (Bestät. 2. 6. 1860)
Kriegsgeschichte, Topographie

MOMMSEN, Christian Matthias Theodor, * 30. 11. 1817 (Garding/Schleswig) † 1. 11. 1903 (Charlottenburg)
Privatlehrer in Altona. 1848 Redakteur der „Schlesw.-holstein. Zeitung". 1848 Professor für Rechtswissenschaft an der Universität in Leipzig. 1852 Professor für römisches Recht an der Universität in Zürich. 1854 Professor für römisches Recht an der Universität in Breslau. 1858 Professor für alte Geschichte an der Universität in Berlin. 1874 – 1875 Rektor der Universität. 1874 bis 1895 Sekretar der Philosophisch-historischen Klasse der Akademie. 1902 Nobelpreis für Literatur. (M. wurde nach einer Untersuchung seiner Teilnahme an der Revolution von 1848/49 im Jahre 1850 als Professor an der Universität in Leipzig abgesetzt. M., Mitglied der Nationalliberalen Partei, danach der Liberalen Vereinigung, war von 1873 bis 1882 Mitglied des Preußischen Abgeordnetenhauses, später Reichstagsabgeordneter.)
KM 16. 6. 1853; OM 25. 3. 1858 (Be-

stät. 27. 4. 1858)
Geschichte, römische Geschichte, Rechtsgeschichte

MONCRIF, Françoise-Augustin PARADIS de, * 1687 (Paris) † 19. 11. 1770 (Paris)
Zunächst Sekretär des Grafen von CLERMONT. Mitglied der Academie française. Vorleser der Königin von Frankriech
AM 4. 5. 1747

MOND, Ludwig, * 7. 3. 1839 (Kassel) † 11. 12. 1909 (London)
Chemiker und Direktor der Alkaliwerke von BRUNNA, MOND & Co. in London. (M. ging 1862 nach England. Er gründete 1896 das DAVY-FARADEY-Laboratorium der Royal-Institution und war zugleich Vizepräsident dieser Institution.)
KM 21. 1. 1909
Chemie

MONGE, Gaspard, Comte de Péluse, * 10. 5. 1746 (Beaune/Bourgogne) † 28. 7. 1818 (Paris)
Mit 16 Jahren Lehrer für Physik am Collège in Lyon. 1768 Professor für Mathematik, 1771 Professor für Physik an der Kriegsschule in Mézières. Danach Professor für Hydrodynamik, Examinator der Marine-Eleven, Professor für Stereometrie an der Zentralschule für öffentliche Arbeiten und Professor für Physik am Lyzeum in Paris. 1792 bis 1793 Marineminister, Direktor der Gewehrfabriken, Geschützgießereien und Pulvermühlen der Republik. 1794 Professor für Mathematik an der von ihm mitbegründeten Ecole polytechnique. Begleiter Napoleons auf dem Feldzug nach Ägypten; dort zeitweilig Präsident des Instituts d'Egypte. 1799 Senator. 1804 Graf von PELUSE und Mitglied der Akademie der Wissenschaften in Paris. (M. wurde nach der zweiten Restauration aus der Liste der Mitglieder der Akademie in Paris gestrichen und aller Ämter enthoben).
KM 25. 6. 1812
Mathematik, Geometrie

MONOD, Gabriel-Jacques-Jean, * 7. 3. 1844 (Ingouville/Seine-Inf.) † 10. 4. 1912 (Paris)
1869 bis 1904 Lehrer, später Direktor der École des hautes études in Paris. 1903 Professor für Geschichte an der Sorbonne. 1905 bis 1910 zugleich Professor für Geschichte am Collège de France.
KM 14. 2. 1907
Geschichte

MONRO, Alexander, * 20. 5. 1733 (Edinburgh) † 2. 10. 1817 (Edinburgh)
Professor für Medizin, Anatomie und Chirurgie an der Universität in Edinburgh.
AM 26. 7. 1804 (Bestät. 7. 8. 1804); EM 24. 1. 1812
Anatomie

MONS, Jean Baptiste van, * 11. 11. 1765 (Brüssel) † 6. 9. 1842 (Löwen)
Ursprünglich Apotheker in Brüssel. 1797 Professor für Chemie und Physik an der Zentralschule in Brüssel. 1817 Professor für Chemie und Agronomie an der Universität in Löwen.
KM 25. 6. 1812
Chemie

MONTAG, Hans Joachim Gerhard, * 21. 7. 1929 (Mühlhausen/Thür.)
1964 Dozent an der Technischen Universität in Dresden und Direktor des Instituts für Fertigungstechnik und betriebliches Meßwesen. 1966 Professor für Technologie des Maschinenbaus an der Technischen Hochschule in Magdeburg. 1969 Sekretär der zentralen Arbeitsgruppe beim Präsidium des Ministerrates für die Leitung der prognostischen Arbeit und Leiter des Arbeitssta-

bes Prognose beim Vorsitzenden des Ministerrates der DDR.
OM 11. 6. 1970
Technik, Technologie des Maschinenbaues

MONTESQUIEU, Charles-Louis de SECONDAT Baron de la Brède et de
* 18. 1. 1689 (La Brède bei Bordeaux)
† 10. 2. 1755 (Paris)
Französischer Philosoph, Staatsrechts- und Gesellschaftshistoriker. 1714 Parlamentsrat, 1716 Präsident am Parlament von Guienne.
AM 30. 6. 1747
Philosophie, Geschichte

MONTIGNY, Etienne MIGNOT de,
* 15. 12. 1714 (Paris) † 6. 5. 1782 (Paris)
Ingenieur und Geometer in Paris. Schatzmeister von Frankreich. Kommissar du conseil aux departemens des Tailles. Königl. Rat.
AM 15. 6. 1752
Physik, Mechanik

MONTUCLA, Jean-Etienne, * 5.9.1725 (Lyon) † 19.12.1799 (Versailles)
Regierungssekretär und königl. Astronom. 1766 – 1792 Oberaufseher der königl. Gebäude in Paris. (M. betätigte sich auch als Mathematikhistoriker.)
AM 3. 7. 1755
Mathematikgeschichte

MORAVČSIK, Gyula, * 29. 1. 1892 (Budapest) † 10. 12. 1972 (Budapest)
Zunächst Gymnasiallehrer in Budapest. 1923 Professor am Eötvös-Kollegium in Budapest. 1932 Professor, 1936 Professor für griechische Philologie an der Universität in Budapest.
KM 13. 1. 1955; AM 20. 5. 1969
Gräzistik

MORBIO, Carlo, * 1. 4. 1811 (Novara) † 27. 1. 1880 (Mailand)
Historiker, Schriftsteller und Sammler in Mailand.
KM 26. 4. 1860
Alte Geschichte, Archäologie

MORELLI, Giacomo (Jacopo),
* 14.4.1745 (Venedig) † 5.5.1819 (Venedig.
Bibliothekar der Markus-Bibliothek in Venedig.
KM 25. 6. 1812
Archäologie

MORF, Heinrich, * 23. 10. 1854 (Münchenbuchsee/Kt. Bern) † 23. 1. 1921 (Thun)
Zunächst Professor für romanische Philologie an den Universitäten in Bern und Zürich, später an der Akademie für Soz. und Handelswissenschaft in Frankfurt a. M.. 1910 Professor für romanische Philologie an der Universität in Berlin.
OM 24. 11. 1910 (Bestät. 14. 12. 1910)
Romanische Philologie

MORGAGNI, Giovanni Battista,
* 25. 2. 1682 (Forli) † 5. 12. 1771 (Padua)
Zunächst Arzt in Forli im Kirchenstaat. 1711 Professor für Anatomie an der Universität in Padua.
AM 18. 7. 1754
Anatomie

MORGAN, Thomas Hunt, * 25. 9. 1866 (Lexington/Kentucky) † 4. 12. 1945 (Pasadena)
Zunächst Professor für Biologie, 1904 Professor für experimentelle Zoologie an der Universität in New York. 1928 Professor für Biologie an der Technischen Hochschule in Pasadena und Leiter des Biologischen Kerckhoff-Instituts der Universität in Pasadena. 1933 Nobelpreis für Medizin.
KM 9. 5. 1935
Biologie, Genetik

MORIN, Arthur-Jules, * 19. 10. 1795 (Paris) † 7. 2. 1880 (Paris)
Zunächst Professor für Mechanik an der École d' Application de l' artillerie et du génie in Metz. 1785 General der Artillerie und Direktor des Konservatoriums der Künste und Gewerbe in Paris.
KM 6. 6. 1839
Mechanik

MORITZ, Karl Philipp, * 15. 9. 1757 (Hameln) † 26. 6. 1793 (Berlin)
1780 Konrektor am Gymnasium zum Grauen Kloster in Berlin. 1784 Professor am Berlinischen Gymnasium. 1789 Professor der Theorie der schönen Künste und für Altertumskunde und Mitglied des Senats der Akademie der Künste in Berlin. Zugleich Professor an der Militärakademie. Hofrat. (M. gilt als bedeutender Schriftsteller seiner Zeit.)
OM 6. 10. 1791
(Kunst- und Altertumswissenschaft)

MORTIER, Roland, * 21. 12. 1920 (Gent)
Professor für vergleichende Literaturwissenschaft und für französische Literatur an der Universität in Brüssel.
AM 25. 2. 1971
Literaturwissenschaft

MORTIMER, Cromwell, † 7. 1. 1752 (London)
Dr. der Arzneiwissenschaft. Mitglied des Collegium medicum in London und Sekretär der Royal Society.
AM 12. 9. 1748
Medizin

MOSANDER, Carl Gustav, * 10.9.1787 (Kalmar) † 15.10.1858 (Ängsholmen bei Stockholm)
Professor für Chemie und Pharmazie am Karoling. Institut in Stockholm.
KM 24. 4. 1856
Chemie

MOSCH, Wolfgang, * 10. 5. 1928 (Leipzig)
1964 Technischer Direktor des VEB Transformatoren- und Röntgenwerk in Dresden. 1968 Professor für Hochspannungstechnik, 1970 Direktor der Sektion Elektrotechnik an der Technischen Universität in Dresden. 1972 Nationalpreis.
KM 17. 4. 1975
Technik, Hochspannungstechnik

MOSER, Ludwig Ferdinand,
* 22. 8. 1805 (Berlin) † 22. 2. 1880 (Königsberg i. Pr.)
1832 Professor für Physik an der Universität in Königsberg.
KM 16. 2. 1843
Physik

MOSSO, Angelo, * 31. 5. 1846 (Turin) † 24. 11. 1910 (Turin)
1876 Professor für Arzneimittellehre, 1880 Professor für Physiologie an der Universität in Turin.
KM 28. 7. 1910
Physiologie

MOTHES, Kurt Albin, * 3. 11. 1900 (Plauen i. V.)
1928 Privatdozent am Botanischen Institut der Universität in Halle. 1935 Professor für Botanik und Pharmakognosie an der Universität in Königsberg und Direktor des Botanischen Instituts sowie des Botanischen Gartens der Universität. 1949 Abteilungsleiter am Institut für Kulturpflanzenforschung (jetzt Zentralinstitut für Genetik und Kulturpflanzenforschung) der Akademie in Gatersleben. 1950 zugleich Professor für Biochemie der Pflanzen an der Universität in Halle und Direktor des Instituts für Pharmakognosie sowie des Instituts für Allgemeine Botanik, ab 1965 Direktor der Botanischen Anstalten der Universität. 1957 Leiter der Arbeitsstelle für Bioche-

mie der Pflanzen der Akademie in Halle. 1960 Direktor des Instituts für Biochemie der Pflanzen der Akademie in Halle. 1954 – 1974 Präsident der Deutschen Akademie der Naturforscher LEOPOLDINA in Halle. 1953 Nationalpreis.
OM 19. 2. 1953
Biologie, Biochemie, Physiologie

MOTTEK, Hans, * 26. 9. 1910 (Posen)
1932 Referendar am Amtsgericht in Bernau. 1946 Jurist in der Deutschen Verwaltung für Arbeit und Sozialfürsorge in Berlin. 1951 Dozent, 1954 Professor mit LA. , 1960 Professor für Wirtschaftsgeschichte an der Hochschule für Ökonomie in Berlin und Direktor des Instituts für Wirtschaftsgeschichte. 1968 Nationalpreis.
KM 29. 5. 1969; OM 3. 6. 1971
Wirtschaftswissenschaft, Wirtschaftsgeschichte

MOULINES, Wilhelm von, * 30. 4. 1728 (Berlin) † 14. 3. 1802 (Berlin)
Zunächst Prediger in Bernau, später an der Dorotheenkirche, am französ. Kinderhospital in Berlin. 1783 Herzogl. Braunschweig. Geh. Legationsrat und residier. Minister. 1789 Geheimer Rat bei dem Französ. Oberkonsistorium in Berlin.
OM 21. 7. 1775
Theologie

MRAS, Karl, * 6. 6. 1877 (Wien) † 7. 7. 1962 (Wien)
1912 Privatdozent an der Universität in Wien. 1921 Professor für klass. Philologie an der Universität in Graz. 1933 Professor für klass. Philologie und vergleich. Sprachwissenschaft an der Universität in Wien.
KM 17. 5. 1956
Klass. Philologie

MÜFFLING, Friedrich Ferdinand Karl Freiherr von, * 12. 6. 1775 (Halle/Saale) † 16. 1. 1851 (Erfurt)
Seit 1790 Angehöriger der preußischen Armee. 1813 Generalquartiermeister der schlesischen Armee unter BLÜCHER. 1815 Militärgouverneur von Paris. 1820 Chef des Großen Generalstabs. 1832 Kommandierender General. 1837 Militärgouverneur von Berlin. 1841 Präsident des Staatsrates. 1847 Generalfeldmarschall. (M. leitete u. a. 1805 die Vermessung in Thüringen. Er ist Verfasser militärischer und militärhistorischer Schriften).
EM 5. 6. 1823 (Bestät. 23. 6. 1823)
Militärgeschichte, Geodäsie

MÜHLENPFORDT, Justus, * 22. 4. 1911 (Lübeck)
1957 Dr.-Ing. 1936 – 1945 Physiker in Forschungslaboratorien der SIEMENS-Werke, Berlin. 1945 – 1955 wissenschaftliche Tätigkeit in der UdSSR. 1955 Direktor des Instituts für physikalische Stofftrennung (später: Institut für stabile Isotope) der Akademie in Leipzig. 1960 Professor der Akademie. 1968 Beauftragter, 1969 – 1974 Leiter des Forschungsbereiches Kern- und Isotopentechnik der Akademie. (später: Forschungsbereich Kernwissenschaften, jetzt: Forschungsbereich Physik, Kern- und Werkstofforschung der Akademie.) 1961 Nationalpreis
KM 29. 5. 1969
Physik, Isotopenforschung

MÜLLENHOFF, Karl Viktor, * 8.9.1818 (Marne/Holstein) † 19.2.1884 (Berlin)
1842 Hilfslehrer an der Schule in Meldorf. 1843 Privatdozent, 1846 Professor, 1854 Professor für deutsche Literatur und Altertumskunde an der Universität in Kiel. 1858 Professor für deutsche Philologie an der Universität in Berlin. Geh. Regierungsrat.
OM 14. 1. 1864 (Bestät. 3. 2. 1864)

Deutsche Philologie, Geschichte der altdeutschen Poesie

MÜLLER, Arno Hermann, * 25. 8. 1916 (Erfurt)
1951 Dozent an der Universität in Greifswald. 1952 Professor für Paläontologie an der Universität in Jena. 1958 Professor für Paläontologie und Mikropaläontologie an der Bergakademie in Freiberg. 1977 Nationalpreis.
OM 8. 6. 1967
Geologie, Paläontologie

MÜLLER, Friedrich Christoph,
* 8. 10. 1751 (Allendorf) † 10. 4. 1808 (Schwelm)
Ursprünglich Pfarrer in Soest, seit 1782 Pfarrer in Unna, seit 1785 in Schwelm. Zeitweilig in Hamm, dort zugleich Lehrer an der preussischen Garnison. (MÜLLER betrieb mathematische und naturwissenschaftliche, vorwiegend astronomische Studien.)
AM 9. 8. 1788
Astronomie

MÜLLER, Friedrich Wilhelm Karl,
* 21. 1. 1863 (Neudamm/Neumark)
† 18. 4. 1930 (Berlin)
1887 Hilfsarbeiter, später Direktor der Ostasiatischen Abteilung des Museums für Völkerkunde in Berlin. Professor.
OM 29. 11. 1906 (Bestät. 24. 12. 1906)
Orientalistik, Japanologie

MÜLLER, Georg Elias, * 20. 7. 1850 (Grimma) † 23. 12. 1934 (Göttingen)
1873 Hauslehrer in Rötha und in Berlin. 1876 Privatdozent an der Universität in Göttingen. 1880 Professor für Philosophie und Psychologie in Cernowitz. 1881 Professor für Philosophie und Psychologie an der Universität in Göttingen.
KM 19. 2. 1914
Philosophie, Psychologie

MÜLLER, Karl Hermann Gustav,
* 7. 5. 1851 (Schweidnitz) † 7. 7. 1925 (Potsdam)
1877 Promotion. 1888 Hauptobservator. 1917 Direktor des Astrophysikalischen Observatoriums in Potsdam, Geh. Regierungsrat.
OM 27. 6. 1918 (Bestät. 1. 8. 1918)
Astronomie

MÜLLER, Hans Joachim, * 11. 11. 1911 (Leipzig)
1956 Professor an der Akademie der Landwirtschaftswissenschaft. 1958 Abteilungsleiter im Institut für Pflanzenzüchtung der Akademie der Landwirtschaftswissenschaft in Quedlinburg. 1965 Professor für spezielle Zoologie und Entomologie, 1969 Professor für Zoologie an der Universität in Jena. 1949 Nationalpreis.
KM 15. 6. 1961; OM 23. 4. 1964
Biologie, Experimentelle Ökologie der Insekten

MÜLLER, Johann Heinrich, * 15. 1. 1671 (Nürnberg) † 5. 3. 1731 (Altdorf)
1705 Professor für Physik am Gymnasium in Nürnberg, zugleich Leiter der Sternwarte in Nürnberg. 1709 Professor für Mathematik an der Universität in Altdorf. Seit 1713 zugleich Direktor der (neuen) Sternwarte.
abwM 5. 5. 1728
Astronomie

MÜLLER, Johannes von (1797),
* 3. 1. 1752 (Schaffhausen)
† 11. 5. 1809 (Kassel)
1772 Professor für griechische Sprache am Gymnasium in Schaffhausen. 1774 Erzieher im Hause des Staatsrates TROUCHIN-CALANDRINI in Genf. 1782 Dozent an der Kriegsakademie in Kassel. 1786 Bibliothekar der kurfürstl. Bibliothek in Mainz. 1787 zugleich Staatsrat, Staatsreferendar und geheimer Kabi-

nettssekretär des Kurfürsten von Mainz. 1797 Geh. Hofrat in der geh. Hof- und Staatskanzlei in Wien; geadelt als „Edler von Sylfelden". 1800 1. Kustos der kaiserlichen Bibliothek in Wien. 1804 Geh. Rat und Historiograph des preuss. Königs. 1807 Ministerstaatssekretär des Königreiches Westfalen in Kassel. Im gleichen Jahre Staatsrat und Generaldirektor des öffentlichen Unterrichts. (Die Umwandlung des Status der Mitgliedschaft von dem eines AM in den eines OM 1804 erfolgte auf Befehl des preuss. Königs.)
AM 18. 8. 1788; OM 28. 7. 1804; AM Jan. 1807
Geschichte

MÜLLER, Johannes Peter, * 14. 7. 1801 (Koblenz) † 28. 4. 1858 (Berlin)
1824 Dozent, 1826 Professor für Physiologie und vergleichende Anatomie an der Universität in Bonn. Zugleich als prakt. Arzt tätig. 1833 Professor für Anatomie und Physiologie an der Universität in Berlin und Direktor der anatomischen Sammlung. 1838 – 1839 und 1847 – 1848 Rektor der Universität.
OM 5. 6. 1834 (Bestät. 16. 7. 1834)
Anatomie, Physiologie

MÜLLER, Karl, * 3. 9. 1852 (Langenburg/Württ.) † 10. 2. 1940 (Tübingen)
1875 Vikar in Ludwigsburg. 1878 Repetent im Theol. Seminar in Tübingen. 1880 Privatdozent, 1882 Professor für Theologie an der Universität in Berlin. 1884 Professor für Theologie an der Universität in Halle. 1886 Professor für Theologie an der Universität in Gießen. 1891 Professor für Theologie an der Universität in Breslau. 1903 Professor für Kirchengeschichte an der Universität in Tübingen und Vorstand des Neutestament. kirchengeschichtlichen Seminars.
KM 1. 2. 1917
Theologie, Kirchengeschichte

MÜLLER, Karl Alexander von, * 20. 12. 1882 (München) † 13. 12. 1964 (Rottach-Egern)
1917 Privatdozent, danach Honorarprofessor an der Universität in München. 1917 bis 1928 Syndikus der Bayerischen Akademie der Wissenschaften in München. 1928 bis 1948 Professor für Geschichte an der Universität in München. 1933 Dekan; seit 1933 zugleich Senator der Universität. 1929 bis 1935 zugleich Leiter des Süd-Ost-Instituts in München. 1936 bis 1944 Präsident der Bayerischen Akademie der Wissenschaften in München. Zugleich Senator und Vorsitzender der Historischen Sektion der Deutschen Akademie in München und Sekretär der Historischen Kommission und der Kommission für bayerische Landesgeschichte in München sowie Ehrenmitglied des Reichsinstituts für Geschichte des neuen Deutschlands. Oberregierungsrat.
KM 25. 6. 1942 (Bestät. 22. 7. 1942)
Geschichte

MÜLLER, Karlheinz, * 19. 6. 1931 (Dresden)
1962 Stellvertr. Bereichsleiter im Zentralinstitut für Kernforschung der Akademie in Rossendorf. 1969 Direktor des Forschungszentrums im VEB CARL ZEISS in Jena. 1976 Nationalpreis.
KM 15. 6. 1972
Physik; Kernphysik, Festkörperphysik

MÜLLER, Carl Ludwig, * 9. 6. 1809 (Kopenhagen) † 6. 9. 1891 (Kopenhagen)
Direktor der Königl. Münz- und Medaillensammlung und des Museums für Altertumskunde in Kopenhagen.
KM 26. 7. 1866 Numismatik

MÜLLER, Friedrich Max, * 6. 12. 1823 (Dessau) † 28. 10. 1900 (Oxford)
1854 Professor für vergleichende Philologie an der Universität in Oxford.

KM 12. 1. 1865; AM 7. 12. 1899 (Bestät. 5. 3. 1900)
Indologie

MÜLLER, Karl Otfried, * 28. 8. 1797 (Brieg) † 1. 8. 1840 (Athen)
1818 Lehrer am Gymnasium in Breslau. 1819 Professor, 1823 Professor für klassische Philologie, 1835 zugleich Professor für Eloquenz an der Universität in Göttingen. 1832 Hofrat. Mitglied der Direktion des Archäologischen Instituts in Rom.
KM 5. 6. 1823
Klassische Philologie

MÜLLER, Philipp, * 24. 8. 1640 (Sangerhausen) † 15. 3. 1713 (Jena)
1661 Magister, später Adjunkt an der Universität in Jena. 1663 Pastor in Eisleben, im gleichen Jahr Professor der Beredsamkeit, später auch Professor für Theologie an der Universität in Jena. 1680 Propst in Magdeburg. 1702 Professor für Theologie an der Universität in Jena.
abw M 11. 3. 1701
Theologie

MÜLLER–BRESLAU, Heinrich, * 13. 5. 1851 (Breslau) † 23. 4. 1925 (Berlin)
1875 Zivilingenieur. 1883 Professor für Baukonstruktionen und Baustofflehre an der Technischen Hochschule in Hannover. 1888 Professor für Statik der Baukonstruktionen an der Technischen Hochschule in Berlin. Geh. Regierungsrat.
OM 20. 12. 1900 (Bestät. 14. 1. 1901)
Technik

MÜLLER–STOLL, Wolfgang Richard Oskar, * 21. 4. 1909 (Karlsruhe)
1949 Professor, 1951 Professor für allgemeine Botanik an der Pädagogischen Hochschule in Potsdam und Direktor des Botanischen Instituts sowie des Botanischen Gartens. 1953 Leiter der Zweigstelle Potsdam des Instituts für Landesforschung und Naturschutz der Akademie der Landwirtschaftswissenschaft der DDR.
KM 15. 6. 1961; OM 23. 4. 1964
Allgemeine Botanik, Ökologische Pflanzenphysiologie

MÜNCHOW, Ludwig Wilhelm Graf von, * 1709 † 23. 9. 1753 (Breslau)
Wirkl. Geh. Etatminister. Dirig. Minister für Schlesien.
EM 23. 1. 1744

MÜNSTER, Georg Graf von, * 17. 2. 1776 † 23. 12. 1844 (Bayreut)
Zunächst Regierungsdirektor des Markgrafentums Ansbach-Bayreuth in Bayreuth. Später bayerischer Kammerherr und Regierungsrat. (M. trieb als wohlhabender Privatmann paläontologische Studien und war Besitzer einer bedeutenden Privatsammlung. Sie ging später in den Besitz des Bayerischen Staates über und bildete einen Bestandteil des Paläontologischen Museums in München.)
EM 1. 12. 1836 (Bestät. 4. 1. 1837)
Paläontologie

MÜNTER, Friedrich Karl Heinrich, * 14.10.1761 (Gotha) † 9.4.1830 (Kopenhagen)
1788 Professor für Theologie an der Universität in Kopenhagen. 1807 Bischof des Stiftes Seeland. 1808 Ordensbischof. 1809 Mitdirektor des königl. Pastoralseminars und Mitglied zahlreicher – vorwiegend kirchlicher – Institutionen.
KM 25. 6. 1812
Kirchengeschichte

MÜNZE, Max Willy Rudolf, * 1. 3. 1930 (Leipzig)
1969 Professor der Akademie. 1969 bis 1971 und seit 1974 Bereichsleiter am

Zentralinstitut für Kernforschung der Akademie in Rossendorf. 1960 Nationalpreis.
KM 14. 6. 1979
Radiochemie, Elektrochemie, Komplexchemie

MÜNZINGER, Adolf, * 12. 1. 1876 (Kirchentellinsfurt/Württ.) † 8. 9. 1962 (Hohenheim)
1904 Abteilungsvorstand an der Landwirtschaftswissenschaftlichen Versuchstation in Darmstadt. 1914 Wirtschaftsrat und Direktor der Güter des Grafen Waldstein in Böhmen. 1917 Direktor des Vereins mährischer Zuckerfabriken in Olmütz. 1922 Direktor der ungar.-deutschen Landwirtschafts-A.G. in Budapest. 1922 Professor für Wirtschaftslehre des Landbaues an der Landwirtschaftlichen Hochschule in Hohenheim und Direktor des Instituts für Wirtschaftslehre des Landbaues. 1931 zugleich Honorarprofessor an der Universität in Tübingen.
KM 26. 1. 1950
Bäuerliche Betriebslehre, Agrarwissenschaft

MUIR, John, * 5. 2. 1810 (Glasgow) † 7. 3. 1882 (Edinburgh)
Professor für Sanskrit und vergleichende Sprachwissenschaft an der Universität in Edinburgh.
KM 3. 11. 1870
Orientalistik

MULDER, Gerardus Johannes, * 27. 12. 1802 (Utrecht) † 27. 4. 1880 (Utrecht)
Zunächst prakt. Arzt in Rotterdam. 1840 Professor für Chemie an der Universität in Utrecht.
KM 23. 1. 1845 Chemie

MULLER, Frederikszoon, Samuel, * 22. 1. 1848 (Amsterdam) † 5. 12. 1922 (Utrecht)
Reichsarchivar in Utrecht. 1895 Vorsitzender der Vereinigung niederländischer Archivare.
KM 23. 7. 1914
Niederländische Geschichte

MUNCH, Peter Andreas, * 15. 12. 1810 (Christiania) † 25. 5. 1863 (Rom)
1841 Professor für Geschichte an der Universität in Christiania.
KM 10. 6. 1847
Norwegische Geschichte, Altertumskunde

MUNK, Hermann, * 3. 2. 1839 (Posen) † 1. 10. 1912 (Berlin)
1862 Privatdozent, 1869 Professor, 1897 Professor für Physiologie an der Universität in Berlin. Seit 1876 zugleich Professor für Physiologie an der Tierärztlichen Hochschule in Berlin und Vorstand des Physiologischen Laboratoriums. Geh. Regierungsrat.
OM 12. 2. 1880 (Bestät. 10. 3. 1880)
Veterinärmedizin

MURBECK, Svante Samuel, * 20. 10. 1859 (Hardeberga/Schweden) † 26. 5. 1946 (Lund)
1891 Dozent, 1902 Professor für Botanik an der Universität in Lund und Direktor des Botanischen Gartens.
KM 19. 11. 1925
Botanik

MURCHISON, Sir Roderick Impey, * 19. 2. 1792 (Jaradale/Rosshire) † 22. 10. 1871 (London)
1855 Generaldirektor der Geologischen Landesaufnahme von Großbritannien und Direktor des Museums für praktische Geologie. Präsident der Geographischen Gesellschaft in London.
KM 15. 4. 1847 Geologie

MURRAY, Alexander Stuart, * 8.1.1841 (Arbirlot/Forfarshire) † 5.3.1904 (London)

Kustos der griechischen und römischen Altertümer am Britischen Museum in London.
KM 18. 1. 1900 Epigraphik

MURRAY, Sir (1908) James Augustus Henry, * 7. 2. 1837 (Denholm/Roxburgshire) † 26. 7. 1915 (Oxford)
1900 Professor für Philologie an der Universität in Oxford. (M. bearbeitete seit 1879 im Auftrage der Londoner Philologischen Gesellschaft und der Universität Oxford den „New English Dictionary on Historical Priciples", 1884 – 1927, 10 Bde.)
KM 6. 2. 1913
Anglistik, Lexikographie

MUSCHELISCHWILI, Nikolai Iwanowitsch, * 16. 2. 1891 (Tbilissi) † 15. 7. 1976 (Tbilissi)
1914 Assistent, danach Dozent an der Universität in Petersburg. 1922 Professor für Mathematik an der Universität und am Polytechnischen Institut in Tbilissi. 1935 Direktor des Instituts für Mathematik der Grusinischen Akademie der Wissenschaften. 1933 Korresp. Mitglied, 1939 Ordentlicher Akademiker der Akademie der Wissenschaften der UdSSR. 1941 Präsident der Grusinischen Akademie der Wissenschaften.
KM 12. 10. 1967; AM 20. 5. 1969
Mathematik, Mechanik

MUSSAFIA, Adolf, * 15. 2. 1834 (Spalato) † 7. 6. 1905 (Florenz)
1855 Lehrer, 1860 Professor. 1867 Professor für romanische Philologie an der Universität in Wien. 1901 Mitglied des Herrenhauses.
KM 18. 1. 1900 Romanistik

MUSSCHENBROECK, Petrus van, * 14.3.1692 (Leiden) † 19.9.1761 (Leiden)
1719 Professor für Mathematik und Physik an der Universität in Duisburg. 1723 Professor für Mathematik an der Universität in Utrecht. 1740 Professor für Philosophie und Mathematik an der Universität in Leiden.
AM 30. 6. 1746
Mathematik, Physik

MUSTOXIDIS (MUSTOXIDES), Andreas, * 1785 (Korfu) † 29. 7. 1860 (Wien)
1806 Historiograph der Ionischen Inseln. 1820 russischer Gesandter in Turin. 1828 Leiter des öffentlichen Unterrichts in Griechenland. 1832 Mitglied des Parlaments der Ionischen Inseln und mehrfach ihr Unterrichtsminister.
KM 22. 6. 1815
Geschichte, Archäologie

MUYS, Wyer Willem, * 5. 1. 1682 (Steenwick/Over-Ijssel) † 19. 4. 1744 (Franeker)
1709 Professor für Mathematik, 1711 auch Professor für Medizin, Chemie und Botanik an der Universität in Franeker.
abwM 4. 11. 1709
Naturwissenschaften

NÄGEL, Adolph, * 16. 12. 1875 (Döhlen) † 17. 9. 1939 (Dresden)
1908 Professor für Kolbenmaschinen an der Technischen Hochschule in Dresden; zugleich Stellvertr. Direktor, 1933 Direktor des Maschinenlaboratoriums. 1923, 1924 und 1928 Rektor.
aOM 27. 5. 1937 (Bestät. 22. 6. 1937)
Technik

NÄGELI, Carl Wilhelm von; * 27. 3. 1817 (Kilchberg/Kt. Zürich) † 10. 5. 1891 (München)
1842 Privatdozent an der Universität in Zürich, zugleich Lehrer an der Tierarzneischule in Zürich. 1848 Professor für Botanik am Polytechnicum in Zürich. 1852 Professor für Botanik an der Universität in Freiburg i. B.. 1855 Professor für Bota-

nik am Polytechnicum in Zürich. 1857 Professor für Botanik an der Universität in München.
KM 16. 4. 1874
Botanik

NANSEN, Fridtjof, * 10. 10. 1861 (Gut Store-Fröen bei Christiania) † 13. 5. 1930 (Lysaken b. Oslo)
Polarforscher. Dr. phil. 1882 Eismeerfahrt mit der „Viking". Anschließend Kustos am Zoologischen Museum in Bergen. 1893 – 1896 Forschungsreise mit der „Fram". 1897 Professor für Zoologie an der Universität in Christiania. 1906 Gesandter Norwegens in London. Später Professor für Ozeanographie an der Universität in Oslo. 1922 Friedensnobelpreis.
KM 7. 7. 1927
Geographie, Meereskunde, Geophysik

NASAROW, Iwan Nikolajewitsch, * 30. 5./12. 6. 1906 (bei Nishni Nowgorod) † 30. 7. 1957 (Avignon)
1946 Korrespondierendes Mitglied, 1953 Ordentlicher Akademiker für organische Chemie der Akademie der Wissenschaften der UdSSR und Direktor des Instituts für Organische Chemie der Akademie in Moskau.
KM 17. 5. 1956
Organische Chemie

NATHORST, Alfred Gabriel, * 7. 11. 1850 (Berghammer Kirchspiel) † 20. 1. 1921 (Stockholm)
1874 Dozent für Geologie an der Universität in Lund. 1876 Geologe, 1877 Leiter der Geologischen Landesuntersuchung. 1885 Professor und Intendant für die phytopaläontol. Abteilung im Naturhistorischen Reichsmuseum in Stockholm. (N. war u. a. Teilnehmer der Spitzbergenexpedition 1870, der norwegischen Grönland-Expedition 1883 sowie Leiter der schwedischen Polarexpedition 1898 und Leiter der „Antarctic" nach Nordost-Grönland. Er entdeckte den König-Oskar-Fjord.)
KM 8. 2. 1900
Geologie, Botanik

NAUCK, Johann August, * 18. 9. 1822 (Auerstedt) † 18. 8. 1892 (Teriokki/Finnland)
1852 Lehrer in Prenzlau. 1853 Adjunkt am Joachimthalschen Gymnasium in Berlin. 1858 Lehrer am Gymnasium zum Grauen Koster in Berlin. 1858 außerordentliches Mitglied, 1861 Ordentlicher Akademiker für klassische Philologie an der Akademie der Wissenschaften in Petersburg. 1869 zugleich Professor für griechische Literatur am Historisch-philologischen Institut in Petersburg. Geh. Rat.
KM 30. 5. 1861
Klassische Philologie

NAUDÉ, Philippe (der Ältere), * 28. 12. 1654 (Metz) † 7. 3. 1729 (Berlin), Vater von NAUDÉ, Philippe, der Jüngere)
1677 Professor für Mathematik am Joachimthalschen Gymnasium in Berlin. 1696 Hofmathematiker und Pagenlehrer sowie Professor für Mathematik an der Maler-Akademie in Berlin. 1704 Professor für Mathematik an der Académie des Princes.
anwM 11. 3. 1701
Mathematik

NAUDÉ, Philippe (der Jüngere), * 18. 12. 1684 (Metz) † 17. 1. 1745 (Berlin)
1707 Lektor für Mathematik an der Maler-Akademie in Berlin. 1708 Professor für Mathematik am Joachimthalschen Gymnasium in Berlin.
anwM 10. 9. 1711
Mathematik

NAUMANN, Karl-Friedrich, * 30.5.1797 (Dresden) † 26.11.1873 (Dresden)

1823 Privatdozent an der Universität in Jena. 1824 Professor für Mineralogie an der Universität in Leipzig. 1826 Professor für Kristallographie, seit 1835 auch Professor für Geognosie an der Bergakademie in Freiberg. 1842 Professor für Mineralogie und Geognosie an der Universität in Leipzig. Geh. Bergrat.
KM 19. 3. 1846
Mineralogie und Geognosie

NAUMANN, Rudolf Manfred
* 4. 10. 1925 (Chemnitz)
1956 Dozent an der Universität in Leipzig. 1957 Professor für Romanistik an der Universität in Jena. 1961 Professor für Romanistik an der Universität in Rostock. 1965 Professor für Literaturtheorie und Literatursoziologie an der Universität in Berlin. 1969 Bereichsleiter, 1973 Stellv. Direktor des Zentralinstituts für Literaturgeschichte der Akademie in Berlin.
KM 17. 4. 1975; OM 8. 6. 1978
Literaturwissenschaft; Romanistik, allgemeine und vergleichende Literaturwissenschaft

NAVARRETE, Martin Fernandez de,
* 9. 11. 1765 (Abalos) † 8. 10. 1844 (Madrid)
Spanischer Marineoffizier. 1825 Direktor des Hydrographischen Instituts in Madrid, seit 1834 auch Mitglied der Direktionsjunta der Königl. Armada und Dekan beim Rat von Castilien und Indien. 1837 Sekretär und Direktor der Akademie für Geschichte in Madrid.
KM 18. 2. 1836
Geschichte

NEANDER, Johann August Wilhelm,
* 17. 1. 1789 (Göttingen) † 14. 7. 1850 (Berlin)
1811 Privatdozent, 1812 Professor für Theologie an der Universität in Heidelberg. 1813 Professor für Theologie an der Universität in Berlin. (N. trug bis zu seinem Übertritt zum Christentum (1808) den Namen MENDEL.)
OM 14. 2. 1839 (Bestät. 14. 3. 1839)
Kirchen- und Dogmengeschichte

NEJEDLÝ, Zdeněk, * 10. 2. 1878 (Litomyšl) † 9. 3. 1962 (Prag)
1909 Professor, 1919 Professor für Musikgeschichte an der Universität in Prag. 1950 Mitglied der Regierung der CSSR. 1952 Präsident der Tschechoslowakischen Akademie der Wissenschaften in Prag.
KM 5. 2. 1953
Geschichte, Musikwissenschaft

NELLES, Johannes, * 25. 11. 1910 (Frankfurt a. M.) † 7. 5. 1968 (Halle)
1941 Chemiker, 1945 Werkleiter der VEB Chemische Werke Buna in Schkopau. 1956 Professor der Akademie. Zugleich Professor für Chemie an der Technischen Hochschule in Leuna-Merseburg. 1949 und 1951 Nationalpreis.
OM 19. 2. 1953
Organische Chemie, Kunststoffchemie

NEMETH, Julius, * 2. 11. 1890 (Karcag)
Professor für Philologie an der Universität in Budapest.
KM 10. 2. 1955; AM 20. 5. 1969
Turkologie

NENITZESCU, Costin D., * 15. 7. 1902 (Bukarest) † 28. 7. 1970 (Bukarest)
1928 Dozent an der Universität in Bukarest. 1935 Professor für organische Chemie an der Technischen Hochschule in Bukarest.
KM 23. 4. 1964; AM 20. 5. 1969
Organische Chemie

NERNST, Hermann Walter, * 25.6.1864 (Briesen/Westpr.) † 18.11.1941 (Zibelle/Oberlausitz)
1889 Privatdozent an der Universität in

Leipzig. 1891 Professor, 1894 Professor für physikalische Chemie an der Universität in Göttingen. 1905 Professor für physikalische Chemie, später Professor für Physik an der Universität in Berlin, 1924 bis 1933 zugleich Direktor des Physikalischen Instituts. 1921 – 1922 Rektor der Universität. 1922 – 1924 Präsident der Physikalisch-Technischen Reichsanstalt. 1920 Nobelpreis für Chemie (verliehen 1921). Geh. Regierungsrat.
OM 2. 11. 1905 (Bestät. 24. 11. 1905)
Physikalische Chemie, Physik

NESMEJANOW, Alexander Nikolajewitsch, * 28. 8./9. 9. 1899 (Moskau) † 17. 1. 1980 (Moskau)
1935 Professor für organische Chemie an der Universität in Moskau. 1948 Rektor. 1939 Korrespondierendes Mitglied, 1943 Ordentlicher Akademiker für organische Chemie der Akademie der Wissenschaften der UdSSR. 1939 zugleich Direktor des Instituts für Organische Chemie, 1954 Direktor des Instituts für elementar-organische Verbindungen der Akademie. 1951 bis 1961 Präsident der Akademie der Wissenschaften der UdSSR. 1961 Vizepräsident.
KM 13. 1. 1955; AM 20. 5. 1969
Organische Chemie

NESSELHAUF, Herbert, * 26. 5. 1909 (Karlsruhe)
1939 Wissenschaftlicher Beamter und Professor bei der Akademie in Berlin. 1946 Professor für alte Geschichte an der Universität in Kiel. 1948 Professor für alte Geschichte an der Universität in Freiburg und Direktor des Historischen Seminars für Alte Geschichte.
KM 28. 1. 1960; AM 20. 5. 1969
Römische Geschichte

NEUBER, Heinz, * 22. 11. 1906 (Stettin)
1935 Privatdozent an der Technischen Hochschule in München. 1936 Versuchsleiter in der Luftfahrtindustrie. 1937 Abteilungsleiter in der Luftfahrtforschungsanstalt in Braunschweig. 1945 bis 1946 wissenschaftlicher Mitarbeiter bei der Royal Air Force. 1946 Professor für technische Mechanik an der Technischen Hochschule in Dresden und Direktor des Instituts für technische Mechanik. 1955 Professor an der Technischen Hochschule in München und Direktor des Staatlichen Material- und Prüfamtes für Maschinenbau in München.
OM 24. 2. 1955; AM 20. 5. 1969
Technik

NEUBERT, Albrecht, * 3. 3. 1930 (Hartenstein/Erzgeb.)
1962 Professor für engl. Sprache an der Universität in Leipzig und Direktor des Dolmetscher-Instituts der Universität.
KM 3. 6. 1971; OM 14. 6. 1973
Sprachwissenschaft, Übersetzungswissenschaft, Soziolinguistik

NEUBERT, Fritz, * 2. 7. 1886 (Bautzen) † 2. 7. 1970 (Westberlin)
1918 Privatdozent, 1923 Professor für Romanistik an der Universität in Leipzig. 1926 Professor für Romanistik an der Universität in Breslau. 1943 Professor für Romanistik an der Universität in Berlin. 1949 Professor für Romanistik an der Universität in Westberlin.
OM 14. 7. 1949; AM 20. 5. 1969
Romanistik

NEUKIRCH, Benjamin, * 27. 3. 1665 (Reinke/Schles.) † 15. 8. 1729 (Ansbach)
Zunächst Advokat in Breslau. 1691 Lehrer für Poetik und Retorik in Breslau. 1694 Hofmeister in Dresden. 1696 Erzieher in Berlin. 1703 Professor an der Ritterakademie in Berlin. 1718 Erzieher, Hofpoet und markgräfl. Hofrat in Ansbach. (N. verherrlichte in Lobreden und Gedichten FRIEDRICH I., den er über

die Helden der Antike stellte, sagte aber auch, daß er dafür von FRIEDRICH I. bezahlt wurde. N. wurde bereits am 7. 11. 1701 als Mitglied aufgenommen, hat zu diesem Zeitpunkt kein Diplom erhalten.)
abw M 7. 11. 1701; anw M 5. 2. 1711; abw M 1718

NEUMANN, Carl Gottfried, * 7.5.1832 (Königsberg i. Pr.) † 27.3.1925 (Leipzig), Sohn von NEUMANN, F. E.)
1858 Privatdozent, 1863 Professor für Mathematik an der Universität in Halle, anschließend kurze Zeit in Basel. 1865 Professor für Mathematik an der Universität in Tübingen. 1868 Professor für Mathematik an der Universität in Leipzig.
KM 4. 5. 1893 Mathematik

NEUMANN, Franz Ernst, * 11. 9. 1798 (Joachimsthal/Mark) † 23. 5. 1895 (Königsberg i. Pr.)
1826 Dozent, 1829 Professor für Physik und Mineralogie an der Universität in Königsberg.
KM 20. 6. 1833; AM 22. 7. 1858 (Bestät. 18. 8. 1858)
Physik, Mineralogie

NEUMANN, Karl Friedrich, * 28. 12. 1793 (Reichmannsdorf bei Bamberg) † 17. 3. 1870 (Berlin)
1821 Lehrer am Gymnasium in Würzburg, später in Speyer. 1833 Professor für armenische und chinesische Sprache und für Länder- und Völkerkunde an der Universität in München. (N. hieß eigentlich BAMBERGER. Er trat 1818 zum Protestantismus über und änderte seinen Namen. N. wurde 1852 wegen liberaler Gesinnung von der Universität München entlassen. Er wirkte danach bis 1863 in München, ab 1863 in Berlin als Geschichtsschreiber.)
KM 10. 12. 1829
Orientalistik, Geschichte

NEUMANN, Kaspar, * 14. 9. 1648 (Breslau) † 27. 1. 1715 (Breslau)
Zunächst Apothekerlehrling. 1670 Magister für Politik, Rhetorik und Homiletik an der Universität in Jena. 1673 Reisebegleiter und Prediger im Dienste des Herzogs ERNST der Fromme. Danach Hofprediger in Altenburg. 1678 Diakonus, 1689 Pastor an der Maria-Magdalenen-Kirche in Breslau. 1692 Pastor der St. Elisabeth-Kirche in Breslau; zugleich Inspektor der Schulen und Kirchen in Breslau sowie Professor für Theologie an den beiden städtischen Gymnasien. (N. gab das erste schlesische Kirchengesangbuch heraus und ist Verfasser zahlreicher Kirchenlieder. N. befaßte sich auch mit Bevölkerungsstatistik und sandte 1689 bevölkerungsstatistische Arbeiten an G. W. LEIBNIZ. Er gilt als erster bedeutender Bevölkerungsstatistiker. Seine Wahl zum Mitglied erfolgte auf Vorschlag von G. W. LEIBNIZ.
abwM 6. 12. 1706
Staatswissenschaften, Bevölkerungsstatistik

NEUMANN, Kaspar, * 11. 7. 1683 (Züllichau) † 20. 10. 1737 (Berlin)
1711 Königl. Reiseapotheker und Hofapotheker in Berlin. 1723 Professor der praktischen Chemie am Collegium medico chirurgicum. 1724 Mitglied des Collegium medicum und Aufseher der Apotheken des preußischen Staates.
anwM 1721 Chemie

NEUMAYER, Georg Balthasar von, * 21. 6. 1828 (Kirchheimbolanden/Pfalz) † 24. 5. 1909 (Neustadt a. d. H.)
1851 Lehrer der Navigation in Triest und Hamburg. 1857 Gründung des magnetischen und meteorologischen Flagstaff-Observatoriums in Melbourne. 1872 Hydrograph der kaiserl. Marine in Berlin. 1876 Direktor der Deutschen Seewarte in Hamburg. Professor und Wirkl. Geh.

Admiralitätsrat.
KM 27. 2. 1896
Meteorologie

NEUNER, Gerhart, * 18. 6. 1929 (Pschoblik)
1961 Direktor des Deutschen Pädagogischen Zentralinstituts und Professor für systematische Pädagogik. 1970 Präsident der Akademie der Pädagogischen Wissenschaften der DDR. 1974 Nationalpreis.
KM 11. 6. 1970; OM 15. 6. 1972
Pädagogik

NEUNHOEFFER, Otto, * 17. 10. 1904 (Stuttgart)
1933 Dozent an der Universität in Greifswald. 1935 Dozent, 1941 Professor für organische Chemie an der Technischen Hochschule in Breslau. 1945 Hauptreferent in der Stadtverwaltung in Greifswald. 1949 Wissenschaftlicher Mitarbeiter, später bis 1954 Abteilungsleiter am Institut für Festkörperforschung der Akademie in Berlin. 1951 Professor für organische Chemie an der Universität in Berlin; 1952 zugleich Direktor des II. Chemischen Instituts. 1960 Professor für organische Chemie an der Universität in Saarbrücken.
KM 23. 4. 1959; AM 20. 5. 1969
Organische Chemie

NEVANLINNA, Rolf Hermann,
* 22. 10. 1895 (Joensuu) † 28. 5. 1980 (Helsinki)
1922 Dozent, 1926 Professor für Mathematik an der Universität in Helsinki. 1928 bis 1929 Gastprofessor an der Technischen Hochschule in Zürich. 1936 bis 1937 Gastprofessor an der Universität in Göttingen.
KM 22. 6. 1939 (Bestät. 5. 9. 1939);
AM 20. 5. 1969
Mathematik

NEWCOMB, Simon, * 12. 3. 1835 (Wallace/Nova Scotia)
† 11. 7. 1909 (Washington)
Ursprünglich Lehrer. 1861 Professor für Mathematik an der U. S. Navy und Direktor des Marine-Observatoriums in Washington. 1877 Superintendant des amerikan. Naut. Alm.. 1884 Professor für Mathematik und Astronomie an der Universität in Baltimore. 1881 „Home Secretary" der Nat. Academie der Wissenschaften der USA.
KM 7. 6. 1883
Astronomie

NEWTON, Charles Thomas, * 13.9.1816 (Bredwardine/Wales) † 28.11.1894 (Westgate-on Sea)
1840 bis 1852 Assistent am Britischen Museum in London. 1852 Vizekonsul in Mitylene. 1860 Konsul in Rom. 1861 Kustos der griechischen und römischen Antiquitäten im Britischen Museum in London. 1880 Professor für Archäologie an der Universität in London.
KM 31. 1. 1861
Griechische Archäologie

NGUYEN KHANH, Toan, * 1. 8. 1905 (Hue)
1946 Stellvertr. Minister für Erziehung, 1965 Präsident des Staatlichen Komitees für Gesellschaftswissenschaften der DR Vietnam.
AM 17. 4. 1975
Geschichte, Pädagogik

NICOLAI, Christoph Friedrich,
* 18.3.1733 (Berlin) † 8.1.1811 (Berlin), (Schwiegersohn von SCHAARSCHMIDT. Samuel)
1752 Buchhändler und Verleger in Berlin. (N. begründete 1765 die „Allgemeine Bibliothek", ein Organ der deutschen Aufklärung. N., der auch als Dichter und Schriftsteller wirkte, veröffentlichte zahlreiche Beiträge in der „Allgemeinen Bibliothek".)

aoM 17. 1. 1799 (Bestät. 21. 1. 1799); OM 25. 10. 1804

NICOLAI, Christoph Joachim GREIFENKRANZ von, * 6. 1. 1649 (Schwerin) † 9. 8. 1715 (Zweibrücken)
siehe: GREIFENKRANZ, Christoph Joachim Nicolai von

NICOLE, François, * 23. 12. 1683 (Paris) † 10. 1. 1758 (Paris)
Mathematiker an der Académie française.
AM 30. 6. 1746 Mathematik

NICOLESCU, Miron, * 27. 8. 1903 (Giurgiu) † 30. 6. 1975 (Bukarest)
1928 Dozent, 1933 Professor für analytische und höhere Geometrie an der Universität in Cernauti. 1940 Professor für mathematische Analysis, 1948 zugleich Professor für Differential- und Integralrechnung an der Universität in Bukarest. 1963 Direktor des Instituts für Mathematik der Akademie der Rumänischen Volksrepublik. 1966 Präsident der Akademie der SR Rumänien.
AM 21. 2. 1974
Mathematik

NIEBUHR, Barthold Georg, * 27.8.1776 (Kopenhagen) † 2. 1. 1831 (Bonn)
1796 Privatsekretär des dänischen Finanzministers Graf SCHIMMELMANN. 1797 Sekretär der Königl. Bibliothek in Kopenhagen. 1799 Assessor, 1804 Direktor des dänischen Ostindischen Büros und Mitglied der Kommission für die Barbareskenangelegenheiten. 1810 Professor für römische Geschichte an der Universität in Berlin. 1814 zugleich Lehrer des preuß. Kronprinzen. 1816 Ministerresident in Rom. 1824 Wirkl. Staatsrat. (N. wurde mehrfach, u. a. 1813 bis 1814 im diplomatischen Dienst verwendet. Seit 1825 hielt er in freier Verbindung zur Universität in Bonn Vorlesungen an der Universität. – N. blieb auf Vorschlag der Akademie auf Grund ministerieller Verfügung vom 14. 3. 1816 während seines diplomatischen Dienstes in Rom OM. Er betrieb in Italien ausgedehnte Studien und stand mit der Akademie im wissenschaftlichen Schriftwechsel. N. gilt als Begründer der kritischen Methode der neueren Geschichtsschreibung.)
OM 29. 3. 1810 (Bestät. 7. 4. 1810)
Geschichte, Altertumskunde

NIESE, Jürgen Anton Benedictus, * 24. 11. 1849 (Burg a. Fehmarn) † 1. 2. 1910 (Halle/Saale)
1876 Privatdozent an der Universität in Göttingen. 1877 Professor, 1878 Professor für klassische Philologie an der Universität in Marburg. 1881 Professor für klassische Philologie an der Universität in Breslau. 1885 Professor für klassische Philologie an der Universität in Marburg. Zuletzt Professor für alte Geschichte an der Universität in Halle.
KM 16. 2. 1905
Klassische Philologie, Geschichte

NILSSON, Martin Persson, * 12. 7. 1874 (Stoby/Kristianstads Läu) † 7. 4. 1966 (Lund)
1900 Privatdozent an der Universität in Lund. 1905 Sekretär der Schwedischen Archäologischen Kommission auf Rhodos. 1909 Professor für klassische Archäologie an der Universität in Lund.
KM 7. 2. 1924
Griechisch-römische Altertumskunde

NILSSON-EHLE, Nils Hermann, * 12. 2. 1873 (Skurup/Malmöhus Län) † 29. 12. 1949 (Lund)
Professor für Vererbungslehre an der Universität in Lund.
KM 21. 11. 1935 Biologie

NISSEN, Heinrich, * 3. 4. 1839 (Hadersleben) † 29. 2. 1912 (Bonn)

1867 Privatdozent an der Universität in Bonn. 1869 Professor für alte Geschichte an der Universität in Marburg. 1877 Professor für alte Geschichte an der Universität in Göttingen. 1878 Professor für alte Geschichte an der Universität in Straßburg. 1884 Professor für alte Geschichte an der Universität in Bonn. 1890 Mitglied des Herrenhauses. Geh. Regierungsrat.
KM 18. 1. 1900
Geschichte

NITZSCH, Christian Ludwig, * 3.9.1782 (Beucha/Sa) † 16.8.1837 (Halle/Saale)
Professor für Naturgeschichte an der Universität in Wittenberg, später Professor für Naturgeschichte an der Universität in Halle und Direktor des Zoologischen Museums.
KM 25. 6. 1818
Naturgeschichte

NITZSCH, Karl Wilhelm, * 22. 12. 1818 (Zerbst) † 20. 6. 1880 (Berlin)
1848 Professor, 1858 Professor für Geschichte an der Universität in Kiel. 1862 Professor für Geschichte an der Universität in Königsberg. 1872 Professor für Geschichte an der Universität in Berlin. (N. war Mitglied der Zentraldirektion der Monumenta Germaniae Historica).
OM 17. 10. 1878 (Bestät. 6. 11. 1878)
Geschichte

NIVERNAIS, Louis-Jules BARBON MANCINI-MAZARINI Herzog von, * 16. 12. 1716 (Paris) † 25. 2. 1798 (Paris)
Französischer Staatsminister und Diplomat. (N. war Anfang 1756 als Sondergesandter in politischer Mission in Berlin.)
AM 8. 4. 1756

NOACK, Kurt, * 22. 1. 1888 (Stuttgart) † 10. 11. 1963 (Berlin)
1918 Privatdozent an der Universität in Straßburg. 1919 Privatdozent, 1921 Professor für Botanik an der Universität in Freiburg i. Br. 1922 Professor für Botanik an der Universität in Erlangen. 1929 Professor für Botanik an der Universität in Freiburg i. Br.. 1922 Professor für Botanik der Universität in Berlin und Direktor des Pflanzenphysiologischen Instituts. 1949 – 1954 Sekretar der Mathematisch-naturwissenschaftlichen Klasse der Akademie. (ab Juli 1949 Klasse für Mathematik und allgemeine Naturwissenschaften). 1954 – 1957 Sekretar der Klasse für Chemie, Geologie und Biologie der Akademie.
OM 12. 9. 1946
Botanik, Pflanzenphysiologie

NOBILI, Leopoldo, * 1784 (Trassilico/Emilia) † 17. 8. 1835 (Florenz)
Zunächst Artillerie-Offizier in Modena, Brescia und Reggio. Später Professor für Physik am Großherzoglichen Museum in Florenz.
KM 19. 2. 1835
Physik

NOCK, Arthur Darby, * 21. 2. 1902 (Portsmouth) † 11. 1. 1963 (Cambridge/Mass.)
1929 Professor, 1930 Professor für Religionsgeschichte an der Universität in Cambridge/Mass..
KM 14. 10. 1937
Philologie und Epigraphik, Religionsgeschichte

NÖLDEKE, Theodor Eduard Bernhard, * 2.3.1836 (Harburg/Elbe) † 25.12.1930 (Karlsruhe i. B.)
1861 Privatdozent an der Universität in Göttingen. 1864 Professor für semitische Sprachen, 1868 Professor für orientalische Sprachen an der Universität in Kiel. 1872 Professor für orientalische Sprachen an der Universität in Straßburg.
KM 14. 2. 1878; AM 7. 12. 1899

(Bestät. 5. 3. 1900)
Orientalistik

NOETHER, Max, * 24. 9. 1844 (Mannheim) † 13. 12. 1921 (Erlangen)
1870 Privatdozent, 1874 Professor für Mathematik an der Universität in Heidelberg. 1875 Professor für Mathematik an der Universität in Erlangen.
KM 30. 1. 1896
Mathematik

NOLTEN (NOLTENIUS), Johann Arnold, * 16. 4. 1683 (Sparenberg b. Bielefeld) † 2. 3. 1740 (Berlin)
1704 Präceptor bei dem preuss. Residenten in Düsseldorf. 1705 Konrektor in Duisburg. 1706 Prediger in Weeze. 1709 Prediger bei der deutschen reform. Gemeinde in Hannover. 1718 Professor für Theologie an der Universität in Frankfurt a. O.; zugleich Prediger an der reform. deutschen Kirche. 1720 Domprediger in Berlin. Konsistorialrat und Lehrer der königl. Familie. Später auch Kircheninspektor.
anwM 12. 2. 1721
Theologie

NOORDEN, Karl Friedrich Johann von, * 11. 9. 1833 (Bonn) † 25. 12. 1883 (Leipzig)
1863 Privatdozent an der Universität in Bonn. 1868 Professor für Geschichte an der Universität in Greifswald. 1870 Professor für Geschichte an der Universität in Marburg. 1873 Professor für Geschichte an der Universität in Tübingen. 1876 Professor für Geschichte an der Universität in Bonn. 1877 Professor für Geschichte an der Universität in Leipzig.
KM 20. 12. 1883
Geschichte

NORDEN, Eduard, * 21. 9. 1868 (Emden) † 13. 7. 1941 (Zürich)
1892 Privatdozent an der Universität in Straßburg. 1893 Professor, 1895 Professor für klassische Philologie an der Universität in Greifswald. 1898 Professor für klassische Philologie an der Universität in Breslau. 1906 Professor für klassische Philologie an der Universität in Berlin. 1927 Rektor. Geh. Regierungsrat. (N. wurde auf Grund des faschistischen Rassengesetze zum Austritt aus der Akademie gezwungen, legte seine Mitgliedschaft am 12. 10. 1938 nieder und wurde aus der Mitgliederliste gestrichen.)
OM 9. 5. 1912 (Bestät. 14. 6. 1912)
Klassische Philologie

NORDMANN, Hans, * 14. 1. 1879 (Halberstadt) † 17. 11. 1957 (Berlin)
1923 Professor für Eisenbahnmaschinenwesen und Eisenbahngeschichte an der Technischen Hochschule in Berlin-Charlottenburg, zugleich Abteilungspräsident im Reichsbahnzentralamt in Berlin. Reichsbahnoberrat. 1949 – 1951 Sekretar der Klasse für technische Wissenschaften der Akademie. (N. legte 1952 auf Druck vorgesetzter Dienststellen in Westberlin seine Mitgliedschaft nieder.)
OM 4. 6. 1942 – 31. 3. 1952
(Bestät. 13. 7. 1942)
Technik

NOWAK, Siegfried, * 17. 4. 1930 (Wählitz Kr. Höhenmölsen)
1967 Bereichsleiter, 1970 Bereichsdirektor am Institut für Verfahrenstechnik der Akademie in Leipzig. 1971 Professor der Akademie. 1972 Stellvertr. Direktor, 1974 Direktor des Zentralinstituts für Organische Chemie der Akademie in Berlin.
KM 14. 6. 1973; OM 8. 6. 1978
Chemie, Thermische/Katalytische Stoffwandlung

NUSSBAUM, Helga Ilse, * 3. 8. 1928 (Berlin)
1975 Professor, 1977 zugleich Direktor

des Instituts für Wirtschaftsgeschichte der Akademie.
KM 12. 6. 1980
Wirtschaftsgeschichte

OBENAUS, Fritz, * 9. 12. 1904 (Niedersedlitz/Sa.) † 20. 1. 1980 (Dresden)
1929 Ingenieur, 1935 Oberingenieur und Leiter des Hochspannungsversuchsfeldes und des Laboratoriums der Hermsdorf-Schomburg-Isolatorengesellschaft in Hermsdorf; 1941 Abteilungsdirektor. 1945 Leiter der Technischen Abteilung und Chefkonstrukteur des keramischen Werkes „Hescho-Kahla" der Elektrotechnischen SAG Hermsdorf. 1951 Professor für Schwachstromtechnik der Technischen Hochschule (jetzt Universität) in Dresden und Direktor des Instituts für Hochfrequenztechnik und Elektronenröhren. 1972 Nationalpreis.
OM 24. 2. 1955
Elektrotechnik

OBERMAIER, Hugo, * 29.1. 1877 (Regensburg) † 12. 11. 1946 (Freiburg i. Ü.)
1909 Privatdozent an der Universität in Wien. 1911 Professor am Institut für Paläontologie in Paris. 1914 Professor am Naturhistorischen Museum in Madrid. 1922 Professor für menschliche Urgeschichte an der Universität in Madrid.
KM 15. 12. 1927
Archäologie, Urgeschichte

OCHOA, Severo, * 24. 9. 1905 (Ruarca/Spanien)
Zunächst Leiter der Abteilung Physiologie am Medizinischen Forschungsinstitut in Madrid. 1942 Professor für Biologie an der Universität in New York. Später Professor für Molekularbiologie am Roche Institute of Molecular Biology in Nutley/New Jersey. 1959 Nobelpreis für Medizin.
AM 9. 6. 1977
Molekularbiologie

OCKLITZ, Hans-Wolfgang, * 5. 4. 1921 (Militsch)
1951 Oberarzt an der Kinderklinik der Universität in Rostock. 1953 Dozent, 1957 Professor für Kinderheilkunde an der Universität in Rostock. 1958 Chefarzt der I. Kinderklinik des Städt. Krankenhauses in Berlin-Buch. 1961 zugleich Leiter der Arbeitsstelle der Akademie für Infektionskrankheiten im Kindesalter (seit 1969 Institut des Klinikums Berlin-Buch). 1971 zugleich Professor für Pädiatrie an der Universität in Berlin.
KM 10. 6. 1976; OM 12. 6. 1980
Pädiatrie, Infektologie

O'DONOVAN, Hugo, * 9. 7. 1809 (Attateemore/Irland) † 9. 12. 1861 (Dublin)
Historiker in Dublin.
KM 14. 2. 1856
Englische Geschichte

ÖHLMANN, Gerhard, * 31. 12. 1931 (Haldensleben Bez. Magdeburg)
1970 Professor der Akademie. 1971 Stellvertr. Direktor des Zentralinstituts für Physikalische Chemie der Akademie. 1975 Nationalpreis.
KM 15. 6. 1972; OM 13. 6. 1974
Chemie, Katalyse und Kinetik

ÖHMANN, Emil, * 25. 1. 1894 (Helsingfors)
Professor für germanische Philologie an der Universität in Helsinki.
KM 13. 1. 1955; AM 20. 5. 1969
Philologie

OELSSNER, Fred, * 27. 2. 1903 (Leipzig) † 7. 11. 1977 (Berlin)
1935 Lektor an der Internationalen Leninschule in Moskau. 1945 Abteilungsleiter und Sekretär des ZK der SED. 1955 Stellvertr. Vorsitzender des Ministerrates der DDR. 1956 Professor für politische Ökonomie am Institut (jetzt Akademie) für Gesellschaftswissenschaf-

ten beim ZK der SED in Berlin. 1958 Direktor des Instituts (jetzt Zentralinstitut) für Wirtschaftswissenschaften der Akademie in Berlin. 1963 Sekretar der Klasse für Philosophie, Staats-, Rechts- und Wirtschaftswissenschaften der Akademie. 1949 Nationalpreis.
OM 19. 2. 1953
Politische Ökonomie

OELVEN, Christian (getauft Christoph) Heinrich, gt. 18. 9. 1657 (Berlin) † zwischen 1716 und 1720 (Berlin)
Ursprünglich Rittmeister. (O., ein wegen Krankheit verabschiedeter Rittmeister, betätigte sich u. a. als marktschreierischer Literat und Projektemacher in Berlin. Wissenschaftlich unbegabt, starb er verarmt, blind und geistig umnachtet.)
anwM 12. 10. 1701

OERSTED, Hans Christian, * 14.8.1777 (Rudköbing) † 9. 3. 1851 (Kopenhagen)
Pharmazeut. 1806 Professor für Physik an der Universität in Kopenhagen, zugleich Lehrer für Naturwissenschaften am Landeskadettenkorps und am Militärinstitut. 1829 Direktor und Lehrer am Polytechnischen Institut in Kopenhagen. 1815 Sekretär der Königl. Dän. Gesellschaft der Wissenschaften. (O. sollte, um seine Entdeckungen öffentlich anzuerkennen, zunächst Ehrenmitglied werden, wurde jedoch zum Korrespondierenden Mitglied gewählt.)
KM 23. 11. 1820
Physik

OHM, Georg Simon, * 16. 3. 1789 Erlangen) † 6. 7. 1854 (München)
Zunächst Lehrer der Mathematik in Nidau und Neufchâtel. 1815 Lehrer für Mathematik an der Realschule in Bamberg. 1817 Oberlehrer für Physik und Mathematik am Gymnasium in Köln. 1826 Oberlehrer an der allgemein Kriegsschule in Berlin. 1833 Professor für Physik am Polytechnikum in Nürnberg. 1849 Professor, 1852 Professor für Physik an der Universität in München. (O. stellte 1825 das Grundgesetz für den elektrischen Strom in einem Leiter auf. 1844 formulierte er eine Theorie der Sirene und untersuchte 1852 die Interferenzphänomäne polarisierter Strahlen an Kristallen. Die Einheit des elektrischen Widerstandes wurde nach ihm benannt.)
KM 6. 6. 1839
Mathematik, Physik

OLBERS, Heinrich Wilhelm Matthäus, * 11. 10. 1758 (Arbergen b. Bremen) † 2. 3. 1840 (Bremen)
Dr. med.. 1781 praktischer Arzt in Bremen. (O. wurde als Astronom Mitglied der Akademie. Er entdeckte 6 Kometen sowie die Planetoiden Pallas und Vesta und gab 1797 eine neue Berechnung der Kometenbahnen bekannt.)
KM 25. 6. 1812; AM 9. 12. 1830 (Bestät. 14. 12. 1830)
Astronomie

OLDENBURG, Sergej Fedorowitsch von, * 15./27. 7. 1863 (Bjankino/Transbaikal-Gebiet) † 28. 2. 1934 (Leningrad)
1889 Privatdozent, später Professor an der Universität in Petersburg. 1916 Direktor des Asiatischen Museums in Petersburg. 1903 Außerordentliches Mitglied, 1908 Ordentlicher Akademiker für Geschichte und Literatur der asiatischen Völker der Akademie der Wissenschaften in Petersburg, 1904 – 1929 Ständiger Sekretär der Akademie.
KM 3. 11. 1927
Orientalistik, Indologie

OLEARIUS, Johann Christoph, * 17. 9. 1668 (Halle/Saale) † 31. 3. 1747 (Arnstadt)
1691 Magister an der Universität in Jena. 1694 Prediger, 1695 zunächst 2., später 1. Diakonus in Arnstadt, zugleich

Vorsteher der Kirchenbibliothek. 1712 Mitglied des fürstl. Konsistoriums. 1727 Superintendent in Arnstadt. (O. war Besitzer einer bedeutenden Bibliothek und eines Naturalien- und Münzkabinetts. O. wurde zweimal – 1701 und 1714 – als Mitglied aufgenommen. 1701 hat er offenbar kein Mitgliederdiplom erhalten.)
M 1. 12. 1701; abwM 7. 2. 1714
Theologie, Geschichte, Numismatik

OLFERS, Ignaz Franz Werner Maria von, * 30. 8. 1793 (Münster i. W.) † 23.4.1872 (Berlin)
1816 Legationssekretär in Brasilien. 1821 Legationsrat. Anschließend im diplomatischen Dienst in Lissabon und in Neapel. Von 1826 bis 1838 erneut im diplomatischen Dienst in Brasilien. Danach Generaldirektor der Museen in Berlin.
KM 13. 4. 1826; OM 1. 12. 1836 (Bestät. 4. 1. 1837)
Kunstwissenschaft

OLRIK, Axel, * 3. 7. 1864 (Kopenhagen) † 17. 2. 1917 (Överöd bei Holte)
1913 Professor für nordische Volkskunde an der Universität in Kopenhagen.
KM 27. 4. 1911
Volkskunde

OLSHAUSEN, Justus, * 9. 5. 1800 (Hohenfelde/Holstein) † 28. 12. 1882 (Berlin)
1823 Professor, 1830 Professor für morgenländische Sprachen an der Universität in Kiel. Mehrfach Rektor. 1848 Kurator der Universität. 1853 Professor für morgenländische Sprachen an der Universität in Könisberg; zugleich Oberbibliothekar. 1858 Vortragender Rat im Kultusministerium in Berlin. Geheimer Regierungsrat, später Geheimer Oberregierungsrat.
OM 16. 2. 1860 (Bestät. 7. 3. 1860)
Orientalistik

OLTMANNS, Friedrich, * 11. 7. 1860 (Oberndorf/Hann.) † 13.12.1945 (Freiburg i. Br.)
1886 Privatdozent, 1892 Professor für Botanik an der Universität in Rostock. 1893 Professor, 1902 Professor für Botanik an der Universität in Freiburg i. Br. und Direktor des Botanischen Gartens.
KM 8. 12. 1921
Botanik

OLTMANNS, Jabbo, * 18. 5. 1783 (Wittmund) † 27. 11. 1833 (Berlin)
Domänen-Rentmeister und Professor für Mathematik an der Universität in Emden. 1824 Professor für Mathematik und Astronomie an der Universität in Berlin. (O. wurde 1810 zum Ordentlichen Mitglied gewählt, siedelte jedoch nicht nach Berlin über. Er wurde deshalb 1812 Ehrenmitglied. 1825 erfolgte keine erneute Wahl zum Ordentlichen Mitglied, sondern die Bestätigung der bereits 1810 erfolgten Wahl.)
OM 29. 3. 1810 (Bestät. 7. 4. 1810);
EM 23. 10. 1812; OM 17. 3. 1825
Mathematik

ONKEN, Hermann Gerhard Karl, * 16. 11. 1869 (Oldenburg i. O.) † 28. 12. 1945 (Göttingen)
1898 Privatdozent an der Universität in Berlin. 1904 zugleich Dozent für Geschichte an der Kriegsakademie in Berlin. 1905 Professor für Geschichte an der Universität in Chikago. 1906 Professor für mittlere und neuere Geschichte an der Universität in Gießen. 1907 Professor für mittlere und neuere Geschichte an der Universität in Heidelberg. 1923 Professor für mittlere und neuere Geschichte an der Universität in München. 1928 Professor für mittlere und neuere Geschichte an der Universität in Berlin.
KM 22. 6. 1922; OM 16. 6. 1932
(Bestät. 23. 6. 1932)
Geschichte

OPARIN, Alexander Iwanowitsch,
* 18. 2./2. 3. 1894 (Uglice) † 21. 4. 1980 (Moskau)
1921 Professor für technische Biochemie in Moskau. 1942 Professor für Pflanzenbiochemie an der Universität in Moskau. 1939 Korrespondierendes Mitglied, 1946 Ordentlicher Akademiker der Akademie der Wissenschaften der UdSSR und Direktor des Instituts für Biochemie.
KM 17. 11. 1966; AM 20. 5. 1969
Biochemie

OPPERT, Julius, * 9. 7. 1825 (Hamburg) † 20. 8. 1905 (Paris)
1848 Lehrer für deutsche Sprache am Lyzeum in Laval, 1850 in Reims. 1854 Professor für Sanskrit an der Bibliothek in Paris. 1869 Professor für Assyriologie am Collège de France.
KM 13. 3. 1862
Assyriologie

ORELLI, Johann Kaspar von,
* 13. 2. 1787 (Zürich) † 6. 1. 1849 (Zürich)
1806 Pastor in Zürich. 1807 reform. Prediger in Bergamo. 1814 Lehrer für neuere Sprachen und Geschichte in Chur. 1819 Professor der Eloquenz und Hermeneutik am Carolinum in Zürich. 1831 zugleich Oberbibliothekar und Stadtbibliothekar.
KM 23. 6. 1836
Klassische Philologie

ORIANI, Barnaba, * 17. 7. 1752 (Garegnano bei Mailand) † 12. 11. 1832 (Mailand)
1802 Direktor der Sternwarte des vormaligen Jesuitenkollegiums Brera in Mailand.
(O. wurde von NAPOLEON I. zum Grafen und zum Senator des Königsreiches Italien erhoben.)
KM 25. 6. 1812
Astronomie

ORTH, Johannes, * 14. 1. 1847 (Wallmerod/Nassau) † 13. 1. 1923 (Berlin)
1872 Privatdozent an der Universität in Bonn. 1878 Professor für Pathologie und pathologische Anatomie an der Universität in Göttingen und Direktor des Pathologischen Instituts. 1902 Professor für Pathologie und pathologische Anatomie an der Universität in Berlin und Direktor des Pathologischen Instituts. Geh. Medizinalrat.
OM 1. 11. 1906 (Bestät. 2. 12. 1906)
Anatomie

ORTI–MANARA, Giovanni Girolamo Comte, * 13. 6. 1803 (Verona) † 16. 7. 1858 (Verona)
Podestà von Verona.
KM 22. 12. 1842
Klassische Archäologie

OSKAR II., * 21. 1. 1829 (Stockholm) † 8. 12. 1907 (Stockholm)
1872 König von Schweden und (bis 1905) Norwegen.
EM 29. 7. 1897 (Bestät. 14. 9. 1897)

OSTWALD, Wilhelm Friedrich,
* 21. 8./2. 9. 1853 (Riga) † 3. 4. 1932 (Großbothen b. Leipzig)
1877 Privatdozent, 1880 Assistent am Chemischen Institut der Universität in Dorpat. 1881 Professor für Chemie am Polytechnikum in Riga. 1887 Professor für physikalische Chemie an der Universität in Leipzig. 1909 Nobelpreis für Chemie. Geh. Rat. (O. lebte seit 1906 in Großbothen. Er begründete 1887 die Zeitschrift für physikalische Chemie (zusammen mit van 't HOFF) und 1910 die „Annalen der Naturphilosophie".)
KM 12. 1. 1905
Physikalische Chemie, Naturphilosophie

OTTO, Adolf Wilhelm, * 3. 8. 1786 (Greifswald) † 14. 1. 1845 (Breslau)
1811 Privatdozent an der Universität in

Greifswald. 1813 Professor für Anatomie an der Universität in Breslau und Direktor des anatomischen Museums. 1821 Medizinalrat und Mitglied des Medizinalkollegiums für Schlesien. 1836 Geh. Medizinalrat.
KM 19. 1. 1832
Anatomie

OTTO, Walter, * 30. 5. 1878 (Breslau) † 1. 11. 1941 (München)
1907 Privatdozent an der Universität in Breslau. 1907 Professor, 1909 Professor für alte Geschichte an der Universität in Greifswald. 1914 Professor für alte Geschichte an der Universität in Marburg. 1916 Professor für alte Geschichte an der Universität in Breslau. 1918 Professor für alte Geschichte an der Universität in München. Geh. Regierungsrat.
KM 23. 6. 1938
Alte Geschichte

OUTHIER, Rêginald (Regnauld), * 16. 8. 1694 (La Marre-Jousserans/Franche-Comtê) † 12. 4. 1774 (Bayeux)
Zunächst Vicar in Montain bei Lous-le-Saulnier, dann Sekretär des Kardinals de LUYNES, Bischofs von Bayeux. Später Canonicus in Bayeux. Abbê. (O. war Teilnehmer der franz. Gradmessung in Lappland, die unter der Leitung von MAUPERTUIS stand.)
AM 23. 3. 1747
Astronomie

OWEN, Sir (1884) Richard,
OWEN, Sir (1884) Richard, * 20.7.1804 (Lancaster) † 16.12.1892 (London)
1836 Konservator am College of surgeons und Professor für Anatomie und Physiologie an der Royal Institution in London. 1856 Leiter der Naturhistorischen Abteilung des Britischen Museums.
KM 24. 3. 1836; AM 7. 11. 1878 (Bestät. 2. 12. 1878)
Zoologie

OWTSCHINNIKOW, Jurii Anatolowitsch, * 2. 8. 1934 (Moskau)
1968 Korrespondierendes Mitglied, 1970 Ordentlicher Akademiker der Akademie der Wissenschaften der UdSSR und Direktor des Instituts für Bioorganische Chemie der Akademie. 1974 Vizepräsident der Akademie der Wissenschaften der UdSSR.
AM 10. 6. 1976
Biochemie

PALACKÝ, Frantisek, * 14. 6. 1798 (Hodslawitz/Mähren † 26.5.1876 (Prag)
Nach 1823 Archivar des Grafen STERNBERG. 1829 böhmischer Landeshistoriograph. (P. beteiligte sich an der Revolution 1848, war Mitglied des Nationalausschusses, Präsident des slawischen Kongresses, Mitglied der provisorischen Regierung von Böhmen und Führer der autonom. Partei im österreichischen Reichstag und Herrenhaus.
KM 27. 2. 1845
Böhmische Geschichte

PALGRAVE, Sir (1832) Francis, * Juli 1788 (London) † 6. 7. 1861 (Hampstead bei London)
Zunächst Archivar, 1838 Vizedirektor des Staatsarchivs in London.
KM 18. 2. 1836
Englische Geschichte, Parlamentsgeschichte

PALLAS, Simon, * 1697 (Berlin) † 24. 7. 1770 (Berlin)
Professor für Chirurgie am Collegium medico-chirurgicum und erster Wundarzt in der Charitê. (P. galt als kühner Operateur. Er ist Verfasser mehrerer chirurgischer Lehrbücher. P. wurde 1744 nicht als Mitglied übernommen.)
anwM 1740 Medizin

PAMBOUR, François-Marie de GUYONEAU Comte de GRANDMAISON de,

* 1795 † 19. 2. 1878 (Tours)
Zunächst – bis 1828 Artillerieoffizier im französ. Generalstab. Später Ingenieur in Paris.
KM 6. 6. 1839
Mechanik

PANKRATOVA, Anna Michailowna, * 28. 1. 1897 (Odessa) † 25. 5. 1957 (Moskau)
1947 Professor für neuere Geschichte an der Akademie für Gesellschaftswissenschaften beim ZK der KPdSU in Moskau. 1953 zugleich Chefredakteur der Zeitschrift „Voprossi Istorii". 1939 Korrespondierendes Mitglied, 1953 Ordentlicher Akademiker der Akademie der Wissenschaften der UdSSR.
KM 17. 5. 1956
Geschichte der UdSSR

PANOFKA, Theodor Sigismund, * 25. 2. 1800 (Breslau) † 20. 6. 1858 (Berlin)
Vor 1826 mehrjähriger Aufenthalt in Italien. 1826–1834 Hauslehrer des Herzogs von BLACAS in Paris. 1828 zugleich auswärtiger Sekretär der franz. Sektion des Archäologischen Instituts in Neapel. 1836 Assistent am Museum in Berlin. 1844 Professor für Archäologie an der Universität in Berlin. 1856 Konservator der Vasensammlung am Museum in Berlin.
OM 18. 2. 1836 (Bestät. 5. 4. 1836)
Archäologie

PAPAPETROU, Achilles, * 2. 2. 1907 (Serres)
1940 Professor für Physik an der Technischen Universität in Athen. 1946 Professor für Physik am Institut for Advanced Studies in Manchester. 1952 wissenschaftlicher Mitarbeiter, 1959 Leiter des Bereiches mathematische Physik am Institut für reine Mathematik der Akademie in Berlin und Mitglied des Direktoriums des Instituts. Zugleich Professor für theoretische Physik an der Universität in Berlin. 1962 Forschungsdirektor am Institut für theoretische Physik der Universität in Paris.
KM 15. 6. 1961; AM 20. 5. 1969
Theoretische Physik

PAPE, Peter Sigismund, * 20. 4. 1666 (Freienwalde) † 3. 1. 1733 (Berlin)
Ursprünglich Konrektor, dann Rektor des Gymnasiums in Cölln a. d. Spree. Später Diakonus, danach Archidiakonus an der Petri-Kirche in Cölln a. d. Spree.
anwM 11. 7. 1714
Theologie, orientalische Sprachen

PAPIN, Denis, * 22. 8. 1647 (Blois) † 1714 (unbekannt)
Dr. med. 1688 Professor für Mathematik und Physik an der Universität in Marburg. (P. war ursprünglich Arzt und Gehilfe von HUYGHENS in Paris. 1680 hielt er sich in London bei BOYLE auf. 1681 folgte ein Aufenthalt in Venedig, 1884 ein solcher in London. P. ist Erfinder mehrerer auf physikal. Grundsätzen bestehender Maschinen, u. a. des „Papinschen Topfes". P., dessen Schicksal nach 1707 unbekannt ist, hat offenbar kein Diplom als Mitglied der Akademie erhalten.)
abwM 4. 5. 1707
Mathematik, Physik

PARADIS, Françoise-Augustin de, * 1687 (Paris) † 19. 11. 1770 (Paris)
siehe: MONCRIF, Françoise-Augustin PARADIS de

PARHON, Constantin Ion, * 27.10.1874 (Carnpulung-Muscel) † 9.8.1969 (Bukarest)
1913 Professor für Nervenheilkunde und Direktor der Nervenheilanstalt in Jassy. 1934 bis 1940 und seit 1945 Professor für Endokrinologie an der Universität in Bukarest. 1946 zugleich Direktor des In-

stituts für Endokrinologie der Universität (1949 Institut der Akademie). 1948 Vorsitzender des Präsidiums der Großen Nationalversammlung. 1959 Ehrenpräsident der Akademie der Wissenschaften in Bukarest.
KM 17. 5. 1956; AM 20. 5. 1969
Endokrinologie

PARIBENI, Roberto, * 19. 5. 1876 (Rom) † 13. 7. 1956 (Rom)
Zunächst Kustos am Nationalmuseum in Neapel. 1908 bis 1928 Direktor des Nationalmuseums in Rom. 1934 Präsident des Instituto di Archeologia e Storia dell' Arte in Rom und Professor für alte Geschichte und Archäologie an der Katholischen Universität in Mailand.
KM 2. 3. 1939 (Bestät. 20. 6. 1939)
Archäologie

PARIS, Gaston Bruno Paulin, * 9. 8. 1839 (Avenay/Marne) † 6. 3. 1903 (Cannes)
1858 Professor für romanische Sprachen an der École des Chartes in Paris. Später Direktor an der École des hautes études in Paris. 1872 Professor für Romanistik am Collège de France.
KM 20. 4. 1882; AM 7. 12. 1899
(Bestät. 5. 3. 1900)
Romanistik, Philosophie, Geschichte

PARTHEY, Gustav Friedrich Konstantin, * 27. 10. 1798 (Berlin) † 2. 4. 1872 (Rom)
Buchhändler und klassischer Philologe.
OM 30. 7. 1857 (Bestät. 24. 8. 1857)
Klassische Philologie

PARTSCH, Joseph, * 4. 7. 1851 (Schreiberhau) † 22. 6. 1925 (Bad Brambach)
1875 Privatdozent, 1876 Professor für Erdkunde, 1884 Professor für Geographie an der Universität in Breslau. 1899 Rektor. 1905 Professor für Geographie an der Universität in Leipzig. Geh. Hofrat. 1903 Geh. Regierungsrat.
KM 9. 3. 1922
Geographie

PASCHEN, Louis Karl Heinrich Friedrich, * 22. 1. 1865 (Schwerin)
† 25. 2. 1947 (Potsdam)
1893 Privatdozent, 1895 Professor für Physik an der Technischen Hochschule in Hannover. 1901 Professor für Physik an der Universität in Tübingen. 1924 Präsident der Physikalisch-Technischen Reichsanstalt in Berlin. 1925 zugleich Honorarprofessor an der Universität in Berlin.
OM 15. 1. 1925
(Bestät. 9. 2. 1925)
Physik, Spektroskopie

PASSAVANT, Daniel, * 14. 9. 1722 (Basel) † 14. 5. 1799 (Basel)
Lic. med. in Berlin. 1751 Postverwalter in Basel. (P. verließ 1750 Berlin und wurde auf Befehl FRIEDRICHs II. vom 26. 4. 1750 aus der Akademie ausgeschlossen. Die Bekanntgabe dieser Entscheidung in der Akademie erfolgte am 30. 4. 1750.)
OM 4. 7. 1748 – 30. 4. 1750
Medizin

PASSIONEI, Domenico, * 2. 12. 1682 (Fossombrone) † 5. 7. 1761 (Camaldoni bei Frascati)
1714 Hausprälat und geh. Kämmerer des Papstes CLEMENS XI. 1717 Inquisitor zu Malta. 1721 päpstl. Nuntius in der Schweiz, 1730 in Wien. 1738 Kurierkardinal (Brevensekretär) in Rom mit dem Titel „Sancti Bernhardi ad Thermas". 1755 Leiter der Bibliothek des Vatikans. (P. nahm als päpstlicher Legat an den Friedenskongressen in Den Haag 1709, in Utrecht 1712 und in Baden/Schweiz 1714 teil.)
AM 16. 10. 1755
Theologie

PASTERNAK, Günter, * 5. 10. 1932 (Berlin)
1973 Professor der Akademie. Leiter des Bereiches experimentelle und klinische Immunologie des Zentralinstituts für Krebsforschung der Akademie in Berlin-Buch. 1979 Direktor des Forschungszentrums für Molekularbiologie und Medizin der Akademie. 1980 Nationalpreis.
KM 17. 4. 1975; OM 14. 6. 1979
Medizin, Immunologie

PATON, Boris Jewgenewitsch, * 27. 11. 1918 (Kiew)
1942 wissenschaftlicher Mitarbeiter, 1950 Direktor. 1953 Direktor des E.-O.-PATON-Instituts für Elektroschweißen der Akademie der Wissenschaften der Ukrainischen SSR. 1962 Ordentlicher Akademiker der Akademie der Wissenschaften der UdSSR. Präsident der Akademie der Wissenschaften der Ukrainischen SSR.
AM 12. 6. 1980
Werkstoffwissenschaften, Metallurgie, Elektroschweißen

PAUER, Walther, * 1. 4. 1887 (Regensburg) † 20. 11. 1971 (Dresden)
1921 Privatdozent, 1922 Professor, 1933 Professor für Wärme- und Energiewirtschaft an der Technischen Hochschule in Dresden und Direktor des Instituts für Kraft- und Wärmewirtschaft sowie Leiter des Heizkraftwerkes der Technischen Hochschule. 1946 wissenschaftliche Tätigkeit in der UdSSR. 1952 Professor für Wärme- und Energiewirtschaft an der Technischen Hochschule in Dresden.
OM 24. 2. 1955
Wärme- und Energiewirtschaft

PAULI, Johann Arnold, * 21. 2. 1682 (Johannisburg/Ostpr.) † 13. 3. 1741 (Memel)
Erzpriester in Memel.
abwM 30. 11. 1712
Theologie

PAULI, Georg Reinhold, * 25. 5. 1823 (Berlin) † 3. 6. 1882 (Bremen)
1847 Hauslehrer in Glasgow. 1850 Privatsekretär des preuß. Gesandten in London. 1855 Privatdozent an der Universität in Bonn. 1857 Professor für Geschichte an der Universität in Rostock. 1859 Professor für Geschichte an der Universität in Tübingen. 1867 Professor für Geschichte an der Universität in Marburg. 1870 Professor für Geschichte an der Universität in Göttingen.
KM 30. 3. 1882
Geschichte, engl. Geschichte

PAWLOW, Todor, * 14. 2. 1890 (Schtip) † 8. 5. 1977 (Sofia)
1910 Lehrer in Lom. 1914 bis 1922 Lehrer in Bagare, später in Kasanlyk und in Stara Zagora. 1922 Redakteur der Zeitschrift „Mladesch". 1932 bis 1936 Tätigkeit in Moskau; zeitweilig Professor am Institut für rote Professur. 1944 Regent Bulgariens und Mitglied des Nationalrates der Vaterländischen Front. 1945 Professor für Philosophie an der Universität in Sofia. 1947 Präsident der Bulgarischen Akademie der Wissenschaften. 1952 Direktor des Philosophischen Instituts der Bulgarischen Akademie. (P. kehrte 1936 aus der Emigration nach Bulgarien zurück und nahm als führendes Mitglied der Kommunistischen Partei aktiv am Widerstandskampf gegen den Faschismus teil.)
KM 13. 12. 1956; AM 20. 5. 1969
Philosophie

PEDERSEN, Johannes, * 7. 11. 1883 (Illebölle/Langeland) † 22. 12. 1977 (Kopenhagen)
1916 Dozent, 1922 Professor für semitische Sprachen an der Universität in Kopenhagen. Zugleich Direktor des Carlsberg-Fonds.
KM 2. 3. 1939 (Bestät. 20. 6. 1939)
AM 20. 5. 1969
Orientalistik

PEDRO II., * 2. 12. 1825 (Rio de Janeiro) † 5. 12. 1891 (Paris)
1831 bis 1889 Kaiser von Brasilien.
EM 15. 6. 1882 (Bestät. 18. 10. 1882)

PEEK, Werner, * 6. 6. 1904 (Bielefeld)
1937 Dozent, 1944 Professor für alte Geschichte an der Universität in Berlin. 1951 Professor für klassiche Philologie an der Universität in Halle. 1961 Nationalpreis.
OM 11. 6. 1964; AM 15. 5. 1981
Alte Geschichte, Klassische Philologie, Griechische Epigraphik

PEIPER, Albrecht, * 23.10.1889 (Greifswald) † 7. 10. 1968 (Leipzig)
1924 Privatdozent, 1930 Professor für Pädiatrie an der Universität in Berlin. 1943 Professor für Pädiatrie an der Universität in Leipzig und Direktor der Kinderklinik der Universität. 1953 Nationalpreis.
OM 24. 2. 1955
Pädiatrie

PELLOUTIER, Simon, * 27. 10. 1694 (Leipzig) † 2. 10. 1757 (Berlin)
Prediger der Französischen Gemeinde auf dem Friedrichs-Werder. 1745 – 1757 Bibliothekar der Akademie.
OM 23. 1. 1744
Theologie

PELOUZE, Thèophile-Jules, * 13.2.1807 (Valognes/Manche) † 31.5.1867 (Paris)
Pharmazeut. 1830 Professor für Chemie in Lille. 1831 Professor für Chemie an der École polytechnique, seit 1834 zugleich Professor für Chemie am Collège de France in Paris. 1848 Präsident der Münz-Kommission.
KM 6. 2. 1851
Chemie

PEMBERTON, Henry, * 1694 (London) † 9. 3. 1771 (Oxford)
Zunächst prakt. Arzt in London. Später Professor für Physik am Gresham-College in London. (P. war Herausgeber der 3. Ausgabe letzter Hand von NEWTONs „Principia" London 1726.)
AM 30. 6. 1746
Medizin, Physik

PENCK, Friedrich Karl Albrecht, * 25. 9. 1858 (Reudnitz bei Leipzig) † 7. 3. 1945 (Prag)
1882 Privatdozent an der Universität in München. 1885 Professor für Geographie an der Universität in Wien. 1906 Professor für Geographie an der Universität in Berlin und Direktor des Geographischen Instituts sowie des Instituts für Meereskunde. 1917 – 1918 Rektor der Universität. Geh. Regierungsrat.
OM 1. 11. 1906 (Bestät. 2. 12. 1906)
Geographie

PERARD, Jacques de, * 29. 5. 1713 (Paris) † 29. 6. 1766 (Stettin)
Zunächst Prediger in Gramzow, später Hofprediger in Stettin. (P., Mitglied zahlreicher ausländischer Akademien, darunter der Akademie der Wissenschaften in Petersburg, war zugleich Direktor der Nouvelle Bibliotheque Germanique.)
AM 21. 12. 1747
Theologie

PERCY, Pierre-François Baron de, * 28.10.1754 (Montagney/Franche-Comtè) † 18.2.1825 (Paris)
Leibarzt NAPOLEONs I.
AM 21. 3. 1809; EM 24. 1. 1812
Medizin

PERLITZI (PERLICIUS), Johann Daniel, * 20. 10. 1705 (Käsmark) † 7. 4. 1778 (Apathfalva)
Dr. med.. Zunächst Amtsarzt in Schemnitz. Später Komitatsarzt in Rosoncz/Ungarn.
abwM 13. 6. 1731; AM 23. 1. 1744
Anatomie

PERLO, Victor, * 16. 5. 1912 (New York)
Wirtschaftswissenschaftler in New York. Vorsitzender der Nationalen Wirtschaftskommission der Kommunistischen Partei der USA.
AM 17. 4. 1975
Wirtschaftswissenschaft

PERNETTY, Antoine-Joseph,
* 13. 2. 1716 (Roanne/Loire)
† 15. 10. 1796 (Avignon)
1732 Eintritt in den Benedictinerorden St. Maur.. 1768 königl. Bibliothekar in Berlin. (P. kehrte 1783 nach Frankreich zurück.)
OM 22. 9. 1768; AM 30. 10. 1783

PERNICE, Lothar Anton Alfred,
* 18. 8. 1841 (Halle/Saale) † 23.9.1901 (Berlin)
1867 Privatdozent, 1870 Professor, 1871 Professor für Rechtswissenschaft an der Universität in Halle. 1872 Professor für römisches Recht an der Universität in Greifswald. 1877 Professor für römisches Recht an der Universität in Halle. 1881 Professor für römisches Recht an der Universität in Berlin. Geh. Justizrat.
OM 6. 3. 1884 (Bestät. 9. 4. 1884)
Rechtswissenschaft, römisches Recht

PERRONET, Jean-Rodolphe,
* 25. 10. 1708 (Suresne b. Paris)
† 27. 2. 1794 (Paris)
Brücken- und Wegebaumeister in Paris. Generalinspektor der Salinen.
AM 4. 11. 1790
Mechanik

PERROT, Georges, * 12. 11. 1832 (Villeneuve–Saint-Georges) † 30. 6. 1914 (Paris)
1772 Professor für griechische Sprache, 1777 Professor für Archäologie an der Universität in Paris. 1783 Direktor der Ecole normale supérieure in Paris.
KM 17. 7. 1884
Klassische Philologie, Archäologie

PERTSCH, Ludwig Karl Wilhelm,
* 19. 4. 1832 (Coburg) † 17. 8. 1899 (Gotha)
Direktor der Bibliothek und der Sammlungen auf Schloß Friedenstein in Gotha. Geh. Hofrat.
KM 2. 2. 1888
Orientalistik

PERTZ, Georg Heinrich, * 28. 3. 1795 (Hannover) † 7. 10. 1876 (München)
1823 Archivsekretär, 1826 Bibliothekar und Archivrat in Hannover. Historiograph des Hauses Braunschweig Lüneburg. 1842 Oberbibliothekar und Geh. Oberregierungsrat in Berlin. Mitglied und seit 1863 Leitung der Direktion der Monumenta Germaniae Historica. Direktor der Königlichen Bibliothek in Berlin.
KM 5. 11. 1840; OM 22. 12. 1842 (Bestät. 23. 1. 1843)
Geschichte

PESCHEL, Manfred Walter,
* 12. 4. 1932 (Olbersdorf)
1966 Professor für kybernetische Systemtheorie an der Technischen Hochschule Karl-Marx-Stadt und Direktor des Instituts für Regelungs- und Steuerungstechnik der Technischen Hochschule. 1973 Leiter des Forschungsbereiches Mathematik/Kybernetik der Akademie.
KM 14. 6. 1979
Mathematik, Systemtheorie, Optimierung

PETERMANN, Julius Heinrich,
* 12. 8. 1801 (Glauchau) † 10. 6. 1876 (Bad Nauheim)
1837 Professor für orientalische Literatur an der Universität in Berlin.
OM 25. 4. 1850 (Bestät. 18. 5. 1850)
Orientalistik, samaritanische Sprache

PETERS, Christian August Friedrich, * 7. 9. 1806 (Hamburg) † 8. 5. 1880 (Kiel)
1834 Astronom in Hamburg. 1839 Direktorialassistent an der Sternwarte in Pulkowo. 1842 Adjunkt, 1847 außerordentl. Mitglied für theoretische Astronomie, 1849 ausländ. korresp. Mitglied der Akademie der Wissenschaften in Petersburg. 1849 Professor für Astronomie an der Universität in Königsberg. 1854 Direktor der Sternwarte in Altona. 1872 Professor für Astronomie an der Universität in Kiel, zugleich Direktor der Sternwarte.
KM 1. 3. 1866
Astronomie

PETERS, Wilhelm Karl Hartwig, * 22. 4. 1815 (Koldenbüttel/Holstein) † 20. 4. 1883 (Berlin)
1838 Dr. med.. 1848 Prosektor des Anatomischen Instituts in Berlin. 1849 Dozent, 1853 Professor an der Universität in Berlin. 1856 Mitdirektor, 1857 Direktor des Zoologischen Museums. 1858 Professor für Zoólogie an der Universität in Berlin und Direktor des Zoologischen Gartens. (P. unternahm zwischen 1839 und 1848 größere zoologische Forschungsreisen nach Afrika.)
OM 6. 2. 1851 (Bestät. 5. 3. 1851)
Zoologie

PETERSEN Asmus, * 6. 12. 1900 (Kemphye/Schleswig) † 4. 1. 1962 (Paulinenaue)
1930 Privatdozent, 1934 Professor für landwirtschaftliche Betriebslehre an der Universität in Jena. 1944 Professor für landwirtschaftliche Betriebslehre an der Universität in Rostock und Leiter des Thünen-Archivs. 1957 Professor für Grünlandforschung an der Universität in Berlin und Direktor des Instituts für Grünland und Moorforschung Paulinenaue der Akademie für Landwirtschaftswissenschaften der DDR. 1953 Nationalpreis.
OM 28. 7. 1949
Landwirtschaftliche Betriebslehre, Grünlandforschung

PETERSEN, Julius, * 5. 11. 1878 (Straßburg) † 22. 8. 1941 (Murnau/Oberbayern)
1909 Privatdozent, 1911 Professor für deutsche Philologie und Theaterwissenschaft an der Universität in Berlin. 1912 Professor an der Yale-Universität in New Haven/USA. 1913 Professor für deutsche Philologie und Theaterwissenschaft an der Universität in Basel. 1915 Professor für deutsche Philologie und Theaterwissenschaft an der Universität in Frankfurt a. M. 1920 Professor für deutsche Philologie und Theaterwissenschaft an der Universität in Berlin und Direktor des Germanischen Seminars und des Theaterwissenschaftlichen Instituts der Universität. 1927 – 1938 zugleich Vorsitzender der Goethe-Gesellschaft.
OM 4. 3. 1922 (Bestät. 23. 10. 1922)
Germanistik, Theaterwissenschaft

PETIT–DUFRÉNOY, Ours-Pierre-Armand, * 5. 9. 1792 (Sevran/Seine-et-Oise) † 20. 3. 1857 (Paris)
siehe: DUFRÉNOY, Ours-Pierre-Armand PETIT –

PETROW, Boris Nikolajewitsch, * 11. 3. 1913 (Smolensk) † 23. 8. 1980 (Moskau)
1953 Korrespondierendes Mitglied, 1960 Ordentlicher Akademiker für Automatik der Akademie der Wissenschaften der UdSSR.
AM 25. 2. 1971
Technische Kybernetik, automatische Steuerung

PETTENKOPER, Max Joseph von (1833), * 3. 12. 1818 (Lichtenheim bei

Neuburg/Donau) † 9. 2. 1901 (München)
1845 Assessor im Bayerischen Hauptmünzamt in München. 1847 Professor für Medizin, 1853 Professor für medizinische Chemie, 1865 Professor für Hygiene an der Universität in München. Zugleich seit 1850 auch Vorsteher der königlichen Leib- und Hofapotheke. 1896 Generalkonservator der wissenschaftlichen Sammlungen des Bayerischen Staates. 1889 Präsident der Bayerischen Akademie der Wissenschaften zu München.
AM 10. 2. 1898 (Bestät. 4. 4. 1898)
Hygiene und Chemie

PEYRON, Vittore Amadeo, * 2.10.1785 (Turin) † 27.4.1870 (Turin)
1805 Gehilfe des Abbés VALBERGA di CALUSO an der Universität in Turin. 1815 Professor für orientalische Sprachen an der Universität in Turin.
KM 18. 2. 1836
Orientalistik, koptische Sprache

PEZZANA, Angelo, * 17. 2. 1772 (Parma) † 20. 5. 1862 (Parma)
Direktor der herzogl. Bibliothek in Parma.
KM 26. 4. 1860
Geschichte

PFAFF, Christoph Heinrich, * 2.3.1773 (Stuttgart) † 23. 4. 1852 (Kiel), (Bruder von PFAFF, J. F.)
Zunächst praktischer Arzt in Heidelberg. 1797 Professor für Medizin, Physik und Chemie an der Universität in Kiel.
KM 25. 6. 1812
Chemie

PFAFF, Johann Friedrich, * 22.12.1765 (Stuttgart) † 21.4.1825 (Halle/Saale)
1788 Professor für Mathematik an der Universität in Helmstedt. 1810 Professor für Mathematik an der Universität in Halle.
KM 25. 6. 1812; AM 26. 6. 1817 (Bestät. 2. 9. 1817)
Mathematik

PFEFFER, Wilhelm Friedrich Philipp, * 9. 3. 1845 (Grebenstein bei Kassel) † 31. 1. 1920 (Leipzig)
1871 Privatdozent in Marburg. 1873 Professor an der Universität in Bonn. 1878 Professor für Botanik an der Universität in Basel. 1878 Professor für Botanik in Tübingen. 1887 Professor für Botanik und Pflanzenphysiologie an der Universität in Leipzig und Direktor des Botanischen Instituts.
KM 19. 12. 1889
Botanik und Pflanzenphysiologie

PFEIFER, Harry Erich, * 25. 2. 1929 (Penig/Sa.)
1957 Dozent, 1960 Professor für Experimentalphysik an der Universität in Leipzig. 1967 zugleich Direktor am Physikalischen Institut der Universität. 1969 Nationalpreis.
KM 14. 6. 1973; OM 8. 6. 1978
Physik, Hochfrequenzspektroskopie

PFITZER, Ernst Hugo Heinrich, * 26. 3. 1846 (Königsberg i. Pr.) † 2. 12. 1906 (Heidelberg)
1868 Privatdozent an der Universität in Bonn. 1872 Professor für Botanik an der Universität in Heidelberg.
KM 19. 1. 1899
Botanik

PFLEIDERER, Christoph Friedrich von, * 20. 10. 1736 (Kirchheim unter Teck/Württ.) † 27. 9. 1821 (Tübingen)
1766 Professor für Mathematik und Physik an der Militärakademie in Warschau, zugleich auch Direktor des königl. polnischen Kadettenkorps. 1782 Professor für Mathematik und Physik an der Universität in Tübingen.
KM 25. 6. 1812 Mathematik, Physik

PFLÜGER, Eduard Friedrich Wilhelm, * 7. 6. 1829 (Hanau) † 16. 3. 1910 (Bonn)
1858 Privatdozent an der Universität in Berlin. 1859 Professor für Physiologie an der Universität in Bonn. (Pf. war Herausgeber des „Archiv der Physiologie".)
KM 3. 4. 1873; AM 21. 12. 1899 (Bestät. 5. 3. 1900)
Physiologie

PHILIPP, Burkart, * 8. 2. 1925 (Pirna/Sa.)
1963 Stellvertr. Direktor des Instituts für Faserstoff-Forschung der Akademie in Teltow-Seehof. 1965 nebenamt. Professor an der Technischen Hochschule in Magdeburg. 1969 Direktor des Instituts für Faserstoff-Forschung (jetzt Institut für Polymerenchemie) der Akademie in Teltow-Seehof. 1973 Nationalpreis.
KM 29. 5. 1969; OM 3. 6. 1971
Physikalische Chemie, Cellulose- und Textilchemie

PHILLIPS, Sir Thomas, * 1801 (Llanelly/Wales) † 26. 5. 1867 (London)
Richter in London.
KM 27. 2. 1845
Philologie

PIAZZI, Guiseppe, * 16. 7. 1746 (Ponte/Veltlin) † 22. 7. 1826 (Neapel)
Theatinermönch. 1769 Lehrer für Philosophie im Theatinerkloster in Genua. 1770 Lehrer für Mathematik an der Universität in Malta. 1773 Lektor für Philosophie und Mathematik in Ravenna. 1778 Prediger am Theatinerkloster in Cremona. 1779 Lehrer für Dogmatik an der Universität in Rom und danach Professor für höhere Mathematik in Palermo und von 1780 – 1817 Direktor der Sternwarte. 1817 Generaldirektor der Sternwarten in Neapel und Palermo. P. entdeckte 1800 den 1. Planetoiden in der Geschichte der Astronomie.)
KM 25. 6. 1812
Mathematik, Astronomie

PICARD, Charles-Emile, * 24. 7. 1856 (Paris) † 11. 12. 1941 (Paris)
1877 Maitre de confèr. an der Sorbonne in Paris. 1879 Maitre de confèr. an der Fakultät der Wissenschaften in Toulouse. Danach Professor für Mathematik an der École normale und an der Sorbonne in Paris. (P. legte am 22. 4. 1916 seine Mitgliedschaft in der Akademie nieder.)
KM 24. 2. 1898 – 22. 4. 1916
Mathematik

PICKERING, Edward Charles, * 19. 7. 1846 (Boston) † 3. 2. 1919 (Cambridge/Mass.)
1867 Professor für Physik am Massachusetts Institut of Technology in Boston. 1877 Professor für Astronomie und Geodäsie und Direktor des Harvad College-Observatory in Cambridge. (P. leitete ab 1867 eines der ersten amerikanischen Laboratorien für Physik.)
KM 11. 1. 1906
Astronomie

PICKERING, John, * 7. 2. 1777 (Salem/Mass.) † 5. 5. 1846 (Boston)
Staatsanwalt in Boston.
KM 13. 2. 1840
Philologie

PICTET, Bènedict, * 30. 5. 1655 (Genf) † 10. 6. 1724 (Genf)
Zunächst Prediger in Genf. 1686 Professor für Theologie an der Universität in Genf; 1710 zugleich Pastor der italien. Gemeinde.
abwM 7. 2. 1714 Theologie

PIETSCH, Albrecht, * 13. 9. 1934 (Zittau)
1965 Professor, 1968 Professor für Ma-

thematik an der Universität in Jena. 1970 Nationalpreis.
KM 3. 6. 1971; OM 13. 6. 1974
Mathematik, Analysis

PINDER, Moritz Eduard, * 22. 3. 1807 (Naumburg/Saale) † 30. 8. 1871 (Berlin)
1829 Bibliothekar an der Königl. Bibliothek in Berlin, zugleich Bibliothekar an der Universitätsbibliothek und Direktorialassistent in der Abteilung der antiken Münzen im Museum. 1858 Geh. Regierungsrat und Vortragender Rat für Kunstangelegenheiten im Ministerium für geistliche Angelegenheiten. 1868 Geh. Oberregierungsrat.
OM 10. 4. 1851 (Bestät. 24. 5. 1851)
Kunstwissenschaft

PINDER, Wilhelm, * 25. 6. 1878 (Kassel) † 13. 5. 1947 (Berlin)
1905 Privatdozent an der Universität in Würzburg. 1910 Professor für Kunstgeschichte an der Technischen Hochschule in Darmstadt. 1917 Professor für Kunstgeschichte an der Universität in Breslau. 1918 Professor für Kunstgeschichte an der Universität in Straßburg. 1919 Professor für Kunstgeschichte an der Universität in Breslau. 1920 Professor für Kunstgeschichte an der Universität in Leipzig. 1927 Professor für Kunstgeschichte an der Universität in München. 1936 Professor für Kunstgeschichte an der Universität in Berlin.
OM 10. 6. 1937 (Bestät. 13. 6. 1938)
Kunstgeschichte

PINEAU, Charles, * 12. 2. 1704 (Dinan/Bretagne) † 26. 3. 1772 (Paris)
siehe DUCLOS, Charles PINEAU

PISCHEL, Richard, * 18. 1. 1849 (Breslau) † 26. 12. 1908 (Madras)
1874 Privatdozent an der Universität in Breslau. 1875 Professor, 1877 Professor für Sanskrit und vergleichende Sprachwissenschaft an der Universität in Kiel. 1885 Professor für Sanskrit und vergleichende Sprachwissenschaft an der Universität in Halle. 1902 Professor für indogermanische Philologie an der Universität in Berlin. Geh. Regierungsrat.
OM 19. 6. 1902 (Bestät. 13. 7. 1902)
Vergleichende Sprachwissenschaft, Indologie

PISCHINGER, Anton, * 21. 4. 1907 (Linz)
1930 Assistent an der Technischen Hochschule in Graz. 1935 Versuchsingenieur und Prokurist bei der KLÖCKNER-HUMBOLDT-DEUTZ AG in Köln. 1942 Professor für Thermodynamik an der Technischen Hochschule in Graz.
KM 17. 11. 1966; AM 20. 5. 1969
Thermodynamik

PITSCHMANN, Christian Gottlob, * 24. 6. 1683 (Taubenheim/Sa.) † 10. 7. 1746 (Zittau)
Archidiakonus und Konrektor des Gymnasiums in Zittau.
abwM 5. 11. 1722
Indogermanische Philologie

PLANA, Giovanni Antonio Amedeo Baron (1848), * 8. 11. 1781 (Voghera) † 20. 1. 1864 (Turin), (Neffe von LAGRANGE, J. L. de)
Professor für Astronomie an der Universität in Turin und Direktor der Sternwarte. Senator.
KM 19. 1. 1832
Astronomie

PLANCK, Max Ernst Ludwig, * 23. 4. 1858 (Kiel) † 4. 10. 1947 (Göttingen)
1880 Privatdozent an der Universität in München. 1885 Professor für Physik an der Universität in Kiel. 1889 Professor, 1892 Professor für theoretische Physik an der Universität in Berlin und Direktor

des Instituts für Theoretische Physik. 1913 – 1914 Rektor der Universität. 1931 Präsident der Kaiser-Wilhelm-Gesellschaft zur Förderung der Wissenschaften. 1912 – 1938 Sekretar der Physikalisch-mathematischen Klasse der Akademie. 1914 Helmholtz-Medaille der Akademie. 1918 Nobelpreis für Physik. Geh. Rat.
OM 10. 5. 1894 (Bestät. 11. 6. 1894)
Theoretische Physik

PLATEAU, Joseph-Antoine-Ferdinand, * 14. 10. 1801 (Brüssel) † 15. 9. 1883 (Gent)
Professor für Physik an der Universität in Gent.
KM 29. 4. 1869
Physik, Astronomie

PLOTHO, Ludwig Otto Edler von, * 28. 11. 1663 (Parey) † 18. 8. 1731 (Berlin)
1684 Volontär des Generalmajors von Schlaberndorf. 1698 Regierungsrat in Magdeburg. 1699 Reichskammergerichtsassessor. 1711 Geh. Rat in Berlin. 1712 Direktor des orangischen Tribunals. 1714 Wirkl. Geh. Etatsminister und Präsident des Geh. Justizkollegiums und des Oberappellationsgerichts. (P. war im Dienste des Kurfürsten von Brandenburg an verschiedenen Höfen tätig. 1728 erhielt er die Oberaufsicht über das Lehnswesen. P. wurde 1701 Mitglied, hat jedoch offenbar kein Diplom erhalten.)
M 12. 10. 1701
Rechtswissenschaft

PLOUCKET (PLOUCQET), Gottfried, * 25. 8. 1716 (Stuttgart) † 13. 9. 1790 (Tübingen)
1743 Pfarrer in Rötenburg, 1945 Diaconus in Freudenstadt. 1750 Professor für Logik und Metaphysik an der Universität in Tübingen. 1778 Dozent an der Militärakademie in Stuttgart.
AM 4. 9. 1749
Theologie, Philologie

PODEWILS, Heinrich Graf von, * 3. 10. 1695 (Suckow/Pomm.) † 30. 7. 1760 (Magdeburg)
1720 Geh. Kriegsrat im Generalkommissariat. 1722 Geh. Finanzrat. 1730 Wirkl. Geh. Etats- und Kabinettsminister im Department für auswärtige Angelegenheiten. (P. fand vielfach im dipl. Dienst Verwendung und war u. a. 1728 Gesandter in Kopenhagen, 1729 Gesandter in Stockholm. Seine Erhebung zum Grafen erfolgte 1741.)
EM 23. 1. 1744

PÖLLNITZ, Karl Ludwig Freiherr von, * 25. 2. 1692 (Issum/Rhld.) † 23.6.1755 (Berlin)
1735 Kammerherr, 1740 Oberzeremoniemeister in Berlin. (P. war ein berüchtigter Abenteurer an den Höfen der preuß. Könige FRIDRICH WILHELM I. und FRIEDRICH II.)
EM 23. 1. 1744

POGGENDORFF, Johann Christian, * 29. 12. 1796 (Hamburg) † 24. 1. 1877 (Berlin)
Dr. phil. und Dr. med. 1812 – 1820 Apothekergehilfe in Itzehoe. Seit 1824 Herausgeber der „Annalen der Physik und Chemie". 1830 Verleihung des Professorentitels. 1834 Professor für Physik an der Universität in Berlin.
OM 20. 12. 1838 (Bestät. 4. 2. 1839)
Physik, Geschichte der Naturwissenschaften

POHL, Johann Emanuel, * 22. 2. 1782 (Kamnitz/Böhmen) † 22. 5. 1834 (Wien)
1808 Professor für allgemeine Naturgeschichte und Botanik an der Universität in Prag. 1821 Professor für Medizin an der Universität in Wien und Vorsteher des brasilianischen Museums in Wien.

(P. nahm 1817 an der österreichischen Naturforscher-Expedition nach Brasilien als Mineraloge und Botaniker teil.)
KM 10. 12. 1829
Medizin

POINCARÉ, Jules-Henri, * 29. 4. 1854 (Nancy) † 17. 7. 1912 (Paris)
1881 Maître d. conférences an der Fakultät der Wissenschaften, 1883 Repétiteur an der École polytechnique in Paris, später Professor für Mathematik und Astronomie an der Sorbonne. 1902 Professor für theoretische Elektr. an der École sup. d. Postes, 1904 Professor für Astronomie an der École polytechnique, 1909 Professor für mathematische Astonomie an der Universität in Paris. Inspecteur gen. des mines.
KM 30. 1. 1896
Mathematik

POINSOT, Louis, * 3. 1. 1777 (Paris) † 5. 12. 1859 (Paris)
1809 Professor der Analyse und Mechanik an der École polytechnique in Paris. 1816 Professor für Mathematik am Lycée Bonaparte. 1852 Senator.
KM 22. 7. 1858
Mathematik

POISSON, Siméon-Denis, * 21. 6. 1781 – (Pithiviers/Beauce) † 25. 4. 1840 (Paris)
1802 Professor für Analyse und Mechanik, 1815 Professor für Mechanik an der École polytechnique in Paris. 1812 Mitglied des Längenbüros. 1837 Pair von Frankreich.
KM 25. 6. 1812; AM 10. 12. 1829 (Bestät. 11. 1. 1830)
Mathematik, Mechanik

POLACK, Johann Friedrich, * 25. 11. 1700 (Bernstadt/Oberlausitz) † 22. 4. 1771 (Frankfurt/O)
1730 Professor der Rechte, 1733 Professor für Mathematik, 1752 Professor der Rechte, 1758 Professor für Ökonomie, Polizei- und Kameralwissenschaften an der Universität in Frankfurt/Oder.
abwM 1735
Rechtswissenschaft, Ökonomie

POLAK, Karl, * 12. 12. 1905 (Westerstede) † 27. 10. 1963 (Berlin)
1929 Referendar. 1946 Professor für Staatslehre und Staatsrecht an der Universität in Leipzig. Wissenschaftlicher Mitarbeiter des Zentralkomitees der SED in Berlin.
OM 15. 6. 1961
Allgemeine Staatslehre, Staatsrecht und Völkerrecht

POLENI Giovanni Marchese di, * 23. 8. 1683 (Venedig) † 14. 11. 1761 (Padua)
1709 Professor für Astronomie, 1715 Professor für Philosophie, 1719 Professor für Mathematik an der Universität in Padua. Wasserbaumeister der Republik Venedig.
abwM 3. 10. 1715
Mathematik, Astronomie

POMMER, Kurt Paul, * 4. 5. 1904 (Gera)
1937 Versuchsingenieur, 1946 Betriebsdirektor und Leiter der technisch-wissenschaftlichen Arbeiten im Sachsenwerk Niedersedlitz. 1952 Professor für Elektromaschinenbau an der Technischen Hochschule (jetzt Universität) in Dresden. 1955 Direktor des Instituts für elektrische Maschinen und Antriebe. 1956 Rektor. 1960 Nationalpreis.
OM 9. 6. 1966
Technik, Elektromaschinenbau

POMPECKI, Joseph Felix, * 10. 5. 1867 (Groß-Köllen/Ostpr.) † 8. 7. 1930 (Berlin) (Schwiegersohn von QUENSTEDT, F. A.
1894 Assistent, 1897 Kustos an der

Paläontologischen Staatssammlung in München. Zugleich Dozent an der Universität in München. 1903 Professor für Paläontologie an der Universität in Berlin.
OM 29. 1. 1920 (Bestät. 18. 2. 1920)
Paläontologie

PONCELET, Jean-Victor, * 1. 7. 1788 (Metz) † 22. 12. 1867 (Paris)
1815 Geniehauptmann. 1825 Professor an der École d'application in Metz. 1838 Professor für mechanische Physik an der Universität in Paris. 1848 Kommandant der École polytechnique. Daneben seit 1831 Bataillonskommandeur, 1844 Oberst, 1848 Brigadegeneral.
KM 19. 1. 1832
Mathematik

PONIATOWSKI, * 7. 1. 1732
† 12./23. 2. 1798 (Petersburg)
siehe: STANISLAUS AUGUST (PONIATOWSKI)

PONTÉCOULANT, Philippe-Gustave DOULCET de, * 21. 6. 1795 (Paris) † 21. 7. 1874 (Paris)
Zunächst – bis 1848 – Oberst der Artillerie im französ. Generalstab. Bis 1848 auch Pair von Frankreich. Später Astronom in Paris.
KM 19. 1. 1832
Mechanik, Astronomie

POPPE, Eberhard Hermann, * 12.9.1931 (Wiesenburg Kr. Zwickau)
1959 Dozent, 1965 Professor für Staatsrecht, 1969 Professor für Staatsrecht und Verfassungstheorie an der Universität in Halle. 1971 Rektor.
KM 15. 6. 1972; OM 17. 4. 1975
Rechtswissenschaft, Staatstheorie und Staatsrecht, Bildungsrecht

PORSTMANN, Joachim Werner,
* 22. 2. 1921 (Geyersdorf/Erzgeb.)
1965 Professor für Medizin an der Universität in Berlin und Leiter der selbst. Abteilung für kardio-vaskal. Diagnostik. 1969 und 1979 Nationalpreis.
KM 8. 6. 1978
Herz-Kreislaufforschung

POSELGER, Friedrich Theodor,
* 27. 5. 1771 (Elbing) † 9. 2. 1838 (Berlin)
Ursprünglich Stadtrat in Elbing und Assessor am Stadtgericht. 1817 Dozent, 1823 Professor für Mathematik an der Allgemeinen Kriegsschule in Berlin, zugleich 2. Direktor.
OM 9. 6. 1825 (Bestät. 21. 6. 1825)
Mathematik

POTT, August Friedrich, * 14. 11. 1802 (Nettelrode (Hann.)) † 5. 7. 1887 (Halle/Saale)
1830 Privatdozent an der Universität in Berlin. 1833 Professor, 1838 Professor für allgemeine Sprachwissenschaft an der Universität in Halle. (P., der 1850 zum KM gewählt wurde, stand am 19. 7. 1877 zur Wahl zum AM, wurde jedoch abgelehnt. Am 26. 7. 1877 wurde die Wahl wiederholt.
KM 25. 4. 1850; AM 26. 7. 1877
(Bestät. 17. 8. 1877)
Indogermanische Philologie

POTT, Johann Heinrich, gt. 6. 10. 1692 (Halberstadt) † 29. 3. 1777 (Berlin)
Zunächst Professor für theoretische Chemie, 1737 auch Professor für praktische Chemie am Collegium medico-chirurgicum in Berlin. Zugleich Direktor der königl. Hofapotheken.
OM 30. 3. 1722
Chemie

POTTIER, Edmond, * 13. 8. 1855 (Saarbrücken) † 4. 7. 1934 (Paris)
Mitglied des Institut de France und Konservator am Louvre-Museum in Paris. (P. legte 1915 aus Protest gegen den Auf-

ruf „An die Kulturwelt" seine Mitgliedschaft an der Akademie nieder.)
KM 29. 10. 1908 – 1. 3. 1915
Klassische Archäologie

POULIK, Jozef, * 6. 8. 1910 (Jirikovice/Mähren)
Professor für Archäologie an der Universität in Prag. Seit 1945 zugleich Direktor des Archäologischen Instituts der Tschechoslowakischen Akademie der Wissenschaften mit den Abteilungen in Prag und Brno. 1971 Vizepräsident der Akademie.
AM 16. 10. 1975
Alte Geschichte, Archäologie

POULLETIER de, Philippe-Edouard, * 13. 2. 1805 (Paris) † 29. 5. 1873 (Paris)
siehe: VERNEUIL, Philippe-Edouard POULLETIER de

PRADES, Jean Martin de, * um 1720 (Castelsarrasin/Guyenne) † 1782 (Groß-Glogau/Schles.)
Französischer Schriftsteller und Mitarbeiter der Enzyklopädie. Zunächst Abbé in Paris und Priester in Montauban. Mitglied der Sorbonne. Um 1752 Prälat in Oppeln, danach Kanonikus in Breslau, später Archidiakonus in Glogau. (P. wurde 1751 als Gegner des Christentums verdächtigt, von der Sorbonne verdammt und aus der Liste der Universität gestrichen. Er ging zunächst nach Holland, dann nach Berlin. Hier schrieb er eine antikatholische Schrift zu der FRIEDRICH II. das Vorwort schrieb. Dieses Buch wurde in Rom verbrannt. P. fiel später bei FRIEDRICH II. in Ungnade, war zeitweilig in Magdeburg inhaftiert, bevor er nach Glogau übersiedelte.)
AM 10. 5. 1753; EM 1. 4. 1756
Theologie, Philosophie

PRAETORIUS, Franz, * 22. 12. 1847 (Berlin) † 21. 1. 1927 (Breslau)
Zunächst Privatdozent, später Professor an der Universität in Berlin. 1880 Professor für semitische Philologie an der Universität in Breslau. 1893 Professor für semitische Philologie an der Universität in Halle. 1909 Professor für semitische Philologie an der Universität in Breslau.
KM 8. 12. 1910
Semitische Philologie

PRANDTL, Ludwig, * 4. 2. 1875 (Freising) † 15. 8. 1953 (Göttingen)
1901 Professor für Mechanik an der Technischen Hochschule in Hannover. 1904 Professor für angewandte Mechanik an der Universität in Göttingen. 1908 zugleich Leiter der Modellversuchsanstalt für Luftfahrt (1915 Aerodynamische Versuchsanstalt) in Göttingen. 1925 Direktor des Instituts für Strömungsforschung der Kaiser-Wilhelm-Gesellschaft zur Förderung der Wissenschaften in Göttingen. (P. nahm im Einvernehmen mit dem Oberkdo. der fasch. Luftwaffe den Status eines OM nicht an, da er die mit diesem Status verbundenen Pflichten nicht erfüllen konnte; ebenso lehnte er das Angebot einer – im Status nicht vorgesehenen – „auswärtigen Ordentlichen Mitgliedschaft" ab. Der Status der Mitgliedschaft wurde daraufhin im Oktober 1937 verändert. Eine weitere Änderung erfolgte am 8. 6. 1939, indem er zwar Auswärtiges Mitglied blieb, jedoch mit der Rechtsstellung eines KM.)
OM 15. 4. 1937 (Bestät. 8. 5. 1937); AM 14. 10. 1937 (Bestät. 6. 11. 1937); OM 14. 2. 1950
Strömungslehre, Aerodynamik, Hydrodynamik

PRANTL, Carl von (1872), * 28. 1. 1820) (Landsberg/Lech) † 14. 9. 1888 (Oberstdorf)
1843 Privatdozent. 1849 Professor für Philologie, 1864 Professor für Philo-

sophie an der Universität in München. 1879 Rektor. 1873 Sekretär der Bayerichen Akademie der Wissenschaften.
KM 12. 2. 1874
Philologie, Philosophie

PRELLER, Ludwig, * 15. 9. 1809 (Hamburg) † 21. 6. 1861 (Helgoland)
1832 Privatlehrer in Hamburg. 1838 Professor für Beredsamkeit, klassische Philologie, Ästhetik und Geschichte der Kunst an der Universität in Dorpat. Zugleich Vorstand des Kunstmuseums. Hofrat. 1846 Professor für klassische Philologie an der Universität in Jena. 1847 Oberbibliothekar in Weimar.
KM 10. 5. 1855
Klassische Philologie

PREMONTVAL, André-Pierre le GUAY de, * 16. 2. 1716 (Charenton bei Paris) † 3. 9. 1764 (Berlin)
Zunächst Privatlehrer für Mathematik in Paris, 1744 in verschiedenen Orten der Schweiz, 1749 im Haag. Inhaber einer Erziehungsanstalt in Berlin. (P. gab nach seinem Studium zunächst Privatunterricht über Mathematik, später auch über Naturlehre und legte sich selbst den Titel eines Professors zu.)
OM 29. 6. 1752
Mathematik, Pädagogik

PRESCOTT, William Hickling, * 4. 5. 1796 (Salem/Mass.) † 28. 1. 1859 (Boston)
Historiker in Boston.
KM 27. 2. 1845
Spanische Geschichte, Amerikanistik

PREŠL, Karl Bořivoj, * 17. 2. 1794 (Prag) † 2. 10. 1852 (Prag)
1822 Kustos der zoologischen und botanischen Sammlungen am Böhmischen Museum in Prag. 1832 Professor für allgemeine Naturgeschichte an der Universität in Prag.
KM 3. 5. 1838 Botanik

PRETZEL, Ulrich, * 14. 7. 1898 (Berlin)
1938 Dozent für Philologie an der Universität in Berlin. 1944 ao. Professor an der Deutschen Universität in Prag, 1945 Professor für deutsche Philologie an der Universität in Hamburg.
KM 13. 1. 1955; AM 20. 5. 1969
Deutsche Philologie

PREVOST, Pierre, * 3. 3. 1751 (Genf) † 8. 4. 1839 (Genf)
Nach 1773 mehrere Jahre Hauslehrer zunächst in Holland, später in Frankreich. 1780 Professor für Philosophie an der Ritterakademie in Berlin. 1793 Professor für Philosophie, 1810 Professor für allgemeine Physik an der Akademie der Wissenschaften in Paris. (P. verließ 1784 Berlin und ging nach Genf.)
OM 7. 9. 1780; AM 1784;
EM 24. 1. 1812
Physik, Philosophie

PRIGOGINE, Ilja, * 25. 1. 1917 (Moskau)
Professor für Physik an der Universität in Brüssel und Direktor des Instituts für Physikalische Chemie der Universität sowie Direktor des Internationalen Instituts für Physik und Chemie und für Thermodynamik und Statistik der Universität Texas in Austin. 1977 Nobelpreis für Chemie.
AM 12. 6. 1980
Thermodynamik und Statistik

PRINGSHEIM, Nathanael (Natan), * 30. 11. 1823 (Wziesko/Schles.) † 6. 10. 1894 (Berlin)
1851 Privatdozent an der Universität in Berlin. 1858 preuß. Geh. Regierungsrat. 1864 Professor für Botanik an der Universität in Jena und Direktor des Botanischen Gartens. 1868 Professor für Botanik an der Universität in Berlin.

Geh. Regierungsrat. (P. begründete die „Jahrbücher für wissenschaftliche Botanik" und war 1882 Mitbegründer der deutschen Botanischen Gesellschaft sowie deren Präsident bis 1894. Er war maßgeblich an der Errichtung der Biologischen Station Helgoland beteiligt.)
OM 29. 3. 1860 (Bestät. 9. 5. 1860);
EM 30. 6. 1864 (Bestät. 1. 7. 1864);
OM 30. 7. 1868 (Bestät. 17. 8. 1868)
Botanik

PRINSEP, James, * 29. 8. 1799 (London) † 22. 4. 1840 (London)
1819 bis 1833 Tätigkeit an der Münze in Kalkutta und in Benares. 1833 Münzmeister in Kalkutta.
KM 13. 2. 1840 Indische Archäologie

PRINTZEN, Marquard Ludwig Freiherr von, * 14.4.1675 (Berching) † 8.11.1725 (Berlin)
1698 Gesandter in Moskau. 1699 Schloßhauptmann und vorübergehend Gesandter in Kassel, danach in Moskau. 1704 Direktor des Lehnswesens in Berlin. 1705 Wirkl. Geh. Staats- und Kriegsrat. 1709 zugleich Präsident des Kurmärkischen Konsistoriums, Direktor des Kirchenrates am Dom, Direktor des Joachimthalschen Gymnasiums und Kurator der preuß. Universitäten. 1711 Direktor des Waisenhauses in Oranienburg. 1712 Oberhofmarschall. 1713 Präsident des neuerrichteten reform. Oberkirchendirektoriums. 1714 zugleich Präsident des französischen reform. Oberkonsistoriums. 1718 Direktor der königl. Bibliothek und der Kunstkammer. 1724 Direktor des Obercollegium medicum. 1710 – 1718 zugleich neben G. W. LEIBNIZ Präsident und von 1713 – 1724 Protektor der Akademie. (Da hohe akademische Funktionen die Mitgliedschaft in der Akademie zur Voraussetzung hatten, wird P. mit der Übernahme der Präsidentenschaft am 7. 8. 1710 in diesem Verzeichnis als solches aufgeführt.)
anwM 7. 8. 1710

PROCHOROW, Alexander Michailowitsch, * 11. 7. 1916 (Atortone/Australien)
1954 Direktor des LEBEDEW-Instituts der Akademie der Wissenschaften der UdSSR in Moskau. 1960 Korrespondierendes Mitglied, 1966 Ordentlicher Akademiker für theoretische und experimentelle Physik der Akademie der Wissenschaften der UdSSR. 1964 Nobelpreis für Physik.
AM 9. 6. 1977
Physik, Quantenelektronik

PROKESCH von OSTEN, Anton Frhr. (1845) Graf (1871), * 10. 12. 1795 (Graz) † 26. 10. 1876 (Wien)
1815 Ordonnanzoffizier des Erzherzogs KARL von Österreich. 1816 Professor für Mathematik an der Kadettenschule in Olmütz. 1818 Adjutant des Feldmarschalls Fürst Karl zu SCHWARZENBERG. 1821 Oberleutnant im Generalstab. 1823 Hauptmann in Triest. 1827 Generalstabsoffizier der österr. Kriegsflotte. 1830 Oberstleutnant. Zugleich Verleihung des Adeltitels mit dem Namen „Ritter von Osten". 1832 Diplomat. 1834 bevollm. Minister in Griechenland. 1835 Oberst. 1843 Generalmajor. 1848 Feldmarschall-Leutnant. 1849 Gesandter in Berlin, 1850 Geh. Rat. 1853 Gesandter Österreichs im Bundestag in Frankfurt a. M. 1855 Diplomat bei der Pforte. 1861 lebenslanges Mitglied des Herrenhauses. 1863 Feldzeugmeister. (P. war Vertreter der METTERNICHschen diplomatischen Schule und Verfasser militärhistorischer Schriften.)
EM 14. 2. 1839 (Bestät. 14. 3. 1839)

PROKOP, Otto, * 29. 9. 1921 (St. Pölten/Österreich)
1953 Privatdozent an der Universität in

Bonn. 1956 Professor für gerichtliche Medizin an der Universität in Berlin und Direktor des Instituts für Gerichtliche Medizin der Universität. 1958 zugleich komm. Direktor und Professor am Gerichtsmedizinischen Institut in Leipzig und in Halle. 1961 und 1979 Nationalpreis.
OM 11. 6. 1964
Medizin, Gerichtliche Medizin, Serogenetik

PROMIS, Carlo, * 18. 2. 1808 (Turin) † 20. 5. 1873 (Turin)
Professor für Architektur an der Ingenieurschule in Turin.
KM 11. 2. 1869
Archäologie

PRONY, Gaspard-Clair-François-Marie RICHE Baron (1828) de, * 22. 7. 1755 (Chamelet/Lyonnais) † 29. 7. 1839 (Asnières/Seine)
1794 Professor für Mathematik an der École polytechnique in Paris. Direktor der École des Ponts et Chaussées in Paris und Generalinspekteur der Brücken und Chausseen. (P. ist Erfinder der nach ihm benannten dynamometrischen Bremse – Pronyscher Zaum –, organisierte 1791 das Grundbuchwesen und stellte auf Veranlassung des Konvents Logarithmentafeln und trigonometrische Tabellen auf.)
KM 25. 6. 1812
Mathematik, Mechanik

PRŮŠEK, Jaroslav, * 14. 9. 1906 (Prag)
1938 Dozent in Prag. 1947 Professor, 1948 Professor für Sinologie und Japanologie an der Universität in Prag und Direktor des Orientinstituts.
KM 22. 11. 1962; AM 20. 5. 1969
Sinologie, Japanologie

PÜTTER Johann Stephan, * 25. 6. 1725 (Iserlohn) † 12. 8. 1807 (Göttingen)
1744 Dozent an der Universität in Marburg. 1746 Professor. 1753 Professor für Staatswissenschaften an der Universität in Göttingen. Mehrfach Prorektor. 1758 Hofrat. 1770 Geh. Justizrat.
AM 27. 9. 1787
Rechtswissenschaften

PULLMAN, Bernhard, * 19. 3. 1919 (Wlocnawek
Professor an der Universität Paris IV und Direktor des Instituts für Biologische Physiko-Chemie (Fondation E. DE ROTSCHILD), Paris.)
AM 12. 6. 1980
Biologie, Quantenbiochemie

PURKYNJE, Johann Evangelista Ritter von, * 17. 12. 1787 (Libochowitz/Böhmen) † 28. 7. 1869 (Prag)
Vor 1810 einige Jahre als Hauslehrer tätig. 1810 Assistent der Anatomie und Physiologie an der Universität in Prag. 1823 Professor für Physiologie und Pathologie an der Universität in Breslau. 1849 Professor für Physiologie und Pathologie an der Universität in Prag.
KM 19. 1. 1832
Physiologie und Pathologie

PUSCARIU, Sextil * 4. 1. 1877 (Kronstadt/Siebenbürgen) † 5. 5. 1948 (Bran)
1905 Privatdozent an der Universität in Wien. 1906 Professor für rumänische Philologie an der Universität in Czernowitz. 1919 Professor für rumänische Philologie an der Universität in Klausenburg. Rektor.
KM 22. 6. 1939 (Bestät. 7. 10. 1939)
Rumänische Philologie

QUATREMÈRE, Etienne-Marc.
* 12. 7. 1782 (Paris) † 18. 9. 1857 (Paris)
1809 Professor für griechische Literatur an der Universität in Rouen. 1819 Professor für hebräische und syrische Spra-

che am Collège de France in Paris. 1838 zugleich Lehrer für persische Sprache an der Schule für Orientalische Sprachen in Paris.
KM 25. 6. 1812
Orientalistik, Gräzistik

QUENSTEDT, Friedrich August von, * 9. 7. 1809 (Eisleben) † 21. 12. 1889 (Tübingen)
Zunächst Assistent am Mineralogischen Museum in Berlin. 1837 Professor, 1842 Professor für Mineralogie und Geognosie an der Universität in Tübingen.
KM 2. 4. 1868
Mineralogie, Geologie, Paläontologie

QUETELET, Lambert Adolphe Jacques, * 22. 2. 1796 (Gent) † 17. 2. 1874 (Brüssel)
1814 Professor für Mathematik am Collège Royale in Gent. 1819 Professor für Mathematik an der Universität Brüssel. 1836 Professor für Astronomie und Geodäsie an der Militärschule in Brüssel. Seit 1828 zugleich Direktor der Sternwarte und Direktor des Statistischen Büros in Brüssel. Beständiger Sekretär der Akademie der Wissenschaften in Belgien.
KM 19. 1. 1832
Mathematik, Astronomie

QUINCKE, Georg Hermann, * 19. 11. 1834 (Frankfurt/Oder) † 13. 1. 1924 (Heidelberg)
1859 Privatdozent an der Universität in Berlin. 1860 Lehrer für Physik an der Gewerbeakademie, 1862 zugleich Lehrer für Physik und Chemie an der Bauakademie in Berlin. 1865 Professor, 1872 Professor für Physik an der Universität in Würzburg. 1875 Professor für Physik an der Universität in Heidelberg.
KM 13. 3. 1879
Physik

QUINTUS ICILIUS, Karl Gottlieb GUICHARDT von, genannt, * 24. 9. 1724 (Magdeburg) † 13. 5. 1775 (Potsdam)
1756 preuß. Oberst und Kommandeur eines Freibataillons. 1763 am Hofe FRIEDRICHs II. (Qu. I., Sohn einer bürgerlichen Hugenottenfamilie aus Magdeburg, betätigte sich als Kriegshistoriker. Er wird als militärischer Abenteurer charakterisiert. 1761 plünderte er das Jagdschloß Hubertusburg. Am Hofe FRIEDRICHs II. spielte er offenbar die Rolle eines Narren. GUICHARDT wurde von FRIEDRICH II. in QUINTUS ICILIUS getauft.)
OM 5. 1. 1764

QUIRINI (QUERINI), Angelo Maria (bürgerl. GIROLAMO), * 30. 3. 1680 (Venedig) † 6. 1. 1759 (Brescia)
1719 Abt in Florenz. 1723 Tit.-Bischof in Partibus. 1727 Bischof von Brescia. 1728 Kardinal. 1730 Bibliothekar des Vatikans. (Qu. war seit 1718 Mitglied der neugegründeten päpstlichen Kommission für die Revision der griechischen liturgischen Literatur. 1745 gründete er die Biblioteca Queriniana. Qu. förderte den Bau der Hedwigskirche in Berlin. Differenzen zu BENEDIKT XIV. führten zu seiner Verbannung aus Rom.)
AM 27. 6. 1748

RABENER, Johann Gebhard, * (Sorau) † 29. 1. 1701 (Berlin)
Kurfürst.-Brandenburgischer Hof- und Justizrat in Berlin.
anwM 6. 12. 1700
Rechtswissenschaft

RABL, Carl, * 2. 5. 1853 (Wels/Oberösterr.) † 24. 12. 1917 (Leipzig)
1883 Privatdozent, 1885 Professor für Anatomie an der Universität in Wien. 1885 Professor für Anatomie an der Universität in Prag. 1886 Professor für Anatomie an der Universität in Leipzig und Direktor des Anatomischen Instituts.

KM 14. 12. 1916
Anatomie

RÂDHAKÂNTA BAHÂDURA, Radscha Crî, † 19. 4. 1867 (Kalkuatta)
Sanskritforscher in München.
EM 25. 3. 1858 (Bestät. 27. 4. 1858)
Orientalistik

RADLKOFER, Ludwig, * 19. 12. 1829 (München) † 11. 2. 1927 (München)
1856 Privatdozent, 1859 Professor, 1863 Professor für Botanik an der Universität in München und Direktor des Botanischen Gartens. Geh. Hofrat.
KM 8. 2. 1900
Botanik

RADLOFF, Friedrich Wilhelm, * 17. 1. 1837 (Berlin) † 12. 5. 1918 (Petersburg)
1859 Lehrer an der Bergschule in Barnaul/Gouv. Tomsk. 1871 Inspektor der mohammedanischen Schulen des Kreises Kasan. 1884 Ordentlicher Akademiker der Akademie der Wissenschaften in Petersburg.
KM 10. 1. 1895
Klassische Philologie, Turkologie

RADOWITZ, Joseph Maria Ernst Christian Wilhelm von, * 6. 2. 1797 (Blankenburg a. Harz) † 25. 12. 1853 (Berlin)
Nach dem Studium an französischen Kriegsschulen 1811 Unterleutnant in Kassel. 1815 Lehrer für mathematische und militärische Wissenschaften an der Kadettenschule in Kassel. 1823 Hauptmann im preuß. Generalstab; zugleich militärischer Lehrer des Prinzen ALBRECHT von Preußen. 1826 Mitglied des Direktoriums der allgemeinen Kriegsschule in Berlin. 1828 Major, 1830 Chef des Generalstabes der Artillerie. 1836 Militärbevollmächtigter am Deutschen Bund in Frankfurt a. M. 1842 zugleich preuß. Gesandter in Baden, Darmstadt und Nassau; zeitweilig Außenminister. 1845 Generalmajor. 1852 Generalinspekteur der Militär-, Bildungs- und Erziehungsanstalten in Preußen. (R., ein persönlicher Freund von FRIEDRICH WILHELM IV., nahm am Krieg 1812 bis 1815 auf französischer Seite teil. 1848 gehörte er dem Frankfurter Parlament als Vertreter der äußersten Rechte an.)
EM 26. 5. 1853 (Bestät. 27. 6. 1853)

RÄTZEL, Georg Friedrich
Arzt und fürstl. Bergrat in Blankenburg/Harz. (Das Konzilium der Akademie stellte am 3. 7. 1720 fest, daß die Akademie „künftig mit Aufnehmung unbekannter Leute behutsamer gehen möge". Ursache hierzu war die der Akademie zugegangene Nachricht, daß R. ein „ungelernter, und anfänglich ein Zolleinnehmer gewesen" sei, der ihm nicht gehörende Manuskripte unter seinem Namen veröffentlicht habe.)
abwM 5. 6. 1711

RÄTZSCH, Manfred, * 30. 6. 1933 (Leipzig)
1965 Leiter einer Forschungsabteilung, 1969 Auftragsleiter im VEB Leuna-Werke; seit 1968 zugleich Professor für Technologie der Hochpolymeren an der Technischen Hochschule für Chemie in Leuna-Merseburg. 1970 Nationalpreis.
KM 14. 6. 1973; OM 9. 6. 1977
Chemie, Technologie der Hochpolymeren

RÄTZSCH, Margit Theresa, * 13.9.1934 (Teplitz-Schönau)
1969 Professor für physikalische Chemie an der Technischen Hochschule für Chemie in Leuna-Merseburg.
KM 10. 6. 1976; OM 12. 6. 1980
Chemie, Thermodynamik

RAFN, Carl Christian, * 16. 1. 1795 (Brahesborg bei Assens) † 20. 10. 1864

(Kopenhagen)
1826 Professor für dänische Literatur und nordische Archäologie an der Universität in Kopenhagen.
KM 27. 2. 1845
Nordische Archäologie

RAJNA, Pio, * 8. 7. 1847 (Sondrio) † 25. 11. 1930 (Florenz)
1868 Lehrer am Lyzeum in Modena. 1873 Professor für italienische Literatur an der Universität in Mailand. 1883 Professor für italienische Literatur an der Universität in Florenz.
KM 11. 3. 1909
Romanische Philologie

RAMAZZINI, Bernardini, * 5. 11. 1633 (Capri) † 5. 11. 1714 (Padua)
Zunächst praktischer Arzt in Rom, Capri und Modena. 1682 Professor für theoretische Medizin an der Universität in Modena. 1700 Professor für praktische Medizin an der Universität in Padua.
abwM 26. 9. 1707
Medizin

RAMBUSCH, Karl, * 15. 1. 1918 (Jena)
1953 Leiter des Nautisch-hydrografischen Instituts des Hydrografischen Dienstes der DDR in Berlin. 1955 Stellvertretender Leiter des Amtes für Technik. 1955 Leiter des Amtes für Kernforschung und Kerntechnik der DDR in Berlin. 1955 Professor. 1961 Stellvertretender Direktor des Wissenschaftlich-technischen Büros für Reaktorbau. 1962 Leiter des VEB Entwicklung und Projektierung kerntechnischer Anlagen. 1963 – 1966 und 1967 – 1969 Werkdirektor des VEB Atomkraftwerk Rheinsberg. 1966 Generaldirektor des Kombinats Kernenergetik. 1969 Bereichsdirektor im VEB Kombinat Kraftwerksanlagenbau in Berlin.
KM 17. 4. 1975
Physik, Kraftwerksanlagen

RAMDOHR, Paul Georg Karl, * 1. 1. 1890 (Überlingen)
1922 Privatdozent an der Bergakademie in Clausthal. 1926 Professor für Mineralogie und Petrographie an der Technischen Hochschule in Aachen und Direktor des Instituts für Petrographie und Mineralogie. 1934 Professor für Mineralogie und Geologie an der Universität in Berlin und Direktor des mineralogischen Instituts. 1946 Professor für Mineralogie und Petrographie an der Universität in Heidelberg.
OM 12. 11. 1936 (Bestät. 2. 12. 1936)
AM 20. 5. 1969
Mineralogie und Geologie

RAMLER, Karl Wilhelm, * 25. 2. 1725 (Kolberg) † 11. 4. 1798 (Berlin)
1746 Hauslehrer. 1748 Professor für Philosophie am Kadettenkorps in Berlin. Daneben Privatdozent. 1786 Mitdirektor, später Direktor der Königl. Schauspiele (Nationaltheater).
OM 31. 8. 1786 (Bestät. 14. 9. 1786)
Philosophie

RAMMELSBERG, Karl Friedrich, * 1. 4. 1813 (Berlin) † 28. 12. 1899 (Groß-Lichterfelde b. Berlin)
1841 Privatdozent, 1846 Professor an der Universität in Berlin. 1850 zugleich Lehrer der Chemie am Gewerbeinstitut in Berlin. 1874 Professor für anorganische Chemie an der Universität in Berlin. 1833 zugleich Direktor des Laboratoriums für anorganische Chemie der Universität in Berlin. Geh. Regierungsrat. (R. stand bereits am 19. 1. 1854 zur Wahl, erreichte jedoch nicht die notwendige Stimmenzahl.)
OM 26. 7. 1855 (Bestät. 15. 8. 1855)
Chemie

RAMMING, Martin, * 21. 11. 1889 (St. Petersburg)
1929 Dozent, 1936 Professor am Semi-

nar für orientalische Sprachen in Berlin. 1937 Lehrbeauftragter, 1944 Professor für Japanologie an der Universität in Berlin. 1947 – 1961 Leiter der Abteilung für ostasiatische Forschung am Institut für Orientforschung der Akademie.
OM 24. 2. 1953; AM 20. 5. 1969
Orientalistik, Japanologie

RAMMLER, Erich, * 9. 7. 1901 (Tirpersdorf i. V.)
1925 Wissenschaftlicher Mitarbeiter für Brennstofftechnik an der Technischen Hochschule in Dresden. 1936 bis 1945 Privatgelehrter und technischer Sachverständiger in Dresden. 1945 Oberassistent am Institut für Brikettierung der Bergakademie in Freiberg. 1949 Professor für Wärme-, Brennstofftechnik und Brikettierung an der Bergakademie in Freiberg. 1951 zugleich Direktor des Instituts für Brikettierung und Direktor des Instituts für technische Brennstoffverwertung. 1951 Nationalpreis.
OM 19. 2. 1953
Brennstofftechnik, mechanische Verfahrenstechnik

RAMSAY, Sir (1902) William,
* 2. 10. 1852 (Glasgow) † 23. 7. 1916 (High Wycombe b. Buckingham)
1873 Chemiker in Glasgow. 1880 Professor für Chemie an der Universität in Bristol. 1881 Rektor. 1887 Professor für Chemie an der Universität in London. 1904 Nobelpreis für Chemie.
KM 29. 10. 1896
Chemie

RAMSTEDT, Gustav John,
* 22. 10. 1873 (Tammasari)
† 25. 11. 1950 (Helsinki)
Nach dem Studium bis 1914 mehrere, z. T. mehrjährige Forschungsreisen. 1919 Gesandter Finnlands in Tokio. 1930 Professor für altaiische Sprachen an der Universität in Helsinki.
KM 12. 11. 1936
Philologie

RANGABÉ (RHANGAWIS), Alexander Rizos, * 8. 1. 1810 (Konstantinopel)
† 28. 1. 1892 (Athen)
Nach dem Besuch der Kriegsschule in München 1832 Abteilungsdirektor im Unterrichtsministerium in Athen. 1841 Direktor der königl. Bibliothek in Athen. 1842 Rat im Ministerium des Innern in Athen. 1845 Professor für Archäologie an der Universität in Athen. 1856 Außenminister. 1867 Gesandter in Washington, später in Paris, Konstantinopel und – 1875 bis 1887 – in Berlin.
KM 10. 4. 1851 Archäologie

RANKE, Franz Leopold von (1865),
* 20. 12. 1795 (Wiehe/Unstrut)
† 23. 5. 1886 (Berlin)
1818 Oberlehrer am Gymnasium in Frankfurt a. O.. 1825 Professor, 1833 Professor für Geschichte an der Universität in Berlin. 1841 zugleich Historiograph des preußischen Staates. 1854 Mitglied des Staatsrates. 1885 Wirkl. Geh. Rat. (R. gehört zu jenen Mitgliedern der Akademie, deren Werke auf dem Index des Vatikans standen.)
OM 19. 1. 1832 (Bestät. 13. 2. 1832)
Geschichte

RAOL-ROCHETTE, Desiré-Raoul ROCHETTE, genannt, * 8.3.1789 (Saint-Amand/Cher) † 8. 9. 1854 (Paris)
Professor für Archäologie an der Universität in Paris.
KM 12. 4. 1832
Klassische Archäologie

RAPOPORT, Samuel Mitja,
* 27. 11. 1912 (Woloczysk)
1952 Professor für physiologische Chemie an der Universität in Berlin und Direktor des Instituts für Physiologische und Biologische Chemie. Vizepräsident

des Rates für Planung und Koordinierung der Medizinischen Wissenschaft. 1960 Nationalpreis.
OM 4. 9. 1969
Biologie; Biochemie

RAPPOLT, Karl Heinrich, * 17.6.1702 (Fischausen/Ostpr.) † 23.10.1753 (Königsberg i. Pr.)
1731 Professor für Philosophie, 1733 auch Professor für Naturlehre an der Universität in Königsberg.
abwM 31. 3. 1735
Physik, Philosophie

RAST, Georg Heinrich, * 7. 8. 1695 (Königsberg i. Pr.) † 29. 1. 1726 (Königsberg i. Pr.)
1719 Professor für Mathematik an der Universität in Königsberg.
abwM 29. 11. 1719
Mathematik

RASUMOWSKIJ, Kyrill Grigorjewitsch Graf (1740), * 18. 3. 1728 (Lemesi/Ukraine) † 3. 1. 1803 (Baturin/Ukraine)
1750 – 1764 Hetman der Ukraine. 1764 Feldmarschall. 1746 – 1798 Präsident der Akademie der Wissenschaften in Petersburg.
AM 19. 9. 1748

RATH, Gerhard von, * 20. 8. 1830 (Duisburg) † 23. 4. 1888 (Koblenz)
1856 Privatdozent, 1863 Professor, 1872 Professor für Mineralogie und Geologie an der Universität in Bonn und Direktor des Mineralogischen Museums.
KM 13. 7. 1871
Mineralogie

RATHKE, Martin Heinrich, * 25.8.1793 (Danzig) † 15. 9. 1860 (Königsberg)
1818 prakt. Arzt. Arzt in Danzig. 1826 Kreisarzt, zugleich Lehrer für Physik und physikalische Geographie am Gymnasium in Danzig. 1829 Professor für Physiologie an der Universität in Dorpat. 1835 Professor für Anatomie und Zoologie an der Universität in Königsberg. Medizinalrat.
KM 13. 2. 1834
Anatomie und Embryologie

RATHMANN, Lothar, * 16.2.1927 (Werdau/Sa.)
1961 Dozent an der Universität in Leipzig. 1962 Komm. Direktor, 1964 Direktor des Orientalischen Instituts der Universität. 1963 Professor für Geschichte Nordafrikas und des Vorderen Orients, 1969 Professor für Geschichte der arabischen Länder, 1973 Direktor der Sektion Afrika- und Nahostwissenschaften an der Universität in Leipzig. 1972 Nationalpreis.
KM 17. 4. 1975
Geschichte, Geschichte der nationalen Befreiungsbewegungen

RAU, Johann Eberhard, * 16. 7. 1695 (Altenbach bei Hilchenbach) † 24. 5. 1770 (Herborn)
1721 Professor für Theologie und griechische und hebräische Sprache am Gymnasium in Herborn. 1731 o. dritter Professor, 1754 o. erster Professor für Theologie, 1730 Rektor, 1753 Prorektor des Gymnasiums. Seit 1746 zugleich Oberkonsistorialrat des Fürstentums Nassau-Dillenberg.
abwM 12. 1. 1729;
KM 23. 1. 1744
Theologie, Orientalistik

RAU, (RHAU, RAUE), Johann, * 11. 4. 1673 (Perleberg) † 24. 2. 1733 (Berlin)
Nach dem Studium der Arzneikunst und der Theologie zunächst Prediger bei dem Armenwesen in Berlin. Später Propst an der Nicolaikirche in Berlin.
anwM 10. 9. 1711
Theologie

RAULIN, Joseph, * 19. 3. 1708 (Aiguetinte b. Auch) † 12. 4. 1784 (Paris)
Zunächst Arzt in Nancy. Später Hofrat, königl. Leibarzt und königl. Zensor in Paris.
AM 10. 4. 1777
Medizin

RAUMER, Friedrich Ludwig Georg von, * 14. 5. 1781 (Wörlitz/Anhalt)
† 14. 6. 1873 (Berlin)
1806 Rat der Domänenkammer in Königs-Wusterhausen. 1809 Rat bei der Regierung in Potsdam. 1810 Rat im Finanzministerium. 1811 Professor für Staatswissenschaften an der Universität in Breslau. 1819 Professor für Staatswissenschaften und Geschichte an der Universität in Berlin. 1822 – 1823 und 1842 – 1843 Rektor der Universität. 1841 – 1847 Sekretar der Philosophisch-historischen Klasse der Akademie. (R. begründete 1829 das „Historische Taschenbuch". R. betätigte sich aktiv als Politiker. Er war 1848 Stadtverordneter in Berlin, gehörte der Nationalversammlung in Frankfurt a. M. an und war Mitglied der 1. Kammer in Preußen. R. trat 1847 aus der Akademie aus, nachdem einige Passagen seiner akademischen Gedächtnisrede auf FRIEDRICH II. den Unwillen FRIEDRICH WILHELMs IV. erregt hatten.)
OM 10. 5. 1827 (Bestät. 18. 6. 1827) – 22. 3. 1847)
Geschichte, Staatswissenschaften

RAVAISSON-MOLLIEN, Jean-Gaspard-Félix LACHER, * 23. 10. 1813 (Namur)
† 18. 5. 1900 (Paris)
Zeitweilig Professor in Rennes. Später Konservator der Antiken des Louvre. 1859 – 1888 Generalinspektor der öffentlichen Bibliotheken und des höheren Unterrichts in Paris.
KM 10. 6. 1847
Archäologie, Philosophie

RAWLINSON, Sir Henry Creswicke,
* 11. 4. 1810 (Chadlington/Oxfordshire)
† 5. 3. 1895 (London)
Zunächst britischer Kolonialoffizier. 1844 britischer Konsul, 1851 Generalkonsul in Bagdad. Später Mitglied des Rates von Indien. Präsident der Geographischen Gesellschaft in London.
AM 25. 4. 1850 (Bestät. 18. 5. 1850)
Assyriologie

RAYLEIGH, Lord
John William STRUTT, * 12. 11. 1842 (Langford Grove/Essex) † 30. 6. 1919 (Witham/Essex)
1879 Professor für Experimentalphysik an der Universität in Cambridge. Direktor des „Davy Faraday Research Laboratory" der Royal Institution. 1895 Sekretär der Royal Society. 1904 Nobelpreis für Physik.
KM 29. 10. 1896; AM 10. 2. 1910 (Bestät. 6. 4. 1910)
Physik

RAYNAL, Guillaume-Thomas-François,
* 12. 4. 1713 (Saint-Geniez/Rouergue)
† 6. 3. 1796 (Paris)
Französ. Philosoph und Historiker. (R., anfangs Angehöriger eines Jesuitenordens, trat später aus ihm aus und wurde dessen erbitterter Gegner. Er ist Verfasser mehrerer bedeutender philosophischer und historischer Arbeiten. Vor dem Parlament in Paris angeklagt, verließ er Frankreich für längere Zeit. R., der mit bedeutenden französischen materialistischen Philosophen Umgang pflegte, hielt sich 1781 in Potsdam auf. 1785 Rückkehr nach Frankreich.)
AM 29. 10. 1750
Philosophie, Geschichte

RÉAUMUR, René-Antoine
FERCHAULT de, * 28.2.1683 (La Rochelle) † 17.10.1757 (Bermondière/Maine)

Naturforscher in Paris. 1708 Mitglied der Acàdemie Française.
abwM 19. 1. 1742
Physik, Chemie, Naturgeschichte

RECKLINGHAUSEN, Friedrich Daniel von, * 2. 12. 1833 (Gütersloh)
† 26. 8. 1910 (Straßburg)
1865 Professor für pathologische Anatomie an der Universität in Königsberg. 1866 Professor für pathologische Anatomie an der Universität in Würzburg. 1872 Professor für pathologische Anatomie an der Universität in Straßburg.
KM 26. 2. 1885 Anatomie

REDERN, Sigismund Ehrenreich von, Graf (1757), * 6. 9. 1719 (Schwerin)
† 1. 7. 1789 (Königsbrück/Sa.)
Herr der freien Standesherrschaft Königsbrück/Oberlausitz, Erbherr auf Glossen usw. Königl. preußischer Oberhofmarschall der Königinmutter. 1751 – 1789 Kurator der Akademie. (R. beschäftigte sich mit Fragen der Optik.)
EM 7. 9. 1747

REDETZKY, Hermann, * 10. 8.1901 (Lüben) † 22. 2. 1978 (Eichwalde b. Berlin)
1925 prakt. Arzt. 1933 Facharzt in Neustrelitz. 1947 Dozent, 1948 Professor für Sozialhygiene an der Universität in Rostock. 1945 – 1951 zugleich Leiter des Gesundheitswesens des Landes Mecklenburg. 1951 Direktor des Zentralinstituts für Sozialhygiene und Arbeitshygiene in Berlin. 1954 Rektor der Akademie für Sozialhygiene, Arbeitshygiene und ärztliche Fortbildung in Berlin. 1953 – 1956 zugleich Stellvertreter des Ministers für Gesundheitswesen der DDR.
KM 23. 4. 1959; OM 15. 6. 1961
Sozialhygiene

REDLICH, Oswald, * 17. 9. 1858 (Innsbruck) † 21. 1. 1944 (Wien)
Professor für Geschichte an der Universität in Wien und Vorstand des Instituts für Geschichtsforschung. 1911 Rektor. 1919 – 1938 Präsident der Österreichischen Akademie der Wissenschaften in Wien. Hofrat.
KM 15. 12. 1927
Geschichte, histor. Hilfswissenschaften

REGENBOGEN, Otto, * 14. 2. 1891 (Neumarkt/Schles.) † 8. 11. 1966 (Heidelberg)
1921 Privatdozent, 1923 Professor für klassische Philologie an der Universität in Berlin. 1925 – 1935 und ab 1945 Professor für klassische Philologie an der Universität in Heidelberg.
KM 12. 9. 1946
Klassische Philologie

REGNAULT, Henri-Victor, * 21.7.1810 (Aachen) † 19.1.1878 (Auteuil bei Paris)
1847 Ingènieur-en-chef 2. Klasse, zugleich Professor für Chemie an der École polytechnique und Professor für Physik am Collège de France. 1854 Direktor der Porzellanmanufaktur in Sèvres. (R. legte 1870 seine Ämter nieder und verließ Sèvres. Während des Krieges 1870/71 wurden seine Instrumente zerstört und die Papiere vernichtet. R. war in den letzten Lebensjahren gelähmt.)
KM 15. 4. 1847; AM 11. 6. 1863
(Bestät. 11. 7. 1863)
Physik, Chemie

REGNIER, Jacques-Auguste-Adolphe, * 7. 7. 1804 (Mainz) † 20. 10. 1884 (Fontainebleau)
Schloßbibliothekar in Fontaineblau. Sanskritforscher.
KM 17. 1. 1867 Indologie

RHEBINDER, Pjotr Alexandrowitsch, * 21. 9./3. 10. 1898 (Moskau)
† 12. 7. 1972 (Moskau)
Professor für Kolloidchemie an der Uni-

versität in Moskau. 1933 Korrespondierendes Mitglied, 1946 Ordentlicher Akademiker für chemische Wissenschaften der Akademie der Wissenschaften der UdSSR. Leiter der Abteilung disperse Systeme des Instituts für Physikalische Chemie der Akademie.
KM 12. 10. 1967; AM 20. 5. 1969
Physikalische Chemie, Biophysik

REHM, Albert, * 15. 8. 1871 (Augsburg) † 31. 7. 1949 (München)
1898 – 1906 Gymnasiallehrer in Ansbach, später in München. 1906 Professor für klassische Philologie an der Universität in München. Geh. Regierungsrat.
KM 23. 10. 1947; OM 14. 7. 1949
Klassische Philologie, Pädagogik

REICHARDT, Hans, * 2. 4. 1908 (Altenburg/ Thür.)
1940 Dozent an der Universität in Leipzig. 1944 zugleich Wissenschaftlicher Mitarbeiter bei Telefunken AG in Berlin. 1946 Wissenschaftlicher Mitarbeiter der Zentralwerke in Bleicheroda. 1946 bis 1952 wissenschaftliche Tätigkeit in der UdSSR. 1952 Professor für Mathematik an der Universität in Berlin und Direktor des I. Mathematischen Instituts. 1959 zugleich Bereichsdirektor und Mitglied des Direktoriums des Instituts für Reine Mathematik der Akademie in Berlin. 1960 Nationalpreis.
KM 21. 6. 1962; OM 23. 4. 1964
Mathematik, Zahlentheorie und Differentialgeometrie

REICHENBACH, Erwin * 1. 8. 1897 (Augsburg) † 21. 1. 1973 (Halle)
1930 Privatdozent, 1935 Professor für Medizin an der Universität in München. 1936 Professor für Medizin an der Universität in Leipzig und Direktor der Abteilung für Kieferorthopädie und Prothetik der Universitätsklinik für Zahn-, Mund- und Kieferkrankheiten. 1947 Professor für Medizin an der Universität in Halle und Direktor der Klinik und Poliklinik für Zahn-, Mund- und Kieferkrankheiten der Universität sowie Leiter der Jugendzahnklinik der Stadt und des Bezirks Halle. 1956 Nationalpreis.
OM 15. 6. 1961
Stomatologie

REICHERT, Karl Bogislaus, * 20. 12. 1811 (Rastenburg/Ostpr.) † 21. 12. 1883 (Berlin)
1838 (Professor für menschliche und vergleichende Anatomie an der Universität in Dorpat. 1843 Professor für Physiologie an der Universität in Breslau und Direktor des Physiologischen Instituts. 1858 Professor für Anatomie und Physiologie an der Universität in Berlin. Geh. Medizinalrat.
OM 10. 3. 1859 (Bestät. 4. 4. 1859)
Anatomie, Physiologie

REICKE, Siegfried Rudolf Hermann, * 19. 5. 1897 (Nürnberg) † 12. 4. 1972 (Heidelberg)
1926 Bayerischer III. Staatsanwalt. 1931 Privatdozent an der Universität in Berlin. 1933 Professor für deutsches Recht und Kirchenrecht an der Universität in Königsberg. 1936 Professor für deutsches Recht und Kirchenrecht an der Universität in Marburg. 1941 Professor für Rechtswissenschaft an der Universität in Berlin. 1947 Professor für Rechtswissenschaft an der Universität in Frankfurt a. M. 1949 Professor mit LA an den Universitäten in Hamburg und in Heidelberg. 1957 Rektor. 1962 Präsident der Heidelberger Akademie der Wissenschaften.
OM 12. 3. 1942 (Bestät. 15. 4. 1942)
AM 20. 5. 1969
Rechtswissenschaften, Kirchenrecht

REIFFENBERG, Frédéric Auguste Ferdinand Thomas Baron de, * 14.11. 1795 (Mons) † 18. 4. 1850 (St. Josse-ten-No-

ode bei Brüssel)
Konservator an der Königl. Bibliothek in Brüssel.
KM 7. 12. 1837
Klassische Philologie

REIN, Hermann Friedrich, * 8. 2. 1898 (Mitwitz/Bayern) † 14. 5. 1953 (Göttingen)
1926 Privatdozent, 1929 Professor für Physiologie an der Universität in Freiburg i. Br.. 1932 Professor für Physiologie an der Universität in Göttingen. 1942 zugleich Direktor des Instituts für Physiologie.
KM 4. 6. 1942 (Bestät. 11. 11. 1942
OM 14. 7. 1949
Physiologie

REINAUD, Joseph-Toussaint, * 4. 12. 1795 (Lambesc) † 14. 5. 1867 (Paris)
1824 Bibliothekar, 1832 stellvertr. Konservator, 1854 Konservator der orientalischen Handschriften an der Königl. Bibliothek in Paris. 1861 Professor und Direktor der Schule für orientalische Sprachen in Paris.
KM 25. 4. 1850
Orientalistik

REINBECK, Johann Gustav, * 25.1.1683 (Celle) † 21. 8. 1741 (Schönwalde b. Berlin)
1709 Adjunkt des Propstes J. PORST in Berlin. Danach Prediger an der Friedrich-Werderschen und an der Dorotheenstädtischen Gemeinde in Berlin. 1711 Propst von Cölln bei Berlin. 1729 zugleich Konsistorialrat. (R. gehörte 1736 einer Prüfungskommission an und setzte sich für die Rückkehr von Chr. WOLFF in Halle nach Berlin ein.)
anwM 3. 7. 1720
Theologie

REINHARDT, Karl, * 14. 2. 1886 (Detmold) † 9. 1. 1958 (Frankfurt a. Main)
1914 Privatdozent an der Universität in Bonn. 1916 Professor für klassische Philologie an der Universität in Marburg. 1919 Professor für klassische Philologie an der Universität in Hamburg. 1924 Professor für klassische Philologie an der Universität in Frankfurt a. M.. 1942 Professor für klassische Philologie an der Universität in Leipzig. 1946 Professor für klassische Philologie an der Universität in Frankfurt a. M..
KM 22. 2. 1945
Klassische Philologie

REINHOLD, Otto, * 8. 12. 1925 (Altrohlau)
1951 Professor für politische Ökonomie an der Universität in Berlin. 1953 Leiter des Lehrstuhls Politische Ökonomie an der Parteihochschule „KARL MARX" in Berlin. 1956 Stellvertr. Leiter der Abteilung Propaganda des ZK der SED in Berlin. 1961 Stellvertr. Direktor, 1962 Direktor des Instituts (jetzt Akademie) für Gesellschaftswissenschaften beim ZK der SED in Berlin. 1965 Nationalpreis.
OM 29. 5. 1969
Politische Ökonomie

REIN(H)OLD, Bernhard Heinrich, * 9.1.1677 (Olphen/Westf.) † 22.5.1726 (Frankfurt/Oder)
Zunächst Professor für Rechtswissenschaft an der Universität in Duisburg. 1715 Professor für Rechtswissenschaft an der Universität in Frankfurt a. O.
abwM 30. 3. 1722
Rechtswissenschaften

REININGER, Robert, * 28. 9. 1869 (Linz) † 17. 6. 1955 (Wien)
1903 Privatdozent, 1913 Professor, 1932 Professor für Philosophie an der Universität in Wien.
KM 25. 7. 1940 (Bestät. 14. 9. 1940)
Philosophie

REINISCH, Gerhard, * 23. 9. 1930 (Scheiba)
1963 Abteilungsleiter am Institut für Faserstoff-Forschung (jetzt Institut für Polymerenchemie) der Akademie in Teltow-Seehof. 1971 Professor der Akademie. 1971 Amt. Stellvertr. Direktor des Instituts für Polymerenchemie der Akademie in Teltow-Seehof.
KM 17. 4. 1975
Chemie, Makromolekulare Chemie

REISSNER, Eberhard, * 19. 10. 1926 (Wohlau)
1969 – 1976 Professor für russische Literatur an der Universität in Berlin. (R. wurde 1976 aus der Mitgliederliste gestrichen.)
KM 13. 6. 1974 – 26. 3. 1976
Slawistik; Geschichte der russ. und ukrain. Literatur.

REMONT de SAINTE-ALBINE, Pierre, * 29. 5. 1699 (Paris) † 9. 10. 1778 (Paris)
Zensor in Paris.
AM 4. 9. 1755

REMUSAT, Jean-Pierre-Abel, * 5.9.1788 (Paris) † 4. 6. 1832 (Paris)
Dr. med.. 1814 Professor der chinesischen und Mandschu-Sprache am Collège de France in Paris. Aufseher der orientalischen Handschriften der königl. Bibliothek.
KM 9. 6. 1825
Sinologie, Orientalistik

RENAN, Ernest, * 27. 2. 1823 (Tréguier/Bretagne) † 2. 10. 1892 (Paris)
Theologe. 1871 Professor für hebräische Sprache am Collège de France.
KM 30. 6. 1859
Orientalistik

RENIER, Charles-Adolphe-Léon, * 2. 5. 1809 (Charleville) † 11. 6. 1885 (Paris)
Professor für römische Altertümer und Epigraphik an der Universität in Paris und Administrator der Universitätsbibliothek.
KM 30. 6. 1859
Altertumskunde, Epigraphik

RENNER, Otto, * 25. 4. 1883 (Neu-Ulm) † 8. 7. 1960 (München)
1911 Privatdozent, 1913 Professor für Botanik an der Universität in München. 1920 Professor für Botanik an der Universität in Jena. 1948 Professor für Botanik an der Universität in München.
KM 28. 2. 1935
Genetik

RETZIUS, Anders Adolf, * 13. 10. 1796 (Lund) † 18. 4. 1860 (Stockholm)
1820 Lehrer an der Veterinäranstalt in Stockholm. 1824 Professor für Anatomie und Physiologie am Karolinischen Institut in Stockholm; später Direktor des Instituts.
KM 8. 12. 1842
Anatomie, Anthropologie

RETZIUS, Magnus Gustav, * 17.10.1842 (Stockholm) † 22.7.1919 (Stockholm)
1877 Professor für Histologie, 1889 Professor für Anatomie am Karolinischen Institut in Stockholm. (R. schied 1890 aus der Lehrtätigkeit aus und widmete sich ausschließlich der Forschung.)
KM 1. 6. 1893
Anatomie

REUMONT, Alfred von, * 15. 8. 1808 (Aachen) † 27. 4. 1887 Aachen)
1829 Hauslehrer in Florenz. 1830 Legationssekretär an der preußischen Gesandtschaft in Florenz, 1832 in Konstantinopel. 1833 Diplomat im Ministerium des Auswärtigen in Berlin. 1836 Geheimer expedierender Sekretär im Ministerium des Auswärtigen in Berlin, zeitweise zugleich in Florenz. 1848 Lega-

tionsrat in Rom. 1851 Geschäftsträger in Florenz. 1855 Kammerherr. 1885 Wirklicher Geheimer Rat. (REUMONT begleitete vielfach den preußischen König FRIEDRICH WILHELM IV. auf Reisen nach Italien. Er betätigte sich als Historiker.)
KM 15. 6. 1854
Geschichte

REUSSE, Johann Hermann, * um 1680 (Harderode bei Holzminden)
Lehns- und Regierungssekretär in Magdeburg.
abwM 5. 10. 1729

REUVENS, Caspar Jacob Christian, * 22. 2. 1793 (den Haag) † 26. 7. 1835 (Rotterdam)
Professor für alte Geschichte und Archäologie an der Universität in Leiden.
KM 4. 12. 1834
Klassische Archäologie

REYHER, Samuel, * 19.4.1635 (Schleusingen) † 22.11.1714 (Kiel)
1656 Magister der freien Künste, 1660 Privatdozent an der Universität in Leipzig. 1666 Professor für Mathematik an der Universität in Kiel. 1673 zugleich Professor der Rechtswissenschaft. 1683 Professor der Institutionen, 1693 Professor des Codex an der Universität in Kiel. 1686 Rat. (R. beschäftigte sich zwischen 1697 und 1706 mit der Kalenderreform und stand im brieflichen Verkehr mit G. W. LEIBNIZ.)
abwM 26. 9. 1702
Mathematik

REZZONICO DELLA TORRE, Antonio Guiseppe Comte, * 11. 8. 1742 (Como) † 23. 6. 1796 (Neapel)
Offizier in Parma und Ritter des St. Jacobsordens. Sekretär der Akademie der Künste in Parma.
AM 26. 8. 1773

RHUMBLER, Ludwig, * 3. 7. 1864 (Frankfurt a. Main) † 6. 7. 1939 (Hannoversch-Münden)
1892 Privatdozent, 1897 Titul. Professor an der Universität in Göttingen. 1906 Professor für Forstzoologie an der Forstlichen Hochschule in Hannoversch-Münden.
KM 31. 10. 1929
Entwicklungsmechanik, Forstzoologie

RIBBECK, Johann Karl Otto, * 23. 7. 1827 (Erfurt) † 18. 7. 1898 (Leipzig)
1854 Lehrer am Gymnasium in Elberfeld. 1856 Regierungsrat des Kantons Bern, zugleich Professor an der Universität in Bern. 1859 Professor für klassische Philologie an der Universität in Bern. 1861 Professor für klassische Philologie an der Universität in Basel. 1862 Professor für klassische Philologie an der Universität in Kiel. 1872 Professor für klassische Philologie an der Universität in Heidelberg. 1876 Professor für klassische Philologie an der Universität in Leipzig. 1887 Rektor. Geh. Hofrat.
KM 16. 7. 1896
Klassische Philologie

RICCOBONO, Salvatore, * 31. 1. 1864 (San Guiseppe Jato/Prov. Palermo) † 5. 4. 1961 (Rom)
1893 Privatdozent an der Universität in Parma. 1895 Professor für römisches Recht an der Universität in Camerino. 1896 Professor für römisches Recht an der Universität in Sassari. 1897 Professor für römisches Recht an der Universität in Palermo. 1932 Professor für römisches Recht an der Universität in Rom.
KM 25. 5. 1939 (Bestät. 8. 11. 1939)
Romanistik

RICHARD, Achille, * 23. 4. 1794 (Paris) † 5. 10. 1852 (Paris)
Dr. med.. Zunächst praktischer Arzt in

Paris. Später Professor für Botanik und Naturgeschichte an der Fakultät der Medizin in Paris.
KM 7. 5. 1835
Naturgeschichte

RICHARD, Louis-Claude-Marie,
* 19.9.1754 (Versailles) † 6.6.1821 (Paris)
Professor für Botanik und Naturgeschichte an der Universität in Paris.
KM 25. 6. 1812
Botanik

RICHARDS, Theodore William,
* 31. 1. 1868 (Germantown/Pennsylvanien) † 2. 4. 1928 (Cambridge/Mass.)
1891 Dozent, 1894 Assistent-Professor, 1901 Professor für Chemie an der Universität in Cambridge/Mass. 1914 Nobelpreis für Chemie (verliehen 1915).
KM 28. 10. 1909
Chemie

RICHARDSON, Ernest Cushing,
* 9. 2. 1860 (Woburn/Mass.) † 3.6.1939 (Princeton/New Jersey)
1885 Professor für Bibliographie an der Universität in Princeton. 1890 Direktor der Universitätsbibliothek.
KM 6. 11. 1924
Bibliothekswissenschaft

RICHARDSON, Sir (1939) Owen Willams, * 26. 4. 1879 (Dewsbury/Yorkshire) † 15. 2. 1959 (Alton/Hampshire)
1906 Professor für Physik an der Universität in Princeton/USA. 1914 Professor für Physik an der Universität in London. 1924 Yarrow-Forschungsprofessor der Royal Society in London. 1926 – 1928 zugleich Präsident der Physical Society. 1928 Nobelpreis für Physik.
KM 23. 6. 1938 (Bestät. 23. 7. 1938)
Physik

RICHELOT, Friedrich Julius,
* 6. 11. 1808 (Königsberg i. Pr.)
† 31. 3. 1875 (Königsberg i. Pr.)
(Schwiegervater von G. R. KIRCHHOFF)
1831 Provatdozent, 1832 Professor, 1844 Professor für Mathematik an der Universität in Königsberg. Geh. Rat.
KM 8. 12. 1842
Mathematik

RICHTER, Joachim, * 2.3.1926 (Chemnitz)
1954 Direktor des Instituts für Arzneimittelprüfung in Berlin (jetzt Institut für Arzneimittelwesen der DDR). 1961 Dozent an der Universität in Leipzig. 1966 Professor für Pharmazie an der Universität in Berlin. 1965 Nationalpreis.
KM 13. 6. 1974
Pharmazie, Arzneimittelanalytik

RICHTHOFEN, Ferdinand Paul Wilhelm Dieprand Freiherr von, * 5.3.1833 (Karlsruhe/Oberschles.) † 6.10.1905 (Berlin)
1856 – 1860 Tätigkeit in der Geologischen Reichsanstalt in Wien. 1873 Präsident der Geographischen Gesellschaft in Berlin. 1875 Professor für Geologie an der Universität in Bonn. 1883 Professor für Geologie an der Universität in Leipzig. 1886 Professor für Geologie an der Universität in Berlin und Direktor des Instituts für Meereskunde. 1903 – 1904 Rektor der Universität. (R. nahm 1860 an der preuß. Expedition nach Ostasien teil. Von 1868 bis 1872 unternahm er Expeditionsreisen nach China, Japan, Siam, den Sunda-Inseln und Kalifornien.)
KM 3. 3. 1881; OM 23. 3. 1899 (Bestät. 3. 5. 1899)
Geographie, Geomorphologie

RICKERT, Heinrich, * 25.5.1863 (Danzig) † 25. 7. 1936 (Heidelberg)
1891 Privatdozent, 1894 Professor, 1896 Professor für Philosophie an der Universität in Freiburg i. Br. 1916 Professor für Philosophie an der Universität in Heidel-

berg. Geh. Hofrat.
KM 1. 11. 1934
Philosophie, Geschichte der Philosophie

RIDOLFI, Angelo, * 25. 5. 1752 (Verona) † 20. 2. 1825 (Padua)
Zunächst Professor für Rechtswissenschaft an der Universität in Bologna. Später Professor für deutsche Sprache und Literatur an der Universität in Padua.
KM 25. 6. 1812
Philologie

RIECHE, Alfred, * 28. 4. 1902 (Dortmund)
1933 Leiter des Wissenschaftlichen Laboratoriums der Farbenfabrik in Wolfen der IG-Farbenindustrie AG. 1935 zugleich Privatdozent, 1937 Professor für Chemie an der Universität in Leipzig. 1946 – 1951 wissenschaftliche Tätigkeit in der UdSSR. 1951 wissenschaftlicher Laborleiter der Farbenfabrik in Wolfen. Zugleich Professor für spezielle organische Chemie an der Universität in Halle. 1952 Professor für chemische Technologie an der Universität in Jena und Direktor des Instituts für Technische Chemie. 1954 Direktor am Institut für Organische Chemie, 1958 Direktor des Instituts für Organische Chemie der Akademie in Berlin. 1955 zugleich Professor für technische Chemie an der Universität in Berlin. 1959 Nationalpreis.
KM 6. 9. 1956; OM 9. 4. 1959
Organische Chemie, Technische Chemie

RIEDEL, Adolf Friedrich Johann
* 5. 12. 1809 (Biendorf/Meckl.).
† 8. 9. 1872 (Berlin)
1832 Privatdozent, 1836 Professor für Staatswissenschaften an der Universität in Berlin. 1863 geheimer Archivar im Archiv des ehemaligen General-Ober-Finanz-, Kriegs- und Domänen-Direktoriums (später Geheimes Ministerial-Archiv) in Berlin. 1868 Historiograph der brandenburgischen Geschichte. (R. war auch an industriellen Unternehmen beteiligt: 1843 Mitglied des Direktoriums der niederschles.-märk. Eisenbahngesellschaft, 1845 Leitung der berl.-anhalt. Eisenbahn, 1850 Mitglied des Direktoriums des Vereins für Rübenzuckerindustrie. Zuletzt auch Gutsbesitzer.)
OM 10. 4. 1851 (Bestät. 24. 5. 1851)
Geschichte, Staatswissenschaft

RIEDEL, Hans-Günter, * 19. 2. 1912 (Zeitz) † 13. 12. 1979 (Markkleeberg)
1945 – 1969 Werkdirektor des Projektierungs-Entwicklungsbüros „Ingenieurtechnisches Zentralbüro für Mineralöle und organische Grundstoffe" in Böhlen. 1961 zugleich Professor an der Bergakademie in Freiberg. 1965 Nationalpreis.
OM 11. 6. 1964
Theoretische und angewandte Naturwissenschaften; Chemie, Physik, Verfahrenstechnik

RIEGER, Rigomar, * 17. 2. 1930 (Halle/S.)
1969 Professor der Akademie. Zugleich Stellvertr. Direktor des Zentralinstituts für Genetik und Kulturpflanzenforschung der Akademie in Gatersleben und Leiter des Bereiches Molekulargenetik im Institut.
KM 15. 6. 1972; OM 17. 4. 1975
Genetik, Cytogenetik

RIEMANN, Georg Friedrich Bernhard, * 17. 9. 1826 (Breselenz/Hann.)
† 20. 7. 1866 (Selasca/Lago Maggiore)
1854 Privatdozent, 1857 Professor, 1859 Professor für Mathematik an der Universität in Göttingen.
KM 11. 8. 1859; AM 1. 3. 1866 (Bestät. 24. 3. 1866)
Mathematik

RIENÄCKER, Günther Friedrich Wilhelm, * 13. 5. 1904 (Bremen)

1936 Dozent an der Universität in Freiburg i. Br. 1936 Professor für anorganische Chemie und Technologie an der Universität in Göttingen und Abteilungsvorstand. 1942 Professor für anorganische Chemie an der Universität in Rostock und Direktor des Chemischen Instituts. 1951 zugleich Direktor des Instituts für Katalyseforschung (1954 von der Akademie übernommen). 1946 Rektor. 1954 Professor für anorganische Chemie an der Universität in Berlin und Direktor des I. Chemischen Instituts. 1954 zugleich Direktor des Instituts für Katalyseforschung der Akademie in Rostock. (Seit 1957 Institut für Anorganische Katalyseforschung der Akademie in Berlin). 1957 zugleich Generalsekretär der Akademie. 1955 Nationalpreis.
OM 19. 2. 1953
Anorganische Chemie, Heterogene Katalyse

RIESS, Peter Theophil, * 27. 6. 1804 (Berlin) † 22. 10. 1883 (Berlin)
1831 Dr. phil., danach Mitarbeit im Juwelengeschäft des Vaters; später Übernahme des Geschäftes. (R. führte physikalische Forschungen durch, deren Ergebnisse in den Sitzungsberichten der Akademie veröffentlicht wurden. Diese Beiträge bezogen sich vor allem auf die Reibungselektrizität und auf den Magnetismus.)
OM 7. 4. 1842 (Bestät. 28. 6. 1842)
Physik

RING, Wilhelm Siegfried,
* 1675 (Brieg) † 1736 (Berlin)
Syndikus der Stadt Berlin.
anwM 3. 5. 1719

RINGPFEIL, Manfred, * 12. 7. 1932 (Wermsdorf/Krs. Oschatz)
1958 Forschungsleiter im VEB Serumwerk in Bernburg. 1959 Wissenschaftlicher Mitarbeiter, später Abteilungsleiter am Institut für Verfahrenstechnik der organischen Chemie der Akademie in Leipzig. 1969 Direktor des Instituts für Technische Chemie der Akademie in Leipzig. 1970 Professor der Akademie.
KM 17. 4. 1975
Chemie, Biotechnologie

RINK, Eucharius Gottlieb, * 11. 8. 1670 (Stötteritz bei Leipzig) † 9. 2. 1745 (Altdorf)
1692 Hofmeister beim Grafen zu LOEWENSTEIN-WERTHEIM. 1697 Dozent, 1707 Professor für öffentl. und canon. Recht an der Universität in Altdorf. 1717 zugleich Professor für das Lehnrecht. 1732 Wirkl. Kaiserl. Rat. (R. wirkte von 1700 bis 1703 am Reichskabinett in Wien. Er betätigte sich als Sammler von Münzen, Wappen, Tabakdosen, Gewehren u. ä.).
abwM 15. 7. 1739
Rechtswissenschaft

RITSCHL, Friedrich Wilhelm, * 6.4.1806 (Großvargula/Thür.) † 9.11.1876 (Leipzig)
1829 Dozent an der Universität in Halle. 1833 Professor, 1834 Professor für klassische Philologie an der Universität in Breslau. 1839 Professor für klassische Philologie an der Universität in Bonn. 1865 Professor für klassische Philologie an der Universität in Leipzig.
KM 27. 2. 1845
Klassische Philologie

RITTER, Gerhard, * 6.4.1888 (Bad Sooden/Werra) † 1. 7. 1967 (Freiburg i.Br.)
1921 Privatdozent an der Universität in Heidelberg. 1924 Professor für mittlere und neuere Geschichte an der Universität in Hamburg. 1925 Professor für mittlere und neuere Geschichte an der Universität in Freiburg i. Br..
KM 12. 11. 1936
Geschichte

RITTER, August Heinrich, * 21.11.1791 (Zerbst) † 3.2.1869 (Göttingen)
1817 Privatdozent, 1824 Professor für Philosophie an der Universität in Berlin. 1833 Professor für Philosophie an der Universität in Kiel. 1837 Professor für Philosophie an der Universität in Göttingen. (R. stand am 16. 12. 1830 erstmals zur Wahl als AM, erhielt jedoch nicht die notwendige Stimmenzahl.)
OM 19. 1. 1832 (Bestät. 13. 2. 1832); AM 13. 2. 1834
Philosophie, Geschichte der Philosophie

RITTER, Karl Georg, * 7. 8. 1779 (Quedlinburg) † 28. 9. 1859 (Berlin)
(Bruder von RITTER, August Heinrich)
1798 – 1814 Erzieher im Hause von HOLWEG in Frankfurt a. M.. 1819 Professor für Geschichte am Gymnasium in Frankfurt a. M.. 1820 Professor für Geographie an der allgemeinen Kriegsschule und – gleichzeitig – an der Universität in Berlin.
OM 21. 3. 1822 (Bestät. 18. 4. 1822)
Geographie

RITTER, Moritz, * 16. 1. 1840 (Bonn) † 28. 12. 1923 (Bonn)
1867 Privatdozent, 1873 Professor für mittlere und neuere Geschichte an der Universität in Bonn.
KM 14. 2. 1907
Geschichte

RIVAROL, Antoine Comte de, * 26. 6. 1753 (Bagnols/Languedoc) † 13. 4. 1801 (Berlin)
Schriftsteller und Journalist in Paris. (R., Monarchist, emigrierte nach der französischen Revolution aus Frankreich nach Preußen.)
AM 13. 7. 1785

ROBERT, Carl, * 8. 3. 1850 (Marburg) † 17. 1. 1922 (Halle/Saale)
1876 Privatdozent, 1877 Professor für klassische Philologie an der Universität in Berlin. 1890 Professor für klassische Philologie und Archäologie an der Universität in Halle. 1906 Rektor. Geh. Regierungsrat.
KM 2. 5. 1907
Klassische Philologie

ROBERT, François, * 1737 (La Chermele/Bourgogne) † 5. 5. 1819 (Heiligenstadt)
Professor für Philosophie und Mathematik am Collège zu Châlons-sur-Sâone und königl. Geograph in Paris.
AM 28. 1. 1790; EM 24. 1. 1812
Mathematik

ROBERT, Louis, * 15. 2. 1904 (Laurière)
Professor für griechische Epigraphik am Collège de France und Direktor an der École practique des Hautes-Études in Paris.
KM 29. 6. 1950; AM 20. 5. 1969
Griechische Epigraphik

ROBIEN, Christophe-Paul Marquis de, * 4. 11. 1698 (Robien/Bretagne) † 5. 6. 1756 (Rennes)
Präsident des Parlaments der Bretagne in Rennes. Sammler.
AM 20. 2. 1755

ROBINSON, Edward, * 10. 4. 1794 (Southington/Conn.) † 15. 1. 1863 (New York)
1823 Lehrer am Theologischen Seminar in Massachusetts. 1830 Professor und Bibliothekar in Andover. 1837 Professor für Theologie am presbyterianischen Union-Seminar in New York.
KM 17. 6. 1852
Kirchengeschichte, Geographie Palästinas

RODENWALDT, Gerhart, * 16.10.1886 (Berlin) † 27.4.1945 (Berlin), (Freitod)
1912 Privatdozent an der Universität in Berlin. 1916 Professor für klassische Ar-

chäologie an der Universität in Gießen. 1922 Professor, 1932 Professor für klassische Archäologie an der Universität in Berlin. 1922 Generalsekretär, 1929 Präsident des Deutschen Archäologischen Instituts.
OM 10. 3. 1932 (Bestät. 28. 6. 1932)
Archäologie

RÖDIGER, Emil, * 13. 10. 1801 (Sangerhausen) † 15. 6. 1874 (Berlin)
1830 Professor, 1835 Professor für orientalische Sprachen an der Universität in Halle. 1860 Professor für orientalische Sprachen an der Universität in Berlin. (R. stand am 10. 3. 1864 erstmals zur Wahl, die infolge geringer Besetzung des Plenums unter Vorbehalt durchgeführt wurde, und erhielt nicht die notwendige Stimmenzahl.)
OM 21. 4. 1864 (Bestät. 7. 5. 1864)
Orientalistik

RÖHRER, Heinz, * 23. 3. 1905 (Leipzig)
1942 Dozent an der Universität in Köln. 1942 Professor und Abteilungsleiter, 1944 Präsident der Reichsforschungsanstalt für Tierseuchen, Insel Riems. 1948 Präsident des FRIEDRICH-LOEFFLER-Instituts der Akademie der Landwirtschaftswissenschaften, Insel Riems. 1950 zugleich Professor an der Universität in Greifswald. 1951 und 1954 Nationalpreis.
OM 24. 2. 1955
Bakteriologie, Serologie, Biologie

ROEMER, Karl Ferdinand, * 5. 1. 1818 (Hildesheim) † 14. 12. 1891 (Breslau)
1848 Privatdozent an der Universität in Bonn. 1856 Professor für Mineralogie und Geologie an der Universität in Breslau. Geh. Bergrat.
KM 3. 6. 1869
Geologie, Paläontologie

RÖMER, Ole (Olaus), * 25. 9. 1644 (Aarhus) † 19. 9. 1710 (Kopenhagen)
1671 – 1681 Lehrer des Dauphin in Paris. 1681 Professor für Mathematik an der Universität in Kopenhagen; hier auch Polizei- und I. Bürgermeister. Seit 1668 zugleich wirkl. Kanzleirat. 1693 Justizrat und Assessor des Höchsten Gerichts. 1706 Etatrat. (R. entdeckte 1675 die Fortpflanzungsgeschwindigkeit des Lichtes und berichtete darüber der Akademie der Wissenschaften in Paris. Die Arbeitsergebnisse von R. wurden zum größten Teil bei dem Brande von Kopenhagen vernichtet.)
abwM 30. 12. 1701
Mathematik, Astronomie

RÖNTGEN Wilhelm Conrad, * 27. 3. 1845 (Lennep) † 10. 2. 1923 (München)
1874 Privatdozent an der Universität in Straßburg. 1875 Professor an der Landwirtschaftlichen Hochschule in Hohenheim. 1876 Professor an der Universität in Straßburg. 1879 Professor für Physik an der Universität in Gießen. 1888 Professor für Physik an der Universität in Würzburg. 1889 Professor für Physik an der Universität in München. 1901 Nobelpreis für Physik. 1918 Helmholtz-Medaille der Akademie. Geh. Rat.
KM 12. 3. 1896; AM 16. 12. 1920 (Bestät. 22. 12. 1920)
Physik

RÖRIG, Friedrich (Fritz) Hermann, * 2. 10. 1882 (St. Blasien) † 29. 4. 1952 Berlin)
1908 Archivassistent in Metz. 1911 Archivar in Lübeck. 1918 Professor für Geschichte an der Universität in Leipzig. 1923 Professor für mittlere und neuere Geschichte an der Universität in Kiel, 1935 Professor für mittlere und neuere Geschichte an der Universität in Berlin.
OM 16. 7. 1942 (Bestät. 30. 7. 1942)
Geschichte

RÖSSLE, Robert, * 19. 8. 1876 (Augsburg) † 21. 11. 1956 (Berlin)
1904 Privatdozent an der Universität in Kiel. 1906 Privatdozent, 1909 Professor für Pathologie an der Universität in München. 1911 Professor für Pathologie an der Universität in Jena. 1922 Professor für Pathologie an der Universität in Basel. 1929 Professor für Pathologie an der Universität in Berlin. 1946 – 1947 Sekretar der Mathematisch-naturwissenschaftlichen Klasse, 1949 Sekretar der Klasse für medizinische Wissenschaften der Akademie. 1949 Nationalpreis. (Nach R. ist die Klinik des Zentralinstituts für Krebsforschung der Akademie in Berlin benannt.)
OM 8. 2. 1934 (Bestät. 15. 3. 1934)
Medizin, Pathologie

ROETHE, Gustav, * 5. 5. 1859 (Graudenz) † 17. 9. 1926 (Badgastein)
1886 Privatdozent, 1888 Professor, 1890 Professor für deutsche Philologie an der Universität in Göttingen. 1902 Professor für Germanistik an der Universität in Berlin. 1911 – 1926 Sekretar der Philosophisch-historischen Klasse der Akademie. Geh. Regierungsrat.
OM 18. 12. 1902 (Bestät. 5. 1. 1903)
Germanistik

ROLOFF, Christian Ludwig, * 6. 6. 1726 (Berlin) † 26. 12. 1800 (Berlin)
1750 Dr. med. in Frankfurt a. O.. Anschließend prakt. Arzt und Dozent in Berlin. 1764 Rat im Oberkollegium medicum. 1784 Dekan. 1778 Leibarzt der preuß. Königin. Zugleich Arzt am Friedrichsspital und am Irrenhaus in Berlin. 1786 Geh. Rat.
AM 23. 10. 1755; OM 30. 10. 1760
Medizin

ROMÉ DE LISLE, Jean-Baptiste-Louis, * 26. 8. 1736 (Gray/Franche-Comté) † 7. 3. 1790 (Paris)
Kristallograph in Paris. (R. ging 1757 als Sekretär eines Artillerie- und Genie-Detachements nach Indien. Hier geriet er in Gefangenschaft, lebte später längere Zeit in Indien und China und kehrte 1764 nach Frankreich zurück. R. hielt in Paris Privatvorlesungen. Eine staatliche Pension und die Unterstützung durch einen reichen Medaillenliebhaber sicherten seinen Unterhalt.)
AM 1. 3. 1780
Kristallographie

ROMPE, Robert Wilhelm Hermann, * 10. 9. 1905 (Petersburg)
1930 wissenschaftlicher Mitarbeiter der Studiengesellschaft für elektrische Beleuchtung der OSRAM KG in Berlin. 1945 – 1949 Hauptabteilungsleiter in der Deutschen Verwaltung für Volksbildung (später Ministerium für Volksbildung der DDR). 1946 zugleich Professor für Experimentalphysik an der Universität in Berlin und Direktor des II. Physikalischen Instituts; 1949 Direktor des Instituts für Strahlungsquellen der Akademie in Berlin. 1958 Direktor des Physikalisch-Technischen Instituts der Akademie in Berlin. 1969 Direktor des Zentralinstituts für Elektronenphysik der Akademie in Berlin. 1954 – 1963 Sekretar der Klasse für Mathematik, Physik und Technik der Akademie. 1963 1. Stellvertreter des Generalsekretärs der Akademie. 1969 Vorsitzender der Klasse Physik der Akademie. 1951 Nationalpreis.
OM 14. 2. 1953
Physik, Festkörper- und Plasmaphysik

RONCALLI-PAROLINO, Francesco Comte, * 1692 (Brescia) † 1763 (Brescia)
Präsident des Medizinischen Collegiums in Brescia.
AM 3. 7. 1755
Anatomie

ROSE, Gustav, * 18. 3. 1798 (Berlin) † 15. 7. 1873 (Berlin) (Bruder von ROSE, H.)
1826 Professor für Mineralogie an der Universität in Berlin. 1856 zugleich Direktor des Mineralogischen Museums.
OM 5. 6. 1834 (Bestät. 16. 7. 1834)
Mineralogie

ROSE, Heinrich, * 6. 8. 1795 (Berlin) † 27. 1. 1864 (Berlin)
1822 Privatdozent, 1832 Professor, 1835 Professor für Chemie an der Universität in Berlin. (R. war ursprünglich Pharmazeut und erhielt von 1819 – 1821 bei BERZELIUS seine Ausbildung als Chemiker.)
OM 19. 1. 1832 (Bestät. 13. 2. 1832)
Chemie

ROSELLINI, Ippolito, * 13. 8. 1800 (Pisa) † 4. 6. 1843 (Pisa)
1824 Professor für orientalische Sprachen an der Universität in Pisa.
KM 13. 2. 1834
Ägyptologie

ROSEN, Friedrich August, * 2. 9. 1805 (Hannover) † 12. 9. 1837 (London), (Bruder von ROSEN, Georg)
1827 Professor für orientalische Sprachen an der Universität in London, später Privatlehrer. Sanskritforscher. (R. legte sein Amt an der Universität in London nach einigen Jahren nieder. Er erteilte Privatunterricht und beschäftigte sich mit literarischen Arbeiten.)
KM 4. 12. 1834
Orientalistik

ROSEN, Georg, * 24. 9. 1820 (Detmold) † 29. 10. 1891 (Detmold) (Bruder von ROSEN, Fr. A.)
1844 Dragoman bei der preuß. Gesandtschaft in Konstantinopel. 1852 preuß. Konsul in Jerusalem, 1867 bis 1875 Generalkonsul in Belgrad.
KM 25. 3. 1858
Orientalistik

ROSEN, Viktor Romanowitsch Baron von, * 21. 2./5. 3. 1849 (Reval) † 10./23. 1. 1908 (Petersburg)
1872 Dozent, 1875 Professor für Orientalistik an der Universität in Petersburg. 1879 Adjunkt für mohammedanische Sprachen und Literatur, 1890 Außerordentliches Mitglied, 1901 Ordentlicher Akademiker der Akademie der Wissenschaften in Petersburg. Seit 1885 zugleich Präsident der orientalischen Sektion der Russ. Archäologischen Gesellschaft.
KM 18. 1. 1900
Orientalistik

ROSENBUSCH, Karl Harry Ferdinand, * 24. 6. 1836 (Einbeck) † 20. 1. 1914 (Heidelberg)
1873 Professor für Petrographie an der Universität in Straßburg. 1878 Professor für Mineralogie und Geologie an der Universität in Heidelberg und Direktor der Badischen Geologischen Landesanstalt.
KM 20. 10. 1887
Mineralogie, Geologie

ROSENFELD, Léon, * 14. 8. 1904 (Kopenhagen) † 23. 3. 1974 (Kopenhagen)
1930 Lektor, 1937 Professor für theoretische Physik an der Universität in Liège. 1940 Professor für theoretische Physik an der Universität in Utrecht. 1947 Professor für theoretische Physik an der Universität in Manchester. 1958 Professor für Atomphysik am Nordisk Institut für theoretische Atomphysik in Kopenhagen.
AM 4. 9. 1969
Theoretische Physik

ROSENHAIN, Johann Georg, * 10. 6. 1816 (Königsberg i. Pr.) † 14. 3. 1887 (Berlin)
1857 Professor für Mathematik an der

Universität in Königsberg.
KM 11. 8. 1859
Mathematik

ROSENKRANZ, Otto, * 3. 2. 1911 (Bromberg)
1945 Dozent an der Universität in Posen. 1950 Professor, 1952 Professor für Agrarökonomie an der Universität in Leipzig und Direktor des Instituts für Betriebs- und Arbeitsorganisation in der Landwirtschaft. Zugleich Leiter der Forschungsstelle für Landarbeit der Akademie der Landwirtschaftswissenschaften in Böhlitz-Ehrenberg. 1955 Nationalpreis.
OM 11. 6. 1964
Agrarökonomie, Betriebswirtschaft landwirtschaftlicher Betriebe

ROSENMÜLLER, Johann Christian, * 25. 5. 1771 (Heßberg bei Hildburghausen) † 28./29. 2. 1820 (Leipzig)
1794 Prosektor, 1800 Professor, 1804 Professor für Anatomie und Chirurgie an der Universität in Leipzig. Zugleich bis 1809 prakt. Arzt.
KM 25. 6. 1812
Anatomie

ROSENTHAL, Sinaida, * 22. 2. 1932 (Berlin)
1969 Dozent, 1969 Professor für Physiologie und Biologie an der Universität in Berlin. 1972 Bereichsdirektor im Zentralinstitut für Molekularbiologie.
KM 15. 6. 1972; OM 13. 6. 1974
Biologie, Biochemie

ROSS, Ludwig, * 22. 7. 1806 (Altekoppel bei Bornhöved/Holstein) † 6. 8. 1859 (Halle/Saale), (Freitod)
1829 Hauslehrer in Kopenhagen. 1833 Unterkonservator der Altertümer im Peloponnes, zunächst in Nauplia, seit 1834 in Athen. 1834 zugleich Vorsitzender der Baukommission und Oberkonservator der Altertümer. 1837 Professor für Archäologie an der Universität in Athen. 1843 Professor für Archäologie an der Universität in Halle.
KM 18. 2. 1836
Archäologie

ROSSI, Giovanni Battista de, * 23. 2. 1822 (Rom) † 20. 9. 1894 (Rom)
Italienischer Archäologe in Rom. (R. erhielt seine Bildung auf dem Collegium Romanum. Er wird als Begründer der wissenschaftl. christlichen Archäologie charakterisiert. R. erforschte u. a. die römischen Katakomben.)
KM 16. 6. 1853; AM 17. 6. 1875 (Bestät. 9. 7. 1875)
Christliche Archäologie

ROST, Johann Karl, * 24. 11. 1690 (Nürnberg) † 29. 9. 1731 (Nürnberg). Bruder von ROST, J. L.)
Prakt. Arzt und Stadtarzt in Nürnberg, danach Leibarzt der Großherzogin MARIA-ANNA von Toscana.
abwM 17. 7. 1727
Medizin, Mathematik

ROST, Johann Leonhard, * 24. 2. 1688 (Nürnberg) † 27. 3. 1727 (Nürnberg) (Bruder von ROST, Johann Karl)
Wohlhabender Privatmann in Nürnberg. (R. trieb astronomische Studien und unterstützte J. P. v. WURZELBAU bei dessen astronomischen Beobachtungen. R. studierte von 1705 – 1712 Philosophie und Rechtswissenschaft an den Universitäten in Altdorf, Leipzig und Jena. Er veröffentlichte 1718 in Nürnberg das „Astronomische Handbuch".)
abwM 3. 2. 1723
Astronomie

ROSTOSKI, Otto, * 4. 9. 1872 (Würzburg) † 10. 1. 1962 (Dresden)
1902 Privatdozent, 1907 Professor für innere Medizin an der Universität in

Würzburg. 1907 Leitender Arzt am Krankenhaus Friedrichstadt in Dresden. 1954 Professor für Geburtshilfe und Gynäkologie an der Medizinischen Akademie in Dresden.
KM 13. 1. 1955
Geburtshilfe, Gynäkologie

ROSTOWZEW, Michail Iwanowitsch,
* 28. 10./9. 11. 1870 (Kiew)
† 20. 10. 1952 (New Haven)
Zunächst Gymnasiallehrer in Zarskoje Szelo. 1913 Professor für alte Geschichte an der Universität in Petersburg. (R. hielt sich von 1909 bis 1913 im Ausland auf und emigrierte 1917 aus Rußland. Er war später zunächst Professor für alte Geschichte und Archäologie an der Universität Wisconsin in Madison, später an der Yale-Universität in New Haven.)
KM 18. 6. 1914
Alte Geschichte, Archäologie

ROTH, Justus Ludwig Adolf,
* 15. 9. 1818 (Hamburg), † 1. 4. 1892 (Berlin)
1844 – 1848 Besitzer einer Apotheke in Hamburg. Danach Privatdozent, 1861 e. o. Professor für Geologie an der Universität in Berlin.
OM 4. 4. 1867 (Bestät. 22. 4. 1867)
Geologie

ROTH, Walter Rudolf von, * 3. 4. 1821 (Stuttgart) † 24. 6. 1895 (Tübingen)
1845 Privatdozent. 1848 Professor für morgenländische Sprachen, 1856 Professor für Indologie und allgemeine Religionsgeschichte an der Universität in Tübingen, zugleich Oberbibliothekar der Universitäts-Bibliothek. (R., KM seit 1861, stand bereits am 17. 2. 1875 erstmals zur Wahl als AM, erhielt jedoch nicht die notwendige Stimmenzahl.)
KM 31. 1. 1861; AM 7. 3. 1889 (Bestät. 15. 5. 1889)
Indologie

ROUGE Emanuel Vicomte de,
* 11. 4. 1811 (Paris) † 27. 12. 1872 (Bois-Dauphin)
1849 Konservator der ägyptischen Abteilung des Louvre. 1854 Staatsrat. 1859 Professor für Ägyptologie am Collège de France.
KM 2. 3. 1854
Orientalistik, Ägyptologie

ROULEZ, Joseph-Emanuel-Ghislain,
* 6. 2. 1806 (Nivelles/Brabant)
† 6. 3. 1878 (Gent)
Professor für Archäologie an der Universität in Gent.
KM 10. 5. 1855
Archäologie

ROUSSET de MISSY, Jean,
* 26. 8. 1686 (Laon) † 1762 (Brüssel)
Historiker in Brüssel.
abw M 14. 3. 1731
Geschichte

ROUX, Wilhelm, * 9. 6. 1850 (Jena)
† 15. 9. 1924 (Halle/Saale)
1888 Professor für Anatomie an der Universität in Breslau und Direktor des Instituts für Entwicklungsgeschichte und Entwicklungsmechanik in Breslau. 1889 Professor für Anatomie an der Universität in Innsbruck. 1895 Professor für Anatomie an der Universität in Halle und Direktor des Anatomischen Instituts. Geh. Medizinalrat.
KM 14. 12. 1916
Anatomie

ROWLAND, Henry Augustus,
* 27. 11. 1848 (Honesdale/Pennsylvania)
† 16. 4. 1901 (Baltimore)
1876 Professor für Physik an der John-Hopkins-Universität in Baltimore.
KM 22. 2. 1900
Physik

ROZIÉRE, Thomas-Louis-Marie-Eugène

de, * 2. 3. 1820 (Paris) † 26. 6. 1896 (Paris)
Generalinspekteur der Archive in Paris. Senator.
KM 11. 2. 1864
Literaturwissenschaft

RUBEN, Walter, * 26. 12. 1899 (Hamburg)
1931 Privatdozent an der Universität in Frankfurt a. M.. 1935 Professor für Indologie an der Universität in Ankara. 1948 Professor für Indologie an der Universität in Santiago/Chile. 1950 Professor für Indologie an der Universität in Berlin. 1955 zugleich Stellvertr. Direktor, 1962 Direktor des Instituts für Orientforschung der Akademie in Berlin. 1963 Sekretar der Klasse für Sprachen, Literatur und Kunst der Akademie. 1959 Nationalpreis.
OM 24. 2. 1955
Indologie, Geschichte der Kultur des alten Indien

RUBENS, Heinrich, * 30. 3. 1865 (Wiesbaden) † 17. 7. 1922 (Berlin)
1889 Assistent, 1892 Privatdozent für Physik an der Universität in Berlin. 1895 Dozent, 1900 Professor für Physik an der Technischen Hochschule in Berlin-Charlottenburg. 1903 Professor für Physik an der Militär-technischen Akademie in Berlin. 1906 Professor für Physik an der Universität in Berlin.
OM 18. 7. 1907 (Bestät. 8. 8. 1907)
Physik

RUBNER, Max, * 2. 6. 1854 (München) † 27. 4. 1932 (Berlin)
1883 Privatdozent für Physiologie an der Universität in München. 1885 Professor für Hygiene, 1887 Professor für Hygiene und Staatsarzneikunde an der Universität in Marburg. 1891 Professor für Hygiene an der Universität in Berlin und Direktor des Hygiene-Instituts; zugleich Professor an der Kaiser-Wilhelm-Akademie und Mitglied der wissenschaftlichen Deputation für das Medizinalwesen, später auch Mitglied des staatl. Gesundheitsamtes. 1910 – 1922 Rektor der Universität. 1919 – 1932 Sekretar der Physikalisch-mathematischen Klasse der Akademie. Geh. Medizinalrat. Ge. Regierungsrat.
OM 1. 11. 1906 (Bestät. 2. 12. 1906)
Hygiene

RUDBERG, Fredrik, * 30.8.1800 (Norrköping) † 14. 6. 1839 (Uppsala)
1828 Professor für Physik an der Universität in Uppsala.
KM 3. 5. 1838
Physik

RUDBERG Gunnar, * 17. 10. 1880 (Björsäter/Skaraborgs Län) † 6.10.1954 (Uppsala)
Zunächst Privatdozent an der Universität in Uppsala. Später Professor für lateinische Philologie an der Universität in Oslo. 1938 Professor für griechische Sprache und Literatur an der Universität in Uppsala.
KM 2. 3. 1939 (Bestät. 20. 6. 1939)
Gräzistik

RUDOLPHI, Karl Asmund, * 14.7.1771 (Stockholm) † 19.11.1832 (Berlin)
1796 Privatdozent, 1808 Professor für Anatomie an der Universität in Greifswald. 1810 Professor für Anatomie an der Universität in Berlin und Direktor des Anatomischen Instituts. 1816 zugleich Lehrer an der Militärakademie in Berlin. 1813 – 1814 und 1824 – 1825 Rektor der Universität. 1817 Preuß. Geh. Medizinalrat.
OM 29. 3. 1810 (Bestät. 7. 4. 1810)
Anatomie, Zoologie

RUDORFF, Adolf August Friedrich, * 21. 3. 1803 (Mehringen/Kr. Lingen) † 14. 2. 1873 (Berlin)

1829 Professor, 1833 Professor für Rechtswissenschaft an der Universität in Berlin.
OM 16. 2. 1860 (Bestät. 7. 3. 1860)
Rechtswissenschaften, röm. Rechtsgeschichte

RÜHLE von LILIENSTERN, Johann Jakob Otto August, * 16. 4. 1780 (Berlin) † 1. 7. 1847 (Salzburg)
1807 – 1813 in weimarischen, danach in preußischen Diensten. Zuletzt Generalleutnant; zugleich Direktor der allgemein. Kriegsschule in Berlin und Generalinspektor des Militär-, Erziehungs- und Bildungswesens in Preußen.
EM 19. 3. 1846 (Bestät. 6. 5. 1846)

RÜHS, Christian Friedrich, * 1. 3. 1781 (Greifswald) † 1. 2. 1820 (Florenz)
1808 Professor für Geschichte an der Universität in Greifswald. 1818 Professor für Geschichte an der Universität in Berlin. Historiograph des Preuß. Staates.
OM 26. 11. 1818 (Bestät. 1. 1. 1819)
Nordische Geschichte

RUHLAND, Wilhelm, * 7. 8. 1878 (Schleswig) † 5. 1. 1960 (Unterdeufstetten)
1903 Privatdozent an der Universität in Berlin. 1911 Professor für Botanik an der Universität in Halle. 1918 Professor für Botanik an der Universität in Tübingen. 1922 Professor für Botanik an der Universität in Leipzig und Direktor des Botanischen Instituts und des Botanischen Gartens. 1947 Professor für Botanik an der Universität in Erlangen.
KM 29. 4. 1937
Botanik

RUMFORD, Benjamin THOMPSON Graf von (1790), * 26. 3. 1753 (Rumford) † 21. 8. 1814 (Auteuil b. Paris)
Ursprünglich Schulmeister in Bradford und in Rumford. Nach Ausbruch des amerikan. Unabhängigkeitskrieges zunächst Major, später bis 1783 Oberst eines Dragonerregiments. Danach Übersiedlung nach England und zum Sir erhoben. 1785 Eintritt in den Dienst des Kurfürsten von Pfalzbayern und Ernennung zum Generalleutnant. Zeitweilig bayerischer Kriegsminister. (R. kehrte 1799 nach England zurück und ging von dort 1802 nach Paris. 1805 heiratete er die Witwe des Chemikers LAVOISIER. R. wurde nach der Reform der Berliner Akademie von 1812 in der Mitgliederliste ausgelassen.)
AM 18. 10. 1787
Physik

RUMJANZEW, Alexej Matwejewitsch, * 3./16. 2. 1905 (Minzowa/Gouv. Kostroma)
Zunächst tätig im Volkskommissariat für Landwirtschaft, später für Justiz der Ukrainischen SSR. 1930 Direktor des Instituts für Ökonomie der Akademie der Wissenschaften der UdSSR in Moskau. 1930 – 1943 zugleich Leiter der Sozialwissenschaftlichen Abteilung der Ukrainischen Akademie der Wissenschaften. 1956 Chefredakteur der Zeitschrift „Kommunist". 1958 Chefredakteur der Zeitschrift „Probleme des Friedens und des Sozialismus". 1964 Chefredakteur der „PRAWDA". 1960 Korrespondierendes Mitglied, 1966 Ordentlicher Akademiker für politische Ökonomie des Sozialismus der Akademie der Wissenschaften der UdSSR. 1967 Vizepräsident der Akademie der Wissenschaften der UdSSR.
KM 12. 10. 1967; AM 20. 5. 1969
Politische Ökonomie

RUMPF, Andreas, * 3. 12. 1890 (Potsdam) † 22. 5. 1966 (Köln/Marienburg)
1923 Privatdozent, 1927 Professor für Archäologie an der Universität in Leipzig. 1928 Professor für Archäologie an der Universität in Köln.

KM 29. 2. 1940 (Bestät. 23. 5. 1940)
Archäologie, Geschichte der griech. u. röm. Kunst

RUSZNYAK, Istvan, * 22. 1. 1889 (Budapest) † 15. 10. 1974 (Budapest)
Zunächst Professor für Medizin an der Universität in Szeged. 1945 Professor für Medizin an der Universität in Budapest und Direktor der I. Medizinischen Klinik. 1949 Präsident der Ungarischen Akademie der Wissenschaften.
KM 22. 11. 1962; AM 20. 5. 1969
Medizin

RUTHERFORD, Sir (1931) Ernest, (1. Baron R. of NELSON) * 30. 8. 1871 (Nelson/Neuseeland) † 19. 10. 1937 (Cambridge)
1898 Professor für Physik an der Universität in Montreal. 1907 Professor für Physik an der Universität in Manchester. 1919 Professor für Experimentalphysik an der Universität in Cambridge. Zugleich 1920 Professor für Naturphilosophie am Royal Institution in London. 1925 Präsident der Royal Society. 1908 Nobelpreis für Chemie.
KM 7. 6. 1928
Physik

RUŽICKA, Rudolf, * 20. 12. 1920 (Löbau/Sa.)
1961 Dozent, 1963 Professor für Slawistik und allgemeine Sprachwissenschaft an der Universität in Leipzig. Seit 1962 zugleich Direktor des Instituts für Sprachwissenschaft.
OM 9. 6. 1966
Sprachwissenschaft, slawistische und allgemeine Sprachwissenschaft

SABINE, Sir (1869) Edward, * 14. 10. 1788 (Dublin) † 26. 6. 1833 (Richmond)
Englischer Physiker und Mathematiker. 1837 Major, 1851 Oberst, 1859 Generalmajor, 1865 Generalleutnant. 1850 – 1871 Vizepräsident der Royal Society. (S. beteiligte sich 1818 als Leutnant der britischen Artillerie an der zur Auffindung der Nordwestpassage unternommenen arktischen Entdeckungsfahrt von J. ROSS und PARRY. 1852 war er Kapitän und Leiter der zur Bestimmung der Pendellänge ausgerüsteten britischen Expedition im Atlantik.)
EM 26. 7. 1855 (Bestät. 15. 8. 1855)

SACHAU, Carl Eduard, * 20. 7. 1845 (Neumünster/Holstein) † 17. 9. 1830 (Berlin)
1869 Professor, 1872 Professor für semitische Sprachen an der Universität in Wien. 1876 Professor für orientalische Sprachen an der Universität in Berlin. 1887 zugleich Direktor des Seminars für orientalische Sprachen. Geh. Oberregierungsrat.
OM 9. 12. 1886 (Bestät. 24. 1. 1887)
Orientalistik

SACK, August Friedrich Wilhelm, * 4. 2. 1703 (Harzgerode) † 22. 4. 1786 (Berlin)
1725 Hofmeister. 1727 Erzieher des Erbprinzen von Hessen-Homburg in Hötersleben bei Magdeburg. 1731 dritter Prediger, 1737 erster Prediger an der deutschen Gemeinde in Magdeburg. 1738 Konsistorialrat und zugleich Inspektor der reform. Kirchen im Hzt. Magdeburg. 1740 Hofprediger in Berlin. Zugleich Kirchen- und Konsistorialrat. 1750 Oberkonsistorialrat und Mitglied des Oberkonsistoriums.
OM 23. 1. 1744
Theologie, Kirchengeschichte

ŠAFAŘIK (SCHAFFARIK), Paul Joseph, * 13. 5. 1795 (Kobeljarowo/Fekete-Patak) † 26. 6. 1861 (Prag)
1817 Hauslehrer in Preßburg. 1819 – 1833 Professor, 1819 – 1825 zugleich Direktor am Gymnasium in Neusatz.

1837 Zensor der Regierung in Prag. 1841 Kustos, 1848 Bibliothekar an der Bibliothek in Prag.
KM 13. 2. 1840
Slawische Altertumskunde

SAHME, Arnold Heinrich, * 11. 6. 1676 (Königsberg i. Pr.) † 26. 4. 1734 (Königsberg i. Pr.)
1700 Magister in Königsberg. 1708 Archidiakonus in Königsberg. 1721 zugleich Konsistorialrat. (S. gab eine Sammlung von Predigten unter dem Titel „Das aufrechte Christentum" und 1752 das „Glossierte Königsberger Gesangbuch" heraus, in dem auch Kirchenlieder von ihm enthalten sind.)
abwM 17. 7. 1726
Theologie

SAINT–AUBAN, Antoine, * 4. 7. 1713 (Viviers/Vivarais) † 5. 9. 1783 (Paris)
siehe: BARATIER de SAINT-AUBAN, Antoine

SAINT–CLAIRE–DEVILLE, Henri-Etienne, * 11. 3. 1818 (Saint-Thomas) † 1. 7. 1881 (Boulogne-s.-Seine)
1851 Professor für Chemie an der École normale und an der Sorbonne in Paris.
KM 19. 11. 1863
Chemie

SAINT–GERMAIN, Ludwig Friedrich, * 12. 12. 1670 (Genf) † 7. 4. 1761 (Genf)
siehe: BONNET de SAINT GERMAIN, Ludwig Friedrich

SAINT-HILAIRE, Augustin-François-César (gen. Auguste), PROUVANSAL de, * 4. 10. 1799 (Orléans) † 30. 9. 1853 (La Turpinière/Loiret)
Nach 1823 Professor für Botanik an der Universität in Paris. (S.-H. unternahm zwischen 1816 und 1822 mehrere bedeutende Forschungsreisen nach Brasilien.)
KM 13. 2. 1834
Botanik

SAKUSOW, Wasili Wasiljewitsch, * 26. 3. 1903 (Petersburg)
1937 – 1965 Professor für Pharmakologie an der Militärmedizinischen Akademie in Kuibyschew, am I. und III. Medizinischen Institut in Leningrad und am I. Moskauer Medizinischen Institut. Seit 1954 zugleich Direktor des Instituts für Pharmakologie der Akademie der Medizinischen Wissenschaften der UdSSR. Ordentlicher Akademiker der Akademie der Medizinischen Wissenschaften der UdSSR.
AM 14. 6. 1979
Pharmakologie

SALLÉ, Jacques-Antoine, * 4. 6. 1712 (Paris) † 14. 10. 1778 (Paris)
Advokat und Richter am Parlament in Paris.
AM 2. 9. 1756
Rechtswissenschaften

SALLIER, Claude, * 4. 4. 1685 (Saulieu/Bourgogne) † 9. 6. 1761 (Paris)
Abbé. Professor für hebräische Sprache am Collège de France in Paris. Königl. Bibliothekar.
AM 30. 6. 1746
Klassische Philologie

SALM–HORSTMAR, Friedrich Fürst und Rheingraf zu, * 11. 3. 1799 (Coesfeld/Westf.) † 27. 3. 1865 (Coesfeld/Westf.)
Fürst und Rheingraf zu Salm-Horstmar, Wildgraf zu Dhaun und Kyrburg, Rheingraf zum Stein, Herr zu Vinstingen, Diemeringen und Püttingen. Erbl. Mitglied des Preuß. Herrenhauses. S.-H. residierte in Coesfeld. (S.-H. betätigte sich als Agrikulturchemiker.)
EM 14. 2. 1856 (Bestät. 19. 3. 1856)
Agrikulturchemie

SALMON, George, * 25. 9. 1819 (Dublin) † 22. 1. 1904 (Dublin)
1841 Fellow in Tutor des Trinity College in Dublin. 1866 Regius Professor of Divinity an der Universität in Dublin. 1888 Rektor.
KM 12. 6. 1873
Mathematik

SALOMON, Johann Andreas,
* 16. 12. 1875 (Konitz) † 25. 11. 1746 (Danzig)
Prakt. Arzt in Danzig.
abwM 6. 2. 1726
Medizin

SALZMANN, Johann, * 29. 6. 1672 (Straßburg) † 4. 2. 1738 (Straßburg)
1708 Professor für Anatomie, später auch Professor für Chirurgie an der Universität in Straßburg. Ab 1720 zugleich Bibliothekar der Universität.
abwM 5. 10. 1729
Anatomie, Chirurgie

SAMARIN, Alexandr Michailowitsch, * 1./14. 8. 1902 (Ssakony/heute: Gorki-Gebiet) † 20. 5. 1970 (Moskau)
1938 Professor. 1946 Korrespondierendes Mitglied, 1966 Ordentlicher Akademiker für physikalische Chemie und technologische Wissenschaften der Akademie der Wissenschaften der UdSSR. Stellvertr. Direktor des Baikow-Instituts der Akademie der Wissenschaften der UdSSR in Moskau.
KM 9. 4. 1959; AM 20. 5. 1969
Physikalische Chemie

SANDEN, Heinrich von, * 28. 7. 1672 (Königsberg i. Pr.) † 18. 8. 1728 (Königsberg i. Pr.)
1697 Professor für Medizin, 1704 Professor für Physik an der Universität in Königsberg.
abwM 1. 2. 1713
Physik

— SANDEN, Johann Friedrich von,
* 15. 8. 1670 (Königsberg i. Pr.)
† 26. 10. 1725 (Königsberg i. Pr.), (Bruder von SANDEN, Heinrich von)
1697 Professor für Rechtswissenschaften an der Universität in Königsberg i. Pr. 1712 Hofgerichtsrat in Königsberg i. Pr. (S. wurde zusammen mit seinem Bruder H. v. SANDEN als Mitglied der Akademie aufgenommen, hat aber offenbar kein Diplom erhalten.)
abwM 1. 2. 1713
Rechtswissenschaften

SANDER, Bruno Hermann Max,
* 23. 2. 1884 (Innsbruck) † 5. 9. 1979 (Innsbruck)
1922 Professor für Mineralogie an der Universität in Innsbruck und Direktor des Instituts für Mineralogie und Petrographie.
KM 29. 6. 1950; AM 20. 5. 1969
Mineralogie

SANKE, Heinz, * 28. 3. 1915 (Berlin)
1948 Dozent, 1950 Professor für politische und ökonomische Geographie an der Universität in Berlin und Direktor des Geographischen Instituts. 1965 – 1968 Rektor der Universität.
KM 15. 6. 1961; OM 23. 4. 1964
Politische und ökonomische Geographie

SANTAREM, Manoel Francisco DE BARROS Y SOUZA Vicomte de,
* 18. 11. 1790 (Lissabon) † 17. 1. 1856 (Paris)
Zunächst Gesandter Portugals in Kopenhagen. 1827 portugies. Staatsminister. Seit 1832 Rentier in Paris. (S. betätigte sich als Historiker und als politischer Schriftsteller.)
KM 10. 6. 1847
Geschichte

SANTIFALLER, Leo, * 24. 7. 1890 (Kastelruth/Südtirol) † 5. 9. 1974 (Wien)

1919 Bibliothekar am Institut für Österreichische Geschichtsforschung in Wien. 1921 Vorstand des Staatsarchivs und des Kunstamtes in Bozen. 1927 wissenschaftlicher Mitarbeiter am Preuss. Historischen Institut in Rom. 1928 Privatdozent an der Universität in Berlin; zugleich Mitarbeiter der Monumenta Germaniae Historica. 1929 Professor für mittelalterl. Geschichte und histor. Hilfswissenschaften an der Universität in Breslau. 1942 Professor für Geschichte des Mittelalters und histor. Hilfswissenschaften an der Universität in Wien. 1945 — 1955 Generaldirektor des Österreichischen Staatsarchivs. 1945 — 1962 zugleich Vorstand des Instituts für Österreichische Geschichtsforschung und 1956 — 1965 wissenschaftl. Direktor des Österreichischen Kulturinstituts in Rom.
KM 13. 1. 1955; AM 20. 5. 1969
Geschichte, historische Hilfswissenschaften

SARASIN, Karl Friedrich (Fritz), * 3. 12. 1859 (Basel) † 23. 3. 1942 (Lugano)
Forschungsreisender. Zeitweilig Vorsteher des Naturhistorischen Museums in Basel. (S. unternahm 1883 bis 1886, 1890 und 1907 Forschungsreisen nach Ceylon, 1889 nach Ägypten, 1893 bis 1896 und 1901 bis 1903 nach Celebes und 1911 bis 1912 nach Neu-Kaledonien.)
KM 2. 6. 1932
Naturgeschichte

SARKISSOW, Semjon Alexandrowitsch, * 1895 † 15. 12. 1971 (Moskau)
Ordentlicher Akademiker der Akademie der Medizinischen Wissenschaften der UdSSR und Direktor des Instituts für Hirnforschung der Akademie der Medizinischen Wissenschaften der UdSSR.
KM 7. 12. 1967; AM 20. 5. 1969;
Medizin, Biologie

SARS, Georg Ossian, * 20. 4. 1837 (Florö/Norwegen) † 7. 4. 1927 (Oslo)
1854 Professor für Zoologie an der Universität in Christiania.
KM 24. 2. 1898
Zoologie

SARS, Michael, * 30. 8. 1805 (Bergen) † 22. 10. 1869 (Christiania), (Vater von SARS, G. O.)
1830 Pastor in Kinn. 1839 Pastor in Manger bei Bergen. 1854 Professor für Zoologie an der Universität in Christiania.
KM 26. 7. 1855
Zoologie

SASS, Friedrich, * 6. 1. 1883 (Koldenbüttel/Schleswig) † 26. 2. 1968 (Westberlin)
1927 Privatdozent. 1934 Professor, 1940 Professor für Dampfmaschinenbau an der Technischen Hochschule in Berlin. 1946 Professor für Dampfmaschinenbau an der Technischen Universität in Westberlin. (S. legte seine Mitgliedschaft unter dem Druck vorgesetzter Dienststellen nieder.)
OM 14. 7. 1949 — 29. 8. 1949
Technik

SARTI, Emiliano, * 1795 (Rom) † 27. 10. 1849 (Rom)
Professor für Archäologie an der Universität in Rom.
KM 15. 4. 1847
Archäologie, klassische Literatur

SAUERBRUCH, Ernst Ferdinand, * 3. 7. 1875 (Barmen) † 2. 7. 1951 (Berlin)
1901 prakt. Arzt am Krankenhaus in Erfurt. 1903 Assistent im Krankenhaus Moabit in Berlin. 1903 Assistenzarzt, 1905 Privatdozent für Chirurgie an der Universität in Breslau. 1905 Oberarzt an der Chirurgischen Klinik der Universität in Greifswald. 1907 Oberarzt und

Leiter der Poliklinik, 1908 Professor für Chirurgie an der Universität in Marburg. 1910 Professor für Chirurgie an der Universität in Zürich und Direktor der Chirurgischen Klinik und der Poliklinik. 1918 Professor für Chirurgie an der Universität in München. 1927 Professor für Chirurgie an der Universität in Berlin und Direktor der Chirurgischen Klinik und der Poliklinik der Charitė. Geh. Hofrat. Staatsrat.
OM 15. 4. 1937 (Bestät. 8. 5. 1937)
Chirurgie

SAUPPE, Hermann, * 9. 12. 1809 (Weesenstein/Sa.) † 16. 9. 1893 (Göttingen)
1833 Lehrer am Gymnasium in Zürich. 1833 zugleich Privatdozent, 1838 Professor an der Universität in Zürich. 1845 Direktor des Gymnasiums in Weimar. 1855 Professor für klassische Philologie an der Universität in Göttingen.
KM 31. 1. 1861
Klassische Philologie

SAUVAGES de LA CROIX, François BOISSIER de, * 12. 5. 1706 (Alais/Languedoc) † 19. 2. 1767 (Montpellier)
Zunächst prakt. Arzt. 1737 Professor für Medizin, 1752 Professor für Botanik in Montpellier.
AM 15. 1. 1755
Medizin

SAVIGNY, Friedrich Karl von,
* 22. 2. 1779 (Frankfurt a. Main)
† 25. 10. 1861 (Berlin)
1800 Privatdozent, 1803 Professor für Strafrecht, später auch für Zivilrecht an der Universität in Marburg. 1808 Professor für Straf- und Zivilrecht an der Universität in Landshut. Hofrat. 1810 Professor für römisches Recht an der Universität in Berlin. 1812 – 1813 Rektor der Universität. 1817 Mitglied der Justizabteilung des preuß. Staatsrates. 1819 Geh. Oberrevisionsrat und Mitglied des Revisions- und Kassationshofes, 1826 Mitglied der Gesetzes-Revisionskommission. 1842 – 1848 Leiter des Ministeriums für Gesetzbildung. 1856 Mitglied des Herrenhauses. (S. war Mitglied der Kommission zur Errichtung der Berliner Universität. 1813 gehörte er dem Ausschuss zur Errichtung der Landwehr und des Landsturmes an. Daneben und neben seiner Professur führte er den preuß. Kronprinzen in die Rechtswissenschaft ein. 1815 Gründung der Zeitschrift für geschichtliche Rechtswissenschaft.)
OM 4. 4. 1811 (Bestät. 29. 4. 1811)
Rechtswissenschaft, römisches Recht

SAVIGNY, Marie Jules César LELORGNE de, * 5. 4. 1779 (Provinz Brie/champ.) † 5. 10. 1851 (Gally/Seine-et-Oise)
Französ. Zoologe. (S. begleitete 1978 NAPOLEON BONAPARTE als Naturforscher nach Ägypten.)
KM 13. 4. 1826
Entomologie

SCACCHI, Arcangelo, * 8. 2. 1810 (Gravina) † 11. 10. 1893 (Neapel)
1842 Professor für Mineralogie an der Universität in Neapel. 1844 zugleich Direktor des Mineralogischen Museums. 1861 Senator, 1862 Sekretär der Akademie zu Neapel.
KM 13. 4. 1872
Mineralogie

SCARPA, Antonio, * 13. 6. 1747 (Motta/Friaul) † 31. 10. 1832 (Pavia)
1772 Professor für Anatomie an der Universität in Modena und 1. Wundarzt am Hospital. 1784 Professor für Anatomie an der Universität in Pavia. 1796 Leiter des Direktoriums der medizinischen Angelegenheiten der Republik. 1. Wundarzt von NAPOLEON BONAPARTE.
AM 22. 6. 1780
Anatomie

SCHAARSCHMIDT, Samuel,
* 24. 11. 1709 (Terki bei Astrachan)
† 17. 6. 1747 (Berlin)
Professor für Anatomie am Collegium-medico-chirurgicum in Berlin.
anwM 17. 10. 1735
Physiologie, Pathologie

SCHADEWALDT, Wolfgang Otto Bernhard, * 15.3.1900 (Berlin) † 10.11.1974 (Tübingen)
1927 Privatdozent an der Universität in Berlin. 1928 Professor für klassische Philologie an der Universität in Königsberg. 1929 Professor für klassische Philologie an der Universität in Freiburg i. Br. 1934 Professor für klassische Philologie an der Universität in Leipzig. 1941 Professor für klassische Philologie an der Universität in Berlin. 1950 Professor für klassische Philologie an der Universität in Tübingen.
OM 25. 6. 1942 (Bestät. 13. 7. 1942); AM 20. 5. 1969
Griechische und lateinische Literatur

SCHÄFER, Arnold Dietrich,
* 16. 10. 1819 (Seehausen bei Bremen)
† 19. 11. 1883 (Bonn)
Zunächst Lehrer für Geschichte, Literatur und alte Sprachen in Dresden. 1851 Lehrer an der Landesschule in Grimma. 1857 Professor für Geschichte an der Universität in Greifswald. 1865 Professor für Geschichte an der Universität in Bonn. 1871 Rektor. 1881 Geh. Rat.
KM 12. 2. 1874
Geschichte

SCHÄFER, Dietrich, * 16.5.1845 (Bremen) † 12.1.1929 (Berlin)
1877 Professor für Geschichte an der Universität in Jena. 1885 Professor für Geschichte an der Universität in Breslau. 1888 Professor für Geschichte an der Universität in Tübingen. 1896 Professor für Geschichte an der Universität in Heidelberg. 1903 Professor für Geschichte an der Universität in Berlin. Großherzogl. Badischer Geh. Rat.
OM 9. 7. 1903 (Bestät. 4. 8. 1903)
Mittlere und neuere Geschichte

SCHÄFFER, Jakob Christian,
* 30. 5. 1718 (Querfurt) † 5. 1. 1790 (Regensburg)
1741 Prediger. 1760 Magister der Universität in Wittenberg. 1779 Superintendent der evangel. Gemeinde in Regensburg. (Sch. betätigte sich auch als Naturforscher und Physiker.)
AM 7. 9. 1758
Physik, Naturforschung

SCHAFFER, Josef, * 13. 10. 1861 (Trient) † 27. 4. 1939 (Volders)
1889 Privatdozent, 1894 Professor für Histologie an der Universität in Wien.
KM 25. 2. 1932
Anatomie, Physiologie

SCHAFFGOTSCH, Philipp Gotthard Graf von, * 3. 6. 1716 (Jauer)
† 5. 1. 1795 (Schloß Johannisberg/Österr. Schles.)
1738 Priesterweihe in Wien. Danach Kanonikus in Olmütz, Breslau und Halberstadt. 1713 Abt des Sandstiftes zu Breslau. 1747 Fürstbischof von Breslau. (Sch. war der Sohn des Reichsgrafen HANS ANTON. Bei Ausbruch des Siebenjährigen Krieges 1756 stellte er sich mit Hirtenbriefen auf die Seite Preußens. Seit der preußischen Niederlage bei Kolin 1757 wechselte er mehrfach Haltung und Aufenthaltsort. Nach dem Kriege wurde der schlesischen Geistlichkeit von FRIEDRICH II. jeder Verkehr mit Sch. verboten Sch. setzte sich 1766 auf das Schloß Johannisberg ab.)
EM 1. 4. 1756

SCHALK, Fritz, * 17. 1. 1903 (Wien)
† 20. 9. 1980 (Bonn)

1932 Privatdozent an der Universität in Hamburg. 1933 Professor für romanische Philologie an der Universität in Rostock. 1936 Professor, 1940 Professor für Romanistik an der Universität in Köln.
KM 10. 2. 1955; AM 20. 5. 1969
Romanische Philologie

SCHAPER, Johann Ernst, * 26. 4. 1668 (Küstrin) † 11. 1. 1721 (Rostock)
1689 Leibarzt der Herzöge CHRSTIAN I. und CHRISTIAN II. von Sachsen. 1692 Professor für Medizin an der Universität in Rostock. 1705 zugleich Leibarzt des Herzogs FRIEDRICH WILHELM von Mecklenburg-Schwerin. 1710 Hofrat. 1713 Leibarzt des Herzogs KARL LEOPOLD. 1715 zugleich Wirkl. Regierungsrat. 1718 Wirkl. Geh. Rat.
abwM 1. 12. 1701
Medizin

SCHARDEN, Nikolaus Ludwig von, * 15.9.1704 (Halle/Saale) † 22.12.1741
Geh. Postrat, Hof- und Kammergerichtsrat in Berlin
abwM 7. 4. 1734

SCHARNHORST, Heinrich Wilhelm Gebhard von, * 16. 2. 1786 (Hannover) † 13. 6. 1854 (Bad Ems)
Preuß. General der Infanterie. (Sch. war der älteste Sohn des Generals Gerhard v. SCHARNHORST. Seit 1806 Militärdienst. 1809 – 1813 Militärdienst in der englisch-deutschen Legion. 1813 Offizier im Stabe BLÜCHERs. Zuletzt Artillerie-Inspektor in Koblenz. (Sch. hinterließ eine bedeutende Landkartensammlung, die in den Besitz des preuß. Großen Generalstabs überging).
EM 26. 5. 1853 (Bestät. 27. 6. 1853)

SCHATT, Werner Otto, * 26. 1. 1923 (Friedrichroda)
1959 Leiter der Abteilung Metallurgie des DAMW in Magdeburg. 1963 Abteilungsleiter am Institut für Werkstoffkunde und -prüfung der Technischen Hochschule in Magdeburg. 1966 Professor an der Technischen Hochschule in Magdeburg. 1966 Professor, 1969 Professor für Technologie an der Technischen Universität in Dresden und Direktor des Instituts für Werkstoffkunde.
KM 9. 6. 1977
Werkstoffwissenschaft, Pulvermetallurgie, Metallographie

SCHAUMANN, Adolf Friedrich Heinrich, * 19. 2. 1809 (Hannover) † 10. 12. 1882 (Hannover)
1828 Advokat in Hannover. 1838 Sekretär an der Bibliothek der Universität in Göttingen. 1839 zugleich Dozent für Diplomatie und Geschichte, 1842 Professor, 1846 Professor für Geschichte an der Universität in Jena und Direktor des staatswissenschaftlichen Seminars. 1851 Archivar, Oberbibliothekar und Historiograph des Welfenhauses. 1864 Staatsrat.
KM 31. 1. 1861
Geschichte

SCHAUMBURG–LIPPE, Wilhelm Friedrich Ernst Graf von, * 24. 1. 1724 (London) † 10. 9. 1777 (Haus Bergleben bei Wölpinghausen)
Regierender Graf von Schaumburg-Lippe.
AM 28. 8. 1749

SCHAWORONKOW, Nikolai Michailowitsch, * 25. 7./7. 8. 1907 (Gebiet Rjasan)
Professor für physikalische Chemie an der Universität in Moskau. 1944 Direktor des Instituts für Physikalische Chemie der Akademie der Wissenschaften der UdSSR in Moskau. 1953 Korrespondierendes Mitglied, 1962 Ordentlicher Akademiker für anorganische Chemie und chemische Technologie der Akademie der Wissenschaften der UdSSR.
AM 21. 2. 1974 Physikalische Chemie

SCHAY, Gèza, * 26. 5. 1900 (Wien)
1929 Privatdozent, 1939 Professor für physikalische Chemie an der Universität in Budapest. 1949 Professor für physikalische Chemie an der Technischen Universität in Budapest. 1949 zugleich Direktor des Ungarischen Forschungsinstituts für die Gummiindustrie. 1954 Direktor des Zentralinstituts für Chemie der Ungarischen Akademie der Wissenschaften in Budapest.
KM 22. 11. 1962; AM 20. 5. 1969
Physikalische Chemie

SCHEEL, Heinrich, * 11. 12. 1915 (Berlin)
1960 Professor für Geschichte der Neuzeit an der Universität in Berlin. 1961 zugleich Stellvertr. Direktor des Instituts für Geschichte (jetzt Zentralinstitut für Geschichte) der Akademie in Berlin. 1968 Abteilungsleiter, 1970 Bereichsdirektor am Institut. 1964 – 1968 Mitglied des Vorstandes der Arbeitsgemeinschaft der gesellschaftswissenschaftlichen Institute und Einrichtungen der Akademie. 1972 Vizepräsident. 1966 Friedrich-Engels-Preis der Akademie. 1977 Nationalpreis.
OM 29. 5. 1969
Geschichte, Deutsche Geschichte der Neuzeit

SCHEFFER–BOICHORST, Paul, * 25. 5. 1843 (Elberfeld) † 17. 1. 1902 (Berlin)
1871 Mitarbeiter der Monumenta Germaniae Historica in Berlin. 1875 Professor für Geschichte an der Universität in Gießen. 1876 Professor für Geschichte an der Universität in Straßburg. 1890 Professor für Geschichte an der Universität in Berlin.
OM 13. 7. 1899 (Bestät. 2. 8. 1899)
Geschichte

SCHEIBEL, Johann Ephraim, * 5. 9. 1736 (Breslau) † 31. 5. 1809 (Breslau) 1795 Professor für Mathematik und Physik, später Rektor des Elisabeth-Gymnasiums in Breslau und Inspektor der protest. Schulen in Breslau.
AM 22. 9. 1791 (Bestät. 26. 9. 1791)
Mathematik, Astronomie

SCHELER, Werner, * 12. 9. 1923 (Coburg)
1959 Professor für Pharmakologie und Toxikologie an der Universität in Greifswald und Direktor des Instituts für Pharmakologie und Toxikologie. 1966 Rektor. 1971 Direktor des Forschungszentrums für Molekularbiologie und Medizin der Akademie in Berlin. 1979 Präsident der Akademie der Wissenschaften der DDR. 1970 Nationalpreis.
KM 3. 6. 1971; OM 14. 6. 1973
Pharmakologie, allgemeine und molekulare Pharmakologie

SCHELLING, Friedrich Wilhelm Joseph von, * 27. 1. 1775 (Leonberg/Württ.) † 20. 8. 1854 (Ragaz/Schweiz)
1796 – 1797 Hofmeister bei den Baronen von RIEDESEL. 1798 Professor für Philosophie an der Universität in Jena. 1803 Professor für Philosophie an der Universität in Würzburg. 1806 Professor für Philosophie an der Universität in München; zugleich Generalsekretär der Akademie der bildenden Künste in München. 1820 Professor für Philosophie an der Universität in Erlangen. 1827 Professor für Philosophie an der Universität in München. 1827 – 1842 Präsident der Bayerischen Akademie der Wissenschaften. 1842 Professor für Philosophie an der Universität in Berlin. (Sch. stand bereits am 16. 12. 1830 erstmals zur Wahl, wurde jedoch mit Stimmenmehrheit abgelehnt.)
AM 12. 4. 1832 (Bestät. 7. 5. 1832); OM 3. 12. 1842
Philosophie

SCHENDO van der BECH, Michael, * (Mazedonien) † um 1736
Kaiserl. russischer Feldarzt und Oberarzt am Landeshospital in Petersburg.
abwM 17. 7. 1726
Anatomie

SCHERER, Wilhelm, * 26. 4. 1841 (Schönborn/Nieder-Österr.) † 6. 8. 1886 (Berlin)
1864 Dozent, 1868 Professor für Germanistik an der Universität in Wien. 1872 Professor für deutsche Sprache und Literatur an der Universität in Straßburg. 1877 Professor für Germanistik an der Universität in Berlin.
KM 8. 4. 1875; OM 6. 3. 1884 (Bestät. 9. 4. 1884)
Germanistik, Literaturgeschichte

SCHERING, Ernst Christian Julius, * 13. 7. 1833 (Sandbergen bei Lüneburg) † 2. 11. 1897 (Göttingen)
1860 Professor, 1868 Professor für Mathematik und Astronomie an der Universität in Göttingen und Direktor des erdmagnetischen Observatoriums. 1884 zugleich stellv. Direktor der Sternwarte in Göttingen.
KM 8. 7. 1875
Mathematik, Astronomie

SCHEUCHZER, Johann Jakob, * 2. 8. 1672 (Zürich) † 23. 6. 1733 (Zürich)
Dr. med. 1696 zweiter Stadtarzt in Zürich. 1710 Professor für Mathematik, 1733 auch Professor für Physik am Gymnasium in Zürich. 1733 zugleich Oberstadtarzt in Zürich und Chorherr.
abwM 6. 12. 1706
Mathematik, Naturgeschichte

SCHEUNERT, Carl Arthur, * 7. 6. 1879 (Dresden) † 11. 1. 1957 (Basel)
1923 Professor für Ernährungsphysiologie an der Universität in Leipzig. 1942 zugleich Präsident der Reichsanstalt für Vitaminprüfung und Vitaminforschung in Leipzig. 1946 stellv. o. Professor in Giessen. 1948 zunächst stellv. Direktor, dann Direktor des Instituts für Ernährungsforschung und der Anstalt für Vitaminforschung und Vitaminprüfung in Potsdam-Rehbrücke (heute Zentralinstitut für Ernährung der Akademie). 1951 zugleich Vizepräsident der Akademie der Landwirtschaftswissenschaften. 1951 Nationalpreis.
OM 19. 2. 1953
Tierphysiologie, Ernährungsphysiologie

SCHEURER, Samuel, gt. 25. 8. 1685 (Rönthenbach/Kt. Bern) † 20. 9. 1747 (Bern)
Professor für Theologie an der Universität in Bern.
abwM 5. 1. 1724 Theologie

SCHI (SHIH), Hu, * 17. 12. 1891 (Schanghai)
1917 Professor für Philosophie an der Universität in Peking. 1928 Präsident des China National Instituts in Schanghai. 1930 Präsident des Instituts zur Förderung von Kultur und Unterricht in Peking. Nach 1949 Botschafter der Regierung von Taiwan in den USA.
KM 2. 6. 1932 – 20. 12. 1952 (gestrichen)
Kunstwissenschaft, Numismatik

SCHIAPARELLI, Giovanni Virginio, * 14. 3. 1835 (Savigliano) † 4. 7. 1910 (Mailand)
1860 2. Astronom an der Sternwarte in Mailand. 1862 Professor für Astronomie und Direktor der Sternwarte in Mailand. Senator. (Sch. wird als bedeutendster italienischer Astronom nach GALILEI charakterisiert.)
KM 23. 10. 1879; AM 7. 7. 1904 (Bestät. 17. 10. 1904)
Astronomie, Geschichte der Astronomie

SCHIEFNER, Franz Anton,
* 6./18. 7. 1817 (Reval) † 4./16. 11. 1879 (Petersburg)
Zunächst Gymnasiallehrer in Petersburg. 1852 Adjunkt für tibetanische Sprache. 1854 Ausserordentliches Mitglied der Akademie der Wissenschaften in Petersburg. 1863 zugleich Bibliothekar der Akademie.
KM 25. 3. 1858
Sprachwissenschaft

SCHILLING Johann Jakob, * 25.4.1702 (Kleve) † 13.12.1779 (Duisburg)
Professor für Philosophie und Mathematik an der Universität in Duisburg.
abwM 1732; AM 23. 1. 1744
Mathematik

SCHINAS (SCHOINAS), Konstantinos Demetriu, * 1801 (Konstantinopel) † 22. 7. 1857 (Wien)
Professor für Rechtswissenschaft an der Universität in Athen. 1849 bis 1854 griech. Diplomat in München.
KM 10. 4. 1851
Geschichte

SCHIRMER, Walter Franz,
* 18. 12. 1888 (Düsseldorf)
1923 Privatdozent an der Universität in Freiburg i. Br. 1925 Professor für englische Philologie an der Universität in Bonn. 1929 Professor für englische Philologie an der Universität in Tübingen. 1932 Professor für englische Philologie an der Universität in Berlin. 1946 Professor für englische Philologie an der Universität in Bonn.
OM 6. 5. 1943 (Bestät. 28. 5. 1943); AM 20. 5. 1969
Anglistik

SCHIRMER, Wolfgang, * 3. 3. 1920 (Berlin)
1950 Direktor des Stickstoffwerkes Piesteritz. 1953 Werkleiter des VEB Leuna-Werke „WALTER ULBRICHT". 1954 zugleich Dozent, 1955 Professor für physikalische Chemie an der Technischen Hochschule für Chemie in Leuna-Merseburg. 1962 Stellvertr. Direktor, 1964 Direktor des Instituts (jetzt Zentralinstitut) für Physikalische Chemie der Akademie in Berlin. 1963 zugleich Professor für chemische Technologie, 1971 Professor für technische Chemie an der Universität in Berlin. 1972 Nationalpreis.
KM 23. 4. 1959; OM 15. 6. 1961
Physikalische Chemie, Absorption an Festkörperoberflächen

SCHIRMUNSKI, Viktor Maximowitsch, * 2. 8. 1891 (Petersburg) † 31. 1. 1971 (Leningrad)
Professor für deutsche Sprache und Literatur an der Universität in Leningrad und am Institut für Sprachforschung der Akademie der Wissenschaften der UdSSR.
KM 17. 5. 1956; AM 20. 5. 1969
Germanistik

SCHLACK, Paul, * 22. 12. 1897 (Stuttgart)
1924 Chemiker im Wissenschaftlichen Laboratorium der Kunstseidenfabrik der AG für Anilinfabriken in Berlin. 1926 Leiter der Laboratorien der „Aceta" GmbH in Berlin. Später bis 1962 Leiter der Abteilung Faserforschung der Farbwerke Hoechst. 1961 Honorarprofessor an der Technischen Hochschule in Stuttgart.
AM 8. 6. 1978
Polymerenchemie

SCHLAEFLI (SCHLÄFLI), Ludwig,
* 15. 1. 1814 (Graßwyl/Kt. Bern)
† 20. 3. 1895 (Bern)
1836 Lehrer für Mathematik in Thun. 1843 – 1844 Aufenthalt in Rom. 1848 Privatdozent, 1853 Professor, 1872 Professor für Mathematik an der Universität in Bern.

KM 12. 6. 1873
Mathematik

SCHLECHTENDAL, Dietrich Franz Leonhard von, * 27. 11. 1794 (Xanten) † 12. 10. 1866 (Halle/Saale)
1819 Kustos am Königl. Herbarium in Halle. 1826 zugleich Privatdozent, 1827 Professor, 1833 Professor für Botanik an der Universität in Halle und Direktor des Botanischen Gartens.
KM 13. 2. 1834
Botanik

SCHLEGEL, August Christian, * 6. 4. 1682 (Niedernhall/Hohenloh.) + begr. 14. 7. 1744 (Schwabach)
Zunächst fürstl. Oettingenscher Landeshauptmann, später Stadtmajor in Salzwedel.
abwM 15. 6. 1736

SCHLEGEL, Christian August, * 30. 1. 1667 (Saalfeld) † 17. 10. 1722 (Gotha)
1700 Bibliothekar und Antiquar bei dem Fürsten von SCHWARZBURG in Arnstadt. 1712 Sekretär und Antiquar des Fürsten FRIEDRICH II. von Sachsen-Gotha. 1715 zugleich Herzogl. sächs. Historiograph.
abwM 30. 11. 1712
Numismatik

SCHLEGEL, Hermann, * 10. 6. 1804 (Altenburg/Thür.) † 17. 1. 1884 (Leiden)
1815 Präparator, 1828 Konservator, 1858 Direktor – mit dem Titel Professor – am Naturhistorischen Reichsmuseum in Leiden.
KM 23. 11. 1865
Zoologie

SCHLEGEL, August Wilhelm von, * 8. 9. 1767 (Hannover) † 12. 5. 1845 (Bonn)
Dichter und Schriftsteller. 1798 Professor für Sanskrit an der Universität in Jena. 1801 Professor für Sanskrit an der Universität in Berlin. 1804 Reisebegleiter der Frau von STAEL. 1818 Professor für orientalische Sprachen an der Universität in Bonn.
AM 21. 3. 1822 (Bestät. 18. 4. 1822)
Orientalistik

SCHLEIERMACHER, Friedrich Daniel Ernst, * 21. 1. 1768 (Breslau) † 12. 2. 1834 (Berlin)
1790 Hauslehrer bei dem Grafen DOHNA-SCHLOBITTEN zu Finkenstein. 1794 Hilfsprediger in Landsberg an der Warthe. 1796 Prediger an der Charité in Berlin. 1802 Hofprediger in Stolpe. 1804 Professor für Theologie und Philosophie an der Universität in Halle. 1809 Prediger an der Dreifaltigkeitskirche in Berlin. 1810 zugleich Professor für Theologie an der Universität in Berlin. 1815 – 1816 Rektor der Universität. 1815 – 1826 Sekretar der Philosophischen Klasse, 1826 – 1830 Sekretar der Philosophisch-historischen Klasse der Akademie.
OM 29. 3. 1810 (Bestät. 7. 4. 1810)
Theologie, Philosophie

SCHLENK, Wilhelm, * 22. 3. 1879 (München) † 28. 4. 1943 (Tübingen)
1910 Privatdozent an der Universität in München. 1913 Professor für Chemie an der Universität in Jena. 1916 Professor für Chemie an der Universität in Wien. 1921 Professor für Chemie an der Universität in Berlin und Direktor des I. Chemischen Instituts der Universität. 1935 Professor für Chemie an der Universität in Tübingen.
OM 11. 5. 1922 (Bestät. 23. 10. 1922); AM 30. 9. 1935
Chemie

SCHLICHTEGROLL, Adolf Heinrich Friedrich von (1808), * 8. 12. 1765 (Wal-

tershausen) † 4. 12. 1822 (München)
1787 Lehrer, später Professor am Gymnasium in Gotha. 1808 Konservator an der Hofbibliothek des Herzogs ERNST II. in Gotha. 1807 Sekretär der Bayerischen Akademie der Wissenschaften in München.
KM 25. 6. 1812
Archäologie, Numismatik

SCHLIEFFEN, Martin Ernst von,
* 30. 10. 1732 (Pudenzig/Pomm.)
† 15. 9. 1825 (Windhausen/Hessen)
1745 Eintritt in den preuss. Militärdienst. 1757 Eintritt in den hess. Militärdienst. 1763 General, 1772 Generalleutnant und Staatsminister in Hessen. 1789 erneuter Eintritt in preuss. Dienste. Generalleutnant und Gouverneur von Wesel. (Sch. war 1776 als „Oberfeldherr-Geschäftsführer" im Auftrage des hess. Landgrafen während des Transportes hessischer Truppen nach Amerika Gesandter in London. Nach seinem Wiedereintritt in preuss. Dienste stand er verschiedentlich im diplomatischen Dienst. 1790 war er Oberbefehlshaber der preuss. Truppen, die in das Bistum Lüttich einmarschierten. Sch. hinterließ Arbeiten zur Familiengeschichte und zur Geschichte des Adels.)
EM 3. 2. 1791; AM 1793; EM 24. 1. 1812

SCHLOTHEIM, Ernst Friedrich Freiherr von, * 2. 4. 1764 (Almenhausen/Thür.)
† 28. 3. 1832 (Gotha)
1805 dirigierender Rat, 1817 Präsident des Kammerkollegiums in Gotha. Später Oberhofmarschall und Wirkl. Geh. Rat in Gotha.
EM 13. 12. 1827 (Bestät. 4. 1. 1828)
Paläontologie

SCHLÜTER, Andreas, * um 1660 (Danzig) † Mai 1714 (Petersburg)[1)]
1694 Hofbildhauer und Lehrer an der Bildhauerakademie in Berlin, 1695 Direktor der Bildhauerakademie. 1699 leitender Architekt und Oberschloßbaudirektor. 1713 Architekt. 1714 Baudirektor in Petersburg.
anwM 11. 3 1701
Architektur, Bauwesen

1) Geburtstag und -ort sowie das genaue Todesdatum sind nicht sicher zu ermitteln. Als Geburtstag wird auch der 20. 5. 1664, als Geburtsort werden auch Hamburg, Braunschweig und Lüneburg genannt.)

SCHLÜTER, Johann Heinrich, * um 1669 † 29. 9. 1731 (Berlin)
Advokat und Syndikus der Stadt Berlin. Geh. Justiz-, Oberappelations- und Kammergerichtsrat. Zeitweise Bürgermeister in Berlin. 1718 – 1719, 1722 – 1723, 1726 – 1727 und 1730 – 1731 Vizepräsident der Akademie. 1717 – 1731 zugleich Direktor der Historischen Klasse der Akademie.
anwM 27. 10. 1710
Rechtswissenschaft

SCHMELLER, Joseph Andreas,
* 6. 8. 1785 (Tirschenreuth)
† 27. 7. 1852 (München)
1828 Professor für ältere deutsche Sprache und Literatur an der Universität in München. 1829 Kustos, 1840 Unterbibliothekar an der Hof- und Staatsbibliothek in München. 1846 Professor für deutsche Philologie an der Universität in München. (Sch. begründete 1808 gemeinsam mit S. HOPF in Basel eine pädagog. Privatanstalt, die bis 1813 bestand. 1813 Teilnahme am Befreiungskrieg als Oberleutnant.)
KM 18. 2. 1836
Deutsche Philologie

SCHMELOVSKY, Karl-Heinz,
* 10. 2. 1930 (Böhmisch-Leipa)
1966 Professor für Physik an der Universität in Rostock. 1967 Bereichsdirektor am Institut für Schwingungsforschung (Heinrich-Hertz-Institut) der Akademie (jetzt Zentralinstitut für solarterrestri-

sche Physik der Akademie) in Berlin. 1972 Bereichsdirektor an der Forschungsstelle für kosmische Elektronik (jetzt Institut für Elektronik) der Akademie. 1976 Nationalpreis.
KM 11. 6. 1970; OM 14. 6. 1979
Physik, Elektronik, Signaltheorie

SCHMETTERER, Leopold, * 8.11.1919 (Wien)
Professor für Mathematik an der Universität und an der Technischen Hochschule in Wien. Generalsekretär der Österreichischen Akademie der Wissenschaften in Wien.
AM 9. 6. 1977
Mathematik

SCHMID, Erich, * 4. 5. 1896 (Bruck/a. d. Mur)
1928 Abteilungsleiter am Institut für Metallforschung der Kaiser-Wilhelm-Gesellschaft zur Förderung der Wissenschaften in Berlin-Dahlem. 1932 Professor für Physik an der Universität in Freibourg/Schweiz und Direktor des Physikalischen Instituts. 1936 Leiter des Metall-Laboratoriums der Metallgesellschaft AG in Frankfurt a. M. 1946 Leiter des Laboratoriums für Vakuumschmelze AG in Hanau. 1951 Professor für Physik an der Universität in Wien und Direktor des II. Physikalischen Instituts. 1963 – 1966 und 1967 – 1973 Präsident, 1966 – 1967 und 1973 Vizepräsident der Österreichischen Akademie der Wissenschaften in Wien.
AM 4. 9. 1969
Metallphysik

SCHMID, Johann Andreas, * 18. 8. 1652 (Worms) † 12. 6. 1726 (Helmstedt)
1679 Professor für Mathematik, 1683 auch Professor für Logik und Metaphysik an der Universität in Jena. 1695 – 1699 Professor für Theologie und kirchliche Antiquitäten an der Universität in Helmstedt. Zuletzt Abt in Marienthal.
abwM 11. 3. 1701
Theologie

SCHMIDT, Adolf Friedrich Karl, * 23. 7. 1860 (Breslau) † 17. 10. 1944 (Gotha)
1884 Lehrer, 1898 Professor am Gymnasium in Gotha. 1902 Abteilungsvorsteher am Meteorologischen Institut in Gotha. 1907 Professor für Geophysik an der Universität in Berlin. 1909 zugleich Vorsteher des Meteorolog.-Magnet. Observatoriums in Potsdam. Geh. Regierungsrat.
KM 17. 1. 1929
Geophysik

SCHMIDT, Johann Oswald Erhard, * 1./13. 1. 1876 (Dorpat) † 6. 12. 1959 (Berlin)
1917 – 1950 Professor für Mathematik an der Universität in Berlin. 1929 Rektor. 1949 Nationalpreis.
OM 27. 6. 1918 (Bestät. 1. 8. 1918)
Mathematik

SCHMIDT, Erich, * 20. 6. 1853 (Jena) † 30. 4. 1913 (Berlin)
1875 Privatdozent an der Universität in Würzburg. 1877 Professor für deutsche Philologie an der Universität in Straßburg. 1880 Professor für deutsche Philologie an der Universität in Wien. 1886 Direktor des Goethe-Archivs in Weimar. 1887 Professor für deutsche Sprache und Literatur an der Universität in Berlin. 1909 Rektor. Geh. Regierungsrat.
OM 10. 1. 1895 (Bestät. 18. 2. 1895)
Germanistik

SCHMIDT, Friedrich Karl, * 15./27. 1. 1832 (Kaisma/Livland) † 8./21. 11. 1908 (Petersburg)
1872 Adjunkt, 1874 Ausserordentliches Mitglied, 1885 Ordentlicher Akademiker für Geologie und Paläontologie an der Akademie der Wissenschaften in Petersburg.

KM 8. 2. 1900
Paläontologie

SCHMIDT, Johannes, * 29. 7. 1843 (Prenzlau) † 4. 7. 1901 (Berlin)
1868 Privatdozent, 1873 Professor für indogermanische Sprache an der Universität in Bonn. 1873 Professor für indogermanische Sprache an der Universität in Graz. 1876 Professor für indogermanische Sprache an der Universität in Berlin.
OM 6. 3. 1884 (Bestät. 9. 4. 1884)
Vergleichende Sprachwissenschaft

SCHMIDT, Jonas, * 7. 10. 1885 (Wiesbaden) † 13. 3. 1958 (Wiesbaden)
1913 Privatdozent an der Universität in Bonn. 1919 Professor, 1920 Professor für Tierzucht und Tierernährung an der Universität in Jena. 1921 Professor für Tierzucht und Tierernährung an der Universität in Göttingen. 1935 Professor für Tierzucht und Tierernährung an der Universität in Berlin und Direktor des Instituts für Tierzucht- und Haustiergenetik; zugleich Direktor des Instituts für Tierzuchtforschung der Kaiser-Wilhelm-Gesellschaft zur Förderung der Wissenschaft in Dummersdorf. 1946 Professor für Tierzucht und Tierernährung an der Landwirtschaftlichen Hochschule in Hohenheim.
KM 26. 1. 1950
Tierzucht, Tierernährung

SCHMIDT, Karl Ernst, * 10. 7. 1924 (Liebengrün/Kr. Lobenstein)
1954 Direktor der Fachschule für Geologie, 1959 Leiter des Geologischen Dienstes in Jena. 1961 Hauptgeologe des VEB Geologische Forschung und Erkundung. 1963 Direktor des Zentralen Geologischen Instituts in Berlin. 1970 zugleich Professor für Geologie an der Bergakademie in Freiberg.
KM 14. 6. 1973
Geologie, Geowissenschaften

SCHMIDT, Ludwig, * 16. 7. 1862 (Dresden) † 10. 3. 1944 (Dresden)
Professor Dr. phil.. 1885 Bibliothekar, später Oberbibliothekar an der Sächsischen Landesbibliothek in Dresden.
KM 12. 3. 1942 (Bestät. 14. 4. 1942)
Philologie, Geschichte

SCHMIDT, Samuel Heinrich, * 3. 2. 1688 (Marienwerder) † um 1738
Braunschweig. Hofrat in Braunschweig. Preuß. Kriegsrat. Numismatiker. (Sch. hält sich von 1735 – 1737 in Berlin auf und ordnet das Münzkabinett. Er hat wahrscheinlich Berlin 1737 wieder verlassen.)
anwM 15. 9. 1735; abwM 1737

SCHMIDT–OTT, Friedrich, * 4. 6. 1860 (Potsdam) † 28. 4. 1956 (Berlin)
Dr. jur. 1888 Referatsleiter, 1894 Geh. Regierungsrat und vortragender Rat, 1908 Abteilungsdirigent im Ministerium für geistl., Unterrichts- und Medizinalangelegenheiten in Berlin. 1917 Preußischer Kultusminister. 1919 2. Vorsitzender der Kaiser-Wilhelm-Gesellschaft zur Förderung der Wissenschaften in Berlin. 1920 – 1934 Präsident der Notgemeinschaft der Deutschen Wissenschaft. Wirkl. Geh. Rat.
EM 19. 2. 1914 (Bestät. 2. 3. 1914)

SCHMIEDEBERG, Johann Ernst Oswald, * 11. 10. 1838 (Laidsen/Kurland) † 14. 7. 1921 (Baden-Baden)
1867 Privatdozent, 1868 Dozent, 1869 Professor, 1871 Professor für Arzneimittellehre an der Universität in Dorpat. 1872 Professor für Pharmakologie an der Universität in Straßburg und Direktor des Pharmakologischen Instituts.
KM 28. 7. 1910 Pharmakologie

SCHMIEDER, Siegismund, * 24.11.1685 (Löwenhain/Sa.) † 15. 10. 1717 (Lommatzsch)

Praktischer Arzt zunächst in Oschatz, später in Pirna und in Lommatzsch.
abwM 3. 10. 1715
Medizin

SCHMITZ, Ernst, * 9. 8. 1928 (Breslau)
1960 Dozent, 1963 Professor für organische Chemie an der Universität in Berlin. 1968 zugleich Abteilungsleiter im Institut für Organische Chemie (jetzt Zentralinstitut für Organische Chemie) der Akademie in Berlin.
KM 17. 4. 1975
Chemie, organische Chemie

SCHMITZ, Gerhard, * 27. 11. 1907 (Neuss a. Rhein)
1935 Abteilungsleiter der Ernst-Heinkel-Flugzeugwerke. 1946 bis 1954 wissenschaftliche Tätigkeit in der UdSSR. 1954 Professor für Strömungslehre an der Universität in Rostock und Direktor des Instituts für Strömungslehre.
OM 8. 6. 1967
Physik; Hydrodynamik, Aerodynamik

SCHMOLLER, Gustav Friedrich von (1908), * 24. 6. 1838 (Heilbronn) † 27. 6. 1917 (Harzburg)
1864 Professor, 1865 Professor für Staatswissenschaften an der Universität in Halle. 1872 Professor für Staatswissenschaften an der Universität in Straßburg. 1882 Professor für Staatswissenschaften an der Universität in Berlin. 1887 Historiograph der brandenburgischen Geschichte. (Sch. wurde 1884 Mitglied des Preuß. Staatsrates und 1899 Mitglied des Preuß. Herrenhauses.)
OM 9. 12. 1886 (Bestät. 24. 1. 1887)
Staatswissenschaften

SCHNABEL, Franz, * 18. 12. 1887 (Mannheim) † 25. 2. 1966 (München)
1920 Privatdozent, 1922 bis 1936 Professor für Geschichte an der Technischen Hochschule in Karlsruhe. 1947 Professor für Geschichte an der Universität in München.
KM 23. 10. 1947
Mittlere u. neuere Geschichte

SCHNEIDER, Johann Gottlob, * 18. 1. 1750 (Kollmen/Sa.) † 12. 1. 1822 (Breslau)
1776 Professor für alte Sprachen an der Universität in Frankfurt a. O., ab 1811 an der nach Breslau verlegten Universität. 1814 Oberbibliothekar der Universitätsbibliothek.
AM 28. 6. 1810 (Bestät. 18. 7. 1810)
Klassische Philologie

SCHNEIDER, Rober Ritter von, * 17.11.1854 (Wien) † 24.10.1909 (Wien)
Professor für klassische Archäologie an der Universität in Wien. Direktor der Antikensammlung des Kunsthistorischen Hofmuseums in Wien und Direktor des Österr. Archäologischen Instituts. Hofrat.
KM 29. 10. 1908
Klassische Archäologie

SCHOBER, Rita, * 13. 6. 1918 (Ramburg)
1952 Dozent. 1954 Professor für romanische Philologie an der Universität in Berlin und Direktor des Romanischen Instituts. 1972 Nationalpreis.
OM 4. 9. 1969
Literaturwissenschaft; romanische Literaturen und Literaturtheorie

SCHÖMANN, Georg Friedrich, * 28. 6. 1793 (Stralsund) † 25. 3. 1879 (Greifswald)
1813 Konrektor in Anklam. 1814 Konrektor in Greifswald. 1826 Professor für klassische Literatur an der Universität in Greifswald. Später zugleich Bibliothekar der Universität.
KM 17. 6. 1824
Klassische Philologie

SCHÖNBACH, Anton Emanuel,
* 29. 5. 1848 (Rumburg/Böhmen)
† 25. 8. 1911 (Schruns/Vorarlberg)
1872 Privatdozent an der Universität in Wien. 1873 Professor, 1876 Professor für deutsche Sprache und Literatur an der Universität in Graz.
KM 5. 7. 1906
Germanistik

SCHÖNBEIN, Christian Friedrich,
* 18. 10. 1799 (Metzingen/Württ.)
† 29. 8. 1868 (Gut Sauersberg bei Baden-Baden)
1820 Leiter der chemischen Arbeiten in der Fabrik von F. M. ADAM in Hamhofen bei Erlangen. 1824 Lehrer für Physik und Chemie an der Erziehungsanstalt in Keilhau. Nach vorübergehendem Aufenthalt in London und Paris 1829 Professor für Physik und Chemie, ab 1852 Professor für Chemie an der Universität in Basel. 1840 Ehrenbürger von Basel.
KM 24. 4. 1856
Chemie

SCHÖNE, Richard Kurt Theophilus,
* 5. 2. 1840 (Dresden) † 5. 3. 1922 (Berlin)
1868 Privatdozent an der Universität in Berlin. 1869 Professor für Achäologie an der Universität in Halle. 1873 Vortragender Rat für Kunstangelegenheiten im Preuß. Kultusministerium. 1880 – 1905 Generaldirektor der Königl. Museen in Berlin. Wirkl. Geh. Rat. (Sch. stand bereits am 12. 12. 1894 erstmals zur Wahl, erhielt jedoch nicht die notwendige Stimmenzahl.)
EM 21. 12. 1899 (Bestät. 5. 3. 1900)
Archäologie, Kunstgeschichte

SCHÖNEMANN, Daniel, * 16. 2. 1695 (Greifwald) † 1737 (Koppen bei Glogau) 1714 Hauslehrer in Rostock. 1716 Lehrer in Güstrow. 1721 Pfarrer in Teltow bei Potsdam. 1725 Pastor in Berlin. (Sch. genoß die besondere Förderung FRIEDRICH WILHELM's I. infolge seiner Fähigkeit, über geistliche Angelegenheiten in Versen zu sprechen. Von Sch. stammt das längste geistliche Gedicht mit 724 Strophen. In der Akademie trug er bei seiner Aufnahme als Mitglied aus dem Stegreif eine Anzahl vierzeiliger Verse vor.)
anwM 12. 9. 1725
Theologie

SCHÖNFELD, Eduard, * 22. 12. 1828 (Hildburghausen) † 1. 5. 1891 (Bonn) 1859 Professor für Astronomie und Leiter der Sternwarte in Mannheim. 1875 Professor für Astronomie an der Universität in Bonn und Direktor der Sternwarte.
KM 10. 2. 1887
Astronomie

SCHOETTGEN(IUS), Christian,
* 14. 3. 1687 (Wurzen) † 15. 12. 1751 (Dresden)
1709 Magister an der Universität in Leipzig. 1716 Direktor des Lyzeums in Leipzig. 1719 Rektor der Stadtschule in Stargard, zugleich Professor am Collegium Groeningiarnum. 1727 Rektor des Gymnasiums zum heiligen Kreuz in Dresden. (Sch. war theologischer Schriftsteller und hinterließ zugleich Arbeiten über pommersche und sächsische Geschichte sowie Schulbücher.)
abwM 30. 9. 1723
Theologie, Geschichte

SCHOTT, Johann Karl, * 1672 (Heidelberg) † 12. 12. 1717 (Berlin)
Gesandtschaftsekretär bei dem Baron SPANNHEIM in Frankreich und England. Später königl. Bibliothekar und Antiquar in Berlin. 1710 – 1717 Direktor der Historischen Klasse der Akademie. 1714 Vizepräsident der Akademie.
anwM 6. 12. 1706
Numismatik

SCHOTT, Friedrich Otto, * 17. 12. 1851 (Witten/Ruhr) † 27. 8. 1935 (Jena)
1884 Gründer, später Technischer Direktor der Fa. Jenaer Glaswerke SCHOTT & Gen., Jena.
KM 6. 7. 1916
Glastechnologie

SCHOTT, Johann Wilhelm, * 3. 9. 1802 (Mainz) † 21. 1. 1889 (Berlin)
1838 Professor für orientalische Sprachen an der Universität in Berlin.
OM 11. 2. 1841 (Bestät. 9. 3. 1841)
Sinologie

SCHOTTKY, Friedrich Hermann, * 24. 7. 1851 (Breslau) † 12. 8. 1935 (Berlin)
1878 Privatdozent an der Universität in Berlin. 1882 Professor für höhere Mathematik an der Universität in Zürich. 1892 Professor für Mathematik an der Universität in Marburg. 1902 Professor für Mathematik an der Universität in Berlin. Geh. Regierungsrat.
KM 22. 2. 1900; OM 18. 12. 1902 (Bestät. 5. 1. 1903)
Mathematik

SCHRADER, Konrad Eberhard, * 5. 1. 1836 (Braunschweig) † 3. 7. 1908 (Berlin)
1862 Privatdozent, 1863 Professor für Theologie an der Universität in Zürich. 1870 Professor für Theologie an der Universität in Gießen. 1873 Professor für Theologie an der Universität in Jena. 1875 Professor für semitische Sprachen an der Universität in Berlin. Geh. Regierungsrat.
OM 8. 4. 1875 (Bestät. 14. 6. 1875)
Theologie, Orientalistik, Assyriologie

SCHRADER, Heinrich Adolf, * 1. 1. 1767 (Alfeld/Hann.) † 22. 10. 1836 (Göttingen)
1797 Medizinalrat in Hildesheim, zugleich Privatdozent. 1803 Professor, 1809 Professor für Botanik an der Universität in Göttingen, zugleich Direktor des Botanischen Gartens und des ökonomischen Gartens.
KM 25. 6. 1812
Botanik

SCHRAUF, Albrecht, * 14. 12. 1837 (Wien) † 29. 11. 1897 (Wien)
1862 Dozent, später Professor für physikalische Mineralogie an der Universität in Wien. 1867 zugleich Kustos am Hofmineralien-Cabinett in Wien.
KM 13. 6. 1895
Mineralogie

SCHREGER, Bernhard Nathanael Gottlieb, * 6. 6. 1766 (Zeitz) † 8. 10. 1825 (Erlangen)
1793 Professor für Anatomie, Chirurgie und Geburtshilfe an der Universität in Altdorf. 1797 Professor für Medizin und Chirurgie an der Universität in Erlangen. 1804 Hofrat.
KM 25. 6. 1812
Medizin

SCHREIBER, Johann Friedrich, * 26. 5. 1705 (Königsberg) † 28. 1. 1760 (Petersburg)
1731 Militärarzt in Riga. 1737 Generalstabsarzt in russischen Diensten. 1738 Stadtphysikus in Moskau. 1739 Professor für Anatomie und Chirurgie in der Hospitalschule in Petersburg. 1740 Ehrenmitglied der Akademie der Wissenschaften in Petersburg.
abwM 31. 5. 1712
Medizin

SCHREIBER, Klaus, * 25. 1. 1927 (Lübeck)
1961 Abteilungsleiter, 1965 Professor der Akademie. Seit 1965 zugleich Professor für chemische Physiologie an der Universität in Halle. 1967 Stellvertr. Direk-

tor, 1968 Direktor des Instituts für Biochemie der Pflanzen der Akademie in Halle. 1970 – 1971 zugleich Beauftragter Leiter des Forschungsbereiches Biowissenschaften (jetzt Forschungszentrum für Molekularbiologie und Medizin) der Akademie in Berlin. 1967 und 1979 Nationalpreis.
KM 29. 5. 1969; OM 3. 6. 1971
Naturstoffchemie, Biochemie

SCHRÖDER, Edward Karl Wladimir, * 18. 5. 1858 (Witzenhausen/Werra) † 9. 2. 1942 (Göttingen)
1883 Privatdozent an der Universität in Göttingen. 1885 Privatdozent, 1887 Professor für deutsche Sprache und Literatur an der Universität in Berlin. 1889 Professor für deutsche Sprache und Literatur an der Universität in Marburg. 1902 Professor für deutsche Sprache und Literatur an der Universität in Göttingen. Geh. Regierungsrat.
KM 11. 7. 1912
Germanistik

SCHRÖDER, Kurt Erich, * 31. 7. 1909 (Berlin) † 7. 7. 1978 (Berlin)
1939 Dozent an der Universität in Berlin. 1939 Wissenschaftlicher Mitarbeiter an der Deutschen Versuchsanstalt für Luftfahrt. 1946 Professor für angewandte Mathematik an der Universität in Berlin und Direktor des II. Mathematischen Instituts. 1959 – 1965 Rektor der Universität. 1950 zugleich Direktor beim Forschungsinstitut für Mathematik der Akademie in Berlin. 1959 Direktor des Instituts für Angewandte Mathematik und Mechanik der Akademie in Berlin. 1971 Direktor des Zentralinstituts für Mathematik und Mechanik der Akademie in Berlin. 1956 Nationalpreis.
OM 28. 6. 1951
Mathematik, angewandte Mathematik

SCHROEDER, Richard, * 19. 6. 1838 (Treptow/Tollensee) † 3. 1. 1917 (Heidelberg)
1863 Privatdozent, 1866 Professor, 1870 Professor für Rechtswissenschaft an der Universität in Bonn. 1873 Professor für Rechtswissenschaft an der Universität in Würzburg. 1882 Professor für Rechtswissenschaft an der Universität in Straßburg. 1885 Professor für Rechtswissenschaft an der Universität in Göttingen. 1888 Professor für Rechtswissenschaft an der Universität in Heidelberg. Geh. Rat.
KM 18. 1. 1900
Deutsches Recht, Handelsrecht

SCHRÖDER, Robert, * 3. 8. 1884 (Rostock) † 13. 10. 1959 (Leipzig)
1914 Privatdozent, 1919 Professor für Gynäkologie an der Universität in Rostock. 1922 Professor für Gynäkologie an der Universität in Kiel. 1936 Professor für Gynäkologie an der Universität in Leipzig und Direktor der Frauenklinik der Universität. 1949 Nationalpreis.
OM 19. 2. 1953
Gynäkologie und Geburtshilfe

SCHRÖDINGER, Erwin, * 12. 8. 1887 (Wien) † 4. 1. 1961 (Wien)
1910 Privatdozent an der Universität in Berlin. 1913 Professor für Mathematik an der Universität in Bonn. 1916 Professor für Mathematik an der Universität in Berlin. 1920 Privatdozent an der Universität in Jena. 1920 Professor für Physik an der Technischen Hochschule in Stuttgart. 1921 Professor für Physik an der Universität in Breslau. 1921 Professor für theoretische Physik an der Universität in Zürich. 1927 Professor für theoretische Physik an der Universität in Berlin. 1933 Fellow Magdalenen College in Oxford. 1936 Professor für theoretische Physik an der Universität in Graz. 1939 Fondat. Francqui in Belgien, 1940 Senior-Professor für Advanced Studies in Dublin. 1956 Professor für theoretische Physik an der

Universität in Wien. 1933 Nobelpreis für Physik. (Sch. wurde auf Grund der faschistischen Rassegesetze am 11. 6. 1940 aus der Mitgliederliste gestrichten.)
OM 17. 1. 1929 (Bestät. 12. 2. 1929); AM 23. 11. 1933; OM 14. 2. 1950
Theoretische Physik

SCHROETER, Heinrich Eduard,
* 8. 1. 1829 (Königsberg i. Pr.)
† 3. 1. 1892 (Breslau)
1855 Privatdozent, 1858 Professor, 1860 Professor für Mathematik an der Universität in Breslau.
KM 6. 1. 1881
Mathematik

SCHRÖTER, Karl, * 7. 9. 1905 (Wiesbaden) † 22. 8. 1977 (Berlin)
1941 Wissenschaftlicher Hilfsarbeiter im Auswärtigen Amt. 1943 Privatdozent an der Universität in Münster. 1948 Professor m. LA., 1955 Professor für Mathematik an der Universität in Berlin; seit 1950 zugleich Direktor des Instituts für mathematische Logik. 1961 Mitglied des Direktoriums, 1967 Direktor des Instituts für reine Mathematik der Akademie. 1969 – 1977 Vorsitzender der Klasse Mathematik der Akademie. 1960 Nationalpreis.
KM 21. 6. 1962; OM 23. 4. 1964
Mathematik, mathematische Logik

SCHUBART, Wilhelm, * 21. 10. 1873 (Liegnitz) † 9. 8. 1960 (Berlin)
1900 Kustos in den Staatlichen Museen in Berlin. Leiter der Papyrussammlung. 1912 – 1937 Professor an der Universität in Berlin. 1946 Professor für Ägyptologie an der Universität in Leipzig.
KM 25. 5. 1944 (Bestät. 27. 7. 1944)
Ägyptologie, Papyruskunde

SCHUBERT, Manfred Paul Robert,
* 30. 3. 1930 (Reichenstein)
1967 Professor für Verfahrenstechnik an der Technischen Universität in Dresden; zugleich Direktor des Instituts für Verfahrenstechnik der Technischen Universität. 1974 zugleich Präsident der Kammer der Technik.
KM 14. 6. 1979
Technik, Verfahrenstechnik

SCHUBERT, Max, * 16. 9. 1926 (Plauen i. V.)
1963 Dozent, 1964 Professor für Physik an der Universität in Jena; 1963 zugleich komm. Direktor, 1967 Direktor des Physikalischen Instituts. 1971 Nationalpreis.
KM 15. 6. 1972
Physik, Laserphysik, Spektroskopie

SCHUBERT, Rudolf Martin,
* 16. 8. 1927 (Kobitzschwalde)
1964 Professor, 1969 Professor für Botanik an der Universität in Halle und Leiter des Wissenschaftsbereiches Geobotanik/Botanischer Garten.
KM 8. 6. 1978
Ökologie, Geobotanik, Pflanzensystematik

SCHUCHHARDT, Carl, * 6. 8. 1859 (Hannover) † 7. 12. 1943 (Arolsen)
Zunächst Hauslehrer bei dem Fürsten BIBESCO in Rumänien. 1886 Assistent bei den Ausgrabungen von Pergamon und bei topographischen Arbeiten in Klein-Asien. 1887 wissenschaftlicher Hilfsarbeiter bei den Berliner Museen. 1888 Direktor des Kestner-Museums in Hannover. 1908 Direktor des Museums für Vor- und Frühgeschichte in Berlin. Geh. Regierungsrat.
OM 6. 6. 1912 (Bestät. 9. 7. 1912)
Vor- und Frühgeschichte

SCHUCHARDT, Hugo, *4. 2. 1842 (Gotha) † 21. 4. 1927 (Graz)
1870 Privatdozent an der Universität in Leipzig. 1873 Professor für romanische Philologie an der Universität in Halle.

1876 Professor für romanische Philologie an der Universität in Graz. Hofrat.
AM 11. 7. 1912 (Bestät. 15. 9. 1912)
Romanische Philologie

SCHÜBLER, Johann Jakob,
gt. 21. 2. 1689 (Nürnberg) † 11. 9. 1742 (Nürnberg)
1713 Architekt und Mathematiker in Nürnberg. (Sch. war viel auf Reisen. Er gilt in der Geschichtsschreibung als Architekt und Baumeister des Barock-Zeitalters.)
abwM 10. 2. 1734
Mathematik, Architektur

SCHÜLLER, Arno, * 16. 11. 1908 (Friedrichsgrün b. Zwickau)
† 27. 2. 1963 (Heidelberg)
1938 Leiter einer mineralogischen Forschungsstelle in Spanien. 1946 wissenschaftlicher Mitarbeiter im Institut für Metallhüttenkunde der Bergakademie in Freiberg. 1946 Leiter der Abteilung Mineralogie der Geologischen Landesanstalt Berlin (später Staatl. Geolog. Kommission), 1951 zugleich Leiter der Abteilung für Buntmetall. 1952 Professor m. LA an der Universität in Berlin. 1959 Gastprofessor an der Academia Sinica in Peking. 1960 Professor für Mineralogie an der Universität in Heidelberg und Direktor des Mineralog.-Petrographischen Instituts.
OM 24. 2. 1955
Mineralogie

SCHÜRER, Emil, * 2. 5. 1844 (Augsburg) † 30. 4. 1910 (Göttingen)
1869 Privatdozent, 1873 Professor für Theologie an der Universität in Leipzig. 1878 Professor für Theologie an der Universität in Gießen. 1890 Professor für Theologie an der Universität in Kiel. 1895 Professor für Religionsgeschichte an der Universität in Göttingen. (Sch. begründete 1876 die „Theologische Literaturzeitung".)
KM 20. 7. 1893
Theologie, Religionsgeschichte

SCHÜTZE, Eustasius Friedrich,
* 3. 4. 1688 a. St. (Hayn/Harz)
† 19. 3. 1758 (Altona)
Pastor in Altona.
AM 8. 12. 1746
Theologie

SCHULTE, Aloys, * 2. 8. 1857 (Münster i. W.) † 14. 2. 1941 (Bonn)
1883 Archivsekretär in Donaueschingen. 1885 Badischer Archivrat in Karlsruhe. 1893 Professor für Geschichte an der Universität in Freiburg. 1896 Professor an der Universität in Breslau. 1903 Professor für mittlere und neuere Geschichte an der Universität in Bonn. 1901 zugleich Direktor des Preuß. Historischen Instituts in Rom. Geh. Regierungsrat.
KM 22. 6. 1922
Geschichte

SCHULTZE, Alfred, * 25. 2. 1864 (Breslau) † 2./3. 7. 1946 (Leipzig)
1889 Gerichtsassessor. 1891 Privatdozent an der Universität in Breslau. 1895 Professor für Rechtswissenschaften an der Universität in Halle. 1896 Professor für Rechtswissenschaften an der Universität in Breslau. 1897 Professor für Rechtswissenschaften an der Universität in Jena und Oberlandesgerichtsrat. 1904 Professor für Rechtswissenschaften an der Universität in Freiburg. 1917 Professor für Rechtswissenschaften an der Universität in Leipzig. Geh. Hofrat.
KM 10. 7. 1930
Deutsche Rechtsgeschichte, bürgerliches Recht, Kirchenrecht

SCHUL(T)ZE, Johann Heinrich,
* 12. 5. 1687 (Colbitz/Hzm. Magdeburg)
† 10. 10. 1744 (Halle/Saale)
Dr. med., 1708 Lehrer am Pädagogicum

in Halle. 1720 Professor für Medizin, 1729 auch Professor für griechische und arabische Sprache an der Universität in Altdorf. 1732 Professor für Medizin, Beredsamkeit und Altertümer an der Universität in Halle.
abwM 5. 10. 1729
Medizin, Philologie

SCHULZ, Gerhard, * 8. 3. 1927 (Mengelsdorf/Kr. Görlitz)
1966 Professor für politische Ökonomie des Sozialismus, 1967 Leiter des Lehrstuhls für politische Ökonomie des Sozialismus, 1977 Direktor des Instituts für Politische Ökonomie des Sozialismus der Akademie für Gesellschaftswissenschaften beim ZK der SED in Berlin. 1969 und 1976 Nationalpreis.
KM 8. 6. 1978
Politische Ökonomie des Sozialismus; Produktionsverhältnisse, intensiv erweiterte Reproduktion

SCHULZE, Franz Eilhard, * 22. 3. 1840 (Eldena b. Greifswald) † 29. 10. 1921 (Berlin)
1863 Privatdozent, 1865 Professor für vergl. Anatomie, 1871 Professor für Zoologie und vergl. Anatomie an der Universität in Greifswald. 1873 Professor für Zoologie an der Universität in Graz. 1884 Professor für Zoologie an der Universität in Berlin und Direktor des Zoologischen Instituts. Geh. Regierungsrat.
OM 19. 6. 1884 (Bestät. 21. 6. 1884)
Zoologie

SCHULZE, Johann Karl Gottlieb, * 5. 4. 1749 (Berlin) † 9. 6. 1790 (Berlin)
Oberbaurat. Professor für Mathematik bei dem Feldartilleriekorps in Berlin.
OM 16. 10. 1777
Mathematik

SCHULZE, Johannes Karl Hartwig, * 15. 1. 1786 (Bruel/Meckl.) † 20. 2. 1869 (Berlin)
1808 Professor am Gymnasium in Weimar. 1812 Oberschul- und Studienrat am Gymnasium in Hanau. 1816 Schulrat bei dem Konsistorium in Koblenz. 1818 Geh. Oberregierungsrat und vortragender Rat im Ministerium für geistl., Unterrichts- und Medizinalangelegenheiten und Direktor der Unterrichtsabteilung in Berlin. 1852 Wirkl. Geh. Oberregierungsrat. Mitglied der Militärstudienkommission und der Direktion der Kriegsakademie in Berlin. (Sch. beteiligte sich u. a. an der Ausgabe der Werke WINKELMANN's und HEGEL's.)
EM 15. 6. 1854 (Bestät. 22. 7. 1854)

SCHULZE, Wilhelm, * 15. 12. 1863 (Burgsteinfurt) † 16. 1. 1935 (Neu-Babelsberg)
1890 Privatdozent an der Universität in Greifswald. 1892 Professor für klassische Philologie an der Universität in Marburg. 1895 Professor für klassische Philologie an der Universität in Göttingen. 1902 Professor für klassische Philologie an der Universität in Berlin.
OM 22. 10. 1903 (Bestät. 16. 11. 1903)
Vergleichende Sprachwissenschaft

SCHUMACHER, Heinrich Christian, * 3. 9. 1780 (Bramstedt/Holstein) † 28. 12. 1850 (Altona)
1810 Professor für Astronomie an der Universität in Kopenhagen. 1813 Direktor der Sternwarte in Mannheim. 1815 erneut Professor für Astronomie an der Universität in Kopenhagen. Dän. Etatsrat (SCHUMACHER wohnte in der Regel in Altona, wo ihm ein eigenes Observatorium errichtet worden war. SCHUMACHER begründete 1821 die wissenschaftlichen Zeitschrift „Astronomische Nachrichten".)
KM 22. 6. 1826
Astronomie

SCHUMACHER von MARIENFRID, Siegmund, * 26. 1. 1872 (Innsbruck) † 31. 5. 1944 (Innsbruck)
1904 Privatdozent, 1908 Professor für Histologie und Embryologie an der Universität in Wien. 1915 Professor für Embryologie an der Universität in Innsbruck.
KM 22. 6. 1939 (Bestät. 4. 7. 1939)
Vergl. Anatomie

SCHUR, Issai, * 10. 1. 1875 (Mohilew/Dnepr) † 10. 1. 1941 (Tel-Aviv)
1919 bis 1933 Professor für Mathematik an der Universität in Berlin. (Sch. wurde auf Grund der faschistischen Rassegesetze zum Austritt aus der Akademie gezwungen, legte seine Mitgliedschaft am 12. 10. 1938 nieder und wurde aus der Mitgliederliste gestrichen.)
OM 8. 12. 1921 (Bestät. 31. 12. 1921)
Mathematik

SCHURMANN, Jacob Gould, * 22. 5. 1854 (Freetown/Pr. Edward-Isl.) † 12. 8. 1942 (New York)
1886 Professor für Philosophie an der Cornell-Universität in Ithaca. 1892 – 1920 Rektor. 1925 – 1930 Botschafter der USA in Berlin.
EM 14. 11. 1929 (Bestät. 11. 12. 1929)

SCHWAB, Johann Christoph, * 10. 12. 1743 (Ilsfeld/Württ.) † 15. 4. 1821 (Stuttgart), (Vater des Dichters SCHWAB, Gustav)
1778 Professor für Logik und Metaphysik an der Karlsschule in Stuttgart. 1785 geheim. Sekretär im württemb. Staatsministerium. 1794 württemb. wirkl. Regierungsrat, Mitglied der Oberstudiendeputation in Stuttgart. Geh. Hofrat (Sch. erhielt sein Mitgliederdiplom erst im Januar 1789. Im Jahre 1812 wurde er in der Mitgliederliste ausgelassen. Auf Grund seiner Beschwerde vom 1. 1. 1819 wurde ihm die Mitgliedschaft bestätigt.)
AM 21. 8. 1788 (in der öffentl. Sitzung bekanntgegeben); EM 24. 1. 1812
Logik und Metaphysik

SCHWABE, Kurt, * 29. 5. 1905 (Reichenbach i. V.)
1934 Chefchemiker in Kriebstein. 1934 zugleich Privatdozent, 1939 Professor für chemische Technologie an der Technischen Hochschule in Dresden. 1944 Leiter und Inhaber des Forschungsinstituts für Chemische Technologie in Meinsberg/Sa. 1949 zugleich Professor für Elektrochemie und physikalische Chemie an der Technischen Hochschule (jetzt Universität) in Dresden und Direktor des Instituts für Elektrochemie und physikalische Chemie. 1961 Rektor. 1958 zugleich Stellvertr. Direktor, 1964 Direktor am Zentralinstitut für Kernforschung der Akademie in Rossendorf. 1965 – 1980 Präsident der Sächsischen Akademie der Wissenschaften in Leipzig. 1971 – 1980 zugleich Vizepräsident der Akademie in Berlin. 1954 und 1961 Nationalpreis.
OM 19. 2. 1953
Physikalische Chemie, Elektrochemie, Radiochemie, Korrossionsschutz

SCHWALBE, Georg Christian, * 25. 2. 1691 (Quedlinburg) † 15. 8. 1761 (Quedlinburg)
Dr. med.; Leibarzt in Quedlinburg.
abwM 6. 2. 1726
Medizin

SCHWALBE, Gustav, * 1. 8. 1844 (Quedlinburg) † 23. 4. 1916 (Straßburg)
1870 Privatdozent an der Universität in Halle, 1871 in Freiburg i. Br. 1871 Professor an der Universität in Leipzig. 1873 Professor für Anatomie an der Universität in Jena und Direktor des Anatomischen Instituts. 1881 Professor für Anatomie an der Universität in Königsberg. 1883 Professor für Anatomie an der Universität in Straßburg. Geh. Medizinalrat.

KM 28. 7. 1910
Anatomie

SCHWANN, Theodor, * 7. 12. 1810 (Neuß/Rhein) † 11. 1. 1882 (Köln)
1834 Dr. med. in Berlin, Gehilfe am Anatomischen Museum in Berlin. 1838 Professor für Anatomie an der Universität in Löwen. 1848 Professor für allgemeine und spezielle Anatomie, 1858 Professor für Physiologie und vergleichende Anatomie an der Universität in Lüttich.
KM 27. 4. 1854
Physiologie und Anatomie

SCHWAR(E)TZ, Carl Gottlieb, * 27. 2. 1746 (Schweidnitz) † 14. 5. 1798 (Berlin)
siehe: SUAREZ, Karl Gottlieb

SCHWARTZ, Eduard, * 22. 8. 1858 (Kiel) † 13. 2. 1940 (München)
1884 Privatdozent an der Universität in Bonn. 1887 Professor für klassische Philologie an der Universität in Rostock. 1893 Professor für klassische Philologie an der Universität in Gießen. 1897 Professor für klassische Philologie an der Universität in Straßburg. 1902 Professor für klassische Philologie an der Universität in Göttingen. 1909 Professor für klassische Philologie an der Universität in Freiburg. 1914 Professor für klassische Philologie an der Universität in Straßburg. 1919 Professor für klassische Philologie an der Universität in München. Präsident der Bayerischen Akademie der Wissenschaften in München. Geh. Rat.
KM 2. 5. 1907
Klassische Philologie

SCHWARZ, Karl Hermann Amandus, * 25. 1. 1843 (Hermsdorf unterm Kynast) † 30. 11. 1921 (Berlin), (Schwiegersohn von KUMMER, E. E.)
1866 Privatdozent für Mathematik an der Universität in Berlin; zugleich Lehrer an höheren Schulen in Berlin. 1867 Professor für Mathematik an der Universität in Halle. 1869 Professor für höhere Mathematik am Polytechnikum in Zürich. 1875 Professor für Mathematik an der Universiät in Göttingen. 1892 Professor für Mathematik an der Universität in Berlin. Geh. Regierungsrat.
OM 17. 11. 1892 (Bestät. 19. 12. 1892)
Mathematik

SCHWARZ, Christian Gottlieb, * 4. 9. 1675 (Leisnig/Sa.) † 24. 2. 1751 (Altdorf)
1709 Professor für Eloquenz, Poesie und Moralphilosophie, später auch für Geschichte an der Universität in Altdorf.
abwM 19. 7. 1730
Philologie

SCHWARZ, Egbert, * 22. 6. 1890 (Riga) † 23. 12. 1966 (Erfurt)
1921 Dozent, 1926 Professor für Chirurgie an der Universität in Rostock. Zugleich Oberarzt an der Chirurgischen Klinik der Universität. 1934 Chefarzt der Chirurgischen Klinik der Städtischen Krankenanstalten in Erfurt. 1954 Professor für Chirurgie und Direktor der Chirurgischen Klinik und Poliklinik der Medizinischen Akademie in Erfurt. 1. Rektor der Medizinischen Akademie.
KM 10. 2. 1955
Chirurgie

SCHWARZ, Johann Friedrich, gt. 17. 8. 1675 (Halle/Sa.) † begr. 1. 3. 1716 (Berlin)
Hofarzt in Berlin.
anwM 7. 1714
Anatomie

SCHWARZSCHILD, Karl, * 9. 10. 1873 (Frankfurt a. Main) † 11. 5. 1916 (Potsdam)
1896 Assistent an der „von Kuffnerschen Sternwarte" in Wien. 1899 Privatdozent

an der Universität in München. 1901 Professor, 1902 Professor für Astronomie an der Universität in Göttingen und Direktor der Sternwarte. 1909 Direktor des Astrophysikalischen Oberservatoriums in Potsdam.
OM 9. 5. 1912 (Bestät. 14. 6. 1912)
Astrophysik, Physik

SCHWEITZER, Albert, * 14. 1. 1875 (Kaysersberg/Elsaß) † 4. 9. 1965 (Lambarene)
Dr. theol., Dr. phil, Dr. med., Professor. 1902 – 1905 Privatdozent an der Universität in Straßburg. 1913 – 1917 und seit 1924 Missionsarzt in Lambarene und Leiter des Spitals. 1952 Friedensnobelpreis. (Sch. wurde 1917 bei seiner Rückkehr nach Europa interniert. Er kehrte 1924 nach Lambarene zurück.)
EM 13. 6. 1929 (Bestät. 2. 7. 1929)
Tropenmedizin, Philosophie, Theologie, Musikwissenschaft

SCHWEITZER, Bernhard Gustav, * 3. 10. 1892 (Wesel) † 16. 7. 1966 (Tübingen)
1921 Privatdozent an der Universität in Heidelberg. 1925 Professor für klassische Archäologie an der Universität in Königsberg. 1932 Professor für klassische Archäologie an der Universität in Leipzig. 1948 Professor für klassische Archäologie an der Universität in Tübingen.
KM 30. 11. 1944
Archäologie, antike Kunst, Religionsgeschichte

SCHWENDERER, Simon, * 10. 2. 1829 (Buchs/Schweiz) † 27. 5. 1919 (Berlin)
1857 Privatdozent für Botanik an der Universität in Zürich. 1860 Privatdozent für Botanik an der Universität in München. 1867 Professor für Botanik an der Universität in Basel und Direktor des Botanischen Gartens. 1877 Professor für Botanik an der Universität in Tübingen. 1878 Professor für physiologische Botanik an der Universität in Berlin. 1887 – 1888 Rektor der Universität. 1912 Helmholtz-Medaille der Akademie. Geh. Regierungsrat.
OM 19. 6. 1879 (Bestät. 13. 7. 1879)
Botanik

SCHWIETERING, Julius, * 25. 5. 1884 (Engter/Bez. Osnabrück) † 21. 7. 1962 (Frankfurt a. M.)
1914 Mitarbeiter am Museum für Hamburgische Geschichte. 1921 Privatdozent an der Universität in Hamburg. 1923 Direktor des Kunstgewerbe- und Historischen Museums in Bremen. 1924 Professor für deutsche Sprache und Literatur an der Universität in Leipzig. 1928 Professor für deutsche Sprache und Literatur an der Universität in Münster. 1932 Professor für deutsche Sprache und Literatur an der Universität in Frankfurt a. M.. 1938 Professor für deutsche Sprache und Literatur an der Universität in Berlin. 1946 Professor für deutsche Sprache und Literatur an der Universität in Frankfurt a. M..
OM 2. 3. 1939 (Bestät. 29. 4. 1939)
Deutsche Philologie

SCHWYZER, Eduard, * 15. 2. 1874 (Zürich) † 3. 5. 1943 (Berlin)
1902 Privatdozent, 1909 Professor, 1912 Professor für vergleichende Sprachwissenschaft an der Universität in Zürich. 1927 Professor für vergleichende Sprachwissenschaft an der Universität in Bonn. 1932 Professor für vergleichende Sprachwissenschaft an der Universität in Berlin.
OM 14. 1. 1937 (Bestät. 18. 2. 1937)
Vergleichende Sprachwissenschaft

SCOTT, Dukinfield Henry, * 28. 11. 1854 (London) † 29. 1. 1934 (Oakley/Hants)
1892 Leiter des Jordell-Laboratoriums des Botanischen Gartens in Kew. 1908

Präsident der Linnean Society in London. 1912 – 1916 Foreign Secretary der Royal Society in London. Zuletzt Botaniker in Oakley, Hants.
KM 28. 1. 1932
Botanik

SECCHI, Giovanni Pietro (Giampietro) S. J., * 15. 7. 1798 (Sabbione bei Reggio-Emilia) † 10. 5. 1856 (Rom)
Archäologe in Rom. (S. stand bereits am 27. 2. 1845 erstmals zur Wahl, erhielt jedoch nicht die erforderliche Stimmenzahl)
KM 19. 3. 1846
Klassische Archäologie

SECKEL, Emil, * 10. 1. 1864 (Neuenheim b. Heidelberg) † 26. 4. 1924 (Todtmoos/Baden)
1895 Privatdozent, 1898 Professor, 1901 Professor für römisches Recht an der Universität in Berlin. Geh. Justizrat.
OM 7. 12. 1911 (Bestät. 4. 1. 1912)
Rechtswissenschaft, Römisches Recht

SECONDAT, Charles de, * 18. 1. 1689 (La Brède bei Bordeaux) † 10. 2. 1755 (Paris)
siehe: MONTESQUIEU, Charles de SECONDAT, Baron de,

SECONDAT, Jean-Baptiste Baron de, * 1716 (Martillac/Gironde) † 17. 6. 1796 (Bordeaux), (Sohn von SECONDAT de MONTESQUIEU, Charles)
Rat im Parlament von Guienne und Mitglied der Akademie von Bordeaux.
AM 17. 4. 1755

SEEBECK, Ludwig Friedrich Wilhelm August, * 27. 12. 1805 (Jena) † 19. 3. 1849 (Dresden), (Sohn von SEEBECK, Thomas Johann)
1829 – 1832 Lehrer für Physik zunächst am Friedrich-Werderschen-, danach Oberlehrer am Cöllnischen-Realgymnasium in Berlin. Zugleich auch Lehrer für Physik an der allgemeinen Kriegsschule in Berlin, seit 1831 auch Privatdozent an der Universität in Berlin. 1843 Direktor der Technischen Bildungsanstalt in Dresden. 1849 Professor für Physik an der Universität in Leipzig.
KM 23. 1. 1845
Physik

SEEBECK, Thomas Johann, * 29. 3./9. 4. 1770 (Reval) † 10. 12. 1831 (Berlin)
1802 Dr. med., anschließend privatisiert in Jena, Bayreuth und Nürnberg. (S. veröffentlichte zahlreiche Arbeiten zur Physik, besonders zum Magnetismus und zur Elektrizität.)
KM 25. 6. 1818; OM 26. 11. 1818 (Bestät. 1. 1. 1819)
Physik

SEELIGER, Hugo Hans Ritter von, * 23. 9. 1849 (Biala/Galizien) † 2. 12. 1924 (München)
1873 Observator in Bonn. 1874 Leiter der Venusexpedition nach den Auckland-Inseln. 1877 Privatdozent an der Universität in Bonn. 1878 Privatdozent an der Universität in Leipzig. 1881 Direktor der Sternwarte in Gotha. 1882 Professor für Astronomie an der Universität in München und Direktor der Sternwarte in München. Präsident der Bayerischen Akademie der Wissenschaften zu München. Geh. Rat.
KM 11. 1. 1906
Astronomie

SEELIGER, Rudolf, * 12. 11. 1886 (München) † 20. 1. 1965 (Greifswald), (Sohn von SEELIGER, Hugo)
1915 Privatdozent an der Universität in Berlin. 1918 Professor, 1921 Professor für theoretische Physik an der Universität in Greifswald. 1939 Professor für Experimentalphysik an der Universität in

Greifswald und Direktor des Physikalischen Instituts. 1946 Rektor. 1952 zugleich Direktor des Instituts für Gasentladungsphysik der Akademie in Greifswald. 1950 Nationalpreis.
OM 24. 2. 1949
Experimentalphysik

SEEWALD, Friedrich Heinrich,
* 15. 1. 1895 (Odenkirchen/Rhld.)
1942 Professor für Strömungslehre an der Technischen Hochschule in Aachen und Direktor des Instituts für Strömungslehre. (S., während der faschistischen Diktatur in Deutschland zeitweilig Direktor der Deutschen Versuchsanstalt für Luftfahrt, wurde auf Vorschlag der Akademie vor deren Wiedereröffnung 1946 aus der Mitgliederliste gestrichen. Seine Mitgliedschaft endete damit am 8. 5. 1945.)
OM 2. 3. 1939 – 8. 5. 1945 (Bestät. 29. 4. 1939)
Technik

SEFSTRÖM, Nils Gabriel, * 2. 6. 1787 (Ilsbo/Hälsingland) † 30. 11. 1845 (Stockholm)
1813 Unterarzt, zugleich von 1812 – 1820 Lehrer für Chemie und Naturgeschichte an der Kriegsakademie in Carlsberg und Adjunkt für Chemie am Carolinischen medizinisch-chirurg. Institut. 1820 Lehrer für Chemie an der Bergschule in Fahlun, Mitglied des Bergkollegiums in Stockholm und Direktor des Laboratoriums, des Mineralienkabinetts sowie der Bibliothek des Bergkollegiums in Stockholm.
KM 25. 3. 1841
Chemie

SEGERS, Johann Ernst, * 2. 1. 1675 (Königsberg i. Pr.) † 3. 9. 1719 (Königsberg i. Pr.)
1694 Magister an der Universität in Jena. 1701 Inspektor in Königsberg. 1703 Professor für griechische Sprache, 1709 Professor für Theologie an der Universität in Königsberg. 1716 Pastor in Königsberg.
abwM 2. 4. 1703
Theologie

SEGNER, Johann Adreas von,
* 9. 10. 1704 (Preßburg) † 5. 10. 1777 (Halle/Saale), (Schwager von HALLER, A. v.)
1730 prakt. Arzt in Preßburg, danach Stadtarzt in Debreczin. 1732 Magister und Dozent, 1733 Professor an der Universität in Jena. 1735 Professor für Naturlehre und Mathematik an der Universität in Göttingen. 1756 Professor für Naturlehre und Mathematik an der Universität in Halle. Geh. Rat., (Nach S. ist das SEGNERSCHE Wasserrad benannt.)
AM 8. 12. 1746
Mathematik, Naturlehre

SEIDEL, Andreas Erasmus von,
* 23. 9. 1650 (Berlin) † 26. 8. 1707 (Berlin)
Ursprünglich „Dragoman der Republik Nagraponte zu den Tractaten mit den Türken" in der Levante. 1693 Hof- und Legationsrat in Berlin.
anwM 11. 3. 1701

SEIDEL, Christoph Matthäus,
* 5. 6. 1668 (Weißenfels) † 8. 6. 1723 (Berlin)
1708 Pastor und Inspektor in Tangermünde. 1715 Pastor und Inspektor in Neubrandenburg. 1719 Superintendent und Propst-Adjunkt an der Nikolaikirche in Berlin.
anwM 3. 7. 1720
Theologie

SEIDEL, Karl, * 18. 12. 1930 (Nürnberg)
1968 Dozent, 1969 Professor für Psychiatrie und Neurologie an der Medizinischen Akademie in Dresden. 1971

Professor für Psychiatrie und Neurologie der Universität in Berlin und Direktor der Nervenklinik. 1978 Nationalpreis.
KM 13. 6. 1974; OM 9. 6. 1977
Medizin, Psychiatrie, Neurologie

SEIDEL, Philipp Ludwig von,
* 24. 10. 1821 (Zweibrücken)
† 13. 8. 1896 (München)
1854 Professor für Mathematik an der Universität in München.
KM 16. 7. 1863
Mathematik

SEIP, Didrik Arup, * 31. 8. 1884 (Hoböl) † 3. 5. 1963 (Blommenholen)
Professor für nordische Sprachwissenschaft an der Universität in Oslo.
KM 29. 6. 1950
Sprachwissenschaft

SEIP, Johann Philipp, * 28. 11. 1686 (Pyrmont) † 31. 5. 1757 (Pyrmont)
Dr. med.. Waldeck. Hof- und Leibarzt in Pyrmont.
abwM 7. 10. 1733; AM 23. 1. 1744
Anatomie

SELER, Eduard Georg, * 5. 12. 1849 (Crossen/Oder † 23. 11. 1922 (Berlin)
1876 Lehrer am Dorotheenstädt. Gymnasium in Berlin. 1892 Direktionsassistent am Museum für Völkerkunde in Berlin. 1894 Privatdozent, 1899 Professor für amerikanische Sprachen, Völker- und Altertumskunde an der Universität in Berlin. 1903 zugleich Abteilungsdirektor des Museums für Völkerkunde in Berlin. 1910 – 1911 Direktor des Internationalen Archäologischen Instituts in Mexico.
OM 16. 7. 1908 (Bestät. 24. 8. 1908)
Amerikanistik

SELIS, Nicolas-Joseph, * 27. 4. 1737 (Paris) † 9. 2. 1802 (Paris)
Zunächst Professor am Collège in Amiens. Später Professor für lateinische Poesie an der Universität in Paris.
AM 29. 11. 1781
Philologie

SELLE (SELL), Christian Gottlieb,
* 7. 10. 1748 (Stettin) † 9. 11. 1800 (Berlin)
1770 Dr. med., Prakt. Arzt in Berlin. 1774 ärztl. Reisebegleiter der Prinzessin von Darmstadt nach Petersburg. 1775 Arzt des Fürstbischofs von Ermeland in Heilsberg. 1777 Arzt an der Charité in Berlin. Leibarzt FRIEDRICHs II. Später auch Leibarzt FRIEDRICH WILHELMs II. 1795 Geh. Rat. 1798 Zweiter Direktor des Collegium medico-chirurgicum in Berlin. 1797 Direktor der Philosophischen Klasse der Akademie.
OM 7. 9. 1786 (Bestät. 14. 9. 1786)
Medizin, Philosophie

SELLIUS, Gottfried, * (Danzig)
† 25. 6. 1767 (Charenton bei Paris)
1739 Professor für Physik am Collegium medicum in Berlin. (S. verläßt 1741 Berlin und geht nach Frankreich.)
anwM 6. 1739; abwM 1741
Physik

SELSCHOP, Samuel, * 12. 8. 1690 (Havelberg) † 22. 1. 1743 (Halberstadt)
Prakt. Arzt in Halberstadt.
abwM 9. 6. 1723
Medizin

SEMJONOW, Nikolai Nikolajewitisch
* 3./15. 4. 1896 (St. Petersburg)
1920 Leiter des Laboratoriums für Elektrochemie im Physikalisch-Technischen Institut in Leningrad. 1929 Ordentlicher Akademiker für physikalische Chemie der Akademie der Wissenschaften der UdSSR, seit 1931 zugleich Direktor des Instituts für Physikalische Chemie der Akademie und Professor

für chemische Kinetik an der Universität in Moskau. 1971 Vizepräsident der Akademie der Wissenschaften der UdSSR. 1956 Nobelpreis für Chemie.
KM 17. 11. 1966; AM 20. 5. 1969
Physikalische Chemie

SEMLER, Christoph, * 2. 10. 1669 (Halle/Saale) † 9. 3. 1740 (Halle/Saale)
Pastor in Halle. 1708 Archidiaconus an der Ulrichskirche in Halle.
abwM 13. 6. 1731
Theologie

SENART, Emile-Charles-Marie, * 26. 3. 1847 (Reims) † 21. 2. 1928 (Paris)
Präsident der Societè Asiatique in Paris. (S. legte 1915 aus Protest gegen den Aufruf von 1914 „An die Kulturwelt" seine Mitgliedschaft nieder.)
KM 18. 1. 1900 – 1. 3. 1915
Orientalistik, Indologie

SERING, Max, * 18. 1. 1857 (Barby) † 12. 11. 1939 (Berlin)
1879 Justiz- und Verwaltungsbeamter in Elsaß-Lothringen. 1885 Professor für Staatswissenschaften an der Universität in Berlin. 1889 Professor für Nationalökonomie an der Landwirtschaftlichen Hochschule in Berlin. 1897 Professor für Nationalökonomie an der Universität in Berlin. Geheimrat. (S. war Mitglied der Prüfungskommission für höhere Verwaltungsbeamte. Er gilt als Begründer des Deutschen Forschungsinstituts für Agrar- und Siedlungswesen und hat am Reichssiedlungsgesetz von 1919 mitgearbeitet. S. wurde auf Grund der faschistischen Rassengesetze zum Austritt aus der Akademie gezwungen, legte seine Mitgliedschaft am 5. 12. 1938 nieder und wurde aus der Mitgliederliste gestrichen.)
OM 5. 2. 1914 (Bestät. 2. 3. 1914)
Nationalökonomie

SERRADIFALCO, Domenico Lo Faso Pietrasanta, Duca di, * 21. 2. 1783 (Palermo) † 15. 2. 1863 (Florenz)
Präsident der Kommission für die Altertümer und schönen Künste in Palermo.
EM 29. 7. 1836
Klassische Archäologie

SERRES, Pierre-Marcel-Toussaint de, * 3. 11. 1783 (Montpellier) † 22. 7. 1862 (Montpellier)
1809 Professor für Geologie und Mineralogie an der Fakultät der Wissenschaften in Montpellier. 1814 Consailler auditeur am Court royale in Montpellier.
KM 13. 4. 1826
Geologie, Mineralogie

SETÄLA, Emil Nestor, * 27. 2. 1864 (Kokemäki) † 8. 2. 1935 (Järvenpää)
1887 Privatdozent, 1893 Professor für finnische Sprache und Literatur an der Universität in Helsingfors. 1917 Senator für Kirchen- und Unterrichtswesen; 1925 Kultusminister, 1926 Außenminister. 1927 – 1929 finnischer Gesandter in Kopenhagen.
KM 12. 5. 1932 Philologie

SETHE, Kurt Heinrich, * 30. 9. 1869 (Berlin) † 6. 7. 1934 (Berlin)
1895 Privatdozent an der Universität in Berlin. 1900 Professor, 1907 Professor für orientalische Philologie an der Universität in Göttingen. 1923 Professor für orientalische Philologie an der Universität in Berlin. Geh. Regierungsrat.
KM 15. 7. 1920; OM 20. 11. 1930 (Bestät. 22. 12. 1930)
Ägyptologie

SEUFFERT, Bernhard, * 23. 5. 1853 (Würzburg) † 15. 5. 1938 (Graz)
1877 Privatdozent an der Universiät in Würzburg. 1886 Professor für germanische Philologie an der Universität in Graz. 1906 zugleich Professor für deut-

sche Literatur an der Technischen Hochschule in Graz und Vorstand des Seminars für deutsche Sprache. Hofrat.
KM 18. 6. 1914
Germanische Philologie

SEVERI, Francesco, * 13. 4. 1879 (Arezzo) † 18. 12. 1961 (Rom)
1903 Privatdozent, später Professor für Mathematik an der Universität in Padua. Zuletzt Professor für Mathematik an der Universität in Rom.
KM 23. 11. 1933
Mathematik

SHIRENDYB, Basarin, * 15. 5. 1912 (Shine-Ider)
Professor für Geschichte an der Universität in Ulan-Bator. 1944 – 1957 Rektor. 1944 – 1949 Sekretär des Zentralkomitees der MVRP. 1951 – 1954 Minister für Bildung. 1953 – 1957 1. Stellvertreter des Vorsitzenden des Ministerrates der Mongolischen Volksrepublik. 1960 Vorsitzender des Komitees für Wissenschaft und Hochschulbildung. 1961 Präsident der Akademie der Wissenschaften der Mongolischen Volksrepublik.
AM 17. 4. 1975
Geschichte

SIBER, Heinrich, * 10. 4. 1870 (Ihleburg/Prov. Sachsen) † 23. 6. 1951 (Leipzig)
1899 Privatdozent an der Universität in Leipzig. 1901 Professor, 1903 Professor für Rechtswissenschaften an der Universität in Erlangen. 1911 – 1935 und ab 1948 Professor für bürgerl. Recht an der Universität in Leipzig.
KM 11. 7. 1940 (Bestät. 1. 8. 1940)
Römisches Recht, deutsches bürgerl. Recht

SICKEL, Friedrich Adolf Theodor Ritter (1884) von, * 18. 12. 1828 (Aken/Elbe) † 21. 4. 1908 (Meran)
1855 Dozent, 1857 Professor, 1867 bis 1892 Professor für Geschichte an der Universität in Wien und Direktor des Instituts für österreich. Geschichte. 1876 Hofrat. Zugleich bis 1901 Direktor des Österreich. Historischen Instituts in Rom. 1889 lebenslängl. Mitglied des Herrenhauses.
KM 6. 4. 1876; AM 7. 12. 1899 (Bestät. 5. 3. 1900)
Geschichte

SIDORENKO, Alexander Wassiljewitsch, * 6./19. 10. 1917 (Neunikolajewka)
1953 Korrespondierendes Mitglied, 1966 Ordentlicher Akademiker der Akademie der Wissenschaften der UdSSR. Direktor des Instituts für Lithosphärenforschung der Akademie der Wissenschaften der UdSSR. 1962 – 1978 Minister für Geologie der UdSSR. 1979 Vizepräsident der Akademie der Wissenschaften der UdSSR.
AM 12. 6. 1980
Geologie

SIEBOLD, Karl Theodor, Ernst von, * 16. 2. 1804 (Würzburg) † 7. 4. 1885 (München)
1831 Kreisarzt in Heilsberg. 1834 Stadtarzt in Königsberg, 1834 Direktor der Hebammen-Schule in Danzig. 1840 Professor für Zoologie, vergleichende Anatomie und Veterinärwissenschaft an der Universität in Erlangen. 1845 Professor für Zoologie, vergleichende Anatomie und Veterinärwissenschaft an der Universität in Freiburg i. B. 1850 Professor für Zoologie, vergleichende Anatomie und Physiologie an der Universität in Breslau. 1853 Professor für Physiologie und vergleichende Anatomie an der Universität in München, 1855 zugleich Professor für Zoologie und Konservator der Zoologischen Staatssammlung in München.
KM 25. 3. 1841
Anatomie, Physiologie

SIEG, Emil, * 12. 8. 1866 (Breitenteich/ Uckermark) † 23. 1. 1951 (Göttingen)
1896 Privatdozent an der Universität in Berlin. 1909 Professor für indische Philologie an der Universität in Kiel. 1920 Professor für indische Philologie an der Universität in Göttingen.
KM 16. 7. 1942 (Bestät. 30. 7. 1942)
Indologie

SIEMENS, Ernst Werner von (1888), * 13. 12. 1816 (Lenthe/Hann.)
† 6. 12. 1892 (Berlin-Charlottenburg)
1834 – 1849 Dienst in der preußischen Armee. 1838 Artillerie-Offizier. 1847 Gründung (gemeinsam mit J. G. HALSKE) der Telegraphenbauanstalt „Siemens & Halske"; 1849 alleinige Leitung des Unternehmens, welches er ab 1867 gemeinsam mit seinen Brüdern weiterführte. Mitbegründer der Physikalisch-Technischen Reichsanstalt. Geheimer Regierungsrat.
OM 27. 11. 1873 (Bestät. 22. 12. 1873)
Elektrotechnik

SIERPIŃKSI, Wacław, * 14. 3. 1882 (Warschau) † 21. 10. 1969 (Warschau)
1908 Dozent, 1910 Professor für Mathematik an der Universität in Lwow. 1919 Professor für Mathematik an der Universität in Warschau.
KM 29. 6. 1950; AM 20. 5. 1969
Mathematik, Topologie

SIEVERS, Eduard, * 25. 11. 1850 (Lippoldsberg/Weser) † 30. 3. 1932 (Leipzig)
1871 Professor, 1876 Professor für germanische Philologie an der Universität in Jena. 1883 Professor für germanische Philologie an der Universität in Tübingen. 1887 Professor für germanische Philologie an der Universität in Halle. 1892 Professor für germanische Philologie an der Universität in Leipzig. Geh. Hofrat.
KM 18. 1. 1900
Germanistik

SIEVERS, Heinrich Jakob, * 8. 4. 1708 (Lübeck) † 8. 8. 1758 (Linköping)
1731 Prediger in Lübeck und theologischer Schriftsteller. 1735 Compastor der deutschen Gemeinde in Linköping. (S. hielt 1730 Vorlesungen an der Universität in Rostock. Nach zeitgenössischer Darstellung betätigte sich S. als Dichter und Kuriositätensammler und „entdeckte" an der Ostseeküste den „musikalischen Stein", auf dem er Noten gesehen haben will. Später soll er dänischer Hofprediger und Propst geworden sein.)
abwM 1731

SIGWART, Christoph von, * 28. 3. 1830 (Tübingen) † 5. 8. 1904 (Tübingen)
1852 Lehrer in Halle. 1855 Repetent am Theologischen Seminar in Tübingen. 1859 Professor am Seminar in Blaubeuren. 1865 Professor für Philosophie an der Universität in Tübingen.
KM 29. 1. 1885
Philosophie

SILBERSCHLAG, Johann Esaias, * 16. 11. 1721 (Aschersleben)
† 22. 11. 1791 (Berlin)
1745 Lehrer an der Schule zu Kloster Bergen. 1753 Prediger in Wolmirsleben. 1756 Prediger an der Heiligen-Geist-Kirche in Magdeburg. 1769 Prediger an der Dreifaltigkeitskirche in Berlin. Oberkonsistorialrat und Direktor der Realschule in Berlin. Seit 1770 auch Geh. Oberbaurat in Berlin für Maschinenwesen und Wasserbau.
AM 13. 3. 1760; OM 23. 11. 1786 (Bestät. 30. 11. 1786)
Theologie, Naturwissenschaften

SILVESTRE de SACY, Antoine Isaac Baron, * 21. 9. 1758 (Paris) † 21. 2. 1838 (Paris)
Professor für persische Sprache am Collège de France und Konservator der Handschriften der Kaiserl. Bibliothek in

Paris. Zeitweise Rektor der Universität.
AM 25. 6. 1812 (Bestät. 16. 7. 1812)
Orientalistik

SIMON, Arthur, * 25. 2. 1893 (Barmen) † 5. 2. 1962 (Dresden)
1927 Privatdozent, 1930 Professor für anorganisch-technische Chemie an der Technischen Hochschule in Stuttgart. 1932 Professor für anorganisch-technische Chemie an der Technischen Hochschule in Dresden und Direktor des Instituts für anorganisch-technische Chemie. 1953 Nationalpreis.
OM 13. 12. 1956
Anorganische Chemie, physikalisch-technische Chemie

SIMONDE de SISMONDI, Jean Charles Léonard, * 9. 5. 1773 (Genf) † 25. 6. 1842 (Genf)
Schweizer Nationalökonom und Historiker.
KM 25. 6. 1812
Ökonomie

SIMPSON, Sir (1935) George Clarke, * 2. 9. 1878 (Derby) † 1. 1. 1965 (Bristol)
1905 Dozent an der Universität in Manchester. 1906 Assistent, später Leiter des Indian Meteorological Department. 1910 bis 1912 Physiker der Antarktisexpedition unter der Leitung von SCOTT. 1920 Direktor des Meteorologischen Instituts in London. Präsident der Royal Meteorological Society.
KM 30. 7. 1931
Meteorologie

SINCLAIR, Sir John, * 10. 5. 1754 (Thurso Castle/Caithness) † 21.12.1835 (Edinburgh)
1793 – 1798 und 1806 – 1813 Präsident des Landeswirtschaftsamtes in London.
AM 16. 1. 1794; EM 24. 1. 1812

ŠIŠKA, Karol, * 19. 3. 1906 (Seleneč)
1945 Direktor des Instituts für Tuberkulose in Vyšne Hágy. 1951 Professor für Chirurgie an der Universität in Bratislava und Direktor der II. Chirurgischen Klinik. Später zugleich Direktor des Theoretisch-chirurgischen Instituts der Slowakischen Akademie der Wissenschaften. 1970 Präsident der Slowakischen Akademie der Wissenschaften in Bratislava.
AM 21. 2. 1974
Medizin

SKRJABIN, Georgii Konstantinowitsch, * 4./17. 9. 1917 (Petersburg)
1968 Korrespondierendes Mitglied der Akademie der Wissenschaften der UdSSR. 1971 Wissenschaftlicher Hauptsekretär des Präsidiums der Akademie der Wissenschaften der UdSSR.
AM 10. 6. 1976
Biochemie, Mikrobiologie

SLOANE, Sir (1714), Hans, * 16.4.1660 (Killiloagh/Down) † 11. 1. 1752 (Chelsea)
Dr. med., 1694 – 1730 Arzt am Christ's Hospital in London, bis 1727 Oberarzt der Armee. 1727 Leibarzt König GEORGs II.. 1685 Mitglied, 1693 Sekretär, 1727 Präsident der Royal Society.
abwM 30. 11. 1712
Medizin

SMIRIN, Moisei Mendelejewitsch, * 23. 10. 1895 (Disna (heute: Beloruss. SSR)) † 20. 5. 1975 (Moskau)
Professor für Geschichte an der Universität in Moskau.
KM 17. 5. 1956; AM 20. 5. 1969
Geschichte, deutsche Geschichte

SMITH, Henry John Stephen, * 2. 11. 1826 (Dublin) † 9. 2. 1883 (Oxford)
1861 Professor für Geometrie an der Universität in Oxford. Mehrfach Präsi-

dent der Londoner Mathematischen Gesellschaft.
KM 15. 4. 1880
Geometrie

SNELL, Bruno, * 18. 6. 1896 (Hildesheim)
1925 Privatdozent, 1931 Professor für klassische Philologie an der Universität in Hamburg.
KM 23. 10. 1947; AM 20. 5. 1969
Klassische Philologie, griechische Literatur

SOBOLEW, Sergej Lwowitsch, * 23. 9./6. 10. 1908 (St. Petersburg)
1933 Korrespondierendes Mitglied, 1939 Ordentlicher Akademiker für Mathematik der Akademie der Wissenschaften der UdSSR. Seit 1935 Professor für Mathematik an der Universität in Moskau. 1958 Direktor des Instituts für Mathematik der Sibirischen Abteilung der Akademie der Wissenschaften der UdSSR in Nowosibirsk.
KM 12. 10. 1967; AM 20. 5. 1969
Mathematik

SOBOUL, Albert Marius, * 27. 4. 1914 (Ammi-Moussa/Oran)
1940 Professor für Geschichte und Geographie am Gymnasium in Montpellier. 1946 Professor am Lyzeum HENRI IV in Paris. Zugleich Lehrbeauftragter an der Universität in Paris und an der École Normale Supérieure von St. Cloud. 1967 Professor für Geschichte und Geographie an der Universität in Paris und Direktor des Instituts für Geschichte der Französischen Revolution.
AM 4. 9. 1969
Geschichte, Geschichte der Französischen Revolution

SÖMMERING, Samuel Thomas von (1808), * 28. 1. 1755 (Thorn) † 2. 3. 1830 (Frankfurt a. Main)
Zunächst Arzt in Groningen. 1779 Professor für Chirurgie und Anatomie am Carolinum in Kassel. 1784 Professor für Medizin an der Universität in Mainz. 1795 – 1804 und seit 1820 praktischer Arzt in Frankfurt a. Main. Geh. Rat.
AM 25. 6. 1818 (Bestät. 19. 8. 1818)
Physiologie

SÖNNICHSEN, Nils Carl Johannes Robert, * 22. 12. 1930 (Roggenstorf)
1966 Direktor der Hautklinik der Universität Jena, 1967 zugleich Professor für Dermatologie der Universität. 1970 Professor für Dermatologie an der Universität Berlin und Direktor der Hautklinik der Universität (Charité). 1974 Nationalpreis.
KM 12. 6. 1980
Medizin, Dermatologie

SOJMONOW, Petr Alexandrowitsch, * 9. 1. 1747 † 2. 1. 1800
Russ. Senator und Präsident des Kammerkollegiums in Petersburg.
AM 3. 4. 1794

SOLBRIG, David, gt. 14. 11. 1658 (Raschau/Erzgeb.) † 27. 1. 1730 (Seehausen)
Pastor und Inspektor in Seehausen/Altmark.
abwM 10. 12. 1721
Theologie

SOLIGNAC, Pierre-Joseph de la PIMPIE Chevalier de, * 1687 (Montpellier) † 28. 2. 1773 (Nancy)
Sekretär des Königs STANISLAUS in Nancy und ständiger Sekretär der Akademie von Nancy.
AM 28. 8. 1754

SOLMS-LAUBACH, Hermann Graf zu, * 23. 12. 1842 (Laubach) † 24. 11. 1915 (Straßburg)
1868 Privatdozent an der Universität in

Halle. 1872 Professor für Botanik an der Universität in Straßburg. 1879 Professor für Botanik an der Universität in Göttingen. 1888 Professor für Botanik an der Universität in Straßburg und Direktor des Botanischen Gartens.
KM 8. 6. 1899 Botanik

SOLVAY, Ernest Gaston, * 16. 4. 1838 (Robecq bei Brüssel) † 26. 5. 1922 (Brüssel)
Chemiker und Fabrikant in Brüssel. 1909 Goldene Leibniz-Medaille der Akademie.
KM 22. 5. 1913
Chemische Technologie

SOMBART, Werner, * 19. 1. 1863 (Ermsleben a. Harz) † 19. 5. 1941 (Berlin)
1888 Syndikus der Handelskammer in Bremen. 1890 Professor für Nationalökonomie an der Universität in Breslau. 1906 Professor für Nationalökonomie an der Handelshochschule in Berlin. 1917 Professor für Nationalökonomie an der Universität in Berlin. Geh. Regierungsrat.
OM 26. 10. 1933 (Bestät. 25. 11. 1933)
Nationalökonomie, Soziologie

SOMMER, Johann Ferdinand * 4.5.1875 (Trier) † 3. 4. 1962 (München)
1899 Privatdozent an der Universität in Leipzig. 1902 Professor, 1909 Professor für indogermanische Sprachwissenschaft an der Universität in Basel. 1909 Professor für indogermanische Sprachwissenschaft an der Universität in Rostock. 1913 Professor für indogermanische Sprachwissenschaft an der Universität in Jena. 1924 Professor für indogermanische Sprachwissenschaft an der Universität in Bonn. 1926 Professor für vergleichende Sprachwissenschaft an der Universität in München.
KM 30. 11. 1944 (Bestät. 27. 12. 1944)
Indogermanische Sprachwissenschaft

SOMMERFELD, Arnold Johannes Wilhelm, * 5. 12. 1868 (Königsberg i. Pr.) † 26. 4. 1951 (München)
1897 Professor für Mathematik an der Bergakademie in Clausthal. 1900 Professor für Mechanik an der Technischen Hochschule in Aachen. 1906 – 1938 Professor für theoretische Physik an der Universität in München. Geh. Hofrat.
KM 11. 3. 1920
Theoretische Physik, Mathematik

SOREL, Albert, * 13. 8. 1842 (Honfleur/Calvados) † 29. 6. 1906 (Paris)
1866 bis 1876 Beamter im Außenministerium in Paris. 1872 zugleich Professor an der Ecole des sciences politiques in Paris.
KM 18. 1. 1900 Geschichte

ŠORM, František, * 28. 2. 1913 (Prag) † 18. 11. 1980 (Prag)
1946 Professor für organische Technologie, 1949 Professor für organische Chemie an der Universität in Prag. Direktor des Chemischen Instituts der Tschechoslowakischen Akademie der Wissenschaften. 1957 Vizepräsident, später Präsident der Akademie.
KM 22. 5. 1958; AM 20. 5. 1969
Organische Chemie, Biochemie

SOZZY, Louis-François de
Advokat am Parlament von Paris.
AM 14. 4. 1768

SPACKELER, Georg Gustav Wilhelm Justus, * 1. 2. 1883 (Hannover) † 6. 6. 1960 (Berlin)
1911 Bergassessor. 1912 Bergwerksdirektor. 1917 Bergmännischer Referent im Kriegsamt in Berlin. 1919 Professor für Bergbauwissenschaft an der Bergakademie in Clausthal. 1925 Professor für Bergbauwissenschaft an der Technischen Hochschule in Breslau. 1946 Professor für Bergbauwissenschaft an der Berg-

akademie in Freiberg.
OM 19. 2. 1953
Bergbauwissenschaft

SPALDING, Georg Ludwig, * 8. 4. 1762 (Barth/Pomm.) † 7. 6. 1811 (Friedrichsfelde b. Berlin)
1783 Erzieher im Hause des Prinzen FERDINAND von Preußen. 1787 Lehrer, später Professor für griechische und hebräische Sprache am Gymnasium zum Grauen Kloster in Berlin. 1810 – 1811 Sekretar der Historisch-philologischen Klasse der Akademie.
aoM 28. 7. 1803 (Bestät. 2. 8. 1803);
OM 4. 8. 1806 (Bestät. 15. 8. 1806)
Philologie, Pädagogik

SPALLANZANI, Lazaro, * 12. 1. 1729 (Scandiemo) † 12. 2. 1799 (Pavia)
1754 Professor für Logik, Metaphysik und griechische Sprache an der Universität in Reggio. 1760 Professor für Naturgeschichte an der Universität in Modena. 1769 Professor für Naturgeschichte an der Universität in Pavia. (Sp. unternahm zwischen 1779 und 1788 mehrere große Forschungsreisen.)
AM 18. 1. 1776
Anatomie

SPAMER, Adolf, * 10. 4. 1883 (Mainz) † 20. 6. 1953 (Dresden)
1921 Privatdozent an der Universität in Frankfurt a. M.. 1926 Professor für deutsche Volkskunde an der Technischen Hochschule in Dresden. 1936 Professor für deutsche Philologie und deutsche Volkskunde an der Universität in Berlin. 1947 Professor für germanische Philologie an der Technischen Hochschule in Dresden. (Sp. wurde am 3. 2. 1938 gewählt. Die Wahl wurde von der faschistischen Regierung nicht bestätigt. Das Plenum der Akademie beschloß am 14. 2. 1946 die rückwirkende Mitgliedschaft ab 17. 2. 1938. Die Bestätigung hierzu erfolgte vor der Wiedereröffnung der Akademie.)
OM 17. 2. 1938 (Bestät. 1946)
Deutsche Volkskunde

SPANGENBERG, Hans-Joachim, * 5. 5. 1932 (Jena)
1973 Professor. 1976 Stellvertr. Direktor des Zentralinstituts für Physikalische Chemie der Akademie.
KM 9. 6. 1977
Physikalische Chemie, Thermodynamik molekularer Systeme, Hochtemperatur- und Plasmachemie

SPARKS, Jared, * 10. 5. 1789 (Willington/Conn.) † 14. 3. 1866 (Cambridge/Mass.)
Zunächst Lehrer. 1817 Hilfsredakteur der „North American Review" in Boston. 1819 Prediger in Baltimore. 1824 Redakteur in Boston. 1839 Professor für Geschichte an der Universität in Cambridge/Mass. 1849 – 1853 Präsident der Universität.
KM 27. 2. 1845
Nordamerikanische Geschichte

SPECHT, Franz, * 1. 11. 1888 (Roßlau/Elbe) † 13. 11. 1949 (Mainz)
1923 Professor für indogermanische Sprachwissenschaft an der Universität in Halle. 1937 Professor für indogermanische Sprachwissenschaft an der Universität in Breslau. 1943 Professor für indogermanische Sprachwissenschaft an der Universität in Berlin. 1946 Professor für indogermanische Sprachwissenschaft an der Universität in Mainz.
KM 12. 6. 1941 (Bestät. 8. 8. 1941);
OM 30. 11. 1944 (Bestät. 27. 12. 1944)
Indogermanische Philologie

SPEISER, Paul, * 28. 11. 1920 (Wien)
Professor an der Universität in Wien und Direktor des Instituts für Blutgruppenforschung der Universität sowie des

WHO Referenzlabors für HLA (Lymphozytengruppen) in Wien.
AM 12. 6. 1980
Medizin, Blutgruppenforschung

SPEMANN, Hans, * 27. 6. 1869 (Stuttgart) † 12. 9. 1941 (Freiburg i. Br.)
1898 Privatdozent an der Universität in Würzburg. 1908 Professor für Zoologie und vergleichende Anatomie an der Universität in Rostock. 1914 II. Direktor des Instituts für Biologie der Kaiser-Wilhelm-Gesellschaft zur Förderung der Wissenschaften in Berlin-Dahlem. 1919 Professor für Zoologie an der Universität in Freiburg i. Br.. Geh. Regierungsrat. 1935 Nobelpreis für Medizin.
KM 7. 2. 1929
Biologie

SPENER, Christian Maximilian,
* 31. 3. 1678 (Frankfurt a. Main)
† 5. 5. 1714 (Berlin)
Dr. med., Professor für Anatomie am Theatrum anatomicum, Oberherold und kaiserl. Hofpfalzgraf. Zuletzt Professor für Genealogie, Heraldik und Naturgeschichte an der Ritterakademie in Berlin.
anwM 11. 3. 1701
Anatomie

SPENER, Jacob Karl, * 1. 2. 1684 (Frankfurt a. Main) † 12. 6. 1730 (Wittenberg)
1710 Professor für Philosophie an der Universität in Halle. 1718 Professor für Lehnsrecht, 1719 zugleich Professor für Geschichte an der Universität in Wittenberg. 1720 Beisitzer im Konsistorium. Hofrat. 1727 Mitglied des Hofgerichts in Dresden.
abwM 19. 6. 1726
Rechtswissenschaft

SPENGEL, Leonhard, * 24. 9. 1803 (München) † 8. 11. 1880 (München)
1826 Lehrer am Gymnasium in Landshut. 1830 Professor am Gymnasium in München. 1841 Professor für klassische Philologie an der Universität in Heidelberg. 1847 Professor für klassische Philologie an der Universität in München.
KM 22. 12. 1842
Klassische Philologie

SPENGEL, Johann Wilhelm, * 19.2.1852 (Hamburg) † 13. 4. 1921 (Gießen)
1879 Privatdozent an der Universität in Göttingen. 1881 Direktor der Städt. Sammlungen für Naturkunde in Bremen. 1887 Professor für Zoologie an der Universität in Gießen. Geh. Hofrat.
KM 18. 1. 1900
Zoologie

SPIEGEL, Ludwig Friedrich Ernst von, * 11. 7. 1820 (Kitzingen/Main) † 15. 12. 1905 (München)
1849 – 1890 Professor für orientalische Sprachen an der Universität in Erlangen.
KM 13. 3. 1862
Orientalistik, Iranistik

SPIELMANN, Jakob Reinhold, * 31. 3. 1722 (Straßburg) † 9. 9. 1783 (Straßburg)
1743 Apothekerprüfung in Straßburg, anschließend Apotheker. 1755 Professor für Medizin, 1756 Professor der Dichtkunst, 1759 Professor für Medizin, Chemie und Pharmakognosie an der Universität in Straßburg.
AM 16. 11. 1758
Chemie, Botanik, Medizin

SPIES, Konstantin Peter, * 14. 5. 1922 (Dresden)
1965 Professor für Medizin an der Universität in Berlin. Stellvertreter des Ministers für Gesundheitswesen der DDR.
KM 14. 6. 1979
Medizin, Biologie

SPIESS, Philipp Ernst, * 27. 5. 1734

(Ettenstedt/Franken) † 5. 3. 1794 (Bayreuth)
1759 geheimer Archivar des Landesarchivs auf der Plassenburg in Kulmbach, später in Bayreuth. Geh. Hof- und Regierungsrat.
AM 12. 1. 1792
Geschichte

SPINELLI, Domenico, Prinz von San Giorgio, * 1788 (Frasso) † 10. 4. 1863 (Neapel)
Sammler und Archäologe in Neapel.
EM 25. 4. 1850 (Bestät. 18. 5. 1850)
Klassische Archäologie

SPITZIN, Viktor Iwanowitsch, * 25. 4. 1902 (Moskau)
1932 Professor für anorganische Chemie am Staatlichen Pädagogischen Institut in Moskau. 1942 Professor für anorganische Chemie an der Universität in Moskau. 1946 Korrespondierendes Mitglied, 1958 Ordentlicher Akademiker der Akademie der Wissenschaften der UdSSR. Seit 1953 Direktor des Instituts für physikalische Chemie der Akademie.
AM 9. 6. 1977
Anorganische Chemie, physikalische Chemie, Radiochemie

SPRANGER, Eduard, * 27. 6. 1882 (Groß-Lichterfelde bei Berlin)
† 17. 9. 1963 (Tübingen)
1909 Privatdozent an der Universität in Berlin. 1911 Professor, 1912 Professor für Philosophie und Pädagogik an der Universität in Leipzig. 1920 Professor für Philosophie und Pädagogik an der Universität in Berlin und Direktor des Philosophischen und pädagog. Seminars. 1946 Professor für Philosophie und Pädagogik an der Universität in Tübingen.
OM 18. 12. 1924 (Bestät. 16. 1. 1925)
Philosophie, Pädagogik

SPRENGEL, Kurt Polycarp Joachim, * 3. 8. 1766 (Boldekow bei Anklam)
† 15. 3. 1833 (Halle/Saale)
Zunächst praktischer Arzt, 1789 zugleich Professor an der Universität in Halle. 1795 Professor für Medizin, 1797 zugleich Professor für Botanik an der Universität in Halle und Direktor des Botanischen Gartens. (Sp. gilt als „Vater der medizinischen Geschichtsschreibung". Er ist Verfasser eines Geschichtswerkes der Medizin „Versuch einer pragmatischen Geschichte der Arzneikunde", das 1792 – 1799 in Halle erschienen ist.)
KM 28. 2. 1822
Medizin, Botanik

SPRENGER, Aloys, * 3. 9. 1813 (Nassereit/Tirol) † 19. 12. 1893 (Heidelberg)
1843 Medizinaldienst in Kalkutta. 1845 Direktor der Hochschule in Delhi. 1848 Assistent-Resident in Lakhnau. 1850 Vorsteher der mohammedanischen Hochschulen in Kalkutta und Hughli; zugleich Sekretär der Asiatischen Gesellschaft von Bengalen. 1858 Professor für orientalische Sprachen an der Universität in Bern.
KM 25. 3. 1858
Orientalistik, Indologie

SPRINGSFELD, Gottlob Karl, * 25. 7. 1714 (Weißenfels) † 13. 3. 1772 (Weißenfels)
Prakt. Arzt in Weißenfels und – während der Sommermonate – in Karlsbad.
AM 23. 12. 1751
Medizin

SPROCKHOFF, Ernst, * 6. 8. 1892 (Berlin) † 1. 10. 1967 (Kiel)
1928 Direktionsassistent, 1929 II. Direktor am Zentralmuseum für deutsche Vor- und Frühgeschichte in Mainz. 1935 II. Direktor, 1937 Direktor der Römisch-germanischen Kommission in Frankfurt a. M. und des Archäologischen Instituts des Deutschen Reiches. Seit 1936 zugleich Professor für Ur- und Frühge-

schichte an der Universität in Marburg. 1940 Honorarprofessor an der Universität in Frankfurt a. M.. 1947 Professor für Ur- und Frühgeschichte an der Universität in Kiel.
KM 10. 2. 1955
Ur- und Frühgeschichte

SPRÖGEL, Otto Theodor, * 24. 4. 1699 (Mitteldorf bei Halberstadt) † 18.5.1760 (Berlin)
Dr. med.. Professor für Anatomie am Collegium medico-chirurgicum in Berlin.
anwM 17. 10. 1735
Anatomie

SRBIK, Heinrich Ritter von, * 10. 11. 1878 (Wien) † 16. 2. 1951 (Ehrwald/Tirol)
1907 Privatdozent an der Universität in Wien. 1912 Professor, 1917 Professor für allgemeine Geschichte an der Universität in Graz. 1922 – 1945 Professor für allgemeine Geschichte an der Universität in Wien. 1929 – 1930 Bundesminister für Unterricht. 1938 – 1945 Präsident der Österreichischen Akademie der Wissenschaften in Wien.
KM 11. 6. 1936
Geschichte

STAEHELIN, Felix, * 28. 12. 1873 (Basel) † 20. 2. 1952 (Basel)
1906 Privatdozent, 1917 Professor, 1931 Professor für alte Geschichte an der Universität in Basel. Zugleich Gymnasiallehrer in Winterthur. (St. stand bereits am 2. 3. 1939 erstmals zur Wahl. Die Wahl wurde durch Erlaß der faschistischen Regierung vom 28. 6. 1939 nicht bestätigt.)
KM 2. 3. 1939 (nicht bestät.);
KM 29. 6. 1950 Geschichte

STÄLIN, Christoph Friedrich von, * 4. 8. 1805 (Kalw) † 12. 8. 1873 (Stuttgart)
1828 Bibliothekar an der Königl. Bibliothek in Stuttgart, 1869 Direktor der Bibliothek. 1864 Mitglied der Zentral-Direktion der Monumenta Germaniae Historica. (St. hatte seit 1830 zugleich die Aufsicht über das Münz-, Medaillen- und Kunstkabinett und war seit 1831 ebenfalls Königl. Wappenzensor.)
KM 17. 12. 1846
Geschichte

STAFF (STAPF), Nathanael von, † um 1715 (Berlin)
Oberst und Direktor der Ritterakademie in Berlin.
anwM 25. 2. 1711

STANISLAUS AUGUST (PONIATOWSKI), * 7. 1. 1732 † 12./23. 2. 1798 (Petersburg)
1764 – 1795 König von Polen.
AM 6. 10. 1791

STARKE (STARCKE), Sebastian Gottfried, * 1. 4. 1668 (Brand bei Freiberg/Sa.) † 1. 7. 1710 (Berlin)
1695 Inspektor der Kurfürstl. oriental. Bibliothek in Berlin. 1698 Konrektor am Gymnasium zum Grauen Kloster in Berlin. 1705 Professor für hebräische Sprache an der Universität in Greifswald. 1708 Direktor der Ritterschule in Brandenburg. 1710 Königl. Bibliothekar in Berlin.
anwM 11. 3. 1701 Orientalistik

STATHER, Fritz, * 5. 11. 1901 (Offenburg) † 31. 3. 1974 (Freiberg)
1930 Direktor der Deutschen Versuchsanstalt für Lederindustrie. 1938 Direktor des Deutschen Lederinstituts in Freiberg/Sa.. 1935 zugleich Professor für Gerbereichemie und Gerbereitechnologie an der Technischen Hochschule in Dresden. 1950 zugleich Fachgruppenleiter Leder/Schuhe/Rauhwaren im Deutschen Amt für Material- und Warenprü-

fung in Freiberg.
KM 15. 6. 1961; OM 23. 4. 1964
Gerbereichemie, Gerbereitechnologie

STEENBECK, Max Christian Theodor, * 21. 3. 1904 (Kiel)
1927 Wissenschaftlicher Mitarbeiter, 1934 Laborleiter, 1943 Technischer Leiter, später Werkleiter des Stromrichterwerkes der SIEMENS-SCHUCKERT-Werke in Berlin. 1945 bis 1956 wissenschaftliche Tätigkeit in der UdSSR. 1956 Direktor des Instituts für Magnetische Werkstoffe der Akademie in Jena. 1958 zugleich Direktor des Wissenschaftlich-technischen Büros für Reaktorbau. 1959 Direktor des Instituts für Magneto-Hydrodynamik der Akademie in Jena; zugleich Professor für Physik des Plasmas an der Universität in Jena. 1961 zugleich Werkdirektor des VEB Entwicklung und Projektierung kerntechnischer Anlagen. 1962 Vizepräsident der Akademie. 1965 Vorsitzender, 1978 Ehrenvorsitzender des Forschungsrates der DDR. 1959 und 1971 Nationalpreis.
OM 13. 12. 1956
Physik; Plasmaphysik, Kernphysik, Astrophysik kosmischer Magnetfelder

STEENSTRUP, Johannes Japetus Smith * 8. 3. 1813 (Vang/Norwegen) † 20. 6. 1897 (Kopenhagen)
Zunächst Lektor der Mineralogie in Sorö. 1845 Professor für Zoologie an der Universität und Direktor des Zoologischen Museums in Kopenhagen. 1867 Staatsrat.
KM 21. 7. 1859
Zoologie, Naturgeschichte

STEFFENS, Heinrich, * 2. 5. 1773 (Stavanger/Norwegen) † 13. 2. 1845 (Berlin)
1798 Privatdozent an der Universität in Kiel. 1799 Privatdozent an den Universitäten in Jena und in Freiberg und 1802 an der Universität in Kopenhagen. 1804 Professor für Naturphilosophie, Physiologie und Mineralogie an der Universität in Halle. 1811 Professor für Naturphilosophie, Physiologie und Mineralogie an der Universität in Breslau. 1832 Professor für Naturphilosophie, Physiologie und Mineralogie an der Universität in Berlin. 1834 – 1835 Rektor der Universität. (St. stand bereits am 4. 12. 1834 einmal zur Wahl, erhielt jedoch nicht die notwendige Stimmenzahl.)
OM 19. 2. 1835 (Bestät. 12. 3. 1835)
Philosophie

STEGEMANN, Hermann, * 30.5.1870 (Koblenz) † 8. 6. 1945 (Merligen/Kt. Bern)
1894 Dramaturg in Zürich. 1895 Redakteur der Baseler Nachrichten. 1911 Redakteur in Zürich. 1922 Honorarprofessor für neuere Geschichte an der Universität in München. 1930 ao. Senator an der Deutschen Akademie in München.
KM 18. 5. 1933
Geschichte

STEIN, Heinrich Friedrich Karl Freiherr von und zum, * 26. 10. 1757 (Nassau) † 29. 6. 1831 (Kappenberg/Westf.)
1780 Beamter im preuss. Bergwerks- und Hütten-Departement in Berlin. 1784 Leiter des Bergwesens und der Fabriken Westfalens. 1786 Oberbergrat. 1788 erster Kammerdirektor, 1793 Präsident der Kriegs- und Domänenkammer zu Cleve und Hamm. 1794 Oberpräsident der westfälischen Domänenkammer. 1804 Preuss. Minister für Akzise-, Zoll-, Fabrik-, Manufaktur- und Kommerzwesen. 1809 bis 1813 im Asyl, zunächst in Österreich, 1811 in Russland.[1] 1826 Mar-

1) St. wurde 1806 aus dem Dienst entlassen, 1807 als Prinzipalminister erneut eingestellt, 1809 von Napoleon Bonaparte geächtet und wiederum entlassen.

schall des westfälischen Landtages. 1827 Mitglied des preuss. Staatsrates. (St., einer der führenden Vertreter der Reformbewegung zur Zeit des Befreiungskrieges 1813 bis 1815, regte 1819 die Gründung der Gesellschaft für ältere deutsche Geschichtskunde an, die Trägerin einer kritischen Sammlung deutscher Geschichtsquellen – der Monumenta Germaniae Historica – wurde.)
EM 10. 5. 1827 (Bestät. 18. 6. 1827)

STEIN vom zum ALTENSTEIN, Freiherr Karl Sigmund Franz, * 1. 10. 1770 (Schalkhausen b. Ansbach) † 14. 5. 1840 (Berlin)
siehe: ALTENSTEIN, Karl Sigmund Franz

STEINBRÜCK, Paul, * 5. 8. 1911 (Helbra/Kr. Eisleben)
1951 Direktor des Forschungsinstituts für Lungenkrankheiten und Tuberkolose in Berlin-Buch. 1963 zugleich Professor für innere Medizin an der Universität in Berlin. 1964 Professor für Lungenkrankheiten an der Akademie für Ärztl. Fortbildung der DDR. 1964 Nationalpreis.
KM 14. 6. 1973
Medizin, Epidemiologie

STEINER, Jakob, * 18. 3. 1796 (Utzendorf/Schweiz) † 1. 4. 1863 (Bern)
1825 Hilfslehrer, 1829 Oberlehrer für Mathematik an der städt. Gewerbeschule in Berlin. 1834 Professor für Mathematik an der Universität in Berlin. (St. stiftete der Akademie 8.000 Thaler für einen Preis auf dem Gebiet der synth. Geometrie.)
OM 5. 6. 1834 (Bestät. 16. 7. 1834)
Mathematik

STEINHAUS, August Wilhelm, * 30. 4. 1884 (Barmen) † 22. 8. 1970 (Berlin)
1912 wissenschaftlicher Mitarbeiter, 1924 Laborleiter, 1943 Abteilungsdirektor, 1945 komm. Präsident der Physikalisch-Technischen Reichsanstalt. 1945 Präsident des Deutschen Amtes für Maß und Gewicht. 1949 Titularprofessor.
KM 13. 1. 1955
Physikalische Metallkunde

STEINHEIL, Carl August von, * 12. 10. 1801 (Rappoltsweiler/Elsaß) † 14. 9. 1870 (München)
1832 Professor für Mathematik an der Universität in München. 1849 Senatsrat im Handelsministerium in Wien. 1852 Ministerialrat und Konservator der mathematisch-physikalischen Sammlungen des Bayerischen Staates in München. 1854 Gründer und Inhaber einer optischen Werkstätte in München. (St. errichtete vor seiner Lehrtätigkeit zunächst in Perlachseck, danach 1830 in München eine Privatsternwarte. St. entdeckte 1838 die Möglichkeit der Rückführung des elektrischen Stromes durch die Erde.)
KM 26. 7. 1866
Physik

STEINITZ, Wolfgang, * 28. 2. 1905 (Breslau) † 21. 4. 1967 (Berlin)
1924 Wissenschaftlicher Hilfsarbeiter am Museum für Völkerkunde in Berlin. 1928 Assistent an der Universität in Berlin. 1934 Professor für finnisch-ugrische Sprachen am Institut der Nordvölker in Leningrad. 1938 – 1945 Gastprofessor an der Universität in Stockholm. 1946 Professor für finnisch-ugrische Sprachen an der Universität in Berlin. 1952 zugleich Direktor des Instituts für deutsche Volkskunde und Abteilungsleiter am Institut für deutsche Sprache und Literatur der Akademie in Berlin. 1954 – 1963 Vizepräsident der Akademie. 1950 und 1965 Nationalpreis.
OM 28. 6. 1951
Sprachwissenschaft, deutsche Volkskunde

STEINWEHR, Wolf Balthasar Adolf von, * 9. 8. 1704 (Deez/Neumark) † 4.4.1771 (Frankfurt/Oder)
1725 Mag. phil. in Wittenberg. 1738 Adjunkt an der Universität in Wittenberg. Daneben Zeitungsredakteur in Leipzig. Später Professor für Philosophie an der Universität in Göttingen. 1741 Professor für Geschichte, Natur- und Völkerrecht an der Universität in Frankfurt/Oder.
abwM 19. 3. 1738
Philosophie

STENGEL, Edmund, * 24. 12. 1879 (Marburg) † 4. 10. 1968 (Marburg)
1907 Privatdozent, 1914 Professor an der Universität in Marburg und Direktor des Seminars für histor. Hilfswissenschaften. 1919 Professor für mittlere und neuere Geschichte an der Universität in Marburg und Direktor des Instituts für mittelalterliche Geschichte. 1937 Präsident des Reichsinstituts für ältere deutsche Geschichtskunde und Direktor des Deutschen Historischen Instituts in Rom. 1938 zugleich Honorarprofessor. (St. wurde 1939 zum OM gewählt, jedoch wurde diese Wahl von der faschistischen Regierung nicht bestätigt.)
KM 12. 11. 1936; OM 2. 3. 1939 (nicht bestätigt)
Geschichte

STENZEL, Gustav Adolf Harald, * 21. 3. 1792 (Zerbst) † 2. 1. 1854 (Breslau)
1816 Privatdozent an der Universität in Leipzig, später an der Universität in Berlin. 1820 Professor, 1827 Professor für Geschichte an der Universität in Breslau. Zugleich seit 1821 Archivar, 1825 Leiter des Schlesischen Provinzialarchivs. 1832 Geh. Archivrat. (St. war 1848 Mitglied der Nationalversammlung in Frankfurt).
KM 27. 2. 1845
Geschichte

STENZLER, Adolf Friedrich, * 9. 7. 1807 (Wolgast) † 27. 2. 1887 (Breslau)
1832 Professor, 1847 Professor für orientalische Sprachen an der Universität in Breslau. Zugleich seit 1833 Hilfsarbeiter, 1836 Kustos der Bibliothek der Universität. 1860 Rektor.
KM 15. 2. 1866
Indologie

STEPHAN, Christian Friedrich, gt. 17.2.1757 (Leipzig) † 17./29.12.1814 (Petersburg)
Professor für Botanik an der Medico-chirurgischen Akademie, zugleich Direktor des Forstinstituts und Direktor des Botanischen Gartens in Petersburg. Staatsrat.
KM 25. 6. 1812
Botanik

STEPHANI, Ludolf Eduard, * 29.3.1816 (Beucha bei Leipzig) † 30. 5./11.6.1887 (Pawlowsk b. Petersburg)
1846 Professor für Philologie an der Universität in Dorpat. 1850 Ordentlicher Akademiker für historisch-philologische Wissenschaften an der Akademie der Wissenschaften in Petersburg. Zugleich Konservator der klassischen Altertümer und Oberkonservator der Eremitage in Petersburg.
KM 17. 6. 1875
Klassische Philologie, Archäologie

STERBA, Günther, * 20. 5. 1922 (Brüx)
1952 Dozent, 1958 Professor für Zoologie an der Universität in Leipzig und Direktor des Zoologischen Instituts.
OM 8. 6. 1967
Biologie, Neurobiologie, Neuroendokrinologie

STERKY, Jeremias, * 24. 8. 1656 (Bern) † 29. 7. 1718 (Berlin)
1. Pastor an der Parochialkirche in Berlin.

anwM 27. 10. 1710
Theologie

STERN, Alfred, * 22. 11. 1846 (Göttingen) † 24. 3. 1936 (Zürich)
1872 Privatdozent an der Universität in Göttingen. 1873 Professor für Geschichte an der Universität in Bern. 1887 Professor für Geschichte an der Technischen Hochschule in Zürich.
KM 24. 2. 1927
Geschichte

STERN, Leo, * 27. 3. 1901 (Woloka/Bukowina)
1928 Assistent, später Dozent in Wien. 1940 Professor für neuere Geschichte am Ersten Pädagogischen Institut für Fremdsprachen in Moskau. 1945 Gastprofessor an der Universität und an der Hochschule für Welthandel in Wien. 1950 Professor für neuere Geschichte und Geschichte der Arbeiterbewegung an der Universität in Halle und Direktor des Instituts für Deutsche Geschichte. 1953 Rektor. 1956 zugleich Abteilungsleiter am Institut für Geschichte (jetzt Zentralinstitut) der Akademie in Berlin. 1957 Vorsitzender der DDR-Sektion der Kommission der Historiker der DDR und der UdSSR. 1963 Vizepräsident der Akademie und Vorsitzender der Arbeitsgemeinschaft der gesellschaftswissenschaftlichen Institute und Einrichtungen der Akademie. 1968 Leiter der Forschungsstelle für die Geschichte der Akademie. 1955 Nationalpreis.
OM 24. 2. 1955
Geschichte, Deutsche Geschichte, Geschichte der deutsch-sowjetischen Beziehungen, Wissenschaftsgeschichte

STERNBERG, Kaspar Maria Graf von, * 6. 1. 1761 (Prag) † 20. 12. 1838 (Bržezina/Böhmen)
Hof- und Kammerrat der Hochstifte Regensburg und Freysing. 1803 — 1807 Vizepräsident der Landesdirektion in Regensburg. Geh. Rat und Mitglied der Kgl.-böhm. Gesellschaft. Präsident des Vaterländischen Museums in Prag.
EM 13. 12. 1827 (Bestät. 4. 1. 1828)
Botanik

STEWART, Dugald, * 22. 11. 1753 (Edinburgh) † 11. 6. 1828 (Edinburgh)
1772 Professor für Philosophie an der Universität in Edinburgh.
AM 25. 6. 1812 (Bestät. 16. 7. 1812)
Philosophie

STIEF, Christian, * 14. 1. 1675 (Liegnitz) † 8. 6. 1751 (Breslau)
1702 Privatgelehrter in Breslau. Professor der Eloquenz und Geschichte am Gymnasium in Breslau. 1717 Rektor, zugleich Bibliothekar. 1734 Inspektor der Stadtschulen in Breslau. (In zeitgenössischen Darstellungen wird St. als beliebtester Gelegenheitsdichter, namentlich bei Begräbnissen in Breslau charakterisiert.)
abwM 28. 12. 1719
Pädagogik, Geschichte

STIEVE, Friedrich, * 14.10.1884 (München) † 5. 1945 (Berlin)[1]
1909 Dr. phil.. 1914 Presseattaché bei der Deutschen Gesandtschaft in Stockholm. 1922 Leiter des sogen. Schuldreferates im Auswärtigen Amt in Berlin. 1928 Gesandter in Riga. 1932 Leiter der Kulturabteilung des Auswärtigen Amtes in Berlin. Nach 1933 Leiter der Informationsstelle, Ministerialdirektor und Leiter der deutschen Gruppe im Deutsch-Italienischen Kulturausschuß des Auswärtigen Amtes in Berlin. (St. wurde auf Vorschlag der Akademie vor deren Wiedereröffnung 1946 aus der Mitgliederliste

1) St. Tod ist nicht urkundlich belegt. St. ist mit größter Wahrscheinlichkeit bei den Kämpfen um Berlin Ende April/Anfang Mai 1945 verstorben.

gestrichen. Seine Mitgliedschaft endete damit am 8. Mai 1945.)
OM 16. 7. 1942 bis 8. 5. 1945 (Bestät. 3. 8. 1942)
Geschichte

STIEVE, Hermann, * 22. 5. 1886 (München) † 6. 9. 1952 (Berlin)
1918 Privatdozent an der Universität in München. 1919 Privatdozent an der Universität in Leipzig. 1921 Professor für Anatomie und Histologie an der Universität in Halle. 1935 Professor für Anatomie und Histologie an der Universität in Berlin und Direktor des Anatomischen Instituts und des Anatomisch-biologischen Instituts der Universität.
OM 14. 7. 1949
Anatomie, Histologie

STILLE, Christoph Ludwig von, * 13. 9. 1696 (Berlin) † 19. 10. 1752 (Aschersleben)
Zunächst preuß. Werbeoffizier in der Schweiz. 1732 Major, 1740 Oberst und Generaladjutant FRIEDRICHs II. Zugleich Hofmeister des Prinzen HEINRICH. 1743 Generalmajor. 1748 – 1752 Kurator der Akademie.
EM 23. 1. 1744

STILLE, Hans Wilhelm, * 8. 10. 1876 (Hannover) † 26. 12. 1966 (Hannover)
1900 Geologe an der Preuß. Geologischen Landesanstalt in Berlin. 1904 Privatdozent an der Universität in Berlin. 1908 Professor für Geologie an der Technischen Hochschule in Hannover. 1912 Professor für Geologie an der Universität in Leipzig. Zugleich Direktor der Sächs. Geologischen Landesanstalt. 1913 Professor für Geologie und Paläontologie an der Universität in Göttingen. 1932 Professor für Geologie an der Universität in Berlin und Direktor des Geologisch-Paläontologischen Instituts und Museums. 1937 – 1938 Sekretar der Physikalisch-mathematischen Klasse der Akademie. 1946 Direktor des Geotektonischen Instituts der Akademie in Berlin. 1946 – 1951 Ständiger Vizepräsident der Akademie.
OM 1. 6. 1933 (Bestät. 23. 6. 1933)
Geologie, Tektonik

STILLER, Heinz, * 1. 11. 1932 (Brieske-Ost)
1966 Direktor des Instituts für Geodynamik der Akademie in Jena. 1968 Professor der Akademie. 1969 Direktor des Zentralinstituts für Physik der Erde der Akademie in Potsdam-Babelsberg. 1970 Stellvertreter des Generalsekretärs der Akademie. 1969 Stellvertr. Leiter, 1973 Leiter des Forschungsbereiches Kosmische Physik (jetzt Forschungsbereich Geo- und Kosmoswissenschaften) der Akademie. 1975 Nationalpreis.
KM 3. 6. 1971; OM 13. 6. 1974
Physik, Theoretische Geophysik, Seismologie

STILLFRIED-RATTONITZ, Rudolf Maria Bernhard von, Graf von Alcantara (1858), * 14. 8. 1804 (Hirschberg/Schles.) † 9. 8. 1882 (Silbitz/Schles.)
1843 Zeremonienmeister, 1853 Oberzeremonienmeister am Hofe in Berlin. 1854 zugleich Vorstand des Heroldsamtes, 1856 auch Mitglied der Generalordenskommission. Seit 1852 bis 1868 zugleich Leiter des königl. Hausarchivs. (St.-R. erhielt 1834 von FRIEDRICH WILHELM IV. den Auftrag zur Herausgabe der Geschichte des preuß. Königshauses. Er ist Verfasser der „Altertümer und Kunstdenkmale des Hauses Hohenzollern" und der „Monumenta Zollerana". St.-R. war 1858 Ministerkommissar des Fürsten von Sigmaringen, begleitete Prinzessin STEFANIE von Hohenzollern, spätere Frau des portugiesischen Königs, nach Portugal. Für diesen Dienst wurde er als Graf von Alcantara zum Granden

von Portugal ernannt.)
EM 15. 6. 1854 (Bestät. 22. 7. 1854)
Adelsgeschichte

STIRLING, James, * 1692 (St. Ninians/Stirling) † 5. 12. 1770 (Leadhilla/Schottland)
Agent der Schottischen Bergbaugesellschaft in Leadhilla. (St. wirkte zeitweilig als Physiker in London und wurde 1729 Mitglied der Royal Society.)
AM 30. 6. 1746
Physik

STOCKHAUSEN, Friedrich Wilhelm, * um 1702 (Magdeburg) † um 1759 (Magdeburg)
1736 prakt. Arzt in Magdeburg.
abwM 6. 3. 1727
Medizin

STODOLA, Aurel, * 10. 5. 1859 (Lipto Sv. Mikulas/Ungarn) † 25. 12. 1942 (Zürich)
1892 – 1929 Professor für Maschinenbau an der Technischen Hochschule in Zürich.
KM 25. 11. 1937 Technik

STOECKEL, Walter, * 14. 3. 1871 (Stobingen/Ostpr.) † 12. 2. 1961 (Berlin)
1903 Privatdozent an der Universität in Erlangen. 1904 Privatdozent, 1905 Professor für Gynäkologie an der Universität in Berlin. 1907 Professor für Gynäkologie an der Universität in Greifswald. 1907 Professor für Gynäkologie an der Universität in Marburg. 1910 Professor für Gynäkologie an der Universität in Kiel. 1922 Professor für Gynäkologie an der Universität in Leipzig. 1926 Professor für Gynäkologie an der Universität in Berlin und Direktor der Universitätsfrauenklinik. Geh. Medizinalrat. 1951 Nationalpreis.
OM 14. 7. 1949
Medizin, Gynäkologie

STOKES, Sir (1889) George Gabriel, * 13. 8. 1819 (Skreen/Irland) † 1.2.1903 (London)
1849 Professor für Mathematik an der Universität in Cambridge. 1854 Sekretär, 1885 Präsident der Royal Society. 1900 Helmholtz-Medaille der Akademie.
KM 7. 4. 1859; AM 13. 4. 1899 (Bestät. 22. 5. 1899) Mathematik

STOSCH, Ferdinand, * 29. 6. 1688 (Berlin) † 10. 12. 1727 (Potsdam)
Hof- und Garnisonsprediger in Potsdam.
abwM 5. 11. 1722
Theologie

STRASBURGER, Eduard, * 1.2.1844 (Warschau) † 19. 5. 1912 (Bonn)
1869 Professor, 1873 Professor für Botanik an der Universität in Jena. 1880 Professor für Botanik an der Universität in Bonn und Direktor der Botanischen Anstalt in Poppelsdorf.
KM 19. 12. 1889
Botanik

STRAUB, Bruno, * 5. 1. 1914 (Nagy Várd)
Professor für Molekularbiologie. Leiter des Biologischen Forschungszentrums in Szeged, zugleich Direktor des Instituts für Biochemie der Ungarischen Akademie der Wissenschaften in Budapest. Vizepräsident der Ungarischen Akademie der Wissenschaften.
AM 9. 6. 1977
Molekularbiologie

STRESEMANN, Erwin, * 22. 11. 1889 (Dresden) † 20. 11. 1972 (Westberlin)
1924 Kustos am Zoologischen Museum der Universität in Berlin. 1930 Professor für Zoologie an der Universität in Berlin. 1946 zugleich Direktor des Zoologischen Museums. 1955 Nationalpreis.
OM 24. 2. 1955; AM 20. 5. 1969
Ornithologie, Geschichte der Zoologie

STRÖMGREN, Svante Elis, * 31.5.1870 (Helsingborg) † 5. 4. 1947 (Kopenhagen)
1898 Privatdozent an der Universität in Lund. 1901 Assistent im Büro der Astronomischen Nachrichten. 1904 Privatdozent an der Universität in Kiel. 1907 Professor für Astronomie an der Universität in Kopenhagen, zugleich Direktor der Sternwarte.
KM 15. 1. 1925
Astronomie

STROMEYER, Friedrich, * 2.8.1776 (Göttingen) † 18. 8. 1835 (Göttingen)
1805 Professor für Chemie und Pharmazie an der Universität in Göttingen. Zugleich Direktor des chemischen Laboratoriums. 1817 Hofrat.
EM 25. 6. 1818 (Bestät. 19. 8. 1818)
Chemie

STROUX, Johannes, * 25. 8. 1886 (Hagenau/Elsaß) † 25. 8. 1954 (Berlin)
1914 Dozent, 1914 Professor, 1917 Professor für klassische Philologie an der Universität in Basel. 1922 Professor für klassische Philologie an der Universität in Jena. 1924 Professor für klassische Philologie an der Universität in München. 1935 Professor für klassische Philologie an der Universität in Berlin und Direktor des Instituts für Altertumskunde. 1946 – 1947 Rektor der Universität. 21. 6. 1945 mit der Wahrnehmung der Funktion des Präsidenten der Akademie beauftragt. 1946 – 1951 Präsident, 1951 Vizepräsident der Akademie. Seit 1946 zugleich Direktor des Instituts für Hellenistisch-römische Philologie der Akademie. 1950 Nationalpreis.
OM 29. 4. 1937 (Bestät. 11. 6. 1937)
Klassische Philologie, Altertumskunde

STRÜVER, Johannes Karl Theodor (Giovanni), * 23. 1. 1842 (Braunschweig) † 21. 2. 1915 (Rom)
1865 Assistent für Mineralogie an der Ingenieurschule in Florenz. 1873 Professor für Mineralogie an der Universität in Rom und Direktor des Mineralienkabinetts.
KM 8. 2. 1900
Mineralogie

STRUVE, Karl Hermann, * 21. 9./3. 10. 1854 (Pulkowo bei Petersburg) † 12. 8. 1920 (Herrenalb), (Sohn von STRUVE, Otto Wilhelm)
1883 Adjunkt und Astronom an der Sternwarte in Pulkowo. 1895 Professor für Astronomie an der Universität in Königsberg und Direktor der Sternwarte. 1904 Professor für Astronomie an der Universität in Berlin und Direktor der Sternwarte. Geh. Regierungsrat.
OM 21. 7. 1904 (Bestät. 29. 8. 1904)
Astronomie

STRUVE, Otto Wilhelm, * 25. 4./7. 5. 1819 (Dorpat) † 14. 4. 1905 (Karlsruhe), (Sohn von STRUVE, F. G. W.)
1839 Adjunkt, später 2. Astronom an der Sternwarte in Pulkowo, 1856 außerordentl. Mitglied, 1861 Ordentlicher Akademiker für Astronomie der Akademie der Wissenschaften in Petersburg. 1862 zugleich Direktor der Sternwarte in Pulkowo. 1867 Geschäftsführender Präsident der Internationalen Kommission zur Herstellung von Meterprototypen. 1887 Präsident des Internationalen Kongresses für die Herstellung fotografischer Himmelskarten. (St. war von 1847 bis 1862 zugleich beratender Astronom des russischen Generalstabes. Er wurde 1980 emeritiert und lebte seitdem in Karlsruhe.)
KM 2. 4. 1868
Astronomie

STRUVE, Friedrich Georg Wilhelm, * 15. 4. 1793 (Altona) † 11. 11. 1864 (Petersburg)
1813 Professor für Astronomie an der

Universität in Dorpat und Observator der Sternwarte. 1820 zugleich Direktor der Sternwarte in Dorpat. 1822 Korrespond. Mitglied, 1826 Ehrenmitglied, 1832 Ordentlicher Akademiker für Astronomie der Akademie der Wissenschaften in Petersburg. 1839 Direktor der Hauptsternwarte in Pulkowo bei Petersburg. Wirkl. Staatsrat.
KM 19. 1. 1832
Astronomie

STRZODKA, Joachim Klaus,
* 28. 8. 1927 (Kattowitz)
1963 Direktor des Deutschen Brennstoff-Instituts in Freiberg/Sa.. 1966 Professor für Tagebautechnik und bergbauliche Wasserwirtschaft an der Bergakademie in Freiberg/Sa.. 1967 Direktor des Instituts für Tagebautechnik, 1970 Leiter des Wissenschaftsbereichs Tagebautechnik, Sektion Geotechnik/Bergbau der Bergakademie. 1976 Rektor.
KM 9. 6. 1977
Tagebautechnik

STUBBE, Hans, * 7. 3. 1902 (Berlin)
1939 Dozent an der Universität in Berlin. 1943 Direktor des Instituts für Kulturpflanzenforschung der Kaiser-Wilhelm-Gesellschaft zur Förderung der Wissenschaften in Wien, 1944 in Stecklenberg, 1945 in Gatersleben. 1946 Professor für landwirtschaftliche Genetik an der Universität in Halle. 1951 Direktor des Instituts für Kulturpflanzenforschung (jetzt Zentralinstitut für Genetik und Kulturpflanzenforschung) der Akademie in Gatersleben. 1951 Präsident, 1968 Ehrenpräsident der Akademie der Landwirtschaftswissenschaften der DDR. 1949 und 1960 Nationalpreis. 1975 Helmholtzmedaille der Akademie.
OM 24. 2. 1949
Genetik, Mutationsforschung, experimentelle Evolutionsforschung

STUBBS, William, * 21. 6. 1825 (Knaresborough/Yorkshire) † 22. 4. 1901 (Cuddesdon b. Oxford)
Theologe und Historiker. Zeitweilig Professor an der Universität in Oxford und Kanonikus in London. 1884 Bischof von Chester. 1889 Bischof von Oxford.
KM 30. 3. 1882
Theologie, Geschichte

STUBENRAUCH, Timotheus Christian,
* 9. 10. 1693 (Quartschen/Neumark)
† 11. 8. 1750 (Berlin)
Hof- und Domprediger in Berlin.
anwM 13. 2. 1737; OM 23. 1. 1744
Theologie

STUDEMUND, Wilhelm Friedrich Adolf,
* 3. 7. 1843 (Stettin) † 8. 8. 1889 (Breslau)
1864 Privatdozent an der Universität in Halle. 1868 Professor, 1869 Professor für klassische Philologie an der Universität in Würzburg. 1870 Professor für klassische Philologie an der Universität in Greifswald. 1872 Professor für klassische Philologie an der Universität in Straßburg. 1885 Professor für klassische Philologie an der Universität in Breslau. 1886 zugleich Professor der Eloquenz. Geh. Regierungsrat.
KM 25. 7. 1889
Klassische Philologie

STUDER, Bernhard Rudolf, * 21.8.1794 (Büren/Kt. Bern) † 2. 5. 1887 (Bern)
1815 Lehrer für Mathematik am Gymnasium in Bern. 1825 Professor für Geologie an der Akademie und späteren Universität in Bern sowie Direktor des Mineralienkabinetts. 1834 Präsident der Kommission für die geologische Karte der Schweiz.
KM 23. 1. 1845
Geologie

STUDNICZKA, Franz, * 14. 8. 1860 (Jaslo/Galizien) † 4. 12. 1929 (Leipzig)
1887 Kustosadjunkt der Münzen und der

Antikensammlung des Kaiserhauses in Wien. Zugleich Privatdozent an der Universität in Wien. 1889 Professor, 1890 Professor für klassische Archäologie an der Universität in Freiburg i. Br.. 1896 Professor für klassische Archäologie an der Universität in Leipzig und Direktor des Archäologischen Instituts. Geh. Hofrat. Geh. Rat.
KM 8. 5. 1924
Klassische Archäologie

STUDT, Konrad von (1906), * 5. 10. 1838 (Schweidnitz) † 29. 10. 1921 (Berlin)
Dr. Dr. Ing.. 1868 Landrat in Obornik. 1880 Vortrag. Rat im Ministerium des Innern. 1882 Regierungspräsident in Königsberg. 1885 Mitglied des Staatsrates. 1887 Unterstaatssekretär in Elsaß-Lothringen. 1889 Oberpräsident von Westfalen. 1899 – 1907 Minister für geistl., Unterrichts- und Medizinalangelegenheiten. 1907 Mitglied des Preuss. Herrenhauses. Wirkl. Geh. Rat.
EM 15. 3. 1900 (Bestät. 17. 3. 1900)

STUDY, Christian Hugo Eduard, * 23.3.1862 (Coburg) † 6.1.1930 (Bonn)
1885 Privatdozent an der Universität in Leipzig. 1888 Privatdozent, 1893 Professor an der Universität in Marburg. 1894 Professor an der Universität in Bonn. 1897 Professor für Mathematik an der Universität in Greifswald. 1904 Professor für Mathematik an der Universität in Bonn.
KM 17. 5. 1923
Mathematik

STÜBNER, Friedrich Wilhelm, * 17. 1. 1710 (Bayreuth) † 22. 8. 1736 (Müncheberg/Vogtl.)
1730 Privatdozent an der Universität in Leipzig. Assessor der Philosophischen Fakultät.
abwM 17. 6. 1733
Mathematik, Philosophie

STUMPF, Carl Friedrich, * 21. 4. 1848 (Wiesentheid/Ufr.) † 25. 12. 1926 (München)
1870 Privatdozent an der Universität in Göttingen. 1873 Professor für Philosophie an der Universität in Würzburg. 1879 Professor für Philosophie an der Universität in Prag. 1884 Professor für Philosophie an der Universität in Halle. 1889 Professor für Philosophie an der Universität in München. 1894 Professor für Philosophie an der Universität in Berlin und Direktor des Psychologischen Instituts. Geh. Regierungsrat.
OM 10. 1. 1895 (Bestät. 18. 2. 1895)
Philosophie, Psychologie

STUMPF, Johannes, * 6. 4. 1862 (Köln/Holweide) † 18. 11. 1936 (Berlin)
1896 bis 1930 Professor für Kraftmaschinenbau an der Technischen Hochschule in Berlin-Charlottenburg.
OM 17. 12. 1925 (Bestät. 27. 1. 1926)
Technik

STURM, Jacob Carl Franz, * 29.9.1803 (Genf) † 18. 12. 1855 (Paris)
Hauslehrer in Genf. 1830 Professor für Mathematik am Collège ROLLIN in Paris. 1831 Repetent. 1840 Professor der Analyse, 1841 auch Professor für Mechanik an der École polytechnique in Paris.
KM 19. 2. 1835
Mathematik, Mechanik

STURM, Johann Friedrich, gt. 2.6.1658 (Königsberg i. Pr.) † 27. 1. 1702 (Berlin)
1688 Prediger der reform. Gemeinde auf dem Friedrichswerder und der Dorotheenstadt in Berlin. 1693 Hofprediger am Dom in Berlin.
anwM 11. 3. 1701
Theologie

STURM, Leonhard Christoph, * 5. 11. 1669 (Altdorf) † 6. 6. 1719 (Blankenburg a. Harz)
1694 Professor für Mathematik an der

Ritter-Akademie in Wolfenbüttel. 1702 Professor für Mathematik an der Universität in Frankfurt a. O.. 1711 Oberbaudirektor in Schwerin. 1712 Kammerrat. 1718 Rat und Baudirektor in Blankenburg.
abwM 21. 7. 1702
Zivil- und Militärbaukunst

STUSS, Johann Heinrich, * 9./19.6.1686 (Grohnde/Hann.) † 6. 5. 1775 (Gotha)
1713 Lehrer in Ilfeld. 1728 Rektor des Gymnasiums in Gotha.
abwM 29. 10. 1738
Philosophie, Geschichte der Wissenschaften

STUTZ, Georg Ulrich, * 5. 5. 1868 (Zürich) † 6. 7. 1938 (Berlin)
1894 Privatdozent, 1895 Professor für deutsches Recht und Kirchenrecht an der Universität in Basel. 1896 Professor für deutsches Recht und Kirchenrecht an der Universität in Freiburg i. Br.. 1904 Professor für deutsches Recht und Kirchenrecht an der Universität in Bonn und Direktor des Kirchenrechtlichen Seminars. 1917 Professor für deutsches Recht und Kirchenrecht an der Universität in Berlin. Geh. Justizrat.
OM 31. 1. 1918 (Bestät. 4. 3. 1918)
Deutsches Recht, Kirchenrecht

SUAREZ, Karl Gottlieb, (eigentl. SCHWAR(E)TZ, C. G.), * 27. 2. 1746 (Schweidnitz) † 14. 5. 1798 (Berlin)
1778 preuß. Jurist. 1787 Obertribunalrat und Oberjustizrat im Justizministerium in Berlin. 1798 Ausserordentl. Direktor der Akademie. (S. war Mitglied der Gesetzeskommission und gilt als Verfasser des Entwurfs für das Preuß. Allgemeine Landrecht.)
OM 19. 4. 1798
Rechtswesen

SUCH, Heinz, * 23. 7. 1910 (Frankfurt/M.) † 28. 12. 1976 (Leipzig)
1946 Lehrbeauftragter, 1949 Professor, 1951 Professor für allgemeine Rechtslehre und Zivilrecht an der Universität in Leipzig und Direktor des Instituts für Zivilrecht. 1969 Professor für sozialistisches Wirtschaftsrecht an der Universität in Leipzig. 1957 Nationalpreis.
OM 8. 6. 1967
Rechtswissenschaft

SUESS, Eduard, * 20. 8. 1831 (London) † 26. 4. 1914 (Marz b. Oedenburg)
1857 Professor, 1867 Professor für Geologie an der Universität in Wien und Vorstand des Geologischen Museums. 1863 – 1873 zugleich Referent in der Stadtverwaltung für die Wasserversorgung von Wien. 1873 Reichsrat. 1898 Präsident der Akademie der Wissenschaften in Wien.
AM 21. 12. 1899 (Bestät. 5. 3. 1900)
Geologie

SÜSSMILCH, Johann Peter, * 3.9.1707 (Zehlendorf bei Berlin) † 22. 3. 1767 (Berlin)
1732 Erzieher im Hause des Feldmarschalls von KALKSTEIN in Berlin. 1736 Feldprediger. 1740 Prediger in Etzien und Knoblauch. 1742 Probst an der Petri-Kirche in Berlin. Konsistorialrat. 1750 Mitglied des Oberkonsistoriums. (S. förderte die Einrichtung und Führung der Geburts-, Heirats- und Sterberegister und gilt als ein bedeutender Vorläufer der medizinischen und der mathematischen Statistik.)
OM 29. 1. 1745
Theologie

SUEVERN, Johann Wilhelm, * 3.1.1775 (Lemgo) † 2. 10. 1829 (Berlin)
1800 Rektor und erster Professor am Gymnasium in Thorn. 1803 Rektor des Gymnasiums in Elbing. 1807 Professor für klassische Literatur an der Universität in Königsberg. 1809 Staatsrat in der Unterrichtsabteilung des Ministeriums des

Innern in Berlin. 1817 Mitdirektor der Unterrichtsabteilung des Ministeriums für geistl. Unterrichts- und Medizinalangelegenheiten in Berlin. (S. wirkte maßgeblich an der Reform des Schulwesens in Preußen nach dem Tilsiter Frieden mit.)
OM 23. 3. 1815 (Bestät. 3. 5. 1815)
Altertumswissenschaften

SULZER, Johann Georg, * 16.10.1720 (Winterthur/Schweiz) † 25. 2. 1779 (Berlin)
1740 Hofmeister in Zürich. 1741 Pfarrvikar in Marschwanden bei Knonau. 1743 Hauslehrer in Magdeburg. 1747 Professor für Mathematik am Joachimthalschen Gymnasium in Berlin. 1765 Professor für Philosophie an der Ritter-Akademie in Berlin. 1776 – 1779 Direktor der Philosophischen Klasse der Akademie. (S. betätigte sich auch als Dichter.)
OM 29. 10. 1750
Mathematik, Philosophie

SUNDEVALL, Carl Jakob, * 22.10.1801 (Högestad/Schonen) † 2. 2. 1875 (Stockholm)
Intendant und Professor für Zoologie am Zoologischen Reichsmuseum in Stockholm.
KM 27. 2. 1862
Zoologie

SUNDWALL, Johannes, * 15. 11. 1877 (Nykarleby) † 29. 8. 1966 (Helsinki)
1907 Dozent an der Universität in Helsingfors. 1919 Professor für alte Geschichte und römische Literatur an der Universität in Abo. 1921 Professor für alte Geschichte und römische Literatur an der Universität in Helsingfors.
KM 13. 6. 1963
Alte Geschichte

SUOLAHTI, Hugo Viktor, * 7.10.1874 (Tavasthus) † 23. 2. 1944 (Helsinki)
Professor für germanische Philologie an der Universität in Helsinki. Kanzler der Universität.
KM 24. 6. 1943 (Bestät. 23. 7. 1943)
Germanistik

SUPERVILLE, Daniel de, * 2. 12. 1696 (Rotterdam) † 16. 11. 1773 (Rotterdam)
1718 Dr. med. in Utrecht. 1721 Diakon der Wallonischen Kirche in Leyden. 1722 Hofarzt und Arzt der französischen Kolonie in Stettin. Zugleich 1726 Professor für Anatomie und Chirurgie am Gymnasium in Stettin. 1738 Leibarzt, Wirkl. Geh. Rat und Direktor der Bergwerke Bayreuth. Zugleich ab 1742 Direktor der Academia Fridericiana Bayreuth. 1743 – 1748 Kanzler der Universität in Erlangen. 1749 Leibarzt in Braunschweig. (S. gilt als Gründer der 1742 eingerichteten Universität Bayreuth (1743 nach Erlangen verlegt). In Braunschweig initiierte er die Gründung des Kunst- und Naturalienkabinetts. 1761 kehrte S. nach Holland zurück.)
abwM 4. 12. 1731; AM 23. 1. 1744
Anatomie

SWARTZ, Olof, * 21. 9. 1760 (Norrköping) † 19. 9. 1818 (Bergiilund)
Professor für Botanik und Naturgeschichte am Karoling. Institut in Stockholm.
KM 25. 6. 1812
Botanik

SWEERTS, Ernst Maximilian, Freiherr v. REIST, * 1. 12. 1710 (Petrowitz) † 4. 7. 1757 (Berlin)
Direktor der königl. Schauspiele in Berlin.
EM 23. 1. 1744

SWEET, Henry, * 15. 9. 1845 (London) † 30. 4. 1912
1901 Professor für Phonetik an der Universität in Oxford.

KM 6. 6. 1901
Anglistik, vergleichende Sprachwissenschaft

SWOBODA, Erich, * 30. 8. 1896 (Wien) † 22. 11. 1964 (Graz)
1939 Privatdozent an der Universität in Wien. 1946 Professor für alte Geschichte an der Universität in Graz.
KM 1. 3. 1962
Alte Geschichte

SYBEL, Heinrich Karl Ludwig von, * 2. 12. 1817 (Düsseldorf) † 1. 8. 1895 (Marburg)
1840 Privatdozent, 1844 Professor für Geschichte an der Universität in Bonn. 1845 Professor für Geschichte an der Universität in Marburg. 1856 Professor für Geschichte an der Universität in München. 1861 Professor für Geschichte an der Universität in Bonn. 1868 Rektor. 1875 Direktor der Preuß. Staatsarchive und des Berliner Geheimen Staatsarchivs. 1886 Präsident der Historischen Kommission bei der Bayerischen Akademie in München. Wirkl. Geh. Oberregierungsrat. (S. begründete 1859 die „Historische Zeitschrift". S. war auch politisch tätig. Er war Mitglied des hessischen Landtages und 1848 Mitglied des Vorparlaments in Frankfurt a. M..)
KM 30. 6. 1859; OM 2. 12. 1875 (Bestät. 20. 12. 1875
Geschichte

SYLVESTER, James Joseph, * 3.9.1814 (London) † 15. 3. 1897 (London)
Zunächst Professor für Physik an der Universität in London. 1841 bis 1845 und 1876 bis 1884 in Nordamerika; hier zeitweilig Professor an der Universität in Baltimore. 1855 Professor für Mathematik an der Militärakademie in Woolwich. Danach Professor für Mathematik an der Universität in Oxford.
KM 26. 7. 1866 Mathematik

TAFINGER, Friedrich Wilhelm, gt. 2. 11. 1726 (Tübingen) † 2. 6. 1777 (Tübingen)
1752 Professor, 1753 Professor der Rechte an der Universität in Tübingen. 1759 Herzogl. Rat.
AM 10. 5. 1753
Rechtswissenschaft, röm. Zivilrecht

TAMMANN, Gustav, * 16./28. 5. 1861 (Dorpat) † 17. 12. 1938 (Göttingen)
1887 Privatdozent, 1892 Professor für Chemie an der Universität in Dorpat. 1903 Professor für anorganische Chemie an der Universität in Göttingen, 1907 zugleich Direktor des Instituts für physikalische Chemie.
KM 26. 6. 1919 Chemie

TANGL, Michael, * 26. 5. 1861 (Wolfsberg/Kärnten) † 7. 9. 1921 (Klagenfurt)
1895 Professor für Geschichte an der Universität in Marburg. 1898 Professor für Geschichte an der Universität in Berlin. 1902 Mitglied, 1914 Stellvertr. Vorsitzender der Zentralredaktion der Monumenta Germaniae Historica.
OM 31. 1. 1918 (Bestät. 4. 3. 1918)
Geschichte, Historische Hilfswissenschaften

TAUBENECK, Udo, * 12. 5. 1928 (Jena)
1957 Abteilungsleiter, 1968 Bereichsleiter am Institut für Mikrobiologie und experimentelle Therapie (jetzt Zentralinstitut) der Akademie in Jena. 1965 zugleich Dozent, 1968 Professor für Mikrobiologie an der Universität in Jena. 1976 Direktor des Zentralinstituts für Mikrobiologie und experimentelle Therapie der Akademie in Jena.
KM 13. 6. 1974; OM 9. 6. 1977
Mikrobiologie

TAUBENSCHLAG, Rafał, * 6. 5. 1881 (Przemyšl) † 25. 6. 1958 (Warschau)
1919 Professor, 1921 Professor für rö-

misches Recht an der Universität in Krakau. 1939 – 1940 Professor an der Universität in Aix-en-Provence. 1940 – 1947 Professor in den USA, zuletzt an der Universität in New York. 1947 Professor für antikes Recht an der Universität in Warschau und Direktor des Instituts für Papyrologie.
KM 17. 5. 1956
Antike Rechtsgeschichte

TAYLOR, Sir Alfred Edward,
* 22. 12. 1869 (Oundle/Northamptonshire) † 31. 10. 1945 (Edinburgh)
1903 Professor für Philosophie an der Universität in Montreal. 1908 Professor für Philosophie an der Universität in St. Andrews. 1924 Professor für Moralphilosophie an der Universität in Edinburgh.
KM 1. 11. 1934
Philosophie

TEICHMEIER, Hermann Friedrich,
* 30. 4. 1685 (Minden/Westf.) † 5.2.1746 (Jena)
Dr. med.. 1717 Professor für Experimentalphysik, 1719 Professor für Medizin, 1727 Professor für Botanik, Chirurgie und Anatomie an der Universität in Jena. Weimarischer Leibarzt.
abwM 3. 1. 1725
Medizin

TELLER, Wilhelm Abraham, * 9.1.1734 (Leipzig) † 8. 12. 1804 (Berlin)
1758 Sonntagsprediger in Leipzig. 1761 Generalsuperintendent und Professor für Theologie an der Universität in Helmstedt. 1767 Obersonsistorialrat und Propst an der Petri-Kirche in Berlin.
OM 23. 11. 1786 (Bestät. 30. 11. 1786)
Theologie

TEMBROCK, Günter, * 7. 6. 1918 (Berlin)
1961 Professor, 1964 Professor für Tierphysiologie, 1968 Leiter des Bereiches Verhaltenswissenschaften der Sektion Biologie der Universität in Berlin.
KM 17. 4. 1975
Biologie, Verhaltenswissenschaften

TEMMINCK, Coenraad Jacob,
* 31. 3. 1778 (Amsterdam) † 30.1.1858 (Leiden)
1820 Direktor des Naturhistorischen Reichsmuseums in Leiden.
EM 15. 11. 1855 (Bestät. 10. 12. 1855)
Zoologie

TEMPELHOFF, Georg Friedrich von (1784), * 19. 3. 1737 (Trampe/Mark) † 13. 7. 1807 (Berlin)
1782 Major, 1790 Oberst, 1791 Direktor der Artillerie-Akademie in Berlin. 1793 Chef der Artillerie der preussischen Armee. 1802 Generalmajor. 1805 Generalinspektor der militärischen Erziehungsanstalten in Preussen.
OM 23. 11. 1786 (Bestät. 7. 12. 1786)
Mathematik, Kriegsgeschichte

TENORE, Michele, * 5. 5. 1781 (Neapel) † 19. 7. 1861 (Neapel)
Direktor des Botanischen Gartens in Neapel.
KM 25. 6. 1812
Botanik

TERRASSON, Jean, * 1670 (Lyon) † 15. 9. 1750 (Paris)
Abbé. Professor für griechische und lateinische Philologie am Collège de France.
AM 23. 10. 1749
Klassische Philologie

TEUBER, Christian Andreas,
* 23. 9. 1697 (Neuruppin) † 29. 6. 1755 (Dedeleben bei Halberstadt)
Pastor in Norddedeleben. Konsistorialrat und Inspektor des Dedelebischen Kreises.
abwM 1732
Theologie

TEUBER, Gottfried, * 8. 11. 1656 (Zeitz) † 13. 2. 1731 (Zeitz)
Hofprediger in Zeitz.
abwM 30. 11. 1712
Theologie

TEUCHERT, Hermann, * 3. 3. 1880 (Loppow, Kr. Landsberg/Warthe) † 13. 1. 1972 (Heidelberg)
1910 Studienrat in Berlin. 1920 Professor für deutsche Philologie und ältere deutsche Literatur an der Universität in Rostock. 1961 Nationalpreis.
KM 13. 1. 1955; AM 20. 5. 1969
Niederdeutsche Sprache und Literatur

TEUTSCH, Friedrich, * 16. 9. 1852 (Schäßburg) † 11. 2. 1933 (Hermannstadt)
Zunächst Lehrer und Direktor am Lehrerbildungsseminar in Hermannstadt. 1899 Superintendentialvicar, 1906 Bischof der evang. Landeskirche Siebenbürgen.
KM 27. 7. 1922
Geschichte der Siebenbürger Sachsen

THAER, Albrecht Daniel, * 14. 5. 1752 (Celle) † 26. 10. 1828 (Möglin/Mark)
1774 Dr. med.; praktischer Arzt in Celle, Stadtarzt und hannöv. Hofarzt. 1806 Gründung der landwirtschaftlichen Lehranstalt Möglin und 1811 der Merino-Schäferei in Möglin. 1810 Professor der Landwirtschaft an der Universität in Berlin. 1810 – 1817 Staatsrat. (Th. wurde 1804 von Minister HARDENBERG nach Preußen berufen; die Berufung in die Akademie erfolgte auf Befehl des preuß. Königs vom 19. 3. 1804.)
OM 22. 3. 1804; EM 18. 1. 1821
Landwirtschaftswissenschaft

THENARD, Louis-Jacques Baron de (1824), * 4. 5. 1777 (La Louptière bei Nogent-s.-S.) † 20. 6. 1857 (Paris)
Zunächst Repetent, 1837 Professor für Chemie an der École polytèchnique, zugleich Professor für Chemie am Collège de France und bis 1840 Professor für Chemie an der Fakultät der Wissenschaft in Paris. 1824 Baron. 1833 bis 1848 Pair von Frankreich.
KM 25. 6. 1812; AM 26. 7. 1855 (Bestät. 15. 8. 1855)
Chemie

THIEBAULT, Dieudonnè, * 26. 12. 1733 (La Roche bei Remiremont) † 5. 12. 1807 (Versailles)
1765 – 1784 Professor für allgemeine Grammatik an der Kriegsschule in Berlin. (T. kehrt 1785 nach Frankreich zurück.)
OM 18. 4. 1765; AM 24. 9. 1784
Sprachwissenschaft

THIELE, Helmut, * 20. 6. 1926 (Saratoga)
1964 Professor für Mathematik an der Universität in Jena; 1966 zugleich Direktor des Instituts für Mathematik. 1968 Professor für mathematische Kybernetik an der Universität in Berlin.
KM 3. 6. 1971; OM 8. 6. 1978
Mathematik, Mathematische Kybernetik, Rechentechnik

THIERRY, Paul, Baron von, gt. 8. 12. 1723 (Edesheim/Pfalz) † 21. 6. 1789 (Paris)
siehe: HOLBACH, Paul THIERRY, Baron von

THIERSCH, Friedrich Wilhelm von, * 17. 6. 1784 (Kirchscheidungen/Unstrut) † 25. 2. 1860 (München)
1807 zunächst Privatlehrer, dann Lehrer am Gymnasium in Göttingen. 1809 Professor für Philologie am Gymnasium in München. 1811 Adjunkt an der Bayerischen Akademie der Wissenschaften in München, zugleich Professor am Lyzeum. 1814 Sekretar der Bayerischen Akade-

mie der Wissenschaften in München. 1826 Professor der Beredsamkeit und alten Literatur an der Universität in München. 1848 Präsident der Bayerischen Akademie der Wissenschaften.
KM 9. 6. 1825; AM 25. 3. 1858 (Bestät. 27. 4. 1858)
Klassische Philologie

THIESSEN, Peter Adolf, * 6. 4. 1899 (Schweidnitz)
1926 Privatdozent, 1932 Professor für physikalische Chemie an der Universität in Göttingen. 1935 Professor für physikalische Chemie an der Universität in Münster. 1935 Direktor des Instituts für Physikalische Chemie und Elektrochemie der Kaiser-Wilhelm-Gesellschaft zur Förderung der Wissenschaften in Berlin. 1945 bis 1956 wissenschaftliche Tätigkeit in der UdSSR. 1956 Professor für physikalische Chemie an der Universität in Berlin. Zugleich Direktor des Instituts für Physikalische Chemie der Akademie in Berlin. 1957 Vorsitzender, 1966 Ehrenvorsitzender des Forschungsrates der DDR. 1958 Nationalpreis.
OM 29. 6. 1939 (Bestät. 30. 6. 1939)
Physikalische Chemie, physikalisch-chemische Grundlagen der Verfahrenstechnik, Kolloidchemie, Elektrochemie

THILO, Erich Rudolf Julius,
* 27. 8. 1898 (Neubrandenburg)
† 25. 6. 1977 (Berlin)
1932 Privatdozent, 1938 Professor für Chemie an der Universität in Berlin. 1943 Professor für anorganische Chemie an der Universität in Graz. 1946 Professor für anorganische Chemie an der Universität in Berlin und komm. Direktor, 1949 Direktor des I. Chemischen Instituts der Universität. 1950 zugleich Direktor des Instituts für Anorganische Chemie der Akademie. 1957 Vorsitzender des Direktoriums des Forschungszentrums Adlershof der Akademie. 1950 und 1961 Nationalpreis.
OM 14. 7. 1949
Anorganische Chemie, Polymerenchemie

THOMAS, Frederick William,
* 21. 3. 1867 (Fazelay/Staffordshire)
† 6. 5. 1956 (Oxford)
1903 Bibliothekar am India Office. 1927 Professor für Sanskrit an der Universität in Oxford.
KM 15. 4. 1937
Indologie

THOMPSON, Sir Edward Maunde,
* 4. 5. 1840 (Clarendon/Jamaica)
† 14. 9. 1929 (Mayfield/Sussex)
Direktor des Britischen Museums in London.
KM 2. 5. 1895
Geschichte, Historische Hilfswissenschaften

THOMSEN, Hans Peter Jürgen Julius,
* 16. 2. 1826 (Kopenhagen) † 13. 2. 1909 (Kopenhagen)
1850 Lehrer für Chemie am Polytechnikum in Kopenhagen, zugleich Dozent für Physik an der militär-technischen Hochschule in Kopenhagen. 1856 Aichmeister. 1866 Professor für Chemie an der Universität in Kopenhagen. 1883 zugleich Direktor des Polytechnikums in Kopenhagen. 1888 Präsident der Dän. Akademie der Wissenschaften. (Th. gründete 1859 die Kryolith-Soda-Fabrikation.)
KM 8. 2. 1900) Chemie

THOMSEN, Vilhelm Ludwig Peter,
* 25. 1. 1842 (Kopenhagen)
† 12. 5. 1927 (Kopenhagen)
1869 Privatdozent, 1871 Professor, 1887 Professor für vergleichende Sprachwissenschaft an der Universität in Kopenhagen. 1876 – 1892 zugleich Hauptredakteur der „Nordisk Tidskrift for Filologi".
KM 18. 1. 1900
Vergleichende Sprachwissenschaft

THOMSON, Sir Joseph John,
* 18. 12. 1856 (Cheetham Hill)
† 30. 8. 1940 (Cambridge)
1880 Fellow, 1883 Lektor, 1884 Professor für Experimentalphysik an der Universität in Cambridge und Leiter des Cavendish-Laboratoriums in Cambridge. 1894 Präsident der Philosophischen Gesellschaft in Cambridge. 1905 Professor für Theorie der Naturwissenschaften an der Universität in Cambridge. 1906 Nobelpreis für Physik.
KM 28. 7. 1910
Physik

THOMSON, William, * 26. 6. 1824 (Belfast) † 17. 12. 1907 (Netherhall b. Largs/Schottland)
siehe: KELVIN, William THOMSON Lord (1892)

THORLACIUS, Börge, * 1. 5. 1775 (Kolding) † 8. 10. 1829 (Kopenhagen)
Professor für klassische Philologie an der Universität in Kopenhagen.
KM 28. 2. 1822
Klassische Philologie, nordische Philologie

THORMANN, Michael Friedrich,
* um 1650 (Cölln/Berlin)
† begr. 18. 5. 1711 (Berlin)
Doktor der Medizin. Königl. Rat in Berlin.
anwM 11. 3. 1701

THÜMMIG (THUMMIGIUS), Ludwig Philipp, * 12. 5. 1697 (Helmbrechts bei Kulmbach) † 15. 4. 1728 (Kassel)
1721 Magister, 1723 Professor für Philosophie an der Universität in Halle. 1724 Professor für Philosophie, 1727 auch für Astronomie und Mathematik am Carolinum in Kassel. 1725 zugleich Pagen-Hofmeister und Aufseher des Kunst- und Medaillenkabinetts in Kassel (Th. floh 1724 zusammen mit Christian WOLFF aus Halle zunächst nach Marburg.)
abwM 12. 11. 1721
Philosophie, Astronomie

THURET, Gustave-Adolphe,
* 23. 5. 1817 (Paris) † 11. 5. 1875 (Nizza)
Botaniker in Paris.
KM 29. 4. 1869
Botanik, Algenforschung

THURNEYSEN, Rudolf,
* 14. 3. 1857 (Basel) † 9. 8. 1940 (Bonn)
1882 Privatdozent, 1885 Professor für vergl. Sprachwissenschaften an der Universität in Jena. 1887 Professor für vergl. Sprachwissenschaften an der Universität in Freiburg i. Br. 1913 Professor für vergl. Sprachwissenschaften an der Universität in Bonn. Geh. Regierungsrat.
KM 23. 7. 1925
Vergl. Sprachwissenschaften

THURNWALD, Richard Christian,
* 18. 9. 1869 (Wien) † 19. 1. 1954 (Westberlin)
1896 Verwaltungstätigkeit in Bosnien, 1899 Mitarbeiter an der Handelskammer in Mainz. 1919 Privatdozent, 1923 Professor für Ethnologie, Völkerpsychologie und Soziologie an der Universität in Halle. 1925 Professor für Ethnologie, Völkerpsychologie und Soziologie an der Universität in Berlin. 1935 Forschungsreisender im Auftrage des Reichskolonialamtes; zugleich Honorarprofessor an der Universität in Berlin. (T., der mit 77 Jahren Mitglied der Akademie wurde, legte als Gegner einer antifaschistisch-demokratischen Entwicklung 1950 seine Mitgliedschaft nieder und stellte sich in den Dienst einer gegen die Akademie gerichteten Politik imperialistischer Kräfte der BRD.)
OM 12. 9. 1946 – 6. 7. 1950
Ethnologie

THURZO, Viliam, * 13. 11. 1912 (Komárno)
1945 Bevollmächtigter des Slowakischen Nationalrates für Gesundheitswesen. 1946 Direktor des Onkologischen Forschungsinstituts in Bratislava (jetzt Institut für Experimentelle Onkologie der Slowakischen Akademie der Wissenschaften). 1960 zugleich Dozent, 1966 Professor für Onkologie an der Universität in Bratislava.
AM 8. 6. 1978
Experimentelle Krebsforschung, Onkovirologie, Zytopathologie

TICHONOW, Andrej Nikolajewitsch, * 17./30. 10. 1906 (Gshatsk)
1936 Professor für Mathematik an der Universität in Moskau. 1939 Korrespondierendes Mitglied, 1966 Ordentlicher Akademiker der Akademie der Wissenschaften der UdSSR. 1979 Direktor des Instituts für Angewandte Mathematik der Akademie der Wissenschaften der UdSSR in Moskau.
AM 12. 6. 1980
Angewandte Mathematik, Kybernetik

TIEDE, Joachim, * um 1662 (Bärwalde/Neumark) † vor 1720
Mathematiker in Kiel.
abwM 1702
Mathematik

TIEDEMANN, Friedrich, * 23. 8. 1781 (Kassel) † 22. 1. 1861 (München)
1805 Professor für Anatomie, Physiologie und Zoologie an der Universität in Landshut. 1816 Professor für vergleichende Anatomie, Physiologie und Zoologie an der Universität in Heidelberg. (T. privatisierte seit 1849 in Frankfurt a. Main und lebte zuletzt in München.)
KM 25. 6. 1821; AM 1. 6. 1854 (Bestät. 15. 7. 1854) Anatomie

TILESIUS VON TILENAU, Wilhelm Gottlob, * 17. 7. 1769 (Mühlhausen/Thür.) † 17. 5. 1857 (Mühlhausen/Thür.)
Dr. med.; 1796 Begleiter des Grafen von HOFFMANNSEGG auf der naturwissenschaftlich-historischen Reise nach Portugal. 1801 Privatdozent an der Universität in Leipzig. 1803 – 1806 Teilnehmer der russischen Expedition einer Reise um die Welt unter Leitung von KRUSENSTERN. 1806 Adjunkt, 1817 ausländisches Ehrenmitglied der Akademie der Wissenschaften in Petersburg. (T. v. T. lebte seit 1808 teils privat, teils als praktischer Arzt in Leipzig, Göttingen, Mühlhausen, Dresden und zuletzt wiederum in Mühlhausen.)
KM 25. 6. 1812
Naturwissenschaften

TIMAKOW, Wladimir Dimitrijewitsch, * 26. 6./9. 7. 1905 (Pustotino/Geb. Kasan) † 21. 6. 1977 (Moskau)
1968 Ordentlicher Akademiker der Akademie der Wissenschaften der UdSSR und Ordentliches Mitglied der Akademie der Medizinischen Wissenschaften der UdSSR. 1968 Präsident der Akademie der Medizinischen Wissenschaften der UdSSR.
AM 17. 4. 1975
Mikrobiologie, Epidemiologie

TIMMERMANN, Johann Arnold, * 17. 8. 1693 (Homburg/Rh.) † 24. 11. 1742 (Duisburg)
Professor für Anatomie an der Universität in Duisburg.
abwM 8. 8. 1736 Anatomie

TISELIUS, Arne Wilhelm Kaurin, * 10. 8. 1902 (Stockholm) † 29. 10. 1971 (Uppsala)
1937 Professor für allgemeine und organische Chemie, 1938 Professor für Biochemie an der Universität in Uppsala und Direktor des Instituts für Biochemie. 1948 Nobelpreis für Chemie.

AM 4. 9. 1969
Physikalische Chemie, Biochemie

TOALDO, Giuseppe, * 11. 7. 1719 (Pianezzo bei Vicenza) † 11. 11. 1797 (Padua)
1762 Professor für Astronomie und Meteorologie an der Universität in Padua.
AM 7. 7. 1776
Astronomie

TOBLER, Adolf, * 23. 5. 1835 (Hirzel/Kt. Zürich) † 18. 3. 1910 (Berlin)
1861 Lehrer an der Kantonschule in Solothurn. 1866 Lehrer am Gymnasium in Bern. 1867 Privatdozent an der Universität in Bern. 1867 Professor für romanische Philologie an der Universität in Berlin. 1890 – 1891 Rektor.
OM 28. 7. 1881 (Bestät. 15. 8. 1881)
Romanistik

TODT, Fritz, * 4. 9. 1891 (Pforzheim) † 8. 2. 1942 (bei Rastenburg), (Flugzeugabsturz)
Vor 1933 Bauführer bei verschiedenen Firmen. 1931 Dr. Ing.. 1933 Generalinspektor für das „deutsche Straßenwesen"; zugleich Leiter des Hauptamtes für Technik der NSDAP. Später auch Generalinspektor „für Wasser und Energie". 1940 Reichsminister für Bewaffnung und Munition. (T. wurde auf Druck der faschistischen Regierung Mitglied der Akademie. Die „Wahl" wurde vorab bestätigt.)
EM 26. 1. 1939 (Vorab bestät. 24. 1. 1939)

TÖPFER, Edelhard Edgar, * 4. 12. 1931 (Schmiedefeld)
1964 Gruppenleiter für Aufbereitungstechnologie im VEB Zinnerz in Altenburg. 1966 Stellvertr. Direktor, 1971 Direktor des Forschungsinstituts für Aufbereitung der Akademie in Freiberg/Sa. 1972 Professor der Akademie.
KM 9. 6. 1977
Mechanische Verfahrenstechnik, Flotation, Aufbereitung von Buntmetallerzen

TOEPLER, August Joseph Ignaz, * 7. 9. 1836 (Brühl bei Bonn) † 6. 3. 1912 (Dresden)
1859 Dozent für Chemie und Physik an der landwirtschaftlichen Akademie in Poppelsdorf bei Bonn. 1865 Professor für Physik am Polytechnikum in Riga. 1869 Professor für Physik an der Universität in Graz. 1876 Professor für Physik an der Technischen Hochschule in Dresden.
KM 13. 3. 1879
Physik

TOLDT, Carl, * 3. 5. 1840 (Bruneck/Tirol) † 13. 11. 1920 (Wien)
Professor für Anatomie an der Universität in Wien und Vorsteher des Anatomischen Museums. Präsident der Anthropologischen Gesellschaft und Kurator der Zoologischen Station in Triest. Hofrat.
KM 15. 7. 1920
Anatomie

TOLSTOW, Sergej Pawlowitsch, * 12./25. 1. 1907 (Petersburg)
1953 Korrespondierendes Mitglied der Akademie der Wissenschaften der UdSSR.
KM 17. 5. 1956; AM 20. 5. 1969
Geschichte

TOPTSCHIJEW, Alexander Wassiljewitsch, * 27. 7./9. 8. 1907 (bei Zaryzin) † 27. 12. 1962 (Moskau)
1938 Professor für organische Chemie am Moskauer Gubkin-Institut für Erdöl. 1943 Direktor. 1947 stellvertr. Minister für Hochschulwesen der UdSSR und Vorsitzender der Attestationskommission. Zugleich Direktor des Instituts für Chemie und Technologie des Erdöls und Gases der Akademie der Wissenschaften der UdSSR. 1949 Ordentlicher Akademiker der Akademie der Wissenschaften der

UdSSR. 1949 Generalsekretär, 1958 Vizepräsident der Akademie.
KM 13. 1. 1955
Organische Chemie, Erdölchemie

TORRES–CASTELLANOS, Juan Manuel de,
Spanischer Diplomat. Zeitweilig Gesandter in Berlin.
AM 26. 9. 1750

TORSTRICK, Johann Adolf,
* 22. 1. 1821 (Bremen) † 22. 11. 1877 (Bremen)
Professor für griechische und lateinische Sprache am Gymnasium in Bremen.
KM 10. 2. 1876
Gräzistik

TOURKY, Ahmed Riad, * 16. 3. 1902 (Tanka) † 16. 1. 1971 (Kairo)
Professor für Chemie an der Universität und Direktor des National Research Centre in Kairo.
KM 22. 11. 1962; AM 20. 5. 1969
Anorganische und physikalische Chemie

TOUSSAINT, François-Vincent,
* 21. 12. 1715 (Paris) † 22. 6. 1772 (Berlin)
Zunächst Professor in Brüssel. 1764 Professor für Logik und Rhetorik an der Kriegsschule in Berlin.
AM 4. 3. 1751; OM 8. 11. 1764
Sprachwissenschaft

TRALLES, Bernhard Ludwig,
* 1. 3. 1708 (Breslau) † 7. 2. 1797 (Breslau)
1731 Dr. med. in Halle; danach praktischer Arzt in Breslau. 1741 erster Assessor, später für kurze Zeit Dekan des Collegium medicum in Breslau. 1741 Hofrat. (T. begleitete als Arzt verschiedentlich Politiker und hohe Militärs auf Reisen. Neben medizinischen Arbeiten veröffentlichte er auch literatur-kritische Arbeiten und betätigte sich als Dichter.)
AM 29. 9. 1791 (Bestät. 6. 10. 1791)
Medizin

TRALLES, Johann Georg,
* 19. 10. 1763 (Hamburg) † 19. 11. 1822 (London)
1785 Professor für Mathematik und Physik in Bern. 1810 Professor für Mathematik an der Universität in Berlin. 1810 – 1822 Sekretar der Mathematischen Klasse der Akademie. (T. wurde 1804 auf Befehl des preuss. Königs mit einem Gehalt von 1.000 Talern an die Akademie nach Berlin berufen. T. gilt als Erfinder des nach ihm benannten Alkoholmeters. Er starb in London, wo er Geräte zur Pendelbestimmung beschaffen wollte.)
OM 25. 1. 1804
Mathematik, Physik

TRAUBE, Moritz, * 12. 2. 1826 (Ratibor) † 28. 6. 1894 (Berlin)
Chemiker. (T. studierte u. a. bei LIEBIG in Gießen und promovierte 1847. Seit 1849 arbeitete er in der Weinhandlung seines Vaters in Ratibor. 1866 eröffnete er sein eigenes Geschäft in Breslau. 1891 siedelte er nach Berlin über.)
KM 29. 7. 1886 Chemie

TRAUTMANN, Reinhold, * 16. 1. 1883 (Königsberg i. Pr.) † 4. 10. 1951 (Jena)
1907 Privatdozent an der Universität in Göttingen. 1911 Professor, 1920 Professor für Slawistik an der Universität in Prag. 1921 Professor für Slawistik an der Universität in Königsberg. 1926 Professor für Slawistik an der Universität in Leipzig. 1948 Professor für Slawistik an der Universität in Jena. (T. wurde bereits am 30. 11. 1944 zum KM gewählt. Diese Wahl wurde von der faschistischen Regierung nicht bestätigt.)
KM 30. 11. 1944 (nicht bestät.); KM 5. 6. 1947; OM 14. 7. 1949
Slawistik

TREDER, Hans-Jürgen Walter,
* 4. 9. 1928 (Berlin)
1961 Wissenschaftlicher Mitarbeiter, 1962 Bereichsleiter, 1963 Direktor am Institut für Reine Mathematik der Akademie in Berlin. 1961 zugleich Dozent, 1963 Professor für theoretische Physik an der Universität in Berlin. 1966 Direktor der Sternwarte der Akademie in Potsdam-Babelsberg. 1969 Direktor des Zentralinstituts für Astrophysik der Akademie in Potsdam-Babelsberg, 1969 – 1972 zugleich Leiter des Forschungsbereiches Kosmische Physik der Akademie. 1971 Nationalpreis.
OM 9. 6. 1966
Theoretische Physik/Kosmologie; Gravitations- und Feldtheorie; Mathematische Physik; Wissenschaftsgeschichte

TREIBS, Wilhelm, * 6. 11. 1890 (Oberstein/Nahe) † 20. 4. 1978 (Heidelberg)
1928 Chemiker, Betriebsleiter und Vorstandsmitglied der Lignose AG in Berlin. 1929 bis 1942 in Freiburg i. B. und 1943 bis 1957 in Militz b. Leipzig Besitzer und Leiter eines Forschungslabors. 1944 zugleich Dozent, 1947 Professor, 1951 Professor für organische Chemie an der Universität in Leipzig und Direktor des Instituts für organische Chemie. 1961 Professor für organische Chemie an der Universität in Heidelberg. 1954 Nationalpreis.
OM 19. 2. 1953; AM 20. 5. 1969
Organische Chemie

TREITSCHKE, Gotthard Heinrich von,
* 15. 9. 1834 (Dresden)
† 28. 4. 1896 (Berlin)
1859 Privatdozent an der Universität in Leipzig. 1862 zugleich Dozent für Nationalökonomie an der Landeswirtschaftlichen Akademie in Plagwitz. 1863 Dozent an der Universität in Freiburg. 1866 Professor für Geschichte und Politik an der Universität in Kiel. 1867 Professor für Geschichte und Politik an der Universität in Heidelberg. 1874 Professor für Geschichte und Politik an der Universität in Berlin. 1886 Historiograph des preuß. Staates. Geh. Regierungsrat.
OM 18. 7. 1895 (Bestät. 13. 8. 1895)
Politische Publizistik, Geschichte

TREMBLEY, Jean, * 13. 4. 1749 (Genf)
† 18. 9. 1811 (Mas d'Agenais/Lot-et-Garonne)
T. war ursprünglich Advokat, später Beschäftigung mit Mathematik und Naturwissenschaften. 1794 – 1807 Wirken in Berlin. 1807 Rückkehr nach Genf.
AM 19. 9. 1793; OM 2. 10. 1794; AM 19. 2. 1807 (Bestät. 12. 3. 1807)
Mathematik

TRENDELENBURG, Friedrich Adolf,
* 30. 11. 1802 (Eutin)
† 24. 1. 1872 (Berlin)
1826 Erzieher im Hause des Generalpostmeisters v. NAGLER in Frankfurt a. M.. 1833 Professor, 1837 Professor für praktische Philosophie und Pädagogik an der Universität in Berlin. Mehrfach Rektor. 1833 zugleich Mitarbeiter des preuss. Ministers STEIN zum ALTENSTEIN. 1847 – 1871 Sekretar der Philosophisch-historischen Klasse der Akademie.
OM 5. 2. 1846 (Bestät. 11. 3. 1846)
Philologie, Philosophie

TRENDELENBURG, Ernst Wilhelm Theodor, * 16. 7. 1877 (Rostock)
† 16. 3. 1946 (Tübingen),
(Enkel von TRENDELENBURG, Friedrich, Adolf)
1904 Privatdozent, 1909 Professor für Physiologie an der Universität in Freiburg i. B. 1911 Professor für Physiologie an der Universität in Innsbruck. 1916 Professor für Physiologie an der Universität in Gießen. 1917 Professor für Phy-

siologie an der Universität in Tübingen. 1927 Professor für Physiologie an der Universität in Berlin und Direktor des Physiologischen Instituts.
OM 18. 12. 1930 (Bestät. 17. 1. 1931)
Physiologie

TRESSAN, Louis-Elisabeth de la VERGNE Marquis de, * 4.11.1705 (Le Mans) † 31. 10. 1783 (Paris)
Oberhofmarschall des Königs STANISLAUS, Generalleutnant der französ. Armee.
AM 5. 2. 1760

TREUB, Melchior, * 26. 12. 1851 (Voorschoten bei Leiden) † 5. 10. 1910 (Saint-Raphael/Var)
1874 Assistent am Botanischen Institut in Leiden. 1880 Direktor des Botanischen Gartens in Buitenzorg/Java.
KM 8. 2. 1900
Botanik

TREUER, Gottlieb Samuel, * 24. 12. 1683 (Jakobsdorf/Mark) † 25. 2. 1743 (Göttingen)
1702 Magister, 1707 Assessor der Philosophischen Fakultät der Universität in Leipzig. 1707 Professor für Gottesgelahrsamkeit, Philosophie und Geschichte an der Ritterakademie in Wolfenbüttel. 1713 Professor für Moral und Politik, 1728 auch Professor für Geschichte an der Universität in Helmstedt. 1730 Professor der Rechte und der Philosophie an der Universität in Helmstedt. 1734 Professor für Staatsrecht, Moral und Politik an der Universität in Göttingen. 1731 Hofrat.
abwM 6. 4. 1729
Geschichte, Rechtswissenschaft

TREVIRANUS, Gottfried Reinhold, * 4. 2. 1776 (Bremen) † 16. 2. 1837 (Bremen)
1796 praktischer Arzt in Bremen. 1797 Professor für Mathematik und Medizin am Gymnasium illustre in Bremen.
KM 25. 6. 1812
Anatomie

TREVIRANUS, Ludoph Christian, * 18. 9. 1799 (Bremen) † 6. 5. 1864 (Bonn), (Sohn von TREVIRANUS, Gottfried Reinhold)
1807 Professor für Medizin am Lyzeum in Bremen. 1812 Professor für Naturgeschichte in Rostock. Zugleich praktischer Arzt. 1816 Professor für Botanik an der Universität in Breslau und Direktor des Botanischen Gartens. 1830 Professor für Botanik an der Universität in Bonn.
KM 13. 2. 1834
Botanik

TREW, Christoph Jakob, * 26. 4. 1695 (Lauf bei Nürnberg) † 18. 7. 1768 (Nürnberg)
1711 Dr. med.; 1720 praktischer Arzt in Nürnberg, zugleich Physicus Ordinarius des Collegium medicum in Nürnberg. 1742 Adjunkt, 1746 Ephemeridus der Leopoldina. 1736 markgräfl. Ansbach. Leibarzt und Hofrat.
AM 3. 2. 1746
Medizin, Botanik

TRIEBEL, Hans, * 7. 2. 1936 (Dessau)
1970 Professor für Mathematik an der Universität in Jena.
KM 8. 6. 1978
Mathematik, Analysis

TROELTSCH, Ernst Peter Wilhelm, * 17. 2. 1865 (Haunstetten b. Augsburg) † 1. 2. 1923 (Berlin)
Zunächst Vikar in München. 1891 Privatdozent an der Universität in Göttingen. 1892 Professor für Theologie an der Universität in Bonn. 1894 Professor für Theologie an der Universität in Heidelberg. 1914 Professor für Theologie an

der Universität in Berlin. Geh. Kirchenrat.
KM 21. 11. 1912; OM 21. 12. 1922 (Bestät. 11. 1. 1923)
Philosophie, Theologie

TROLL, Carl, * 24. 12. 1899 (Gabersee/Oberbayern) † 21. 7. 1975 (Bonn)
1925 Dozent an der Universität in München. 1930 Professor, 1936 Professor für Geographie an der Universität in Berlin. 1938 Professor für Geographie an der Universität in Bonn.
KM 15. 7. 1943 (Bestät. 6. 8. 1943); AM 20. 5. 1969
Geographie

TROMMSDORF, Johann Bartholomäus, * 8. 5. 1770 (Erfurt) † 8. 3. 1837 (Erfurt)
1795 Professor für Chemie an der Universität in Erfurt. 1796 Gründer und Inhaber eines pharmazeutischen Instituts in Erfurt. 1818 Vizedirektor, 1823 Direktor der Akademie für gemeinnützige Wissenschaften in Erfurt. (T. war von 1784 – 1788 Lehrling an der Weimarer Hof- und Stadtapotheke. 1790 Übernahme der Apotheke seines Vaters in Erfurt. T. begründete 1794 das Journal der Pharmazie für Apotheker, Ärzte und Chemiker.)
KM 25. 6. 1812
Pharmazie und Chemie

TRONCHIN, Théodore, * 24. 5. 1709 (Genf) † 30. 11. 1781 (Paris)
Dr. med.. Zunächst Präsident des Ärztekollegs in Amsterdam. Später Professor für Medizin an der Universität in Genf. Zuletzt Leibarzt des Herzogs von Orléans.
AM 11. 3. 1751
Medizin

TROTT ZU SOLZ, August von,
* 29. 12. 1855 (Imshausen b. Bebra)
† 27. 10. 1938 (Imshausen b. Bebra)
Zunächst Landrat in Höchst, später in Marburg. Danach Vortrag. Rat im Ministerium des Innern in Berlin. 1898 Regierungspräsident in Koblenz. 1899 Regierungspräsident in Kassel. 1905 Oberpräsident von Brandenburg. 1909 bis 1917 Minister für geistl., Unterrichts- und Medizinalangelegenheiten in Berlin.
EM 19. 2. 1914 (Bestät. 2. 3. 1914)

TRUBLET, Nicolas-Charles-Joseph,
* Dez. 1697 (Saint-Malo)
† 14. 3. 1770 (Saint Malo)
Französischer Schriftsteller und Journalist. Abbé in Saint-Malo. Zeitweise königl. Zensor. Mitglied der Académie française. (Zwischen T. und VOLTAIRE bestand eine erbitterte Feindschaft, die ihre Ursache in ideologischen Differenzen und in Angriffen von T. gegen Werke der Philosophie der Aufklärung hatte.)
AM 8. 5. 1749
Philosophie

TRZEBIATOWSKI, Włodzimierz,
* 25. 2. 1906 (Grodzisk)
1938 Professor für anorganische Chemie an der Universität in Lwow. 1955 Leiter des Instituts für Strukturforschung der Polnischen Akademie der Wissenschaften. 1962 zugleich Professor für anorganische Chemie an der Universität und am Politechnikum in Wroclaw. 1968 Direktor des Instituts für Tieftemperaturphysik und Strukturforschung der Polnischen Akademie der Wissenschaften. Zugleich Direktor des Internationalen Laboratoriums für hohe Magnetfelder und tiefe Temperaturen in Wroclaw. 1971 Präsident der Polnischen Akademie der Wissenschaften.
AM 21. 2. 1974
Chemie

TSCHASOW, Jewgenij Iwanowitsch,
* 10. 6. 1929 (Gorki)
Ordentlicher Akademiker der Akademie

der Medizinischen Wissenschaften der UdSSR und Hauptdirektor des Kardiologischen Zentrums der Akademie der Medizinischen Wissenschaften der UdSSR.
AM 9. 6. 1977
Medizin, Kardiologie

TSCHEBYSCHEW, Panuftii Lwowitsch, * 14. 5. 1821 (Okatowo/Geb. Kaluga) † 26. 11. 1894 (Petersburg)
1859 Professor für Mathematik an der Universität in Petersburg. 1853 Adjunkt, 1856 Außerordentliches Mitglied, 1859 Ordentlicher Akademiker für angewandte Mathematik der Akademie der Wissenschaften in Petersburg.
KM 13. 7. 1871
Mathematik

TSCHERMAK-SEYSENEGG, Gustav Edler (1917) von (1906), * 19. 4. 1836 (Littau/Mähren) † 4. 5. 1927 (Wien)
1862 Kustos, 1869 Direktor des Hof-Mineralien-Kabinetts in Wien. 1868 zugleich Professor für Petrographie, 1873 Professor für Mineralogie an der Universität in Wien. Hofrat.
KM 3. 3. 1881
Mineralogie

TSCHICHATSCHEW, Peter Alexandrowitsch, * 1812 (Gatschina bei Petersburg) † 13. 10. 1890 (Florenz)
Russischer Forschungsreisender. (Tsch. war von 1841 bis 1844 russischer Diplomat an der Gesandtschaft in Konstantinopel. Einem anschließenden Studium an der Bergakademie in Freiberg folgten langjährige Forschungsreisen in den Altai und nach Kleinasien. Tsch. lebte bis 1870 in London, danach in Florenz).
EM 28. 7. 1873 (Bestät. 22. 8. 1873)

TULASNE, Louis-René (gen. Edmond), * 12. 9. 1815 (Azay-le-Rideau/Indre-et-Loire) † 22. 12. 1885 (Hyeres/Var)
1842 wissenschaftlicher Mitarbeiter, später Professor am Naturhistorischen Museum in Paris.
KM 29. 4. 1869
Botanik

TURNER, Sir William, * 7. 1. 1832 (Lancaster) † 15. 12. 1916 (Edinburgh)
1854 Prosektor, 1861 Fellow, 1867 Professor für Anatomie an der Universität in Edinburgh. Später Prinzipal der Universität. Präsident des Staatsrates.
KM 10. 3. 1898
Anatomie

TURPIN de CRISSÉ, Lancelot Comte, * um 1719 (in der Beauce) † um 1795
Generalleutnant der französischen Armee. (T. wurde 1754 als Kriegshistoriker Mitglied der Akademie. Im Siebenjährigen Krieg nahm er als französischer Heerführer am Krieg gegen Preußen teil. Er soll als Emigrant in Deutschland gestorben sein.)
AM 28. 8. 1754
Kriegsgeschichte

TURRETIN Jean Alphonse, * 24.8.1672 (Genf) † 1.5.1737 (Genf)
1694 Prediger an der ital. Kirche in Genf. 1697 zugleich Professor für Kirchengeschichte, 1705 Professor für Theologie in Genf.
abwM 12. 6. 1708
Theologie

TYCHSEN (TÜCHSEN), Olaus (Oluff) Gerhard, gt. 15. 12. 1734 (Tondern) † 30. 12. 1815 (Rostock)
1757 Lehrer und Aufseher am Waisenhaus in Halle. 1760 Magister in Bützow. 1763 Professor für orientalische Sprachen an der Universität in Bützow. 1770 zugleich Bibliothekar der Universität. Mehrfach Rektor. 1775 Herzogl. Hofrat. 1789 Bilbiothekar, 1803 Kanzleirat und Vizekanzler der Universität in Rostock.

aoM 28. 7. 1803; EM 24. 1. 1812
Orientalistik, semitische Philologie, Numismatik

TYDEMAN, Meinard, * 20. 3. 1741 (Zwolle) † 1. 2. 1825 (Leiden)
Professor für Rechtswissenschaften an der Universität in Leiden.
KM 25. 6. 1812
Rechtswissenschaft

UHDEN, Johann Christian, * 30.3.1695 (Egeln) † 6. 1. 1783 (Berlin)
Generalfiskal. Geh. Justiz- und Tribunalrat in Berlin. 1740 bis 1763 Justitiar der Akademie.
EM 1. 6. 1747; OM 11. 1. 1748
Rechtswissenschaft

UHDEN, Johann Daniel Wilhelm Otto, * 23. 8. 1763 (Berlin) † 21. 1. 1835 (Berlin)
Archäologe. Vortragender Rat im Generaldirektorium. Später zunächst Staatsrat im Ministerium des Innern, dann Vortragender Rat im Ministerium für geistliche, Unterrichts- und Medizinalangelegenheiten in Berlin.
AM 4. 8. 1808 (Bestät. 15. 8. 1808);
OM 29. 3. 1810 (Bestät. 7. 4. 1810)
Archäologie

UHLAND, Johann Ludwig, * 26.4.1787 (Tübingen) † 13. 11. 1862 (Tübingen)
Dichter. 1810 Dr. jur. 1812 zweiter Sekretär im Justizministerium in Stuttgart. 1814 Advokat in Stuttgart. 1829 – 1833 ao. Professor für deutsche Sprache und Literatur an der Universität in Tübingen. 1850 Mitglied des württ. Staatsgerichtshofes. (U. betätigte sich auch als Politiker. Er war 1819 Mitglied der Konstituierenden Versammlung Württembergs und 1848 Mitglied der Nationalversammlung in Frankfurt a. M.)
KM 27. 2. 1845
Germanistik

UHLIG, Fritz Egon, * 8. 11. 1929 (Neundorf/Kr. Annaberg)
1962 Professor für anorganische Chemie an der Universität in Jena und Direktor des Instituts für Anorganische Chemie.
KM 8. 6. 1978
Anorganische Chemie, Koordinationschemie

UHLMANN, Armin, * 19. 2. 1930 (Chemnitz)
1960 Dozent, 1962 Professor für theoretische Physik an der Universität in Leipzig. 1973 Nationalpreis.
KM 11. 6. 1970; OM 15. 6. 1972
Theoretische und mathematische Physik; Quantenfeldtheorie, Elementarteilchenphysik

ULHOORN, Hendrik, * 1692 (Leiden) † 1749 (Amsterdam)
Chirurg. Lektor für Anatomie und Chirurgie in Amsterdam.
abwM 31. 8. 1740; AM 23. 1. 1744
Anatomie

ULLOA, Don Antonio d', * 12. 1. 1716 (Sevilla) † 5. 7. 1795 (Isla de Leon bei Cadix)
1766 Gouverneur von Louisiana. 1770 spanischer Generalleutnant und Befehlshaber einer spanischen Flotte. (U. nahm 1735 als Marine-Leutnant im spanischen Auftrag an der peruanischen Gradmessung teil. 1746 kehrte er zurück, nachdem er in englische Gefangenschaft geraten war. In London freigelassen, wurde er Mitglied der Royal Society. Als Befehlshaber der spanischen Flotte führte er später den Auftrag zur Kaperung einer englischen Handelsflotte bei den Azoren nicht aus und wurde 1780 aus dem aktiven Marinedienst entlassen. Er behielt jedoch seine Stellung im Marineministerium.)
AM 16. 4. 1750
Geodäsie

UNGER, Franz, * 30. 11. 1800 (Amthof/ Steiermark) † 13. 2. 1870 (Graz)
Nach dem Studium der Rechtswissenschaft, Medizin, Chemie und Physik 1827 Erzieher bei dem Grafen COLLOREDO-MANSFELD. 1828 praktischer Arzt. 1835 Professor für Botanik und Zoologie und Direktor des Botanischen Gartens am Joanneum in Graz. 1848 Professor für Botanik an der Universität in Wien.
KM 26. 7. 1855 Botanik

UNGER, Johann Friedrich von (1776), * 25. 6. 1714 (Thurau/Hann.) † 8. 2. 1781 (Braunschweig)
1750 Landarzt, zugleich Bürgermeister in Einbeck. 1753 Oberpolizeikommissar und Bürgermeister in Göttingen. 1763 braunschweigischer Hofrat und geh. Sekretär. 1775 Justizrat in Braunschweig. (U. beschäftigte sich mit Fragen der Mathematik, Technik und Elektrizität.)
AM 4. 11. 1751
Mathematik, Technik

UNVERZAGT, Wilhelm, * 21. 5. 1892 (Wiesbaden) † 17. 3. 1971 (Westberlin)
1925 Wissenschaftlicher Mitarbeiter der Staatlichen Museen in Berlin. 1926 Direktor des Staatlichen Museums für Vor- und Frühgeschichte in Berlin. 1932 Professor für Vor- und Frühgeschichte an der Universität in Berlin. 1947 wissenschaftlicher Mitarbeiter der Akademie. 1953 Direktor des Instituts für Vor- und Frühgeschichte der Akademie in Berlin. 1954 – 1958 Sekretar der Klasse für Philosophie, Geschichte, Staats-, Rechts- und Wirtschaftswissenschaften der Akademie. 1959 Nationalpreis. (U. wurde erstmals am 22. 6. 1939 zum OM gewählt. Die Wahl wurde nicht bestätigt.)
OM 24. 2. 1949; AM 20. 5. 1969
Ur- und Frühgeschichte

UPPSTRÖM, Anders, * 29. 6. 1806 (Hammarby bruk/Gästrikland) † 21. 1. 1865 (Uppsala)
Professor für nordische Sprachen an der Universität in Uppsala.
KM 25. 3. 1858
Nordische Philologie

USENER, Hermann Karl, * 23. 10. 1834 (Weilburg) † 21. 10. 1905 (Bonn)
1858 Gymnasiallehrer in Berlin. 1863 Professor für klassische Philologie an der Universität in Greifswald. 1881 Professor für klassische Philologie an der Universität in Bonn. 1886 Professor für klassische Philologie an der Universität in Berlin.
KM 4. 6. 1891
Griech. Philosophie, Vergleichende Religionsgeschichte

VAHLEN, Johannes, * 27. 9. 1830 (Bonn) † 30. 11. 1911 (Berlin), (Vater von VAHLEN, K. Th.)
1856 Professor für klassische Philologie an der Universität in Breslau, 1858 an der Universität in Freiburg i. Br. 1858 Professor für klassische Philologie an der Universität in Wien. 1874 Professor für klassische Philologie an der Universität in Berlin. 1893 – 1911 Sekretar der Philosophisch-historischen Klasse der Akademie.
OM 19. 11. 1874 (Bestät. 16. 12. 1874)
Klassische Philologie

VAHLEN, Karl Theodor, * 30. 6. 1869 (Wien) † Frühjahr 1945 (Prag), (Sohn von VAHLEN, J.)
1897 Privatdozent an der Universität in Königsberg. 1904 Professor, 1911 Professor für Mathematik an der Universität in Greifswald. 1923 Rektor. 1930 Professor für Mathematik an der Technischen Hochschule in Wien. 1933 Professor für Mathematik an der Universität in Greifswald. 1934 Professor für Mathematik an der Universität in Berlin. Seit 1933

zugleich Ministerialdirektor im Reichsministerium für Wissenschaft, Erziehung und Volksbildung und Geh. Regierungsrat. (V. gehörte als Mitglied der NSDAP 1924 dem Deutschen Reichstag an. Er war zeitweilig Gauleiter der NSDAP von Pommern. 1927 wurde er wegen seiner aktiven faschistischen Tätigkeit an der Universität in Greifswald von ihr entfernt. Die faschistische Regierung ernannte ihn 1933 zum Professor an der Universität in Greifswald. V. wurde im Dezember 1938 auf faschistischen Befehl kommissarischer Präsident der Akademie. In einer im Juni 1939 angeordneten Wahl wurde V. in zwei Wahlgängen von der Mehrheit der Mitglieder der Akademie als Präsident abgelehnt, blieb jedoch bis 1943 weiterhin „kommissarischer Präsident". V. Tod im Frühjahr 1945 war in der Akademie offenbar nicht bekannt. Er wurde auf Vorschlag der Akademie vor deren Wiedereröffnung 1946 aus der Mitgliederliste gestrichen.)
OM 24. 6. 1937 – 8. 5. 1945 (Bestät. 24. 7. 1937)
Mathematik, Ballistik

VALENCIENNES, Achille, * 9. 8. 1794 (Paris) † 13. 4. 1865 (Paris)
Zunächst Schüler und Mitarbeiter von CUVIER. Später Professor für Zoologie am Naturhistorischen Museum in Paris.
KM 24. 3. 1836
Zoologie

VALENTINI, Michael Bernhard, * 26. 11. 1657 (Gießen) † 18. 3. 1729 (Gießen)
1860 zweiter Garnisonsarzt in Philippsburg. 1686 Dr. med. in Gießen. 1687 Professor für Physik, 1697 auch für Medizin an der Universität in Gießen. Seit 1703 hessischer Leibarzt.
abwM 4. 10. 1704 Medizin

VALENTINI, Rudolf von, * 1. 10. 1855 (Krussow/Uckermark) † 18. 12. 1925 (Hameln)
1888 Landrat in Hameln. 1899 Vortragender Rat im Geheimen Zivilkabinett WILHELMs II. 1906 Geh. Oberregierungsrat. 1906 Regierungspräsident in Frankfurt a. O.. 1908 – 1917 Chef des Geheimen Zivilkabinetts WILHELMs II. und Geh. Kabinettsrat. Wirkl. Geh. Rat.
EM 19. 2. 1914 (Bestät. 2. 3. 1914)

VALLAURI, Giancarlo, * 19. 10. 1882 (Rom) † 7. 5. 1957 (Turin)
Zunächst Physiker, später Konteradmiral und Leiter des Instituts für Elektrotechnik und Radiotechnik der Marine-Forschungsanstalt in Livorno. 1918 Leiter des Großsenders in Coltano. 1923 Professor für Elektrotechnik an der Technischen Hochschule in Pisa, danach an der Technischen Hochschule in Turin.
KM 22. 6. 1939 (Bestät. 18. 10. 1939)
Elektrotechnik

VARGA, Eugen Samuilowitsch, * 6. 11. 1879 (Budapest) † 8. 10. 1964 (Stockholm)
Zunächst Wirtschaftsredakteur. 1909 Dr. phil. 1919 Volkskommissar für Finanzen, dann Vorsitzender des Obersten Volkswirtschaftsrates der Räteregierung in Ungarn. 1922 Wissenschaftlicher Berater der Handelsvertretung der UdSSR in Berlin; Wirtschaftsexperte der Komintern. 1928 Professor für Ökonomie und Direktor des Instituts für Weltwirtschaft und Weltpolitik der Akademie der Wissenschaften der UdSSR in Moskau. 1939 Ordentlicher Akademiker der Akademie der Wissenschaften der UdSSR.
KM 22. 11. 1962
Politische Ökonomie des Kapitalismus

VARIGNON, Pierre, * 1654 (Caen) † 22. 12. 1722 (Paris)
Zunächst Theologe. 1688 Professor für Mathematik am Collège MAZARIN, spä-

ter auch Professor am Collège Royal in Paris. (Das ausgefertigte Diplom der Mitgliedschaft wurde V. aus nicht bekannten Gründen nicht übersandt.)
abwM 4. 5. 1711
Mathematik

VASMER, Max Julius Friedrich,
* 15. 2./28. 2. 1886 (Petersburg)
† 30. 11. 1962 (Westberlin)
1910 Privatdozent an der Universität in Petersburg. 1912 Honorarprofessor in Frauen. 1917 Professor für slawische Philologie an der Universität in Saratow. 1917 Professor für slawische Philologie an der Universität in Dorpat. 1921 Professor für Slawistik an der Universität in Leipzig. 1925 Professor für Slawistik an der Universität in Berlin. 1948 Professor an der Universität in Stockholm. 1949 Professor für Slawistik an der Universität in Westberlin.
OM 30. 4. 1931 (Bestät. 11. 5. 1931)
Slawistik

VASSALLI-EANDI, Antonio Maria
* 30. 1. 1761 (Turin) † 5. 7. 1825 (Turin)
1785 bis 1792 Professor für Philosophie in Tortona. 1806 Professor für Physik an der Universität und Direktor der Sternwarte in Turin. 1812 Direktor des naturhistorischen Kabinetts in Turin. Seit 1814 auch Professor für Physik an der Militärschule in Turin. 1804 Beständiger Sekretär der Akademie der Wissenschaften in Turin.
KM 25. 6. 1812
Physik

VATER, Abraham,* 9. 12. 1684 (Wittenberg) † 18. 11. 1751 (Wittenberg) 1706 Doktor phil. in Wittenberg. 1712 Dozent, 1717 Professor für Medizin, 1719 Professor für Anatomie und Botanik, 1735 Professor für Pathologie, 1746 Professor der Therapie an der Universität in Wittenberg.
abwM 10. 3. 1728
Medizin

VATER, Johann Severin, * 27. 5. 1771 (Altenburg) † 15. 3. 1826 (Halle/Saale) 1796 Professor für orientalische Sprachen und Theologie an der Universität in Jena. 1799 Professor für orientalische Sprachen und Theologie an der Universität in Halle. Zugleich Bibliothekar der Universität. 1809 Professor für Theologie und morgenländische Sprachen an der Universität in Königsberg. 1820 Professor für Theologie und morgenländische Sprachen an der Universität in Halle.
KM 25. 6. 1812
Klassische Philologie, Semitische Philologie, Kirchengeschichte

VAUQUELIN, Nicolas-Louis,
* 16. 5. 1763 (Saint-André d'Hébertot/Normandie) † 14. 11. 1829 (Saint-André d'Hébertot/Normandie)
1777 Pharmazeut in Rouen. In der Folge Apotheker am Militärhospital in Melun, Inspecteur des Mines, Adjunkt der Chemie an der École polytechnique, Professor für Chemie am Collège de France. Direktor der École speciale de Pharmacie und Professor für Chemie am Jardin des Plantes und an der Medizinischen Fakultät in Paris.
KM 25. 6. 1812
Chemie, Pharmazie

VEGA, Georg Freiherr von, * 23. 3. 1754 (Zagoritze) † 26. 9. 1802 (Nußdorf bei Wien)[1)]
Offizier der österr. Armee. 1802 Oberstleutnant, zugleich Professor für Mathematik beim Bombardier-Korps (Artillerie-Korps) in Wien, 1802 Freiherr.

1) V. fiel einem Mordanschlag zum Opfer. Seine Leiche wurde am 26. 9. 1802 in der Donau gefunden. 30 Jahre später wurde festgestellt, daß er von einem Müller ermordet worden war.)

AM 25. 7. 1800 (Bestät. 4. 8. 1800)
Mathematik, Trigonometrie, Mechanik

VEKUA, Ilja Nestorowitsch,
* 10./23. 4. 1907 (Repo-Scheschelety Samurasakanskowo Utschastka/Gouv. Kataisk) † 2. 12. 1977 (Tbilissi)
1946 Korrespondierendes Mitglied, 1958 Ordentlicher Akademiker für Mathematik der Akademie der Wissenschaften der UdSSR. Professor für Mathematik an der Universität in Tbilissi. Rektor.
KM 3. 10. 1968; AM 20. 5. 1969
Mathematik

VENTURI, Marsilio
Leibarzt der Königin-Witwe von Spanien.
AM 5. 10. 1752
Medizin

VERBRUGGE, Otto, gt. 14. 12. 1670 (den Haag) † 25. 9. 1745 (Groningen)
Professor für Theologie an der Universität in Groningen.
abwM 8. 2. 1741
Theologie, Kirchengeschichte

VERDY du VERNOIS, Adrien-Marie-François de, * 15. 4. 1738 (Ornans/Franche-Comté) † 3. 6. 1814 (Siethen/Mark)
Historiker. Preuß. Kammerherr. Gouverneur der Söhne des Prinzen FERDINAND.
EM 20. 1. 1790; OM 2. 3. 1792; EM 9. 4. 1812
Geschichte

VERNEUIL, Philippe-Edouard POULLETIER de, * 13. 12. 1805 (Paris) † 29. 5. 1873 (Paris)
Zunächst Advokat in Paris. Später Attaché im Justizministerium in Paris. (V. betätigte sich als Geologe und nahm an mehreren geologischen Expeditionen der Académie française, deren Mitglied er war, teil.)
KM 14. 10. 1858
Geologie

VERNOIS, Adrien-Marie-François de,
* 15. 4. 1738 (Ornans/Franche-Comté)
† 3. 6. 1814 (Siethen/Mark)
siehe: VERDY du VERNOIS, Adrien-Marie-François de

VERSCHUER, Otmar Reinhold Rolf Ernst Freiherr von, * 16. 7. 1896 (Richelsdorfer Hütte/Kr. Rotenburg/Fulda) † 8. 8. 1969 (München)
1927 Privatdozent an der Universität in Tübingen. 1928 Privatdozent an der Universität in Berlin. 1933 Professor, 1935 Professor für Erbbiologie, Rassenhygiene und Anthropologie an der Universität in Frankfurt a. M. und Direktor des Instituts für Erbbiologie und Rassenhygiene. 1942 Professor für Erbbiologie und Rassenhygiene an der Universität in Berlin. 1927 – 1935 Abteilungsleiter, 1942 zugleich Direktor des Instituts für Anthropologie, Erbbiologie und Rassenhygiene der Kaiser-Wilhelm-Gesellschaft zur Förderung der Wissenschaften. (V. war Herausgeber der Zeitschrift „Der Erbarzt".
V. wurde auf Vorschlag der Akademie vor deren Wiedereröffnung 1946 aus der Mitgliederliste gestrichen. Seine Mitgliedschaft endete damit am 8. 5. 1945).
OM 25. 3. 1943 bis 8. 5. 1945 (Bestät. 19. 4. 1943)
Anthropologie

VIBORG, Erik Nissen, * 5. 4. 1759 (Bedstedt/Schleswig) † 25. 9. 1822 (Kopenhagen)
Professor für Botanik an der Universität in Kopenhagen und Direktor der Veterinärschule in Kopenhagen.
KM 25. 6. 1812
Zootomie

VIERECK, Adam Otto von, * 10. 3. 1684

(Weitendorf/Mecklbg.) † 11. 7. 1758 (Berlin)
Wirklicher Geh. Etatsrat. Dirig. Minister im Generaldirektorium. 1733 – 1743 Protektor der Akademie. 1744 – 1747 Kurator der Akademie.
EM 1. 6. 1747

VIGNOLES, Alphonse des,
* 19. 10. 1649 (Aubais/Languedoc)
† 24. 7. 1744 (Berlin)
1685 Pfarrer in Aubais und Calais. 1701 Prediger der Französ. Gemeinde zunächst in Schwedt, in der Folge in Halle, Brandenburg, Köpenick und Berlin. 1727 Adjunkt, im gleichen Jahre bis 1744 Direktor der Mathematischen Klasse der Akademie. 1729 – 1730 Vizepräsident der Akademie. (V. lebte nach der Aufhebung des Edikts von Nantes zunächst in Genf, später in Lausanne, danach in Berlin. Da V. der deutschen Sprache nicht mächtig war, fungierte D. E. JABLONSKI in der Akademie als sein Stellvertreter in den akademischen Ämtern.)
abwM 11. 3. 1701; anwM 1703; OM 23. 1. 1744
Philosophie

VIGORS, Nicholas Aylward, * 1785 (Old-Leighlin/Irland) † 26. 10. 1840 (London)
Zoologe in London.
KM 13. 2. 1834
Zoologie

VILLARI, Pasquale, * 3. 10. 1827 (Neapel) † 6. 12. 1917 (Florenz)
1859 Professor für Geschichte an der Universität in Pisa. 1865 – 1913 Professor für Geschichte an der Universität in Florenz. 1891 – 1892 zugleich italien. Unterrichtsminister.
AM 7. 12. 1899 (Bestät. 5. 3. 1900)
Geschichte

VILLERMÉ, Louis-René,
* 10. 5. 1782 (Paris)
† 16. 11. 1863 (Paris)
Doktor der Medizin. Hygieniker und Statistiker in Paris.
KM 14. 2. 1856
Medizingeschichte

VILLERS, Charles-François Dominique de, . * 4. 11. 1765 (Boulay/Lothr.) † 26. 2. 1815 (Göttingen)
Gelehrter und Schriftsteller. 1781 Leutnant, 1789 Kapitän in der französischen Armee; Adjutant des Marquis de PUYSEGUR. 1811 Professor für Philosophie in Göttingen. (V. floh nach Ausbruch der Französischen Revolution zunächst nach Aachen und begann 1796 ein Studium in Göttingen. Danach Aufenthalt in Lübeck, wo er Beziehungen zu Schriftstellern und Philosophen unterhielt. Er übersetzte Werke u. a. von KANT und LUTHER in die französische Sprache. 1811 verhaftet und aus Lübeck von der französischen Besatzungsmacht ausgewiesen. Im gleichen Jahr Professor in Göttingen; zugleich Sekretar der Akademie der Wissenschaften in Göttingen.)
KM 25. 6. 1812
Romanistik

VILLOISON, Jean-Baptiste-Gaspard d'ANSSE de, * 5. 3. 1753 (Corbeil/Isle de France) † 26. 4. 1805 (Paris)
Professor für klassische Philologie am Collège de France. (V. ging 1778 nach Venedig und veröffentlichte aus den Handschriften der Markusbibliothek den Kodex der Homerischen „Ilias" (1788).)
AM 22. 7. 1774
Gräzistik

VIRCHOW, Rudolf Ludwig Karl,
* 13. 10. 1821 (Schievelbein/Pomm.)
† 5. 9. 1902 (Berlin)
1846 Prosektor an der Charité in Berlin.

1849 Professor an der Universität in Würzburg. 1856 Professor für Anatomie und Pathologie an der Universität in Berlin und Direktor des Pathologischen Instituts. 1892 – 1893 Rektor der Universität. 1898 Helmholtz-Medaille der Akademie. Geh. Medizinalrat. (V., Begründer der Zellularpathologie, setzte sich aktiv für die öffentliche Gesundheitspflege ein V. beteiligte sich seit 1879 an den Ausgrabungen SCHLIEMANNs in Griechenland und trieb ethnogr. Studien im Kaukasus. V. gehörte von 1880 bis 1893 als Vertreter der Fortschrittspartei dem Deutschen Reichstag an und war ein Gegner der Politik BISMARKs).
OM 27. 11. 1873 (Bestät. 22. 12. 1873)
Anatomie, Pathologie, Anthropologie

VISCHER, Wilhelm, * 30. 5. 1808 (Basel) † 5. 7. 1874 (Basel)
1835 Professor, 1836 Professor für griechische Sprache und Literatur an der Universität in Basel. 1834 Mitglied des Großen Rates. 1867 Mitglied des Kleinen Rates und Leiter des Erziehungswesens. (V. war seit 1842 Vorsitzender der in diesem Jahre gegründeten Gesellschaft für vaterländische Altertümer.)
KM 12. 2. 1874
Gräzistik

VISCONTI, Ennio Quirino, * 1. 11. 1751 (Rom) † 7. 2. 1818 (Paris)
1777 Ehrenkämmerer und Kustos der Bibliothek des Vatikans. 1787 Konservator des Museums Capitolinum. 1799 Professor für Archäologie und Konservator der Altertümer in Paris. (V. war während der ersten französischen Besetzung Roms Mitglied der provisorischen Regierung und Konsul.)
AM 25. 6. 1812 Archäologie

VITELLI, Girolamo, * 27. 7. 1849 (Santa Croce del Sannio) † 2. 9. 1935 (Spotorno bei Genua)
Professor für lateinische Sprache und griechische Literatur am Regio Istituto di Studi Superiori in Florenz.
KM 15. 7. 1897
Latinistik

VIVIEN de SAINT MARTIN, Louis, * 17. 5. 1802 (Saint-Martin-de-Fontenay/Calvados) † 26. 12. 1896 (Paris)
Geograph in Paris. (V. d. S.-M. gehörte 1822 zu den Stiftern der Geographischen Gesellschaft zu Paris. 1852 gründete er das „Athenaeum français" und gab 1863 bis 1876 „L' Annèe gèographique" heraus.
KM 11. 4. 1867
Geographie, Geographiegeschichte

VOCKERODT, Johann Gotthilf, * 15. 3. 1693 (Halle/Saale) † 5. 3. 1755 (Berlin)
Geh. Kabinettsrat in Berlin.
EM 23. 1. 1744

VÖCHTING, Hermann von, * 8. 2. 1847 (Blomberg/Lippe) † 24. 11. 1917 (Tübingen)
1877 Professor für Botanik an der Universität in Bonn. 1878 Professor für Botanik an der Universität in Basel und Direktor des Botanischen Gartens. 1887 Professor für Botanik an der Universität in Tübingen.
KM 16. 1. 1913 Botanik

VOGEL, Hermann Karl, * 3. 4. 1841 (Leipzig) † 13. 8. 1907 (Potsdam)
1870 Direktor der Privatsternwarte Bothkamp in Holstein. 1874 Observator, 1882 Direktor des Astrophysikalischen Observatoriums in Potsdam. Geh. Oberregierungsrat.
OM 3. 3. 1892 (Bestät. 30. 3. 1892)
Astrophysik

VOGT, Cècilie, * 27. 3. 1875 (Annecy/Frankreich) † 4. 5. 1962 (Cambridge).

(Ehefrau von VOGT, Oskar)
Dr. med.. 1919 Wissenschaftliches Mitglied des Instituts für Hirnforschung der Kaiser-Wilhelm-Gesellschaft zur Förderung der Wissenschaften in Berlin. 1937 Mitarbeiterin im (privaten) Institut für Hirnforschung und allgemeine Biologie in Neustadt/Schwarzwald. 1950 Nationalpreis.
EM 29. 6. 1950
Medizin, Hirnforschung

VOGT, Heinrich, * 5. 10. 1890 (Gau-Algesheim/Hessen) † 23. 1. 1968 (Heidelberg)
1921 Privatdozent, 1926 Professor für Astronomie an der Universität in Heidelberg. 1929 Professor für Astronomie an der Universität in Jena und Direktor der Universitätssternwarte. 1933 Professor für Astronomie an der Universität in Heidelberg und Direktor der Landessternwarte.
KM 22. 6. 1939 (Bestät. 4. 7. 1939)
Astronomie

VOGT, Oskar, * 6. 4. 1870 (Husum) † 31. 7. 1959 (Neustadt/Schwarzwald), (Ehemann von VOGT, Cécilie)
1902 Vorsteher des Neurobiologischen Laboratoriums der Universität in Berlin lin. 1919 Direktor des Instituts für Hirnforschung der Kaiser-Wilhelm-Gesellschaft zur Förderung der Wissenschaften in Berlin. 1921 zugleich Direktor des Instituts für Neurobiologie der Universität in Berlin. 1937 ehrenamtlicher Direktor des Instituts für Hirnforschung und allgemeine Biologie in Neustadt/Schwarzwald). 1950 Nationalpreis.
EM 29. 6. 1950
Medizin, Hirnforschung

VOIGT, Johannes, * 27. 8. 1786 (Bettenhausen bei Meiningen) † 23. 9. 1863 (Königsberg i. Pr.)
1808 Lehrer am Pädagogicum der Frankeschen Stiftung in Halle. 1812 zugleich Privatdozent an der Universität in Halle. 1817 Professor für historische Hilfswissenschaften, 1823 Professor für mittlere und neuere Geschichte an der Universität in Königsberg. Seit 1817 zugleich Direktor des Geheimen Archivs in Königsberg. 1840 Geh. Regierungsrat. 1854 Mitglied des Herrenhauses.
KM 17. 12. 1846
Geschichte, altpreuss. Provinzialgeschichte

VOIGT, Klaus Friedrich, * 1. 5. 1934 (Plauen i. V.)
1965 Direktor des Instituts für Meereskunde der Akademie. 1975 Professor.
KM 12. 6. 1980
Meereswissenschaften; Ozeanologie

VOIGT, Woldemar, * 2. 9. 1850 (Leipzig) † 13. 12. 1919 (Göttingen)
1874 Hilfslehrer am Gymnasium in Leipzig. 1875 Professor an der Universität in Königsberg. 1883 Professor für Physik an der Universität in Göttingen. Geh. Regierungsrat.
KM 8. 3. 1900
Physik

VOIT, Carl von, * 31. 10. 1831 (Amberg) † 31. 1. 1908 (München)
1857 Privatdozent, 1860 Professor, 1863 Professor für Physiologie an der Universität in München.
KM 24. 2. 1898
Physiologie

VOJTA, Günter, * 23. 10. 1928 (Bautzen)
1959 Abteilungsleiter am Institut für Physikalische Stofftrennung der Akademie in Leipzig. 1961 zugleich Dozent, 1962 Professor für Physik an der Universität in Leipzig. 1961 Leiter der Arbeitsstelle für Statistische Physik der Akademie in Leipzig. 1970 Bereichsdirektor

am Zentralinstitut für Festkörperphysik und Werkstofforschung der Akademie in Dresden. 1970 zugleich Professor für theoretische Physik an der Technischen Universität in Dresden.
KM 11. 6. 1970; OM 17. 4. 1975
Physik, statistische Physik und ihre Anwendungen auf Festkörperphysik, Plasmaphysik und physikalische Chemie

VOLBRECHT, Johann Christian, * 30. 7. 1686 (Goslar) † 8. 10. 1753 (Bönkeim/Ostpr.)
Bibliothekar der WALLENROD-Bibliothek in Königsberg.
abwM 8. 9. 1734; AM 23. 1. 1744
Philologie

VOLCKMANN, Paul, * 18. 3. 1669 (Bremen) † 27. 10. 1721 (Berlin)
Zunächst Prediger in Crossen/Schlesien. 1707 Rektor des Joachimthalschen Gymnasiums in Berlin und Professor für Theologie.
anwM 27. 10. 1710
Theologie

VOLMER, Max, * 3. 5. 1885 (Hilden/Rhld.) † 3. 6. 1965 (Potsdam)
1913 Privatdozent an der Universität in Leipzig. 1920 Professor für physikalische und Elektrochemie an der Universität in Hamburg. 1922 Professor für physikalische und Elektrochemie an der Technischen Hochschule in Berlin und Direktor des Instituts für Physikalische und Elektrochemie. 1945 – 1955 wissenschaftliche Tätigkeit in der UdSSR. 1955 Professor für physikalische und Elektrochemie an der Universität in Berlin. 1956 – 1958 Präsident, 1958 – 1961 Vizepräsident der Akademie. 1955 Nationalpreis. (V.'s Wahl zum OM am 29. 11. 1934 wurde von der faschistischen Regierung nicht bestätigt. Das Plenum der Akademie beschloß am 14. 2. 1946, die Mitgliedschaft seit dem Tage der Wahl anzuerkennen. Dieser Beschluß wurde bei der Wiedereröffnung der Akademie offiziell bestätigt.)
OM 29. 11. 1934
Physikalische, Elektrochemie

VOLTA, Alessandro Comte, * 19. 2. 1745 (Como) † 5. 3. 1827 (Pavia)
1774 Professor für Physik am Gymnasium in Como. 1779 Professor für Physik an der Universität in Pavia. 1815 Direktor der Philosophischen Fakultät der Universität in Pavia. (V. wurde von NAPOLEON BONAPARTE zum Grafen erhoben und zum Senator von Italien ernannt.)
AM 7. 12. 1786
Physik

VOLTAIRE, François-Marie AROUET de, * 21. 11. 1694 (Paris) † 30. 5. 1778 (Paris)
Französ. Philosoph und Schriftsteller. 1745 königl. Historiograph in Paris. 1750 – 1753 Kammerherr am Hofe FRIEDRICH's II. (V. erhielt eine Wohnung im Schloß, den Kammerherrenschlüssel, den Orden pour le mérite und ein Jahresgehalt von 6000 Thl. Er verließ Berlin 1753 und lebte seit 1758 auf seinem Landgut Ferney in der Schweiz. Hier arbeitete er aktiv an der Enzyklopädie mit. Die Akademie ist im Besitz einer Voltaire-Büste, 1778 von Jean Antoine HOUDON geschaffen. Sie wurde 1781 von FRIEDRICH II. der Akademie geschenkt.)
AM 9. 6. 1746
Philosophie

VOSS, Johann Heinrich, * 20. 2. 1751 (Sommersdorf/Meckl.) † 29. 3. 1826 (Heidelberg)
1769 Hofmeister in Ankershagen. 1778 Rektor der Schule in Otterndorf. 1782 Rektor des Gymnasiums in Eutin. 1786 Hofrat. (V. lebte seit 1805 in Heidelberg

vorrangig als Dichter, hatte als Professor aber zugleich einflußreiche Beziehungen zur Universität in Heidelberg, ohne Lehrtätigkeit auszuüben.)
AM 24. 3. 1814 (Bestät. 14. 5. 1814)
Klassische Philologie

VOSSLER, Karl, * 6. 9. 1872 (Hohenheim b. Stuttgart) † 18. 5. 1949 (München)
1900 Privatdozent, 1902 Professor für romanische Philosophie, Literatur und Sprachgeschichte an der Universität in Heidelberg. 1909 Professor für Romanistik an der Universität in Würzburg. 1911 Professor für Romanistik an der Universität in München. Geh. Rat.
OM 24. 2. 1949
Romanistik

VRIES, Hugo de, * 16. 2. 1848 (Haarlem) † 21. 5. 1935 (Lunteren/Gelderland)
1871 Lehrer für Botanik und Zoologie an der Realschule und Handelsschule in Amsterdam. 1877 Dozent, 1878 Professor, 1881 Professor für Botanik an der Universität in Amsterdam. 1897 Professor für Botanik an der Universität in Würzburg und Direktor des Botanischen Gartens.
KM 16. 1. 1913
Botanik, Pflanzenphysiologie

VRIES, Matthias de, * 9. 11. 1820 (Haarlem) † 9. 8. 1892 (Leiden)
1846 Lehrer am Gymnasium in Leiden. 1848 Professor für niederländische Sprache und Literatur an der Universität in Groningen. 1853 Professor für niederländische Sprache und Literatur an der Universität in Leiden.
KM 31. 1. 1861
Sprachwissenschaft

WAALS, Johannes Diderik van der, * 23. 11. 1837 (Leiden) † 8. 3. 1923 (Amsterdam)
1865 Lehrer in Deventer. 1866 Lehrer in den Haag. 1877 Professor für Physik an der Universität in Amsterdam. 1910 Nobelpreis für Physik.
KM 22. 2. 1900
Physik

WACHSMUTH, Curt, * 27. 4. 1837 (Naumburg/Saale) † 8. 6. 1905 (Leipzig)
1860 Lehrer am Joachimthalschen Gymnasium in Berlin. 1861 preuß. Gesandtschaftssekretär in Athen. 1862 Privatdozent an der Universität in Bonn. 1864 Professor für klassische Philologie und alte Geschichte an der Universität in Marburg. 1869 Professor für klassische Philologie und alte Geschichte an der Universität in Göttingen. 1877 Professor für klassische Philologie und alte Geschichte an der Universität in Heidelberg. 1886 Professor für klassische Philologie und alte Geschichte an der Universität in Leipzig.
KM 4. 6. 1891
Altertumskunde

WACHTER, Johann Georg, * 7. 3. 1673 (Memmingen) † 7. 11. 1757 (Leipzig)
Professor für Philosophie. (W. wurde auf Weisung FRIEDRICH WILHELM I. Mitglied der Akademie. Er erhielt ab 1707 eine Besoldung und mußte bei den Feiern am Hofe die Aufschriften und Devisen schreiben. Nach dem Verlust der Besoldung zog er 1772 nach Dresden, später nach Leipzig. In Leipzig erhielt er wiederum eine Besoldung mit dem Auftrag, die griechischen und römischen Münzen der Bibliothek in Leipzig zu beschreiben. Hier erwarb er sich durch die Erarbeitung von Wörterbüchern Verdienste um die deutsche Sprache. (W. hatte ursprünglich in Tübingen Theologie studiert, die ihm jedoch nicht zusagte. Er unternahm nach dem Studium größere Reisen. Nach Rückkehr erhielt er in

Memmingen eine Pension, nachdem sich eine Professur in Duisburg zerschlagen hatte.)
anwM 24. 1. 1720; abwM 1722

WACKERNAGEL, Jakob, * 11. 12. 1853 (Basel) † 22. 5. 1938 (Basel) (Sohn von WACKERNAGEL, K. H. Wilhelm)
1876 Dozent, 1879 Professor, 1881 Professor für griechische Sprache und Litera tur an der Universität in Basel. 1902 Professor für klassische Philologie an der Universität in Göttingen. 1915 Professor für indogermanische Sprachwissenschaft an der Universität in Basel.
KM 19. 1. 1911
Klassische Philologie

WACKERNAGEL, Rudolf, * 7. 6. 1855 (Basel) † 16. 4. 1925 (Wenkendorf bei Basel) (Sohn von WACKERNAGEL, K. H. Wilhelm)
Professor. 1877 Staatsarchivar in Basel. 1882 – 1899 zugleich Regierungssekretär in Basel.
KM 9. 6. 1921
Germanistik, Archivwissenschaft

WACKERNAGEL, Karl Heinrich Wilhelm, * 23. 4. 1806 (Berlin) † 21. 12. 1868 (Basel)
1833 Professor für deutsche Sprache und Literatur an der Universität in Basel.
KM 10. 4. 1851
Germanistik

WADDINGTON, William Henry, * 11. 12. 1826 (Saint-Rémy-sur-Avre/Eure-et-Loire) † 13. 1. 1894 (Paris)
Französischer Politiker. 1871 Mitglied der Nationalversammlung. 1873 Minister des öffentlichen Unterrichts. 1876 Senator. 1877 bis 1879 Außenminister; 1879 zugleich Conseilpräsident. 1879 französischer Botschafter in London. (W. betrieb als wohlhabender Privatmann umfangreiche Studien der Gräzistik, Numismatik und Archäologie und wurde 1869 Mitglied der Akademie der Inschriften und schönen Wissenschaften in Paris.)
KM 15. 2. 1866
Archäologie

WAGENMANN, Julius Karl, * 6. 2. 1888 (Köln) † 23. 9. 1953 (Halle/Saale)
1918 bis 1946 Metallurgischer Berater und Direktor des Zentrallaboratoriums Mansfeld Kupfer. 1946 Direktor der Hauptverwaltung Hütten vom Mansfeld Kombinat WILHELM PIECK, Eisleben. 1950 Nationalpreis.
OM 19. 2. 1953
Metallurgie

WAGNER, Johann Wilhelm, * 24. 11. 1681 (Heldburg) † 16. 9. 1745 (Berlin)
1711 Professor für Mathematik an der Anstalt von BRIAND. 1716 Astronom an der Akademie in Berlin. 1727 Astronom und Professor, 1736 zugleich Bibliothekar der Akademie in Berlin. (W. wirkte ab 1720 kurzzeitig als Professor für Mathematik am Gymnasium in Hildburghausen; er wurde in dieser Zeit als abwM geführt.)
anwM 7. 10. 1716; OM 23. 1. 1744
Astronomie

WAGNER, Karl Willy, * 22. 2. 1883 (Friedrichsdorf i. Taunus) † 4. 9. 1953 (Friedrichsdorf i. Taunus)
1910 Telegrapheningenieur bei der Reichspost. 1912 Privatdozent an der Technischen Hochschule in Aachen. 1914 Professor und Mitglied der Physikalisch-Technischen Reichsanstalt in Berlin. 1918 Obertelegrapheningenieur und Leiter des Telegraphenversuchsamtes. 1920 Abteilungsdirektor, 1923 Präsident des Telegraphentechnischen Reichsamtes. 1927 Professor für Elektrophysik an der Technischen Hochschule in Berlin-Charlottenburg, zugleich Direktor des Hein-

rich-Hertz-Instituts. Nach 1945 freiberuflich in Friedrichsdorf.
OM 5. 11. 1925 (Bestät. 5. 12. 1925)
Physik

WAGNER, Friedrich Johannes Heinrich Rudolf, * 30. 6. 1805 (Bayreuth)
† 13. 5. 1864 (Göttingen)
1829 Privatdozent, 1833 Professor für Zoologie an der Universität in Erlangen. 1840 Professor für Physiologie, vergleichende Anatomie und Zoologie an der Universität in Göttingen.
KM 25. 3. 1841
Zoologie, Physiologie

WAHLENBERG, Göran, * 1. 10. 1780 (Skarphyttans bruk (Värmland)
† 22. 3. 1851 (Uppsala)
1806 Dr. med.. 1814 Demonstrator der Botanik, 1829 Professor für Botanik an der Universität in Uppsala.
KM 17. 3. 1814

WAILLY, Joseph-Noël (genannt Natalis) de, * 10. 5. 1805 (Mézières) † 4. 12. 1886 (Paris)
Konservator der Handschriftenabteilung der Königl. Bibliothek in Paris.
KM 25. 3. 1858
Klassische Philologie

WAITZ, Georg, * 9. 10. 1813 (Flensburg) † 24. 5. 1886 (Berlin), (Schwiegersohn von v. SCHELLING, Friedrich Wilhelm Joseph)
1836 Mitarbeiter der Monumenta Germaniae Historica in Berlin. 1842 Professor für Geschichte an der Universität in Kiel 1849 Professor für Geschichte an der Universität in Göttingen. Mehrfach Rektor. 1875 Vorsitzender der Generaldirektion der Monumenta Germaniae Historica in Berlin. 1874 Geh. Regierungsrat. (W. war auch politisch tätig und 1848 Bevollmächtigter der Provisor. Regierung Schleswig-Holsteins sowie Abgeordneter der Nationalversammlung in Frankfurt a. M.. Als Mitglied des Verfassungsausschusses wandte er sich gegen das aktive Wahlrecht der Arbeiter, Landarbeiter und anderer nicht selbständiger Berufsgruppen. 1849 trat er aus der Nationalversammlung aus. Die Wahl von W. zum Ordentlichen Mitglied erfolgte unter der Bedingung eines Umzuges nach Berlin, da der Vorsitzende der Generaldirektion der Monumenta Germaniae Historica seinen Wohnsitz in Berlin haben mußte.)
KM 14. 4. 1842; OM 21. 1. 1875 (Bestät. 3. 4. 1875)
Geschichte, Verfassungsgeschichte

WAIZ, Jakob Sigismund, Freiherr v. ESCHEN, * 16. 5. 1698 (Gotha)
† 7. 11. 1776 (Berlin)
Erbherr von ESCHEN-DUDENDORF und von ESCHEN-KUXDORF. In hessischen Diensten zunächst Rat beim Bergwerkskollegium, Salinendirektor und Kammerrat. 1756 Staatsminister und Kammerpräsident in Kassel. 1775 Eintritt in preuß. Dienste. Wirkl. Geh. Etats- und Kriegsrat, Dirig. Minister beim Generaldirektorium, Oberberghauptmann und Chef des Bergwerks- und Hüttendepartements in Berlin. (W. schrieb einige Arbeiten zur Elektrizität und zur Eisenkunde.)
AM 3. 2. 1746; EM 6. 7. 1775
Bergwesen

WALDEYER, Anton, * 3. 3. 1901 (Tietelsen) † 10. 6. 1970 (Westberlin)
1931 Privatdozent an der Universität in Freiburg i. Br. 1931 Professor für Anatomie an der Universität in Schanghai/China. 1936 Professor für Anatomie an der Universität in Berlin. 1945 Professor mit LA an der Universität in Münster. 1954 Professor für Anatomie an der Universität in Berlin und Direktor des

Anatomischen Instituts.
OM 15. 1. 1961
Anatomie

WALDEYER, Heinrich Wilhelm Gottfried, (v. WALDEYER-HARTZ, 1916) * 6. 10. 1836 (Hehlen/Weser) † 23. 1. 1921 (Berlin)
1865 Professor, 1867 Professor für pathologische Anatomie an der Universität in Breslau. 1872 Professor für Anatomie an der Universität in Straßburg und Direktor des Anatomischen Instituts. 1883 Professor für Anatomie an der Universität in Berlin. 1898 – 1899 Rektor der Universität. 1896 – 1919 Sekretar der Physikalisch-mathematischen Klasse der Akademie. Geh. Medizinalrat.
OM 17. 1. 1884 (Bestät. 18. 2. 1884)
Anatomie

WALDSCHMIDT, Ernst, * 15. 7. 1897 (Lünen/Westf.)
1929 Kustos am Museum für Völkerkunde in Berlin. 1930 Privatdozent an der Universität in Berlin. 1936 Professor für indische Philologie an der Universität in Göttingen und Direktor des Indologischen Instituts.
KM 13. 1. 1955; AM 20. 5. 1969
Indologie

WALLACH, Otto, * 27. 3. 1847 (Königsberg i. Pr.) † 26. 2. 1931 (Göttingen)
1876 Professor für Chemie an der Universität in Bonn. 1889 Professor für Chemie an der Universität in Göttingen und Direktor des Chemischen Instituts. 1910 Nobelpreis für Chemie.
KM 13. 6. 1907
Chemie

WALLICH, Nathanael, * 28. 1. 1786 (Kopenhagen) † 28. 4. 1854 (London)
1806 Arzt in der dänischen Niederlassung Frederiksmagor/Ostindien. 1815 – 1828 Direktor des Botanischen Gartens in Kalkutta. (W. kehrte 1828 nach Europa mit einer großen Pflanzensammlung zurück. Später leitete er eine Expedition nach Assam. W's eigentlicher Name ist Nathan WOLFF.)
KM 19. 1. 1832
Botanik

WALMESLEY, Charles, * 13. 1. 1722 (Westwood) † 25. 11. 1797 (Bath)
Bischof von Rama. Apostolischer Vicar für Westengland. (W., der auch Doktor der Sorbonne war, wurde auf Grund seiner mathematischen Arbeiten Mitglied der Akademie.)
AM 5. 2. 1750
Mathematik

WALTER, Friedrich August, * 26. 9. 1764 (Berlin) † 18. 12. 1826 (Berlin), (Sohn von WALTER, J. G. W.)
Professor für Anatomie am Collegium medico-chirurgicum in Berlin.
OM 16. 1. 1794
Anatomie

WALTER, Johann Gottlieb, * 1. 7. 1734 (Königsberg i. Pr. † 4. 1. 1818 (Berlin)
1760 Prosektor und zweiter Professor, 1774 erster Professor für Anatomie am Collegium medico chirurgicum in Berlin; zeitweilig auch Professor für Geburtshilfe an der Charitė. (W. hat sich um den anatomischen Unterricht verdient gemacht und ein Anatomisches Museum geschaffen. Das Museum wurde 1803 vom preuss. Staat angekauft und bildete die Grundlage des anatomisch-zootomischen Museums der Universität in Berlin.)
OM 2. 12. 1773
Anatomie

WALTHER, Christian, * 31. 7. 1655 (Norkitten/Ostpr.) † 17. 1. 1717 (Königsberg i. Pr.)
1677 Magister an der Universität in Leipzig, 1680 Pfarrer in Norkitten. 1681 Pre-

diger in Königsberg; 1701 zugleich Assessor des Konsistoriums. 1703 Professor für Theologie an der Universität in Königsberg. 1704 zugleich Inspektor der jüdischen Synagoge.
abwM 8. 7. 1701
Theologie

WALTHER, Samuel, * 18. 2. 1679 (Wegenstedt/Altmark) † 10. 5. 1754 (Magdeburg)
1711 Konrektor in Brandenburg. 1712 Konrektor, 1731 Rektor des Gymnasiums in Magdeburg. (W. betätigte sich als Historiker. Er schrieb eine Geschichte Magdeburgs.)
abwM 5. 10. 1729
Geschichte, Altertumskunde

WALTZ, Johann Theophil, * Okt. 1713 (Albershausen/Württ.) † 17. 7. 1747 (Leipzig)
Mathematiker in Dresden.
AM 29. 1. 1745
Mathematik

WARBURG, Emil Gabriel,
* 9. 3. 1846 (Altona) † 28. 7. 1931 (Grunau bei Bayreuth)
1870 Privatdozent an der Universität in Berlin. 1872 Professor an der Universität in Straßburg. 1876 Professor für Physik an der Universität in Freiburg/Br.. 1895 Professor für Physik an der Universität in Berlin. 1905 – 1922 Präsident der Physikalisch-Technischen Reichsanstalt. Geh. Oberregierungsrat.
OM 18. 7. 1895 (Bestät. 13. 8. 1895)
Physik

WARBURG, Otto Heinrich, * 8. 10. 1883 (Freiburg i. Br.) † 1. 8. 1970 (Westberlin), (Sohn von WARBURG, Emil Gabriel)
1930 Direktor des Instituts für Zellphysiologie der Kaiser-Wilhelm-Gesellschaft zur Förderung der Wissenschaften in Berlin. 1953 Direktor des Instituts für Zellphysiologie der Max-Planck-Gesellschaft in Westberlin. 1931 Nobelpreis für Medizin.
OM 18. 7. 1946 (Bestät. 21. 10. 1946);
AM 20. 5. 1969
Zellphysiologie

WARMING, Johannes Eugenius Bülow, * 3. 11. 1841 (Manö) † 2. 4. 1924 (Kopenhagen)
1873 Privatdozent an der Universität in Kopenhagen. 1882 Professor für Botanik an der Universität in Stockholm. 1885 Professor für Botanik an der Universität in Kopenhagen und Direktor des Botanischen Gartens.
KM 19. 1. 1899
Botanik

WARTBURG, Walter von, * 18. 5. 1888 (Riedholz/Kt. Solothurn) † 15. 8. 1971 (Basel)
1921 Privatdozent, 1928 Professor für romanische Philologie an der Universität in Bern. 1928 Professor für romanische Philologie an der Universität in Lausanne. 1929 Professor für romanische Philologie an der Universität in Leipzig. 1939 Professor für romanische Philologie an der Universität in Basel, Von 1935 bis 1940 jährlich ein Trimester Gastprofessor an der Universität in Chicago. 1948 Professor bei der Akademie in Berlin und Direktor des Instituts für Romanische Philologie der Akademie.
KM 20. 3. 1947
Romanistik

WATELET, Claude-Henri, * 1718 (Paris) † 12. 1. 1786 (Paris)
Dichter und Zeichner in Paris.
AM 28. 6. 1764

WATTENBACH, Ernst Christian Wilhelm, * 22. 9. 1819 (Rantzau/Holstein) † 20. 9. 1897 (Frankfurt a. Main)

1843 Mitarbeiter bei der Monumenta Germaniae Historica. 1851 Privatdozent für Geschichte an der Universität in Berlin. 1855 Provinzialarchivar in Breslau. 1862 Professor für Geschichte an der Universität in Heidelberg. 1873 Professor für historische Hilfswissenschaften an der Universität in Berlin. 1875 zugleich Mitglied der Zentraldirektion der Monumenta Germaniae Historica. Geh. Regierungsrat.
OM 28. 7. 1881 (Bestät. 15. 8. 1881)
Geschichte, Historische Hilfswissenschaften

WATZNAUER, Adolf, * 29. 4. 1907 (Reichenberg)
1935 Professor an der Deutschen Mittelschule in Preßburg. 1936 Professor am Gymnasium in Brüx. 1939 Wissenschaftler in der Lagerstätten-Forschungsstelle, 1941 Bezirksgeologe am Reichsamt für Bodenforschung in Freiberg/Sa. 1947 Hauptgeologe der SDAG Wismut. 1953 zugleich Professor für Petrologie und Tektonik an der Bergakademie in Freiberg/Sa..
OM 26. 9. 1957
Geowissenschaften; Petrologie, Tektonik

WAWILOW, Sergej Iwanowitsch, *12./24. 3. 1891 (Moskau) † 25. 1. 1951 (Moskau)
1931 Korrespondierendes Mitglied, 1932 Ordentlicher Akademiker für physikalische Wissenschaften der Akademie der Wissenschaften der UdSSR. 1945 Präsident der Akademie der Wissenschaften der UdSSR.
KM 29. 6. 1950
Physik, Optik

WEBER, Albrecht Friedrich, * 17. 2. 1825 (Breslau) † 30. 11. 1901 (Berlin)
1848 Privatdozent, 1856 Professor, 1867 Professor für altindische Sprache und Literatur an der Universität in Berlin.
OM 30. 7. 1857 (Bestät. 24. 8. 1857)
Indologie

WEBER, Alfred, * 30. 7. 1868 (Erfurt) † 2. 5. 1958 (Heidelberg)
1900 Privatdozent an der Universität in Berlin. 1904 Professor für Volkswirtschaftslehre an der Universität in Prag. 1907 Professor für Volkswirtschaftslehre an der Universität in Heidelberg. Geh. Hofrat.
KM 18. 12. 1947 – 27. 6. 1950
Bürgerl. Volkswirtschaftslehre

WEBER, Eduard Friedrich, * 10. 3. 1806 (Wittenberg) + 18. 5. 1871 (Leipzig) (Bruder von WEBER, Wilhelm Eduard)
1830 prakt. Arzt in Halle. 1838 Privatdozent, 1847 Professor für Anatomie an der Universität in Leipzig.
KM 27. 10. 1864
Anatomie

WEBER, Ernst Heinrich, * 24. 6. 1795 (Wittenberg) † 18. 5. 1878 (Leipzig) (Bruder von WEBER, Wilhelm Eduard)
1817 Privatdozent, 1818 Professor für vergleichende Anatomie, 1821 Professor für Anatomie, 1840 auch für Physiologie an der Universität in Leipzig.
KM 13. 12. 1827; AM 21. 7. 1859 (Bestät. 5. 8. 1859)
Anatomie, Physiologie

WEBER, Heinrich, * 5. 3. 1842 (Heidelberg) † 17. 5. 1913 (Straßburg)
1866 Privatdozent, 1869 Professor an der Universität in Heidelberg. 1873 Professor für Mathematik an der Universität in Königsberg. 1883 Professor für Mathematik an der Technischen Hochschule in Berlin. 1884 Professor für Mathematik an der Universität in Marburg. 1892 Professor für Mathematik an der Universität in Göttingen. 1895 Professor für Mathematik an der Universität in Straßburg.

KM 30. 1. 1896
Mathematik

WEBER, Horst, * 4. 9. 1925 (Dresden)
1968 Professor für Fertigungstechnik an der Technischen Hochschule in Karl-Marx-Stadt. 1974 Rektor. 1971 Nationalpreis.
KM 17. 4. 1975
Technik, Fertigungstechnik

WEBER, Wilhelm Eduard, * 24. 10. 1804 (Wittenberg) † 23. 6. 1891 (Göttingen), (Bruder von WEBER, E. H.)
1827 Privatdozent, 1828 Professor an der Universität in Halle. 1831 – 1837 Professor für Physik an der Universität in Göttingen. 1843 Professor für Physik an der Universität in Leipzig. 1849 Professor für Physik an der Universität in Göttingen. 1866 Wirkl. Geh. Rat. (W. untersuchte u. a. akustische Phänomäne, befaßte sich mit der Messung der absoluten Größen der elektrischen Einheiten und erfand 1846 zu diesem Zweck ein Elektrodynamometer, das die Wirkung des Erdmagnetismus ausschaltete. Bereits 1833 entwickelte er die erste größere Telegraphenanlage. W. gehörte zu den „Göttinger Sieben", die 1837 wegen ihres Protestes gegen die willkürliche Aufhebung der Verfassung durch den König von Hannover von ihren Lehrämtern an der Universität entlassen wurden.)
KM 13. 2. 1834; AM 11. 6. 1863 (Bestät. 11. 7. 1863)
Physik, Elektrodynamik

WEBSKY, Christian Friedrich Martin, * 17. 7. 1824 (Wüstegiersdorf/Schles.) † 27. 11. 1886 (Berlin)
1851 Obereinfahrer in Kupferberg/Schles. 1853 Bergmeister in Tarnowitz. 1861 Oberbergrat in Breslau. 1865 Privatdozent, 1868 Professor an der Universität in Breslau. 1873 Professor für Mineralogie an der Universität in Berlin. Obergrat.
OM 29. 4. 1875 (Bestät. 24. 5. 1875)
Mineralogie

WECK (WECKE), Johann Konrad, † um 1737 (Dresden)
Advokat in Dresden. (W. war der Sohn eines vermögenden kurfürstl. sächs. Archivars und Geheimsekretärs in Dresden. Er lebte nach dem Studium als Privatmann und unternahm größere Reisen.)
abwM 12. 9. 1714

WEDEL (IUS), Georg Wolfgang, * 12. 11. 1645 (Golßen/Nd.-Lausitz) † 6. 9. 1721 (Jena)
1667 Stadtarzt in Gotha. 1673 Professor für Medizin an der Universität in Jena, seit 1685 auch fürstl.-sächs. Leibarzt. 1694 kaiserl. Pfalzgraf.
abwM 6. 12. 1706
Medizin

WEGELIN, Jakob, * 19. 6. 1721 (St. Gallen) † 7. 9. 1791 (Berlin)
1747 Prediger an der Französischen Gemeinde in St. Gallen. 1759 Professor für Philosophie und lateinische Sprache am Gymnasium in St. Gallen. 1765 Professor für Geschichte an der Ritterakademie in Berlin. 1766 – 1791 zugleich Archivar der Akademie.
OM 13. 11. 1766
Geschichte, Philologie

WEGNER, Gottfried, * 18. 3. 1644 (Oels) † 14. 6. 1709 (Königsberg i. Pr.)
1668 Archidiakonus und Rektor in Neustadt-Eberswalde. 1674 Oberdiakonus in Frankfurt/O. 1695 Professor für Theologie an der Universität in Königsberg, zugleich Hofprediger in Königsberg.
abwM 9. 5. 1707
Theologie

WEGNER, Richard Nikolaus,
* 13. 5. 1884 (Gelsenkirchen)
† 11. 2. 1967 (Greifswald)
1914 Privatdozent an der Universität in Rostock. 1920 Abteilungsvorstand am Anatomischen Institut der Universität. 1923 – 1939 Professor für Anatomie an der Universität in Frankfurt a. M.. 1948 Professor für Anatomie an der Universität in Greifswald.
KM 23. 4. 1959
Anatomie, Zoologie, Geschichte der Medizin

WEICHELT, Wolfgang, * 9. 4. 1929 (Chemnitz)
1956 Abteilungsleiter am Deutschen Institut für Rechtswissenschaft. 1964 Professor für Staats- und Rechtstheorie und für Staatsrecht an der Akademie für Staats- und Rechtswissenschaft und Direktor des Instituts für Staats- und rechtswissenschaftliche Forschung. 1972 Direktor des Instituts für Theorie des Staates und des Rechts der Akademie in Berlin.
KM 9. 6. 1977
Staats- und Rechtstheorie, Staats- und Verfassungstheorie des Sozialismus

WEICHMANN, Christian Friedrich,
* 24. 8. 1698 (Harburg) † 4. 8. 1770 (Wolfenbüttel)
1720 Hofmeister in Glücksburg. 1728 Rat in der Justizkanzlei des Herzogs Ludwig Rudolf von Braunschweig/Lüneburg. 1731 Geheimsekretär, 1734 Hofrat, 1737 zugleich Konsistorialrat, 1765 Geh. Jusitzrat in Wolfenbüttel. (W. betätigte sich als Dichter und Schriftsteller. Er war u. a. 1720 an der Herausgabe der „ Gelehrten Nachrichten" in Hamburg beteiligt.)
abwM 10. 3. 1734

WEICKERT, Carl, * 24. 2. 1885 (Leipzig)
1919 Kustos, 1928 Hauptkonservator am Museum für Abgüsse klassischer Bildwerke in München. 1928 Privatdozent, 1934 Professor für klassische Archäologie an der Universität in München und Direktor der Antiken-Sammlungen in München. 1936 Direktor der Antiken-Abteilung bei den Staatl. Museen in Berlin. 1946 – 1950 Professor für Achäologie an der Universität in Berlin. 1945 komm. Präsident, später Präsident des Deutschen Archäologischen Instituts in Westberlin. (W. legte 1950 seine Mitgliedschaft nieder.)
OM 12. 9. 1946 – 25. 10. 1950
Klassische Architektur

WEIDLER, Johann Friedrich,
* 23. 4. 1691 (Großneuhausen/Thür.)
† 30. 11. 1755 (Wittenberg)
1712 Assessor, 1715 Professor für Mathematik und Astronomie an der Universität in Wittenberg.
abwM 14. 6. 1730
Mathematik, Astronomie

WEIERSTRASS, Karl Theodor Wilhelm,
* 31. 10. 1815 (Ostenfelde/Westf.)
† 19. 2. 1897 (Berlin)
1842 Lehrer für Mathematik und Physik am Gymnasium in Deutsch-Krone. 1848 Lehrer für Mathematik und Physik am Gymnasium in Braunschweig. 1856 Professor für Mathematik am Gewerbeinstitut in Berlin. 1856 Professor, 1864 Professor für Mathematik an der Universität in Berlin. 1873 – 1874 Rektor der Universität. 1892 Helmholtz-Medaille der Akademie.
OM 30. 10. 1856 (Bestät. 19. 11. 1856)
Mathematik

WEIGELT, Theodor Gustav Otto Johannes, * 24. 7. 1890 (Reppen)
† 22. 4. 1948 (Klein-Gerau/Hessen)
1929 Professor für Geologie und Paläontologie an der Universität in Halle.

Zugleich Direktor des Geologisch-Paläontologischen Instituts sowie Direktor des Museums für mitteldeutsche Erdgeschichte in Halle.
KM 24. 4. 1941
Geologie, Paläontologie

WEIL, Henri, * 26. 8. 1818 (Frankfurt a. M.) † 5. 11. 1909 (Paris)
1876 Professor für griechische Literatur an der École normale supérieure und an der École des hautes études in Paris. (W., der sich nach dem Studium in Frankreich niederließ, war zunächst Lehrer in Straßburg und Besançon.)
KM 12. 3. 1896; AM 16. 7. 1908 (Bestät. 25. 9. 1908)
Klassische Philologie

WEINHOLD, Karl Gotthelf Jakob, * 26. 10. 1823 (Reichenbach/Schles.) † 15. 8. 1901 (Bad Nauheim)
1847 Privatdozent an der Universität in Halle. 1849 Professor für deutsche Philologie an der Universität in Breslau, 1850 an der Universität in Krakau. 1851 Professor für deutsche Philologie an der Universität in Graz. 1861 Professor für deutsche Philologie an der Universität in Kiel. 1876 Professor für deutsche Philologie an der Universität in Breslau. 1889 Professor für deutsche Philologie an der Universität in Berlin. Geh. Regierungsrat.
OM 20. 6. 1889 (Bestät. 25. 7. 1889)
Germanistik

WEISMANN, August, * 17. 1. 1834 Frankfurt a. M.) † 5. 11. 1914 (Freiburg i. Br.)
1863 Professor für Zoologie an der Universität in Freiburg i. Br.. Wirkl. Geh. Rat.
KM 11. 3. 1897
Zoologie, Biologie

WEISS, Carl Friedrich, * 24. 1. 1901 (Leipzig)
1931 Wissenschaftlicher Angestellter, später Regierungsrat und Mitglied der Physikalisch-Technischen Reichsanstalt in Berlin. 1946 bis 1955 wissenschaftliche Tätigkeit in der UdSSR. 1956 Professor für Chemie an der Universität in Leipzig, 1958 zugleich Direktor des Instituts für Angewandte Radioaktivität der Akademie in Leipzig. 1958 Nationalpreis.
KM 15. 6. 1961; OM 23. 4. 1964
Physik, Kernphysik, Radiochemie

WEISS, Christian Samuel, * 26. 2. 1780 (Leipzig) † 1. 10. 1856 (Eger)
1803 Dozent, 1808 Professor für Physik an der Universität in Leipzig. 1810 Professor für Mineralogie an der Universität in Berlin und Direktor des Mineralogischen Museums. (W. begründete die systematische Kristallographie.)
OM 23. 3. 1815 (Bestät. 3. 5. 1815)
Mineralogie

WEISSKOPF, Victor Frederick, * 19. 9. 1908 (Wien)
1937 Instructor of Physics, 1940 Ass. Professor an der Universität in Rochester. 1943 Leiter der Theoriegruppe in Los Alamos. 1945 Prof. für Physik am Institut für Technologie in Cambridge/Mass. 1961 – 1965 zugleich Direktor-Gen. des CERN in Genf.
AM 9. 6. 1977 Theoretische Physik

WEISSMANTEL, Christian, * 9. 12. 1931 (Kamenz/Sa.)
1963 Dozent, 1963 Professor für Festkörperphysik an der Technischen Hochschule in Karl-Marx-Stadt. 1969 Rektor. 1970 Nationalpreis.
KM 14. 6. 1973; OM 10. 6. 1976
Physik, Festkörperphysik

WEITZENBÖCK, Roland, * 26. 5. 1885 (Kremsmünster) † 24. 7. 1955 (Zelhem/ Niederlande)

Nach dem Studium an der Militärakademie zunächst Berufsoffizier. 1912 Privatdozent an der Universität in Graz. 1918 Professor für Mathematik an der Universität in Prag. 1920 Professor für Mathematik an der Technischen Hochschule in Graz. 1923 Professor für Mathematik an der Universität in Amsterdam.
KM 22. 6. 1939 (Bestät. 9. 4. 1940)
Mathematik

WEIZSÄCKER, Ludwig Friedrich Julius, * 13. 2. 1828 (Oehringen/Württ.) † 3. 9. 1889 (Bad Kissingen)
1825 Repetent am Stift zu Tübingen. 1859 Privatdozent für Geschichte an der Universität in Tübingen. 1860 Mitarbeiter der Kommission für deutsche Geschichts- und Quellenforschung der Bayerischen Akademie der Wissenschaften in München; zugleich Privatdozent für Geschichte an der Universität in München. 1863 Professor für Geschichte an der Universität in Erlangen. 1867 Professor für Geschichte an der Universität in Tübingen. 1872 Professor für Geschichte an der Universität in Straßburg. 1876 Professor für Geschichte an der Universität in Göttingen. 1881 Professor für Geschichte an der Universität in Berlin.
OM 9. 12. 1886 (Bestät. 24. 1. 1887)
Geschichte

WELCKER, Friedrich Gottlieb, * 4. 11. 1784 (Grünberg/Hessen) † 17. 12. 1868 (Bonn)
1803 Dozent am Gymnasium in Gießen. 1809 Professor für griechische Literatur und Archäologie an der Universität in Gießen. 1816 Professor für klassische Philologie und Archäologie an der Universität in Göttingen. 1819 Professor für klassische Philologie und Archäologie an der Universität in Bonn; zugleich Oberbibliothekar der Universität.
AM 5. 2. 1846 (Bestät. 11. 3. 1846)
Klassische Philologie, Archäologie

WELLHAUSEN, Julius, * 17. 5. 1844 (Hameln) † 7. 1. 1918 (Göttingen)
1870 Dozent an der Universität in Göttingen. 1872 Professor für Theologie an der Universität in Greifswald. 1872 Professor für orientalische Sprachen an der Universität in Halle. 1885 Professor für orientalische Sprachen an der Universität in Marburg. 1892 Professor für orientalische Sprachen an der Universität in Göttingen. Geh. Regierungsrat.
KM 18. 1. 1900
Semitische Philologie

WELS, Bruno Paul Wilhelm * 2. 2. 1890 (Binnenwalde/Ostpr.) † 1. 7. 1963 Offenbach)
1928 Professor für Pharmakologie an der Universität in Greifswald.
OM 24. 2. 1955
Pharmakologie

WELSKOPF, Lieselotte, * 15. 9. 1901 (München) † 16. 6. 1979 (Garmisch-Partenkirchen)
1928 Referent im Statistischen Reichsamt in Berlin. 1959 Leiter der Abteilung Geschichte des Altertums des Instituts für Allgemeine Geschichte der Universität in Berlin. 1960 Professor für Geschichte der Universität in Berlin. 1972 Nationalpreis.
OM 11. 6. 1964
Alte Geschichte, griechische und römische Geschichte

WENCK, Karl Robert, * 12. 8. 1854 (Leipzig) † 8. 7. 1927 (Marburg)
1881 Privatdozent an der Universität in Halle. 1888 Privatdozent, 1894 Professor, 1905 Professor für mittelere Geschichte an der Universität in Marburg.
KM 18. 6. 1925
Geschichte

WENDEBORN, Gebhard Friedrich August, * 20. 4. 1742 (Wolfsburg)

† 24. 5. 1811 (Hamburg)
1770 Prediger der deutschen Gemeinde in London. 1779 zugleich Korrespondent des „Hamburger Korrespondenten". Dr. der Rechte. (W. legte 1790 sein Predigeramt nieder und siedelte 1793 nach Hamburg über. W. war vor allem Historiker. Er hinterließ Arbeiten zur englischen Geschichte.)
AM 24. 9. 1792
Geschichte

WENDLAND, Johannes Theodor Paul, * 17. 8. 1864 (Hohenstein/Ostpr.)
† 10. 9. 1915 (Göttingen)
1890 Oberlehrer am Köllnischen Gymnasium in Berlin. 1902 Professor für klassische Philologie an der Universität in Kiel. 1906 Professor für klassische Philologie an der Universität in Breslau. 1909 Professor für klassische Philologie an der Universität in Göttingen.
KM 9. 7. 1914
Klassische Philologie

WENGER, Leopold, * 4. 9. 1874 (Obervellach/Kärnten) † 21. 9. 1953 (Obervellach/Kärnten)
1901 Privatdozent, 1902 Professor für Rechtswissenschaften an der Universität in Graz. 1904 Professor für Rechtswissenschaft an der Universität in Wien. 1905 Professor für Rechtswissenschaften an der Universität in Graz. 1908 Professor für Rechtswissenschaften an der Universität in Heidelberg. 1909 Professor für Rechtswissenschaften an der Universität in München. 1926 Professor für Rechtswissenschaften an der Universität in Wien. 1927 Professor für Rechtswissenschaften an der Universität in München. 1935 Professor für Rechtswissenschaften an der Universität in Wien. Zeitweilig Präsident der Bayerischen Akademie der Wissenschaften in München. Geh. Justizrat.
KM 15. 7. 1926
Romanisches und bürgerliches Recht, Antike Rechtsgeschichte

WENT, Friedrich August Ferdinand Christian, * 18. 6. 1863 (Amsterdam)
† 24. 7. 1935 (Wassenaar)
1891 Direktor einer Versuchsstation für Zuckerrohr auf Java. 1896 Professor für Botanik an der Universität in Utrecht.
KM 28. 2. 1935
Botanik

WENTZEL (geb. HECKMANN), Marie Elisabeth (Elise), * 20. 3. 1833 (Berlin)
† 4./5. 2. 1914 (Berlin)
(Witwe des am 14. 6. 1889 verstorbenen Königl. Baurates WENTZEL. Als Besitzerin eines großen Vermögens übergab sie der Akademie eine Stiftung im Werte von ca. 1,5 Millionen Goldmark. Die Zinsen der Stiftung dienen wissenschaftlichen Zwecken. Frau W.-H. wurde anläßlich des 200. Jahrestages der Gründung der Akademie EM.)
EM 21. 12. 1899 (Bestät. 5. 3. 1900)

WERENFELS, Samuel, * 1. 3. 1657 (Basel) † 1. 6. 1740 (Basel)
1685 Professor für griechische Sprache, 1687 Professor der Eloquenz, 1696 Professor für Polemik und Dogmatik, 1703 Professor für Altes Testament, 1711 Professor für Neues Testament an der Universität in Basel. 1705 – 1720 Rektor.
abwM 4. 11. 1709
Theologie

WERNER, Abraham Gottlob,
* 25. 9. 1750 (Wehrau/Oberlausitz)
† 30. 6. 1817 (Dresden)
Ursprünglich Hüttenschreiber in den Hüttenwerken des Grafen SOLM. 1769 – 1771 Studium in Freiburg und Leipzig. 1775 Professor der Mineralogie und Bergbaukunde und Inspektor der Mineraliensammlung an der Bergakademie in Freiberg. 1792 Bergkommissionsrat.

1800 sächsischer Bergrat.
AM 4. 8. 1808 (Bestät. 15. 8. 1808)
Mineralogie

WERNER, Ernst, * 20. 11. 1920 (Tyssa)
1956 Dozent, 1957 Professor für allgemeine Geschichte an der Universität in Leipzig. 1967 Rektor.
KM 3. 6. 1971; OM 14. 6. 1973
Geschichte, Mediävistik

WERNER, Joseph, gt. 22. 6. 1637 (Bern) † 21. 9. 1710 (Berlin)
Direktor der Akademie der Künste in Berlin.
anwM 12. 10. 1701

WERNLE, Paul, * 1. 5. 1872 (Zürich) † 11. 4. 1939 (Basel)
1897 Dozent, 1900 Professor für neuere Kirchen- und Dogmengeschichte an der Universität in Basel.
KM 6. 12. 1923
Theologie, Kirchengeschichte

WERNSDORFF, Gottlieb, * 8. 8. 1717 (Wittenberg) † 22. 1. 1774 (Danzig)
1743 Professor für orientalische Sprachen, 1748 Professor für Eloquenz und Dichtkunst am Gymnasium in Danzig.
AM 29. 1. 1745
Orientalistik

WERTHEIM, Wilhelm, * 22. 2. 1815 (Wien) † 20. 1. 1861 (Tours), (Freitod)
1839 Dr. med. in Wien. Seit 1840 wohnhaft in Paris als Privatmann. 1854 Professor an der Fakultät in Montpellier. 1855 Examinator an der École polytechnique in Paris.
KM 24. 2. 1853
Physik

WESENBERG-LUND, Carl Jorgen, * 22. 12. 1867 (Kopenhagen) † 12. 11. 1955 (Hillerød/Dänemark)
Professor für Zoologie, später für Hydrobiologie an der Universität in Kopenhagen. 1911 zugleich Leiter eines Laboratoriums für Süßwasser-Biologie in Hillerød.
KM 9. 5. 1935
Zoologie, Hydrologie

WESTERMANN, Diedrich Hermann, * 24. 6. 1875 (Baden/Hann.) † 31. 5. 1956 (Baden/Hann.)
1908 Lehrer, 1909 Professor am Seminar für orientalische Sprachen in Berlin. 1921 Professor, 1925 Professor für afrikanische Sprachen an der Universität in Berlin und Direktor des Instituts für Lautforschung sowie Direktor des Internationalen Instituts für Afrikanische Sprachen und Kulturen in Berlin. 1949 – 1951 Sekretar der Klasse für Sprachen, Literatur und Kunst der Akademie.
OM 28. 4. 1938 (Bestät. 8. 6. 1938)
Orientalistik, Afrikanistik

WESTPHAL, Andreas, gt. 10. 10. 1684 (Anklam) † 23. 4. 1747 (Greifswald)
1718 Professor der Poesie und Eloquenz, 1732 Professor der Poesie, Eloquenz und Geschichte an der Universität in Greifswald.
abwM 5. 9. 1726
Geschichte

WETTSTEIN, Johann Jakob, * 5. 3. 1693 (Basel) † 23. 3. 1754 (Amsterdam)
1709 Magister in Basel. 1716 Feldprediger der helvetischen Legion in Frankreich. 1717 Hilfsprediger, später Diakonus in Basel. 1731 Professor für Theologie, 1744 auch für Kirchengeschichte am Remonstr. Kollegium in Amsterdam. (W. betrieb in Basel neben seinem Predigeramt ausgedehnte textkritische Studien. Aus dem Predigeramt wurde er 1730 wegen Verdachts der Heterodoxie nach einem Prozeß entlassen und floh nach Holland.)
AM 15. 6. 1752 Geschichte

WETTSTEIN, Johann Kaspar,
* 1. 2. 1695 (Basel) † 15. 8. 1760
Kaplan des Prince of Wales.
AM 16. 3. 1752
Theologie

WETTSTEIN, Fritz, Ritter von WESTERSHEIM, * 24. 6. 1895 (Prag) † 12. 2. 1945 (Innsbruck)
1923 Privatdozent an der Universität in Berlin. 1925 Professor für Biologie an der Universität in Göttingen. 1931 Professor für Botanik an der Universität in München. 1934 Professor für Biologie an der Universität in Berlin. Zugleich 1. Direktor des Instituts für Biologie der Kaiser-Wilhelm-Gesellschaft zur Förderung der Wissenschaften.
OM 9. 5. 1935 (Bestät. 8. 6. 1935)
Biologie

WETTSTEIN, Richard, Ritter von WESTERSHEIM, * 30. 6. 1863 (Wien) † 10. 8. 1931 (Trins/Tirol)
1887 Privatdozent an der Universität in Wien. 1892 Professor für Botanik an der Deutschen Universität in Prag. 1898 Professor für Botanik an der Universität in Wien und Direktor des Botanischen Instituts und des Botanischen Gartens. Rektor. 1919 Vizepräsident der Akademie der Wissenschaften in Wien. Hofrat.
KM 8. 12. 1921
Botanik

WHEATON, Henry, * 27. 11. 1785 (Providence/Rhode Island) † 11. 3. 1848 (Roxburgh/Mass.)
Amerikan. Journalist. Rechtsanwalt und Richter in Providence und New York. Zeitweilig Gesandter der USA in Berlin.
EM 3. 8. 1843 (Bestät. 30. 9. 1843)

WHEATSTONE, Sir (1868) Charles,
* 6. 2. 1802 (Gloucester) † 19. 10. 1875 (Paris)
Ursprünglich Spezialist zur Anfertigung von Musikinstrumenten in London. 1834 (nominell) Professor für Physik an der Universität in London. (W., der 1836 Mitglied der Royal Society wurde, lebte als Privatmann vom Ertrag seiner Erfindungen.)
KM 8. 5. 1851
Physik

WHITE, Andrew Dickson, * 7. 11. 1832 (Homer/New York) † 4. 11. 1918 (Ithaca/New York)
Gründer und 1. Präsident der Cornell-Universität in Ithaca. 1879 – 1881 Gesandter, 1897 – 1903 Botschafter der USA in Berlin. 1899 Präsident der Delegation der USA auf der Haager Friedenskonferenz.
EM 25. 10. 1900 (Bestät. 28. 12. 1900)
Rechtswissenschaft, Völkerrecht

WHITNEY, William Dwight, * 9. 2. 1827 (Northampton/Mass.) † 8. 6. 1894 (New Haven/Conn.)
1854 Professor für vergleichende Sprachwissenschaft an der Universität in New Haven.
KM 13. 2. 1873
Sprachwissenschaft, Sanskrit

WICHTERLE, Oto, * 27. 10. 1913 (Prostějov)
Zunächst Industriechemiker. 1949 Professor an der Technischen Hochschule in Prag. 1955 Leiter des Laboratoriums (seit 1959 Institut) für Makromolekulare Chemie der Tschechoslowakischen Akademie der Wissenschaften in Prag.
KM 12. 10. 1967; AM 20. 5. 1969
Organische Chemie

WIECHERT, Johann Emil, * 26. 12. 1861 (Tilsit) † 19. 3. 1928 (Göttingen)
1890 Privatdozent, 1898 Professor für Geophysik an der Universität in Göttingen und Direktor des Geophysikalischen Instituts. Geh. Regierungsrat.

KM 8. 2. 1912
Geophysik, Physik

WIED (NEUWIED), Maximilian Prinz zu, * 23. 9. 1782 (Neuwied)
† 3. 2. 1867 (Neuwied)
Reisender, Naturforscher und Ethnograph. (W. trat 1802 in den preuss. Militärdienst ein, geriet 1806 in Gefangenschaft und widmete sich nach Rückkehr auf seinem Gut dem Studium der Geographie, Naturgeschichte und Völkerkunde. 1813 Major. 1815 – 1817 Forschungsreise nach Brasilien. 1832 – 1834 Forschungsreise nach Nordamerika.
EM 30. 6. 1853 (Bestät. 15. 8. 1853)
Naturgeschichte, Völkerkunde

WIEDEMANN, Christian Rudolf Wilhelm, * 7. 11. 1770 (Braunschweig)
† 21. 12. 1840 (Kiel)
1805 Professor für Medizin an der Universität in Kiel, zugleich Oberlehrer am Hebammen-Institut.
KM 25. 6. 1812
Medizin

WIEDEMANN, Eilhard, * 6. 8. 1891 (Erlangen) † 17. 9. 1950 (Sarstedt)
1924 Leiter des Forstl. Laboratoriums der Biologischen Reichsanstalt in Berlin. 1925 Professor an der Forstwirtschaftlichen Hochschule in Tharandt. 1927 Professor für Forstwirtschaft an der Forstwirtschaftlichen Hochschule in Eberswalde. 1946 Professor und Leiter des Forsteinrichtungsamtes und der Forstwissenschaftlichen Versuchsanstalt von Niedersachsen in Sarstedt.
OM 14. 7. 1949
Forstwissenschaft

WIEDEMANN, Gustav Heinrich,
* 2. 10. 1826 (Berlin) † 23. 3. 1899 (Leipzig) (Schwiegersohn von MITSCHERLICH, E.)
1851 Privatdozent an der Universität in Berlin. 1854 Professor für Physik an der Universität in Basel. 1863 Professor für Physik am Polytechnikum in Braunschweig. 1866 Professor für Physik am Polytechnikum in Karlsruhe. 1871 Professor für physikalische Chemie, 1887 Professor für Physik an der Universität in Leipzig.
KM 13. 3. 1879
Physik

WIEGAND, Theodor, * 30. 10. 1864 (Bendorf/Rhld.) † 19. 12. 1936 (Berlin)
1896 Leiter der Ausgrabungen von Priene. 1897 Leiter des Königl. Museums in Berlin mit dem Amtsitz in Konstantinopel; zugleich wissenschaftlicher Beirat bei der deutschen Botschaft in der Türkei. 1912 1. Direktor der Sammlungen antiker Bildwerke und des Antiquariums in Berlin. 1932 Präsident des Deutschen Archäologischen Instituts in Berlin. Preußischer Staatsrat und Geh. Regierungsrat (W. war im 1. Weltkrieg als Hauptmann Generalinspekteur der Altertümer für Syrien, Palästina und Westarabien sowie Leiter der Denkmalschutzkommission für Damaskus. W. begründete das Pergamonmuseum in Berlin.)
OM 11. 5. 1922 (Bestät. 23. 10. 1922)
Archäologie

WIELAND, Christoph Martin,
* 5. 9. 1733 (Oberholzheim)
† 20. 1. 1813 (Weimar)
Dichter und Schriftsteller. 1755 Hauslehrer in Zürich. 1759 Hauslehrer in Bern. 1760 Kanzleidirektor und Ratsherr in Biberach. 1769 Professor für Philosophie an der Universität in Erfurt. 1772 Hofrat in Weimar und Prinzenerzieher im Dienste der Herzogin ANNA AMALIA. Zuletzt freier Schriftsteller. (W. gründete 1773 den „Teutschen Merkur".)
AM 7. 12. 1786
Deutsche Philologie, Philosophie

WIELAND, Heinrich Otto, * 4. 6. 1877 (Pforzheim) † 5. 8. 1957 (München)
1904 Privatdozent, 1909 Professor für Chemie an der Universität in München. 1913 Abteilungsvorstand am Chemischen Laboratorium des Bayerischen Staates in München. 1917 Professor für Chemie an der Technischen Hochschule in München. 1917 – 1918 zugleich Leiter der Abteilung der Kampfstoffsynthese am Institut für Physikalische Chemie der Kaiser-Wilhelm-Gesellschaft zur Förderung der Wissenschaften in Berlin-Dahlem. 1921 Professor für Chemie an der Universität in Freiburg i. B., zugleich Direktor des Chemischen Laboratoriums. 1925 Professor für organische Chemie an der Universität in München. 1927 Nobelpreis für Chemie.
KM 4. 2. 1937
Chemie

WIEN, Wilhelm (Willy) Karl Werner Otto Fritz Franz, * 13. 1. 1864 (Graffken/Ostpr.) † 31. 8. 1928 (München)
1892 Privatdozent an der Universität in Berlin. 1896 Professor für Physik an der Technischen Hochschule in Aachen. 1899 Professor für Physik an der Universität in Gießen. 1900 Professor für Physik an der Universität in Würzburg. 1920 Professor für Experimentalphysik an der Universität in München. 1911 Nobelpreis für Physik. Geh. Hofrat.
KM 14. 7. 1910
Physik

WIESELER, Friedrich Julius August, * 19. 10. 1811 (Altencelle/Hann.) † 3. 12. 1892 (Göttingen)
1842 Professor, 1854 Professor für klassische Philologie und Archäologie an der Universität in Göttingen, 1856 zugleich Direktor des Archäologisch-numismatischen Instituts. 1889 Geh. Regierungsrat.
KM 27. 2. 1879
Klassische Philologie und Archäologie

WIESNER, Julius Ritter von, * 20. 1. 1838 (Teschen) † 9. 10. 1916 (Wien)
1861 Privatdozent für Pflanzenphysiologie am Polytechnikum in Wien. 1868 Professor an der Technischen Hochschule in Wien. 1873 Professor für Pflanzenphysiologie an der Universität in Wien.
KM 8. 6. 1899
Botanik, Pflanzenphysiologie

WILAMOWITZ-MOELLENDORF, Enno Friedrich Wichard Ulrich von, * 22. 12. 1848 (Markowitz/Prov. Posen) † 25. 9. 1931 (Berlin)
1874 Privatdozent an der Universität in Berlin. 1876 Professor für klassische Philologie an der Universität in Greifswald. 1883 Professor für klassische Philologie an der Universität in Göttingen. 1897 Professor für klassische Philologie an der Universität in Berlin. 1915 – 1916 Rektor. Wirkl. Geh. Rat.
KM 4. 6. 1891; OM 13. 7. 1899 (Bestät. 2. 8. 1899)
Klassische Philologie

WILCKEN, Ulrich, * 18. 12. 1862 (Stettin) † 10. 12. 1944 (Baden-Baden)
1888 Privatdozent an der Universität in Berlin. 1889 Professor, 1891 Professor für alte Geschichte an der Universität in Breslau. 1900 Professor für alte Geschichte an der Universität in Würzburg. 1903 Professor für alte Geschichte an der Universität in Halle. 1906 Professor für alte Geschichte an der Universität in Leipzig. 1912 Professor für alte Geschichte an der Universität in Bonn. 1915 Professor für alte Geschichte an der Universität in München. 1917 Professor für alte Geschichte an der Universität in Berlin. Geh. Regierungsrat.
OM 25. 11. 1920 (Bestät. 7. 1. 1921)
Alte Geschichte

WILD, Heinrich, * 17. 12. 1833 (Uster/

Kt. Zürich) † 5. 9. 1902 (Zürich)
1858 Dozent für Physik an der Universität und am Polytechnikum in Zürich. 1858 Professor, 1862 Professor für Physik an der Universität in Bern. 1868 Außerordentliches Mitglied, 1870 Ordentlicher Akademiker der Akademie der Wissenschaften in Petersburg und Direktor des Physikalischen Zentralobservatoriums in Petersburg. 1895 Ehrenmitglied der Akademie der Wissenschaften in Petersburg.
KM 6. 1. 1881
Physik, Astronomie

WILHELM, Gustav Adolf, * 10. 9. 1864 (Tetschen-Liebwert) † 10. 8. 1950 (Wien)
1894 Privatdozent an der Universität in Wien. 1898 Sekretär des Österreich. Archäologischen Instituts in Athen. 1905 Professor für griechische Altertumskunde und Epigraphik an der Universität in Wien.
KM 27. 4. 1911
Gräzistik

WILHELM, Johannes Paul, * 30. 7. 1926 (Gadderbaum/ b. Bielefeldt)
1926 Professor für theoretische Physik an der Universität Greifswald und Direktor des Instituts für theoretische Physik. 1961 – 1968 zugleich stellv. Direktor des Instituts für Gasentladungsphysik der Akademie. 1969 Forschungsdirektor und Leiter des Bereiches Plasmaphysik des Zentralinstituts für Elektronenphysik der Akademie.
KM 12. 6. 1980
Theoretische Physik, Plasmaphysik

WILKEN, Friedrich, * 23. 5. 1777 (Ratzeburg) † 24. 12. 1840 (Berlin)
1800 Privatdozent an der Universität in Göttingen. 1805 Professor für Geschichte und orientalische Sprachen an der Universität in Heidelberg. 1808 zugleich Direktor der Universitätsbibliothek. 1817 Professor für Geschichte und orientalische Sprachen an der Universität in Berlin, zugleich Direktor der Kgl. Bibliothek in Berlin. 1821 Rektor der Universität. 1822 auch Professor für Geschichte an der Kriegsschule in Berlin. 1830 – 1840 Sekretar der Philosphisch-historischen Klasse der Akademie. (W. wirkte bis 1821 an der Monumenta Germaniae Historica mit.)
KM 25. 6. 1812; OM 26. 11. 1818 (Bestät. 1. 1. 1819)
Geschichte

WILLDENOW (WILDENOW), Karl Ludwig, * 22. 8. 1765 (Berlin) † 9. 7. 1812 (Berlin)
1789 prakt. Arzt in Berlin. 1798 Professor für Naturgeschichte am Collegium medico-chirurgicum in Berlin. Seit 1791 zugleich öffentlicher Lehrer für Botanik bei dem Forstdepartement und bei der Pepinière. 1809 Professor für Botanik an der Universität in Berlin und Direktor des Botanischen Gartens.
OM 16. 1. 1794
Botanik

WILLE, Johann Nordal Fischer, * 28. 10. 1858 (Haaböl/Norwegen) † 4. 2. 1924 (Oslo)
1886 Professor für Botanik an der Hochschule in Stockholm. 1890 Lehrer an der Landwirtschaftlichen Hochschule in Aas. 1893 Professor für Botanik an der Universität in Christiania und Direktor des Botanischen Gartens. 1898 zugleich Direktor des Botanischen Museums.
KM 8. 12. 1921
Botanik

WILLERS, Friedrich-Adolf, * 29. 1. 1883 (Bremerförde) † 5. 1. 1959 (Dresden)
1928 bis 1934 Professor für Mathematik und darstellende Geometrie an der Bergakademie in Freiberg. 1944 Professor für angewandte Mathematik an der Techni-

schen Hochschule in Dresden. 1953 Nationalpreis.
KM 13. 1. 1955
Angewandte Mathematik

WILLIAMSON, Alexander William,
* 1. 5, 1824 (Wandsworth bei London)
† 6. 5. 1904 (High Pitfold, Hindhead/Surrey)
Zunächst Leiter der prakt. Arbeiten des Chemischen Laboratoriums der Universität in London. 1855 Professor für Chemie an der Universität in London.
KM 18. 11. 1875
Chemie

WILLSTÄTTER, Richard Martin,
* 13.8.1872 (Karlsruhe i. B.) † 3.8.1942 (Locarno)
1896 Privatdozent, 1902 Professor für Chemie an der Universität in München und Vorstand der Organischen Abteilung des chemischen Laboratoriums. 1905 Professor für Chemie an der Technischen Hochschule in Zürich. 1912 Professor für Chemie an der Universität in Berlin und Direktor des Instituts für Chemie der Kaiser-Wilhelm-Gesellschaft zur Förderung der Wissenschaften. 1916 Professor für allgemeine Chemie, 1920 Professor für organische Chemie an der Universität in München. 1915 Nobelpreis für Chemie. Geh. Rat. (W. legte 1925 die Professur in München aus Protest gegen den Antisemitismus an der Universität nieder. W. wurde auf Grund der faschistischen Rassengesetze am 13. 7. 1939 aus der Mitgliederliste gestrichen.)
OM 5. 11. 1914 (Bestät. 16. 12. 1914); EM 13. 4. 1916; AM 26. 11. 1926
Organische Chemie

WILMANNS, Wilhelm, * 14. 3. 1842 (Jüterbog) † 29. 1. 1911 (Bonn)
Zunächst Lehrer. 1874 Professor für deutsche Sprache und Literatur an der Universität in Greifswald; 1877 Professor für deutsche Sprache und Literatur an der Universität in Bonn.
KM 5. 7. 1906 Germanistik

WILSON, Edmund Beecher,
* 19. 10. 1856 (Geneva/Illinois)
† 3. 3. 1939 (New York)
1891 Professor für Zoologie an der Universität in New York.
KM 20. 2. 1913
Zoologie

WILSON, Horace Hayman, * 26. 9. 1786 (London) † 8. 5. 1860 (Oxford)
1808 Eintritt in den Dienst der Ostindischen Compagnie. 1832 Professor für Sanskrit an der Universität in Oxford, später auch Bibliothekar am East India House.
KM 16. 2. 1837; AM 14. 3. 1839 (Bestät. 21. 4. 1839)
Indologie

WIMMER, Ludwig Franz Adalbert,
* 7. 2. 1839 (Ringkjöbing) † 29. 4. 1920 (Kopenhagen)
1871 Dozent, 1876 Professor für nordische Philologie an der Universität in Kopenhagen. Zugleich (als Mitglied der Dänischen Akademie der Wissenschaften) Herausgeber der dänisch. Runendenkmäler.
KM 4. 6. 1891
Nordische Philologie

WINDAUS, Adolf Otto Reinhold,
* 25.12.1876 (Berlin) † 9.6.1959 (Göttingen)
Zunächst Privatdozent an der Universität in Freiburg. 1913 Professor für Chemie an der Universität in Innsbruck. 1915 – 1944 Professor für Chemie an der Universität in Göttingen und Direktor des Allgem. Chemischen Instituts. 1928 Nobelpreis für Chemie.
aoM 14. 5. 1936 (Bestät. 13. 6. 1936)
Chemie, Steroidchemie

WINDELBAND, Wilhelm, * 11. 5. 1848 (Potsdam) † 22. 10. 1915 (Heidelberg)
1873 Privatdozent an der Universität in Leipzig. 1876 Professor für Philosophie an der Universität in Zürich. 1877 Professor für Philosophie an der Universität in Freiburg i. B.. 1882 Professor für Philosophie an der Universität in Straßburg. 1903 Professor für Philosophie an der Universität in Heidelberg. Geh. Rat.
KM 5. 2. 1903
Philosophie

WINKLER, Clemens, * 26. 12. 1838 (Freiberg) † 8. 10. 1904 (Dresden)
1861 Hüttenmeister auf dem Blaufarbenwerk Pfannenstiel bei Aue. 1873 Professor für Chemie an der Bergakademie in Freiberg, 1896 Rektor.
KM 8. 2. 1900
Chemie, chemische Technologie

WINKLER, Emil, * 4. 6. 1891 (Neutitschein/Mähren) † 28. 1. 1942 (Berlin)
1918 Privatdozent an der Universität in Wien. 1921 Professor, 1925 Professor für romanische Philologie an der Universität in Innsbruck. 1928 Professor für romanische Philologie an der Universität in Wien. 1935 Professor für romanische Philologie an der Universität in Heidelberg. 1936 Professor für romanische Philologie an der Universität in Berlin.
OM 2. 3. 1939 (Bestät. 29. 4. 1939)
Romanistik

WINKLER, Hans Karl Albert, * 23.4.1877 (Oschatz/Sa.) † 22.11.1945 (Dresden)
1901 Privatdozent, 1905 Professor für Botanik an der Universität in Tübingen. 1912 Professor für Botanik an der Universität in Hamburg und Direktor des Botanischen Gartens und des Instituts für allgemeine Botanik der Universität.
KM 7. 7. 1927 Botanik

WINKLER, Rudolf, * 22. 6. 1927 (Leipzig)
1963 Direktor des III. Physikalisch-Technischen Instituts (später Institut für Physik der Werkstoffbearbeitung) der Akademie in Berlin. 1967 zugleich Direktor der Akademiewerkstätten für Forschungsbedarf (jetzt Zentrum für Wissenschaftlichen Gerätebau) der Akademie in Berlin. 1969 Professor der Akademie. 1971 Direktor des Instituts für Rationalisierung der Elektrotechnik und Elektronik in Berlin. 1975 stellvertr. Leiter des Forschungsbereiches Physik, Kern- und Werkstoffwissenschaften der Akademie.
KM 15. 6. 1972; OM 10. 6. 1976
Physik, Festkörperphysik, Plasmaphysik, wissenschaftl. Grundlagen von Technologien des Maschinenbaues u. d. Elektronik

WINNECKE, Friedrich August Theodor, * 5. 2. 1835 (Groß-Heere bei Hildesheim) † 2. 12. 1897 (Bonn)
1856 Gehilfe an der Sternwarte in Berlin. 1858 – 1868 Adjunkt-Astronom an der Hauptsternwarte in Pulkowo. 1864 Korrespondierendes Mitglied der Akademie der Wissenschaften in Petersburg. 1872 Professor für Astronomie an der Universität in Straßburg und Direktor der Sternwarte.
KM 23. 10. 1879 Astronomie

WINOGRADOW, Iwan Matwejewitsch, * 2./14. 9. 1891 (bei Twer)
1929 Ordentlicher Akademiker für physikalisch-mathematische Wissenschaften der Akademie der Wissenschaften der UdSSR.
KM 29. 6. 1950; AM 20. 5. 1969
Mathematik

WINOGRADOW, Sir (1917) Paul (Pawel Gawrilowitsch), * 18./30. 11. 1854 (Kostroma) † 19. 12. 1925 (Paris)
Zunächst Professor für Geschichte an der Universität in Moskau. 1892 Korrespon-

dierendes Mitglied der Akademie der Wissenschaften in Petersburg. 1904 Professor der Rechte an der Universität in Oxford. Nach 1905 zugleich Honorarprofessor an der Universität in Moskau. 1914 Ordentlicher Akademiker der Akademie der Wissenschaften in Petersburg.
KM 22. 6. 1911
Geschichte, Philologie

WINOGRADOW, Viktor Wladimirowitsch, * 31. 12. 1894/12. 1. 1895 (Rjasan) † 4. 10. 1969 (Moskau)
Professor für russische Sprache an der Universität in Moskau. 1946 Ordentlicher Akademiker für Literatur und Sprache der Akademie der Wissenschaften der UdSSR.
KM 13. 1. 1955; AM 20. 5. 1969
Slawistik

WINSLOW (WINSLÖ), Jakob Benignus, * 17. 4. 1669 (Odense/Dänemark) † 3. 4. 1760 (Paris)
Professor für Chirurgie in Paris.
abwM 2. 9. 1723
Medizin, Anatomie

WINTER, Eduard, * 16. 9. 1896 (Grottau)
1922 Dozent, 1929 Professor für osteuropäische Geschichte an der Universität in Prag. 1945 Abteilungsleiter am Institut für Wissenschaft und Kunst in Wien. 1947 Professor für osteuropäische Geschichte an der Universität in Halle. 1948 Rektor. 1951 Professor für osteuropäische Geschichte an der Universität in Berlin und Direktor des Instituts für Geschichte der Völker der UdSSR. 1956 zugleich Abteilungsleiter am Institut für Slawistik und Arbeitsgruppenleiter am Institut für Geschichte der Akademie in Berlin. 1960 Leiter der Arbeitsstelle für Geschichte der deutsch-slawischen Wissenschaften der Akademie in Berlin. 1956 Nationalpreis.
OM 24. 2. 1955
Geschichte; Kultur- und Wissenschaftsgeschichte Mittel- und Osteuropas, Geschichte der Diplomatie des Vatikans

WINTER, Franz, * 4. 2. 1861 (Braunschweig) † 11. 2. 1930 (Bonn)
1894 Privatdozent, 1897 Professor für Archäologie an der Universität in Berlin. 1899 Professor für Archäologie an der Universität in Innsbruck. 1905 Professor für Archäologie an der Universität in Graz. 1908 Professor für Archäologie an der Universität in Straßburg. 1913 Professor für Archäologie an der Universität in Bonn.
KM 17. 12. 1925
Archäologie

WINTHER, Johann Nikolaus, * 1702 (Odense/Dänemark) † 28. 1./8. 2. 1746 (Moskau)
Pastor der evang.-luther. Alten Gemeinde in Moskau.
abwM 1735
Theologie

WIRTINGER, Wilhelm, * 19. 7. 1865 (Ybba/Donau) † 16. 1. 1945 (Ybba/Donau)
1903 Professor für Mathematik an der Universität in Wien.
KM 5. 2. 1925
Mathematik

WIRZBERGER, Karl-Heinz, * 2. 6. 1925 (Grüneberg/Kr. Ruppin) † 23. 4. 1976 (Berlin)
1954 Dozent, 1958 Professor für Amerikanistik an der Universität in Berlin. 1968 – 1976 Rektor.
OM 29. 5. 1969
Literaturwissenschaft, Amerikanistik

WISLICENUS, Johannes, * 24. 6. 1835 (Klein-Eichstedt bei Querfurt)
† 5. 12. 1902 (Leipzig)

1860 Dozent an der Universität und am Polytechnikum in Zürich. 1861 zugleich Professor für Chemie an der Industrie-Schule in Zürich. 1872 Professor für Chemie an der Universität in Würzburg. 1885 Professor für Chemie an der Universität in Leipzig. 1895 Rektor.
KM 29. 10. 1896
Chemie

WISSMANN, Wilhelm, * 27. 2. 1899 (Berlin) † 21. 12. 1966 (München)
1938 Dozent an der Universität in Halle. 1940 Dozent an der Universität in Freiburg i. Br.. 1942 Professor für Philologie an der Universität in Königsberg. 1945 Professor für Philologie an der Universität in Berlin. 1953 Professor für Philologie an der Universität in München. 1961 Nationalpreis.
OM 14. 7. 1949
Indogermanische Sprachwissenschaft

WITTE, Jean-Joseph-Marie-Antoine Baron de, * 24. 2. 1808 (Antwerpen) † 30. 7. 1889 (Paris)
Numismatiker in Paris.
KM 27. 2. 1845
Numismatik

WITTE, Johann Erdmann, * 4. 1. 1658 (Neuendorf/Altmark) † 25. 3. 1724 (Magdeburg)
Sekretär der Magdeburger Regierung.
abwM 11. 3. 1701

WOCKENIUS, Franz, * 1865 (Ravin/Pomm.) † 18. 2. 1734 (Wittenberg)
1714 Konrektor am Gymnasium in Neustettin. 1724 Professor für Philosophie an der Universität in Leipzig. 1727 Professor für orientalische Sprachen an der Universität in Wittenberg.
abwM 3. 10. 1726
Kirchengeschichte, Literaturgeschichte

WÖHLER, Friedrich, * 31. 7. 1800 (Eschersheim bei Frankfurt a. Main) † 23. 9. 1882 (Göttingen)
1823 Dr. med. in Heidelberg. 1825 Lehrer für Chemie an der städt. Gewerbeschule in Berlin. 1831 Lehrer an der höheren Gewerbeschule in Kassel. 1836 Professor für Chemie und Medizin an der Universität in Göttingen; zugleich bis 1850 Generalinspekteur der hannöv. Apotheken.
KM 20. 6. 1833; AM 26. 7. 1855 (Bestät. 15. 8. 1855)
Chemie, Medizin

WÖLFFLIN, Heinrich, * 21. 6. 1864 (Winterthur) † 19. 7. 1945 (Zürich)
1888 Privatdozent an der Universität in München. 1893 Professor für Kunstgeschichte an der Universität in Basel. 1901 Professor für Kunstgeschichte an der Universität in Berlin. 1912 Professor für Kunstgeschichte an der Universität in München. 1924 Professor für Kunstgeschichte an der Universität in Zürich. Geh. Regierungsrat.
OM 24. 11. 1910 (Bestät. 14. 12. 1910); EM 1. 4. 1912; AM 26. 11. 1925
Kunstgeschichte, klassische Philosophie

WOELLNER, Johann Christoph von (1786), * 19. 5. 1732 (Döberitz bei Spandau) † 11. 9. 1800 (Groß-Rietz/Mark)
1753 Hofmeister bei dem General von ITZENPLITZ auf dem Gut Groß-Behnitz. 1759 Pächter des Gutes Groß-Behnitz. 1770 Kammerrat und Rentmeister der Domänenkammer. 1786 Geh. Oberfinanzrat. 1787 zugleich Rat bei dem Oberschulkollegium. 1788 Wirkl. Geh. Etats- und Justizminister und Chef des Geistl. Departements für luth. und kathol. Angelegenheiten. (W. gehörte zu den einflußreichsten Personen am Hofe FRIEDRICH's II.. Er verwaltete die Dispositionskasse und hatte die Aufsicht über die Staatsbauten; er war im Direktorium des Hofbauamtes, Direktor im Sei-

denbaudepartement und de facto Mitglied des Generaldirektoriums. W. erließ 1788 das Religionsedikt und das „Erneute Zensuredikt für die preuss. Staaten".)
OM 23. 11. 1786 (Bestät. 30. 11. 1786)

WOLF, Christian Wilhelm Friedrich August, * 15. 2. 1759 (Haynrode bei Nordhausen) † 8. 8. 1824 (Marseille)
1779 Lehrer am Gymnasium in Ilfeld. 1782 Rektor der Stadtschule in Osterode. 1783 Professor für Philologie und Pädagogik, 1784 Professor der Eloquenz und Philologie an der Universität in Halle. 1810 Direktor der Wissenschaftl. Deputation für die Sektion des öffentlichen Unterrichts im Ministerium in Berlin. 1810 Professor für klassische Philologie an der Universität in Berlin. (W. ist einer der Begründer der Altertumswissenschaft. Er bezog bereits seit 1799 ein akademisches Gehalt und wird seit Januar 1808 in den Anwesenheitslisten der Akademie geführt. In zeitgenössischen Urteilen wird er als eitel, zanksüchtig, gebieterisch und maßlos charakterisiert. In der Akademie weigerte er sich, der Pflicht zu regelmäßigen Vorträgen nachzukommen. Sein Status wurde 1812 infolgedessen von dem eines OM in den eines EM verändert.)
AM 21. 2. 1799 (Bestät. 2. 3. 1799);
OM 4. 8. 1808 (Bestät. 15. 8. 1808);
EM 16. 7. 1812
Klassische Philologie

WOLF, Ferdinand, * 8. 12. 1796 (Wien) † 18. 2. 1866 (Wien)
1819 Praktikant, 1827 dritter Scriptor, 1838 zweiter Scriptor, 1853 dritter Kustos und Direktor der Handschriftenabteilung der Hofbibliothek in Wien. 1847 Sekretär der Philologisch-historischen Klasse der Akademie der Wissenschaften in Wien.
KM 26. 4. 1860
Romanistik, Literaturgeschichte

WOLF, Friedrich, * 9. 2. 1920 (Leipzig)
1958 Leiter des Anorganisch-wissenschaftlichen Laboratoriums des VEB Farbenfabrik in Wolfen. 1958 stellvertr. Direktor, 1961 Direktor für Forschung und Entwicklung im VEB Farbenfabrik in Wolfen. 1961 zugleich Dozent, 1963 Professor für technische Chemie an der Universität in Halle und – seit 1963 – Direktor des Instituts für Technische Chemie. 1965 Rektor. 1959 und 1966 Nationalpreis.
KM 3. 6. 1971
Chemie; Technische Chemie, Adsorptionstechnik, Grenzflächenchemie

WOLF, Johann Christoph, * 21. 2. 1683 (Wernigerode) † 25. 7. 1739 (Hamburg)
1707 Konrektor in Flensburg. 1709 Professor für Philosophie an der Universität in Wittenberg. 1712 Professor für orientalische Sprachen am Gymnasium in Hamburg. 1715 zugleich Prediger, 1716 Hauptpastor an der St. Katharinenkirche in Hamburg.
abwM 6. 4. 1712
Theologie, Orientalistik

WOLF, Oswald Leopold, * 23. 11. 1896 (Niederlungwitz/Sa.) † 6. 11. 1974 (Leipzig)
1938 Privatdozent, 1945 ao Professor, 1949 bis 1961 Professor für anorganische Chemie an der Universität in Leipzig und Direktor des Instituts für anorganische Chemie. 1957 Nationalpreis.
KM 23. 4. 1959
Anorganische Chemie, chemische Technologie

WOLF, Max, * 21. 6. 1863 (Heidelberg) † 3. 10. 1932 (Heidelberg)
1880 Privatdozent an der Universität in Heidelberg. 1893 Professor, zugleich Vorstand des astrophysikalischen Observatoriums auf dem Königsstuhl. 1896 Professor, 1902 Professor für Astrophy-

sik und Geophysik an der Universität in Heidelberg. Geh. Hofrat.
KM 15. 1. 1925
Astrophysik

WOLFF, Christian Freiherr von (1745), * 24. 1. 1679 (Breslau) † 9. 4. 1754 (Halle/Saale)
1703 Privatdozent für Mathematik, Physik und Philosophie an der Universität in Leipzig. Zugleich Prediger. 1706 bis 1723 Professor für Mathematik und Naturwissenschaften an der Universität in Halle. 1724 Professor für Philosophie an der Universität in Marburg. 1740 Professor für Mathematik, Natur- und Völkerrecht an der Universität in Halle und Vizekanzler der Universität. 1743 Kanzler der Universität. Geh. Rat. (W. wurde 1723 auf Grund einer Verfügung FRIEDRICH WILHELM's I. amtsenthoben und bei Androhung der Strafe des Stranges aus Preußen verbannt. W. ging zunächst nach Basel, später nach Marburg.)
abwM 8. 1. 1711
Philosophie, Mathematik

WOLFF, Nathan, * 28. 1. 1786 (Kopenhagen) † 28. 4. 1854 (London)
siehe: WALLICH, Nathanael

WOLLENBERGER, Albert, * 21.5.1912 (Freiburg/Br.)
1946 Wissenschaftlicher Mitarbeiter am Pharmakologischen Institut der Universität in Boston/USA. 1951 Gastprofessor am Carlsberg-Laboratorium in Kopenhagen, am Biochemischen Institut der Universität in Uppsala, am Psychiatrischen Institut der Universität in London und am Neurophysiologischen Institut der Universität in Kopenhagen. 1954 Professor für Pharmakologie an der Universität in Berlin. 1962 Leiter der Arbeitsstelle, 1965 Direktor des Instituts für Kreislaufforschung der Akademie in Berlin-Buch. 1972 Bereichsdirektor im Zentralinstitut für Herz- und Kreislaufregulationsforschung der Akademie in Berlin-Buch. 1964 Nationalpreis.
KM 15. 6. 1972; OM 8. 6. 1978
Biochemie, Zellphysiologie

WOLTERS, Paul Heinrich August, * 1. 9. 1858 (Bonn) † 21. 10. 1936 (München)
1887 Sekretär des Deutschen Archäologischen Instituts in Athen. 1900 Professor für Archäologie an der Universität in Würzburg. 1908 Professor für Archäologie an der Universität in München und Direktor der Glyptothek und des Museums für Abgüsse in München.
KM 8. 5. 1924
Archäologie

WOLTMANN, Reinhard, * um 1757 (Axstedt/Hann.) † 20. 4. 1837 (Hamburg)
1785 Wasserbau-Conducteur, 1792 Wasserbaudirektor in Ritzebuttel. 1812 Wasserbaudirektor in Hamburg.
KM 26. 6. 1817
Hydrologie

WONSOWSKI, Sergej Wassiljewitsch, * 2. 9. 1910 (Taschkent)
1932 Professor für Metallphysik am Polytechnischen Institut, später Professor für theoretische Physik an der Universität in Swerdlowsk. 1953 Korrespondierendes Mitglied, 1966 Ordentlicher Akademiker der Akademie der Wissenschaften der UdSSR. Stellvertretender Direktor des Instituts für Metallphysik der Akademie.
AM 25. 2. 1971
Festkörperphysik, Metallphysik

WOOLHOUSE, John Thomas, * um 1650 † 15. 1. 1734 (in England)
Augenarzt in Paris, später in London.
abwM 1723
Medizin

WOSCHNI, Eugen-Georg, * 18. 2. 1929 (Berlin)
1957 Professor, 1961 Professor für Informationstechnik an der Technischen Hochschule für Maschinenbau in Karl-Marx-Stadt. 1957 zugleich Direktor des Instituts für Elektrotechnik, 1965 Direktor des Instituts für Informationsverarbeitung und Rechenelektronik der Technischen Hochschule.
KM 14. 6. 1973
Technik, Kybernetik, Hochfrequenztechnik, Informationstechnik

WRBA, Heinrich, * 14. 2. 1922 (Halleischen/Böhmen)
1963 Professor für Onkologie an der Universität in München, 1964 Direktor des Instituts für experimentelle Pathologie des Krebsforschungszentrums in Heidelberg. 1967 Professor für Onkologie an der Universität in Wien und Direktor des Instituts für Krebsforschung.
AM 14. 6. 1979
Onkologie

WRIGHT, William, * 17. 1. 1830 (Mullye/Mallai, Br.-Indien) † 22. 5. 1889 (Cambridge)
1856 Professor für Arabistik an der Universität in London. 1858 Professor für Arabistik an der Universität in Dublin. 1861 Professor am Britischen Museum in London. 1870 Professor für semitische Sprachen an der Universität in Cambridge.
KM 5. 11. 1868
Orientalistik, Arabistik

WÜLFFER, Johann, * 7. 6. 1651 (Nürnberg) † 3. 12. 1724 (Nürnberg)
1677 bis 1691 Pastor an verschiedenen Kirchen, 1714 Oberpastor an der Sebaldus-Kirche in Nürnberg. Seit 1691 zugleich Professor am Ägidien-Gymnasium und Bibliothekar der Stadtbibliothek in Nürnberg.
abwM 12. 4. 1715
Theologie

WÜLLNER, Friedrich Hugo Anton Adolf, * 13. 6. 1835 (Düsseldorf) † 6. 10. 1908 (Aachen)
1858 Privatdozent an der Universität in Marburg. 1863 Direktor der Provinzialgewerbeschule in Aachen. 1865 Lehrer für Physik an der Landwirtschaftlichen Akademie in Poppelsdorf. 1867 Professor an der Universität in Bonn. 1870 Professor für Physik an der Technischen Hochschule in Aachen.
KM 7. 3. 1889
Physik

WÜRTZ (WURTZ), Charles-Adolphe, * 26. 11. 1817 (Straßburg) † 12. 5. 1884 (Paris)
1853 Professor für Chemie an der École de med. in Paris. 1875 Professor für organische Chemie an der Sorbonne.
KM 10. 3. 1859; AM 25. 10. 1883
Chemie

WÜSTENFELD, Heinrich Ferdinand, * 31. 7. 1808 (Hannoversch-Münden) † 8. 2. 1899 (Hannover)
1832 Privatdozent, später Professor für orientalische Sprachen an der Universität in Göttingen und Bibliothekar der Universität.
KM 27. 2. 1879
Orientalistik, Arabistik

WULLSTEIN, Horst, * 24. 7. 1906 (Halle/Saale)
1937 Dozent, 1944 Professor für Medizin an der Universität in Jena. 1947 Leiter der Abteilung für Hals-, Nasen- und Ohrenkrankheiten am Jung-Stilling-Krankenhaus in Siegen/Westf.. 1955 Professor für Medizin an der Universität in Würzburg und Direktor der Klinik und Poliklinik für Hals-, Nasen- und Ohrenkrankheiten.

KM 10. 2. 1955; AM 20. 5. 1969
Medizin

WUNDT, Max, * 29. 1. 1879 (Leipzig) † 31. 10. 1963 (Tübingen), (Sohn von WUNDT, W.)
1907 Privatdozent an der Universität in Straßburg. 1918 Professor für Philosophie an der Universität in Marburg. 1920 Professor für Philosophie an der Universität in Jena. 1929 Professor für Philosophie an der Universität in Tübingen.
KM 7. 5. 1942 (Bestät. 11. 6. 1942)
Philosophie, Geschichte der Philosophie

WUNDT, Wilhelm, * 16. 8. 1832 (Neckarau bei Mannheim) † 31. 8. 1920 (Großbothen bei Leipzig)
1874 Professor für Philosophie an der Universität in Zürich. 1875 Professor für Philosophie und Psychologie an der Universität in Leipzig.
KM 18. 1. 1900
Philosophie, Psychologie

WURZELBAU, Johann Philipp von, * 28. 9. 1651 (Nürnberg) † 21. 3. 1725 (Nürnberg)
Astronom. Zunächst bis 1691 Kaufmann in Nürnberg. Seit 1683 zugleich Mitglied des Großen Rates in Nürnberg. 1692 vom Kaiser LEOPOLD geadelt und Mitglied des Collegium artis consultorum in Nürnberg.
abwM 6. 12. 1706
Astronomie

WWEDENSKI, Boris Alexejewitsch, * 7./19. 4. 1893 (Moskau) † 1. 6. 1969 (Moskau)
1934 Korrespondierendes Mitglied der Akademie der Wissenschaften der UdSSR. 1943 Ordentlicher Akademiker für technische Wissenschaften der Akademie der Wissenschaften der UdSSR.
KM 13. 1. 1955; AM 20. 5. 1969
Technische Physik, Radiophysik

YATES, James, * 30. 4. 1789 (Liverpool) † 7. 5. 1871 (London)
1812 unitarischer Pfarrer in Glasgow, 1817 in Birmingham, 1831 in Little Carter Lane. (Y., der seit 1848 auf der Pachtung Landerdale House, Highate, lebte, betätigte sich als Altertumsforscher.)
KM 17. 1. 1867

ZACH, Franz Xaver Freiherr von, * 4. 6. 1754 (Preßburg) † 2. 9. 1832 (Paris)
Zunächst Vermessungsingenieur in Österreich. 1783 Lehrer bei dem sächs. Gesandten, Graf BRÜHL, in London. 1786 im Dienste des Herzogs ERNST II. von Sachsen-Gotha, zunächst Oberstwachtmeister, später Oberst. 1787 – 1806 Direktor der Sternwarte auf dem Seeberg bei Gotha. 1806 Oberhofmeister der Herzogin-Witwe. (Z. gilt als Gründer der Sternwarte auf dem Seeberg bei Gotha. Er starb an der Cholera.)
AM 25. 7. 1800 (Bestät. 4. 8. 1800); EM 24. 1. 1812
Astronomie

ZACHARIAE von LINGENTHAL, Karl Eduard, * 24. 12. 1812 (Heidelberg) † 3. 6. 1894 (Großkmehlen)
1836 Privatdozent, 1842 – 1845 Professor für Rechtswissenschaft an der Universität in Heidelberg. 1869 – 1876 Direktor der Oberlausitzer Bahn sowie der Verbindungsbahn von Cottbus nach Großenhain. (ZACHARIAE von LINGENTHAL erwarb 1845 ein Rittergut. Er beschäftigte sich dort wissenschaftlich mit der Rechtsgeschichte, war aber auch politisch tätig.)
KM 26. 7. 1866
Rechtsgeschichte

ZAHN, Robert, * 9. 1. 1870 (Bruchsal) † 27. 11. 1945 (Berlin)
1928 Honorarprofessor an der Universi-

tät in Berlin und Direktor der Sammlung antiker Bildwerke und des Antiquariums bei den Staatl. Museen in Berlin.
OM 3. 3. 1938 (Bestät. 13. 5. 1938)
Archäologie, Kunstgeschichte

ZALLINGER zum THURN, Otto von, * 27. 11. 1856 (Bozen) † 12. 5. 1933 (Salzburg)
1880 Privatdozent, 1884 Professor, 1887 Professor für deutsches Recht und österreichische Rechtsgeschichte an der Universität in Innsbruck. 1894 Professor für deutsches Recht und österreichische Rechtsgeschichte an der Universität in Wien.
KM 8. 5. 1924
Rechtswissenschaft

ZAŁUSKI, Joseph Andreas Graf, * 7. 8. 1701 † 9. 1. 1774 (Warschau)
Zunächst Kanoniker von Plozk und Großreferendar von Polen. Später Bischof von Kiew. (Z. trat nach dem Tode AUGUST II. auf die Seite von Stanislaus LESZCZYNSKI und ging mit diesem zeitweilig nach Lothringen. Nach Rückkehr Ernennung zum Bischof. Z. hatte eine Bibliothek von 230 000 Bänden, die er 1748 in Warschau in einem eigenen Gebäude zur öffentlichen Benutzung aufstellte.)
AM 12. 9. 1748
Polnische Geschichte

ZANGE, Johannes, * 12. 12. 1880 (Elberfeld) † 10. 3. 1969 (Jena)
1913 Privatdozent, 1919 Professor für Hals-, Nasen- und Ohrenheilkunde an der Universität in Jena. 1922 Professor für Medizin an der Universität in Graz. 1931 Professor für Medizin an der Universität in Jena und Direktor der Hals-, Nasen- und Ohrenklinik und Poliklinik der Universität.
KM 13. 1. 1955
Medizin

ZANGENMEISTER, Karl Friedrich Wilhelm, * 28. 9. 1837 (Hallungen/Thür.) † 8. 6. 1902 (Heidelberg)
1868 Bibliothekar, 1873 Oberbibliothekar an der herzogl. Bibliothek in Gotha. 1875 Professor für klassische Philologie an der Universität in Heidelberg.
KM 10. 2. 1887
Epigraphik

ZANOTTI, Eustachio, * 27. 11. 1709 (Bologna) † 15. 5. 1782 (Bologna)
1738 astron. Adjunkt, 1739 Professor für Mechanik und Astronomie, 1760 Professor für Hydrometrie an der Universität in Bologna.
AM 23. 10. 1760
Astronomie

ZANOTTI, Francesco Maria, * 6. 1. 1692 (Bologna) † 25. 12. 1777 (Bologna)
1718 Professor der Logik. 1734 Professor für Philosophie und Physik, 1737 Professor für Moralphilosophie an der Universität in Bologna, zugleich seit 1721 Bibliothekar und seit 1766 Rektor.
AM 23. 10. 1760
Philosophie

ZEDLITZ, Karl Abraham Freiherr von, * 4. 1. 1731 (Schwarzwalde/Schles.) † 18. 3. 1793 (Kapsdorf/Schles.)
1755 Referendar am Kammergericht in Berlin, danach Oberregierungsrat in Breslau und Präsident der Oberamtsregierung in Brieg. 1770 Wirkl. Geh. Etats- und Justizminister. (Z. war als Minister zuständig für die lutherischen Kirchen, für das Schulwesen und für das Kriminaldepartement. Er war Oberkurator der Universitäten.)
EM 7. 7. 1776

ZEEMAN, Pieter, * 25. 5. 1865 (Zonnemaire/Zeeland) † 9. 10. 1943 (Amsterdam)
1894 Privatdozent, 1897 Dozent für

Physik an der Universität in Leiden. 1900 Professor für Physik an der Universität in Amsterdam. 1902 Nobelpreis für Physik.
KM 1. 6. 1922
Physik

ZELLER, Eduard Gottlob, * 22. 1. 1814 (Klein-Bottwar/Württ.) † 19. 3. 1908 (Stuttgart)
1839 Repetent am Tübinger Stift. 1840 Privatdozent an der Universität in Tübingen. 1847 Professor für Theologie an der Universität in Bern. 1849 Professor für Theologie an der Universität in Marburg. 1862 Professor für Philosophie an der Universität in Heidelberg. 1872 Professor für Philosophie an der Universität in Berlin. 1878 – 1879 Rektor der Universität. Wirkl. Geh. Rat.
KM 11. 2. 1864; OM 14. 11. 1872 (Bestät. 9. 12. 1872); EM 1. 10. 1894; AM 13. 12. 1894 (Bestät. 14. 1. 1895)
Philosophie, Geschichte

ZELTNER, Gustav Georg,
* 16./17. 9. 1672 (Hiltpoltstein)
† 20. 7. 1738 (Poppenreuth bei Fürth)
Professor für Theologie an der Universität in Altdorf.
abwM 19. 7. 1730
Theologie

ZETKIN, Maxim, * 1. 8. 1883 (Paris) † 19. 8. 1965 (Berlin)
1934 Dozent an der Universität in Moskau. 1947 Professor für Medizin an der Universität in Berlin. (Z. ist der Sohn der revolutionären Arbeiterführerin Clara ZETKIN.)
KM 10. 2. 1955
Medizin

ZETTERSTEEN, Carl Vilhelm,
* 18. 8. 1866 (Orsa/Kopparbergs Län) † 1. 6. 1953 (Uppsala)
1895 Privatdozent an der Universität in Lund. 1904 Professor für semitische Sprache an der Universität in Uppsala.
KM 23. 2. 1922
Orientalistik

ZEUSS, Johann Kaspar, * 22. 7. 1806 (Vogtendorf bei Kronach) † 10.11.1856 (Vogtendorf bei Kronach)
1827 Privatlehrer, danach Hofmeister des Grafen MONTGELAS. 1832 Lehrer am Gymnasium in Bamberg. 1839 Professor für Geschichte am Lyzeum in Speyer. 1847 Professor für Geschichte am Lyzeum in Bamberg.
KM 14. 2. 1856
Keltische Philologie

ZIEGENBALG, Siegfried, * 4. 8. 1925 (Zschachwitz b. Dresden)
1958 Bereichsleiter und Stellvertr. Direktor des Forschungsinstituts für Nichteisenmetalle im VEB Mansfeld Kombinat WILHELM PIECK in Freiberg. 1976 Professor.
KM 15. 6. 1972; OM 17. 4. 1975
Chemie, Physikalisch-chemische Metallurgie/NE-Metalle

ZIELINSKI, Tadeusz (Thaddäus),
* 14. 9. 1859 (Gut Skrzypezýnce/Kr. Uman) † 8. 5. 1944 (Oberschondorf/Oberbayern)
1884 Privatdozent, 1887 Professor, 1890 Professor für klassische Philologie an der Universität in Petersburg. 1884 – 1887 zugleich Oberlehrer am Gymnasium in Petersburg. Wirkl. Staatsrat. 1922 Professor für klassische Philologie, 1935 Ehrenprofessor an der Universität in Warschau.
KM 21. 11. 1935
Klassische Philologie, Geschichte der antiken Religion

ZIMMER, Heinrich, * 11. 12. 1851 (Kastellaun/Hunsrück) † 29. 7. 1910 (Hahnenklee/Harz)
1881 Professor für keltische Philologie

an der Universität in Greifswald. 1900 Professor für keltische Philologie an der Universität in Berlin. Geh. Regierungsrat.
OM 19. 12. 1901 (Bestät. 13. 1. 1902)
Keltische Philologie

ZIMMERMANN, Eberhard August Wilhelm von, * 17. 8. 1743 (Ülzen/Hann.) † 3./4. 7. 1815 (Braunschweig)
1766 – 1801 Professor für Mathematik am Carolinum in Braunschweig; zuletzt Mitdirektor. (Z. unternahm mehrere größere Forschungsreisen nach Frankreich, England, Italien, Rußland und Schweden.)
KM 25. 6. 1812
Naturwissenschaften, Mathematik

ZIMMERMANN, Hermann, * 17. 12. 1845 (Langensalza) † 3.4.1935 (Berlin)
Dr. phil.. 1883 Regierungsrat im Reichseisenbahnamt. 1891 Geh. Baurat und Vortrag. Rat im Ministerium der öffentl. Arbeiten in Berlin. 1895 Geh. Oberbaurat. 1905 Wirkl. Geh. Oberbaurat.
OM 21. 7. 1904 (Bestät. 29. 8. 1904)
Technik

ZIMMERMANN, Johann Georg, * 8. 12. 1728 (Brugg) † 7. 10. 1795 (Hannover)
1752 prakt. Arzt in Bern. 1754 Amtsarzt in Brugg. 1768 Leibarzt in Hannover. (Z. betätigte sich auch als Populärphilosoph. Als solcher verfeindete er sich im Laufe der Zeit mit nahezu allen bedeutenden Vertretern der Aufklärung. Z. war zuletzt geistig umnachtet.)
AM 23. 10. 1760
Medizin, Populärphilosophie

ZIMMERMANN, Johannes Jakob, * 10. 12. 1695 (Zürich) † 30. 11. 1756 (Zürich)
1731 Professor für Naturrecht und Kirchengeschichte, 1737 Professor für Theologie und Chorherr an der Karlschule in Zürich.
AM 8. 12. 1746
Theologie

ZINN, Johann Gottfried, * 4. 12. 1727 (Schwabach) † 6. 4. 1759 (Göttingen)
1733 Professor für Medizin, 1754 Professor für Botanik an der Universität in Göttingen und Direktor des Botanischen Gartens. (Z. hat sich um die Anatomie des menschlichen Auges bedeutende Verdienste erworben.)
AM 5. 10. 1752
Medizin

ZIRKEL, Ferdinand, * 20. 5. 1838 (Bonn) † 11. 6. 1912 (Bonn)
1861 tätig an der Geologischen Reichsanstalt in Wien. 1863 Professor, 1865 Professor für Mineralogie und Geologie an der Universität in Lemberg. 1868 Professor für Mineralogie und Geologie an der Universität in Kiel. 1870 Professor für Mineralogie und Geologie an der Universität in Leipzig. Geh. Rat.
KM 20. 10. 1887
Mineralogie

ZITTEL, Karl Alfred Ritter von, * 25. 9. 1839 (Bahlingen/Baden) † 5. 1. 1904 (München)
1861 Mitarbeit bei der Landesaufnahme von Dalmatien und am Hof-Mineralien-Kabinett der Geologischen Reichsanstalt in Wien. 1863 Privatdozent in Wien. 1863 Professor für Mineralogie am Polytechnikum in Karlsruhe. 1868 Professor für Paläontologie an der Universität in München. 1899 Präsident der Bayerischen Akademie der Wissenschaften zu München.
KM 13. 6. 1895
Geologie, Paläontologie

ZOEGA, Georg, * 20. 12. 1755 (Dahler bei Tondern) † 10. 2. 1809 (Rom)

1778 Hauslehrer in Dänemark. 1785 Dolmetscher am Päpstlichen Stuhl. 1798 Agent und Konsul der Dänischen Regierung in Rom. 1802 Professor für Archäologie an der Universität in Kiel und Oberbibliothekar. (Z. gehört zu den Begründern der wissenschaftlichen Archäologie. Die Professur in Kiel trat er aus familiären Gründen nicht an.)
AM 31. 7. 1806 (Bestät. 5. 8. 1806)
Archäologie, Numismatik

ZOELLNER, Johann Friedrich,
* 24. 4. 1753 (Neudamm/Neumark)
† 12. 9. 1804 (Berlin)
Zunächst Prediger an der Charité, danach Diakon an der Marien-Kirche in Berlin. 1788 Oberkonsistorialrat und Propst an der Nikolai-Kirche in Berlin. 1800 Mitglied des Oberschulkollegiums in Berlin.
OM 29. 9. 1791
Theologie, Schulwesen

ZSCHOKKE, Friedrich, * 27. 5. 1860 (Aarau) † 10. 1. 1936 (Basel)
1887 Privatdozent, 1888 Professor, 1893 – 1931 Professor für Zoologie und vergleichende Anatomie an der Universität in Basel; zugleich Leiter der Zoologischen Anstalt in Basel.
KM 24. 7. 1930
Zoologie

ZUCKER, Friedrich, * 30. 6. 1881 (Fürth) † 4. 4. 1973 (Hamburg)
1907 Leiter der deutschen Papyrussammlung in Ägypten. 1911 Privatdozent an der Universität in München. 1918 Professor für klassische Philologie an der Universität in Tübingen. 1918 Professor für klassische Philologie an der Universität in Jena. 1954 Nationalpreis.
KM 2. 12. 1948; OM 14. 7. 1949; AM 20. 5. 1969
Klassische Philologie, Epigraphik, Papyruskunde

ZÜRNER, Adam Friedrich, * 15.8.1679 (Marieney/Vogtl.) – begr. 21. 12. 1742 (Dresden)
1705 bis 1722 Pfarrer in Skassa. 1722 „Kurfürstlich Sächsischer und Königlich Polnischer Geograph, Land- und Gräntzkommissarius". (Z. betrieb neben seinem Predigeramt mathemat. Studien, kartographische Arbeiten und Landvermessungen. Zwischen 1721 und 1732 vermaß er die Straßen in Sachsen mit einem selbstgebauten Reisewagen, an dem ein selbstgefertigtes Entfernungsmeßgerät angebaut war. Z. hat sich auch um die Entwicklung des Postwesens verdient gemacht, indem seit 1722 an allen Poststraßen in Sachsen steinerne Meilen-, Stunden- und Halbstundensäulen aufgestellt wurden.)
abwM 7. 10. 1716
Geographie, Kartographie

ZUMBACH von KOESFELD, Konrad,
* 31. 5. 1697 (Leiden) † 15. 4. 1780 (Leiden), (Sohn von ZUMBACH v. KOESFELD, Lothar)
Dr. med.. Stadtarzt in Leiden.
abwM 1732
Medizin

ZUMBACH von KOESFELD, Lothar,
* 27. 8. 1661 (Trier) † 29. 7. 1727 (Kassel)
1685 Musiker und Mathematiker in kurfürstl. Diensten. 1692 Lehrer für Astronomie, 1708 Professor für Mathematik am Collegium Carolinum in Kassel.
abwM 12. 9. 1714
Mathematik

ZUMPT, Karl Gottlob, * 20.3. 1792 (Berlin) † 26. 6. 1849 (Karlsbad)
Zunächst Lehrer am Friedrich-Werderschen Gymnasium in Berlin. 1825 Professor am Joachimthalschen Gymnasium; 1826 zugleich Lehrer für Geschichte an der Militär-Akademie in Berlin.

1827 Professor, 1828 Professor für klassische Philologie an der Universität in Berlin. (Z. stand am 4. 12. 1834 erstmals zur Wahl, erhielt jedoch nicht die ausreichende Stimmenzahl.)
OM 19. 2. 1835 (Bestät. 12. 3. 1835)
Klassische Philologie, Romanistik

ZWINGER, Theodor, * 26. 8. 1658 (Basel) † 22. 4. 1724 (Basel)
1682 praktischer Arzt in Basel. 1684 Professor der Botanik, 1687 Professor der Physik. 1703 Professor der Anatomie und Botanik und 1711 Professor der theoretischen und praktischen Medizin an der Universität in Basel.
abwM 12. 4. 1706
Medizin

Der Mitgliederbestand der „Nouvelle Societe Litteraire" im Jahre 1743[1)]

Membres Honoraires (Ehrenmitglieder)

1. Le Feld Marschall Comte du Schmettau
2. Le Grand Marschall Comte du Gotter
3. Le Ministre d'Etat de Viereck
4. Le Ministre d'Etat Comte de Podewils
5. Le Ministre d'Etat de Borcke
6. Le Ministre d'Etat Comte de Munchov
7. de Goltze, General Major
8. de Poelnitz
9. de Keyserling
10. de Twerts
11. Vockerodt
12. de Knobelsdorff
13. Comte de Finckenstein
14. de Borcke, General Adjutant
15. de Stille, Col.
16. du Han de Jandun

Postulans (Bewerber)

1. Le Comte de Dohna, Grand Gouverneur
2. Lieutenant Colonel de Keith
3. Le Ministre d'Etat de Marschall
4. Le Ministre d'Etat de Arnim

Membres absens (abwesende Mitglieder)

1. Alberti, Med. et Philos. Nat. Profess. in Halle
2. Barbeyrac, Professor Jur. in Groeningen
3. Bell, Ministr. du St Evanoile in Presbourg
4. de Belidor, Commißaire de l'Artillerie et Prof. in Fere
5. Bernoulli, Prof. der Mathem. in Bale
6. Bock, Profess. en Poesie in Koenigsberg
7. Brucker, Past. et Conseill. in Kauffbeuren
8. Buchner, Med. Doct. Profess. en Med. in Erfhurth
9. Carpov, Rector in Weimar
10. Celsius, Professeur de l'Astron. in Upsal
11. Clairaut, Profess. des Mathem. in Paris
12. Clairaut, Junior
13. Cramer, Conseiller et Medecin de la Cour in Anspach
14. Cyprianus, D. et Conseiller du Consist in Gotha
15. Doederlin, M. Membre de l'academie Imperiale in Weißenburg
16. Doppelmeyer, Prof. des Mathem. et Phys. in Nuremberg
17. Prof. Euler
18. von Falckenstein, in Erfhurt
19. Fischer, Med. D. et Medecin de la Cour in Saalfeld
20. Fourmont, Prof. de la langue arabe in Paris
21. Gerdes, D. et Prof. de la Theol. in Groeningue
22. Gericke, Prof. de l'anatomie, Chemie et Pharm. in Helmstett

1) Der Mitgliederbestand wird nach einer handschriftlichen Liste von 1743 unter Beibehaltung der ursprünglichen Schreibweise wiedergegeben.

23. Gesner, Prof. d'Eloquence in Goetingen
24. Goebel, I.U.D. et Prof. in Helmstatt
25. Gottsched, Prof. de la Log. et Metaph. et Poes. in Leipzig
26. Grillo, Theol. D. et Prof. in Frft. sur l'Oder
27. Haarenberg, Inspecteur General des Ecoles dans le Brunsuic
28. Hauber, Surintendant et Past. in Statthagen
29. Heister, Med. D. et Prof. Anat. et Chirurg. in Helmsted
30. Henckel, M.D. et Conseil in Freiberg
31. Heubel, Profes. Jur in Kiel
32. Hocker, Prof. en Theol. in Heilsbronn
33. Jablonsky, Theol. D. et Prof. in Frft sur l'Oder
34. Iselin, F.U.D. Aßeß. Facult. Jurid. in Bale
35. de l'Isle, Prof. d'Astronom. in Petersbourg
36. de Jußieu, Med. Doct. et Prof. Botan. in Paris
37. Knoll, Med. D. in Transquebar
38. Koehler, Prof. de l'hist. et de la Polit. in Goettingen
39. Koenig, Poet in Dresden
40. Kulmus, Med. D. et Prof. in Dantzing
41. Langhansen, Th. D. Prof. de la Theol. et Des Math. in Koeningsberg
42. Frid, Christ. Lehrer zu Nordhausen
43. Liebezeit, Med. D. et Phys. Ord. in Oedenburg
44. Liebknecht, surintend. et Prof. Ord. en Theol. et des Math. in Giesen
45. Lielenthal, Prof. en Theol. et Philos. in Koenigsberg
46. Ludovici, Prof. in Leipzig
47. Ludolfs, Prof. des Mathem. in Leyde
48. Lupichius, Cons. in Ins
49. Marperger Th., D. Cons Ecol. in Dresden
50. de Maupertius, Membre des Societés de Londres et de Paris
51. Maurice, Predicateur et Prof. in Geneve
52. Mencke, F.U.D. Conseilleur de la Cour in Serv.
53. Michaelis, Prof. en Theol. et Philos. in Halle
54. de Moivre, Mathemat. et Membr de la Soc. de Londre
55. du Molard in Paris
56. Polack, F.D. et Profes. des Mathem. in Francf. sur l'Oder
57. Marchese di Poleni, Prof. des Mathem. in Padoue
58. Rappold, Prof. de la Philos. Nat. in Koenigsberg
59. Rau, Thel. Prof. in Hernborn
60. Reaumour, Membre des Academies de Paris et Petersbourg
61. Rinck, Prof. in Altorff
62. Salamon, M.D. in Danzig
63. Scheurer, Prof. en Th. in Berne
64. Schilling, Philos. D. et Prof. des Mathem. in Douisbourg
65. Schultze, Med. D. et Prof. del Eloqu et des Antique in Halle
66. Schoettgenius, Recteur de l'Ecole in Dresde
67. Schreiber, Med. D. et Membr. de l'Acad. Imp. Nat. Curios. in Petersb.
68. Schwalbe, M.D. et Phys. de la Cour in Quedlinburg
69. Schwarze, Profeß. Moral et Eloque in Altorf
70. Seib, Med in Pyrmont
71. Sloane, Chevalier Med. D. et Praces. de la Soc. de Londre
72. de Steinwehr, Prof. de l'Histoire in Francf. sur l'Oder
73. Stief, Inspect. des Ecoles Luther in Breslau
74. Stockhausen, Med. D. in Magdebourg
75. Stuss, Recteur du College de Gothe
76. Superville, M.D. in Bayreuth
77. Vater, Med. D. et Pr. de l'Anat. et Botan. in Wittenberg
78. Ulhornius, in Amsterdam

79. Verbrugge Th. D. in Groeningen
80. Volbrecht, Bibliothec. in Koenigsberg
81. Walter, Rect. Gymnas. in Magdeb.
82. Weichmann, Secr. de la Soc. Anglaise in Oxfort
83. Weidler, d. V. D. et. Prof. des Math. in Wittenb.
84. Westphal, Prof. Moral et histor. in Greifswalde
85. Winslow, Med. D. et Prof. Chrirurg. in Paris
86. Wolff in Halle

Die Leitung der Akademie

DIE PRÄSIDENTEN DER AKADEMIE

12. 7. 1700 – 1716	LEIBNIZ, Gottfried Wilhelm
7. 8. 1710 – 1718	PRINTZEN, Marquard Ludwig Freiherr v., (bis 1716 Praeses honorarius neben G. W. LEIBNIZ, danach alleiniger Präsident)
5. 3. 1718 – 1731	GUNDLING, Jakob Paul
25. 4. 1731 – Mai 1731	FASSMANN, David
14. 7. 1733 – 1741	JABLONSKI, Daniel Ernst
1. 2. 1746 – 1759	MAUPERTUIS, Pierre-Louis MOREAU DE
6. 1. 1764 – 1786	FRIEDRICH II., König von Preußen (Erklärte sich als Protektor der Akademie selbst zum amt. Präsidenten)
23. 12. 1938 – 30. 6. 1943	VAHLEN, Theodor (Vom Plenum der Akademie zweimal durch Wahlentscheidung abgelehnt, wurde er von der faschistischen Regierung am 23. 12. 1938 und am 24. 6. 1939 als kommissarischer Präsident eingesetzt.)
1. 7. 1946 – 19. 4. 1951	STROUX, Johannes (Vom Plenum der Akademie in der Zeit der Vorbereitung der Wiedereröffnung der Akademie seit dem 21. 6. 1945 mit der Wahrnehmung der Funktion des Präsidenten beauftragt.)
19. 4. 1951 – 8. 12. 1955	FRIEDRICH, Walter
8. 12. 1955 – 23. 10. 1958	VOLMER, Max
23. 10. 1958 – 25. 7. 1968	HARTKE, Werner
25. 7. 1968 – 6. 7. 1979	KLARE, Hermann
6. 7. 1979	SCHELER, Werner

DIE VIZEPRÄSIDENTEN DER AKADEMIE

15. 12. 1710	JABLONSKI, Daniel Ernst
11. 7. 1712	KRUG VON NIDDA, Theodor Christoph
12. 7. 1713	CHUNO (CUNEAU), Johann Jakob
11. 7. 1714	SCHOTT, Johann Karl
12. 7. 1715	JABLONSKI, Daniel Ernst
15. 7. 1716	KRUG VON NIDDA, Theodor Christoph
12. 7. 1717	JÄGWITZ, Friedrich

11. 7. 1718	SCHLÜTER, Johann Heinrich
13. 7. 1719	JABLONSKI, Daniel Ernst
11. 7. 1720	HENRICI, Heinrich
10. 7. 1721	JÄGWITZ, Friedrich
15. 7. 1722	SCHLÜTER, Johann Heinrich
30. 9. 1723	JABLONSKI, Daniel Ernst
2. 8. 1724	HENRICI, Heinrich
27. 7. 1725	DANGICOURT, Pierre
11. 7. 1726	SCHLÜTER, Johann Heinrich
17. 7. 1727	JABLONSKI, Daniel Ernst
21. 7. 1728	BUDDEUS, Augustin
22. 9. 1729	JABLONSKI, Daniel, Ernst, als Stellvertreter für Alphonse DES VIGNOLES, der der deutschen Sprache nicht mächtig war.
19. 7. 1730	SCHLÜTER, Johann Heinrich
23. 7. 1731	JABLONSKI, Daniel Ernst
18. 9. 1732	BUDDEUS, Augustin
7. 10. 1733	JABLONSKI, Daniel, Ernst, Präsident, als Stellvertreter für Alphonse DES VIGNOLES
6. 10. 1734	FRISCH, Johann Leonhard
19. 1. 1732 – 30. 6. 1740	GRABEN ZUM STEIN, Otto
23. 1. 1744 – 24. 5. 1745	JORDAN, Charles Etienne
24. 6. 1939 – 19. 12. 1942	HEYMANN, Ernst (kommissarisch seit 23. 12. 1938)
19. 5. 1943 – 8. 5. 1945	GRAPOW, Hermann
18. 7. 1946 – 14. 6. 1951	STILLE, Hans
14. 6. 1951 – 25. 8. 1954	STROUX, Johannes
14. 6. 1951 – 1. 1961	ERTEL, Hans
28. 4. 1954 – 10. 10. 1963	STEINITZ, Wolfgang
6. 6. 1957 – 10. 10. 1963	FRÜHAUF, Hans
23. 10. 1958 – 10. 10. 1963	VOLMER, Max
21. 6. 1962 – 30. 6. 1966	STEENBECK, Max
10. 10. 1963 – 25. 7. 1968	KLARE, Hermann
10. 10. 1963 – 25. 7. 1968	STERN, Leo
25. 7. 1968 – 15. 6. 1972	HARTKE, Werner
25. 7. 1971 – 12. 1980	SCHWABE, Kurt
15. 6. 1972	HOFMANN, Ulrich
15. 6. 1972	KALWEIT, Werner
15. 6. 1972	SCHEEL, Heinrich
6. 7. 1979	KLARE, Hermann
12. 1980	BAHNER, Werner

DIE GENERALSEKRETÄRE DER AKADEMIE

20. 6. 1957 – 25. 7. 1968	RIENÄCKER, Günther
25. 7. 1968 – 15. 6. 1972	LAUTER, Ernst-August
15. 6. 1972	GROTE, Claus

DIE SEKRETARE, DIREKTOREN UND VORSITZENDEN DER KLASSEN 1700 – 1980

Die Beständigen Sekretare 1700 – 1810

6. 10. 1700 – 1751	JABLONSKI, Johann Theodor
29. 12. 1775 – 1733	CÖPER, Lüder Okt. 1724 Sekretar-Adjunkt
1733 – 1748	JARIGES, Philippe
2. 5. 1748 – 1797	FORMEY, Jean Henri Samuel 1746 Sekretar-Adjunkt
1797 – 1807	MERIAN, Johann Bernhard
18. 8. 1807 – 1809	LOMBARD, Johann Wilhelm
1809 – 18. 1. 1810	CASTILLON, Friedrich v.

Die Direktoren der Klassen 1710 – 1812

I. **Die Physikalische Klasse** (zwischen 1710 und 1744 auch Medizinische oder Physikalisch-Medizinische genannt); 1746 Classe de philosophie expérimentale

4. 12. 1710 – 1719	KRUG VON NIDDA, Theodor Christoph
3. 6. 1719 – 1725	HENRICI, Heinrich
27. 7. 1725 – 1744	BUDDEUS, Augustin
20. 9. 1735 – 1760	ELLER, Johann Theodor
18. 9. 1760 – 1782	MARGGRAF, Andreas Sigismund
22. 8. 1782 – 1810	ACHARD, François Charles
1805 – 1812	GERHARD, Karl Abraham

II. Die Mathematische Klasse

4. 12. 1710 – 1715	CHUNO (CUNEAU), Johann Jakob
13. 2. 1716 – 1727	JÄGWITZ, Friedrich
27. 9. 1727 – 1744	VIGNOLES, Alphonse DES
1744 – 1766	EULER, Leonhard
2. 10. 1766 – 1787	LAGRANGE, Joseph-Louis Comte DE
1. 3. 1787 – 1791	CASTILLON, Jean DE
20. 10. 1791 – 1807	BERNOULLI, Johann

III. Die Deutsche Klasse (zwischen 1710 und 1744 auch Philologisch-Germanische oder Historische genannt); 1746 Classe de Lettres, dann Philologische Klasse

4. 12. 1710 – 1717	SCHOTT, Johann Karl
12. 12. 1717 – 1731	SCHLÜTER, Johann Heinrich
3. 10. 1731 – 1743	FRISCH, Johann Leonhard
23. 1. 1744 – 1750	ELSNER, Jakob
23. 1. 1744 – 1771	ARGENS, Jean-Baptiste DE BOYER, Marquis D'
7. 2. 1771 – 1807	MERIAN, Johann Bernhard

IV. Die Kirchlich-Orientalische Klasse (zwischen 1710 und 1744 auch Philologisch-Orientalische genannt); 1746 Classe de philosophie spéculative, dann Philosophische Klasse

4. 12. 1710 – 1741	JABLONSKI, Daniel Ernst (seit 1733 auch Präsident)
2. 5. 1742 – 1744	ELSNER, Jakob
23. 1. 1744 – 1775	HEINIUS, Johann Philipp
22. 8. 1776 – 1779	SULZER, Johann Georg
31. 8. 1786 – 1789	BEGUELIN, Nicolas DE
9. 1789 – 1797	FORMEY, Jean Henri Samuel
23. 3. 1797 – 1800	SELLE, Christian Gottlieb
8. 1. 1801 – 1812	CASTILLON, Friedrich von

Außerordentliche Direktoren:

19. 4. 1798 – 1798	SUAREZ, Karl Gottlieb
19. 4. 1798 – 1812	BORGSTEDE, Albrecht August Heinrich von

Die Sekretare der Klassen 1810 – 1945

I. Die vier Klassen 1810 – 1830

1. Die Physikalische Klasse

22. 2. 1810 – 1830	ERMANN, Paul

2. Die Mathematische Klasse

22. 2. 1810 – 15. 11. 1822	TRALLES, Johann Georg
21. 6. 1825 – 1830	ENCKE, Johann Franz

3. Die Philosophische Klasse

22. 2. 1810 – 18. 8. 1814	ANCILLON, Friedrich
26. 1. 1815 – 12. 7. 1826	SCHLEIERMACHER, Friedrich

4. Die Historisch-philologische Klasse

22. 2. 1810 – 7. 6. 1811	SPALDING, Georg Ludwig
15. 7. 1811 – 11. 7. 1826	BUTTMANN, Philipp Karl
11. 1826 – 1830	SCHLEIERMACHER, Friedrich (ad interim)

II. Die zwei Klassen 1830 – 1945

1. Die Physikalisch-mathematische Klasse

a)	(1830)– 6. 12. 1841	ERMANN, Paul
	16. 2. 1842 – 28. 3. 1867	EHRENBERG, Christian Gottfried
	1. 7. 1867 – 31. 12. 1895	DU BOIS-REYMOND, Emil
	20. 1. 1896 – 31. 8. 1919	WALDEYER-HARTZ, Wilhelm v.
	10. 5. 1919 – 27. 4. 1932	RUBNER, Max
	28. 6. 1932 – 1. 10. 1937	FICKER, Heinrich v.
	25. 11. 1937 – 31. 12. 1938	STILLE, Hans
b)	(1830)– 12. 10. 1863	ENCKE, Johann Franz
	2. 12. 1863 – 14. 2. 1878	KUMMER, Ernst Eduard
	10. 4. 1878 – 30. 6. 1912	AUWERS, Arthur
	19. 6. 1912 – 31. 12. 1938	PLANCK, Max
c) Mathematisch-naturwissenschaftliche Klasse		
	24. 6. 1939 – 8. 5. 1945	BIEBERBACH, Ludwig (seit 10. 1. 1939 kommissarisch)

2. Die Philosophisch-historische Klasse

a)	(1830)– 12. 2. 1834	SCHLEIERMACHER, Friedrich
	17. 6. 1834 – 1. 1. 1861	BÖCKH, August
	9. 2. 1861 – 5. 2. 1874	HAUPT, Moriz
	16. 3. 1874 – 30. 9. 1895	MOMMSEN, Theodor
	27. 11. 1895 – 31. 8. 1920	DIELS, Hermann
	10. 8. 1920 – 31. 12. 1938	LÜDERS, Heinrich
b)	16. 3. 1830 – 24. 12. 1840	WILKEN, Friedrich
	6. 3. 1841 – 18. 3. 1847	RAUMER, Friedrich v.
	12. 7. 1847 – 3. 7. 1871	TRENDELENBURG, Friedrich Adolf
	23. 8. 1871 – 30. 4. 1893	CURTIUS, Ernst
	5. 4. 1893 – 30. 9. 1911	VAHLEN, Johannes
	29. 8. 1911 – 17. 9. 1926	ROETHE, Gustav
	30. 11. 1926 – 31. 2. 1938	HEYMANN, Ernst
c)	24. 6. 1939 – 8. 5. 1945	GRAPOW, Hermann (seit 10. 1. 1939 kommissarisch)

Die Sekretare der Klassen 1946 – 1968

I. Die zwei Klassen 1946 – 1949

1. Mathematisch-naturwissenschaftliche Klasse

18. 7. 1946 – 17. 7. 1947	RÖSSLE, Robert
16. 10. 1947 – 16. 2. 1949	BONHOEFFER, Karl Friedrich
17. 2. 1949 – 1. 6. 1949	NOACK, Kurt

2. Philosophisch-historische Klasse

1. 7. 1946 – 1. 6. 1949	HARTUNG, Fritz

II. Die sechs Klassen 1949 – 1954 (gemäß Beschluß der Gesamtsitzung der Akademie vom 21. 4. 1949 eingerichtet)

1. Klasse für Mathematik und allgemeine Naturwissenschaften
   2. 6. 1949 – 30. 9. 1954 NOACK, Kurt
2. Klasse für medizinische Wissenschaften
   2. 6. 1949 – 6. 10. 1949 RÖSSLE, Robert
   7. 12. 1949 – 30. 9. 1954 LOHMANN, Karl
3. Klasse für landwirtschaftliche Wissenschaften: (Mit Gründung der DAL, der heutigen Akademie der Landwirtschaftswissenschaften der DDR, am 11. 1. 1951 aufgelöst)
   2. 6. 1949 – 10. 1. 1951 MITSCHERLICH, Eilhard
4. Klasse für technische Wissenschaften
   2. 6. 1949 – 3. 10. 1951 NORDMANN, Hans
   4. 10. 1951 – 17. 11. 1954 BINDER, Ludwig
5. Klasse für Sprachen, Literatur und Kunst
   2. 6. 1949 – 3. 10. 1951 WESTERMANN, Diedrich
   4. 10. 1949 – 27. 10. 1954 FRINGS, Theodor
6. Klasse für Gesellschaftswissenschaften
   2. 6. 1949 – 11. 12. 1952 HARTUNG, Fritz
   12. 12. 1952 – 24. 4. 1953 FRINGS, Theodor (mit der Vertretung beauftragt)
   25. 4. 1953 – 17. 11. 1954 BAUMGARTEN, Artur (mit der Wahrnehmung beauftragt)

III. Die fünf bzw. sechs Klassen 1954 – 1968

(Auf der Grundlage des Akademie-Status vom 17. 6. 1954 erfolgt die Bildung von 5 Klassen (sh. 1. – 5.) Die konstituierenden Sitzungen fanden am 18. 11. 1954 statt. Durch Beschluß des Plenums der Akademie vom 4. 4. 1957 erfolgte gem. § 8 des Akademie-Statuts vom 17. 6. 1954 die Bildung der Klasse für Bergbau, Hüttenwesen und Montangeologie.)

1. Klasse für Mathematik, Physik und Technik
   30. 9. 1954 – 9. 10. 1963 ROMPE, Robert
   10. 10. 1963 – 25. 7. 1968 HERTZ, Gustav
2. Klasse für Chemie, Geologie und Biologie
   30. 9. 1954 – 18. 12. 1957 NOACK, Kurt
   19. 12. 1957 – 9. 10. 1963 BERTSCH, Heinrich
   10. 10. 1963 – 25. 7. 1968 LEHMANN, Edgar
3. Klasse für Medizin
   30. 9. 1954 – 22. 2. 1961 LOHMANN, Karl
   23. 2. 1961 – 25. 7. 1968 KRAATZ, Helmut
4. Klasse für Sprachen, Literatur und Kunst
   28. 10. 1954 – 22. 2. 1961 FRINGS, Theodor
   23. 2. 1961 – 25. 7. 1968 RUBEN, Walter

5. Klasse für Philosophie, Geschichte, Staats-, Rechts- und Wirtschaftswissenschaften

28. 10. 1954 – 22. 5. 1958	UNVERZAGT, Wilhelm
19. 6. 1958 – 10. 9. 1960	MEUSEL, Alfred
23. 2. 1961 – 25. 7. 1968	OELSNER, Fred

6. Klasse für Bergbau, Hüttenwesen und Montangeologie

19. 12. 1957 – 9. 10. 1963	MEISSER, Otto
10. 10. 1963 – 29. 5. 1967	LÜDEMANN, Karl-Friedrich
30. 5. 1967 – 25. 7. 1968	MEISSER, Otto

Die Vorsitzenden der Klassen seit 1969

I. Die elf problemgebundenen Klassen 1969 – 1972

(Die Bildung der problemgebundenen Klassen erfolgte entsprechend der Grundkonzeption vom Juli 1968, die der weiteren Arbeit der Akademie zugrunde lag, sowie dem Statut vom 20. Mai 1969.
1973 wurden Aufgabenstellungen und Arbeitsweise der einzelnen Klassen präzisiert und konkretisiert, und darauf basierend erfolgte eine Veränderung der Klasseneinteilung.)

1. Klasse „Physik in Naturwissenschaften und Technik"
   27. 3. 1969 – 1972 — ROMPE, Robert
2. Klasse „Mathematik im System der Wissenschaften"
   27. 2. 1969 – 9. 1970 — GRELL, Heinrich
   9. 1970 – 1972 — SCHRÖTER, Karl
3. Klasse „Stoff und Stoffwandlung"
   11. 11. 1971 – 1972 — KEIL, Gerhard
4. Klasse „Biologische Prozeßsteuerung"
   2. 12. 1971 – 1972 — BÖHME, Helmut
5. Klasse „Grundlagen der Immunbiologie"
   30. 9. 1971 – 1972 — KRAATZ, Helmut
6. Klasse „Grundlagen der Werkstoffe und ihrer Anwendung"
   27. 3. 1969 – 1972 — LANGE, Werner
7. Klasse „Optimale Gestaltung der Umweltbedingungen („Mensch-Umwelt")"
   8. 4. 1971 – 1972 — LEHMANN, Edgar
8. Klasse „Kybernetische Aspekte des Arbeitsprozesses, biologischer und gesellschaftlicher Kommunikationsprobleme"
   13. 3. 1969 – 1972 — DRISCHEL, Hans
9. Klasse „Erbe und Gegenwart" („Der Zusammenhang von national- und literaturgeschichtlicher Entwicklung auf ideologischem und literarischem Gebiet")
   30. 1. 1969 – 1972 — BAHNER, Werner
10. Klasse „Sprachwissenschaft und Sprache der Wissenschaft"
    23. 1. 1969 – 1972 — RUZICKA, Rudolf
11. Klasse „Gesetzmäßigkeiten der entwickelten sozialistischen Gesellschaft"
    10. 1972 – 1972 — KOZIOLEK, Helmut

II. Die Klassen seit 1973

(Die Umbildung der bisherigen problemgebundenen Klassen erfolgte auf der Grundlage der Konzeption „Aufgabenstellung und Arbeitsweise der Klassen der AdW der DDR" vom 15. 8. 1973
Die Konstituierung der Klassen erfolgte in den Monaten September bis November 1973.)

1. Klasse „Mathematik":
   1973 – 22. 8. 1977 SCHRÖTER, Karl
   22. 8. 1977 – BUDACH, Lothar
2. Klasse „Physik":
   1973 – ROMPE, Robert
3. Klasse „Chemie":
   1973 – 15. 5. 1980 KEIL, Gerhard
   15. 5. 1980 – KLARE, Hermann
4. Klasse „Biowissenschaften":
   1973 – BÖHME, Helmut
5. Klasse „Medizin":
   1973 – 4. 9. 1975 KRAATZ, Helmut
   4. 9. 1975 – BAUMANN, Rudolf
6. Klasse „Werkstofforschung":
   1973 – LANGE, Werner
7. Klasse „Umweltschutz und Umweltgestaltung"
   1973 – LEHMANN, Edgar
8. Klasse „Philosophie, Ökonomie, Geschichte, Staats- und Rechtswissenschaften" (Gesellschaftswissenschaften I)
   1973 – KOZIOLEK, Helmut
9. Klasse „Literatur, Sprach-, Geschichts- und Kunstwissenschaften" (Gesellschaftswissenschaften II)
   1973 – 13. 11. 1980 BAHNER, Werner
   13. 11. 1980 – HERRMANN, Joachim
10. Klasse „Geo- und Kosmoswissenschaften"[1)]
   5. 2. 1981 – BÖHME, Wolfgang

1) Die Bildung der Klasse „Geo- und Kosmoswissenschaften" erfolgte auf der Grundlage der im Präsidium der Akademie am 17. 12. 1980 bestätigten Konzeption.
Die Konstituierung der Klasse fand am 5. 2. 1981 statt.

Die Protektoren und Kuratoren der Akademie

DIE PROTEKTOREN DER AKADEMIE

1700 – 1713	FRIEDRICH I. (bis 1701 Kurfürst FRIEDRICH III.).
1713 – 1725	PRINTZEN, Marquard Ludwig Freiherr v.; seit 1710 – neben G. W. LEIBNIZ – zugleich Präsident der Akademie.
1725 – 1733	CREUTZ, Ehrenreich Bogislaus v., Wirkl. Geh. Etats- u. Kriegsrat, Dirig. Minister im Generaldirektorium, Präsident des Collegium medicum, gest. Berlin 13. 2. 1733.
1733 – 1743	VIERECK, Adam Otto v., Wirkl. Geh. Etatsrat, Dirig. Minister im Generaldirektorium, geb. Weitendorf (Mecklbg.) 10. 3. 1684 gest. Berlin 11. 7. 1758
1746 – 1786	FRIEDRICH II.; seit 1764 durch eigene Erklärung zugleich amt. Präsident der Akademie.
1786 – 1797	FRIEDRICH WILHELM II.
1797 – 1840	FRIEDRICH WILHELM III.
1840 – 1861	FRIEDRICH WILHELM IV.
1861 – 1888	WILHELM I.
1888	FRIEDRICH III.
1888 – 1918	WILHELM II.

DIE KURATOREN DER AKADEMIE

23. 1. 1744 – 1747	BORCKE, Kaspar Wilhelm v., Wirkl. Geh. Etats-, Kriegs- u. Kabinettsminister, geb. Gersdorf (Pomm.) 30. 8. 1704, gest. Berlin 8. 3. 1747.
23. 1. 1744 – 1745	GOTTER, Gustav Adolf Graf v., EM seit 1744.
23. 1. 1744 – 1751	SCHMETTAU, Samuel Graf v., Generalfeldmarschall, geb. Berlin 26. 3. 1684, gest. Berlin 18. 8. 1751.
23. 1. 1744 – 1747	VIERECK, Adam Otto v., 1733 – 1743 Protektor; EM seit 1744.
1. 4. 1745 – 1753	ARNIM, Georg Dietloff, Wirkl. Geh. Rat u. Etatsminister, Präsident des Tribunals, Chef des schlesischen Justizdepartements, Generalpostmeister, geb. Boitzenburg 8. 9. 1679, gest. Berlin 20. 10. 1753.

13. 4. 1747 – 1756	KEITH, Peter Christoph Karl v., EM seit 1744.
13. 4. 1747 – 1752	STILLE, Christoph Ludwig v., EM seit 1744.
1749 – 1762	GOTTER, Gustav Adolf Graf v. (s. oben).
7. 10. 1751 – 1789	REDERN, Sigismund Ehrenreich v., EM seit 1747.
23. 11. 1752 – 1762	CAGNONI, Charles v., EM seit 1751.
25. 8. 1786 – 1795	HERTZBERG, Ewald Friedrich Graf v., EM seit 1752.

Die Auszeichnungen der Akademie

DIE TRÄGER DER HELMHOLTZ-MEDAILLE

DU BOIS-REYMOND, Emil 7. 11. 1818 (Berlin) – 26. 12. 1896 (Berlin) Mitgl. d. Akad. seit 6. 2. 1851 Helmholtz-Med. 2. 6. 1892 (Physiologie)

BUNSEN, Robert 31. 3. 1811 (Göttingen) – 16. 8. 1899 (Heidelberg) Mitgl. d. Akad. seit 19. 3. 1846 Helmholtz-Med. 2. 6. 1892 (Physik)

Lord KELVIN, Sir William THOMSON 26. 6. 1824 (Belfast) – 17. 12. 1907 (Netherhall, Largs/Schottl.) Mitgl. d. Akad. seit 13. 7. 1871 Helmholtz-Med. 2. 6. 1892 (Physik)

WEIERSTRASS, Karl 31. 10. 1815 (Ostenfelde) – 19. 2. 1897 (Berlin) Mitgl. d. Akad. seit 30. 10. 1856 (Helmholtz-Med. 2. 6. 1892 (Mathematik)

VIRCHOW, Rudolf 13. 10. 1821 (Schievelbein) – 5. 9. 1902 (Berlin) Mitgl. d. Akad. seit 27. 11. 1873 Helmholtz-Med. 8. 12. 1898 (Anatomie und Pathologie)

STOCKES, Sir (1889) Georg Gabriel 13. 8. 1819 (Skreen/Irland) – 1. 2. 1903 (London) Mitgl. d. Akad. seit 7. 4. 1859 Helmholtz-Med. 20. 12. 1900 (Mathematik)

RAMON Y CAJAL, Santiago 1. 5. 1852 (Petilla de Aragon) – 17. 10. 1934 (Madrid) Helmholtz-Med. 15. 12. 1904 (Histologie, Histochemie u. pathol. Anatomie)

BECQUEREL, Antoine-Henri 15. 12. 1852 (Paris) – 25. 8. 1908 (Le Croisic) Mitgl. d. Akad. seit 18. 2. 1904 Helmholtz-Med. 17. 12. 1906 (Physik)

FISCHER, Emil 9. 10. 1852 (Euskirchen b. Köln) – 15. 7. 1919 (Berlin) Mitgl. d. Akad. seit 12. 1. 1893 Helmholtz-Med. 7. 1. 1909 (Chemie)

HOFF, Jacobus Henricus van 't 30. 8. 1852 (Rotterdam) – 3.3. 1911 (Berlin) Mitgl. d. Akad. seit 30. 1. 1896 Helmholtz-Med. 8. 12. 1910 (Chemie)

SCHWENDENER, Simon 10. 2. 1829 (Buchs/Schweiz) – 27. 5. 1919 (Berlin) Mitgl. d. Akad. seit 19. 6. 1879 Helmholtz-Med. 19. 12. 1912 (Botanik)

PLANCK, Max 23. 4. 1858 (Kiel) – 3. 10. 1947 (Göttingen) Mitgl. d. Akad. seit 10. 5. 1894 Helmholtz-Med. 7. 12. 1914 (Physik)

HERTWIG, Richard 23. 9. 1850 (Friedberg) – 3. 10. 1937 (Schleiderlohe) Mitgl. d. Akad. seit 28. 4. 1898 Helmholtz-Med. 14. 12. 1916 (Anatomie)

RÖNTGEN, Wilhelm Conrad 27. 3. 1845 (Lennep/Rhl.) – 10. 2. 1923 (München) Mitgl. d. Akad. seit 12. 3. 1896 Helmholtz-Med. 12. 12. 1918 (Physik)

HAHN, Otto 8. 3. 1879 (Frankfurt/M.) – 28. 7. 1968 (Göttingen) Mitgl. d. Akad. seit 6. 11. 1924 Helmholtz-Med. 19. 2. 1959 (Chemie)

HERTZ, Gustav 22. 7. 1887 (Hamburg) – 30. 10. 1975 (Berlin) Mitgl. d. Akad. seit 25. 11. 1954 Helmholtz-Med. 25. 6. 1959 (Physik)

LAUE, Max von 9. 10. 1879 (Pfaffendorf/Rhld.) – 20. 4. 1960 (Westberlin)

Mitgl. d. Akad. seit 15. 7. 1920 Helmholtz-Med. 25. 6. 1959 (Physik)

BOHR, Niels 7. 10. 1885 (Kopenhagen) – 19. 11. 1962 (Kopenhagen) Mitgl. d. Akad. seit 1. 6. 1922 Helmholtz-Med. 15. 6. 1961 (Physik)

DIRAC, Paul Adrien Maurice 8. 8. 1902 (Bristol) Helmholtz-Med. 28. 5. 1964 (Physik)

BOGOLJUBOW, Nikolai Nikolajewitsch 21. 8. 1909 (Nishni Nowgorod) Mitgl. d. Akad. seit 17. 11. 1966 Helmholtz-Med. 15. 5. 1969 (Physik)

AMBARZUMJAN, Viktor Amasaspowitsch 18. 9. 1908 (Tbilissi) Mitgl. d. Akad. seit 24. 10. 1957 Helmholtz-Med. 20. 5. 1971 (Astrophysik)

FOCK, Vladimir Alexandrowitsch 22. 12. 1898 (St. Petersburg) – 27. 12. 1974 (Leningrad) Mitgl. d. Akad. seit 12. 10. 1967 Helmholtz-Med. 20. 5. 1971 (Physik)

BROGLI, Prince Louis de 15. 4. 1892 (Dieppe) Helmholtz-Med. 17. 4. 1975 (Physik)

STUBBE, Hans 7. 3. 1902 (Berlin) Mitgl. d. Akad. seit 24. 2. 1949 Helmholtz-Med. 17.4. 1975 (Genetik, Mutations- und Züchtungsforschung)

KOLMOGOROW, Andrei Nikolajewitsch 12. 4. 1903 (Tambow) Mitgl. d. Akad. seit 9. 6. 1977 Helmholtz-Med. 17. 4. 1975 (Mathematik)

LOHMANN, Karl 10. 4. 1898 (Bielefeld) – 22. 4. 1978 (Berlin) Mitgl. d. Akad. seit 24. 2. 1949 Helmholtz-Med. 8. 6. 1978 (posthum) (Medizin, Biologie, Biochemie)

DIE TRÄGER DES FRIEDRICH-ENGELS-PREISES

CORNU, August 9. 8. 1888 (Beaune/Frankr.) Korr. Mitgl. d. AdW seit 28. 5. 1964 Friedrich-Engels-Preis 29. 11. 1956 (Marx-Engels-Forschung)

KRAUSS, Werner 7. 6. 1900 (Stuttgart) – 28. 8. 1976 (Berlin) Ord. Mitgl. d. AdW seit 14. 7. 1949 Friedrich-Engels-Preis 19. 11. 1959 (Romanistik)

FÖRDER, Herwig 21.8.1913 (Freiburg/Br.). – 23.11.1974 (Berlin) Dr.-phil., Wiss. Arbeitsleiter Friedrich-Engels-Preis 20. 12. 1962 (Geschichte)

SCHEEL, Heinrich 11. 12. 1915 (Berlin) Ord. Mitgl. d. AdW seit 29. 5. 1969 Friedrich-Engels-Preis 27. 1. 1966 (Geschichte)

BUHR, Manfred 22. 2. 1927 (Kamenz) Ord. Mitgl. d. AdW seit 3. 6. 1971 Friedrich-Engels-Preis 15. 5. 1969 (Philosophie)

KUCZYNSKI, Jürgen 17. 9. 1904 (Elberfeld) Ord. Mitgl. d. AdW seit 24. 2. 1955 Friedrich-Engels-Preis 29. 10. 1970 (Wirtschaftsgeschichte)

MENDE, Georg 6. 9. 1910 (Breslau) Prof. an der Sektion Philosophie und Geschichte der FSU Jena Friedrich-Engels-Preis 29. 10. 1970 (Geschichte der Philosophie)

WEIMANN, Robert 18. 11. 1928 (Magdeburg) Prof., Bereichsleiter im Zentralinstitut der AdW der DDR für Literaturgeschichte, Friedrich-Engels-Preis 29. 10. 1970 (Literatur)

OBERMANN, Karl 22. 9. 1905 (Köln) Em. Prof., em. Leiter der Abteilung Deutsche Geschichte von 1789 bis 1871 des Zentralinstituts der AdW der DDR für Geschichte Friedrich-Engels-Preis 22. 3. 1973 (Geschichte)

BAHNER, Werner 18. 6. 1927 (Neuwiese/Erzgeb.) Ord. Mitgl. d. AdW seit 9. 6. 1966 Friedrich-Engels-Preis 17. 4. 1975 (Romanistik)

MAIER, Harry 24. 4. 1934 (Feodosija) Bereichsleiter im Zentralinstitut der AdW der DDR für Wirtschaftswissenschaften Friedrich-Engels-Preis 17. 4. 1975 (Ökonomie)

MARKOV, Walter 5. 10. 1909 (Graz/Österreich) Ord. Mitgl. d. AdW seit 15. 6. 1961 Friedrich-Engels-Preis 8. 6. 1978 (Geschichte)

DIE TRÄGER DER GOLDENEN LEIBNIZ–MEDAILLE

1907

SIMON, James, Förderer von Grabungen und Museen, Kunstsammler, Berlin

1909

BÖTTINGER, Henry Theodor v., Präsident des Aufsichtsrates der Farbenfabriken vorm. Friedrich Bayer u. Co. AG., Elberfeld

SOLVAY, Ernest Gaston, Chemiker und Fabrikant, Brüssel (1913 KM der Akademie)

1910

LOUBAT, Joseph-Florimond Duce de, New York

1911

MEYER, Hans, Hon.-Professor für Geographie und Chef des Bibliographischen Instituts in Leipzig, Afrikaforscher

1913

SCHWEINFURTH, Georg, Professor, Dr. phil., Afrikaforscher, Berlin

1916

SCHJERNING, Otto v., Generalstabarzt, Chef des Sanitätskorps, Direktor der Kaiser-Wilhelm-Akademie, Professor an der Universität in Berlin

1917

KOPPEL, Leopold, Bankier, Geh. Kommerzienrat, Berlin

1918

HAVENSTEIN, Rudolf, Präsident der Reichsbank, Berlin

1919

SCHNEE, Heinrich, Gouverneur der ehemaligen Kolonie Deutsch-Ostafrika, Berlin

1923

SIEGISMUND, Karl, I. Vorsteher des Börsenvereins der deutschen Buchhändler, Leiter des Verlagsausschusses der Notgemeinschaft der Deutschen Wissenschaft, Berlin

1924

MENDELSOHN, Franz v., Bankier, Präsident der Handelskammer in Berlin

1925

SALOMONSOHN, Arthur, Dr. jur., Inhaber der Direktion der Disconto-Gesellschaft, Schatzmeister der Notgemeinschaft der Deutschen Wissenschaft, Berlin

1926

WHITNEY, Willis Rodney, Leiter des Forschungslaboratoriums der General Electric Company, dann Vizepräsident derselben in Schenectady/New York

1927

SPIESS, Fritz, Kapitän zur See und Kommandant des Vermessungsschiffes „Meteor", dann Konteradmiral a. D. und Präsident der Deutschen Seewarte in Hamburg

1928

GÜTERBOCK, Bruno, Professor und Sekretär der Deutschen Orient-Gesellschaft, Berlin

1929

BREDOW, Hans, Staatssekretär im Reichspostministerium, Wiesbaden

1930

HOSHI, Hajimè, Präsident der Hoshi Pharmaceutical Com. Ltd. in Tokio

1931

OBERLAENDER, Gustav, Fabrikant in Reading/Pennsylvania

1932

ECKENER, Hugo, Dr. h. c., Präsident des Luftschiffbau Zeppelin und Leiter der Zeppelinwerft Friedrichshafen

1934

DOHRN, Reinhard, Direktor der Zoologischen Station in Neapel

KERKHOF, Karl, Leiter der Zentralstelle für wissenschaft. Berichterstattung, Berlin

1936

LOTZ, Heinrich, Bergrat, Afrikaforscher, Marbug

1937

WEGERER, Alfred v., Dr. phil. h. c., Historiker, Berlin

1938

MERENSKY, Hans, Dr. Ing. e. h., Geologe in Johannesburg

PFEFFER, August, Generaldirektor i. R. der AEG, Berlin

1939

RAMOS, Gustavo Cordeiro, Professor für deutsche Philologie in Lissabon, zeitweilig Unterrichtsminister

1940

VÖGLER, Albert, ehem. Generaldirektor der Vereinigten Stahlwerke AG. 1940 Präsident der Kaiser-Wilhelm-Gesellschaft zur Förderung der Wissenschaften.

1941

HUNKE, Heinrich, Geschäftsführer und ständiger Stellvertreter des Präsidenten des Werberats der Deutschen Wirtschaft in Berlin

1942

KRAUCH, Carl, Professor Dr. h. c., Chemiker, Vorsitzender des Aufsichtsrates der IG-Farben-Industrie AG; zugleich Generalbevollmächtigter für Sonderfragen der chemischen Erzeugung und Leiter des „Reichsamtes für Wirtschaftsausbau".

1943

VOLLERT, Ernst, Ministerialdirektor und Leiter der Abt. VI im Reichsinnenministerium (Volkstumsforschung) Berlin

1944

KILIAN, Friedrich Ernst, techn. Oberinspektor i. R. bei der Reichsdruckerei in Berlin

KLOTZ, Leopold, Leiter des J. G. Hinrichs Verlags in Leipzig und Gotha

DIE TRÄGER DER SILBERNEN LEIBNIZ–MEDAILLE von 1907 – 1944

1907

LINDEMANN, Adolf Friedrich, Ingenieur, Direktor der Firma Siemens Bros. in Woolwich; Astronom, Sidmouth (Devon/England)

MARTIUS, Karl Alexander v., Chemiker, Stauffenhof

1910

BOLTE, Johannes, Germanist, Berlin (1922 OM der Akademie)

HESSENBERG, Gerhard, Professor für darstellende Geometrie und graphische Statistik, Berlin

ILBERG, Johannes, Professor und Rektor des Gymnasiums in Wurzen

KOLDEWEY, Robert, Architekt und Archäologe, Berlin

LE COQ, Albert v., Professor, Direktor am Museum für Völkerkunde, Berlin

WELLMANN, Max, Professor für Geschichte der antiken Medizin und Naturwissenschaft, Berlin

ZEUMER, Karl, Professor für Rechtsgeschichte und Mitglied der Zentraldirektion der Monumenta Germaniae Historica, Berlin

1911

JANENSCH, Werner, Professor und Kustos am Geolog.-Paläontolog. Museum und Institut, Berlin

OSTEN, Hans, Kaufmann in Leipzig und Montevideo, (Astronomie)

WENKER, Georg, Professor für germanische Philologie und Oberbibliothekar an der Universitätsbibliothek, Marburg

1912

DAVIDSOHN, Robert, Historiker, Florenz

GARIS–DAVIES, Norman de, Ägyptologe, Oxford

HENNIG, Edwin, Professor für Geologie, Tübingen

KOENIGS, Elise, Berlin

RABE, Hugo, Studienrat, (Graezistik), Hannover

1913

HIBSCH, Josef, Professor für Geologie, Mineralogie und Petrographie an der Deutschen Landwirtschaftl. Akademie, Tetschen

RICHTER, Carl, Glaspräzisionsmechaniker, Berlin

WITTE, Hans, Archivrat und Vorstand des Hauptarchivs der Bibliothek und der Sammlungen in Neustrelitz

WOLFF, Georg, Gymnasialprofessor i. R., Frankfurt a. M.

1914

ANDRAE, Walter, Architekt (an den Ausgrabungen in Assur), später Professor an der Techn. Hochschule in Berlin und Direktor an den Staatl. Museen, Berlin

BEST, Richard Irvine, Direktor der Nationalbibliothek in Dublin, 1943 – 1946 Präsident der Irischen Akademie, (Keltologie), Dublin

SCHRAMM, Erwin, Dr. phil. h. c., Generalmajor a. D., Dresden

1915

BASCHIN, Otto, Professor und Kustos am Geographischen Institut der Universität Berlin

FLECK, Albert, Sanitätsrat Dr. med., (Mathematik), Berlin-Friedenau

HIRSCHBERG, Julius, Professor an der Universität Berlin, (Medizingeschichte)

MAGNUS, Hugo, Professor und Oberlehrer am Sophien-Gymnasium in Berlin (Latinistik)

1919

DEBES, Ernst, Kartograph (Firma Debes u. Wagner in Leipzig), Leipzig

DORNO, Carl, Meteorologe, Davos

KIRCHNER, Johannes, Professor, (Epigraphik), Berlin

LIPPMANN, Edmund v., Direktor der Zuckerraffinerie Halle, Hon.-Professor an der Universität, Halle

SCHRÖTTER, Friedrich Freiherr v., Professor und Kustos am Münzkabinett in Berlin

WOLFF, Otto, Inhaber der Firma O. Wolff (Präzisionswiderstände), Berlin

1922

PNIOVER, Otto, Direktor des Märkischen Museums in Berlin, (Germanistik und Goetheforschung), Berlin

STEINBRINCK, Karl Wilhelm, Geh. Studienrat, Professor, (Physik), Lippstadt

VOLLERT, Ernst, Mitinhaber der Verlagsfirma Weidmannsche Buchhandlung, Berlin

1923

BLANCKENHORN, Max, (Geologie), Marburg

HARTUNG, Albert, Chef der Verlagsbuchhandlung Hermann Böhlau, Weimar

JECHT, Richard, Ratsarchivar, Görlitz

1924

AMBRONN, Hermann, Professor und Direktor des Instituts für Mikroskopie in Jena

MEITNER, Lise, ao. Professor für Chemie an der Universität und wissenschaftl. Mitglied des Kaiser-Wilhelm-Instituts für Chemie, Berlin (1949 KM der Akademie)

WISLICENUS, Georg, Admiralitätsrat, Berlin

1925

KOLHÖRSTER, Werner, Professor und Observator am Meteorol.-Magnet. Observatorium Potsdam, Leiter des Höhenstrahlungslaboratoriums, Professor an der Universität Berlin und Direktor des Instituts für Höhenstrahlungsforschung, Berlin

RAMSAY, Hans v., Dozent am Oriental. Seminar in Berlin (Afrikanistik)

ROEHL, Karl, Pfarrer, Mosau bei Züllichau, (Erforschung ostafrikanischer Sprachen)

1926

IBSCHER, Hugo, Dr. phil. h. c., Konservator an den Staatl. Museen, (Ägypt. Abteilung), Berlin

LENEL, Walter, Professor für Geschichte, Heidelberg

SEEMANN, Hugo, Physiker, Freiburg

1927

HOFFMEISTER, Cuno, Begründer (1925) und Leiter der Sternwarte in Sonneberg/Thür., (1959 KM, 1961 OM der Akademie)

KLEBAHN, Heinrich, Professor für Botanik, Hamburg

MOLDENHAUER, Gerhard, 1924 1929 Leiter der Arbeitsstelle Madrid für deutsch-spanische Wissenschaftsbeziehungen, dann Professor für roman. Philologie in Bonn

1928

BERLINGER, Arnold, Herausgeber der Zeitschrift „Die Naturwissenschaften", Berlin

LEITZMANN, Albert, Professor für german. Philologie, Jena (1938 KM der Akademie)

1929

FINSTERWALDER, Richard, Mitglied der Pamir-Expedition 1928 und der Himalaya-Expedition 1934/35, Professor für Geodäsie in Hannover, dann in München

HOFMANN, Johann Baptist, Redakteur der Thesaurus Linguae Latinae, München (1941 KM der Akademie)

ROEDER, Günther, Direktor des Pelizaeus-Museums in Hildesheim und Professor für Ägyptologie, Göttingen

WENTZCKE, Paul, zunächst Direktor des Stadtarchivs und Histor. Museums in Düsseldorf, später Professor und Leiter des „Wissenschaftl. Institut der Elsaß-Lothringer im Reich" in Frankfurt a. M..

1930

BACHMANN, Ewald, Professor am Realgymnasium und Konrektor i. R., (Botanik), Radebeul,

HEINROTH, Oskar, Direktor des Aquariums in Berlin und Leiter der Vogelwarte Rossitten, Berlin

VOLLMER, Hans, Professor Dr. theol. h. c., Leiter des Deutschen Bibel-Archivs, Hamburg

1931

BLUHM, Agnes, Dr. med., Ärztin, (Biologie und Sozialhygiene), Berlin

LOESCHVKE, Siegfried, Abteilungsdirektor am Landesmuseum, (Archäologie), Trier

SCHEEL, Karl, Professor und Mitglied der Physikalisch-Technischen Reichsanstalt, Berlin

1932

FEIT, Wilhelm, Generaldirektor der Vereinigten Chem. Fabriken Leopoldshall

HERTZ, Wilhelm, Reichsfinanzrat i. R., (Goetheforschung), Friedberg/Hessen

LOESCH, Heinrich v., Dr. jur., Historiker, Oberstephansdorf

1933

BOURQUIN, Walter, Missionssuperintendent und Leiter der Kaffern-Mission in Mvenyane (Sprachforschung)

DEGNER, Hermann, Professor und wissenschaftl. Referent am Reichsamt für Landesaufnahme, (Kartographie), Berlin

TSCHIRCH, Otto, Studienrat, Professor und Stadtarchivar, Brandenburg/Havel

VERHOEFF, Karl, Zoologe, München-Pasing

1934

HOLSTEN, Robert, Professor und Gymnasialdirektor i. R., Greifswald

ROHR, Moritz v., wissenschaftl. Mitarbeiter der Optischen Werkstätte Carl Zeiss und Professor für Optik in der Medizin, Jena

WEIDNER, Ernst, Professor für Orientkunde, (Assyriologie), Graz

1935

FRIEDERICI, Georg, Südseeforscher, Ahrensburg (Holstein)

KÜNKEL, Karl, Professor und Schulkommissar i. R., Heidelberg

WOLFRAM, Georg, Generalsekretär des „Wissenschaftl. Instituts der Elsaß-Lothringer im Reich" und Professor in Frankfurt a. M.

1936

KOHL-LARSEN, Ludwig, Forschungsreisender, Professor für Geographie, Tübingen

1937

BEKESY, György v., Ingenieur am Ungar. Telegraphentechn. Versuchsamt, Mitglied der Ungar. Akademie der Wissenschaften, Psychoacustic Laboratory, Harvard University, Cambridge/Mass.

JANY, Kurt, Generalmajor a. D., (Heeresgeschichte), Berlin

RENSCH, Bernhard, Direktor des Landesmuseums für Naturkunde und Professor für Zoologie, Münster

THORADE, Hermann, Oberregierungsrat an der Deutschen Seewarte in Hamburg

WOSSIDLO, Richard, Professor i. R., (Volkskunde), Waren

1938

PETERS, Jean, Professor und Oberservator i. R. am Astronom. Recheninstitut in Berlin-Dahlem

SIEWERT, Horst, Forstmeister und Leiter der Forschungsstätte „Deutsches Wild" am Werbellinsee/Mark

1939

ERICHSEN, Wolja, wissenschaftl. Beamter der Dänischen Akademie der Wissenschaften, Professor für Ägyptologie in Kopenhagen und Mainz

KÜHNE, Konrad, Dr. med., Leiter der Forschungsstelle für Morphologie und Genetik in Freiburg i. Br.

TROPEKE, Johannes, Oberstudiendirektor, Professor, (Mathematikgeschichte), Berlin

1940

HECK, Lutz, Direktor des Zoologischen Gartens in Berlin, dann in München

SCHWERTFEGER, Bernhard, Generalmajor a. D., (Geschichte), Neckargemünd bei Heidelberg

WACHNER, Heinrich, Professor am Honterus-Gymnasium in Kronstadt/Siebenbürgen, (Geographie und Geologie), Brasov

1941

ARDENNE, Manfred v., Physiker, Inhaber des Laboratoriums M. v. Ardenne in Berlin

BOERSCH, Hans, wissenschaftl. Mitarbeiter an der Physikal.-Techn. Anstalt und Professor in Braunschweig

BORRIES, Bodo v., Direktor des Rhein.-Westfäl. Instituts für Übermikroskopie in Düsseldorf

BRÜCHE, Ernst, Professor, Direktor am AEG-Forschungsinstitut (Leiter des Physikal. Laboratoriums) in Berlin, dann Direktor der Süddeutschen Laboratorien in Mosbach

KNOLL, Max, zunächst Dozent an der Techn. Hochschule Berlin, später Professor in München

MAHL, Hans, Physiker, Wildsteig/Obb.

RUSKA, Ernst, Physiker der Abt. für Elektronenoptik der Siemens u. Halske AG., Berlin
– Die obengenannten 7 Persönlichkeiten erhielten die Auszeichnung für die Erfindung und Entwicklung des Elektronenmikroskops –

RACKOW, Ernst, akademischer Zeichenlehrer in Brandenburg/Havel (Erforschung afrikan. Trachten), Mainz

1942

KARSTEDT, Oskar, Ministerialrat im Reichsarbeitsministerium, Berlin

ODEBRECHT, Rudolf, Professor für Philosophie an der Universität, Berlin

REISSINGER, Adolf, Studienprofessor i. R., (Geologie), München

1943

CASPAR, Max, Professor, Herausgeber der Werke Keplers, München

FEUEREISEN, Arnold, 1907 bis 1936 Stadtarchivar in Riga und 1911 bis 1939 Präsident der Gesellschaft für Geschichte und Altertumskunde der Ostseeprovinzen, Posen

SCHMAUCH, Hans, Studienrat, (Kopernikusforschung), Kaufbeuren

ZINNER, Ernst, Professor und Direktor der Remeis-Sternwarte in Bamberg, (Astronomiegeschichte), Bamberg

1944

DAHMER, Georg, Geologe und Paläontologe, Bad Soden

FISCHER, Rudolf, Dr. phil, (Farbphotographie), Berlin

ZIEHEN, Ludwig, Oberstudiendirektor i. R., (klass. Philologie), Roitzsch bei Bitterfeld

DIE TRÄGER DER SILBERNEN LEIBNIZ–MEDAILLE seit 1953

1953

MARZELL, Heinrich, Professor Dr. phil., Oberstudienrat i. R., Gunzenhausen; in Anerkennung seiner Verdienste um die Erforschung der deutschen Pflanzennamen und der botanischen Volkskunde

KLOCKE, Wilhelm, Laborant, Berlin; in Anerkennung seiner Verdienste um die Erarbeitung eines Verfahrens zur Herstellung von Gesichtsprothesen von außerordentlicher Güte

RICHTER, Martin, Postbeamter a. D., Pößneck; in Anerkennung seiner Verdienste auf dem Gebiete der urgeschichtlichen Höhlenforschung

1954

FORSSMANN, Werner, Dr. med., Facharzt für Chirurgie und Urologie, Bad Kreuznach; in Anerkennung seiner Verdienste um die Erfindung des Herzkatheterismus, einer Methode, die heute zur Untersuchung und Behandlung der Herzkrankheiten in der ganzen Welt herangezogen wird und insbesondere operative Behandlung von angeborenen Herz- und Herzklappenfehlern ermöglicht

HERMANN, Friedrich, Rechtsanwalt, Bernburg/Saale; in Anerkennung seiner umfangreichen floristischen Studien der europäischen Pflanzenwelt, die vor allem auch in seinem Werk „Die Flora von Deutschland und Fennoskandinavien sowie Island und Spitzbergen" ihren Ausdruck fanden

LÖBERING, Walter, Kunstmaler, Fasendorf/Vogtl.; in Anerkennung seiner 30jährigen Beobachtungstätigkeit der Jupiteratmosphäre, deren Ergebnisse er in zahlreichen Zeichnungen mit feinsten Farbnuancen niederlegte

1955

BLÜTHGEN, Paul, Dr. rer. nat. h. c., Senatspräsident a. D., Naumburg/Saale; in Anerkennung seiner Verdienste um die taxonomische Erforschung schwieriger Hymenopteren-Gruppen, die eine wesentliche Förderung der Entomologie bedeutet

NAWKA, Michael, Dozent an der Universität Leipzig; in Anerkennung seiner Verdienste um die Sprache und Kultur des sorbischen Volkes

OTTO, Helmut, Dr. phil., Physiker; in Anerkennung seiner Verdienste um die Erforschung der prähistorischen Metallurgie Mitteleuropas unter Anwendung quantitativer spektralanalytischer Untersuchungen

1956

GRAMATZKI, Hugh Johan, Dr. phil., Privatgelehrter, Klein-Machnow bei Berlin; in Anerkennung seiner Verdienste um die konstruktive Optik und die Astronomie

MOSCHKAU, Rudolf, Dr. phil. h. c., Lehrer i. R., Leipzig; in Anerkennung seiner Verdienste um die Vor- und Frühgeschichte Sachsens

SCHULZ, Arthur, Oberstudiendirektor a. D., Stendal; in Anerkennung seiner wissenschaftlichen Verdienste um die Winckelmann-Forschung und die Schaffung einer Winckelmann-Forschungsstätte

1957

MÜNCH, Arthur, Lehrer i. R., Karl-Marx-Stadt; in Anerkennung seiner Verdienste um die Erforschung der vielgestaltigen geologisch bedeutsamen Graptolithen

VOLK, Max, Lehrer, Steinach; in Anerkennung seiner Verdienste um die grundlegende Erforschung des Thüringer Ober-Devons und des Phycodenschiefers

HOHMANN, Karl, Dr. phil., Oberstudiendirektor i. R., Eichwalde; in Anerkennung seiner Verdienste um die Erforschung der Vor- und Frühgeschichte der Mark Brandenburg

1958

BEYER, Max, Dr. rer. nat. h. c., Direktor der Staatlichen Handelsschule und Höheren Handelsschule in Hamburg-Bergedorf; in Anerkennung seiner Verdienste um die Beobachtung veränderlicher Sterne und der Kometen

MELL, Rudolf, Dr. phil. h. c., Lehrer i. R., Berlin-Frohnau; in Anerkennung seiner Verdienste um die Erforschung und Sammlung der Fauna Sinica

BIERBACH, Arthur, Dr. phil., Studienrat i. R., Halle/Saale; in Anerkennung seiner Verdienste um die Erforschung der Geschichte der Stadt Halle

1959

KIPPES, Otto, Dr. theol., Pfarrer, Glattbach bei Aschaffenburg; in Anerkennung seiner Verdienste um den Identitätsnachweis der kleinen Planeten auf Grund geistreicher Berechnungsmethoden ihrer Bahnen

JONAS, Hans, Dr. phil., Studienrat i. R., Berlin; in Anerkennung seiner verdienstvollen Forschungen auf dem Gesamtgebiet der Differentialgeometrie, besonders der Theorie der Transformationen

HOFFMANN, Richard, Stadtoberinspektor i. R., Potsdam; in Anerkennung seiner Verdienste um die Erforschung der vor- und frühgeschichtlichen Entwicklung Potsdams

1960

SUCHIER, Wolfram, Dr. phil., Bibliotheksdirektor i. R.; Halle; in Anerkennung seiner Verdienste um die Literatur-, Kultur- und Wissenschaftsgeschichte

STRAUSS, Richard, Archivar, Karl-Marx-Stadt; in Anerkennung seiner Verdienste um die Erforschung der Lage und der Bewegung der Chemnitzer Arbeiter in der ersten Hälfte des 19. Jahrhunderts, mit der er ein Vorbild für ähnliche Untersuchungen auch für andere Zentren der Arbeiterbewegung gegeben hat

RIEHM, Karl, Dr. med., praktischer Arzt, Halle; in Anerkennung seiner Verdienste um die Erforschung der urgeschichtlichen Salzgewinnung und des urgeschichtlichen Salzhandels

1961

WEIN, Kurt, Mittelschullehrer i. R., Nordhausen; in Anerkennung seiner Verdienste als Historiker der Botanik

WULFERT, Kurt, Schullehrer i. R., Bad Lauchstädt; in Anerkennung seiner Verdienste um die Erforschung der Rotatorien

HEYDER, Richard, Dr. h. c., Kaufmann, Oederan; in Anerkennung seiner Verdienste auf dem Gebiet der Vogelkunde und der Geschichte dieser Wissenschaft

1962

HERMANN, Walther, Dr., Oberstudiendirektor i. R., Freiberg in Sachsen; in Anerkennung seiner wissenschaftlichen Verdienste um die Erforschung der Geschichte Freibergs, seines Bergbaues, seiner Hochschule und seiner Kultur

LIES, Hans, Buchdrucker, Magdeburg; in Anerkennung seiner wissenschaftlichen Verdienste um die ur- und frühgeschichtliche Erforschung des Magdeburger Raumes

1963

MILITZER, Max, Lehrer i. R., Bautzen; in Anerkennung seiner floristischen und pflanzengeographischen Arbeiten sowie seiner Verdienste um die Entwicklung der Heimatforschung und des Naturschutzes

URBAHN, Ernst, Dr., Studienrat i. R., Zehdenick/Havel; in Anerkennung seiner Verdienste um die Förderung der entomologischen Forschung, speziell im norddeutschen Raum

HÖCKNER, Hans, Lehrer i. R., Altenburg; in Anerkennung seiner Verdienste um die Vor- und Frühgeschichte Sachsens

1964

GERBER, Robert, Dr. h. c., Volksschullehrer i. R., Leipzig; in Anerkennung seiner Verdienste um die faunistische Forschung, vor allem in der Vogelkunde

SCHELLHAS, Walter, Direktor der Bibliothek der Bergakademie Freiberg; in Anerkennung seiner Verdienste um die Geschichte Freibergs und des sächsischen Erzbergbaues

LADEMANN, Willy, Dr. phil., Studienrat i. R., Berlin; in Anerkennung seiner wissenschaftlichen Verdienste bei der Erforschung der Teltower Mundart und der volkskundlichen Überlieferung, insbesondere für das Wörterbuch der Teltower Volkssprache

1965

SIEBER, Siegfried, Dr. phil., Oberschullehrer i. R., Aue; in Anerkennung seiner Forschungsarbeiten auf dem Gebiete der Volkskunde, des

Bergbaues und der Geschichte des Erzgebirges sowie in Würdigung seiner Verdienste um die Erhaltung des erzgebirgischen Kulturerbes

1966

JUNTKE, Fritz, Dr. jur., Direktor der Universitätsbibliothek Halle i. R., Halle; in Anerkennung seiner Verdienste um die Entwicklung der Wissenschafts- und Kulturgeschichte, insbesondere der Geschichte des Bucheinbandes und des Buchdruckes

BEIERLEIN, Paul Reinhard, Oberlehrer i. R., Radebeul; in Anerkennung seiner Verdienste um die Heimatforschung und die Geschichte des Bergbaus

FREYTAG, Günther, Dipl.-Biol., Redakteur, Berlin; in Anerkennung seiner grundlegenden wissenschaftlichen Beiträge zur Systematik und Tiergeographie der Urodelen, insbesondere zur Lebensweise und zum Verhalten der Molche

1967

LÖSCHER, Hermann, Dr., Rechtsgutachter i. R., Dresden; in Anerkennung seiner wissenschaftlichen Verdienste um die Erforschung der älteren Bergrechts- und Bergbaugeschichte Sachsens

MÄRZ, Robert, Berufsschullehrer i. R., Sebnitz; in Anerkennung seiner wissenschaftlichen Verdienste um die Biologie der heimischen Greifvögel, insbesondere um die Schaffung einer Rupfungs- und Gewöllkunde

1968

SCHMIDT, Friedrich Lorenz, Archivar, Zeulenroda; in Anerkennung seiner Verdienste um die Erforschung der Landesgeschichte Thüringens, speziell der Stadtgeschichte Zeulenrodas

SCHÜTZE, Theodor, Lehrer i. R., Großpostwitz bei Bautzen; in Anerkennung seiner floristischen Arbeiten sowie seiner Verdienste auf den Gebieten der Denkmalpflege und Heimatforschung

KOCH, Manfred, Kaufmann, Dresden; in Anerkennung seiner Verdienste auf dem Gebiet der Entomologie, insbesondere für die erfolgreiche Bearbeitung der Probleme der Falter-Wanderungen

1969

KÜHNE, Klaus, Dr. rer. nat. habil., Zentralinstitut für anorganische Chemie der Akademie; in Anerkennung seiner Verdienste bei der Erforschung der Herstellung von Kieselkeramiken in der Tel el Armana-Zeit

LANGEN, Peter, Dr. rer. nat. habil., Zentralinstitut für Molekularbiologie der Akademie; in Anerkennung seiner Verdienste bei der gezielten Synthese von Antimetaboliten des Thyminstoffwechsels, die neue Wege zum Verständnis der Regulation der DNS-Synthese und zur Auffindung neuartiger Zytostatika und Virostatika eröffnete

NITSCHE, Franz, Meister des Anon-Betriebes im VEB Leuna-Werke „Walter Ulbricht"; in Anerkennung seiner hervorragenden Leistungen bei der Förderungen des Neuererwesens und der Realisierung von Neuerervorschlägen im VEB Leuna-Werke „Walter Ulbricht"

WUNDERLICH, Walter, Genossenschaftsbauer, Landwüst; in Anerkennung seiner Verdienste um den Aufbau und die Entwicklung eines Museums über bäuerliche Kultur des Vogtlandes

LAUBSCH, Helmut, Dipl.-Ing., Zentralinstitut für Kybernetik und Informationsprozesse der Akademie,

MÜNSTER, Ewald, Dipl.-Phys., Zentralinstitut für Kybernetik und Informationsprozesse der Akademie,

PÖSSEL, Wolfgang, Dipl.-Phys., Zentralinstitut für Kybernetik und Informationsprozesse der Akademie,

SIAKKOU, Manfred, Dipl.-Ing., Zentralinstitut für Kybernetik für Informationsprozesse der Akademie,

STRAUBEL, Reinhard, Dr. rer. nat., Zentralinstitut für Kybernetik und Informationsprozesse der Akademie

WILLASCHEK, Karl, Ing., Zentralinstitut für Kybernetik und Informationsprozesse der Akademie

EFFENBERGER, Dr., Forschungsinstitut Manfred von Ardenne, Dresden,

SCHNEIDER, Dipl.-Chem., VEB Filmfabrik Wolfen

Forschungskollektiv, in Anerkennung der Verdienste um die wissenschaftlich-technische Entwicklung eines Schichtbandes zur Ton- und Datenaufzeichnung

1970

REINERT, Karl-Ernst, Dr. rer. nat.

STRASSBURGER, Jürgen, Dr. rer. nat.

TRIEBEL, Hans, Dr. rer. nat.

Kollektiv des Zentralinstituts für Mikrobiologie und experimentelle Therapie der Akademie, Jena; in Anerkennung der erzielten wissenschaftlichen Ergebnisse auf dem Gebiet der absoluten Molekulargewichtsbestimmung hochmolekularer Desoxyribonukleinsäure und der Entwicklung entsprechender neuer Meßmethoden

1971

TEICHGRÄBER, Michael, Dr. rer nat., Institut für Polymerenchemie der Akademie, Teltow-Seehof; in Anerkennung seiner wissenschaftlichen Leistungen bei der Erarbeitung einer neuen Methode der Strukturanalytik von Polymerfestkörpern

BAECK, Burkhard

BERGMANN, Jutta, Dr.

BÜSSER, Brigitte

EICHSTÄDT, Margot

NIEDRICH, Hartmut, Dr. rer. nat.

OEHME, Peter, Prof. Dr. med.

PIRRWITZ, Jürgen, Chem.-Ing.

RUDEL, Monika

Kollektiv des Forschungszentrums für Molekularbiologie und Medizin der Akademie, Berlin-Buch; in Anerkennung erzielter wissenschaftlicher Ergebnisse auf dem Gebiet kreislaufaktiver Peptidwirkstoffe

BERG, Günter

HADAMOWSKI, Hans Friedrich, Dr.

HUTSCHENREUTHER, Siegfried

LEMKE, Heinz, Dr. rer. nat.

NOACK, Joachim, Dr. rer nat.

SCHWARTZE, Heribert, Dipl.-Ing.

WITTKE, Günter

Kollektiv von Mitarbeitern des Zentralinstituts für Elektronenphysik der Akademie, Berlin und des Instituts für Halbleitertechnik, Gleichrichterwerk Stahnsdorf; in Würdigung hervorragender Leistungen bei der Entwicklung eines Vakuumzonenfloating-Verfahrens für Silizium

OTTO, Karl-Heinz, Prof. Dr. phil. habil., Zentralinstitut für Alte Geschichte und Archäologie der Akademie, Berlin

COBLENZ, Werner, Dr. phil., Landesmuseum für Vorgeschichte, Dresden

GRAMSCH, Bernhard, Dr., Museum für Ur- und Frühgeschichte, Potsdam

SCHOKNECHT, Ulrich, Museum für Ur- und Frühgeschichte, Schwerin

SEYER, Heinz, Dr., Arbeitsstelle für Bodendenkmalspflege, Berlin

VOGT, Heinz-Joachim, Dipl.-Phil., Museum für Ur- und Frühgeschichte, Potsdam

Kollektiv, in Anerkennung wissenschaftlicher Arbeiten zur Erschließung und Erfassung der Bodendenkmäler sowie für die Gestaltung der Ausstellung „Germanen-Slawen-Deutsche" und in Vorbereitung des 2. Internationalen Kongresses für slawische Archäologie 1970

1972

JEHRING, Harry, Dr. rer. nat. habil., Zentralinstitut für Physikalische Chemie der Akademie, Berlin; in Würdigung seiner Leistungen bei der Entwicklung der Elektrosorptionsanalyse mit Hilfe der Wechselstrompolarographie als eines Analysenverfahrens mit großer Anwendungsbreite in vielen Zweigen der stoffwandelnden Industrie

KLEMM, Peter, Dr.-Ing., Zentralinstitut für Festkörperphysik und Werkstoffforschung der Akademie, Dresden; in Würdigung seiner Leistung, die zur Entwicklung eines Dynamobandes mit hervorragenden Eigenschaften geführt hat sowie für dessen Einführung in die Produktion

1973

LANGE, Annemarie, freischaffende Schriftstellerin, Berlin; für ihre populärwissenschaftliche Darstellung der Geschichte Berlins zwischen 1870 und 1917

SEYFFARTH, Richard, freischaffender Porzellanrestaurator, Dresden; für seine wissenschaftlichen Studien über die Meißner Porzellan-Malerei, besonders des 18. und 19. Jahrhunderts

MAREK, Karl-Heinz, Dr., Zentralinstitut für Physik der Erde der Akademie, Potsdam; für die Ausarbeitung einer optimalen Beobachtungs- und Auswertetechnologie für photographische Satellitenbeobachtungen

BAUMANN, Hannelore, Dr. med.

HECHT, Tamara, Dr. med.

LÄUTER, Jürgen, Dipl.-Math.

TREPTOW, Klaus, Dr. med.

WOLTER, Fritz, Dipl.-Ing.

Kollektiv des Zentralinstituts für Herz- und Kreislauf-Regulationsforschung der Akademie, Berlin-Buch; in Anerkennung seiner wissenschaftlichen Leistungen bei der Aufklärung und mathematischen Definition von Arbeitsalgorithmen der Informationsverarbeitung des Zentralnervensystems im adaptierten und maladaptierten Organismus-Umwelt-Kommunikationsprozeß

1974

FLÖSSNER, Willy, Lehrer, Olbernau; für seine Verdienste um die Pflanzenkartierung im Erzgebir ge

PFAFF, Walter, em. Leiter der Astro-Optik-Abteilung im VEB Carl Zeiss,

Jena; für die Entwicklung und Herstellung der prismatischen Korrektionsplatte für das Schmidt-Spiegelteleskop der Akademie in Tautenburg

SAAL, Walter, Ingenieur im VEB Chemische Werk Buna, Merseburg; für seine Verdienste auf dem Gebiet der Boden- und Baudenkmalspflege im Bezirk Halle

SCHNEIDER, Wolfgang, Rechtsanwalt, Leipzig; für seine ornithologische Tätigkeit

PANITZ, Reinhard, Dr.

BAUDISCH, Walter, Dr.

WOBUS, Ulrich, Dr.

SERFLING, Edgar, Dr.

Kollektiv des Zentralinstituts für Genetik und Kulturpflanzenforschung der Akademie, Gatersleben; für seine Leistungen auf dem Gebiet der Erforschung der Realisierung der genetischen Information bei vielzelligen Organismen;

RÖSSELER, Manfred, Dr.

LUTHER, Dieter, Dr.
SKODA, Maritta, Chemotechnikerin,

Kollektiv des Zentralinstituts für Isotopen- und Strahlenforschung der Akademie, Leipzig; für seine Leistungen bei der Rationalisierung der Bi-58-Synthese (Pflanzenschutzmittel)

1975

ENDLER, Artur, Dipl.-Ing., Zentralinstitut für Kernforschung der Akademie, Rossendorf

FUGE, Reinhard, Dr.-Ing., Zentralinstitut für Kernforschung der Akademie, Rossendorf

KIRCHMAIR, Lorenz, Wissenschaftl. Leiter im VEB Kraftwerksanlagenbau, Berlin

KÖHLER, Bertram, Abteilungsleiter, VEB Kraftwerksanlagenbau, Berlin

LOTH, Karl-Heinz, Gruppenleiter, VEB Kraftwerksanlagenbau, Berlin

SACHSE, Christian, Labortechniker, VEB Kraftwerksanlagenbau, Berlin

STEIN, Hans, Dipl.-Ing., Zentralinstitut für Kernforschung der Akademie, Rossendorf

STEINGROEWER, Günther, Dipl.-Ing., Zentralinstitut für Kernforschung der Akademie, Rossendorf

ZSCHAU, Jochen, Dipl.-Ing., Zentralinstitut für Kernforschung der Akademie, Rossendorf

Kollektiv INKA, für seine Leistungen bei der Inbetriebnahme des 1. Blockes im Kernkraftwerk „Bruno Leuschner" in Greifswald

ARNDT, Rudolf, Dr., Arbeitsgruppenleiter

FÖRSTER, Dieter, Dr., Wissenschaftl. Mitarbeiter

SCHAAL, Günter, Dr., Arbeitsgruppenleiter

STERN, Werner, Dr., Oberassistent

Kollektiv „UV-Bilanz" aus dem Zentralinstitut für Elektronenphysik der Akademie, Berlin; für seine Verdienste bei den Untersuchungen zur UV-Bilanz und zu den Elektrodenprozessen

BAUER, Eckhard, Dr., Wissenschaft. Mitarbeiter

BRADLER, Gertraud, Dr., Abteilungsleiter

MÜHLIG, Peter, Dipl.-Phys., Wissenschaftl. Mitarbeiter

Kollektiv „Automatisches Diffusionsplattenmeßgerät" aus dem Zentralinstitut für Mikrobiologie und experimentelle

Therapie der Akademie, Jena; für seine Beiträge zur Herstellung einer hocheffektiven Automatenketten für die Prüfung und Selektion von Mikroorganismen mit definierten Eigenschaften

ADAM, Günter, Dr., Arbeitsgruppenleiter, Institut für Biochemie der Pflanzen der Akademie, Halle

KUTSCHABSKY, Leo, Dr., Abteilungsleiter, Zentralinstitut für Physikalische Chemie der Akademie, Berlin

RECK, Günter, Dr., Wissenschaftl. Oberassistent, Zentralinstitut für Physikalische Chemie, Berlin

SEIDEL, Ingeborg, Technische Assistentin, Zentralinstitut für Physikalische Chemie, Berlin

Kollektiv; für seine Arbeiten auf dem Gebiet der Röntgenkristallstrukturanalyse von biologisch aktiven Substanzen

BRENDLER, Gerhard, Dr., Abteilungsleiter, Zentralinstitut für Geschichte der Akademie, Berlin

LAUBE, Adolf, Dr., Bereichsleiter, Zentralinstitut für Geschichte der Akademie, Berlin

LENK, Werner, Dr., Wissenschaftl. Abteilungsleiter, Zentralinstitut für Literaturgeschichte, Berlin

STROBACH, Hermann, Dr., Abteilungsleiter, Zentralinstitut für Literaturgeschichte der Akademie, Berlin

Kollektiv; für die wissenschaftliche Vorbereitung des 450. Jahrestages des deutschen Bauernkrieges

BAHLS, Ruth, Lehrerin in Göhren/Rügen; für den Aufbau und die Leitung des Heimatmuseums in Göhren/Rügen

HÖGNER, Wolfgang; Leiter des Fotolabors im Zentralinstitut für Astrophysik der Akademie, Potsdam-Babelsberg; für die Entwicklung und Anwendung neuer photographischer Verfahren, die eine optimale Informationsauswertung des Tautenburger Teleskops ermöglichen

KLAPPENBACH, Ruth, Dr., Wissenschaftl. Mitarbeiterin im Zentralinstitut für Sprachwissenschaft der Akademie, Berlin; für ihre wissenschaftliche Arbeit am „Wörterbuch der deutschen Gegenwartssprache", dessen Autorenarbeit 1975 abgeschlossen wird

REICH, Jens Georg, Dr. med., Abteilungsleiter im Zentralinstitut für Molekularbiologie der Akademie, Berlin; für seine Arbeiten am Modell des Informationsgehalts kinetischer Daten

STEUER, Helmut, Dr. med., Praktischer Arzt in Bad Blankenburg; für seine entomologischen Studien; insbesondere an Lepidopteren

WIEMER, Arthur, Obering., Abteilungsleiter im Zentrum für Wissenschaftlichen Gerätebau der Akademie, Berlin; für seine hervorragenden Ergebnisse auf dem Gebiet des wissenschaftlichen Gerätebaus, insbesondere der Luftlagerung

WINKLER, Friedrich, Dr., Abteilungsleiter im Institut für Polymerenchemie der Akademie, Teltow-Seehof; für seine Arbeiten auf dem Gebiet der Textilstandardisierung, insbesondere der Erarbeitung von 5 Prüfstandards für die Lichtbeständigkeit von Faserstoffen und Textilien

1976

HOFFMANN, Max, Agrar-Ing., Halle; für seine Arbeiten zur Erforschung der Lebensgewohnheiten der Bisamratte.

DÄHNE, Siegfried, Dr. rer. nat. habil., Abteilungsleiter im Zentralinstitut für

Optik und Spektroskopie der Akademie, Berlin

KULPE, Siegfried, Dr. sc. nat., Wiss. Arbeitsgruppenleiter im Zentralinstitut für Physikalische Chemie der Akademie, Berlin

SCHULZ, Burkhard, Technischer Assistent im Zentralinstitut für Physikalische Chemie der Akademie, Berlin

Kollektiv von Mitarbeitern der Akademie; in Anerkennung der wissenschaftlichen Arbeiten zur Entwicklung der modernen Konzeption des Polymethinzustandes und dessen röntgenkristallstrukturanalytische Bestätigung.

SELIGER, Klaus, Dr. rer. nat., Arbeitsgruppenleiter

GÜNDEL, Harald, Dr. rer. nat., wiss. Arbeitsleiter

ROSS, Werner, Dr. rer. nat., wiss. Arbeitsleiter

VOLKMANN, Hans, wiss. Arbeitsleiter

KIENITZ, Erk, physik.-techn. Assistent

Kollektiv des Zentralinstituts für Elektronenphysik der Akademie, Berlin; für seine Arbeiten zur „Entwicklung des N_2-Impulsgaslasers"

1977

SCHWARZ, Heinz, Oberveterinärrat Dr. med. vet., Direktor des Bezirksinstituts für Veterinärwesen, Karl-Marx-Stadt

DEDEK, Wolfgang, Dr. rer. nat. habil., Abteilungsleiter, Forschungsstelle für chemische Toxikologie der Akademie, Leipzig

MOTHES, Brigitta, Chemotechnikerin, Forschungsstelle für chemische Toxikologie der Akademie, Leipzig

BÄTZ, Gudrun, Chemotechnikerin, Forschungsstelle für chemische Toxikologie der Akademie, Leipzig

Kollektiv; für grundsätzliche Beiträge zur Aufklärung des Metabolismus phosphororganischer Pestizide und für ihre Anwendung in der Land- und Nahrungsgüterwirtschaft.

KÜAS, Herbert, Dr. phil., Leipzig; für seine archäologischen und kunsthistorischen Forschungen, insbesondere seine Verdienste bei der Rettung einmaliger Zeugnisse des nationalen Kulturerbes.

HARTKOPF, Werner, Dr.-phil., Wissenschaftlicher Mitarbeiter im Wissenschaftlichen Sekretariat des Präsidenten der Akademie, Berlin

KIRSTEN, Christa, Dr. phil., Direktor des Akademie-Archivs, Berlin

GRAU, Conrad, Dr. phil, Wissenschaftlicher Arbeitsleiter in der Forschungsstelle für Akademiegeschichte, Berlin

SCHLICKER, Wolfgang, Dr. phil., Wissenschaftlicher Mitarbeiter in der Forschungsstelle für Akademiegeschichte, Berlin

KÖRBER, Hans-Günther, Dr. rer. nat., Leiter der Bibliothek des Meteorologischen Dienstes der DDR, Potsdam

Kollektiv; für hervorragende Beiträge zur Geschichte der Akademie der Wissenschaften der DDR

1978

MARSCHALL, Otto, Klempnermeister, Eisleben; für seine Mitwirkung an der wissenschaftlichen Bergung und Aufbereitung archäologischer Quellen, besonders in durch Industriebauten gefährdeten Gebieten.

SIMON, Rudolf, Chemotechniker, Naumburg; für seine Verdienste als Sammler und wissenschaftlicher Bearbeiter paläontologischen Materials.

HEINICKE, Wolfgang, Dipl.-Pädagoge, Gera

KLAUSNITZER, Bernhard, Dozent Dr., Dresden

MOHR, Karl-Heinz, Fotografenmeister, Halle

NAUMANN, Carl, Rentner, Erfurt

PATZAK, Helmut, Lehrer, Aschersleben

Kollektiv; in Anerkennung ihrer Verdienste um die Schaffung der wissenschaftlich-organisatorischen Voraussetzungen für die Erforschung der Insektenfauna der DDR

WERNECKE, Wolfgang, Dr., Wissenschaftlicher Mitarbeiter

HARTMANN, Rudolf, Dr., Wissenschaftlicher Mitarbeiter

Kollektiv des Zentralinstituts für Geschichte der Akademie; für die Herausgabe eines „Japanisch-deutschen Zeichenlexikons"

WANGERMANN, Gert, Dr. rer. nat., Stellvertr. Institutsdirektor und Abteilungsleiter, Berlin

LUTSCH, Gudrun, Dr. rer. nat., Wissenschaftliche Assistentin

PLEISSNER, Klaus-Peter, Dipl.-Ing., Wissenschaftlicher Mitarbeiter

PRITSCH, Margot, Chemisch-technische Assistentin

Kollektiv des Zentralinstituts für Molekularbiologie der Akademie, Berlin-Buch; für die Beiträge zur automatischen Auswertung elektronenmikroskopischer Abbildungen molekularbiologischer Objekte.

SCHMIDT, Volker, Dr. rer. nat., Abteilungsleiter

MÖSER, Martin, Dipl.-Ing.

Kollektiv von Mitarbeitern des Instituts für Festkörperphysik und Elektronenmikroskopie der Akademie, Halle; für die Arbeiten und die erzielten Ergebnisse auf dem Gebiet der rasterelektronenmikroskopischen Fraktographie.

BYKOWSKI, Waleri, Fliegerkosmonaut der UdSSR; für seinen Beitrag und für seine Verdienste um die wissenschaftliche Erforschung des Weltraumes.

JÄHN, Sigmund, Fliegerkosmonaut der DDR; für seinen Beitrag und für seine Verdienste um die wissenschaftliche Erforschung des Weltraumes.

1979

RITTER, Franz, Chemieingenieur

RICHTER, Friedrich-Wolfhardt, Feinmechaniker; Zentralinstitut für Mikrobiologie und experimentelle Therapie der Akademie in Jena

Kollektiv; in Würdigung wissenschaftlicher und technischer Leistungen bei der Konstruktion, dem Bau und der Inbetriebnahme eines analytischen und eines präparativen Hochdruckflüssigkeitschromatographen.

LEUPOLD, Dieter, Dr., Zentralinstitut für Optik und Spektroskopie der Akademie

EHLERT, Jürgen, Dr., Zentralinstitut für Mathematik und Mechanik der Akademie

OBERLÄNDER, Siegfried, Dr., Zentralinstitut für Mathematik und Mechanik der Akademie

HOFFMANN, Paul, Prof. Dr., Humboldt-Universität zu Berlin, Sektion Biologie

HIEKE, Barbara, Dr., Humboldt-Universität zu Berlin, Sektion Biologie

Kollektiv; in Würdigung ihrer Arbeiten zur Untersuchung von Elementarprozessen der Photosynthese.

HERRMANN, Mila, Halle, in Würdigung langjähriger erfolgreicher Tätigkeit auf dem Gebiet der Mykologie.

PETERSSON, Hans von, Kapitän auf großer Fahrt, Born/Darß; für seine Untersuchungen zur langfristigen Wettervorhersage im Ostseeraum und für die Erarbeitung einer Prognosemethodik.

BRUNNER, Hans, Dipl.-Ing., Dresden

LEMME, Hermann, Lehrer a. D. Dresden

PRESCHER, Hans, Dr., Dresden

SCHURZ, Harald, Gewerbelehrer, Königstein

WEBER, Dieter, Dipl.-Hist., Pirna

Kollektiv; in Würdigung hervorragender Ergebnisse der koordinierten natur- und gesellschaftswissenschaftlichen Erforschung der Sächsischen Schweiz und der Propagierung der gewonnen wissenschaftlichen Erkenntnisse.

SCHLEICHER, Harry, Dr., Institut für Polymerenchemie der Akademie in Teltow-Seehof; für seine Grundlagenarbeiten zur Cellulosechemie.

IWANTSCHENKOW, Alexander, Fliegerkosmonaut der UdSSR; für seinen Beitrag und für seine Verdienste um die wissenschaftliche Erforschung des Weltraumes

KOWALJONOK, Wladimir, Fliegerkosmonaut der UdSSR; für seinen Beitrag und für seine Verdienste um die wissenschaftliche Erforschung des Weltraumes

1980

HOFMANN, Joachim, Dr. sc. nat., Doz. an der Bergakademie Freiberg

PAECH, Hans-Jürgen, Dr. rer. nat., Zentralinstitut für Physik der Erde der AdW der DDR

FRISCHBUTTER, Alexander, Dr. rer. nat., Zentralinstitut für Physik der Erde der AdW der DDR

Kollektiv; für strukturgeologische Untersuchungen der Antarktis

BÜLOW, Martin, Dr. sc., Zentralinstitut für physikalische Chemie der AdW der DDR

KARGER, Jörg, Dr. sc., Karl-Marx-Universität Leipzig

KOCIRIK, Milan, Dr., J.-Heyrowsky-Institut für physikalische Chemie und Elektrochemie der AdW der CSSR in Prag

WOLUSTSCHUK, Albert Michailowitsch, Dr., Institut für physikalische Chemie der AdW der UdSSR in Moskau

Kollektiv; für Arbeiten auf dem Gebiet „Komplexe Untersuchungen zur translatorischen Molekülbeweglichkeit und Thermodynamik der Sorption von Kohlenwasserstoffen an mikroporösen Absorbentien"

MÜLLER, Andreas, Dr. rer. nat. habil.

GRAFE, Reinhard, Dr. rer. nat.

MENDEL, Ralf-Rainer, Dr. rer. nat.

SAALBACH, Isolde, Dipl.-Biol.

Kollektiv des Zentralinstituts für Genetik und Kulturpflanzenforschung der AdW der DDR in Gatersleben; für international anerkannte Arbeiten zur Genetik und Biochemie der Nitratassimilation bei Tabakpflanzen

FISCHER, Wolfgang, Agr.-Ing., Forschungsstelle der AdW der DDR für Wirbeltierforschung, Berlin; für langjährige, international anerkannte vogelkundliche Arbeiten

PETERSEN, Leiva, Dr., Weimar; für ihre Forschungen auf dem Gebiet der Prosopographie und Gesellschaftsgeschichte der römischen Kaiserzeit

PPRINZLER, Heinz, Prof. Dr. rer nat. habil., Leipzig; für Forschungsarbeiten zur Geschichte der technischen Chemie

WATTENBERG, Dietrich, Professor, Berlin; für seine wissenschaftliche und populärwissenschaftliche Tätigkeit auf dem Gebiet der Astronomie, der Astronomiegeschichte und zu Biographien bedeutender Astronomen.

DIE 1980 GESTIFTETEN AUSZEICHNUNGEN

Am 30. Mai 1980 wurden folgende weitere Akademie-Auszeichnungen gestiftet:

1. **Ehrenspange** der Akademie der Wissenschaften der DDR
   Für außerordentliche Verdienste um die Förderung der Wissenschaften, die Nutzbarmachung ihrer Ergebnisse für die Erhaltung und Festigung des Friedens in der Welt und den gesellschaftlichen Fortschritt der Menschheit sowie für die Erhöhung des Ansehens der Akademie der Wissenschaften der DDR in In- und Ausland.
2. **Johannes-Stroux-Medaille** der Akademie der Wissenschaften der DDR
   für hervorragende Leistungen bei der Erfüllung des gesellschaftlichen Auftrages der AdW und für langjährige vorbildliche Pflichterfüllung im Bereich der AdW
3. **Georg-Wilhelm-Friedrich-Hegel-Medaille** der Akademie der Wissenschaften der DDR
   für hervorragende Leistungen auf den Gebieten der Philosophie, der Staats-, Rechts- und Wirtschaftswissenschaften mit denen ein wichtiger Beitrag zur Gestaltung der entwickelten sozialistischen Gesellschaft in der DDR erbracht wird
4. **Werner-Krauss-Medaille** der Akademie der Wissenschaften der DDR
   für hervorragende Leistungen auf den Gebieten der Geschichte, der Sprach-, Literatur- und Kulturwissenschaften, mit denen ein wichtiger Beitrag zur Gestaltung der entwickelten sozialistischen Gesellschaft in der DDR erbracht wird
5. **Max-von-Laue-Medaille** der Akademie der Wissenschaften der DDR
   für hervorragende Leistungen auf dem Gebiet der Physik, die sich durch die Lösung fundamentaler wissenschaftlicher Probleme auszeichnen und den wissenschaftlich-technischen Fortschritt in der DDR maßgeblich fördern
6. **Jacobus-Henricus-van't-Hoff-Medaille** der Akademie der Wissenschaften der DDR
   für hervorragende Leistungen auf den Gebieten der Chemie und der physikalischen Chemie, die sich durch die Lösung fundamentaler wissenschaftlicher Probleme auszeichnen und den wissenschaftlich-technischen Fortschritt in der DDR maßgeblich fördern
7. **Leonhard-Euler-Medaille** der Akademie der Wissenschaften der DDR
   für hervorragende Leistungen auf den Gebieten der Mathematik, Mechanik, Kybernetik und der Theorie der automatischen Informationsverarbeitung, die sich durch die Lösung fundamentaler wissenschaftlicher Probleme auszeichnen und den wissenschaftlich-technischen Fortschritt in der DDR maßgeblich fördern

8. **Franz-Carl-Achard-Medaille** der Akademie der Wissenschaften der DDR für hervorragende Leistungen auf den Gebieten der technischen und technologischen Wissenschaften, die sich durch die Lösung fundamentaler Probleme auszeichnen und den wissenschaftlich-technischen Fortschritt in der DDR maßgeblich fördern
9. **Walter-Friedrich-Medaille** der Akademie der Wissenschaften der DDR für hervorragende Leistungen auf den Gebieten der Biowissenschaften und der Biophysik, die sich durch die Lösung fundamentaler wissenschaftlicher Probleme auszeichnen und den wissenschaftlich-technischen Fortschritt in der DDR maßgeblich fördern
10. **Robert-Koch-Medaille** der Akademie der Wissenschaften der DDR für hervorragende Leistungen auf dem Gebiete der medizinischen Wissenschaften, die sich durch die Lösung fundamentaler Probleme auszeichnen und den wissenschaftlich-technischen Fortschritt maßgeblich fördern oder wesentlich zur Verbesserung der ärztlichen Betreuung der Bevölkerung beitragen

Quellen- und Literaturverzeichnis

I. ARCHIVARISCHE QUELLEN DES ZENTRALEN ARCHIVS DER AKADEMIE DER WISSENSCHAFTEN DER DDR

Protocollum Concilii, angefangen anno MDCC (1700), von 1700 – 1811, Verwaltung u. Geschäftsgang;
I – IV, 1 – 10

Volumen Actorum, betreffend die abgehaltenen Originalhauptprotokolle von 1744 – 1746, welche bei der Königl. Academie unter dem Präsidii der Herren Kuratorum abgehalten wurden; I – IV, 11

Registers der Academie Royale des Sciences et des Belles Lettres de Berlin, 2. Juni 1746 – 11. Juli 1766 von 1700 – 1811, Verwaltung und Geschäftsgang im allgemeinen; Protokolle
I – IV, 25 – 34

Gesamtsitzungsprotokolle 1812 1945
II – V a
Band 1 – 66 und 68 – 105[1)]

Sitzungsprotokolle der philosophisch-historischen Klasse
II – V f

Sitzungsprotokolle der physikal.-math. Klasse
II – V c

1) Der Protokollband für 1890, Bd. 67 ist im Zentralen Archiv der AdW der DDR nicht vorhanden.

Akten betr. die Personalien der ordentlichen Mitglieder (1812 ff)
II – III a

Akten betr. die Personalien der auswärtigen, Ehren- und korrespondierenden Mitglieder (1812 ff)
II – III b

Protokolle des Plenums der AdW der DDR 1946 – 1980

Protokolle des Präsidiums der AdW der DDR 1946 – 1980

II. NACHSCHLAGEWERKE

Allgemeine Deutsche Biographie (56 Bände), Leipzig, Verlag von Duncker & Humblot, 1875 – 1912

Academie des Sciences, Paris, 1956

Akademia Nauk SSSR 1724 – 1974 (2 Bände), Verlag „Nauka", Moskau 1974

Biographisches Lexikon hervorragender Ärzte des neunzehnten Jahrhunderts, hg. von Prof. Dr. J. Pagel, Berlin. Urban & Schwarzenberg Berlin, Wien, 1901

Biographien bedeutender Chemiker, hg. von Dr. Karl Heinig. Volk und Wissen Volkseigener Verlag, Berlin 1977

Biographien bedeutender Mathematiker, hg. von Prof. Dr. sc. nat. Hans Wußing und Wolfgang Arnold. Volk und Wissen Volkseigener Verlag, Berlin 1978

Braunbuch. Kriegs- und Naziverbrecher in der Bundesrepublik, Staatsverlag der

Deutschen Demokratischen Republik, Berlin, 1965

Deutsche Akademie der Wissenschaften zu Berlin Biographischer Index der Mitglieder, bearbeitet von Kurt-R. Biermann und Gerhard Dunken. Akademie-Verlag, Berlin, 1960

Die Mitglieder der Deutschen Akademie der Wissenschaften zu Berlin 1700 – 1950, im Auftrage der Deutschen Akademie der Wissenschaften zu Berlin bearbeitet von Erik Amburger. Akademie-Verlag, Berlin, 1950

Geographisch-Statistisches Welt-Lexikon Verlag von Felix Krais, Stuttgart, 1888

Gesamtverzeichnis des Lehrkörpers der Universität Berlin, bearbeitet von Johannes Asen, Leipzig, 1955

Große Geographen, Prof. Felix Lampe, Leipzig und Berlin Druck und Verlag von B. G. Teubner 1915

Große Naturforscher, von Philipp Lenard. J. F. Lehmanns Verlag, München 1929

Handbuch der Deutschen Wissenschaftlichen Gesellschaften, bearbeitet und herausgegeben von Friedrich Domay, Franz Steiner Verlag GmbH, Wiesbaden 1964

Hungarian Academy of Sciences, Akadèmiai Klado, Budapest, 1973

Christian Gottlieb Jöcher: Compendiöses Gelehrten-Lexicon, bey Johann Friedrich Gieditschens seel. Sohn. M DCC XXXIII

Christian Gottlieb Jöcher: Allgemeines Gelehrten-Lexicon (4 Bände), Georg Olms Verlagsbuchhandlung Hildesheim, 1960 – 1961

Johann Christoph Adelung: Fortsetzung und Ergänzungen zu Christian Gottlieb Jöchers allgemeinen Gelehrten-Lexicon (7 Bände), Georg Olms Verlagsbuchhandlung Hildesheim, 1960 – 1961

Kürschners Deutscher Gelehrten-Kalender 1925, Berlin und Leipzig 1925, Walter de Gruyter & Co.

Kürschners Deutscher Gelehrten-Kalender 1935, Berlin und Leipzig, Walter de Gruyter & Co.

Kürschners Deutscher Gelehrten-Kalender 1940/41, Walter de Gruyter & Co., Berlin 1941

Kürschners Deutscher Gelehrten-Kalender 1950, Walter de Gruyter & Co., Berlin 1950

Kürschners Deutscher Gelehrten-Kalender 1961, Walter de Gruyter & Co., Berlin 1961

Kürschners Deutscher Gelehrten-Kalender 1966, Walter de Gruyter & Co., Berlin 1966

Kuka Kukin on (Aikalaiskirja) WHo'S WHO in Finland, 1964. Helsingissä Kustannusosakeyhtiö Otava

Lexikon für Theologie und Kirche, hg. von Josef Höfer, Rom, und Karl Rahner, München. Verlag Herder Freiburg 1967

Meyers Großes Personenlexikon, Bibliographisches Institut, Mannheim/Zürich, Lexikonverlag

Neue Deutsche Biographie, hg. von der Historischen Kommission bei der Bayerischen Akademie der Wissenschaften, (10 Bände), Duncker & Humblot, Berlin

Neues allgemeines Deutsches Adels-Lexicon, Friedrich Voigt Leipzig 1859

Philosophen-Lexikon, Handwörterbuch der Philosophie nach Personen (2 Bände), Walter de Gruyter & Co., Berlin 1949

Physiker über Physiker, Akademie-Verlag, Berlin 1975

Physiker über Physiker II, Akademie-Verlag, Berlin 1979

J. C. Poggendorff: Biographisch-literarisches Handwörterbuch zur Geschichte der exacten Wissenschaften, Verlag von Johann Ambrosius Barth, Leipzig 1863

J. C. Poggendorff's biographisch-literarisches Handwörterbuch zur Geschichte der exacten Wissenschaften, Verlag von Johann Ambrosius Barth, Leipzig 1904

J. C. Poggendorff's biographisch-literarisches Handwörterbuch für Mathematik, Astronomie, Physik, Chemie und verwandte Wissenschaftsgebiete, Verlag Chemie GmbH Leipzig/Berlin 1926

J. C. Poggendorff: Biographisch-literarisches Handwörterbuch der exakten Naturwissenschaften, Akademie-Verlag, Berlin 1956

J. C. Poggendorff: Biographisch-literarisches Handwörterbuch der exakten Naturwissenschaften, Akademie-Verlag, Berlin 1961

J. C. Poggendorff: Biographisch-literarisches Handwörterbuch der exakten Naturwissenschaften, Akademie-Verlag, Berlin 1962

J. C. Poggendorff: Biographisch-literarisches Handwörterbuch der exakten Naturwissenschaften, Bd. VII a – Supplement, Akademie-Verlag, Berlin 1971

The international WHO'S WHO, 1967 – 1968 London. Europa Publications LTD

Unsere Zeitgenossen, wer ist's? Verlag von H. A. Ludwig Degener, Leipzig, 1912

Unsere Zeitgenossen, wer ist's? Verlag von H. A. Ludwig Degener, Leipzig, 1922

VADEMECUM Deutscher Lehr- und Forschungsstätten – VDLF – Herausgeber Stifterverband für die Deutsche Wissenschaft, Essen, 1968

Wer ist Wer? VERLAGS, GmbH., Berlin-Grunewald, 1951

WHO'S WHO in the Catholic World, Intercontinental Book and Publishing Co., LTD., Düsseldorf 1967/68

WHO'S WHO in Germany, Published by Intercontinental Book and Publishing Co., LTD., Oldenburg 1964

WHO'S WHO in the USSR 1965 – 66, Published by Intercontinental Book and Publishing Co., LTD., 1966

III. WEITERE BENUTZTE LITERATUR

Der Eid des Hippokrates, Ärzteerinnerungen aus vier Jahrhunderten, Buchverlag Der Morgen, Berlin, 1967

Die Briefe Friedrichs des Großen an seinen vormaligen Kammerdiener Fredersdorf, Herausgegeben und erschlossen von Johannes Richter, Verlagsanstalt Hermann Klemm A. G. Berlin-Grunewald, 1926

Die Entdeckung und Erforschung der Erde – mit einem ABC der Entdecker und Forscher – Herausgegeben von Walter Krämer, VEB F. A. Brockhaus Verlag, Leipzig, 1976

Friedrich der Große, Briefe und Schriften (2 Bände) von Richard Fester, Bibliographisches Institut Leipzig, 1926

Geschichte der Königlich Preußischen Akademie der Wissenschaften zu Berlin Im Auftrage der Akademie bearbeitet von Adolf Harnack. Gedruckt in der Reichsdruckerei, Berlin, 1900

Große Ärzte. Eine Geschichte der Heilkunde in Lebensbildern von Dr. Henry E. Sigerist. J. F. Lehmanns Verlag, München, 1970

Große englische Forscher. Aus dem Leben und Schaffen englischer Wissenschaftler des 19. Jahrhunderts von J. G. Crowther, in Pontes-Verlag, Berlin, 1948

Johann Erhard Kappens Sammlung einiger Vertrauter Briefe . . . Leipzig, Bei Bernhard Christoph Breitkopf, 1745

Leibniz in seinen Beziehungen zu Russland und Peter dem Großen von W. Guerrier. St. Petersburg – Leipzig 1873

Voltaire: Korrespondenz aus den Jahren 1749 bis 1760 Verlag Philipp Reclam jun., Leipzig, 1978

Zur Geschichte der Wissenschaften und der Gelehrten von Alphonse de Candolle. Autorisierte deutsche Ausgabe von Wilhelm Ostwald. Leipzig, Akademische Verlagsgesellschaft m. b. H. 1911

Personenregister[1)]

1) Bei Persönlichkeiten mit gleichlautenden Familiennamen erfolgt die Einordnung in der Reihenfolge der Rufnamen soweit diese bekannt sind.

Kolibri 360 GmbH
Ferdinand-Jühlke-Straße 7
99095 Erfurt, Deutschland
produktsicherheit@kolibri360.de